芳香果品

任飞 王羽梅 主编

 化学工业出版社

·北京·

内容简介

随着经济和生活水平的提高，人们越来越重视食品的质量，高品质的水果也越来越受到消费者的青睐。果实香气是反映水果风味特点和评价水果商品品质的重要指标，是影响果品风味和质量的重要因素。不同水果由于具有不同的香气成分以及构成这些成分的比例不同，因而各种水果拥有自己独特的香味。水果的香味主要产生于水果的成熟期和贮藏期。本书记述了近200种，近1300个品种水果和干果的概况、形态特征、生长习性、营养与功效和芳香成分，特别是芳香成分的内容参考了上千篇研究报告，分品种进行描述。本书可供芳香产业从业人员、园艺研究及从业人员、广大消费者参考阅读。

图书在版编目（CIP）数据

芳香果品 / 任飞，王羽梅主编 . -- 北京 ：化学工业出版社，2025. 3. -- ISBN 978-7-122-46739-3

Ⅰ . S660.2

中国国家版本馆 CIP 数据核字第 2024RG6430 号

责任编辑：李 丽 　　　文字编辑：李娇娇
责任校对：王 静 　　　装帧设计：关 飞

出版发行：化学工业出版社
　　　　　（北京市东城区青年湖南街13号 　邮政编码100011）
印 　 装：盛大（天津）印刷有限公司
889mm×1194mm 　1/16 　印张29 　字数839千字
2025年2月北京第1版第1次印刷

购书咨询：010-64518888 　　　售后服务：010-64518899
网 　 址：http://www.cip.com.cn
凡购买本书，如有缺损质量问题，本社销售中心负责调换。

定 　 价：269.00元

《芳香果品》编写人员名单

主　　编：任　飞　王羽梅

副 主 编：任安祥　杨安坪

编写人员：任　飞　　韶关学院

王羽梅　　韶关学院

任安祥　　韶关学院

杨安坪　　立颖国际有限公司

任晓强　　韶关学院

易思荣　　重庆三峡医药高等专科学校

庞玉新　　贵州中医药大学

崔世茂　　内蒙古农业大学

徐晔春　　广东花卉杂志社有限公司

薛　凯　　荣联科技集团股份有限公司

张凤秋　　辽宁锦州市林业草原保护中心

刘发光　　韶关学院

潘春香　　韶关学院

肖艳辉　　韶关学院

何金明　　韶关学院

叶　龙　　韶关学院

王　韧　　许昌学院

王旭东　　国家能源集团乌海能源有限责任公司

叶　红　　韶关学院

王玉坤　　韶关学院

王颢颖　　广州柏桐文化传播有限公司

前言

　　2001 年，王羽梅教授在韶关学院组建了芳香植物研究团队，多年来，团队致力于芳香植物资源的研究，先后主编出版了《中国芳香植物》(上、下册)《芳香药用植物》《中国芳香植物精油成分手册》(上、中、下册)、《芳香蔬菜》《中国芳香植物资源》(1～6 卷)、《中国香药植物》(1～3 卷)等专著和《芳香植物栽培学》《芳香植物概论》等教材。随着研究的不断深入和资料的不断丰富，为了更好地满足广大芳香植物、园艺学相关研究人员、企业，以及广大芳香植物爱好者的需求，我们组织力量编写了本书。

　　近年来国内外对水果芳香物质的研究取得了巨大的进展，芳香物质分析与调控已成为提升水果产品质量的重要指标。水果特有挥发性成分的研究日益引起各国学者的广泛关注，芳香成分及其含量成为评价果实内在品质的重要指标之一。

　　果实芳香物质是一类由大量挥发性香气成分组成的复杂混合物，构成了特定种类和品种的风味品质。果品的芳香性不仅取决于芳香物质的实际浓度，还取决于其阈值浓度（该物质能够被嗅觉感知的最低浓度），这个值实际浓度越高，说明该化合物的作用越大，在含量很低的芳香性挥发物质中，挥发物质阈值浓度越大，所起的作用也越大。果品的芳香性也有用风味活性值（OAV）表示的，风味活性值 = 化合物浓度 / 阈值浓度。为了更直观、更有可比性，也为了节约篇幅，本书只选择了芳香成分的相对含量，成分的阈值浓度和风味活性值的数据没有选用。

　　果实的芳香气味能使人产生愉快舒适的感觉，香气对人体的生理机能和心理起平衡作用，与人类健康关系极其密切。果实香气物质中具有比较高香气值的物质称为特征芳香物质，特征芳香物质含量越高，果实的风味越浓郁。果实怡人的香气是遗传特性、环境因子和栽培措施等因素共同作用的结果。果实种类、品种等的差异是由遗传基因决定的，树种不同的果实香气物质组分存在较大的差异，同种类的不同品种之间果实的香气物质组分和含量因基因的差异也表现不同。外界环境对果实挥发性物质的形成有一定的影响，其形成主要受气候、栽培条件、成熟度、呼吸强度、贮藏环境等诸多因素的影响。一般来说，果实香气的释放受成熟度的影响，大多数香气成分是伴随果实的成熟而产生的，青色消退成熟后的果实香气最浓。

我国是世界上最大的果树原产地之一，果品植物资源非常丰富，除了我们日常生活中经常食用的大众水果外，我国的野生果树资源也极为丰富，很多野生和小众水果为人们所熟识和喜爱。野生果树资源分布较多的有猕猴桃科猕猴桃属（62个种）、胡颓子科胡颓子属（25个种）、葡萄科葡萄属（23个种）、柿科柿属（19个种）、杜鹃花科越橘属（18个种）等。我国野生果树资源分布面积较大的有新疆的野生苹果，内蒙古和河北的山杏，甘肃的山梨，辽宁、吉林、黑龙江的山葡萄等。各种大众化水果通过不断选育形成了众多风味不同的品种，这些品种由于形态、习性、成熟期等不同，香味成分及其比例不同，都有其各自的香味特征。为了尽可能全面、系统地反映出我国果品的芳香特征，我们参考了大量的研究论文，详细介绍了我国果品芳香成分的研究结果。本书收集了有芳香成分报道的作为水果或干果食用的果品近200种（含变种），近1300个品种。芳香成分参考了公开发表的论文和公开出版的书籍，学位论文的资料没有引用，大众化水果没有注明品种名的论文没有引用。本书的芳香成分以品种为单位，同一个品种有多篇挥发油成分报道的论文时，如第一主成分相同时，只选其中一篇作为参考，如第一主成分不同时，则分别列出。为了节约篇幅，所有果品的挥发油成分只选取了相对含量大于或等于1%的成分，其他微量成分没有列出。为了方便读者阅读，将原论文中是英文的挥发油成分翻译成了汉语，个别无法翻译的英文保留。

在此，我们感谢众多对果品芳香成分进行研究的专家、学者，为本书的编写提供了丰富的写作资源；感谢为本书提供图片的各位专家；感谢为本书出版做出各种努力的编辑们！

本书具备以下特点：①全面性。本书在查阅大量文献的基础上精心编写而成，首次对我国各种果品的芳香成分进行了分品种全面详细叙述，收录的果品力求全面、系统。②系统性。每一个果品除详细介绍了各品种的香气成分及其含量外，还简要介绍了植物拉丁名、生产概况、形态特征、生长习性、在国内的分布以及营养价值与功效，简要介绍了各品种的商品特征。③权威性。本书参考了大量公开发表的学术论文，植物分类、中文名和拉丁学名统一以《中国植物志》为准，引用资料及数据具有权威性。④直观性。每一种果品都配有不同品种的彩图，做到图文并茂。⑤新颖性。从芳香成分的角度分品种系统介绍我国栽培及野生果品的香味成分尚属首次。可作为广大果树从业人员、芳香疗法爱好者、香精香料等相关专业或企业的研究人员，以及对此相关内容感兴趣的读者的重要参考书。

感谢邸明、宋鼎、寿海洋、陈振夏、叶华谷、李策宏、马丽霞、刘铁志、吴文静、朱强、刘冰、邢福武、张孟耸、周厚高、段士民、王喜勇等为本书提供了图片。

编者

2025年1月

目录

第1章
蔷薇科水果

蔷薇科是大众水果比较集中的科，我们熟知的苹果、梨、桃、杏、李、山楂、樱桃、枇杷、木瓜、草莓等众多水果都属于蔷薇科。蔷薇科是水果种类最多、栽培面积最广、日常消费水果量最大的一个科。

1.1 苹果

苹果（*Malus pumila* Mill.）为蔷薇科苹果属植物，其新鲜成熟果实称为苹果，别名：柰、西洋苹果、平安果、智慧果、平波、超凡子、天然子、苹婆、滔婆等。苹果是果品中最重要的种类之一，是世界最早开始栽培的果树之一，也是世界栽培面积最广、产量最多的果树之一。苹果是世界四大水果之一，因具高产优质、营养丰富、供应期长、耐贮运、适应性强等优点和特点而有"果王"之称。中国是全球最大的苹果生产国，全国各地均有栽培，苹果栽培业是许多地区重要的经济产业支柱，无论种植面积还是产量均位居各水果之首，栽培面积和产量分别占全国水果栽培面积的 18.8% 和总产量的 27.2%。2016 年中国苹果总产量为 4388.2 万吨，占世界苹果总产量的 56% 左右。

苹果图 1

苹果原产于欧洲东南部、中亚和中国新疆一带，南北两半球的温带地区都有栽培。苹果在欧洲栽培历史已有 3000 年以上。苹果在中国的栽培记录可以追溯至西汉时期。根据《齐民要术》记载，在 1400 多年以前，中国已有关于苹果属植物栽培繁殖和加工的记载。苹果为乔木，高可达 15m。叶片椭圆形，长 4.5～10cm，宽 3～5.5cm。伞房花序，具花 3～7 朵，花瓣白色，含苞未放时带粉红色。果实扁球形，直径在 2cm 以上，先端常有隆起。花期 5 月，果期 7～10 月。喜光，喜微酸性到中性土壤。喜欢气候凉爽干燥、阳光充足、昼夜温差大的环境。耐寒性强。

苹果品种数以千计，分为酒用品种、烹调品种、鲜食品种 3 大类。我国栽培的苹果主要品种有辽伏、新红星、乔纳金、秦冠、王林、富士系、澳洲青苹、国光、红将军、华冠、栖霞苹果、花牛、金帅等。除鲜食外，苹果还可以加工成果汁、果酱、果酒、果干等多种食品。浓缩苹果汁是中国乃至世界最主要的苹果加工产品，占世界苹果加工总量的 90% 以上，巨大的苹果产量成就了苹果汁生产得天独厚的原料优势。目前，我国以苹果汁为主导的苹果加工业迅速发展，我国已成为世界第一大苹果浓缩汁出口国。

苹果是最常见的水果之一，营养丰富，酸甜可口，深受广大消费者喜爱。每 100g 新鲜苹果含碳水化合物 13.81g、脂肪 0.17g、蛋白质 0.26g、纤维素 2.4g，还含有丰富的糖、果胶、钙、磷、钾、铁、锌、维生素 A、维生素 B、维生素 C，另含有苹果酸、酒石酸、胡萝卜素等。苹果有"智慧果""记忆果"的美称，多吃苹果有增进记忆、提高免疫力的效果；苹果的香气具有明显的消除心理压抑感的作用，可用于辅助治疗抑郁症和精神压抑等；苹果还有改善睡眠、降低胆固醇、促进胃肠蠕动、维持酸碱平衡、防癌抗癌、减肥等功效。苹果果实也可药用，性味温和，具有补血益气、止渴生津和开胃健脾的功效。消化不良、食欲欠佳、胃部饱闷、气壅不通者，生吃或挤汁服之，可消食顺气，增加食欲。苹果可生食或煮熟食用，也可做成果干、果酱、果子冻等食品。患有溃疡性结肠炎的人、白细胞减少症的人、前列腺肥大的人，以及平时有胃寒症状的人不宜生食苹果；肾炎及糖尿病患者不宜多食；不要空腹吃苹果。

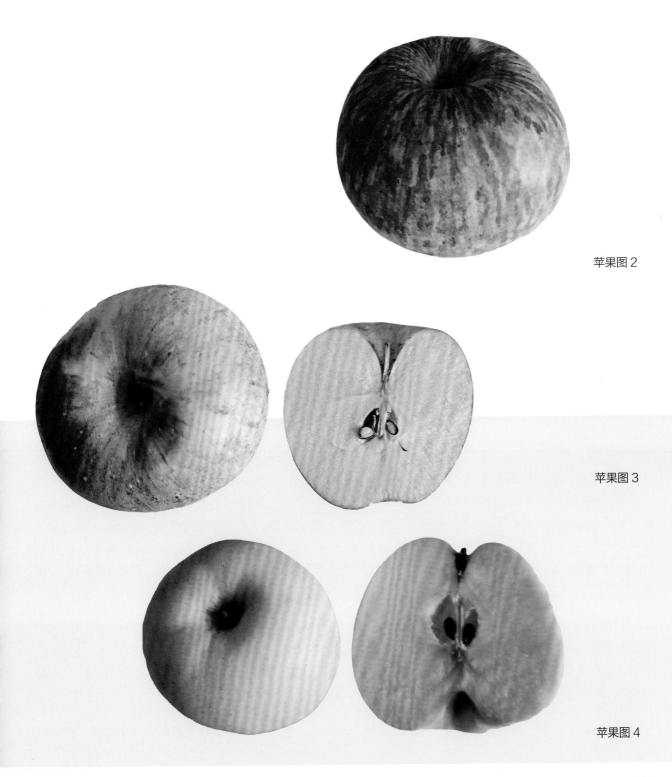

苹果图 2

苹果图 3

苹果图 4

苹果图5

研究人员已经研究报道了很多苹果品种的果实香气,并在苹果果肉中检测到350多种挥发性物质。苹果的香气成分以酯类、醇类、醛类化合物为主。根据特征香气成分的组成,将苹果不同品种果实香型分成两种:一种以'元帅''金冠'为代表的称为"酯香型",另一种为以'红玉'为代表的称为"醇香型"。不同品种苹果的香气成分如下。

2001/M26: 晚熟品种。顶空固相微萃取法提取的甘肃静宁产'2001/ M26'苹果新鲜果实香气的主要成分(单位:μg/g)为,乙酸己酯(3.44)、反式 -2- 己烯醛(2.72)、2- 甲基丁基乙酸酯(1.77)、正己醇(1.13)、正己酸乙酯(1.09)、己醛(1.08)等(万鹏等,2019)。

288: 晚熟品种。顶空固相微萃取法提取的甘肃静宁产'288'苹果新鲜果实香气的主要成分(单位:μg/g)为,2- 甲基丁酸乙酯(6.48)、正己酸乙酯(2.39)、乙酸己酯(2.16)、反式 -2- 己烯醛(1.96)、(E)-乙酸 -2- 己烯 -1- 醇酯(1.52)、正己醇(1.42)等(万鹏等,2019)。

GL-3: 嘎拉系品种。果实椭圆形,平均单果重 129.2g。果肉偏软,有更丰富的果香味和甜味。顶空固相微萃取法提取的山东泰安产'GL-3'苹果新鲜成熟果实香气的主要成分(单位:μg/kg)为,反式 -2-己烯醛(674.51)、正己醛(273.18)、乙酸己酯(124.75)、邻苯二甲酸二乙酯(43.32)、正己醇(41.98)、2- 甲基丁基乙酸酯(35.25)、乙酸丁酯(24.65)、己酸丁酯(24.21)、4- 烯丙基苯甲醚(20.56)、2,6,10,14-四甲基十六烷(17.75)、乙酸反 -2- 己烯酯(16.72)、异戊酸己酯(11.86)、2,6,10,14,- 四甲基 - 十五烷(10.34)、甲苯(8.74)、反式 -2- 己烯醇(7.77)、乙酸戊酯(6.88)、正十八烷(6.77)、壬醛(5.79)、2- 甲基丁酸丁酯(5.22)、丙酸己酯(4.58)、丁酸丁酯(3.62)、2- 甲基十七烷(3.01)等(杜孟持等,2023)。

H4G1: '寒富'和'四倍体嘎拉'的三倍体杂交后代。静态顶空萃取法提取的山东肥城产'H4G1'三倍体苹果新鲜成熟果实香气的主要成分(单位:μg/g)为,乙酸己酯(2.79)、乙酸丁酯(1.24)、乙酸 -2-甲基丁酯(0.51)、1- 己醇(0.46)、1- 丁醇(0.40)、乙酸戊酯(0.09)、2- 甲基丁酸己酯(0.08)、乙醇(0.05)、2- 甲基 -2- 丁烯醛(0.05)等(王玉霞等,2013)。

H4G2: '寒富'和'四倍体嘎拉'的三倍体杂交后代。静态顶空萃取法提取的山东肥城产'H4G2'

三倍体苹果新鲜成熟果实香气的主要成分（单位：μg/g）为，乙酸己酯（0.86）、乙酸丁酯（0.57）、乙酸 -2- 甲基丁酯（0.22）、1- 丁醇（0.17）、1- 己醇（0.12）等（王玉霞等，2013）。

H4G4：'寒富'和'四倍体嘎拉'的三倍体杂交后代。静态顶空萃取法提取的山东肥城产'H4G4'三倍体苹果新鲜成熟果实香气的主要成分（单位：μg/g）为，乙酸己酯（2.10）、乙酸丁酯（1.15）、乙酸 -2- 甲基丁酯（0.95）、1- 丁醇（0.33）、1- 己醇（0.29）、2- 甲基 -1- 丁醇（0.12）、乙酸戊酯（0.09）等（王玉霞等，2013）。

H4G5：'寒富'和'四倍体嘎拉'的三倍体杂交后代。静态顶空萃取法提取的山东肥城产'H4G5'三倍体苹果新鲜成熟果实香气的主要成分（单位：μg/g）为，乙酸己酯（2.33）、乙酸丁酯（0.88）、1- 丁醇（0.27）、2- 甲基 -1- 丁醇（0.06）、2- 甲基丁酸己酯（0.05）等（王玉霞等，2013）。

H4G8：'寒富'和'四倍体嘎拉'的三倍体杂交后代。静态顶空萃取法提取的山东肥城产'H4G8'三倍体苹果新鲜成熟果实香气的主要成分（单位：μg/g）为，乙酸己酯（1.05）、乙酸丁酯（1.00）、1- 丁醇（0.42）、1- 己醇（0.27）、2- 甲基 -1- 丁醇（0.08）、2- 甲基丁酸己酯（0.05）等（王玉霞等，2013）。

H4G9：'寒富'和'四倍体嘎拉'的三倍体杂交后代。静态顶空萃取法提取的山东肥城产'H4G9'三倍体苹果新鲜成熟果实香气的主要成分（单位：μg/g）为，乙酸己酯（3.02）、乙酸丁酯（1.34）、1- 丁醇（0.60）、1- 己醇（0.55）、2- 甲基 -1- 丁醇（0.20）、2- 甲基丁酸己酯（0.19）、乙酸戊酯（0.08）、α- 法尼烯（0.07）、2- 甲基丁酸丁酯（0.06）、2- 甲基 -2- 丁烯醛（0.06）等（王玉霞等，2013）。

阿克阿尔玛：新疆和田地方品种，果面平滑，果皮玫瑰红色，果肉血红色，硬脆。顶空固相微萃取法提取的新疆轮台产'阿克阿尔玛'苹果新鲜成熟果实香气的主要成分为，正己醇（43.11%）、2- 己烯醛（23.42%）、己醛（13.66%）、3,7,11- 三甲基 -1,3,6,10- 十二碳四烯（6.76%）、2,2,4- 三甲基 -1,3- 戊二醇二异丁酸酯（4.00%）、(E)-1- 甲基 -4- 环己烯 -1- 烯（2.10%）、1-4- 甲基苯（1.37%）等（王迪等，2021）。

艾达红（Ida Red）：美国中晚熟品种，亲本为'红玉'×'Wagner'。果实圆形到圆锥形不等，单果重 160～180g，果面鲜红色，果肉黄白色，果面有棱纹肉，肉质脆而多汁，质地非常细腻，酸度适中，味浓，微甜。顶空固相微萃取法提取的甘肃静宁产'艾达红'苹果新鲜果实香气的主要成分（单位：μg/g）为，乙酸己酯（3.62）、正己醇（2.31）、2- 甲基丁基乙酸酯（1.33）、乙酸丁酯（1.04）等（万鹏等，2019）。

艾斯达（Asda）：早熟品种。顶空固相微萃取法提取的甘肃静宁产'艾斯达'苹果新鲜果实香气的主要成分（单位：μg/g）为，乙酸己酯（1.46）、正己醇（1.38）、八甲基环四硅氧烷（1.12）等（万鹏等，2019）。

澳洲青苹（Granny Smith）：澳大利亚品种，果皮亮绿，果肉雪白、多汁，口感酸甜。顶空固相微萃取法提取的陕西淳化产'澳洲青苹'苹果新鲜果皮香气的主要成分为，(E)-2- 己烯醛（25.02%）、正己醛（12.03%）、α- 法尼烯（8.11%）、1- 己醇（7.81%）、环丁醇（5.79%）、2- 甲基丁酸己酯（3.31%）、(2E,4E)-2,4- 己二烯醛（2.47%）、3,6- 二甲基 -3,6- 二乙基 -1,4- 环己烯（2.32%）、(E)-1,4- 己二烯（2.23%）、丁酸己酯（1.83%）、乙酸己酯（1.61%）、(3E,5E)-1,3,5- 庚三烯（1.53%）、2- 甲基 -1- 丁醇（1.40%）等；新鲜果肉香气的主要成分为，2- 甲基 -1- 丁醇（29.76%）、甲酸己酯（19.46%）、(E)-2- 己烯醛（17.84%）、正己醛（9.97%）、α - 法尼烯（5.70%）、丙酸丙酯（4.22%）、2- 甲基丁酸丙酯（1.25%）、(2E,4E)-2,4- 己二烯醛（1.12%）、1,5- 二异丙基 -2,3- 二甲基环己烷（1.08%）等（段亮亮等，2010）。顶空固相微萃取法提取的山东烟台产'澳洲青苹'苹果新鲜果实香气的主要成分为，α- 法尼烯（15.43%）、2- 甲基 -1- 丁醇

（11.30%）、1- 己醇（7.39%）、丙酸乙酯（1.46%）等（吴继红等，2005）。顶空固相微萃取法提取的'澳洲青苹'苹果新鲜果实香气的主要成分（单位：μg/kg）为，己醛（302.75）、反 -2- 己烯醛（142.48）、6- 甲基 -5- 庚烯 -2- 酮（15.08）、(E)-2- 庚烯醛（9.52）、2- 甲基 -4- 戊烯醛（6.31）、(E)-2- 辛烯醛（4.54）、α- 法尼烯（3.28）、1- 辛烯 -3- 酮（2.14）、乙酸己酯（1.27）等（段亮亮等，2012）。

贝拉（Vista Bella）： 美国早熟品种。果实扁圆或近圆形，果肉乳白色，肉质较细，松脆，多汁，甜酸，有香气。丰产性好。顶空固相微萃取法提取的山东泰安产'贝拉'苹果新鲜果实香气的主要成分为，己醛（24.11%）、1- 丁醇（22.39%）、(E)-2- 己烯醛（15.75%）、1- 己醇（9.29%）、丁酸乙酯（6.14%）、乙酸乙酯（4.44%）、乙酸丁酯（2.57%）、乙醇（2.07%）、丁酸 -2- 甲基乙酯（1.12%）等（王海波等，2007）。

长富 2 号（Nagafy 2）： 日本从普通富士苹果中选育的着色系芽变晚熟品种。果实圆形或近圆形，果形端正，单果重 220～300g。果面底色黄绿，着密集鲜红条纹，果面光滑，蜡质多，果皮较薄。果肉黄白色，肉质细，松脆，汁多，味甜，有香气。固相微萃取法提取的新疆阿克苏产'长富 2 号'苹果新鲜果肉香气的主要成分为，2- 甲基丁酸乙酯（18.65%）、丁酸乙酯（10.52%）、2- 甲基丁酸 -1- 甲基乙酯（6.82%）、正戊酸己酯（6.47%）、2- 甲基 -1- 丁醇（6.47%）、乙酸己酯（6.02%）、丙酸乙酯（5.78%）、乙酸丁酯（3.22%）、2- 甲基丁酸甲酯（3.08%）、丁酸丙酯（2.57%）、1- 己醇（2.18%）、2- 甲基乙酸丁酯（1.88%）、1- 丁醇（1.86%）、2- 甲基丁酸丁酯（1.75%）、2- 甲基 - 丁酸 -2- 甲基丁酯（1.67%）、丁酸甲酯（1.53%）、己酸乙酯（1.35%）、法尼烯（1.18%）、乙酸乙酯（1.16%）、丙酸丙酯（1.12%）等（刘珩等，2017）。顶空固相微萃取法提取的甘肃兰州产'长富 2 号'苹果新鲜果皮香气的主要成分为，2- 己烯醛（24.29%）、乙酸 -2- 甲基 -1- 丁酯（10.01%）、(Z)-3- 己烯醇（6.72%）、己醛（6.22%）、乙酸己酯（5.30%）、2- 甲基 -1- 丁醇（4.74%）、(E)-2- 己烯 -1- 醇（3.56%）、1- 己醇（3.29%）、(E,E)-2,4- 己二烯醛（3.19%）、2- 甲基丁酸己酯（2.92%）、(E)-2- 己烯醛（2.70%）、5- 乙基 -2(5H)- 呋喃酮（2.67%）、2- 甲基 -4- 戊烯醛（2.31%）、(E)- 乙酸 -2- 己烯 -1- 醇酯（2.24%）、2- 甲基丁酸（2.04%）、四氢 -2H- 吡喃 -2- 甲醇（2.01%）等；新鲜果肉香气的主要成分为，乙酸 -2- 甲基 -1- 丁酯（34.53%）、2- 己烯醛（23.25%）、己醛（12.63%）、乙酸丁酯（4.94%）、2- 甲基 -1- 丁醇（4.30%）、(E,E)-2,4- 己二烯醛（2.86%）、乙酸己酯（2.60%）、1- 丁醇（2.11%）、1- 己醇（2.00%）、(Z)-3- 己烯醛（1.86%）、四氢 -2H- 吡喃 -2- 甲醇（1.35%）、2- 甲基丁酸己酯（1.21%）、5- 乙基 -2(5H)- 呋喃酮（1.21%）等（靳兰等，2010）。水蒸气蒸馏法提取的山西太谷产'长富 2 号'苹果新鲜成熟果实果肉香气的主要成分（单位：mg/kg）为，乙醇（626.74）、乙酸乙酯（351.54）、乙醛（92.58）、异戊醇（31.59）、丙醇（20.22）、己醇（16.43）、丁酸乙酯（15.95）、丙酸乙酯（11.12）、乙酸异戊酯（5.64）、丁醇（3.91）、戊醇（2.61）、异丁醇（1.69）等（牛自勉等，1996）。顶空固相微萃取法提取的甘肃武威产'长富 2 号'苹果新鲜成熟果实香气的主要成分为，乙酸 -2- 甲基丁酯（35.46%）、乙酸丁酯（9.86%）、2- 甲基丁酸己酯（7.06%）、己酸丁酯（6.97%）、乙酸己酯（6.06%）、丁酸丁酯（3.75%）、己酸己酯（3.03%）、2- 甲基丁醇（2.88%）、2- 甲基丁酸丁酯（2.76%）、α- 法尼烯（2.75%）、丙酸丁酯（2.73%）、乙酸戊酯（1.55%）、丁酸丙酯（1.51%）、己酸丙酯（1.31%）、乙酸丙酯（1.22%）、2- 甲基丁酸丙酯（1.11%）、1- 丁醇（1.06%）等（刘玉莲等，2016）。顶空固相微萃取法提取的甘肃庆城产'长富 2 号'苹果新鲜成熟果实香气的主要成分为，乙酸己酯（27.72%）、丁酸己酯（6.98%）、2- 甲基丁基乙酸酯（5.98%）、己酸己酯（3.07%）、乙酸丁酯（2.25%）、甲酸己酯（1.71%）、丙酸己酯（1.34%）、己基正戊酸酯（1.33%）等（王锦锋，2022）。

昌红： 早熟。果形端正，高桩，果实个大，平均单果重 271g。果色浓红，着色容易，色泽艳丽，光洁美观。果肉金黄色，清脆爽口，肉质细腻，酸甜适口，品质极佳。顶空固相微萃取法提取的辽宁兴城产

‘昌红’苹果新鲜果实香气的主要成分为，乙酸己酯（33.51%）、α-法尼烯（20.57%）、顺式-3-己烯-1-醇（14.56%）、反式-2-甲基丁酸-2-己基酯（3.89%）、乙醇（2.61%）、2-甲基-1-丁醇（2.15%）、己酸己酯（1.66%）、反式-2-己烯醛（1.66%）、己醛（1.05%）等（张薇薇等，2018）。

成纪1号： 晚熟品种，果个大，平均单果重245g，高桩，果形端正。果面玫瑰红色，色泽艳丽，果肉淡黄。顶空固相微萃取法提取的甘肃静宁产‘成纪1号’苹果新鲜果实香气的主要成分（单位：µg/g）为，正己酸乙酯（3.92）、2-甲基丁酸乙酯（3.35）、反式-2-己烯醛（3.24）、乙酸己酯（2.89）、正己醇（2.49）、2-甲基丁基乙酸酯（2.37）、(E)-乙酸-2-己烯-1-醇酯（2.13）、己醛（1.26）等（万鹏等，2019）。

丹霞： 中晚熟品种。果实圆锥形，底色黄绿，有鲜红条纹，成熟时果面可全面浓红，平均单果重170g，果点小、密。果肉乳白色，肉质细、脆，汁液多，果心小，风味香甜，口感好，品质极佳。固相微萃取法提取的山东烟台产‘丹霞’苹果新鲜果实香气的主要成分为，2-己烯醛（19.43%）、α-法尼烯（12.41%）、1-丁醇（8.21%）、1-己醇（7.25%）、乙酸丁酯（5.85%）、己醛（5.17%）、己酸丁酯（4.72%）、乙酸己酯（3.49%）、丁酸乙酯（3.43%）、2-甲基丁酸己酯（3.05%）、丁酸己酯（2.59%）、对烯丙基苯甲醚（2.19%）、2-甲基丁基乙酸酯（2.03%）、己酸己酯（1.95%）、2-甲氧基-3-(2-丙烯基)-苯酚（1.56%）、2-癸烯醛（1.49%）、1-壬醇（1.24%）、1-十二醇（1.19%）、丁酸丁酯（1.15%）、壬醛（1.09%）等（孙承锋等，2015）。固相微萃取法提取的陕西杨凌产‘丹霞’苹果新鲜果实香气的主要成分（单位：µg/g）为，己酸己酯（4.16）、2-己烯醛（3.90）、乙酸己酯（3.41）、己酸丁酯（1.19）、辛酸正丁酯（0.62）、2-甲基丁酸丁酯（0.55）、正己醇（0.49）、乙酸丁酯（0.46）、正己醛（0.46）、2-甲基-1-丁醇（0.25）、丁酸丁酯（0.24）、丙酸丁酯（0.14）、2-甲基丁基己酸酯（0.10）等（王怡玢等，2018）。

斗南： 日本晚熟三倍体品种。果实圆锥至圆形，五棱微有突起，单果重250～500g，平均单果重320g。果实底色黄，果面洁净，全面着色，鲜红色，果点稍大。果肉乳黄色，肉质细而脆，有较浓的香味，味微酸，甜酸适度，品质极佳，固相微萃取法提取的山东烟台产‘斗南’苹果新鲜果实香气的主要成分为，2-己烯醛（27.88%）、α-法尼烯（12.98%）、己醛（6.21%）、1-己醇（5.82%）、乙酸丁酯（5.29%）、乙酸己酯（5.11%）、己酸丁酯（3.27%）、丁酸己酯（3.24%）、己酸己酯（2.76%）、1-丁醇（2.65%）、辛醛（2.61%）、2-己烯醇（2.44%）、2-己烯-1-醇乙酸酯（1.92%）、丁酸丁酯（1.77%）、乙酸（1.74%）、对烯丙基苯甲醚（1.56%）、1-辛硫醇（1.46%）、丁酸乙酯（1.37%）、2-癸烯醛（1.28%）、2-十一烯醛（1.13%）、壬醛（1.12%）、2-甲基丁基乙酸酯（1.10%）等（孙承锋等，2015）。

粉红女士（Pink Lady）： 澳大利亚由‘威廉女士’（Lady Williams）和‘金冠’（Golden Delicious）杂交培育的红色晚熟品种。果实椭圆形，中等大小，果形端正，高桩。果实底色绿黄，全面着粉红色或鲜红色，色泽艳丽，果面洁净，无果锈。果点中大、中密。味酸甜。固相微萃取法提取的陕西杨凌产‘粉红女士’苹果新鲜果实香气的主要成分为，2-甲基丁酸己酯（18.85%）、乙酸己酯（12.26%）、己酸己酯（12.24%）、2-己烯醛（7.30%）、α-法尼烯（5.29%）、丁酸己酯（4.95%）、2-烯己酯（4.70%）、2-甲基-1-丁基乙酸酯（4.14%）、己酸丁酯（4.10%）、辛酸丁酯（2.79%）、2-甲基丁酸丁酯（2.47%）、邻二甲苯（1.92%）、辛酸己酯（1.64%）、丙酸己酯（1.55%）、1,3-二甲基苯（1.42%）、乙酸丁酯（1.34%）、己酸戊酯（1.21%）、丁酸丁酯（1.03%）等（刘俊灵等，2019）。溶液萃取法提取的陕西关中产‘粉红女士’苹果果实香气的主要成分为，8,11-二烯十八酸甲酯（18.40%）、α-法尼烯（12.78%）、十八烯酸己酯（5.55%）、1,3-辛二醇（4.29%）、1-己醇（3.40%）、二十八烷烃（3.15%）、异丙基亚油酸（2.78%）、(S)-2-甲基-1-丁醇（1.66%）、乙酸己酯（1.62%）、2-甲基己酯（1.01%）等（史清龙等，2005）。固相微萃取法提取的陕西铜川产‘粉红女士’苹果新鲜成熟果实香气的主要成分为，(E)-2-己烯醛（5.42%）、1-己醇（3.75%）、己醛（3.52%）、乙酸己酯（2.45%）、2-甲基乙酸-1-丁酯（2.03%）、2-甲基丁酸己酯（1.32%）、乙酸戊酯（1.05%）等（金宏等，2009）。有机溶剂萃取法提取的陕西扶风产'粉红女士'苹果新鲜成熟果实香气的主要成分（单位：µg/kg）为，法尼烯（59927.35）、2-甲基丁酸（13489.28）、乙酸己酯（10950.13）、(E)-2-己烯醛（10182.63）、2-甲基丁酸己酯（8359.77）、己醛（5851.83）、3-己烯醛（4230.24）、己酸己酯（3539.66）、壬醛（2910.82）、己醇（2338.60）、2-甲基-1-丁醇（2127.55）、乙酸-2-甲基丁酯（1572.68）、己酸丁酯（976.52）、丁酸己酯（834.45）、法尼醇（640.65）、2,4-葵二烯醛（525.17）等（田林平等，2022）。

福丽： '特拉蒙'×'富士'，鲜食品种。平均单果重239.8g，果面光洁，果实全面着浓红色，汁液中多，风味甘甜，香气浓郁。顶空固相微萃取法提取的山东青岛产自然授粉'福丽'苹果新鲜成熟果实香气的主要成分为，反式-2-己烯醛（19.91%）、乙酸己酯（14.49%）、2-甲基丁基乙酸酯（12.78%）、己醛（9.76%）、2-甲基丁酸己酯（6.85%）、1,3-辛二醇（4.44%）、α-金合欢烯（2.65%）、2-甲基丁醇（2.51%）、丁酸己酯（1.24%）、己酸己酯（1.18%）、丁醇（1.07%）等；用'福蕾'花粉授粉的'福丽'苹果新鲜成熟果实香气的主要成分为，乙酸己酯（17.97%）、2-甲基丁酸己酯（16.63%）、反式-2-己烯醛（14.10%）、2-甲基丁基乙酸酯（7.33%）、己醛（5.97%）、己酸己酯（3.80%）、1,3-辛二醇（2.91%）、丁酸己酯（2.34%）、乙酸丁酯（1.99%）、α-金合欢烯（1.98%）、2-甲基丁醇（1.59%）、2-甲基丁酸丁酯（1.29%）等（焦嘉乐等，2023）。

富士（Fuji）： 日本以'国光'为母本、'元帅'为父本杂交育成的晚熟品种。果实遍体通红，形状很圆，果肉紧密，甜美清脆。水蒸气蒸馏法提取的河南济源产'富士'苹果新鲜果实香气的主要成分为，十六烷酸（14.87%）、二十七烷（13.57%）、1,3,5-环庚三烯（8.41%）、2,6,6-三甲基-3,1,1-双环庚烷（6.53%）、乙酸（6.01%）、十六碳烯酸-1-甲基-乙基酯（5.12%）、乙醇（4.74%）、1-甲基-3-（1-甲基-乙基）苯（3.64%）、邻二甲苯（2.93%）、乙苯（1.92%）、甲基羟丙二酸（1.81%）、丁基羟基甲苯（1.73%）、丙酮（1.59%）、1-甲基-4-（1-甲基-乙烯基）环己烯（1.48%）、2-呋喃甲醛（1.14%）等（阎振立等，2005）。顶空固相微萃取法提取的陕西杨凌产'富士'苹果新鲜果实香气的主要成分为，乙酸己酯（13.29%）、2-甲基丁酸己酯（11.95%）、1,3-二甲基苯（9.51%）、己酸己酯（8.64%）、2-甲基-1-丁基乙酸酯（8.02%）、2-己烯醛（6.50%）、丁酸己酯（5.77%）、2-烯己酯（5.31%）、邻二甲苯（4.73%）、(E)-乙酸叶醇酯（4.17%）、α-法尼烯（3.38%）、己醛（2.50%）、己酸丁酯（2.13%）、正己醇（2.13%）、乙酸丁酯（1.74%）、己酸戊酯（1.60%）、丙酸己酯（1.56%）、丁酸丁酯（1.09%）、壬醛（1.02%）等（刘俊灵等，2019）。顶空固相微萃取法提取的山东烟台产'富士'苹果新鲜果实香气的主要成分为，乙酸-2-甲基丁酯（27.08%）、乙酸己酯（20.11%）、乙酸丁酯（13.56%）、丁酸乙酯（5.44%）、1-己醇（4.42%）、戊酸乙酯（4.17%）、1-丁醇（3.85%）、丙酸-2-甲基丙酯（2.89%）、2-甲基-1-丁醇（2.50%）、丁酸丁酯（2.16%）、己酸-4-己烯酯（2.14%）、丁酸己酯（1.79%）、2-甲基丁酸丁酯（1.46%）、丁酸-2-甲基-乙酯（1.30%）、己酸乙酯（1.16%）、乙酸戊酯（1.15%）、(Z)-乙酸叶醇酯（1.06%）等（赵玲玲等，2018）。顶空固相微萃取法提取的山东泰安产'富士'苹果新鲜果实香气的主要成分为，α-法尼烯（26.67%）、反式-2-己烯醛（12.20%）、2-甲基-1-丁醇乙酸酯（11.86%）、己醛（10.91%）、乙酸己酯（7.90%）、反式-2-甲基丁酸-2-己基酯（6.40%）、1-辛醇（5.92%）、己酸丁酯（5.55%）、顺式-3-己烯-1-醇乙酸酯（4.24%）、2-甲基丁酸丁酯（4.13%）、己酸己酯（3.20%）、1-己醇（2.13%）、1-丁醇（1.90%）、2-甲基丁酸丙酯（1.54%）、乙酸丁酯（1.10%）等。顶空固相微萃取法提取的甘肃产'富士'苹果新鲜果实香气的主要成分为，己醛（22.07%）、乙酸己酯（19.81%）、反式-2-己烯醛（9.00%）、2-甲基丁酸丙酯（5.34%）、α-法尼烯（5.14%）、3-甲基丁酸丁酯（4.47%）、顺式-2-己烯-1-醇乙酸酯（3.92%）、2-甲基丁酸丁酯（3.02%）、1-辛醇（2.98%）、己酸丁酯（2.75%）、1-丁醇（2.48%）、乙酸丁酯（2.14%）、2-甲基丁基乙酸酯（1.88%）、1-己醇（1.63%）等；顶空固相微萃取法提取的河北产'富士'苹果新鲜果实香气的主要成分为，1-丁醇（22.35%）、乙酸己酯（20.80%）、反式-2-己烯醛（14.74%）、2-甲基-1-丁醇乙酸酯（9.20%）、己醛（8.44%）、己酸乙酯（6.58%）、1-己醇（4.25%）、顺式-2-己烯-1-醇乙酸酯（2.40%）、2-甲基丁酸丁酯（2.34%）、乙酸丁酯（2.31%）、α-法尼烯（2.13%）、己酸己酯（1.56%）、反式-2-壬烯-1-醇（1.11%）、1-辛醇（1.05%）、2-甲基丁基乙酸酯（1.02%）等（张薇薇等，2018）。顶空固相微萃取法提取的山东泰安产'富士'苹果新鲜果实香气的主要成分为，(E)-2-己烯醛（23.97%）、己醛（23.39%）、3-甲基乙酸丁酯（8.69%）、2-甲基丁酸乙酯（5.99%）、2-甲基-1-丁醇（4.83%）、乙酸己酯（3.90%）、乙酸乙酯（3.81%）、己醇（3.23%）、乙酸丙酯（3.07%）、乙酸丁酯（2.48%）、乙醇（2.42%）、丙酸乙酯（2.24%）、甲氧基苯基肟（1.92%）、2-甲基丁酸丙酯（1.52%）、丙酸丙酯（1.15%）、乙醛（1.07%）等（冯涛等，2010）。顶空固相微萃取法提取的辽宁熊岳产'富士'苹果新鲜果实香气的主要成分为，1-己醇（23.26%）、α-法尼烯（16.42%）、2-甲基-1-丁醇（8.95%）、6-甲基-5-庚烯二酮（7.32%）、丁酸丙酯（1.74%）等（吴继红等，2005）。热脱附法提取的河北保定产'富士'苹果新鲜成熟果实香气的主要成分（单位：μg/kg）为，丁酸乙酯（53.31）、乙酸丁酯（43.17）、1-丁醇（42.46）、乙酸3-甲基丁酯（25.98）、己醛（18.76）、乙酸乙酯（18.11）、2-甲基丁醇（14.70）、甲酸丙烯酯（10.68）、乙醇（10.24）、异丙醇（6.54）、乙酸丙酯（6.32）、1-丙醇（3.78）、2-甲基丁酸乙酯（3.31）、2-己烯醛（2.31）、丙酸乙酯（2.12）、2-甲基-1-丙醇（1.89）、丁醛（1.81）、乙酸-2-甲基丙酯（1.37）、戊醛（1.07）等（乜兰春等，2006）。水蒸气蒸馏法提取的山西太谷产'富士'苹果新鲜成熟果实果肉香气的主要成分（单位：mg/kg）为，乙醇（503.43）、乙酸乙酯（221.86）、乙醛（91.77）、异戊醇（28.61）、丙酸乙酯（27.95）、丁酸乙酯（17.86）、丙醇（14.05）、己醇（12.61）、戊醇（5.41）、乙酸异戊酯（5.04）、丁醇（3.19）、异丁醇（1.28）等（牛自勉等，1996）。固相微萃取法提取的陕西杨凌产'富士'苹果新鲜果实香气的主要成分（单位：μg/g）为，己酸己酯（2.14）、2-己烯醛（1.66）、己酸丁酯（0.76）、辛酸正丁酯（0.67）、乙酸己酯（0.39）、正己醇（0.31）、2-甲基丁酸丁酯（0.25）、2-甲基丁基己酸酯（0.11）、正己醛（0.10）等（王怡玢等，2018）。固相微萃取法提取的江苏丰县产'富士'苹果新鲜成熟果实香气的主要成分为，乙酸异戊酯（21.18%）、2-甲基-1-丁醇（14.29%）、反-2-己烯醛（13.95%）、己醛（11.72%）、1-己醇（10.95%）、乙酸丁酯（7.32%）、1-丁醇（4.53%）、2-甲基丁酸（1.77%）、乙酸己酯（1.67%）、丁酸乙酯（1.60%）、丙酸丁酯（1.18%）、正乙酸丙酯（1.13%）等（牛丽影等，2020）。顶空固相微萃取法提取陕西杨凌产'富士'苹果新鲜成熟果实果肉香气的主要成分为，2-己烯醛（27.14%）、2-甲基-1-丁基乙酸酯（24.08%）、乙酸己酯（9.62%）、正己醇（5.10%）、己醛（4.94%）、己酸丁酯（4.86%）、2-甲基丁酸己酯（4.64%）、2-甲基丁酸丁酯（4.33%）、2-甲基-丁酸丙酯（3.39%）、2-甲基-1-丁醇（2.62%）、丁酸己酯（1.20%）等（靳元凯等，2022）。固相微萃取法提取的山东烟台产极早熟'富士'苹果新鲜果实香气的主要成分为，2-己烯醛（24.16%）、2-甲基丁基乙酸酯（11.94%）、乙酸丁酯（11.74%）、己醛（7.36%）、1-己醇（7.10%）、己酸丁酯（6.88%）、乙酸己酯（6.14%）、α-法尼烯（4.76%）、1-丁醇（4.34%）、丁酸己酯（1.80%）、2-甲基丁酸己酯（1.29%）、己酸己酯（1.03%）等（孙承锋等，2015）。

红富士（Red Fuji）： 从普通富士的芽（枝）变中选育出的着色系富士的统称。果形为扁形和桩形。果面光滑、蜡质多、果粉少、干净无果锈。果皮底色黄绿，果面条红或片红，果肉黄白色，肉质细密，硬度大，果汁多，味香，含糖高，酸甜适度。顶空固相微萃取法提取的甘肃宁静产'红富士'苹果新鲜果实香气的主要成分为，2-甲基丁酸己酯（33.22%）、α-法尼烯（20.77%）、乙酸己酯（11.95%）、己酸己酯（8.80%）、乙酸-2-甲基丁酯（7.62%）、丁酸己酯（7.38%）、己酸-3-甲基丁酯（1.46%）、2-甲基丁酸丁酯（1.33%）、2-甲基丁酸-2-甲基丁酯（1.00%）等（陶晨等，2011）。

精品红富士（Fine Fuji）： 有冰糖心。顶空固相微萃取法提取的山东烟台产'精品红富士'苹果新鲜果实香气的主要成分为，α-法尼烯（44.81%）、乙酸己酯（15.56%）、丁酸己酯（11.24%）、2-甲基丁酸己酯（10.33%）、己酸己酯（5.56%）、乙酸-2-甲基丁酯（5.49%）、乙酸丁酯（2.39%）、2-甲基丁酸丁酯（1.75%）、丁酸丁酯（1.47%）等（陶晨等，2011）。

富士美满： 晚熟。顶空固相微萃取法提取的甘肃静宁产'富士美满'苹果新鲜果实香气的主要成分（单位：μg/g）为，乙酸己酯（6.14）、(E)-乙酸-2-己烯-1-醇酯（2.78）、2-甲基丁基乙酸酯（2.12）、正己酸乙酯（1.45）、正己醇（1.44）等（万鹏等，2019）。

嘎拉（Gala）： 新西兰早熟品种。果实圆锥形或柱形，平均单果重150g，果面红色，肉质细脆。固相微萃取法提取的陕西杨凌产'嘎拉'苹果新鲜果实香气的主要成分为，乙酸己酯（19.12%）、2-甲基丁酸己酯（11.15%）、2-甲基-1-丁基乙酸酯（8.76%）、乙酸戊酯（7.82%）、己酸己酯（7.65%）、2-己烯醛（6.73%）、α-法尼烯（5.26%）、丁酸己酯（4.84%）、3-甲基-丁酸戊酯（4.69%）、草蒿脑（3.70%）、丙酸己酯（2.81%）、乙酸丁酯（2.50%）、2-甲基丁酸丁酯（2.16%）、辛酸丁酯（1.43%）、2-烯己酯（1.26%）、己醛（1.20%）等（刘俊灵等，2019）。顶空固相微萃取法提取的甘肃庆城产'嘎拉'苹果新鲜成熟果实香气的主要成分为，乙酸己酯（19.39%）、2-甲基-1-丁基乙酸酯（12.86%）、2-己烯醛（9.78%）、草蒿脑（8.14%）、异戊酸己酯（5.85%）、乙酸丁酯（5.70%）、正己醇（5.48%）、乙酸戊酯（5.37%）、己酸己酯（3.16%）、3-甲基-丁酸戊酯（2.58%）、2-甲基-丁酸丁酯（2.12%）、5-烯己酯（1.92%）、丁酸己酯（1.76%）、5-羟甲基糠醛（1.58%）、乙酸丙酯（1.54%）、己醛（1.06%）、丙酸己酯（1.00%）等（陶茹等，2021）。固相微萃取法提取的山东栖霞产'嘎拉'苹果新鲜成熟果实香气的主要成分（单位：μg/g）为，乙酸-2-甲基丁酯（0.745）、乙酸己酯（0.626）、乙酸丁酯（0.279）、丁酸己酯（0.159）、1-己醇（0.146）、(E)-2-己烯醛（0.131）、2-甲基丁酸丁酯（0.129）、丁酸丁酯（0.122）、2-甲基丁酸己酯（0.099）、乙酸戊酯（0.093）、己醛（0.079）等（王海波等，2016）。顶空萃取法提取的陕西宝鸡产'嘎拉'苹果新鲜九成熟果实香气的主要成分（单位：μg/g）为，2-己烯醛（1.070）、乙酸丁酯（0.932）、乙酸己酯（0.896）、1-己醇（0.555）、肉豆蔻酸异丙酯（0.498）、3-甲基-1-己醇（0.295）、双(2-甲基丙基)-1,2-苯二甲酸酯（0.247）、二异丁基戊二酸酯（0.149）、(E)-1-(2,6,6-三甲基-1,3-环己二烯-1-基)-2-丁烯-1-酮（0.146）、2-甲基-3-羟基-2,2,4-三甲基丙酸戊酯（0.144）、邻苯二甲酸二丁酯（0.127）等（张鹏等，2019）。

甘红： 韩国品种。果实长圆形、匀称，极为高桩，呈直筒状。果实大型，平均单果重288g。果面底色为黄绿色，全面着条纹、鲜红色，着色快。果皮薄，果点不明显，果面光亮，艳丽美观。果肉乳白色，汁液多，脆甜、微酸，香味浓郁，品质上等。固相微萃取法提取的山东烟台产'甘红'苹果新鲜果实香气的主要成分为，2-己烯醛（19.30%）、2-甲基丁基乙酸酯（10.40%）、2-甲基丁酸己酯（10.20%）、α-法尼烯（9.97%）、乙酸丁酯（6.43%）、丁酸己酯（6.38%）、1-丁醇（6.36%）、1-己醇（4.65%）、己酸己酯（4.48%）、乙酸己酯（3.46%）、己醛（2.58%）、己酸丁酯（2.53%）、苯甲醚（2.16%）、丁酸丁酯（1.53%）、1-十二醇（1.08%）等（孙承锋等，2015）。顶空固相微萃取法提取的山东烟台产'甘红'苹果新鲜成熟果实香气的主要成分为，α-法尼烯（19.92%）、3,7,11-三甲基-2,6,10-十二烯-1-醇（14.02%）、己酸己酯（9.98%）、艾草醚（8.12%）、2-甲基丁酸己酯（7.70%）、正己醇（6.85%）、2-己烯醛（3.46%）、丁酸己酯（2.92%）、乙酸己酯（2.38%）、1,3-辛二醇（2.04%）、辛酸己酯（1.79%）、3-(丁-3-烯基)-环己酮（1.65%）、3,7,11-三甲基-1,3,6,10-十二碳-四烯（1.47%）、正十六酸（1.47%）、反式-2-己烯基己酸（1.41%）、2-甲基-3-辛醇（1.27%）、2,2,4-三甲基-1,3-戊二醇二异丁酸酯（1.09%）、2-己烯-1-醇乙酸酯（1.00%）等（孙燕霞等，2022）。

宫崎短枝（Miyazaki Short Branch）： 日本从'富士'中选育出的半短枝型'红富士'芽变

晚熟品种。果面光洁，色泽鲜艳，肉质细脆多汁。顶空固相微萃取法提取的山东烟台产'宫崎短枝'苹果新鲜成熟果实香气的主要成分为，乙酸己酯（66.95%）、2-甲基丁酸己酯（14.92%）、丁酸己酯（7.75%）、2-甲基乙酸丁酯（2.43%）、α-法尼烯（1.81%）等（刘美英等，2020）。

国光（Ralls）：美国品种。果实扁圆形，体积较小，平均单果重150g。底色黄绿，大多青中泛红或通体翠绿，贮存后变为红色或嫩黄色，果粉多。果肉白或淡黄色，肉质脆，较细，汁多，味酸甜。顶空固相微萃取法提取的辽宁兴城产'国光'苹果新鲜果实香气的主要成分为，α-法尼烯（25.58%）、己醛（24.36%）、1-己醇（9.16%）、反式-2-己烯醛（8.56%）、2-甲基-1-丁醇（3.07%）、乙酸己酯（2.53%）、顺-2-己烯-1-醇（2.30%）等（张薇薇等，2018）。顶空固相微萃取法提取的辽宁熊岳产'国光'苹果新鲜果实香气的主要成分为，丁酸甲酯（29.15%）、6-甲基-5-庚烯二酮（18.96%）、α-法尼烯（11.18%）、2-甲基-1-丁醇（9.28%）、己酸乙酯（5.04%）、2-甲基丁酸己酯（3.46%）、丙酸乙酯（1.83%）、1-辛醇（1.75%）等（吴继红等，2005）。顶空固相微萃取法提取的'国光'苹果新鲜果实香气的主要成分（单位：μg/kg）为，己醛（323.01）、反-2-己烯醛（162.40）、1-己醇（160.55）、乙酸丁酯（67.56）、乙酸异戊酯（29.95）、(S)-2-甲基-1-丁醇（9.52）、(E)-2-辛烯醛（6.56）、苯甲醛（6.33）、丁酸己酯（5.17）、6-甲基-5-庚烯-2-酮（4.73）、(E)-2-庚烯醛（3.94）、乙酸己酯（3.21）、2-甲基丁酸己酯（2.92）、己酸己酯（1.55）、α-法尼烯（1.35）、丁酸丁酯（1.32）等（段亮亮等，2012）。顶空固相微萃取法提取的山东龙口产'国光芽变'苹果新鲜果实香气的主要成分（单位：μg/g）为，己酸乙酯（0.056）、(E)-2-己烯-1-醇（0.051）、2-甲基丁酸己酯（0.047）、丁酸己酯（0.041）、α-法尼烯（0.037）、丙酸己酯（0.031）、2-甲基丁酸乙酯（0.026）、己酸己酯（0.026）、2-己烯醛（0.021）、丁酸乙酯（0.016）等；'国光'苹果新鲜果实香气的主要成分（单位：μg/g）为，(E)-2-己烯-1-醇（0.041）、丁酸己酯（0.035）、2-甲基丁酸己酯（0.035）、α-法尼烯（0.029）、己酸乙酯（0.026）、2-己烯醛（0.016）、己酸己酯（0.015）、丁酸乙酯（0.010）等（王传增等，2012）。顶空固相微萃取法提取的山东泰安产'国光'苹果新鲜成熟果实香气的主要成分为，(E)-2-己烯醛（37.92%）、己醛（26.39%）、己醇（9.71%）、乙醇（4.65%）、丁醇（3.91%）、(Z)-3-己烯醛（2.48%）、乙酸乙酯（1.74%）等（冯涛等，2006）。

寒富：以'东光'为母本、'富士'为父本杂交选育出的抗寒晚熟品种。果短圆锥形，呈鲜红色，肉质酥脆，汁多味浓，有香气。顶空固相微萃取法提取的辽宁新民产'寒富'苹果新鲜果实香气的主要成分为，α-法尼烯（27.00%）、反式-2-己烯醛（24.65%）、己醛（24.37%）、1-己醇（10.25%）、丁酸己酯（4.05%）、己酸己酯（2.15%）、己酸乙酯（1.26%）、2-甲基-1-丁醇（1.23%）、乙酸己酯（1.00%）等（张薇薇等，2018）。顶空固相微萃取法提取的甘肃静宁产'寒富'苹果新鲜果实香气成分的主要成分（单位：μg/g）为，正己醇（4.26）、2-甲基丁酸（4.21）、(E)-乙酸-2-己烯-1-醇酯（2.04）、己醛（1.39）等（万鹏等，2019）。静态顶空萃取法提取的山东泰安产'寒富'苹果新鲜果实香气成分的主要成分（单位：μg/g）为，(E,E)-2,4-癸二烯醛（0.203）、己醛（0.096）、1-己醇（0.088）、(E)-2-己烯醛（0.080）、1-丁醇（0.071）、乙醇（0.055）、2-甲基-1-丁醇（0.046）、癸醛（0.041）、(E)-2-庚烯醛（0.035）、壬醛（0.027）等（李慧峰等，2011）。静态顶空萃取法提取的山东肥城产'寒富'苹果新鲜成熟果实香气的主要成分（单位：μg/g）为，1-己醇（0.09）、己醛（0.09）、(E)-2-己烯醛（0.08）、1-丁醇（0.07）、乙醇（0.06）、2-甲基-1-丁醇（0.05）等（王玉霞等，2013）。静态顶空萃取法提取的新疆石河子产'寒富'苹果新鲜成熟果实香气的主要成分（单位：μg/g）为，乙酸己酯（3.00）、2-甲基丁酸乙酯（0.44）、1-己醇（0.20）、丁酸乙酯（0.09）等（李淑玲等，2013）。顶空萃取法提取的辽宁鞍山产'寒富'苹果新鲜九成熟果实香气的主要成分（单位：μg/g）为，2-己烯醛（0.525）、己醛（0.157）、2-甲基-4-戊烯醛（0.111）、1,3-辛二醇（0.099）、8-十七烷醇（0.029）等（张鹏等，2019）。顶空微萃取法提取的辽宁喀左产'寒富'苹果新鲜成熟果实香气的主要成分为，甲醚（20.81%）、2,3- 丁二醇（11.05%）、1- 甲氧基己烷（9.94%）、2,4,5- 三甲基 -1,3- 二噁茂烷（8.19%）、1- 甲氧基 -2- 甲基丁烷（5.93%）、2- 甲基丁酸乙酯（5.75%）、2- 甲基丁酸己酯（4.92%）、丙酸甲酯（4.06%）、2- 甲基 -2- 丁酸乙酯（2.22%）、己醇（1.96%）、丁酸己酯（1.54%）、3- 氟 -1- 丙烯（1.04%）等（李丽杰等，2020）。

红宝石：'国光' × '元帅' 杂交育成，果实近圆形，果个特大，平均单果重 516g。果面全面浓红色，鲜艳亮丽，富有光泽。果肉鲜红色至浓红色，肉质细密，硬脆爽口，汁多无渣，浓甜微酸，气味芳香，香味浓郁，品质上。固相微萃取法提取的山东栖霞产 '红宝石' 苹果新鲜成熟果实香气的主要成分（单位：μg/g）为，乙酸 -2- 甲基丁酯（0.911）、乙酸己酯（0.597）、乙酸丁酯（0.298）、2- 甲基丁酸丁酯（0.298）、丁酸己酯（0.209）、2- 甲基丁酸己酯（0.204）、丁酸丁酯（0.180）、1- 己醇（0.158）、(E)-2- 己烯醛（0.115）、2- 甲基丁酸丙酯（0.098）、丁酸丙酯（0.097）、乙酸戊酯（0.092）、α- 法尼烯（0.085）、2- 甲基 -1- 丁醇（0.084）、丙酸丁酯（0.077）、己醛（0.054）等（王海波等，2016）。

红脆 1 号（Red Crisp 1）： 从新疆红肉苹果 × '红富士' 杂交 F_1 代群体中选出，类黄酮含量高，味感偏酸。静态顶空萃取法提取的山东泰安产 '红脆 1 号' 苹果新鲜果实香气的主要成分（单位：μg/g）为，1- 己醇（1.31）、乙酸己酯（1.27）、乙酸丁酯（0.88）、(E)-2- 己烯醛（0.39）、6- 甲基 -5- 庚烯 -2- 酮（0.27）、丁酸己酯（0.17）、己酸乙酯（0.13）等（王立霞等，2014）。

红脆 3 号（Red Crisp 3）： 从新疆红肉苹果 × '红富士' 杂交 F_1 代群体中选出。静态顶空萃取法提取的山东泰安产 '红脆 3 号' 苹果新鲜果实香气的主要成分（单位：μg/g）为，1- 己醇（0.93）、乙酸丁酯（0.88）、2- 甲基丁酸己酯（0.56）、6- 甲基 -5- 庚烯 -2- 酮（0.56）、(E)-2- 己烯醛（0.45）、丁酸己酯（0.35）、己醛（0.33）、乙酸 -2- 甲基丁酯（0.31）、乙酸己酯（0.27）、2- 甲基丁酸丁酯（0.21）、己酸乙酯（0.21）等（王立霞等，2014）。

红脆 4 号（Red Crisp 4）： 从新疆红肉苹果 × '红富士' 杂交 F_1 代群体中选出。静态顶空萃取法提取的山东泰安产 '红脆 4 号' 苹果新鲜果实香气的主要成分（单位：μg/g）为，乙酸丁酯（1.71）、1- 己醇（0.93）、己酸乙酯（0.49）、丁酸丁酯（0.34）、乙酸己酯（0.33）、乙酸戊酯（0.22）、乙酸 -2- 甲基丁酯（0.20）、(E)-2- 己烯醛（0.16）、己醛（0.15）等（王立霞等，2014）。

红脆酸 5 号（Red Crisp Acid 5）： 从新疆红肉苹果 × '红富士' 杂交 F_1 代群体中选出，味感偏酸。静态顶空萃取法提取的山东泰安产 '红脆酸 5 号' 苹果新鲜果实香气的主要成分（单位：μg/g）为，1- 己醇（1.83）、乙酸己酯（1.74）、2- 甲基丁酸丁酯（0.85）、己醛（0.84）、(E)-2- 己烯醛（0.83）、2- 甲基丁酸己酯（0.43）、己酸乙酯（0.25）、丁酸己酯（0.14）、丙酸丁酯（0.13）等（王立霞等，2014）。

红盖露：'嘎拉' 的红色芽变品种，早熟。果实圆锥形，高桩，平均单果重 180g，成熟后果面全红，果皮光滑，果点大。顶空固相微萃取法提取的甘肃静宁产 '红盖露' 苹果新鲜果实香气的主要成分（单位：μg/g）为，乙酸己酯（5.44）、(E)- 乙酸 -2- 己烯 -1- 醇酯（3.55）、反式 -2- 己烯醛（1.41）、乙酸丁酯（1.34）、2- 甲基丁基乙酸酯（1.13）、六甲基环三硅氧烷（1.09）等（万鹏等，2019）。

红将军（红王将，Beni Shogun）： 日本早熟红富士的浓红型芽变品种。果实比红富士略大，果个均匀。固相微萃取法提取的山东烟台产 '红将军' 苹果新鲜果实香气的主要成分为，α- 法尼烯（40.58%）、己酸己酯（13.82%）、乙酸己酯（7.52%）、2- 甲基丁基乙酸酯（5.26%）、正己醇（4.97%）、2- 己烯醛（4.88%）、2- 甲基丁酸己酯（4.81%）、己酸丁酯（4.72%）、乙酸丁酯（3.28%）、十甲基环戊硅氧烷

（1.49%）、2- 甲基 -1- 丁醇（1.34%）、正己醛（1.14%）等（唐岩等，2017）。固相微萃取法提取的辽宁海城产'红将军'苹果新鲜果实香气的主要成分为，2- 甲基 - 丁酸己酯（20.16%）、丁酸己酯（14.91%）、α- 法尼烯（14.57%）、乙酸己酯（14.48%）、2- 甲基 -1- 丁醇乙酸酯（4.80%）、己酸己酯（4.34%）、2- 甲基 - 丁酸丁酯（3.31%）、乙酸丁酯（2.44%）、丁酸丁酯（2.42%）等（张博等，2008）。顶空固相微萃取法提取的山东龙口产'红将军'苹果新鲜果实香气的主要成分（单位：µg/g）为，乙酸 -2- 己烯酯（0.108）、2- 甲基乙酸丁酯（0.107）、2- 甲基丁酸己酯（0.047）、2- 甲基丁酸丁酯（0.043）、甲酸己酯（0.040）、丁酸己酯（0.028）、丙酸己酯（0.021）、3- 甲基丁酸丁酯（0.016）、α- 法尼烯（0.014）、2- 甲基丁酸 -2- 甲基丁酯（0.011）等（王传增等，2012）。

红魁（Red Astrachan）： 俄罗斯早熟品种。果形扁圆，色泽红，肉质松软，汁液少，风味酸。静态顶空萃取法提取的新疆石河子产'红魁'苹果新鲜成熟果实香气的主要成分（单位：µg/g）为，乙酸己酯（1.21）、丁酸乙酯（1.15）、1- 己醇（0.41）、2- 甲基乙酸甲酯（0.27）、甲苯（0.06）等（李淑玲等，2013）。

红露： 韩国中熟品种。果实圆形，高桩，果个大，果面光亮洁净，底色黄绿，着鲜红色，色泽艳丽。果肉黄白色，脆甜多汁。顶空固相微萃取法提取的山东蓬莱产'红露'苹果新鲜成熟果实香气的主要成分为，己醛（30.07%）、(E)-2- 己烯醛（25.32%）、2- 甲基 -1- 丁醇（11.71%）、1- 己醇（9.18%）、1- 丁醇（7.79%）、2- 甲基丁酸己酯（1.54%）、2- 甲基丁酸丁酯（1.36%）等（姜中武等，2009）。

红玫瑰（Red Rose）： 新西兰品种。果皮颜色红亮如盛开的玫瑰花，并透出淡淡玫瑰香味，故此而得名红玫瑰，又名"浪漫之果"。果肉脆嫩，多汁香甜，微酸。顶空固相微萃取法提取的美国华盛顿产'红玫瑰'苹果新鲜果实香气的主要成分为，丁酸己酯（25.46%）、乙酸己酯（21.10%）、α- 法尼烯（17.44%）、2- 甲基丁酸己酯（9.60%）、己酸己酯（4.78%）、己酸丙酯（3.61%）、丁酸丙酯（2.75%）、丁酸乙酯（2.50%）、丁酸丁酯（2.31%）、己醇（1.82%）、己酸乙酯（1.48%）、2- 甲基乙酸丁酯（1.43%）、乙酸丁酯（1.21%）等（陶晨等，2011）。

红蛇果（红元帅，Red Delicious）： 美国从'红香蕉'的浓条红型芽变品种中选育的品种，是世界主要栽培品种之一。果实圆锥形，顶大底小，果皮霞红色，带有深色条纹，表面光泽。果肉黄白色，肉质甜脆多汁，有浓郁的芳香。顶空固相微萃取法提取的美国华盛顿产'红蛇果'苹果新鲜果实香气的主要成分为，乙酸己酯（23.16%）、α- 法尼烯（22.85%）、乙酸 -2- 甲基丁酯（15.01%）、2- 甲基丁酸己酯（13.70%）、己酸丁酯（9.93%）、己酸己酯（6.07%）、2- 甲基丁酸丁酯（1.73%）、己酸 -3- 甲基丁酯（1.25%）等（陶晨等，2011）。

红心 7 号： 从新疆红肉苹果杂交一代（F$_1$）与'嘎拉'苹果品种的杂交二代（F$_2$）中选育出，涩味很轻，味感甜酸适口。顶空固相微萃取法提取的山东泰安产'红心 7 号'苹果新鲜果实香气的主要成分（单位：µg/g）为，乙酸己酯（0.158）、乙酸 -(E)-3- 己烯酯（0.097）、壬醛（0.015）、己醛（0.011）等（刘静轩等，2017）。

红心 9 号： 从新疆红肉苹果杂交一代（F$_1$）与'嘎拉'苹果品种的杂交二代（F$_2$）中选育出。顶空固相微萃取法提取的山东泰安产'红心 9 号'苹果新鲜果实香气的主要成分（单位：µg/g）为，乙酸己酯（0.934）、乙酸 -2- 甲基丁酯（0.510）、丁酸己酯（0.285）、乙酸丁酯（0.146）、丙酸丁酯（0.126）、丁酸丁酯（0.108）、丁酸丙酯（0.101）、乙酸 -(E)-3- 己烯酯（0.098）、丙酸己酯（0.092）、乙酸戊酯（0.062）、2- 甲基丁酸己酯（0.051）、2- 甲基丁酸丁酯（0.049）、(E)-2- 己烯醛（0.034）、丁酸乙酯（0.024）、己酸乙酯

（0.019）等（刘静轩等，2017）。

红星（Starking）：美国中熟品种，果实圆形，较大，果面光滑，蜡质厚，果面有光泽，初上色时有明显的红条纹，充分着色后全果浓红，并有明显的紫红粗条纹，颜色鲜艳，果粉较多。果肉淡黄色，松脆，果汁多，味甜，有浓郁的果香味。顶空固相微萃取法提取的山东泰安产'红星'苹果新鲜果实香气的主要成分为，(E)-2- 己烯醛（37.37%）、己醛（17.09%）、3- 甲基乙酸丁酯（12.05%）、2- 甲基乙酸丁酯（12.03%）、己醇（5.81%）、乙酸己酯（4.68%）、(E,E)-2,4- 己二烯醛（4.47%）、乙醇（4.17%）、乙酸丙酯（2.60%）等（冯涛等，2010）。水蒸气蒸馏法提取的山西太谷产'红星'苹果新鲜成熟果实果肉香气的主要成分（单位：mg/kg）为，乙醇（640.05）、丁酸乙酯（158.95）、乙酸乙酯（99.42）、乙醛（69.99）、异戊醇（28.71）、己醇（18.82）、丙醇（13.19）、乙酸异戊酯（4.86）、丙酸乙酯（4.31）、丁醇（4.22）、异丁醇（2.43）、戊醇（1.45）等（牛自勉等，1996）。顶空固相微萃取法提取的北京产'红星'苹果新鲜成熟果实香气的主要成分为，丁酸 -2- 甲基己酯（16.52%）、丁酸己酯（6.27%）、月桂酸戊酯（2.92%）、2- 甲基乙酸丁酯（2.74%）、己酸异戊酯（2.11%）、乙酸己酯（2.04%）、己酸丙酯（1.83%）、2- 甲基丁酸丁酯（1.45%）、己酸戊酯（1.04%）等；果汁香气的主要成分为，2- 甲基乙酸丁酯（24.69%）、(E)-2- 己烯醛（14.35%）、己醛（8.72%）、乙酸己酯（6.45%）、乙酸丁酯（6.42%）、己酸乙酯（3.55%）、丙酸 -2- 甲基戊酯（3.22%）、丁酸 -2- 甲基己酯（2.50%）、丁酸 -2- 甲基丙酯（1.76%）等（张晓华等，2007）。

花牛（Flower Cow Apple）：果实圆锥形，果形端正，高桩，五棱突出明显，平均单果重260g，果个整齐，果面光滑亮洁。全面鲜红或浓红，色泽艳丽，色相片红或条红色。果肉黄白色，肉质细，致密，松脆，汁液多，风味独特，香气浓郁，口感好，品质上。顶空固相微萃取法提取的甘肃天水产'花牛'苹果新鲜果实香气的主要成分为，2- 十一醇（13.30%）、1- 辛醇（12.17%）、乙酸己酯（7.42%）、乙酸 -2- 甲基丁酯（7.30%）、1- 己醇（6.29%）、己酸己酯（5.51%）、反 -2- 己烯醛（4.77%）、己醛（4.35%）、(E)- 乙酸 -2- 己烯酯（4.14%）、2- 甲基丁酸己酯（3.69%）、β- 香茅醇（2.48%）、己酸丁酯（2.09%）、乙酸丁酯（2.02%）、己酸乙酯（1.87%）、癸酸乙酯（1.75%）、1,3- 二甲基苯（1.31%）、丁酸乙酯（1.21%）、2- 丁烯酸乙酯（1.19%）等（魏玉梅等，2018）。顶空固相微萃取法提取的甘肃天水产'花牛'苹果新鲜成熟果实香气的主要成分为，2- 甲基丁基乙酸酯（12.30%）、青叶醛（9.29%）、正己醇（6.80%）、乙酸己酯（5.74%）、乙酸丁酯（4.17%）、α- 法尼烯（3.46%）、2- 甲基丁酸乙酯（2.69%）、乙酸乙酯（2.66%）、2- 甲基丁酸（2.10%）、(E)-2- 己烯 -1- 醇（1.98%）、异戊酸己酯（1.90%）、2- 甲基 -1- 丁醇（1.57%）、丁酸乙酯（1.36%）等（王宝春等，2017）。

华富：果实近圆形，平均单果重237g，红色，果肉黄白色，肉质硬脆、中细，风味酸甜适度，有淡香，品质上等或极上等。顶空固相微萃取法提取的辽宁兴城产'华富'苹果新鲜果实香气的主要成分为，乙醇（42.27%）、反式 -2- 己烯醛（12.10%）、己醛（10.20%）、2- 甲基 -1- 丁醇（5.86%）、乙酸戊酯（5.04%）、3- 己烯醛（5.04%）、乙酸己酯（4.59%）、顺式 -3- 己烯 -1- 醇乙酸酯（3.17%）、辛醛（3.17%）、顺式 -2- 己烯 -1- 醇乙酸酯（2.56%）、1- 己醇（1.62%）等（张薇薇等，2018）。固相微萃取法提取的辽宁锦州产'华富'苹果新鲜成熟果实香气的主要成分（单位：μg/kg）为，2- 己烯醛（152.22）、2- 甲基丁基乙酸酯（79.79）、正己醛（72.52）、乙酸丁酯（65.16）、正己醇（41.34）、丁酸己酯（38.62）、α- 法尼烯（14.98）、甲苯（12.52）、异戊酸己酯（12.35）等；常温贮藏15天果实香气的主要成分为，2- 甲基丁基乙酸酯（103.68）、2- 甲基丁酸乙酯（66.95）、丁酸异丁酯（54.18）、正己酸乙酯（53.91）、异戊酸己酯（40.78）、丁酸丙酯（27.92）、己酸丙酯（27.09）、丁酸 -2- 甲基丁酯（24.06）、α- 法尼烯（20.48）、正己醛（12.03）等；常温贮藏30天果实香气的主要成分为，2- 甲基丁酸乙酯（113.68）、正己酸乙酯（83.82）、2- 甲基丁基乙酸酯（66.30）、丁酸异丁酯（40.99）、正己醛（30.13）、己酸丙酯（25.84）、丁酸丙酯（23.39）、α-法尼烯（14.98）、异戊酸己酯（12.61）、丁酸-2-甲基丁酯（11.47）等（朱丹实等，2019）。

华冠（Chinese Champion）： '金冠' × '富士' 杂交选育。果实近圆锥形，单果重170g，果面浓红色，果肉黄色，肉质致密，脆而多汁。丰产性好。温暖地区果实着色不佳。水蒸气蒸馏法提取的河南济源产 '华冠' 苹果新鲜果实香气的主要成分为，乙醇（14.89%）、乙酸乙酯（14.76%）、正丙醇（12.21%）、异丙醇（10.45%）、正丁醇（9.91%）、丙酮（7.19%）、甲醇（6.10%）、乙醚（4.54%）、正己烷（3.15%）、二十七烷（2.82%）、1-甲氧基丁烷（2.57%）、1,2-苯二羧酸二异辛酯（1.39%）、丙酸乙酯（1.02%）等（阎振立等，2005）。

华帅： '新红星' × '富士' 杂交育成的中晚熟品种。大果型，果肉松脆多汁，味甜，香气浓郁，品质佳。固相微萃取法提取的山东烟台产 '华帅' 苹果新鲜果实香气的主要成分为，2-己烯醛（14.26%）、2-甲基丁基乙酸酯（12.58%）、乙酸丁酯（9.15%）、1-丁醇（6.74%）、己酸丁酯（6.35%）、己醛（5.96%）、1-己醇（5.21%）、乙酸己酯（5.10%）、丁酸己酯（4.89%）、2-甲基丁酸己酯（4.60%）、α-法尼烯（2.85%）、1-十二醇（2.06%）、丁酸丁酯（1.74%）、对烯丙基苯甲醚（1.69%）、己酸己酯（1.57%）、2-癸烯醛（1.32%）、己酸乙酯（1.24%）、2-羟基十四烷酸（1.01%）、4-(2-丙烯基)-苯酚（1.00%）等（孙承锋等，2015）。

黄富士（奶油富士，Yellow Fuji）： 果实外皮黄色，皮薄多汁，果肉水润白嫩，甜香浓郁，入口酥脆，核小，口感酸甜可口。维生素C含量高。有着"苹果之王"的称号。固相微萃取法提取的山东烟台产 '黄富士' 苹果新鲜成熟果实香气的主要成分为，2-甲基丁基乙酸酯（35.10%）、乙酸己酯（10.04%）、乙酸丁酯（10.03%）、异戊酸己酯（8.80%）、己酸丁酯（7.10%）、丁酸-2-甲基丁酯（2.83%）、正丁醇（2.78%）、2-甲基丁醇（2.42%）、正己醇（2.31%）、α-法尼烯（2.26%）、己酸己酯（1.89%）、丁酸丁酯（1.71%）、乙酸戊酯（1.57%）、丙酸丁酯（1.25%）等（李恒伟等，2021）。

黄色27： 晚熟。顶空固相微萃取法提取的甘肃静宁产 '黄色27' 苹果新鲜果实香气的主要成分（单位：μg/g）为，2-甲基丁基乙酸酯（2.43）、正己醇（2.41）、乙酸己酯（2.39）、2-甲基丁酸乙酯（1.97）、反式-2-己烯醛（1.37）、己醛（1.36）、4-烯丙基苯甲醚（1.08）等（万鹏等，2019）。

黄色40： 晚熟。顶空固相微萃取法提取的甘肃静宁产 '黄色40' 苹果新鲜果实香气的主要成分（单位：μg/g）为，正己醇（2.26）、4-烯丙基苯甲醚（1.78）、反式-2-己烯醛（1.46）、乙酸己酯（1.32）、六甲基环三硅氧烷（1.13）等（万鹏等，2019）。

皇家嘎拉（Royal Gala）： 新西兰由 '嘎拉' 中选出的浓红型芽变中熟品种。果实圆锥形，果个中型，平均单果重为150～170g。果面光洁，无果锈，底色黄绿，果面着红色条纹，果肉黄白色，质脆，汁液多，风味酸甜，香气浓，品质上乘。静态顶空萃取法提取的山东肥城产 '皇家嘎拉' 苹果套袋新鲜成熟果实香气的主要成分为，乙酸丁酯（23.72%）、乙酸-2-甲基丁酯（10.41%）、己醇（6.74%）、2-甲基-丁酸己酯（6.36%）、甲酸丁酯（5.68%）、己酸己酯（1.25%）、乙酸戊酯（1.12%）等；不套袋新鲜成熟果实香气的主要成分为，乙酸己酯（25.37%）、乙酸丁酯（12.33%）、己醇（8.25%）、甲酸丁酯（8.02%）、乙酸-2-甲基丁酯（6.28%）、2-甲基-丁酸己酯（3.07%）、乙醇（1.53%）等（魏树伟等，2009）。顶空固相微萃取法提取的山东泰安产 '皇家嘎拉' 苹果新鲜成熟果实香气的主要成分（单位：μg/kg）为，反式-2-己烯醛（763.48）、正己醛（317.23）、棕榈酸异丙酯（125.03）、乙酸己酯（114.34）、邻苯二甲酸二乙酯（95.79）、正己醇（72.89）、2,6,10,14-四甲基十六烷（55.34）、2-甲基丁基乙酸酯（28.04）、苯甲酸苄酯（26.25）、乙酸丁酯（21.19）、己酸丁酯（20.92）、2,6,10,14,-四甲基-十五烷（20.54）、正十七烷（18.15）、反式-2-己烯醇（17.28）、异戊酸己酯（16.57）、正十八烷（15.74）、邻苯二甲酸二异丁酯（14.45）、2-甲基十七烷（13.87）、乙酸反-2-己烯酯（13.86）等（杜孟持等，2023）。

惠民短富：富士苹果短枝型变异，结果早，产量高。果实大，着色好，品质优，平均单果重为202.5g，果实全面片红，鲜艳美丽，果肉淡黄色，肉质脆而细密，果汁多。水蒸气蒸馏法提取的山西太谷产'惠民短富'苹果新鲜成熟果实果肉香气的主要成分（单位：mg/kg）为，乙醇（578.66）、乙酸乙酯（316.12）、乙醛（91.74）、异戊醇（32.31）、丙醇（16.29）、丁酸乙酯（16.28）、己醇（12.10）、丙酸乙酯（8.91）、乙酸异戊酯（5.29）、丁醇（3.61）、戊醇（3.04）、异丁醇（1.26）等（牛自勉等，1996）。

吉早红：'金红'小苹果的芽变早熟抗寒品种。果大，色红，浓香，优质。静态顶空萃取法提取的新疆石河子产'吉早红'苹果新鲜成熟果实香气的主要成分（单位：μg/g）为，乙酸己酯（4.08）、丁酸乙酯（2.52）、甲酸己酯（0.86）、2-甲基丁酸乙酯（0.48）、丁醇（0.44）、乙酸丁酯（0.28）、1-己醇（0.24）、丙酸乙酯（0.23）、丁酸己酯（0.23）、己酸乙酯（0.22）、丙酸己酯（0.17）、2-甲基-1-丁醇（0.15）、乙酸-2-甲基丁酯（0.14）、丁酸丁酯（0.08）、戊酸乙酯（0.05）、2-甲基-丙酸乙酯（0.05）等（李淑玲等，2013）。

加力（Afterburner）：果个较小，硬度较高，果皮自然着色，蜡质层厚，颜色深红。刚下树略酸，口感酥脆，放置后变粉，口感会更加浓郁。顶空固相微萃取法提取的美国华盛顿产'加力'苹果新鲜果实香气的主要成分为，乙酸己酯（33.48%）、α-法尼烯（26.65%）、乙酸丁酯（7.77%）、丙酸己酯（6.51%）、2-甲基丁酸己酯（5.23%）、乙酸-2-甲基丁酯（4.48%）、己酸己酯（2.86%）、2-甲基丁酸丁酯（1.40%）、对甲氧基苯丙烯（1.01%）等（陶晨等，2011）。

金冠（金帅、黄香蕉、黄元帅，Golden Delicious）：美国品种，苹果主栽品种之一。果实大，长圆锥形，平均单果重200g，顶部稍有棱突。果皮薄，果面较光滑，底色绿黄色，贮藏后变为金黄，阳面偶有淡红色晕。果肉黄白色，肉质致密，刚采收时脆而汁多，贮藏后稍变软，味浓甜，稍有酸味，富有芳香。品质极上。水蒸气蒸馏法提取的河南济源产'金冠'苹果新鲜果实香气的主要成分为，乙醇（14.94%）、乙酸乙酯（14.23%）、正丙醇（10.53%）、异丙醇（9.54%）、丙酮（8.89%）、二十八烷（6.40%）、乙醚（5.22%）、正己烷（5.19%）、1-甲氧基丁烷（3.14%）、甲醇（2.60%）、己基过氧化氢❶（2.19%）、十六烷酸（2.18%）、二十七烷（2.14%）、丙酸乙酯（1.42%）、甲苯（1.32%）、十六碳烯酸-1-甲基-乙基酯（1.17%）等（阎振立等，2005）。固相微萃取法提取的陕西杨凌产'金冠'苹果新鲜果实香气的主要成分为，α-法尼烯（27.85%）、2-甲基丁酸己酯（13.87%）、己酸己酯（8.88%）、丁酸己酯（6.30%）、乙酸丁酯（5.30%）、3-甲基-丁酸戊酯（4.82%）、2-己烯醛（4.50%）、乙酸己酯（4.47%）、己醛（3.29%）、2-甲基-1-丁基乙酸酯（2.70%）、2-甲基丁酸丁酯（2.44%）、辛酸丁酯（1.95%）、(E)-1-甲基-4-(6-甲基-5-庚烯-2-亚基)环己烯-1-烯（1.89%）、庚酸丁酯（1.71%）、丙酸己酯（1.61%）、丁酸丁酯（1.56%）等（刘俊灵等，2019）。固相微萃取法提取的山东栖霞产'金冠'苹果新鲜成熟果实香气的主要成分（单位：μg/g）为，乙酸-2-甲基丁酯（0.798）、乙酸己酯（0.511）、乙酸丁酯（0.275）、丁酸己酯（0.244）、2-甲基丁酸丁酯（0.242）、2-甲基丁酸己酯（0.213）、α-法尼烯（0.213）、丁酸丁酯（0.195）、(E)-2-己烯醛（0.171）、1-己醇（0.131）、乙酸戊酯（0.098）、丁酸丙酯（0.098）、2-甲基丁酸丙酯（0.070）、己醛（0.069）、丙酸丁酯（0.069）、乙酸丙酯（0.051）等（王海波等，2016）。顶空固相微萃取法提取的山东泰安产'金冠'苹果新鲜成熟果实香气的主要成分为，(E)-2-己烯醛（43.86%）、己醛（10.86%）、5-羟甲基-2-

---

❶ 原文为 hydroperoxide hexyl。——编者注

糠醛（6.23%）、(*E,E*)-2,4- 己二烯醛（5.69%）、己醇（3.94%）、糠醛（3.83%）、乙醇（3.43%）、5- 甲基 -2- 糠醛（3.33%）、4,5- 二甲基 -2- 甲酸基呋喃（2.44%）、二氢二羟基甲基吡喃酮（1.47%）、乙酸（1.19%）、乙酸己酯（1.14%）、α-D- 吡喃葡萄糖 -1, 6- 苷（1.04%）等（冯涛等，2006）。固相微萃取法提取的四川阿坝产'金冠'苹果新鲜成熟果实香气的主要成分为，1- 己醇（18.01%）、乙酸己酯（14.11%）、α- 法尼烯（9.69%）、丁酸己酯（9.66%）、2- 甲基丁酸己酯（6.93%）、丁酸丁酯（5.13%）、己酸己酯（4.48%）、乙酸丁酯（3.61%）、(*E*)-2- 己烯醛（3.57%）、2- 甲基乙酸丁酯（3.15%）、己酸乙酯（2.36%）、2- 甲基 -1- 丁醇（1.62%）、2- 甲基丁酸丁酯（1.60%）、己醛（1.24%）等（杨文渊等，2022）。固相微萃取法提取的山东烟台产'金冠'苹果新鲜成熟果实香气的主要成分为，乙酸己酯（21.58%）、丁酸己酯（16.82%）、正己醇（9.30%）、丁酸丁酯（7.71%）、2- 甲基丁酸己酯（6.40%）、α- 法尼烯（5.37%）、苯乙酸丁酯（4.95%）、己酸己酯（2.70%）、(*E*)-2- 己烯醛（2.29%）、2- 甲基丁酸丁酯（2.07%）、乙酸 -2- 甲基丁酯（2.02%）、正己醛（1.63%）、丁酸戊酯（1.37%）、乙酸异戊酯（1.23%）等（孙燕霞等，2020）。

金冠优系（Golden Delicious SGP-1）：固相微萃取法提取的四川阿坝产'金冠优系'苹果新鲜成熟果实香气的主要成分为，2- 甲基丁酸己酯（28.72%）、α- 法尼烯（11.49%）、己酸己酯（8.22%）、乙酸丁酯（7.60%）、乙酸己酯（7.16%）、1- 己醇（6.03%）、己酸乙酯（5.16%）、己酸丁酯（4.45%）、2- 甲基乙酸丁酯（3.19%）、丁酸乙酯（1.62%）、2- 甲基丁酸丁酯（1.47%）、4- 烯丙基苯甲醚（1.38%）、丁酸丁酯（1.25%）等（杨文渊等，2022）。

金世纪：从'嘎拉'早熟浓红芽变品种中选育的品种。果实近圆形，平均单果重 210.5g，果面浓红色，片红，平滑有光泽，果粉少。果肉黄白色，肉质致密，汁液多，香气浓，风味酸甜，品质上等。固相微萃取法提取的陕西白水产'金世纪'苹果新鲜成熟果实香气的主要成分为，乙酸己酯（18.62%）、2-己烯醛（10.88%）、异戊酸己酯（10.71%）、乙酸丁酯（9.98%）、草蒿脑（9.26%）、2- 甲基 -1- 丁基乙酸酯（8.88%）、己酸丁酯（5.70%）、己酸己酯（4.79%）、丁酸己酯（3.06%）、正己醇（2.41%）、丁酸丁酯（2.28%）、正己醛（2.15%）、法尼烯（1.73%）、1- 丁醇（1.32%）、乙酸戊酯（1.23%）、2- 甲基丁酸丁酯（1.21%）、3- 甲基 - 丁酸戊酯（1.09%）、辛酸丁酯（1.00%）等（陶茹等，2020）。

锦红：果实圆形，平均单果重 185g。果面浓红色。果肉浅黄色，细腻多汁，甜酸爽口，有香气。静态顶空萃取法提取的新疆石河子产'锦红'苹果新鲜成熟果实香气的主要成分（单位：μg/g）为，乙酸己酯（7.13）、丁酸乙酯（1.83）、甲酸己酯（1.11）、三甲基戊酸乙酯（0.45）、丁醇（0.32）、1- 己醇（0.30）、丁酸己酯（0.24）、乙酸丁酯（0.22）、2- 甲基丁酸乙酯（0.21）、(*E*)-2- 己烯酯（0.18）、己酸乙酯（0.18）、2- 甲基 - 丙酸乙酯（0.18）、丙酸乙酯（0.15）、2- 甲基 - 丙酸己酯（0.13）、丁酸丁酯（0.07）等（李淑玲等，2013）。

锦绣海棠（塞外红，鸡心果）：抗寒性强的寒地小苹果。果实长圆锥形，单果重 50g 左右，果个比较整齐。果皮底色淡黄，着色后全身鲜红色，后期颜色变深红。果实硬度大，多汁，酸甜，带香味。固相微萃取法提取的山东栖霞产'锦绣海棠'苹果新鲜成熟果实香气的主要成分（单位：μg/g）为，乙酸 -2- 甲基丁酯（0.780）、乙酸己酯（0.465）、2- 甲基丁酸丁酯（0.280）、乙酸丁酯（0.275）、丁酸己酯（0.150）、丁酸丁酯（0.149）、2- 甲基丁酸丙酯（0.132）、1- 己醇（0.128）、2- 甲基丁酸己酯（0.126）、丁酸丙酯（0.107）、(*E*)-2- 己烯醛（0.087）、乙酸戊酯（0.086）、2- 甲基 -1- 丁醇（0.061）、丙酸丁酯（0.060）、α- 法尼烯（0.052）等（王海波等，2016）。

津轻（Tsugaru）：日本中早熟品种。果实近圆或扁圆形，单果重 170～200g。底色黄绿，阳面有红条纹或呈淡红色彩霞样。肉质细脆多汁，酸甜适口，风味极佳，微有香气。顶空固相微萃取法提取的北京产'津轻'苹果新鲜成熟果实香气的主要成分为，丁酸-2-甲基己酯（22.21%）、丁酸己酯（4.12%）、2-甲基乙酸丁酯（2.65%）、丙酸己酯（2.10%）、2-甲基丁酸丁酯（1.94%）、丁酸丁酯（1.65%）、己酸异戊酯（1.44%）、月桂酸戊酯（1.07%）等；果汁香气的主要成分为，己醛（35.22%）、(E)-2-己烯醛（24.44%）、2-甲基乙酸丁酯（16.16%）、1-己醇（4.44%）、乙酸己酯（2.92%）、2-甲基-1-丁醇（1.15%）等（张晓华等，2007）。

静宁 1 号： 晚熟品种。果实圆形，果个大，平均单果重278g，高桩型，端正，果点稀小，全面着色，着色快，色泽鲜红色。顶空固相微萃取法提取的甘肃静宁产'静宁1号'苹果新鲜果实香气的主要成分（单位：μg/g）为，正己酸乙酯（5.52）、乙酸己酯（4.11）、(E)-乙酸-2-己烯-1-醇酯（1.19）、乙酸丁酯（1.06）等（万鹏等，2019）。

卡拉阿尔玛： 新疆伊宁地方品种。果面粗糙，果皮浓红色，果肉黄绿色，松软。顶空固相微萃取法提取的新疆轮台产'卡拉阿尔玛'苹果新鲜成熟果实香气的主要成分为，2-己烯醛（41.66%）、正己醇（34.33%）、己醛（16.81%）、1-辛醇（3.45%）、1,3-辛二醇（1.11%）等（王迪等，2021）。

克孜阿尔玛： 新疆麦盖提地方品种，果面较平滑，果皮枣红色，果肉粉红色，松脆。顶空固相微萃取法提取的新疆轮台产'克孜阿尔玛'苹果新鲜成熟果实香气的主要成分为，正己醇（44.30%）、2-己烯醛（19.31%）、己醛（10.84%）、2,6-双-4-酚（6.91%）、d-柠檬烯（2.69%）、3,7,11-三甲基-1,3,6,10-十二碳四烯（2.40%）、1,3-辛二醇（2.17%）、2-甲基-3-羟基-2,2,4-三甲基-丙酸戊酯（1.74%）、2,2,4-三甲基-1,3-戊二醇二异丁酸酯（1.73%）、甲氧基苯肟（1.40%）、1-4-甲基苯（1.07%）等（王迪等，2021）。

克氏粉红（Cripps Pink）： 澳大利亚品种。果实圆柱形，果形端庄，色泽艳丽。顶空固相微萃取法提取陕西杨凌产'克氏粉红'苹果新鲜成熟果实果肉香气的主要成分为，乙酸己酯（38.90%）、α-法尼烯（15.35%）、2-己烯醛（9.39%）、正己醇（7.52%）、2-甲基-1-丁基乙酸酯（6.28%）、2-甲基丁酸己酯（4.75%）、乙酸丁酯（4.14%）、丁酸己酯（2.81%）、2-甲基丁酸丁酯（2.56%）、丙酸丁酯（1.23%）、草蒿脑（1.23%）、己醛（1.18%）、2-甲基-1-丁醇（1.11%）、丁酸丁酯（1.04%）等（靳元凯等，2022）。

苦开麦（Kermerrien）： 法国高单宁酿酒品种。单果平均重50～90g，出汁率65%，有明显的苦涩味，适于酿造甜涩、醇厚型苹果酒。静态顶空萃取法提取的新疆石河子产'苦开麦'苹果新鲜成熟果实香气的主要成分（单位：μg/g）为，乙酸己酯（8.66）、丁酸乙酯（2.48）、甲酸己酯（1.24）、乙酸-2-甲基丁酯（0.76）、己酸乙酯（0.72）、戊酸乙酯（0.64）、丁酸丁酯（0.50）、2-甲基丁酸乙酯（0.39）、丁酸己酯（0.30）、乙酸戊酯（0.25）、乙酸丁酯（0.24）、甲苯（0.23）、丁醇（0.23）、1-己醇（0.22）、丙酸乙酯（0.20）、丙酸己酯（0.13）、2-甲基-丁酸己酯（0.08）、(3Z)-3-己烯酯（0.05）等（李淑玲等，2013）。

凉香： 早生富士的红色芽变品种。全面着色的大型果，平均单果重300g，果实含糖量高，多汁，口感比富士酸。固相微萃取法提取的山东烟台产'凉香'苹果新鲜果实香气的主要成分为，2-己烯醛（14.88%）、α-法尼烯（13.96%）、乙酸丁酯（11.42%）、2-甲基丁基乙酸酯（11.42%）、1-己醇（6.31%）、2-甲基丁酸己酯（5.80%）、乙酸己酯（4.58%）、己酸丁酯（3.94%）、己酸己酯（3.69%）、己醛（3.58%）、丁酸己酯（3.35%）、1-丁醇（2.33%）、1-十二醇（1.94%）、2-己烯-1-醇乙酸酯（1.72%）、丁酸丁酯（1.26%）等（孙承锋等，2015）。顶空固相微萃取法提取的山东烟台产'凉香'苹果新鲜成熟果实香气的主要成分为，α-法尼烯（69.80%）、2-己烯醛（6.02%）、己酸己酯（3.99%）、正己醇（1.82%）、2,6-二甲基-6-(4-甲

基 -3- 戊烯基)- 双环 [3.1.1] 庚 -2- 烯（1.76%）、2- 甲基丁酸己酯（1.02%）、艾草醚（1.02%）等（孙燕霞等，2022）。

辽伏： 早熟。果实短圆锥形或扁圆形，单果重 100g 左右。底色黄绿，充分成熟时阳面略有淡红条纹，果面光滑，无锈，蜡质中等，果点白色或浅褐色，果皮较薄。果肉乳白色，肉质细脆，汁多，风味淡甜，稍有香气，品质中上。顶空固相微萃取法提取的山东泰安产'辽伏'苹果新鲜果实香气的主要成分为，(E)-2- 己烯醛（46.66%）、己醛（27.48%）、1- 己醇（6.26%）、1- 丁醇（4.38%）、(Z)-3- 己烯醛（2.76%）、(E,E)-2,4- 己二烯醛（1.52%）、(E)-2- 己烯 -1- 醇（1.35%）等（王海波等，2007）。静态顶空萃取法提取的山东泗水产'辽伏'苹果新鲜成熟果实香气的主要成分（单位：μg/g）为，1- 己醇（0.22）、α- 法尼烯（0.18）、1- 丁醇（0.17）、丁酸乙酯（0.14）、乙醇（0.11）、丁酸己酯（0.06）等（王海波等，2008）。

龙富短枝： 长富 2 号短枝型芽变品种。果实近圆形或长圆形，平均单果重 222.3g，果个整齐，着色快。果肉白色，肉质细嫩，香味浓郁，品质优。顶空固相微萃取法提取的山东烟台产'龙富短枝'苹果新鲜成熟套袋果实香气的主要成分为，乙酸己酯（40.29%）、2- 甲基丁酸己酯（23.16%）、α- 法尼烯（19.47%）、丁酸己酯（6.11%）、2- 甲基丁酸乙酯（2.88%）、2- 甲基丁酸丁酯（1.13%）等；不套袋果实香气的主要成分为，2- 甲基丁酸己酯（52.44%）、丁酸己酯（19.67%）、α- 法尼烯（9.57%）、丙酸己酯（4.84%）、己酸丙酯（2.57%）、2- 甲基丁酸丁酯（2.25%）、十四甲基环七硅氧烷（1.58%）、己酸己酯（1.45%）等（刘美英等，2020）。

麦艳： 果个整齐，外形美观，单果重 130g，果面深红色。静态顶空萃取法提取的新疆石河子产'麦艳'苹果新鲜成熟果实香气的主要成分（单位：μg/g）为，丁酸乙酯（4.66）、乙酸己酯（1.10）、1- 己醇（0.51）、丁醇（0.38）等（李淑玲等，2013）。

茂利元帅（Mollies Delicious）： 多亲本杂交后代，早中熟。果红色，果个较大，平均单果重 185g，果实圆锥形或短圆锥形，果面光滑，底色黄绿，全面被鲜红色及细深红色条纹。果顶有明显的五楞突起。静态顶空萃取法提取的山东泰安产'茂利元帅'苹果新鲜果实香气的主要成分（单位：μg/g）为，乙酸己酯（1.67）、乙酸丁酯（0.76）、己酸乙酯（0.43）、丁酸乙酯（0.38）、丁酸甲酯（0.22）、1- 己醇（0.18）、1- 丁醇（0.14）、丁酸己酯（0.10）、2- 甲基丁酸乙酯（0.10）等（王海波等，2010）。

美国 8 号（华夏，NY543）： 果实近圆形，果个较大，单果重 240g，着色良好，果面覆盖鲜红色彩霞，十分艳丽。口感脆甜。静态顶空萃取法提取的山东泰安产'美国 8 号'苹果新鲜果实香气的主要成分（单位：μg/g）为，1- 丁醇（0.40）、丁酸己酯（0.30）、2- 甲基 -1- 丁醇（0.28）、1- 己醇（0.28）、丁酸丁酯（0.22）、丁酸乙酯（0.16）等（王海波等，2010）。

美乐： 长富 2 号芽变的晚熟品种。果实长圆形，平均单果重 267.8g，果面光洁，底色黄绿，变色快，果皮鲜红。果肉黄白色，肉脆，汁多，酸甜可口。静态顶空萃取法提取的山东烟台产'美乐'苹果新鲜成熟果实香气的主要成分（单位：μg/g）为，α- 法尼烯（21.01）、乙酸己酯（16.63）、2- 甲基丁酸己酯（15.92）、2- 甲基丁基乙酸酯（13.71）、己酸己酯（9.19）、2- 己烯 -1- 醇乙酸酯（6.18）、己酸己酯（5.70）、2- 甲基丁酸丁酯（5.24）、乙酸丁酯（4.48）、丁酸丁酯（3.29）、己酸乙酯（1.91）、甲酸己酯（1.77）、乙酸戊酯（1.07）、丙酸丁酯（1.04）等（宋来庆等，2016）。

美隆： 静态顶空萃取法提取的山东泰安产'美隆'苹果新鲜果实香气的主要成分（单位：μg/g）为，

1- 己醇（0.46）、2- 甲基 -1- 丁醇（0.27）、丁酸乙酯（0.17）、1- 丁醇（0.16）、丁酸己酯（0.12）、己酸乙酯（0.11）等（王海波等，2010）。

蜜脆（Honeycrisp）： 美国中晚熟品种。果实圆锥形，大型果，单果重 310～330g，果面全红或条纹，果皮薄而光滑，果肉呈乳白色，果实脆而不硬，香气浓郁，有蜂蜜味，多汁，酸甜适口，品质佳。固相微萃取法提取的陕西乾县产'蜜脆'苹果新鲜成熟果实香气的主要成分（单位：μg/kg）为，草蒿脑（106.29）、(E)-2- 己烯醛（102.30）、1- 己醇（56.69）、乙酸己酯（48.92）、乙酸丁酯（42.80）、乙酸 -2- 甲基丁酯（38.06）、丁酸乙酯（32.97）、(E)-2- 己烯 -1- 醇（22.25）、丁酸丁酯（18.63）、乙酸乙酯（17.83）、己酸丁酯（17.22）、己醛（16.48）、1- 丁醇（14.56）、α- 法尼烯（14.41）、3,4,5- 三甲基 -4- 庚醇（12.57）、丁酸己酯（11.75）等；20℃贮藏 14 天果实香气的主要成分为，丁酸乙酯（54.07）、乙酸丁酯（47.38）、(E)-2- 己烯醛（46.06）、草蒿脑（43.37）、乙酸己酯（36.50）、己酸乙酯（29.88）、乙酸 -2- 甲基丁酯（26.08）、α- 法尼烯（16.90）、己醛（16.86）、3,4,5- 三甲基 -4- 庚醇（19.04）、己酸丁酯（10.89）、1- 丁醇（10.49）、β- 紫罗兰酮（10.43）、丁酸丁酯（10.33）等；20℃贮藏 70 天果实香气的主要成分为，乙酸乙酯（40.03）、丁酸乙酯（31.51）、乙酸丁酯（17.44）、α- 法尼烯（17.22）、(E)-2- 己烯醛（16.45）、己二烯羧酸乙酯（13.61）、草蒿脑（13.24）、乙酸己酯（12.78）、2- 甲基丁酸乙酯（10.61）等（樊丽等，2015）。

柠檬海棠： 果皮柠檬黄色，果肉橙黄色，果面粗糙。顶空固相微萃取法提取的新疆轮台产'柠檬海棠'苹果新鲜成熟果实香气的主要成分为，2- 己烯醛（40.43%）、丁酸乙酯（35.39%）、正己醇（16.83%）、3,7,11- 三甲基 -1,3,6,10- 十二碳四烯（1.61%）、(E)-1- 甲基 -4- 环己烯 -1- 烯（1.22%）等（王迪等，2021）。

皮诺娃（Pinova）： 德国中晚熟品种。果实圆形，表面光滑，皮孔稀小，底色黄绿，着鲜红色条纹。果个中大，平均单果重 220g。果肉黄白色，甜酸适口，果皮薄，肉质脆，汁液多，香味浓郁。固相微萃取法提取的山东烟台产'皮诺娃'苹果新鲜果实香气的主要成分为，2- 己烯醛（25.11%）、乙酸丁酯（11.85%）、α- 法尼烯（11.63%）、己酸丁酯（7.25%）、1- 己醇（7.16%）、己醛（6.21%）、2- 甲基丁酸己酯（5.62%）、乙酸己酯（4.55%）、己酸己酯（3.78%）、1- 丁醇（3.11%）、丁酸己酯（2.89%）、2- 甲基丁基乙酸酯（2.45%）、2- 己烯 -1- 醇乙酸酯（1.61%）、对烯丙基苯甲醚（1.01%）等（孙承锋等，2015）。

栖霞富士： 果实大，高桩端正，色泽鲜艳，果面光洁，皮薄肉脆，风味香甜，汁多爽口，营养丰富。固相微萃取法提取的山东烟台产'栖霞富士'苹果新鲜成熟果实香气的主要成分（单位：mg/kg）为，α- 法尼烯（98.15）、己醛（71.27）、2- 甲基丁基乙酸酯（46.82）、乙酸己酯（29.71）、丁酸己酯（22.90）、反式 -2- 己烯醛（18.58）、己醇（16.73）、2- 甲基丁酸己酯（16.62）、丁酸乙酯（13.55）、2- 甲基丁酸乙酯（12.18）、丁酸丁酯（8.57）、乙酸丁酯（7.95）、己酸己酯（5.48）、6- 甲基 -5- 庚烯 -2- 醇（4.84）、己酸乙酯（4.48）、己酸甲酯（3.67）、丁醇（2.36）、壬酸甲酯（2.30）、壬醛（1.54）、己酸丁酯（1.43）、己酸丙酯（1.34）等（李嘉欣等，2022）。

乔纳金（Jonagold）： 三倍体中晚熟品种。果皮底色红黄，果面呈条红及片红状。肉感坚实，香甜、多汁。固相微萃取法提取的陕西杨凌产'乔纳金'苹果新鲜果实香气的主要成分为，2- 己烯醛（19.84%）、(Z)-2- 己烯 -1- 醇乙酸酯（19.49%）、乙酸己酯（15.04%）、2- 甲基丁酸己酯（11.50%）、2- 甲基 -1- 丁基乙酸酯（4.53%）、草蒿脑（3.31%）、(E)- 乙酸叶醇酯（3.19%）、正己醇（3.05%）、己醛（2.81%）、邻二甲苯（1.47%）、2- 甲基丙酸己酯（1.32%）、乙酸戊酯（1.26%）、(E)-2- 丁酸己烯酯（1.23%）、2- 甲基环氧乙烷（1.06%）、α- 法尼烯（1.03%）等（刘俊灵等，2019）。顶空固相微萃取法提取的辽宁兴城产'乔纳金'苹果新鲜果实香气的主要成分为，乙酸己酯（23.52%）、反式 -2- 己烯醛（23.48%）、2- 甲基丁酸乙酯（15.36%）、己醛（13.97%）、甲酸己酯（11.94%）、顺式 -2- 己烯 -1- 醇乙酸酯（9.16%）、1- 丁醇（4.70%）、α- 法尼烯（3.33%）、1- 己醇（2.71%）、2- 甲基 -1- 丁醇乙酸酯（2.25%）、反式 -2- 己烯 -1- 醇（1.57%）、甲酸丁酯（1.06%）等（张薇薇等，2018）。热脱附法提取的河北保定产'乔纳金'苹果新鲜成熟果实香气的主要成分（单位：μg/kg）为，1- 丁醇（51.38）、乙酸丁酯（42.73）、乙酸 3- 甲基丁酯（29.24）、1- 丙醇（27.20）、2- 甲基丁醇（26.33）、2- 甲基环戊醇（22.49）、乙酸丙酯（21.40）、己醛（18.37）、丁醛（11.62）、乙醇（8.66）、2- 甲基 -1- 丙醇（7.73）、2- 己烯醛（4.53）、乙酸乙酯（4.36）、异丙醇（3.54）、乙酸 2- 甲基丙酯（3.50）、丙酸丙酯（2.05）、乙酸己酯（1.77）、1- 己醇（1.27）等（乜兰春等，2006）。顶空固相微萃取法提取的山东蓬莱产'乔纳金'苹果新鲜成熟果实香气的主要成分为，己醛（35.70%）、(E)-2- 己烯醛（25.94%）、1- 丁醇（10.71%）、1- 己醇（9.77%）、2- 甲基 -1- 丁醇（6.34%）、1- 戊醇（1.99%）、(Z)-3- 己烯醛（1.48%）等（姜中武等，2009）。顶空固相微萃取法提取的北京产'乔纳金'苹果新鲜成熟果气的主要成分为，丁酸己酯（12.83%）、丁酸 -2- 甲基己酯（9.47%）、乙酸己酯（4.45%）、2- 甲基乙酸丁酯（3.03%）、2- 甲基丁酸丁酯（2.12%）、乙酸丁酯（1.82%）、丙酸己酯（1.82%）、己酸戊酯（1.65%）、丁酸丁酯（1.16%）等；果汁香气的主要成分为，2- 甲基乙酸丁酯（16.81%）、(E)-2- 己烯醛（15.77%）、乙酸己酯（10.02%）、乙酸丁酯（9.91%）、己醛（7.44%）、p- 烯丙基 - 苯甲醚（2.93%）、丁酸 -2- 甲基己酯（2.25%）、丁酸己酯（2.20%）、(E,E)-2,4- 癸二烯醛（1.41%）、丙酸己酯（1.33%）等（张晓华等，2007）。顶空萃取法提取的陕西宝鸡产'乔纳金'苹果新鲜九成熟果实香气的主要成分（单位：μg/g）为，2- 己烯醛（0.918）、(E)-1-(2,6,6- 三甲基 -1,3- 环己二烯 -1- 基)-2- 丁烯 -1- 酮（0.156）、乙酸己酯（0.100）、己醛（0.088）、肉豆蔻酸异丙酯（0.036）等（张鹏等，2019）。

秦冠：果实圆锥形。果面有轻微白粉，果皮厚，底色黄绿，果面鲜红，蜡质多，光亮平滑。果肉黄白色，肉质松脆、汁多，含糖多，酸甜适口。初采时果瓤硬、风味淡。储藏后，果肉细脆，风味芳香。顶空固相微萃取法提取的山西产'秦冠'苹果新鲜果实香气的主要成分为，己醛（31.01%）、乙酸己酯（17.16%）、反式 -2- 己烯醛（16.37%）、1- 己醇（13.50%）、甲酸己酯（8.98%）、2- 甲基 -1- 丁醇乙酸酯（5.31%）、2- 甲基 -1- 丁醇（5.09%）、丁酸己酯（4.10%）、顺 -2- 己烯 -1- 醇（1.97%）、甲酸丁酯（1.12%）、萘（1.00%）等（张薇薇等，2018）。溶液萃取法提取的陕西关中产'秦冠'苹果果实香气的主要成分为，α- 法尼烯（15.52%）、庚酸辛酯（2.84%）、丁酸乙酯（2.62%）、异丙基亚油酸（2.03%）、(S)-2- 甲基 -1- 丁醇（1.64%）、亚油酸乙酯（1.21%）、乙酸丁酯（1.07%）等（史清龙等，2005）。固相微萃取法提取的陕西杨凌产'秦冠'苹果新鲜果实香气的主要成分（单位：μg/g）为，2- 己烯醛（2.92）、己酸己酯（2.28）、辛酸正丁酯（0.59）、乙酸己酯（0.50）、己酸丁酯（0.50）、正己醛（0.20）、正己醇（0.14）、丁酸丁酯（0.13）等（王怡玢等，2018）。

青苹果（Green Apple）：果实扁球形，果形大，果皮绿色。果肉细腻，水分多，清香爽脆，酸度较高。顶空固相微萃取法提取的陕西白水产'青苹果'新鲜果实香气的主要成分为，乙酸己酯（56.62%）、α- 法尼烯（24.82%）、2- 甲基丁酸己酯（9.96%）、丁酸己酯（9.10%）、乙酸 -2- 甲基丁酯（2.97%）、己酸己酯（1.82%）、己醇（1.69%）、2- 甲基丁酸丁酯（1.55%）等（陶晨等，2011）。

青蛇果（Granny Smith）：原产美国。果形呈圆形，色泽从青绿到浅绿色。口味偏酸，酸中透甜。顶空固相微萃取法提取的美国华盛顿产'青蛇果'苹果新鲜果实香气的主要成分为，α- 法尼烯（57.26%）、2- 甲基丁酸己酯（19.00%）、丁酸己酯（5.33%）、己酸己酯（4.91%）、己醇（1.49%）、己酸乙酯（1.39%）等（陶晨等，2011）。

蛇果图 1

蛇果图 2

青香蕉（Green Banana Flavor）： 美国晚熟品种。果实圆锥形，果个中等，果皮淡绿色。肉质致密清脆，汁液多，风味甜酸。顶空固相微萃取法提取的'青香蕉'苹果新鲜果实香气的主要成分（单位：μg/kg）为，1-己醇（207.38）、乙酸丁酯（197.00）、己醛（163.87）、丁酸丁酯（129.19）、反-2-己烯醛（111.98）、乙酸异戊酯（78.09）、乙酸己酯（37.50）、α-法尼烯（28.00）、6-甲基-5-庚烯-2-酮（27.50）、2-甲基丁酸己酯（20.07）、2-甲基丁酸丁酯（13.76）、己酸己酯（13.36）、1-丁醇（7.84）、(E)-2-辛烯醛（5.34）、乙酸-2-甲基丙酯（3.31）、2-甲基丁酸己酯（3.12）、丁酸戊酯（2.95）、丙酸己酯（2.69）、丁酸己酯（2.59）、(E)-3,7-二甲基-2,6-辛二烯醛（1.02）等（段亮亮等，2012）。

秋锦： 晚熟品种。果实近圆形，平均单果重 175g，全面紫红色。肉质较细而松脆，汁液中多，风味浓甜，有香气，品质上等。顶空固相微萃取法提取的辽宁兴城产'秋锦'苹果新鲜果实香气的主要成分为，乙酸己酯（41.52%）、反式 -2- 己烯醛（28.41%）、己醛（14.82%）、顺式 -2- 己烯 -1- 醇乙酸酯（6.80%）、1- 己醇（2.36%）、己酸乙酯（1.32%）等（张薇薇等，2018）。

秋口红： 果实圆形或扁圆形，平均单果重 180.1g。底色黄绿色，盖色鲜红，有红条纹，着色全面，蜡质厚，果粉多。果肉淡黄色，肉质较细，汁液较多，酸甜适口。静态顶空萃取法提取的山东泰安产'秋口红'苹果新鲜果实香气的主要成分（单位：μg/g）为，乙酸己酯（2.22）、乙酸丁酯（0.65）、1- 己醇（0.38）、乙酸 -2- 甲基丁酯（0.28）、1- 丁醇（0.18）等（王海波等，2010）。

瑞丹（Judaine）： 法国制汁专用苹果品种。果实近圆形，单果重 120～160g。果实底色黄绿，果面条红。制汁品质极佳。顶空固相微萃取法提取的'瑞丹'苹果新鲜果实香气的主要成分（单位：μg/kg）为，1- 己醇（604.29）、己醛（156.11）、反 -2- 己烯醛（129.38）、(S)-2- 甲基 -1- 丁醇（45.16）、1- 丁醇（11.88）、丁酸己酯（9.07）、2- 甲基丁酸己酯（6.90）、戊酸 -2- 四氢呋喃甲酯（4.07）、α- 法尼烯（3.07）、甲基丁二酸二 (1- 甲基丙) 酯（2.19）、己酸己酯（1.47）、2- 壬烯 -1- 醇（1.15）、丁二酸二 (2- 甲基丙) 酯（1.04）等（段亮亮等，2012）。

瑞林（Judeline）： 法国制汁品种。果实长圆锥形，平均单果重 174g。果面光洁鲜亮，略有蜡质，无果锈，底色黄绿色，盖色鲜红。果肉乳白色，质地酥脆多汁，风味酸甜，略有香气。可鲜食。顶空固相微萃取法提取的'瑞林'苹果新鲜果实香气的主要成分（单位：μg/kg）为，己醛（296.85）、反 -2- 己烯醛（161.25）、乙酸丁酯（5.78）、乙酸己酯（4.99）等（段亮亮等，2012）。静态顶空萃取法提取的新疆石河子产'瑞林'苹果新鲜成熟果实香气的主要成分（单位：μg/g）为，乙酸己酯（2.97）、丁醇（0.59）、乙酸 -2- 甲基丁酯（0.31）、1- 己醇（0.29）、乙酸丁酯（0.06）、2- 甲基 - 丁酸己酯（0.05）等（李淑玲等，2013）。

瑞香红： '富士'与'克氏粉红'杂交选育的优质晚熟红色品种。果实呈圆柱形，高桩，单果重 245g。果实着鲜红色，果面光洁，果肉细脆。口感酸甜，汁液多，香气浓郁，品质佳。顶空固相微萃取法提取的陕西杨凌产'瑞香红'苹果新鲜成熟果实果肉香气的主要成分为，乙酸己酯（37.65%）、α- 法尼烯（13.50%）、2- 甲基 -1- 丁基乙酸酯（10.23%）、2- 己烯醛（10.03%）、乙酸丁酯（8.29%）、2- 甲基丁酸己酯（2.77%）、丁酸己酯（2.46%）、己醛（1.94%）、正己醇（1.78%）、丁酸丁酯（1.42%）、戊酸丁酯（1.05%）等（靳元凯等，2022）。顶空固相微萃取法提取陕西杨凌产'瑞香红'苹果新鲜成熟果实果肉香气的主要成分（单位：μg/kg）为，α- 法尼烯（10124.10）、己酸己酯（6403.15）、甲基丁酸己酯（5633.91）、2- 己烯醛（3010.64）、辛酸丁基酯（2266.43）、己酸丁酯（1551.01）、乙酸己酯（1399.58）、丁酸己酯（1261.14）、甲基 -1- 丁基乙酸酯（851.07）、2- 甲基丁酸丁酯（484.13）、乙酸丁酯（404.60）、己酸戊酯（336.23）、辛酸 -2- 甲基丁酯（320.66）、4- 氨基 -1,5- 戊二酸（320.66）、反式 -α- 香柑油烯（314.10）、辛酸己酯（310.40）、丁酸丁酯（261.74）、3- 癸烯酸（183.56）、丙酸己酯（183.45）、己醛（171.98）、2- 甲基丁基己酸酯（125.74）、庚酸丁酯（119.31）等（孟智鹏等，2021）。

瑞雪： '秦富 1 号' × '粉红女士'选育的晚熟品种。果实黄色，果面光洁，果点小，无锈，大果型，平均单果重 256g，果形端正高桩，肉质细脆，酸甜适口，风味浓。固相微萃取法提取的陕西杨凌产'瑞雪'苹果新鲜成熟果实香气的主要成分为，α- 法尼烯（27.88%）、2- 己烯醛（17.65%）、2- 甲基丁酸己酯（15.24%）、丁酸己酯（6.77%）、(E)-2- 酸己烯酯（4.31%）、己醛（2.79%）、己酸己酯（2.78%）、正己醇（2.13%）、(E)-1- 甲基 -4-(6- 甲基 -5- 庚烯 -2- 亚基) 环己 -1- 烯（1.80%）、丁酸丁酯（1.63%）、乙酸己酯（1.57%）、反式 -3,6- 二乙基 -3,6- 二甲基 - 三环己基膦四氟硼酸盐 [3.1.0.0(2,4)] 己烷（1.54%）、邻二甲苯（1.38%）、2- 甲基丁基环氧乙烷（1.31%）、1,3- 二甲基苯（1.24%）等（刘俊灵等，2019）。固相微萃取法提取的陕西白水产'瑞雪'苹果新鲜成熟果实香气的主要成分为，2- 己烯醛（32.93%）、α- 法尼烯（26.13%）、异戊酸己酯（19.49%）、正己醛（3.98%）、丁酸己酯（2.35%）、正己醇（2.15%）、2- 甲基丁酸丁酯（1.52%）、2- 甲基丁醇（1.45%）、己酸己酯（1.12%）、反式 -2- 己烯 -1- 醇（1.10%）、丁酸丁酯（1.07%）等（樊淼淼等，2020）。顶空固相微萃取法提取的甘肃庆城双层袋栽培的'瑞雪'苹果新鲜成熟果实果肉香气的主要成分（单位：µg/g）为，丁酸己酯（51.71）、2- 己烯醛（45.57）、己醛（24.90）、1- 己醇（19.51）、2- 甲基丁酸己酯（14.25）、α- 法尼烯（14.03）、丁酸丁酯（8.24）、己酸己酯（5.76）、2- 甲基丁酸丁酯（2.12）、乙酸己酯（1.95）、(E)-2- 己烯醇（1.62）、2- 甲基 -1- 丁醇（1.58）、1- 丁醇（1.57）、丁酸戊酯（1.56）、2- 甲基丙酸己酯（1.06）、反式 -α- 香柑油烯（1.04）、丙酸己酯（1.03）等；不套袋栽培的'瑞雪'苹果新鲜成熟果实果肉香气的主要成分为，2- 甲基丁酸己酯（51.46）、乙酸己酯（42.07）、2- 己烯醛（36.06）、己醛（21.07）、乙酸 -2- 甲基丁酯（17.95）、丁酸己酯（15.00）、1- 己醇（8.62）、乙酸丁酯（7.35）、2- 甲基丁酸丁酯（5.03）、2,4- 二叔丁基苯酚（4.71）、丁酸丁酯（2.32）、己酸己酯（2.27）、丙酸己酯（2.15）、2- 甲基丙酸己酯（1.95）、乙酸 -(E)-2- 己烯酯（1.37）、惕格酸己酯（1.35）、2- 甲基 -1- 丁醇（1.31）、丙酸丁酯（1.03）等（邓瑞等，2018）。

瑞阳：'秦冠'×'富士'杂交的晚熟红色新品种。果实圆锥形或短圆锥形，平均单果重 282.3g。底色黄绿，着全面鲜红色，果面平滑，有光泽，果点小，浅褐色，果粉薄。果肉乳白色，肉质细脆，汁液多，风味甜，具香气。溶剂萃取法提取的陕西白水产'瑞阳'苹果新鲜果实香气的主要成分（单位：µg/kg）为，1,3- 辛二醇（4618.48）、反式 -2- 己烯醛（3848.38）、α- 法尼烯（3042.05）、己醛（2997.90）、2- 甲基丁酸己酯（2274.75）、2- 甲基丁酸（1871.61）、1- 丁醇（1303.57）、2- 甲基乙酸丁酯（1194.47）、2- 甲基 -1- 丁醇（1002.51）、苯酚（602.52）、乙酸丁酯（594.65）、乙酸己酯（578.44）、己酸己酯（518.15）、1- 己醇（370.62）、2,4- 二叔丁基苯酚（296.80）、丙酸（265.58）、辛酸（216.86）等（石金瑞等，2018）。顶空固相微萃取法提取的甘肃庆城产'瑞阳'苹果新鲜成熟果实果肉香气的主要成分为，2- 己烯醛（32.76%）、己醛（16.95%）、乙酸 -2- 甲基丁酯（10.97%）、2,4- 二叔丁基苯酚（10.44%）、乙酸己酯（9.37%）、1- 己醇（3.15%）、丁酸己酯（1.63%）、2- 甲基丁酸己酯（1.58%）、丁酸丁酯（1.05%）等（邓瑞等，2019）。

水晶红富士（Crystal Fuji）：从普通富士的芽（枝）变中选育出的着色系富士品种。顶空固相微萃取法提取的山东烟台产'水晶红富士'苹果新鲜果实香气的主要成分为，α- 法尼烯（39.13%）、乙酸己酯（16.70%）、2- 甲基丁酸己酯（14.59%）、己酸丁酯（10.39%）、乙酸 -2- 甲基丁酯（6.18%）、己酸己酯（5.59%）、2- 甲基丁酸丁酯（2.06%）、乙酸丁酯（1.37%）等（陶晨等，2011）。

四倍体嘎拉（Tetraploid Gala）：由'皇家嘎拉'二倍体经诱变获得的品系，果实大于二倍体嘎拉，平均单果重 194.85g。静态顶空萃取法提取的山东肥城产'四倍体嘎拉'苹果新鲜成熟果实香气的主要成分（单位：µg/g）为，乙酸己酯（0.66）、乙酸丁酯（0.53）、1- 丁醇（0.13）、1- 己醇（0.11）等（王玉霞等，2013）。

酸王（Avrolles）：法国品种。果实圆形，单果重 45g，果面红色，果肉乳白色，质地脆，风味酸。顶空固相微萃取法提取的'酸王'苹果新鲜果实香气的主要成分（单位：µg/kg）为，1- 己醇（918.87）、己醛（551.72）、乙酸异戊酯（184.19）、反 -2- 己烯醛（128.73）、2- 甲基丁酸己酯（62.56）、(S)-2- 甲基 -1- 丁醇（61.49）、乙酸丁酯（51.37）、乙酸己酯（47.99）、1- 丁醇（11.64）、丁酸己酯（7.01）、己酸己酯（4.66）、5- 甲基 -1- 庚醇（3.43）、2- 甲基丁酸丁酯（3.42）、4- 甲氧基丁酸甲酯（2.59）、2- 十二烯醛（2.48）、乙酸戊酯（2.33）、α-法尼烯（1.70）等（段亮亮等，2012）。

太平洋嘎拉： 中熟，成熟期较早，着色快，果个较大，硬度高。静态顶空萃取法提取的山东泰安产'太平洋嘎拉'苹果新鲜果实香气的主要成分（单位：μg/g）为，乙酸丁酯（1.78）、乙酸己酯（1.78）、1-丁醇（0.92）、乙酸-2-甲基丁酯（0.61）、1-己醇（0.38）、2-甲基-1-丁醇（0.13）等（车根等，2011）。

泰山嘎拉： 由'皇家嘎拉'芽变育成的早中熟品种。果实圆锥形，中型果，平均单果重212.8g，果面着色鲜红。果肉细脆，汁多味香。静态顶空萃取法提取的山东泰安产'泰山嘎拉'苹果新鲜果实香气的主要成分（单位：μg/g）为，乙酸丁酯（1.72）、乙酸己酯（0.56）、1-丁醇（0.45）、乙酸-2-甲基丁酯（0.16）、乙酸丙酯（0.15）、1-己醇（0.10）、丁酸己酯（0.09）、丁酸丁酯（0.08）、2-甲基丁酸己酯（0.08）、2-甲基-1-丁醇（0.07）、(E)-2-己烯醇（0.07）、丙酸丁酯（0.07）、乙酸-(E)-2-己烯酯（0.06）、丙酸己酯（0.06）等（王海波等，2014）。

泰山早霞： 早熟酯香型苹果品种。果色艳，外观美，风味浓，品质优。静态顶空萃取法提取的山东泗水产'泰山早霞'苹果新鲜成熟果实香气的主要成分（单位：μg/g）为，乙酸丁酯（0.35）、乙酸己酯（0.17）、乙酸-2-甲基-1-丁酯（0.16）、1-丁醇（0.14）、丁酸己酯（0.12）、2-甲基己酸己酯（0.10）、1-己醇（0.09）、丁酸丁酯（0.08）、2-甲基丁酸丁酯（0.08）、丁酸乙酯（0.07）、乙酸乙酯（0.06）等（王海波等，2008）。

王林（Orin）： 果实卵圆形或椭圆形，单果重约180～200g，全果黄绿色或绿黄色，果面光洁，果皮较薄，果肉乳白色，肉质细脆，汁多，风味香甜，有香气，品质上等。固相微萃取法提取的陕西杨凌产'王林'苹果新鲜果实香气的主要成分为，2-己烯醛（14.77%）、2-甲基丁酸己酯（14.25%）、乙酸己酯（13.29%）、α-法尼烯（9.27%）、丁酸己酯（7.47%）、1,3-二甲基苯（6.95%）、(Z)-2-己烯-1-醇乙酸酯（5.44%）、己醛（4.87%）、2-甲基-1-丁基乙酸酯（3.47%）、乙酸丁酯（2.93%）、己酸己酯（2.87%）、丁酸丁酯（2.70%）、2-甲基丁酸丁酯（2.13%）、2-甲基丙酸己酯（1.26%）、乙苯（1.17%）等（刘俊灵等，2019）。顶空固相微萃取法提取的河北产'王林'苹果新鲜果实香气的主要成分为，α-法尼烯（21.70%）、反式-2-甲基丁酸-2-己基酯（14.47%）、己醛（10.14%）、乙酸己酯（7.93%）、反式-2-己烯醛（7.89%）、己酸乙酯（7.71%）、丁酸己酯（7.47%）、1-己醇（4.42%）、己酸己酯（4.35%）、丁酸乙酯（3.34%）、乙酸丁酯（1.08%）等（张薇薇等，2018）。热脱附法提取的河北保定产'王林'苹果新鲜成熟果实香气的主要成分（单位：μg/kg）为，乙酸乙酯（46.34）、丁酸乙酯（45.52）、乙醇（38.69）、乙酸丁酯（25.64）、己醛（15.04）、乙酸甲酯（11.37）、丁醛（9.75）、1-丙醇（7.07）、2-甲基丁醇（6.39）、乙醛（6.05）、丙酸乙酯（4.47）、2-己烯醛（4.02）、2-甲基丁酸乙酯（3.64）、乙酸3-甲基丁酯（3.37）、丁酸甲酯（1.75）等（乜兰春等，2006）。顶空固相微萃取法提取的山东蓬莱产'王林'苹果新鲜成熟果实香气的主要成分为，己醛（32.24%）、(E)-2-己烯醛（22.10%）、1-丁醇（11.75%）、1-己醇（10.10%）、2-甲基-1-丁醇（7.32%）、1-戊醇（3.43%）、2-甲基己酸（2.34%）、乙酸丙酯（1.02%）等（姜中武等，2009）。顶空固相微萃取法提取的河北保定产'王林'苹果常温贮藏21天果实香气的主要成分为，1-己醇（21.42%）、2-己烯醛（18.23%）、己醛（11.31%）、2-甲基丁醇（6.24%）、法尼烯（5.60%）、己酸己酯（5.00%）、丁酸乙酯（4.67%）、1-丁醇（3.85%）、2-甲基丁酸己酯（2.26%）、乙酸乙酯（1.85%）、6-甲基-5-庚烯-2-醇（1.39%）、2-丙烯酸丁酯（1.37%）、乙酸-2-甲基丁酯（1.31%）、丁酸己酯（1.15%）、2-甲基丁酸乙酯（1.03%）等；常温贮藏28天果实香气的主要成分为，己酸乙酯（20.40%）、丁酸乙酯（15.78%）、1-己醇（13.10%）、2-甲基丁酸乙酯（8.40%）、2-己烯醛（6.30%）、2-甲基丁醇（5.46%）、乙醇（4.22%）、己醛（3.79%）、1-丁醇（2.37%）、乙酸己酯（2.19%）、乙酸-2-甲基丁酯（2.04%）、6-甲基-5-庚烯-2-醇（1.85%）、法尼烯（1.34%）等（许宝峰等，2014）。顶空固相微萃取法提取的贵州威宁产'王林'苹果新鲜成熟果实果肉香气的主要成分为，辛酸乙酯（31.47%）、庚酸乙酯（17.53%）、2,6-二甲基-4-庚酮（8.50%）、3-甲基-2-丁酮（5.97%）、1-辛醇（4.34%）、2-庚酮（3.35%）、1,3-双(1,1-二甲基乙基)-苯（2.58%）、2-甲基丁酸己酯（2.18%）、3,4-二羟基-5-氨基哒嗪（2.12%）、正己烷（1.73%）、环己烷（1.72%）、羟基乙腈（1.72%）、苯乙烯（1.47%）、反-2-己烯醛（1.35%）、乙酸 2-甲基丁酯（1.28%）、N,N-二甲基-3-甲氧基-4-甲基苯乙胺（1.24%）、乙酸己酯（1.20%）、1-己醇（1.01%）等（韩秀梅等，2022）。

维纳斯黄金（Venus Gold）： 日本品种。果实长圆形，果顶平滑状，部分果顶有明显的五棱或六棱凸起。果实有浓郁清新的特殊芳香味，类似青香蕉，口感好，品质高。顶空固相微萃取法提取的贵州威宁产'维纳斯黄金'苹果新鲜成熟果实果肉香气的主要成分为，辛酸乙酯（30.96%）、庚酸乙酯（17.60%）、2,6-二甲基-4-庚酮（8.95%）、3-甲基-2-丁酮（6.94%）、1-辛醇（4.73%）、2-庚酮（3.58%）、1,3-双(1,1-二甲基乙基)-苯（2.66%）、乙酸己酯（2.38%）、3,4-二羟基-5-氨基哒嗪（2.11%）、环己烷（1.88%）、正己烷（1.87%）、羟基乙腈（1.83%）、反-2-己烯醛（1.32%）、N,N-二甲基-3-甲氧基-4-甲基苯乙胺（1.24%）、乙酸-2-甲基丁酯（1.15%）等（韩秀梅等，2022）。固相微萃取法提取的山东烟台产'维纳斯黄金'苹果新鲜成熟果实香气的主要成分为，乙酸己酯（26.06%）、乙酸-2-甲基丁酯（17.13%）、苯乙酸丁酯（10.91%）、正己醇（8.74%）、正己醛（5.22%）、丁酸丁酯（4.45%）、2-甲基丁酸丁酯（4.37%）、2-甲基丁酸丙酯（3.38%）、丁酸丙酯（3.30%）、(E)-2-己烯醛（3.23%）、乙酸异戊酯（2.16%）、正己酸（1.95%）、己酸己酯（1.58%）、正丁醇（1.44%）等（孙燕霞等，2020）。

威海金（Weihai Jin）： 果形高桩，果实艳丽，果皮黄色，果汁丰富，可溶性固形物含量高，香气浓郁，甜脆味美，口感独特，有浓郁清新的芳香味。顶空固相微萃取法提取的山东威海产用'国光'花粉授粉的'威海金'苹果新鲜果实香气的主要成分（单位：μg/kg）为，法尼烯（9863.9）、丙酸丁酯（8289.0）、己酸乙酯（7450.2）、二甲基硅丙二醇（4453.1）、庚酸丁酯（3204.5）、乙酸丁酯（2885.1）、丁酸丁酯（2797.5）、甲基丙酸丁酯（2223.6）、正己醇（1947.2）、丁酸丙酯（1913.2）、丁酸乙酯（1755.3）、辛酸丙酯（1731.0）、2-甲基-丁酸丁酯（1697.9）、乙酸丙酯（1317.0）、乙酸戊酯（1283.5）、辛酸乙酯（1256.8）、2-甲基丁醇（1177.1）、己酸丙酯（1133.7）、甲基-丁酸乙酯（1131.3）、丙酸丙酯（1125.8）、正己醛（1068.9）等；用'盈香'花粉授粉的'威海金'苹果新鲜果实香气的主要成分为，己酸-2-甲基丁酯（89673.0）、法尼烯（10803.6）、己酸乙酯（4793.9）、丁酸丁酯（4533.4）、正己醇（4299.4）、乙酸丁酯（3950.1）、辛酸-2-甲基丁酯（3010.4）、2-甲基-丁酸丁酯（2766.7）、己酸丙酯（2527.4）、2-甲基丁醇（2079.6）、甲基丙酸丁酯（1916.0）、2-甲基丁酸戊酯（1889.7）、辛酸丙酯（1701.3）、2-己烯醛（1698.1）、戊酸戊酯（1482.0）、正己醛（1389.2）、二甲基硅丙二醇（1360.7）、异丙醇（1157.5）等（宿夏菲等，2023）。

无锈金矮生（Rust-Free Gold Dwarf）： 美国晚熟品种。果实全面黄绿或绿黄色，阳面稍带橙红晕。果面粗糙，少光泽，蜡质少，无果粉，无棱起，无果锈。顶空固相微萃取法提取的甘肃静宁产'无锈金矮生'苹果新鲜果实香气的主要成分（单位：μg/g）为，反式-2-己烯醛（8.22）、乙酸己酯（5.73）、2-甲基丁酸乙酯（5.38）、正己醇（5.18）、己醛（4.41）、2-甲基丁基乙酸酯（3.37）、(E)-乙酸-2-己-1-醇酯（3.12）、八甲基环四硅氧烷（2.74）、乙酸丁酯（1.89）、六甲基环三硅氧烷（1.84）等（万鹏等，2019）。

夏红肉： 静态顶空萃取法提取的新疆石河子产'夏红肉'苹果新鲜成熟果实香气的主要成分（单位：μg/g）为，乙酸己酯（3.36）、丁酸乙酯（1.31）、甲酸己酯（0.78）、戊酸乙酯（0.37）、丁醇（0.23）、己酸乙酯（0.22）、1-己醇（0.21）、2-甲基丁酸乙酯（0.19）、丁酸己酯（0.16）、乙酸丁酯（0.15）、(E)-2-己烯酯（0.15）、丙酸乙酯（0.11）、丁酸丁酯（0.07）、2- 甲基 - 丙酸乙酯（0.07）、乙酸 -2- 甲基丁酯（0.06）等（李淑玲等，2013）。

响富：'长富 2 号'芽变品种。上色好、快，满红、高桩、大果。顶空固相微萃取法提取的山东烟台产'响富'苹果新鲜成熟果实果肉香气的主要成分（单位：μg/kg）为，2- 甲基丁基乙酸酯（62.51）、甲酸己酯（28.96）、乙酸己酯（18.18）、2- 甲基 -1- 丁醇（13.77）、乙酸丁酯（10.41）、己酸丁酯（6.49）、2- 甲基丁酸丙酯（6.33）、丁酸丙酯（5.30）、2- 甲基丁酸丁酯（5.10）、乙酸戊酯（3.93）、甲醇（3.59）、1- 丁醇（3.39）、丁酸丁酯（2.69）、2- 甲基丁酸己酯（2.65）、己酸丙酯（2.22）、2- 己烯醛（1.99）、丙酸丙酯（1.78）、乙酸丙酯（1.31）等（慈志娟等，2019）。

小国光：单果重 120g 左右，扁圆形，青黄色。向阳面可着红晕。果肉稍粗糙，汁特多、味酸甜。香气少，品质中。顶空固相微萃取法提取的山东泰安产'小国光'苹果新鲜果实香气的主要成分为，2- 甲基 -1- 丁醇乙酸酯（45.85%）、反式 -2- 己烯醛（15.50%）、己醛（13.67%）、1- 己醇（5.82%）、己酸（3.90%）、苯甲醇（2.50%）、α- 法尼烯（2.50%）、丁酸己酯（2.30%）、萘（1.74%）、己酸乙酯（1.46%）等（张薇薇等，2018）。

新富 1 号：中晚熟品种。平均单果重 167g。果面底色黄绿色，全面着暗红色，片红，果面光洁无锈。果肉黄绿色，肉质细，酥脆，汁液多，有芳香味。固相微萃取法提取的新疆阿克苏产'新富 1 号'苹果新鲜果肉香气的主要成分为，乙酸乙酯（28.62%）、乙酸丁酯（16.88%）、丁酸乙酯（11.69%）、2- 甲基乙酸丁酯（8.92%）、乙酸己酯（6.71%）、2- 甲基丁酸乙酯（3.61%）、丙酸乙酯（2.97%）、1- 丁醇（2.61%）、正戊酸己酯（2.44%）、法尼烯（2.15%）、1- 己醇（1.72%）、丁酸甲酯（1.33%）、丁酸 -2- 甲基 -1- 甲基乙酯（1.32%）、2- 甲基丁酸丁酯（1.18%）、己酸乙酯（1.14%）等（刘珩等，2017）。

新红星（蛇果，Starkrimson）：美国品种，是'红星'全株短枝型芽变品种。果实圆锥形或卵圆形，五棱突出，平均单果重 200g。果实底色黄绿，全面着浓红色，果面光滑无锈，蜡质厚，果粉多，有光泽。果皮厚而韧，初采时果肉绿白色，贮藏后变为黄白色，肉质松脆、汁多，富有香气。顶空固相微萃取法提取的辽宁兴城产'新红星'苹果新鲜果实香气的主要成分为，反式 -2- 己烯醛（47.85%）、己醛（14.86%）、1- 丁醇（11.70%）、乙酸己酯（11.60%）、甲酸己酯（3.19%）、2- 甲基 -1- 丁醇乙酸酯（3.16%）、α- 法尼烯（2.30%）、己酸己酯（2.19%）、反式 -2- 己烯 -1- 醇（1.57%）等（张薇薇等，2018）。顶空固相微萃取法提取的辽宁葫芦岛产'新红星'苹果新鲜果实香气的主要成分为，α- 法尼烯（17.34%）、丁酸甲酯（15.75%）、2- 甲基丁酸丁酯（3.67%）、己醛（1.72%）、6- 甲基 -5- 庚烯二酮（1.41%）、2- 甲基 -1- 丁醇（1.06%）等（吴继红等，2005）。热脱附法提取的河北保定产'新红星'苹果新鲜成熟果实香气的主要成分（单位：μg/kg）为，1- 丙醇（45.72）、1- 丁醇（40.24）、乙酸乙酯（39.14）、乙酸丙酯（38.55）、乙酸丁酯（37.69）、2- 甲基丁醇（23.89）、乙酸 -3- 甲基丁酯（23.48）、2- 甲基环戊醇（19.52）、丁醛（13.69）、乙醇（13.41）、己醛（11.15）、2- 己烯醛（8.41）、2- 甲基 -1- 丙醇（7.83）、1- 己醇（5.83）、2- 甲基丁酸乙酯（4.76）、乙酸己酯（4.49）、乙醛（3.95）、乙酸甲酯（3.73）、丙酸乙酯（3.08）、丙酸丙酯（2.05）、乙酸 -2- 甲基丙酯（1.35）、乙酸戊酯（1.31）、2- 甲基丁酸丙酯（1.14）等（乜兰春等，2006）。静态顶空萃取法提取的山东肥城产'新红星'苹果单层套袋新鲜成熟果实香气的主要成分为，乙酸己酯（11.02%）、乙酸 -2- 甲基 -1- 丁酯（9.06%）、乙醇（8.00%）、丁酸乙酯（1.85%）、2- 甲基 - 丁酸己酯（1.82%）、α- 法尼烯（1.41%）、己醇（1.32%）、乙酸丁酯（1.28%）、己酸乙酯（1.27%）、2- 甲基 - 丁酸乙酯（1.26%）、己酸己酯（1.20%）、3- 甲基 -1- 丁醇（1.12%）、丁酸己酯（1.00%）等；双层套袋新鲜成熟果实香气的主要成分为，乙醇（15.29%）、乙酸己酯（10.08%）、丁酸乙酯（4.26%）、己酸乙酯（2.40%）、己醇（1.59%）、α-

法尼烯（1.31%）等；单层套袋贮藏45天果实香气的主要成分为，2-甲基-丁酸己酯（19.38%）、乙酸-2-甲基-1-丁酯（12.10%）、乙酸己酯（10.75%）、乙酸丁酯（5.60%）、乙醇（4.89%）、丁酸乙酯（4.31%）、己酸己酯（4.16%）、α-法尼烯（3.78%）、3-甲基-1-丁醇（3.04%）、己醇（2.46%）、2-甲基-丁酸乙酯（2.31%）、己酸丁酯（1.77%）、丁酸己酯（1.75%）、丁醇（1.58%）、己酸乙酯（1.13%）等；不套袋贮藏45天果实香气的主要成分为，丁酸乙酯（16.74%）、2-甲基-丁酸乙酯（12.59%）、乙酸己酯（10.76%）、2-甲基-丁酸己酯（8.75%）、乙酸-2-甲基-1-丁酯（8.18%）、乙醇（4.85%）、丙酸乙酯（4.57%）、乙酸丁酯（4.07%）、己酸乙酯（2.87%）、α-法尼烯（2.55%）、3-甲基-1-丁醇（1.60%）、己醇（1.42%）、丁酸己酯（1.35%）、己酸己酯（1.21%）等（王少敏等，2009）。顶空固相微萃取法提取的甘肃武威产'新红星'苹果新鲜成熟果实香气的主要成分为，乙酸-2-甲基丁酯（33.42%）、乙酸丁酯（16.60%）、乙酸己酯（9.63%）、2-甲基丁酸己酯（5.92%）、己酸丁酯（5.90%）、丁酸乙酯（2.70%）、丁酸丙酯（2.62%）、2-甲基丁酸丙酯（2.47%）、1-己醇（2.39%）、己酸己酯（1.94%）、2-甲基丁醇（1.90%）、丙酸丁酯（1.58%）、己酸丙酯（1.31%）、2-甲基丁酸丙酯（1.28%）、1-丁醇（1.17%）、乙酸丙酯（1.16%）等（刘玉莲等，2016）。

烟富1号：从富士芽变品种中选出的红富士优系晚熟品种。大型果，果形圆形至近长圆形，单果重250～304g，果形非常周正。果皮光滑亮丽，色泽艳红。固相微萃取法提取的山东烟台产'烟富1号'苹果新鲜果实香气的主要成分为，2-己烯醛（23.52%）、2-甲基丁基乙酸酯（8.00%）、1-己醇（6.89%）、乙酸丁酯（6.73%）、己酸丁酯（6.40%）、乙酸己酯（5.78%）、2-己烯醇（5.35%）、己醛（4.56%）、α-法尼烯（3.67%）、1-丁醇（3.34%）、1-十二醇（3.22%）、乙醛（2.43%）、己酸乙酯（2.10%）、2-十一烯醛（2.01%）、壬醛（1.75%）、2-癸烯醛（1.62%）、丁酸己酯（1.35%）、丁酸丁酯（1.28%）、庚酸乙酯（1.14%）等（孙承锋等，2015）。静态顶空萃取法提取的山东烟台产'烟富1号'苹果新鲜成熟果实香气的主要成分为，2-甲基-1-丁醇乙酸酯（20.83%）、乙酸己酯（11.78%）、乙酸丁酯（9.29%）、丁酸乙酯（9.18%）、己酸乙酯（8.32%）、2-甲基丁酸乙酯（4.77%）、3-甲基-4-氧-戊酸（2.78%）、1-己醇（2.76%）、2-甲基-1-丁醇（2.53%）、1-丁醇（1.85%）、乙酸戊酯（1.07%）等（唐岩等，2014）。

烟富3号：由'长富2号'中选出的红富士优质晚熟品种。果实圆形或长圆形，果形端正，平均单果重245～314g。易着色。固相微萃取法提取的山东烟台产'烟富3号'苹果新鲜果实香气的主要成分为，2-己烯醛（34.19%）、α-法尼烯（15.28%）、2-甲基丁基乙酸酯（8.04%）、己醛（4.99%）、己酸丁酯（4.29%）、2-甲基丁酸己酯（4.07%）、1-己醇（3.90%）、乙酸丁酯（3.67%）、乙酸己酯（3.58%）、己酸己酯（2.81%）、1-丁醇（2.09%）、己酸乙酯（1.47%）、2-己烯-1-醇乙酸酯（1.13%）、2-癸烯醛（1.12%）、2-己烯醇（1.07%）等（孙承锋等，2015）。固相微萃取法提取的山东蓬莱产'烟富3号'苹果新鲜成熟果实香气的主要成分（单位：$\mu g/g$）为，2-甲基-1-丁醇乙酸酯（15.42）、乙酸己酯（10.74）、乙酸丁酯（4.46）、2-甲基-1-丁醇（1.84）、己酸乙酯（1.59）、丁酸乙酯（1.52）、2-甲基丁酸乙酯（1.34）、1-己醇（1.17）、2-甲基丁酸己酯（1.02）、1-丁醇（0.91）、2-甲基丁酸-1-甲基乙酯（0.81）、己酸-4-己烯酯（0.74）、2-甲基丁酸丁酯（0.64）、丁酸丙酯（0.59）、乙酸戊酯（0.55）、丁酸己酯（0.51）等（宋来庆等，2013）。顶空固相微萃取法提取的贵州威宁产'烟富3号'苹果新鲜成熟果实果肉香气的主要成分为，辛酸乙酯（33.76%）、庚酸乙酯（18.48%）、2,6-二甲基-4-庚酮（8.53%）、3-甲基-2-丁酮（6.33%）、1-辛醇（4.49%）、乙酸2-甲基丁酯（3.32%）、2-庚酮（3.22%）、1,3-双(1,1-二甲基乙基)-苯（2.56%）、3,4-二羟基-5-氨基哒嗪（2.32%）、环己烷（1.56%）、正己烷（1.56%）、羟基乙腈（1.56%）、N,N-二甲基-3-甲氧基-4-甲基苯乙胺（1.33%）、反-2-己烯醛（1.13%）等（韩秀梅等，2022）。

烟富6号：从惠民短枝富士中选出的芽变优系品种。果形端正，果皮较厚，果面光洁易着色，色浓红。果大，单果质量250～280g。顶空固相微萃取法提取的山东烟台产'烟富6号'苹果新鲜成熟果实香气的主要成分为，乙酸己酯（69.45%）、壬酮（8.22%）、2-甲基乙酸丁酯（5.14%）、己酸乙酯（2.80%）、2-甲基丁酸庚酯（2.79%）、丁酸己酯（1.76%）、α-法尼烯（1.29%）、2-甲基丁酸丁酯（1.14%）、壬醇（1.07%）等（刘美英等，2020）。

烟富7号： 是'秋富1号'株变短枝型品种。果实浓红色，色相片红。顶空固相微萃取法提取的山东烟台产'烟富7号'苹果新鲜成熟果实香气的主要成分为，2-甲基丁酸己酯（52.44%）、丙酸己酯（19.67%）、α-法尼烯（6.45%）、己酸丙酯（4.84%）、2-甲基丁酸乙酯（2.88%）、2-甲基丙酸己酯（2.57%）、丙酸丁酯（1.45%）、2-甲基丁酸丁酯（1.13%）等（王新语等，2021）。

烟富8号（神富一号）： '烟富3号'的浓红色芽变品种。初为条红，后转为片红，上色快，果个大，单果平均为315g，比'烟富3号'果大。顶空固相微萃取法提取的山东烟台产'烟富8号'苹果新鲜成熟果实果肉香气的主要成分（单位：μg/kg）为，2-甲基丁基乙酸酯（69.51）、正己醇（32.06）、乙酸己酯（22.49）、乙酸丁酯（11.40）、2-甲基-1-丁醇（10.61）、己酸丁酯（7.91）、丁酸丙酯（7.30）、2-甲基丁酸丁酯（5.15）、丁酸丁酯（4.38）、2-甲基丁酸丙酯（4.36）、乙酸戊酯（4.29）、1-丁醇（3.81）、甲醇（3.23）、己酸丙酯（2.78）、2-甲基丁酸己酯（2.49）、2-己烯醛（2.47）、丙酸丙酯（1.41）等（慈志娟等，2019）。

烟富10号： '烟富3号'芽变选育品种。果个超大、颜色浓红。果皮抗皱皮能力较差。着色均属于条拉片红，低温下不易上色，果实比较偏斜。顶空固相微萃取法提取的山东烟台产'烟富10号'苹果新鲜成熟果实果肉香气的主要成分（单位：μg/kg）为，2-甲基丁基乙酸酯（75.88）、正己醇（29.43）、乙酸己酯（18.75）、乙酸丁酯（9.80）、2-甲基-1-丁醇（8.50）、2-甲基丁酸丁酯（5.69）、己酸丁酯（5.57）、甲醇（5.39）、己酸己酯（4.45）、丁酸丁酯（4.18）、乙酸戊酯（3.78）、1-丁醇（3.18）、2-辛酮（2.33）、丁酸丙酯（2.30）、2-庚烯醛（1.82）、丙酸丁酯（1.70）、2-甲基丁酸己酯（1.69）、己酸丙酯（1.56）等（慈志娟等，2019）。

岩富10号： 日本富士芽变品种。着色较好，果色浓红片红。果实圆形，平均单果重200g。水蒸气蒸馏法提取的山西太谷产'岩富10号'苹果新鲜成熟果实果肉香气的主要成分（单位：mg/kg）为，乙醇（630.15）、乙酸乙酯（381.33）、乙醛（95.11）、异戊醇（33.25）、丙醇（17.40）、丁酸乙酯（15.33）、己醇（15.02）、丙酸乙酯（12.50）、乙酸异戊酯（5.84）、丁醇（4.22）、戊醇（2.69）、异丁醇（1.38）等（牛自勉等，1996）。

艳红： 美国'红星'短枝型芽变品种。果实圆锥形，单果重185g左右。果实底色黄绿或绿黄，全面浓红或紫红色，有较明显的断续浓红条纹。果皮光滑，有光泽，无锈，蜡质中多，果粉较少。果肉绿白色，肉质中等，松脆，汁液较多，风味淡甜，有香气，略有涩味。水蒸气蒸馏法提取的山西太谷产'艳红'苹果新鲜成熟果实果肉香气的主要成分（单位：mg/kg）为，乙醇（341.94）、异戊醇（315.70）、乙醛（288.14）、丙酸乙酯（167.50）、乙酸乙酯（75.96）、己醇（16.37）、丁酸乙酯（16.24）、丙醇（15.24）、丁醇（5.80）、异丁醇（3.91）、乙酸异戊酯（3.12）、戊醇（1.91）等（牛自勉等，1996）。

阳光： 固相微萃取法提取的山东烟台产'阳光'苹果新鲜果实香气的主要成分为，2-己烯醛（19.78%）、乙酸丁酯（11.70%）、1-己醇（8.14%）、α-法尼烯（6.72%）、己酸己酯（4.44%）、己酸丁酯（4.30%）、2-甲基丁基乙酸酯（3.62%）、乙酸己酯（3.43%）、乙酸（3.36%）、己醛（3.30%）、1-丁醇（3.27%）、1-十二醇（2.55%）、对烯丙基苯甲醚（1.75%）、丁酸己酯（1.51%）、2-甲基丁酸己酯（1.45%）、

2- 己烯 -1- 醇乙酸酯（1.43%）、2- 己烯醇（1.38%）、乙醛（1.35%）、辛酸己酯（1.32%）、2- 癸烯醛（1.28%）、2- 十一烯醛（1.08%）等（孙承锋等，2015）。

沂源红（Yiyuan Red）： '红富士'短枝条红着色的芽变品种。顶空固相微萃取法提取的山东烟台产'沂源红'苹果新鲜成熟果实香气的主要成分为，乙酸己酯（67.77%）、2- 甲基丁酸己酯（11.45%）、丁酸己酯（8.28%）、2- 甲基乙酸丁酯（3.72%）、己酸乙酯（2.12%）、α- 法尼烯（1.87%）等（刘美英等，2020）。

玉华早富： 从日本'弘前富士'中选育的早熟富士品种。顶空固相微萃取法提取的陕西白水产'玉华早富'苹果新鲜成熟果实香气的主要成分为，2- 甲基 -1- 丁基乙酸酯（26.36%）、2- 己烯醛（26.28%）、异戊酸己酯（10.87%）、正己醛（6.51%）、乙酸己酯（5.90%）、2- 甲基丁酸丁酯（4.37%）、乙酸丁酯（2.76%）、2- 甲基丁酸丙酯（2.41%）、3- 甲基 - 丁酸戊酯（2.01%）、2- 甲基丁酸 -2- 甲基丁酯（1.89%）、2- 甲基丁醇（1.86%）、2- 甲基丁酸（1.07%）等（张天皓等，2022）。

元帅（红元帅，红香蕉，Delicious）： 美国早熟品种。肉质松脆爽口，味甜，有浓郁的香蕉气味。顶空固相微萃取法提取的甘肃兰州产'元帅'苹果新鲜果皮香气的主要成分为，2- 己烯醛（29.30%）、己醛（15.64%）、乙酸 -2- 甲基 -1- 丁酯（11.42%）、1- 己醇（6.88%）、乙酸己酯（5.72%）、(E)- 乙酸 -2- 己烯 -1- 醇酯（4.63%）、(E)-2- 己烯 -1- 醇（3.41%）、2- 甲基 -1- 丁醇（2.47%）、(E,E)-2,4- 己二烯醛（2.42%）、乙酸丁酯（2.28%）、乙酸乙酯（1.67%）、2- 甲基丁酸（1.51%）、2- 甲基丁酸丁酯（1.15%）、1- 丁醇（1.01%）等；新鲜果肉香气的主要成分为，2- 己烯醛（37.45%）、乙酸 -2- 甲基 -1- 丁酯（12.75%）、乙酸乙酯（12.16%）、己醛（9.99%）、2- 甲基 -1- 丁醇（4.34%）、乙酸己酯（3.99%）、(E,E)-2,4- 己二烯醛（3.50%）、乙酸丁酯（2.82%）、1- 丁醇（1.99%）、四氢 -2H- 吡喃 -2- 甲醇（1.63%）、5- 乙基 -2(5H)- 呋喃酮（1.41%）、(E)- 乙酸 -2- 己烯 -1- 醇酯（1.24%）、1- 己醇（1.22%）等（靳兰等，2010）。

早丰甜： 极早熟品种。果实宽圆锥形，高庄端正，平均单果重 148g。底色乳白，果面着鲜红彩条，美观艳丽。肉质细嫩，甘甜可口。顶空固相微萃取法提取的山东泰安产'早丰甜'苹果新鲜果实香气的主要成分为，(E)-2- 己烯醛（43.60%）、乙酸丁酯（13.15%）、1- 己醇（9.92%）、1- 丁醇（7.76%）、己醛（6.16%）、乙酸 -2- 甲基 -1- 丁酯（3.66%）、乙酸己酯（2.25%）、4- 甲基 -1- 己烯（1.96%）等（王海波等，2007）。

早富 1 号： 早熟富士品种。果肉酥脆，汁液多，适口性好。固相微萃取法提取的新疆阿克苏产'早富 1 号'苹果新鲜果肉香气的主要成分为，乙酸乙酯（22.83%）、乙酸丁酯（9.56%）、2- 甲基乙酸丁酯（7.96%）、1- 丁醇（7.73%）、乙酸丙酯（6.96%）、乙醇（6.81%）、2- 甲基 -1- 丁醇（6.13%）、正戊酸己酯（5.97%）、乙酸己酯（5.63%）、1- 己醇（3.04%）、2- 甲基丁酸乙酯（3.02%）、丁酸 -2- 甲基 -1- 甲乙酯（2.84%）、2- 甲基丁酸丁酯（2.71%）、丁酸乙酯（1.38%）等（刘珩等，2017）。

柱状苹果（Columnar Apple）： '威赛克'及源于'威赛克'的杂交后代系列品种之总称。中熟。顶空固相微萃取法提取的甘肃静宁产'柱状苹果'新鲜果实香气的主要成分为，正己醇（2.79μg/g）、乙酸己酯（1.51μg/g）等（万鹏等，2019）。

最良短富（Best Short Fuji）： 顶空固相微萃取法提取的山东烟台产'最良短富'苹果新鲜果实香气的主要成分为，2- 己烯醛（40.34%）、2- 甲基丁基乙酸酯（7.68%）、α- 法尼烯（7.16%）、乙酸己酯（5.46%）、己醛（5.14%）、1- 己醇（4.06%）、乙酸丁酯（4.16%）、己酸丁酯（4.11%）、2- 甲基丁酸己酯（2.64%）、2- 癸烯醛（1.70%）、壬醛（1.66%）、1- 丁醇（1.52%）、2- 十一烯醛（1.40%）、1- 十二醇（1.39%）、丁酸己酯（1.38%）、2- 己烯 -1- 醇乙酸酯（1.01%）等（孙承锋等，2015）。

新疆野苹果［*Malus sieversii* (Ledeb.) Roem.］：苹果属植物新疆野苹果的新鲜成熟果实，别名塞威氏苹果，主要分布在新疆西部。野生类型很多，有红果子、黄果子、绿果子和白果子等，品质和成熟期很不一致。陕西、甘肃、新疆等地用作栽培苹果砧木。果实大，球形或扁球形，直径 3～4.5cm，果皮橙红色，果肉淡黄色，果面平滑。顶空固相微萃取法提取的新疆巩留产‘MS1’新疆野苹果新鲜成熟果实香气的主要成分为，乙醇（25.29%）、3- 羟基丁酸乙酯（14.98%）、(*E*)-2- 己烯醛（9.69%）、2,4,5- 三甲基 -1,3- 二噁茂烷（9.61%）、2,3- 丁二醇（8.24%）、己醛（6.72%）、3- 羟基 -2- 丁酮（4.56%）、3,4,5- 三甲基 -4- 庚醇（3.76%）、丁酸乙酯（1.62%）等；‘MS2’的主要成分为，乙酸乙酯（20.38%）、(*E*)-2- 己烯醛（19.50%）、己醛（11.54%）、3,4,5- 三甲基 -4- 庚醇（10.64%）、乙醇（9.13%）、己醇（7.15%）、丁醇（4.54%）、丙酸己酯（2.32%）、(*E,E*)-2,4- 己二烯醛（1.72%）、(*S*)-2- 甲基 -1- 丁醇（1.43%）、2,3- 丁二醇（1.33%）、3- 羟基丁酸乙酯（1.28%）、乙酸己酯（1.00%）等；‘MS3’的主要成分为，(*E*)-2- 己烯醛（24.65%）、己醛（15.46%）、3- 羟基丁酸乙酯（15.36%）、乙醇（13.67%）、己醇（4.00%）、2,4,5- 三甲基 -1,3- 二噁茂烷（3.35%）、2,3- 丁二醇（2.99%）、3,4,5- 三甲基 -4- 庚醇（2.66%）、3- 羟基 -2- 丁酮（2.25%）、(*E,E*)-2,4- 己二烯醛（2.03%）、3- 羟基己酸乙酯（1.39%）、丁酸乙酯（1.18%）、3- 羟基戊酸乙酯（1.14%）、山梨酸乙酯（1.10%）等（冯涛等，2006）。顶空固相微萃取法提取的新疆轮台产新疆野苹果新鲜成熟果实香气的主要成分为，2- 己烯醛（41.78%）、1- 甲基戊基环丙烷（25.00%）、己醛（23.79%）、4- 甲基 -2- 戊烯醛（4.80%）、乙酸己酯（2.64%）等（王迪等，2021）。溶剂萃取法提取的陕西杨凌产‘新疆野苹果’新鲜成熟果实香气的主要成分（单位：μg/kg）为，α- 法尼烯（10508.14）、反式 -2- 己烯醛（2542.78）、法尼醇（1265.24）、2- 甲基 -1- 丁醇（517.42）、苯酚（439.40）、对甲苯酚（263.36）、乙酸（153.47）、反，反 -2,4- 癸二烯醛（138.51）、1- 丁醇（117.46）、己醇（113.55）、(*E*)-β- 金合欢烯（101.14）、辛酸（95.99）、2- 苯基乙醇（92.80）、壬醛（85.25）、己酸己酯（55.41）等（杜薇等，2021）。

新疆野苹果图

1.2 沙果

沙果为蔷薇科苹果属植物花红的新鲜成熟果实。学名：*Malus asiatica* Nakai；别名：白果子、槟果、冬果、冷沙果、蜜果、秋果、文林郎果、小苹果、智慧果等；分布于内蒙古、辽宁、河北、河南、山东、山西、陕西、甘肃、湖北、四川、贵州、云南、新疆。花红原产于我国西北、华北，是中国的特有植物。栽培历史悠久，是我国重要的苹果属植物资源。果实生食味似苹果，品种颇多。果实普遍较小。

小乔木，高4～6m。叶片卵形或椭圆形，长5～11cm，宽4～5.5cm。伞房花序具花4～7朵，花瓣淡粉色。果实卵形或近球形，直径4～5cm，黄色或红色。花期4～5月，果期8～9月。品种很多，果实形状、

沙果图1

沙果图2

颜色、香味、成熟期都相差很大。适宜生长于山坡阳处、平原砂地，海拔 50～2800m。生长旺盛，抗逆性强。喜光，耐寒，耐干旱，亦耐水湿及盐碱。适生范围广，在土壤排水良好的坡地生长尤佳，对土壤肥力要求不严。

沙果酸甜可口，香气浓郁，风味独特，营养丰富，是一种集药理、保健、食品于一身的高级绿色水果。果实除供鲜食外，还可加工成罐头、果干、果丹皮、果酒食用，也可冷冻为冻果食用。果实中含有特别丰富的维生素、有机酸，以及铁、锌、钙等元素，尤其是抗氧化因子和硒、锌的含量最为突出。每 100g 食用部分含热量 69kcal（1kcal=4.184kJ），水分 82g，蛋白质 0.3g，脂肪 0.8g，碳水化合物 15.1g，粗纤维 0.9g，灰分 0.2g，钙 45mg，磷 9mg，铁 0.9mg，胡萝卜素 0.05mg，硫胺素 0.02mg，核黄素 0.02mg，尼克酸 0.2mg，抗坏血酸 1mg，钾 148mg，钠 0.9mg，镁 7.3mg。果实性平、味甘酸，具有生津止渴、消食化滞、涩精止痢、驱虫明目的食疗功效。沙果涩敛，不宜多食；脾弱气虚者不宜食。沙果的栽培品种芳香成分以酯类和醇类为主。

沙果图 3　　　　　　　　　　　　　　　　　　　　　沙果图 4

大花红： 静态顶空萃取法提取的山东泰安产'大花红'新鲜成熟果实香气的主要成分为，1- 己醇（34.77%）、2- 甲基 -1- 丁醇（23.85%）、1- 丁醇（18.81%）、α- 法尼烯（5.89%）、2- 甲基丁酸乙酯（2.57%）、丁酸乙酯（1.65%）、2- 甲基丁酸甲酯（1.56%）、丁醛（1.38%）、2- 甲基丁酸己酯（1.38%）、2- 丁醇（1.28%）等（李慧峰等，2012）。

莱芜花红： 静态顶空萃取法提取的山东泰安产'莱芜花红'新鲜成熟果实香气的主要成分为，丁酸乙酯（25.06%）、丁酸己酯（15.40%）、乙酸己酯（14.94%）、1- 己醇（12.41%）、1- 丁醇（8.73%）、乙酸丁酯（6.09%）、乙酸乙酯（3.56%）、丁酸丁酯（3.10%）、乙醇（1.03%）、1- 戊醇（1.03%）、丙酸乙酯（1.03%）、2- 甲基丁酸乙酯（1.03%）等（李慧峰等，2012）。

秋风蜜： 静态顶空萃取法提取的山东泰安产'秋风蜜'花红新鲜成熟果实香气的主要成分为，己酸乙酯（40.14%）、丁酸乙酯（38.39%）、2- 甲基丁酸乙酯（9.05%）、丙酸乙酯（3.57%）、乙酸乙酯（3.00%）等（李慧峰等，2012）。

泰山花红： 静态顶空萃取法提取的山东泰安产'泰山花红'新鲜成熟果实香气的主要成分为，1- 己醇（34.81%）、1- 丁醇（25.97%）、乙酸己酯（12.99%）、乙酸丁酯（10.13%）、2- 甲基 -1- 丁醇（2.60%）、2- 丁烯醛（2.08%）、3- 羟基 -2- 丁酮（1.82%）、己醛（1.56%）、丁酸丁酯（1.30%）、2- 丁醇（1.04%）、3- 甲基 -1- 丁醇（1.04%）、丁酸乙酯（1.04%）等（李慧峰等，2012）。

小花红：静态顶空萃取法提取的山东泰安产'小花红'新鲜成熟果实香气的主要成分为，丁酸乙酯（40.90%）、2-甲基丁酸乙酯（22.86%）、乙酸乙酯（8.33%）、1-己醇（7.49%）、丙酸乙酯（6.12%）、1-丁醇（4.59%）、丁酸甲酯（3.29%）、2-甲基-1-丁醇（2.68%）、2-羟基丙酸丁酯（2.37%）、3-羟基-2-丁酮（1.76%）、乙醇（1.53%）等（李慧峰等，2012）。

一窝蜂：静态顶空萃取法提取的山东泰安产'一窝蜂'花红新鲜成熟果实香气的主要成分为，乙酸己酯（23.85%）、丁酸乙酯（20.77%）、己酸乙酯（13.85%）、2-甲基丁酸乙酯（8.46%）、乙酸-2-甲基丁酯（7.69%）、乙酸乙酯（6.92%）、乙酸丁酯（3.08%）、丁酸甲酯（3.08%）、乙醇（2.31%）、丙酸乙酯（2.31%）、2-甲基丁酸甲酯（2.31%）、1-己醇（1.54%）、(E)-2-甲基-2-丁烯酸乙酯（1.54%）等（李慧峰等，2012）。

花红（品种不明）：顶空固相微萃取法提取的云南产花红新鲜成熟果实香气的主要成分为，α-法尼烯（67.46%）、乙酸己酯（11.89%）、丁酸己酯（5.95%）、己酸己酯（3.77%）、乙酸-2-己烯酯（2.67%）、2-甲基丁酸己酯（2.42%）、草蒿脑（2.07%）等（杨勤等，2010）。

1.3 海棠果

海棠果为蔷薇科苹果属内果实直径较小（≤ 5 cm）、野生半野生的一类植物的新鲜成熟果实的总称，中国本属资源在世界上最为丰富，抗逆性及适应性强。常见的有海棠、八棱海棠、变叶海棠、楸子、西府海棠等。海棠果味、形皆似山楂，酸甜可口，可鲜食。果实含有糖类、多种维生素及有机酸，可帮助补充人体的细胞内液，从而具有生津止渴的效果，能帮助胃肠对食物进行消化，故可用于治疗消化不良、食积腹

海棠图

胀之症。海棠味甘微酸，甘能缓中，酸能收涩，具有收敛止泄、和中止痢的功用，能够治疗泄泻下痢、大便溏薄等病症。海棠除鲜食外，也可制作蜜饯。海棠果的芳香成分大多以醛类物质为多。果实除生食外，可以经蒸煮后做成蜜饯。又可供药用，有祛风、顺气、舒筋、止痛的功效，并能解酒去痰、煨食止痢。

草莓果冻海棠（Strawberry Parfait）： 原产美国。果繁密，扁球状，果径 1.6cm，底色黄绿，具红色晕。固相微萃取法提取的山东泰安产'草莓果冻海棠'新鲜成熟果实香气的主要成分为，2- 己烯醛（21.98%）、3- 己烯醛（17.06%）、2,4- 己二烯醛（11.42%）、苯甲醛（7.62%）、邻苯二甲酸二乙酯（7.21%）、己醛（2.52%）、2- 己烯 -1- 醇（1.77%）、1- 戊烯 -3- 醇（1.68%）、2- 氧代己酸甲酯（1.22%）等（李晓磊等，2008）。

粉芽海棠（Pink Spires）： 加拿大选育。果实紫红色，直径 1.2cm，果小繁密，晶莹可爱。固相微萃取法提取的山东泰安产'粉芽海棠'新鲜成熟果实香气的主要成分为，2- 己烯醛（33.56%）、苯甲醛（17.05%）、邻苯二甲酸二乙酯（12.34%）、2,4- 己二烯醛（11.50%）、己醛（3.26%）、3- 己烯醛（3.26%）、3- 己烯 -1- 醇（1.96%）、2- 氧代己酸甲酯（1.34%）等（李晓磊等，2008）。

红丽海棠（Red Splendor）： 果实红色，中大。固相微萃取法提取的山东泰安产'红丽海棠'新鲜成熟果实香气的主要成分为，2- 己烯醛（45.37%）、2,4- 己二烯醛（9.66%）、己醛（9.27%）、苯甲醛（8.92%）、邻苯二甲酸二乙酯（5.59%）、3- 己烯 -1- 醇（4.61%）、3- 己烯醛（3.58%）、2- 氧代己酸甲酯（1.21%）等（李晓磊等，2008）。

火焰海棠（Flame）： 原产美国。果实深红色，直径 2cm。果小繁密，晶莹可爱。固相微萃取法提取的山东泰安产'火焰海棠'新鲜成熟果实香气的主要成分为，2- 己烯醛（45.88%）、己醛（12.26%）、2,4- 己二烯醛（7.94%）、苯甲醛（5.74%）、3- 己烯 -1- 醇（4.55%）、邻苯二甲酸二乙酯（4.19%）、1- 己醇（2.39%）、3- 己烯醛（2.30%）、异山梨酯（1.16%）等（李晓磊等，2008）。

绚丽海棠（Radiant）： 原产美洲，北美海棠的栽培品种。果锥形，橘黄或橘红色。固相微萃取法提取的山东泰安产'绚丽海棠'新鲜成熟果实香气的主要成分为，2- 己烯醛（32.21%）、苯甲醛（9.07%）、邻苯二甲酸二乙酯（8.21%）、己醛（4.24%）、2,4- 己二烯醛（4.15%）、3- 己烯 -1- 醇（2.56%）、3- 己烯醛（2.22%）、异山梨酯（1.43%）、2- 己烯 -1- 醇（1.20%）等（李晓磊等，2008）。

钻石海棠（Sparkler）： 原产美国，北美海棠的栽培品种。果小而繁密，球状，鲜红色。固相微萃取法提取的山东泰安产'钻石海棠'海棠新鲜成熟果实香气的主要成分为，2- 己烯醛（38.60%）、苯甲醛（15.09%）、2,4- 己二烯醛（11.70%）、邻苯二甲酸二乙酯（7.52%）、己醛（6.68%）、3- 己烯醛（3.89%）、3- 己烯 -1- 醇（2.00%）、2- 氧代己酸甲酯（1.44%）等（李晓磊等，2008）。

八棱海棠［*Malus* × *robusta* (Carr.) Rehd.］

为楸子和山荆子的杂交种，别名怀来海棠、扁红海棠、扁棱海棠、海红。原产于中国河北怀来一带，冀北山区的习见地方种，河北、北京有栽培。果实扁圆或卵圆形，径 2～2.5cm，色鲜红、深红、微红、黄绿带红晕乃至黄色，顶部和基部通常有不规则纵棱。果实酸甜可口，含有多种对人体有益的蛋白质、脂肪、碳水化合物等，有良好的保健价值。顶空固相微萃取法提取的辽宁兴城产八棱海棠果实香气的主要成分为，(*E*)-2- 己烯醛（56.77%）、己醛（12.70%）、苯甲醛（3.97%）、(*E,E*)-2,4- 己二烯醛（3.94%）、4- 苯甲基 -2*H*- 吡喃 -3- 酮（2.31%）、(*Z*)-3- 己烯醛（2.27%）、(*Z*)-3- 己烯 -1- 醇（1.46%）、己醇（1.45%）、2- 戊酮（1.21%）、乙醇（1.16%）等（冯涛等，2010）。

变叶海棠 [*Malus toringoides* (Rehd.) Hughes] 别名大白石枣、泡楸子、武山变叶海棠，分布于甘肃、四川、西藏。果实倒卵形或长椭圆形，直径 1～1.3cm，黄色有红晕，无石细胞。顶空固相微萃取法提取的辽宁兴城产变叶海棠果实香气的主要成分为，(*E*)-2- 己烯醛（38.60%）、乙醇（26.82%）、苯甲醛（8.68%）、己醛（7.90%）、(*Z*)-3- 己烯醛（4.13%）、(*E*,*E*)-2,4- 己二烯醛（3.04%）、(*Z*)-3- 己烯 -1- 醇（2.42%）、2- 甲基 -1- 丙醇（1.30%）等（冯涛等，2010）。

楸子 [*Malus prunifolia* (Willd.) Borkh.] 别名东北黄海棠、海棠果、山楂，分布于河北、山东、山西、河南、陕西、甘肃、辽宁、内蒙古等省区。果实卵形，直径 2～2.5cm，红色。果实味甜酸，可供食用及加工。顶空固相微萃取法提取的辽宁兴城产楸子成熟果实香气的主要成分为，(*E*)-2- 己烯醛（43.60%）、3- 羟基丁酸乙酯（16.60%）、己醛（6.82%）、乙醇（6.10%）、2- 甲基丁酸乙酯（3.58%）、丁酸乙酯（2.72%）、2- 甲基 -1- 丙醇（2.54%）、糠醛（1.32%）、(*E*,*E*)-2,4- 己二烯醛（1.24%）、4- 苯甲酸 -2*H*- 吡喃 -3- 酮（1.00%）等（冯涛等，2010）。

楸子图

西府海棠（ *Malus* × *micromalus* Makino ） 别名海红、小果海棠、子母海棠、热花红、冷花红、铁花红、紫海棠、红海棠、老海红，分布于辽宁、河北、山西、山东、陕西、甘肃、云南。果实近球形，直径 1～1.5cm，红色。果味酸甜，可供鲜食及加工用。栽培品种很多，果实形状、大小、颜色和成熟期均有差别。顶空固相微萃取法提取的辽宁兴城产西府海棠果实香气的主要成分为，(*E*)-2- 己烯醛（41.34%）、乙醇（12.88%）、己醛（8.98%）、(*Z*)-3- 己烯 -1- 醇（7.16%）、苯甲醛（6.51%）、(*Z*)-3- 己烯醛（5.80%）、(*E*,*E*)-2,4- 己二烯醛（3.69%）、己醇（2.63%）等（冯涛等，2010）。

西府海棠图

1.4 梨

商品梨为蔷薇科梨属多种果树的新鲜成熟果实的统称。常见的水果梨包括白梨、秋子梨、沙梨、新疆梨、西洋梨五大系统。我国是梨起源中心之一，具有丰富的梨种质资源，梨品种繁多，有3000多个品种。我国是世界最大的梨生产国，栽培面积和产量均居世界首位。

梨图1

梨图 2

梨图 3

梨图4

梨果实鲜美，肉脆多汁，酸甜可口，营养丰富，风味芳香，有益健康。梨富含糖、蛋白质、脂肪、碳水化合物及多种维生素。梨可改善呼吸系统和肺功能，可以降低肺部受空气中灰尘和烟尘的影响；梨中富含的膳食纤维，可帮助人们降低胆固醇含量，有助于减肥。梨还有降低感冒概率、保护心脏、增进食欲、清热镇静、防癌抗癌、消除便秘、预防骨质疏松的功效。梨除可供生食外，还可酿酒，制梨膏、梨脯。梨味甘微酸、性凉、入肺、胃经；具有生津、润燥、清热、化痰、解酒的作用；用于热病伤阴或阴虚所致的干咳、口渴、便秘等症，也可用于内热所致的烦渴、咳喘、痰黄等症。梨性偏寒助湿，多吃会伤脾胃，故脾胃虚寒、畏冷食者应少吃；梨含果酸较多，胃酸多者，不可多食；梨有利尿作用，夜尿频者，睡前少吃梨；血虚、畏寒、腹泻、手脚发凉的患者不可多吃梨，并且最好煮熟再吃，以防湿寒症状加重。不宜与碱性药同用；不应与螃蟹同吃，以防引起腹泻；妇人产后、女子经期、小儿痘后忌食生梨。梨有120多种芳香成分，以酯类、醇类和醛类化合物为主。

白梨（*Pyrus bretschneideri* Rehd.）

为我国北部习见栽培梨种，又名罐梨、白挂梨，分布于河北、河南、山东、山西、陕西、甘肃、青海。白梨具有果实大、果肉细脆、味甜多汁、不需后熟即可食用、耐储藏的优良品质，大多数气味清淡。果实卵形或近球形，长2.5~3cm，直径2~2.5cm。白梨系列品种果实的香气成分如下。

茌梨（莱阳梨）： 果实硕大，多为倒卵形，果皮为绿色至黄绿色，表面粗糙，有褐色锈斑。果肉质地细腻，石细胞少，汁多可口，甘甜如饴，口感清脆香甜，是梨中的上品。顶空固相微萃取法提取的山东泰安产白梨'茌梨'新鲜果实香气的主要成分（单位：μg/g）为，己醛（16.35）、1-己醇（0.80）、己酸乙酯（0.15）、(2*E*,4*Z*)-癸二烯酸乙酯（0.15）、乙酸己酯（0.12）等（田长平等，2009）。

白梨图1

白梨图2

大梨：苹果梨实生品种。平均单果重258.0g，果肉脆，味酸甜。顶空固相微萃取法提取的吉林公主岭产'大梨'新鲜成熟果实果肉香气的主要成分为，乙酸己酯（52.13%）、(*E*)-2-己烯-1-醇乙酸酯（10.77%）、*α*-法尼烯（9.17%）、己酸乙酯（7.92%）、(*E*)-3-己烯-1-醇乙酸酯（7.61%）、1-己醇（5.01%）、壬醛（1.41%）等（闫兴凯等，2022）。

大慈梨：'大梨'×'慈梨'杂交种。平均单果重264.4g，果肉脆，味酸甜，有香气。顶空固相微萃取法提取的吉林公主岭产'大慈梨'新鲜成熟果实果肉香气的主要成分为，己酸乙酯（44.51%）、*α*-法尼烯（18.84%）、乙酸己酯（15.96%）、辛酸乙酯（8.93%）、壬醛（5.11%）、(*E*)-2-己烯-1-醇乙酸酯（2.15%）、2-甲基丁酸乙酯（1.15%）等（闫兴凯等，2022）。

砀山酥梨：安徽砀山地方品种，栽培历史悠久。果实近圆柱形，平均单果重250g，果皮为绿黄色，贮后为黄色，果点小而密，果心小。果肉白色，皮薄多汁，酥脆甘甜，汁多味甜，有石细胞。顶空固相微萃取法提取的白梨'砀山酥梨'新鲜成熟果实香气的主要成分为，己醛（41.23%）、1-己醇（2.54%）、(*E*)-2-己烯醛（2.04%）、己酸乙酯（1.42%）、乙酸己酯（1.33%）等（陈计峦等，2005）。顶空固相微萃取法提取的陕西礼泉产'砀山酥梨'新鲜成熟果实香气的主要成分（单位：μg/L）为，3,7,11-三甲基-1,3,6,10-十二碳-四烯（485.79）、1-辛醇（72.48）、乙酸己酯（48.10）、乙醇（29.34）、辛酸乙酯（28.92）、正己酸乙酯（19.64）、正辛醛（16.01）、正己醇（11.59）、L-丙氨酰甘氨酸（5.85）、己醛（4.72）、反式-2-己烯醛（2.92）、1-壬醇（2.85）、十六烷（2.74）、酞酸二甲酯（2.35）、十二烷（1.94）、乙酸乙酯（1.81）、丁酸乙酯（1.23）、硅酸四乙酯（1.08）等；冷藏7天果实香气的主要成分为，L-丙氨酰甘氨酸（40.01）、3,7,11-三甲基-1,3,6,10-十二碳-四烯（17.21）、己醛（3.17）、乙醇（2.36）、正己醇（1.75）、乙酸（1.66）、反式-2-己烯醛（1.55）等；冷藏35天果实香气的主要成分为，1-辛醇（21.13）、正辛醛（16.66）、乙醇（11.78）、正己酸乙酯（3.12）、辛酸乙酯（1.67）等（刘焕军等，2016）。

贡梨： 由砀山梨变异而来。果实硕大，平均单果重250g左右，黄亮美观。皮薄多汁，味浓甘甜。通过Amberlite XAD-2树脂吸附、乙醇洗脱的方法提取的新疆产'贡梨'新鲜成熟果实键合态香气的主要成分（单位：mg/L）为，松柏醇（3.7）、芳樟醇（1.4）、$\alpha,4'$-二羟基-3'-甲氧基苯丙酮（1.1）、4-羟基-3,5,6-三甲基-4-(3-氧代-1-丁烯基)-2-环己烯-1-酮（1.0）、2-甲氧基-3-(2-丙烯基)-苯酚（0.9）、乙酰丁香酮（0.8）、对烯丙苯酚（0.6）、δ-癸内酯（0.6）、马索亚内酯（0.5）、3,4,5-三甲氧基苯酚（0.4）、邻苯二甲酸单(2-乙基己基)酯（0.4）、顺-5-癸烯-1-醇（0.2）、2,4-癸二烯-1-醇（0.2）、顺-十氢-1-萘酚（0.2）、2,3-二甲基苯甲酸（0.2）、甲酸己酯（0.2）等（孔慧娟等，2015）。

寒酥梨： '大梨'×'晋酥梨'的杂交种。平均单果重260.0g，果肉酥脆，风味酸甜。顶空固相微萃取法提取的吉林公主岭产'寒酥梨'新鲜成熟果实果肉香气的主要成分为，α-法尼烯（49.53%）、己酸乙酯（19.70%）、乙酸己酯（12.32%）、辛酸乙酯（6.39%）、壬醛（3.00%）、1-己醇（2.50%）、(E)-2-己烯-1-醇乙酸酯（1.44%）、2-甲基丁酸乙酯（1.38%）等（闫兴凯等，2022）。

黄冠： 以'雪花梨'为母本、日本砂梨'新世纪'为父本杂交培育而成。果实椭圆形，平均单果重235g。果皮黄色，果面光洁，果点小，无锈斑。果肉白色，汁多，肉质细腻，松脆，石细胞及残渣少，甜中带酸。顶空固相微萃取法提取的'黄冠'梨新鲜果实香气的主要成分为，己醛（29.29%）、2-己烯醛（20.29%）、1-己醇（15.26%）、乙酸己酯（9.23%）、乙酸乙酯（4.26%）、丁酸乙酯（2.69%）、2-乙基-1-己醇（2.49%）、戊酸乙酯（2.36%）、反式-2-己烯-1-醇（2.26%）、己酸乙酯（2.25%）、丙酸乙酯（1.65%）、乙酸异丁酯（1.29%）、(E)-2-辛烯醛（1.26%）、2-甲基-丁酸乙酯（1.26%）等（李杰等，2019）。顶空固相微萃取法提取的天津产'黄冠'梨新鲜成熟果实香气的主要成分（单位：μg/g）为，2,4-癸二烯酸乙酯（2.104）、(E)-2-壬烯醛（0.218）、正己醇（0.170）、苯甲醛（0.170）、苯甲酸乙酯（0.136）、3-甲硫基-2-丙烯酸乙酯（0.097）、β-甲基-肉桂酸乙酯（0.090）、(E)-2-辛烯酸乙酯（0.085）、(E,E)-2,4-癸二烯醛（0.067）、3-羟基己酸乙酯（0.063）、(E,E)-2,4-壬二烯醛（0.058）、丁酸乙酯（0.054）、正十五烷（0.050）等（郑璞帆等，2020）。固相微萃取法提取的河北昌黎产'黄冠'梨新鲜成熟果实香气的主要成分（单位：ng/g）为，乙酸己酯（1766.91）、α-法尼烯（1363.41）、丁酸乙酯（1272.34）、己酸乙酯（902.02）、乙酸乙酯（202.11）、2-甲基丁酸乙酯（147.99）、(E,Z)-2,4-癸二烯酸乙酯（123.99）、正己醇（121.97）、甲氧基苯基肟（115.36）、戊酸乙酯（113.49）、(Z,E)-α-法尼烯（96.94）、邻苯二甲酸二异丁酯（78.34）、辛酸乙酯（73.30）、α-雪松烯（71.85）、(E)-3-己烯-1-醇乙酸酯（59.52）、(E)-2-丁烯酸乙酯（54.97）、己-2-烯酸乙酯（46.52）、丁酸己酯（44.71）、2-甲基-2-丁烯酸乙酯（41.58）、α-姜黄烯（34.67）、庚酸乙酯（31.41）、(Z)-4-辛烯酸乙酯（27.25）、(Z)-β-法尼烯（26.96）、乙酸丁酯（19.36）、己酸甲酯（17.12）、(E)-2-辛烯酸乙酯（14.43）、己酸己酯（12.49）、(Z)-2-己烯丁酸酯（11.75）、乙酸庚酯（10.72）、癸醛（10.31）、十三醛（10.22）、2-乙基己醇（10.15）等（张文君等，2020）。

金川雪梨（大金鸡腿梨）： 西北高原阿坝藏族羌族自治州金川县名优特产，栽培历史悠久。果肉白色，质地细而松脆，汁多味甜，嚼之味浓、馨香，余味悠长。顶空固相微萃取法提取的四川金川产'金川雪梨'新鲜成熟果实香气的主要成分（单位：mg/L）为，乙酸己酯（1.37）、己酸乙酯（0.55）、丁酸乙酯（0.46）、(E)- 乙酸 -2- 己烯 -1- 醇酯（0.25）、辛酸乙酯（0.16）等（王颖等，2020）。

泌阳瓢梨： 河南驻马店泌阳地方品种，已有上千年的栽培历史。果形如瓢状。果肉香甜酥脆，微带酸味。同时蒸馏萃取法提取的河南泌阳产'泌阳瓢梨'新鲜果实香气的主要成分为，十五酸（23.21%）、邻苯二甲酸二异丁酯（17.51%）、邻苯二甲酸二丁酯（14.10%）、乙酸己酯（10.50%）、邻苯二甲酸二 (1- 甲基庚基) 酯（9.37%）、2- 乙烯醛（7.03%）、丁酸乙酯（6.43%）、新植二烯（5.77%）、戊二酸二乙酯（3.97%）、己醛（1.41%）等（马天晓等，2013）。

苹果梨： 地方品种。形态学上兼有白梨和沙梨的某些特征。果实扁圆形，平均单果重 245.0g。果面黄绿色，贮藏后呈黄色，阳面具红色晕。果肉酥脆，风味甜酸。顶空固相微萃取法提取的吉林公主岭产'苹果梨'新鲜成熟果实果肉香气的主要成分为，α- 法尼烯（39.06%）、乙酸己酯（22.85%）、己酸乙酯（18.01%）、辛酸乙酯（7.11%）、(E)-2- 己烯 -1- 醇乙酸酯（3.72%）、壬醛（2.77%）、1- 己醇（1.37%）等（闫兴凯等，2022）。

苹香梨： 苹果梨实生品种。平均单果重 130.3g。果肉软，味甜酸，有香气。顶空固相微萃取法提取的吉林公主岭产'苹香梨'新鲜成熟果实果肉香气的主要成分为，α- 法尼烯（44.36%）、乙酸己酯（19.43%）、己酸乙酯（18.55%）、1- 己醇（2.03%）、(E)-9- 十八碳烯酸甲酯（1.96%）、2- 甲基丁酸乙酯（1.91%）、(Z,Z)-9,12- 十八碳二烯酸甲酯（1.69%）、(E)-2- 己烯 -1- 醇乙酸酯（1.59%）、辛酸乙酯（1.47%）、乙酸辛酯（1.35%）、棕榈酸甲酯（1.20%）、壬醛（1.13%）等（闫兴凯等，2022）。

秦酥： 以'砀山酥梨'为母本、'黄县长把梨'为父本杂交培育而成。果实松脆，汁液多，味酸甜适度，无香味。顶空固相微萃取法提取的四川金川产'秦酥'梨新鲜成熟果实香气的主要成分（单位：mg/L）为，乙酸叶醇酯（0.21）、乙酸己酯（0.14）、己酸乙酯（0.02）、庚酸乙酯（0.002）等（王颖等，2020）。

秋白梨（绥中白梨）： 辽宁葫芦岛的地方品种，已有 300 多年的栽培历史。果实长圆形或卵圆形，中等大，平均单果重 151.0g。采收时果皮绿黄色，贮后变黄色。果心小，果肉白色，肉质细脆、汁较多，风味酸甜。品质上等。二氯甲烷萃取法提取的'秋白梨'新鲜果实香气的主要成分为，5- 羟甲基 -2- 糠醛（86.47%）、2,3- 二氢 -3,5- 二羟基 -6- 甲基 - 四氢吡喃 -4- 酮（3.92%）、3- 乙基 -1- 酮 -2- 环戊烯（3.75%）、1,6- 脱水 -β-D- 呋喃葡萄糖（3.55%）、3- 呋喃甲酸甲酯（1.69%）等（庄晓虹等，2007）。

雪花梨： 河北中南部地方品种，已有上千年的栽培历史。果实长卵形，果皮绿黄色，细而光滑，果实个大，皮薄肉厚，平均单果重 419.43g。果肉洁白，似雪如霜，汁多，味香甜。被誉为"中华名果""天下第一梨"。顶空固相微萃取法提取的山东泰安产'雪花梨'新鲜果实香气的主要成分（单位：μg/g）为，己醛（9.98）、(2E)- 己烯醛（1.50）、(2Z)- 庚烯醛（0.86）、1- 己醇（0.77）、(2E,4E)- 庚二烯醛（0.64）、壬醛（0.40）、(2E)- 壬烯醛（0.25）、(2E)- 辛烯醛（0.23）、2- 戊基呋喃（0.20）、1- 戊醇（0.19）、1- 辛烯 -3- 醇（0.18）、4- 氧代壬醛（0.15）、(2E,4Z)- 癸二烯酸乙酯（0.15）、乙酸己酯（0.14）等（田长平等，2009）。顶空固相微萃取法提取的辽宁兴城产'雪花梨'新鲜果实香气的主要成分（单位：μg/g）为，α- 法尼烯（3.18）、乙酸己酯（0.24）等（乌云塔娜等，2015）。顶空固相微萃取法提取的天津产'雪花梨'新鲜成熟果实果汁香气的主要成分（单位：mg/L）为，己酸乙酯（22.19）、丁酸乙酯（16.54）、乙酸乙酯（2.86）、乙酸己酯（2.59）、乙酸丁酯（1.04）等（陈颖等，2017）。顶空固相微萃取法提取的天津产'雪花梨'新鲜成熟果实香气主要成分（单位：μg/g）为，乙酸 -2- 己烯酯（0.144）、乙酸己酯（0.041）、吲哚（0.033）、正十七烷（0.032）、正二十一烷（0.030）、正十六烷（0.021）、苯甲醛（0.021）、乙酸辛酯（0.021）、3- 乙基 -2- 壬酮（0.019）、庚酸乙酯（0.019）、苯乙醇（0.018）、3- 甲硫基 -2- 丙烯酸乙酯（0.014）、6- 十二烯醇（0.012）、十六烷酸乙酯（0.012）、延胡索酸丙基顺 -3- 壬烯基酯（0.011）等（郑璞帆等，2020）。

鸭梨：河北古老地方品种。果实倒卵圆形，近梗处有鸭头状突起，果面绿黄色，近梗处有锈斑，平均单果重276.04g。果肉细腻酥脆，香甜多汁，味甜微酸，口味稍淡。乙醚萃取法提取的河北泊头产'鸭梨'果实香气的主要成分为，丁酸乙酯（32.30%）、十六酸乙酯（9.33%）、己酸乙酯（7.60%）、己醇（5.49%）、2,4,6- 三甲基 - 二酸甲酯（5.34%）、辛酸乙酯（4.20%）、氟基戊酸甲酯（3.55%）、丙酸乙酯（2.91%）、正十七烷（2.62%）、2,2,4- 三甲基 -3- 戊烯 -1- 酮（2.14%）、2- 甲基丁酸乙酯（2.14%）、*β*- 羟基己酸乙酯（2.14%）、戊酸 -3- 甲酯（2.00%）、1- 庚炔 -2,6- 二酮 -5- 甲基 -5-(1- 甲酯)（1.80%）等（王颉等，2007）。顶空固相微萃取法提取的山东泰安产'鸭梨'新鲜果实香气的主要成分（单位：μg/g）为，己醛（18.75）、(2*E*)- 己烯醛（1.54）、1- 己醇（0.73）、(*E*)-2- 十三碳烯醇（0.25）、(2*E*,4*Z*)- 癸二烯酸乙酯（0.15）、乙酸己酯（0.12）等（田长平等，2009）。顶空固相微萃取法提取的山东阳信产'鸭梨'新鲜套袋果实香气的主要成分（单位：μg/g）为，乙酸己酯（4.07）、丁酸乙酯（1.65）、*α*- 法尼烯（0.83）、乙酸 -2- 己烯酯（0.20）、丙酸乙酯（0.15）、己酸乙酯（1.14）、2- 甲基丁酸乙酯（0.13）、辛酸乙酯（0.13）、己醇（0.13）等（魏树伟等，2012）。乙醚萃取法提取的河北辛集产'鸭梨'成熟大果香气的主要成分为，1-(1- 甲氧基 -1- 丙氧基)- 乙烷（18.17%）、乙酸乙酯（17.86%）、丁酸乙酯（16.17%）、壬醇（8.60%）、1- 乙氧基甲氧基丁烷（7.51%）、甲酸乙酯（7.19%）、2- 己烯醇乙酸酯（5.23%）、2,4- 二甲基 -1,3- 二氧杂环乙烷（4.56%）、3,7,11- 三甲基 -1,3,6,10- 十二碳四烯（4.04%）、1- 辛烷（2.41%）、己酸乙酯（2.17%）、4- 乙烯基环己烯（1.83%）、2- 甲基 -5-(1- 亚甲基)-[3.1.0] 环己醇（1.21%）等；成熟小果香气的主要成分为，1- 辛烷（20.95%）、甲酸乙酯（16.13%）、丁酸乙酯（14.01%）、乙酸乙酯（9.13%）、1- 乙氧基甲氧基丁烷（6.89%）、2,4- 二甲基 -1,3- 二氧杂环乙烷（4.88%）、1-(1- 甲氧基 -1- 丙氧基)- 乙烷（4.69%）、壬醇（4.18%）、2- 己烯醇乙酸酯（3.59%）、1- 乙烯基 -3- 亚甲基环戊烯（3.14%）、己酸乙酯（2.87%）、3,7,11- 三甲基 -(*E*,*Z*)-1,3,6,10- 二十碳四烯（2.53%）、2- 甲基己烷（1.53%）等（王颉等，2002）。顶空固相微萃取法提取的河北沧州产用'南水'梨花粉授粉的'鸭梨'新鲜成熟果实香气的主要成分为，己醇（28.69%）、(*E*)-2- 己烯醛（19.53%）、乙酸己酯（13.06%）、丁酸乙酯（10.52%）、(*E*)- 乙酸 -2- 己烯 -1- 醇酯（6.10%）、乙酸苯乙酯（3.72%）、乙酸丁酯（3.70%）、乙酸乙酯（3.29%）、苯乙醛（3.27%）、己酸乙酯（2.40%）、二乙氧基甲烷（1.82%）、反 -2- 顺 - 癸二烯酸乙酯（1.67%）等（刘婉君等，2022）。固相微萃取法提取的河北赵县产'鸭梨'新鲜成熟果实果肉香气的主要成分（单位：μg/kg）为，癸烷（91.53）、己醛（13.77）、乙酸己酯（3.02）、壬醛（2.72）、癸醛（0.78）、2- 己烯醛（0.60）、(*E*)-2- 辛烯醛（0.59）（岳盈肖等，2021）。顶空固相微萃取法提取的天津产'鸭梨'新鲜成熟果实香气主要成分（单位：μg/g）为，2,4- 癸二烯酸乙酯（0.157）、正十七烷（0.038）、1- 十四烯（0.031）、2- 甲基 -3- 壬酮（0.026）、正二十八烷（0.025）、正二十一烷（0.020）、正二十五烷（0.020）、庚酸乙酯（0.020）、3- 癸酮（0.019）、正十三烷（0.018）、正二十七烷（0.018）、正十四烷（0.014）、*α*- 法尼烯（0.014）、己酸戊酯（0.014）、*β*- 甲基 - 肉桂酸乙酯（0.013）、苯乙醇（0.012）、癸醛（0.012）、苯甲酸乙酯（0.012）等（郑璞帆等，2020）。

秋子梨（*Pyrus ussuriensis* Maxim.）又称花盖梨、山梨、青梨、野梨、沙果梨、酸梨等。

我国东北、华北和西北各地均有栽培，品种很多，市场上常见的香水梨、安梨、酸梨、沙果梨、京白梨、鸭广梨等均属于本种。秋子梨果实达到生理成熟时果肉很硬，不适宜鲜食，需要经过后熟变软过程才可食用，而且在后熟过程中会产生浓郁的香气，果实品质得到进一步提升。本种的实生苗在果园中常作为梨的抗寒砧木。果与冰糖煎制成膏有清肺止咳之效。果实近球形，黄色，直径2～6cm。抗寒力很强。秋子梨系列品种果实的香气成分如下。

秋子梨图

安梨（酸梨）： 河北迁西地方品种。果实扁圆形，果皮黄绿色，贮后变黄色，果个较小，平均单果重127g。果面较粗糙，皮厚，果点中大又密。果肉黄白色，肉质粗、紧密，脆，石细胞多，汁多，酸。后熟后果肉变软，汁增多，甜味增加，味酸甜。顶空固相微萃取法提取的天津产'安梨'新鲜成熟果实香气的主要成分（单位：μg/g）为，(E)-2-己烯醛（0.263）、正二十六烷（0.080）、苯乙醇（0.068）、正十七烷（0.062）、正十五烷（0.061）、苯乙醛（0.061）、正二十八烷（0.049）、乙酸-2-苯基乙酯（0.047）、α-乙基-苯乙酸乙酯（0.037）、β-甲基-肉桂酸乙酯（0.036）、苯甲酸乙酯（0.029）、9-柏木酮（0.027）、十六烷酸乙酯（0.023）、正十四烷（0.017）、癸醛（0.017）、己酸戊酯（0.016）、庚酸乙酯（0.014）、正二十七烷（0.012）、1-十五烯（0.012）、1-十四烯（0.011）等（郑璞帆等，2020）。顶空固相微萃取法提取的甘肃靖远产'酸梨'新鲜果实香气的主要成分为，乙酸己酯（40.06%）、乙酸乙酯（26.91%）、己酸乙酯（12.75%）、丁酸乙酯（4.25%）、2-肼基乙醇（3.45%）、N-甲基-1-十八胺（2.29%）、羟基脲（1.54%）、己酸甲酯（1.50%）、反式-2-己烯-1-醇（1.04%）、(S)-(+)-1-环己基乙胺（1.01%）等（丁若珺等，2016）。

八里香： 顶空固相微萃取法提取的辽宁兴城产'八里香'秋子梨新鲜果实香气的主要成分（单位：μg/g）为，α-法尼烯（38.96）、己酸乙酯（7.13）、(E,Z)-2,4-癸二烯酸乙酯（5.01）、丁酸乙酯（3.60）、苯乙醇乙酸酯（3.33）、乙酸乙酯（2.04）、乙酸己酯（1.98）、丁酸乙酯（0.99）、乙酸辛酯（0.77）、(E,Z)-2,4-癸二烯酸甲酯（0.27）等（乌云塔娜等，2015）。

白花罐： 顶空固相微萃取法提取的辽宁兴城产'白花罐'秋子梨新鲜果实香气的主要成分（单位：μg/g）为，己酸甲酯（1.15）、α-法尼烯（0.84）、乙酸己酯（0.55）、(E,Z)-2,4-癸二烯酸甲酯（0.46）、己酸乙酯（0.41）等（乌云塔娜等，2015）。

大南果： 南果梨大果型芽变，中熟软肉品种。果实扁圆形，平均单果重125g。果皮绿黄色，贮后转为黄色，阳面有淡红或鲜红晕。果面平滑，有蜡质光泽，果点小而多。果肉黄白色，肉质细，经后熟，果肉变软呈油脂状，柔软易溶于口，味酸甜，芳香，品质极上。顶空固相微萃取法提取的辽宁兴城产'大南果'梨新鲜果实香气的主要成分为，己酸乙酯（39.87%）、乙酸己酯（15.76%）、2-己烯醛（6.40%）、己醛（3.81%）、辛酸乙酯（2.93%）、2,4-癸二烯乙酯（2.74%）、丁酸乙酯（2.28%）、2-辛烯酸乙酯（1.91%）、乙酸辛酯（1.76%）等（冯立国等，2015）。

大香水： 顶空固相微萃取法提取的辽宁兴城产'大香水'梨新鲜果实香气的主要成分（单位：μg/g）为，己酸乙酯（3.24）、乙酸己酯（2.28）、乙酸乙酯（2.28）、(E,Z)-2,4-癸二烯酸乙酯（1.42）、(E,Z)-2,4-癸二烯酸甲酯（0.35）、乙酸辛酯（0.30）、己酸甲酯（0.14）等（乌云塔娜等，2015）。

寒香： '延边大香水'×'苹香'梨杂交选育品种。果实近圆形，平均单果重160g，外观美丽，果面有红晕。果肉细腻多汁，香甜味浓，品质上乘。顶空固相微萃取法提取的吉林公主岭产'寒香'梨新鲜成熟果实果肉香气的主要成分为，乙酸己酯（54.84%）、α-法尼烯（16.54%）、己酸乙酯（11.37%）、(E)-2-己烯-1-醇乙酸酯（5.02%）、1-己醇（4.24%）、壬醛（1.41%）等（闫兴凯等，2022）。

花盖（山梨）： 果实阳面部分因为阳光暴晒颜色比较深，呈橘黄色，下半部分黄绿色。果实酸甜可口，肉软多汁，有香味。顶空固相微萃取法提取的辽宁兴城产'花盖'梨新鲜果实香气的主要成分（单位：μg/g）为，α-法尼烯（73.59）、乙酸己酯（2.32）、乙酸辛酯（1.38）、己酸乙酯（0.42）等（乌云塔娜等，2015）。顶空固相微萃取法提取的河北昌黎产'花盖'梨新鲜成熟果实香气的主要成分为，己醛（33.25%）、反式-2-己烯醛（15.22%）、2-己烯醛（9.68%）、乙酸乙酯（6.87%）、苯甲醚（6.26%）、N-[3,3'-二甲氧基-4'-(2-哌啶-1-基-乙酰氨基)-联二苯-4-基]-2-哌啶-1-基-乙酰胺（4.23%）、乙酸丁酯（3.28%）、1-己醇（3.25%）、6-甲基-5-庚烯-2-酮（3.02%）、乙酸己酯（2.36%）、(E,E)-2,4-己二烯醛（1.88%）、反-2-己烯-1-醇（1.04%）等（李杰等，2020）。顶空固相微萃取法提取的辽宁海城产'花盖'梨采后室温后熟到最佳食用期的新鲜果实果肉香气的主要成分（单位：μg/100g）为，丁酸甲酯（8.49）、乙酸己酯（7.99）、己酸甲酯（4.29）、正己醛（3.94）、乙酸丁酯（3.23）、2-甲基丁酸甲酯（3.00）、丁酸乙酯（1.22）等（王阳等，2021）。

假直把子： 顶空固相微萃取法提取的辽宁兴城产秋子梨'假直把子'新鲜果实香气的主要成分（单位：μg/g）为，乙酸辛酯（2.82）、乙酸己酯（1.15）、(E,Z)-2,4-癸二烯酸乙酯（1.06）、乙酸乙酯（0.75）、己酸乙酯（0.63）、苯乙醇乙酸酯（0.58）、乙酸丁酯（0.33）、(E,Z)-2,4-癸二烯酸甲酯（0.25）、丁酸乙酯（0.23）等（乌云塔娜等，2015）。

尖把梨： 北方寒地栽培多年的古老品种。果实倒卵圆形，平均单果重189g。采收时果面浅绿色，后熟期变为黄白色。果皮薄，果心小。果肉白色，肉质细腻，果汁特多，石细胞少，酸甜适口，香味浓郁，品质优良。顶空固相微萃取法提取的辽宁兴城产'尖把梨'新鲜果实香气的主要成分（单位：μg/g）为，α-法尼烯（14.22）、乙酸己酯（1.30）、乙酸乙酯（0.85）、己酸乙酯（0.74）、乙酸辛酯（0.26）、丁酸乙酯（0.26）、(E,Z)-2,4-癸二烯酸甲酯（0.26）等（乌云塔娜等，2015）。顶空固相微萃取法提取的辽宁海城产'尖把梨'采后室温后熟到最佳食用期的新鲜果实果肉香气的主要成分（单位：μg/100g）为，乙酸乙酯（1202.12）、丁酸乙酯（87.06）、甲基丁酸乙酯（55.67）、乙酸丁酯（44.33）、乙酸己酯（26.49）、2-甲基丁基乙酸酯（19.62）、己酸乙酯（18.82）、3-羟基己酸乙酯（15.66）、丙酸乙酯（10.14）、乙酸丙酯（7.79）、丁酸甲酯（7.55）、乙酸异戊酯（5.95）、戊醛（5.83）等（王阳等，2021）。

京白梨： 北京、河北昌黎一带地方品种，有200多年的栽培历史。果实呈扁圆形，刚收获时较硬，口感粗糙，经过后熟，果肉细腻多汁，果味酸甜，香气浓郁，是软肉型果品。顶空固相微萃取法提取的北京产'京白梨'新鲜果实香气的主要成分为，己醛（40.65%）、丁酸甲酯（10.62%）、乙酸甲酯（9.25%）、1-辛醇（8.61%）、(E)-2-己烯醛（7.67%）、己酸甲酯（5.12%）、乙酸己酯（3.94%）、氨基甲酰肼（3.08%）、乙酸丁酯（3.00%）、2-甲基丁酸甲酯（1.90%）、三氯甲烷（1.42%）等（李晨辉等，2016）。顶空固相微萃取法提取的辽宁兴城产'京白梨'新鲜果实香气的主要成分（单位：μg/g）为，α-法尼烯（7.58）、己酸甲酯（1.66）、(E,Z)-2,4-癸二烯酸甲酯（1.07）、乙酸己酯（0.91）、己酸乙酯（0.39）、乙酸辛酯（0.13）等（乌云塔娜等，2015）。

龙香： 果实近圆形，较整齐，果实小，单果重 48～65g。果皮绿黄色，贮放后变黄色，果面有光泽。果心小，果肉白色，肉细、汁多，味甜酸，有香气，品质中上等。顶空固相微萃取法提取的辽宁兴城产'龙香'梨新鲜果实香气的主要成分为，2-己烯醛（30.01%）、己醛（14.38%）、己酸乙酯（11.09%）、乙酸己酯（11.01%）、α-法尼烯（8.27%）、丁酸乙酯（3.67%）、辛酸乙酯（1.97%）、戊基环丙烷（1.45%）、正己醇（1.36%）、乙酸乙酯（1.32%）等（冯立国等，2015）。

满园香： 顶空固相微萃取法提取的辽宁兴城产'满园香'梨新鲜果实香气的主要成分（单位：μg/g）为，α-法尼烯（6.01）、己酸乙酯（2.14）、乙酸己酯（1.69）、乙酸乙酯（1.39）、丁酸乙酯（1.32）、(E,Z)-2,4-癸二烯酸乙酯（1.13）、苯乙醇乙酸酯（0.84）、(E,Z)-2,4-癸二烯酸甲酯（0.28）、乙酸辛酯（0.18）等（乌云塔娜等，2015）。

面酸梨： 顶空固相微萃取法提取的辽宁兴城产'面酸梨'新鲜果实香气的主要成分（单位：μg/g）为，α-法尼烯（38.79）、己酸乙酯（3.28）、乙酸乙酯（2.13）、(E,Z)-2,4-癸二烯酸乙酯（1.76）、丁酸乙酯（1.21）、乙酸己酯（1.15）、(E,Z)-2,4-癸二烯酸甲酯（0.50）、己酸甲酯（0.10）等（乌云塔娜等，2015）。

南果梨： 辽宁鞍山特产。个头比较小，跟鸡蛋差不多，色泽鲜艳，果肉细腻，脆甜，多汁爽口，风味香浓，有"梨中之王"美称。耐严寒。顶空固相微萃取法提取的辽宁兴城产'南果梨'新鲜果实香气的主要成分为，乙酸己酯（26.82%）、α-法尼烯（19.84%）、2-己烯醛（13.60%）、己酸乙酯（6.90%）、正己醇（5.70%）、己醛（3.79%）、乙酸-(2Z)-2-己烯酯（3.57%）、己酸己酯（1.75%）、丁酸己酯（1.32%）等（冯立国等，2015）。同时蒸馏萃取法提取的'南果梨'新鲜成熟果实香气的主要成分为，α-法尼烯（27.54%）、己酸乙酯（19.64%）、丁酸乙酯（8.91%）、3-羟基己酸乙酯（6.99%）、乙酸己酯（5.79%）、油酸乙酯（4.55%）、糠醛（1.86%）、3-羟基丁酸乙酯（1.83%）、己酸甲酯（1.69%）、棕榈酸乙酯（1.51%）、丁酸甲酯（1.45%）、亚油酸乙酯（1.25%）、丙酸乙酯（1.01%）、2,4-癸二烯酸乙酯（1.01%）等（张博等，2018）。顶空固相微萃取法提取的辽宁鞍山产'南果梨'新鲜果实香气的主要成分为，己酸乙酯（37.94%）、α-法尼烯（16.15%）、己醛（8.51%）、乙酸乙酯（8.81%）、丁酸乙酯（6.82%）、乙酸己酯（6.59%）、(E,Z)-2,4-癸二烯酸乙酯（2.50%）、己酸甲酯（2.33%）等（纪淑娟等，2012）。同时蒸馏萃取法提取的辽宁鞍山产'南果梨'果肉香气的主要成分为，邻苯二甲酸双(2-乙基己基)酯（29.40%）、依兰烯（23.47%）、α-金合欢烯(8.40%)、9-十八烯酸乙酯(6.13%)、2,6-二甲基-6-(4-甲基-3-丙烯基)双环[3.1.1]庚烷-2-烯（4.40%）、亚油酸乙酯（2.41%）、3,5,5,9-四甲基-顺-(−)-2,4a,5,6,9a-六氢化-苯并环庚烯（2.21%）、1-甲基-3-(1-甲基乙基)苯（1.05%）等（辛广等，2004）。顶空固相微萃取法提取的辽宁产'南果梨'新鲜商熟期果实香气的主要成分为，十七酸（26.257%）、芥酸（22.73%）、二十八烷醛（20.38%）、十六烷（18.13%）、棕榈酸（5.93%）、油酸（1.51%）、3,5-二叔丁基-4-羟苯基丙酸（1.50%）等；后熟 5 天果实香气的主要成分为，二十八烷醛（17.13%）、油酸（16.67%）、二十六烷（15.13%）、芥酸（10.73%）、

2,4- 二叔丁基苯酚（10.30%）、棕榈酸（9.07%）、硬脂酸（4.93%）、十七酸（4.63%）、二十七烷（4.07%）、顺 -11- 二十烯酸（2.99%）、3,5- 二叔丁基 -4- 羟苯基丙酸（2.41%）等（魏树伟等，2021）。

栖霞大香水： 一个古老品种。果实中大，平均单果重200g。果实采收时绿色，贮后转黄绿色或黄色，果皮薄，果点小而密。果肉白色，肉质松脆但稍粗，汁多，味甜微酸，香气浓，石细胞较少。初采时酸味较重，贮藏后酸甜。顶空固相微萃取法提取的山东栖霞产'栖霞大香水'梨新鲜果实香气的主要成分（单位：ng/g）为，乙酸己酯（2919.71）、己酸乙酯（2887.66）、丁酸乙酯（2017.39）、(E)-2- 己烯酯（628.17）、辛酸乙酯（323.66）、丁酸己酯（262.89）、乙酸丁酯（178.8）等（魏树伟等，2015）。顶空固相微萃取法提取的山东栖霞产'栖霞大香水'梨新鲜成熟果实香气的主要成分为，丁酸乙酯（29.21%）、乙酸己酯（14.47%）、己酸乙酯（11.05%）、乙酸丁酯（9.28%）、13- 十四碳烯醛（2.16%）、辛酸乙酯（1.72%）、壬醛（1.41%）、α- 法尼烯（1.33%）、2- 甲基 - 丁酸乙酯（1.05%）、α- 酮硬脂酸（1.02%）等（王少敏等，2008）。

荣香： 顶空固相微萃取法提取的辽宁兴城产'荣香'梨新鲜果实香气的主要成分为，2- 己烯醛（60.38%）、己醛（28.95%）、α- 法尼烯（2.03%）、正己醇（2.00%）、顺式 -3- 己烯醛（1.34%）乙酸己酯（1.68%）等（冯立国等，2015）。

软儿梨（消梨、冻梨）： 甘肃兰州特产。果实近圆形，平均果重在 125g，果皮黄中带绿，青中泛红，较厚。果肉硬，味道酸涩。采收时果实风味和口感均欠佳，后熟后果实颜色由绿变金黄，口感由酸涩变香气浓郁，冷冻后果肉软化，汁液增多，风味口感极佳。顶空固相微萃取法提取的甘肃皋兰产'软儿梨'新鲜果实香气的主要成分为，己酸乙酯（20.49%）、己醛（15.22%）、乙酸己酯（13.28%）、丁酸乙酯（12.37%）、己酸甲酯（8.34%）、己醇（7.90%）、乙酸乙酯（4.11%）、乙酸丁酯（4.09%）、3- 羟基己酸乙酯（3.97%）、丁酸甲酯（3.53%）、反式 -2- 己烯 -1- 醇（1.38%）等（张忠等，2017）。顶空固相微萃取法提取的辽宁兴城产'软儿梨'新鲜果实香气的主要成分（单位：μg/g）为，α- 法尼烯（5.61）、己酸乙酯（4.30）、乙酸己酯（2.62）、己酸己酯（1.32）、(E,Z)-2,4- 癸二烯酸乙酯（1.04）、丁酸乙酯（0.72）、乙酸乙酯（0.71）、己酸甲酯（0.64）、(E,Z)-2,4- 癸二烯酸甲酯（0.55）、乙酸辛酯（0.47）、苯乙醇乙酸酯（0.43）、3- 羟基十二烷酸乙酯（0.27）等（乌云塔娜等，2015）。

绥中谢花甜： 辽宁绥中地方品种。顶空固相微萃取法提取的辽宁兴城产'绥中谢花甜'梨新鲜果实香气的主要成分（单位：μg/g）为，α- 法尼烯（7.83）、乙酸己酯（0.15）等（乌云塔娜等，2015）。

甜梨： 顶空固相微萃取法提取的甘肃靖远产'甜梨'新鲜果实香气的主要成分为，乙酸乙酯（38.83%）、乙酸己酯（28.53%）、己酸乙酯（15.21%）、2- 羟基丙酰胺（1.98%）、乙酸酐（1.62%）、己酸甲酯（1.51%）等（丁若珺等，2016）。顶空固相微萃取法提取的辽宁兴城产'甜梨'新鲜果实香气的主要成分（单位：μg/g）为，己酸乙酯（1.73）、α- 法尼烯（1.48）、丁酸乙酯（0.82）、乙酸己酯（0.31）、3- 羟基十二烷酸乙酯（0.30）、乙酸乙酯（0.14）等（乌云塔娜等，2015）。

晚香： '乔玛'די大冬果'杂交育成。果实近圆形，平均单果重180g。采收时果面浅黄绿色，贮后正黄色，果皮中厚，蜡质少，有光泽，无果锈。果心小，果肉白色，果肉脆，果质较细，石细胞少而且小，果汁多，品质中上。顶空固相微萃取法提取的辽宁兴城产'晚香'梨新鲜果实香气的主要成分为，己醛（44.08%）、2- 己烯醛（25.81%）、正己醇（12.65%）、乙酸己酯（8.24%）等（冯立国等，2015）。

五香： 汁多肉嫩。顶空固相微萃取法提取的辽宁兴城产'五香'梨新鲜果实香气的主要成分（单位：

μg/g）为，α- 法尼烯（23.37）、己酸乙酯（2.55）、(E,Z)-2,4- 癸二烯酸乙酯（0.84）、丁酸乙酯（0.78）、乙酸己酯（0.57）、乙酸辛酯（0.43）、乙酸乙酯（0.29）等（乌云塔娜等，2015）。

香水（老香水、老梨、小梨、化心梨）：果实圆形，直径 4～6cm，单果重 130g 左右，果皮黄绿色。味道甘甜、微酸，品质优良。顶空固相微萃取法提取的河北承德产'香水'梨新鲜成熟果实香气的主要成分（单位：μg/kg）为，乙酸己酯（156.35）、癸烷（28.09）、丁酸己酯（25.81）、乙酸丁酯（22.89）、己醛（10.91）、壬醛（5.60）、乙酸癸酯（4.56）、2- 辛烯醛（4.08）、己醇（3.82）、丁酸丁酯（2.97）、乙酸戊酯（2.49）、(E)-2- 己烯醛（2.31）、6- 甲基 -5- 庚烯 -2- 酮（2.06）、1- 辛烯 -3- 酮（1.94）、癸醛（1.78）、(E)-2- 壬烯醛（1.73）、(E)-2- 癸烯醛（1.41）、十四烷（1.37）、乙酸庚酯（1.35）、辛醇（1.28）、己酸己酯（1.26）、十三烷（1.00）等；室温贮藏 6 天的新鲜成熟果实香气的主要成分为，己酸乙酯（2156.29）、乙酸己酯（1252.87）、α- 法尼烯（646.45）、丁酸乙酯（209.45）、辛酸乙酯（168.31）、(Z,E)-2,4- 癸二烯酸乙酯（100.88）、乙酸丁酯（99.54）、己酸甲酯（92.40）、3-(甲硫基) 丙酸乙酯（86.72）、乙酸辛酯（75.17）、乙酸庚酯（73.59）、2- 辛烯酸乙酯（70.47）、2- 甲基丁酸乙酯（60.98）、辛醇（60.90）、丁酸己酯（47.82）、(Z,E)-2,4- 癸二烯酸甲酯（25.68）、戊酸乙酯（24.65）、己酸己酯（23.80）、(E)-α- 香柠檬烯（22.59）、4- 辛烯酸乙酯（18.02）、癸醇（16.43）、2- 己烯酸乙酯（14.33）、(Z)-4- 癸烯醇（13.10）、十一烷（12.82）、苯乙酸乙酯（11.31）、壬醛（9.28）、己酸丙酯（8.45）、3-(甲硫基)-2- 丙烯酸乙酯（7.88）、乙酸戊酯（6.88）、辛酸甲酯（6.85）、己醇（6.69）、乙酸癸酯（6.40）、(E)-2- 癸烯醛（6.30）、(E)-α- 香柠檬醇（5.45）等（赵江丽等，2022）。

小香水：顶空固相微萃取法提取的辽宁兴城产'小香水'梨新鲜果实香气的主要成分为，2- 己烯醛（31.04%）、己醛（30.22%）、乙酸己酯（15.12%）、正己醇（5.80%）、戊基环丙烷（2.55%）、乙酸 -(2Z)-2- 己烯酯（1.70%）、乙酸辛酯（1.59%）、乙酸庚酯（1.56%）、己酸甲酯（1.38%）、丁酸乙酯（1.01%）等（冯立国等，2015）。顶空固相微萃取法提取的辽宁兴城产'小香水'梨新鲜果实香气的主要成分（单位：μg/g）为，α- 法尼烯（52.87）、乙酸己酯（0.98）、己酸乙酯（0.56）、丁酸乙酯（0.56）、(E,Z)-2,4- 癸二烯酸乙酯（0.46）、乙酸丁酯（0.38）、乙酸乙酯（0.33）、(E,Z)-2,4- 癸二烯酸甲酯（0.18）、己酸甲酯（0.10）等（乌云塔娜等，2015）。顶空固相微萃取法提取的吉林省吉林市产'小香水'梨新鲜成熟果实香气的主要成分（单位：μg/kg）为，己醛（78.45）、(E)-2- 己烯醛（27.24）、己酸乙酯（14.81）、乙酸己酯（9.25）、丁酸乙酯（5.22）、乙酸（2.91）、甲酸辛酯（2.00）、乙酸庚酯（1.71）、己酸甲酯（1.28）、己醇（1.27）、2- 甲基丁酸乙酯（1.11）等；后熟 9 天的果实香气的主要成分为，己酸乙酯（279.58）、己醛（223.13）、丁酸乙酯（190.60）、2- 甲基丁酸乙酯（66.81）、乙酸己酯（55.56）、己酸甲酯（41.04）、(E)-2- 己烯醛（29.91）、乙醇（24.31）、辛酸乙酯（20.58）、丁酸甲酯（15.66）、2- 己烯酸乙酯（15.59）、乙酸辛酯（12.97）、乙酸（11.61）、惕格酸乙酯（10.23）、2- 丁烯酸乙酯（7.91）、2- 辛烯酸乙酯（6.57）、2,4- 癸二烯酸乙酯（6.29）、2- 甲基丁酸甲酯（6.25）、乙酸丁酯（6.15）、3- 羟基己酸乙酯（6.01）、乙酸庚酯（5.25）、庚酸乙酯（5.19）、甲酸辛酯（5.00）等（李国鹏等，2012）。

鸭蛋青：顶空固相微萃取法提取的辽宁兴城产'鸭蛋青'梨新鲜果实香气的主要成分（单位：μg/g）为，己酸乙酯（4.59）、α- 法尼烯（3.23）、丁酸乙酯（1.27）、己酸己酯（0.54）、乙酸己酯（0.16）等（乌云塔娜等，2015）。

鸭广梨：河北廊坊特产梨。果实呈倒卵形或椭圆形。果肉汁多味浓，气味芳香，非常甜，品质极佳。顶空固相微萃取法提取的辽宁兴城产'鸭广梨'新鲜果实香气的主要成分（单位：μg/g）为，己酸乙酯（3.85）、(E,Z)-2,4- 癸二烯酸乙酯（2.63）、乙酸乙酯（1.92）、3- 羟基十二烷酸乙酯（1.46）、乙酸己酯

（1.27）、丁酸乙酯（1.27）、α- 法尼烯（1.23）、(*E,Z*)-2,4- 癸二烯酸甲酯（0.23）、乙酸辛酯（0.10）、苯乙醇乙酸酯（0.10）等（乌云塔娜等，2015）。

油红梨：秋子梨典型品种，果实在后熟软化过程中会产生浓郁的香气。顶空固相微萃取法提取的吉林公主岭产'油红梨'新鲜果实香气的主要成分（单位：ng/g）为，己醛（139.20）、(*E*)-2- 己烯醛（41.98）、乙酸己酯（13.23）、3- 己烯酸乙酯（12.57）、丁酸乙酯（7.31）、1- 己醇（6.23）、乙酸（5.33）、2- 甲基丁酸乙酯（2.95）、乙酸丁酯（1.64）、α- 法尼烯（1.46）等（李国鹏等，2012）。

沙梨 ［ *Pyrus pyrifolia* (Burm. F.) Nakai ］ 又称麻安梨、金珠果等。我国南北各地均有栽培，长江流域和珠江流域各地栽培的梨品种，多属于本种。例如安徽宣城的雪梨、砀山的酥梨、浙江台州的包梨、湖州的鹅蛋梨、诸暨的黄章梨等。日本培育了很多沙梨新品种，如'长十郎''今村秋''二十世纪''早生赤'等。果实近球形，浅褐色，有浅色斑点，先端微向下陷。沙梨系列品种果实的香气成分如下。

68-3-2：为'金水 1 号'×（'库尔勒香梨'×'长十郎'）的远缘杂交新品系。果实近圆形，果皮绿色，平均单果重 334g。果肉极细腻，风味浓郁，香气浓。顶空固相微萃取法提取的湖北武汉产'68-3-2'梨新鲜果实香气的主要成分（单位：μg/kg）为，乙酸己酯（3374.0）、丁酸乙酯（2537.0）、己酸乙酯（2033.0）、丙基环丙烷（684.0）、α- 金合欢烯（661.0）、辛酸乙酯（441.0）、2- 己酸乙酯（353.0）、3- 甲硫基 - 反 -2- 丙烯酸乙酯（322.0）、3- 己酸乙酯（114.8）等（涂俊凡等，2011）。

爱宕（Atago）：原产日本，由'二十世纪'和'今村秋'杂交而成的极晚熟品种。果实略扁圆形，果个特大，平均单果重 415g。果皮薄，黄褐色，果点较小、中等密度，表面光滑。果肉白色，肉质松脆，汁多味甜，石细胞少，品质上等。顶空固相微萃取法提取的'爱宕'沙梨新鲜成熟果实果汁香气的主要成分为，2- 甲基丁酸乙酯（32.53%）、乙酸乙酯（24.56%）、异丙醇（17.81%）、十一醇（16.02%）、丁酸丁酯（4.59%）等（谢定等，2008）。

爱甘水：日本用'长寿'和'多摩梨'杂交育成的早熟品种。果实圆形或扁圆形，黄褐色，平均单果重 400g。皮薄有光泽，肉质细腻，汁多，品质上。顶空固相微萃取法提取的四川雅安产'爱甘水'梨新鲜果实香气的主要成分为，丁酸乙酯（24.05%）、己酸乙酯（11.48%）、己醛（10.56%）、乙酸乙酯（8.52%）、2- 己烯醛（5.75%）、苯甲酸乙酯（5.03%）、2- 甲基丁酸甲酯（2.93%）、戊酸乙酯（1.63%）、乙醇（1.57%）等（廖凤玲等，2014）。固相微萃取法提取的江苏扬州产'爱甘水'梨新鲜成熟果实香气的主要成分为，己醛（48.21%）、2- 己烯醛（15.86%）、正己醇（8.33%）、反式 -3- 己烯 -1- 醇（6.49%）、顺 -3- 己烯醛（3.99%）、乙酸 -(3*E*)-3- 己烯酯（1.20%）、山梨醛（1.16%）等（郈学超等，2021）。

彩云红：由日本'幸水'和云南'火把梨'杂交育成。果实近圆形，平均单果重 195.3g，阳面有红晕，成熟后红色着色面积达到 60% 以上，颜色艳丽。果肉松脆多汁，味甜，有香味。顶空固相微萃取法提取的云南安宁产'彩云红'梨新鲜果实香气的主要成分为，4- 异丙氧基 -1- 丁醇（13.86%）、2- 羟基 -3- 己酮（9.50%）、2- 己烯醛（7.24%）、烟酸乙酯（6.35%）、2- 甲基 -5- 己烯 -3- 醇（5.50%）、丙酮（5.47%）、(*E*)- 呋喃氧化芳樟醇（4.69%）、α- 法尼烯（4.30%）、邻苯二甲酸二异丁酯（3.45%）、辛酸（2.59%）、四甲基癸炔二醇（2.49%）、己酸（2.26%）、γ- 丁内酯（2.25%）、α- 松油醇（2.22%）、2- 溴（正）壬烷（2.16%）、鲸蜡醇（1.86%）、米醛（1.81%）、甲酸苯甲酰酯（1.67%）、月桂醇（1.37%）、棕榈酸异丙酯（1.35%）、香叶基丙酮（1.21%）、γ- 十二内酯（1.19%）、反式 -2- 癸烯醛（1.14%）、2,4,7,9- 四甲基 -5- 癸炔 -4,7- 二醇（1.11%）、丙烯酸乙酯（1.09%）等（张鑫楠等，2022）。

翠冠（六月雪）： 早熟品种。果实比较大，平均单果重 250g，果皮细薄，肉脆汁多，味浓鲜嫩，汁丰味甜。顶空固相微萃取法提取的江苏南京产'翠冠'梨新鲜果实香气的主要成分（单位：ng/g）为，己醛（945.40）、2- 己烯醛（333.52）、1- 己醇（80.01）、苯甲醛（9.30）、(E,E)-2,4- 己二烯醛（7.15）、壬醛（3.96）、5- 乙基 -2(3H)- 呋喃酮（3.77）、1,2- 邻苯二甲酸二异丁酯（1.34）、十三烷（1.22）、苯乙酸乙酯（1.17）、(2E)- 辛烯醛（1.07）、5- 己基 -2(3H)- 呋喃酮（1.02）、2- 乙基 - 庚酸甲酯（1.00）等（秦改花等，2012）。

二十世纪： 原产于日本。果实近圆形，平均果重 136g。果皮绿色。果肉白色，肉质细脆。汁多，味甜，品质优。固相微萃取法提取的江苏扬州产'二十世纪'梨新鲜成熟果实香气的主要成分为，己醛（56.24%）、(E)-2- 壬烯醛（11.53%）、2- 己烯醛（9.96%）、芳樟醇（7.32%）、壬醛（4.93%）、乙酸正己酯（2.62%）、癸醛（2.32%）、6- 甲基 -5- 庚烯 -2- 酮（1.64%）、甲酸己酯（1.32%）、辛醛（1.24%）、2- 反式 -6- 顺式 - 壬二烯醛（1.18%）、反式 - 牻牛儿基丙酮（1.02%）等（郅学超等，2021）。

丰水： 原产于日本。果实褐色，平均单果重 240g，果皮黄红色。果肉黄白色，肉质细脆且汁多，多味甜，口感极佳，品质上等。顶空固相微萃取法提取的'丰水'梨新鲜果实香气的主要成分为，乙酸乙酯（34.39%）、棕榈酸异丙酯（2.91%）、乙醇（2.81%）、丁酸乙酯（2.48%）、苯甲酸乙酯（1.81%）、己酸乙酯（1.77%）等（陈计峦等，2005）。

黄金梨（Whangkeumbae）： 韩国品种。果实金黄色，果点小而稀，外形美观。果肉细嫩多汁，石细胞少，风味甜，有香气，品质优良。静态顶空萃取法提取的山东栖霞产'黄金梨'新鲜不套袋果实香气的主要成分为，(E,E)-2,4- 癸二烯醛（15.26%）、乙酸己酯（9.06%）、丁酸乙酯（8.08%）、顺 -2- 庚烯醛（6.74%）、(E,E)-2,4- 庚二烯醛（5.16%）、α- 法尼烯（4.86%）、己醛（3.53%）、癸酸乙酯（3.33%）、乙酸 -4- 己烯酯（3.29%）、甲酸己酯（2.82%）、壬醛（2.32%）、2- 戊基呋喃（2.24%）、1- 辛烯 -3- 醇（1.97%）、2- 十一烯醛（1.95%）、戊醇（1.22%）、反 -2- 辛烯醛（1.16%）、乙酸丁酯（1.06%）、反 -2- 癸烯醛（1.03%）等；新鲜套袋果实香气的主要成分为，反油酸甲酯（50.72%）、8,11- 十八碳二烯酸甲酯（21.53%）、棕榈酸甲酯（9.79%）、己醇（1.94%）、乙酸己酯（1.68%）、甲基 - 十八烷酯（1.32%）、顺 -9- 棕榈酸甲酯（1.26%）等；贮藏 60 天不套袋果实香气的主要成分为，丁酸乙酯（51.34%）、己酸乙酯（13.01%）、2- 甲基 - 丁酸乙酯（7.22%）、2,4- 癸二烯醛（7.00%）、乙酸己酯（4.04%）、α- 法尼烯（3.83%）、2- 甲基丁酸乙酯（1.08%）、反 -2- 辛烯酸（1.08%）等（王少敏等，2009）。顶空固相微萃取法提取的山东泰安产'黄金梨'新鲜果实香气的主要成分（单位：μg/g）为，己醛（1.25）、1- 己醇（0.94）、壬醛（0.32）、(2E)- 己烯醛（0.15）、1- 戊醇（0.13）等（田长平等，2009）。顶空固相微萃取法提取的'黄金梨'新鲜果实香气的主要成分为，乙酸乙酯（43.06%）、乙醇（27.05%）、2- 甲基 - 丁酸乙酯（4.89%）、丁酸乙酯（2.40%）等（辛广等，2008）。

金二十世纪： 日本中晚熟品种。果实扁圆形，平均单果重 300g。果皮绿黄色，贮后金黄色，果面较光滑，果点大而稀疏。果肉黄白色，切开有透明感，肉质致密而脆，贮后细软汁多。果心中大，石细胞及残渣少。固相微萃取法提取的江苏扬州产'金二十世纪'梨新鲜成熟果实香气的主要成分为，己酸乙酯（51.77%）、己醛（12.55%）、丁酸乙酯（8.99%）、乙酸乙酯（5.26%）、苯甲酸乙酯（4.87%）、乙酸正己酯（3.04%）、辛酸乙酯（2.28%）、丙酸乙酯（1.34%）、壬醛（1.18%）等（郅学超等，2021）。

金水 1 号： 果实圆形，单果重 180～300g，皮薄光滑，黄绿爽目，肉脆多汁，风味独特，优质丰产。顶空固相微萃取法提取的湖北武汉产'金水 1 号'梨新鲜果实香气的主要成分（单位：μg/kg）为，己酸乙酯（2342.0）、己醛（1757.0）、甲基环戊烷（1464.0）、乙酸己酯（1355.0）、反 -2- 己烯醛（236.0）、顺 -3-乙酸叶醇酯（136.0）等（涂俊凡等，2011）。

金珠果梨（沙梨王）： 一般单果重 150g 左右，肉质酥脆细腻，汁液丰富，酸甜浓郁。顶空固相微萃取法提取的河南洛宁产'金珠果梨'新鲜果皮香气的主要成分为，正己酸乙酯（43.53%）、辛酸乙酯（17.85%）、丁酸乙酯（8.04%）、(E)-2 - 己烯醛（6.47%）、3,7,11- 三甲基 -1,3,6,10- 十二碳 - 四烯（3.22%）、乙基酯 -4- 癸烯酸（2.60%）、苯并环丁烯（1.79%）、己烯醛（1.65%）、壬醛（1.61%）、庚酸乙酯（1.41%）、乙酸己酯（1.07%）、反式 -2- 己烯酸乙酯（1.01%）等；新鲜果肉香气的主要成分为，正己酸乙酯（35.21%）、丁酸乙酯（25.73%）、反式 -3- 己烯醛（9.54%）、辛酸乙酯（7.39%）、(E)-2 - 己烯醛（1.48%）、4- 癸烯酸乙基酯（1.36%）、壬醛（1.20%）等（马越等，2018）。

沙梨图 1

沙梨图 2

满天红： 由日本'幸水'和云南'火把梨'杂交育成。果实近圆形，阳面鲜红色，平均单果重211.8g。果肉酥脆多汁，风味酸甜有涩感，清香。顶空固相微萃取法提取的云南安宁产'满天红'梨新鲜果实香气的主要成分为，4-异丙氧基-1-丁醇（8.59%）、辛酸（8.04%）、α-松油醇（7.63%）、(E)-呋喃氧化芳樟醇（7.45%）、邻苯二甲酸二异丁酯（5.17%）、己酸（4.82%）、2-羟基-3-己酮（4.73%）、2-己烯醛（4.43%）、壬醛（4.15%）、鲸蜡醇（3.67%）、香叶基丙酮（3.17%）、异辛酸（3.13%）、苯甲酸正己酯（3.05%）、庚酸（2.73%）、α-法尼烯（2.70%）、正癸酸（2.29%）、1-十四醇（2.04%）、反式-2-癸烯醛（1.93%）、正辛醇（1.89%）、大马士酮（1.82%）、反式-3-己烯-1-醇（1.79%）、棕榈酸异丙酯（1.79%）、(E)-2-庚烯醛（1.68%）、(E,E)-2,4-庚二烯醛（1.64%）、米醛（1.53%）、苯甲醛（1.46%）、(E)-2-辛烯醛（1.29%）、8-氯-1-辛醇（1.04%）等（张鑫楠等，2022）。

美人酥： 由日本'幸水'和云南'火把梨'杂交育成。果实卵圆形，阳面鲜红艳丽，平均单果重182.9g。果肉酥脆多汁，味酸甜，微有涩感，风味浓郁。顶空固相微萃取法提取的云南安宁产'美人酥'梨新鲜果实香气的主要成分为，2-羟基-3-己酮（12.60%）、(E)-呋喃氧化芳樟醇（10.03%）、辛酸（7.76%）、2-己烯醛（5.45%）、反式-3-己烯-1-醇（4.61%）、α-松油醇（4.53%）、己酸（4.24%）、鲸蜡醇（4.15%）、邻苯二甲酸二异丁酯（3.76%）、大马士酮（3.69%）、庚酸（3.01%）、壬醛（2.62%）、正己醇（2.55%）、异辛酸（2.47%）、正癸酸（2.37%）、反式-2-癸烯醛（2.31%）、2,3-二氢苯并呋喃（2.18%）、芳樟醇（1.99%）、香叶基丙酮（1.83%）、正辛醇（1.82%）、香叶醇（1.59%）、α-法尼烯（1.48%）、(2E)-3-(2,2,6-三甲基-7-氧杂双环[4.1.0]庚-1-基)-2-丙烯醛（1.32%）、4,5-辛烷二醇（1.32%）、正二十一烷（1.26%）、8-氯-1-辛醇（1.11%）、棕榈酸异丙酯（1.03%）、(E)-2-庚烯醛（1.01%）等（张鑫楠等，2022）。

寿新水： 日本品种。果实扁圆形，中大，黄褐色。果肉白色，脆，汁液多，味甜，香气少，品质好。固相微萃取法提取的江苏扬州产'寿新水'梨新鲜成熟果实香气的主要成分为，己醛（62.61%）、2-己烯醛（11.77%）、乙酸乙酯（11.32%）、正己醇（2.58%）等（郅学超等，2021）。

水晶： 从韩国新高梨枝条芽变中选育而成的黄色梨新品种。果实扁圆形，单果重200g左右，果皮黄绿色，贮存后变淡黄色，阳面金黄色，有透明感，外观漂亮。果肉白色，半透明，肉质细腻，致密嫩脆，汁液多，味极甜，品质极上。水蒸气蒸馏法提取的新世纪'水晶'梨果实香气的主要成分为，6-十八烯（24.72%）、十六酸（17.93%）、癸二酸乙酯（13.60%）、十八酸（11.50%）、二十七烷（3.27%）、9,12-十八烯酸（3.22%）、二十八烷（2.30%）、二十六烷（2.13%）、7-己基二十烷（1.91%）、二十九烷（1.89%）、二十四烷（1.46%）、二十三烷（1.43%）、2-己烯醛（1.39%）、三十四烷（1.16%）、油酸（1.13%）、1-己醇（1.06%）、花生酸（1.03%）等（纵伟等，2006）。顶空固相微萃取法提取的'水晶'梨新鲜成熟果实果汁香气的主要成分为，2-壬酮（23.08%）、丙酸乙酯（19.51%）、丁酸丁酯（10.32%）、乙醇（9.82%）、乙酸乙酯（8.53%）、绿油脑（4.68%）、乙酸（4.41%）、环己烯（4.29%）、丁醛（3.46%）、己烯酸甲酯（1.25%）、4-甲基-1-异丙基-3-环己烯-1-醇（1.14%）等（谢定等，2008）。

晚秀（Mansubae）： 韩国杂交品种。果实扁圆形，大果，平均单果重660g，果面光滑，外观黄褐色，果顶平而圆，果点较大而少，无"水锈"，有光泽。果皮中厚，果肉白色，石细胞极少，硬脆，质细多汁，风味好，品质极上。顶空固相微萃取法提取的山东泰安产'晚秀'梨新鲜果实香气的主要成分（单位：μg/g）为，己醛（1.35）、(2Z)-庚烯醛（0.72）、壬醛（0.31）、1-己醇（0.23）、(2E)-辛烯醛（0.22）、(2E)-癸烯醛（0.20）、1-戊醇（0.19）、2-戊基呋喃（0.16）、1-辛烯-3-醇（0.14）、庚醛（0.11）等（田长平等，

2009）。

喜水： 日本极早熟品种。果实扁圆形，果形大，平均果重 330g。果皮赤褐色，无果锈。果肉黄白色，质地极细，几乎无石细胞，酥脆化渣，果汁极多，果心极小，香气极浓。固相微萃取法提取的江苏扬州产'喜水'梨新鲜成熟果实香气的主要成分为，己醛（32.14%）、2- 己烯醛（17.52%）、2- 甲基 -2- 丁烯酸乙酯（7.57%）、丁酸乙酯（5.44%）、乙酸乙酯（5.14%）、苯甲酸乙酯（3.58%）、正己醇（1.57%）、2- 丁烯酸乙酯（1.38%）等（郅学超等，2021）。

杏花银梨： 广东封开地方品种，已有 130 多年的栽培历史。果实扁圆形，个大皮薄，果皮红褐色，色彩艳丽，上有银色小星点。果肉乳白色，肉质爽脆，汁多化渣，鲜食清甜蜜味可口。顶空固相微萃取法提取的广东封开产'杏花银梨'新鲜成熟果实果肉香气的主要成分（单位：μg/kg）为，己醛（144.23）、2- 己烯醛（32.31）、β- 水芹烯（9.76）、乙醇（5.22）、1- 己醇（4.32）、d- 柠檬烯（3.04）、丁酸乙酯（2.80）、苄腈（2.53）、α- 金合欢烯（2.46）、苯甲基肟（2.35）、3- 己烯醛（2.24）、1- 正己醇（1.98）、5- 庚烯 -2- 酮（1.71）、乙酸己酯（1.69）、β- 月桂烯（1.16）、壬醛（1.14）、乙醇（1.14）、o- 伞花烃（1.12）等（彭程等，2021）。

玉绿： 以白梨'莱阳茌梨'为母本，沙梨品种'太白'为父本杂交选育而成。果实近圆形，平均单果重 270g。果皮薄，绿色，果面光洁，无果锈，有蜡质，果点浅小而稀。果肉白色，肉质细嫩，石细胞少。汁多，酸甜可口。顶空固相微萃取法提取的湖北武汉产'玉绿'梨新鲜果实香气的主要成分（单位：μg/kg）为，己醛（3746.0）、己酸乙酯（1089.0）、甲基环戊烷（801.0）、反 -2- 己烯醛（289.9）、乙酸己酯（205.0）、2- 己酸乙酯（184.0）、苯甲酸乙酯（136.0）等（涂俊凡等，2011）。

圆黄梨（Wonhwang）： 韩国早熟品种。果实比较大，平均果重 250g，果形扁圆，果面光滑平整，成熟后金黄色。果肉为透明的纯白色，肉质细腻多汁，酥甜可口，有奇特的香味，品质上乘。顶空固相微萃取法提取的山东泰安产'圆黄梨'新鲜果实香气的主要成分（单位：μg/g）为，己醛（1.58）、1- 己醇（0.86）、(2Z)- 庚烯醛（0.73）、壬醛（0.44）、(2E)- 己烯醛（0.35）、癸醛（0.32）、(2Z)- 十一烯醛（0.31）、1- 戊醇（0.13）等（田长平等，2009）。顶空固相微萃取法提取的'圆黄梨'新鲜果实香气的主要成分为，乙酸乙酯（31.24%）、乙醇（22.09%）、α- 法尼烯（21.57%）、己酸乙酯（8.08%）、丁酸乙酯（3.24%）、辛酸乙酯（1.66%）等（辛广等，2008）。

中梨 1 号（绿宝石）： 用'新世纪'×'早酥梨'为亲本培育的耐高温多湿的品种。果实近圆形或扁圆形，大型，平均单果重 250g，果面较光滑，果点中大，绿色，无果锈。果心中等，果肉乳白色，肉质细脆，石细胞少，汁液多，风味甘甜可口，有香味，品质极上等。顶空固相微萃取法提取的江苏南京产'中梨 1 号'梨新鲜果实香气的主要成分（单位：ng/g）为，己醛（481.74）、2- 己烯醛（50.75）、1- 己醇（20.41）、5- 乙基 -2(3H)- 呋喃酮（5.42）、壬醛（2.13）、(E,E)-2,4- 己二烯醛（1.82）、1,2- 邻苯二甲酸二异丁酯（1.45）、3,7- 二甲基 -1,6- 辛二烯 -3- 醇（1.14）、(E)-7,11- 三甲基 -3- 亚甲基 -1,6,10- 十二碳三烯（1.04）等（秦改花等，2012）。

筑水： 日本杂交品种。果实扁圆形，单果重 250～300g，果皮黄褐色，果面轻微凹凸不平。果肉黄白色，肉质软而致密，味甜多汁，风味优良。固相微萃取法提取的江苏扬州产沙梨'筑水'新鲜成熟果实香气的主要成分为，己醛（66.83%）、2- 己烯醛（19.60%）、正己醇（3.11%）等（郅学超等，2021）。

西洋梨［*Pyrus communis* **L. var. *sativa* (DC.) DC.**］是我国近年自欧美引进的洋梨的栽培变种，别名巴梨、葫芦梨、米格阿木觉、茄梨、洋梨等。果实经过后熟方可食用。果实倒卵形或近球形，绿色、黄色或带红晕，大小形状和颜色因品种不同差异很多。每100g的西洋梨含水分83.5g、蛋白质0.3g、脂肪0.3g、热量60cal（1cal=4.186J）、碳水化合物15.6g，含有维生素A、维生素B_2、维生素C、纤维、钾、钙、磷、铁等，属偏碱性食物，所含糖分中多果糖和葡萄糖，是强身的基本营养，另含苹果酸及柠檬酸，解渴散热利尿。可帮助体内肠胃消化，是一种营养价值高的水果。西洋梨系列品种果实的香气成分如下。

西洋梨图1

西洋梨图2

安乔： 顶空固相微萃取法提取的辽宁兴城产'安乔'梨新鲜果实香气的主要成分（单位：μg/g）为，α-法尼烯（12.48）、(E,Z)-2,4-癸二烯酸乙酯（7.29）、乙酸己酯（0.85）、(E,Z)-2,4-癸二烯酸甲酯（0.58）、己酸己酯（0.49）、乙酸丁酯（0.18）等（乌云塔娜等，2015）。

巴梨（香蕉梨、秋洋梨、洋梨）： 原产英国，系自然实生种。果实较大，粗颈葫芦形，果面深绿色，凹凸不平。采收时果皮黄绿色，贮后黄色，阳面有红晕。果肉肉质柔软，易溶于口，石细胞极少，多汁，味浓香甜，品质极上。最适宜制作罐头，是鲜食、制罐的优良品种。顶空固相微萃取法提取的北京产'巴梨'果实香气的主要成分为，丁酸乙酯（18.87%）、乙酸丁酯（9.60%）、乙酸己酯（5.28%）、(2E,4Z)-癸二烯酸乙酯（4.43%）、乙酸乙酯（3.96%）、乙酸辛酯（3.05%）、丙酸乙酯（2.31%）等（刘松忠等，2015）。静态顶空萃取法提取的山东泰安产'巴梨'果实香气的主要成分（单位：μg/mL）为，乙酸己酯（16.65）、乙酸乙酯（3.01）、α-金合欢烯（2.76）、己酸丁酯（1.39）、己酸己酯（1.08）、乙酸戊酯（0.87）、草蒿脑（0.64）、乙酸-2-甲基-1-丁醇（0.57）、3-壬酮（0.40）、1-己醇（0.35）、乙酸正丙酯（0.35）、乙酸庚酯（0.24）、α-铜烯（0.23）、2-甲基-丁酸己酯（0.20）、乙酸甲酯（0.18）、丁酸丁酯（0.11）、己酸异戊酯（0.11）、γ-异丙烯（0.11）、α-异丙烯（0.10）等（魏树伟等，2020）。

康佛伦斯： 英国主栽的中熟软肉品种。果实中大，平均单果重163g。果实为细颈葫芦形，果肩常向一方歪斜。果皮绿色，后熟为绿黄色，有的果实阳面有淡红晕，果面平滑，有蜡质光泽。果点小，中多。果心中大，果肉白色，肉质细、紧密，经后熟后变软，汁液多，味甜有香气，品质上等。顶空固相微萃取法提取的北京产'康佛伦斯'梨果实香气的主要成分为，丁酸乙酯（20.42%）、乙酸丁酯（12.85%）、乙酸己酯（7.73%）、(2E,4Z)-癸二烯酸乙酯（4.59%）、乙酸乙酯（3.61%）、乙酸辛酯（3.14%）、丙酸乙酯（2.88%）等（刘松忠等，2015）。

三季梨： 原产法国。果实大，单果平均重202.7g，呈葫芦形，果皮黄绿色，后熟后变为绿黄色。果肉黄白色，质细软，石细胞少，汁液多，味酸甜，有清香味，品质中上等。顶空固相微萃取法提取的北京产'三季梨'果实香气的主要成分为，丁酸乙酯（9.93%）、乙酸丁酯（7.81%）、(2E,4Z)-癸二烯酸乙酯（4.58%）、乙酸己酯（3.59%）、乙酸乙酯（3.05%）、乙酸辛酯（2.76%）、丙酸乙酯（1.64%）等（刘松忠等，2015）。

太婆梨（笨梨）： 最早从英国引进，引进后经过人工驯化改良得到的品种。果实比较小，果皮发绿，较薄，松脆，布满褐色的斑点。果肉呈半透明的淡玉色，松软，甜而不腻，具有独特清香。顶空固相微萃取法提取的山东烟台产'太婆梨'果实香气的主要成分为，α-法尼烯(44.00%)、乙酸己酯(31.40%)、乙酸丁酯(10.60%)、(Z,E)-2,4-癸二烯酸乙酯(2.30%)、(3Z,6E)-α-法尼烯(1.80%)、α-顺-雪松烯(1.10%)等（张文君等，2018）。

五九香梨（贵妃梨、香蕉梨）： 以'鸭梨'×'巴梨'育成的杂交梨品种。果皮精白色，皮薄，果肉乳白色，肉质细软而易溶，汁极多，味浓香甜。顶空固相微萃取法提取的北京产'五九香梨'果实香气的主要成分为，乙酸己酯（49.35%）、乙酸丁酯（19.56%）、己酸乙酯（5.16%）、丁酸乙酯（4.92%）、1-己醇（3.80%）、己醛（2.58%）、α-金合欢烯（2.38%）、1-辛醇（2.00%）、(E)-2-己烯醛（1.28%）、乙酸乙酯（1.08%）等（陈计峦等，2009）。

早红考密斯（Early Red Comice）： 英国早熟品种，世界广泛栽培。果实细颈葫芦形，平均单果重190g。果皮鲜红色，果面光滑，果点细小。果肉绿白色，刚成熟时肉质硬而稍韧，藏后变细软，石细胞少，汁液多，风味酸甜、微香，品质上等。顶空固相微萃取法提取的北京产'早红考密斯'梨果实香气的主要成分为，丁酸乙酯（10.35%）、乙酸丁酯（6.67%）、乙酸己酯（3.86%）、(2E,4Z)-癸二烯酸乙酯（3.42%）、乙酸乙酯（2.71%）、乙酸辛酯（1.90%）等（刘松忠等，2015）。顶空固相微萃取法提取的山东齐河产'早红考密斯'梨成熟果实香气的主要成分（单位：μg/g）为，乙酸己酯（1.059）、乙酸丁酯（0.261）、乙酸戊酯（0.069）、乙酸乙酯（0.068）、乙酸甲酯（0.035）、甲酸己酯（0.027）、乙酸庚酯（0.027）、苯并环丁烯（0.027）、乙酸丙酯（0.026）、乙醇（0.017）、甲酸丁酯（0.011）等（王传增等，2014）。

新疆梨（*Pyrus sinkiangensis* **Yu**）分布于新疆、青海、甘肃、陕西等地。果实卵形至倒卵形，直径 2.5～5cm，黄绿色，果心大，石细胞多。

新疆梨图 1

新疆梨图 2

红香酥（Red Fragrant）：'库尔勒香梨'与'鹅梨'杂交选育而成的品种。平均单果重 290.83g。果肉细嫩，香浓，多汁，石细胞少。水蒸气蒸馏法提取的新疆库尔勒产'红香酥'梨新鲜果实香气主要成分为，壬醛（30.81%）、丁羟基甲苯（30.47%）、α- 金合欢烯（10.54%）、5- 乙烯基 -2- 四氢呋喃甲醇（6.24%）、十五烷（4.87%）、糠醛（3.66%）等（刘开源等，2005）。顶空固相微萃取法提取的山西运城产'红香酥'梨新鲜成熟果实香气的主要成分为，己醛（14.67%）、1- 辛醇（14.15%）、α- 法尼烯（11.97%）、(E,Z)-2,4- 癸二烯酸乙酯（8.75%）、2- 己烯醛（8.21%）、1- 癸醇（6.22%）、乙酸己酯（4.64%）、反 -2- 己烯醛（4.31%）、乙酸辛酯（3.68%）、癸酸乙酯（2.98%）、己酸乙酯（2.52%）、丁酸辛酯（1.44%）、己酸辛酯（1.42%）、乙酸乙酯（1.21%）、1- 己醇（1.15%）等（李美萍等，2020）。顶空固相微萃取法提取的天津产'红香酥'梨新鲜成熟果实香气的主要成分（单位：μg/g）为，苯甲醛（0.236）、正十四烷（0.200）、癸醛（0.021）、正二十七烷（0.017）、庚酸乙酯（0.013）、正十七烷（0.009）、3- 癸酮（0.009）等（郑璞帆等，2020）。

库尔勒香梨（Korla）：新疆库尔勒地方品种，栽培历史在 2000 年以上，为'瀚海梨'（新疆梨的原始种）和'鸭梨'的自然杂交种，有人认为属于白梨系统。果实为小果型，倒卵形，平均单果重 110g。果面底色黄绿色，阳面有条状暗红色晕，果面光滑，蜡质厚，有五条明显纵向肋沟。果心中大，果肉白色，皮薄肉细，汁多渣少，酥脆爽口，香味浓郁，味甜多汁，被誉为"梨中珍品""果中王子"。同时蒸馏萃取法提取的新疆库尔勒产'库尔勒香梨'新鲜果实香气的主要成分为，2- 甲基 -2- 戊烯醛（17.10%）、油酸乙酯（6.40%）、十九烯（3.94%）、α- 法尼烯（3.15%）、棕榈酸（2.76%）、乙酸乙酯（2.72%）等；顶空固相微萃取法提取的果实香气的主要成分为，己醛（17.80%）、己酸乙酯（12.96%）、α- 法尼烯（12.31%）、丁酸乙酯（11.29%）、乙酸乙酯（9.69%）、乙酸己酯（2.94%）、乙醇（1.83%）、乙酸丁酯（1.68%）等（陈计峦等，2007）。水蒸气蒸馏乙醚萃取的新疆产'库尔勒香梨'新鲜果实香气的主要成分为，壬醛（17.16%）、(E)-14- 十六烯醛（13.45%）、α- 金合欢烯（8.89%）、正十六烷（8.21%）、正十五烷（5.47%）、2,6,10- 三甲基十五烷（3.28%）、己酸乙酯（2.92%）、辛酸乙酯（2.43%）、(E)-2- 癸烯醛（2.13%）、正癸醇（1.69%）、顺 -7- 十四烯 -1 - 醇（1.65%）、正十四烷（1.41%）、3- 甲硫基丙烯酸乙酯（1.38%）、(E,Z)-2,4- 十二碳二烯酸乙酯（1.34%）、2,6,10,14 - 四甲基十六烷（1.19%）等（于建娜等，2006）。静态顶空萃取法提取的新疆产'库尔勒香梨'新鲜成熟果实果汁香气的主要成分为，丁酸乙酯（25.89%）、己醇（21.34%）、乙酸乙酯（19.63%）、(E)-2- 己烯醛（11.05%）、己酸乙酯（3.60%）、癸烷（2.57%）、甲基甲醇（2.18%）、壬醛（2.04%）、丙酸乙酯（1.91%）、1- 壬醇（1.06%）等（张芳等，2017）。顶空固相微萃取法提取的新疆库尔勒产'库尔勒香梨'新鲜成熟果实香气的主要成分为，α- 法尼烯（37.45%）、己酸乙酯（16.33%）、乙酸己酯（8.06%）、乙酸丁酯（3.79%）、二十烷（2.87%）、丁酸己酯（1.61%）、1- 辛醇（1.24%）、辛酸乙酯（1.22%）等（古丽加依娜·多力达西等，2009）。顶空固相微萃取法提取的新疆库尔勒产'库尔勒香梨'套纸袋的新鲜成熟果实香气的主要成分（单位：ng/g）为，1- 己醇（250.02）、2- 己烯醛（185.93）、己醛（139.19）、顺 -3- 己烯 -1- 醇（22.01）、乙酸己酯（13.76）、十五烷（11.25）、十一烷（5.95）、十七烷（3.93）、顺 -2- 己烯 -1- 醇（3.15）、己酸甲酯（2.06）、壬醛（1.39）、乙酸丁酯（1.36）、二十一烷（1.25）、6- 甲基 -5- 庚烯 -2- 酮（1.21）、8- 十七碳烯（1.07）、十九烷（1.01）等（李芳芳等，2014）。顶空固相微萃取法提取的'库尔勒香梨'新鲜成熟果实香气的主要成分为，己酸乙酯（28.65%）、乙酸乙酯（21.96%）、丁酸乙酯（15.48%）、辛酸乙酯（4.80%）、正己基乙酸酯（3.50%）、2- 甲基丁酸乙酯（3.33%）、(R)-(+)- 柠檬烯（1.89%）、水芹酸乙酯（1.18%）等（申建梅等，2017）。顶空固相微萃取法提取的新疆阿拉尔产'库尔勒香梨'新鲜成熟果实香气的主要成分（单位：μg/kg）为，(E)-2- 己烯醛（512.40）、正己醛（431.10）、1,3- 二叔丁基苯（11.56）、2- 甲基萘酸甲酯（11.29）、十二烷（7.06）、壬醛（6.37）、1- 癸醇（6.10）、右旋柠檬烯（4.19）、十四烷（3.97）、乙酸己酯（3.70）、γ- 萜品烯（3.56）、1- 正己醇（2.89）、十五烷（2.76）、9- 癸烯醇（2.64）、α- 法尼烯（2.22）、4- 氧己 -2- 烯醛（2.03）等（张亚若等，2023）。

兰州长把： 顶空固相微萃取法提取的辽宁兴城产'兰州长把'梨新鲜果实香气的主要成分（单位：μg/g）为，α- 法尼烯（1.29）、乙酸乙酯（0.51）、(E,Z)-2,4- 癸二烯酸乙酯（0.45）、乙酸辛酯（0.13）等（乌云塔娜等，2015）。

有些梨品种是由种间杂交选育而成的。

红早酥： 早酥梨芽变品种，早熟。果实卵形，平均单果重 200g，果面全红，果皮薄。果肉酥脆，汁多味甜。耐储运。固相微萃取法提取的河南郑州产'红早酥'新鲜成熟果实香气的主要成分（单位：ng/g）为，α- 法尼烯（698.31）、乙酸己酯（423.29）、己醛（115.74）、(E)-2- 己烯 -1- 醇乙酸酯（66.77）、(E)-2- 己烯醛（50.22）、(Z)-3- 己烯 -1- 醇乙酸酯（26.50）、2,6- 二甲基 -6-(4- 甲基 -3- 戊烯基) 双环 [3.1.1] 庚 -2- 烯（26.29）、α- 雪松烯（22.96）、丁酸己酯（21.78）、(E)-2- 己烯基丁酸酯（14.90）、(E)-2- 己烯 -1- 醇（14.66）、乙酸丁酯（7.56）、(Z,Z)-α- 法尼烯（7.19）、己酸己酯（7.03）、α- 姜黄烯（5.64）、(E)-2- 己烯己酸酯（4.79）、甲氧基苯基肟（4.45）、(E)-β-法尼烯（3.85）、菲（2.32）、(–)-大根香叶烯（2.20）、十四烷（2.11）、乙酸戊酯（1.80）、4(14),11- 桉叶二烯（1.58）、甲基庚烯酮（1.52）、白菖烯（1.45）、十二醛（1.30）、(+)-柠檬烯（1.27）、1,2,4- 三甲基苯（1.11）、4,5,9,10- 脱氢异长叶烯（1.02）等（张文君等，2020）。

新梨 7 号： 以'库尔勒香梨'为母本、白梨的'早酥'为父本杂交育成的早熟新品种。果皮薄，果肉白色多汁，质地细嫩酥脆，石细胞极少，风味甜爽清香。静态顶空萃取法提取的山东产'新梨 7 号'新鲜成熟果实香气的主要成分（单位：ng/g）为，己醛（124.88）、5- 甲基 -2- 庚醇（67.99）、2- 己烯醛（54.17）、反式 -2- 己烯醛（31.66）、1- 己醇（24.48）、2- 辛醇（20.36）、二羟基 - 丙二酸（13.99）、3- 己烯 -1- 醇（13.11）、2- 己烯 -1- 醇（2.52）、乙酸己酯（2.38）、2,3- 二辛酮（2.28）、十四烷（1.91）、(E,E)-2,4-十六二烯醛（1.35）、2- 辛酮（1.29）等；施硫酸钾处理的新鲜成熟果实香气的主要成分为，反式 -2- 己烯醛（285.40）、己醛（249.40）、2- 辛醇（91.14）、(E,E)-2,4- 十六二烯醛（14.05）、乙酸己酯（9.65）、2,5- 辛二酮（8.15）、十四烷（7.15）、2- 辛酮（5.24）、2- 甲基丙酸 -3- 羟基 -2,2,4- 三甲基戊酯（4.74）、壬醛（4.58）、丁酸己酯（2.17）、2- 己炔 -1- 酮（2.16）、2,4- 壬二醛（1.88）、十二烷（1.72）、二十烷（1.61）、2,2,4- 三甲基 -1,3- 戊二醇二异丁酸（1.55）、丁酸 -4- 己烯 -1- 酯（1.52）、环丙烷三甲烯（1.36）、十五烷（1.30）等（魏树伟等，2018）。

玉露香： 以'库尔勒香梨'为母本、'雪花梨'为父本杂交育成的中熟梨品种。果个较大，平均单果重 360.01g。皮薄核小，果实肉质细嫩汁多，清脆香甜，石细胞极少，含糖高，品质极优。顶空固相微萃取法提取的天津产'玉露香'梨新鲜成熟果实香气主要成分（单位：μg/g）为，3- 甲硫基 -2- 丙烯酸乙酯（0.596）、2,4- 癸二烯酸乙酯（0.114）、正十三烷（0.027）、正二十五烷（0.026）、3- 乙基 -2- 壬酮（0.025）、庚酸乙酯（0.022）、己酸戊酯（0.020）、正十四烷（0.019）、(Z)-7- 十六烯（0.017）、正十七烷（0.015）、苯甲酸乙酯（0.015）、3- 癸酮（0.012）、2- 甲基 -3- 壬酮（0.012）、α- 法尼烯（0.009）、β- 甲基 - 肉桂酸乙酯（0.007）、十六烷酸乙酯（0.006）等（郑璞帆等，2020）。固相微萃取法提取的甘肃兰州产'玉露香'新鲜成熟果实香气的主要成分（单位：ng/g）为，α- 法尼烯（531.47）、乙酸己酯（363.60）、正己醇（183.50）、己醛（102.72）、(Z)-2- 己烯 -1- 醇乙酸酯（80.56）、(E)-2- 己烯醛（33.16）、(E)-2- 己烯 -1- 醇（22.14）、己酸乙酯（16.35）、(Z)-3- 己烯 -1- 醇乙酸酯（14.31）、2,6- 二甲基 -6-(4- 甲基 -3- 戊烯基) 双环 [3.1.1] 庚 -2- 烯（14.27）、十一烷（11.71）、乙酸丁酯（7.22）、(E)-2- 己烯基丁酸酯（6.43）、甲氧基苯基肟（6.30）、丁酸己酯（5.74）、辛酸乙酯（5.33）、异己酸乙酯（3.91）、甲基庚烯酮（3.46）、α- 姜黄烯（3.41）、2,6- 二叔丁基对甲酚（2.59）、乙酸戊酯（2.40）、(+)- 柠檬烯（2.24）、(Z)-4- 辛烯酸乙酯（2.21）、庚酸乙酯（2.10）等（张文君等，2020）。

早金酥： 以 '早酥' 梨为母本、'金水酥' 为父本杂交选育。果实纺锤形，平均单果重 240g。果面绿黄色，光滑，果点中、密。果皮薄，果心小，果肉白色，肉质酥脆，汁液多，风味酸甜，石细胞少。固相微萃取法提取的辽宁营口产 '早金酥' 梨新鲜成熟果实香气的主要成分（单位：ng/g）为，乙酸己酯（595.50）、α- 法尼烯（316.08）、正己醇（132.76）、己醛（113.99）、甲氧基苯基肟（79.24）、(E)-2- 己烯 -1- 醇乙酸酯（73.81）、(E)-2- 己烯醛（61.15）、丁酸己酯（54.36）、己酸乙酯（40.21）、(Z)-2- 己烯丁酸酯（33.13）、(E)-2- 己烯 -1- 醇乙酸酯（30.94）、乙酸丁酯（28.41）、α- 雪松烯（25.48）、(Z)-3- 己烯 -1- 醇乙酸酯（24.47）、2,6- 二甲基 -6-(4- 甲基 -3- 戊烯基) 双环 [3.1.1] 庚 -2- 烯（23.88）、己酸己酯（23.87）、α- 姜黄烯（19.67）、2- 乙基己醇（18.87）、(E)-2- 己烯己酸酯（16.92）、辛酸乙酯（14.92）、异戊酸己酯（12.22）、邻苯二甲酸二异丁酯（11.23）、十二醛（8.56）、甲基庚烯酮（7.94）、姜烯（7.69）、2,2,4- 三甲基戊二醇异丁酯（7.19）、(E)-β- 法尼烯（6.47）、(E)-2- 己烯 -1- 丙酸甲酯（6.36）、苯乙酮（5.99）、癸醛（5.36）、香叶基丙酮（5.04）等（张文君等，2020）。

早酥： 由 '苹果梨' × '身不知' 杂交育成的我国西北地区主栽梨品种。果实卵形或长卵形，果棱明显，果形大，一般重 200～250g，果皮黄绿色，贮后转淡黄色。果心小，果肉水白色，肉质松脆，汁多味甜，稍淡。早熟，丰产，品质中上。固相微萃取法提取的甘肃兰州产 '早酥' 梨新鲜成熟果实香气的主要成分（单位：ng/g）为，α- 法尼烯（887.86）、乙酸己酯（213.68）、正己醇（64.10）、己醛（42.21）、2,6- 二甲基 -6-(4- 甲基 -3- 戊烯基) 双环 [3.1.1] 庚 -2- 烯（38.15）、(E)-2- 己烯 -1- 醇乙酸酯（30.94）、草蒿脑（29.60）、α- 雪松烯（27.63）、(E)-2- 己烯醛（17.67）、丁酸己酯（15.78）、蒽（11.90）、α- 姜黄烯（11.37）、荧蒽（10.24）、(E)-3- 己烯 -1- 醇乙酸酯（9.36）、甲氧基苯基肟（8.66）、(E)-2- 己烯 -1- 醇（7.94）、己酸己酯（7.34）、(E)-β- 法尼烯（6.69）、(Z,Z)-α- 法尼烯（6.66）、(E)-2- 己烯己酸酯（5.65）、2- 甲基菲（3.58）、(E)-4- 癸烯酸乙酯（3.09）、十四烷（3.06）、(–)- 大根香叶烯（3.02）、白菖烯（2.90）、二十烷（2.79）、1- 甲基菲（2.67）、十九烷（2.13）、苯甲酸乙酯（1.98）、十八烷（1.48）、癸醛（1.11）等（张文君等，2020）。

蔗梨： '苹果梨'（*Pyrus bretschneideri* Rehd.）× '杭青'（*Pyrus pyrifolia* Nakai）的杂交种。平均单果重 230.0g，果肉酥脆，味甜。顶空固相微萃取法提取的吉林公主岭产 '蔗梨' 新鲜成熟果实果肉香气的主要成分为，乙酸己酯（32.16%）、α- 法尼烯（25.18%）、己酸乙酯（10.41%）、1- 己醇（9.87%）、壬醛（5.57%）、(E)-2- 己烯 -1- 醇乙酸酯（4.85%）、辛酸乙酯（4.20%）、己酸己酯（1.48%）、丁酸己酯（1.32%）等（闫兴凯等，2022）。

1.5 桃

通常所说的水果桃为蔷薇科李属植物桃的新鲜成熟果实，本属的蟠桃为桃的变种，也有不同种的果实可作为水果食用。桃的别名有：粘核油桃、粘核桃、离核油桃、离核桃、陶古日、油桃、盘桃、日本丽桃、粘核光桃、粘核毛桃、离核光桃等，学名：*Prunus persica* Linn.，分布于全国各地。桃原产于中国，食用类群久经栽培，培育出上千个品种。桃的类型按肉质分为硬肉桃和蜜桃两类；按类型分北方品种群、南方品种群、黄肉品种群、蟠桃品种群、油桃品种群；按品质外形分为毛桃、油桃、水蜜桃、蟠桃、黄桃和寿星桃；按果肉与种子分离程度分为离核和粘核等。

乔木，高3～8m。叶片长圆披针形。花单生，花瓣粉红色。果实卵形、宽椭圆形或扁圆形，直径3～12cm，淡绿白色至橙黄色，常在向阳面具红晕。花期3～4月，果实成熟期因品种而异，通常为8～9月。对温度的适应范围较广，耐干旱，喜光。

桃图1

桃图2

桃为常用水果，素有"寿桃"和"仙桃"的美称，因其肉质鲜美，又被称为"天下第一果"。桃肉含蛋白质、脂肪、碳水化合物、粗纤维、钙、磷、铁、胡萝卜素、维生素 B_1，以及有机酸（主要是苹果酸和柠檬酸）、糖分（主要是葡萄糖、果糖、蔗糖、木糖）和挥发油。每 100g 鲜桃中含蛋白质约 0.7g，碳水化合物 11g。桃食用前要将桃毛洗净，以免刺入皮肤，引起皮疹；或吸入呼吸道，引起咳嗽、咽喉刺痒等症。桃适宜低血糖者、低血钾和缺铁性贫血者、肺病、肝病、水肿患者、胃纳欠香和消化力弱者食用。桃性热，有内热生疮、毛囊炎、痈疖和面部痤疮者忌食；糖尿病患者忌食；桃子忌与甲鱼同食；烂桃切不可食，否则有损健康。桃除供鲜食外，亦可制干、制脯、制罐头等。

桃有 110 多种芳香成分被报道，以醇类、醛类、内酯类化合物为主。不同品种桃果实的芳香成分的报道如下。

桃图 3

桃图 4

NJN76（新泽西油桃76号）： 美国黄肉油桃品种。果实椭圆形，较大，平均单果重116g。果皮全面着鲜红色，有光泽，无茸毛。果肉橙黄色，质地细韧，不溶质，味酸甜适中，微香。粘核。顶空固相微萃取法提取的河南郑州产'NJN76'黄肉油桃新鲜果肉香气的主要成分为，己醛（27.98%）、反式-2-己烯醛（24.96%）、乙酸叶醇酯（10.55%）、(E,E)-2,4-己二烯醛（5.07%）、5-(丙基-2-烯酰氧基)十五烷（4.22%）、2-己烯酸-4-内酯（2.90%）、戊醛（2.02%）、γ-癸内酯（1.98%）、2-庚烯醛（1.69%）、2-己烯醛（1.47%）、邻苯二甲酸二异丁酯（1.39%）、1,2,3,4,5-环戊醇（1.13%）、四氢吡喃-2-甲醇（1.10%）、γ-己内酯（1.10%）、1-苯基-1H-茚（1.10%）等（罗静等，2016）。

油桃图1

阿布（部）白： 日本中晚熟白桃品种，由'大久保'和'白桃'杂交制得。果实短椭圆形，较大，平均单果重400g，绒毛少，果面全红。肉质细硬，口感好，不溶质，半离核，品质上等。顶空固相微萃取法提取的陕西乾县产'阿布白'桃果实香气的主要成分（单位：μg/kg）为，反-2-己烯醛（583.80）、正己醛（364.50）、正己醇（343.50）、乙酸叶醇酯（326.10）、苯甲醛（165.30）、乙酸己酯（155.40）、叶醇（117.00）、乙酸反-2-己烯酯（101.40）等（郭东花等，2016）。

白粉桃： 甘肃传统品种。果实肥大，平均单果重150g。果皮粉红色，向阳面紫红色，稍厚。肉质细腻，柔软甘甜，蜜汁丰富，芳香飘溢，味道醇美。顶空固相微萃取法提取的甘肃产'白粉桃'果实香气的主要成分为，乙醇（38.52%）、乙酸乙酯（34.89%）、己醛（2.10%）、乙酸甲酯（1.95%）、乙醛（1.68%）、3-丁烯-1-醇（1.32%）、3-羟基-2-丁酮（1.21%）、乙酸-2-己烯酯（1.17%）、戊醇（1.06%）等（杨敏等，2008）。

白凤桃（Hakuho）： 中熟水蜜桃。果实中大或较大，近圆形，底部稍大，果顶圆，中间稍凹。果面黄白色，阳面鲜红，皮较薄，易剥离。肉质乳白，近核少量红色。肉质致密，汁多味甜，香味淡，品质上等。粘核。顶空固相微萃取法提取的河南郑州产'白凤桃'新鲜果肉香气的主要成分为，反式-2-己烯醛

（28.06%）、己醛（24.66%）、苯甲醛（13.81%）、γ-癸内酯（4.67%）、3,4-二甲基-1-戊醇（3.97%）、γ-己内酯（3.24%）、顺式-3-己烯醇乙酸酯（2.62%）、丁酸芳樟酯（2.10%）、3,4-庚二烯（1.78%）、反式-2-甲基环戊醇（1.70%）、4-甲基-4-苯基-2-戊烯（1.45%）、辛基缩水甘油醚（1.36%）、4-甲基-环庚酮（1.26%）等（罗静等，2016）。顶空固相微萃取法提取的江苏无锡产'白凤'水蜜桃新鲜果肉香气的主要成分为，乙酸乙酯（14.52%）、(E)-2-己烯醛（14.06%）、乙酸顺式-3-己烯酯（12.19%）、1-己醇（10.81%）、乙酸甲酯（9.41%）、乙酸反式-2-己烯酯（5.08%）、(E)-2-己烯-1-醇（4.98%）、γ-癸内酯（3.96%）、乙酸己酯（3.88%）、苯甲醛（2.25%）、(Z)-3-己烯-1-醇（2.01%）、己醛（1.66%）、δ-癸内酯（1.55%）、4-苯甲酰氧基-2H-吡喃-3-酮（1.37%）、γ-己内酯（1.23%）等（李明等，2006）。

白花水蜜： 晚熟品种。果实椭圆形，顶端稍尖，果皮白色，有短柔毛。果肉乳白，清脆爽口。顶空固相微萃取法提取的江苏无锡产'白花水蜜'桃新鲜果肉香气的主要成分为，1-己醇（14.17%）、乙酸乙酯（13.79%）、乙酸顺式-3-己烯酯（10.25%）、乙酸己酯（9.68%）、(E)-2-己烯醛（8.81%）、苯甲醛（6.70%）、(Z,Z)-2,4-己二烯（5.08%）、(E)-2-己烯-1-醇（3.96%）、己醛（2.86%）、乙酸甲酯（2.47%）、γ-癸内酯（2.43%）、(Z)-3-己烯-1-醇（2.33%）、乙醛（1.94%）、乙醇（1.44%）、γ-己内酯（1.11%）、(E,E)-2,4-己二烯醛（1.06%）、δ-癸内酯（1.01%）等（李明等，2006）。

半斤桃： 顶空固相微萃取法提取的江苏南京产'半斤桃'新鲜果肉香气的主要成分（单位：μg/kg）为，乙酸己酯（0.89）、γ-癸内酯（0.83）、异丙氧氨基甲酸乙酯（0.71）、(E)-乙酸己烯酯（0.60）、丁酰乳酸丁酯（0.45）、十三烷（0.38）、(E)-2-己烯醛（0.29）、5-羟基-2,4-癸二烯酸-δ-内酯（0.29）、苯甲醛（0.24）、十六烷（0.12）等（焦云等，2013）。

北极星（Arctic star）： 美国白肉甜油桃品种。果实圆形，平均单果重121g。果面底色白，全面着紫红色晕，果皮较薄，光滑无毛，韧性中等，难剥离。果肉白色，近皮处红色，肉质松软，汁液中等。软溶质，风味浓，有香气。核小，粘核，品质极佳。静态顶空萃取法提取的山东泰安产'北极星'白肉油桃果实香气的主要成分为，乙酸己酯（27.17%）、乙酸乙酯（13.79%）、乙酸-(E)-4-己烯-1-酯（7.76%）、1-己醇（3.94%）、γ-癸内酯（3.90%）、癸醛（3.74%）、己醛（3.12%）、乙酸戊酯（3.04%）、苯甲醛（3.04%）、1-戊烯-3-醇（2.18%）、(E)-2-己烯-1-醇（2.07%）、乙酸-(E)-2-庚烯-1-酯（1.79%）、丙酸烯丙酯（1.44%）、3-甲氧基-2-丁醇（1.21%）、乙酸辛酯（1.05%）、乙酸-3-甲基-1-丁酯（1.01%）等（尹燕雷等，2008）。

北京七号（秦安蜜桃）： 中熟水蜜桃品种。果实椭圆形，顶部圆凸，两侧对称。果面大部分为鲜红晕，平均单果重200g。果肉乳白色，核附近有少许红色。顶空固相微萃取法提取的甘肃秦安产'秦安蜜桃'新鲜成熟果实果肉香气的主要成分为，乙酸己酯（68.00%）、乙酸乙酯（13.06%）、3-甲基-4-戊醇（11.35%）、(E)-乙酸-2-己烯-1-醇酯（7.07%）、3,5-二甲基-1-己烯（6.90%）等（马伟超等，2021）。顶空固相微萃取法提取的甘肃产'北京七号'桃果实香气的主要成分为，乙醇（25.43%）、乙醛（9.77%）、丙酮（9.32%）、3-丁烯-1-醇（5.42%）、1-甲基环戊烷（5.13%）、戊醛（4.98%）、乙酸-2-己烯酯（4.79%）、3,6-二甲基辛烷（4.79%）、3-甲基环戊烯（3.14%）、甲酸乙酯（2.89%）、乙酸乙酯（2.67%）、己醛（2.56%）、己醇（2.48%）、芳樟醇（2.48%）、甲苯（2.01%）、苯甲醛（1.96%）、γ-己内酯（1.73%）、戊醇（1.73%）、1-甲氧基-2-辛炔-4-醇（1.36%）、顺-1-甲基-3-正壬基环己烷（1.35%）、2-己烯醛（1.28%）、γ-癸内酯（1.03%）等（杨敏等，2008）。

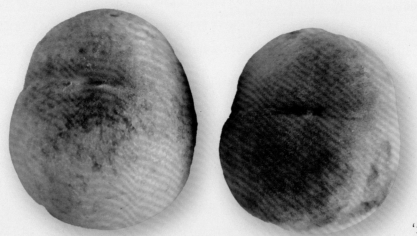

'北京七号'图

北农： 早熟水蜜桃。顶空固相微萃取法提取的江苏无锡产'北农'水蜜桃新鲜果肉香气的主要成分为，乙酸乙酯（45.77%）、乙酸甲酯（7.97%）、乙酸顺式 -3- 己烯酯（5.89%）、乙醇（5.63%）、(*E*)-2- 己烯醛（4.32%）、苯甲醛（3.74%）、(*E*)-2- 己烯 -1- 醇（3.00%）、γ- 己内酯（2.27%）、γ- 癸内酯（2.18%）、4- 苯甲酰氧基 -2*H*- 吡喃 -3- 酮（1.88%）、乙酸丙酯（1.55%）、3- 羟基 -2- 丁酮（1.45%）、1- 己醇（1.09%）等（李明等，2006）。

仓芳早生： 果实近圆形，果顶平或微凹，两侧对称。果实大型，平均单果重 220g。果实底色黄白色，易着色，果面全红或带玫瑰色条纹。果皮易剥离。果肉乳白色，近皮处红色，肉质细密，风味甜，粘核。顶空固相微萃取法提取的甘肃产'仓芳早生'桃成熟果实香气的主要成分为，(*E*)-2- 己烯 -1- 醇（22.02%）、乙醇（19.85%）、丙酮（8.78%）、戊醛（6.69%）、己醛（5.95%）、乙醛（3.35%）、3- 己烯醇（3.30%）、戊醇（3.16%）、2- 戊烯 -1- 醇（2.21%）、异丙醇（2.08%）、2- 己烯醛（1.83%）、乙酸乙酯（1.81%）、甲苯（1.46%）、(*Z*)-2- 己烯 -1- 醇（1.38%）、3-(1,1- 二甲基乙氧基)-1- 丙烯（1.38%）、己烷（1.33%）、氯仿（1.25%）等（杨敏等，2008）。顶空固相微萃取法提取的甘肃秦安产'仓芳早生'桃成熟果实室温贮藏 6 天的香气的主要成分为，乙醇（36.13%）、异丙醇（8.11%）、(*E*)-2- 己烯 -1- 醇（5.84%）、乙醛（4.79%）、丙酮（4.32%）、3- 丁烯 -1- 醇（3.66%）、乙酸乙酯（3.48%）、己烷（3.34%）、3- 己烯醇（3.11%）、己醛（2.64%）、γ- 己内酯（1.52%）、3-(1,1- 二甲基乙氧基)-1- 丙烯（1.43%）、2- 戊烯 -1- 醇（1.21%）、2- 癸烯 -1- 醇（1.09%）、乙酸 -2- 己烯酯（1.07%）等（周围等，2008）。

重阳红： '大久保'自然变异选育的晚熟品种。果实近圆形，稍扁，果顶平，平均单果重 250～300g。果实底色黄白，彩色鲜红艳丽，绒毛少，果皮稍厚，不易剥离。果肉白色，近核处有少量红晕，细脆多汁，无纤维，风味甘甜醇美。离核，核小，品质上。顶空固相微萃取法提取的陕西乾县产'重阳红'桃果实香气的主要成分为，乙酸叶醇酯（15.86%）、反 -2- 己烯醇（13.07%）、反 -2- 己烯醛（11.05%）、乙酸己酯（9.56%）、正己醇（8.75%）、反 -2- 乙酸己酯（6.92%）、正己醛（5.58%）、苯甲醛（5.55%）、顺 -3- 己烯醇（4.96%）等（郭东花等，2016）。

春捷： 黄肉毛桃品种。风味偏酸。果实大，着色全面。顶空固相微萃取法提取的山东泰安产'春捷'桃果实香气的主要成分为，己醛（22.08%）、2- 己烯醛（2.73%）、(*Z*)-3- 己烯醛（1.98%）、1- 己醇（1.13%）、(*E*)-3- 己烯 -1- 醇（1.10%）等（李玲等，2011）。

春雪： 果实圆形，个大，果顶尖圆，茸毛短而稀，两侧较对称。果皮浓红色，不易剥离。果肉白色，口感肉质硬脆，纤维少，风味甜，香气浓，粘核。顶空固相微萃取法提取的山东泰安产'春雪'桃果实香气的主要成分为，己醛（19.63%）、(E,E)-2,4-己二烯醛（5.01%）、(Z)-3-己烯醛（2.11%）、1-己醇（2.02%）、2-己烯醛（1.85%）、乙酸乙酯（1.12%）等（李玲等，2011）。顶空固相微萃取法提取的山东泰安产'春雪'桃新鲜果肉香气的主要成分（单位：µg/g）为，乙酸己酯（115.69）、1-己醇（51.84）、乙酸丁酯（49.02）、γ-癸内酯（45.14）、里哪醇（44.40）、δ-癸内酯（38.71）、己醛（25.55）、(E)-2-己烯醛（21.67）、γ-十二内酯（20.47）、安息香醛（19.67）、(E)-2-己烯-1-醇（18.89）、乙酸-(E)-2-己烯酯（15.78）、γ-壬内酯（13.58）、乙酸-2-甲基-1-丁酯（13.54）、γ-己内酯（12.44）等（王海波等，2013）。固相微萃取法提取的河北昌黎产'春雪'桃新鲜成熟果实香气的主要成分为，(E)-2-己烯醛（39.73%）、1-己醇（13.44%）、己醛（12.52%）、里哪醇（10.94%）、乙酸叶醇酯（8.85%）、2-乙基-1-己醇（7.39%）、乙酸己酯（1.37%）、(E)-2-己烯-1-醇（1.03%）、1,4-二氯苯（1.01%）等（李杰等，2021）。

大白桃： 果实近球形，果皮乳白色，顶端有红晕，果形大，单果重152g以上，肉质脆嫩，有芳香气，品质优。顶空固相微萃取法提取的'大白桃'果实香气的主要成分为，十五烷（19.16%）、十七烷（10.84%）、1,2-苯二羧基酸丁辛酯（9.22%）、silane, 4-1,2-bis(trimethyl)（5.83%）、4-(2,6,6-三甲基)-2-丁酮（5.47%）、十六烷（2.98%）、3-甲基-2-三甲基苯甲酸（2.38%）、4-(2,6,6-三甲基)-3-丁烯-2-酮（1.99%）、(Z)-7-十六烷（1.96%）、异丙基棕榈酸酯（1.96%）、十四烷（1.57%）、十九烷（1.46%）、辛酸乙酯（1.35%）、1,2-苯二羧基酸丁辛酯（1.30%）、5-乙二氢基-2(3H)呋喃酮（1.24%）、4-癸酸乙酯（1.20%）、8-十七烷（1.06%）、环十二烷（1.03%）、丁羟基甲苯（1.02%）等（张红梅等，2009）。

大红袍： 湖北孝感特产。果实卵圆形，两侧对称，果顶微尖，平均单果重108g。果皮底色浅绿色，果面紫红色块状与条纹状，完全成熟时果面呈红色。绒毛密而多，果皮不易剥离。果肉鲜红，硬溶质，清脆，汁液少，味甜不酸，离核，品质上佳。超声波辅助顶空固相微萃取法提取的河南郑州产'大红袍'桃新鲜果肉香气的主要成分为，仲辛酮（27.32%）、反-2-己烯醛（24.34%）、己醛（15.32%）、正十三烷（8.20%）、2-十三醇（2.49%）、2-壬酮（1.95%）、2-甲基-4-戊醛（1.90%）、3-己烯醛（1.76%）、2-壬醇（1.51%）、2-丁基-1-辛醇（1.46%）、正戊苯（1.41%）、1-辛醇（1.02%）等（罗静等，2014）。

大久保（Okubo）： 日本水蜜桃中熟品种。果实近圆形，果顶平圆，微凹。果实大型，平均单果重200g。果皮黄白色，阳面鲜红色，果面光滑，完熟后可剥离。果肉乳白色，近核处稍有红色，硬溶质，肉质致密，纤维少，汁液多，离核，味甜，香味浓，品质上等。顶空固相微萃取法提取的甘肃产'大久保'桃果实香气的主要成分为，(E)-2-己烯-1-醇（19.72%）、乙醇（14.33%）、乙酸乙酯（9.82%）、异丙醇（5.01%）、己烷（4.64%）、乙醛（3.81%）、丙酮（3.59%）、3-己烯醇（3.44%）、己醛（3.23%）、3-丁烯-1-醇（3.03%）、2-己烯醛（2.65%）、甲苯（1.38%）、戊醛（1.28%）、乙酸-2-己烯酯（1.06%）等（杨敏等，2008）。顶空固相微萃取法提取的北京昌平产'大久保'桃新鲜果实香气的主要成分为，二氢-β-紫罗兰醇（16.56%）、十二醇（10.09%）、反-2-己烯醛（7.91%）、苯甲醛（6.96%）、2,6-二叔丁基-对甲基苯酚（5.48%）、γ-癸内酯（5.22%）、δ-癸内酯（3.52%）、十二烷（3.51%）、软脂酸异丙酯（3.29%）、邻苯二甲酸二丁酯（3.10%）、β-紫罗兰酮（3.01%）、1,8-桉树脑（2.96%）、2,6-二(1,1-二甲基乙基)-1,4-对苯醌（2.66%）、γ-十二内酯（2.21%）、邻二氯代苯（1.96%）、反-乙酸-2-己烯醇酯（1.85%）、乙酸己酯（1.71%）、十八烷（1.60%）、香叶基丙酮（1.55%）、N-甲氧基-苯肟（1.54%）、1-十七醇（1.38%）、

'大久保'桃图

芳樟醇（1.21%）、2,4,4-三甲基-3(3-甲基)丁基-2-环己烯-1-酮（1.21%）、植烷（1.10%）等（邓翠红等，2015）。顶空固相微萃取法提取的河南郑州产'大久保'白肉普通桃新鲜果肉香气的主要成分为，己醛（38.42%）、2-己烯醛（37.31%）、2-甲基-4-戊醛（4.07%）、邻苯二甲酸二异丁酯（2.63%）、顺-2-己烯-1-醇（2.49%）、芳樟醇（1.73%）、(E,E)-2,4-己二烯醛（1.45%）、乙酸叶醇酯（1.04%）等（罗静等，2016）。顶空固相微萃取法提取的北京产'大久保'桃0℃冷库贮藏30天果肉香气的主要成分为，反-2-己烯醛（24.54%）、十九(碳)烷（18.72%）、苯甲醛（16.93%）、柠檬醛（8.44%）、己醛（5.13%）、1-苯甲基-3,5-二甲苯（4.46%）、乙酸乙酯（3.65%）、顺-2-己烯醇（2.72%）、二十二烷（2.48%）、2,6-二异丁基苯醌（1.66%）、γ-癸内酯（1.61%）、壬醛（1.53%）、二十六烷（1.25%）等；常温（24℃）贮藏3天的果肉香气的主要成分为，二十六烷（17.57%）、1-苯甲基-3,5-二甲苯（13.70%）、十九(碳)烷（10.49%）、二十二烷（9.14%）、反-2-己烯醛（8.82%）、β-紫罗兰酮（8.47%）、戊二酸二丁酯（6.43%）、2-丁基-2-辛烯醛（4.43%）、2,6-二异丁基苯醌（4.09%）、乙酸己酯（3.04%）、乙酸乙酯（2.07%）、壬醛（1.77%）、芳樟醇（1.52%）、甲基丁醇（1.03%）等（王贵章等，2014）。

肥城桃（肥桃、佛桃）：山东特色地方品种，已有千余年的栽培历史。果实肥大，肉质细嫩，汁多甘甜，香气馥郁，被誉为"群桃之冠"。肥城桃有'红果''白里''晚桃''柳叶''大尖''香桃''酸桃'等7个品种，以'白里'品质为最佳，'红里'居多。单果重一般在350g左右。顶空固相微萃取法提取的山东泰安产'白里'肥城桃果实香气的主要成分为，乙酸乙酯（32.45%）、(E)-2-己烯醛（28.39%）、己醛（12.40%）、己醇（4.85%）、苯甲醛（3.75%）、(E)-2-己烯-1-醇（2.42%）、(Z)-3-己烯-1-醇（1.52%）、γ-己内酯（1.45%）、(E,E)-2,4-己二烯醛（1.44%）、乙酸甲酯（1.07%）等（罗华等，2012）。顶空固相微萃取法提取的河南郑州产'肥城白里10号'桃新鲜果肉香气的主要成分为，2-己炔-1-醇（32.45%）、己醛（29.90%）、2-己烯醛（20.70%）、2-甲基-4-戊醛（4.60%）、苯甲醛（3.32%）、反式-2,4-己二烯醛（2.34%）、(E)-11-十六碳烯酸-乙基酯（1.53%）、四氢吡喃-2-甲醇（1.10%）等（罗静等，2016）。顶空固相微萃取法提取的山东肥城产'肥城桃'新鲜果肉香气的主要成分为，(E)-2-己烯-1-醇（34.40%）、乙酸乙酯（23.24%）、苯甲醛（13.56%）、1-己醇（6.72%）、己醛（6.34%）、(Z)-3-己烯-1-醇（2.93%）、(E,E)-

2,4- 己二烯醛（1.48%）等（罗华等，2012）。顶空固相微萃取法提取的'红里'肥城桃新鲜果肉香气的主要成分为，正己醛（20.04%）、2- 己烯醛（17.14%）、邻苯二甲酸二乙酯（12.22%）、乙醛酸（7.39%）、甲苯（4.67%）、正己烷（3.52%）、2- 甲基 -1- 丁基乙酸酯（2.95%）、2- 甲基丁醛（2.88%）、芴（2.68%）、苯甲醛（2.55%）、正十六烷（2.29%）、乙醇（1.88%）、二苯并呋喃（1.68%）、正己醇（1.41%）、异戊醛（1.20%）、3- 苯基 -2- 丁醇（1.17%）、5- 丙基 - 十三烷（1.07%）等（李桂祥等，2017）。顶空固相微萃取法提取的山东肥城产'肥城桃'新鲜成熟果实果肉香气的主要成分（单位：µg/kg）为，乙酸己酯（1158.5）、(E)- 乙酸 -2- 己烯酯（1129.3）、(Z)- 乙酸 -3- 己烯酯（480.6）、(E)-2- 己烯醛（253.4）、乙酸辛酯（61.1）、乙酸庚酯（21.7）、(Z)-2- 庚烯 -1- 醇乙酸酯（18.8）、己醛（12.0）、(E)- 异戊酸 -2- 己烯酯（11.6）、壬醇（11.5）、乙酸乙酯（11.2）等（林晓娜等，2016）。

刚沙白： 日本品种。中等大，果实红里泛白，肉质软，甜度大，离核。顶空固相微萃取法提取的甘肃产'刚沙白'桃果实香气的主要成分为，4- 甲基 -1- 戊醇（11.78%）、3- 丁烯 -1- 醇（6.10%）、戊醛（5.86%）、乙醇（5.62%）、2- 己烯醛（4.84%）、3- 己烯醇（4.65%）、己醛（4.58%）、乙酸 -2- 己烯酯（3.56%）、乙醛（3.50%）、(S)-2- 甲基 -1- 丁醇（2.02%）、γ- 己内酯（1.89%）、芳樟醇（1.67%）、苯甲醛（1.42%）、甲酸乙酯（1.15%）等（杨敏等，2008）。

瑰宝： 以'华玉'作母本、美国油桃品种'顶香'为父本杂交选育而成的中晚熟品种。果实近圆形，果顶圆平，两半部较对称。平均单果质量277g。果肉乳白色，近核处有红色素，纤维含量中等，肉质细致硬脆，汁液多。固相微萃取法提取的河北昌黎产'瑰宝'桃新鲜成熟果实香气的主要成分为，1- 己醇（40.12%）、己醛（19.69%）、(E)-2- 己烯醛（16.68%）、乙酸叶醇酯（8.09%）、(E)-2- 己烯 -1- 醇（5.37%）、2- 乙基 -1- 己醇（1.97%）、苯甲醛（1.60%）、2-(溴甲基) 四氢 -2H- 吡喃（1.07%）、乙酸己酯（1.01%）等（李杰等，2021）。

湖景蜜露： 中熟品种。果实圆球形，平均果重150g，果顶略凹陷，两半部匀称。果皮乳黄，近缝合线处有淡红霞，皮易剥离。果肉白色，肉质细密，柔软易溶，纤维少，甜浓无酸，品质上等。顶空固相微萃取法提取的江苏无锡产'湖景蜜露'水蜜桃新鲜果肉香气的主要成分为，乙酸己酯(15.82%)、乙酸乙酯(15.64%)、己醇(10.47%)、乙酸顺 -3- 己烯酯(6.13%)、反 -2- 己烯醛(5.79%)、乙醇(5.52%)、乙酸甲酯(5.16%)、乙酸 -2- 己烯酯(4.79%)、反 -2- 己烯醇(2.95%)、γ- 癸内酯(2.92%)、4- 苯甲酰氧基 -2H- 吡喃 -3- 酮(2.38%)等（李明等，2007）。顶空固相微萃取法提取的江苏南京产'湖景蜜露'桃新鲜八成熟果实果肉香气的主要成分（单位：µg/kg）为，(E)-2- 己烯醛（235.73）、正己醛（174.47）、芳樟醇（43.70）、(E)-2- 己烯 -1- 醇（33.44）、苯甲醛（15.34）、乙酸己酯（12.78）、(E)-2- 己烯 -1- 醇乙酸酯（5.73）等；贮藏 8 天果实果肉香气的主要成分为，正己醛（102.52）、(E)-2- 己烯醛（49.37）、乙酸己酯（38.38）、芳樟醇（32.49）、(E)-2- 己烯 -1- 醇乙酸酯（18.84）等（范霞等，2021）。

沪油 018： 果实椭圆形，平均单果重 183g，果顶圆平。果面底色浅黄，大部分果面着紫红色，果皮较厚，不易剥离。果肉黄色，肉质致密，硬溶质，汁液中等，纤维少，风味香甜，粘核。固相微萃取法提取的河北昌黎产'沪油 018'桃新鲜成熟果实香气的主要成分为，乙酸乙酯（24.69%）、2- 己烯醛（15.01%）、己醛（11.04%）、1- 己醇（9.55%）、2- 乙基 -1- 己醇（6.61%）、(E)-2- 己烯 -1- 醇（3.70%）、乙酸异丁酯（2.60%）、乙醇（2.34%）、乙酸甲酯（2.18%）、1,4- 二氯苯（1.55%）、乙酸己酯（1.54%）等（李杰等，2021）。

华光油桃：以油桃'优系 25-10'为母本，美国油桃品种'阿姆肯（Armking）'为父本杂交培育而成的特早熟油桃品种。果实为近圆形，果顶圆平、微凹，平均单果重 80g 左右。果皮光滑无毛，底色绿白，着玫瑰红色，果皮中厚，不易剥离。果肉乳白色，软溶质，汁多。风味浓甜爽口，有果香，粘核。顶空固相微萃取法提取的河南郑州产'华光'白肉油桃新鲜果肉香气的主要成分为，2-己烯醛（51.02%）、己醛（29.48%）、顺 -2- 己烯 -1- 醇（3.84%）、邻苯二甲酸二异丁酯（1.80%）、反 -3- 己烯基乙酸酯（1.55%）、苯甲醛（1.47%）、(E,E)-2,4- 己二烯醛（1.35%）、壬醛（1.00%）等（罗静等，2016）。

油桃图 2

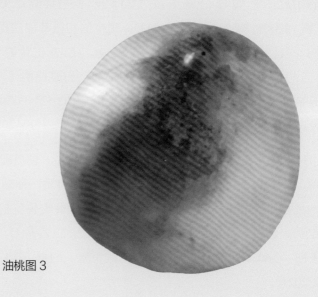

油桃图 3

火炼金丹： 黄肉普通桃品种。果肉致密。顶空固相微萃取法提取的河南郑州产'火炼金丹'黄肉普通桃新鲜果肉香气的主要成分为，苯甲醛（28.43%）、反式 -2- 己烯醛（17.28%）、γ- 癸内酯（7.30%）、γ- 己内酯（7.06%）、己醛（4.75%）、4- 己烯 -1- 醇 - 乙酸酯（4.22%）、δ- 癸内酯（4.01%）、3- 己烯醛（3.87%）、(E,E)-2,4- 己二烯醛（3.31%）、邻苯二甲酸二异丁酯（3.27%）、2- 烯酸 -4- 内酯（2.23%）、γ- 辛内酯（2.11%）、芳樟醇（2.02%）、橙化基丙酮（1.43%）、反 -3- 己烯基乙酸酯（1.28%）、1- 苯基 -1H- 茚（1.28%）、1,2,6- 己三醇（1.08%）等（罗静等，2016）。

金奥： 油桃品种。平均单果重 150g，果顶平，果面全红。果肉白色，粘核，味甜。固相微萃取法提取的河北昌黎产'金奥'桃新鲜成熟果实香气的主要成分为，己醛（28.48%）、(E)-2- 己烯醛（25.12%）、乙酸叶醇酯（10.72%）、2- 乙基 -1- 己醇（7.65%）、1- 己醇（6.92%）、(E)-2- 己烯 -1- 醇（4.39%）、乙酸乙酯（3.82%）、里哪醇（3.06%）、乙酸己酯（2.58%）、1,4- 二氯苯（1.87%）、苯甲醛（1.52%）、丁酸（1.12%）等（李杰等，2021）。

京引黄桃 1 号： 黄肉品种。固相微萃取法提取的河北昌黎产'京引黄桃 1 号'桃新鲜成熟果实香气的主要成分为，(E)-2- 己烯醛（42.68%）、己醛（20.01%）、2- 乙基 -1- 己醇（8.25%）、4- 己烯 -1- 醇乙酸酯（7.32%）、1- 己醇（4.81%）、乙酸乙酯（3.78%）、(E)-2- 己烯 -1- 醇（3.18%）、乙醇（1.61%）、乙酸己酯（1.39%）、γ- 己内酯（1.27%）、(Z)-2- 己烯 -1- 醇乙酸酯（1.05%）等（李杰等，2021）。

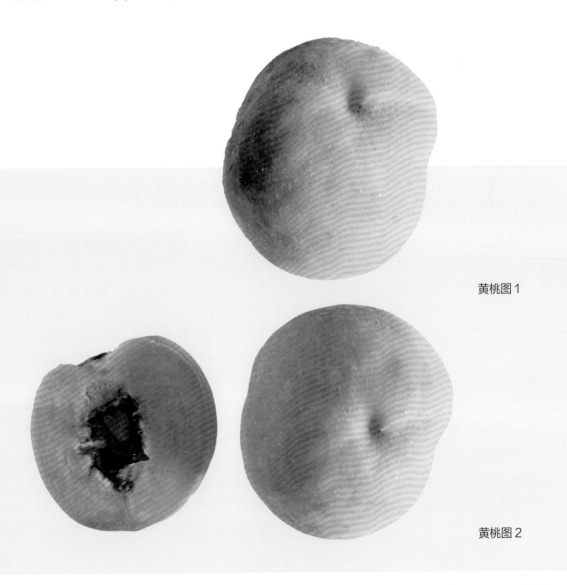

黄桃图1

黄桃图2

京艳（北京 24 号）： 由'绿化 5 号'ד大久保'杂交育成。果实近圆形，平均单果重 318.0g，茸毛少。果皮底色黄白带绿色，全果可着红至深红色点状晕。果肉白色，阳面具深红色，近核处红色，肉质细密而软，汁液较多，纤维少，风味甜，有香气。粘核。顶空固相微萃取法提取的北京昌平产'京艳'桃果实香气的主要成分为，γ- 癸内酯（19.63%）、己醛（7.65%）、二氢 -β- 紫罗兰酮（6.26%）、2,6- 二 (甲基乙基)-1,4- 对苯醌（6.15%）、反 -2- 己烯醛（6.00%）、2,6- 二叔丁基 - 对甲基苯酚（5.11%）、δ- 癸内酯（4.78%）、苯甲醛（4.25%）、β- 紫罗兰酮（3.86%）、1,8- 桉树脑（3.75%）、γ- 十二内酯（3.18%）、樟脑（2.10%）、香叶基丙酮（1.91%）、2,4,6- 三羟基 - 苯丁酮（1.82%）、邻苯二甲酸二 (2- 甲基 - 丙基) 酯（1.75%）、邻苯二甲酸二丁酯（1.50%）、1,6- 十氢化萘（1.39%）、β- 紫罗兰醇（1.21%）、丁二酸 - 二 (甲基丙基) 酯（1.13%）、1,7- 二甲基萘（1.02%）等（邓翠红等，2008）。

鲁星： 以'秋雪'ד曙光'杂交育成的早熟油桃品种。果实圆形，平均单果重 192.5g，果皮光滑无毛，全面着鲜艳红色。果肉白色，肉质硬脆，香味浓，粘核。顶空固相微萃取法提取的山东泰安产'鲁星'油桃新鲜果肉香气的主要成分（单位：μg/g）为，乙酸己酯（126.37）、γ- 癸内酯（107.38）、δ- 癸内酯（54.88）、己醛（53.29）、1- 己醇（49.17）、γ- 十二内酯（47.13）、乙酸丁酯（39.17）、γ- 壬内酯（29.83）、里哪醇（26.41）、(E)-2- 己烯醛（22.85）、乙酸 -(E)-2- 己烯酯（19.82）、(E)-2- 己烯 -1- 醇（18.58）、乙酸 -(Z)-3- 己烯酯（17.64）、安息香醛（17.52）、乙酸 -2- 甲基 -1- 丁酯（10.04）等（王海波等，2013）。

鲁油 1 号： 油桃品种。果形长圆形至圆形，果面全红，平均单果重 147g。果肉黄色，硬溶质，甜度高。顶空固相微萃取法提取的山东泰安产'鲁油 1 号'油桃新鲜果肉香气的主要成分为，乙酸己酯（67.14%）、乙酸叶醇酯（15.87%）、正己醇（3.04%）、顺 -2- 己烯 -1- 醇（2.45%）、己醛（2.19%）、酞酸二乙酯（1.80%）等（朱翠英等，2015）。

鲁油 2 号： 以'瑞光 3 号'为母本，以'春光油桃''美味油桃''双佛油桃'的混合花粉为父本选育成功的设施专用油桃新品种。果实近圆形，果形正，平均单果重 155g。果皮底色绿白色，果面深红色。离核。果肉肉色，汁液多，风味浓甜。果实硬，硬溶质。顶空固相微萃取法提取的山东泰安产'鲁油 2 号'油桃新鲜果肉香气的主要成分为，乙酸己酯（68.99%）、乙酸叶醇酯（18.91%）、正己醇（2.11%）、酞酸二乙酯（1.91%）、顺 -2- 己烯 -1- 醇（1.82%）等（朱翠英等，2015）。

绿化 9 号（Green No. 9）： 水蜜桃中较有名的一个品种。果实近圆形，平均单果重 300g，果皮厚，茸毛较少。果肉乳白色并微带浅红色，近核处紫红色。肉质致密，柔软多汁，味酸甜有香味，粘核。顶空固相微萃取法提取的北京昌平产'绿化 9 号'桃新鲜果肉香气的主要成分为，(E)-2- 己烯醛（12.94%）、4,4-(1- 甲基乙基) 二苯酚（12.54%）、δ- 十二内酯（8.92%）、邻苯二甲酸 -1- 丁基 -2-(8- 甲基)- 壬基酯（7.31%）、γ- 癸内酯（6.40%）、(Z)- 乙酸 -3- 己烯醇酯（4.93%）、乙酸己酯（4.25%）、乙酸 -2- 甲基环戊酯（3.89%）、β- 紫罗兰酮（2.39%）、1- 己醇（2.17%）、邻苯二甲酸二异丁酯（2.01%）、软脂酸异丙酯（1.87%）、十九烷（1.80%）、苯甲醛（1.72%）、二十烷（1.65%）、戊二酸二丁酯（1.58%）、3- 己烯 -1- 醇（1.42%）、蒽（1.28%）、3,5- 二叔丁基 -4- 羟基 - 苯甲醛（1.26%）、丁二酸 - 二 (2- 甲基)- 乙酯（1.25%）、1,6- 十氢化萘（1.08%）、2,6,10- 三甲基十二烷（1.06%）等（翟舒嘉等，2008）。

苹果桃： 从'红花桃'中选育出来的优良芽变品种。果实近圆形，个大，外形似苹果。果肉粉色，肉质紧密，味甜多汁，脆甜。顶空固相微萃取法提取的贵州瓮安产施用商用有机肥的'苹果桃'新鲜成熟果实果肉香气的主要成分（单位：μg/kg）为，2- 己烯醛（96.92）、己醛（88.90）、苯乙烯（31.47）、β- 水芹烯（21.51）、乙酸乙酯（16.15）、乙酸壬酯（9.07）、二甲醚（7.68）、1- 己醇（7.35）、对二甲苯（6.62）、邻二甲苯（6.10）、1- 正己醇（5.64）、肟（4.36）、2- 己烯 -1- 醇（3.84）、乙酸己酯（3.40）、d- 柠檬烯（3.06）、环戊烯（2.74）、β- 月桂烯（2.16）、α- 水芹烯（2.03）、乙苯（1.82）、3- 己烯醛（1.80）、o- 伞花烃（1.78）、正十六烷（1.62）、3- 己烯 -1- 醇（1.39）、苯甲醛（1.27）、壬醛（1.08）等；施用复合肥的'苹果桃'新鲜成熟果实果肉香气的主要成分（单位：μg/kg）为，己醛（91.10）、2- 己烯醛（37.47）、苯乙烯（35.45）、乙酸乙酯（16.80）、二甲醚（15.35）、苯（13.24）、对二甲苯（11.42）、β- 水芹烯（10.63）、1- 正己醇（5.95）、1- 己醇（5.37）、乙醇（4.39）、乙苯（3.67）、肟（3.10）、5- 庚烯 -2- 酮（3.03）、2- 己烯 -1- 醇（1.77）、乙酸己酯（1.62）、苯甲醛（1.38）、α- 水芹烯（1.34）、1- 氧杂螺 [4.5] 癸 -6- 烯（1.04）等（彭程等，2021）。

青州蜜桃： 山东青州名优桃品系。果实小，圆形，果顶突起有小尖；平均单果重 60～80g。果皮底色黄绿，向阳面暗紫红色，皮薄，易剥离。果肉白色，微带绿晕，近核处有紫红色放射线；肉脆，多汁，味甜，离核。顶空固相微萃取法提取的山东平邑产'青州蜜桃'白肉型油桃新鲜果肉香气的主要成分为，丁酸 -4- 己烯 -1- 醇酯（14.26%）、乙酸 -2- 己烯 -1- 醇酯（12.41%）、γ- 癸内酯（8.65%）、己醛（7.33%）、乙酸乙酯（6.63%）、乙酸 -4- 己烯 -1- 醇酯（5.30%）、2,6- 二甲基 -2- 庚醇（4.90%）、2,4- 二癸烯醛（4.81%）、辛醛（3.69%）、乙酸庚酯（3.58%）、苯甲醛（3.34%）、2,5- 二甲基 -2- 己醇（2.89%）、乙酸己酯（2.75%）、2- 羟基 -γ- 丁内酯（2.14%）、(E)-2- 己烯醛（1.58%）、十三醇（1.56%）、乙醇（1.41%）、甲酸己酯（1.14%）等（连建国等，2010）。

秋燕： 从'燕红'自然实生后代中选出的晚熟品种。果实近圆形，平均单果质量 297g，果皮底色绿白，表面着深红色。果肉黄白色，具红色素，硬溶质，汁液中等，风味甜，粘核。固相微萃取法提取的河北昌黎产'秋燕'桃新鲜成熟果实香气的主要成分为，己醛（42.64%）、(E)-2- 己烯醛（39.23%）、1- 己醇（8.95%）、2- 乙基 -1- 己醇（2.33%）、(E)-2- 己烯 -1- 醇（1.50%）、己酸（1.16%）、苯甲醛（1.06%）、2- 乙基己酸（1.04%）等（李杰等，2021）。

瑞光 19 号： 中熟油桃品种。果实近圆形，平均单果重 133g，果顶圆，果形整齐。果皮底色黄白，果面近全面着玫瑰红色晕，不易剥离。果肉白色，肉质细，硬溶质，味甜，半离核。顶空固相微萃取法提取的陕西杨凌产'瑞光 19 号'白肉型油桃新鲜果肉香气的主要成分（单位：μg/kg）为，反 -2- 己烯醛（2167.00）、正己醛（1560.73）、顺 -3- 乙酸己烯酯（574.18）、乙酸己酯（292.21）、反 -2- 乙酸己烯酯（292.21）、正己醇（204.82）、反 -2- 己烯醇（157.03）、芳樟醇（112.65）、苯甲醛（105.82）等（郭东花等，2016）。

桃王九九： 国内公认的品质最佳超晚熟新品种。果实近圆形，果顶平滑，果实个大，一般单果重400～500g。果面粉红秀丽，着色均匀，外观鲜艳。果肉白色，硬脆，味香甜，半离核。顶空固相微萃取法提取的山东平邑产'桃王九九'白肉型油桃新鲜果肉香气的主要成分（单位：μg/g）为，乙酸己酯（0.367）、乙酸 -2- 己烯 -1- 醇酯（0.252）、乙酸 -3- 己烯 -1- 醇酯（0.166）、α- 法尼烯（0.115）、反 -2- 己烯戊酸（0.020）、1- 己醇（0.018）、2- 己烯醛（0.013）、反 - 丁酸 -2- 己烯酯（0.012）、2- 己烯 -1- 醇（0.011）等（连建国等，2010）。

天津水蜜桃： 顶空固相微萃取法提取的河南郑州产'天津水蜜桃'新鲜果肉香气的主要成分为，2- 辛酮（20.97%）、己醛（14.06%）、3- 己烯醛（9.49%）、顺式 -3- 己烯醇乙酸酯（9.49%）、正十三烷（5.09%）、反式 -2- 己烯醛（3.45%）、5,6- 双 (2,2- 二甲基亚丙基)- 癸烷（3.19%）、γ- 癸内酯（3.02%）、6- 甲基 -5- 庚烯 -2- 醇（2.93%）、5- 乙基 -2-(5H)- 呋喃酮（2.76%）、乙酸己酯（2.67%）、四氢吡喃 -2- 甲醇（2.42%）、壬醛（2.16%）、1- 辛醇（2.16%）、偶氮二甲酸二乙酯（1.90%）、(2Z)- 己烯酯（1.55%）、苯甲醛（1.29%）等（罗静等，2016）。

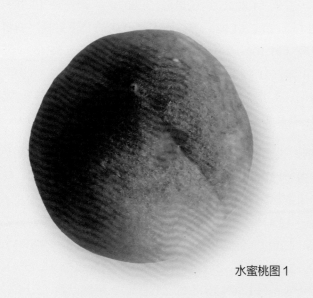

水蜜桃图 1   水蜜桃图 2

五月阳光：早熟油桃，平均单果重 95g。果肉白色，风味偏甜。顶空固相微萃取法提取的山东泰安产'五月阳光'桃果实香气的主要成分为，(Z)-3- 己烯醛（37.20%）、己醛（21.27%）、1- 己醇（3.47%）、乙酸乙酯（2.50%）、里哪醇（1.29%）等（李玲等，2011）。

乌黑鸡肉桃（乌鸡桃、黑桃皇后、黑桃）：从野生资源中选育出来的珍稀品种。果实皮、肉均紫黑乌色，单果重 120～160g，汁液中多，酸甜可口。顶空固相微萃取法提取的河南郑州产'乌黑鸡肉桃'新鲜果肉香气的主要成分为，顺式 -3- 己烯醇乙酸酯（25.05%）、2- 己烯醛（19.17%）、3- 己烯醛（15.71%）、乙酸己酯（9.19%）、芳樟醇（4.84%）、2- 甲基 -4- 戊醛（4.33%）、1,2- 二甲基环戊烷（3.24%）、2- 己烯 -1-醇乙酸酯（2.52%）、(E)-11- 十六碳烯酸 - 乙基酯（2.12%）、反式 -2,4- 己二烯醛（2.11%）、1,2- 环氧环辛烷（1.81%）、四氢吡喃 -2- 甲醇（1.74%）等（罗静等，2016）。

霞脆：杂交选育的中熟品种。果实近圆形，果顶圆，平均单果重 175.0g。果面绒毛中多，底色乳白，着玫瑰红霞。果肉白色，不溶质，肉质细，纤维少，汁液中多，味甜，有香气，粘核。顶空固相微萃取法提取的江苏南京产'霞脆'桃新鲜八成熟果实果肉香气的主要成分（单位：μg/kg）为，(E)-2- 己烯醛（246.97）、正己醛（211.15）、(E)-2- 己烯 -1- 醇（46.48）、(E)-2- 己烯 -1- 醇乙酸酯（35.70）、芳樟醇（21.64）、苯甲醛（19.69）、正己醇（12.62）、二氢 -β- 紫罗兰酮（10.44）、壬醛（10.25）、乙酸己酯（10.24）、邻苯二甲酸二异丁酯（8.41）、β- 大马烯酮（7.81）等（范霞等，2021）。

霞晖 6 号：由'朝晖'×'雨花露'杂交育成的中熟水蜜桃品种。果实圆形，平均果重 211g。果皮底色乳黄色，果面 80% 以上着红色。果肉白色，肉质细腻，硬溶质。风味甜香，粘核。顶空固相微萃取法提取的江苏南京产'霞晖 6 号'水蜜桃新鲜果肉香气的主要成分为，正己醇（24.71%）、(E)-3- 己烯醇（8.59%）、正己醛（8.50%）、邻苯二甲酸二乙酯（8.26%）、(E)-2- 己烯醛（6.32%）、十六烷（4.18%）、十五烷（3.59%）、2-(((2- 乙基己基) 氧) 羰基) 苯甲酸（3.30%）、5- 丙基 - 十三烷（2.18%）、乙酸叶醇酯（2.13%）、植烷（2.00%）、十七烷（1.93%）、2,6,11- 三甲基十二烷（1.74%）、四十四烷（1.62%）、2,2',5,5'-

四甲基联苯基（1.37%）、4-(乙酰苯基) 苯甲烷（1.36%）、正十三烷（1.31%）、苯甲醛（1.30%）、苯并噻唑（1.30%）、己二酸二异辛酯（1.27%）、乙酸己酯（1.24%）、邻苯二甲酸异丁酯辛酯（1.17%）等（范霞等，2019）。顶空固相微萃取法提取的江苏南京产'霞晖 6 号'桃新鲜八成熟果实果肉香气的主要成分（单位：μg/kg）为，(E)-2- 己烯醛（391.24）、正己醛（183.69）、乙酸丁酯（36.67）、芳樟醇（32.49）、(E)-2-己烯 -1- 醇（27.52）、乙酸叶醇酯（21.33）、(E)-2- 己烯 -1- 醇乙酸酯（18.44）、乙酸己酯（10.32）、苯甲醛（9.45）等；贮藏 8 天果实果肉香气的主要成分为，正己醛（113.32）、(E)-2- 己烯醛（77.63）、(E)-2- 己烯 -1-醇乙酸酯（48.41）、乙酸己酯（26.56）、γ- 癸内酯（13.45）、芳樟醇（8.54）、乙酸丁酯（8.20）等（范霞等，2021）。

沂蒙霜红： 以'寒香蜜'为母本，用'中华寿桃'和'冬雪蜜'混合花粉授粉杂交育种的晚熟品种。果实近圆形，果顶圆平，略凹陷。大型果，单果重 375g，果面红色。果肉乳白色，肉质细，粘核。顶空固相微萃取法提取的山东平邑产'沂蒙霜红'白肉型油桃新鲜果肉香气的主要成分为，乙酸庚酯（17.34%）、乙酸乙酯（11.84%）、乙酸 -2- 己烯 -1- 醇酯（10.55%）、γ- 癸内酯（10.48%）、(E)-2- 己烯醛（5.34%）、乙酸 -4- 己烯 -1- 醇酯（4.93%）、2,4- 二癸烯醛（4.92%）、己醛（4.49%）、丁酸 -4- 己烯 -1 - 醇酯（4.47%）、乙酸己酯（3.58%）、(E)-2- 己烯 -1- 醇（3.38%）、2,5- 二甲基 -2- 己醇（3.04%）、辛酸乙酯（2.98%）、乙醇（2.07%）、2,6- 二甲基 -2- 庚醇（1.93%）、苯甲醛（1.78%）等（连建国等，2010）。

鹰嘴蜜桃： 广东特色桃品种，果实近椭圆形，果顶似鹰嘴。果皮色泽鲜亮，淡青色，阳面有红晕。果肉白色，近核部分带红色。口感肉质爽脆，肉质硬，味甜如蜜。粘核品种。顶空固相微萃取法提取的'鹰嘴蜜桃'新鲜成熟果实果肉香气的主要成分（单位：mg/kg）为，乙酸己酯（115.00）、(E)- 乙酸 -3- 己烯 -1- 醇酯（87.00）、(E)-2- 己烯醛（82.00）、(Z)-3- 己烯 -1- 醇（70.00）、(Z)- 乙酸 -2- 己烯 -1- 醇酯（48.00）、己醛（22.50）、(E)-2- 己烯 -1- 醇（12.70）、γ- 癸内酯（11.00）、芳樟醇（10.80）、正己醇（8.87）、γ- 辛内酯（6.50）、己酸己酯（6.40）、(Z)- 己酸 -3- 己烯酯（5.87）、3- 辛酮（5.02）、(E)- 己酸 -2- 己烯酯（3.13）、丁酸己酯（2.50）、顺 -3- 己烯醛（1.60）、γ- 己内酯（1.60）、癸酸乙酯（1.50）、正辛醇（1.00）、1- 壬醇（1.00）、β- 紫罗兰酮（1.00）等（朱凯祺等，2023）。

'鹰嘴桃'图

朝晖： 以'白花'בˈ桔早生'杂交选育而成。果实圆正，顶部圆或微凹，果大，平均单果重 155g。果皮底色乳白稍带绿，着玫瑰色红晕或斑，皮不易剥离。肉质致密，近处着玫瑰红色，硬溶质，风味甜，有香气。粘核。顶空固相微萃取法提取的江苏无锡产'朝晖'水蜜桃新鲜果肉香气的主要成分为，乙酸乙酯（18.18%）、反 -2- 己烯醛（18.00%）、己醛（12.61%）、乙酸甲酯（10.35%）、γ- 癸内酯（4.79%）、乙醛（3.97%）、反，反 -2,4- 己二烯醛（2.92%）、乙醇（2.88%）、γ- 己内酯（2.51%）、反 -2- 己烯醇（2.49%）、4- 苯甲酰氧基 -2H-吡喃 -3- 酮（2.06%）等（李明等，2007）。

中华寿桃： 北方极晚熟桃品种，北方冬桃自然芽变中选育的新品种，被誉为桃中极品。个头大，果实最大可达 1000g 以上，多数均在 500～700g 之间。成熟后果皮颜色鲜红。果肉白色，软硬适度，汁多如蜜，清香爽口，风味独特，粘核。顶空固相微萃取法提取的山东平邑产'中华寿桃'白肉型油桃新鲜果肉香气的主要成分（单位：μg/g）为，乙酸己酯（0.299）、α- 法尼烯（0.153）、乙酸 -2- 己烯 -1- 醇酯（0.149）、乙酸 -4- 己烯 -1- 醇酯（0.090）、辛酸乙酯（0.022）、反 -2- 己烯戊酸（0.018）、丁酸 -2- 甲基己酯（0.017）等（连建国等，2010）。

中油 4 号： 早熟甜油桃新品种。果实近圆形，果顶平，平均单果重 152g。果皮底色为黄色，果面全面着玫瑰红色。果肉黄色，硬溶质。质地细，味甜。半粘核，核中等大，品质上等。顶空固相微萃取法提取的山东泰安产'中油 4 号'油桃新鲜果肉香气的主要成分为，乙酸己酯（49.12%）、乙酸叶醇酯（16.99%）、酞酸二乙酯（8.05%）、反式 -2- 己烯醛（4.71%）、己醛（4.18%）、正己醇（2.49%）、十六烷（2.49%）、顺 -2- 己烯 -1- 醇（2.22%）等（朱翠英等，2015）。

中油 8 号： 以中熟油桃'红珊瑚'为母本、晚熟酸油桃'晴朗'为父本杂交培育而成的晚熟油桃新品种。果实圆形，果顶圆平，果实大，平均单果重 180～200g。果面光洁无毛，底色浅黄，成熟时 80% 着浓红色。果肉金黄色，硬溶质，肉质细，汁液中等，风味甜香，粘核。固相微萃取法提取的河北昌黎产'中油 8 号'桃新鲜成熟果实香气的主要成分为，1- 己醇（28.98%）、(E)-2- 己烯醛（27.29%）、己醛（23.11%）、(E)-2- 己烯 -1- 醇（7.87%）、法尼醇（里哪醇）（2.16%）、2- 乙基 -1- 己醇（1.95%）、4- 己烯 -1-醇乙酸酯（1.95%）、2- 乙基己酸（1.31%）、苯甲醛（1.24%）等（李杰等，2021）。

中油 9 号： 早熟大果型油桃。果实大型，平均单果重 170～210g。果实圆形，果顶微凹，果皮底色绿白，成熟后 80% 以上果面着玫瑰红色。果肉白色，汁多，风味甜。顶空固相微萃取法提取的河南郑州产'中油 9 号'白肉型油桃新鲜果肉香气的主要成分为，2- 己烯醛（61.14%）、正己醛（23.57%）、反 -2- 己烯醛（6.84%）、2,6- 二叔丁基 -4- 甲基苯酚（1.73%）、壬醛（1.43%）等（朱运钦等，2018）。

蟠桃（*Prunus persica* 'Compressa'） 为桃的变种。果实扁圆形，果肉白色、浅绿白色、黄色、橙黄色或红色，多汁有香味，甜或酸甜。顶空固相微萃取法提取的新疆石河子产蟠桃新鲜果实香气的主要成分为，反式 -2- 己烯醛（38.96%）、己醛（20.68%）、苯甲酸（6.46%）、十三烷（5.28%）、甲酸己酯（3.62%）、麦芽酚（3.05%）、松油醇（3.01%）、芳樟醇（2.93%）、反式 -2- 己烯醇（1.27%）、γ- 十一内酯（1.19%）、糠醛（1.14%）等（彭新媛等，2012）。

新疆蟠桃（*Prunus ferganensis*） 为新疆桃的自然杂交种。果实大小适中，香味浓郁，皮薄多汁，肉质细腻，芳香味独特。有"桃中珍品""世界桃后"等美誉。顶空固相微萃取法提取的新疆石河子产'新疆蟠桃'新鲜果实香气的主要成分为，乙酸己酯（15.28%）、己醇（15.05%）、乙酸乙酯（12.63%）、乙酸 -2- 己烯 -1- 醇酯（11.12%）、(E)-2- 己烯 -1- 醇（8.26%）、乙酸甲酯（6.52%）、己醛（6.49%）、乙醇（4.00%）、乙醛（1.48%）、δ- 癸内酯（1.31%）等（王鹏等，2016）。

蟠桃图1

蟠桃图2

蟠桃图3

1.6 李类

蔷薇科李属植物，为温带的重要果树之一，李类水果除了常见的李子外，还有杏李、樱桃李、欧洲李、东北李、稠李等。除生食外，还可做李脯、李干或酿成果酒和制成罐头。我国是李的起源地及主要生产国，至今已有 3000 余年的栽培历史，其中多数属于中国李品种。通过长期的人工选择与培育，形成了极其丰富的品种类型，全世界范围内有 800 余个李的品种或类型。中国是世界上最重要的李主产国，世界范围内栽培的鲜食品种以中国李为主，其余种间杂交品种大多含有中国李的血统。

落叶乔木，高 9～12m。叶片长 6～12cm，宽 3～5cm，边缘有圆钝重锯齿。花通常 3 朵并生，花瓣白色。核果球形、卵球形或近圆锥形，直径 3.5～7cm，黄色或红色，有时为绿色或紫色，梗凹陷入，外被蜡粉。花期 4 月，果期 7～8 月。生于山坡灌丛中、山谷疏林中或水边、沟底、路旁等处，海拔 400～2600m。对气候的适应性强，对空气和土壤湿度要求较高，极不耐积水。宜选择土质疏松、土壤透气和排水良好，土层深和地下水位较低的地方建园。

李子图 1

李子的营养略低于桃子，含糖、微量蛋白质、脂肪、胡萝卜素、维生素 B_1、维生素 B_2、维生素 C、烟酸、钙、磷、铁、天门冬素、谷酰胺、丝氨酸、甘氨酸、脯氨酸、苏氨酸、丙氨酸等成分。每 100g 李子的可食部分中，含有糖 8.8g、蛋白质 0.7g、脂肪 0.25g、胡萝卜素 100～360μg、烟酸 0.3mg、钙 6mg 以上、磷 12mg、铁 0.3mg、钾 130mg、维生素 C 2～7mg，另外含有其他矿物质、多种氨基酸、天门冬素以及纤维素等。李子味酸，能促进胃酸和胃消化酶的分泌，并能促进胃肠蠕动，有改善食欲、促进消化的作用，尤其对胃酸缺乏、食后饱胀、大便秘结者有效。鲜李中的丝氨酸、甘氨酸、脯氨酸、谷氨酰胺等氨基酸，有利尿消肿的作用，对肝硬化有辅助治疗效果。李子中含有多种营养成分，有养颜美容、润滑肌肤的作用，李子中抗氧化剂含量高得惊人，堪称是抗衰老、防疾病的"超级水果"。李子具有补中益气、养阴生津、润肠通便的功效，尤其适用于气血两亏、面黄肌瘦、心悸气短、便秘、闭经、瘀血肿痛等症状的人食用。一般人群均能食用，发热、口渴、虚痨骨蒸、肝病腹水者，音哑或失音者、慢性肝炎、肝硬化者尤适宜食用。李子含高量的果酸，多食伤脾胃，过量食用易引起胃痛，溃疡病及急、慢性胃肠炎患者忌服；多食易生痰湿、伤脾胃，又损齿，故脾虚痰湿及小儿不宜多吃。食用时注意：未熟透的李子不要吃；切忌过量多食，易引起虚热脑胀、损伤脾胃；李子与蜂蜜及雀肉、鸡肉、鸡蛋、鸭肉、鸭蛋同食，损五脏；勿同麋、鹿肉同食。果实入药，能活血祛痰、滑肠、利水，治疗跌打损伤、瘀血作痛、大便燥结、浮肿。

李子（*Prunus salicina* Lindl.）为蔷薇科李属李树的新鲜成熟果实，别名山李子、李子、嘉庆子、嘉应子、玉皇李、中国李。南自广东、广西和云贵高原，北至黑龙江均有栽培。不同品种李子的芳香成分分析如下。

李子图 2

李子图 3

安哥诺（Angeleno）： 美国品种。果实扁圆形，果顶平，大型，平均单果重96g，果皮紫黑色，光亮，较厚，果粉少，果点小。果肉淡黄色，近核处微红色，质细，不溶质，汁液多，味甜，富香气。离核，核小。顶空固相微萃取法提取的'安哥诺'李新鲜果肉香气的主要成分为，己烷（20.14%）、乙醇（3.85%）、丁酸-2,7-二甲基-2,6-辛二烯酯（3.24%）、己醛（2.55%）、甲苯（2.36%）、乙酸乙酯（1.89%）、2-己烯醛（1.61%）、甲基异丙基醚（1.30%）、3-甲基戊烷（1.23%）、甲酸丙酯（1.21%）、戊醇（1.04%）等（蔚慧等，2012）。

澳李13： 美国极晚熟大果型品种。果实扁圆形，平均单果重90g，果面黑紫红色，皮厚，易剥离，果粉较厚，灰白色。果肉紫红色，柔软多汁，味酸甜适中。顶空固相微萃取法提取的'澳李'新鲜果肉香气的主要成分为，己烷（15.66%）、2-丁氧基乙醇（9.65%）、2-壬烯醇（9.23%）、己醛（4.43%）、1-甲基环戊烷（3.04%）、甲基异丙基醚（2.92%）、乙醇（1.84%）、丁醇（1.74%）、乙酸乙酯（1.71%）、甲苯（1.22%）、丁酸-2,7-二甲基-2,6-辛二烯酯（1.21%）、2-甲氧基乙醇（1.17%）、乙酸丁酯（1.11%）、丙酮（1.00%）等（蔚慧等，2012）。

脆红李： 晚熟。果实正圆形或近圆球形，果个较小，平均单果重15~25g。果皮紫红色，果肉黄色或偶带片状红色。果点黄色，较密，果粉厚，灰白色，肉质脆，味甜，核小离核。顶空固相微萃取法提取的重庆产'脆红李'新鲜果肉香气的主要成分为，己酸乙酯（23.83%）、乙酸-4-己烯酯（15.02%）、乙酸丁酯（12.33%）、辛醛（7.15%）、乙酸乙酯（6.16%）、γ-癸内酯（5.73%）、壬醛（5.04%）、2-庚烯醛（3.43%）、柠檬烯（2.33%）、γ-十二内酯（2.02%）、脱氢芳樟醇（1.28%）、乙酸-4-戊烯酯（1.23%）、顺式-氧化里哪醇（1.16%）、己酸乙酯（1.02%）等（李兴武等，2017）。

大石早生： 早熟鲜食品种。果实卵圆形，单果重41~53g。果皮底色黄绿，鲜艳红色，皮较厚。果粉较多，灰白色。果肉淡黄色，有放射状红条纹，质细松脆，细纤维较多，汁液多，味甜酸，微香。粘核，核小，品质上等。顶空固相微萃取法提取的河北易县产'大石早生'李新鲜果肉香气的主要成分为，乙酸丁酯（22.79%）、乙酸乙酯（17.13%）、乙酸己酯（10.78%）、乙酸叶醇酯（3.92%）、丁酸乙酯（3.76%）、乙酸丙酯（2.72%）、乙醇（2.53%）、香叶基丙酮（1.23%）、乙酸异丁酯（1.04%）等（张晓瑜等，2018）。

大总统： 果实圆锥形，果面紫黑色，平均单果重100g。果肉黄色，肉质硬，多汁味甜。顶空固相微萃取法提取的'大总统'李新鲜果肉香气的主要成分为，乙醇（10.33%）、甲基异丙基醚（7.86%）、3-甲基戊烷（2.86%）、2-己烯醛（2.74%）、甲苯（2.56%）、乙酸乙酯（2.44%）、己醇（1.57%）、苯（1.34%）、己醛（1.30%）、乙醛（1.24%）等（蔚慧等，2012）。

盖县李（盖县大李）： 果实大，成熟后果皮鲜红色，色泽艳丽，香味浓郁，果肉口感爽脆，甜度高，酸甜适宜。顶空固相微萃取法提取的北京密云产'盖县李'新鲜果肉香气的主要成分（单位：μg/kg）为，3-己烯醇乙酸酯(1785)、γ-癸内酯(436)、(Z)-3-己烯醛(274)、乙酸丁酯(254)、2-己烯醛(188)、5-羟甲基-2-呋喃甲醛(141)、5-甲基-糠醛(137)、1-己烯醇(121)、苯甲醛(118)、γ-己内酯(117)、己酸乙酯(96)、(Z)-3-己烯-1-醇(94)、2-戊烯-1-醇(65)、芳樟醇(64)、(E)-2-己烯-1-醇(51)、哌嗪(44)、γ-辛内酯(43)、乙酸己酯(33)、γ-壬内酯(27)、乙二醇丁醚乙酸酯(23)、2-甲基-1-丁醇(21)、壬醛(21)、异丁酸芳樟酯(18)、α-蒎烯(18)、糠醛(14)、辛酸乙酯(13)、3-甲基-1-丁醇(13)、乙酸乙酯(11)、癸酸乙酯(11)、(Z)-2-庚烯醛(11)、柠檬烯(11)、己醛(10)等（刘泽静等，2009）。

黑宝石（Friar）： 原产美国，为美国加州布朗李十大主栽品种之首。果实较大，平均果重92g，果实紫黑色，味甜爽口。顶空固相微萃取法提取的'黑宝石'新鲜果肉香气的主要成分为，乙醇（17.95%）、

2- 丁酮（4.74%）、乙酸 -2- 己烯酯（4.00%）、乙酸乙酯（3.15%）、己辛醚（2.94%）、丙酮（2.34%）、2,5- 呋喃二酮（2.16%）、苯（2.10%）、乙醛（1.77%）、1- 甲基 -4- 异丁基苯（1.76%）、己醛（1.30%）、戊醇（1.08%）、十二烷（1.00%）等（蔚慧等，2012）。二氯甲烷直接萃取法提取的山西太原产'黑宝石'李商熟期新鲜果肉香气的主要成分为，(E)-2- 己烯醛（15.36%）、22,23- 二氢豆甾醇（12.67%）、己醛（4.42%）、十二烷（4.46%）、二十九烷（3.14%）、癸烷（2.93%）、1,19- 二十碳二烯（2.19%）、(Z)-3- 己烯基 -1- 醇（2.10%）、十四烷（1.93%）、(E)-2- 己烯基 -1- 醇（1.34%）、二十烷（1.24%）、1- 己醇（1.14%）、5- 己基二氢 -2(3H)- 呋喃酮（1.05%）、十六酸（1.04%）等；完熟期新鲜果肉香气的主要成分为，22,23- 二氢豆甾醇（20.83%）、10- 十九醇（3.38%）、(E)-2- 己烯醛（3.09%）、(3β,24Z)- 豆甾 -5,24(28)- 二烯 -3- 醇（1.86%）、己醛（1.74%）、(3β,4a,5a)-4,14- 二甲基 -9,19- 环麦角 -24(28)- 烯 -3- 醇（1.71%）、1,19- 二十碳二烯（1.48%）、5- 己基二氢 -2(3H)- 呋喃酮（1.36%）、豆甾醇（1.35%）、(全 E)-2,6,10,15,19,23- 六甲基 -2,6,10,14,18,22- 二十四碳六烯（1.26%）、1- 己醇（1.13%）、(Z)-3- 己烯基 -1- 醇（1.08%）等（王华瑞等，2018）。

黑琥珀（黑布朗、黑李子、黑玫瑰李、美国黑李、美国李、Black Plum）： 美国品种，从中国李和欧洲李的杂交后代中选育。果实椭圆形，果皮紫黑色，单果重 120～200g，外被蜡粉。果肉浅黄色，汁多，风味香甜。顶空固相微萃取法提取的辽宁营口产'黑琥珀'李新鲜果实香气的主要成分（单位：μg/kg）为，1,3,3- 三甲基 -1- 苯基茚满（134.85）、邻苯二甲酸二异丁酯（72.29）、3,5- 二 - 叔丁基 - 邻苯二酚（57.28）、2,3- 二甲基 -2,3- 二苯基丁烷（44.50）、萘（36.53）、顺 -3- 己烯醛（20.72）、2,4- 二苯基 -4- 甲基 -2-(反)- 戊烯（19.44）、反 -2- 己烯醛（18.14）、邻苯二甲酸二丁酯（17.91）、环丁基邻苯二甲酸异丁酯（8.28）、β- 大马酮（4.87）、二甘醇二丙酸盐（4.63）、苊（3.26）等（李丽萍等，2016）。

蜜思李： 原产新西兰，为中国李和樱桃李的杂交种，早熟。果实近圆形，果顶圆，平均单果重 50～65g。果面紫红色，果粉中多，果点小。果肉淡黄色，肉质细嫩，汁液丰富，风味酸甜适中，香气较浓，品质上等。核极小，粘核。顶空固相微萃取法提取的辽宁营口产'蜜思李'新鲜果实香气的主要成分（单位：μg/kg）为，乙酸己酯（47.03）、乙酸 -4- 己烯酯（20.31）、乙酸丁酯（19.86）、壬醛（13.70）、乙酸 -2- 己烯酯（10.69）、己醛（9.60）、十六烷（6.62）、反 -2- 辛烯醛（6.46）、γ- 癸内酯（6.24）、己酸丁酯（5.92）、辛醛（5.19）、乙酸辛酯（4.56）、十四烷（4.11）、2- 乙基己醇（3.85）、里哪醇（3.51）、2- 庚烯醛（3.29）、苯甲醛（2.91）、辛酸乙酯（2.73）、十二烷（2.43）、1- 己醇（1.90）、辛酸丁酯（1.89）、6- 甲基 -5- 庚烯 -2- 酮（1.82）、2- 己烯醛（1.76）、脱氢芳樟醇（1.63）、癸醛（1.39）、2,6,6- 三甲基环己酮（1.36）、1- 庚烯 -3- 酮（1.20）、α- 环柠檬醛（1.06）、顺 -3- 己烯醇（1.06）、顺 -2- 壬烯醛（1.00）等（柴倩倩等，2011）。

女皇（奥特果）： 最新引进品种。果实似长卵形，果皮全面呈蓝黑色，果肉全黄色，离核，果实十分奇特且美丽，单果重 125g 左右。甜度较高，成熟以后闻起来有菠萝、柿子等水果的香味。顶空固相微萃取法提取的'女皇'李新鲜果肉香气的主要成分为，甲基异丙基醚（17.68%）、己烷（14.33%）、乙酸乙酯（4.56%）、2- 壬烯醇（4.30%）、己醛（2.84%）、3- 甲基戊烷（1.98%）、戊醛（1.72%）、乙醛（1.45%）、2- 己烯醛（1.45%）、2- 丁酮（1.11%）等（蔚慧等，2012）。

青脆李（巴山脆李）： 四川、贵州广泛栽植的李品种。果实扁圆形，平均单果重 38g，果皮光滑为淡黄绿色，表面附有灰白色果粉，核小离核，果肉淡黄色、松脆。果实汁液味甜，无涩味。顶空固相微萃取法提取的'青脆李'冷冻干燥的果干香气的主要成分为，乙酸己酯（18.18%）、乙醇（12.31%）、乙酸丁酯（6.13%）、乙酸叶醇酯（4.71%）、己醇（4.69%）、丁酸己酯（1.86%）、(Z)-3- 己烯 -1- 醇（1.81%）、壬醛

（1.03%）等（韩玮等，2020）。

秋姬： 原产日本，果实大，平均单果重200g。果面鲜红色，果肉红色，风味香甜。顶空固相微萃取法提取的'秋姬'李新鲜果肉香气的主要成分为，乙醇（32.07%）、乙酸乙酯（14.36%）、乙醛（3.00%）、2- 壬烯醇（1.98%）、己醛（1.69%）、甲苯（1.44%）、1,2- 二甲基苯（1.18%）、乙基苯（1.04%）等（蔚慧等，2012）。

三华李： 广东地方品种。果肉紫红色，肉质爽脆，酸甜可口。电子鼻结合顶空固相微萃取法提取的广东产'三华李'新鲜成熟果实香气的主要成分为，乙醇（34.59%）、2- 辛醇（27.26%）、乙酸乙酯（10.45%）、己酸乙酯（10.09%）、乙酸异戊酯（2.45%）、正己醛（2.45%）、乙酸异丁酯（1.84%）、乙酸丁酯（1.75%）、(E)-2- 己烯 -1- 醇（1.63%）、乙酸丙酯（1.31%）、辛酸乙酯（1.02%）、乙酸戊酯（1.01%）等（沈雪玉等，2023）。

绥李 3 号： 晚熟。果肉黄色，肉质松脆，汁多味甜，有香气。顶空固相微萃取法提取的辽宁营口产'绥李 3 号'新鲜果实香气的主要成分（单位：μg/kg）为，辛醛（35.46）、己醛（13.80）、反 -2- 辛烯醛（5.42）、顺 - 丁酸 -3- 己烯酯（3.75）、1- 庚烯 -3- 酮（3.48）、异戊酸己酯（3.21）、里哪醇（2.83）、脱氢芳樟醇（2.40）、己酸乙酯（2.25）、反，反 -2,4- 庚二烯醛（1.85）、庚醛（1.68）、碳酸十二烷基异丁基酯（1.61）、乙酸乙酯（1.59）、壬醛（1.43）、顺 - 乙酸 -3- 己烯酯（1.38）、顺 -2- 壬烯醛（1.26）、2- 庚烯醛（1.13）、反 - 丙酸 -2- 己烯酯（1.03）、癸醛（1.02）等（柴倩倩等，2011）。

槜李（醉李）： 中国李的古老良种，已有 2500 多年历史，为李中珍品。果实扁圆形，单果重 65.0～125.0g，果皮紫红色，易剥离，密布大小不等的黄褐色果点，被白色果粉。果肉淡橙色，肉质致密，鲜甜清香，熟后化浆，蜜甜酒香，风味独特。粘核。顶空固相微萃取法提取的浙江桐乡产'槜李'新鲜果肉香气的主要成分为，乙酸乙酯 (27.66%)、乙醇 (17.58%)、乙酸丁酯 (13.51%)、乙酸己酯 (10.43%)、乙酸叶醇酯 (6.20%)、己醇 (4.41%)、反式 -2- 己烯醇 (3.25%)、乙酸辛酯 (3.17%)、1- 辛醇 (2.99%)、叶醛 (2.67%)、柠檬烯 (1.44%) 等（张杰等，2018）。顶空固相微萃取法提取的浙江桐乡产'槜李'新鲜果肉香气的主要成分为，乙醇 (49.19%)、柠檬烯 (11.02%)、乙酸丁酯 (7.28%)、乙酸己酯 (4.11%)、乙酸乙酯 (3.86%)、乙酸叶醇酯 (3.08%)、十二烷 (1.65%)、β- 蒎烯 (1.30%) 等（张杰等，2018）。

油柰： 福建省的名特优产品，果皮黄绿色。风味极佳，营养丰富。顶空固相微萃取法提取的福建古田套袋栽培的'油柰'李新鲜果肉香气的主要成分（单位：峰强度）为，己醛（36732.72）、反式 -2- 己烯醛（17279.54）、丁醛（3805.05）、戊醛（2799.54）、乙酸己酯（2785.51）、丙醛（2443.50）、乙酸叶醇酯（2330.61）、2- 甲基丁醛（1792.42）、己醇（1487.06）、苯甲醛（891.02）、丙醇（836.88）、2- 甲基 -5-(1- 甲基乙基)-1,3- 环己二烯（606.31）、丁酸异戊酯（574.94）、庚醛（540.09）、壬醛（477.64）、苯乙醛（430.09）、甲酸乙酯（324.29）、异戊醛（316.87）、1- 戊烯 -3- 醇（275.25）、丙酮（253.56）、乙醇（228.79）、(Z)-4- 庚烯醛（136.15）、反式 -2- 戊烯醛（124.54）、(E,E)-2,4- 己二烯醛（104.59）、1- 戊烯 -3- 酮（104.33）、异丁酸甲酯（93.70）、1-(3,4- 二氢 -2H- 吡咯 -5- 基) 乙酮（91.53）等（林炎娟等，2023）。

奈李（*Prunus salicina* var. cordata Y. He et J. Y. Zhang） 是李的变种。果实较大，果皮黄绿色，核小肉厚。原产于福建，有青奈和花奈两个类型。果大核小，平均单果重 71.4g，酸甜可口，质脆嫩，脱核，风味独特。可溶性固形物含量 12.5%～15%，总糖 8.55%，含酸量 0.56%，糖酸比为 15.3：1，含维生素 C 16.84mg/100g。鲜食或加工兼优。顶空固相微萃取法提取的广东乐昌产'奈李'新鲜成熟果实香气的主要成分（单位：μg/g）为，己烯醛（189.99）、3- 己烯醛（76.61）、2- 己烯醛（39.41）、β-

水芹烯（19.99）、乙醇（18.34）、3- 己烯 -1- 醇（10.28）、1- 己醇（5.03）、2,4- 庚二烯醛（4.54）、甲氧基苯（2.93）、2- 戊 -1- 醇（2.44）、戊醛（2.24）、o- 伞花烃（2.19）、β- 月桂烯（2.17）、丁酸乙酯（1.75）、d- 柠檬烯（1.51）、1,3- 环己二烯（1.47）、苯甲醛（1.01）等（彭程等，2022）。

杏李（*Prunus domestica × armeniaca*）

是李和杏种间反复杂交选育而成，已筛选出 6 个杏李种间杂交的新品种。果实扁球形，红色，果肉淡黄色，质地紧密，有浓香味。杏李气味独特芳香，味道鲜美，营养丰富，食用价值高，被誉为"二十一世纪水果新骄子"。各品种杏李果实的香气成分如下。

风味皇后（Pluot Flavour Queen）： 原产美国。果实大小中等，果形美观，果皮和果肉为橘黄色。顶空固相微萃取法提取的河南原阳产'风味皇后'杏李新鲜果肉香气的主要成分（单位：μg/kg）为，己醛（17.25）、芳樟醇（8.83）、苯甲醛（2.34）、己醇（2.15）、反式 -2- 己烯 -1- 醇（1.16）、辛醛（1.04）等（李泰山等，2017）。

风味玫瑰： 果实扁圆形，平均单果重 60g。果皮紫黑色，果肉鲜红色，质地细，粗纤维少，果汁多，风味甜，香气浓，品质极佳。顶空固相微萃取法提取的河南原阳产'风味玫瑰'杏李新鲜果肉香气的主要成分（单位：μg/kg）为，乙酸丁酯（43.24）、己酸丁酯（38.14）、乙酸辛酯（26.37）、丁酸丁酯（23.49）、丁酸己酯（17.42）、辛醇（10.57）、己醇（10.07）、己酸己酯（5.96）、己酸乙酯（3.69）、乙酸庚酯（3.65）、芳樟醇（2.02）、乙酸戊酯（1.78）、(Z)- 己酸 -3- 己烯酯（1.75）、δ- 癸内酯（1.75）、丁醇（1.49）、丁酸辛酯（1.35）、辛酸乙酯（1.29）等（李泰山等，2017）。

恐龙蛋： 果实近圆形，平均单果重 126g。成熟后果皮黄红伴有斑点，果肉粉红色，肉质脆，粘核，核极小。粗纤维少，汁液多，甘甜爽口，品质极佳。顶空固相微萃取法提取的河南原阳产'恐龙蛋'杏李新鲜果肉香气的主要成分（单位：μg/kg）为，己醇（10.62）、己醛（7.87）、苯甲醛（3.94）、顺 -α,α-5- 三甲基 -5- 乙烯基四氢化呋喃 -2- 甲醇（1.41）、辛醇（1.27）、苯甲醇（1.26）、辛醛（1.04）等（李泰山等，2017）。

味帝： 美国早熟杂交品种。单果重量在 60～150g 之间。果实外皮有一层薄薄的果粉，成熟后为浅紫色，带有淡红色的斑点。果肉为红色，味道香甜，独特爽口，伴有香气。顶空固相微萃取法提取的河南原阳产'味帝'杏李新鲜果肉香气的主要成分（单位：μg/kg）为，芳樟醇（28.89）、γ- 癸内酯（21.40）、反式 -2- 己烯 -1- 醇（3.08）、壬醛（3.00）、乙酸乙酯（2.97）、己醛（1.97）、苯甲醛（1.88）、乙酸苄酯（1.76）等（李泰山等，2017）。

味厚： 极晚熟品种。果实圆形，平均单果重 96g，果皮紫黑色，果面着蜡质光泽，果皮厚，不易剥离。果肉橘黄色，肉质细，果汁多，香气浓郁，果实硬度大，品质极佳。顶空固相微萃取法提取的河南原阳产'味厚'杏李新鲜果肉香气的主要成分（单位：μg/kg）为，己醛（64.67）、芳樟醇（12.88）、己醇（6.17）、苯甲醛（3.17）、辛醇（1.76）等（李泰山等，2017）。

味王（Pluot Lavour King）： 原产美国的晚熟品种。果实圆形，平均单果重 100g。果面紫红色，果肉黄色，近皮处红色，肉质硬脆，晚熟后变软，甜酸适度，多汁微香。离核。顶空固相微萃取法提取的河南原阳产'味王'杏李新鲜果肉香气的主要成分（单位：μg/kg）为，乙酸己酯（158.28）、乙酸丁酯（50.03）、己酸丁酯（23.97）、螺内酯（11.77）、己醇（9.11）、己酸己酯（5.19）、芳樟醇（3.36）、辛酸丁酯（2.83）、丁酸丁酯（2.56）、丁酸己酯（2.45）、丁醇（1.06）等（李泰山等，2017）。

樱桃李（*Prunus cerasifera* Ehrh.）

为蔷薇科李属植物樱桃李的新鲜成熟果实，别名：樱李、紫叶李、红叶李、野酸梅。分布于新疆。灌木或小乔木，叶片椭圆形，花瓣白色。核果近球形或椭圆形，直径 2～3cm，黄色、红色或黑色，微被蜡粉，具有浅侧沟，粘核。果实营养价值很高，可鲜食，也可加工成干果、果酱、饮料等产品，自古就为当地少数民族所喜食，被誉为"雪域圣果"。樱桃李富含多种维生素、氨基酸和矿物质，果实维生素 C、维生素 B_1、维生素 B_6、β- 胡萝卜素、钾、钙、铁、锌、硒、镁、蛋白质、水溶性果胶、糖、酸、可溶性固形物等营养物质含量丰富，尤其是钾的含量较高，营养价值突出。樱桃李是小众水果，对果实芳香成分的研究不多。

樱桃李图

红果樱桃李： 栽培历史悠久的一个品种。果实较小，味酸涩，少香气，供鲜食或加工制酱，也可作为杂交育种的亲本。顶空固相微萃取法提取的辽宁营口产'红果樱桃李'新鲜成熟果实香气的主要成分（单位：μg/kg）为，1- 己醇（10.43）、反 -2- 己烯醇（4.59）、己醛（3.71）、2- 己烯醛（2.54）、壬醛（2.11）、辛醛（1.09）等（柴倩倩等，2011）。

野生樱桃李： 顶空固相微萃取法提取的新疆霍城野生樱桃李新鲜成熟果实香气的主要成分（单位：μg/g）为，甲酸己酯（4.33）、(E)- 乙酸 -2- 己烯 -1- 酯（1.35）、(E)-2- 己烯 -1- 醇（1.09）、2- 乙烯基呋喃（1.01）、(Z)-3- 己烯 -1- 醇（0.57）、己醛（0.46）、2- 羟基苯甲醛（0.32）、(E)- 丁酸 -2- 己烯酯（0.25）、苯乙烯（0.21）、辛醛（0.16）、(Z)-3,7- 二甲基 -1,3,6- 辛三烯（0.16）、(E)-2- 己烯醛（0.14）、3- 甲基 -1- 丁醇（0.13）、(E)-3,7- 二甲基 -1,3,6- 辛三烯（0.13）、(Z)- 乙酸 -3- 己烯 -1- 酯（0.12）、2- 戊基呋喃（0.12）、壬醛（0.11）等（刘崇琪等，2008）。

西梅（*Prunus domestica* Linn.） 是蔷薇科李属植物欧洲李的新鲜成熟果实，别名：欧洲李、西洋李、洋李。西梅原产西亚和欧洲，是从国外引进的新型水果，是现代人健康的最佳果品，有"奇迹水果""功能水果"的美誉，现我国各地有引种栽培。品种甚多，有绿李、黄李、红李、紫李及蓝李等品种群。落叶乔木，叶片椭圆形，花瓣白色。核果通常卵球形到长圆形，直径 1～2.5cm，通常有明显侧沟，果实有红色、紫色、绿色、黄色，常被蓝色果粉。花期 5 月，果期 9 月。西梅营养丰富，富含维生素、矿物质、抗氧化剂及膳食纤维，不含脂肪和胆固醇，与其他水果相比，西梅的铁质含量较高。果实除供鲜食外，制作糖渍、蜜饯、果酱、果酒，含糖量高的品种作李干。西梅糖分很高，可直接高温脱水制成西梅干食用。不同品种西梅果实香气成分如下。

法兰西（法国洋李）： 果实为卵圆形，单果重60～150g左右，果柄部有突起，果皮成熟时为深紫红色，果肉淡黄色，肉硬核小，味脆甜，品质佳，半离核。顶空固相微萃取法提取的新疆产'法兰西'西梅新鲜成熟果实香气的主要成分（单位：μg/kg）为，己醇（4224.89）、己醛（2398.12）、反-2-己烯醛（1877.31）、叶醇（608.03）、苯乙醛（62.28）、反-2-己烯-1-醇（55.59）、2-甲基丁醛（46.02）、顺-2-己烯醛（25.62）、3-甲基丁醛（15.41）、2,4-己二烯醛（15.40）、壬醛（8.26）、乙醛（8.22）、乙酸（8.21）、苯甲醛（5.15）、γ-己内酯（5.15）、戊醛（5.14）等（张翼鹏等，2020）。

红喜梅（Red Prunes）： 德国引进的欧洲李经多年培育而成的中早熟品种。果实心脏形，平均单果重105g。果面鲜红色，光洁，底色黄。果肉淡黄色，细腻多汁，味甜有香气，粘核。顶空固相微萃取法提取的四川产'红喜梅'西梅新鲜成熟果实香气的主要成分（单位：μg/kg）为，己醇（6836.14）、反-2-己烯醛（926.67）、乙酸乙酯（868.12）、己醛（438.72）、叶醇（206.14）、苯甲醛（36.82）、3-甲基丁醇（31.31）、乙酸己酯（23.77）、3-甲基丁醛（23.56）、乙酸反-2-己烯酯（21.11）、2-甲基丁醛（20.91）、苯乙醛（18.46）、反-2-己烯-1-醇（17.95）、壬醛（14.35）、乙酸（12.34）、2-甲基丙醛（11.42）等（张翼鹏等，2020）。同时蒸馏萃取法提取的新疆喀什产'红喜梅'新鲜成熟果实香气的主要成分（μg/g）为，正己醛（81.06）、反-2-己烯醛（66.95）、壬醛（62.45）、棕榈酸（41.49）、糠醛（32.51）、2,2'-亚甲基双(4-甲基-6-叔丁基苯酚)（20.13）、苯甲酸（15.61）、正壬酸（15.41）、棕榈酸乙酯（14.52）、正己醇（13.98）、α-松油醇（13.78）、2-甲氧基-4-乙烯基苯酚（12.85）、亚油酸乙酯（10.40）、亚油酸（10.22）、大马士酮（9.75）、柳酸甲酯（8.92）、2,3-二氢苯并呋喃（8.15）、叶醇（7.89）、亚麻酸（7.54）、油酸乙酯（6.99）、苯乙醛（6.64）、硬脂酸乙酯（6.64）、γ-己内酯（6.44）、己酸（6.02）、3H-吡喃-2,6-二酮（5.55）、反式-4-癸烯酸乙酯（5.55）、2-甲基丁酸（5.35）、邻苯二甲酸二丁酯（5.30）、庚醛（5.00）等（张玎婕等，2021）。

加州西梅（California）： 成熟时果皮呈紫红色，果肉为琥珀色，个大浑圆，口感酸甜。同时蒸馏萃取法提取的美国产'加州西梅'新鲜成熟果实香气的主要成分（单位：μg/g）为，反-2-己烯醛（321.32）、正己醛（265.73）、糠醛（25.64）、壬醛（24.15）、苯甲酸（23.03）、d-柠檬烯（21.50）、棕榈酸（14.42）、氧化环己烯（11.74）、2,6-二异丙基苯酚（10.32）、5-烯丙基愈创木酚（9.83）、苯乙醛（7.47）、大马士酮

欧洲李图1

欧洲李图 2

（6.24）、芳樟醇（4.75）、正己醇（4.62）、邻酞酸二丁酯（4.25）、正辛醇（4.01）、月桂酸（3.99）、柳酸甲酯（3.97）、植物醇（3.83）、3H- 吡喃 -2,6- 二酮（3.73）、正壬酸（3.37）、亚油酸（3.25）、苯甲醇（2.92）、庚醛（2.88）、2,3- 二氢苯并呋喃（2.57）、4- 萜烯（2.01）等（张玎婕等，2021）。

女神（Goddess）：果实长卵形，果皮蓝黑色。果形大，单果重 125～200g。果肉金黄色，离核，甜香味浓，有菠萝、柿子等多种果香，果实硬质。顶空固相微萃取法提取的四川产'女神'西梅新鲜成熟果实香气的主要成分（单位：μg/kg）为，反 -2- 己烯醛（4153.65）、己醛（3567.04）、己醇（453.13）、苯乙醛（446.06）、叶醇（194.26）、2- 甲基丁醛（178.55）、3- 甲基丁醛（127.53）、顺 -2- 己烯醛（109.19）、苯甲醛（93.97）、反 -2- 己烯 -1- 醇（88.87）、2,4- 己二烯醛（74.67）、壬醛（23.52）、2- 甲基丙醛（11.25）、戊醛（8.29）、庚醛（7.24）、辛酸（5.22）等（张翼鹏等，2020）。顶空固相微萃取法提取的新疆喀什伽师产'女神'西梅新鲜成熟果实果汁香气的主要成分为，正己醇（39.37%）、乙酸己酯（27.82%）、反 -3- 己烯基乙酸酯（10.03%）、环己醇（5.86%）、(E)-3- 己烯 -1- 醇（4.57%）、(Z)-2- 己烯 -1- 醇乙酸酯（1.94%）等（夏娜等，2021）。同时蒸馏萃取法提取的新疆喀什产'女神'西梅新鲜成熟果实香气的主要成分（单位：μg/g）为，正己醛（138.92）、反 -2- 己烯醛（135.98）、壬醛（69.89）、棕榈酸（37.07）、糠醛（33.64）、亚油酸（23.76）、正壬酸（18.42）、苯乙醛（16.13）、叶醇（15.03）、α- 松油醇（13.97）、2- 甲氧基 -4- 乙烯基苯酚（13.60）、2,3- 二氢苯并呋喃（12.01）、大马士酮（10.72）、柳酸甲酯（8.81）、己酸（6.94）、庚醛（6.06）、正己醇（5.78）、正辛醇（5.04）、邻苯二甲酸二丁酯（4.85）、苯甲酸（8.32）、3H- 吡喃 -2,6- 二酮（3.97）、正辛醛（3.17）、萜品油烯（2.91）、戊酸（2.29）、月桂酸（2.25）、3- 羟基 -β- 大马士革酮（2.13）、硬脂烷醛（2.11）、丁香酚（2.11）等（张玎婕等，2021）。

稠李（*Prunus padus* L.） 为蔷薇科李属植物稠李的新鲜成熟果实，别名：夜合、稠梨、臭李子、臭耳子、臭梨。分布于辽宁、吉林、黑龙江、内蒙古、河北、山西、河南、山东、陕西等省区。有黄果和红果等变种，果实可生食，主要用于加工果汁、果酱、果酒等产品。果实入药，可治腹泻。果实卵球形，顶端有尖头，直径 8～10mm，红褐色至黑色；核有褶皱。水蒸气蒸馏法提取的吉林临江产稠李成熟果实香气的主要成分为，植醇（16.99%）、二十二烷（16.83%）、二十七烷（15.16%）、二十五烷（12.16%）、二十三烷（9.54%）、苯甲醛（4.71%）、二十四烷（2.72%）、十五烷（2.36%）、1-三苯基呋喃核糖基-2-氟基咪唑（1.98%）、二十烷（1.96%）、*n*-十六碳烯酸（1.61%）、6,10,14-三甲基-2-十五烷酮（1.47%）、二十六烷（1.38%）、[*S-(Z)*]-3,7,11-三甲基-[*S-(Z)*]-1,6,10-十二碳三烯-3-二醇（1.20%）、1-十四碳烯（1.20%）、1-甲氧基丁烷（1.04%）等（朱俊洁等，2005）。

稠李图

1.7 杏

杏为蔷薇科杏属植物杏的新鲜成熟果实，别名：北梅、甜梅、杏子，学名：*Prunus armeniaca* Linn.，分布于全国各地。杏原产于中国，全世界杏品种有 3000 余个，我国现有杏属植物 10 个种，13 个变种，2000 个品种类型。

乔木，高 5～12m。叶片圆卵形，花单生，花瓣白色或带红色。果实球形，直径 2.5cm 以上，果有白色、黄色至黄红色，常具红晕；果肉多汁。花期 3～4 月，果期 6～7 月。

杏是常见水果，营养极为丰富，内含较多的糖、蛋白质以及钙、磷等矿物质，另含维生素 A 原、维生素 C 和 B 族维生素等。每 100g 鲜杏含有蛋白质 0.9g，碳水化合物 9.1g，脂肪 0.1g，膳食纤维 1.3g，钙 14mg，铁 0.6mg，钠 2.3mg，钾 226mg。杏性温热，适合代谢速度慢、贫血、四肢冰凉的虚寒体质的人食用；患有肺结核、痰咳、浮肿等病症者，经常食用杏大有裨益。湿热体质的人多食杏容易发热，会加重口干舌燥、便秘等上火症状。杏也可制成杏脯、杏酱等食用。杏有 100 多种芳香成分，包括酯类、醇类、醛类、酮类、酸类等化合物。关于杏果实香气成分的研究报道较多，结果如下。

杏图 1

杏图 2

杏图 3

杏图 4

Z08-1-54： 醇香型，花香及清香味突出。顶空固相微萃取法提取的河北石家庄产'Z08-1-54'杏新鲜商熟期果实香气的主要成分为，γ-癸内酯（16.47%）、乙醇（13.45%）、芳樟醇（12.49%）、壬醛（8.29%）、香叶基丙酮（5.42%）、β-环柠檬醛（5.07%）、乙酸乙酯（4.98%）、β-紫罗兰酮（4.48%）、反-2-十一烯醛（4.23%）、正辛醇（2.06%）、2,3,5,6-四甲基苯酚（1.82%）、苯甲醛（1.75%）、3-羟基-2-丁酮（1.39%）、α-萜品醇（1.16%）、香叶醇（1.13%）等；完熟期果实香气的主要成分为，芳樟醇（30.33%）、乙酸乙酯（12.82%）、香叶基丙酮（8.64%）、苯乙醇（3.06%）、香叶醇（2.89%）、β-环柠檬醛（2.46%）、3-羟基-2-丁酮（2.35%）、β-紫罗兰酮（2.32%）、乙酸苯乙酯（2.24%）、异戊醇（2.21%）、癸酸乙酯（1.94%）、橙花醇（1.15%）、辛酸（1.12%）等（王端等，2021）。

Z10-1-60： 以'串枝红'为母本、'丰园红'为父本杂交选育出的早熟杏新品系。色泽红艳，纤维细、少，汁液含量适中，离核，苦仁。顶空固相微萃取法提取的河北石家庄产'Z10-1-60'杏新鲜完熟果实香气的主要成分为，芳樟醇（31.50%）、乙醇（13.13%）、乙酸乙酯（7.43%）、2,6,6-三甲基-1-环己烯-1-羧醛（5.41%）、α-松油醇（4.25%）、香叶基丙酮（3.47%）、乙酸异戊酯（3.46%）、二氢-β-紫罗兰酮（3.40%）、香叶醇（2.82%）、橙花醇（1.11%）等（王端等，2021）。

Z10-1-78： 以'串枝红'为母本、'丰园红'为父本杂交选育出的早熟新品系。果实近圆形，平均单果重60.5g。果面橙黄色，阳面着1/2片状红色。果肉橙黄色，肉质细腻，汁液多，硬溶质，风味浓厚，离核，甜仁。顶空固相微萃取法提取的河北石家庄产'Z10-1-78'杏新鲜完熟果实香气的主要成分为，芳樟醇（43.48%）、苯乙烯（11.27%）、α-松油醇（7.63%）、香叶醇（5.79%）、3-羟基-2-丁酮（4.88%）、橙花醇（2.41%）、乙酸丁酯（2.38%）、二氢-β-紫罗兰酮（1.71%）、香叶基丙酮（1.28%）、2,6,6-三甲基-1-环己烯-1-羧醛（1.11%）等（武晓红等，2020）。

Z11-3-24： 醇香型，花香及清香味突出。顶空固相微萃取法提取的河北石家庄产'Z11-3-24'杏新鲜完熟果实香气的主要成分为，芳樟醇（49.93%）、α-萜品醇（6.78%）、β-环柠檬醛（6.37%）、香叶醇（5.73%）、β-二氢紫罗兰酮（4.51%）、水杨酸乙酯（3.99%）、香叶基丙酮（3.78%）、β-紫罗兰酮（2.75%）、6-甲基-5-(1-甲基亚乙基)-6,8-壬二烯-2-酮（1.63%）、(Z)-9-十八烯醛（1.23%）、2,3,5,6-四甲基苯酚（1.07%）等（王端等，2021）。

阿克托咏（Apricot）： 新疆地方品种。果实心脏形，平均单果重29.0g。果皮淡黄色，果肉黄白，汁液中多，甜仁。自动顶空萃取法提取的新疆轮台产'阿克托咏'杏果实香气的主要成分为，乙酸丁酯（28.53%）、乙酸己酯（13.76%）、乙酸-3-己烯-1-醇酯（12.70%）、β-芳樟醇（7.57%）、乙酸丙酯（6.34%）、丁酸芳樟酯（3.15%）、己醛（2.95%）、丁酸乙酯（2.02%）、丁酸己酯（1.32%）、d-柠檬烯（1.19%）等（王华磊等，2009）。

白皮接杏： 顶空固相微萃取法提取的甘肃产'白皮接杏'果实香气的主要成分为，(E)-2-己烯醛（14.00%）、乙烯（13.00%）、香茅醇（12.00%）、己醛（8.00%）、苯乙酸乙酯（6.00%）、芳樟醇（6.00%）、2-辛酮（5.00%）、δ-十一内酯（3.40%）、己醇（3.30%）、6-甲基-5-戊烯-2-酮（3.20%）、大马酮（2.70%）、戊醛（2.00%）、2,4-癸二烯酸丙酯（2.00%）、1,3-己二烯（1.60%）、乙酸己酯（1.40%）、安息香醛（1.10%）、γ-辛内酯（1.00%）、十一碳醛（1.00%）等（张波等，2008）。

比利时杏： 水蒸气蒸馏法提取的甘肃天水产'比利时杏'果实香气的主要成分为，甲基异丙基醚（17.68%）、己烷（14.33%）、乙酸乙酯（4.56%）、2-壬烯醇（4.30%）、己醛（2.84%）、3-甲基戊烷（1.98%）、戊醛（1.72%）、乙醛（1.45%）、2-己烯醛（1.45%）、2-丁酮（1.11%）等（周围等，2008）。

曹杏：果实扁圆形，顶部较凹，平均果重 35g。果皮底色橙黄色，阳面鲜红霞，皮较薄，茸毛少。果肉橙黄色，柔软致密，纤维极少，汁多，味甜，香气较浓，品质极佳。离核。水蒸气蒸馏法提取的甘肃景泰产'曹杏'果实香气的主要成分为，乙醇（32.07%）、乙酸乙酯（14.36%）、乙醛（3.01%）、2- 壬烯醇（1.98%）、己醛（1.69%）、甲苯（1.44%）、1,2- 二甲基苯（1.18%）等（周围等，2008）。顶空固相微萃取法提取的甘肃产'曹杏'杏果实香气的主要成分为，香茅醇（26.00%）、己醇（15.00%）、乙烯（12.00%）、(*E*)-2- 己烯醛（5.30%）、L-α- 萜品醇（4.60%）、己醛（3.50%）、2,2- 二甲基 -3- 羟基丙醛（2.20%）、芳樟醇（2.20%）、安息香醛（2.00%）、苯乙酸乙酯（1.70%）、2,4- 癸二烯酸丙酯（1.60%）、δ- 十一内酯（1.10%）、大马酮（1.10%）、5- 羟基 -7- 癸烯酸内酯（1.00%）、乙酸己酯（1.00%）、癸酸乙酯（1.00%）、橙花醇（1.00%）等（张波等，2008）。

串枝红：晚熟品种。果实卵圆形，果皮底色橙黄色，阳面紫红色。果肉橙黄色，肉质硬脆，纤维细，果汁少，味甜酸。离核，苦仁。顶空固相微萃取法提取的河北石家庄产'串枝红'杏新鲜商熟期果实香气的主要成分为，乙酸己酯（46.14%）、乙酸叶醇酯（29.69%）、(*Z*)-2- 己烯 -1- 醇乙酸酯（10.65%）、β- 紫罗兰酮（2.92%）、芳樟醇（2.81%）、β- 环柠檬醛（2.03%）、壬醛（1.69%）、6- 甲基 -5-(1- 甲基亚乙基)-6,8- 壬二烯 -2- 酮（1.52%）等；完熟期果实香气的主要成分为，乙醇（40.17%）、3- 羟基 -2- 丁酮（6.20%）、香叶基丙酮（4.90%）、2,6,6- 三甲基 -1- 环己烯 -1- 羧醛（3.02%）、6- 甲基 -5-(1- 甲基亚乙基)-6,8- 壬二烯 -2- 酮（1.92%）、乙酸己酯（1.45%）等（王端等，2021）。

大白油：新疆地方品种，平均单果重 16.00g。自动顶空萃取法提取的新疆轮台产'大白油'杏果实香气的主要成分为，乙酸己酯（26.43%）、β- 芳樟醇（23.57%）、乙酸丁酯（11.22%）、乙酸 -2- 己烯酯（8.17%）、乙酸 -3- 己烯 -1- 醇酯（5.32%）、乙酸丙酯（2.75%）、β- 月桂烯（2.02%）、癸醛（1.72%）、丁酸乙酯（1.58%）、己醛（1.47%）等（王华磊等，2009）。

大优佳：自动顶空萃取法提取的新疆轮台产'大优佳'杏果实香气的主要成分为，乙酸丁酯（22.00%）、乙酸 -3- 己烯 -1- 醇酯（14.62%）、β- 芳樟醇（11.98%）、乙酸己酯（9.20%）、3- 羟基 -2 - 丁酮（6.00%）、乙酸丙酯（5.10%）、己醛（3.40%）、β- 月桂烯（2.99%）、乙酸 -3- 甲基 -1- 丁酯（2.06%）、丁酸乙酯（1.89%）、*d*- 柠檬烯（1.66%）等（王华磊等，2009）。

旦杏：果实较大，平均单果重 75g。果皮橘黄色。果肉丰厚，肉质细嫩，甜酸可口。甜仁。自动顶空萃取法提取的新疆轮台产'旦杏'果实香气的主要成分为，β- 芳樟醇（62.60%）、乙酸（5.49%）、α- 萜品烯（3.24%）、乙酸丙酯（2.15%）、β- 顺式 - 罗勒烯（1.88%）、戊醛（1.69%）、乙酸丁酯（1.42%）、癸醛（1.39%）、*d*- 柠檬烯（1.36%）、己醛（1.29%）、β- 月桂烯（1.03%）等（王华磊等，2009）。

丰园红：果实卵圆形，平均单果重 62.0g。果皮底色橙黄色，阳面着片状浓红色。果肉较硬，肉质细密，纤维中等，汁液多。离核，甜仁。顶空固相微萃取法提取的河北石家庄产'丰园红'杏新鲜完熟果实香气的主要成分为，芳樟醇（19.94%）、乙醇（13.28%）、二氢 -β- 紫罗兰酮（9.06%）、3- 羟基 -2- 丁酮（4.83%）、苯乙烯（3.50%）、α- 松油醇（2.86%）、乙酸丁酯（2.74%）、乙酸异戊酯（2.60%）、香叶醇（1.83%）等（武晓红等，2020）。

郭西玉吕克：新疆地方品种。自动顶空萃取法提取的新疆轮台产'郭西玉吕克'杏成熟果实香气的主要成分为，乙酸丁酯（15.81%）、β- 芳樟醇（15.59%）、乙酸 -3- 己烯 -1- 醇酯（14.44%）、乙酸己酯（13.74%）、四氢 -3- 呋喃醇（5.73%）、β- 月桂烯（4.58%）、戊醛（4.03%）、己醛（3.07%）、丁酸芳樟酯（2.97%）、β- 顺式 - 罗勒烯（2.40%）、丁酸己酯（2.22%）、*d*- 柠檬烯（2.03%）、乙酸丙酯（1.92%）等（王华磊等，2009）。

黑叶（卡拉尤布尔玛玉吕克）： 果实椭圆形，平均单果重 38.5g。果皮黄绿色，阳面有片状红晕，果面光滑，无绒毛。果肉微香。甜仁。自动顶空萃取法提取的新疆轮台产'黑叶'杏成熟果实香气的主要成分为，β- 芳樟醇（22.66%）、乙酸 -3- 己烯 -1- 醇酯（12.98%）、四氢 -3- 呋喃醇（7.53%）、戊醛（6.66%）、β- 月桂烯（4.77%）、己醛（3.22%）、乙酸丙酯（2.76%）、d- 柠檬烯（2.65%）、β- 顺式 - 罗勒烯（2.65%）、α- 萜品烯（1.78%）、乙酸丁酯（1.40%）等（王华磊等，2009）。

红丰： 果实近圆形，果大，单重在 68.8g 左右。果皮为黄色，三分之二的果面为鲜红色。果肉橙黄色，肉质细嫩，汁液中等，口感好。半离核。水蒸气蒸馏法提取的'红丰'杏成熟果实香气的主要成分为，α- 萜品醇（4.81%）、罗勒烯醇（1.81%）、芳樟醇（1.02%）等（陈美霞等，2004）。

冀早红： 早熟新品种。平均单果重 63.5g，果皮底色橙黄色，果面 1/2 着片状红色，果面洁净靓丽。果肉橙黄色，完熟果肉软糯多汁，香甜可口。离核，甜仁。顶空固相微萃取法提取的河北石家庄产'冀早红'杏新鲜完熟果实香气的主要成分为，芳樟醇（43.48%）、苯乙烯（11.27%）、α- 萜品醇（7.63%）、香叶醇（5.79%）、3- 羟基 -2- 丁酮（4.88%）、橙花醇（2.41%）、乙酸丁酯（2.38%）、乙酸香叶酯（2.30%）、癸酸（2.19%）、β- 二氢紫罗兰酮（1.71%）、香叶基丙酮（1.28%）、β- 环柠檬醛（1.11%）等（王端等，2021）。

金荷： 以'子荷'为母本、'新世纪'为父本杂交育成的极早熟新品种。果实圆形，果顶凹入，果皮底色黄色，阳面稍有红晕，果点小而稀，果面洁净，平均单果重 58.5g。果肉黄色，软溶质，纤维中多，汁液多，风味酸甜可口。离核，苦仁。顶空固相微萃取法提取的河北石家庄产'金荷'杏新鲜商熟期果实香气的主要成分为，芳樟醇（34.17%）、乙酸己酯（24.79%）、乙酸叶醇酯（12.56%）、α- 萜品醇（4.84%）、乙醇（4.49%）、香叶醇（3.79%）、β- 环柠檬醛（3.30%）、(Z)-2- 己烯 -1- 醇乙酸酯（2.30%）、β- 紫罗兰酮（2.22%）、香叶基丙酮（1.99%）、橙花醇（1.45%）等；完熟果实香气的主要成分为，乙醇（16.25%）、芳樟醇（15.27%）、乙酸乙酯（12.39%）、3- 羟基 -2- 丁酮（5.76%）、乙酸异戊酯（5.40%）、癸酸乙酯（5.04%）、香叶醇（4.41%）、α- 萜品醇（2.73%）、乙酸苯乙酯（2.42%）、乙酸己酯（2.11%）、异戊醇（2.05%）、正己醇（1.67%）、苯乙醇（1.11%）、甲基壬基甲酮（1.02%）等（王端等，2021）。

金凯特： 以'凯特'为亲本，通过自然杂交实生选育而成的早熟品种。果实特大，卵圆形，平均单果重 119g，果顶微凹。果皮中厚，茸毛少，不易剥离，底色黄白，果面金黄色，光洁，阳面有红霞。果肉橘黄色，汁液多，肉质细嫩、脆，香气浓郁，风味酸甜可口，品质极佳。离核。顶空固相微萃取法提取的山东泰安产'金凯特'杏完熟期果实香气的主要成分（单位：μg/g）为，丁酸己酯（2.033）、(E)- 丁酸 -2- 己烯酯（1.811）、1- 己醇（1.768）、(E)-2- 己烯 -1- 醇（0.903）、乙酸己酯（0.897）、丁酸丁酯（0.896）、丁酸 -4- 己烯酯（0.813）、乙酸 -4- 己烯 -1- 醇（0.746）、乙酸 -2- 己烯 -1- 醇（0.549）、(Z)-3- 己烯 -1- 醇（0.457）、己酸乙酯（0.418）、丙酸 -2- 己烯 -1- 醇（0.391）、丁酸己酯（0.267）、丙酸己酯（0.244）、(E)- 丁酸 -3- 甲基 -2- 己烯酯（0.238）、(E)- 己酸 -2- 己烯酯（0.211）、己酸 -4- 己烯酯（0.201）、2- 己烯醛（0.189）、丁酸戊酯（0.161）、2- 甲基丙酸己酯（0.102）等（薛晓敏等，2016）。

金太阳（Golded Sun）： 早熟品种。单果重在 65～70g 之间。果实表面光滑，底部为金黄色，果肉为橙黄色，口感较好。顶空固相微萃取法提取的山东泰安产'金太阳'杏果实香气的主要成分为，顺 -2- 己烯 -1- 醇酯（25.62%）、顺 -3- 己烯 -1- 醇酯（25.49%）、1- 莰酮（3.89%）、4-(1- 甲基乙基) 苯甲醇（3.43%）、联二亚苯基（2.90%）、2,6,6- 三甲基 -1- 环己烯 -1- 甲醛（2.82%）、芳樟醇（2.29%）、4-(2,6,6- 三甲基 -1- 环

己烯 -1- 基)-2- 丁酮（2.02%）、6- 甲基 -5- 庚烯 -2- 酮（1.12%）、丙酸辛酯（1.07%）等（魏树伟等，2018）。用带捕集阱的静态顶空萃取法提取的山东泰安产'金太阳'杏完熟期果实香气的主要成分（单位：μg/g）为，乙酸己酯（1.767）、3,7- 二甲基 -1,6- 辛二烯 -3- 醇（0.845）、2- 己烯 -1- 醇乙酸酯（0.646）、(Z)-4- 己烯 -1- 醇己酸酯（0.605）、2- 甲基丙酸己酯（0.452）、2,4,4- 三甲基 -1- 己烯（0.271）、4- 叔丁基 -2-(1- 甲基 -2- 硝乙基) 环己酮（0.267）、丙基环丙烷（0.198）、(E)-2- 己烯 -1- 醇（0.191）、1-[2- 甲基 -3-(甲硫基)- 烯丙基]- 环 -2- 己烯醇（0.146）、(E)- 丁酸 -2- 己烯酯（0.136）等（尹燕雷等，2010）。顶空固相微萃取法提取的甘肃产'金太阳'杏果实香气的主要成分为，香茅醇（14.00%）、乙烯（13.00%）、己醇（10.00%）、(E)-2- 己烯醛（8.00%）、芳樟醇（7.00%）、2,4- 癸二烯酸丙酯（5.00%）、苯乙酸乙酯（4.00%）、乙酸己酯（3.20%）、氧化橙花醇（2.70%）、安息香醛（2.08%）、己醛（2.00%）、橙花醇（2.00%）、L-α- 萜品醇（1.90%）、2- 辛酮（1.60%）、6- 甲基 -5- 戊烯 -2- 酮（1.60%）、2,2- 二甲基 -3- 羟基丙醛（1.50%）、戊醛（1.40%）、大马酮（1.30%）、δ- 十一内酯（1.20%）、2,2,6- 三甲基 - 环己酮（1.00%）等（张波等，2008）。顶空固相微萃取法提取的山东泰安产'金太阳'杏成熟果实果肉香气的主要成分为，二羟乙酸（32.14%）、乙酸己酯（27.13%）、乙酸 -4- 己烯 -1- 酯（8.77%）、6- 甲基 -5- 烯基 -2- 庚酮（2.81%）、1,2- 邻苯二甲酸二乙酯（1.95%）、(E)-2- 己烯 -1- 醇（1.80%）、2-(1- 甲基乙基)- 环己烯（1.34%）、1- 甲氧基 -2-(1- 甲乙基)- 苯（1.00%）等（王少敏等，2007）。顶空固相微萃取法提取的辽宁熊岳产'金太阳'杏完熟果实香气的主要成分为，β- 环柠檬醛（34.01%）、顺 -2- 己烯醛（16.75%）、顺 - 乙酸 -3- 己烯酯（6.43%）、α- 松油醇（5.47%）、正己醛（5.29%）、乙酸己酯（2.75%）等（章秋平等，2020）。

凯特（Katy）： 美国品种。果实大，近圆形，顶部平滑，平均单果重 106g 之间。果皮橙黄色，阳面有红晕。果肉金黄色，肉质细嫩，汁液中多，味甜，品质上，离核，仁苦。顶空固相微萃取法提取的山东泰安产'凯特'杏完熟期果实香气的主要成分（单位：μg/g）为，乙酸己酯（1.212）、2,4,4- 三甲基 -1- 己烯（0.568）、4- 叔丁基 -2-(1- 甲基 -2- 硝乙基) 环己酮（0.500）、2- 己烯 -1- 醇乙酸酯（0.266）、2- 甲基丙酸己酯（0.226）、丙基环丙烷（0.198）、(Z)-10- 十四碳烯 -1- 醇乙酸酯（0.194）、3,7- 二甲基 -1,6- 辛二烯 -3- 醇（0.166）、丁酸乙酯（0.164）、2,5- 二甲基 -1,6- 庚二烯（0.148）、甲酸己酯（0.132）、1-[2- 甲基 -3-(甲硫基)- 烯丙基]- 环 -2- 烯醇（0.106）、碳酸烯丙基庚酯（0.106）、己酸乙酯（0.102）等（尹燕雷等，2010）。顶空固相微萃取法提取的河南产'凯特'杏成熟果实果肉果汁香气的主要成分为，十六酸（18.14%）、亚麻酸甲酯（14.06%）、亚油酸（11.49%）、罗勒烯醇（4.31%）、2- 己烯醛（4.01%）、α- 松油醇（3.21%）、玫瑰醚（2.73%）、苯乙醛（2.21%）、糠醛（2.16%）、5- 甲基糠醛（2.14%）、芳樟醇（2.07%）、苯甲酸（1.41%）、己醛（1.13%）、肉豆蔻酸（1.12%）、叶醇（1.11%）、苄醇（1.08%）、β- 苯乙醇（1.04%）等（张峻松等，2008）。同时蒸馏萃取法提取的山东泰安产'凯特'杏成熟果实香气的主要成分（单位：μg/g）为，芳樟醇（5.69）、α- 萜品醇（5.46）、十六酸（5.13）、α,4- 二甲基 -3- 环己烯 -1- 乙醛（1.88）、γ- 癸内酯（1.62）、乙烯基四氢 -2,6,6- 三甲基吡喃（1.13）、罗勒烯醇（1.01）、1- 甲基 -4-(1- 甲叉基)- 环己烷（0.81）、乙酸己酯（0.79）、氧化芳樟醇（0.55）等（陈美霞等，2006）。

库车拖咏： 新疆地方品种。自动顶空萃取法提取的新疆轮台产'库车拖咏'杏果实香气的主要成分为，β- 芳樟醇（20.65%）、乙酸 -3- 己烯 -1- 醇酯（16.60%）、乙酸己酯（11.47%）、乙酸丁酯（6.51%）、丁酸己酯（5.77%）、乙酸（5.75%）、乙酸丙酯（2.66%）、癸醛（1.73%）、丁酸乙酯（1.30%）、β- 顺式 - 罗勒烯（1.05%）、戊醛（1.03%）等（王华磊等，2009）。

库车小白杏（阿克西米西）： 果实广卵圆形，小型，平均单果重 19.7g。果面黄白色或淡橙色，光滑无毛。果肉黄白色，肉质细，味极甜，多汁，有香味。离核，甜仁。自动顶空萃取法提取的新疆轮台产

'库车小白杏'果实香气的主要成分为，乙酸己酯（30.08%）、β- 芳樟醇（19.36%）、乙酸 -3- 己烯 -1- 醇酯（14.44%）、乙酸丁酯（12.95%）、4,6(E),8(E)- 巨豆三烯（3.41%）、乙酸丙酯（3.18%）、β- 月桂烯（2.12%）、2- 羟基 - 丁酸乙酯（1.93%）、己醛（1.52%）、癸醛（1.02%）等（王华磊等，2009）。

库尔勒拖咏： 新疆地方品种，平均单果重 26.61g。自动顶空萃取法提取的新疆轮台产'库尔勒拖咏'杏果实香气的主要成分为，β- 芳樟醇（18.58%）、乙酸丁酯（17.98%）、乙酸 -3- 己烯 -1- 醇酯（11.07%）、乙酸己酯（5.61%）、丁酸 -4- 己烯 -1- 基酯（4.73%）、2- 羟基 - 丁酸乙酯（3.76%）、乙酸（2.57%）、乙酸丙酯（1.82%）、丁酸乙酯（1.80%）、β- 顺式 - 罗勒烯（1.07%）等（王华磊等，2009）。

库买提： 新疆地方品种。果肉厚，纤维少，果肉细腻滑润，香气浓郁，可溶性固形物含量高，甜酸适口。自动顶空萃取法提取的新疆轮台产'库买提'杏新鲜成熟果实香气的主要成分为，β- 芳樟醇（31.17%）、乙酸（10.48%）、乙酸丙酯（6.35%）、乙酸丁酯（5.40%）、癸醛（4.15%）、乙酸 -3- 己烯 -1- 醇酯（3.75%）、乙酸己酯（3.61%）、β- 月桂烯（2.93%）、β- 顺式 - 罗勒烯（2.34%）、2- 羟基 - 丁酸乙酯（2.20%）、己醛（1.52%）、d- 柠檬烯（1.19%）等（王华磊等，2009）。固相微萃取法提取的新疆轮台产'库买提'杏新鲜成熟果实香气的主要成分为，芳樟醇（12.23%）、月桂烯（11.37%）、右旋萜二烯（11.16%）、3,7- 二甲基 -1,3,6- 辛三烯（8.05%）、松油醇（7.02%）、2- 戊基吡啶（4.45%）、萜品油烯（4.39%）、6- 氮杂双环 [3.2.0] 庚 -7- 酮（4.17%）、三聚乙醛（2.85%）、戊二酸二 (1- 苯乙基) 酯（1.25%）等（陈雪等，2020）。

同时蒸馏乙醚正戊烷萃取的新疆乌鲁木齐产'库买提'杏干香气的主要成分为，2,6- 二叔丁基对甲酚（58.84%）、松油醇（3.74%）、邻苯二甲酸二异辛酯（3.67%）、芳樟醇（3.48%）、β- 紫罗兰酮（1.37%）、二十四烷（1.25%）、1,2,3,4- 四氢 -1,1,6- 三甲基萘（1.24%）、邻伞花烃（1.23%）、二十七烷（1.12%）等；二氯甲烷萃取的新疆乌鲁木齐产'库买提'杏干香气的主要成分为，芳樟醇（9.87%）、松油醇（9.71%）、脱氢二氢 -β- 紫罗兰酮（7.33%）、β- 紫罗兰酮（6.55%）、丁基羟基甲苯（5.46%）、1,2,3,4- 四氢 -1,1,6- 三甲基萘（4.41%）、邻苯二甲酸二丁酯（4.04%）、二十六烷（3.75%）、香叶醇（3.50%）、金合欢基丙酮（2.53%）、植醇（2.34%）、二十四烷（2.15%）、苦碟子醇（1.50%）、9,12,15- 十八三烯酸乙酯（1.41%）、二氢猕猴桃内酯（1.29%）、反式 -13- 十八烯酸甲酯（1.20%）、尤德斯马 -4(15),7- 二烯 -1β- 醇（1.14%）、1,2,3,4- 四氢 -1,6,8- 三甲基萘（1.07%）、(Z)-3,7- 二甲基 -2,6- 辛二烯 -1- 醇（1.04%）等；顶空固相微萃取法提取的杏干香气的主要成分为，β- 紫罗兰酮（18.80%）、二氢猕猴桃内酯（17.70%）、松油醇（10.48%）、芳樟醇（5.22%）、1,2- 二氢 -1,1,6- 三甲基萘（3.88%）、邻苯二甲酸二丁酯（3.77%）、香叶基丙酮（3.05%）、乙酸香叶酯（2.95%）、4,8- 二甲基 -1,7- 壬二烯 -4- 醇（2.66%）、香叶醇（2.55%）、2,6- 二甲基 -7- 辛烯 -2,6- 二醇（2.01%）、2- 甲基 -4-(2,6,6- 三甲基环己 -1- 烯基) 丁 -2- 烯 -1- 醇（1.51%）、5- 甲基 -2-(1- 甲基乙烯基)-4- 己烯 -1- 醇乙酸酯（1.47%）、壬基 -2- 甲基丁酸酯（1.15%）、顺式芳樟醇氧化物（1.03%）等（陈琪等，2020）。固相微萃取法提取的新疆轮台产'库买提'60℃热风干制 10h 杏干香气的主要成分为，右旋萜二烯（19.50%）、月桂烯（11.68%）、芳樟醇（11.52%）、萜品油烯（10.11%）、3,7- 二甲基 -1,3,6- 辛三烯（9.37%）、三聚乙醛（5.95%）、6- 氮杂双环 [3.2.0] 庚 -7- 酮（5.58%）、2- 戊基吡啶（5.47%）、α- 萜品烯（1.89%）、萜品烯（1.39%）、二氢猕猴桃内酯（1.34%）、β- 紫罗兰酮（1.18%）等；60℃热风干制 40h 杏干香气的主要成分为，呋喃甲醛（28.21%）、月桂烯（6.87%）、三聚乙醛（6.46%）、右旋萜二烯（6.08%）、3,7- 二甲基 -1,3,6- 辛三烯（5.59%）、芳樟醇（3.74%）、萜品油烯（3.74%）、2- 戊基吡啶（3.65%）、β- 紫罗兰酮（2.86%）、6- 氮杂双环 [3.2.0] 庚 -7- 酮（1.59%）、β- 环柠檬醛（1.29%）、二氢猕猴桃内酯（1.15%）、松油醇（1.03%）等（陈雪等，2020）。

奎克皮曼： 新疆地方品种。果实球形，平均单果重 28.78g。果肉甜，多汁，离核。自动顶空萃取法提取的新疆轮台产'奎克皮曼'杏果实香气的主要成分为，β-芳樟醇（22.34%）、乙酸己酯（17.77%）、乙酸-3-己烯-1-醇酯（12.84%）、乙酸丁酯（10.90%）、乙酸（4.81%）、2-羟基-丁酸乙酯（3.82%）、β-月桂烯（2.78%）、乙酸丙酯（2.40%）、癸醛（1.58%）、β-顺式-罗勒烯（1.14%）等（王华磊等，2009）。

魁金： 果实大型，近圆形，平均单果重 89.1g，果形端正，果顶渐凸。果皮橙黄色，果面光洁。果肉黄色，汁液中多，肉质细，纤维很少，不溶质，有香气，风味酸甜可口，品质上等。果核小，离核，苦仁。用带捕集阱的静态顶空萃取法提取的山东泰安产'魁金'杏完熟期果实香气的主要成分（单位：µg/g）为，2-己烯-1-醇乙酸酯（5.479）、乙酸己酯（4.370）、(Z)-4-己烯-1-醇乙酸酯（1.256）、3,7-二甲基-1,6-辛二烯-3-醇（0.754）、亚硫酸，环己烷基甲基庚酯（0.205）、2,4,4-三甲基-1-己烯（0.116）等（尹燕雷等，2010）。

兰州大接杏（大接杏）： 甘肃名优特产。果实圆形或卵圆形，平均单果重 84g，果皮底色黄色，阳面红色，并有明显的朱砂点。果肉金黄色，肉质细，柔软多汁，味甜香浓郁，纤维少，品质极佳。离核或半离核，甜仁。水蒸气蒸馏法提取的甘肃景泰产'兰州大接杏'果实香气的主要成分为，己烷（20.14%）、乙醇（3.85%）、丁酸-3,7-二甲基-2,6-辛二烯酯（3.24%）、己醛（2.55%）、甲苯（2.36%）、乙酸乙酯（1.89%）、2-己烯醛（1.61%）、甲基异丙基醚（1.30%）、3-甲基戊烷（1.23%）、甲酸丙酯（1.21%）、戊醇（1.04%）等（周围等，2008）。顶空固相微萃取法提取的甘肃兰州产'兰州大接杏'果实香气的主要成分为，己醇（26.00%）、(E)-2-己烯醛（18.00%）、乙烯（12.00%）、己醛（11.00%）、苯乙酸乙酯（8.70%）、2-辛酮（2.60%）、大马酮（2.40%）、香茅醇（2.00%）、5,6-环氧化物-β-紫罗兰酮（1.90%）、L-α-萜品醇（1.84%）、芳樟醇（1.80%）、乙酸己酯（1.02%）等（张波等，2008）。

兰州青皮： 顶空固相微萃取法提取的甘肃产'兰州青皮'杏果实香气的主要成分为，香茅醇（31.00%）、乙烯（12.00%）、苯乙酸乙酯（10.00%）、己醛（8.00%）、大马酮（6.40%）、(E)-2-己烯醛（6.00%）、己醇（5.00%）、芳樟醇（4.00%）、δ-十一内酯（3.30%）、乙酸己酯（1.70%）、橙花醇（1.60%）、L-α-萜品醇（1.50%）、6-甲基-5-戊烯-2-酮（1.30%）等（张波等，2008）。

李广杏（敦煌李广杏、李光杏）： 新疆和田一带经过长期自然驯化和人工培养，在敦煌形成的一个特殊品种。果实近圆形，果大，平均单果重 45g。果皮金黄色，色泽油光鲜亮。皮薄肉多核小，味美汁多，果肉蜜甜，香气四溢。水蒸气蒸馏法提取的甘肃敦煌产'李广杏'果实香气的主要成分为，己烷（15.66%）、2-丁氧基乙醇（9.65%）、2-壬烯醇（9.23%）、己醛（4.43%）、1-甲基环戊烷（3.04%）、甲基异丙基醚（2.92%）、乙醇（1.84%）、丁醇（1.74%）、乙酸乙酯（1.71%）、甲苯（1.22%）、丁酸-3,7-二甲基-2,6-辛二烯酯（1.21%）、2-甲氧基乙醇（1.17%）、乙酸丁酯（1.11%）、丙酮（1.00%）等（周围等，2008）。顶空固相微萃取法提取的甘肃产'李光杏'果实香气的主要成分为，己醛（16.00%）、香茅醇（15.00%）、乙烯（13.00%）、己醇（9.00%）、(E)-2-己烯醛（7.00%）、芳樟醇（4.00%）、2-辛酮（3.70%）、乙酸己酯（3.60%）、2,4-癸二烯酸丙酯（3.00%）、大马酮（2.30%）、δ-十一内酯（2.00%）、苯乙酸乙酯（2.00%）、6-甲基-5-戊烯-2-酮（1.50%）、L-α-萜品醇（1.50%）、2,2-二甲基-3-羟基丙醛（1.40%）、安息香醛（1.20%）、橙花醇（1.20%）等（张波等，2008）。顶空固相微萃取法提取的新疆产'李光杏'成熟果实香气的主要成分（单位：mg/mL）为，2-己烯醛（7.20）、正己醛（5.35）、芳樟醇（4.03）、α-松油醇（2.37）、2-甲基-3-庚酮（1.04）、甲氧基苯基-肟（0.73）、1-己醇（0.65）、β-紫罗兰酮（0.60）、香叶醇（0.53）、2-丙胺（0.51）、(E)-3-己烯-1-醇（0.48）、(Z)-3-己烯-1-醇-乙酸（0.34）、β-紫罗兰醇（0.26）、(E,E)-2,4-己二烯醛（0.26）、邻苯二甲酸二丁酯（0.24）、(E)-2-己烯-1-醇（0.23）、苯乙醛（0.21）、β-环柠檬醛（0.21）等；低温压榨杏汁香气的主要成分为，芳樟醇（16.43）、α-松油醇（13.09）、香叶醇（4.41）、(*E*)-2-己烯醛（4.10）、1-己醇（3.44）、邻苯二甲酸二丁酯（2.97）、1,4-二甲氧基-2-甲基-5-(丙-1-烯-2-基)苯（1.60）、α-紫罗兰烯（1.58）、紫罗兰酮（1.42）、十六烷酸（1.35）、1,2,3,4-四氢-1,4,6-三甲基萘（1.24）、苯甲醛（1.23）、邻苯二甲酸二异丁酯（1.09）、2-甲基-3-庚酮（1.04）、顺式-香叶醇（1.01）等（孔丽洁等，2023）。

李杏： 水蒸气蒸馏法提取的甘肃景泰产'李杏'果实香气的主要成分为，乙醇（10.33%）、甲基异丙基醚（7.86%）、3-甲基戊烷（2.86%）、2-己烯醛（2.74%）、甲苯（2.56%）、乙酸乙酯（2.44%）、己醇（1.57%）、苯（1.34%）、己醛（1.30%）、乙醛（1.24%）等（周围等，2008）。

鲁杏1号： 从杂种实生苗中筛选出的早熟优系品种。果实椭圆形，平均单果质量108g。果皮橘红色。果肉黄色，肉质细嫩多汁，具香气。离核，仁苦。顶空固相微萃取法提取的山东泰安产'鲁杏1号'杏成熟果实果肉香气的主要成分为，二羟乙酸（41.89%）、二乙基邻苯二甲酸酯（1.65%）、2-苯并噻吩（1.64%）、苯甲醛（1.57%）、5*H*-苯并环庚烯（1.36%）等（王少敏等，2007）。

鲁杏2号（巨杏1号）： 从杂种实生苗中筛选出的品种。果实近球形，大果，平均单果质量121.4g。果面黄色，阳面具红晕。果肉金黄色，汁液中多，风味酸甜，品质中上。离核。顶空固相微萃取法提取的山东泰安产'鲁杏2号'杏成熟果实果肉香气的主要成分为，乙醇（43.65%）、顺-3-己烯基-乙酸酯（1.22%）、乙酸己酯（1.11%）等（王少敏等，2007）。

鲁杏3号： 以金太阳杏和巴旦杏为亲本杂交培育出的早熟品种。果实椭圆形，平均单果重80.1g。果面黄色，阳面着红晕。果肉黄色，肉厚核小，汁液较多，甜酸适度，味浓芳香，风味极佳，品质上。离核，甜仁。顶空固相微萃取法提取的山东泰安产'鲁杏3号'杏果实香气的主要成分（单位：μg/g）为，(*E*)-乙酸-2-己烯-1-酯(0.094)、2-氨基-6-甲基苯甲酸(0.081)、乙醇(0.072)、乙酸己酯(0.066)、(*Z*)-乙酸-3-己烯-1-酯(0.065)、乙酸(0.056)、3-壬醇(0.042)、(*E*)-2-己烯-1-醇(0.039)、*n*-己烷(0.032)、(*E*)-2-己烯醛(0.027)、醇醛(0.021)、芳樟醇(0.020)、2,3,5,6-四甲基苯酚(0.012)、十六烷(0.010)等（魏树伟等，2019）。

鲁杏4号： 以'金太阳'为母本、'巴旦水杏'为父本杂交培育出的早熟品种。果实椭圆形，平均单果质量86.8g。果皮底色黄色，阳面具红晕。果肉金黄色，汁液丰富，酸甜可口，风味浓郁。离核，仁甜。顶空固相微萃取法提取的山东泰安产'鲁杏4号'杏果实香气的主要成分（单位：μg/g）为，(*E*)-2-己烯-1-醇(0.103)、(*E*)-2-己烯醛(0.096)、(*Z*)-乙酸-3-己烯-1-酯(0.088)、(*E*)-乙酸-2-己烯-1-酯(0.074)、乙醇(0.068)、乙酸己酯(0.059)、2-氨基-6-甲基苯甲酸(0.046)、*n*-己烷(0.037)、3-壬醇(0.036)、己醛(0.034)、芳樟醇(0.016)、二乙羟基甲烷(0.012)、十六烷(0.011)、2,3,5,6-四甲基苯酚(0.011)等（魏树伟等，2019）。

鲁杏6号： 以'金太阳'杏为母本、'巴旦水杏'为父本杂交选育而成的早熟品种。果实椭圆形，平均单果质量86.6g。果皮底色黄色，阳面着红晕。果肉金黄色，汁液丰富，酸甜可口，风味浓郁。离核，仁甜。顶空固相微萃取法提取的山东泰安产'鲁杏6号'杏果实香气的主要成分为，乙酸己酯（60.72%）、丙酸辛酯（11.14%）、芳樟醇（4.94%）、2-己烯-1-醇（4.09%）、β-紫罗兰酮（2.72%）、邻苯二甲酸二乙酯（2.21%）、乙酸乙酯（2.08%）、乙酸丁酯（1.73%）等（魏树伟等，2018）。

骆驼黄： 早熟。果实圆形，果顶平，微凹，平均单果重49.5g。果皮底色橙黄，阳面着红色，色泽鲜艳。果肉黄色，肉厚，肉质较细软，汁中多，味甜酸，品质上等；离核或半离核，甜仁。自动顶空萃取法提取的新疆轮台产'骆驼黄'杏果实香气的主要成分为，顺式-β-萜品醇（37.59%）、乙酸-3-己烯-1-醇酯

（19.03%）、乙酸己酯（8.84%）、乙酸丁酯（7.04%）、2-羟基-丁酸乙酯（6.02%）、β-月桂烯（3.28%）、β-顺式-罗勒烯（3.20%）、d-柠檬烯（1.93%）、乙酸（1.74%）等（王华磊等，2009）。

木隆杏： 自动顶空萃取法提取的新疆轮台产'木隆杏'果实香气的主要成分为，乙酸丁酯（28.90%）、β-芳樟醇（24.25%）、乙酸-3-己烯-1-醇酯（7.16%）、β-月桂烯（5.99%）、己醛（5.78%）、乙酸己酯（5.11%）、β-顺式-罗勒烯（2.63%）、乙酸丙酯（2.58%）、d-柠檬烯（2.08%）、乙酸-3-甲基-1-丁酯（1.68%）等（王华磊等，2009）。

赛买提： 果实椭圆形，平均单果重28.5g。果皮底色橙黄色，着片状红晕，果面光滑无毛。果肉橘黄色，肉质细腻软甜，纤维含量较多，汁液中等，微香，半溶质，离核，仁甜。自动顶空萃取法提取的新疆轮台产'赛买提'杏果实香气的主要成分为，β-芳樟醇（33.88%）、乙酸-3-己烯-1-醇酯（11.28%）、β-月桂烯（9.38%）、己醛（5.54%）、乙酸己酯（4.76%）、β-顺式-罗勒烯（4.19%）、d-柠檬烯（3.70%）、α-萜品烯（1.58%）、乙酸丙酯（1.45%）、3-羟基-2-丁酮（1.19%）等（王华磊等，2009）。顶空固相微萃取法提取的新疆库车产'赛买提'杏成熟果实香气的主要成分为，环己烯（9.06%）、间戊二烯（8.55%）、环己酮（4.90%）、2-乙基己醇（3.96%）、棕榈酸（2.82%）、十八烷酸（2.63%）、乙酸丁酯（2.40%）等（杨婷婷等，2016）。

香白： 果实圆形，果顶圆，平均单果重41.2g。果皮底色黄白，阳面稍带红晕或红色斑点，茸毛较少。果肉黄白色，肉质细，汁多，纤维少，味酸甜，有特有的香味。离核，甜仁。顶空固相微萃取法提取的河北石家庄产'香白'杏新鲜完熟果实香气的主要成分为，芳樟醇（32.36%）、乙酸丁酯（8.80%）、α-萜品醇（7.16%）、乙酸乙酯（7.14%）、乙醇（6.69%）、香叶醇（6.45%）、香叶基丙酮（4.50%）、乙酸异戊酯（3.33%）、乙酸香叶酯（2.99%）、橙花醇（2.63%）、癸酸乙酯（2.50%）、β-环柠檬醛（1.32%）、β-紫罗兰酮（1.25%）、苯乙醇（1.01%）等（王端等，2021）。顶空固相微萃取法提取的河北廊坊产'香白'杏果汁香气的主要成分（单位：μg/L）为：乙酸乙酯(86.69)、1-己醇(73.73)、芳樟醇(67.05)、邻苯二甲酸二异丁酯(63.99)、1-十二醇(20.63)、3-甲基-1-丁醇乙酸酯(17.55)、3-甲基-1-丁醇(15.08)、苯甲醛(13.33)、α-松油醇(10.57)等（陈颖等，2019）。

小白杏： 新疆南疆地区种植最为广泛的杏品种之一。果皮鹅黄色，皮薄肉厚，味甜多汁。顶空固相微萃取法提取的新疆库车产'小白杏'新鲜成熟果实果肉香气的主要成分（单位：μg/kg）为，2-糠酸乙酯(1076.16)、芳樟醇(1011.72)、苯甲醛(957.34)、α-松油醇(470.74)、γ-癸内酯(276.13)、(E)-2-己烯醛(69.73)、5-甲基-2-(1-甲基乙烯基)-4-己烯-1-醇乙酸酯(54.47)、二氢-β-紫罗兰酮(49.96)、β-紫罗兰酮(39.32)、茶螺烷(37.94)、d-柠檬烯(33.00)、间二甲苯(27.40)、α-松油烯(25.27)、月桂烯(22.76)、糠醛(19.22)、水杨酸乙酯(18.73)、γ-辛内酯(15.81)、δ-癸内酯(15.42)、(±)-2-蒎烯(14.19)、α-紫罗兰酮(13.88)、乙苯(13.52)、正己醛(11.31)等（赵彩等，2023）。

新世纪： 采用有性杂交与胚胎培养技术育成的早熟品种。果实卵圆形，平均单果重68.2g。果皮底色橙黄色，果面粉红色。肉质细，香气浓郁，风味极佳，品质上等。离核。水蒸气蒸馏法提取的'新世纪'杏成熟果实香气的主要成分为，α-萜品醇（10.52%）、芳樟醇（3.92%）、香叶醇（3.86%）、γ-癸内酯（3.84%）、罗勒烯醇（3.06%）、橙花醇（1.45%）、(E)-2-己烯-1-醇（1.38%）等（陈美霞等，2004）。同时蒸馏萃取法提取的'新世纪'杏成熟果实香气的主要成分（单位：μg/g）为，芳樟醇(7.105)、9,12,15-十八三烯酸甲酯(5.860)、α-萜品醇(3.522)、γ-癸内酯(2.888)、(E)-2-己烯醛(2.441)、γ-十二内酯(2.301)、乙酸己酯(1.625)、乙酸丁酯(1.148)、α,4-二甲基-3-环己烯-1-乙醛(1.059)、罗勒烯醇

（0.625）、乙酸 -2- 己烯酯（0.508）、法尼基丙酮（0.483）、己醛（0.326）、乙酸 -3- 己烯酯（0.288）、δ- 癸内酯（0.245）、8- 羟基芳樟醇（0.239）、氧化芳樟醇（0.208）、罗勒烯（0.188）、3,4,4α,5,6,7- 六氢 -1,1,4α- 三甲基 -2(1H)- 萘酮（0.148）、(E)-2- 己烯 -1- 醇（0.145）、柠檬烯（0.144）、月桂烯醇（0.136）、紫罗烯（0.121）、(E)- 橙花叔醇（0.117）、(Z)-2- 己烯醛（0.107）等（陈美霞等，2005）。顶空固相微萃取法提取的河北石家庄产'新世纪'杏新鲜完熟果实香气的主要成分为，乙酸己酯（21.49%）、芳樟醇（12.02%）、(Z)-2- 己烯 -1- 醇乙酸酯（7.48%）、香叶基丙酮（6.74%）、乙醇（6.41%）、乙酸乙酯（6.13%）、γ- 癸内酯（5.85%）、β- 二氢紫罗兰酮（4.35%）、β- 环柠檬醛（3.11%）、癸酸（2.74%）、β- 紫罗兰酮（2.70%）、香叶醇（1.99%）、α- 萜品醇（1.73%）、乙酸异戊酯（1.11%）等（王端等，2021）。

烟黄 2 号： 顶空固相微萃取法提取的辽宁熊岳产'烟黄 2 号'杏完熟果实香气的主要成分为，反 -2- 己烯醛（31.40%）、正己醛（8.49%）、芳樟醇（7.14%）、乙酸己酯（5.58%）、β- 紫罗兰醇（4.40%）、顺 - 乙酸 -3- 己烯酯（4.23%）、乙酸丁酯（3.51%）、反 -2- 己烯 -1- 醇（2.83%）、β- 紫罗兰酮（2.68%）、α- 松油醇（1.78%）、6- 甲基 -5- 庚烯 -2- 酮（1.49%）等（章秋平等，2020）。

银香白： 农家品种。果实圆形，果顶平微凹，平均单果重 59.1～71.8g。果皮底色浅黄白，蜡质中等，茸毛中多，厚度中等，较脆，难剥离。果肉黄白色，近核部位肉色白，汁中等，肉质细，纤维少，味酸甜，有香味。离核，甜仁。顶空固相微萃取法提取的辽宁熊岳产'银香白'杏完熟果实香气的主要成分为，反 -2- 己烯醛（48.63%）、反 - 乙酸 -3- 己烯酯（11.55%）、正己醛（8.90%）、乙酸己酯（5.49%）、β- 紫罗兰酮（2.16%）等（章秋平等，2020）。

张公圆杏： 果实偏卵圆形，果顶平，微凹，平均单果重 80.0g。果皮橙黄色，阳面着鲜红色，茸毛少，果皮中厚，难剥离。果肉橙黄色，肉质硬脆，纤维细、少，汁中多，味甜酸。半离核，仁甜，品质上。水蒸气蒸馏法提取的甘肃景泰产'张公圆杏'果实香气的主要成分为，乙醇（17.95%）、2- 丁酮（4.74%）、乙酸 -2- 己烯酯（4.02%）、乙酸乙酯（3.15%）、己辛醚（2.94%）、丙酮（2.34%）、2,5- 呋喃二酮（2.16%）、苯（2.10%）、辛醛（2.06%）、乙醛（1.77%）、1- 甲基 -4 异丁基苯（1.76%）、己醛（1.30%）、十二烷（1.18%）、戊醇（1.08%）等（周围等，2008）。

珍珠油杏： 果实椭圆形，平均单果重 26.3g。果皮底色为橙黄色，半透明，壳薄，着色均匀，表面光滑。果肉橙黄色，韧、硬，味浓甜，富含香气，品质极佳，离核，极宜加工。静态顶空萃取法提取的山东泰安产'珍珠油杏'成熟果实香气的主要成分为，乙酸己酯（35.62%）、乙酸 -(E)-2- 己烯酯（34.73%）、乙酸 -(Z)-3- 己烯酯（11.98%）、β- 紫罗兰酮（5.79%）、6- 甲基 -5- 庚烯 -2- 酮（1.41%）、γ- 癸内酯（1.31%）、(E)-2- 己烯醛（1.02%）等（王海波等，2011）。

子荷： 果实扁圆形，果形端正，平均单果重 37.5g，果顶平。果皮黄色，无斑点。果肉橙黄色，肉质略粗，纤维稍多，汁液中多，味甜，有香气，品质上。离核，核小，仁苦。顶空固相微萃取法提取的河北石家庄产'子荷'杏新鲜商熟期果实香气的主要成分为，乙醇（14.44%）、3,5- 二叔丁基苯酚（12.82%）、乙酸叶醇酯（12.57%）、3- 羟基 -2- 丁酮（9.70%）、乙酸乙酯（6.62%）、乙酸丁酯（5.74%）、芳樟醇（5.51%）、乙酸己酯（4.17%）、β- 环柠檬醛（3.80%）、壬醛（1.71%）、乙酸（1.03%）等；完熟期果实香气的主要成分为，乙酸己酯（25.39%）、乙酸乙酯（14.15%）、乙醇（11.70%）、香叶基丙酮（7.67%）、乙酸丁酯（7.49%）、乙酸叶醇酯（5.69%）、乙酸（3.92%）、芳樟醇（3.03%）、β- 紫罗兰酮（2.40%）、β- 环柠檬醛（2.26%）、壬醛（1.95%）、(Z)-2- 己烯 -1- 醇乙酸酯（1.16%）、γ- 辛内酯（1.02%）等（王端等，2021）。

1.8 梅

梅子为蔷薇科李属植物梅的果实，别名：乌梅、酸梅、青梅、白梅、梅实、台汉梅、黄仔、春梅，学名：*Prunus mume* Siebold & Zucc，全国各地均有分布。梅原产中国，在我国已有三千多年的栽培历史，是亚热带特产果树。以生产果实为栽培目的的梅称果梅，果梅品种有 200 多个，其中引进品种 7 个。根据完熟果实色泽可将果梅品种分为白梅、青梅和红梅 3 个大类。

梅图 1

梅图 2

梅图3

梅干图

　　小乔木，稀灌木，高4～10m。叶片卵形，长4～8cm，宽2.5～5cm。花单生或有时2朵同生于1芽内，香味浓，花瓣白色至粉红色。果实近球形，直径2～3cm，黄色或绿白色，被柔毛，味酸；果肉与核粘贴；核椭圆形。花期冬春季，果期5～6月（在华北果期延至7～8月）。喜温暖、湿润环境，喜阳光，耐寒，耐旱，怕水涝。需在肥沃疏松土壤中栽培。

　　新鲜梅果实可作水果食用，是一种南方特有的水果，具有独特的酸、甜、苦味带清香气。梅果营养丰富，含有糖、果胶、多糖、维生素、有机酸、多种氨基酸、脂类、无机盐和有机酸，还含有人体所需的多种微量元素，如铁、钙、锰等，具有极高的药用价值和保健功能，具低糖高酸、合理的磷钙比、强生理碱，能中和酸性食物使血液成微碱性，利于身体健康。梅果是一种药食两用资源，具有生津止渴、开胃健脾、消除疲劳、调节肠胃等多种保健功能。果实可盐渍或干制，可加工制成多种食品，如话梅、乌梅、梅酱、梅脯、糖青梅、陈皮梅、青梅酒。果肉（乌梅）药用，有敛肺、涩肠、生津、安蛔的功效，用于肺虚久咳、久泻久痢、便血、尿血、崩漏、虚热消渴、蛔厥呕吐腹痛、胆道蛔虫病；外用可治白癜风和鸡眼。乌梅是由成熟或者近成熟的果实经烟火熏制或烘制而成的，它性平温，味酸涩，具有敛肺化痰、止痢断疟、温胆生津和消肿解毒等功效。梅是我国国家卫生健康委员会规定的药食两用的品种之一，它除作药用外，还可加工成饮料和果脯等休闲食品，其功效与乌梅相同。梅果实的香气成分分析报道不多。

白粉梅： 果实近圆形，大小较整齐，平均单果重 24.3g。果皮黄绿色，朝阳面带有少量红晕，果面有白色茸毛。果肉细脆，风味浓酸，无苦涩味。固相微萃取法提取的福建诏安产'白粉梅'新鲜商熟期果实果肉香气的主要成分为，二氢香茅醇（29.76%）、2- 己烯醛（17.40%）、己醇（15.27%）、己醛（14.71%）、丁酸乙酯（11.65%）、壬醛（6.64%）、2- 己烯 -1- 醇（3.43%）、松油醇（2.55%）、辛醛（1.69%）、芳樟醇（1.66%）、六氢假紫罗兰酮（1.56%）、2- 乙基 -1- 己醇（1.45%）、顺 -α,α,5- 三甲基 -5- 乙烯基四氢化呋喃 -2- 甲醇（1.15%）、反式 - 罗勒烯醇（1.13%）等（姜翠翠等，2021）。

东青（大青梅，绿梅）： 果实圆形，平均单果重 21.7g。果皮青绿色，阳面偶有红晕。果肉较厚，质脆，汁较多，浓酸，无苦涩味，有香气，果核中大，品质上乘。是鲜食加工兼用品种。顶空固相微萃取法提取的浙江上虞产'东青'青梅九成熟新鲜果实香气的主要成分为，1- 己醇（46.23%）、芳樟醇（14.95%）、苯甲醇（13.56%）、苯甲醛（5.04%）、丁子香酚（4.63%）、乙酸己基酯（2.50%）、香叶醇（2.34%）、5- 甲基 -5- 辛烯 -1- 醇（2.24%）、乙酸丁酯（1.48%）、2- 莰烯（1.48%）、4-(2,6,6- 三甲基 - 环己 -1- 烯基)-2- 丁醇（1.18%）等（林钥铭等，2014）。

杭梅： 福建上杭传统主栽果树，已有 600 多年栽培加工历史。杭梅加工的乌梅最为著名。果实大，肉厚，低糖高酸，核小，皮薄，色泽亮，酸甜可口。固相微萃取法提取的福建诏安产'杭梅'新鲜商熟期果实果肉香气的主要成分为，2- 己烯醛（19.07%）、乙酸丁酯（13.91%）、2,6- 二甲基 -3,7- 辛二烯 -2,6- 二醇（13.75%）、丁酸乙酯（11.11%）、顺 -2- 己烯 -1- 醇（10.52%）、己醛（8.41%）、己醇（6.93%）、己酸乙酯（6.89%）、3- 己烯 -1- 醇乙酸酯（5.76%）、2- 己烯 -1- 醇乙酸酯（4.61%）、己酸丁酯（2.96%）、顺 -α,α-5- 三甲基 -5- 乙烯基四氢化呋喃 -2- 甲醇（2.87%）、丁酸丁酯（2.72%）、3,6- 二氢 -4- 甲基 -2-(2- 甲基 -1- 丙烯基）-2H- 吡喃（2.59%）、丁酸 -2- 己烯酯（2.33%）、松油醇（2.19%）、反式 - 罗勒烯醇（1.45%）、丁酸 -3- 己烯酯（1.32%）、三 (三甲硅烷氧基) 硅醇（1.23%）、十二烷（1.00%）等（姜翠翠等，2021）。

龙眼梅： 果实扁球形，果皮绿色，成熟时浅黄色。果肉较厚，并带有淡淡的香气，味道甘甜。固相微萃取法提取的福建诏安产'龙眼梅'新鲜商熟期果实果肉香气的主要成分为，脱氢芳樟醇（18.83%）、己醛（12.10%）、2- 己烯醛（9.65%）、芳樟醇（7.71%）、2- 乙基 -1- 己醇（3.94%）、己醇（3.61%）、松油醇（3.48%）、4,4,6,6- 四甲基 - 双环 [3.1.0]-2- 烯 - 十六烷（2.93%）、三 (三甲硅烷氧基) 硅醇（2.29%）、氧化芳樟醇（2.18%）、甲苯（2.17%）、10- 炔 - 十一酸（2.10%）、甲氧基苯基肟（2.05%）、安息香醛（1.95%）、辛醛（1.76%）、反式 - 罗勒烯醇（1.72%）、2,2- 二甲基 -5-(1- 甲基 -1- 丙烯基) 四氢呋喃（1.62%）、1- 辛烯 -3- 醇（1.38%）、癸醛（1.17%）、3- 辛酮（1.03%）、3,6- 二氢 -4- 甲基 -2-(2- 甲基 -1- 丙烯基)-2H- 吡喃（1.01%）等（姜翠翠等，2021）。

青佳二号： 晚熟。果实圆形，平均单果重 29.2g。果皮深绿色。果肉厚，质紧细，汁多，味酸，无苦涩味。核小，品质上等。顶空固相微萃取法提取的江苏南京产'青佳二号'青梅成熟过程果实香气的主要成分为（为最大值和最小值的平均值），3,7- 二甲基 -1,5,7- 辛三烯 -3- 醇（15.10%）、2- 己烯醛（11.70%）、顺 -α,α,5- 三甲基 -5- 乙烯基四氢化呋喃 -2- 甲醇（10.45%）、苯甲醛（10.20%）、2,6- 二甲基 -5,7- 辛二烯 -2- 醇（8.75%）、乙酸丁酯（8.20%）、顺 -2- 庚烯醛（7.70%）、3,6- 二氢 -4- 甲基 -2-(2- 甲基 -1- 丙烯基)-2H- 吡喃（7.70%）、辛醛（4.40%）、反 -2- 辛烯醛（4.30%）、柠檬烯（4.10%）、反 - 丁酸 -2- 己烯酯（3.00%）、顺 -

丁酸 -3- 己烯酯（2.95%）、2,6- 二甲基 -2,7- 辛二烯 -1,6- 二醇，（2.90%）、顺 -2- 己烯 -1- 醇（2.50%）、丁酸己酯（2.50%）、辛酸正丁酯（2.50%）、γ- 癸内酯（2.20%）、壬醛（2.15%）、反 -2,6- 二甲基 -1,3,5,7- 辛烷四烯（2.05%）、2- 莰烯（2.00%）、己醛（1.95%）、$\alpha,\alpha,4$- 三甲基 -3- 环己烯 -1- 甲醇（1.75%）、1- 甲基 -4-(1- 甲基乙烯基) 苯（1.60%）、顺 -3,7- 二甲基 -1,3,6- 十八烷三烯（1.40%）、6- 甲基 -5- 庚烯 -2- 酮（1.20%）、3,7- 二甲基 -1,6- 辛二烯 -3- 醇（1.20%）、$\alpha,4$- 二甲基 -3- 环己烯 -1- 乙醛（1.20%）、顺 -7- 十四烯醛（1.20%）、反 -6,10- 二甲基 -5,9- 十一碳二烯 -2- 酮（1.15%）等（李甄等，2017）。

青竹梅：果实圆球形，尖端弯钩凸起。果皮青绿色。肉质脆，软绵，轻微苦味，酸味足，无香味。核小。固相微萃取法提取的福建诏安产'青竹梅'新鲜商熟期果实果肉香气的主要成分为，己酸乙酯（13.30%）、丙酸 -2- 甲基 - 丁基酯（13.18%）、乙酸丁酯（12.43%）、己酸丁酯（9.53%）、十一醛（9.07%）、丁酸乙酯（8.03%）、2- 己烯醛（6.67%）、己醛（5.54%）、己醇（5.18%）、丁酸丁酯（4.86%）、螺内酯（4.55%）、反式 - 罗勒烯醇（3.87%）、3- 己烯 -1- 醇乙酸酯（3.27%）、松油醇（2.62%）、2- 乙基 -1- 己醇（2.25%）、庚酸 -3- 己烯基酯（2.17%）、2- 甲基丁酸（2.17%）、1-(3,5,5- 三甲基 -2- 环己烯 -1- 亚基)-2- 丙酮（1.79%）、萜烯（1.76%）、丁酸 -2- 己烯酯（1.58%）、γ- 十二内酯（1.49%）、甲苯（1.49%）、顺 -$\alpha,\alpha,5$- 三甲基 -5- 乙烯基四氢化呋喃 -2- 甲醇（1.48%）、2,2- 二甲基 -5-(1- 甲基 -1- 丙烯基) 四氢呋喃（1.34%）、芳樟醇（1.17%）、紫罗兰酮（1.09%）、月桂烯醇（1.05%）、安息香醛（1.02%）等（姜翠翠等，2021）。

软条红梅：浙江重点推广品种。果实圆形，平均单果重 20.55g。果皮底色浅绿，阳面紫红色约占全果面 1/3。果肉脆，味酸带苦味。汁少。果肉味苦不宜鲜食，是加工话梅、乌梅干等的良种。顶空固相微萃取法提取的江苏南京产'软条红梅'成熟过程果实香气的主要成分（为最大值和最小值的平均值）为，2- 己烯醛（20.55%）、顺 -2- 庚烯醛（5.45%）、顺 -α,α-5- 三甲基 -5- 乙烯基四氢化呋喃 -2- 甲醇（4.65%）、2,6- 二甲基 -2,7- 辛二烯 -1,6- 二醇（4.45%）、水杨酸甲酯（4.35%）、顺 -2- 己烯 -1- 醇（4.25%）、3,7- 二甲基 -1,6- 辛二烯 -3- 醇（4.15%）、己醛（4.10%）、反 -2- 辛烯醛（3.50%）、壬醛（3.10%）、苯甲醛（3.05%）、3,7- 二甲基 -1,5,7- 辛三烯 -3- 醇（2.95%）、$\alpha,\alpha,4$- 三甲基 -3- 环己烯 -1- 甲醇（2.95%）、3,6- 二氢 -4- 甲基 -2-(2- 甲基 -1- 丙烯基)-2H- 吡喃（2.55%）、反 - 丁酸 -2- 己烯酯（2.40%）、$\alpha,4$- 二甲基 -3- 环己烯 -1- 乙醛（2.25%）、2,6- 二甲基 -5,7- 辛二烯 -2- 醇（1.95%）、柠檬烯（1.90%）、辛醛（1.75%）、1- 十二烯（1.65%）、肉豆蔻醛（1.65%）、顺 -3,7- 二甲基 -1,3,6- 十八烷三烯（1.45%）、反 -6,10- 二甲基 -5,9- 十一碳二烯 -2- 酮（1.45%）、顺 -7- 十四烯醛（1.40%）、2- 乙烯基四氢 -2,6,6- 三甲基 -2H- 吡喃（1.35%）、6- 甲基 -5- 庚烯 -2- 酮（1.20%）、苯乙烯（1.00%）、1- 甲基 -4-(1- 甲基乙烯基) 苯（1.00%）等（李甄等，2017）。

青梅（品种不明）：顶空固相微萃取法提取的广东潮州产青梅新鲜果实香气的主要成分为，苯甲醛（66.57%）、乙酸丁酯（10.28%）、正己醇（2.43%）、2- 乙基己醇（1.83%）、乙酸己酯（1.25%）等（赵笑梅等，2013）。顶空固相微萃取法提取的浙江长兴产青梅新鲜成熟果实香气的主要成分为，乙酸己酯（42.84%）、乙酸丁酯（31.39%）、乙酸叶醇酯（7.08%）、芳樟醇（3.66%）、乙酸反 -2- 己烯酯（2.12%）、丁酸丁酯（1.76%）等（贾卫民等，2011）。顶空固相微萃取法提取的福建产青梅新鲜八成熟果实香气的主要成分为，苯乙烯（24.18%）、苯乙酮（21.18%）、异氰酸基环己烷（13.32%）、乙二醇单丁醚（11.79%）、乙醛（8.26%）、1- 己醇（7.97%）、α,α- 二甲基苯甲酸（6.41%）、十二甲基环六硅氧烷（3.30%）、亚乙基环丙烷（2.57%）、2- 甲基四氢呋喃（1.08%）等（高敏等，2010）。同时蒸馏萃取法提取的广东潮州产青梅新鲜果实果肉香气的主要成分（单位：μg/g）为，亚油酸（4.52）、苯甲醛（4.08）、棕榈酸（3.73）、邻苯二甲酸二异辛酯（3.48）、二十九烷（2.04）、乙酸丁酯（0.95）、芳樟醇（0.68）、角鲨烯（0.40）、罗勒醇（0.37）、己酸己酯（0.29）、苯甲醇（0.28）、亚麻酸（0.28）、乙酸己酯（0.27）、脱氢芳樟醇（0.25）、丁酸乙酯

（0.25）、油酸酰胺（0.25）、γ-癸内酯（0.21）等（丁超等，2011）。

乌梅： 同时蒸馏萃取法提取的乌梅果肉香气的主要成分为，糠醛（44.09%）、乙醇（12.71%）、苯甲醛（11.31%）、乙酸（7.33%）、十六酸（6.65%）、5-甲基糠醛（3.34%）、苯甲醇（2.08%）、乙酸乙酯（1.41%）、丁香酚（1.11%）等（苗志伟等，2011）。水蒸气蒸馏法提取的四川乐山马边产乌梅果实香气的主要成分为，十六碳酸（27.42%）、苯甲酸（20.37%）、亚油酸（13.92%）、邻苯二甲酸二乙酯（4.24%）、9,12,15-十八碳三烯酸甲酯（4.18%）、苯甲醇（1.47%）、2,6-二异丙基苯酚（1.43%）、对乙烯基苯酚（1.34%）、糠醛（1.29%）、邻苯二甲酸二丁酯（1.28%）、己二酸二辛酯（1.14%）、2,3,5-三甲氧基甲苯（1.13%）、十四碳酸（1.08%）等（任少红等，2004）。同时蒸馏萃取法提取的广东潮州产乌梅果肉香气的主要成分（单位：μg/g）为，3-甲基硅氧基苯酚（32.79）、棕榈酸（29.09）、2,6-二甲氧基苯酚（27.41）、9-二十炔（23.72）、亚油酸（18.24）、4-丙基联苯（17.48）、苯甲醛（16.99）、薁烯（15.34）、糠醛（14.71）、4-烯丙基-2,6-二甲氧基苯酚（13.62）、4-乙基愈创木酚（11.02）、4-甲基愈创木酚（10.69）、对甲基苯酚（10.64）、菲（10.64）、荧蒽（9.77）、1,2,3,4,4a,9,10,10a-八氢-1,4a-二甲基-7-异丙基-1-菲羧酸甲酯（8.03）、9-芴酮（7.06）、十八烷（7.00）、愈创木酚（6.35）、3,5-二甲基苯酚（5.81）、1,7-二甲基菲（5.75）等（丁超等，2011）。同时蒸馏萃取法提取的广东潮州产烟熏乌梅果肉香气的主要成分为，邻苯二甲酸二异辛酯（24.29%）、糠醛（14.15%）、棕榈酸（13.61%）、亚油酸（8.55%）、亚麻酸（8.02%）、苯甲醛（1.98%）、芘（1.50%）、3-(三甲基硅氧基)苯酚（1.37%）、苯甲醇（1.35%）、菲（1.30%）、1,8,10-十三碳三烯（1.28%）、薁烯（1.25%）、4-丙基联苯（1.09%）等（丁超等，2012）。溶剂萃取法提取的广西南宁产乌梅浸膏香气的主要成分为，2H-吡喃-2-酮（58.02%）、衣康酸酐（11.17%）、顺-11-十八碳烯酸（4.75%）、苯甲醇（3.20%）、亚油酸（2.44%）、棕榈酸（2.21%）、对苯二酚（2.10%）、5-羟甲基糠醛（1.44%）、糠醛（1.22%）、苯甲酸（1.19%）等（徐石磊等，2013）。顶空固相微萃取法提取的乌梅香气的主要成分为，苯甲醛（48.45%）、崖柏酮（6.63%）、糠醛（6.32%）、壬醛（5.10%）、苯甲醇（4.31%）、桉油精（3.82%）、苯酚（1.99%）、右旋萜二烯（1.88%）、2-甲基丁酸（1.79%）、乙酸苄酯（1.59%）等（李书帆等，2021）。

1.9 樱桃

《中国植物志》已将蔷薇科樱属（*Cerasus*）修订为李属（*Prunus*），商品樱桃的水果实际上包括了原产于中国的中国樱桃、欧洲甜樱桃、毛樱桃、黑樱桃等植物的果实。樱桃为大众喜食水果之一，营养丰富，樱桃铁的含量较高，每百克鲜果中含铁量多达 5.9mg，居于水果首位；维生素 A 含量比葡萄、苹果、橘子多 4～5 倍；胡萝卜素含量比葡萄、苹果、橘子多 4～5 倍；此外，樱桃中还含有维生素 B、维生素 C 及钙、磷等。每 100g 含蛋白质 1.4g，脂肪 0.3g，糖 8g，碳水化合物 14.4g，粗纤维 0.4g，钙 18mg，磷 18mg，胡萝卜素 0.15mg，硫胺素 0.04mg，核黄素 0.08mg，尼可酸 0.4mg，抗坏血酸 900mg，钾 258mg，钠 0.7mg，镁 10.6mg。果实还可制罐头、果汁、糖浆、糖胶及果酒。樱桃一般人群均可食用，适用于脾胃虚寒、便溏腹泻、食欲缺乏、贫血、乏力者，以及痛风、关节炎、慢性肝炎病人。果实也可药用，味甘、酸，性微温，能益脾胃，滋养肝肾，止泻，有生津、开胃、利尿的功效。注意樱桃不宜多吃，因为含有较多的铁和一定量的氰苷，若食用过多会引起铁中毒或氰化物中毒。另外，有溃疡症状者、上火者，慎食；肾功能不全、少尿者慎食；糖尿病者忌食；有热性病及虚热咳嗽、便秘者忌食。

樱桃图 1

樱桃图 2

樱桃图 3

欧洲甜樱桃 [*Prunus avium* (L.)L.] 又名车厘子、甜樱桃、大樱桃、欧洲樱桃等。原产欧洲及亚洲西部，现欧亚及北美久经栽培，品种亦多，我国东北、华北等地引种栽培。我国市面上常见'那翁''福寿''滨库''黄玉''大紫'属于本系统。乔木，高达25m。叶片椭圆形，花瓣白色。核果近球形或卵球形，红色至紫黑色，直径1.5～2.5cm。花期4～5月，果期6～7月。欧洲甜樱桃果型大，风味优美，可生食或制罐头，樱桃汁可制糖浆、糖胶及果酒。不同品种欧洲甜樱桃果实香气的研究报道结果如下。

欧洲甜樱桃图

布鲁克斯（Brooks）： 美国早熟品种。果实扁圆形，果个大，平均单果重9.5g，果顶平，稍凹陷，果皮浓红油亮有光泽，底色淡黄，肉质脆硬，风味极甜，肉厚核小，含糖量高达17%。顶空固相微萃取法提取的山东泰安产'布鲁克斯'樱桃新鲜成熟果实香气的主要成分为，乙醇（54.67%）、乙酸己酯（2.54%）、3-异丁基-6-烯-1-辛醇（1.93%）、(*E*)-2-己烯-1-醇（1.89%）等（王家喜等，2009）。

红宝石（Cherry）： 原产加拿大。果实肾脏形，果个大，平均单果重8g，大小均匀。果皮橘红色，色泽艳丽。果肉硬而脆，肥厚，皮薄，多汁味甜。顶空固相微萃取法提取的山东泰安产'红宝石'樱桃新鲜成熟果实香气的主要成分为，乙醇（54.20%）、乙酸己酯（2.05%）、蚁酸己酯（1.64%）、3-异丁基-6-烯-1-辛醇（1.61%）、(*E*)-2-己烯-1-醇（1.60%）等（王江勇等，2009）。

红灯（Hongdeng）： 栽培广泛的优良品种。果实肾形，果个大小整齐，平均单果重9.6g；果皮浓红至紫红色，有鲜艳光泽。果肉红色，肉肥厚，质较软，多汁，风味酸。顶空固相微萃取法提取的河北秦皇岛产'红灯'樱桃成熟期果实香气的主要成分为，苯甲醛（27.31%）、苯甲醇（21.84%）、乙酸乙酯（20.83%）、(*E*)-2-己烯醇（7.91%）、乙酸甲酯（5.12%）、(*E*)-乙酸-2-己烯-1-醇酯（3.73%）、乙醇（2.36%）、己醛（2.17%）、(*E*)-2-己烯醛（1.67%）、α-紫罗烯（1.04%）等（秦玲等，2010）。顶空固相微萃取法提取的'红灯'樱桃成熟期果实香气的主要成分为，反-1,4-己二烯（18.86%）、己醛（17.15%）、2-己烯醛（15.47%）、(*E*)-2-乙烯-1-醇（11.31%）、1-己醇（5.53%）、乙醇（4.47%）、(*E,E*)-2,4-己二烯醛（3.50%）、己酸乙酯（2.99%）、3,3,4,4-四氟-1,5-己二烯（2.90%）、苯甲醛（2.58%）、1-己烯-3-醇（1.50%）、(*E*)-2-甲基-1,3-戊二烯（1.13%）、己酸（1.07%）、7-亚甲基-9-氧杂二环[6.1.0]-2-壬烯（1.03%）等（张序等，2005）。顶空固相微萃取法提取的山东泰安产'红灯'樱桃完熟期果实香气的主要成分为，

（*E*）-2- 己烯醛（48.67%）、乙醇（15.02%）、（*E*）-2- 己烯 -1- 醇（11.09%）、己醛（4.53%）、苯甲醛（2.54%）、苯甲醇（2.13%）、（*Z*）-2- 戊烯 -1- 醇（1.70%）、（*E,E*）-2,4- 己二烯醛（1.70%）、1- 戊醇（1.14%）等（张序等，2007）。顶空固相微萃取法提取的四川越西产'红灯'樱桃成熟果实香气的主要成分（单位：μg/g）为，1- 己醛（13894.63）、（*E*）-2- 己烯醛（10765.39）、3- 己烯醇（912.47）、香叶基丙酮（387.41）、苯甲醛（324.82）、*β*- 大马士酮（300.13）、橙花醇（276.43）、DL- 薄荷醇（253.38）、2- 乙基 -1- 己醇（203.80）、壬醛（201.87）、里哪醇（196.85）、癸醛（101.13）、*α*- 松油醇（94.70）、6- 甲基 -5- 庚烯 -2- 酮（73.39）、苯甲酸 -2- 乙基己酯（51.32）、甲醇（24.74）、苯乙醛（17.97）等（邱爽等，2021）。顶空固相微萃取法提取的山东烟台产'红灯'樱桃新鲜成熟果实香气的主要成分（单位：μg/L）为：（*E*）-2- 己烯醛（16837.31）、己醛（10863.26）、苯甲醛（3767.45）、香叶基丙酮（1556.58）、里哪醇（907.02）、2- 乙基 -1- 己醇（530.12）、DL- 薄荷醇（499.41）、苯乙醛（456.96）、苯甲醇（368.06）、*α*- 松油醇（287.23）、壬醛（282.69）、香叶醇（272.85）、苯甲酸 -2- 乙基己酯（257.80）、雪松醇（185.80）、苯甲酸苄酯（170.59）、癸醛（163.67）、1- 苯基 -1- 戊酮（112.99）、乙酸香叶酯（105.40）等（邱爽等，2021）。

巨红（13-38）： 以'那翁'×'黄玉'杂交育成的中熟、黄色品种。果大整齐，平均单果重10.25g。果实宽心脏形，果皮浅黄色，向阳面着鲜红晕，有较明显的斑点，外观鲜艳有光泽。果肉浅黄色，质硬脆，肥厚汁多，风味酸甜。顶空固相微萃取法提取的河北秦皇岛产'巨红 (13-38)'樱桃成熟期果实香气的主要成分为，*β*- 石竹烯（48.52%）、顺 - 氧化芳樟醇（8.46%）、葎草烯（4.61%）、乙醇（4.34%）、乙酸乙酯（2.78%）、（*Z*）-3- 己烯 -1- 醇（2.18%）、（*E*）-2- 己烯醇（1.86%）、戊酸乙酯（1.82%）、*α*- 新丁香三环烯（1.71%）、己醇（1.65%）、月桂烯醇（1.63%）、*β*- 月桂烯（1.55%）、顺式 - 罗勒烯（1.48%）、1,5- 二乙烯基 -2,3- 二甲基环己烷（1.37%）、反式 - 罗勒烯（1.26%）、*d*- 柠檬烯（1.25%）、芳樟醇（1.22%）、桉叶醇（1.00%）等（秦玲等，2010）。

拉宾斯（Lapins）： 加拿大品种。果实近圆形或卵圆形，平均单果重 8g，果皮紫红色，厚而韧，有光泽。果肉红色，肥厚硬脆、多汁，酸甜适口，风味酸甜可口，品质好。顶空固相微萃取法提取的山东烟台产'拉宾斯'樱桃新鲜成熟果实香气的主要成分为，乙醇（21.11%）、己醛（12.11%）、（*E*）-2- 己烯 -1- 醇（10.48%）、2- 己烯醛（9.40%）、1- 己醇（9.04%）、（*E,E*）-2,4- 己二烯醛（2.14%）、（*E*）-1- 己烯 -3- 醇（1.52%）、乙酸乙酯（1.32%）等（张序等，2014）。

雷尼（Rainier）： 美国中晚熟品种。果实宽心脏形，底色浅黄，阳面呈鲜红色，光泽性好。果实大，平均果重 10g。果肉黄白色，肉质脆，风味酸甜，品质佳。顶空固相微萃取法提取的山东烟台产'雷尼'樱桃新鲜成熟果实香气的主要成分（单位：μg/L）为，（*E*）-2- 己烯醛（9305.22）、己醛（6572.49）、里哪醇（2166.62）、2- 乙基 -1- 己醇（451.88）、*β*- 大马士酮（335.08）、苯甲醛（332.60）、香叶醇（258.22）、橙花醇（258.22）、水杨酸甲酯（232.93）、壬醛（229.65）、香叶基丙酮（218.44）、DL- 薄荷醇（142.25）、苯甲醇（127.9）、癸醛（92.01）、6- 甲基 -5- 庚烯 -2- 酮（67.68）、（*E,E*）-2,4- 己二烯醛（61.83）、*α*- 紫罗兰酮（49.55）、苯甲酸 -2- 乙基己酯（48.84）、辛醛（28.95）等（邱爽等，2021）。

玛瑙红樱桃： 贵州毕节地区地方早熟品种。果形椭圆形，玛瑙状，平均单果重 4.3g。果皮紫红色，果肉厚重，甜酸可口。有"中国南方樱桃之王"之称。顶空固相微萃取法提取的贵州贵阳产'玛瑙红樱桃'新鲜完熟果实香气的主要成分为，苯甲醛（61.20%）、反式 -2- 己烯醇（17.43%）、1- 正己醇（5.40%）、己醛（4.69%）、反式 -2- 己烯醛（4.16%）等（田竹希等，2022）。

美早（Tieton）： 美国品种。果实宽心脏形，大小整齐，果顶稍平。果肉硬，平均单果重9.4g；果皮红色至紫红色，充分成熟时为紫色。果肉红色，肉肥厚，质脆多汁，酸甜适口，品质好。设施主栽品种。顶空固相微萃取法提取的山东泰安产'美早'樱桃新鲜成熟果实香气的主要成分（单位：μg/kg）为，反 -2- 己烯 -1- 醇（992.16）、正己醇（555.55）、2- 己烯醛（387.59）、己醛（158.43）、顺 -2- 己烯 -1- 醇乙酸酯（157.54）、苯甲醇（86.38）、芴（54.51）、氧芴（50.40）、乙醇（49.76）、邻苯二甲酸二乙酯（30.11）、癸醛（20.90）、反 -2- 丁酸己酯（19.70）、联苯撑（19.62）、乙基己醇（17.75）、异丙烯基萘（17.61）、反 - 丙酸 -2- 己烯 -1- 醇（14.93）、β- 罗勒烯（14.83）、壬醛（12.22）等（吴澎等，2017）。顶空固相微萃取法提取的山东烟台产'美早'樱桃新鲜成熟果实香气的主要成分（单位：μg/L）为：3- 甲基 -1- 戊醛（3919.56）、己醛（3513.12）、(E)-2- 己烯醛（2497.48）、异香叶醇（1469.11）、香茅醇（967.22）、4- 己烯 -1- 醇乙酸酯（885.89）、苯甲醛（392.71）、乙酸香叶酯（378.97）、β- 大马士酮（378.49）、里哪醇（368.49）、苯甲醇（351.01）、壬醛（329.01）、3- 己烯醇（323.89）、癸醛（259.44）、香叶基丙酮（257.90）、4- 乙烯基愈创木酚（257.52）、脱氢二氢 -β- 紫罗兰酮（249.93）、2- 乙基 -1- 己醇（233.43）、DL- 薄荷醇（208.15）、苯甲酸乙酯（174.96）、甲酸己酯（147.29）、苯乙醛（144.69）、反式 -2- 壬酮（126.43）、6- 甲基 -5- 庚烯 -2- 酮（124.57）、香叶醇（123.65）、橙花醇（118.88）、乙酸己酯（112.95）等（邱爽等，2021）。

萨米脱（砂蜜豆，Summit）： 加拿大品种。果实长心脏形，平均单果重 9g，果皮浓红色，有光泽，皮薄而韧。肉硬，多汁，风味浓，品质好。顶空固相微萃取法提取的河北山海关产'萨米脱'樱桃新鲜果实香气的主要成分为，反式 -2- 己烯醛（43.77%）、苯甲醇（13.92%）、己醛（12.33%）、反式 -2- 己烯醇（5.78%）、苯甲醛（3.83%）、顺式 -3- 己烯醛（2.43%）、甲氧基苯基肟（1.83%）、4,6- 二叔丁基甲酚（1.19%）等（罗枫等，2016）。顶空固相微萃取法提取的山东烟台产'萨米脱'樱桃新鲜成熟果实香气的主要成分（单位：μg/L）为，己醛（15550.73）、(E)-2- 己烯醛（12968.03）、香叶基丙酮（848.02）、β- 大马士酮（823.25）、里哪醇（492.81）、2- 乙基 -1- 己醇（358.83）、苯甲醛（288.51）、脱氢二氢 -β- 紫罗兰酮（247.39）、DL- 薄荷醇（239.03）、壬醛（235.90）、癸醛（222.16）、橙花醇（152.65）、α- 松油醇（119.86）、6- 甲基 -5- 庚烯 -2- 酮（63.52）、辛酸乙酯（60.42）、苯甲酸 -2- 乙基己酯（40.09）等（邱爽等，2021）。

斯坦拉（Stella）： 果实心脏形，平均单果重 7.1g。果皮紫红色，光泽艳丽。果肉淡红色，质地致密，多汁，甜酸爽口，风味佳。果皮厚韧。顶空固相微萃取法提取的山东烟台产'斯坦拉'樱桃新鲜成熟果实香气的主要成分为，乙醇（21.25%）、(E)-2- 己烯 -1- 醇（9.72%）、己醛（9.43%）、1- 己醇（7.07%）、2- 己烯醛（5.64%）、苯甲醛（4.52%）、苯甲醇（3.61%）、3- 甲基 -3- 丁烯 -1- 醇（1.53%）、乙酸乙酯（1.10%）等（张序等，2014）。

先锋（Van）： 加拿大中熟品种，果实大型，平均单果重 7g，果实球形至肾脏形。果皮浓红色，光泽艳丽。果肉玫瑰红色，肉质脆硬，酸甜适中可口，风味好。顶空固相微萃取法提取的山东烟台产'先锋'樱桃新鲜成熟果实香气的主要成分为，(E)-2- 己烯 -1- 醇（13.48%）、乙醇（12.44%）、己醛（9.95%）、1- 己醇（9.77%）、2- 己烯醛（8.90%）、(E,E)-2,4- 己二烯醛（1.92%）、(E)-1- 己烯 -3- 醇（1.79%）、己酸乙酯（1.44%）等（张序等，2014）。顶空固相微萃取法提取的山东烟台产'先锋'樱桃新鲜成熟果实香气的主要成分（单位：μg/L）为，己醛（5275.49）、(E)-2- 己烯醛（4979.93）、壬醛（299.38）、DL- 薄荷醇（258.51）、2- 乙基 -1- 己醇（219.41）、香叶基丙酮（197.19）、苯甲醛（174.49）、苯甲醇（129.19）、癸醛（125.10）、6- 甲基 -5- 庚烯 -2- 酮（87.13）、脱氢二氢 -β- 紫罗兰酮（74.17）、香叶醇（72.03）、苯乙烯（69.54）、对甲基苯酚（57.78）、β- 大马士酮（49.31）、(E,E)-2,6- 壬二醛（38.79）、辛酸乙酯（38.08）、苯乙醛（31.41）、1- 苯基 -1- 戊酮（29.61）、α- 松油醇（27.21）、苯乙醇（21.86）、甲酸辛酯（20.97）、1- 十一烷醇（15.41）等（邱爽等，2021）。

中国樱桃 [*Prunus pseudocerasus* (Lindl.) G. Don] 又名樱桃、莺桃、荆桃、楔桃、英桃、牛桃、樱珠、含桃、玛瑙等。分布于辽宁、黑龙江、吉林、内蒙古、河北、陕西、山西、甘肃、宁夏、青海、山东、河南、江苏、浙江、江西、四川、云南、西藏等地。乔木，叶片卵形，花瓣白色。核果近球形，红色，直径 0.9～1.3cm。花期 3～4 月，果期 5～6 月。本种在我国久经栽培，品种颇多。不同品种中国樱桃果实香气的主要成分结果如下。

大乌娄叶： 地方早熟品种。果形大而整齐，平均单果重 2.5g。果皮中厚，暗紫红色。果肉嫩红，果汁多而甘甜，香气浓郁，品质上等。顶空固相微萃取法提取的山东枣庄产'大乌娄叶'樱桃新鲜成熟果实香气的主要成分为，2- 己烯醛（35.43%）、乙醇（18.52%）、苯甲醛（11.23%）、乙酸（7.61%）、(E)-2- 己烯 -1- 醇（4.58%）、己醛（4.09%）、(E,E)-2,4- 己二烯醛（2.06%）、1- 戊醇（1.98%）、苧烯（1.83%）、异胡薄荷酮（1.81%）、3- 羟基 -2- 丁酮（1.22%）等（张序等，2021）。

水晶（黄玉、油皮子、马鞭子）： 果实宽心形，平均重量 3.6g。果皮橘红色，阳面带鲜红。果肉黄色，肉质细嫩多汁，味道甜美。顶空固相微萃取法提取的山东烟台产'水晶'樱桃新鲜成熟果实香气的主要成分（单位：μg/L）为：苯甲醛（20443.40）、(E)-2- 己烯醛（9183.27）、己醛（9049.06）、2- 乙基 -1- 己醇（1040.38）、壬醛（269.82）、香叶基丙酮（257.90）、苯甲醇（248.13）、里哪醇（169.58）、橙花醇（137.42）、癸醛（133.13）、水杨酸甲酯（110.06）、6- 甲基 -5- 庚烯 -2- 酮（100.46）、DL- 薄荷醇（81.54）、β- 大马士酮（48.59）、α- 紫罗兰酮（42.37）、辛酸乙酯（38.79）、甲酸 -2- 乙基己酯（34.16）、α- 松油醇（26.25）、(E,E)-2,4- 庚二烯醛（24.07）、雪松醇（11.95）等（邱爽等，2021）。

滕县大红樱桃： 果实圆球形，果顶圆而稍平，偏小，平均单果重 1.5g。果皮橙红色，有光泽。果肉橙黄色，果汁中多，味甜微酸，有香味，粘核或半粘核，品质上等。顶空固相微萃取法提取的山东枣庄产'滕县大红樱桃'新鲜成熟果实香气的主要成分为，2- 己烯醛（39.00%）、乙醇（15.10%）、苯甲醛（13.05%）、乙酸（8.80%）、(E)-2- 己烯 -1- 醇（5.19%）、己醛（4.35%）、(E,E)-2,4- 己二烯醛（2.12%）、3- 羟基 -2- 丁酮（1.79%）、1- 戊醇（1.13%）、乙酸乙酯（1.05%）、(Z)-3- 己烯醛（1.05%）等（张序等，2021）。

意大利红（EarlyBudm）： 果实中大，平均单果重 6.5g。果形钝圆锥形，果皮紫红色、厚。果肉红色，近核处色深，较软，味酸甜，汁中少，肉质粗，品质中等。半粘核。顶空固相微萃取法提取的山东烟台产'意大利红'樱桃新鲜成熟果实香气的主要成分（单位：μg/L）为，苯甲醛（20309.57）、(E)-2- 己烯醛（10401.13）、己醛（10282.34）、里哪醇（2596.41）、3- 己烯醇（994.27）、α- 松油醇（933.25）、脱氢二氢 -β- 紫罗兰酮（876.10）、β- 大马士酮（875.13）、香叶醇（861.55）、苯乙醛（840.55）、DL- 薄荷醇（806.07）、2- 乙基 -1- 己醇（634.55）、壬醛（399.74）、苯甲醇（389.29）、香叶基丙酮（379.57）、癸醛（360.51）、6- 甲基 -5- 庚烯 -2- 酮（324.62）、1- 十一烷醇（118.26）、苯甲酸苄酯（113.48）、甲酸 -2- 乙基己酯（111.03）、苯乙酸乙酯（108.27）等（邱爽等，2021）。

佐藤堇（Sato）： 原产日本的晚熟品种。个头大，向阳处呈红色，背光处白中带黄。果肉多，硬，口感脆甜，不酸。顶空固相微萃取法提取的山东烟台产'佐藤堇'樱桃新鲜成熟果实香气的主要成分（单位：μg/L）为，己醛（6527.49）、(E)-2- 己烯醛（6377.52）、4- 己烯 -1- 醇乙酸酯（1295.81）、香叶基丙酮（706.22）、里哪醇（426.87）、苯甲醛（397.93）、壬醛（281.26）、2- 乙基 -1- 己醇（213.84）、苯甲酸乙酯（207.95）、DL- 薄荷醇（199.49）、苯乙酸乙酯（192.68）、香叶醇（190.76）、橙花醇（190.76）、癸醛（186.04）、苯甲酸 -2- 乙基己酯（157.54）、雪松醇（150.23）、苯甲酸苄酯（136.42）、β- 大马士酮（132.88）、苯乙醛（123.67）、6- 甲基 -5- 庚烯 -2- 酮（120.22）、苯甲醇（118.22）、α- 紫罗兰酮（103.48）、1- 十一烷醇（101.32）、苯乙烯（94.12）、对甲基苯酚（73.77）、1- 苯基 -1- 戊酮（54.04）等（邱爽等，2021）。

黑樱桃 [*Prunus maximowiczii* (Rupr.) Kom.] 又名深山樱。原产于北美，广泛分布于美国。果实卵球形，成熟后变黑色，纵径 7～8mm，横径 5～6mm。果实可生食，也可酿酒或制果汁、饮料等。'黑珍珠'是黑樱桃的中晚熟品种。果实肾形，果个大。果皮商熟期红色，完熟时紫黑色，有光泽。果肉稍软，肉质脆硬，味甜。固相微萃取法提取的重庆产'黑珍珠'樱桃新鲜成熟果实香气的主要成分为，苯甲醛（27.99%）、己醛（24.65%）、(*E*)-2- 己烯酮（24.62%）、(*Z*)-2- 己烯醇（11.45%）、乙醇（4.52%）、己醇（2.63%）、柠檬烯（1.11%）等（谢超等，2011）。顶空固相微萃取法提取的山东烟台产'黑珍珠'樱桃新鲜成熟果实香气的主要成分（单位：μg/L）为，(*E*)-2- 己烯醛（7739.44）、己醛（5916.66）、苯甲醛（588.88）、3- 己烯醇（543.29）、香叶基丙酮（363.72）、壬醛（355.71）、里哪醇（334.27）、DL- 薄荷醇（188.52）、β- 大马士酮（163.77）、癸醛（152.60）、苯甲醇（149.20）、橙花醇（143.14）、6- 甲基 -5- 庚烯 -2- 酮（93.39）、(*E,E*)-2,4- 己二烯醛（61.83）、α- 松油醇（56.85）、苯甲酸苄酯（54.22）、雪松醇（53.05）、2- 十二烯醇（50.74）、苯甲酸 -2- 乙基己酯（50.48）、辛酸乙酯（49.37）、月桂醛（31.62）等（邱爽等，2021）。

毛樱桃（*Prunus tomentosa* Thunb.） 又名山樱桃、梅桃、山豆子、樱桃，分布于黑龙江、吉林、辽宁、内蒙古、河北、山西、陕西、甘肃、宁夏、青海、山东、四川、云南、西藏。果实近球形，红色，直径 0.5～1.2cm。果实微酸甜，可食及酿酒。索氏法提取的云南玉溪产毛樱桃新鲜成熟果实香气的主要成分为，2,3,4,5,6,7- 六羟基庚醛（20.62%）、5- 羟甲基 -2- 甲醛 - 呋喃（16.55%）、六氢 -[3,2-*b*] 呋喃 -3,6- 二醇（6.12%）、甲酰胺（5.82%）、苯甲醛（4.45%）、苯并吡喃 -2- 酮（3.49%）、2- 呋喃甲醛（2.82%）、2- 羟基丁二酸（2.35%）、6- 甲氧甲基 -2,3,4,5- 四羟基 - 四氢化吡喃（1.74%）、*N*- 羟基 -3- 半酰亚胺硫代酸 -3,4,5- 三羟基 -6- 甲氧基 - 四氢吡喃 -2- 酯（1.14%）等（杨新周等，2014）。

毛樱桃图

1.10 欧李

欧李为蔷薇科李属植物欧李的新鲜成熟果实，别名：郁李、乌拉奈、酸丁、钙果、高钙果，学名：*Prunus humilis* Bubge，分布于黑龙江、吉林、辽宁、内蒙古、河北、山东、河南。欧李已有 2000 多年的食用历史，历史上曾被作为贡品供给皇室享用。生物类群和果实类型繁多，果实有红色、黄色、紫色，果实的市场售价比较高。灌木，花瓣白色或粉红色。核果成熟后近球形，红色或紫红色，直径 1.5～1.8cm。花期 4～5 月，果期 6～10 月。喜较湿润环境，适应能力强，耐严寒，抗旱。

欧李果实鲜艳诱人，果味鲜美可口，是城市高档果的最佳选择。果实酸甜可口，香气浓郁，风味独特，营养丰富，其钙和铁的含量为水果之最，每 100g 果肉中含蛋白质 1.5g，维生素 C 47mg，钙 360mg，铁 58mg，还富含糖、B 族维生素以及人体所必需的多种微量元素及氨基酸。果实除鲜食外，也可以加工成果汁、果酒、果醋、果奶、罐头、果脯等食品。

欧李各品种果实的芳香成分如下：

欧李图

京欧Ⅱ：果实圆形，平均单果重 6.1g。果皮紫色，果肉红色。顶空固相微萃取法提取的北京产'京欧Ⅱ'欧李新鲜成熟果实香气的主要成分为，辛酸正丁酯（11.67%）、乙酸己酯（8.39%）、3- 甲基 -3- 丁烯乙酸酯（7.93%）、乙酸丁酯（6.64%）、(E)-2- 己烯 -1- 醇（5.71%）、乙酸叶醇酯（5.59%）、梨醇酯（4.60%）、3- 甲基丁烷 -3- 十三烯富马酸酯（3.93%）、3- 甲基 -2- 丁烯辛酸酯（3.89%）、乙酸香叶酯（3.84%）、2- 己烯乙酸酯（3.60%）、4- 戊烯己酸酯（3.33%）、3- 甲基 -2- 丁烯己酸酯（2.49%）、己酸环己酯（2.18%）、叶醇（1.90%）、辛酸己酯（1.44%）、香叶醇（1.39%）、里哪醇（1.33%）、己酸丁酯（1.31%）、反 -2- 己烯己酸酯（1.28%）、己酸异戊酯（1.14%）、丁酸 -4- 戊烯酯（1.09%）、辛酸乙酯（1.00%）等（刘俊英等，2018）。

燕山 1 号：河北科技师范学院选育的欧李新品种。果实扁圆形，个大，平均单果重 15.0g。果面光滑明亮，果皮紫红色。果肉橙红色，果汁多，硬度中等，风味甜酸，香气浓郁，粘核。顶空固相微萃取法提取的河北昌黎产'燕山 1 号'欧李新鲜成熟果实果肉香气的主要成分（单位：μg/kg）为，苯甲酸乙酯（3.25）、十五烷（1.31）、乙酸苯乙酯（1.16）、4,11- 二甲基 - 十四烷（0.85）、(Z)-3- 辛酸己烯酯（0.78）、乙酸己酯（0.66）、十三烷（0.61）、辛酸己酯（0.54）、十二烷（0.48）、异戊酸叶醇酯（0.42）、十六烷（0.36）、十四烷（0.32）、乙酸乙酯（0.32）、壬醇（0.28）、乙酸叶醇酯（0.25）、β- 芳樟醇（0.24）、异戊酸己酯（0.24）、壬基环己烷（0.22）、异丁酸叶醇酯（0.21）、癸酸乙酯（0.21）、辛酸乙酯（0.20）等（李晓颖等，2019）。顶空固相微萃取法提取的河北昌黎产'燕山 1 号'欧李新鲜商熟期果实果肉香气的主要成分（单位：μg/kg）为，乙酸 - 反 -2- 己烯酯（257.30）、(E)- 丁酸 -2- 己烯酯（156.67）、丁酸己酯（69.85）、异戊酸反 -2- 己烯酯（45.66）、(E)- 丙酸 -2- 己烯酯（22.63）、(Z)- 丁酸 -3- 己烯酯（16.47）、鸡蛋果素（12.98）、十五烷（12.14）、十四烷（8.24）、2,6,10- 三甲基 - 十三烷（7.06）、己酸环己酯（6.99）、对二甲苯（6.58）、丙酸己酯（6.23）、十六烷（6.00）、α- 荜澄茄油烯（5.43）、乙酸己酯（5.01）等；完熟期果实果肉香气的主要成分为，乙酸香叶酯（156.63）、乙酸 - 反 -2- 己烯酯（41.20）、己酸己酯（28.02）、乙酸香茅酯（27.09）、丁酸己酯（24.87）、己酸丁酯（20.84）、(E)- 丁酸 -2- 己烯酯（15.00）、乙酸己酯（12.90）、茶螺烷（11.28）、乙酸薄荷酯（9.92）、十五烷（8.91）、己酸异戊酯（8.78）、己酸 -4- 戊烯酯（8.09）、二氢 -β 紫罗兰酮（7.03）、乙酸异戊烯酯（6.31）、丁酸香叶酯（5.63）、丁酸异戊烯酯（5.60）、辛酸乙酯（5.47）等（李晓颖等，2021）。

欧李（品种不明）： 水蒸气蒸馏法提取的北京人工栽培的欧李新鲜成熟果实香气的主要成分为，2,2′-丙基联二 (2- 甲基 -5- 甲氧基 -4- 氢 -4- 吡喃酮)（39.78%）、2,2- 二甲基 - 丙酸 - 庚酯（7.71%）、己二烯酸二乙酯（6.58%）、2-(1- 硝基 -2- 四氢吡喃基 -2- 氧)- 环己醇（2.36%）、环丁基二羧酸二乙酯（2.27%）、3,7,7-三甲基 -1,3,5- 环庚三烯（2.16%）、2,4- 二甲氧基 - 苯酚（1.89%）、7- 烯 -2,4- 辛二酮（1.81%）、邻甲基 - 苯乙酮（1.70%）、对甲基 - 苯乙酮（1.69%）、5,6- 二甲烯基 - 环辛烯（1.61%）、6- 甲基 -4- 羟基 -2- 氢吡喃酮（1.46%）、2- 甲基 -2- 异丙基 -3- 羰基二甲基 - 苯庚醇（1.40%）、乙基环己醇（1.30%）、6- 甲基 -3- 丁基 -2,4-嘧啶二酮（1.11%）、2- 甲基 - 环十二酮（1.01%）等（程霜等，2006）。顶空固相微萃取法提取的河北赞皇产欧李新鲜成熟果实香气的主要成分为，乙酸 -3- 甲基 -3- 丁烯 -1- 醇酯（20.52%）、梨醇酯（19.83%）、青叶醛（6.84%）、乙酸丁酯（6.77%）、2- 甲基 -4- 戊烯醛（6.35%）、乙酸香叶酯（5.53%）、乙酸己酯（5.43%）、乙酸异戊酯（4.82%）、芳樟醇（2.81%）、乙酸叶醇酯（1.47%）、橙花醇（1.42%）等（周立华等，2017）。顶空固相微萃取法提取的内蒙古包头产欧李新鲜成熟果实香气的主要成分为，2- 己烯醇（13.83%）、2- 己烯醛（9.62%）、苯甲醛（6.88%）、(E)-3- 己烯 -1- 醇（6.57%）、乙酸乙酯（6.38%）、己醛（5.15%）、沉香醇（5.05%）、1- 己醇（4.12%）、己酸（3.57%）、乙酸丁酯（3.03%）、2- 辛酮（2.36%）、正丁醇（1.99%）、乙醇（1.82%）、2- 戊醇（1.69%）、2- 戊烯 -1- 醇（1.54%）、芳樟醇（1.51%）、庚醇（1.43%）、顺式 -3- 乙酸己烯酯（1.31%）、乙酸己酯（1.24%）、p- 薄荷烯 -8- 醇（1.24%）、3- 甲基丁醇（1.16%）、4- 戊烯乙酯（1.14%）等（薛洁等，2008）。水蒸气蒸馏法提取的河北赞皇产欧李新鲜成熟果实香气的主要成分为，L- 抗坏血酸 -2,6- 二棕榈酸酯（11.99%）、邻苯二甲酸二异丁酯（5.35%）、邻苯二甲酸二丁酯（5.24%）、邻苯二甲酸十酯异丁酯（5.18%）、2- 苯基 -3- 丁炔 -2- 醇（1.66%）等；溶剂萃取法提取的果实香气的主要成分为，邻苯二甲酸二丁酯（12.63%）、1,3- 二氧戊烷 -4- 甲醇（5.08%）等；索氏法提取的果实香气的主要成分为，异丁酸 -3- 羟基 -2,2,4- 三甲基戊酯（23.07%）、3- 甲基 -2- 环氧基甲醇（8.78%）、1,2- 苯二甲酸 - 单 (2- 乙基) 己酯（6.94%）、异丁酸 -2- 羟甲基 -1- 丙基丁酯（6.40%）、丙二酸（3.40%）、2-[(苯基甲氧基) 亚氨基]丁酸三甲基硅酯（2.29%）等；固相微萃取法提取的果实香气的主要成分为，香叶酸（23.91%）、乙酸乙酯（5.21%）、N- 棕榈酸（4.11%）、对羟基苯甲酸甲酯（3.79%）、异丁酸 -2,4,4- 三甲基 -3- 羟基戊酯（3.52%）、乙酸 -4- 戊烯酯（2.01%）、肉豆蔻酸（1.50%）等（关蕊等，2011）。

1.11 枇杷

枇杷为蔷薇科枇杷属植物枇杷的新鲜成熟果实，别名：卢橘、芦橘、金丸、芦枝，学名：*Eriobotrya japonica* (Thunb.) Lindl.，分布于甘肃、陕西、河南、江苏、安徽、浙江、江西、湖北、湖南、四川、云南、贵州、广西、广东、福建、台湾。枇杷原产中国，我国是枇杷的主产地，产量占世界枇杷总产量70%。在日本、巴基斯坦、印度、巴西、智利和以色列等30多个国家都有栽培。在对枇杷的长期栽培和选育中，形成300多个品种。枇杷品种按原产地分为南亚热带品种群和北亚热带品种群两大类；按果肉色泽分为红肉类（红砂）和白肉类（白砂）两大类。

常绿小乔木，高可达10m。叶片革质，长12～30cm，宽3～9cm。圆锥花序顶生，具多花；花瓣白色，有锈色绒毛。果实球形或长圆形，直径2～5cm，黄色或橘黄色；种子球形或扁球形，褐色。花期10～12月，果期5～6月。喜光，稍耐阴。原产亚热带，要求较高的温度，喜温暖气候，稍耐寒，不耐严寒，年平均气温在15～17℃，冬季不低于-5℃，花期、幼果期不低于0℃的地区都能生长良好。对土壤要求不严，适应性较广，以土层深厚疏松、肥沃、排水良好的土壤生长较好，土壤pH6.0为最适宜。

枇杷图1

枇杷果实在春天至初夏成熟，比其他水果都早，被称为"初夏珍果"。果实甜酸适度，肉质细嫩，风味独特，堪称果中珍品，深受人们喜爱。枇杷含有各种果糖、葡萄糖、钾、磷、铁、钙以及维生素A、维生素B、维生素C等，其中胡萝卜素含量在水果中为第三位。每100g新鲜果实含蛋白质0.5g，碳水化合物5.8g，脂肪0.1g，膳食纤维0.5g，钙10.5mg，铁0.7mg，钠2.5mg，钾75.6mg。果实除鲜食外，也可制成罐头、蜜饯，或酿酒。果实入药，有清热、润肺、止咳化痰等功效，常用于治疗肺燥咳喘、吐逆、烦渴。不同品种枇杷果实香气成分的研究报道较多，结果如下。

枇杷图2

枇杷图3

77-1：实生选育品种。果皮橙黄色，果肉红色。顶空固相微萃取法提取的重庆产'77-1'枇杷新鲜果肉香气的主要成分为，正己醛（23.01%）、反-2-己烯醛（12.63%）、正己醇（4.30%）、壬醛（3.94%）、正辛醛（1.86%）、邻二甲苯（1.72%）、d-柠檬烯（1.09%）、β-环柠檬醛（1.01%）等（袁婷等，2018）。

80-1：实生选育品种。果皮橙黄色，果肉红色。顶空固相微萃取法提取的重庆产'80-1'枇杷新鲜果肉香气的主要成分为，反-2-己烯醛（11.46%）、2-甲基丁酸甲酯（11.14%）、正己醛（7.37%）、壬醛（3.50%）、邻二甲苯（1.35%）、正辛醛（1.33%）、β-环柠檬醛（1.22%）等（袁婷等，2018）。

白玉：'早黄'实生选育。果实扁圆形或短圆形，单果重25.8g。果皮淡橙黄色，较薄，易剥离。果肉白色，质地较紧实，汁多味清甜。顶空固相微萃取法提取的重庆产'白玉'枇杷新鲜果肉香气的主要成分为，正己醛（27.15%）、反-2-己烯醛（8.63%）、邻二甲苯（3.95%）、壬醛（3.61%）、正己醇（3.28%）、间二甲苯（1.77%）、正辛醛（1.66%）、d-柠檬烯（1.14%）等（袁婷等，2018）。

常白1号：实生选育。果皮淡黄，果肉白色。顶空固相微萃取法提取的重庆产'常白1号'枇杷新鲜果肉香气的主要成分为，正己醛（20.57%）、反-2-己烯醛（18.67%）、正己醇（6.23%）、壬醛（3.39%）、邻二甲苯（1.60%）、正辛醛（1.53%）、间二甲苯（1.33%）等（袁婷等，2018）。

常绿4号：'白沙'枇杷的大果变异。果皮橙黄色，果肉白色。顶空固相微萃取法提取的重庆产'常绿4号'枇杷新鲜果肉香气的主要成分为，正己醛（16.67%）、反-2-己烯醛（16.36%）、D-柠檬烯（6.54%）、正己醇（4.39%）、壬醛（2.25%）、邻二甲苯（2.14%）等（袁婷等，2018）。

大五星（安徽大红袍）：实生选育的大果型中熟新品种，脐部呈大而深的五星状。果较大，平均单果重39.5g。果皮橙红色，厚，易剥。果肉橙红色，肉质较粗，紧密，汁多，味淡甜。顶空固相微萃取法提取的重庆产'大五星'枇杷新鲜果肉香气的主要成分为，正己醛（19.46%）、反-2-己烯醛（10.14%）、壬醛（3.65%）、邻二甲苯（3.50%）、2-甲基丁酸甲酯（2.53%）、2-正戊基呋喃（2.25%）、乙酸丁酯（2.11%）、d-柠檬烯（1.73%）、正辛醛（1.00%）等（袁婷等，2018）。

单优1号：'龙泉1号'实生选育。果皮橙黄色，果肉红色。顶空固相微萃取法提取的重庆产'单优1号'枇杷新鲜果肉香气的主要成分为，d-柠檬烯（8.00%）、2-甲基丁酸甲酯（5.54%）、正己醛（5.35%）、反-2-己烯醛（4.22%）、壬醛（3.21%）、间二甲苯（2.72%）、正辛醛（1.84%）等（袁婷等，2018）。

单优2号：'龙泉1号'实生选育。果皮橙黄色，果肉红色。顶空固相微萃取法提取的重庆产'单优2号'枇杷新鲜果肉香气的主要成分为，2-甲基丁酸甲酯（21.87%）、正己醛（5.17%）、反-2-己烯醛（4.46%）、壬醛（2.23%）、邻二甲苯（1.38%）等（袁婷等，2018）。

单优3号：'龙泉1号'实生选育。果皮橙黄色，果肉红色。顶空固相微萃取法提取的重庆产'单优3号'枇杷新鲜果肉香气的主要成分为，2-甲基丁酸甲酯（6.98%）、反-2-己烯醛（4.92%）、壬醛（4.81%）、正己醛（4.73%）、正辛醛（2.37%）等（袁婷等，2018）。

东湖早：早熟枇杷实生变异。果实近圆形，单果重59.2～59.6g。果皮橙红色，皮厚易剥离。果肉橙红色，质细化渣，味清甜。顶空固相微萃取法提取的重庆产'东湖早'枇杷新鲜果肉香气的主要成分为，正己醛（13.13%）、壬醛（7.04%）、反-2-己烯醛（4.44%）、正辛醛（3.66%）、邻二甲苯（2.06%）、2-甲基丁酸甲酯（1.72%）、d-柠檬烯（1.67%）、2-正戊基呋喃（1.13%）、癸醛（1.10%）、正庚醛（1.07%）等（袁婷等，2018）。

冠玉：自然实生'白沙'枇杷变异选育。果实椭圆形到圆形，个大，平均单果重50g。果面淡黄白色，皮中等厚，有韧性，易剥离。果肉白色到淡黄色，质地细嫩易溶，但并不太软，味甜酸爽口，风味浓，微香，品质上等。顶空固相微萃取法提取的天津产'冠玉'枇杷新鲜成熟果实香气的主要成分为，己醛（25.83%）、2-甲基丁酸甲酯（16.26%）、1-己醇（9.82%）、(Z)-2-己烯-1-醇（8.18%）、辛醛（4.76%）、丙酸甲酯（4.11%）、壬醛（3.95%）、己酸甲酯（3.86%）、丁酸甲酯（3.41%）、3,7-二甲基-1,6-辛二烯-3-醇（3.12%）、十二烷（2.62%）、1-辛烯-3-醇（2.02%）、甲苯（1.94%）、十一醛（1.45%）、对二甲苯（1.38%）、右旋-柠檬烯（1.20%）、(E)-2-己醛（1.08%）等；在低温下冷藏28天的果实香气的主要成分为，(E)-2-己醛（37.33%）、己醛（17.43%）、十二烷（8.56%）、壬醛（5.63%）、十一烷（4.89%）、十三烷（3.62%）、十四烷（1.45%）、癸烷（1.28%）、(E,E)-2,4-己二醛（1.24%）、2-甲基丁酸甲酯（1.09%）、十八酸乙烯酯（1.06%）、亚硫酸戊基十一烷基酯（1.01%）等（王毓宁等，2020）。

贵妃：实生选育的优质大果晚熟白肉新品种。果实卵圆形或近圆形，果顶微凹或平，单果重52.3～67.9g。茸毛短、较多。果皮橙黄色，较厚，锈斑少，剥皮易。果肉淡黄白色，肉质细腻，化渣，浓甜。顶空固相微萃取法提取的重庆产'贵妃'枇杷新鲜果肉香气的主要成分为，正己醛（26.43%）、反-2-己烯醛（8.89%）、正己醇（4.73%）、壬醛（3.46%）、正辛醛（1.38%）等（袁婷等，2018）。

湖南早熟：果皮橙红色，果肉红色。顶空固相微萃取法提取的重庆产'湖南早熟'枇杷新鲜果肉香气的主要成分为，正己醛（14.71%）、反-2-己烯醛（7.01%）、壬醛（4.67%）、邻二甲苯（4.26%）、d-柠檬烯（2.79%）、乙酸丁酯（2.29%）、正辛醛（1.99%）、萘（1.01%）等（袁婷等，2018）。

简阳早熟：果皮橙红色，果肉红色。顶空固相微萃取法提取的重庆产'简阳早熟'枇杷新鲜果肉香气的主要成分为，反-2-己烯醛（9.95%）、正己醛（9.47%）、2-甲基丁酸甲酯（6.33%）、壬醛（5.72%）、正辛醛（3.17%）、反-2-辛烯醛（1.43%）、正庚醛（1.38%）、β-环柠檬醛（1.19%）等（袁婷等，2018）。

解放钟：广东主要栽培的晚熟品种，果形似钟，硕大，单果重为70～80g左右。果皮淡橙红色，易剥离，果肉淡红色，肉质稍粗，口味偏酸，品质中上。顶空固相微萃取法提取的福建福州产'解放钟'枇杷新鲜果肉香气的主要成分为，d-柠檬烯（65.78%）、(E)-2-己烯醛（5.22%）、正辛醛（3.14%）、邻异丙基苯（2.00%）、正己醛（1.83%）、乙酸苏合香酯（1.52%）、4-萜烯醇（1.26%）、月桂烯（1.18%）等（蒋际谋等，2014）。

金华1号：从'龙泉1号'实生选育的优良变异单株品种。果实长卵圆形，平均单果重49.1g。果皮橙色，果面光滑，果点小，无锈斑。果肉橙红色，厚，易剥皮。甜酸适度，质地细嫩。顶空固相微萃取法提取的'金华1号'枇杷新鲜果肉香气的主要成分为，(E)-2-己烯醛（14.38%）、2-甲基丁酸甲酯（8.29%）、己醛（8.22%）、反式角鲨烯（4.84%）、(E)-壬烯醛（2.56%）、1-辛烯-3-酮（1.70%）、癸醛（1.63%）、正辛醇（1.53%）、6-甲基-5-庚烯-2-酮（1.31%）、2-甲基丁酸（1.16%）、辛烷（1.08%）等（陈薇薇等，2015）。

宁海白：白沙枇杷的实生选育。果实圆润光滑，果皮白色，果肉白色，皮薄汁水多，含糖量高，酸甜适口。顶空固相微萃取法提取的重庆产'宁海白'枇杷新鲜果肉香气的主要成分为，正己醛（16.18%）、

反 -2- 己烯醛（15.63%）、壬醛（3.53%）、正己醇（3.11%）、2- 甲基丁酸甲酯（2.99%）、正辛醛（1.44%）等（袁婷等，2018）。

森尾早生： 日本茂木的芽变选育的特早熟品种。果实卵圆至短卵形，平均单果重 29.7g。果皮橙红色，果肉橙红色，甜多酸少，略有香气。顶空固相微萃取法提取的重庆产'森尾早生'枇杷新鲜果肉香气的主要成分为，正己醛（16.91%）、反 -2- 己烯醛（15.87%）、壬醛（6.59%）、正辛醛（4.27%）、3- 辛酮（2.38%）、正己醇（1.79%）、正庚醛（1.36%）、β- 环柠檬醛（1.36%）、反 -2- 庚烯醛（1.35%）、反 -2- 辛烯醛（1.26%）、2- 正戊基呋喃（1.12%）、β- 紫罗兰酮（1.05%）等（袁婷等，2018）。

晚钟 518： 实生选种的最晚熟优良单株。果实倒卵形，大小均匀，平均果重 71～76g。果皮橙红色，易剥离。果肉橙黄至橙红色，肉质致密，稍粗，质脆，化渣，汁液中等，酸甜适口，有微香。顶空固相微萃取法提取的重庆产'晚钟 518'枇杷新鲜果肉香气的主要成分为，正己醛（12.42%）、反 -2- 己烯醛（9.90%）、壬醛（7.40%）、正辛醛（4.93%）、3- 辛酮（1.58%）、正庚醛（1.53%）、正己醇（1.37%）、间二甲苯（1.32%）、癸醛（1.16%）、d- 柠檬烯（1.09%）、反 -2- 壬烯醛（1.00%）等（袁婷等，2018）。

乌躬白： 福建莆田地区的著名鲜食白肉系枇杷良种，'李乌躬'实生选育。果实近圆形，果皮橙黄色，平均单果重 34.8g。果肉黄白色，汁多味甜，品质优。顶空固相微萃取法提取的重庆产'乌躬白'枇杷新鲜果肉香气的主要成分为，正己醛（13.54%）、2- 甲基丁酸甲酯（13.52%）、壬醛（10.87%）、正辛醛（5.00%）、反 -2- 壬烯醛（3.79%）、1- 辛烯 -3- 酮（3.60%）、2- 甲基丁酸（2.30%）、3- 辛酮（2.29%）、反 -2- 辛烯醛（2.12%）、癸醛（1.90%）、反 -2- 己烯醛（1.21%）、正庚醛（1.06%）等（袁婷等，2018）。

香甜： 顶空固相微萃取法提取的福建福州产'香甜'枇杷新鲜果肉香气的主要成分为，d- 柠檬烯（68.32%）、(E)-2- 己烯醛（4.98%）、正辛醛（4.40%）、正己醛（2.38%）、邻异丙基苯（1.33%）、2- 甲基丁酸甲酯（1.23%）、月桂烯（1.23%）、庚酸烯丙酯（1.14%）、乙酸苏合香酯（1.03%）等（蒋际谋等，2014）。

香钟 11 号： 由'香甜'与'解放钟'的杂交后代选育。果实倒卵形，平均单果重 57.5g。果皮橙黄色，果皮厚，易剥离。果肉橙红色，肉质细，化渣，香气浓，风味佳，酸甜可口。顶空固相微萃取法提取的福建福州产'香钟 11 号'枇杷新鲜果肉香气的主要成分为，d- 柠檬烯（65.08%）、(E)-2- 己烯醛（6.21%）、正辛醛（4.30%）、正己醛（3.04%）、乙酸苏合香酯（1.40%）、2- 甲基丁酸乙酯（1.24%）、桉叶油醇（1.24%）、邻异丙基苯（1.20%）等（蒋际谋等，2014）。固相微萃取法提取的福建莆田产'香钟 11 号'枇杷新鲜成熟果实果肉香气的主要成分为，1,5- 二烯 -3- 己醇（31.36%）、正己醛（20.22%）、3- 乙基 -3- 辛醇（9.55%）、反 -2- 己烯醛（8.59%）、3- 乙酰氧十三烷（7.88%）、3,7- 二甲基 -3- 辛醇（5.31%）、壬醛（2.07%）、2,4,6- 三甲基 -2- 庚烯（1.87%）、庚醇（1.73%）、2- 乙基萘（1.57%）、2,3- 二甲基 -3- 癸醇（1.23%）、2- 溴 -5- 氯甲苯（1.20%）、2,4,6- 三甲基 -3- 庚烯（1.19%）等（陈宇等，2021）。顶空固相微萃取法提取的重庆产'香钟 11 号'枇杷新鲜果肉香气的主要成分为，正己醛（34.97%）、反 -2- 己烯醛（15.20%）、壬醛（8.65%）、正己醇（3.68%）、正辛醛（2.14%）、6- 甲基 -2- 庚酮（1.50%）、2- 正戊基呋喃（1.22%）、邻二甲苯（1.21%）等（袁婷等，2018）。

兴宁 1 号： 果皮橙红色，果肉红色。顶空固相微萃取法提取的重庆产'兴宁 1 号'枇杷新鲜果肉香气的主要成分为，正己醛（22.94%）、反 -2- 己烯醛（18.41%）、正己醇（3.45%）、壬醛（3.29%）、正辛醛（2.00%）、邻二甲苯（1.67%）等（袁婷等，2018）。

早红 3 号： 果皮橙黄色，果肉红色。顶空固相微萃取法提取的重庆产'早红 3 号'枇杷新鲜果肉香气的主要成分为，反 -2- 己烯醛（20.38%）、正己醛（18.49%）、壬醛（6.85%）、正辛醛（2.58%）、间二甲苯（1.38%）等（袁婷等，2018）。

早钟 6 号：以'解放钟'为母本、'森尾早生'为父本的杂交后代选育的早熟品种，为福建、广东主栽品种之一。果实洋梨形或倒卵形，平均单果重 52.7～60.5g。果皮橙红色，中厚易剥。果肉橙红色，质细，化渣，甜多酸少，香气浓。顶空固相微萃取法提取的福建莆田产'早钟 6 号'枇杷新鲜果肉香气的主要成分为，糠醛（19.50%）、反式 -2- 己烯 -1- 醇（15.12%）、2- 壬醇（6.52%）、2- 壬酮（4.66%）、3- 羟基 -2- 丁酮（3.46%）、柏木醇（3.06%）、2- 乙基己酸（2.71%）、正己醇（2.65%）、2- 甲基己酸（2.06%）、β- 苯乙醇（1.91%）、辛醇（1.48%）、2- 乙基己醇（1.42%）、苯乙酮（1.42%）、β- 紫罗兰酮（1.29%）、茶香酮（1.25%）、肉桂酸甲酯（1.19%）、己酸（1.15%）、2- 癸酮（1.01%）等（林晓姿等，2015）。顶空固相微萃取法提取的重庆产'早钟 6 号'枇杷新鲜果肉香气的主要成分为，正己醛（15.94%）、反 -2- 己烯醛（12.07%）、壬醛（10.52%）、正辛醛（7.03%）、3- 辛酮（2.11%）、正庚醛（1.92%）、己酸甲酯（1.54%）、癸醛（1.24%）、邻二甲苯（1.07%）等（袁婷等，2018）。

钟香 25 号：顶空固相微萃取法提取的福建福州产'钟香 25 号'枇杷新鲜果肉香气的主要成分为，d- 柠檬烯（62.59%）、(E)-2- 己烯醛（9.64%）、正辛醛（3.65%）、正己醛（2.84%）、2- 甲基丁酸甲酯（2.37%）、乙酸苏合香酯（1.30%）、4- 异丙基甲苯（1.27%）、月桂烯（1.08%）、庚酸烯丙酯（1.02%）等（蒋际谋等，2014）。

1.12 山楂

山楂为蔷薇科山楂属植物山楂的果实，别名：红果、山里红、山里果、酸里红、山里红果、酸枣、红果子、山林果，学名：*Crataegus pinnatifida* Bunge，分布于黑龙江、吉林、辽宁、内蒙古、河北、河南、山东、山西、陕西、江苏。山楂是我国特有的果树，栽培历史已经有 3000 多年，其食用和药用历史悠久。在我国，山楂一直被作为"药食同源"的上等佳品。山楂按照其口味分为酸甜两种，栽培品种不多。

山楂图 1

落叶乔木，高达 6m。叶片宽卵形，长 5～10cm，宽 4～7.5cm。伞房花序具多花，花瓣白色。果实近球形或梨形，直径 1～1.5cm，深红色，有浅色斑点；小核 3～5 个。花期 5～6 月，果期 9～10 月。生于山坡林边或灌木丛中，海拔 100～1500m。适应性强，喜凉爽、湿润的环境，既耐寒又耐高温，在 –36～43℃之间均能生长。喜光也能耐阴。耐旱，对土壤要求不严格，在土层深厚、质地肥沃、疏松、排水良好的微酸性砂壤土生长良好。

山楂是传统的药食两用植物，果实酸甜可口，能生津止渴。营养成分极其丰富，富含维生素 C、多糖、有机酸、黄酮等多种营养物质及矿质元素，还含有黄酮类、酚酸类、有机酸和萜类等物质，具有降血脂、保肝、降压、助消化、抗菌、抗癌、抗衰老等功能。对高血压、糖尿病、冠心病、心绞痛等均具有辅助治疗作用。国家市场监督管理总局已经将其纳入保健食品原料。果实药用，有消食积、散瘀血、驱绦虫的功效，可治肉积、症瘕、痰饮、痞满、吞酸、泻痢、肠风、腰痛、疝气、产后儿枕痛、产后恶露不尽、小儿乳食停滞。果实可食用，果肉薄，味微酸涩，也可加工成山楂饼、山楂糕、山楂片、山楂条、山楂卷、山楂酱、山楂汁、炒山楂、果丹皮、山楂茶、糖雪球、山楂罐头、山楂糖葫芦等食用。不同品种山楂果实香气成分的分析报道如下。

山楂图 2

山楂图 3

敞口山楂： 果实略扁平形，最大果重可达 36g，果皮大红色，有蜡光。果点小而密，果顶宽平，具五棱，筒口宽敞。果肉白色，有青筋，少数浅粉红色，肉质糯硬，味酸甜，清酸爽口，风味甚佳。同时蒸馏萃取法提取的湖北武汉产'敞口山楂'新鲜成熟果实果肉香气的主要成分为，顺 -3- 己烯醇（28.70%）、顺 -3- 乙酸己烯酯（8.38%）、γ- 萜品醇（7.09%）、糠醛（3.13%）、己醇（2.78%）、3- 戊烯 -2- 酮（2.00%）、芳樟醇（1.95%）、三恶烷（1.45%）、反 -2- 庚烯醛（1.28%）、反 -2- 癸烯醛（1.28%）、柠檬醛（1.23%）、乙酸己酯（1.14%）、壬醛（1.04%）等（陈凌云等，1997）。

大金星山楂： 加工品种。果实扁球形，紫红色，具蜡光。果点圆，锈黄色，大而密。果顶平，显具五棱。果肉绿黄或粉红色，散生红色小点，肉质较硬而致密，酸味强。同时蒸馏 - 萃取法提取的山东泰安产'大金星山楂'新鲜成熟果实果肉香气的主要成分为，顺 -3- 己烯醇（20.01%）、顺 -3- 乙酸己烯酯（11.91%）、γ- 萜品醇 ❶（6.06%）、糠醛（4.10%）、壬醛（2.58%）、己醇（2.29%）、乙酸己酯（1.98%）、3- 戊烯 -2- 酮（1.96%）、柠檬醛（1.96%）、反 -2- 癸烯醛（1.26%）、γ- 萜品油烯 ❶（1.03%）等（陈凌云等，1997）。

黑红山楂： 同时蒸馏萃取法提取的山东泰安产'黑红山楂'新鲜成熟果实果肉香气的主要成分为，顺 -3- 己烯醇（20.97%）、顺 -3- 乙酸己烯酯（11.20%）、γ- 萜品醇 ❶（6.19%）、丙酮（4.18%）、糠醛（2.95%）、己醇（2.40%）、乙酸己酯（2.02%）、壬醛（1.89%）、柠檬醛（1.81%）、3- 戊烯 -2- 酮（1.72%）等（陈凌云等，1997）。

山楂（品种不名）： 同时蒸馏萃取法提取的河北产山楂新鲜果实香气的主要成分为，乙酸叶醇酯（16.08%）、糠醛（10.97%）、α- 松油醇（7.02%）、1,4- 丁二醇（5.92%）、乙酸己酯（3.55%）、丁香酚（3.55%）、1- 甲基 -4-(2- 丙烯基) 苯（2.53%）、2- 甲基 -3- 丁烯 -2- 醇（1.96%）、柠檬醛（1.71%）、壬醛（1.59%）、紫苏醇（1.48%）、顺 -3- 己烯醇（1.37%）、萜品油烯（1.21%）、d- 柠檬烯（1.04%）、二十一烷（1.04%）等（高婷婷等，2015）。同时蒸馏萃取法提取的河北产山楂新鲜成熟果实香气的主要成分为，邻苯二甲酸异丁酯（18.10%）、邻苯二甲酸单 (2- 乙基己基) 酯（15.09%）、十三酸（3.22%）、7,10,13- 十六三烯酸甲酯（1.98%）、亚油酸乙酯（1.63%）、亚油酸（1.23%）等（陈义坤等，2017）。顶空固相微萃取法提取的山东烟台产山楂新鲜成熟果实香气的主要成分（单位：μg/L）为，顺 -3- 己烯醇（79.4）、α- 萜品醇（68.1）、顺 - 乙酸 -3- 己烯酯（60.4）、顺 - 丁酸 -3- 己烯酯（60.1）、苯甲醇（49.9）、甲酸己酯（33.2）、乙酸乙酯（29.9）、4- 松油醇（27.4）、里哪醇（26.1）、糠醛（16.1）、己酸乙酯（8.9）、2- 甲基丁酸乙酯（5.6）、壬醛（5.2）、间二甲苯（5.1）、香叶酮（4.1）、3- 甲基丁酸乙酯（3.5）、邻二甲苯（3.0）、紫罗兰酮（2.23）、2,4- 二叔丁基苯酚（1.9）、反 -3- 己烯醇（1.3）等（高婷婷等，2015）。

固相微萃取法提取的山楂干燥果实香气的主要成分为，柠檬烯（52.63%）、γ- 萜品烯（26.68%）、4,7,7- 三甲基 - 双环 [4.1.0] 庚 -2- 烯（3.23%）、月桂烯（1.80%）、(Z)-3,7- 二甲基 -1,3,6- 十八烷三烯（1.80%）、壬醛（1.67%）、(−)-α- 侧柏酮（1.39%）、β- 蒎烯（1.30%）等（刘天琪等，2021）。

1.13 榲桲

榲桲为蔷薇科榲桲属植物榲桲的新鲜成熟果实，别名：木梨、金苹果，学名：*Cydonia oblonga* Mill.，新疆、陕西、江西、福建等地有栽培。榲桲在欧洲、中亚、中国新疆是古老果树之一，全球仅有 1 种，是

---

❶ 原文献为 T- 萜品醇、T- 萜品油烯，疑为 γ- 萜品醇、γ- 萜品油烯。——编者注

1.13 榲桲   117

1.13 榲桲   117

1.13 榲桲   117

1.13 榲桲   117

1.13 榲桲   117

1.13 榲桲   117

榅桲图

新疆最具地方民族特色的传统果树之一，当地维吾尔族人民很早就将它当作水果、药材或食材在生活中使用。在我国新疆有 5 个变种，主要分布在天山以南沿塔里木盆地边缘的绿洲上，达 3000 余亩（1 亩 ≈ 666.7m²），尚处在零星分散种植，还未形成生产规模。

灌木或小乔木，有时高达 8m。叶片 5～10cm，宽 3～5cm。花单生，花瓣白色。果实梨形，直径 3～5cm，密被短绒毛，黄色，有香味；果梗短粗。花期 4～5 月，果期 10 月。适应性强，喜光能耐半阴，耐寒。对环境条件要求不严，不论是黏土或砂土均能生长。

果实可供生食，芳香味浓，含有多种营养物质，一般含干物质 15.5%～23.9%，糖 8%～10.7%（其中葡萄糖 1.96%～2.37%、果糖 6.05%～6.49%、蔗糖 0.38%～1.58%），苹果酸 0.93%，维生素 1.86%，矿物质 0.47%～5.5%。果实中含有较多的单宁（约 0.32%）、纤维素和果胶（1.1%～2.3%）等，生食有涩硬之感，但鲜食时具有特殊的清香味。具有补脑益心、助胃利水和止血止泻等功效。果实是食品工业上很好的原料，常用以制作果冻、果酱、果脯、果汁、罐头，以及糖果、点心、青红丝等食品。果实入药，性温无毒，有祛湿、解暑、舒筋活络、消食等功效，用于治疗中暑吐泻、腹胀、关节疼痛、痉挛、消化不良等症，对小儿胃肠疾病有特殊疗效。榅桲果实香气主要成分的分析如下。

沟纹榅桲：顶空固相微萃取法提取的新疆莎车产'沟纹榅桲'新鲜成熟果实香气的主要成分为，(E)-2-甲基 -2- 丁酸乙酯（32.05%）、2- 甲基丁酸乙酯（10.52%）、α- 法尼烯（7.58%）、辛酸乙酯（7.30%）、己酸乙酯（7.17%）、1- 己醇（6.45%）、正癸酸正癸酯（2.90%）、己醛（2.51%）、甘氨酰肌氨酸（1.95%）、邻苯二甲酸二乙酯（1.91%）、2- 甲基 -2- 丁烯醛（1.88%）、惕格酸甲酯（1.68%）、叶醇（1.55%）、2- 甲基丁基乙酸酯（1.44%）、L-2- 甲基丁醇（1.33%）、月桂酸乙酯（1.23%）、癸酸乙酯（1.17%）、庚酸乙酯（1.10%）等（车玉红等，2017）。

黄榅桲：顶空固相微萃取法提取的新疆莎车产'黄榅桲'新鲜成熟果实香气的主要成分为，(E)-2-甲基 -2- 丁酸乙酯（22.33%）、α- 法尼烯（17.14%）、辛酸乙酯（16.73%）、己酸乙酯（8.01%）、1- 己醇（5.72%）、2- 甲基丁酸乙酯（4.13%）、7- 辛烯酸乙酯（2.04%）、癸酸乙酯（1.90%）、月桂酸乙酯（1.88%）、2- 甲基 -2- 丁烯醛（1.86%）、庚酸乙酯（1.43%）、S-(–)-2- 甲基丁醇（1.12%）、邻苯二甲酸二乙酯（1.03%）、叶醇（1.02%）等（车玉红等，2017）。

绿榅桲：顶空固相微萃取法提取的新疆莎车产'绿榅桲'新鲜成熟果实香气的主要成分为，α- 法尼烯（64.78%）、辛酸乙酯（6.20%）、(*E*)-2- 甲基 -2- 丁酸乙酯（5.49%）、癸酸乙酯（5.18%）、反式 -4- 癸烯酸乙酯（2.43%）、己酸乙酯（2.00%）、十一酸乙酯（1.27%）、2,4- 癸二烯酸乙酯（1.20%）、肉豆蔻油酸（1.17%）、广藿香烯（1.13%）、3,6- 十二碳二烯酸甲酯（1.11%）等（车玉红等，2017）。

苹果榅桲： 顶空固相微萃取法提取的新疆莎车产'苹果榅桲'新鲜成熟果实香气的主要成分为，(*E*)-2- 甲基 -2- 丁酸乙酯（22.65%）、*α*- 法尼烯（21.15%）、己醛（13.72%）、辛酸乙酯（9.67%）、1- 己醇（6.90%）、己酸乙酯（6.47%）、2- 甲基丁酸乙酯（1.87%）、月桂酸乙酯（1.70%）、3- 己烯 -1- 醇（1.48%）、庚酸乙酯（1.12%）、癸酸乙酯（1.10%）等（车玉红等，2017）。

榅桲： 顶空固相微萃取法提取的新疆阿图什产榅桲果实香气的主要成分为，*α*- 金合欢烯（38.92%）、辛酸乙酯（19.44%）、己酸乙酯（6.52%）、顺 -3- 乙酸叶醇酯（6.45%）、乙醇（4.42%）、茶螺烷 A（3.09%）、癸酸乙酯（2.97%）、茶螺烷 B（2.93%）、乙酸正己酯（2.09%）、己醇（1.92%）、庚酸乙酯（1.68%）、月桂酸乙酯（1.31%）、辛酸甲酯（1.05%）等（哈及尼沙等，2017）。

1.14 刺梨

一般所说的水果刺梨为蔷薇科蔷薇属植物缫丝花和无籽刺梨的果实。刺梨和无籽刺梨的果实是集药用、保健、食用为一体的绿色特新水果，具有独特的芳香味，营养丰富，尤其是维生素 C、维生素 PP 和超氧化物歧化酶含量高，有"三王水果"之称。刺梨果实含碳水化合物 13%，主要为纤维、蔗糖、葡萄糖、果糖等，其中纤维素的含量为 4%～7%，蔗糖为 1.4%～3.5%，葡萄糖为 0.1%～0.9%，果糖为 0.6%～1.2%；含蛋白质 0.6%～0.7%；含 8 种人体必需的氨基酸；含有维生素 C、维生素 PP、维生素 B_1、维生素 B_2、维生素 E、叶酸和胡萝卜素等及单宁酸。每 100g 刺梨果肉含维生素 C 2075～2725mg，是苹果的 800 倍、香蕉的 400 倍、红橘的 100 倍、番茄的 22 倍、猕猴桃的 10 倍，称"维生素 C 大王"，雄居一切水果、蔬菜之冠；含有铁、锌、硒、锰等人体必需微量元素。具有抗氧化、抗癌、增强免疫力等功效。果实可供生食，但食用口感较差。可以加工成果汁、蜜饯、果脯，或熬糖、酿酒后食用，也可晒干和阴干，用干果泡茶喝，对贲门癌、高血压、心脏病有特效。果实药用，能解暑、消食，用于中暑、食滞、痢疾。

刺梨图 1

刺梨图 2

缫丝花（*Rosa roxburghii* Tratt.） 别名刺梨、刺果儿、刺梨子、山刺梨、野石榴、蜂糖果、文光果、文先果、木梨子、梨石榴，分布于贵州、四川、云南、广西、浙江、福建、江西、安徽、陕西、甘肃、湖南、湖北、西藏，栽培刺梨主要产于贵州。灌木，小叶 9～15 枚。花单生或 2～3 朵，花瓣重瓣至半重瓣，淡红色或粉红色，微香。果扁球形，直径 3～4cm，绿红色，外面密生针刺。花期 5～7 月，果期 8～10 月。刺梨培育的栽培品种有'贵农 5 号'，稿件中凡未注明品种名的栽培种分别用龙里刺梨、刺梨和野生刺梨表示。

贵农 5 号： 顶空固相微萃取法提取的贵州龙里产'贵农 5 号'刺梨新鲜成熟果实果汁香气的主要成分为，(Z)-3- 己烯基乙酸酯（13.01%）、乙酸乙酯（12.28%）、乙酸 -2- 戊酯（6.80%）、辛酸乙酯（4.30%）、γ- 桉叶烯（4.10%）、乙醇（3.71%）、反式 - 石竹烯（2.64%）、乙酸 -2- 甲基丁酯（2.57%）、α- 葎草烯（1.77%）、异戊酸乙酯（1.67%）、丁酸乙酯（1.46%）、δ- 杜松烯（1.16%）、异香草醇（1.07%）等（彭邦远等，2018）。顶空固相微萃取法提取的贵州普定产'贵农 5 号'刺梨新鲜成熟果实香气的主要成分为，柠檬烯（28.68%）、辛酸乙酯（15.10%）、正己酸乙酯（9.90%）、β- 花柏烯（5.76%）、愈创木烯（5.45%）、β- 罗勒烯（5.27%）、乙酸叶醇酯（4.07%）、辛酸（3.51%）、2- 己烯醛（2.26%）、β- 石竹烯（2.21%）、壬醛（1.94%）、大根香叶烯 D（1.72%）、α- 红没药烯（1.56%）、γ- 松油烯（1.42%）、2,3- 丁二醇二乙酸酯（1.01%）等（张丹等，2016）。顶空固相微萃取法提取的贵州龙里产'贵农 5 号'刺梨新鲜成熟果实果汁香气的主要成分为，壬醛（40.11%）、叶醇（29.02%）、油酸乙酯（13.17%）、乙酸叶醇酯（1.72%）等（王雪雅等，2016）。顶空固相微萃取法提取的贵州盘州贾西天富产'贵农 5 号'刺梨新鲜成熟果实果汁香气的主要成分（单位：μg/L）为，(Z)-3- 己烯醇（7005.71）、乙酸乙酯（5877.11）、(Z)-3- 乙酸己烯酯（1942.10）、3- 乙酸戊酯（913.16）、辛酸乙酯（776.26）、己醇（756.55）、2- 甲基丁酸乙酯（744.59）、辛酸（686.18）、2,3- 丁二醇二乙酸酯（569.50）、丁酸乙酯（470.06）、己酸乙酯（445.11）、4- 甲氧基 -2,5- 二甲基 -3(2*H*)- 呋喃酮（438.96）、乙酸仲戊酯（438.35）、苯乙醇（312.25）、乙酸异戊酯（264.36）、乙酸丙酯（245.38）、1- 戊烯 -3- 醇（239.73）、2- 甲基丁基乙酸酯（204.10）、(*E*)-2- 己烯醛（135.65）、(*Z*)-2- 乙酸戊烯酯（133.50）、甲基丁香酚（109.43）、3- 己烯酸乙酯（105.30）、癸酸乙酯（110.66）等；高维产刺梨果汁香气的主要成分为，乙酸乙酯（2775.47）、(*Z*)-3- 己烯醇（2011.50）、(*Z*)-3- 乙酸己烯酯（1843.76）、4- 甲氧基 -2,5- 二甲基 -3(2*H*) 呋喃酮（400.81）、(*E*)-2- 己烯醛（353.19）、2,3- 丁二醇二乙酸酯（277.89）、3- 乙酸戊酯（262.99）、2- 甲基丁酸乙酯（235.65）、己醇（226.43）、1- 戊烯 -3- 醇（222.15）、2- 甲基丁基乙酸酯（190.24）、乙酸仲戊酯（173.75）、己酸乙酯（118.49）、乙酸丙酯（103.67）等（李钦炀等，2022）。

龙里刺梨： 顶空固相微萃取法提取的贵州龙里产‘龙里刺梨’新鲜成熟果实果汁香气的主要成分为，辛酸（18.70%）、罗勒烯（11.40%）、*γ*- 芹子烯（9.86%）、*d*- 荜澄茄烯（5.60%）、丁酰乳酸丁酯（4.69%）、*β*- 芹子烯（3.47%）、古巴烯（3.45%）、石竹烯（3.31%）、*α*- 石竹烯（2.90%）、二甲硫醚（2.67%）、巴伦西亚橘烯（2.33%）、(−)-*α*- 荜澄茄油烯（2.05%）、1- 辛基 -2- 茴香醚（1.60%）、壬醛（1.48%）、(*E*)-2- 癸烯醛（1.45%）、乙酸乙酯（1.36%）、十七烷（1.29%）、正十八烷（1.25%）、(−)-*α*-panasinsen（1.20%）、(1- 羟基 -2,4,4- 三甲基戊 -3- 基)-2- 甲基丙酸酯（1.10%）、4,7- 二甲基 -1-(1- 异丙基)-1,2,4*a*,5,6,8*a*- 六氢 -(1*α*,4*a*,8*aa*)- 萘（1.03%）等（李雪等，2017）。顶空固相微萃取法提取的贵州龙里产‘龙里刺梨’新鲜成熟果实果汁香气的主要成分为，乙酸乙酯（41.82%）、对乙烯基愈创木酚（22.76%）、辛酸（11.42%）、2,4- 二叔丁基苯酚（6.19%）、乙醛（5.58%）、叶醇（5.26%）、十四烷（4.43%）、D- 异薄荷醇（2.83%）、2,4- 二乙酰氧基戊烷（2.82%）、1,7- 辛二炔（2.79%）、榄香素（2.32%）、2,4,6- 三甲苯酚（2.04%）、2,3- 二氢苯并呋喃（2.01%）、沉香醇（1.85%）、十五烷（1.79%）、异辛醇（1.38%）、十三烷（1.29%）、酞酸乙酯（1.27%）、甲酸乙酯（1.21%）、对乙基苯乙酮（1.20%）、2,4- 二甲苯酚（1.18%）、荼香酮（1.08%）、安息香酸乙酯（1.04%）、*β*- 紫罗兰酮（1.01%）等（彭邦远等，2017）。顶空固相微萃取法提取的贵州龙里产‘龙里刺梨’新鲜成熟果实香气的主要成分为，3,7- 二甲基 -1,3,7- 辛三烯（20.47%）、*γ*- 芹子烯（12.73%）、正二十八烷（6.51%）、1- 石竹烯（6.10%）、壬醛（5.03%）、(+)-*δ* 杜松烯（3.73%）、(−)-*α*- 荜澄茄油烯（3.31%）、*α*- 石竹烯（3.13%）、*α*- 蒎烯（3.03%）、正己酸乙酯（2.69%）、乙酸异戊酯（2.16%）、*β*- 芹子烯（1.73%）、2,2,4*a*,8- 四甲基 -1,2*a*,3,4,5,6- 六氢化环丁 [*i*] 茚（1.49%）、1- 甲基乙酸丁酯（1.47%）、辛醛（1.34%）、反式 -2- 癸烯醛（1.18%）、辛酸乙酯（1.15%）、*β*- 榄香烯（1.14%）、巴伦西亚橘烯（1.10%）等（付慧晓等，2012）。顶空固相微萃取法提取的贵州龙里产龙里刺梨新鲜成熟果实果汁香气的主要成分为，3- 己烯酸（20.43%）、乙酸（16.10%）、9- 愈创木酚（12.44%）、乙醇（11.82%）、4- 己酸乙酯（10.04%）、乙酸乙酯（3.91%）、(*Z*)-3- 己烯醇（2.88%）、1,7,13- 四十四三炔（2.03%）、4- 乙基苯酚（1.61%）、3- 苯丙酸乙酯（1.45%）、2- 壬醇（1.25%）、苯乙酸乙酯（1.12%）、(*Z*)-3- 乙酸叶醇酯（1.07%）、3- 甲基丁醇（1.06%）等（姚敏等，2014）。水蒸气蒸馏法提取的贵州龙里产‘龙里刺梨’新鲜成熟果实香气的主要成分为，十六烷酸（28.74%）、二十七烷（8.47%）、*α*- 杜松烯（6.11%）、*γ*- 杜松醇（2.45%）、二十五烷（2.01%）、三十一烷（1.93%）、*α*- 桉叶醇（1.92%）、*β*- 蛇床烯（1.90%）、二十三烷（1.75%）、亚油酸（1.60%）、辛酸（1.48%）、反式石竹烯（1.24%）、十六烷基乙酸酯（1.15%）、*α*- 可巴烯（1.13%）、表土酚（1.06%）、*α*- 葎草烯（1.05%）等（刘雄伟等，2020）。

刺梨： 超临界 CO_2 萃取法提取的贵州产刺梨新鲜成熟果实香气的主要成分为，亚油酸 (34.38%)、亚麻酸 (21.25%)、棕榈酸 (12.31%)、油酸 (9.20%)、亚油酸甲酯 (2.24%)、月桂酸 (1.85%)、糠醛 (1.64%)、亚

麻酸乙酯 (1.62%)、硬脂酸（1.24%）、丁香酚 (1.22%)、肉豆蔻酸（1.02%）等（马林等，2007）。顶空固相微萃取法提取的贵州产刺梨新鲜成熟果实果汁香气的主要成分为，壬醛（22.43%）、乙醇（20.13%）、辛酸（7.15%）、活性戊醇（4.89%）、辛醇（4.38%）、辛醛（3.17%）、异戊醇（2.68%）、香叶醇（2.13%）、糠醛（2.11%）、己二醇（2.10%）、邻苯二甲酸二异丁酯（1.82%）、榄香素（1.80%）、2- 庚酮（1.79%）、癸酸（1.60%）、异丁醇（1.54%）、甲基丁子香酚（1.35%）、月桂酸（1.09%）等（刘芳舒等，2016）。水蒸气蒸馏法提取的贵州贵阳产刺梨新鲜果实香气的主要成分为，棕榈酸（49.01%）、9,12- 十八烷基二烯酸（33.50%）、十九酸（2.29%）等；连续蒸馏萃取法提取的贵州贵阳产刺梨新鲜成熟果实香气的主要成分为，2- 己烯酸乙酯（36.54%）、乙酸顺 -3- 己烯酯（11.72%）、芳樟醇（7.05%）、辛酸乙酯（3.33%）、辛酸（3.04%）、反 -4- 己烯 -1- 醇（2.18%）、壬酸乙酯（1.96%）、顺 -3- 己烯 -1- 醇（1.44%）、o- 邻苯二甲酸异丙酯（1.40%）、2- 甲基十四烷（1.40%）、2,6- 二甲基癸酸甲酯（1.16%）等（梁莲莉等，1992）。多孔常温吸附法提取的刺梨新鲜成熟果实香气的主要成分为，乙酸环己酯（44.07%）、芳樟醇（18.54%）、顺 -4- 己烯醇（5.97%）、壬醛（5.08%）、2- 己烯酸乙酯（3.85%）、庚酸乙酯（3.19%）、壬酮（1.16%）、壬酸乙酯（1.10%）等；连续蒸馏萃取法提取的刺梨新鲜成熟果实香气的主要成分为，2- 己烯酸乙酯（36.34%）、乙酸叶醇酯（11.72%）、芳樟醇（7.05%）、辛酸乙酯（3.33%）、辛酸（3.04%）、反 -4- 己烯醇（2.18%）、顺 -3- 己烯醇（1.44%）、壬酮（1.44%）、壬酸乙酯（1.19%）等（韩琳等，2007）。

野生刺梨： 同时蒸馏萃取法提取的湖北恩施产野生刺梨新鲜成熟果实果汁香气的主要成分为，2- 呋喃甲醛（19.45%）、(Z)-3- 己烯醇（15.31%）、辛酸（7.67%）、氨茴酸甲酯（5.42%）、2,4- 二甲基呋喃（3.75%）、4- 甲氧基 -2,5- 二甲基 -3(2H)- 呋喃酮（2.72%）、3- 呋喃甲醛（1.11%）、庚酸（1.11%）等；顶空固相微萃取法提取的果汁香气的主要成分为，d- 柠檬烯（48.05%）、(Z)-3- 己烯醇（4.43%）、丁酸乙酯（3.06%）、正己醇（2.91%）、苯乙烯（1.70%）、异戊酸乙酯（1.63%）、辛酸（1.43%）、月桂烯（1.38%）、2,4- 二叔丁基苯酚（1.14%）、松油烯（1.00%）等（周志等，2011）。

无籽刺梨（*Rosa sterilis* S. D. Shi）又名金刺梨，为贵州特有。栽培品种有'安顺金刺梨'。

成熟果实为暗橙黄色，果面皮刺基本脱落，种子败育，故名无籽刺梨。鲜果的口感比刺梨好，香气更浓郁。现有种植面积上万亩，具有作为食品资源开发的前景。

安顺金刺梨： 顶空固相微萃取法提取的贵州普定产'安顺金刺梨'新鲜成熟果实香气的主要成分为，β- 罗勒烯（14.84%）、乙酸叶醇酯（11.96%）、β- 花柏烯（8.30%）、顺式 -3- 己烯醇（7.28%）、愈创木烯（7.26%）、荼香螺烷（7.12%）、乙酸庚酯（5.46%）、苯甲醛（5.05%）、β- 石竹烯（4.91%）、2- 正戊基呋喃（3.49%）、紫苏烯（2.72%）、正己酸乙酯（2.36%）、α- 红没药烯（2.21%）、壬醛（2.10%）、α- 法尼烯（1.90%）、1- 壬醇（1.73%）、大根香叶烯 D（1.41%）、辛酸（1.13%）等（张丹等，2016）。超临界 CO_2 萃取法提取的贵州安顺产'安顺金刺梨'新鲜成熟果实香气的主要成分为，β- 谷甾醇（14.49%）、三十一烷（13.82%）、二十八烷（7.57%）、己酸（6.80%）、11-(戊烷 -3- 基) 二十一烷（6.75%）、四十四烷（6.56%）、(Z)-2-(9- 十八碳烯基氧基) 乙醇（4.73%）、十四甲基环庚硅氧烷（4.72%）、1,2- 环氧十八烷（4.27%）、角鲨烯（3.19%）、十二甲基环六硅氧烷（2.94%）、2- 异丙烯基 -4a,8- 二甲基 -1,2,3,4,4a,5,6,7 - 八氢萘（2.53%）、1- 十九烯（2.30%）、十六酸乙酯（1.76%）、油酸乙酯（1.61%）、1,6,10,14- 十六碳四烯 -3- 醇（1.57%）、十八甲基环壬硅氧烷（1.55%）、苯甲酸乙酯（1.49%）、棕榈油酸（1.48%）、1- 二十一烷基醇（1.37%）、(Z)- 十六碳烯酸（1.32%）、二十甲基环十硅氧烷（1.29%）、十六醇（1.22%）、11- 癸烷基二十四烷（1.21%）、二十八烷醇（1.21%）、羽扇豆醇（1.18%）、维生素 E（1.06%）、(Z)-2- 辛烯酸（1.05%）等（吴小琼等，2014）。

无籽刺梨（品种不明）： 水蒸气蒸馏法提取的贵州兴仁产无籽刺梨新鲜果实香气的主要成分为，1,1,6- 三甲基 -1,2,3,4- 四氢化萘（20.16%）、十四烷（6.56%）、β- 芹子烯（5.33%）、己酸（5.19%）、二氢 -β- 紫罗兰醇（5.01%）、三甲苯（3.63%）、十五烷（2.93%）、肉豆蔻酸（2.15%）、1,2,5,5- 四甲基 -1,3- 环戊二烯（1.90%）、β- 石竹烯（1.80%）、α- 金合欢烯（1.76%）、2- 甲基 -1-(1,1- 二甲基乙基)-2- 甲基 -1,3- 丙二醇酯（1.71%）、1,2- 苯并噻唑（1.66%）、1,2,3,4,4a,5,6,7- 八氢 -α,α,4a,8- 四甲基 -2R- 顺 - 萘甲醇（1.59%）、姥鲛烷（1.43%）、植烷（1.43%）、γ- 芹子烯（1.34%）、3-(2,6,6- 三甲基 -1- 环己烯基)-2- 丙烯醛（1.25%）、1- 甲基 -2- 吡咯烷酮（1.24%）、1,1,5- 三甲基 -6(Z)- 亚丁烯基 -4- 环乙烯（1.23%）、α- 紫罗兰醇（1.23%）、异松油烯（1.20%）、3- 己烯酸乙酯（1.16%）、α- 桉叶油醇（1.16%）、1,1,5,6- 四甲基 -2,3- 二氢 -1H- 茚（1.13%）、α- 石竹烯（1.12%）等（姜永新等，2013）。顶空固相微萃取法提取的贵州安顺产无籽刺梨新鲜果实香气的主要成分为，d- 柠檬烯（22.96%）、茶香螺烷（12.68%）、1- 辛烯 -3- 醇（8.70%）、辛酸（7.42%）、己酸（6.08%）、2- 乙基己醇（5.20%）、乙酸叶醇酯（4.84%）、苯甲醛（4.31%）、辛酸乙酯（2.74%）、己酸乙酯（2.46%）、反 -3- 己烯酸（2.03%）、乙酸异戊酯（1.76%）、4- 羟基 -2- 丁酮（1.54%）、苯乙烯（1.51%）、反 -2- 己烯 -1- 醇（1.54%）、β- 罗勒烯（1.37%）、丁酸乙酯（1.34%）等；贵州贵阳产无籽刺梨新鲜果实香气的主要成分为，己酸（31.81%）、辛酸（12.54%）、茶香螺烷（7.35%）、1- 辛烯 -3- 醇（6.38%）、苯甲醛（5.64%）、α- 愈创木烯（3.52%）、2- 庚醇（3.12%）、2- 壬醇（2.89%）、反 -3- 己烯酸（2.61%）、反 -2- 己烯醛（2.32%）、辛酸乙酯（2.11%）、d- 柠檬烯（1.77%）、反 -2- 辛烯酸（1.73%）、乙酸 -2- 庚酯（1.68%）、乙酸异戊酯（1.64%）、β- 罗勒烯（1.46%）、α- 紫罗兰醇（1.21%）、苯乙烯（1.02%）、佛术烯（1.02%）等（张丹等，2016）。顶空固相微萃取法提取的贵州安顺产无籽刺梨新鲜成熟果实香气的主要成分为，γ- 芹子烯（18.22%）、正十七烷（11.57%）、乙酸顺式 -3- 己烯酯（10.65%）、1- 石竹烯（10.64%）、α- 石竹烯（5.91%）、(Z)-3,7- 二甲基 -1,3,6- 十八烷三烯（5.67%）、巴伦西亚橘烯（5.52%）、α- 芹子烯（5.41%）、正二十四烷（4.77%）、2,2,4a,8- 四甲基 -1,2a,3,4,5,6- 六氢化环丁 [i] 茚（2.61%）、(–)-α- 荜澄茄油烯（1.74%）、1- 甲基乙酸丁酯（1.39%）、2- 壬醇（1.38%）、乙酸己酯（1.25%）、α- 蒎烯（1.23%）、(E)- 乙酸 -2- 己烯 -1- 醇酯（1.22%）、正己酸乙酯（1.15%）、苯乙烯（1.12%）、顺 -3- 己烯醇（1.11%）、α- 法尼烯（1.06%）等（付慧晓等，2012）。顶空固相微萃取法提取的贵州安顺产无籽刺梨新鲜成熟果实果汁香气的主要成分（单位：µg/L）为，2- 己烯醛（36462.78）、2- 乙酸庚酯（16063.68）、3,5,11- 桉叶三烯（13530.42）、癸酸乙酯（5698.71）、2- 壬酮（4754.93）、2- 乙酸戊酯（4145.66）、己酸（3853.72）、乙酸乙酯（3536.63）、辛酸乙酯（3267.32）、茶香螺烷（3203.45）、2- 壬醇（2974.37）、2- 庚醇（2682.75）、(E)-3- 乙酸己烯酯（2343.98）、(Z)-3- 己烯醇（1955.14）、乙酸（1666.32）、γ- 芹子烯（1602.15）、2- 甲基 -4- 辛酮（1565.56）、α- 沉香呋喃（1516.03）、己醛（1446.05）、β- 二氢沉香呋喃（1291.07）、2- 庚酮（1234.66）、(E)-2- 己烯醛（1224.65）、2- 乙酸壬酯（1045.52）、4- 氧代 -2- 己烯醛（1013.81）等；液液萃取联合溶剂辅助风味蒸发法提取的果汁香气的主要成分为，己酸（925047.56）、异戊醇（768176.16）、(E)-3- 己烯酸（496488.83）、辛酸（364649.95）、(Z)-3- 己烯醇（223542.61）、3- 羟基 -2- 丁酮（152728.73）、苯乙醇（124972.66）、(E)-3- 辛烯酸（124567.79）、癸酸（110757.95）、己醇（98076.53）、乙酸（76798.43）、乙酸苯乙酯（44415.68）、2- 庚酮（33320.00）、4,6- 辛二烯酸（26679.85）、7- 辛烯酸（24842.43）、3- 苯丙醇（24331.99）、苯乙烯（20885.15）、苯甲醇（19545.60）、月桂酸（19530.95）、9- 癸烯酸（18027.60）、异丁醇（15638.62）、4- 羟基苯乙酸酯（14034.85）、2- 甲基丁酸（12291.10）、庚酸（12290.61）、(Z)-2- 戊烯醇（12084.05）、丁酸（11559.75）、2- 庚醇（11523.59）、(E)-2- 己烯酸（10965.60）、茶香螺烷（8453.91）、(E)-3- 己烯醇（7798.17）、3- 呋喃甲醇（7147.27）、α- 紫罗兰醇（7125.70）、2- 甲基丙酸（7089.01）、戊醇（5612.43）、2- 甲氧基苯甲酸甲酯（5096.88）、苯乙酸（5040.36）等（莫皓然等，2023）。

1.15 树莓

树莓为蔷薇科悬钩子属（*Rubus*）植物果实的统称，别名：露莓、黑莓、木莓、覆盆子。悬钩子属全世界共有 750 余种，我国有 204 种 104 变种。从两千多年前的古希腊开始，当地人已形成采食野生有刺黑莓的习俗。悬钩子属植物的果实黑莓是近年风靡全球的第三代水果的代表品种，被联合国粮农组织认定第三代新型特种果，也被欧美国家赞誉为"生命之果""黑钻石""世界水果之王"。果实除作为水果食用外，因其极不耐储运，成为唯一一种难以在市场上买到鲜果的水果，多加工成饮料、果酱、果汁等供食用，也可用来酿酒、熬糖、制醋。我国引种栽培历史较短，目前中国出产树莓主要加工成冻果出口到欧美、澳洲等地。我国作为树莓食用的有悬钩子属山莓、粉枝莓、覆盆子、高粱泡、掌叶覆盆子等。树莓类群根据果实的颜色分为红树莓、黄树莓、黑树莓和紫树莓 4 类。

黑莓类果实酸甜爽口，柔嫩多汁，芳香味浓。果实营养丰富，含有的氨基酸、超氧化物歧化酶（SOD）和维生素 C、维生素 E、鞣花酸含量为浆果之首，每 100g 食用部分含花青素 26～27mg，原花青素 0.4g，总黄酮 83mg，氨基酸 1000mg，水杨酸 0.5～2.5mg，鞣花酸 1.5～2.0mg，硒 0.11～0.27mg，维生素 C 8.5～10.5mg，维生素 E 3.0mg。具有调节代谢机能、延缓衰老、消除疲劳和提高免疫力等作用，特别是具有降低胆固醇含量、防治心脏疾病和抗癌的功效。多数果实可供药用，有补肝肾、缩小便、助阳、固精、明目的功效，治阳痿、遗精、溲数、遗溺、虚劳、目暗。树莓类的芳香成分有 200 多种，包括萜类、酮类、醛类、酯类和醇类等化合物。果实味道甜美，除了含有营养物质外，还含有丰富的生物活性物质，如酚类、黄酮类、超氧化物歧化酶等，具有良好的抗菌、抗氧化、降血脂等功能。除生食外，加工制作的食品很多，如树莓果粉、树莓果酒、树莓果醋、树莓饮料等等。果实也可以药用，具有清热解毒、调经活血、止血等作用。

山莓（*Rubus corchorifolius* Linn. f.）

别名：高脚波、馒头菠、刺葫芦、泡儿刺、大麦泡、龙船泡、四月泡、三月泡、撒秧泡、牛奶泡、山抛子等，我国除了东北、甘肃、青海、新疆、西藏外，全国各地均有分布。直立灌木，高 1～3m。单叶卵形或卵状披针形。花单生或少数簇生，花瓣白色。果近球形，成熟时红色，核具皱纹。花期 2～3 月，果期 4～6 月。普遍生长在向阳山坡、沟边、山谷、荒地、灌丛的潮湿地方。对种植土地及环境要求极高，土地水分、肥沃程度要适中。不同品种山莓果实芳香成分如下。

山莓图

Autumn Please: 顶空固相微萃取法提取的河南洛阳产'Autumn Please'树莓新鲜成熟果实香气的主要成分为，乙酸乙酯（45.69%）、α-紫罗兰酮（4.93%）、(+)-α-蒎烯（3.32%）、2-庚醇（2.00%）、芳樟醇（1.84%）等（辛秀兰等，2022）。

Ferdo: 顶空固相微萃取法提取的河南洛阳产'Ferdo'树莓新鲜成熟果实香气的主要成分为，β-紫罗兰酮（11.66%）、α-紫罗兰酮（5.76%）、2-乙基-1-己醇（2.19%）、2-庚醇（1.76%）、苯甲醇（1.13%）等（辛秀兰等，2022）。

Roline: 顶空固相微萃取法提取的河南洛阳产'Roline'树莓新鲜成熟果实香气的主要成分为，2-庚醇（17.45%）、β-紫罗兰酮（15.61%）、α-紫罗兰酮（510%）、苯甲醛（2.93%）、丙醛（2.93%）、2-乙基-1-己醇（2.23%）、(+)-α-蒎烯（1.38%）、1-壬醛（1.10%）、2-庚酮（1.06%）等（辛秀兰等，2022）。

宝森（宝胜，Boy Sen）： 黑莓与树莓杂交的早熟品种。果实大，平均单果重6.6g。紫红色，酸甜爽口，香气浓郁，风味极佳。顶空固相微萃取法提取的江苏溧水产'宝森'黑莓成熟果实冻果果汁香气的主要成分为（单位：含量$\times 10^{-6}$），芳樟醇（32.42）、2-庚醇（10.97）、α-松油醇（8.48）、甲酸己酯（4.77）、2-己醇（4.50）、乙酸（3.46）、乙酸乙酯（3.12）、反-2-己烯-1-醇（2.00）、2-戊酮（1.78）、乙醇（1.65）、香叶醇（1.55）、环氧芳樟醇（1.19）、3-戊酮（1.09）、己醛（1.08）等（边磊等，2010）。

缤纷（Royalty）： 美国紫树莓品种。大果型，平均单果重5.1g。较晚熟，丰产。顶空固相微萃取法提取的河南洛阳产'缤纷'树莓新鲜成熟果实香气的主要成分为，2-庚醇（15.79%）、(+)-α-蒎烯（12.64%）、1-己醇（2.63%）、α-紫罗兰酮（2.33%）、β-紫罗兰酮（1.92%）、己醛（1.90%）、月桂烯（1.67%）、1-壬醛（1.63%）等（辛秀兰等，2022）。

波鲁德（Prelude）： 果实短圆锥形，亮红色。果形大，平均单果重3.6g。柔嫩多汁，风味酸甜，芳香。顶空固相微萃取法提取的河南洛阳产'波鲁德'树莓新鲜成熟果实香气的主要成分为，2-庚醇（21.15%）、β-紫罗兰酮（11.58%）、α-紫罗兰酮（4.17%）、1-壬醛（1.59%）、DL-甲基庚烯醇（1.22%）、(+)-α-蒎烯（1.04%）等（辛秀兰等，2022）。

丰满： 从长白山野生种选育的树莓品种。产量高，早果性强，果大，硬度高。顶空固相微萃取法提取的河北赞皇产'丰满'红树莓新鲜成熟果实香气的主要成分为，芳樟醇（25.13%）、α-松油醇（15.48%）、乙酸乙酯（12.94%）、乙酸己酯（3.68%）、香叶醇（2.97%）、乙酸丁酯（2.82%）、丁酸甲酯（2.36%）、苯甲醛（1.48%）、青叶醛（1.01%）等（周立华等，2017）。

海（赫）尔特兹（中林18、哈瑞特斯、哈瑞太兹、Heritage）： 美国的双季红莓品种，是国际市场最畅销品种之一，也是我国大规模种植的主要品种。平均单果重3g，品质好，稳产。果实质量优良，色味俱佳，硬度高，糖度高。顶空固相微萃取法提取的河南洛阳产'哈瑞特斯'树莓新鲜成熟果实香气的主要成分为，2-庚醇（20.84%）、α-紫罗兰酮（5.75%）、β-紫罗兰酮（5.53%）、2-乙基-1-己醇（3.52%）、(+)-α-蒎烯（1.16%）等（辛秀兰等，2022）。顶空固相微萃取法提取的河北邢台产'哈瑞太兹'树莓新鲜成熟果实香气的主要成分为，α-紫罗兰酮（8.67%）、乙酸乙酯（8.50%）、异戊醇（7.56%）、β-紫罗兰酮（4.49%）、芳樟醇（4.34%）、壬醛（2.54%）、苯甲醛（2.50%）、2-庚醇（2.30%）、异辛醇（2.18%）、α-松油醇（2.09%）、顺-$\alpha,\alpha,5$-三甲基-5-乙烯基四氢化呋喃-2-甲醇（2.08%）、正己酸（1.63%）、正辛醇（1.48%）、邻苯二甲酸二甲酯（1.40%）、邻甲酚（1.30%）、对甲苯酚（1.30%）、苯乙酮（1.03%）等（周立华等，2017）。顶空固相微萃取法提取的河北张家口产'海尔特兹'红树莓成熟冻果果实果汁香气的主要成分为，甲氧基 - 苯基 - 肟（37.12%）、β- 紫罗兰酮（24.34%）、α- 紫罗兰酮（14.74%）、异丙肾上腺素三 -TMS 衍生物（5.58%）、2- 庚醇（4.48%）、甲氧基 -2′- 甲基 - 二苯乙烯（1.96%）、1- 甲基 -4-[4,5- 二羟基苯基]- 六氢吡啶（1.81%）、4α,5- 二氢 -3- 甲氧基 -12- 甲基 -7a,9c-(亚氨基四氢) 菲并 [4,5-bcd] 呋喃（1.77%）、乙酸（1.38%）、二氢 -β- 紫罗兰酮（1.25%）、2- 甲基 -6- 庚烯 -1- 醇（1.19%）等（王丽霞等，2018）。二氯甲烷萃取法提取的 '海尔特兹' 红树莓新鲜果实果汁香气的主要成分为，5- 羟甲基糠醛（63.19%）、4- 羟基 - 丁酸（3.79%）、甲酸（2.58%）、棕榈酸（2.04%）、乙酸（1.35%）、2(5H)- 呋喃酮（1.25%）、丙酮（1.15%）等（朱会霞等，2017）。

海伦： 顶空固相微萃取法提取的四川汶川产 '海伦' 红树莓新鲜成熟果实果汁香气的主要成分为，β- 紫罗兰酮（24.95%）、α- 紫罗兰酮（16.32%）、5- 羟甲基糠醛（10.40%）、乙酸乙酯（9.38%）、壬醛（2.20%）、长叶松环烯（1.77%）、α- 水芹烯（1.52%）、d- 柠檬烯（1.50%）、1,3,5,7- 环八四烯（1.37%）、4-(2,6,6- 三甲基 -1- 环己烯 -1- 基)-2- 丁酮（1.31%）等（吴继军等，2014）。

赫尔（黑草莓、Hull）： 美国大果型黑树莓早熟品种。果实红色，成熟时由红色变为紫黑色。果实长圆形，似草莓。平均单果重 5.45g，果实晶莹透亮，味甜多汁，果肉浓郁，品质上等。是目前国内主栽品种之一。顶空固相微萃取法提取的江苏溧水产 '赫尔' 黑莓冻果果汁香气的主要成分（单位：µg/L）为：2- 庚醇（404.49）、乙酸乙酯（276.47）、乙醇（232.63）、2,4- 二叔丁基苯酚（194.90）、己醇（157.41）、乙酸（147.91）、芳樟醇（78.71）、3- 甲基 -1- 丁醇（72.91）、己醛（59.35）、苯甲醛（50.48）、2,4- 庚二烯醛（37.69）、2- 甲基 -1- 丁醇（29.45）、2- 反 - 己烯醛（28.54）、α,α,4- 三甲基苯甲醇（25.85）、苯乙醇（21.57）等（许颖等，2013）。顶空固相微萃取法提取的江苏溧水产 '赫尔' 黑莓冻果果汁香气的主要成分为，2- 甲基 -2- 丙基 -1,3- 丙二醇（29.19%）、乙酸乙酯（11.52%）、(E)-2- 己烯 -1- 醇（5.92%）、芳樟醇（5.52%）、2- 乙基 -1- 己醇（5.23%）、乙醇（4.07%）、2- 庚醇（3.07%）、α- 萜品醇（2.45%）、2- 乙基环戊酮（2.44%）、2- 丁酮（1.40%）、乙酸（1.33%）等（马永昆等，2011）。水蒸气蒸馏 - 乙醚萃取法提取的江苏南京产 '赫尔' 黑莓新鲜成熟果实香气的主要成分为，α- 蒎烯（46.20%）、乙酸乙酯（12.71%）、β- 蒎烯（11.30%）、对甲基苯乙酮（9.40%）、甲氧基次乙基乙酸酯（5.34%）、乙酸基甲酸乙酯（4.67%）、月桂烯（4.30%）、柠檬烯（4.20%）、间伞花烃（2.33%）、乙酸酐（2.24%）、二甲苯（1.78%）、乙醛（1.34%）、异萜品烯（1.22%）、桧烯（1.20%）、4- 甲基 -2,6- 二叔丁基苯酚（1.19%）、乙醇（1.13%）、水芹烯（1.11%）等（李维林等，1998）。

黑马克（中林 50 号、Mac Black）： 美国黑树莓品种。顶空固相微萃取法提取的河南洛阳产 '黑马克' 树莓新鲜成熟果实香气的主要成分为，(+)-α- 蒎烯（12.13%）、($-$)-α- 松油醇（6.48%）、芳樟醇（5.20%）、松油烯 -4- 醇（3.98%）、2- 庚醇（3.45%）、橙花醇（1.07%）等（辛秀兰等，2022）。

黑水晶（Bristol）： 夏果型黑树莓。果实椭圆形，较大，熟果晶莹乌亮，果实味甜，有浓郁的香味。顶空固相微萃取法提取的河南洛阳产 '黑水晶' 树莓新鲜成熟果实香气的主要成分为，(+)-α- 蒎烯（9.04%）、2- 庚醇（7.97%）、芳樟醇（5.57%）、1- 壬醛（2.91%）、己醛（2.79%）、松油烯 -4- 醇（1.93%）、香叶醇（1.88%）、癸醛（1.14%）、苯甲酸甲酯（1.04%）等（辛秀兰等，2022）。

金萨米（Gold Summt）： 黄树莓。顶空固相微萃取法提取的河南洛阳产 '金萨米' 树莓新鲜成熟果实香气的主要成分为，α- 紫罗兰酮（20.34%）、β- 紫罗兰酮（16.30%）、2- 己烯醛（10.45%）、2- 庚醇（9.12%）、乙酸乙酯（4.96%）、己醛（4.69%）、(+)-α- 蒎烯（2.40%）、苯乙酮（1.95%）、α- 葎草烯（1.47%）等（辛秀兰等，2022）。

来味里（Reveille）： 美国早熟品种。平均单果重 2.7g，果面艳红色，有光泽，味佳，较软。顶空固相微萃取法提取的河南洛阳产'来味里'树莓新鲜成熟果实香气的主要成分为，β- 紫罗兰酮（23.17%）、2- 庚醇（14.29%）、2- 乙基 -1- 己醇（5.83%）、(+)-α- 蒎烯（3.57%）、己醛（1.76%）、DL- 甲基庚烯醇（1.65%）、芳樟醇（1.28%）、苯甲醇（1.05%）等（辛秀兰等，2022）。

诺娃（新星、Nova）： 加拿大秋果型红树莓品种。果实圆锥形，红色，平均单果重 2.7g。味道酸甜，适合鲜食、冷冻。顶空固相微萃取法提取的河南洛阳产'诺娃'树莓新鲜成熟果实香气的主要成分为，β- 紫罗兰酮（6.28%）、己醛（5.05%）、2- 乙基 -1- 己醇（4.43%）、2- 庚醇（4.26%）、1- 己醇（3.96%）、α- 紫罗兰酮（3.65%）、芳樟醇（2.41%）、DL- 甲基庚烯醇（2.22%）等（辛秀兰等，2022）。

欧洲红（Euro Red）： 俄罗斯夏果型品种。果实圆锥形，紫红色，平均单果重 3.05g。味道甜酸。顶空固相微萃取法提取的河南洛阳产'欧洲红'树莓新鲜成熟果实香气的主要成分为，苯甲醛（5.11%）、2- 庚醇（5.03%）、己醛（2.16%）、2- 乙基 -1- 己醇（1.09%）等（辛秀兰等，2022）。

秋福（秋来斯、Autumn Bliss）： 英国早熟双季红莓品种。果实圆头形，红色，果大，平均单果重 3.8g。味道酸甜。顶空固相微萃取法提取的辽宁沈阳产'秋福'树莓成熟冻果果实果汁香气的主要成分为，树莓酮（11.84%）、4- 三甲基环己烯基 -3- 丁酮（10.34%）、α- 紫罗兰酮（10.15%）、β- 紫罗兰酮（6.73%）、2,2,6- 三甲基 -1- 环己烯基 -3- 丁烯 -2- 酮（6.65%）、苯乙醇（5.44%）、乙酸（3.31%）、苯乙酮（3.13%）、4- 三甲基环己烯基 -2- 丁酮（2.22%）、α- 蒎烯（2.07%）、4- 三甲基环己烯基 -3- 丁烯 -2- 环己醇（1.46%）、己酸（1.27%）、香叶醇（1.26%）、丁二酮（1.14%）等（韩宗元等，2017）。顶空固相微萃取法提取的河北赞皇产'秋福'树莓新鲜成熟果实香气的主要成分为，乙酸乙酯（16.09%）、异戊醇（12.24%）、β- 紫罗兰酮（9.23%）、α- 紫罗兰酮（3.62%）、紫罗兰醇（3.05%）、2- 庚醇（2.27%）、香叶醇（2.09%）、丁酸甲酯（1.71%）、苯甲醇（1.67%）、2,6- 二甲基 -2,4,6- 辛三烯（1.65%）、(±)-6- 甲基 -5- 庚烯基 -2- 醇（1.59%）、正己醇（1.47%）、壬醛（1.40%）、α- 松油醇（1.36%）、芳樟醇（1.34%）、4- 萜烯醇（1.27%）、苯乙醇（1.20%）、辛醛（1.17%）、辛酸（1.16%）等（周立华等，2017）。顶空固相微萃取法提取的河南洛阳产'秋福'树莓新鲜成熟果实香气的主要成分为，β- 紫罗兰酮（19.38%）、2- 己烯醛（14.53%）、2- 庚醇（14.50%）、α- 紫罗兰酮（3.77%）、乙酸乙醇酯（2.70%）、2- 庚酮（1.14%）等（辛秀兰等，2022）。

秋英（中林 4 号、Autumn Britten）： 英国双季红莓品种。中大型果，平均单果重 3.5g。果实风味极佳，果形整齐。顶空固相微萃取法提取的河南洛阳产'秋英'树莓新鲜成熟果实香气的主要成分为，β- 紫罗兰酮（16.10%）、己醛（12.87%）、2- 己烯醛（11.08%）、α- 紫罗兰酮（9.47%）、乙酸乙酯（8.67%）、2- 庚醇（4.94%）、(+)-α- 蒎烯（1.57%）、2- 庚酮（1.32%）等（辛秀兰等，2022）。

萨尼（Shawnee）： 美国大果型黑莓品种。平均单果重 6g。顶空固相微萃取法提取的河南洛阳产'萨尼'树莓新鲜成熟果实香气的主要成分为，2- 庚醇（18.42%）、α- 紫罗兰酮（8.40%）、2- 乙基 -1- 己醇（3.74%）、己醛（3.31%）、β- 紫罗兰酮（1.85%）、(+)-α- 蒎烯（1.21%）、1- 石竹烯（1.09%）、苯乙酮（1.07%）、1- 壬醛（1.05%）等（辛秀兰等，2022）。

中林 7 号（Canby）： 美国红树莓品种。顶空固相微萃取法提取的河南洛阳产'中林 7 号'树莓新鲜成熟果实香气的主要成分为，β- 紫罗兰酮（15.69%）、α- 紫罗兰酮（5.20%）、2- 乙基 -1- 己醇（3.86%）、1- 壬醛（3.21%）、己醛（3.21%）、DL- 甲基庚烯醇（2.79%）、β- 蒎烯（2.58%）、1- 石竹烯（1.83%）、芳樟醇（1.67%）、正辛醇（1.58%）、(−)-α- 松油醇（1.06%）、2- 壬酮（1.03%）等（辛秀兰等，2022）。

黄树莓： 顶空固相微萃取法提取的四川汶川产黄树莓新鲜成熟果实果汁香气的主要成分为，芳樟醇（11.67%）、2-壬酮（11.36%）、萜烯醇（9.35%）、2-壬醇（7.84%）、1*R*-α-蒎烯（5.31%）、2-己醇（5.07%）、2-己酮（4.85%）、松油烯（3.67%）、β-香叶烯（3.08%）、*d*-柠檬烯（2.29%）、1-甲基-2-异丙基-苯（2.02%）、异松油烯（3.27%）、α-萜品醇（1.70%）、1-甲氧基-4-甲基-2-异丙基-苯（1.00%）等（吴继军等，2014）。

粉枝莓（*Rubus biflorus* Buch.-Ham. ex Smith）
别名二花莓、二花悬钩子，分布于陕西、甘肃、四川、云南、西藏。果实球形，橘红色，包于萼内，直径1~2cm，黄色。顶空固相微萃取法提取的西藏林芝产粉枝莓新鲜成熟果实香气的主要成分为（单位：峰面积 ×10⁶）：香叶醛（13.80）、香叶醇（13.00）、橙花醛（8.28）、橙花醇（5.77）、香叶酸（4.13）等（袁雷等，2018）。

粉枝莓图

覆盆子（*Rubus idaeus* Linn.）
别名：复盆子、托盘、马林、木莓、绒毛悬钩子、覆盆莓、乌藨子、小托盘、悬钩子、覆盆、野莓，分布于吉林、辽宁、河北、山西、新疆。果实近球形，多汁液，直径1~1.4cm，红色或橙黄色。果供食用，在欧洲久经栽培，有多数栽培品种作水果用；又可入药，有明目、补肾作用。同时蒸馏萃取法提取的覆盆子新鲜果实香气的主要成分为，糠醛（60.28%）、苯并噻唑（4.50%）、4-甲基-2-乙醇（3.15%）、苯酚（3.08%）、α,α,4-三甲基苯甲醇（3.03%）、苯乙醇（2.41%）等（宣景宏等，2006）。溶剂萃取法提取的陕西眉县产覆盆子新鲜成熟果实香气的主要成分为，9-十八烯酰胺（39.86%）、芥酸酰胺（18.66%）、邻苯二甲酸单-2-乙基己酯（12.42%）、邻苯二甲酸二丁酯（7.72%）、棕榈酸酰胺（3.27%）、邻苯二甲酸二异丁酯（2.96%）、硬脂酰胺（2.44%）、3-羟基丁酸乙酯（1.63%）、α,α-二甲基苯甲醇（1.28%）、苯乙醇（1.12%）、1,4-二甲苯（1.09%）等（房玉林等，2007）。

覆盆子图

高粱泡（***Rubus lambertianus* Ser.**）别名：蓬藟、冬牛、冬菠、刺五泡藤，分布于河南、湖北、湖南、安徽、江西、江苏、浙江、福建、台湾、广东、广西、云南。果实小，近球形，直径约6～8mm，由多数小核果组成，熟时红色。果熟后可食用及酿酒。同时蒸馏-乙醚萃取法提取的江苏南京产高粱泡新鲜果实香气的主要成分为，α-蒎烯（28.24%）、β-蒎烯（24.10%）、莰烯（13.22%）、柠檬烯（9.80%）、长叶烯（4.24%）、β-月桂烯（3.14%）、β-水芹烯（1.57%）、反式-石竹烯（1.29%）等（李维林等，1997）。

高粱泡图

掌叶覆盆子（*Rubus chingii* Hu） 别名：华东复盆子、种田泡、翁扭、牛奶母、大号角公，分布于江苏、安徽、浙江、江西、福建、广西。藤状灌木，高 1.5～3m。果实近球形，红色，直径 1.5～2cm。果大，味甜，可食、制糖及酿酒；又可入药，为强壮剂。水蒸气蒸馏法提取的贵州都匀产掌叶覆盆子干燥近成熟果实香气的主要成分为，正十六酸（28.23%）、黄葵内酯（26.24%）、正十二酸（4.55%）、正十四酸（2.79%）、正十五酸（2.41%）、正十八酸（2.12%）、2-甲基十九烷（1.89%）、正十七酸（1.73%）、反-芳樟醇氧化物（1.70%）、正己酸（1.36%）、邻苯二甲酸二丁酯（1.23%）、正十九烷（1.20%）、正二十烷（1.07%）、六氢乙酰金合欢酮（1.06%）等（典灵辉等，2005）。顶空固相微萃取法提取的贵州都匀产掌叶覆盆子干燥近成熟果实香气的主要成分为，芳樟醇（40.22%）、萜品烯醇-4（7.16%）、乙酸芳樟酯（5.83%）、反式-丁香烯（3.81%）、δ-杜松烯（3.18%）、α-雪松醇（2.64%）、2,2,4-三甲基戊烷（2.48%）、α-芹子烯（2.09%）、α-紫穗槐烯（1.69%）、α-荜草烯（1.54%）、白菖油萜（1.53%）、β-芹子烯（1.44%）、α-雪松醇（1.37%）、1,8-桉树脑（1.36%）、γ-杜松烯（1.34%）、1-α-松油醇（1.23%）、β-榄香烯（1.14%）、γ-松油烯（1.04%）、桧烯（1.01%）等（杨再波等，2009）。

掌叶覆盆子图

1.16 草莓

草莓（*Fragaria × ananassa* Duch.） 为蔷薇科草莓属植物草莓的新鲜成熟果实。别名：大花草莓、荷兰草莓、洋莓、凤梨草莓。草莓原产南美，中国各地广泛栽培。中国是草莓生产和消费大国，栽培面积超过 15 万公顷、产量达 400 万吨以上。全世界草莓属约有 24 个种。草莓栽培的品种很多，全世界共有 20000 多个，但大面积栽培的优良品种只有几十个。中国自己培育的和从国外引进的新品种有 200～300 个。

多年生草本，高 10～40cm。叶三出，长 3～7cm，宽 2～6cm。聚伞花序，有花 5～15 朵，花瓣白色。聚合果大，直径达 3cm，鲜红色，果实的形状为球形、扁球形、短圆锥形、圆锥形、长圆锥形、短楔形、楔形、长楔形、纺锤形等。瘦果尖卵形。花期3～5月，果期5～7月。喜光植物，又较耐阴。喜温凉气候，茎叶生长适温为20～30℃。适宜在中性或微酸性的土壤中生长，不耐涝。

草莓柔软多汁，酸甜适口，营养丰富，芳香浓郁，备受消费者青睐，被誉称为"水果皇后"。每100g鲜果含碳水化合物7.68g，脂肪0.3g，蛋白质0.67g，纤维素2g，含有丰富的维生素C、维生素A、维生素E、维生素PP、维生素B_1、维生素B_2、胡萝卜素、鞣酸、天冬氨酸、草莓胺、果胶、纤维素、叶酸、铜、铁、钙、鞣花酸与花青素等营养物质。维生素C含量比苹果、葡萄高7～10倍。草莓中富含丰富的胡萝卜素与维生素A，可缓解夜盲症，具有维护上皮组织健康、明目养肝、促进生长发育之效；草莓中富含丰富的膳食纤维，可促进胃肠道的蠕动，促进胃肠道内的食物消化，改善便秘，预防痤疮、肠癌的发生。草莓除鲜食外，也可作果酱、果汁或罐头。

关于草莓果实香气成分的研究报道较多，涉及品种也多。草莓的芳香成分有200多种，主要包括酯类、酮类、醇类、醛类和酸类以及硫化物等。不同品种草莓果实的芳香成分如下：

草莓图1

草莓图2

草莓图 3

90-6-42：有香味。顶空固相微萃取法提取的北京产'90-6-42'草莓新鲜成熟果实香气的主要成分为，1- 辛醇（25.17%）、橙花叔醇（8.37%）、沉香醇（1.48%）、己酸己酯（1.45%）、己酸乙酯（1.41%）等（张运涛等，2009）。

91-10-1：有香味。顶空固相微萃取法提取的北京产'91-10-1'草莓新鲜成熟果实香气的主要成分为，1- 辛醇（2.82%）、丁酸甲酯（1.79%）、乙酸己酯（0.46%）、己酸甲酯（0.44%）、己酸乙酯（0.43%）、丁酸乙酯（0.42%）等（张运涛等，2009）。

91-26-1：稍有香味。顶空固相微萃取法提取的北京产'91-26-1'草莓新鲜成熟果实香气的主要成分为，4- 羟基 -2,5- 二甲基 -3(2*H*)- 呋喃酮（3.87%）、橙花叔醇（1.07%）、己酸乙酯（0.84%）、沉香醇（0.76%）、1- 辛醇（0.60%）等（张运涛等，2009）。

91-26-3：有香味。顶空固相微萃取法提取的北京产'91-26-3'草莓新鲜成熟果实香气的主要成分为，辛酯类（25.70%）、己酸甲酯（4.00%）、丁酸甲酯（3.56%）、己酸乙酯（2.96%）等（张运涛等，2009）。

NF：顶空固相微萃取法提取的贵州贵阳产'NF'种间杂交草莓新鲜成熟果实香气的主要成分为，丁酸乙酯（17.92%）、3- 羟基丁酸乙酯（9.93%）、苯乙醛（9.22%）、2- 庚酮（7.74%）、(*S*)-3- 羟基丁酸甲酯（6.79%）、乙酸辛酯（5.61%）、辛酸（4.98%）、辛醇（4.86%）、富马酸 - 二（癸 -4- 烯基）酯（4.77%）、2- 十二烯基乙酸酯（2.90%）、*δ*- 辛内酯（2.45%）、*δ*- 己内酯（1.71%）、肉桂酸乙酯（1.53%）、庚醛（1.50%）、苯甲醇（1.32%）、(*Z*)-2- 甲基丁酸 -4- 烯基 -1- 癸酯（1.22%）、*δ*- 癸内酯（1.01%）等（王爱华等，2021）。

PF：顶空固相微萃取法提取的贵州贵阳产'PF'种间杂交草莓新鲜成熟果实香气的主要成分为，2- 庚酮（14.09%）、*δ*- 癸内酯（12.53%）、2- 十二烯基乙酸酯（9.59%）、乙酸辛酯（8.75%）、肉桂酸乙酯（7.23%）、富马酸 - 二（癸 -4- 烯基）酯（7.07%）、苯乙醛（6.74%）、辛醇（5.91%）、辛酸（5.24%）、氨茴酸甲酯（3.18%）、亚硫酸 -2- 乙基己基异己酯（2.87%）、δ- 己内酯（2.74%）、(*Z*)-7- 癸烯 -5- 酸（2.38%）、(*Z*)-2- 甲基丁酸 -4- 烯基 -1- 癸酯（2.35%）、乙酸癸酯（2.21%）、己酸癸酯（2.16%）、δ- 辛内酯（2.08%）、(*Z*)-4- 癸烯 -1- 醇（1.74%）、异戊酸癸酯（1.16%）等（王爱华等，2021）。

R6： 以色列品种，平均单果重 27.01g。顶空固相微萃取法提取的天津产'R6'草莓新鲜果实香气的主要成分为，反式 -2- 己烯醛（46.23%）、丁酸甲酯（8.08%）、己酸（6.80%）、己酸甲酯（6.44%）、正己醛（5.20%）、乙酸甲酯（4.37%）、γ- 癸内酯（4.27%）、芳樟醇（3.14%）、4- 甲氧基 -2,5- 二甲基 -3(2*H*)- 呋喃酮（2.76%）、2- 己烯 -1- 醇（1.82%）、2- 甲基丁酸（1.48%）等（张娜等，2015）。

R7： 以色列早熟品种。果实圆锥形或长圆锥形，果形正，一级果平均重 31g。果色全红亮丽。果肉橙红色，细腻，味酸甜有香味。顶空固相微萃取法提取的黑龙江哈尔滨产'R7'草莓新鲜成熟果实香气的主要成分为，乙酸乙酯（11.21%）、沉香醇（10.58%）、丙酮（6.36%）、甲苯（5.46%）、异戊酸乙酯（5.01%）、正己醛（3.78%）、正己酸（3.59%）、2,3- 丁二酮（3.28%）、γ- 癸内酯（3.11%）、己酸甲酯（2.97%）、己酸乙酯（2.93%）、苯乙烯（2.18%）、2- 己烯醛（1.83%）、正辛醇（1.63%）、正己醇（1.41%）、乙酸己酯（1.31%）、反 -2- 己烯乙酸酯（1.19%）、反式 -2- 己烯 -1- 醇（1.02%）、辛酸甲酯（1.01%）等（赵倩等，2020）。

R8： 以色列品种，平均单果重 26.54g。顶空固相微萃取法提取的天津产'R8'草莓新鲜果实香气的主要成分为，反式 -2- 己烯醛（59.91%）、丁酸甲酯（6.35%）、正己醛（4.98%）、乙酸甲酯（4.62%）、γ- 癸内酯（3.52%）、己酸（3.11%）、4- 甲氧基 -2,5- 二甲基 -3(2*H*)- 呋喃酮（3.03%）、2- 甲基丁酸（2.62%）、2- 甲基 -4- 戊醛（2.31%）、2- 己烯 -1- 醇（1.76%）、芳樟醇（1.74%）等（张娜等，2015）。

S1： 顶空固相微萃取法提取的北京产'S1'草莓新鲜成熟果实香气的主要成分为，1- 辛醇（28.78%）、2,5- 二甲基 -4- 甲氧基 -3(2*H*)- 呋喃酮（DMMF）（11.08%）、橙花叔醇（5.77%）、沉香醇（1.74%）、辛酯类（1.04%）、己酸乙酯（0.60%）、乙酸己酯（0.43%）等（张运涛等，2011）。

TiMA： 以色列品种，平均单果重 18.73g。顶空固相微萃取法提取的天津产'TiMA'草莓新鲜果实香气的主要成分为，反式 -2- 己烯醛（52.72%）、芳樟醇（8.92%）、正己醛（8.51%）、4- 甲氧基 -2,5- 二甲基 -3(2*H*)- 呋喃酮（6.05%）、2- 己烯 -1- 醇（3.24%）、2- 甲基 -4- 戊醛（2.32%）等（张娜等，2015）。

Veegern： 顶空固相微萃取法提取的北京产'Veegern'草莓新鲜成熟果实香气的主要成分为，1- 辛醇（6.54%）、辛酯类（5.86%）、乙酸己酯（1.73%）、橙花叔醇（1.09%）、己酸甲酯（0.82%）、DMMF（0.78%）、沉香醇（0.48%）、己酸乙酯（0.17%）等（张运涛等，2011）。

V 形星（Vestar）： 顶空固相微萃取法提取的北京产'V 形星'草莓新鲜成熟果实香气的主要成分为，辛酯类（13.63%）、1- 辛醇（6.16%）、己酸甲酯（3.87%）、丁酸甲酯（2.82%）、沉香醇（1.91%）、乙酸己酯（1.78%）、橙花叔醇（1.04%）、己酸乙酯（0.75%）等（张运涛等，2011）。

阿尔比（阿尔宾、Albion）： 美国早熟品种。果实长圆锥形，大小均匀一致，一级果实的平均单果重 33g。果面鲜红色，平整有光泽。种子红色、黄色和外色。髓心小，红色，肉质细，纤维少，果汁多，味道甜，硬度高。丰产。顶空固相微萃取法提取的河北承德产'阿尔比'草莓新鲜成熟果实香气的主要成分（香气值）为，丁酸乙酯（522.00）、芳樟醇（239.00）、己酸乙酯（153.33）、反式 -2- 己烯醛（38.12）、γ- 癸内酯（31.20）、丁酸甲酯（22.55）、乙酸己酯（21.50）、橙花叔醇（16.64）、壬醛（14.00）、顺式 -2- 己烯醛（10.00）、4- 甲氧基 -2,5- 二甲基 -3(2*H*)- 呋喃酮（8.19）、γ- 十二内酯（7.29）、3- 甲基丁酸甲酯（3.18）、2-

戊酮（3.20）、己酸甲酯（1.84）、d-柠檬烯（1.60）、乙酸丁酯（1.20）等（董静等，2019）。

艾尔桑塔（Elsanta）： 荷兰中熟品种。果实短圆锥形，果个大，一级序果平均单果重38g。果色鲜艳，肉质细腻，味香甜，硬度中等。顶空固相微萃取法提取的北京产'艾尔桑塔'草莓新鲜成熟果实香气的主要成分为，1-辛醇（16.41%）、橙花叔醇（9.53%）、辛酯类（7.47%）、己酸甲酯（3.90%）、沉香醇（3.00%）、己酸乙酯（2.32%）、DMMF（1.20%）、乙酸己酯（0.46%）、丁酸甲酯（0.22%）等（张运涛等，2011）。

安阳草莓： 地方品种，稍有香气。顶空固相微萃取法提取的北京产'安阳草莓'新鲜成熟果实香气的主要成分为，1-辛醇（9.33%）、辛酯类（7.01%）、己酸甲酯（5.58%）、己酸乙酯（4.96%）、橙花叔醇（3.60%）等（张运涛等，2009）。

澳引1号： 顶空固相微萃取法提取的北京产'澳引1号'草莓新鲜成熟果实香气的主要成分为，1-辛醇（15.33%）、辛酯类（5.07%）、橙花叔醇（3.44%）、沉香醇（2.82%）、丁酸甲酯（2.42%）、己酸甲酯（1.86%）、乙酸己酯（1.61%）、DMMF（0.52%）、己酸乙酯（0.18%）等（张运涛等，2011）。

白雪公主（Snow White）： 实生选种而成，已有多个系列。果实圆锥形或楔形，果较大，光泽强，果面、果肉均白色，种子红色。口感绵软，入口即化，有种淡淡的黄桃味。顶空固相微萃取法提取的北京产'白雪公主15'草莓新鲜成熟果实香气的主要成分（相对浓度）为，丁酸甲酯（61.71）、乙酸苄酯（52.49）、丁酸乙酯（27.07）、4-甲氧基-2,5-二甲基-3(2H)-呋喃酮（26.52）、(E)-2-己烯醛（25.19）、沉香醇（19.42）、γ-十二内酯（16.40）、己酸（13.98）、3-甲基丁酸甲酯（13.68）、己酸甲酯（11.17）等（王娟等，2018）。顶空固相微萃取法提取的北京产'白雪公主6'草莓新鲜成熟果实香气的主要成分（相对浓度）为：丁酸甲酯（54.87）、(E)-2-己烯醛（27.88）、3-甲基丁酸甲酯（20.18）、乙酸苄酯（13.54）、4-甲氧基-2,5-二甲基-3(2H)-呋喃酮（12.44）、己酸（10.08）、沉香醇（10.05）等（王娟等，2018）。

保4： 顶空固相微萃取法提取的北京产'保4'草莓新鲜成熟果实香气的主要成分为，1-辛醇（2.04%）、沉香醇（1.32%）、丁酸乙酯（0.89%）、DMMF（0.33%）、己酸乙酯（0.26%）等（张运涛等，2011）。

保56： 香味较浓。顶空固相微萃取法提取的北京产'保56'草莓新鲜成熟果实香气的主要成分为，橙花叔醇（52.45%）、辛酯类（9.03%）等（张运涛等，2009）。

保94： 有香味。顶空固相微萃取法提取的北京产'保94'草莓新鲜成熟果实香气的主要成分为，辛酯类（22.07%）、橙花叔醇（2.08%）、沉香醇（0.89%）、1-辛醇（0.86%）等（张运涛等，2009）。

宝交早生： 日本品种。果实圆锥形，多数有颈。第一级序果平均重17.2g。果色鲜红，有光泽。果肉橙红色，肉质细，果心较实。味甜，香味浓。顶空固相微萃取法提取的上海产'宝交早生'草莓新鲜成熟果实香气的主要成分（单位：mg/kg）为，(E)-2-己烯醛（1792.75）、己酸甲酯（626.32）、己醛（286.91）、(E)-2-辛烯醛（125.60）、丁酸甲酯（103.02）、己酸乙酯（92.32）、己酸（80.13）、芳樟醇（74.87）、(E,E)-2,4-己二烯醛（67.09）、2-庚酮（65.39）、(E)-2-己烯-1-醇（54.62）、丁酸（54.19）、3-己烯醛（50.91）、2-辛酮（49.72）、己醇（44.32）、乙酸己酯（30.55）、γ-癸内酯（28.65）、2-戊酮（25.50）、1-戊烯-3-酮（25.32）、丁酸乙酯（22.91）、2-甲基丁酸（22.51）、辛酸（21.80）、乙酸-2-顺式-己烯酯（19.63）等（付磊等，2021）。

波特拉（波特莱、Portola）： 亲本为'Ca197.93'×'Ca197.209-1'。果小于阿尔宾，色稍浅，亮度大，风味好，成熟早于阿尔宾。顶空固相微萃取法提取的河北承德秋季产'波特拉'草莓新鲜成熟果实香气的主要成分（香气值）为，癸醛（140.00）、己酸乙酯（73.33）、芳樟醇（57.50）、反式-2-己烯醛（47.41）、壬醛（45.00）、己醛（27.00）、3-甲基丁酸甲酯（16.14）、顺式-2-己烯醛（13.75）、乙酸己酯（12.50）、丁酸甲酯（12.22）、戊醛（4.57）、4-甲氧基-2,5-二甲基-3(2*H*)-呋喃酮（4.06）、橙花叔醇（2.31）、己酸甲酯（1.93）、乙酸-3-甲基丁酯（1.23）、*d*-柠檬烯（1.13）、乙酸-2-甲基丁酯（1.09）等；北京冬季温室产'波特拉'草莓新鲜成熟果实香气的主要成分为（香气值），己酸乙酯（390.00）、反式-2-己烯醛（64.35）、壬醛（40.00）、丁酸甲酯（30.47）、芳樟醇（26.67）、己醛（17.10）、乙酸己酯（16.50）、3-甲基丁酸甲酯（8.41）、4-甲氧基-2,5-二甲基-3(2*H*)-呋喃酮（4.69）、己酸甲酯（4.44）、桃金娘烯醇（2.71）、橙花叔醇（2.58）、*d*-柠檬烯（1.13）、乙酸丁酯（1.08）等（董静等，2019）。

昌黎红鸡心： 地方品种，稍有香味。顶空固相微萃取法提取的北京产'昌黎红鸡心'草莓新鲜成熟果实香气的主要成分为，辛酯类（8.56%）、己酸乙酯（7.23%）、丁酸乙酯（2.75%）、1-辛醇（1.68%）、己酸甲酯（1.41%）、丁酸甲酯（1.32%）等（张运涛等，2009）。

春蜜： 自硕香实生苗中选育而成。果实大，长圆锥形，一、二序果平均单果重为27.9g，果形整齐，果面橙红色，光泽强，种子稀，黄绿色。果肉橙红色，髓心橙红色，风味酸甜适中，品质上。顶空固相微萃取法提取的北京产'春蜜'草莓新鲜成熟果实香气的主要成分为，辛酯类（8.75%）、橙花叔醇（7.52%）、己酸乙酯（3.14%）、1-辛醇（2.25%）等（张运涛等，2009）。

春星： 早熟品种。亲本为'183-2'×'全明星'。果实圆锥形，鲜红色，平均果重30g。种子黄色，陷入果肉浅。果肉橘红色，髓心略空，果肉较硬，味甜酸，有香味，果汁多，品质上。顶空固相微萃取法提取的北京产'春星'草莓新鲜成熟果实香气的主要成分为，1-辛醇（22.21%）、己酸甲酯（11.72%）、己酸乙酯（3.20%）、丁酸甲酯（1.36%）等（张运涛等，2009）。

大将军： 美国大果型、早熟新品种群，是国际上公认的特色品种群。果实圆柱形，果个特大，最大单果重122g。果面鲜红，着色均匀。果味香甜，口感好。顶空固相微萃取法提取的上海产'大将军'草莓新鲜成熟果实香气的主要成分（单位：mg/kg）为，(*E*)-2-己烯醛（2043.98）、己酸甲酯（819.44）、丁酸甲酯（415.12）、己醛（412.81）、芳樟醇（226.85）、乙酸己酯（146.60）、(*E*)-2-己烯-1-醇（137.35）、己酸乙酯（102.62）、己醇（82.56）、己酸（73.30）、(*E,E*)-2,4-己二烯醛（56.33）、3-己烯醛（55.56）、丁酸乙酯（45.52）、2-辛酮（40.90）、乙酸-2-顺式-己烯酯（36.27）、丁酸（35.35）、乙酸丁酯（23.92）、2-庚酮（20.83）、*β*-紫罗兰酮（18.60）、乙酸异戊酯（16.98）、2-甲基丁酸（16.62）、橙花叔醇（14.80）、环己醇（14.32）、乙酸乙酯（13.12）、(*E*)-2-庚烯醛（13.12）、丙酸甲酯（11.57）、辛酸（11.21）、2-乙基呋喃（10.80）、1-戊烯-3-酮（10.80）、辛酸甲酯（10.80）、(*E*)-2-壬烯醛（10.03）等（付磊等，2021）。

达赛（Darse）： 果实长圆锥形，果形大，果面为深红色，有光亮。果肉全红，风味浓，酸甜适度，质地坚硬，耐运输。顶空固相微萃取法提取的山东泰安温室栽培的'达赛'草莓新鲜果实香气的主要成分为，(*Z*)-2-己烯-1-醇乙酸酯（24.43%）、乙酸己酯（16.82%）、(*E*)-2-己烯醛（7.47%）、己酸甲酯（6.58%）、*N*-丁酸(反-2-己烯基)酯（4.11%）、乙酸乙酯（4.01%）、4-己烯-1-醇乙酸酯（2.86%）、*N*-己酸(反-2-己烯基)酯（2.22%）、丁酸己酯（2.04%）、乙酸辛酯（1.94%）、4-甲氧基-2,5-二甲基-3(2*H*)-呋喃酮（1.93%）、反式-橙花叔醇（1.85%）、(*Z*)-2-己烯-1-醇（1.70%）、芳樟醇（1.59%）、乙酸甲酯（1.57%）、丙酸(反-2-己烯基)酯（1.57%）、丁酸甲酯（1.52%）、己醇（1.42%）、己醛（1.29%）、己酸己酯（1.19%）、正戊酸叶醇酯（1.04%）等（朱翠英等，2015）。

达赛莱克特（Darselect）：法国品种，由'派克'×'爱尔桑塔'杂交选育。果实长圆锥形，果形周正整齐，果大，一级序果平均单果重30g。果面深红色，有光亮，果肉全红，质地坚硬。品味极佳，风味浓，酸甜适度。顶空固相微萃取法提取的'达赛莱克特'草莓新鲜成熟果实香气的主要成分（单位：μg/g）为，γ-癸内酯（10.36）、反式橙花叔醇（9.27）、(E)-2-己烯醛（6.67）、2,5-二甲基-4-甲氧基-3(2H)-呋喃酮（6.50）、异戊酸异辛酯（3.14）、己酸（2.50）、(2E)-2-己烯基乙酸酯（2.31）、己酸辛酯（1.61）、己烯醛（1.43）、芳樟醇（1.38）、己酸乙酯（1.28）、己酸甲酯（1.19）等（王玲等，2015）。顶空固相微萃取法提取的北京产'达赛莱克特'草莓新鲜成熟果实香气的主要成分为，辛酯类（20.45%）、1-辛醇（1.50%）、丁酸甲酯（1.43%）、橙花叔醇（1.06%）、己酸乙酯（0.92%）、己酸甲酯（0.86%）、DMMF（0.57%）、沉香醇（0.57%）、乙酸乙酯（0.25%）、丁酸乙酯（0.17%）等（张运涛等，2011）。

丹东大果：果实圆锥形或长圆锥形、椭圆形等，果实整齐，色泽亮丽。芳香浓郁，酸甜适口，硬度好。顶空固相微萃取法提取的北京产'丹东大果'草莓新鲜成熟果实香气的主要成分为，辛酯类（9.11%）、己酸乙酯（7.43%）、丁酸乙酯（3.21%）、橙花叔醇（1.45%）、己酸甲酯（1.22%）、丁酸甲酯（1.04%）等（张运涛等，2009）。

丹东大鸡冠：顶空固相微萃取法提取的北京产'丹东大鸡冠'草莓新鲜成熟果实香气的主要成分为，辛酯类（6.96%）、己酸乙酯（6.12%）、丁酸乙酯（2.82%）、己酸甲酯（2.11%）、丁酸甲酯（1.73%）等（张运涛等，2009）。

丰香（Toyonka）：日本早熟品种。果实圆锥形，果面有棱沟，鲜红艳丽，口味香甜，味浓，肉质细软致密。顶空固相微萃取法提取的湖北武汉产'丰香'草莓新鲜成熟果实香气的主要成分为，己酸甲酯（23.90%）、己酸乙酯（20.58%）、丁酸甲酯（12.32%）、丁酸乙酯（7.34%）、反式-2-己烯醛（6.38%）、沉香醇（2.72%）、橙花叔醇（2.55%）、乙酸异戊酯（2.50%）、乙酸己酯（2.07%）、异戊酸甲酯（1.91%）、2-庚酮（1.08%）、丁酸异丙基酯（1.07%）、辛酸乙酯（1.07%）等（曾祥国等，2015）。顶空固相微萃取法提取的山东烟台产'丰香'草莓新鲜果实香气的主要成分为，4-羟基-2-丁酮（19.62%）、己酸乙酯（7.83%）、丁酸乙酯（6.50%）、(E)-乙酸-2-己烯-1-酯（5.68%）、2-己烯醛（4.97%）、己酸甲酯（4.89%）、乙酸甲酯（4.02%）、(E)-乙酸-3-己烯-1-酯（3.55%）、乙酸（3.47%）、1-己醇（2.34%）、3,7-二乙基-1,6-辛二烯-1-醇（2.27%）、2-甲基丁酸（2.04%）、丙酮（1.71%）、(E,E)-2,4-己烯醛（1.68%）、3-羟基-丁酸乙酯（1.56%）、己酸（1.53%）、丁酸甲酯（1.43%）、丙酸乙酯（1.41%）、(E)-2-己烯-1-醇（1.41%）、乙酸-3-甲基-1-丁酯（1.40%）、松蕈（1.35%）、2-甲基丁酸乙酯（1.33%）、柠檬油精（1.08%）等（宋世志等，2017）。顶空固相微萃取法提取的重庆产'丰香'草莓新鲜果实香气的主要成分为，反-2-己烯醛（33.85%）、丁酸甲酯（12.65%）、己醛（9.92%）、乙酸甲酯（8.95%）、乙酸乙酯（5.13%）、己酸甲酯（4.99%）、沉香醇（3.16%）、2,3-二氢-1,1,3-三甲基-3-苯基-1H-茚（2.46%）、乙酸异丙酯（1.93%）、丁酸乙酯（1.57%）、反-9-十八碳烯酸甲酯（1.44%）、正己烷（1.17%）等（郭晓晖等，2012）。溶剂萃取法提取的山东泰安产'丰香'草莓新鲜成熟果实香气的主要成分为，(Z,Z)-9,12-十八二烯酸（30.99%）、油酸（19.24%）、(Z,Z,Z)-9,12,15-十八碳三烯酸甲酯（14.40%）、十六碳酸（14.32%）、3-苯基-2-丙烯酸（6.43%）、十八碳酸（3.44%）、(E,E)-2,4-癸二烯（1.28%）、3-羟基-2-丁酮（1.25%）、己酸（1.05%）等（姜远茂等，2004）。溶剂萃取法提取的'丰香'草莓新鲜成熟果实香气的主要成分为，2,5-二甲基-4-甲氧基-3(2H)-呋喃酮（14.53%）、2,5-二甲基-4-羟基-3(2H)-呋喃酮（13.20%）、乙苯（7.84%）、22,23-二氢豆甾醇（7.14%）、对二甲苯（6.60%）、(E)-2-己烯醛（5.66%）、丙二酸二乙酯（5.54%）、己酸乙酯（3.74%）、

1,2- 苯二甲酸 -2- 乙基己酯（2.68%）、2,7- 二氯 -3- 甲氧基二苯唑呋喃（1.85%）、己酸（2.91%）、2- 氯苯并噻唑（2.17%）、二十烷（2.01%）、己酸甲酯（1.69%）、二十九烷（1.50%）、(E)-3,7,11- 三甲基 -1,6,10- 三烯十二烷 -3- 醇（1.48%）、3,5- 二叔丁基 -4- 羟基 - 苯甲醛（1.48%）、岩藻甾醇（1.32%）、二十六烷（1.26%）、己醛（1.13%）等；顶空固相微萃取法提取的'丰香'草莓新鲜成熟果实香气的主要成分为，丁酸甲酯（23.81%）、乙酸乙酯（18.94%）、乙酸甲酯（14.78%）、己酸甲酯（10.99%）、(E)-2- 己烯醛（8.93%）、丁酸乙酯（4.34%）、丁酸 -3- 甲基甲酯（2.02%）、乙酸己酯（1.72%）、丙酮（1.70%）、乙酸 -1- 甲基乙酯（1.68%）等（张晋芬等，2009）。低温液体固相微萃取法提取的'丰香'草莓新鲜成熟果实香气的主要成分为，丁酸乙酯（19.65%）、乙酸乙酯（14.96%）、(E)-2- 己烯醛（12.59%）、丁酸甲酯（12.46%）、己酸甲酯（11.41%）、己酸乙酯（9.05%）、乙酸甲酯（4.71%）、丙酮（1.55%）、乙酸 -1- 甲基乙酯（1.49%）、丁酸 -3- 甲基甲酯（1.49%）等（张晋芬等，2009）。顶空固相微萃取法提取的北京产'丰香'草莓新鲜成熟果实香气的主要成分为，己酸乙酯（21.61%）、(E)-3,7,11- 三甲基 -1,6,10- 十二碳三烯 -3- 醇（14.28%）、1- 辛醇（11.45%）、己酸甲酯（5.27%）、辛酸乙酯（4.64%）、乙酸辛酯（3.69%）、己酸异戊酯（3.68%）、沉香醇（3.47%）、辛酸甲酯（2.78%）、丁酸辛酯（2.73%）、己酸己酯（1.72%）、己酸辛酯（1.68%）、丁酸乙酯（1.42%）、3- 甲基丁酸辛酯（1.33%）、己酸 -2- 甲基丙酯（1.25%）等（张运涛等，2008）。

抚顺大鸡冠： 地方品种，稍有香味。顶空固相微萃取法提取的北京产'抚顺大鸡冠'草莓新鲜成熟果实香气的主要成分为，己酸乙酯（6.55%）、辛酯类（4.24%）、1- 辛醇（2.86%）、丁酸乙酯（1.56%）、己酸甲酯（1.46%）等（张运涛等，2009）。

给维它（钙维他、Gavita）： 果实圆锥形，果个比较大，紫红色。果实味甜，较硬。顶空固相微萃取法提取的北京产'给维它'草莓新鲜成熟果实香气的主要成分为，辛酯类（34.26%）、橙花叔醇（8.59%）、丁酸甲酯（4.34%）、己酸乙酯（4.27%）、己酸甲酯（4.08%）、丁酸己酯（3.42%）、乙酸己酯（1.83%）、DMMF（1.35%）、沉香醇（0.96%）、1- 辛醇（0.72%）等（张运涛等，2011）。

哈达（Hada）： 果实短圆锥形，平均单果重 32.3g。果面红色，光滑，光泽明亮，非常美观。种子浅黄色，深嵌。果肉橘红色，质细，稍有空心，无白筋，汁液中多，味香，酸甜适口，硬度大，耐贮运。溶剂萃取法提取的山东泰安产'哈达'草莓新鲜成熟果实香气的主要成分为，(Z,Z,Z)-9,12,15- 十八碳三烯酸甲酯（17.61%）、(Z,Z)-9,12- 十八二烯酸（13.57%）、十六碳酸（10.37%）、(E)-2- 庚烯醛（8.42%）、(Z)-9- 十八烯酸（8.19%）、(E,E)-2,4- 癸二烯（8.15%）、(E,E)-2,4- 庚二烯醛（4.23%）、(Z)-2- 癸烯醛（3.52%）、2- 丁烯醛（3.29%）、2- 甲基 -2- 丙烯醛（2.28%）、己醛（2.15%）、十八碳酸（1.90%）、丁酸甲酯（1.59%）、苯甲醇（1.06%）、3- 戊烯 -2- 醇（1.03%）、己酸（1.03%）等（姜远茂等，2004）。

哈尼（Honey）： 美国中早熟品种。果实圆锥形，深红色，有光泽。果个大，一级果平均重 19g。果肉全红，酸甜有香味，硬度好，耐运输。顶空固相微萃取法提取的北京产'哈尼'草莓新鲜成熟果实香气的主要成分为，丁酸甲酯（7.71%）、DMMF（2.40%）、沉香醇（2.09%）、己酸乙酯（0.83%）、乙酸己酯（0.82%）、1- 辛醇（0.81%）、己酸甲酯（0.80%）、橙花叔醇（0.70%）等（张运涛等，2011）。顶空固相微萃取法提取的黑龙江哈尔滨产'哈尼'草莓新鲜成熟果实香气的主要成分为，乙酸乙酯（14.28%）、橙花叔醇（9.52%）、沉香醇（7.56%）、正己醛（5.29%）、2- 己烯醛（3.87%）、γ- 癸内酯（3.33%）、己酸甲酯（3.31%）、异戊酸乙酯（2.94%）、正己酸（2.62%）、苯乙烯（1.87%）、2,3- 丁二酮（1.77%）、己酸乙酯（1.55%）、辛酸甲酯（1.55%）、2- 乙基己基乙酸酯（1.43%）、正辛醇（1.38%）、丁酸辛酯（1.24%）、正己醇（1.12%）、壬醛（1.01%）等（赵倩等，2020）。

荷兰西峡： 顶空固相微萃取法提取的北京产'荷兰西峡'草莓新鲜成熟果实香气的主要成分为，1-辛醇（8.76%）、丁酸甲酯（4.33%）、己酸乙酯（0.80%）、乙酸己酯（0.43%）、己酸甲酯（0.38%）、辛酯类（0.29%）等（张运涛等，2011）。

黑龙江1号： 自然五倍体野生草莓。顶空固相微萃取法提取的江苏南京产'黑龙江1号'草莓新鲜成熟果实香气的主要成分为，乙酸乙酯（18.16%）、丁酸乙酯（13.65%）、2-戊酮（12.97%）、丙酮（7.62%）、2-庚酮（4.91%）、乙酸桃金娘烯醇酯（4.64%）、4-甲氧基-2,5-二甲基-3(2H)-呋喃酮（3.96%）、1-己醇（3.11%）、己醛（2.47%）、乙醇（1.81%）、2-庚醇（1.67%）、(E)-2-己烯-1-醇（1.44%）、2-甲基丁酸甲酯（1.22%）、己酸乙酯（1.21%）、6,6-二甲基二环[3.1.1]庚-2-烯-2-甲醇（1.21%）、(E)-2-己烯醛（1.18%）、甲基壬基甲酮（1.09%）、3-甲基丁酸乙酯（1.02%）、丙酸乙酯（1.00%）等（赵密珍等，2010）。

黑龙江6号： 自然五倍体野生草莓。顶空固相微萃取法提取的江苏南京产'黑龙江6号'草莓新鲜成熟果实香气的主要成分为，2-戊酮（18.71%）、乙酸乙酯（14.06%）、丁酸乙酯（13.07%）、4-甲基-2-己酮（6.43%）、4-甲氧基-2,5-二甲基-3(2H)-呋喃酮（4.99%）、乙酸桃金娘烯醇酯（3.98%）、1-己醇（3.06%）、乙醇（2.62%）、己酸乙酯（2.50%）、甲基壬基甲酮（2.44%）、己醛（1.72%）、2-庚醇（1.56%）、(E)-2-己烯-1-醇（1.48%）、里哪醇（1.38%）、乙酸丁酯（1.11%）、3-甲基丁酸乙酯（1.08%）、(E)-2-己烯醛（1.04%）等（赵密珍等，2010）。

黑龙江10号： 四倍体东方草莓。顶空固相微萃取法提取的江苏南京产'黑龙江10号'草莓新鲜成熟果实香气的主要成分为，丁酸乙酯（22.09%）、乙酸乙酯（18.09%）、2-戊酮（8.12%）、乙酸桃金娘烯醇酯（6.23%）、2-庚酮（4.17%）、(E)-3-己烯-1-醇乙酸酯（3.41%）、2-甲基丁酸乙酯（2.73%）、(Z)-3-己烯-1-醇（2.67%）、丙酮（2.55%）、2-甲基丁酸（2.53%）、己酸乙酯（2.28%）、己醛（1.90%）、乙酸己酯（1.60%）、丁酸（1.42%）、乙醇（1.39%）、3-甲基-2-丁烯-1-醇乙酸酯（1.38%）、乙酸丁酯（1.26%）、1-己醇（1.20%）、2-庚醇（1.15%）、己酸（1.06%）等（赵密珍等，2010）。

红宝石： 世界性草莓优良品种群。果实长圆锥形，果个大，最大单果重75g。果面深红色，有美丽的光泽。果实坚硬，果味酸甜，口感芳香。顶空固相微萃取法提取的上海产'红宝石'草莓新鲜成熟果实香气的主要成分（单位：mg/kg）为：(E)-2-己烯醛（1943.44）、己酸甲酯（421.18）、己醛（290.01）、丁酸甲酯（161.25）、芳樟醇（119.13）、己酸乙酯（103.49）、乙酸-2-顺式-己烯酯（71.00）、乙酸己酯（60.77）、丁酸（44.65）、3-己烯醛（43.92）、环己醇（43.92）、2-辛酮（36.10）、丁酸乙酯（33.09）、己醇（26.47）、(E,E)-2,4-己二烯醛（26.47）、己酸（21.66）、(+)-柠檬烯（14.44）、γ-癸内酯（13.24）、乙酸-4-己烯酯（12.64）、(E,E)-2,6-壬二烯醛（11.90）、2-戊酮（11.25）、β-紫罗兰酮（11.20）、(E)-2-庚烯醛（10.23）等（付磊等，2021）。

红太后（Red Queen）： 意大利品种。果实扁圆锥形，果个大，一级序果平均重可达30～50g。颜色鲜艳，外观诱人。硬度大，风味甜酸适口，香味浓，品质优良。顶空固相微萃取法提取的北京产'红太后'草莓新鲜成熟果实香气的主要成分为，1-辛醇（25.58%）、己酸甲酯（3.35%）、丁酸甲酯（2.97%）、橙花叔醇（1.58%）、沉香醇（1.55%）、DMMF（0.98%）、辛酯类（0.87%）、乙酸己酯（0.74%）、己酸乙酯（0.84%）、丁酸乙酯（0.33%）等（张运涛等，2011）。

红星： 果实圆锥形，稍有果颈，鲜红色，光泽度好，果面着色均匀。一级序果重56.5g。果肉红色，质地密，肉质细腻，纤维少，髓心小，实心，果汁中多，风味甜，香气浓，硬度大。顶空固相微萃取法提取的山东泰安温室栽培的'红星'草莓新鲜果实香气的主要成分为，己酸甲酯（13.24%）、(E)-2-己烯醛

（9.01%）、(Z)-2- 己烯 -1- 醇乙酸酯（8.54%）、己酸乙酯（7.65%）、N- 丁酸 (反 -2- 己烯基) 酯（6.60%）、反式 - 橙花叔醇（6.49%）、芳樟醇（5.94%）、丁酸甲酯（4.83%）、乙酸己酯（4.49%）、苯乙酸甲酯（3.71%）、丁酸己酯（3.33%）、乙二醇二丁酸酯（2.83%）、(E)-4- 己烯 -1- 醇（2.43%）、丁酸乙酯（2.15%）、丁酸丁酯（1.27%）、己醛（1.02%）等（朱翠英等，2015）。

红颜（Benihoppe）：日本品种，由'章姬'×'幸香'杂交而成。果实长圆锥形，果面和内部色泽均呈鲜红色，着色一致，外形美观，富有光泽。果形大，最大果重110g，香味浓，酸甜适口，果实硬度适中。顶空固相微萃取法提取的浙江台州产'红颜'草莓新鲜成熟果实香气的主要成分为，2- 己烯醛（26.46%）、3,7- 二甲基 -1,6- 辛二烯 -3- 醇（15.96%）、2- 橙花叔醇（13.94%）、2,5- 二甲基 -4- 羟基 -2(3H)- 呋喃酮（9.05%）、己醛（8.06%）、己酸（3.16%）、3(2H)-4- 甲氧基 - 呋喃酮（1.92%）、1- 甲基丁酸（1.80%）、丁酸（1.49%）、甲氧基苯基肟（1.39%）等（赵国富，2018）。顶空固相微萃取法提取的安徽合肥产'红颜'草莓新鲜成熟果实香气的主要成分为，2- 己烯 -1- 醇（32.35%）、己酯（12.20%）、沉香醇（8.02%）、橙花叔醇（7.93%）、(E)-2- 己烯醛（7.85%）、丁酸乙酯（3.81%）、2- 辛醇（3.48%）、乙酸酯（1.76%）、Z- 丁酸 -2- 己烯酯（1.75%）等（赵静等，2019）。顶空固相微萃取法提取的北京产'红颜'草莓新鲜成熟果实香气的主要成分为，乙酸乙酯（21.00%）、乙酰肼（19.67%）、己酸乙酯（6.58%）、肼（5.23%）、氨基脲（4.45%）、1- 辛醇（3.19%）、丁酸乙酯（2.97%）、丁酸甲酯（2.92%）、3- 溴 -3,3- 二氟 -1- 丙烯（2.90%）、沉香醇（2.08%）、橙花叔醇（2.07%）、己酸甲酯（1.22%）等（张运涛等，2008）。通过 Amberlite XAD-2 树脂吸附、乙醇洗脱的方法提取的浙江杭州产'红颜'草莓新鲜成熟果实键合态香气的主要成分（单位：mg/L）为，肉桂酸（12.3）、(+)- 落叶松醇（9.2）、高香草酸（2.7）、3-(4- 羟基 -3- 甲氧基)-2- 丙烯 -1- 醇（2.6）、α,4′- 二羟基 -3′- 甲氧基苯丙酮（0.9）、8- 羟基芳樟醇（0.7）、4- 羟基苯乙醇（0.7）、2,4- 二叔丁基苯酚（0.7）、4- 羟基 -2,5- 二甲基 -3(2H) 呋喃酮（0.7）、阿魏酸（0.6）、苯甲醇（0.5）等（孔慧娟等，2015）。顶空固相微萃取法提取的北京产'红颜'草莓新鲜成熟果实香气的主要成分为，沉香醇（16.71%）、丁酸甲酯（10.12%）、己酸（8.93%）、橙花叔醇（8.59%）、己酸乙酯（6.92%）、丁酸乙酯（4.95%）、己酸甲酯（4.12%）、乙酸乙酯（3.87%）、异戊酸乙酯（3.67%）、乙酸甲酯（2.84%）、丙酮（2.74%）等（吕浩等，2020）。固相微萃取法提取的辽宁大连产'红颜'草莓新鲜成熟果实香气的主要成分为，橙花叔醇（14.50%）、己酸甲酯（12.08%）、芳樟醇（7.01%）、2- 己烯醛（6.07%）、桃醛（2.82%）、丁酸异丙基酯（2.16%）、己酸乙酯（1.66%）、己酸异丙酯（1.56%）、丁酸乙酯（1.50%）等（梁正鲜等，2021）。顶空固相微萃取法提取的天津产'红颜'草莓新鲜成熟果实香气的主要成分为，2- 己烯 -1- 醇乙酸酯（13.19%）、乙酸己酯（7.87%）、丁酸 -2- 己烯酯（7.01%）、丁酸己酯（6.32%）、己酸乙酯（6.29%）、2,5- 二甲基 -4- 甲氧基 -3(2H)- 呋喃酮（6.00%）、橙花醇（4.57%）、(E)-2- 己烯 -1- 醇（4.26%）、2- 己烯醛（4.04%）、己酸甲酯（3.94%）、沉香醇（3.65%）、1- 己醇（3.40%）、己酸己酯（2.76%）、己酸（2.46%）、丁酸乙酯（2.20%）、己酸 -2- 己烯酯（2.06%）、草酸 - 新戊基辛酯（1.49%）、2- 辛烯酸（1.37%）、乙酸乙酯（1.04%）等（赵娜，2021）。顶空固相微萃取法提取的河北保定产'红颜'草莓新鲜成熟果实香气的主要成分（单位：μg/g）为，丁酸乙酯（34.91）、己酸甲酯（32.44）、甲基叔丁基醚（29.88）、异戊酸乙酯（17.55）、乙酸乙酯（16.41）、丁酸甲酯（14.99）、丁醛（13.96）、丙酮酸乙酯（13.66）、正己酸乙酯（12.86）、丙烯酸乙酯（8.76）、丁酸丁酯（6.33）、2- 庚酮（5.64）、反式 -2- 戊烯醛（5.47）、乙醇（5.44）等（蔡冰冰等，2022）。顶空固相微萃取法提取的江苏南京产'红颜'草莓新鲜成熟果实香气的主要成分为，乙酸 - 反 -2- 己烯酯（44.94%）、乙酸正己酯（26.12%）、己酸乙酯（16.51%）、己酸甲酯（2.92%）、顺 -3- 己烯基乙酸酯（1.72%）、乙酸乙酯（1.19%）等（奚裕婷等，2020）。顶空固相微萃取法提取的辽宁兴城产'红颜'草莓新鲜成熟果实香气的主要成分（单位：μg/kg）为，己酸乙酯（3098）、己酸甲酯（1672）、

反式 -2- 己烯醛（661）、乙酸己酯（370）、乙酸辛酯（353）、辛酸乙酯（303）、丁酸乙酯（269）、正己醛（262）、辛酸甲酯（205）、2- 庚酮（139）、沉香醇（137）、反式乙酸 -2- 己烯 -1- 酯（88）、苯乙烯（78）、壬醛（23）、异戊酸甲酯（13）、4- 甲氧基 -2,5- 二甲基 -3(2H)- 呋喃酮（13）等（李鹏等，2023）。

红衣（Red Coat）： 原产加拿大，从美国引进，中熟品种。果实较大，短楔形，红色，一级序果平均单果重 20g，单果最大重 30～35g。果肉红色，肉质较软，汁多，甜酸味浓。顶空固相微萃取法提取的北京产'红衣'草莓新鲜成熟果实香气的主要成分为，己酸乙酯（23.54%）、辛酯类（21.28%）、丁酸乙酯（2.94%）、己酸甲酯（2.88%）、乙酸己酯（2.49%）、1- 辛醇（1.91%）、DMMF（1.00%）、丁酸甲酯（0.32%）、沉香醇（0.10%）等（张运涛等，2011）。

胡德（Hood）： 深红色，味道甜，香味浓郁。顶空固相微萃取法提取的北京产'胡德'草莓新鲜成熟果实香气的主要成分为，1- 辛醇（34.94%）、己酸乙酯（1.58%）、乙酸己酯（1.01%）、沉香醇（0.69%）、橙花叔醇（0.64%）、己酸甲酯（0.60%）、丁酸甲酯（0.40%）等（张运涛等，2011）。

华东 1 号： 无香味。顶空固相微萃取法提取的北京产'华东 1 号'草莓新鲜成熟果实香气的主要成分为，1- 辛醇（8.47%）、辛酯类（7.33%）、己酸乙酯（5.42%）、丁酸乙酯（1.31%）等（张运涛等，2009）。

华东 10 号： 有香味。顶空固相微萃取法提取的北京产'华东 10 号'草莓新鲜成熟果实香气的主要成分为，己酸乙酯（30.88%）、辛酯类（9.04%）、己酸甲酯（1.37%）、丁酸乙酯（1.24%）等（张运涛等，2009）。

吉林 12 号： 二倍体东北草莓。顶空固相微萃取法提取的江苏南京产'吉林 12 号'草莓新鲜成熟果实香气的主要成分为，乙酸乙酯（24.54%）、2- 戊酮（10.32%）、丁酸乙酯（7.97%）、丙酮（5.36%）、乙酸桃金娘烯醇酯（4.29%）、(Z)-3- 己烯 -1- 醇（3.81%）、己醛（3.48%）、乙醇（3.39%）、(Z)-3- 己烯 -1- 醇乙酸酯（2.86%）、2- 甲基 - 丁酸（2.35%）、(E)-2- 己烯醛（2.17%）、1- 己醇（2.12%）、6,6- 二甲基二环 [3.1.1] 庚烷 -2- 甲醇（1.94%）、2- 甲基丁酸甲酯（1.81%）、甲基壬基甲酮（1.39%）、里哪醇（1.18%）、1- 戊醇（1.17%）、二环 [3.3.0] 辛 -2- 烯 -4β,6β- 碳内酯（1.11%）、4- 甲氧基 -2,5- 二甲基 -3(2H)- 呋喃酮（1.08%）等（赵密珍等，2010）。

奖赏（Bounty）： 加拿大品种。果个中等，平均单果重 17.2g。果实圆锥形或楔形，深红色，光泽强。肉质细，全红。风味酸甜适中，有香味，鲜食品质中上等。顶空固相微萃取法提取的北京产'奖赏'草莓新鲜成熟果实香气的主要成分为，己酸乙酯（9.45%）、丁酸甲酯（4.76%）、丁酸乙酯（3.22%）、己酸甲酯（1.32%）、1- 辛醇（1.13%）、辛酯类（1.09%）、DMMF（0.87%）、沉香醇（0.79%）、乙酸己酯（0.18%）等（张运涛等，2011）。

京桃香： 以'达赛莱克特'为母本、'章姬'为父本杂交选育而成。果实圆锥形或楔形，一、二级序果平均单果重 31.5g。果实红色，有光泽。果肉橙红色，酸甜适中，香味浓。顶空固相微萃取法提取的北京产'京桃香'草莓新鲜成熟果实香气的主要成分（相对浓度）为，γ- 癸内酯（259.25）、己酸（57.94）、4- 甲氧基 -2,5- 二甲基 -3(2H)- 呋喃酮（41.41）、丁酸甲酯（27.39）、(E)-2- 己烯醛（12.61）、γ- 十二内酯（12.47）、沉香醇（11.20）等（王娟等，2018）。

晶瑶： 果实圆锥形，红色，光泽强。一级果平均重 39.5g。硬度中等，酸甜适口，芳香味浓，品质极优。顶空固相微萃取法提取的湖北武汉产'晶瑶'草莓新鲜成熟果实香气的主要成分为，丁酸乙酯（18.36%）、反式 -2- 己烯醛（17.00%）、己酸乙酯（13.88%）、己酸甲酯（9.49%）、丁酸甲酯（6.94%）、乙酸丁酯（3.00%）、橙花叔醇（2.25%）、2- 己酮（1.95%）、沉香醇（1.76%）、乙酸异戊酯（1.53%）、己酸己酯（1.21%）、己酸（1.08%）、异戊酸甲酯（1.05%）、2- 庚酮（1.05%）、乙酸己酯（1.02%）等（曾祥国等，2015）。

晶玉： 以'甜查理'为母本、'晶瑶'为父本杂交育成。果实长圆锥形或楔形，表面鲜红色，有光泽，平整。种子黄色，微凹于果面。果肉橙红色，细腻，汁液中，甜酸适中，香味浓。髓心大小中等，白色至浅红色，空洞少。果实大，一、二级序果平均单果质量21.5g。顶空固相微萃取法提取的湖北武汉产'晶玉'草莓新鲜成熟果实香气的主要成分为，丁酸甲酯（25.80%）、丁酸乙酯（10.48%）、反式 -2- 己烯醛（7.47%）、己酸甲酯（7.16%）、橙花叔醇（4.64%）、沉香醇（4.12%）、丁酸丁酯（3.06%）、丁酸异丙基酯（2.97%）、2- 己酮（2.94%）、异戊酸甲酯（2.78%）、乙酸异戊酯（2.57%）、乙酸丁酯（1.81%）、丁酸异戊酯（1.55%）、γ- 癸内酯（1.53%）、己酸乙酯（1.46%）、己酸（1.40%）、2- 庚酮（1.15%）、反 -2- 己烯 -1-醇（1.08%）等（曾祥国等，2014）。

卡姆罗莎（卡麦罗莎、童子一号、Camarosa）： 从美国引进的草莓品种中选育而成。果实长圆锥或楔形，果面平整光滑，果色鲜红并有蜡质光泽。果个大齐，一级果单果重在50g以上。果肉红色，细密坚实，味甜微酸，风味和口感好，硬度大。为鲜食和深加工兼用品种群。顶空固相微萃取法提取的北京产'卡姆罗莎'草莓新鲜成熟果实香气的主要成分为，丁酸辛酯（9.29%）、丁酸甲酯（8.25%）、丁酸乙酯（6.79%）、己酸乙酯（6.21%）、乙酸辛酯（5.48%）、丁酸 -2- 甲基辛酯（5.25%）、(*E*)-3,7- 二甲基 -6- 辛烯 -1-醇（2.86%）、己酸己酯（2.82%）、己酸甲酯（2.81%）、乙酸己酯（2.49%）、丁酸 -3- 甲基辛酯（2.47%）、丁酸 -2- 甲基乙酯（1.59%）、乙酸丁酯（1.47%）、乙酸 -2- 甲基丁酯（1.40%）、丁酸异丙酯（1.03%）等（张运涛等，2008）。顶空固相微萃取法提取的北京产'童子一号'草莓新鲜成熟果实香气的主要成分为，辛酯类（18.87%）、丁酸甲酯（3.16%）、己酸甲酯（2.75%）、己酸乙酯（1.83%）、乙酸己酯（1.67%）、丁酸乙酯（1.18%）、橙花叔醇（1.09%）、DMMF（0.88%）、沉香醇（0.34%）、1- 辛醇（0.26%）等（张运涛等，2011）。

丽达： 晚熟品种。果实短圆锥形，平均单果重25.3g。顶空固相微萃取法提取的北京产'丽达'草莓新鲜成熟果实香气的主要成分为，橙花叔醇（7.70%）、丁酸甲酯（2.08%）、沉香醇（1.72%）、乙酸己酯（0.89%）、丁酸乙酯（0.70%）、1- 辛醇（0.62%）、己酸乙酯（0.45%）、辛酯类（0.39%）、己酸甲酯（0.36%）等（张运涛等，2011）。

枥乙女： 日本第一的栽培品种。果实呈圆锥形，表面鲜红，光泽好，漂亮诱人。肉质淡红空心少，味香甜，果肉细腻，口感香甜，基本无酸味，质量极佳。顶空固相微萃取法提取的北京产'枥乙女'草莓新鲜成熟果实香气的主要成分为，橙花叔醇（35.21%）、乙醇（7.34%）、沉香醇（6.65%）、3- 苯 -2- 丙酸乙酯（3.27%）、戊酸 -2- 十四酯（2.66%）、4- 甲氧基 -2,5- 二甲基 -3(2*H*)- 呋喃酮（1.93%）、丁酸 -2- 甲基乙酯（1.42%）、丁酸 -3- 甲基乙酯（1.42%）等（王桂霞等，2010）。

鲁迅公园： 地方品种，稍有香味。顶空固相微萃取法提取的北京产'鲁迅公园'草莓新鲜成熟果实香气的主要成分为，辛酯类（6.14%）、己酸乙酯（5.69%）、丁酸乙酯（2.22%）、1- 辛醇（1.38%）、己酸甲酯（1.22%）等（张运涛等，2009）。

罗莎（Rosa）： 顶空固相微萃取法提取的山东泰安产'罗莎'草莓高氮施肥的新鲜成熟果实香气的主要成分为，γ- 癸内酯（24.78%）、2,5- 二甲基 -4- 甲氧基 -3(2*H*)- 呋喃酮（20.04%）、2- 己烯醛（12.91%）、2,5- 二甲基 -4 -羟基 -3(2*H*)- 呋喃酮（12.28%）、己醛（3.41%）、丁酸甲酯（3.39%）、2,4- 戊二烯醛（2.92%）、

（*E*）-2- 己烯 -1- 醇（2.47%）、4- 辛基 -4- 酸（1.82%）、己酸（1.56%）等；中氮施肥的新鲜成熟果实香气的主要成分为，2,5- 二甲基 -4- 甲氧基 -3(2*H*)- 呋喃酮（20.95%）、*γ*-4- 己基丁内酯（20.82%）、2- 己烯醛（13.32%）、2,5- 二甲基 -4 – 羟基 -3(2*H*)- 呋喃酮（12.53%）、丁酸甲酯（4.27%）、（*E*）-2- 己烯 -1- 醇（2.97%）、3- 戊烯 -2 - 酮（2.20%）、己醛（2.18%）、4- 氨基 -4- 甲基 -2- 戊酮（1.05%）等；对照栽培的新鲜成熟果实香气的主要成分为，2- 己烯醛（22.23%）、2,5- 二甲基 -4- 甲氧基 -3(2*H*)- 呋喃酮（20.40%）、*γ*- 癸内酯（11.57%）、2,5- 二甲基 -4- 羟基 -3(2*H*)- 呋喃酮（10.63%）、己醛（5.25%）、（*E*）-2- 己烯 -1- 醇（4.36%）、3- 戊烯 -2 - 酮（3.01%）、丁酸甲酯（2.14%）、4- 辛基 -4- 酸（1.87%）、三十烷（1.73%）、（*E*）- 乙酸 -2- 己烯 -1- 酯（1.48%）、壬醛（1.14%）、乙酸己酯（1.13%）、2,3- 壬二酮（1.12%）、二十八烷（1.05%）等（刘松忠等，2004）。固相微萃取法提取的 '罗莎' 草莓新鲜成熟果实香气的主要成分为，2,4- 己二烯 -1- 醇（33.74%）、2- 环己烯 -1- 醇（31.95%）、2- 己烯醛（10.34%）、（*E*,*E*）-2,4- 己二烯醛（6.26%）、5- 乙基 -2(5*H*)- 呋喃酮（4.07%）、四氢 -2*H*- 吡喃 -2- 甲醇（2.09%）、二硫化碳（1.86%）、2- 乙基呋喃（1.66%）等（隋静等，2020）。

马岗： 地方品种，有香气。顶空固相微萃取法提取的北京产 '马岗' 草莓新鲜成熟果实香气的主要成分为，辛酯类（8.07%）、己酸乙酯（4.68%）、丁酸乙酯（1.13%）、己酸甲酯（0.68%）等（张运涛等，2009）。

美珠： 早熟品种。果实圆锥形，平均单果重 13.7g。果面红色，平整有光泽，果肉鲜红色，肉质细，味甜，具浓郁香味，汁多。顶空固相微萃取法提取的北京产 '美珠' 草莓新鲜成熟果实香气的主要成分为，己酸乙酯（7.41%）、橙花叔醇（6.01%）、辛酯类（3.42%）、丁酸甲酯（1.87%）、1- 辛醇（1.42%）等（张运涛等，2009）。

玫瑰公主（Rose Princess）： 由 '燕香' × '粉红熊猫' 杂交选育。果面红色，风味酸甜，有玫瑰香味。顶空固相微萃取法提取的北京产 '玫瑰公主' 草莓新鲜成熟果实香气的主要成分（相对浓度）为，丁酸甲酯（54.92）、己酸（40.65）、4- 甲氧基 -2,5- 二甲基 -3(2*H*)- 呋喃酮（33.55）、沉香醇（30.36）、3- 甲基丁酸甲酯（22.16）、（*E*）-2- 己烯醛（13.41）、己酸甲酯（12.95）等（王娟等，2018）。

蒙特瑞（Monterey）： 美国日中性品种，亲本为 '阿尔宾' × 'Ca197.85-6'。果大于阿尔宾，风味优。顶空固相微萃取法提取的河北承德秋季产 '蒙特瑞' 草莓新鲜成熟果实香气的主要成分（香气值）为，丁酸乙酯（466.00）、芳樟醇（203.00）、己酸乙酯（190.00）、乙酸己酯（78.00）、反式 -2- 己烯醛（62.35）、4- 甲氧基 -2,5- 二甲基 -3(2*H*) 呋喃酮（22.94）、壬醛（18.00）、丁酸甲酯（17.70%）、橙花叔醇（15.16）、乙酸丁酯（5.38）、丁酸丁酯（3.09）、乙酸 -2- 甲基丁酯（3.00）、乙酸辛酯（2.49）、己酸甲酯（1.83）、3- 甲基丁酸甲酯（1.82）、丁酸辛酯（1.18）、*d*- 柠檬烯（1.07）、乙酸叶醇酯（1.06）等；北京冬季温室产 '蒙特瑞' 草莓新鲜成熟果实香气的主要成分（香气值）为，芳樟醇（186.67）、丁酸乙酯（149.00）、己酸乙酯（113.33）、2- 甲基丁酸甲酯（77.50）、丁酸甲酯（59.68）、壬醛（53.00）、乙酸己酯（52.00）、反式 -2- 己烯醛（19.06）、桃金娘烯醇（13.86）、4- 甲氧基 -2,5- 二甲基 -3(2H)- 呋喃酮（9.88）、乙酸 -2- 甲基丁酯（7.82）、乙酸丁酯（6.71）、丁酸丁酯（2.71）、橙花叔醇（2.54）、己酸甲酯（1.80）、乙酸辛酯（1.79）、乙酸叶醇酯（1.44）、*d*- 柠檬烯（1.07）等（董静等，2019）。

蜜宝： 大果型，果实橙红色，有光泽。顶空固相微萃取法提取的黑龙江哈尔滨产 '蜜宝' 草莓新鲜成熟果实香气的主要成分为，沉香醇（15.50%）、正己醛（6.77%）、甲苯（6.00%）、乙酸乙酯（5.85%）、2- 己烯醛（5.63%）、乙酸己酯（4.82%）、2,3- 丁二酮（4.35%）、（*E*）- 乙酸 -2- 己烯酯（4.27%）、丙酮（3.36%）、异戊酸乙酯（3.07%）、壬醛（3.03%）、乙酸丁酯（2.97%）、苯乙烯（2.59%）、γ-癸内酯（2.48%）、乙酸异戊酯（1.70%）、己酸乙酯（1.48%）、正己醇（1.34%）、正己酸（1.30%）、2-庚酮（1.26%）、反式-2-己烯-1-醇（1.19%）等（赵倩等，2020）。

妙香3号： 由'哈达'×'章姬'杂交选出。果实圆锥形，平均单果重29.9g。果面鲜红色，富光泽。果肉鲜红，细腻，香味浓。髓心小，白色至橙红色。顶空固相微萃取法提取的江苏南京产'妙香3号'草莓八成熟果实果汁香气的主要成分（单位：μg/kg）为，5-己基二氢-2(3H)-呋喃酮（24.126）、芳樟醇（21.33）、己醛（8.03）、(E)-2-己烯醛（6.06）、己酸甲酯（5.29）、(E)-乙酸-2-己烯-1-醇酯（5.16）、γ-十二内酯（4.38）、丁酸辛酯（4.20）、乙酸己酯（3.19）、己酸己酯（2.99）、己酸辛酯（2.45）、3-甲基-丁酸辛酯（1.62）、己酸乙酯（1.60）、壬醛（1.41）、丁酸甲酯（1.02）等（张敬文等，2023）。

宁玉： 以'幸香'为母本、'章姬'为父本杂交选育出的早熟抗病新品种。果实圆锥形，果个均匀，红色，果面平整，光泽强，可溶性固形物含量达10.7%，果大丰产。顶空固相微萃取法提取的江苏溧水产'宁玉'草莓新鲜成熟果实香气的主要成分为，正己醛（30.17%）、2-环己烯-1-醇（27.13%）、丁酸甲酯（6.56%）、(E)-3,7,11-三甲基-1,6,10-十二烷三烯-3-醇（3.97%）、1-羟基-2-丙酮（3.23%）、(Z)-3-己烯醛（3.03%）、乙酸乙酯（2.64%）、己酸（2.37%）、己酸甲酯（2.08%）、(E,E)-2,4-己二烯醛（1.98%）、3,7-二甲基-1,6-辛二烯-3-醇（1.96%）、二硫化碳（1.92%）、1-戊烯-3-酮（1.28%）、2-己烯醛（1.27%）、三甲基氟硅烷（1.19%）、2-甲基-丁酸（1.16%）等（庞夫花等，2019）。

平顶山草莓： 地方品种，稍有香味。顶空固相微萃取法提取的北京产'平顶山草莓'新鲜成熟果实香气的主要成分为，己酸乙酯（1.80%）、己酸甲酯（1.57%）、辛酯类（1.49%）、1-辛醇（1.34%）、丁酸甲酯（1.33%）、丁酸乙酯（1.20%）等（张运涛等，2009）。

黔莓2号： 以'章姬'作母本、'法兰帝'作父本杂交育成的草莓新品种。果实短圆锥形，一级序果平均单果重25.2g，最大单果重68.5g。果实鲜红色，有光泽。果肉橙红色，肉质细，果肉韧，香味浓，风味酸甜适中。顶空固相微萃取法提取的四川大凉山产'黔莓2号'草莓八成熟果实果汁香气的主要成分（单位：μg/kg）为，(E)-2-己烯醛（110.99）、己醛（58.22）、芳樟醇（51.65）、(E)-乙酸-2-己烯-1-醇酯（15.37）、丁酸甲酯（14.19）、己酸甲酯（13.24）、乙酸对甲基苄酯（11.67）、乙酸己酯（11.39）、4-甲氧基-2,5-二甲基-3(2H)-呋喃酮（10.86）、乙酸甲酯（10.07）、壬醛（5.78）、1-乙基丙基乙酸酯（5.64）、乙酸-2-苯乙酯（5.18）、5-己基二氢-2(3H)-呋喃酮（4.30）、乙酸苯甲酯（3.68）、2-丁醇-3-甲基乙酸酯（3.59）、异戊酸甲酯（3.24）、1-丁醇-3-甲基乙酸酯（2.27）、1-丁醇-2-甲基乙酸酯（1.96）、乙酸异丙酯（1.89）、己酸-3-戊酯（1.70）、2-甲基己酸丁酯（1.67）、己酸乙酯（1.56）、2-乙基-己酸（1.23）、丁酸异丙酯（1.08）、3-甲基-2-庚醇（1.04）、己酸己酯（1.01）等（张敬文等，2023）。

全明星（All Star）： 大果型，果实长椭圆形，不规则，橙红色，种子少，黄绿色，凸出果面。果肉特硬，淡红色，酸甜适口汁多，有香味。鲜食加工兼用品种。溶剂萃取法提取的山东泰安产'全明星'草莓新鲜成熟果实香气的主要成分为，(Z,Z)-9,12-十八二烯酸（18.39%）、己酸（11.10%）、(Z,Z,Z)-9,12,15-十八碳三烯酸甲酯（11.01%）、十六碳酸（8.55%）、十八碳酸（7.54%）、油酸（7.54%）、(E,E)-2,4-癸二烯（4.63%）、(E)-2-庚烯醛（4.40%）、丁酸（3.19%）、3-苯基-2-丙烯酸（3.06%）、(E,E)-2,4-庚二烯醛（3.02%）、5-己基二氢化-2(3H)-呋喃酮（2.98%）、2-丁烯醛（2.24%）、2-甲基-2-丙烯醛（1.27%）、(Z)-2-癸烯醛（1.17%）、己醛（1.12%）等（姜远茂等，2004）。顶空固相微萃取法提取的北京产'全明星'草莓新鲜成熟果实香气的主要成分为，丙酮（37.39%）、乙酸-1-甲基-乙酯（17.05%）、1-辛醇（3.43%）、己酸乙酯（1.89%）、丁酸甲酯（1.77%）、2-甲基丁酸（1.54%）、己酸（1.36%）、辛酸乙酯（1.16%）、己酸甲酯（1.08%）等（张运涛等，2008）。

赛纳（Saina）： 顶空固相微萃取法提取的北京产'赛纳'草莓新鲜成熟果实香气的主要成分为，丁酸甲酯（5.20%）、1-辛醇（2.64%）、橙花叔醇（2.00%）、丁酸乙酯（1.23%）、己酸乙酯（0.97%）、乙酸己酯（0.70%）、辛酯类（0.35%）、己酸甲酯（0.32%）、沉香醇（0.19%）等（张运涛等，2011）。

森加森加拉（Senga Sengana）： 德国中晚熟品种。果色浓红，果质细腻，有香味。顶空固相微萃取法提取的北京产'森加森加拉'草莓新鲜成熟果实香气的主要成分为，己酸乙酯（6.92%）、丁酸甲酯（5.58%）、丁酸乙酯（2.35%）、辛酯类（2.13%）、DMMF（1.85%）、己酸甲酯（1.55%）、乙酸己酯（0.74%）、沉香醇（0.52%）、橙花叔醇（0.38%）、1-辛醇（0.33%）等（张运涛等，2011）。

圣安德瑞斯（San Andreas）： '阿尔宾'×'Ca197.86-1'杂交育成的日中性品种。果实圆锥形。鲜红色有光，风味佳，鲜食加工兼用。顶空固相微萃取法提取的河北承德秋季产'圣安德瑞斯'草莓新鲜成熟果实香气的主要成分（香气值）为，己酸乙酯（310.00）、芳樟醇（288.67）、癸醛（120.00）、γ-癸内酯（53.80）、反式-2-己烯醛（53.71）、壬醛（52.00）、己醛（47.00）、橙花叔醇（22.31）、乙酸己酯（19.00）、4-甲氧基-2,5-二甲基-3(2H)-呋喃酮（15.50）、顺式-2-己烯醛（15.00）、丁酸甲酯（12.33）、γ-十二内酯（7.57）、d-柠檬烯（3.20）、己酸甲酯（2.41）、乙酸-2-甲基丁酯（2.00）、戊醛（1.93）、反式-2-己烯醇（1.05）等（董静等，2019）。

圣诞红（Ssanta）： 韩国品种。果实多为圆锥形，也有楔形或卵圆形，表面平整，光泽强，果面为红色。种子微凸于果面，黄色与绿色兼有。香味浓郁。顶空固相微萃取法提取的天津产'圣诞红'草莓新鲜成熟果实香气的主要成分为，3-己烯-1-醇乙酸酯（14.41%）、乙酸己酯（8.95%）、己酸甲酯（8.18%）、橙花醇（7.92%）、沉香醇（7.64%）、己酸乙酯（6.83%）、2-己烯醛（5.03%）、己酸己酯（2.81%）、(E)-2-己烯-1-醇（2.72%）、1-己醇（2.60%）、丁酸-2-己烯酯（2.49%）、己酸-2-己烯酯（2.26%）、2,5-二甲基-4-甲氧基-3(2H)-呋喃酮（2.09%）、丁酸己酯（1.94%）、2-丁烯酸甲酯（1.58%）、己酸（1.49%）、乙酸乙酯（1.40%）、异戊酸辛酯（1.19%）、4-乙基苯甲酸-2-丁基酯（1.00%）等（赵娜，2021）。顶空固相微萃取法提取的河北保定产'圣诞红'草莓新鲜成熟果实香气的主要成分（单位：µg/g）为，己酸甲酯（34.76）、丁酸乙酯（32.08）、甲基叔丁基醚（27.96）、丁酸甲酯（21.41）、异戊酸乙酯（16.78）、丁醛（16.39）、丙酮酸乙酯（13.83）、乙酸乙酯（13.65）、异戊酸甲酯（9.04）、丁酸丁酯（6.84）、丙烯酸乙酯（6.80）、2-戊酮（6.17）、5-甲基-2-呋喃甲醇（6.14）、2-庚酮（5.97）、3-戊酮（5.79）、乙醇（5.01）等（蔡冰冰等，2022）。顶空固相微萃取法提取的辽宁兴城产'圣诞红'草莓新鲜成熟果实香气的主要成分（单位：µg/kg）为，反式-2-己烯醛（1667）、己酸甲酯（960）、正己醛（910）、沉香醇（565）、丁酸甲酯（422）、反式-乙酸-2-己烯-1-酯（133）、己酸乙酯（87）、乙酸己酯（68）、苯乙烯（48）、壬醛（45）、戊酸甲酯（32）、异戊酸甲酯（29）、辛酸甲酯（14）、d-柠檬烯（14）等（李鹏等，2023）。

石桌1号： 从'丽红'×（'宝交早生'דd索菲亚'）杂交组合中选育成的新品种。大果型，一级序果平均单果重60g。果实长圆锥形，色鲜红，有光泽，果实硬度大，果肉橘红色，味道酸甜，有香味。种子深红色，陷入果面深。顶空固相微萃取法提取的北京产'石桌1号'草莓新鲜成熟果实香气的主要成分为，己酸乙酯（14.65%）、己酸甲酯（6.99%）、丁酸甲酯（5.01%）、橙花叔醇（2.75%）、沉香醇（2.49%）、DMMF（2.04%）、丁酸乙酯（1.12%）等（张运涛等，2009）。

硕丰： 晚熟品种。果大，短圆锥形。一级序果平均单果重20g，单果最大重50g。果肉红色。品质优。

顶空固相微萃取法提取的北京产'硕丰'草莓新鲜成熟果实香气的主要成分为，己酸乙酯（12.64%）、丁酸乙酯（4.92%）、辛酯类（3.82%）、己酸甲酯（1.93%）、丁酸甲酯（1.40%）等（张运涛等，2009）。

硕蜜：果中大，短圆锥形，果面深红，皮韧肉硬。顶空固相微萃取法提取的北京产'硕蜜'草莓新鲜成熟果实香气的主要成分为，丁酸甲酯（3.16%）、辛酯类（2.03%）、DMMF（0.80%）、1-辛醇（0.66%）、己酸乙酯（0.51%）等（张运涛等，2009）。

苏马斯（Sumas）：顶空固相微萃取法提取的北京产'苏马斯'草莓新鲜成熟果实香气的主要成分为，辛酯类（28.26%）、己酸乙酯（11.92%）、1-辛醇（4.17%）、己酸甲酯（3.38%）、乙酸己酯（2.33%）、丁酸乙酯（1.77%）、DMMF（0.65%）、丁酸甲酯（0.33%）、橙花叔醇（0.22%）等（张运涛等，2011）。

绥陵（棱）7号：地方品种，无香气。顶空固相微萃取法提取的北京产'绥陵7号'草莓新鲜成熟果实香气的主要成分为，己酸乙酯（15.77%）、辛酯类（6.74%）、己酸甲酯（4.11%）、丁酸乙酯（3.77%）、橙花叔醇（2.38%）、丁酸甲酯（1.43%）等（张运涛等，2009）。

隋珠（香野、Kaolino）：日本杂交品种。果实圆锥形，橙红色，糖度高，酸味低。顶空固相微萃取法提取的天津产'隋珠'草莓新鲜成熟果实香气的主要成分为，2-己烯-1-醇乙酸酯（22.60%）、己酸乙酯（15.52%）、乙酸己酯（13.08%）、橙花醇（7.92%）、沉香醇（5.35%）、己酸甲酯（5.20%）、丁酸-2-己烯酯（2.78%）、丁酸己酯（2.17%）、己酸己酯（2.06%）、己酸-2-己烯酯（1.85%）、2-己烯醛（1.36%）、异戊酸辛酯（1.15%）、2-己烯-1-醇丙酸酯（1.13%）、(E)-2-己烯-1-醇（1.08%）等（赵娜，2021）。顶空固相微萃取法提取的河北保定产'香野'草莓新鲜成熟果实香气的主要成分（单位：μg/g）为，己酸甲酯（37.47）、甲基叔丁基醚（34.69）、丁酸乙酯（33.10）、丁酸甲酯（23.97）、乙酸乙酯（19.13）、丁醛（16.77）、异戊酸甲酯（16.64）、丙酮酸乙酯（11.85）、3-甲基-1-戊醇（8.78）、2-甲基-1-丁醇（8.33）、3-戊酮（8.19）、2-己烯醇（7.70）、乙醇（7.69）、乙酸异丙酯（6.62）、5-甲基-2-呋喃甲醇（6.50）、异戊酸乙酯（5.38）、甲基苯甲醇（5.25）、反式-2-己烯醛（5.23）等（蔡冰冰等，2022）。

桃薰（Tokun）：日本杂交品种。果实稍大，圆锥形，有髓心，表面凹凸感，浅浅的桃白色。果肉纯白，柔和多汁，味道甜中带酸。香味浓郁。顶空固相微萃取法提取的辽宁兴城产'桃薰'草莓新鲜成熟果实香气的主要成分（单位：μg/kg）为，反式-2-己烯醛（2332）、正己醛（1202）、丁酸甲酯（420）、己酸甲酯（354）、沉香醇（297）、反式乙酸-2-己烯-1-酯（291）、乙酸己酯（185）、己酸乙酯（174）、苯乙烯（142）、4-甲氧基-2,5-二甲基-3(2H)-呋喃酮（50）、壬醛（43）、异戊酸甲酯（42）、1-辛基-3-醇（9）等（李鹏等，2023）。

甜查理（Sweet Charlie）：美国品种，由'FL80-456'בPajaro'杂交而成。果实圆锥形，大小整齐，畸形果少，表面深红色，有光泽。种子黄色，果肉粉红色，香味浓，甜味大，口感好，品质优良。顶空固相微萃取法提取的湖北武汉产'甜查理'草莓新鲜成熟果实香气的主要成分为，丁酸乙酯（13.98%）、乙酸己酯（6.92%）、反式-2-己烯醛（6.66%）、己酸乙酯（6.09%）、乙酸丁酯（6.05%）、丁酸丁酯（5.93%）、γ-癸内酯（5.51%）、橙花叔醇（4.44%）、N-己酸(反-2-己烯基)酯（4.40%）、己酸（3.59%）、丁酸异丙基酯（3.06%）、2-庚酮（2.66%）、丁酸己酯（2.29%）、丁酸甲酯（2.08%）、异戊酸辛酯（1.39%）、己酸甲酯（1.32%）、沉香醇（1.25%）、乙酸辛酯（1.14%）、乙酸异戊酯（1.00%）等（曾祥国等，2014）。顶空固相微萃取法提取的北京产'甜查理'草莓新鲜成熟果实香气的主要成分为，戊酸癸酯（13.73%）、戊酸乙酯（13.31%）、戊酸-4-戊烯酯（7.16%）、乙醇（6.93%）、乙酸乙酯（5.78%）、硝基苯己烷（4.76%）、辛酸己酯（4.64%）、2-甲基-1-丁酸辛酯（4.51%）、己酸甲酯（3.52%）、己酸己酯

（3.05%）、5- 异丙基二环 [3.1.0] 己 -2- 烯 -2- 氨基甲醛（2.99%）、2- 甲基丁烷（2.67%）、丙三醇（2.48%）、丁酸乙酯（1.67%）、丁酸甲酯（1.40%）、辛酸甲酯（1.23%）、丁酸辛酯（1.10%）等（张运涛等，2009）。顶空固相微萃取法提取的北京产'甜查理'草莓新鲜成熟果实香气的主要成分为，橙花叔醇（16.56%）、丙酮（10.06%）、5- 己基 - 二氢 -2(3H)- 呋喃酮（7.68%）、己酸辛酯（5.19%）、丁酸辛酯（4.54%）、1- 辛醇（4.03%）、丁酸 -3- 甲基辛酯（3.26%）、乙酸乙酯（2.78%）、乙醇（2.77%）、1,1- 二氟乙烯（2.65%）、己酸乙酯（2.62%）、氨基脲（2.30%）、乙酸辛酯（2.27%）、辛酸乙酯（1.30%）、辛酸甲酯（1.28%）、己酸甲酯（1.26%）等（张运涛等，2008）。顶空固相微萃取法提取的天津产'甜查理'草莓新鲜成熟果实香气的主要成分为，己酸甲酯（14.48%）、5- 己基二氢 -2(3H)- 呋喃酮（8.80%）、己酸乙酯（8.00%）、5- 己烯酸（7.95%）、丁酸己酯（6.32%）、丁酸 -2- 己烯酯（5.83%）、橙花醇（5.42%）、己酸己酯（4.22%）、己酸 -2- 己烯酯（3.78%）、2- 己烯醛（3.68%）、乙酸己酯（3.23%）、2- 己烯 -1- 醇乙酸酯（2.89%）、2- 乙基丁酸 - 庚基酯（2.53%）、丁酸乙酯（2.06%）、1- 己醇（1.62%）、(E)-2- 己烯 -1- 醇（1.41%）、沉香醇（1.13%）等（赵娜，2021）。顶空固相微萃取法提取的辽宁兴城产'甜查理'草莓新鲜成熟果实香气的主要成分（单位：μg/kg）为，己酸乙酯（3492）、丁酸乙酯（1630）、反式 -2- 己烯醛（1487）、己酸甲酯（945）、4- 甲氧基 -2,5- 二甲基 -3(2H)- 呋喃酮（544）、沉香醇（374）、丁酸甲酯（369）、乙酸己酯（194）、2- 庚酮（168）、辛酸乙酯（121）、辛酸甲酯（88）、壬醛（42）、异戊酸甲酯（27）、戊酸甲酯（7）等（李鹏等，2023）。

吐特拉（Tudla）： 西班牙中早熟品种。长圆锥形或长平楔形，果大，第一批花序单果重 42g 左右，最大果重可超过 100g。颜色深红亮泽，味酸甜，硬度好。适宜温室栽培。顶空固相微萃取法提取的北京产'吐特拉'草莓新鲜成熟果实香气的主要成分为，辛酯类（10.11%）、己酸乙酯（4.45%）、己酸甲酯（1.49%）、丁酸乙酯（1.27%）、丁酸甲酯（1.49%）、1- 辛醇（1.46%）、橙花叔醇（1.14%）、DMMF（0.64%）、乙酸己酯（0.53%）等（张运涛等，2011）。

托特母（托泰姆、Totem）： 美国品种，是加拿大主栽品种之一。果实粗圆锥形，果个大而均匀，一级序果平均 22g，最大可超 100g。果面深红色，硬度中等，口味酸甜。顶空固相微萃取法提取的北京产'托特母'草莓新鲜成熟果实香气的主要成分为，丁酸甲酯（2.79%）、己酸甲酯（2.21%）、辛酯类（1.76%）、1- 辛醇（0.78%）、乙酸己酯（0.62%）、沉香醇（0.20%）、DMMF（0.19%）、己酸乙酯（0.15%）等（张运涛等，2011）。

瓦尔达（Warda）： 以色列品种。溶剂萃取法提取的山东泰安产'瓦尔达'草莓新鲜成熟果实香气的主要成分为，(Z,Z)-9,12- 十八二烯酸（20.83%）、(Z,Z,Z)-9,12,15- 十八碳三烯酸甲酯（13.12%）、(Z)-9- 十八烯酸（11.09%）、十八碳酸（10.84%）、(E)-2- 庚烯醛（7.00%）、(Z,Z)-1,4- 环辛二烯（4.19%）、2- 丁烯醛（2.79%）、四氢化 -6- 甲基 -2(H)- 吡喃 -2- 酮（2.53%）、2- 甲基 - 丁酸（2.35%）、十六碳酸（2.25%）、(E,E)-2,4- 癸二烯（2.09%）、2- 甲基 -2- 丙烯醛（1.57%）、己醛（1.35%）、乙酸（1.15%）、苯甲醇（1.06%）等（姜远茂等，2004）。

维塔娜（Ventana）： 美国短日照品种。果实外观好，风味好，亮光明显，硬度大。顶空固相微萃取法提取的北京产'维塔娜'草莓新鲜成熟果实香气的主要成分为，己酸乙酯（33.82%）、乙醇（12.49%）、丁酸乙酯（5.46%）、乙酸乙酯（4.78%）、5- 庚基二氢 -2(3H)- 呋喃酮（4.67%）、(Z)-7,11- 二甲基 -3- 甲叉 -1,6,10- 十二烷三烯（3.46%）、己酸甲酯（2.76%）、乙酸乙烯酯（2.33%）、辛酸乙酯（1.90%）、丁酸甲酯（1.61%）、异戊基己酯（1.34%）、丁酸 -2- 甲基乙酯（1.10%）等（王桂霞等，2010）。

香山公主： 由'燕香'×'红颜'杂交选育而成。果面红色，风味酸甜，香味浓郁。顶空固相微萃取法提取的北京产'香山公主'草莓新鲜成熟果实香气的主要成分为，丁酸甲酯（20.31%）、丁酸乙酯（13.12%）、己酸乙酯（11.04%）、乙酸乙酯（6.34%）、己酸（5.39%）、乙酸甲酯（5.29%）、己酸甲酯（5.20%）、(E)-2-己烯醛（3.18%）、沉香醇（2.50%）、丙酮（1.49%）、DMMF（1.00%）等（吕浩等，2020）。顶空固相微萃取法提取的北京产'香山公主'草莓新鲜成熟果实香气的主要成分（相对浓度）为，己酸（113.81）、丁酸甲酯（33.18）、4-甲氧基-2,5-二甲基-3(2H)-呋喃酮（32.42）、丁酸乙酯（23.99）、辛酸（18.41）、2-庚酮（15.09）、己酸甲酯（14.98）、γ-十二内酯（10.09）等（王娟等，2018）。

新红光（New Glow）： 从美国品种'早红光'当中选出的株变。果实圆锥形或楔形，鲜红色，果面有光泽，平均果重40g。果肉橘红色，硬度较大，果汁多，髓心空，味酸甜，有香味。顶空固相微萃取法提取的北京产'新红光'草莓新鲜成熟果实香气的主要成分为，辛酯类（7.22%）、丁酸甲酯（4.13%）、己酸乙酯（3.31%）、DMMF（1.32%）、丁酸乙酯（1.03%）、1-辛醇（0.84%）、己酸甲酯（0.70%）、橙花叔醇（0.38%）、乙酸己酯（0.31%）、沉香醇（0.20%）等（张运涛等，2011）。

新明星（New Star）： 从美国品种'全明星'植株中通过初选、复选及提纯复壮选出。果实圆锥形或楔形，果面鲜红色，有光泽。平均果重24g。果实坚韧，硬度大。果肉橘黄色，髓部空，果汁较多，风味酸甜芳香。种子黄色，个小，陷入果面较浅。顶空固相微萃取法提取的北京产'新明星'草莓新鲜成熟果实香气的主要成分为，1-辛醇（1.33%）、DMMF（1.32%）、己酸乙酯（0.61%）、乙酸己酯（0.52%）、己酸甲酯（0.14%）等（张运涛等，2011）。

新西兰草莓（New Zealand）： 顶空固相微萃取法提取的北京产'新西兰草莓'新鲜成熟果实香气的主要成分为，己酸乙酯（6.28%）、辛酯类（5.86%）、丁酸乙酯（2.79%）、丁酸甲酯（1.64%）、己酸甲酯（1.22%）、1-辛醇（0.39%）、乙酸己酯（0.33%）等（张运涛等，2011）。

幸香： 日本品种，以'丰香'为母本、'爱美'为父本杂交选育而成。果实圆锥形，果形正，果色鲜红色，硬度好。顶空固相微萃取法提取的江苏溧水产'幸香'草莓新鲜成熟果实香气的主要成分为，2-环己烯-1-醇（31.27%）、反-2-甲基环戊醇（20.00%）、丁酸甲酯（10.31%）、己酸甲酯（5.05%）、环丝氨酸（4.78%）、己酸（4.01%）、(Z)-3-己烯醛（2.59%）、二硫化碳（1.97%）、2-甲基丁酸（1.82%）、3,7-二甲基-1,6-辛二烯-3-醇（1.71%）、(E)-3,7,11-三甲基-1,6,10-十二烷三烯-3-醇（1.57%）、甲氧基苯基肟（1.49%）、丙酮（1.42%）、(E,E)-2,4-己二烯醛（1.33%）、2-戊酮（1.22%）、2-己烯醛（1.16%）等（庞夫花等，2019）。顶空固相微萃取法提取的辽宁兴城产'幸香'草莓新鲜成熟果实香气的主要成分（单位：µg/kg）为，2-己烯醛（2382）、沉香醇（1285）、正己醛（934）、反式-乙酸-2-己烯-1-酯（292）、己酸甲酯（228）、戊酸甲酯（147）、乙酸己酯（141）、丁酸甲酯（138）、d-柠檬烯（68）、己酸乙酯（41）、4-甲氧基-2,5-二甲基-3(2H)-呋喃酮（38）、β-月桂烯（35）等（李鹏等，2023）。

星都1号： 早熟品种。果实大，圆锥形，红色，有光泽。果肉为红色，质地细，汁多，品质好。顶空固相微萃取法提取的北京产'星都1号'草莓新鲜成熟果实香气的主要成分为，己酸乙酯（22.87%）、己酸甲酯（9.89%）、丙酮（8.81%）、乙酸乙酯（6.95%）、丁酸甲酯（6.25%）、乙酸甲酯（5.76%）、丁酸乙酯（5.35%）、丁酸-1-甲基-乙酯（2.72%）、己酸-1-甲基-乙酯（2.31%）、(+/−)-2-甲基丁酸甲酯（1.86%）、己酸异戊酯（1.85%）、乙酸-1-甲基乙酯（1.81%）、辛酸乙酯（1.76%）、辛酸甲酯（1.43%）、2-甲基丁酸乙酯（1.25%）等（张运涛等，2008）。

星都 2 号：早熟品种。果实圆锥形。一级序果平均重 27g，最大果重 59g。果面浓红色，果肉红，酸甜适中，香味较浓，肉质较细。顶空固相微萃取法提取的北京产'星都 2 号'草莓新鲜成熟果实香气的主要成分为，己酸乙酯（11.94%）、丙酮（10.31%）、丁酸甲酯（5.89%）、己酸甲酯（5.35%）、乙酸乙酯（4.51%）、乙酸酐代甲酸（3.69%）、丁酸乙酯（3.36%）、乙酸酰肼（3.31%）、乙酸 -1- 甲基 - 乙酯（3.29%）、戊醛（2.95%）、辛酸乙酯（2.22%）、5- 己基二氢 -2(3H)- 呋喃酮（2.15%）、2- 氟代乙酰胺（2.03%）、乙酸 -2- 乙基 - 己酯（1.74%）、丁酸己酯（1.68%）、己酸异戊酯（1.49%）、丁酸 -2- 乙基 - 己酯（1.33%）等（张运涛等，2008）。

雪蜜 1 号：果实颜色鲜艳，个头大，平均单果重 22g。酸甜适中，香味浓郁，产量高，果形好。顶空固相微萃取法提取的北京产'雪蜜 1 号'草莓新鲜成熟果实香气的主要成分为，辛酯类（22.70%）、己酸甲酯（3.71%）、十二内酯（2.25%）、1- 辛醇（1.47%）等（张运涛等，2009）。

燕香：果实钝圆锥形，光泽强，粉红色。一级果平均重 45.6g。硬度大，酸甜适口，有清香风味。顶空固相微萃取法提取的北京产'燕香'草莓新鲜成熟果实香气的主要成分为，己酸乙酯（18.91%）、丁酸乙酯（14.81%）、橙花叔醇（10.78%）、己酸（7.60%）、己酸甲酯（7.45%）、乙酸乙酯（6.02%）、乙酸己酯（4.30%）、沉香醇（3.67%）、(E)-2- 己烯醛（2.83%）、乙酸辛酯（2.53%）、丁酸甲酯（2.35%）、乙酸甲酯（2.28%）等（吕浩等，2020）。

艳丽：以'08-A-01'为母本、'枥乙女'为父本杂交育成。果实圆锥形，果形端正，一级序果平均单果重 43g。果面鲜红色，光泽度强。果肉橙红色，髓心中等大小，橙红色，有空洞。风味酸甜适口，汁液多，香味浓。顶空固相微萃取法提取的天津产'艳丽'草莓新鲜成熟果实香气的主要成分为，2- 己烯 -1- 醇乙酸酯（17.30%）、沉香醇（9.68%）、橙花醇（9.38%）、己酸乙酯（9.04%）、乙酸己酯（8.54%）、己酸甲酯（8.37%）、5- 庚基二氢 -2(3H)- 呋喃酮（6.16%）、丁酸 -2- 己烯酯（4.53%）、丁酸己酯（2.58%）、2- 己烯醛（2.06%）、(E)-2- 己烯 -1- 醇（1.75%）、2,5- 二甲基 -4- 甲氧基 -3(2H) 呋喃酮（1.75%）、己酸 -2- 己烯酯（1.53%）、丁酸乙酯（1.41%）、己酸（1.36%）、己酸己酯（1.14%）、1- 己醇（1.02%）等（赵娜，2021）。

玉泉公主：由'燕香'בことの'红颜'杂交选育。果面红色，风味酸甜。顶空固相微萃取法提取的北京产'玉泉公主'草莓新鲜成熟果实香气的主要成分为，橙花叔醇（16.08%）、己酸乙酯（15.44%）、异戊酸乙酯（15.11%）、乙酸己酯（9.22%）、丁酸乙酯（5.84%）、乙酸乙酯（4.40%）、沉香醇（4.19%）、己酸（3.92%）、DMMF（3.79%）、丁酸 -3- 甲基辛酯（2.05%）、己酸甲酯（1.73%）、乙酸辛酯（1.06%）、丁酸甲酯（1.02%）等（吕浩等，2020）。

早红（Earlired）：果实扁圆锥形，果个大，一级序果平均重 30～40g。果面颜色鲜艳，口味甜酸适口，有香味。顶空固相微萃取法提取的北京产'早红'草莓新鲜成熟果实香气的主要成分为，己酸乙酯（6.95%）、丁酸甲酯（6.60%）、己酸甲酯（5.88%）、橙花叔醇（2.65%）、DMMF（2.42%）、丁酸乙酯（1.91%）、1- 辛醇（1.88%）、乙酸己酯（1.29%）、沉香醇（1.21%）等（张运涛等，2011）。

早美光（Earliglow）：美国早熟品种，平均单果重 18.5g。顶空固相微萃取法提取的北京产'早美光'草莓新鲜成熟果实香气的主要成分为，橙花叔醇（6.01%）、辛酯类（2.78%）、丁酸甲酯（2.32%）、1- 辛醇（2.01%）、己酸乙酯（0.63%）、沉香醇（0.50%）、己酸甲酯（0.18%）、乙酸己酯（0.08%）等（张运涛等，2011）。

章姫（Akihime）：日本品种，为'久能早生'和'女峰'的杂交品种，在日本被誉为"草莓中的极品"。果实个大、味美，颜色鲜艳有光泽。果肉淡红色，细嫩多汁，浓甜美味，香气怡人。顶空固相微萃取法提取的湖北武汉产'章姫'草莓新鲜成熟果实香气的主要成分为，己酸乙酯（24.76%）、己酸甲酯（14.24%）、反式 -2- 己烯醛（10.07%）、丁酸乙酯（9.88%）、丁酸甲酯（8.89%）、橙花叔醇（4.08%）、异戊酸甲酯（3.62%）、沉香醇（2.01%）、乙酸异戊酯（1.79%）、2,5- 二甲基 -4- 甲氧基 -3(2H)- 呋喃酮（1.32%）、乙酸己酯（1.19%）等（曾祥国等，2015）。顶空固相微萃取法提取的北京产'章姫'草莓新鲜成熟果实香气的主要成分为，甲酸丙酯（13.24%）、丁酸甲酯（9.20%）、辛酸甲酯（9.01%）、3- 羟基丙酮（6.27%）、丙酮（5.93%）、N- 甲基甘氨酸（4.37%）、2- 氟乙酰胺（3.19%）、壬醛（2.75%）、2,3- 二甲基丁烷（1.87%）、(1α,2β,5γ)-2 甲基 -5-(1- 甲叉) 环己酮（1.63%）、乙酸乙酯（1.58%）、N- 甲氧基甲酰胺（1.35%）、3,7- 二甲基 -1,6- 辛二烯 -3- 醇（1.31%）、己醛（1.10%）等（张运涛等，2009）。顶空固相微萃取法提取的天津产'章姫'草莓新鲜成熟果实香气的主要成分为，3- 己烯 -1- 醇乙酸酯（15.65%）、乙酸己酯（11.98%）、己酸乙酯（9.92%）、2,5- 二甲基 -4- 甲氧基 -3(2H)- 呋喃酮（7.59%）、己酸甲酯（6.89%）、2- 己烯醛（4.27%）、(E)-2- 己烯 -1- 醇（3.80%）、1- 己醇（3.59%）、丁酸 -2- 己烯酯（3.24%）、丁酸辛酯（3.20%）、丁酸己酯（2.97%）、己酸（1.74%）、沉香醇（1.72%）、甲氧基乙酸 -2- 四氢呋喃基甲酯（1.67%）、异丙基肉豆蔻酸酯（1.61%）、己酸己酯（1.47%）、己酸 -2- 己烯酯（1.27%）、丁酸 -1- 甲基辛基酯（1.27%）、橙花醇（1.23%）、丁酸 -1- 甲基乙基酯（1.01%）等（赵娜，2021）。顶空固相微萃取法提取的江苏溧水产'章姫'草莓新鲜成熟果实香气的主要成分为，2- 环己烯 -1- 醇（31.37%）、3- 甲基 -1- 戊醛（30.79%）、丁酸甲酯（3.80%）、4- 甲氧基 -2,5- 二甲基 -3(2H)- 呋喃酮（3.53%）、2- 己烯醛（2.29%）、己酸甲酯（2.07%）、(E,E)-2,4- 己二烯醛（1.87%）、3- 羟基 - 丁酸甲酯（1.54%）、(Z)-3- 己烯醛（1.51%）、(E)-3,7,11- 三甲基 -1,6,10- 十二烷三烯 -3- 醇（1.42%）、三甲基氟硅烷（1.28%）、壬醛（1.20%）、己酸（1.15%）、二硫化碳（1.13%）等（庞夫花等，2019）。顶空固相微萃取法提取的辽宁兴城产'章姫'草莓新鲜成熟果实香气的主要成分（单位：μg/kg）为，反式 -2- 己烯醛（1264）、正己醛（611）、己酸甲酯（418）、丁酸甲酯（318）、沉香醇（234）、反式 - 乙酸 -2- 己烯 -1- 酯（116）、2- 庚酮（79）、己酸乙酯（44）、乙酸己酯（41）、壬醛（25）、异戊酸甲酯（19）等（李鹏等，2023）。

　　镇江 1 号：顶空固相微萃取法提取的北京产'镇江 1 号'草莓新鲜成熟果实香气的主要成分为，辛酯类（6.92%）、己酸甲酯（5.95%）、橙花叔醇（5.28%）、乙酸己酯（4.34%）、丁酸甲酯（4.10%）、1- 辛醇（3.78%）、己酸乙酯（1.70%）、沉香醇（1.53%）、DMMF（0.78%）等（张运涛等，2011）。

　　镇江 2 号：顶空固相微萃取法提取的北京产'镇江 2 号'草莓新鲜成熟果实香气的主要成分为，橙花叔醇（22.07%）、己酸乙酯（6.69%）、己酸甲酯（4.65%）、DMMF（2.51%）、乙酸己酯（2.30%）、辛酯类（2.03%）、沉香醇（1.92%）、丁酸乙酯（1.36%）、丁酸甲酯（0.40%）、1- 辛醇（0.36%）等（张运涛等，2011）。

　　镇江 3 号：顶空固相微萃取法提取的北京产'镇江 3 号'草莓新鲜成熟果实香气的主要成分为，橙花叔醇（8.43%）、DMMF（1.25%）、沉香醇（1.03%）、辛酯类（0.98%）、己酸甲酯（0.93%）、1- 辛醇（0.72%）、己酸乙酯（0.41%）、丁酸甲酯（0.29%）、乙酸己酯（0.22%）等（张运涛等，2011）。

　　黄毛草莓（*Fragaria nilgerrensis* Schltdl. ex J. Gay）又名白草莓。聚合果圆形，白色、淡白黄色或红色；瘦果卵形。分布于陕西、湖北、四川、云南、湖南、贵州、台湾。果实成熟时淡白黄色，柔软多汁，香味浓郁，甜酸适口，有股浓郁的牛奶香味，果味独特，口感极佳。果实也可入药，味苦，性凉，具有祛风、清热、解毒的功效。富含糖、酸、蛋白质和矿物质元素，氨基酸种类齐全。顶空固相微萃取法提取的云南昭通产黄毛草莓新鲜成熟果实香气的主要成分为，乙酸乙酯（16.43%）、异戊酸乙酯（9.97%）、环十二酮（7.22%）、正己醇（4.67%）、2-己烯醛（4.64%）、(Z)-4-癸烯-1-醇（4.34%）、甲酸辛酯（3.65%）、乙酸辛酯（3.41%）、乙酸己酯（3.27%）、乙醇（2.87%）、反式-2-己烯-1-醇（2.44%）、己酸乙酯（2.37%）、乙酸癸酯（1.73%）、异戊酸异戊酯（1.58%）、2-壬酮（1.58%）、甲苯（1.52%）、苯乙烯（1.48%）、辛酸乙酯（1.37%）、2-庚酮（1.36%）、癸酸乙酯（1.30%）、反-2-己烯乙酸酯（1.16%）等（赵倩等，2020）。顶空固相微萃取法提取的不同产地野生黄毛草莓果实香气的主要成分不同，四川攀枝花大黑山产黄毛草莓果实香气的主要成分为，N-[(五氟苯基)亚甲基]-β,3,4-三[(三甲基甲硅烷基)氧代]-苯乙胺（6.95%）、戊酸,2,2,4-三甲基-3-羧基异丙基,异丁基酯（5.27%）、十五烷（5.01%）、二丁基邻苯二甲酸酯（3.91%）、苯乙酸-α,3,4-三[(三甲基甲硅烷基)氧代]-三甲基甲硅烷基酯（3.46%）、2,2,4-三甲基-1,3-戊二醇二异丁酸酯（3.03%）、顺-1,1,3,4-四甲基环戊烷（2.88%）、壬内酯（2.49%）、[[4-[1,2-二((三甲基甲硅烷基)氧代]乙基]-1,2-亚苯基]二(氧代)]二[三甲基-硅烷]（2.12%）、2,6,10-三甲基-十二烷（1.68%）、(Z)-3,7-二甲基-乙酸酯-2,6-辛二烯-1-醇（1.37%）、6-(二甲氨基)-三嗪-3,5(2H,4H)-二酮（1.31%）、2-甲氧基-1-戊烯（1.10%）、2-氨基-咪唑-5-羧酸（1.07%）等；四川广安华蓥山产果实香气的主要成分为，九甲基-3-(三甲基甲硅烷氧基)四硅氧烷（9.05%）、氟乙炔（3.71%）、戊酸,2,2,4-三甲基-3-羧基异丙基,异丁基酯（3.26%）、2-氧己酸甲酯（1.75%）、3,5-二-三甲基甲硅烷基-2,4,6-环庚三烯-1-酮（1.75%）、N-[(五氟苯基)亚甲基]-β,3,4-三[(三甲基甲硅烷基)氧代]-苯乙胺（1.70%）、1,2-苯二羧酸二(2-甲基丙基)酯（1.59%）、乙酸-(E)-5-癸烯-1-醇（1.41%）、氧（1.39%）、癸甲基-四硅氧烷（1.04%）、3,7-二甲基-壬烷（1.02%）、乙醛（1.01%）等；冕宁县灵山寺产果实香气的主要成分为，二丁基邻苯二甲酸酯（9.07%）、1,3-二(三甲基甲硅烷基)苯（3.66%）、七甲基-3,3-二(三甲基甲硅烷氧基)四硅氧烷（1.45%）、2-庚基-4-十八烷氧基甲基-1,3-二噁戊环（1.24%）、n-十九烷酸,戊甲基二甲硅烷基酯（1.22%）、癸醛（1.20%）、3-二十烷酮（1.19%）、十二碳甲基-环六硅氧烷（1.09%）等；攀枝花冷水箐产果实香气的主要成分为，草胺酰肼（4.77%）、氟乙炔（4.25%）、十八碳甲基-环九硅氧烷（4.11%）、七甲基-3,3-二(三甲基甲硅烷氧基)四硅氧烷（2.78%）、(Z)-3,7-二甲基乙酸酯,2,6-辛二烯-1-醇（2.75%）、(S)-噁丙环甲醇（2.11%）、dl-丙氨酰-L-丙氨酸（1.95%）、氧化亚硝（1.57%）、三甲基[5-甲基-2-(1-甲基乙基)苯氧基]-硅烷（1.23%）、N-[(五氟苯基)亚甲基]-β,3,4-三[(三甲基甲硅烷基)氧代]-苯乙胺（1.22%）、1,2-苯二羧酸二丙基酯（1.18%）等；万源秦巴山产果实香气的主要成分为，2-碘-3-甲基-丁烷（2.00%）、N-[(五氟苯基)亚甲基]-β,3,4-三[(三甲基甲硅烷基)氧代]-苯乙胺（1.34%）、二丁基邻苯二甲酸酯（1.32%）、乙酸癸酯（1.27%）、十六甲基-八硅氧烷（1.07%）、3-二苯基-1-(三甲基硅杂氧基)1-庚烯（1.02%）、乙酸二[(三甲基甲硅烷基)氧杂基]-三甲基甲硅烷基酯（1.02%）等；云南丽江玉龙雪山产果实香气的主要成分为，赤藓-9,10-二溴二十五烷（13.22%）、1,2-苯二甲酸丁酯（2.50%）、n-十九烷酸,戊甲基二甲硅烷基酯（2.38%）、1,2-苯二羧酸,丁基-8-甲基壬基酯（2.27%）、1,2-苯二羧酸,丁基-2-甲基丙基酯（2.23%）、5-甲基-2-(1-甲基乙基)-1-己醇（2.20%）、二十七烷（2.14%）、苯甲基丁基邻苯二甲酸酯（2.09%）、2-(3-乙酰氧基-4,4,14-三甲基雄甾-8-烯-17-基)-丙酸（2.01%）、2-庚基-4-十八烷氧基甲基-1,3-二噁戊环（1.92%）、(E)-3-(6,6-二甲基-5-羰基-2-庚烯基)-环戊酮（1.88%）、1-甲基-4-[4,5-二羟基苯基]-六氢吡啶（1.78%）、7-[(四氢吡喃-2-基)氧代]-8-氨基-9-(1,3-苯并二噁唑-5-基)-1,4-二氧杂螺[4.5]癸烷（1.49%）、2,6-双[(三甲基硅基)氧]苯甲酸三甲基硅基酯（1.39%）、6-叠氮甲基-5-溴-2-t-丁基-[1.3]二噁英-4-酮（1.33%）等（王东等，2022）。

1.17 木瓜

　　木瓜为蔷薇科木瓜属（木瓜海棠属）植物果实的统称。木瓜原产我国，距今已有2500多年的栽培历史。我国木瓜资源丰富。可以作为水果鲜食的木瓜主要是光皮木瓜，此外，毛叶木瓜、皱皮木瓜、西藏木瓜等的果实也可鲜食。

　　木瓜新鲜果实作水果供食用，果肉香甜嫩滑，多汁细腻，芳香浓郁，入口即化，味道鲜美，深受大众的喜欢。木瓜营养丰富，每100g果肉含热量39kcal，碳水化合物9.81g，脂肪0.14g，蛋白质0.61g，纤维素1.8g；富含苹果酸、酒石酸、枸橼酸及多种维生素，具有抗肿瘤、保肝、抑菌、强心、利尿、延缓衰老等功效。果实也可加工成果汁、蜜饯、果酒、果醋，或切片制干、制果脯、罐头、果酱等供食用。果实也可入药，有解酒、去痰、祛风、顺气、止痢、舒筋、止痛的功效。主要用于治疗湿痹拘挛、腰膝关节酸重疼痛、霍乱、转筋、脚气水肿等。

光皮木瓜 [*Pseudocydonia sinensis* (Thouin) C.K.Schneid.] 别名：木梨、铁脚梨、

土木瓜、梨木瓜、榠楂、木李、海棠，分布于山东、江苏、浙江、安徽、湖北、江西、广东、广西、陕西、甘肃、云南等省区。灌木或小乔木，高达10m。叶椭圆形，长5～8cm。花单生叶腋，淡粉红色。果长椭圆形，长10～15cm，暗黄色，木质，味芳香。木瓜的芳香成分以萜类、酯类、内酯类化合物为主，不同品种木瓜果实的香气成分研究如下。

光皮木瓜图1

光皮木瓜图 2

光皮木瓜图 3

陈香： 果实椭圆形，光滑，果皮黄色。平均单果重 532g。果肉黄白色，汁液少，香味淡，质地硬韧。顶空固相微萃取法提取的山东菏泽产'陈香'木瓜新鲜成熟果实果肉香气的主要成分为，乙醇（43.92%）、4- 己烯醇乙酸酯（15.75%）、乙酸己酯（6.99%）、3- 甲基 -4- 羰基戊酸（6.51%）、(E,E)-2,4- 癸二烯醛（5.84%）、2- 丁醇（2.66%）、(Z)-3- 己烯 -1- 醇（1.59%）、(Z)-2- 庚烯醛（1.14%）、丙酸乙酯（1.13%）、异丁酸乙酯（1.02%）、戊酸 -4- 己烯酯（1.02%）、2- 甲基丁酸乙酯（1.00%）等（刘建民等，2010）。

大狮子头： 果实椭圆形，果基与果顶近于平，形似雄狮头。单果重 200～350g，黄绿色，后熟全部变浓黄色，果面凹凸不平疙瘩状，稍有光，果粉中多。果肉黄白色，质坚硬，汁少，香淡，质差。顶空固相微萃取法提取的山东菏泽产'大狮子头'木瓜新鲜成熟果实果肉香气的主要成分为，4- 己烯醇乙酸酯（32.68%）、乙醇（19.12%）、(E,E)-2,4- 癸二烯醛（7.52%）、乙酸己酯（7.36%）、3- 甲基 -4- 羰基戊酸（5.09%）、丁酸 -4- 己烯酯（4.05%）、丙酸 -4- 己烯酯（1.98%）、乙酸丁酯（1.47%）、3- 溴环己烯（1.30%）、丙酸己酯（1.23%）、戊酸 -4- 己烯酯（1.23%）等（刘建民等，2010）。

豆青： 果实椭圆形或长椭圆形，两头平，果实大型，一般单果重 700～1500g。果皮豆青色，皮粗厚，不光滑，有蜡质光泽，果粉薄，果面不平，时有凸起。果肉黄白色，汁少，质坚实，芳香味稍淡，品质中。顶空固相微萃取法提取的山东菏泽产'豆青'木瓜新鲜成熟果实果肉香气的主要成分为，4- 己烯醇乙酸酯（18.20%）、乙醇（13.27%）、(E,E)-2,4- 癸二烯醛（8.71%）、2,6,10,10- 四甲基 -1- 氧杂螺 [4.5]-6- 癸烯（6.53%）、乙酸己酯（6.09%）、邻伞花烃（4.93%）、2- 甲基丁酸乙酯（3.48%）、乙酸异丁酯（3.06%）、3- 甲基 -4- 羰基戊酸（2.84%）、(Z)-2- 庚烯醛（2.45%）、异丁酸乙酯（1.87%）、乙酸丁酯（1.64%）、(E,E)-2,4- 庚二烯醛（1.63%）、丁酸 -4- 己烯酯（1.56%）、丙酸乙酯（1.41%）、(E)-2- 辛烯醛（1.31%）、(E)-1- 乙氧基 -4,4- 二甲基 -2- 戊烯（1.29%）、壬醛（1.14%）、丙酸 -4- 己烯酯（1.10%）等（刘建民等，2010）。顶空固相微萃取法提取的山东菏泽产'豆青'木瓜新鲜成熟果实果肉香气的主要成分为，反式 -2- 甲基 - 环戊醇（29.20%）、2- 己烯醛（17.64%）、2,4- 己二烯 -1- 醇（10.90%）、(E)-2- 己烯醛（8.58%）、己醛（5.97%）、9E,E-2,4- 己二烯醛（4.70%）、2,6,10,10- 四甲基 -1- 氧杂 - 螺 [4.5]- 十二碳 -6- 烯（4.37%）、2- 环己烯 -1- 醇（4.05%）、1- 己醇（2.37%）、(E)-3- 己烯 -1 - 醇（1.73%）、5- 乙基 -2-(5H)- 呋喃酮（1.46%）、4-(2,6,6- 三甲基 -1- 环己 -1- 烯)-2- 丁醇（1.04%）等（李自峰等，2007）。

佛手： 果实圆球形或短椭圆形，光滑，果皮橙黄色，有蜡质光泽。平均单果重 124g。果肉黄白色，汁液少，香味淡，质地硬韧。顶空固相微萃取法提取的山东菏泽产'佛手'木瓜新鲜成熟果实果肉香气的主要成分为，2- 己烯醇乙酸酯（21.37%）、4- 己烯醇乙酸酯（17.96%）、乙醇（14.35%）、乙酸异丁酯（3.53%）、2- 丁醇（2.98%）、(Z)-3- 己烯 -1- 醇（2.92%）、(E,E)-2,4- 癸二烯醛（2.86%）、3- 甲基 -4- 羰基戊酸（2.40%）、异丁烯环氧乙烷（1.81%）、(E,Z)-2,4- 十二碳二烯（1.81%）、乙酸丁酯（1.35%）、己醇（1.31%）、丁酸 -4- 己烯酯（1.19%）、丁酸乙酯（1.17%）、3- 戊酮（1.11%）等（刘建民等，2010）。

海南红心： 果实硕大，外形美观，果肉红色，肉质厚实细腻，清甜香浓，软滑多汁。顶空固相微萃取法提取的海南产'海南红心'木瓜新鲜绿熟果实果肉香气的主要成分为，丙二醇（53.72%）、萜品油烯（37.78%）、乙酸（2.47%）、甲基环戊烯醇酮（2.09%）、二甲基二硫醚（1.22%）等；新鲜成熟果实果肉香气的主要成分为，萜品油烯（71.31%）、二甲基二硫醚（4.92%）、丁酸乙酯（3.17%）、β- 蒎烯（2.95%）、苯乙酸甲酯（2.73%）、丁酸甲酯（2.38%）、丙二醇（2.23%）、α- 柠檬烯（1.91%）、正辛烷（1.75%）、丁酸（1.67%）、丁酸苯甲酯（1.47%）等；新鲜成熟果实果汁香气的主要成分为，苯乙酸甲酯（57.50%）、萜品油烯（30.36%）、β- 蒎烯（2.57%）、丙酮（2.19%）、正癸醛（1.18%）等（庄楷杏等，2017）。

金苹果：果实圆形，极似苹果形状。单果重 500～700g，果粉较厚，颜色浓黄，香味浓。果肉木质化程度较重。顶空固相微萃取法提取的山东菏泽产'金苹果'木瓜新鲜成熟果实果肉香气的主要成分为，4-己烯醇乙酸酯（24.25%）、乙酸己酯（20.03%）、乙醇（18.84%）、3-甲基-4-羰基戊酸（6.49%）、乙酸丁酯（2.85%）、丁酸己酯（1.80%）、邻伞花烃（1.68%）、2,6,10,10-四甲基-1-氧杂螺[4.5]-6-癸烯（1.68%）、丙酸己酯（1.60%）、丙酸-4-己烯酯（1.27%）、(*E*,*E*)-2,4-癸二烯醛（1.25%）、异丁烯环氧乙烷（1.16%）、(*E*,*Z*)-2,4-十二碳二烯（1.16%）、乙酸戊酯（1.03%）等（刘建民等，2010）。

剩花：果实椭圆形，多数尖顶，果顶有棱，单果重 500g 左右。果皮浓黄色，皮薄，有光泽，果面不甚平滑，时有小凸起。果肉细，芳香味浓郁持久。顶空固相微萃取法提取的山东菏泽产'剩花'木瓜新鲜成熟果实果肉香气的主要成分为，乙醇（29.73%）、3-甲基-4-羰基戊酸（22.28%）、4-己烯醇乙酸酯（10.81%）、乙酸己酯（7.29%）、(*E*,*E*)-2,4-癸二烯醛（4.52%）、异丁酸乙酯（3.16%）、2-甲基丁酸乙酯（2.85%）、乙酸丁酯（2.77%）、丙酸乙酯（1.98%）、乙酸异丁酯（1.80%）、丁酸乙酯（1.50%）、(*Z*)-2-庚烯醛（1.01%）等（刘建民等，2010）。顶空固相微萃取法提取的山东菏泽产'剩花'木瓜新鲜成熟果实果肉香气的主要成分为，反式-2-甲基-环戊醇（23.26%）、2-己烯醛（22.06%）、2,4-己二烯-1-醇（18.34%）、9*E*,*E*-2,4-己二烯醛（7.01%）、(*E*)-2-己烯醛（5.58%）、2,6,10,10-四甲基-1-氧杂-螺[4.5]-十二碳-6-烯（4.20%）、(*E*)-3-己烯-1-醇（2.21%）、5-乙基-2-(5*H*)-呋喃酮（2.10%）、1-己醇（2.04%）、四氢-2*H*-呋喃-2-甲醇（1.93%）、2-乙基呋喃（1.29%）、己醛（1.11%）等（李自峰等，2007）。

狮子头：果实椭圆形，状如雄狮头，平均单果重 700g。果皮较厚，不平滑，浓黄色。果肉黄白色，肉质坚硬粗糙，汁少，芳香味淡。同步蒸馏萃取法提取的陕西白河产'狮子头'木瓜成熟果实香气的主要成分为，4-甲基-5-(1,3-二戊烯基)-四氢呋喃-2-酮（25.71%）、(*Z*)-3-己烯-1-醇（14.13%）、邻二甲苯（13.26%）、*α*-金合欢烯（7.02%）、乙苯（4.52%）、4-(6,6-二甲基-2-亚甲基-3-环己烯基叉)戊-2-醇（3.47%）、3-呋喃甲醛（2.85%）、(*E*)-2-己烯醛（1.80%）、二氢-*β*-紫罗兰醇（1.39%）、1,3,5-三甲基苯（1.27%）、己酸-5-己烯酯（1.23%）、正己醇（1.16%）、4-甲基-4-羟基-2-戊酮（1.06%）、2,6,10,10-四甲基-1-氧杂螺[4.5]癸-6-烯（1.04%）等（孟祥敏等，2007）。顶空固相微萃取法提取的山东菏泽产'狮子头'木瓜新鲜成熟果实果肉香气的主要成分为，2-己烯醛（24.35%）、反式-2-甲基-环戊醇（18.59%）、2,4-己二烯-1-醇（13.08%）、2,6,10,10-四甲基-1-氧杂-螺[4.5]-十二碳-6-烯（11.85%）、9*E*,*E*-2,4-己二烯醛（6.52%）、4-(2,6,6-三甲基-1-环己-1-烯)-2-丁醇（4.35%）、乙酸乙酯（3.74%）、3-己烯-1-醇（2.16%）、5-乙基-2-(5*H*)-呋喃酮（1.60%）、1-己醇（1.46%）等（李自峰等，2007）。

手瓜：果实圆球形或短椭圆形，光滑，果皮橙黄色，有蜡质光泽。平均单果重 100g。果肉黄白色，汁液少，香味淡，质地硬韧。顶空固相微萃取法提取的山东菏泽产'手瓜'木瓜新鲜成熟果实果肉香气的主要成分为，乙醇（39.69%）、(*E*,*E*)-2,4-癸二烯醛（5.21%）、2-甲基丁醇（4.28%）、丁醇（2.92%）、3-甲基-4-羰基戊酸（2.90%）、己醛（2.57%）、异丁烯环氧乙烷（2.36%）、(*E*,*Z*)-2,4-十二碳二烯（2.36%）、1-脱氧-2,4-*O*,*O*-邻甲基-D-木糖醇（2.01%）、丁酸乙酯（1.77%）、乙酸己酯（1.57%）、丙酸异丁酯（1.33%）、丙酸丙酯（1.19%）等（刘建民等，2010）。

细皮剩花：果实椭圆形，多为平顶，果个中大，单果重 500g 左右。果皮金黄色，细而薄，蜡质厚，平滑有光泽。芳香味浓郁持久。果肉黄白色，肉质稍粗，品质上等。顶空固相微萃取法提取的山东菏泽产'细皮剩花'木瓜新鲜成熟果实果肉香气的主要成分为，(*E*,*E*)-2,4-癸二烯醛（23.84%）、乙醇（12.80%）、4-

己烯醇乙酸酯（6.07%）、(*E*)-1- 乙氧基 -4,4- 二甲基 -2- 戊烯（5.38%）、(*Z*)-2- 庚烯醛（5.02%）、2- 己烯醇乙酸酯（4.80%）、反 -4,5- 环氧癸烷（3.12%）、壬醛（2.77%）、丁酸 -4- 己烯酯（2.58%）、(*E*)-2- 十三碳烯醛（2.47%）、(*E*)-2- 辛烯醛（1.86%）、丙酸己酯（1.71%）、(*Z*)-2- 癸烯醛（1.57%）、(*E,Z*)-2,4- 十二碳二烯（1.57%）、丁酸 -3- 己烯酯（1.37%）、戊酸 -4- 己烯酯（1.11%）等（刘建民等，2010）。

小狮子头： 果实椭圆形狮子头状，光滑，果皮黄绿色。平均单果重 160g。果肉黄白色，汁液少，香味淡，质地硬韧。顶空固相微萃取法提取的山东菏泽产'小狮子头'木瓜新鲜成熟果实果肉香气的主要成分为，乙醇（47.08%）、(*E,E*)-2,4- 癸二烯醛（12.86%）、4- 乙基环己烯（4.94%）、3- 甲基 -4- 羰基戊酸（4.34%）、2- 甲基丁酸乙酯（3.72%）、3- 溴环己烯（3.07%）、(*Z*)-2- 庚烯醛（3.01%）、乙酸丁酯（2.43%）、丁酸乙酯（2.43%）、异丁酸乙酯（2.25%）、异丁酸己酯（1.57%）、乙酸己酯（1.44%）、丙酸乙酯（1.33%）、(*E*)-2- 十三碳烯醛（1.31%）、壬醛（1.30%）、(*E*)-2- 辛烯醛（1.18%）、3- 乙基环己烯（1.12%）等（刘建民等，2010）。

玉兰： 果实长椭圆形，个型较大，一般单果重 500～1000g。果面平腻光亮，少有棱起，富有蜡质光泽。果皮金黄色，较厚，果粉较厚。果肉黄白色，汁中多，芳香味中上等。同步蒸馏萃取法提取的陕西杨凌产'玉兰'木瓜成熟果实香气的主要成分为，4- 甲基 -5-(1,3- 二戊烯基)- 四氢呋喃 -2- 酮（17.72%）、4-(6,6- 二甲基 -2- 亚甲基 -3- 环己烯基叉) 戊 -2- 醇（10.68%）、(*Z*)-3- 己烯 -1- 醇（7.26%）、(*E*)-2- 己烯醛（5.68%）、二氢 -*β*- 紫罗兰醇（5.34%）、顺 -2,4,5,6,7,7*a*- 六氢 -4,4,7*a*- 三甲基 -2- 苯并呋喃甲醇（4.82%）、*α*- 金合欢烯（4.64%）、(*E*)-2- 己烯 -1- 醇（4.61%）、正己醇（4.57%）、2,6,6- 三甲基 -1-(3- 甲基 -1,3- 丁二烯基)-1,3- 环己二烯（4.06%）、2,5- 二甲基 -3- 己炔 -2,5- 二醇（2.41%）、2,6,10,10- 四甲基 -1- 氧杂螺 [4.5] 癸 -6- 烯（1.78%）、己醛（1.74%）、糠醛（1.73%）、二氢海癸内酯（1.69%）、乙酸 -(*E*)-2- 己烯 -1- 醇酯（1.44%）、1,2,3,4- 四氢 -1,1,6- 三甲基 - 萘（1.35%）、乙酸叶醇酯（1.11%）、*γ*- 癸内酯（1.10%）、2,4,5- 三甲基 -*α*- 异丁基苯甲醇（1.01%）等（孟祥敏等，2007）。顶空固相微萃取法提取的山东菏泽产'玉兰'木瓜新鲜成熟果实果肉香气的主要成分为，乙醇（33.02%）、3- 甲基 -4- 羰基戊酸（12.09%）、邻伞花烃（9.77%）、2,6,10,10- 四甲基 -1- 氧杂螺 [4.5]-6- 癸烯（9.77%）、4- 己烯醇乙酸酯（3.67%）、乙酸己酯（3.49%）、2- 甲基丁酸乙酯（3.19%）、丙酸乙酯（3.00%）、乙酸异丁酯（2.50%）、乙酸丁酯（2.37%）、异丁酸乙酯（2.15%）、(*E,E*)-2,4- 癸二烯醛（2.13%）、丁酸乙酯（1.22%）等（刘建民等，2010）。顶空固相微萃取法提取的山东菏泽产'玉兰'木瓜新鲜成熟果实果肉香气的主要成分为，反式 -2- 甲基 - 环戊醇（32.65%）、2- 己烯醛（20.59%）、2,4- 己二烯 -1- 醇（10.42%）、9*E,E*-2,4- 己二烯醛（6.33%）、2- 环己烯 -1- 醇（5.66%）、己醛（4.30%）、1- 己醇（2.89%）、3- 己烯 -1- 醇（2.51%）、(*Z*)-3- 己烯醛（2.31%）、2,6,10,10- 四甲基 -1- 氧杂 - 螺 [4.5]- 十二碳 -6- 烯（1.80%）、5- 乙基 -2-(5*H*)- 呋喃酮（1.43%）、四氢 -2*H*- 呋喃 -2- 甲醇（1.15%）等（李自峰等，2007）。

皱皮木瓜 [*Chaenomeles speciosa* (Sweet) Nakai] 别名：贴梗木瓜、木瓜、贴梗海棠、沂州木瓜、铁杆海棠、铁角海棠、酸木瓜、汤木瓜、宣木瓜，分布于陕西、甘肃、四川、贵州、云南、广东。落叶灌木，高达 2m。叶片长 3～9cm，宽 1.5～5cm。花 3～5 朵簇生，花瓣猩红色，稀淡红色或白色。果实球形或卵球形，直径 4～6cm，黄色或带黄绿色，有稀疏不显明斑点，味芳香。花期 3～5 月，果期 9～10 月。果实含苹果酸、酒石酸、枸橼酸及维生素 C 等，集药用、食用、保健价值于一身，是具有重大开发价值的珍品水果，干制后入药，有祛风、舒筋、活络、镇痛、消肿、顺气之效。不同品种皱皮木瓜果实香气成分的研究如下。

皱皮木瓜图

105： 顶空固相微萃取法提取的山东莒南产'105'皱皮木瓜新鲜成熟果实果肉香气的主要成分为，辛酸乙酯（22.35%）、反式-4-癸烯酸乙酯（10.90%）、α-金合欢烯（7.43%）、反乙酸-2-己烯酯（7.31%）、己酸乙酯（6.47%）、顺-4-辛酸乙酯（4.84%）、反-3-(3-甲基-1-丁烯基)-环己烯（4.44%）、顺乙酸-3-己烯酯（4.17%）、2-甲基丁酸乙酯（4.02%）、乙酸己酯（3.42%）、庚酸乙酯（1.86%）、十氢化萘（1.71%）、丁酸乙酯（1.56%）、十五烷（1.21%）等（徐双双等，2012）。

056： 顶空固相微萃取法提取的山东莒南产'056'皱皮木瓜新鲜成熟果实果肉香气的主要成分为，辛酸乙酯（22.59%）、反-乙酸-2-己烯酯（11.57%）、α-金合欢烯（8.06%）、己酸乙酯（7.85%）、环长叶烯（7.34%）、反式-4-癸烯酸乙酯（6.98%）、反-3-(3-甲基-1-丁烯基)-环己烯（6.98%）、长叶烯（3.12%）、顺-乙酸-3-己烯酯（2.84%）、癸酸乙酯（2.67%）、十四烷醛（2.46%）、2-甲基丁酸乙酯（2.27%）、顺-4-辛酸乙酯（2.08%）、三环[5.4.0.0^{2,8}]十一碳-2,6,6,9-四甲基-9-烯（1.75%）、庚酸乙酯（1.52%）、丁酸乙酯（1.07%）、月桂酸乙酯（1.00%）等（徐双双等，2012）。

长俊： 果实圆柱形或卵圆形，一般单果重300g。成熟后能散发出沁人肺腑的清香味。果实肉厚，细腻汁多，酸含量多，微量元素特别丰富。顶空固相微萃取法提取的山东泰安产'长俊'皱皮木瓜新鲜成熟果实果肉香气的主要成分为，2,4-己二烯-1-醇（33.69%）、(E)-2-己烯醛（32.98%）、(E,E)-2,4-己二烯醛（8.35%）、(Z)-3-己烯-1-醇（5.29%）、正己醛（2.47%）、5-乙基-2(5H)-呋喃酮（2.23%）、四氢-2H-吡喃-2-甲醇（1.66%）、2-乙基呋喃酮（1.49%）、1-己醇（1.00%）等（苑兆和等，2008）。同步蒸馏萃取法提取的陕西咸阳产'长俊'皱皮木瓜果实香气的主要成分为，4-甲基-5-(1,3-二戊烯基)-四氢呋喃-2-酮（11.38%）、对二甲苯（7.66%）、3-甲基-1-乙基苯（7.43%）、4-甲基-1-乙基苯（6.90%）、丁香酚（4.69%）、顺-3,5,6,8a-四氢-2,5,5,8a-四甲基-2H-1-苯并吡喃（4.30%）、乙苯（3.84%）、(Z)-3-己烯-1-醇（3.20%）、(E)-2-己烯醛（3.18%）、3-呋喃甲醛（2.96%）、邻二甲苯（2.90%）、α-金合欢烯（2.74%）、己酸丁酯（2.54%）、辛酸丁酯（2.54%）、辛酸乙酯（2.51%）、对烯丙基苯甲醚（2.23%）、1,2,3,4-四氢-1,1,6-三甲基-

萘（2.13%）、己酸乙酯（1.98%）、己酸（1.85%）、己酸己酯（1.38%）、$\alpha,\alpha,4$- 三甲基 -3- 环己烯基 -1- 甲醇（1.36%）、1,2,3,4,4a,5,6,7- 八氢 -$\alpha,\alpha,4a$,8- 四甲基 -2- 萘甲醇（1.34%）、2,2,6α,7- 四甲基 - 双环 [4.3.0]-1(9),7- 壬二烯 -5- 醇（1.25%）、1,3,5- 三甲基苯（1.20%）、a,a,4- 三甲基 -3- 环己烯基 -1- 甲醇（1.14%）、4-(6,6- 二甲基 -2- 亚甲基 -3- 环己烯基叉) 戊 -2- 醇（1.11%）等（孟祥敏等，2007）。

红霞：果实大，卵圆形，平均单果重 300g。果实为浅绿色，阳面有红晕并有光泽，表面具有 5 道条沟。果肉浅白色，肉质较细，汁液中多。耐贮性强，是加工罐头、果脯的优质原料。顶空固相微萃取法提取的山东泰安产'红霞'皱皮木瓜新鲜成熟果实果肉香气的主要成分为，丁酸乙酯（14.61%）、乙酸乙酯（14.51%）、己酸乙酯（10.47%）、2- 甲基 -1- 丁酸乙酯（9.71%）、(E)-2- 己烯醛（9.22%）、3- 甲硫基丙酸乙酯（5.09%）、甲基乙酸乙酯（5.01%）、(Z)-3- 己烯醛（3.66%）、(Z)-2- 丁烯酸乙酯（2.94%）、辛酸乙酯（2.35%）、(E,E)-2,4- 己二烯醛（1.28%）、3- 羟基丁酸乙酯（1.13%）等（苑兆和等，2008）。

金宝萝青 101：果实圆柱形，具黄褐色斑点，成熟时黄色，有光泽，棱沟明显。平均单果重 400～500g。肉细汁多，纤维少，香味独特浓郁，是鲜食及加工果汁、罐头、果脯等的优质原料。吹扫捕集法提取、富集的山东临沂莒南产'金宝萝青 101'皱皮木瓜新鲜成熟果实香气的主要成分为，乙酸乙酯（22.87%）、乙醇（18.01%）、丁酸乙酯（12.70%）、丙酸乙酯（8.75%）、丁酸 -2- 甲基 - 乙酯（8.72%）、己酸乙酯（6.28%）、辛酸乙酯（3.61%）、2- 烯醛（3.22%）、乙醛（1.54%）、2- 己烯醇（1.27%）、2- 甲基 - 丙酸乙酯（1.16%）、乙酸 -2- 己烯酯（1.09%）、长叶烯（1.02%）等（苑金鹏等，2008）。

罗扶（罗孚）：果实近圆柱形，平均单果重 400g。果肉淡黄色，肉细，无纤维，汁液中多。适宜加工罐头和果脯等。顶空固相微萃取法提取的山东泰安产'罗扶'皱皮木瓜新鲜成熟果实果肉香气的主要成分为，(E)-2- 己烯醛（27.42%）、2,4- 己二烯 -1- 醇（23.37%）、反式 -2,4- 己二烯醛（11.36%）、(Z)-3- 己烯 -1- 醇（7.01%）、1- 己醇（1.64%）、正己醛（1.30%）、L- 芳樟醇（1.29%）、乙酸乙酯（1.20%）等（苑兆和等，2008）。顶空固相微萃取法提取的山东莒南产'罗孚'皱皮木瓜新鲜成熟果实果肉香气的主要成分为，环长叶烯（21.32%）、2- 甲基丁酸乙酯（11.16%）、α- 金合欢烯（10.92%）、辛酸乙酯（9.96%）、长叶烯（7.19%）、反乙酸 -2- 己烯酯（5.34%）、三环 [5.4.0.0^{2,8}] 十一碳 -2,6,6,9- 四甲基 -9- 烯（5.22%）、顺乙酸 -3- 己烯酯（3.57%）、乙酸己酯（2.53%）、己酸乙酯（2.23%）、L- 芳樟醇（1.88%）、丁酸乙酯（1.75%）、甲基癸烯酸酯（1.62%）、顺 -4- 辛酸乙酯（1.41%）、十四烷（1.38%）、1,2- 环氧十八烷（1.04%）等（徐双双等，2012）。

毛叶：顶空固相微萃取法提取的山东莒南产'毛叶'皱皮木瓜新鲜成熟果实果肉香气的主要成分为，顺 - 乙酸 -3- 己烯酯（17.83%）、α- 金合欢烯（14.89%）、2- 甲基丁酸乙酯（9.66%）、辛酸乙酯（9.63%）、3,7- 二甲基 -1,6- 辛二烯 -3- 醇（8.88%）、己酸己酯（6.52%）、乙酸己酯（5.69%）、2- 己 -1- 醇乙酯（4.85%）、环长叶烯（2.95%）、顺 -4- 辛酸乙酯（2.53%）、丁酸乙酯（1.83%）、庚酸乙酯（1.20%）、(Z)- 丁酸 -3- 己烯酯（1.06%）等（徐双双等，2012）。

一品香：果实成熟以后为金黄色，有浓郁的芳香。果肉细腻透明，含果胶量大，适宜做高级果冻和果脯。顶空固相微萃取法提取的山东泰安产'一品香'皱皮木瓜新鲜成熟果实果肉香气的主要成分为，(E)-2- 己烯醛（16.85%）、乙酸乙酯（14.75%）、己酸己酯（12.16%）、2,4- 己二烯 -1- 醇（10.26%）、丁酸乙酯（9.34%）、3- 甲硫基丙酸乙酯（7.16%）、(E,E)-2,4- 己二烯醛（3.38%）、辛酸乙酯（1.83%）、正己醛（1.74%）、1- 己醇（1.26%）、3- 甲硫基丙酸（1.19%）、2- 甲基 -1- 丁酸乙酯（1.05%）等（苑兆和等，2008）。

毛叶木瓜（*Chaenomeles cathayensis* **Schneid.**）别名：木桃、木瓜海棠，分布于陕西、甘肃、江西、湖北、湖南、四川、云南、贵州、广西。果卵球形或近圆柱形，长 8～12cm，宽 6～7cm，黄色，有红晕，味芳香。水蒸气蒸馏法提取的云南云县产毛叶木瓜变型'白花木瓜'新鲜成熟果实香气的主要成分为，α- 松油醇（20.14%）、苯甲醛（10.43%）、芳樟醇（8.66%）、十六烷酸（6.30%）、癸酸（2.94%）、顺 - 呋喃型芳樟醇氧化物（2.56%）、4- 癸烯酸甲酯（2.47%）、反 - 呋喃型芳樟醇氧化物（1.78%）、(Z)-9- 十八碳烯酸甲酯（1.76%）、β- 松油醇（1.68%）、己酸（1.67%）、2- 甲基 -6- 亚甲基 -7- 辛烯 -2- 醇（1.54%）、4- 甲氧基苯甲酸甲酯（1.50%）、(Z,Z)-9,12- 十八碳二烯酸甲酯（1.49%）、苯并噻唑（1.41%）、(Z,Z)-9,12- 十八碳二烯酸（1.38%）、十六烷酸甲酯（1.37%）、2,6- 二甲基 -5,7- 辛二烯 -2- 醇异构体（1.36%）、γ- 桉叶油醇（1.31%）、Z-11- 十四碳烯酸甲酯（1.15%）、γ- 松油醇（1.12%）、香叶醇（1.11%）等（张詠等，2017）。

西藏木瓜（*Chaenomeles thibetica* **Yu**）又名西藏木瓜海棠，分布于西藏、四川。果实长圆形或梨形，长 6～11cm，直径 5～9cm，黄色，味香，种子多数，扁平。水蒸气蒸馏法提取的西藏产西藏木瓜成熟果实香气的主要成分为，十六酸(14.34%)、4- 己基 -2,5- 二氢 -2,5- 二氧 -3- 呋喃乙酸(8.68%)、辛醛(6.52%)、壬酸(5.35%)、9,12- 十八 - 二烯酸(5.20%)、9,12- 十八 - 二烯酸甲酯(5.03%)、2- 十二烯醛(2.95%)、苯甲醛（2.91%）、辛酸（2.86%）、十六酸甲酯（2.73%）、苯乙酸（1.80%）、壬醛（1.51%）、苯甲酸（1.37%）、十二酸（1.36%）、2- 庚烯醛（1.33%）、庚酸（1.33%）、水杨酸甲酯(1.29%)、薄荷醇（1.08%）、辛醇（1.04%）等（龚复俊等，2006）。

西藏木瓜图

第2章
芸香科水果

　　芸香科是水果资源比较丰富的一个科，特别是柑橘属的柑橘、甜橙、柚子栽培面积大，是常见大宗水果，还有酸橙、柠檬等可作为水果食用。

2.1 柑橘

柑橘（*Citrus reticulata* Blanco） 为芸香科柑橘属植物柑橘的新鲜成熟果实，别名：橘、蜜橘、早橘、红橘、福橘，分布于长江以南各省区。柑橘是世界第一大类水果。我国拥有 4000 多年的柑橘栽培历史，不仅是世界柑橘的主要起源地，而且是全球第一大柑橘生产国——栽培面积居世界首位，产量占世界总产量的 10% 以上。柑橘品种繁多，对果皮精油的研究报道较多，对果肉或果汁芳香成分的研究相对较少。

柑橘图 1

小乔木。单身复叶，叶片形状、大小变异较大。花单生或 2～3 朵簇生。果形种种，通常扁圆形至近圆球形，淡黄色，朱红色或深红色，甚易或稍易剥离，橘络呈网状，易分离，中心柱大而常空，瓤囊 7～14 瓣，果肉酸或甜，或有苦味，或另有特异气味；种子或多或少数，稀无籽。花期 4～5 月，果期 10～12 月。品种品系甚多且亲系来源繁杂，有来自自然杂交的，有属于自身变异（芽变、突变等）的。喜温暖湿润气候，耐寒性较强。生长发育要求 12.5～37℃ 的温度。对土壤的适应范围较广，紫色土、红黄壤、沙滩和海涂，pH 值 4.5～8 均可生长，以 pH 值 5.5～6.5 为最适宜。以疏松、排水良好的土壤最适宜。

果实为常用著名水果。柑橘营养丰富，含有丰富的维生素 C，富含柠檬酸、氨基酸、碳水化合物、脂肪、多种维生素、钙、磷、铁等营养成分。500g 橘子中约含有维生素 C 250mg、维生素 A 2.7mg、维生素 B_1 的含量居水果之冠。柑橘中所含的矿物质以钙为最高，磷的含量也超过大米。此外，果实还含有类黄酮、单萜、香豆素、类胡萝卜素、类丙醇、吖啶酮、甘油、糖、脂质等对人体健康有益的成分。一般人群均可食用，果肉具有降低血脂和胆固醇的功效，冠心病人应该多吃柑橘；孕妇适宜吃柑橘；常吃柑橘可以预防坏血病及夜盲症。但是，柑橘好吃，不可多食，孕妇每天吃柑橘不应该超过 3 个，总重量在 250g 以内；风寒咳嗽、痰饮咳嗽者不宜食用。果实除生食外，还可加工成果汁、罐头等产品。

柑橘图 2

柑橘图 3

柑橘图 4

已测出的柑橘芳香成分有 200 多种，包括萜类、酚类、醚类、酮类等化合物。不同品种的柑橘果肉或果汁香气成分的研究报道如下：

茶枝柑（大红柑、新会柑、Chachi）： 广东新会的传统栽培品种，已有 700 多年的栽培历史，是中药陈皮正品。果实扁圆形，果顶略凹，单果重 100～138g，果皮深橙黄色。瓤囊 10～12 瓣，果肉汁多，甜酸适度。顶空固相微萃取法提取的广东新会产'茶枝柑'新鲜成熟果实果肉香气的主要成分为，d- 柠檬烯（35.32%）、γ- 萜烯（17.57%）、4- 萜烯醇（15.39%）、α- 松油醇（12.39%）、2-(甲氨基) 苯甲酸甲酯（6.81%）、芳樟醇（5.26%）、香茅醇（1.46%）等（周林等，2020）。超声波萃取法提取的广东江门产'茶枝柑'新鲜成熟果实果肉香气的主要成分为（单位：μg/g），顺香芹醇（1093.75）、d-柠檬烯（192.59）、2,2′- 亚甲基双 -(4- 甲基 -6- 叔丁基苯酚)（73.39）、γ- 松油烯（49.17）、n- 棕榈酸（22.29）、n- 二十七烷（7.75）、α- 甜橙醛（5.20）等（石莹等，2020）。

春见（粑粑柑）： 晚熟杂柑品种。平均单果重 242g，果皮橙黄色，果面光滑，有光泽，油胞细密，较易剥皮。果肉橙色，肉质脆嫩，多汁，囊壁薄，极化渣，糖度高，风味浓郁，酸甜适口，无核，品质优。顶空固相微萃取法提取的浙江浦江产'春见'柑橘新鲜成熟果实果汁香气的主要成分为，d- 柠檬烯（87.49%）、γ- 松油烯（3.58%）、β- 月桂烯（1.98%）、芳樟醇（1.96%）、癸醛（1.60%）等（杨立启等，2019）。

大红袍： 果形通常扁圆形至近圆球形，平均单果重 39.1g。果皮及肉均橙红色，皮强韧易剥。肉厚质粗，汁中等，风味甜多酸少。顶空固相微萃取法提取的'大红袍'红橘新鲜成熟果实果汁香气的主要成分（单位：μg/g）为，柠檬烯（40.20）、γ- 松油烯（2.49）、β- 月桂烯（1.90）、糠醛（0.88）、α- 法尼烯（0.80）、乙酸丁酯（0.57）、巴伦西亚橘烯（0.56）、癸醛（0.54）等（曾鸣等，2018）。

大雅柑： 晚熟品种。果面黄色，光滑，富光泽，油胞细密，果皮较薄，极易剥皮。果肉脆嫩化渣，高糖，无核，品质优。顶空固相微萃取法提取的'大雅柑'新鲜成熟果实果汁香气的主要成分（单位：μg/L）为，d- 柠檬烯（39006.60）、γ- 松油烯（2275.90）、β- 月桂烯（1538.00）、p- 伞花烃（771.16）、芳樟醇（459.12）、α- 蒎烯（258.62）、香茅醇（222.90）、2,4(8)- 对 - 薄荷二烯（211.00）、癸醛（207.82）、松油烯 -4- 醇（152.06）、β- 蒎烯（148.02）、(1S)-(1)-β- 蒎烯（142.72）、(+)-α- 松油醇（142.34）、苯并噻唑（113.32）等（高丽等，2022）。

大叶尾张： 中熟温州蜜柑品种。果实扁圆形，单果重 80～100g，无核，果面橙色，较光滑，果皮中厚。囊壁厚韧，不化渣，鲜食稍逊。顶空固相微萃取法提取的湖北松滋产'大叶尾张'温州蜜柑新鲜果汁香气的主要成分为，d- 柠檬烯（69.82%）、芳樟醇（3.35%）、γ- 松油烯（1.61%）、4- 松油醇（1.01%）等（张弛等，2007）。

宫川： 日本品种，是温州蜜柑的芽变品种。果实高扁圆形，单果重 102～147g。果面橙黄至橙色，皮较薄，易剥皮。果肉橙黄色，无核，酸甜适中，风味较浓。顶空固相微萃取法提取的湖北松滋产'宫川'温州蜜柑新鲜果肉香气的主要成分（单位：μg/g）为，d- 柠檬烯（422.31）、芳樟醇（26.45）、γ- 松油烯（19.10）、β- 月桂烯（8.41）、辛醛（7.93）、4- 松油醇（1.84）、顺式 -β- 罗勒烯（1.71）、异松油烯（1.56）、癸醛（1.49）、反式 -2- 己烯 -1- 醇（1.42）、β- 蒎烯（1.29）、α- 松油醇（1.15）、巴伦西亚橘烯（1.13）、己醛（1.02）、α- 蒎烯（1.00）等（乔宇等，2008）。同时蒸馏萃取法提取的湖北松滋产'宫川'温州蜜柑果汁香气的主要成分（单位：μg/mL）为，邻苯二甲酸二丁酯（178.19）、柠檬烯（41.92）、巴伦西亚橘烯（9.25）、十五烷酸（7.99）、十二烷（6.95）、糠醛（6.13）等（周海燕等，2007）。

国庆 1 号： 温州蜜橘品种。果实扁圆形，中等大，单果重 90～150g。果皮薄，不易剥皮，上色早，含糖量中等，口感好，香气奇特。顶空固相微萃取法提取的湖北松滋产'国庆 1 号'温州蜜柑新鲜果肉香气的主要成分（单位：μg/g）为，d- 柠檬烯（462.89）、芳樟醇（50.54）、γ- 松油烯（21.12）、β- 月桂烯（8.95）、辛醛（8.81）、癸醛（3.07）、α- 松油醇（2.95）、4- 松油醇（2.49）、反式 -2- 己烯 -1- 醇（2.13）、顺式 -β- 罗勒烯（1.93）、辛醇（1.34）、异松油烯（1.28）、反式 - 对 - 孟 -2,8- 二烯 -1- 醇（1.20）、己醛（1.19）等（乔宇等，2008）。

红橘： 果实扁圆形，外形饱满丰润，表面润泽光亮。果皮朱红色，光滑容易剥离，平均单果重 55g，瓤瓣 7～8 瓣，汁液多，酸甜适度，香味浓郁。顶空固相微萃取法提取的浙江温州产'红橘'新鲜成熟果肉香气的主要成分（单位：μg/g）为，d- 柠檬烯（405.17）、γ- 萜品烯（26.32）、香叶醛（14.14）、β- 月桂烯（11.34）、芳樟醇（10.01）、(−)-4- 松油醇（8.91）、β- 蒎烯（8.16）、β- 香茅醇（7.16）、辛醛（4.07）、p- 伞花烃（3.37）、α- 萜品醇（3.33）、α- 蒎烯（2.07）、(+)-2- 莰烯（1.94）、己醛（1.43）、α- 萜品烯（1.32）、β- 水芹烯（1.22）等（陈婷婷等，2018）。

红橘图

黄果柑： 为天然橘橙杂交种，晚熟。果实卵圆形，单果重 140～180g。果面橙色或橙黄色，有光泽，油胞凸起，呈油浸状，果皮薄。肉质脆嫩化渣，无核，多汁，酸甜爽口，微具香气，易剥皮分瓣。顶空固相微萃取法提取的四川汉源产'黄果柑'新鲜果肉香气的主要成分为，d- 柠檬烯（81.32%）、β- 月桂烯（1.79%）、β- 榄香烯（1.65%）、(Z)-3,7- 二甲基 -1,3,6- 十八烷三烯（1.32%）、芳樟醇（1.25%）等（兰维杰等，2017）。

黄岩蜜橘： 为宽皮橘类。果实扁圆形，果皮橙黄色，薄较光滑。汁胞橙黄色，果肉柔软化渣，甜酸适口，有香气。同时蒸馏萃取法提取的浙江黄岩产'黄岩蜜橘'新鲜果实香气的主要成分为，柠檬烯（15.38%）、芳樟醇（11.18%）、松油醇（8.35%）、松油醇 -4（5.55%）、癸醛（3.56%）、α- 金合欢烯（3.25%）、柠檬醛（3.20%）、β- 红没药烯（3.06%）、壬醛（2.61%）、糠醛（2.54%）、β- 香茅醇（2.39%）、别罗勒烯（2.22%）、叶醇（2.05%）、β- 松油醇（1.90%）、β- 蒎烯（1.70%）、6- 芹子烯 -4- 醇（1.64%）、水芹烯（1.58%）、辛醇（1.54%）、δ- 榄香烯（1.18%）、辛醛（1.07%）、香芹醇（1.03%）、香叶醇（1.00%）等（盛丽等，2017）。

南丰蜜橘： 地方品种，已有 1300 多年的栽培历史。果实较小，单果重 25～50g，果形扁圆，果皮薄，橙黄色有光泽。油胞小而密，囊瓣 7～10 片，近肾形，囊衣薄，汁胞黄色，柔软多汁少渣，风味浓甜，香气醇厚。核少或无。顶空固相微萃取法提取的江西南丰产'南丰蜜橘'新鲜果肉香气的主要成分为，*d*- 柠檬烯（72.47%）、萜品烯（9.19%）、*β*- 蒎烯（2.70%）、芳樟醇（2.68%）、(Z)- 石竹烯（1.08%）等（杨延峰等，2017）。

南香（南香果）： '三保早生温州蜜柑'和'克里迈丁红橘'杂交选育而成。果实高腰扁球形，顶端突起有小脐，稍难剥皮。顶空固相微萃取法提取的'南香'柑橘新鲜成熟果实果汁香气的主要成分为，*d*-柠檬烯（40.15%）、3,7- 二甲基 - 乙酸 -1,6- 辛二烯 -3- 醇（1.71%）等（虞慧玲，2009）。

瓯柑： 地方传统柑橘品种。果实梨形或高扁圆形，果顶部凸出。果皮色泽橙黄色或金黄色，光滑油亮。果皮与果肉结合紧密，易于剥皮，果肉柔软多汁，清甜可口，初食时略带微苦。顶空固相微萃取法提取的浙江温州产'瓯柑'新鲜成熟果肉香气的主要成分（单位：μg/g）为，*d*- 柠檬烯（105.07）、*γ*- 萜品烯（5.03）、芳樟醇（2.88）、*p*- 伞花烃（1.75）、*β*-月桂烯（1.71）、癸醛（1.49）、*α*-萜品醇（1.03）等（陈婷婷等，2018）。石油醚萃取法提取的'瓯柑'新鲜果肉香气的主要成分为，(Z,Z)-9,12- 十八碳二烯酸 (37.46%)、*γ*- 谷甾醇（22.91%）、正 - 十六碳酸（7.77%）、1- 甲基 -4- 异丙基 -1,4- 环己二烯（6.25%）、菜油甾醇（5.43%）、5,6,7,3',4'- 五甲氧基黄酮（4.80%）、*d*- 柠檬烯（4.31%）、1- 十九烯（3.97%）、豆甾醇（3.20%）、Z-11- 十六碳烯酸（1.74%）等（杨小凤等，2007）。

椪柑（芦柑）： 传统地方品种。皮薄易剥，色泽鲜美，果肉橙红色，汁多，组织紧密，浓甜脆嫩，化渣爽口，籽少。顶空固相微萃取法提取的重庆产'椪柑'新鲜成熟果肉香气的主要成分为，*d*- 柠檬烯（48.12%）、*γ*- 松油烯（3.83%）、十二醛（2.55%）、瓦伦西亚烯（1.98%）、芳樟醇（1.65%）、柠檬醛（1.51%）、壬醛（1.40%）、*β*- 月桂烯（1.09%）等（姚世响等，2018）。

砂糖橘（十月橘）： 地方品种。果皮色泽橙黄，果壁薄，易剥离。单果重 62～86g。果肉爽脆，汁多化渣，味酸甜。吹扫捕集法提取的广东四会产'砂糖橘'新鲜成熟果实果汁香气的主要成分为，柠檬烯（87.50%）、乙醛（4.46%）、*α*- 蒎烯（1.57%）、Δ-3- 蒈烯（1.54%）、乙醇（1.14%）、莰烯（1.04%）等（赵娟等，2012）。

沃柑： '坦普尔'橘橙与'丹西'红橘的杂交晚熟品种。平均果重约 150g。果皮橙红色，光滑，果肉细嫩化渣，汁多味甜。顶空固相微萃取法提取的广西武鸣产'沃柑'新鲜成熟果实果汁香气的主要成分为，*d*- 柠檬烯（83.25%）、(+)-*α*- 松油醇（8.26%）、5- 羟甲基糠醛（2.54%）、*β*- 蒎烯（2.29%）、硅烷二醇二甲酯（1.06%）等（任二芳等，2022）。

温州蜜橘： 果实扁圆形，中等大，单果重 90～100g。果皮稍粗厚，上色早。无核，肉质致密，风味浓，含糖量中等，退酸稍早。是加工制罐的主要品种。顶空固相微萃取法提取的浙江温州产'温州蜜橘'新鲜果汁香气的主要成分为，*d*- 柠檬烯（83.90%）、*γ*- 松油烯（6.58%）、*β*-月桂烯（1.81%）、芳樟醇（1.55%）等（杨立启等，2019）。

无核雪柑： 无核突变优系品种。果实圆球形，单果重 230g 左右。果皮橙色，油胞较大，品质上等。顶空固相微萃取法提取的重庆产'无核雪柑'新鲜果汁香气的主要成分（单位：mg/kg）为，柠檬烯（1093.50）、月桂烯（57.13）、芳樟醇（34.23）、巴伦西亚橘烯（24.09）、*α*- 蒎烯（7.42）、4- 松油醇（5.47）、香叶醛（5.16）等（郭莉等，2012）。

2.2 甜橙

甜橙 [*Citrus sinensis* (Linn.) Osbeck] 为芸香科柑橘属植物甜橙的新鲜成熟果实，别名广柑、黄果、橙、广橘、锦橙、脐橙、哈姆林甜橙、血橙、夏橙，分布于四川、广东、台湾、广西、福建、湖南、江西、湖北、云南、贵州等省区。甜橙原产于中国南方，是世界上栽培面积最大的柑橘类果树。通常把甜橙分为普通甜橙、血橙和脐橙三大类，每一类都有不同的品种。

甜橙图 1

甜橙图 2

甜橙图 3

乔木。叶卵形，长6～10cm，宽3～5cm。花白色，很少背面带淡紫红色，总状花序有花少数，或兼有腋生单花。果圆球形、扁圆形或椭圆形，橙黄至橙红色，果皮难或稍易剥离，瓤囊9～12瓣，果心实或半充实，果肉淡黄、橙红或紫红色，味甜或稍偏酸；种子少或无。花期3～5月，果期10～12月。品种品系甚多。喜温暖湿润气候及肥沃的微酸性或中性砂质壤土。不耐寒，要求年平均气温在17℃以上。喜光（年日照1200～1400h），爱氧，空气湿度65%～80%。

　　甜橙果实为市场畅销鲜果之一，味甜酸可口，果肉中含有丰富的维生素C、维生素PP和胡萝卜素，还含有丰富的橙皮苷、柚皮芸香苷、柚皮苷、柠檬苦素、柠檬酸、苹果酸等。有增加机体抵抗力，增加毛细血管的弹性，降低血中胆固醇等功效。高脂血症、高血压、动脉硬化者常食甜橙有益；所含纤维素和果胶物质可促进肠道蠕动，有利于清肠通便，排出体内有害物质。果肉也可入药，有清热生津、行气化痰的功效，用于热病伤津、身热汗出、口干舌燥、肝气不舒、心情抑郁，亦可用于妇女乳汁不通、局部红肿结块等。

　　奥林达夏橙（Olinda Valencia Orange）：原产于美国。果实长圆形或椭圆形，中等大，单果重150g左右。顶部广圆，基部圆平，果面深橙色，果皮较平滑，中等厚。肉质细嫩，较化渣，汁多，酸甜味浓，有清香，少籽，品质上等。顶空固相微萃取法提取的湖北秭归产'奥林达夏橙'新鲜果肉香气的主要成分为，d-柠檬烯（75.57%）、芳樟醇（5.44%）、β-月桂烯（1.70%）、巴伦西亚橘烯（1.41%）、辛醛（1.13%）、丁酸乙酯（1.06%）等（米兰芳等，2011）。

　　鲍威尔脐橙（Powell）：澳大利亚在华盛顿脐橙上选出的自然芽变品种。果实扁球形至短椭圆形，果形端庄整齐，中大。果面橙黄色，皮薄易剥。肉质细腻化渣，汁中多，酸甜适口，风味浓郁，微有香气，果皮硬度大，品质优。顶空固相微萃取法提取的重庆北碚产'鲍威尔'脐橙新鲜果肉香气的主要成分为，d-柠檬烯（68.50%）、乙醇（3.27%）、β-月桂烯（2.72%）、芳樟醇（2.30%）、(Z)-3-己烯醇（1.71%）、(E)-2-己烯醛（1.15%）、丁酸乙酯（1.06%）等（唐会周等，2011）。

　　长红脐橙：从'纽荷尔脐橙'中选出的一个优良品系。果实长椭圆形，平均单果重200g以上。果皮着色鲜艳火红，油胞细且密滑，肉质脆嫩化渣，富香气。顶空固相微萃取法提取的湖北秭归产'长红脐橙'新鲜果肉香气的主要成分为，d-柠檬烯（69.61%）、丁酸乙酯（3.72%）、乙醇（3.47%）、β-月桂烯（2.79%）、(E)-2-己烯醛（1.11%）等（唐会周等，2011）。

　　德尔塔夏橙（Delta Seedlees Valencia Orange）：南非品种，为'伏令夏橙'的实生变异类型。果实椭圆形，果皮光滑，橙红色，无核。果实中大，单果重201g以上。果面橙色，油胞大而凸。顶空固相微萃取法提取的湖北秭归产'德尔塔夏橙'新鲜果肉香气的主要成分为，d-柠檬烯（80.09%）、芳樟醇（5.15%）、β-月桂烯（2.30%）、巴伦西亚橘烯（1.75%）、辛醛（1.50%）等（米兰芳等，2011）。

　　奉园72-1脐橙：从四川奉节县园艺场选出。果实短椭圆形或圆球形，平均单果重166g。果面深橙色或橙红色。果肉细嫩，果汁中等，味清甜，富香气。顶空固相微萃取法提取的重庆奉节产'奉园72-1脐橙'新鲜果肉香气的主要成分为，d-柠檬烯（73.20%）、(Z)-2-己烯醛（5.00%）、(Z)-3-己烯醛（2.91%）、β-月桂烯（2.82%）、乙醇（1.79%）、(Z)-3-己烯醇（1.15%）等（唐会周等，2011）。

　　弗罗斯特夏橙：'伏令夏橙'株心系变异品种，原产于美国。果实圆形或椭圆形，果面橙黄色，光滑。单果重120～171g。果肉化渣，口感甜润，风味浓香，品质优。顶空固相微萃取法提取的湖北秭归产'弗罗斯特夏橙'新鲜果肉香气的主要成分为，d-柠檬烯（81.54%）、芳樟醇（3.25%）、β-月桂烯（2.43%）、巴伦西亚橘烯（1.36%）等（米兰芳等，2011）。

福建红橙： 果实扁圆形，中等大，单果重 100～110g。果皮薄，色泽鲜红，有光泽，易剥皮，富含橙络。肉质细嫩，多汁，化渣，甜酸可口。顶空固相微萃取法提取的'福建红橙'新鲜果汁香气的主要成分为，d-柠檬烯（79.95%）、乙醇（6.63%）、朱栾倍半萜（3.41%）、β-月桂烯（1.97%）等（杨菜冬等，2006）。

福建甜橙： 顶空固相微萃取法提取的'福建甜橙'新鲜果汁香气的主要成分为，d-柠檬烯（81.91%）、朱栾倍半萜（5.55%）、β-月桂烯（3.96%）、乙醇（1.72%）、L-芳樟醇（1.38%）等（杨菜冬等，2006）。

赣南脐橙： 果实椭圆形，果大，一般单果重 250g，果皮橙红鲜艳，光洁美观，颜色偏红，光滑细腻，皮厚，不易剥离。肉质脆嫩化渣，风味浓甜芳香。顶空固相微萃取法提取的江西赣州产'赣南脐橙'新鲜果汁香气的主要成分为，d-柠檬烯（87.55%）、芳樟醇（3.30%）、β-月桂烯（2.07%）等（杨立启等，2019）。溶剂萃取法提取的重庆产'赣南脐橙'新鲜果汁香气的主要成分为，巴伦西亚橘烯（15.83%）、9,12-十八碳二烯酸（11.88%）、4-羟基-苯乙醇（11.58%）、3-甲基-1-丁醇（10.29%）、壬二酸（7.84%）、油酸（7.32%）、苯乙醇（5.55%）、硬脂酸（2.92%）、5-巯基-1-戊醇（2.84%）、d-柠檬烯（2.40%）、2-甲基-1-丁醇（1.89%）等（李晓英，2013）。

'赣南脐橙'图1

'赣南脐橙'图2

赣南早脐橙：‘纽荷尔脐橙’的芽变早熟品种。果实中等偏大，近圆球形，果顶稍平，单果重254～327g。果面稍显粗糙。果皮较厚易剥，多闭脐。果肉橙黄，柔软多汁，细嫩化渣，甜多酸少。顶空固相微萃取法提取的湖北兴山产‘赣南早脐橙’新鲜成熟果实汁香气的主要成分（单位：μg/g）为，d-柠檬烯（21.97）、5-羟甲基糠醛（16.05）、呋喃酮（1.96）、佛术烯（0.64）等（刘慧宇，2023）。

赣脐 4 号：‘纽荷尔脐橙’的早熟芽变品种。水蒸气蒸馏法提取的江西赣州产‘赣脐 4 号’脐橙新鲜成熟果实果肉香气的主要成分为，d-柠檬烯（60.51%）、月桂烯（3.24%）、3-蒈烯（2.99%）、环辛烷（2.68%）、β-蒎烯（1.81%）、α-蒎烯（1.72%）、橙花醇（1.70%）、芳樟醇（1.37%）、十六烷（1.15%）等（马冬等，2023）。

广西冰糖橙：果实近圆形，橙红色，果皮光滑。果实较大，单果重150～170g。果汁较多，味浓甜带清香，少核，品质好。顶空固相微萃取法提取的‘广西冰糖橙’新鲜果汁香气的主要成分为，d-柠檬烯（81.97%）、朱栾倍半萜（4.13%）、β-月桂烯（3.54%）、L-芳樟醇（1.76%）、癸醛（1.30%）、乙酸乙酯（1.29%）、乙醇（1.07%）等（杨菜冬等，2006）。

红肉脐橙：果实较大，平均单果重235g，圆形或近圆形，多为闭脐，无核，果肉红色，果汁橙色。顶空固相微萃取法提取的‘红肉脐橙’新鲜果肉香气的主要成分为，柠檬烯（93.11%）、δ-柠檬烯（2.06%）、β-侧柏烯（1.34%）、3-蒈烯（1.19%）等（何利刚等，2018）。

江西红江橙：果皮橙黄色，表面平滑有光泽。果肉橙红色，肉脆柔嫩，化渣多汁，甜酸适中，风味浓厚。顶空固相微萃取法提取的‘江西红江橙’新鲜果汁香气的主要成分为，d-柠檬烯（83.01%）、朱栾倍半萜（4.01%）、β-月桂烯（3.36%）、L-芳樟醇（2.01%）、乙醇（1.18%）、癸醛（1.14%）等（杨菜冬等，2006）。

金峡桃叶橙：从秭归地方资源‘桃叶橙 18 号’芽变中选出的优良单株经无性繁殖育成的品种。果实近圆形，果皮橙红色，果面较光滑，果顶有印圈，瓤瓣肾形，8～12瓣，少籽或无籽，单果重110g左右。果实香气浓郁，风味香甜。顶空固相微萃取法提取的‘金峡桃叶橙’新鲜果肉香气的主要成分为，柠檬烯（90.68%）、月桂烯（1.75%）、3-蒈烯（1.33%）、癸醛（1.21%）、巴伦西亚橘烯（1.14%）、(1S)-(+)-3-蒈烯（1.05%）等（何利刚等，2018）。

锦橙（鹅蛋柑 26 号）：从地方实生甜橙中选出的优良变异品种。果实长椭圆形，果大，单果平均重170g左右。果皮橙红色或深橙色，有光泽，较光滑，中等厚。肉质细嫩化渣，甜酸适中，味浓汁多，微具香气，品质上乘。顶空固相微萃取法提取的湖北松滋产‘锦橙’甜橙成熟果肉香气的主要成分为，d-柠檬烯（50.14%）、丁酸乙酯（7.60%）、巴伦西亚橘烯（4.53%）、4-松油醇（2.85%）、3-羟基己酸乙酯（2.45%）、己醇（1.73%）、β-月桂烯（1.39%）、芳樟醇（1.20%）、乙醇（1.07%）等（乔宇等，2007）。同时蒸馏萃取法提取的湖北松滋产‘锦橙’甜橙果汁香气的主要成分（单位：μg/mL）为，3,7,11,15-四甲基-2,6,10,14-十六烯-1-醇乙酸酯（396.66）、邻苯二甲酸二异丁酯（30.15）、巴伦西亚橘烯（13.57）、2-丁基呋喃（8.87）、罗勒烯（7.44）、崖柏烯（5.64）、β-蒎烯（5.47）、α-杜松烯（5.36）等（周海燕等，2007）。

卡特夏橙（Cutter Valencia）：美国品种。果实圆球形或长圆球形，果面橙黄色，风味浓，酸甜适中，品质佳。顶空固相微萃取法提取的湖北秭归产‘卡特夏橙’新鲜果肉香气的主要成分为，d-柠檬烯（83.00%）、芳樟醇（3.00%）、β-月桂烯（2.50%）、巴伦西亚橘烯（1.24%）等（米兰芳等，2011）。

坎贝尔夏橙（康贝尔、Campbell）：果实扁球形，平均单果重184.18g。果肉酸甜。硬度稍低，可溶性固形物较高。顶空固相微萃取法提取的湖北秭归产'坎贝尔夏橙'新鲜果肉香气的主要成分为，d-柠檬烯（85.28%）、β-月桂烯（2.42%）、芳樟醇（2.23%）等（米兰芳等，2011）。

露德红夏橙（Rhode Red）： 果实球形，中等大，果皮较光滑。果肉深橙色，少核，品质优。顶空固相微萃取法提取的湖北秭归产'露德红夏橙'新鲜果肉香气的主要成分为，d-柠檬烯（72.65%）、芳樟醇（8.48%）、β-月桂烯（2.45%）、巴伦西亚橘烯（2.06%）、3-羟基-己酸乙酯（1.26%）、辛醛（1.10%）等（米兰芳等，2011）。

伦晚脐橙（Lane Late Navel）： 晚熟品种。果实近圆球形，平均单果重超过200g，果皮浅橘红色，较薄，坚硬光滑，脐小，易于去皮。肉质致密脆嫩，汁多无渣。顶空固相微萃取法提取的湖北秭归产'伦晚脐橙'新鲜成熟果实果肉香气的主要成分为，d-柠檬烯（74.04%）、β-月桂烯（5.62%）、γ-萜品烯（4.64%）、柠檬醛（1.93%）、癸醛（1.54%）、β-柠檬醛（1.51%）、4-松油烯醇（1.14%）、β-蒎烯（1.07）等（张红艳等，2010）。

新奇士橙（Sunkist）： 美国品种。果实圆球形、扁圆形或椭圆形，橙黄至橙红色，果皮不易剥离，瓤囊9～12瓣。果肉淡黄、橙红或紫红色，多汁，甜中带酸，无苦味，种子少或无。顶空固相微萃取法提取的'新奇士橙'新鲜果汁香气的主要成分为，d-柠檬烯（84.80%）、朱栾倍半萜（3.77%）、β-月桂烯（3.35%）、乙醇（1.90%）、L-芳樟醇（1.22%）、丁酸乙酯（1.12%）等（杨菜冬等，2006）。

玫瑰香橙（玫瑰血橙）： 从意大利引进的'塔罗科血橙'珠心苗中选育获得的品种。果实倒卵形或短椭圆形，果大皮薄，单果重200～250g。果皮特光滑，成熟时果皮及果肉血红色。无核，细嫩化渣，有玫瑰香味。顶空固相微萃取法提取的'玫瑰香橙'新鲜果汁香气的主要成分为，十一酸乙酯（7.17%）、异戊醇（6.65%）、己酸乙酯（4.45%）、辛酸（4.04%）、正癸酸（3.61%）、4-叔丁基苯酚（3.56%）、苯乙醇（3.09%）、癸酸乙酯（2.01%）、乙酸异戊酯（1.93%）、苯乙酮（1.92%）、4-乙烯基-2-甲氧基苯酚（1.48%）、十二甲基环六硅氧烷（1.26%）、3-羟基己酸乙酯（1.09%）、异辛酸（1.02%）、9-癸烯酸（1.00%）等（付勋等，2021）。

崀山脐橙： 果实圆球或倒卵形，单果重220～296g，色泽橙黄或橙红，油胞中等，果面光滑，多为闭脐。囊瓣肾形，10～12瓣，半充实。汁胞脆嫩，风味浓，甜酸适口，有香气，品质上等。顶空固相微萃取法提取的湖南新宁产'崀山脐橙'新鲜果汁香气的主要成分为，巴伦西亚橘烯（22.54%）、双戊烯（29.61%）、d-柠檬烯（4.35%）、月桂烯（1.41%）、α-人参烯（1.34%）、α-硒烯（1.26%）等（黄帆等，2023）。

纽荷尔脐橙（Newhall Navel）： 果实长椭圆形或短椭圆形，橙红色，美观，单果重250～350g。顶空固相微萃取法提取的重庆奉节产'纽荷尔脐橙'新鲜果肉香气的主要成分为，d-柠檬烯（80.60%）、β-月桂烯（3.99%）、癸醛（2.37%）、芳樟醇（1.50%）、β-水芹烯（1.49%）等（唐会周等，2011）。同时蒸馏萃取法提取的'纽荷尔脐橙'新鲜成熟果实果肉果汁香气的主要成分为，巴伦西亚橘烯（15.91%）、柠檬烯（13.89%）、1,2,4-三丁基-苯（8.19%）、α-桉叶烯（6.57%）、古芸烯（2.90%）、白菖油萜（2.65%）、圆柚酮（1.97%）、α-甲基-4-苯乙醛（1.85%）、1,3,5-三异丙基苯（1.69%）、3-苯基-十三烷（1.67%）、香芹醇（1.55%）、丁基苯丙酮（1.24%）、二十一烷（1.17%）、2-苯基-十二烷（1.13%）、月桂烯（1.03%）等（王孝荣等，2012）。

塔罗科血橙（Tarocco）： 原产于意大利。果实倒卵形或短椭圆形，果色橙红，较光滑。果肉色深，全为紫红，脆嫩多汁，酸甜适口。顶空固相微萃取法提取的湖北宜昌产'塔罗科血橙'甜橙新鲜果肉香气的主要成分为，柠檬烯（56.60%）、乙醇（4.24%）、巴伦西亚橘烯（2.06%）、β- 月桂烯（1.73%）等（乔宇等，2008）。

无籽少籽红江橙： 通过辐射诱变选育出的新品系。单果重 128～140g，每果种子少于 6 粒，品质上等。顶空固相微萃取法提取的广东广州产'无籽少籽红江橙'新鲜果肉香气的主要成分为，1- 甲基 -4-(1- 甲基乙烯基)- 环己烯（40.91%）、丙酸（9.09%）、乙基苯（8.99%）、己二酸二甲酯（7.61%）、丁酸（6.77%）、2,2- 二甲基 -3- 羟基丙醛（6.66%）、1,4- 二甲苯（4.97%）、2,3- 二溴丙醇（4.86%）、十八甲基环壬硅氧烷（4.33%）、戊二酸二甲酯（3.28%）、1,1,3,3,5,5,7,7,9,9,11,11,13,13,15,15- 十六甲基辛硅氧烷（2.54%）等（马培恰等，2008）。

雪柑： 果实圆球形或椭圆形，中等大，单果重 150～200g，两端对称，果皮橙黄色，光滑，稍厚，油胞大而密，突出。汁胞柔软多汁，风味浓郁，甜酸适度，具微香。顶空固相微萃取法提取的广东广州产'雪柑'新鲜果肉香气的主要成分为，己二酸二甲酯（18.75%）、丙酸（17.01%）、乙基苯（15.23%）、2,2- 二甲基 -3- 羟基丙醛（12.76%）、戊二酸二甲酯（10.93%）、1,4- 二甲苯（9.46%）、丁酸（9.26%）、2,3- 二溴丙醇（3.14%）、2- 甲基己二睛（1.88%）、2- 甲基 -4,6- 辛二炔 -3- 酮（1.57%）等（马培恰等，2008）。

2.3 柚子

柚子 [*Citrus maxima* (Burm.) Merr.] 为芸香科柑橘属植物柚的新鲜成熟果实，别名：文旦、朱栾、香栾、胡柑、沙田柚、文旦柚、坪山柚、蜜柚，分布于长江流域以南各省区。乔木。叶质颇厚，连翼长 9～16cm、宽 4～8cm。总状花序，有时兼有腋生单花。果圆球形、扁圆形、梨形或阔圆锥状，横径常 10cm 以上，淡黄或黄绿色，有朱红色的，果皮海绵质，油胞大，瓤囊 10～19 瓣；种子多达 200 余粒，亦有无籽的。花期 4～5 月，果期 9～12 月。品种品系多。喜暖热湿润气候及深厚、肥沃而排水良好的中性或微酸性沙质壤土或黏质壤土，对温度适应性强。较耐阴，但需要较好的光照条件，忌强光照射。

柚子图

柚子是常见的水果之一，清香、酸甜、凉润，有非常丰富的营养价值，含有糖类、维生素 B₁、维生素 B₂、维生素 C、维生素 PP、胡萝卜素、钾、磷、枸橼酸等；每 100g 果肉含碳水化合物 9.62g，蛋白质 0.76g，脂肪 0.04g，纤维素 1g，磷 43mg；还含有多种维生素和钙、镁等身体所必需的元素，元素钾含量较高，几乎不含钠，因此是心脑血管病及肾脏病患者最佳的食疗水果。现代医药学研究发现，柚肉中含有非常丰富的维生素 C 以及类胰岛素等成分，故有降血糖、降血脂、减肥、美肤养容等功效，经常食用，对糖尿病、血管硬化等疾病有辅助治疗作用，对肥胖者有健体养颜功能。柚子还具有健胃、润肺、补血、清肠、利便等功效，可促进伤口愈合，对败血症等有良好的辅助疗效。柚子性偏寒，食用柚子有一定的去火功效。柚子适宜消化不良者食用；适宜慢性支气管炎、咳嗽、痰多气喘者食用；适宜饮酒过量后食用。因其性凉，故气虚体弱之人不宜多食；柚子有滑肠之效，故腹部寒冷、常患腹泻者宜少食。避孕药不宜与柚子同食；身体虚寒的人不宜多吃；高血压患者服药后不宜立即吃柚子。不同品种柚子果肉或果汁的香气成分分析如下。

处红柚： 果实大小适中，外观端正，圆锥形，平均单果重 870g。果皮橙黄色，香气浓，汁胞细，果面光滑，有光泽，果皮易剥离，海绵层淡红色，易与瓤瓣剥离，囊壁薄而红。果肉爽口、化渣，后味清新，少籽或无籽。顶空固相微萃取法提取的浙江丽水产'处红柚'新鲜成熟果实果汁香气的主要成分为，柠檬烯（7.90%）、β-荜澄茄油萜（6.02%）、δ-榄香烯（5.62%）、大根香叶烯（5.05%）、杜松萜烯（3.97%）、甲基庚烯酮（3.51%）、α-石竹烯（3.42%）、己醇（3.33%）、γ-摩勒烯（2.11%）、γ-杜松烯（1.95%）等（高歌等，2020）。

度尾文旦柚： 果实形似大秤砣，色泽青黄，单果重 800g 左右。果肉气味芬香，肉嫩汁醇，甜酸适度，清香爽口。无籽少籽，品质优良。顶空固相微萃取法提取的福建仙游产'度尾文旦柚'新鲜成熟果实果汁香气的主要成分（单位：μg/L）为，d-柠檬烯（21.99）、正戊醇（15.40）、顺式氧化芳樟醇（13.17）、正己醛（7.84）、月桂烯（7.68）、癸醛（6.53）、丙酸乙酯（6.41）、反式氧化芳樟醇（6.03）、反式-2-己烯醛（2.32）、壬醛（2.24）、顺式-3-己烯醛（1.75）、反式-3-己烯-1-醇（1.50）等（嵇海峰等，2014）。

琯溪蜜柚： 地方品种，已有 400 多年栽培历史。果实倒卵圆形或阔圆锥形，果色淡黄，果特大，平均单果重 2500g。果肉淡红色，甜酸适口，化渣，味芳香。顶空固相微萃取法提取的福建平和产'琯溪蜜柚'成熟果实果汁香气的主要成分（单位：μg/L）为，反式-3-己烯-1-醇（765.26）、正己醇（323.89）、顺式-2-戊烯-1-醇（120.35）、顺式-2-己烯-1-醇（62.11）、正己醛（46.88）、正戊醇（33.23）、d-柠檬烯（15.12）、1-辛烯-3-醇（13.40）、顺式氧化芳樟醇（12.18）、反式-2-辛烯-1-醇（10.13）、反式-2-己烯醛（9.80）、正庚醇（6.74）、芳樟醇（6.25）、反式氧化芳樟醇（5.82）、壬醇（4.76）、正辛醇（4.46）、庚醛（4.03）、丙酸乙酯（3.05）、2-甲基丁酸乙酯（1.76）、壬醛（1.52）、6-甲基-5-庚烯-2-酮（1.12）等（嵇海峰等，2014）。顶空固相微萃取法提取的重庆产'琯溪蜜柚'新鲜成熟果实果汁香气的主要成分（单位：μg/L）为，1-己醇（9329.22）、(Z)-3-己烯-1-醇（7974.95）、乙醇（3600.35）、(E)-2-己烯-1-醇（2289.62）、正己醛（1656.57）、甲基庚烯酮（1649.35）、3-羟基己酸乙酯（879.10）、d-柠檬烯（852.51）、己酸（610.29）、1-辛烯-3-醇（457.51）、β-月桂烯（431.28）、δ-榄香烯（377.56）、乙醛（315.17）、1-戊醇（289.64）、(E)-2-己烯醛（258.94）、2-乙基己醇（249.54）、乙酸乙酯（203.41）、庚醛（197.38）、1-戊烯-3-醇（191.67）、丁酸乙酯（190.89）、辛醛（188.20）、芳樟醇（179.78）、β-紫罗兰酮（169.17）、顺-2-戊烯醇（159.01）、(E)-3-己烯-1-醇（152.71）、戊醛（141.16）、2,2,6-三甲基环己酮（140.09）等（程玉娇等，2021）。

黄金柚： 早熟。单果重 1000～3000g，皮薄光滑，易于剥离，无籽，果肉金黄色，多汁柔软，入口即化，不留残渣，清香、清甜、微酸，无苦涩味。顶空固相微萃取法提取的福建平和产'黄金柚'新鲜成熟果实果汁香气的主要成分为，己醇（28.48%）、己醛（5.82%）、柠檬烯（3.24%）、2-正戊基呋喃（2.78%）、1-庚醇（2.50%）、壬醛（2.40%）、辛醇（1.46%）、癸醛（1.33%）、庚醛（1.08%）等（高歌等，2020）。

金丝柚： 皮薄，无渣，无核，汁多肉爽，酸甜适中。吹扫捕集-热脱附法提取的'金丝柚'新鲜果肉香气的主要成分为，十四烷（26.40%）、十五烷（24.57%）、2,2,4-三甲基戊二醇异丁酯（14.26%）、苯酚（6.16%）、大根香叶烯D（3.84%）、十六烷（3.83%）、叶醇（2.50%）、苯并噻唑（2.43%）、邻苯二甲酸二丁酯（2.09%）、己醇（1.92%）、d-柠檬烯（1.68%）、瓦伦西亚橘烯（1.19%）、邻苯二甲酸二乙酯（1.15%）、十七烷（1.09%）等（蔡宝国等，2010）

梁平柚： 果实高扁圆形，高肩平顶，果形美观，单果重800～1500g。色泽橙黄，皮薄光滑，油胞较细。果肉淡黄色，纯甜嫩脆。顶空固相微萃取法提取的重庆产'梁平柚'新鲜成熟果实果汁香气的主要成分（单位：μg/L）为，d-柠檬烯（18370.30）、β-石竹烯（6957.6）、δ-杜松烯（6161.17）、α-荜草烯（4095.96）、γ-杜松烯（3923.10）、正己醛（2317.29）、乙醇（1386.01）、δ-榄香烯（1087.09）、香树烯（772.78）、(E)-2-己烯醛（658.55）、β-榄香烯（636.13）、(-)-α-蒎烯（623.15）、β-月桂烯（595.13）、乙酸乙酯（561.59）、α-榄香烯（549.01）、巴伦西亚橘烯（515.11）、丁酸异丙酯（406.92）、(-)-α-荜澄茄油萜（405.94）、马兜铃烯（376.36）、依兰烯（367.31）、1-己醇（344.55）、γ-榄香烯（249.74）、顺式香芹醇（243.09）、α-二去氢菖蒲烯（162.25）、1-戊烯-3-酮（117.67）、(Z)-3-己烯-1-醇（115.57）等（程玉娇等，2021）。

马家柚： 红心柚地方优良品种。果实梨形或扁圆形，果形大，果重一般1600～2100g。果皮黄绿色，油胞大而凸，果皮内海绵组织淡红色。果肉淡红色，汁浓甜脆，汁多水足，酸甜适口，肉质细嫩，瓤瓣13～15瓣。种子多。顶空固相微萃取法提取的江西上饶产'马家柚'新鲜成熟果实果肉香气的主要成分（单位：μg/g）为，吉马烯D（169.96）、β-依兰烯（44.08）、正十六酸（40.66）、磷酸三乙酯（33.14）、十八酸（13.65）、(Z,Z)-十八碳-9,12-二烯酸（12.69）、γ-依兰油烯（7.61）、榄香烯异构体（6.19）、1-庚三醇（5.61）、顺式-α,α,5-三甲基-5-乙烯基四氢化呋喃-2-甲醇（2.48）、环十五醇（2.24）、正己醛（1.71）、2-丁基-1-辛醇（1.55）、十四烷醛（1.46）、桉烷-4(15),7-二烯-1β-醇（1.38）、十一烷（1.32）、氧化罗勒烯（1.29）、(E)-3,7,11-三甲基-1,6,10-十二碳三烯-3-醇（1.24）、柠檬烯-1,2-环氧化物（1.16）等（姜启航等，2020）。

平和红柚： 从平和县琯溪蜜柚的芽变株系选育而成的早熟品种。果实倒卵圆形，果肩圆尖，偏斜一边，平均单果重1680g。果皮黄绿色，油胞较突，皮薄，瓤瓣13～17瓣，果肉淡紫红色，汁胞红色，多汁柔软，风味酸甜，不留残渣，品质上等。顶空固相微萃取法提取的福建平和产'平和红柚'新鲜成熟果实果汁香气的主要成分（单位：μg/L）为，正己醛（175.21）、d-柠檬烯（98.59）、顺式-3-己烯醛（90.62）、反式-3-己烯-1-醇（39.90）、反式-2-己烯醛（24.21）、芳樟醇（16.32）、癸醛（11.59）、壬醛（6.74）、正己醇（6.45）、辛醛（4.01）、庚醛（3.45）、顺式氧化芳樟醇（3.12）、反式氧化芳樟醇（1.89）、正戊醇（1.06）等（嵇海峰等，2014）。

强德勒柚： 红心柚。果实近球形或倒阔卵形，中大，一般重1000g左右，顶部广平。果面黄色，油胞较细密，微凸，较光滑。果肉红色，瓤瓣13～16瓣，难剥离，质地脆嫩，果汁中等，酸甜适口，无异味，种子少。顶空固相微萃取法提取的江西赣州产'强德勒柚'新鲜成熟果实果汁香气的主要成分为，柠檬烯（33.47%）、苯乙烯（5.95%）、甲基庚烯酮（1.77%）、α-石竹烯（1.69%）、月桂烯（1.68%）、杜松萜烯（1.40%）、大根香叶烯（1.32%）、瓦伦烯（1.08%）等（高歌等，2020）。

沙田柚： 中熟品种。果实圆球形、扁圆形、梨形或阔圆锥状，果面淡黄或黄绿色。果皮海绵质，油胞大，凸起，果心实但松软，瓤囊 10～15 或多至 19 瓣，汁胞白色、粉红或鲜红色，少有带乳黄色。果肉爽脆，味浓甜，但水分较少，种子颇多。顶空固相微萃取法提取的广东大埔产'沙田柚'成熟果实果肉香气的主要成分为，乙酸乙酯（40.61%）、己醛（13.47%）、辛酸乙酯（6.99%）、甲酸辛酯（6.89%）、*d*- 柠檬烯（6.05%）、己酸乙酯（5.53%）、甲基异丁基酮（5.53%）、橙花醇（2.51%）、1- 戊醇（2.09%）、2- 己烯醛（1.57%）、(反 , 反)-2,4- 庚二烯醛（1.57%）、1- 己醇（1.04%）等；四川南部产'沙田柚'成熟果实果肉香气的主要成分为，己醛（38.65%）、癸酸乙酯（12.19%）、甲基异丁基酮（9.34%）、1- 戊烯 -3- 酮（6.36%）、1- 戊醇（5.19%）、*d*- 柠檬烯（3.76%）、1- 己醇（2.46%）、(反)-2- 庚烯醛（2.20%）、反 -2- 戊烯醛（2.20%）、2- 己烯醛（2.08%）、(反 , 反)-2,4- 庚二烯醛（1.95%）、*β*- 月桂烯（1.69%）、戊醛（1.56%）、乙酸丁酯（1.43%）、香叶醛（1.17%）、蒎烯（1.04%）等（艾沙江·买买提等，2014）。顶空固相微萃取法提取的重庆产'沙田柚'新鲜成熟果实果汁香气的主要成分（单位：µg/L）为，乙醇（8734.37）、乙酸乙酯（4640.67）、3- 羟基己酸乙酯（1972.46）、正己醛（1560.53）、(*E*)-3- 己烯 -1- 醇（1388.74）、丁酸乙酯（870.58）、(*E*)-2- 己烯 -1- 醇（549.10）、(*E*)-2- 己烯醛（516.93）、乙酸（411.72）、*d*- 柠檬烯（396.11）、乙醛（381.98）、甲酸丙酯（289.00）、庚醛（197.75）、2- 甲基丁酸乙酯（180.56）、己酸（179.76）、丙酸乙酯（175.89）、辛醛（149.77）、2- 戊酮（133.33）、*β*- 月桂烯（125.28）、癸醛（118.16）、1- 庚醇（102.04）等（程玉娇等，2021）。

玉环柚（楚门文旦、玉环文旦）： 传统地方品种。果实扁圆形或高圆形，平均单果重 1250g。果肉晶莹透亮，软糯多汁，甜酸适口，脆而无渣，味浓有清香。同时蒸馏萃取法提取的浙江玉环产'玉环柚'新鲜果肉香气的主要成分为，柠檬烯（17.69%）、正十五 (碳) 烷（16.07%）、冰片（9.66%）、4,4*a*- 二甲基 -6-(1- 甲基乙烯基)-4,4*a*,5,6,7,8- 六氢化萘酮（7.10%）、顺式 - 氧化里哪醇（5.42%）、异冰片（5.20%）、5- 四氢化乙烯基 -*α*,*α*,5- 三甲基 - 顺 -2- 呋喃甲醇（3.00%）、1- 十八烯（1.53%）、(*Z*)-7- 十六烷（1.23%）、*β*- 蒎烯（1.07%）、1,8*a*- 二甲基 -7-(1- 甲基乙烯基)-1,2,3,5,6,7,8,8*a*- 八氢化萘（1.00%）等（张捷莉等，2008）。

2.4 葡萄柚

葡萄柚（*Citrus × aurantium* Siebold & Zucc.ex Engl.） 为芸香科柑橘属植物葡萄柚的新鲜成熟果实，别名：西柚、圆柚，四川、广东、浙江、台湾、福建、江西、湖南、重庆、广西、海南、云南等地均有栽培。葡萄柚原产于中美洲，是柚与橙的天然杂种。1940 年前后引入中国。果扁圆至圆球形，比柚小，果皮也较薄，瓤囊 12～15 瓣，果心充实，绵质。果肉淡黄白或粉红色，柔嫩，多汁，爽口，略有香气，味偏酸，个别品种兼有苦及麻舌味；种子少或无。葡萄柚营养丰富，含有多种人体需要的营养物质。每 100g 柚果中含水分 89g、蛋白质 0.89g、脂肪 0.1g、碳水化合物 9.5g、钙 18mg、磷 17mg、铁 0.1mg、维生素 B₁ 0.03mg、维生素 C 40mg。此外，葡萄柚还含有果胶、天然叶酸、维生素 PP 和葡萄柚苷等。葡萄柚果实除鲜食外，西方多制作果汁及罐头，全世界的葡萄柚约有一半被加工成果汁，果汁略有苦味，但口感舒适。葡萄柚具有广泛的医疗保健作用，一是能滋养组织细胞，增强肝功能；二是能增强食欲，增加体力；三是能改善肥胖、水肿及淋巴系统疾病；四是能抗菌、开胃、利尿、消毒、美白等；五是能净化深层油性暗疮和充血皮肤，促进毛发生长和紧实皮肤及组织，防止衰老；六是能改善毛孔粗大，调理油腻皮肤。此外，对耳聋、偏头痛、胆结石、月经不调等均有一定的改善作用。葡萄柚是高血压和心血管患者的最佳食疗水果。不同品种葡萄柚果汁香气成分的分析如下。

葡萄柚图1 葡萄柚图2

胡柚（pomelo）： 柚子与其他柑橘天然杂交而成。果实梨形、圆球形或扁球形，果顶平整，有明显或不明显的环状印圈。单果重300g左右。果皮金黄或橙黄色，皮易剥离，中心柱大而空心。肉质饱满，脆嫩多汁，酸甜适度，甘中微苦，鲜爽可口。顶空固相微萃取法提取的浙江常山产'胡柚'新鲜果汁香气的主要成分为，d-柠檬烯（83.40%）、$γ$-松油烯（5.93%）、己醛（2.04%）、$β$-月桂烯（1.56%）等（杨立启等，2019）。顶空固相微萃取法提取的重庆产'胡柚'新鲜成熟果实果汁香气的主要成分（单位：μg/L）为，乙酸乙酯（6780.77）、1-己醇（5136.56）、乙醇（3688.96）、(E)-2-己烯-1-醇（2046.95）、d-柠檬烯（888.22）、1-庚醇（378.18）、2-戊酮（293.76）、1-戊醇（202.82）、乙醛（182.79）、1-辛烯-3-醇（167.50）、(E)-2-己烯醛（166.69）、异丁醇（159.33）、正己醛（149.87）、己酸（134.19）、1-辛醇（133.11）、辛醛（119.59）、1-戊烯-3-醇（103.08）等（程玉娇等，2021）。顶空固相微萃取法提取的浙江常山产'胡柚'新鲜成熟果实果汁香气的主要成分为，己醇（15.25%）、1-庚醇（14.79%）、己醛（12.13%）、柠檬烯（9.70%）、2-正戊基呋喃（2.09%）、壬醛（1.94%）、3-辛酮（1.55%）、辛醇（1.27%）、庚醛（1.09%）等（高歌等，2020）。

路比红心（Redblush）： 由'汤普森'芽变中选出的品种系。单果重350g左右，果皮橙红色，光滑。肉质柔嫩，甜酸适口，风味清香。顶空固相微萃取法提取的湖北松滋产'路比红心'葡萄柚新鲜果汁香气的主要成分为，d-柠檬烯（57.76%）、6-甲基-5-庚烯-2-酮（11.94%）、$β$-石竹烯（9.33%）、乙酸乙酯（1.35%）、己醛（1.32%）等（乔宇等，2012）。

马叙白（Marsh）： '邓肯'实生苗中选培。果较大，单重400～600g，皮较薄，浅黄色。果肉黄色，柔软多汁，酸甜爽口，微苦清香，无核或少核，风味好，品质优。顶空固相微萃取法提取的湖北松滋产'马叙白葡萄柚'新鲜果汁香气的主要成分为，d-柠檬烯（68.37%）、乙酸乙酯（2.76%）、$β$-石竹烯（2.70%）、4-松油烯醇（1.25%）、己醛（1.24%）、$β$-月桂烯（1.18%）、芳樟醇（1.05%）等（乔宇等，2012）。

葡萄柚： 顶空固相微萃取法提取的重庆产葡萄柚新鲜成熟果实果汁香气的主要成分（单位：μg/L）为，d-柠檬烯（18906.70）、乙醇（5369.70）、1-己醇（3519.65）、芳樟醇（1308.70）、1-庚醇（779.19）、$α$-萜品醇（666.39）、(Z)-3-己烯-1-醇（580.43）、1-戊醇（552.41）、$β$-月桂烯（537.60）、2-戊酮（450.35）、

(*E*)-2- 己烯 -1- 醇（344.68）、4- 萜烯醇（319.54）、香叶醇（304.02）、顺式香芹醇（303.29）、*δ*- 榄香烯（279.42）、橙花醇（253.28）、己酸（238.29）、3- 辛酮（226.75）、乙醛（220.13）、乙酸乙酯（179.24）*γ*- 松油烯（138.75）、正己醛（133.45）、甲基庚烯酮（132.04）、*β*- 荜澄茄烯（122.15）等（程玉娇等，2021）。顶空固相微萃取法提取的江西赣州产葡萄柚新鲜成熟果实果汁香气的主要成分为，柠檬烯（21.64%）、异丁香烯（18.47%）、*α*- 石竹烯（10.47%）、甲基庚烯酮（7.58%）、己醇（3.36%）、*δ*- 榄香烯（2.31%）、香橙烯（2.19%）、杜松萜烯（1.07%）、菖蒲烯（1.07%）等（高歌等，2020）。

2.5 柠檬

柠檬 [*Citrus × limon* (Linn.) Osbeck] 为芸香科柑橘属植物柠檬的新鲜成熟果实，别名：洋柠檬、西柠檬，分布于长江以南各省区。柠檬原产于中国西南部、缅甸西南部和喜马拉雅山南麓东部地区等东南亚一带。在全球广为种植，约有 106 个国家和地区种植。

小乔木。叶片厚纸质，卵形或椭圆形，长 8～14cm，宽 4～6cm。单花腋生或少花簇生，花瓣外面淡紫红色，内面白色。果椭圆形或卵形，两端狭，顶部通常较狭长并有乳头状突尖，果皮厚，通常粗糙，柠檬黄色，难剥离，富含柠檬香气的油点，瓤囊 8～11 瓣，汁胞淡黄色，果汁酸至甚酸，种子小，卵形。花期 4～5 月，果期 9～11 月。喜温暖，耐阴，不耐寒，也怕热，宜在冬暖夏凉的亚热带地区栽培。适宜的年平均气温 17～19℃。对土壤的适应性强，以疏松肥沃、富含腐殖质、排水良好的砂质壤土或壤土为宜，适宜土壤 pH 值是 5.5～7.0。

柠檬图 1

果实是常用果品之一，味酸、微苦，富含维生素 C、糖类、钙、磷、铁、维生素 B_1、维生素 B_2、奎宁酸、柠檬酸、苹果酸、橙皮苷、柚皮苷、香豆精、高量钾元素和低量钠元素等，对人体十分有益。柠檬味极酸，因为孕妇最喜食，故称益母果或益母子。柠檬的酸苦味使其不能像其他水果一样生吃鲜食，但柠檬有生津解暑开胃的功效，用柠檬泡水，可提神开胃。在西餐中多用柠檬作海鲜的调味，除去腥味、异味。柠檬能增强血管弹性和韧性，可预防高血压和心肌梗死。常吃柠檬可清热化痰。柠檬和牛奶同食会影响胃、肠的消化；柠檬不宜与胡萝卜同食，同食会破坏柠檬中的维生素 C。果汁可制浓缩柠檬汁、果酒等饮料；果肉可以做柠檬酱、蜜饯等。不同品种柠檬果肉香气的分析如下。

柠檬图 2

　　沃尔卡姆（地中海红柠檬，Volkamer）： 果实近圆形，在尾端无明显的乳突状凸起。单果重 80～100g。果皮果肉均橙红色，皮薄多汁，果籽小，酸味中带果香，口感丰富。顶空固相微萃取法提取的重庆产'沃尔卡姆'柠檬果汁香气的主要成分为，柠檬烯（30.35%）、萜品油烯（11.75%）、β- 蒎烯（7.37%）、α- 松油醇（6.21%）、4- 萜烯醇（5.15%）、月桂烯（3.81%）、香茅醇（3.69%）、1-β- 红没药烯（3.43%）、2- 莰烯（2.79%）、(+)-α- 柏木萜烯（2.11%）、(9Z)-9- 十八烯醛（1.85%）、D- 杜松烯（1.79%）、蒎烯（1.58%）、1- 石竹烯（1.40%）、α- 萜品烯（1.20%）、壬二酸（1.07%）等（梅明鑫，2020）。

　　尤力克（Eureka）： 原产于美国，是世界上栽培最广泛的柠檬品种。果实椭圆形至倒卵形，果实中大，单果重 90～160g。果皮淡黄色，油胞大，皮薄，少核。顶空固相微萃取法提取的广东广州产'尤力克'柠檬果肉香气的主要成分为，d- 柠檬烯（51.25%）、1- 甲基 -4- 异丙基 -1,4- 环己二烯（10.82%）、4- 甲基 -1- 异丙基 -3- 环己烯 -1- 醇（9.54%）、$\alpha,\alpha,4$- 三甲基 -3- 环己烯 -1- 甲醇（4.79%）、β- 蒎烯（3.86%）、(Z)-3,7- 二甲基 -2,6- 辛二烯 -1- 醇乙酸酯（2.61%）、(E)-3,7- 二甲基 -2,6- 辛二烯 -1- 醇乙酸酯（2.18%）、β- 月桂烯（1.88%）、二甘醇双丁醚（1.66%）、(E)-3,7- 二甲基 -2,6- 辛二烯 -1- 醇（1.50%）、1- 甲基 -4-(1- 甲基亚乙基) 环己烯（1.40%）、(Z)-3,7- 二甲基 -2,6- 辛二烯 -1- 醇（1.30%）等（梁庆优等，2014）。

　　柠檬（品种不明）： 顶空固相微萃取法提取的四川安岳产安岳柠檬果肉香气的主要成分为，柠檬烯（57.88%）、γ- 松油烯（9.63%）、己醛（5.60%）、β- 蒎烯（3.71%）、α- 松油醇（2.96%）、β- 月桂烯（2.00%）、4- 萜烯醇（1.98%）、5,5- 二甲基 -3- 己烯 -1- 醇（1.84%）、香叶醛（1.72%）、2,4- 二叔丁基苯酚（1.13%）、异松油烯（1.03%）等（何朝飞等，2013）。

2.6 金橘

金橘（*Citrus japonica* Thunb.）为芸香科柑橘属植物金橘的新鲜成熟果实，别名：牛奶橘、牛奶柑、洋奶橘、金枣、金弹、金柑、夏橘、寿星柑，分布于浙江、江苏、江西、湖南、福建、广东、广西、台湾等省。金橘在我国已有1600多年的栽培历史，我国金橘年产量居世界第一。金橘果皮与果肉较难剥离，果皮、果肉可一起食用，属于整体食用的水果。

树高3m以内。叶质厚，长5～11cm，宽2～4cm。单花或2～3花簇生。果椭圆形或卵状椭圆形，长2～3.5cm，橙黄至橙红色，果皮味甜，厚约2mm，油胞常稍凸起，瓤囊5瓣或4瓣，果肉味酸，有种子2～5粒；种子卵形。花期3～5月，果期10～12月。喜温暖湿润，怕涝。喜光，但怕强光。稍耐寒，不耐旱。南北各地均有栽种。要求富含腐殖质、疏松肥沃和排水良好的中性土。

金橘图2

金橘图3

金橘图1

常以全果鲜食，果皮厚且营养丰富，质脆味香，风味独特。金橘果实含有丰富的维生素C、维生素A、金橘苷等成分，80%的维生素C集中在果皮上，每100g高达200mg。果实生食或制作蜜饯、金橘饼、果酱、橘皮酒、金橘汁等，也可泡茶饮用；果皮可制成凉果。果实对维护心血管功能，防止血管硬化、高血压等疾病有一定的作用。果实入药，味酸、甘，性温，有理气止咳、补胃健脾、清热祛寒等功效。吃金橘前后一小时不可喝牛奶，因牛奶中的蛋白质遇到金橘中果酸会凝固，使人体不易消化吸收，导致腹胀；空腹时不宜多吃金橘，所含有机酸会刺激胃壁黏膜，使胃部有不适感；喉痛发痒、咳嗽时，喝金橘茶时不宜加糖，糖放多了反易生痰。不同品种金橘果实香气成分的分析如下。

罗浮金柑（金枣、牛奶金柑）： 果实卵状，果皮金黄色或橙黄色，果肉黄色，汁少味酸，略有苦味，口感不佳。顶空固相微萃取法提取的广西产'罗浮金柑'新鲜果实果汁香气的主要成分为，*d*-柠檬烯（55.43%）、2-异丙烯基-1-乙烯基-(1*S*,2*R*)-(−)-*p*-薄荷-3-烯（5.77%）、异石竹烯（2.12%）、*α*-蒎烯（1.46%）、乙酸橙花酯（1.26%）、乙酸辛酯（1.11%）、顺-*α*-杜松烯（1.08%）等（李忠海等，2009）。

圆金柑（罗纹金柑）： 果实圆形，果面粗糙，果皮比较薄，橙黄色，果肉淡橙色。顶空固相微萃取法提取的广西产'圆金柑'新鲜果实果汁香气的主要成分为，*d*-柠檬烯（50.40%）、柠檬烯（15.60%）、*α*-蒎烯（3.36%）、2,6-二叔丁基-4-仲丁基苯酚（1.70%）、乙酸橙花酯（1.18%）等（李忠海等，2009）。

金弹（金柑，金橘）： '圆金柑'和'罗浮金柑'的杂交种，栽培多，产量高，品质好。果实硕大，汁少味甘。顶空固相微萃取法提取的广西产'金弹'新鲜果实果汁香气的主要成分为，*d*-柠檬烯（51.47%）、异石竹烯（4.11%）、*α*-蒎烯（1.06%）等（李忠海等，2009）。顶空固相微萃取法提取的湖南浏阳产'金弹'新鲜成熟果实香气的主要成分（单位：μg/g）为，(*d*)-柠檬烯（2528.07）、月桂烯（203.28）、乙酸香叶酯（85.14）、D-大根香叶烯（71.90）、甘香烯（71.83）、*δ*-榄香烯（66.08）、芳樟醇（39.67）、*β*-榄香烯（39.62）、*δ*-杜松烯（38.76）、*α*-蒎烯（36.52）、2-异丙基-5-甲基-9-亚甲基,双环[4.4.0]-1-癸烯（32.39）、紫苏醛（31.31）、1,2,4*a*,5,6,8*a*-六氢-1-异丙基-4,7-二甲基萘（29.27）、*γ*-依兰油烯（26.85）、乙酸辛酯（26.68）、(1*R*)-1*α*-甲基-4*β*-异丙基-6-亚甲基-1,2,3,4,6,7,8,8*aβ*-八氢萘（25.94）、*α*-荜澄茄烯（22.81）、癸醛（21.80）、*d*-香芹酮（20.85）、叶醛（18.06）、*α*-可巴烯（17.95）、*α*-石竹烯（14.41）、*α*-依兰油烯（10.71）、桧烯（10.49）、波斯菊萜（10.26）等（胡梓妍等，2021）。水蒸气蒸馏法提取的福建尤溪产'金弹'金橘新鲜果皮香气的主要成分为，正十六烷酸(12.75%)、大根香叶烯D(12.30%)、乙酸-3,7-二甲基-2,6-辛二烯-1-醇酯(6.46%)、戊基环丙烷(5.10%)、*δ*-榄香烯(4.52%)、*γ*-榄香烯(3.77%)、*α*-金合欢烯(3.60%)、3-甲基-4-亚甲基二环[3.2.1]辛-2-烯(3.53%)、广藿香烯(2.89%)、*β*-榄香烯(1.86%)、乙酸-4-(1-甲基乙烯基)-1-环己烯-1-甲酯(1.85%)、反-香芹醇(1.82%)、苯乙酸橙花酯(1.58%)、(−)-4-松油醇(1.53%)、*β*-橄榄烯(1.51%)、*α*-古芸烯(1.46%)、(±)-反-橙花叔醇(1.41%)、(+)-*δ*-杜松烯(1.40%)、*α*-榄香烯(1.33%)、(+)-表-*β*-檀香萜(1.28%)、3-甲基-2-丁烯醛(1.24%)、*γ*-芹子烯(1.16%)、(+)-香芹酮(1.10%)等（黄丽峰等，2007）。

融安油皮金橘： 果实金黄色或橙红色，果表富有光泽，清香甜脆，油胞细密，风味浓郁，入口化渣，甜蜜可口，品味佳。顶空固相微萃取法提取的湖南长沙产'融安油皮金橘'新鲜成熟果实香气的主要成分（单位：μg/g）为，(*d*)-柠檬烯（1188.56）、月桂烯（67.08）、叶醛（41.39）、己醛（33.40）、芳樟醇（29.97）、D-大根香叶烯（18.08）、*γ*-榄香烯（14.62）、1,2,4*a*,5,6,8*a*-六氢-1-异丙基-4,7-二甲基萘（12.88）、*β*-榄香烯（12.70）、橙花醇（10.64）、*δ*-杜松烯（10.10）等（胡梓妍等，2021）。

阳朔脆皮金橘： 果多为椭圆形，金黄色，有光泽，品质细嫩清脆、甜酸适度。顶空固相微萃取法提取的湖南长沙产'阳朔脆皮金橘'新鲜成熟果实香气的主要成分（单位：μg/g）为，*d*-柠檬烯（3952.03）、月桂烯（380.77）、乙酸香叶酯（119.66）、D- 大根香叶烯（103.53）、甘香烯（91.61）、乙酸辛酯（70.41）、β- 榄香烯（53.98）、δ- 杜松烯（49.28）、叶醛（45.61）、2- 异丙基 -5- 甲基 -9- 亚甲基 , 双环 [4.4.0]-1- 癸烯（41.97）、γ- 依兰油烯（39.78）、1,2,4a,5,6,8a- 六氢 -1- 异丙基 -4,7- 二甲基萘（33.29）、α- 荜澄茄烯（25.49）、癸醛（24.32）、芳樟醇（21.55）、(1R)-1α- 甲基 -4β- 异丙基 -6- 亚甲基 -1,2,3,4,6,7,8,8aβ- 八氢萘（19.12）、桧烯（18.57）、α- 石竹烯（18.53）、异松油烯（17.87）、荜澄茄烯（16.50）、α- 可巴烯（15.37）、紫苏醛（15.21）、乙酸橙花酯（14.80）、α- 依兰油烯（14.49）、己醛（13.96）、(Z)-β- 罗勒烯（12.78）、辛醇（10.40）、β- 绿叶烯（10.01）等（胡梓妍等，2021）。

金橘（品种不明）： 顶空固相微萃取法提取的金橘新鲜果实香气的主要成分为，d- 柠檬烯（82.23%）、β- 月桂烯（6.56%）、大牻牛儿烯 D（2.40%）、乙酸橙花酯（1.23%）、乙酸辛酯（1.02%）等（陈萍等，2011）。水蒸气蒸馏法提取的广西阳朔产金橘新鲜果皮精油的主要成分为，柠檬烯（94.62%）、2- 侧柏烯（1.74%）等（欧小群等，2015）。

2.7 黄皮

黄皮为芸香科黄皮属植物新鲜成熟果实的统称。作为水果食用的主要种为黄皮，除黄皮外，本属大多种的果实可食用，如：细叶黄皮、齿叶黄皮（*Clausena dunniana* H.Lév.）、光滑黄皮（*Clausena lenis* Drake.）、假黄皮（*Clausena excavata* N.L.Burman）、小黄皮（*Clausena emarginata* C.C.Huang）等，这些黄皮果实的芳香成分大多没有报道。

黄皮营养丰富，含丰富的维生素 C、糖、有机酸、果胶及硫胺素、蛋白质、核黄素、胡萝卜素、碳水化合物及微量元素等，具有消积去滞、祛痰化气、疏通肠胃等作用。黄皮除食用鲜果外，民间将熟果晒干，用酒浸泡，有化痰止咳功效；尚可盐渍、糖渍成凉果或加工制成果酱、蜜饯、饮料和糖果供食用。夏季户外活动感到口渴或头脑闷热不适时，嚼几颗黄皮，不但生津止渴，还可预防中暑。夏天吃黄皮时，可将果肉、果皮和果核放在口中嚼碎，连渣带汁一并吞下，味道虽有些苦，但可以起到降火，治疗消化不良、胃脘饱胀的作用。果实也可药用，气香，性平，味酸甘、微苦，有消食健胃、理气健脾、行气止痛、生津止渴、化痰镇咳等功效，用于食积胀满、脘腹疼痛、疝痛、痰饮咳喘。黄皮药用价值虽好，但是不可多吃，夏季食用黄皮果很容易上火，严重的会口腔生疮；小孩子不宜多吃黄皮，黄皮较酸，小孩食用过多后容易使肠胃受到刺激，进而导致腹泻；脾胃虚寒或是有胃炎的人群也不宜多吃，会引起腹泻等症状；高血糖人群需谨慎食用，黄皮中含糖量很高。

黄皮 [*Clausena lansium* (Lour.) Skeels] 别名：黄皮果、黄皮子、黄弹，分布于台湾、福建、广东、海南、广西、贵州、云南、四川。黄皮是原产于我国热带以及亚热带地区的一种特产果树，在我国至少有 1500 年的栽培历史。黄皮是我国南方果品之一，属小宗水果，在民间黄皮素有"果中之宝"之称。黄皮果有多个品种。按风味分为甜黄皮、酸黄皮和苦黄皮 3 类，甜黄皮多作鲜食，清香可口；酸黄皮酸苦味质，口感较差，但有生津止渴的好处，食后喉咙甘凉，凉气直透胸腹，令人舒畅，多用以加工果脯、果汁、果酱；苦黄皮味苦难食，但药用功效最好，苦味可以刺激胆汁分泌，促进消化，还有强心作用，可松弛胸腹肌肉，能顺气、镇咳。按成熟期分为早熟与迟熟种。按果形分为：圆粒种，汁多、味清甜；椭圆形种，种子较多，味甜带酸；阔卵形，果较小，味清甜，品质优。

黄皮图 1

黄皮图 2

黄皮图 3

黄皮图 4

小乔木，高达 12m。小叶 5～11 片。圆锥花序顶生。果圆形、椭圆形或阔卵形，长 1.5～3cm，宽 1～2cm，淡黄至暗黄色，被细毛，果肉乳白色，半透明，有种子 1～4 粒。花期 4～5 月，果期 7～8 月。有多个品种。喜温暖、湿润、阳光充足的环境。以疏松、肥沃的壤土种植为佳。不同品种黄皮果实香气成分的分析如下。

白糖： 甜黄皮品种。果实椭球形，单果平均重 9.02g。成熟以后的果皮是鲜艳的金黄色，略带一些青色的斑点，果皮较厚。果肉黄白色，肉脆，味道甜美无酸味，果核 2～4 粒。顶空固相微萃取法提取的广东广州产'白糖'黄皮新鲜黄熟果实香气的主要成分（单位：µg/kg）为，β- 水芹烯（65.69）、$1H$-$3a$,7- 亚甲基薁（64.21）、1,5- 环癸二烯（37.93）、α- 金合欢烯（30.99）、d- 柠檬烯（11.76）、己醛（7.88）、α- 水芹烯（6.76）、β- 月桂烯（4.00）、1,6- 辛二烯 -3- 醇（3.70）、石竹烯（3.32）、伞花烃（2.28）、α- 蒎烯（2.25）、2- 壬酮（1.78）、正己醇（1.69）、1- 羟基 -1,7- 二甲基 -4- 异丙基 -2,7- 环癸二烯（1.69）、蛇麻烯（1.63）、$1H$- 环丙 [e] 薁（1.45）、别香橙烯（1.30）、β- 金合欢烯（1.24）、石竹烯氧化物（1.19）等（彭程等，2019）。

大鸡心： 晚熟甜酸品种。果实似鸡心形，果大，单果重 8～10g。果皮厚，蜡黄色，成熟以后微微发黑。果肉黄白色，汁多，味甜微酸，果核通常 3～4 粒。顶空固相微萃取法提取的广东广州产'大鸡心'黄皮新鲜黄熟果实香气的主要成分（单位：µg/kg）为，β- 水芹烯（96.79）、d- 柠檬烯（18.97）、环己烯（15.77）、α- 水芹烯（12.01）、双环 [3.1.1] 己 -2- 烯（10.67）、β- 月桂烯（6.98）、β- 没药烯（6.98）、1,6- 辛二烯 -3- 醇（6.49）、己醛（4.45）、檀紫三烯（4.36）、石竹烯（4.24）、α- 蒎烯（3.20）、2- 环己烯醇（2.94）、乙酸龙脑酯（1.79）、3- 环己烯醇（1.67）、β- 金合欢烯（1.44）、1,3- 环己二烯（1.23）等（彭程等，2019）。

二矛： 酸黄皮品种。黑皮牛心型。顶空固相微萃取法提取的广东广州产'二矛'黄皮新鲜黄熟果实香气的主要成分（单位：µg/kg）为，$1H$-$3a$,7- 亚甲基薁（58.97）、β- 水芹烯（54.96）、α- 金合欢烯（25.17）、β- 没药烯（20.24）、d- 柠檬烯（10.39）、α- 水芹烯（7.30）、石竹烯（7.27）、双环 [3.1.1] 己烷（5.81）、1,6- 辛二烯 -3- 醇（4.28）、香柠檬醇（4.25）、β- 蒎烯（3.65）、己醛（2.96）、β- 金合欢烯（2.39）、α- 蒎烯（1.95）、别香橙烯（1.80）、蛇麻烯（1.29）、β- 檀香醇（1.26）、α- 没药醇（1.23）、双环 [2.2.1] 己烷 -2- 醇（1.11）、3- 环己烯醇（1.11）等（彭程等，2019）。

惠良： 酸黄皮品种。黑皮牛心型。顶空固相微萃取法提取的广东广州产'惠良'黄皮新鲜黄熟果实香气的主要成分（单位：µg/kg）为，α- 金合欢烯（119.05）、β- 水芹烯（84.88）、$1H$-$3a$,7- 亚甲基薁（42.85）、β- 没药烯（33.94）、d- 柠檬烯（17.04）、β- 胡椒烯（14.46）、α- 水芹烯（12.07）、β- 蒎烯（5.97）、石竹烯（5.06）、1,6- 辛二烯 -3- 醇（4.34）、α- 蒎烯（3.62）、β- 金合欢烯（3.44）、蛇麻烯（2.94）、己醛（2.89）、双环 [3.1.1] 己 -2- 烯（2.17）、α- 菖蒲醇（1.72）、乙酸龙脑酯（1.58）、3- 环己烯醇（1.40）、别香橙烯（1.31）、2- 环己烯醇（1.18）等（彭程等，2019）。

金鸡心： 甜酸黄皮品种。果大，果形为鸡心形，果皮为黄褐色。顶空固相微萃取法提取的广东广州产'金鸡心'黄皮新鲜黄熟果实香气的主要成分（单位：µg/kg）为，$1H$-$3a$,7- 亚甲基薁（47.43）、β- 没药烯（28.37）、β- 水芹烯（23.72）、香柠檬醇（8.32）、石竹烯（5.90）、环庚烷（4.60）、d- 柠檬烯（3.83）、α- 水芹烯（2.65）、α- 没药醇（1.73）、β- 金合欢烯（1.59）、1,6- 辛二烯 -3- 醇（1.26）、β- 蒎烯（1.23）、蛇麻烯（1.08）、己醛（1.06）等（彭程等，2019）。

金球： 从实生变异株选出的酸黄皮品种，成熟期较早。果实圆形或近圆形，平均单果重 8.79g，果皮深黄褐色或古铜色。风味浓，甜酸适中，肉质软滑，汁多，品质优良。顶空固相微萃取法提取的广东广州产'金球'黄皮新鲜黄熟果实香气的主要成分（单位：µg/kg）为，β- 水芹烯（43.39）、$1H$-$3a$,7- 亚甲基薁

（42.02）、1*H*-环戊 [1.3] 环丙 [1.2] 苯（39.91）、α-金合欢烯（39.21）、β-没药烯（21.66）、萘（14.48）、石竹烯（8.70）、α-胡椒烯（7.59）、*d*-柠檬烯（7.44）、蛇麻烯（5.66）、别香橙烯（5.52）、角鲨烯（5.11）、α-水芹烯（4.89）、双环 [3.1.1] 己 -3- 烯（3.37）、α-荜澄茄烯（3.04）、γ-摩勒烯（3.04）、1,6-辛二烯 -3-醇（2.92）、己醛（2.78）、β-月桂烯（2.63）、α-摩勒烯（2.63）、2,6-辛二烯酸（2.07）、双环倍半水芹烯（1.67）、β-金合欢烯（1.59）、α-蒎烯（1.22）、桉油烯醇（1.07）、2-环己烯醇（1.00）等（彭程等，2019）。

无核： 甜酸晚熟黄皮品种。果实椭圆鸡心形，比较大，平均单果重 12g。果皮黄色时，味酸；果皮发黑时口感最美味，果皮薄。顶空固相微萃取法提取的广东广州产'无核'黄皮新鲜黄熟果实香气的主要成分（单位：μg/kg）为，β-胡椒烯（82.79）、β-水芹烯（49.87）、γ-摩勒烯（28.00）、1,5-环癸二烯（20.71）、萘（16.58）、石竹烯（12.27）、蛇麻烯（9.71）、*d*-柠檬烯（8.96）、α-胡椒烯（5.26）、α-水芹烯（4.92）、己醛（4.38）、α-荜澄茄烯（3.93）、β-金合欢烯（3.14）、β-月桂烯（3.01）、香柠檬醇（2.67）、1*H*-3*a*,7-亚甲基薁（2.43）、双环 [3.1.1] 己 -3- 烯（1.85）、α-蒎烯（1.81）、荜澄茄油烯醇（1.37）、乙酸龙脑酯（1.16）、2-环己烯醇（1.13）等（彭程等，2019）。

早丰： 从实生苗选育的早熟甜黄皮品种。果实椭球形，平均单果重 8.03g，种子 2～3 粒。果肉清甜软滑，汁多，品质良好。顶空固相微萃取法提取的广东广州产'早丰'黄皮新鲜黄熟果实香气的主要成分（单位：μg/kg）为，β-胡椒烯（86.62）、β-水芹烯（64.51）、双环 [3.1.1] 己 -2- 烯（34.78）、1,5-环癸二烯（31.97）、1*H*-3*a*,7-亚甲基薁（31.79）、α-金合欢烯（28.28）、α-摩勒烯（15.43）、石竹烯（11.41）、*d*-柠檬烯（11.31）、1*H*-环戊 [1.3] 环丙 [1.2] 苯（10.05）、蛇麻烯（8.69）、α-水芹烯（7.25）、己醛（7.06）、萘（6.73）、角鲨烯（5.14）、α-胡椒烯（4.39）、β-月桂烯（4.35）、γ-摩勒烯（3.79）、α-荜澄茄烯（3.23）、双环 [3.1.1] 己 -3- 烯（3.09）、α-蒎烯（1.92）、双环倍半水芹烯（1.68）、乙酸龙脑酯（1.64）、正己醇（1.36）、1,6-辛二烯 -3- 醇（1.26）、1-羟基 -1,7-二甲基 -4- 异丙基 -2,7-环癸二烯（1.26）、别香橙烯（1.22）、桉油烯醇（1.17）、β-金合欢烯（1.12）、α-没药醇（1.08）、荜澄茄油烯醇（1.03）、石竹烯氧化物（1.03）等（彭程等，2019）。

细叶黄皮 [*Clausena anisum-olens* (Blanco) Merr.]

别名：山黄皮、鸡皮果，原产菲律宾。分布于台湾、广西、云南、广东、海南等省区。在广东，至少有 80 年栽培历史。果圆球形，偶有阔卵形，径 1～2cm，淡黄色，偶有淡朱红色，半透明，果皮有多数肉眼可见的半透明油点，果肉味甜或偏酸，有种子 1～2 粒。鲜果可食，味酸甜，多吃引致轻度麻舌感。民间将熟果晒干，用酒浸泡，有化痰止咳功效。

细叶黄皮图

桂研 15 号：果实球形，单果重 2.48g。果皮黄白色，光滑无毛，味酸甜可口。水蒸气蒸馏法提取的广西龙州产'桂研 15 号'细叶黄皮新鲜果肉香气的主要成分为，*β*- 蒎烯（50.22%）、肉豆蔻醚（10.10%）、萜品油烯（8.79%）、*l-b*- 红没药烯（2.30%）、3- 蒈烯（1.39%）等（覃振师等，2017）。

水蒸气蒸馏法提取的广西南宁产细叶黄皮成熟期新鲜去核果实香气的主要成分为，(+)-4- 蒈烯（62.60%）、肉豆蔻醚（20.28%）、异松油烯（8.74%）、(+)- 柠檬烯（1.55%）、3- 蒈烯（1.14%）、香叶基芳樟醇（1.02%）等（梁立娟等，2011）。水蒸气蒸馏法提取的广西龙州产细叶黄皮新鲜果实香气的主要成分为，4- 甲氧基 -6-(2- 丙烯基)-1,3- 苯并二噁茂（58.40%）、二十三烷（6.96%）、1,2,3- 三甲氧基 -5-(2- 丙烯基) 苯（6.39%）、9- 丁基二十二烷（4.10%）、二十七烷（3.00%）、二十九烷（2.93%）、三十四烷（2.42%）、8- 己基十五烷（2.39%）、三十一烷（2.08%）、1,2- 二甲氧基 -(2- 丙烯基) 苯（1.82%）、*β*- 香叶烯（1.31%）、二丁基邻苯二甲酸酯（1.14%）、十七烷（1.12%）等（苏秀芳等，2010）。

2.8 其他

酸橙（*Citrus × aurantium* Siebold & Zucc.ex Engl.）为芸香科柑橘属植物酸橙的新鲜成熟果实，别名：回青橙、狗头橙、玳玳橘、玳玳、回春橙，秦岭以南各地均有栽培。果圆球形或扁圆形，果皮稍厚至甚厚，难剥离，橙黄至朱红色，果心实或半充实，瓢囊 10～13 瓣，果肉味酸，有时有苦味或兼有特异气味；种子多且大，常有肋状棱。果实为柑橘类水果，果肉主要含柠檬酸、维生素 C。果实内果汁含量高达 43%，氨基酸含量为柑橘类水果之首。也可通过深加工浓缩成汁，作为食品等的原料；可生产配制饮料、罐头、蜜饯，也可制成果酱。

顶空固相微萃取法提取的湖北松滋产酸橙成熟果肉香气的主要成分为，*d*- 柠檬烯（45.25%）、芳樟醇（13.48%）、己醛（6.65%）、*α*- 松油醇（1.57%）、4- 松油醇（1.33%）、*β*- 月桂烯（1.01%）等（乔宇等，2007）。水蒸气蒸馏法提取的江西樟树产酸橙果瓢香气的主要成分为，十八酸（22.08%）、(Z)-9,17- 十八烯醛（12.40%）、柠檬烯（7.60%）、*γ*- 荜澄茄烯（5.67%）、芳樟醇（5.00%）、*α*- 松油醇（3.76%）、柏木醇

酸橙图 1

酸橙图 2

（3.23%）、顺 - 氧化芳樟醇（3.12%）、二十七烷（2.39%）、橙花叔醇（1.75%）、榄香醇（1.62%）、顺 -β- 香柠檬烯（1.52%）、植醇（1.47%）、β- 榄香烯（1.45%）、α- 古巴烯（1.43%）、反 - 氧化芳樟醇（1.35%）、β- 蒎烯（1.15%）、三十六烷（1.13%）、γ- 石竹烯（1.05%）、十四酸（1.01%）等（谌瑞林等，2004）。

香橙（*Citrus×junos* Sieb. ex Tanaka）

为芸香科柑橘属植物香橙的果实。果扁球形或近梨形，径 4～8cm，顶部具环状凸起及放射浅沟，果皮粗糙，油胞大，皮淡黄色，易剥离，具香气，果肉味酸，带苦味。分布于甘肃、陕西、湖北、湖南、江苏、贵州、广西及云南等地。单果重约 100～130g，果肉可食，但酸而苦涩，口感不佳，可用于加工成高附加值产品。果实类黄酮等功能性成分含量较高，香气独特。可以预防感染症、高血压、动脉硬化等疾病，具有改善血液循环、缓解疲劳的功效。我国湖南、浙江等地香橙种植量逐年增多。

顶空固相微萃取法提取的浙江常山产香橙新鲜成熟果实果肉香气的主要成分为，柠檬烯（65.94%）、芳樟醇（8.98%）、γ- 松油烯（6.74%）、α- 松油醇（2.55%）、(Z)-3,7- 二甲基 -1,3,6- 十八烷三烯（2.48%）、β- 月桂烯（1.69%）、双环戊二烯（1.16%）、(–)-4- 萜烯醇（1.03%）等（赵四清等，2021）。

香橼（*Citrus medica* L.）

为芸香科柑橘属植物，别名：枸橼、枸橼子、香泡。香橼的栽培史在我国已有二千余年，多被用作药材。果椭圆形、近圆形或两端狭的纺锤形，重可达 2000g，果皮淡黄色，粗糙，甚厚或颇薄，难剥离，内皮白色或略淡黄色，棉质，松软，瓤囊 10～15 瓣，果肉无色，近于透明或淡乳黄色，爽脆，味酸或略甜，有香气。种子小。分布于台湾、福建、广东、广西、云南等省区。果实可鲜食，但味极酸，瓤微苦，口感较差，果瓤可制作果汁，制汁后苦味浓重。果实是中药，有清香气，味略苦而微甜，性温，无毒。理气宽中，消胀降痰。

顶空固相微萃取法提取的西藏墨脱产香橼新鲜成熟果实果肉香气的主要成分为，d- 柠檬烯（53.00%）、3- 蒈烯（8.21%）、橙花醇（5.10%）、香叶醇（4.92%）、(E)-3,7- 二甲基 -2,6- 辛二烯醛（3.91%）、香叶醛（3.03%）、β- 月桂烯（2.75%）、3,7- 二甲基 -1,3,7- 辛三烯（2.47%）、(Z)-3,7- 二甲基 -2,6- 亚辛基 -1- 醇丙酸酯（2.22%）、罗勒烯（1.83%）、α- 异松油烯（1.72%）、β- 红没药烯（1.27%）等（冼伟光等，2022）。

香橙图

香橼图

第3章

热带水果

特殊的气候，孕育了特色的植物。有相当多的水果产自热带，它们通称为热带水果。热带水果既有香蕉、杧果、荔枝等大众化水果，也有一些产量较少的稀有水果，如阳桃、莲雾、百香果等。

3.1 香蕉

香蕉（ *Musa nana* **Lour.** ）为芭蕉科芭蕉属植物香蕉的新鲜成熟果实，别名：矮脚盾地雷、高脚牙蕉、龙溪蕉、梅花蕉、粉蕉、芎蕉、天宝蕉、油蕉、中国矮蕉等，分布于台湾、福建、广东、广西、云南。香蕉是当前世界贸易中最重要的热带果品之一，在130多个国家和地区广泛种植，年产量达1.55亿吨（FAO，2020），香蕉是大群化水果，欧洲人称它为"快乐水果"，又称为"智慧之果"，传说是因为佛祖释迦牟尼吃了香蕉而获得智慧；香蕉还是女士们钟爱的减肥佳果。香蕉是世界上产量最大的水果作物，是鲜食水果消费量最大的水果，也是我国华南，特别是海南最主要的经济作物之一。中国是香蕉的主产国之一，产量居世界第3位。除香蕉外，同属可食用的还包括大蕉（ *Musa×paradisiaca* L.）、芭蕉（ *Musa basjoo* Sieb. et Zucc.）、南洋红香蕉等种，这些种果实芳香成分均未见研究报道。

植株丛生，高2～5m。叶片长圆形，长1.5～2.5m，宽60～85cm。穗状花序下垂，花乳白色或略带浅紫色。一般果丛有果8～10段，有果150～200个。果身弯曲，略为浅弓形，长10～30cm，直径3.4～3.8cm，果棱明显，先端渐狭，果皮青绿色，成熟变为黄色，并且生麻黑点，果肉松软，黄白色，味甜，无种子。喜湿热气候，对土壤的选择较严，在土层深、土质疏松、排水良好的地里生长旺盛。土壤pH值4.5～7.5都适宜，以6.0为最好。生长温度为20～35℃，最适宜为24～32℃，最低不宜低于15.5℃。怕低温、忌霜雪，耐寒性弱。

香蕉果肉香甜软滑，为常用水果。香蕉是淀粉质丰富的有益水果。香蕉属高热量水果，每100g果肉含91kcal热量，在一些热带地区还作为主要粮食。每100g果肉含碳水化合物20g、蛋白质1.2g、脂肪0.6g、磷53mg、钙19mg、钾400mg、维生素C 24mg，还含有果胶、多种酶类物质以及微量元素等，同时纤维也多。民间验方有用香蕉炖冰糖，医治久咳。食用香蕉可治高血压，因它含钾量丰富，可平衡钠的不良作用，并促进细胞及组织生长。睡前吃香蕉，还有镇静的作用。香蕉味甘性寒，可清热润肠，促进肠胃蠕动，最适合燥热人士享用。香蕉含有的泛酸等成分是人体的"开心激素"，能减轻心理压力，解除忧郁，工作压力比较大的人群可以多食用。香蕉容易消化、吸收，从小孩到老年人都能安心地食用，并补给均衡的营养。脾虚泄泻者不宜多食。

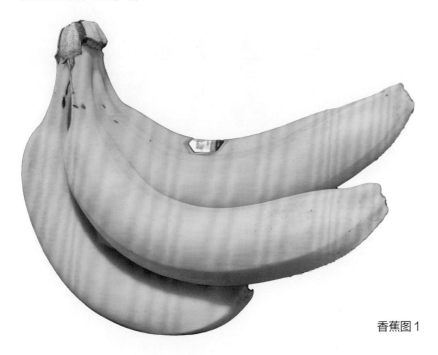

香蕉图1

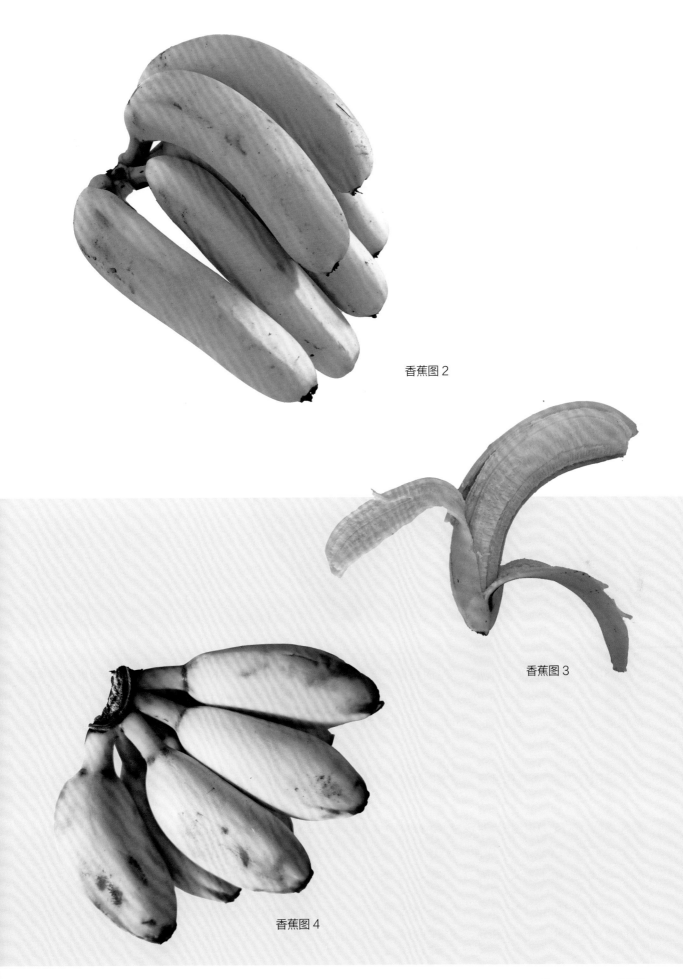

香蕉图 2

香蕉图 3

香蕉图 4

香蕉果实芳香成分的分析较之其他大众化水果比较少，有230多种芳香成分被报道，以酯类、醇类、其他羰基化合物为主。

30b： 粉蕉 3 倍体种质。顶空固相微萃取法提取的广西南宁产'30b'粉蕉新鲜黄熟果实果肉香气的主要成分为，丁酸丁酯（5.54%）、乙酸异戊酯（5.35%）、异丁酸异戊酯（5.35%）、己酸乙酯（3.55%）、乙酸仲戊酯（3.15%）、2- 庚酮（2.08%）、丁酸异戊酯（1.79%）、乙酸丁酯（1.58%）、乙酸戊酯（1.51%）、丁酸异丁酯（1.38%）、乙酸乙酯（1.36%）、乙酰乙酸 -1- 甲基丁酯（1.26%）、乙酸 -3- 甲基 -2- 丁酯（1.09%）、乙酸 -4- 己烯酯（1.04%）、乙酸己酯（1.04%）、丁酸乙酯（1.00%）等（赵明等，2021）。

32b： 粉蕉 3 倍体种质。顶空固相微萃取法提取的广西南宁产'32b'粉蕉新鲜黄熟果实果肉香气的主要成分为，乙酸异戊酯（15.40%）、异丁酸异戊酯（7.78%）、丁酸丁酯（5.35%）、己酸乙酯（4.45%）、乙酸仲戊酯（2.29%）、2- 庚酮（2.23%）、2- 戊酮（1.74%）、乙酸己酯（1.51%）、乙酸丁酯（1.36%）、乙酰乙酸 -1- 甲基丁酯（1.33%）、乙酸戊酯（1.08%）、乙酸乙酯（1.04%）等（赵明等，2021）。

粉蕉图

350： 粉蕉 3 倍体种质。顶空固相微萃取法提取的广西南宁产'35b'粉蕉新鲜黄熟果实果肉香气的主要成分为，乙酸乙酯（6.39%）、异丁酸异戊酯（5.93%）、己酸乙酯（5.17%）、乙酸异戊酯（2.27%）、乙酸戊酯（2.27%）、乙酸己酯（2.00%）、乙酸丁酯（1.91%）、丁酸异丁酯（1.60%）、(E)-2- 己烯醛（1.43%）等（赵明等，2021）。

55b： 粉蕉 3 倍体种质。顶空固相微萃取法提取的广西南宁产'55b'粉蕉新鲜黄熟果实果肉香气的主要成分为，乙酸异戊酯（9.78%）、异丁酸异戊酯（9.77%）、丁酸丁酯（5.65%）、己酸乙酯（5.32%）、乙酸仲戊酯（3.75%）、乙酸 -2- 庚酯（2.87%）、乙酸丁酯（2.55%）、乙酸乙酯（2.23%）、乙酸己酯（2.23%）、丁酸异丁酯（1.63%）、2- 戊酮（1.53%）、2- 庚酮（1.32%）、乙酸戊酯（1.15%）、丁酸异戊酯（1.15%）、乙酸 -4- 己烯酯（1.11%）、乙酸 -3- 甲基 -2- 丁酯（1.07%）、丁酸乙酯（1.02%）等（赵明等，2021）。

巴西（Brazil）： 从南美洲引入的品种组培苗筛选出的优良株系，属高把香牙蕉。果穗较长，梳形，果形较好，果指长 19～23cm。顶空固相微萃取法提取的广东产'巴西'香蕉新鲜黄熟果实果肉香气的主要成分为，乙酸异戊酯（18.83%）、丁酸戊酯（11.36%）、乙酸己酯（7.07%）、乙酸丁酯（6.81%）等（朱虹等，2007）。顶空固相微萃取法提取的广东湛江花生麸＋复合肥栽培的'巴西'香蕉新鲜成熟果实果肉香气的主要成分（单位：µg/kg）为，异戊酸异戊酯（3042.49）、异丁酸异戊酯（2933.55）、反式 -2- 己烯醛（1051.28）、乙酸异戊酯（855.83）、丁酸异丁酯（442.77）、丁酸异戊酯（378.50）、异戊酸异丁酯（313.08）、己醛（297.21）、乙酸异丁酯（255.94）、戊酸 -4- 己烯酯（190.19）、丁酸 -1- 甲基丁酯（162.51）、2- 甲基丁酸异戊酯（119.44）、2- 戊酮（111.49）等；鱼粉＋复合肥栽培的新鲜成熟果实果肉香气的主要成分（单位：µg/kg）为，异丁酸异戊酯（5939.30）、异戊酸异戊酯（5177.81）、乙酸异戊酯（2271.77）、丁酸异丁酯（1600.98）、反式 -2- 己烯醛（1429.47）、丁酸 -1- 甲基丁酯（923.30）、异戊酸异丁酯（600.08）、戊酸 -4- 己烯酯（597.76）、丁酸异戊酯（590.31）、乙酸异丁酯（506.74）、己醛（341.21）、丁酸丁酯（329.39）、异戊酸己酯（223.06）、异戊酸丁酯（217.38）、2- 戊酮（200.53）、乙酸丁酯（191.78）、2- 甲基丁酸异戊酯（119.63）、丁酸己酯（113.46）、丁酸 -4- 己烯酯（109.91）等（李映晖等，2015）。

宝岛蕉： 从台湾传统品种'北蕉'的组织培养后代植株中选育获得。每果串着生 11～14 个果把，平均每穗果重 25～40kg。果把排列稍紧密，果形整齐。果皮呈深绿色，厚度中等；催熟后呈鲜黄，颜色均匀。顶空固相微萃取法提取的广西南宁产'宝岛蕉'新鲜黄熟果实果肉香气的主要成分为，乙酸异戊酯（15.69%）、异丁酸异戊酯（6.33%）、己酸乙酯（6.14%）、乙酸仲戊酯（5.68%）、乙酸乙酯（5.60%）、丁酸丁酯（5.07%）、乙酸丁酯（3.01%）、乙酸己酯（2.69%）、乙酸 -2- 庚酯（2.55%）、丁酸异丁酯（2.50%）、2- 庚酮（2.23%）、乙酰乙酸 -1- 甲基丁酯（1.80%）、乙酸戊酯（1.60%）、丁酸乙酯（1.50%）、2- 戊酮（1.50%）、(E)-2- 己烯醛（1.49%）、乙酸 -4- 己烯酯（1.30%）、异戊酸异戊酯（1.02%）、乙酸 -3- 甲基 -2- 丁酯（1.01%）、丁酸异戊酯（1.00%）、甲苯（1.00%）等（赵明等，2021）。

桂鸡蕉 1 号： 从'鸡蕉'芽变单株选育。果穗圆柱形，果梳排列较整齐，果指圆柱形，较短小，直或微弯。果穗长 65～100cm，每穗 7～14 梳，每梳果指数 15～22 条，果指长 9～16cm，单果重约 50～100g。成熟果皮金黄色，果肉黄白色。顶空固相微萃取法提取的广西南宁产'桂鸡蕉 1 号'采后 6 天完熟期果肉香气的主要成分为，4- 庚酮（18.83%）、己酸异戊酯（12.34%）、丁酸异戊酯（9.59%）、(E)-1- 甲氧基 -4- 己烯（7.69%）、二异戊醚（5.53%）、(Z)- 己酸 -4- 己烯酯（4.79%）、丁酸 -4- 己烯酯（4.35%）、异戊酸异戊酯（4.33%）、(E)-2- 己烯醛（3.89%）、异丁酸异丁酯（3.45%）、n- 戊酸 - 顺 -3- 己烯酯（2.83%）、己酸异丁酯（2.80%）、丁酸异丁酯（2.70%）、乙烯基环己烷（1.65%）、异戊酸 - 顺 -3- 己烯酯（1.32%）等（韦莉萍等，2020）。

广粉 1 号： 从'农家粉蕉'中选育而成的鲜食粉蕉。果穗结构紧凑，长圆柱形，长度 75cm，梳数最多可达 13.6 梳 / 穗，总果指数为 154 根 / 穗。果形直或微弯，果指长度 16.9cm，生果浅绿色，极少被蜡粉。果肉质地柔滑，口感好，风味特别。顶空固相微萃取法提取的广东湛江复合肥栽培的'广粉 1 号'粉蕉新鲜成熟果实果肉香气的主要成分（单位：µg/kg）为，异丁酸异戊酯（622.04）、异戊酸异戊酯（496.70）、乙酸异戊酯（335.66）、反式 -2- 己烯醛（125.93）、己醛（69.42）、丁酸异戊酯（61.52）、丁酸丁酯（49.98）、3- 甲基丁醇（28.28）、2- 甲基丁酸异戊酯（25.79）、丁酸丁酯（22.90）、异戊酸异丁酯（19.69）、丁酸己酯（19.08）、丁酸 -1- 甲基丁酯（18.47）、乙酸异丁酯（15.34）、乙酸乙酯（13.01）等；花生麸＋复合肥栽培的新鲜成熟果实果肉香气的主要成分（单位：µg/kg）为，异戊酸异戊酯（1189.21）、异丁酸异戊酯（996.89）、反式 -2- 己烯醛（303.05）、乙酸异戊酯（183.89）、丁酸异戊酯（156.23）、己醛（151.52）、丁酸异丁酯（94.26）、异戊酸异丁酯（57.21）、2- 甲基丁酸异戊酯（49.06）、丁酸己酯（33.70）、丁酸 -1- 甲基丁酯（28.48）、3- 甲基丁醇（24.70）、丁酸丁酯（21.07）、异戊酸丁酯（13.48）、乙酸异戊酯（13.40）等（李映晖等，2015）。顶空固相微萃取法提取的广东番禺产'广粉1号'粉蕉新鲜绿熟期果实果肉香气的主要成分为，(E,Z)-2,6-壬二烯醛（13.37%）、(Z)-3-壬烯-1-醇（13.34%）、甲苯（8.85%）、2,6-壬二烯醇（6.12%）、反-2-壬烯醇（5.74%）、己醛（3.56%）、(Z)-6-壬烯醛（2.83%）、3-己烯-1-醇（2.81%）、己醇（1.95%）、壬醛（1.68%）、反-4-壬烯醛（1.65%）等；转色期果实果肉香气的主要成分为，2-己烯醛+反-2-己烯（75.89%）、己醛（14.99%）、异丁酸异戊酯（2.75%）、乙酸乙酯（1.78%）、乙酸异戊酯（1.37%）等；完熟期果实果肉香气的主要成分为，乙酸异戊酯（18.81%）、异丁酸异戊酯（14.60%）、己酸乙酯（7.71%）、2-己烯醛+反-2-己烯（7.17%）、乙酸丁酯（6.23%）、丁酸丁酯（5.96%）、乙酸乙酯（5.84%）、乙酸己酯（1.12%）等（朱孝扬等，2019）。

桂蕉1号： 从'威廉斯香蕉'芽变单株选育而成。果穗长90～130cm，每穗果指7～14梳，每梳果指数16～38条，果指长24～30cm，果指微弯，排列紧凑，成熟后果色金黄色，甜度适中，香味浓，品质好。顶空固相微萃取法提取的海南澄迈产'桂蕉1号'香蕉新鲜绿熟期果肉香气的主要成分为，反式-2-壬醛（49.74%）、反-2-,顺-6-壬二烯醛（18.04%）、2-正戊基呋喃（6.18%）、反-2-辛烯醛（2.77%）、反式-2-己烯醛（2.61%）、己醛（2.57%）、反式-2,4-癸二烯醛（1.62%）、苯乙醛（1.52%）、3-乙基-2-甲基-1,3-己二烯（1.51%）等；新鲜黄熟期果肉香气的主要成分为，反式-2-己烯醛（31.56%）、异丁酸异戊酯（13.91%）、己醛（10.36%）、乙酸异戊酯（7.80%）、丁酸丁酯（4.79%）、乙酸己酯（3.39%）、丁酸己酯（3.17%）、乙烯基环己烷（2.79%）、丁酸-2-戊酯（2.56%）、丁酸异丁酯（1.43%）等；新鲜过熟期果肉香气的主要成分为，乙酸异戊酯（21.57%）、丁酸异戊酯（13.25%）、反式-2-己烯醛（12.31%）、乙酸己酯（5.42%）、乙酸异丁酯（4.46%）、丁酸丁酯（3.29%）、丁酸异丁酯（2.93%）、丁酸2-戊酯（2.87%）、异戊酸异戊酯（2.64%）、己醛（1.42%）、环辛烯（1.30%）、2-甲氧基-5-丙-2-烯基苯酚（1.27%）、乙酸丁酯（1.26%）、环己烷-1-丁烯基（1.26%）等（梁水连等，2021）。

桂蕉6号： 从澳大利亚引进的香蕉在国内筛选组培变异株育成。每穗形成果指7～14梳，每梳果指数16～32条，每穗果实重20～30kg。果穗梳形整齐，品质优良。顶空固相微萃取法提取的广西南宁产'桂蕉6号'香蕉新鲜黄熟果实果肉香气的主要成分为，乙酸异戊酯（18.00%）、异丁酸异戊酯（10.60%）、己酸乙酯（6.54%）、丁酸丁酯（5.09%）、乙酸乙酯（4.58%）、乙酸仲戊酯（4.14%）、乙酸丁酯（3.26%）、丁酸异丁酯（2.86%）、乙酸己酯（2.21%）、乙酰乙酸-1-甲基丁酯（1.92%）、乙酸戊酯（1.64%）、乙酸-2-庚酯（1.58%）、丁酸乙酯（1.51%）、乙酸-4-己烯酯（1.36%）、2-庚酮（1.30%）、乙酸-3-甲基-2-丁酯（1.09%）、丁酸异戊酯（1.09%）、4-羟基-5-甲基-2-己酮（1.02%）等（赵明等，2021）。

金粉1号： 选取吸芽组培繁殖筛选育成的粉蕉三倍体品种。果穗微斜，长圆柱状，梳距小，果指紧密，果顶尖。果指微弯，果形圆形，果皮浅绿色。果穗有10～15梳，每梳果18～20个，两排排列，单果指重105～130g。熟果金黄色，果肉白色，口感软滑香甜。顶空固相微萃取法提取的广西南宁产'金粉1号'粉蕉新鲜黄熟果实果肉香气的主要成分为，乙酸异戊酯（11.49%）、异丁酸异戊酯（9.38%）、己酸乙酯（7.71%）、乙酸丁酯（6.23%）、乙酸仲戊酯（5.96%）、乙酸乙酯（5.84%）、乙酸己酯（2.75%）、丁酸乙酯（1.78%）、丁酸丁酯（1.52%）、乙酸-2-庚酯（1.37%）、丁酸异丁酯（1.37%）、乙酸-3-甲基-2-丁酯（1.27%）、乙酸-4-己烯酯（1.27%）、乙酰乙酸-1-甲基丁酯（1.12%）、甲苯（1.01%）等（赵明等，2021）。

畦头大蕉： 属大蕉类型，广东新会地方品种。果梳及果指数多，果指长11～13.5cm。顶空固相微萃取法提取的海南产'畦头大蕉'新鲜成熟果实果肉香气的主要成分为，乙酸己酯（10.34%）、丁酸-3-甲基丁酯（6.68%）、乙酸环己基乙酯（6.18%）、3-甲基-1-丁醇乙酸酯（6.04%）、丁酸己酯（5.93%）、乙酸正丁酯（5.45%）、2-戊醇乙酸酯（4.76%）、乙酸异丁酯（4.53%）、丁酸丁酯（4.34%）、丁酸-2-甲基丙酯

（2.55%）、3- 甲基丁酸己（基）酯（2.26%）、己酸异戊酯（2.25%）、丁酸 -1- 甲基丁酯（1.98%）、乙基戊酸酯（1.98%）、3- 甲基丁酸 -3- 甲基丁基酯（1.85%）、2- 甲基丁酸己酯（1.67%）、2- 甲基丁酸 -3- 甲基丁酯（1.63%）、抗坏血酸二棕榈酸酯（1.60%）、4,5- 二甲基 -1- 己烯（1.47%）、1,2,3- 三甲氧基 -5- 苯（1.34%）、4-烯丙基 -2,6- 二甲氧基苯酚（1.32%）、2- 十一烷酮（1.22%）、1- 丁酸酯（1.18%）等（李宝玉等，2014）。

芝麻蕉： 体形很小，果肉非常饱满，长度大概有 16cm 左右，果皮上面有类似芝麻一般的斑点。顶空固相微萃取法提取的广东产‘芝麻蕉’新鲜成熟果实果肉香气的主要成分为，乙酸异戊酯（10.39%）、2- 己烯醛（9.62%）、乙酸己酯（8.45%）、异戊酸异戊酯（7.43%）、丁酸异戊酯（7.16%）、己酸异戊酯（5.88%）、己醛（4.83%）、乙酸乙酯（3.99%）、乙酸丁酯（3.69%）、1- 己醇（3.56%）、2- 戊酮（2.39%）、乙酸异丁酯（1.86%）、乙醇（1.62%）、丁酸己酯（1.56%）、3- 甲基丁醇（1.37%）、己酸己酯（1.35%）等（王素雅等，2004）。

3.2 菠萝

菠萝 [*Ananas comosus* (Linn.) Merr.] 为凤梨科凤梨属植物凤梨的新鲜成熟果实，别名：凤梨、露兜子。目前全世界约有 90 个国家和地区种植菠萝，其中泰国、菲律宾、中国、巴西、印度、尼日利亚、哥斯达黎加、墨西哥、印度尼西亚和肯尼亚为世界十大菠萝生产国。我国分布于广东、广西、台湾、福建、海南、云南。菠萝为著名热带水果，岭南四大名果之一。我国菠萝栽培有近 400 年历史，已成为我国热区最具特色和竞争优势的热带水果品种之一，在国际水果贸易中具有较高竞争力。菠萝果实营养丰富，香味浓厚，汁多肉嫩，甜酸可口，主要作为鲜食，或用于加工浓缩果汁和罐头等。在长期的栽培中形成了 70 多个栽培品种。菠萝品种分为卡因、皇后、西班牙和杂交种 4 类。

茎短。叶多数，莲座式排列，剑形，长 40～90cm，宽 4～7cm。花序于叶丛中抽出，状如松球，花瓣上部紫红色，下部白色。聚花果肉质，长 15cm 以上。花期夏季至冬季。具有较强的耐阴性，喜漫射光、忌直射光，但丰产优质仍需充足的光照。对土壤有较广泛适宜性，但不宜中性或碱性土、黏性或无结构的粉沙土，要求 pH5～6。

菠萝肉色金黄，香味浓郁，甜酸适口，清脆多汁，营养丰富，含有大量的果糖、葡萄糖、维生素 B、维生素 C、磷、柠檬酸和蛋白酶等物质。每 100g 菠萝含碳水化合物 8.5g，蛋白质 0.5g，脂肪 0.1g，纤维 1.2g，尼克酸 0.1mg，钾 126mg，钠 1.2mg，锌 0.08mg，钙 20mg，磷 6mg，铁 0.2mg，胡萝卜素 0.08mg，硫胺素 0.03mg，核黄素 0.02mg，维生素 C 8～30mg，灰分 0.3g，另含多种有机酸及菠萝酶等。菠萝性平，味甘、微酸、微涩、性微寒，具有清暑解渴、消食止泻、补脾胃、固元气、益气血、消食、祛湿、养颜瘦身等功效。菠萝含有一种叫“菠萝朊酶”的物质，它能分解蛋白质，帮助消化，溶解阻塞于组织中的纤维蛋白和血凝块，改善局部的血液循环，稀释血脂，消除炎症和水肿，能够促进血液循环。尤其是过食肉类及油腻食物之后，吃些菠萝更为适宜，可以预防脂肪沉积。果实也可药用，有利尿、驱虫功效。

食用禁忌：①部分人群会对菠萝过敏，症状如腹痛、腹泻、呕吐、头痛、头昏、皮肤潮红、全身发痒、四肢及口舌发麻，过敏比较严重的还出现呼吸困难、休克等反应。因此，吃菠萝前宜去皮后用盐水浸泡，不易过敏。②每次吃菠萝不可过多，过量食用对肠胃有害。③菠萝和鸡蛋不能一起吃，鸡蛋中的蛋白质与菠萝中的果酸结合，易使蛋白质凝固，影响消化。④菠萝和蜂蜜可以同时食用，但对于身体不适或有腹泻症状的人不建议这样食用。

菠萝图 1

菠萝图 2

菠萝图 3

在菠萝果实中检测出 380 种挥发性成分，各种香气成分中，酯类成分是最重要的，尤其是己酸乙酯和己酸甲酯含量很高。不同研究者对多个品种的菠萝果实的香气成分进行了分析研究，结果如下。

Fresh Premium： 澳大利亚品种。顶空固相微萃取法提取的'Fresh Premium'菠萝新鲜果肉香气的主要成分为，己酸甲酯（17.45%）、己酸乙酯（16.43%）、辛酸乙酯（8.87%）、辛酸甲酯（4.99%）、3-甲硫基丙酸乙酯（3.98%）、3-甲硫基丙酸甲酯（3.64%）、2-甲基丁酸甲酯（2.22%）等（魏长宾等，2016）。

Josapine： 马来西亚鲜食品种。风味独特，香气持久。顶空固相微萃取法提取的广东湛江产'Josapine'菠萝新鲜果肉香气的主要成分为，己酸甲酯（10.10%）、己酸乙酯（8.29%）、4-癸烯酸甲酯（4.10%）、月桂烯（2.28%）、d-柠檬烯（1.30%）等（刘胜辉等，2015）。

MacGregor： 澳大利亚品种。果肉深黄色，属高糖低酸型，口感细腻，品质极优。顶空固相微萃取法提取的广东湛江产'MacGregor'菠萝新鲜果肉香气的主要成分为，辛酸乙酯（32.14%）、乙酸乙酯（29.18%）、己酸乙酯（11.22%）、癸酸乙酯（9.17%）、反式-4-癸烯酸乙酯（2.56%）、丁酸乙酯（1.97%）、菠萝乙酯（1.17%）、4-辛烯酸乙酯（1.06%）等（刘胜辉等，2015）。

MD-2： 澳大利亚品种。果实圆筒形，一般重 1～2kg。果皮薄，芽眼浅。果肉金黄色，肉质细致，纤维适中，高糖高酸，维生素 C 含量高，香气浓郁，较耐储运。顶空固相微萃取法提取的广东湛江产'MD-2'菠萝新鲜果肉香气的主要成分为，己酸乙酯（24.66%）、己酸甲酯（10.15%）、乙酸乙酯（8.18%）、异戊酸甲酯（7.24%）、菠萝乙酯（5.26%）、菠萝甲酯（2.64%）、丁酸乙酯（1.71%）、辛酸乙酯（1.50%）、丁酸甲酯（1.28%）等（刘胜辉等，2015）。

New Puket： 泰国品种。皇后类。平均单果重 798.7g，果形指数 1.2，果肉金黄色。顶空固相微萃取法提取的'New Puket'菠萝新鲜果肉香气的主要成分为，己酸甲酯（31.34%）、辛酸甲酯（14.95%）、3-甲硫基丙酸甲酯（5.90%）、2-甲基丁酸甲酯（5.42%）、(Z)-罗勒烯（2.78%）、胡椒烯（2.28%）、(Z)-4-辛烯酸甲酯（1.73%）、α-依兰烯（1.20%）、癸酸甲酯（1.12%）、己酸乙酯（1.04%）等（魏长宾等，2016）。顶空固相微萃取法提取的广东湛江产'New Puket'菠萝新鲜成熟果实果肉香气的主要成分（单位：μg/kg）为，(Z)-β-罗勒烯（782.23）、辛酸甲酯（743.21）、胡椒烯（721.15）、己酸甲酯（623.86）、α-依兰烯（291.52）、己酸异丙酯（247.18）、(1α,4aα,8aα)-1,2,3,4,4a,5,6,8a-八氢-7-甲基-4-亚甲基-1-(1-甲基乙基)-萘（225.46）、β-榄香烯（201.88）、癸酸甲酯（175.32）、1,3,5,8-十一碳四烯（171.48）、3-甲硫基丙酸甲酯（134.47）、(+)-环异酒剔烯（106.09）、[1aR-(1aα,3aα,7bα)]-1a,2,3,3a,4,5,6,7b-八氢-1,1,3a,7-四甲基-1H-环丙[a]萘（102.29）、(+/−)-(1α,4aβ,8aα)-1,2,4a,5,8,8a-六氢-4,7-二甲基-1-(1-甲基乙基)-萘（96.75）、δ-杜松烯（90.99）、(+)-表双环倍半水芹烯（84.54）、β-石竹烯（78.01）、(Z)-Z-4-辛烯酸甲酯（72.40）、别罗勒烯（71.31）等（魏长宾等，2015）。

Phetchaburi#1： 泰国品种，皇后类。平均单果重 921.2g，果形指数 1.2，果肉金黄色。顶空固相微萃取法提取的'Phetchaburi#1'菠萝新鲜果肉香气的主要成分为，己酸甲酯（33.50%）、3-甲硫基丙酸甲酯（26.23%）、2-甲基丁酸甲酯（11.64%）、辛酸甲酯（4.39%）、丁酸甲酯（2.64%）、Z-罗勒烯（1.90%）、己酸乙酯（1.02%）等（魏长宾等，2016）。

Phuket： 泰国品种。皇后类。平均单果重 921.2g，果形指数 1.2，果肉金黄色，质地较脆，无纤维，香气浓烈。顶空固相微萃取法提取的广东湛江产'Phuket'菠萝新鲜果肉香气的主要成分为，异戊酸甲酯（11.60%）、辛酸乙酯（10.98%）、乙酸乙酯（9.38%）、己酸乙酯（7.67%）、己酸甲酯（5.54%）、辛酸甲酯

（4.39%）、丁酸乙酯（2.80%）、丁酸甲酯（1.79%）、癸酸乙酯（1.72%）等（刘胜辉等，2015）。

巴厘（Yellow Mauritius）: 早熟。果实圆筒形，一般果重1kg左右。果皮黄色，果眼较扁。果肉淡黄色，肉质细软，汁多清甜，甜酸适中，香味较差，不耐贮运。顶空固相微萃取法提取的广东湛江产'巴厘'菠萝新鲜黄熟期果实果肉香气的主要成分为，己酸乙酯（22.12%）、辛酸乙酯（20.76%）、辛酸甲酯（14.07%）、2-甲基丁酸乙酯（8.58%）、古巴烯（5.05%）、己酸甲酯（4.53%）、癸酸乙酯（3.49%）、癸酸甲酯（2.53%）、辛酸乙酯（2.17%）、(Z)-3,7-二甲基-1,3,6-十八烷三烯（1.56%）、3-甲硫基丙酸乙酯（1.28%）、1,2,4a,5,6,8a-六氢-4,7-二甲基-1-(1-甲基)萘（1.20%）、庚酸乙酯（1.09%）、4-辛烯甲酯（1.05%）等；完熟期果实果肉香气的主要成分为，癸酸乙酯（33.53%）、己酸乙酯（17.29%）、2-甲基丁酸乙酯（10.67%）、癸酸乙酯（10.11%）、辛酸甲酯（6.03%）、(E)-3-(3-甲基-1丁烯基)-环己烯（4.21%）、(Z)-4-辛酸乙酯（2.98%）、癸酸甲酯（2.18%）、庚酸乙酯（1.98%）、1,2,3,3a,4,6a-六氢-并环戊二烯（1.33%）、3-甲硫基丙酸乙酯（1.19%）、壬酸乙酯（1.06%）等（张秀梅等，2009）。顶空固相微萃取法提取的广东湛江产'巴厘'菠萝新鲜九成熟果实果肉香气的主要成分为，辛酸甲酯（25.27%）、辛酸乙酯（21.00%）、己酸乙酯（17.64%）、己酸甲酯（14.34%）、2-甲基丁酸乙酯（2.80%）、2-甲基丁酸甲酯（2.21%）、3-甲硫基丙酸甲酯（1.36%）、(Z)-4-辛烯酸甲酯（1.04%）、癸酸乙酯（1.00%）、β-顺式-罗勒烯（1.00%）等（刘传和等，2009）。顶空固相微萃取法提取的广东产'巴厘'菠萝新鲜成熟果实果肉香气的主要成分为，4-氧氮己环十八烷（20.27%）、反式-1-乙氧基-1-丁烯（17.05%）、4,4,5,6-四甲基-1,3-噁嗪-2-硫酮（9.81%）、1-二十碳醇（7.45%）、10-羟基-11-吗啉-4-十一酸异丙酯（6.83%）、十六酸（6.66%）、4-十八烷基吗啡（5.71%）、己酸甲酯（4.17%）、2,6-二(1,1-二甲乙基)-4-(1-氧丙基)（2.64%）、辛酸甲酯（2.19%）、甲氧基乙烯（1.46%）、1-十七碳烷胺（1.28%）等（何应对等，2007）。

金菠萝: 果眼少且浅，果肉黄色，肉质爽脆，纤维少，清甜可口，香味浓郁。可不泡盐水直接吃。顶空固相微萃取法提取的'金菠萝'新鲜果肉香气的主要成分为，己酸甲酯（18.53%）、己酸乙酯（16.27%）、(Z)-罗勒烯（5.13%）、3-甲硫基丙酸甲酯（5.11%）、辛酸乙酯（4.14%）、3-甲硫基丙酸乙酯（4.07%）、辛酸甲酯（3.38%）、4-甲氧基-2,5-二甲基-3(2H)呋喃酮（3.28%）、2-甲基丁酸乙酯（2.50%）、胡椒烯（2.44%）、(E)-罗勒烯（2.02%）、α-依兰烯（1.87%）、2-甲基丁酸甲酯（1.76%）、别罗勒烯（1.70%）、穗槐二烯（1.53%）、1,3,5,8-十一碳四烯（1.34%）等（魏长宾等，2016）。顶空固相微萃取法提取的广东湛江产'金菠萝'新鲜成熟果实果肉香气的主要成分（单位：μg/kg）为，己酸乙酯（164.69）、己酸甲酯（133.14）、辛酸乙酯（100.28）、3-甲硫基丙酸乙酯（76.70）、3-甲硫基丙酸甲酯（62.34）、4-甲氧基-2,5-二甲基-3(2H)呋喃酮（55.80）、辛酸甲酯（54.39）、(Z)-β-罗勒烯（43.85）、(−)-异喇叭茶烯（31.32）、2-甲基丁酸乙酯（26.49）、别罗勒烯（23.05）、胡椒烯（22.55）、δ-辛内酯（22.13）、5-甲烯基-螺[2.4]己烷（21.59）、δ-杜松烯（20.34）、γ-庚内酯（19.77）、榄香素（19.51）、(E)-β-罗勒烯（19.25）、癸酸乙酯（17.95）、1,3,5,8-十一碳四烯（17.20）、2-甲基丁酸甲酯（16.27）、去氢白菖烯（14.02）、(+)-环苜蓿烯（13.54）、愈创兰油烃（13.46）、(−)-α-古云烯（12.30）等（魏长宾等，2016）。

金皇后: 果肉黄色，果眼两侧向上凸起，汁多味甜，香味浓郁。顶空固相微萃取法提取的广东产'金皇后'菠萝新鲜成熟果实果肉香气的主要成分为，己酸甲酯（29.33%）、2-甲基丁酸甲酯（26.00%）、丁酸甲酯（9.97%）、3-(甲基硫代)丙酸甲酯（9.60%）、辛酸甲酯（6.62%）、丙酸甲酯（2.93%）、2-甲基丙酸甲酯（2.93%）、乙酸甲酯（1.80%）、四氢呋喃（1.12%）、2-甲基-2-羟基丁酸甲酯（1.06%）等（毕金峰等，2010）。

卡因（Cayenne）: 法国探险队在南美洲圭亚那卡因地区发现而得名。全世界栽培极广。果大，平均单果重 1100g 以上，圆筒形，小果扁平，果眼浅，苞片短而宽。果肉淡黄色，汁多，甜酸适中，为制作罐头的主要品种。顶空固相微萃取法提取的广东湛江产'卡因'菠萝新鲜成熟果实果肉香气的主要成分为，己酸乙酯（24.50%）、辛酸乙酯（17.45%）、乙酸异戊酯（4.78%）、1,2,4a,5,6,8a- 六氢 -4,7- 二甲基 -4- 甲烯基 -1-(1- 甲基) 萘（3.75%）、辛酸甲酯（3.48%）、(Z)-9- 十八碳烯酸（2.77%）、己酸甲酯（2.72%）、1- 甲基 -2,4- 己基苯（2.68%）、癸酸甲酯（2.32%）、1,3- 环辛二烯（1.96%）、[1S-(1α,2β,4β)]-1- 乙烯基 -1- 甲基 -2,4- 二 (1- 甲基乙烯基)- 环己烷（1.79%）、古巴烯（1.66%）、棕榈油酸（1.57%）、2- 甲基丁酸乙酯（1.30%）、4- 叔丁基甲苯（1.24%）、壬酸乙酯（1.08%）、(Z)-15- 二十四碳烯酸甲酯（1.02%）等（张秀梅等，2009）。顶空固相微萃取法提取的云南红河产'卡因'菠萝新鲜成熟果实果肉香气的主要成分（单位：μg/kg）为，己酸甲酯（8.63）、辛酸甲酯（1.98）、(3Z,5E)-1,3,5- 十一碳三烯（1.59）、1,3,5,8- 十一碳四烯（1.55）、α- 依兰油烯（1.37）、古巴烯（1.23）、(Z)-3,7- 二甲基 -1,3,6- 辛三烯（1.08）、4,9-cadinadiene（0.70）、3- 甲硫基丙酸甲酯（0.68）、4- 辛烯酸甲酯（0.26）、(+)-δ- 杜松烯（0.16）等（杨文秀等，2012）。

昆士兰卡因（Queensland Cayenne）：澳大利亚品种。顶空固相微萃取法提取的'昆士兰卡因'菠萝新鲜果肉香气的主要成分为，己酸甲酯（21.94%）、(Z)- 罗勒烯（17.39%）、辛酸甲酯（14.74%）、3- 甲硫基丙酸甲酯（5.03%）、壬醛（2.69%）、1,3,5,8- 十一碳四烯（2.59%）、五氟丙酸壬酯（2.12%）、γ- 辛内酯（1.31%）、别罗勒烯（1.26%）等（魏长宾等，2016）。顶空固相微萃取法提取的广东湛江产'昆士兰卡因'菠萝新鲜成熟果实果肉香气的主要成分（单位：μg/kg）为，(Z)-β- 罗勒烯（542.18）、辛酸甲酯（274.69）、己酸甲酯（143.04）、壬醛（110.69）、1,3,5,8- 十一碳四烯（100.19）、癸醛（38.50）、别罗勒烯（32.37）、1- 壬醇（32.21）、癸酸甲酯（29.09）、香叶基丙酮（26.34）、(E)-β- 罗勒烯（20.25）、γ- 辛内酯（14.14）、d- 柠檬烯（13.19）等（魏长宾等，2015）。

蜜菠萝：顶空固相微萃取法提取的海南产'蜜菠萝'新鲜成熟果实果汁香气的主要成分为，2- 甲基丁酸甲酯（21.24%）、丁酸甲酯（9.50%）、乙酸乙酯（8.50%）、己酸甲酯（6.82%）、2- 甲基丁酸乙酯（5.28%）、丙酸薄荷酯（5.25%）、己酸（4.27%）、甲硫基丙酸甲酯（3.95%）、乙酸甲酯（3.32%）、丁酸乙酯（2.70%）、异丁酸薄荷酯（2.00%）、2- 庚酮（1.91%）、己酸丁酯（1.87%）、辛酸（1.60%）、甲硫基丙酸乙酯（1.55%）等（阮美娟等，2006）。

神湾（黄毛里斯）：广东传统地方品种。果实长圆柱形，果个小，一般果重 0.5～1kg。未熟果青绿色，熟时淡黄色，过熟橙黄色。果眼小，突出。果肉淡黄色或黄色，纤维少，甜香味俱浓，较脆爽，汁较少，品质甚佳。耐贮运，宜生食。顶空固相微萃取法提取的'神湾'菠萝新鲜果肉香气的主要成分为，己酸甲酯（18.90%）、3- 甲硫基丙酸甲酯（8.01%）、2- 甲基丁酸甲酯（6.69%）、辛酸甲酯（6.59%）、(Z)- 罗勒烯（5.42%）、壬醛（3.40%）、己酸乙酯（2.71%）、胡椒烯（2.51%）、(Z)-4- 辛烯酸乙酯（1.61%）、1- 辛醇（1.56%）、α- 依兰烯（1.47%）、一氯乙酸壬酯（1.34%）等（魏长宾等，2016）。顶空固相微萃取法提取的广东湛江产'神湾'菠萝新鲜成熟果实果肉香气的主要成分（单位：μg/kg）为，α- 荜澄茄烯（335.22）、己酸甲酯（332.55）、辛酸甲酯（310.70）、(Z)-β- 罗勒烯（291.97）、α- 依兰烯（187.56）、4,9- 杜松萜（168.92）、β- 榄香烯（109.46）、1,3,5,8- 十一碳四烯（101.36）、3- 甲硫基丙酸甲酯（67.24）、[1aR-(1aα,3aα,7bα)]-1a,2,3,3a,4,5,6,7b- 八氢 -1,1,3a,7- 四甲基 -1H- 环丙 [a] 萘（62.76）、(+)- 环苜蓿烯（56.98）、δ- 杜松烯（55.12）、癸酸甲酯（53.35）等（魏长宾等，2015）。

台农 6 号（苹果）：单果均重 752.20g，果实圆筒形，果目扁平，果皮薄，黄色。果肉浅黄色，质密，几无纤维，汁多，果心稍大，清脆可口。风味佳。顶空固相微萃取法提取的'台农 6 号'菠萝新鲜果肉香气的主要成分为，3- 甲硫基丙酸乙酯（10.22%）、2- 甲基丁酸乙酯（9.69%）、3- 甲硫基丙酸甲酯（5.44%）、辛酸乙酯（5.28%）、己酸乙酯（2.79%）、己酸甲酯（2.10%）、2-甲基丁酸甲酯（2.22%）、辛酸甲酯（2.19%）、3-羟基己酸乙酯（1.79%）、癸酸乙酯（1.17%）等（魏长宾等，2016）。顶空固相微萃取法提取的海南万宁产'台农6号'菠萝新鲜果肉香气的主要成分为，己酸甲酯（17.48%）、己酸乙酯（14.26%）、辛酸甲酯（12.72%）、辛酸乙酯（7.76%）、3-甲硫基丙酸甲酯（6.17%）、2-甲基丁酸乙酯（5.16%）、3-甲硫基丙酸乙酯（4.45%）、2-甲基丁酸甲酯（3.65%）、1-壬醇（3.30%）、丁酸乙酯（2.96%）、癸酸甲酯（2.62%）、乙酸苏合香酯（1.68%）、癸酸乙酯（1.51%）、丁酸甲酯（1.28%）、(Z)-4-辛烯酸甲酯（1.08%）等（刘玉革等，2012）。

台农11号（香水）：果实圆锥形，平均单果重474.73g。果皮金黄色，稍带紫红色。果肉淡黄色，肉质爽脆，香甜多汁，酸甜适中，有淡雅的香水味，纤维少，入口化渣，可不泡盐水直接吃。顶空固相微萃取法提取的广东湛江产'台农11号'菠萝新鲜成熟果实果肉香气的主要成分为，辛酸乙酯（31.30%）、己酸乙酯（21.36%）、2-甲基丁酸乙酯（7.16%）、辛酸甲酯（5.92%）、(E)-3-(3-甲基-1-丁烯基)-环己烯（5.52%）、(Z)-4-辛酸乙酯（5.43%）、癸酸乙酯（2.71%）、庚酸乙酯（1.62%）、己酸甲酯（1.51%）、乙酸异戊酯（1.14%）、十四甲基环七硅氧烷（1.14%）等（张秀梅等，2009）。通过Amberlite XAD-2树脂吸附、乙醇洗脱的方法提取的海南产'香水'菠萝新鲜成熟果实果肉键合态香气的主要成分（单位：mg/L）为，对烯丙苯酚（4.3）、4-烯丙基-2,6-二甲氧基苯酚（1.8）、4-羟基-2,5-二甲基-3(2H)呋喃酮（1.6）、己酸（1.2）、(Z,Z)-2-甲基-3,13-十八烷二烯醇（1.1）、3-(2-戊烯)-1,2,4-环戊三酮（1.0）、阿魏酸（0.3）、3,4,5-三甲氧基肉桂酸（0.3）、丁香醛（0.2）、尼泊金甲酯（0.2）、苯甲醇（0.1）等（孔慧娟等，2015）。

台农13号（冬蜜）：果实圆锥形，平均单果重682.90g。果皮绿色。果肉淡黄色，多汁，纤维较多，酸度极低，清甜，菠萝特有风味浓郁。顶空固相微萃取法提取的广东湛江产'台农13号'菠萝新鲜果肉香气的主要成分为，己酸乙酯（21.26%）、乙酸乙酯（11.24%）、己酸甲酯（10.02%）、异戊酸甲酯（5.78%）、菠萝乙酯（3.87%）、辛酸乙酯（3.53%）、丁酸乙酯（1.81%）、菠萝甲酯（1.70%）、反式-4-癸烯酸乙酯（1.28%）、丁酸甲酯（1.24%）、辛酸甲酯（1.24%）等（刘胜辉等，2015）。顶空固相微萃取法提取的'台农13号'新鲜果肉香气的主要成分为，己酸甲酯（40.36%）、3-甲硫基丙酸甲酯（10.49%）、2-甲基丁酸甲酯（2.58%）、胡椒烯（1.85%）、辛酸甲酯（1.79%）、(Z)-罗勒烯（1.57%）、壬醛（1.42%）、4-甲氧基-2,5-二甲基-3(2H)呋喃酮（1.30%）等（魏长宾等，2016）。

台农17号（金钻）：果实圆筒形，单果重714.47g，果皮黄色，薄，果眼浅。果肉黄或深黄色，肉质细嫩，纤维中，果心小，甜蜜多汁，香味浓郁，可不泡盐水直接吃。顶空固相微萃取法提取的'台农17号（金钻）'菠萝新鲜果肉香气的主要成分为，己酸甲酯（21.45%）、己酸乙酯（13.61%）、2-甲基丁酸甲酯（10.86%）、辛酸甲酯（5.99%）、α-荜澄茄烯（3.84%）、(Z)-罗勒烯（3.69%）、2-甲基丁酸乙酯（2.94%）、α-依兰烯（1.99%）、β-榄香烯（1.86%）、(Z)-4-辛烯酸甲酯（1.69%）、3-甲硫基丙酸甲酯（1.62%）、癸酸甲酯（1.46%）、穗槐二烯（1.33%）等（魏长宾等，2016）。

台农19号（蜜宝）：果实圆筒形，平均单果重696.40g。果皮黄绿色，皮薄，芽眼浅。果肉淡黄色或金色，肉质致密细嫩，多汁，纤维较少，香甜，香味浓郁。顶空固相微萃取法提取的'台农19号'菠萝新鲜果肉香气的主要成分为，己酸甲酯（11.98%）、胡椒烯（8.17%）、α-依兰烯（3.89%）、壬醛（3.07%）、辛酸甲酯（2.43%）、4-甲氧基-2,5-二甲基-3(2H)呋喃酮（2.39%）、(Z)-罗勒烯（2.26%）、β-榄香烯（2.21%）、己酸乙酯（2.01%）、甲酸辛酯（1.62%）、1,3,5,8-十一碳四烯（1.48%）、(E)-罗勒烯（1.32%）、δ-杜松烯（1.21%）、(+)-环异酒剔烯（1.13%）、别罗勒烯（1.06%）等（魏长宾等，2016）。顶空固相微萃取法提取的广东湛江产'台农19号'菠萝新鲜成熟果实果肉香气的主要成分（单位：μg/kg）为，胡椒烯（684.28）、α-依兰烯（267.26）、己酸甲酯（211.62）、β-榄香烯（124.55）、α-古云烯（115.31）、1,3,5,8-十一碳四烯（91.60）、(+)-环异洒剔烯（90.99）、辛酸甲酯（86.01）、δ-杜松烯（81.41）、(Z)-β-罗勒烯（74.87）、[1aR-(1aα,3aα,7bα)]-1a,2,3,3a,4,5,6,7b-八氢-1,1,3a,7-四甲基-1H-环丙[a]萘（70.68）、(+)-表双环倍半水芹烯（60.07）、α-香柠檬烯（50.88）、(E)-β-罗勒烯（39.20）、癸酸甲酯（35.82）、别罗勒烯（35.34）、异喇叭烯（24.84）、(+)-γ-古芸烯（24.41）、d-柠檬烯（22.84）等（魏长宾等，2015）。

台农21号（黄金）： 果实圆柱形，平均单果重533.20g。果皮金黄色。果肉金黄色，多汁，纤维较少，高糖低酸，口感细腻，香味浓郁，品质极优。顶空固相微萃取法提取的广东湛江产'台农21号'菠萝新鲜果肉香气的主要成分为，己酸甲酯（28.51%）、乙酸乙酯（14.66%）、丁酸甲酯（12.19%）、异戊酸甲酯（11.43%）、辛酸甲酯（6.42%）、丁酸乙酯（3.36%）、菠萝甲酯（2.69%）、己酸乙酯（1.56%）、丙酸乙酯（1.30%）等（刘胜辉等，2015）。

无刺卡因（Smooth Cayenne）： 肯尼亚品种。果实长圆柱形，一般果重1.5～3kg。果眼大，浅，果皮黄绿色或黄色，过熟呈红色。果肉黄白色，纤维少，肉质柔软多汁，香味浓，甜酸适中。适于做罐头，鲜果不耐藏。顶空固相微萃取法提取的广东湛江产'无刺卡因'菠萝新鲜成熟果实果肉香气的主要成分为，己酸甲酯（22.62%）、辛酸甲酯（12.79%）、己酸乙酯（11.02%）、辛酸乙酯（8.49%）、菠萝甲酯（3.07%）、γ-依兰油烯（2.79%）、α-依兰油烯（2.67%）、1,3,5,8-十一碳四烯（2.27%）、古柏烯（2.07%）、菠萝乙酯（1.75%）、2-甲基丁酸乙酯（1.48%）、4-辛烯酸甲酯（1.25%）、2-甲基丁酸甲酯（1.11%）、α-紫穗槐烯（1.02%）等（刘胜辉等，2008）。顶空固相微萃取法提取的广东湛江产'无刺卡因'菠萝新鲜成熟果实果肉香气的主要成分（单位：µg/kg）为，橙花叔醇（403.89）、α-依兰烯（256.99）、(1α,4aα,8aα)-1,2,3,4,4a,5,6,8a-八氢-7-甲基-4-亚甲基-1-(1-甲基乙基)-萘（161.36）、α-荜澄茄烯（160.94）、丁酸甲酯（90.83）、δ-杜松烯（87.64）、β-榄香烯（77.07）、(E)-β-法尼烯（73.01）、α-香柠檬烯（56.38）、3-甲硫基丙酸甲酯（52.97）、辛酸甲酯（48.79）、1,3,5,8-十一碳四烯（48.67）、10S,11S-himachala-3(12),4-diene（40.44）、epizonarene（28.42）等（魏长宾等，2015）。

3.3 杧果

杧果（*Mangifera indica* Linn.） 为漆树科杧果属植物杧果的新鲜成熟果实，别名：芒果、莽果、抹猛果、密望、望果、庵波罗果、沙果梨、马蒙，分布于台湾、海南、福建、广东、广西、云南、四川。杧果是世界十大水果之一，其产量仅次于葡萄、柑橘、蕉类、苹果，位居世界第五位。杧果果实为著名热带水果，有"热带水果之王"的美称。杧果品种、品系很多，全世界有1000多个品种，中国各地优良品种有70余个。从果皮色泽看，有绿色的、黄色的、红色的、紫红色的；从果实形态看，有圆果型、长果型等；从果实成熟期看，有早熟、中熟、晚熟三种；从胚性特点看，有单胚和多胚两种；按生态分类，可分为印度品种群、印度支那品种群、印度尼西亚品种群和菲律宾品种群。由于杧果在不同国家间及地区间频繁引种，各地的品种处于不断交流交换过程中，主栽品种也逐渐在调整和变化。

常绿大乔木，高10～20m。叶薄革质，长12～30cm，宽3.5～6.5cm。圆锥花序长20～35cm，多花密集，花小，杂性，黄色或淡黄色。核果大，肾形，长5～10cm，宽3～4.5cm，成熟时黄色，中果皮肉质，肥厚，鲜黄色，味甜，果核坚硬。要求高温、干湿季明显而光照充足的环境。28～32℃最适生长。对土壤适应性较强。

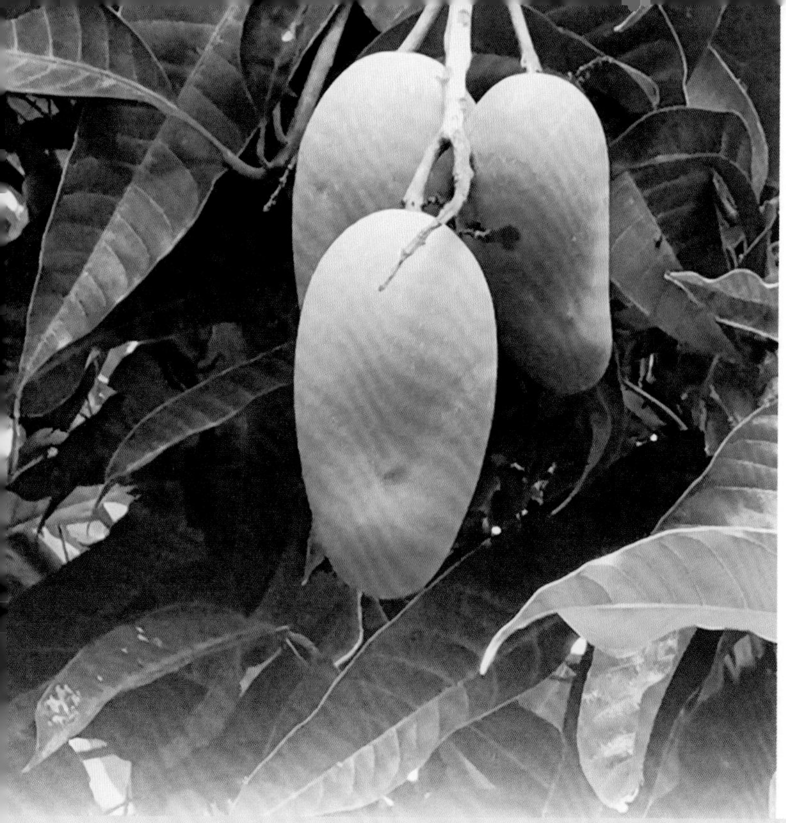
杧果图 1

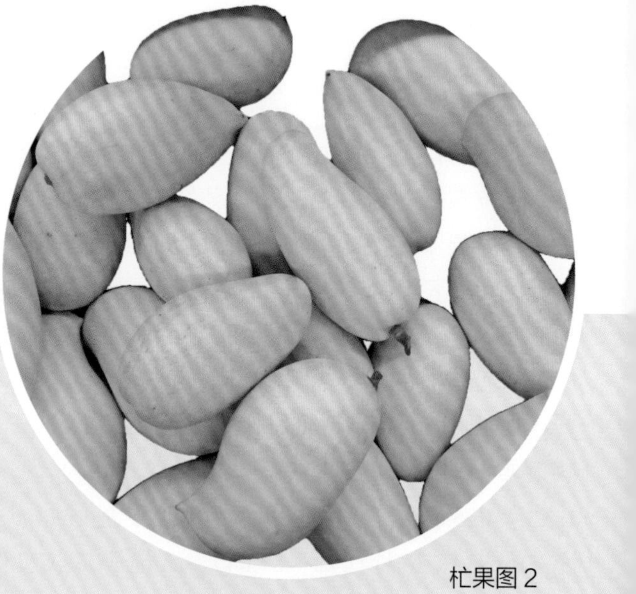
杧果图 2

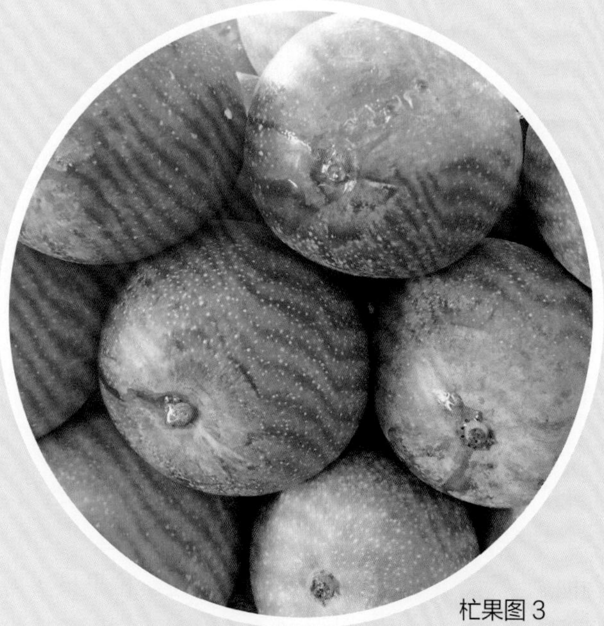
杧果图 3

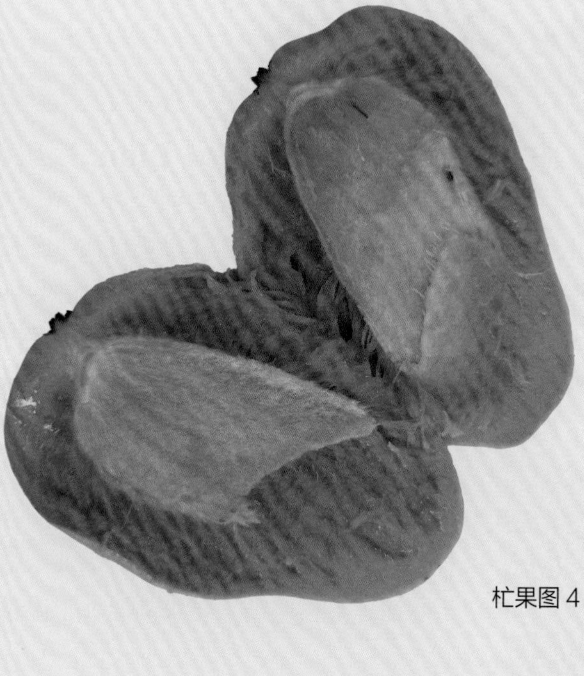
杧果图 4

果实肉质细腻，汁多味美，气味香甜，含有糖类、蛋白质、粗纤维、矿物质等，每100g鲜果含碳水化合物17g，蛋白质0.51g，脂肪0.27g，纤维素1.8g；果实所含维生素A的前体胡萝卜素每100g果肉高达2281～6304μg，是所有水果中少见的；每100g果肉含维生素C 56.4～137.5mg；人体必需的元素（硒、钙、磷、钾、铁等）含量也很高。可鲜食，也可制果汁、果酱、罐头、腌渍品、酸辣泡菜及芒果奶粉、蜜饯，或盐渍供调味，亦可酿酒等。杧果具有清肠胃的功效，对于晕车、晕船的人有一定的止吐作用；具有防止动脉硬化及高血压的食疗作用；可以促进排便。杧果中含有致敏性蛋白、果胶、醛酸，会对皮肤黏膜产生刺激从而引发过敏，特别是没有熟透的杧果，引起过敏的成分比例更高，易过敏人群皮肤直接接触杧果汁、果肉也会引发过敏。少数过敏体质的人食用杧果后会出现全身起红斑、呕吐、腹泻等现象，这类人不宜吃杧果；饱饭后不可食用杧果，不可以与大蒜等辛辣物质共同食用；虚寒咳嗽者、哮喘患者应避免食用。

杧果香味由酯类、萜烯类、酮类、醛类以及非萜烯类的其他烃类等协同作用产生，其中主要成分是萜烯类化合物。据单萜与倍半萜的优势关系又分为单萜主导型和倍半萜主导型。不同品种杧果的单萜烯类物质各有不同。目前已从不同品种杧果中鉴定出挥发性物质达400多种，这些物质不仅可以作为评价果实商品品质的重要指标，而且可以作为判断成熟度的重要指标。影响杧果挥发性成分的因素很多，包括品种、产地、采收成熟度、加工方式、贮藏和后熟条件等。不同品种杧果果实香气成分的分析如下。

Bambaroo： 印度品种，果肉深黄色。顶空固相微萃取法提取的广东湛江产'Bambaroo'杧果新鲜果实香气的主要成分为，3-蒈烯（37.62%）、萜品油烯（13.94%）、反式-石竹烯（12.77%）、顺-3-己烯基丁酯（5.80%）、γ-芹子烯（2.74%）、p-三甲基硅氧基苯基双（三甲基硅氧基）乙烷（2.65%）、异长叶烯（1.98%）、β-瑟林烯（1.87%）、2,2,4,4,5,5,7,7-八甲基-3,6-二氧-2,4,5,7-四硅正辛烷（1.65%）等（马玉华等，2015）。

白象牙（Nang Klang wan）： 原产泰国和马来半岛，现已成为海南省主栽品种之一。果实长略似象牙，顶端略呈钩状，平均单果重300～400g。果皮乳白至奶黄色。果肉奶黄色，味清甜，无纤维，品质上乘。同时蒸馏萃取法提取的广西田东产'白象牙'杧果新鲜果实香气的主要成分为，异松油烯（44.86%）、3-蒈烯（7.06%）、棕榈酸（6.04%）、亚麻酸（3.44%）、4-蒈烯（3.14%）、α-水芹烯（2.95%）、石竹烯（2.46%）、莳烯（2.44%）、9-十六烯酸（1.84%）、6-十八烯酸（1.56%）、β-水芹烯（1.55%）、α-石竹烯（1.40%）、氧化芳樟醇（1.38%）、α-松油醇（1.14%）、橙花叔醇（1.13%）等（王花俊等，2007）。顶空固相微萃取法提取的广东湛江产'白象牙'杧果新鲜果实香气的主要成分为，4-蒈烯（52.63%）、3-蒈烯（17.16%）、二甲苯（5.18%）、萜品油烯（3.14%）、1-甲基-4-(1-甲基乙烯基)环己烯（3.03%）、月桂烯（2.95%）、α-蒎烯（2.62%）、十六烷基二甲基叔胺（2.01%）、β-瑟林烯（1.76%）等（马玉华等，2015）。

大白玉（白玉象牙）： 原产泰国。果长而形似象牙，果顶略呈钩状，平均单果重300～350g，成熟时果皮浅黄或黄色，向阳的果实时有粉红的晕。果肉浅黄色，质腻滑，味清甜，无纤维感，品质上乘。顶空固相微萃取法提取的广东湛江产'大白玉'杧果新鲜果实香气的主要成分为，萜品油烯（40.39%）、2-氯-4-(4-甲氧基苯基)-6-(4-硝基苯基)嘧啶（14.78%）、2,5-二（三甲硅烷基）氧基-苯甲醛（13.62%）、4-二甲氨基-4′-甲氧基查耳酮（11.34%）、环己烷（2.65%）、α-葎草烯（2.15%）、3-蒈烯（2.10%）、β-瑟林烯（2.09%）、4,4′-(1-甲基亚乙基)双-苯酚（1.98%）等（马玉华等，2015）。

大青杧： 果皮青绿色。果肉比较多，肉质脆酸。顶空固相微萃取法提取的四川攀枝花产'大青杧'新鲜成熟果实香气的主要成分为，α-蒎烯（8.67%）、2-蒈烯（6.29%）、β-瑟林烯（3.35%）、正己醛（1.91%）、顺-3-壬烯醇（1.13%）等（王贵一等，2022）。

大台农： 肉质嫩滑，纤维少，果汁多，清甜爽口，品质佳。顶空固相微萃取法提取的海南产'大台农'杧果新鲜果实香气的主要成分为，萜品油烯（80.68%）、δ-3-蒈烯（8.27%）、α-萜品烯（3.18%）、β-水芹烯（2.85%）、α-古巴烯（1.67%）、月桂烯（1.27%）等（陶晨等，2009）。

达谢哈里（鸡蛋杧、椰香杧、Dashehari）： 原产印度。果实卵形，较小，近似鸡蛋，平均单果重170g。果皮黄色或青黄色。果肉橙黄色，质地致密，味甜，有椰香味，风味极佳，纤维少，品质上等。耐贮运。顶空固相微萃取法提取的广东湛江产'达谢哈里'杧果新鲜果实香气的主要成分为，α-萜品油烯（63.22%）、δ-3-蒈烯（6.23%）、α-蛇麻烯（6.03%）、1R-α-蒎烯（4.72%）、R-1-甲基-5-(1-甲基乙烯基)-环戊烯（4.29%）、反-丁子香烯（3.95%）、α-桂叶烯（1.86%）、α-蛇麻烯（1.71%）、δ-愈创烯（1.10%）、5,6-二氢-5,6-二甲基苯并[c]邻二氮萘（1.04%）等（魏长宾等，2009）。

东镇红杧： 平均单果重265.3g，果长9.12cm。顶空固相微萃取法提取的广东湛江产'东镇红杧'新鲜果实香气的主要成分为，α-荜澄茄油烯（27.67%）、3,6-亚壬基-1-醇（14.08%）、(+)-表-二环倍半水芹烯（10.64%）、萜品油烯（10.44%）、2-异丙基-5-甲基-9-亚甲基,双环[4.4.0]-1-烯（9.17%）、3-蒈烯（3.55%）、1,6-二甲基-8-(1-甲基乙基)-1,5-环癸二烯（3.18%）、白菖烯（1.22%）等（马小卫等，2016）。

丰顺无核： 平均单果重200g。皮薄，无核。果肉浅黄色，肉厚，嫩滑，多汁无纤维，香味浓郁。顶空固相微萃取法提取的广东湛江产'丰顺无核'杧果新鲜果实香气的主要成分为，6-溴吲哚-3-甲醛（33.64%）、4-十八烷基-吗啉（9.54%）、萜品油烯（9.35%）、4-十八烷基-吗啉（6.81%）、2-氯-4-(4-甲氧基苯基)-6-(4-硝基苯基)嘧啶（4.79%）、1-(5-三氯甲基-2-氮苯基)-4-(1H-吡咯-1-基)-哌啶（4.07%）、4-羟基扁桃酸乙酯（3.24%）、二(三甲基硅烷基)-巯基乙酸（2.22%）、十六烷基二甲基叔胺（1.78%）、N-[3,4-二甲苯基]-2-氨基-2-氧代-乙酸乙酯（1.67%）、β-瑟林烯（1.58%）、呋喃他酮（1.50%）、10-羟基-11-对氧氮己烷-4-基-十一酸丙酯（1.23%）、α-布藜烯（1.16%）、4'-(1-甲基亚乙基)双-苯酚（1.15%）等（马玉华等，2015）。

古巴2号： 古巴品种。顶空固相微萃取法提取的广东湛江产'古巴2号'杧果新鲜果实香气的主要成分为，3-蒈烯（69.93%）、萜品油烯（5.83%）、4'-(1-甲基亚乙基)双苯酚（3.15%）、反式石竹烯（2.53%）、双戊烯（2.06%）、葎草烯（1.31%）等（马小卫等，2016）。

广西4号： 顶空固相微萃取法提取的广东湛江产'广西4号'杧果新鲜果实香气的主要成分为，3-蒈烯（57.55%）、萜品油烯（22.87%）、α-蒎烯（4.11%）、罗勒烯（3.02%）、[1aR-(1$a\alpha$,4α,4$a\beta$,7$b\alpha$)]-1a,2,3,4,4a,5,6,7b-八氢-1,1,4,7-四甲基-1H-环丙[e]薁（2.54%）、α-布藜烯（1.48%）、香树烯（1.22%）等（马小卫等，2016）。

广西8号： 顶空固相微萃取法提取的广东湛江产'广西8号'杧果新鲜果实香气的主要成分为，3-蒈烯（21.20%）、5-羟甲基糠醛（10.72%）、瑟林烯（6.93%）、萜品油烯（2.38%）、2,3-二氢-3,5-二羟基-6-甲基-四氢-吡喃-4-酮（1.88%）等（马小卫等，2016）。

桂七杧（桂热82号）： 从'印度杧901号'实生变异株选出的晚熟品种。果实为S形，长圆扁形，均单果重200～300g，果嘴明显，果皮青绿色，成熟后绿黄色。肉质细嫩，味香甜，果皮较薄。顶空固相微萃取法提取的广西百色产'桂七杧'新鲜成熟果实香气的主要成分为，β-罗勒烯（78.88%）、α-蒎烯（2.98%）、石竹烯（1.13%）等（刘华南等，2022）。顶空固相微萃取法提取的广西产'桂七杧'果干香气的主要成分为，罗勒烯（21.52%）、γ-松油烯（2.97%）、α-蒎烯（2.81%）、1-石竹烯（2.65%）、α-葎草烯（1.29%）等（任二芳等，2022）。顶空固相微萃取法提取的贵州兴义产'桂七杧'新鲜成熟果实香气的主要成分为，萜品油烯（76.62%）、罗勒烯（11.13%）、α-蒎烯（9.47%）、1-甲基-5-(1-甲基乙烯基)-环己烯（1.50%）、叶醇（1.14%）、β-蒎烯（1.13%）等（康专苗等，2020）。

桂香杧： 以'秋杧'和'鹰嘴杧'杂交选育出的品种。果实长椭圆形，平均单果重215～360g。果皮淡绿，后转为黄绿或暗黄色。果肉橙黄色，纤维极少，肉质细嫩多汁，甜酸适度，香气浓郁，核小。顶空固相微萃取法提取的广东湛江产'桂香杧'新鲜果实香气的主要成分为，β-水芹烯（17.65%）、丁酸异戊酯（16.52%）、丁酸丁酯（12.76%）、丁酸己酯（9.52%）、辛酸乙酯（4.38%）、异丁酸辛酯（3.44%）、癸酸乙酯（2.05%）、α-蒎烯（2.00%）、罗勒烯（1.82%）等（马小卫等，2016）。

贵妃（红金龙）： 台湾早熟品种。果实长椭圆形，果顶较尖小，单果重300～500g。未成熟果紫红色，成熟后底色深黄，盖色鲜红。肉质很细，甜度好，味香。应用电子舌技术和顶空固相微萃取法提取的海南产'贵妃'杧果新鲜果实香气的主要成分为，顺-4-蒈烯（47.24%）、3-蒈烯（22.22%）、3-己烯-1-醇（8.25%）、柠檬烯（3.98%）、1-己醇（3.85%）、2-蒈烯（2.28%）、γ-辛内酯（2.06%）、β-月桂烯（1.93%）、棕榈酸（1.76%）等（张浩等，2018）。顶空固相微萃取法提取的海南昌江产'贵妃'杧果新鲜果实香气的主要成分为，α-异松油烯（41.53%）、3-蒈烯（21.25%）、硬脂酸（4.30%）、棕榈酸（3.25%）、柠檬烯（2.64%）、5-羟甲基糠醛（2.31%）、3-己烯-1-醇（1.98%）、α-松油烯（1.61%）、β-月桂烯（1.43%）等（谢若男等，2018）。顶空固相微萃取法提取的广西百色产'贵妃'杧果新鲜成熟果实香气的主要成分为，异松油烯（30.93%）、β-罗勒烯（13.29%）、(+)-β-芹子烯（12.32%）、二甲基-1,5-环癸二烯（2.13%）、d-柠檬烯（1.79%）、石竹烯（1.53%）、(+)-马兜铃烯（1.25%）、萜品油烯（1.13%）等（刘华南等，2022）。顶空固相微萃取法提取的贵州兴义产'贵妃'杧果新鲜成熟果实香气的主要成分为，萜品油烯（46.24%）、α-蒎烯（20.37%）、正己醇（20.19%）、1-甲基-5-(1-甲基乙烯基)-环己烯（2.67%）、2-环己烯-1-甲醇（2.12%）、α-萜品烯（2.06%）、(Z)-丁酸-3-己烯酯（1.72%）、β-瑟林烯（1.22%）、β-蒎烯（1.13%）等（康专苗等，2020）。

海南小杧果： 顶空固相微萃取法提取的海南产'海南小杧果'新鲜成熟果实果肉香气的主要成分为，异松油烯（55.36%）、3-蒈烯（10.89%）、α-萜品烯（6.20%）、柠檬烯（5.16%）、β-月桂烯（3.20%）、β-水芹烯（2.67%）、(Z)-3-己烯醇（2.55%）、α-水芹烯（2.06%）、乙醇（1.77%）、α-蒎烯（1.60%）、4(14),11-桉叶二烯（1.60%）、2-蒈烯（1.13%）、(E)-2-己烯醛（1.02%）等（唐会周等，2010）。

红金煌杧（玉文6号）： 由'金煌'和'爱文'杂交选育的新品种。果长椭圆形，单果重786g。果皮光滑，绯红色，熟后红黄色。果肉橙黄色，肉质细腻，无纤维，果汁多，风味极佳，具较浓杧果香味，酸甜适中。同时蒸馏萃取法提取的广西百色产'红金煌杧'新鲜果实香气的主要成分为罗勒烯（4.77%）等（余炼等，2008）。

红杧6号（吉禄、吉尔）： 美国从'海顿'实生后代中选出的晚熟品种。果实宽椭圆形，稍扁，有明显果咀，平均单果重200g。果皮紫红色至红色，果肉深黄色，多汁，纤维中等，香味浓郁，含酸量少。味甜，品质好。顶空固相微萃取法提取的广东湛江产'红杧6号'杧果新鲜果实香气的主要成分为，3-蒈烯（71.26%）、萜品油烯（6.61%）、双戊烯（2.57%）等（马小卫等，2016）。顶空固相微萃取法提取的广东湛江产'红杧6号'杧果新鲜商熟期果实香气的主要成分为，(+)-2-蒈烯（76.33%）、1R-α-松萜（8.08%）、α-萜品油烯（4.57%）、α-桂叶烯（2.60%）、十四酸-3α-胆甾-5-烯-3-酯（1.74%）、[1R-(1R*,4Z,9S*)]-4,11,11-三甲基-8-亚甲基-二环[7.2.0]4-十一烯（1.38%）、2,6,10,15,19,23-六甲基-2,6,10,14,18,22-六己烯（1.19%）

等；完熟期果实香气的主要成分为，δ-3- 蒈烯（51.57%）、5- 羟甲基 -2- 呋喃甲醛（18.48%）、2,6,10,15,19,23-六甲基 -2,6,10,14,18,22- 二十四碳烷六烯（12.08%）、6- 异亚丙基 -1- 甲基 - 二环 [3.1.0] 正己烷（6.35%）、反 - 罗勒烯（3.28%）、棕榈酸（2.61%）、α- 桂叶烯（1.64%）、(Z)-9- 十八碳烯酸（1.42%）、反 - 丁子香烯（1.38%）等（魏长宾等，2007）。静态顶空固相微萃取法提取的四川盐边产‘吉禄’杧果新鲜成熟果实香气的主要成分为，1R-α- 蒎烯（79.74%）、柠檬烯（3.69%）、月桂烯（2.27%）、(Z,Z,Z)-1,5,9,9- 四甲基 - 环十一碳 -3- 烯（1.40%）等（邢姗姗等，2012）。

红象牙（农院 9 号）： 从‘白象牙’实生后代中选育的中熟品种。果实椭圆形弯似象牙，单果重 500～650g 左右。果皮浅绿色，向阳面鲜红色，成熟后转为红黄色，皮较厚且光滑，蜡粉少。肉质细嫩，纤维少，味道香甜，品质好。顶空固相微萃取法提取的广东湛江产‘红象牙’杧果完熟期果肉香气的主要成分为，(E)- 肉桂醛（20.39%）、十六烷酸（9.38%）、(E)-9- 十八碳烯酸（9.34%）、1- 甲基 -4-(1- 甲基亚乙基)- 环戊烯（9.24%）、(Z)-9- 十八碳烯酸（5.99%）、十八碳烯酸（5.99%）、2,6,10,15,19,23- 六甲基 -2,6,10,14,18,22- 二十四碳烷六烯（5.36%）、十八烷酸（4.31%）、邻苯二甲酸二辛酯（3.84%）、十四烷酸（2.74%）、α- 依兰油烯（1.76%）、9- 十六碳烯酸（1.72%）、邻苯二甲酸二丁酯（1.67%）、(Z)-9- 十八碳烯酸（1.41%）、2- 甲基 -1- 十六烷醇（1.35%）、十四烷醛（1.29%）等（魏长宾等，2008）。顶空固相微萃取法提取的广西百色产‘红象牙’杧果新鲜成熟果实香气的主要成分为，萜品油烯（77.27%）、α- 蒎烯（4.00%）、3- 蒈烯（3.66%）、(+)- 西尔维烯（2.65%）、石竹烯（2.43%）、α- 萜品烯（2.38%）、β- 蒎烯（1.72%）、蛇麻烯（1.42%）等（刘华南等，2022）。

红玉： 杧果中的珍品，果型偏大而修长，颜色红润。肉质清甜细嫩，水分多，风味独特。应用电子舌技术和顶空固相微萃取法提取的海南产‘红玉’杧果新鲜果实香气的主要成分为，3- 蒈烯（71.79%）、柠檬烯（3.49%）、棕榈酸（3.17%）、顺 -4- 蒈烯（3.01%）、5- 羟甲基糠醛（2.54%）、a- 桉叶烯（2.50%）、β- 月桂烯（2.49%）等（张浩等，2018）。顶空固相微萃取法提取的海南产‘红玉’杧果新鲜果实香气的主要成分为，(+)-4- 蒈烯（49.21%）、青叶醛（9.43%）、乙醇（8.07%）、芳樟醇（3.43%）、甲氧基苯基肟（3.37%）、α- 松油醇（2.81%）、3- 己烯 -1- 醇（2.31%）、4- 乙烯基 -1,2- 二甲基 - 苯（1.65%）、十一烷（1.53%）、1- 甲基 -4-(1- 甲基乙烯基)- 苯（1.32%）、5- 羟基 -2,4- 二叔丁基苯基戊酸酯（1.31%）、3- 蒈烯（1.15%）、羟基脲（1.06%）等（王云舒等，2016）。顶空固相微萃取法提取的贵州兴义产‘红玉’杧果新鲜成熟果实香气的主要成分为，萜品油烯（46.00%）、叶醇（20.08%）、α- 蒎烯（14.18%）、3,6- 亚壬基 -1- 醇（4.11%）、(E,Z)-2- 丁烯酸 -3- 己烯酯（3.13%）、3- 己烯基丁酸酯（2.12%）、双戊烯（1.88%）、2,6,11- 三甲基 - 十二烷（1.84%）、十二烷（1.61%）、桧烯（1.09%）等（康专苗等，2020）。

金煌杧（大黄杧）： 台湾中熟品种。果实特大，长球形，果顶突出稍弯曲，肉厚、核扁小。平均单果重 1200g。成熟时果皮橙黄色，果肉橙黄色，味甜，纤维极少，品质上乘。顶空固相微萃取法提取的广东产‘金煌杧’完熟期果肉香气的主要成分为，(全 E)-E-3- 溴 -2,6,10,15,19,23- 六甲基 -6,10,14,18,22- 十一碳五烯 -2- 醇（20.57%）、3- 蒈烯（11.50%）、芥酸（8.98%）、软脂酸（7.26%）、9- 十八碳烯酸（6.91%）、1-三十七烷醇（4.90%）、反 - 丁子香烯（4.20%）、14-α- 孕甾（3.11%）、1,1- 二 (p- 甲苯基) 乙烷（3.07%）、α-葎草烯（2.48%）、(Z)-9- 十八碳烯酸苯甲酯（1.90%）、2-(5- 氯 -2- 甲氧苯基) 吡咯（1.43%）、2- 甲氧基 [1]苯并噻吩并 [2,3-c] 喹啉 -6(氢)- 酮（1.40%）、二十七 (碳) 烷（1.28%）、十四烷酸（1.27%）、11- 十八烯醛（1.05%）、1- 甲基 -4-(1- 甲基亚乙基)- 环戊烯（1.02%）等（魏长宾等，2007）。顶空固相微萃取法提取的广西百色产‘金煌杧’新鲜成熟果实香气的主要成分为，萜品油烯（34.27%）、3- 蒈烯（14.18%）、十氢 -4a-亚甲基 -7- 萘（9.85%）等（刘华南等，2022）。顶空固相微萃取法提取的贵州兴义产‘金煌杧’新鲜成熟果实香气的主要成分为，β- 蒎烯（28.98%）、叶醇（24.97%）、萜品油烯（14.92%）、3- 己烯醛（13.34%）、柠檬烯（3.45%）、3- 己烯基丁酸酯（2.93%）、2,4- 二甲基 -2- 戊烯（2.23%）、香树烯（1.91%）、1,5- 二甲基 -1,5- 环辛二烯（1.63%）、3,6- 亚壬基 -1- 醇（1.58%）、α- 蒎烯（1.32%）、罗勒烯（1.00%）等（康专苗等，2020）。顶空固相微萃取法提取的广东东莞产'金煌杧'九成熟果实果肉香气的主要成分为，2,4- 二叔丁基苯酚（56.88%）、叶醇（9.55%）、乙酸（9.14%）、4- 莕烯（5.63%）、2- 己烯醛（1.87%）、3- 莕烯（1.80%）、d- 柠檬烯（1.67%）、2,4,4- 三甲基戊烷 -1,3- 二基双 (2- 甲基丙酸酯)（1.17%）、正己醇（1.01%）等（黄立标等，2023）。顶空固相微萃取法提取的四川攀枝花产'大黄杧'新鲜成熟果实香气的主要成分为，2- 莕烯（22.13%）、α- 蒎烯（10.39%）、β- 瑟林烯（2.39%）、右旋萜二烯（1.04%）等（王贵一等，2022）。

顶空固相微萃取法提取的广西产'金煌杧'果干香气的主要成分为，萜品油烯（16.68%）、1,3,3- 三甲基三环 [2.2.1.0(2,6)] 庚烷（9.11%）、β- 瑟林烯（7.50%）、松油烯（3.69%）、α- 芹子烯（3.57%）、1- 甲氧基 -2- 丙酮（2.95%）等（任二芳等，2022）。

金穗杧：广西灵山地方品种。果实卵圆形，果皮青绿色，后熟后转黄色。单果重 203g，果皮薄，光滑，纤维极少，汁多味香甜，肉质细嫩，品质中上。同时蒸馏萃取法提取的广西百色产'金穗杧'新鲜果实香气的主要成分为，异松油烯（65.60%）、罗勒烯（3.22%）、α- 蒎烯（2.54%）、2- 乙氧基丙烷（2.33%）、柠檬烯（1.46%）、7,11- 二甲基 -3- 烯甲基 -1,6,10- 十二烯（1.19%）、2- 莕烯（1.07%）等（余炼等，2008）。顶空固相微萃取法提取的广东湛江产'金穗杧'新鲜果实香气的主要成分为，1- 甲基 -4-(1- 甲基乙烯基) 环己烯（74.85%）、3- 莕烯（5.38%）、反式石竹烯（5.30%）、葎草烯（3.17%）、α- 布藜烯（2.73%）、[1aR-(1a α,4α,4$a\beta$,7$b\alpha$)]-1a,2,3,4,4a,5,6,7b- 八氢 -1,1,4,7- 四甲基 -1H- 环丙 [e] 薁（1.43%）、α- 蒎烯（1.22%）等（马小卫等，2016）。

凯特杧（Kiett）：果实大型，单果重在 0.25～2kg 之间。肉多核薄，无纤维，肉质细腻，甜度高。同时蒸馏萃取法提取的广西百色产'凯特杧'新鲜果实香气的主要成分为，罗勒烯（18.57%）、2- 乙氧基丙烷（2.99%）、异松油烯（2.73%）、α- 石竹烯（1.15%）等（余炼等，2008）。顶空固相微萃取法提取的广东广州产'凯特杧'新鲜果肉香气的主要成分为，3- 长松针烯（91.27%）、(+)-4- 长松针烯（2.24%）、石竹烯（1.96%）、d- 柠檬烯（1.03%）等（刘传和等，2016）。顶空固相微萃取法提取的广东湛江产'凯特杧'新鲜果实香气的主要成分为，δ-3- 莕烯（66.38%）、反 - 丁子香烯（10.33%）、1R-α- 蒎烯（5.35%）、α- 蛇麻烯（5.15%）、甘油脂肪酸酯（5.15%）、α- 罗勒烯（4.45%）、α- 桂叶烯（2.12%）、α- 蛇床烯（2.07%）、2,2- 二甲基 -3- 乙烯基 - 二环 [2.2.1] 庚烷（1.06%）等（魏长宾等，2009）。

顶空固相微萃取法提取的海南产'凯特杧'热风干燥脆片香气的主要成分为，δ-3- 莕烯（23.12%）、5- 甲基呋喃醛（10.84%）、γ- 丁内酯（10.12%）、反式石竹烯（9.58%）、2- 甲基 -3- 羟甲基 -(2,4,4- 三甲戊苯基)- 丙酸酯（8.72%）、正十三烷（5.29%）、正十五烷（4.96%）、α- 石竹烯（4.75%）、正十六烷（4.01%）、2,5- 二甲基 - 正十四烷（3.27%）、α- 萜品油烯（2.37%）、七甲基壬烷（2.31%）、十二烷（1.87%）、壬醛（1.76%）、苯乙醛（1.59%）、2,5- 二甲基 - 正十三烷（1.52%）、正十七烷（1.33%）等；微波真空干燥脆片香气的主要成分为，γ- 丁内酯（13.11%）、δ-3- 莕烯（12.99%）、反式石竹烯（11.33%）、2- 甲基 -3- 羟甲基 -(2,4,4- 三甲戊苯基)- 丙酸酯（8.37%）、α- 石竹烯（5.94%）、正十七烷（5.50%）、2- 丁基辛醇（5.04%）、正十四烷（4.95%）、2,5- 二甲基 - 正十四烷（4.39%）、(1- 羟基 -2,4,4- 三甲基戊 -3- 基)-2- 甲基丙酸酯（4.27%）、壬醛（3.32%）、2,6- 二叔丁基对甲酚（2.81%）、正十六烷（2.81%）、2,5- 二甲基 -4- 羟基 -3(2H)- 呋喃酮（2.40%）、十二烷（2.01%）、1,1,4,7- 四甲基 -1H- 环丙烯（1.54%）、2,5- 二甲基 - 正十三烷（1.49%）、正二十一烷（1.48%）、姥鲛烷（1.24%）、正十五烷（1.23%）、6,10- 二甲基 -5,9- 十一双烯 -2- 酮（1.11%）

等；真空冷冻干燥脆片香气的主要成分为，正十三烷（12.37%）、正十五烷（11.51%）、正十七烷（8.22%）、2,5-二甲基-正十三烷（7.78%）、正十六烷（7.59%）、反式石竹烯（7.41%）、(E)-5-十八烯（7.17%）、十一烷基环戊烷（6.70%）、十二烷（5.18%）、δ-3-蒈烯（3.95%）、2,6-二叔丁基对甲酚（3.61%）、正十九烷（2.64%）、γ-丁内酯（2.59%）、壬醛（2.08%）、正二十一烷（1.82%）、2,5-二甲基-4-羟基-3(2H)-呋喃酮（1.78%）、萘（1.35%）、2,5-二甲基-正十四烷（1.08%）等（刘璇等，2013）。

吕宋杧（蜜杧、金钱杧、Carabo）： 原产菲律宾，中国引种较早。果实长卵形，先端较尖，平均单果重200~250g。果皮鲜黄色或深黄色，光滑。果肉橙黄色，肉质细滑，纤维极少，甜酸适度，核小而薄，品质上乘。溶剂萃取法提取的'吕宋杧'新鲜果实香气的主要成分为，异松油烯（31.84%）、棕榈酸（9.83%）、二丁基羟基甲苯（6.80%）、3-蒈烯（2.99%）、油酸（2.25%）、十四酸（2.09%）、反-14-十六碳烯（1.74%）、棕榈酸单甘油酯（1.46%）、松油烯（1.42%）、苧烯（1.27%）、1-苯甲氧基萘（1.10%）、2,2′,5,5′-四甲基-1,1′-联苯（1.08%）等（秦朗等，2009）。溶剂萃取法提取的云南保山产'吕宋杧'新鲜果肉香气的主要成分为，γ-萜烯（15.49%）、2,6-二叔丁基-4-甲基苯酚（10.04%）、Δ³-蒈烯（9.86%）、γ-羟基己酸内酯（6.41%）、石竹烯（5.11%）、2,6,8-三甲基癸烷（4.58%）、γ-松油烯（4.58%）、辛酸乙酯（4.40%）、辛醛（4.05%）、桉烯（3.87%）、3,7-二甲基-2,6-辛二烯醇丁酸酯（3.87%）、γ-侧柏烯（3.45%）等（李庆春等，1998）。顶空固相微萃取法提取的广东湛江产'吕宋杧'新鲜果实香气的主要成分为，α-萜品油烯（66.52%）、α-蛇床烯（6.78%）、(E)-丁酸香叶酯（3.83%）、异丁酸叶醇酯（2.80%）、δ-3-蒈烯（3.39%）、α-罗勒烯（2.48%）、乙酸松油酯（2.46%）、(E)-9-十八碳烯酸（2.03%）、丁酸戊酯（1.00%）等（魏长宾等，2009）。

马切苏（Maeheso）： 原产缅甸，晚熟。果实长椭圆形，有明显腹沟，果嘴突出明显。果实中等大，平均单果重270g。果皮黄色，果肉橙黄色，纤维较少，品质中等，是云南省主栽品种之一。溶剂萃取法提取的云南保山产'马切苏'杧果新鲜果肉香气的主要成分为，T-萜烯（37.39%）、桉烯（9.35%）、3-己烯-1-醇（7.01%）、2,6-二叔丁基-4-甲基苯酚（5.87%）、1,3,5-环庚三烯（4.09%）、石竹烯（3.51%）、3-甲异丙苯（2.34%）、3,7-二甲基-1,3,6-辛三烯（2.34%）、香芹酮（1.75%）、十八碳烯-9-炔-12-酸甲酯（1.75%）、己烯-3-醇丁酸酯（1.46%）等（李庆春等，1998）。

青杧： 果皮青绿色，果肉松软，带弹性，香甜。应用电子舌技术和顶空固相微萃取法提取的海南产'青杧'新鲜果实香气的主要成分为，(+)-4-蒈烯（44.95%）、3-蒈烯（25.63%）、a-桉叶烯（5.03%）、柠檬烯（3.94%）、(E)-3-己烯醛（3.50%）、3-己烯-1-醇（2.38%）、己醛（2.27%）、2-蒈烯（2.15%）、β-月桂烯（1.96%）、1-己醇（1.18%）、棕榈酸（1.24%）等（张浩等，2018）。

青皮杧（泰国白花杧、Okrong）： 原产泰国。果实肾形或长椭圆形，有明显腹沟。果皮青黄色或暗绿色，平均单果重200~250g，向阳面果肩有红晕。果肉淡黄色至奶黄色，质地柔滑，多汁，味甜清香，纤维极少，果皮薄。顶空固相微萃取法提取的'青皮杧'新鲜成熟果实果肉香气的主要成分为，萜品油烯（12.98%）、α-萜烯（10.42%）、3-蒈烯（8.91%）、(+)-2-蒈烯（5.22%）、邻伞花烃（3.78%）、柠檬烯（3.62%）、可巴烯（2.59%）、β-月桂烯（2.42%）、β-水芹烯（2.17%）、β-榄香烯（2.07%）、β-布藜烯（1.88%）、(+)-喇叭烯（1.63%）、顺式-β-金合欢烯（1.54%）、1,3,8-对薄荷三烯（1.52%）、α-水芹烯（1.50%）、α-依兰烯（1.40%）、1,5,8-对薄荷三烯（1.08%）、丁酸壬酯（1.06%）等（黄豆等，2021）。

秋杧（印度1号、印度901）： 原产印度，海南省主要栽培品种和果汁加工品种。果实斜卵形，平均单果重约200g或更大。成熟时果皮金黄色至橙黄色。果肉橙黄色，肉质较细滑，味浓甜而带椰乳芳香，纤维较少，品质较好。较耐贮运。顶空固相微萃取法提取的广东湛江产'秋杧'新鲜果实香气的主要成分为，α-蒎烯（84.62%）、$(1\alpha,4a\alpha,8a\alpha)$-1,2,3,4,4a,5,6,8a-八氢-7-甲基-4-亚甲基-1-(1-甲基乙基)-萘（3.23%）、反式石竹烯（3.12%）、葎草烯（1.39%）、罗勒烯（1.29%）等（马小卫等，2016）。

热农2号： 从美国'红芒'实生后代选育。果实椭圆形，果肩斜，中等偏小，平均单果重228.3g。果皮青熟时黄绿带紫红色，软熟后红黄色，果皮光滑，果粉厚。果肉黄色，肉质细腻，纤维中等。顶空固相微萃取法提取的广东湛江产'热农2号'杧果新鲜果实香气的主要成分为，萜品油烯（52.50%）、3-蒈烯（18.34%）、反式石竹烯（3.70%）、α-蒎烯（2.17%）、葎草烯（1.76%）、松油烯（1.72%）、甲基-5-亚甲基-8-(1-甲基乙基)-1,6-环癸二烯（1.44%）、1-甲基-4-(1-甲基乙烯基)苯（1.21%）、α-荜澄茄油烯（1.18%）等（马小卫等，2016）。

三年杧（金杧）： 云南省主要栽培品种之一。果实斜长卵形，中等偏小，平均单果重200g，味甜而微酸，汁多，香味浓，纤维较多，品质一般。溶剂萃取法提取的云南保山产'三年杧'新鲜果肉香气的主要成分为，异松油烯（44.28%）、γ-羟己酸内酯（6.98%）、γ-羟辛酸内酯（6.98%）、3,7-二甲基-1,3,6-辛三烯（6.18%）、柠檬烯（5.28%）、石竹烯（5.28%）、2,6-二叔丁基-4-甲基苯酚（4.99%）、6-丙基四氢化吡喃酮（4.49%）等（李庆春等，1998）。应用电子舌技术和顶空固相微萃取法提取的海南产'金杧'新鲜果实香气的主要成分为，3-己烯-1-醇（20.47%）、3-蒈烯（16.86%）、异松油烯（14.01%）、棕榈酸（8.70%）、(E,Z)-2,6-壬二烯醛（4.83%）、异丁香烯（2.82%）、辛酸乙酯（2.60%）、壬醛（2.57%）、a-桉叶烯（2.56%）、γ-辛内酯（2.43%）、柠檬烯（2.37%）、1-己醇（2.33%）、2-乙基-1-己醇（2.32%）、芳樟醇（1.56%）、β-月桂烯（1.40%）、邻苯二甲酸双十二酯（1.20%）、1-甲基-4-(1-甲基乙烯基)苯（1.13%）等（张浩等，2018）。

圣心： 果实短椭圆形，果咀稍突起，果实长8.9cm，果皮艳红色，表皮光滑，果核稍大。果肉黄色，质地细嫩，几无纤维，离核，味甜，清香，品质上等。顶空固相微萃取法提取的四川攀枝花产'圣心'杧果新鲜商熟期果实果肉香气的主要成分为，3-蒈烯（87.01%）、2-乙基己醇（2.24%）、环己烯（1.99%）、2,4(8)-p-孟二烯（1.83%）、反,顺-2,6-壬二烯醛（1.08%）等（梁敏华等，2020）。

实选： 顶空固相微萃取法提取的广东湛江产'实选'杧果新鲜果实香气的主要成分为，萜品油烯（47.95%）、3-蒈烯（12.96%）、3,6-二(N,N-二甲氨基)-9-甲基咔唑（12.60%）、瑟林烯（7.35%）、葎草烯（4.92%）、2-氯-4-(4-甲氧苯基)-6-(4-硝基苯基)嘧啶（4.29%）等（马小卫等，2016）。

四季杧： 果实长椭圆形，近生理成熟期时果皮灰绿色，后熟后鲜黄色。果肉橙黄色，肉厚，多汁，有少量纤维。顶空固相微萃取法提取的广东广州产'四季杧'新鲜果肉香气的主要成分为，3-长松针烯（89.97%）、(E,Z)-2,6-二甲基-2,4,6-辛三烯（1.91%）、α-布藜烯（1.83%）、α-愈创木烯（1.32%）、2,6-二甲基-2,4,6-辛三烯（1.17%）等（刘传和等，2016）。

汤米·阿京斯（汤米·阿特琼斯，Tommy At Kins）： 果实卵形至椭圆形，果肉橙红色，肉质结实爽滑。味浓甜，气味香。顶空固相微萃取法提取的海南儋州产'汤米·阿京斯'杧果新鲜果肉香气的主要成分为，3-蒈烯（35.51%）、苯甲醛（21.17%）、α-蒎烯（6.93%）、萜品油烯（5.96%）、月桂烯（4.66%）、反式石竹烯（4.02%）、柠檬烯（3.83%）、α-石竹烯（2.54%）、α-可巴烯（1.89%）、β-水芹烯（1.70%）、β-蒎烯（1.15%）、4-蒈烯（1.11%）、α-水芹烯（1.09%）等（乔飞等，2015）。

台杧： 台湾品种。口味浓，甜度高，具有香浓杧果味。顶空固相微萃取法提取的四川攀枝花产'台杄'新鲜成熟果实香气的主要成分为，α-蒎烯（17.73%）、2-蒈烯（9.28%）、β-瑟林烯（2.55%）等（王贵一等，2022）。

台农 1 号（台农杧）： 早熟品种。果实尖宽卵形，稍扁，较小，平均单果重 221g。果皮橘黄色，果肉橙黄色。肉质细嫩，多汁，纤维极少，甜度高，香气浓，品质优良。耐贮运。顶空固相微萃取法提取的广东广州产'台农 1 号'杧果新鲜果肉香气的主要成分为，3-长松针烯（91.54%）、(E,Z)-2,6-二甲基-2,4,6-辛三烯（2.37%）、2,6-二甲基-2,4,6-辛三烯（1.35%）、α-布藜烯（1.12%）等（刘传和等，2016）。顶空固相微萃取法提取的广西百色产'台农 1 号'杧果新鲜果肉香气的主要成分为，异松油烯（82.09%）、3-蒈烯（5.21%）、柠檬烯（4.35%）、罗勒烯（3.47%）、古巴烯（1.65%）等（左俊等，2008）。顶空固相微萃取法提取的广西百色产'台农 1 号'杧果新鲜成熟果实香气的主要成分为，萜品油烯（82.98%）、3-蒈烯（5.36%）、(+)-西尔维烯（2.14%）等（刘华南等，2022）。同时蒸馏萃取法提取的广西百色产'台农 1 号'杧果新鲜果实香气的主要成分为，异松油烯（21.77%）、罗勒烯（1.47%）等（余炼等，2008）。顶空固相微萃取法提取的海南昌江产'台农 1 号'杧果新鲜果实香气的主要成分为，α-异松油烯（63.35%）、3-蒈烯（5.42%）、(+)-4-蒈烯（3.19%）、柠檬烯（2.74%）、3-己烯-1-醇（2.17%）、β-月桂烯（1.12%）、2,6-壬二醛（1.10%）等（谢若男等，2018）。顶空固相微萃取法提取的广东东莞产'台农 1 号'杧果九成熟果实果肉香气的主要成分为，4-蒈烯（30.70%）、2,4-二叔丁基苯酚（25.50%）、d-柠檬烯（8.10%）、叶醇（5.07%）、丁酸乙酯（3.42%）、邻异丙基苯（3.19%）、乙醇（2.63%）、乙酸乙酯（1.92%）、3-蒈烯（1.69%）、2-己烯醛（1.51%）、2,6-二甲基苯乙烯（1.30%）、(E,Z)-2,6-壬二烯醛（1.17%）等（黄立标等，2023）。

文帝克（Vandyke）： 澳大利亚品种，果肉深黄色。顶空固相微萃取法提取的广东湛江产'文帝克'杧果新鲜果实香气的主要成分为，3-蒈烯（61.85%）、α-蒎烯（8.62%）、α-葎草烯（7.12%）、萜品油烯（4.89%）、双戊烯（3.14%）、β-水芹烯（2.55%）、β-瑟林烯（2.53%）、丁酰胺（1.60%）、N-(八豆酰基)噁唑烷-2-酮（1.34%）等（马玉华等，2015）。

香蕉杧： 顶空固相微萃取法提取的广东湛江产'香蕉杧'新鲜果实香气的主要成分为，萜品油烯（70.66%）、3-蒈烯（7.49%）、松油烯（1.72%）、α-布藜烯（1.60%）等（马小卫等，2016）。

香杧： 同时蒸馏萃取法提取的广西百色产'香杧'新鲜果实香气的主要成分为，异松油烯（19.80%）、罗勒烯（1.08%）等（余炼等，2008）。

象牙杧： 原产泰国。果实圆长肥大，微弯曲，平均单果重 680g，果形如象牙。果皮金黄色，向阳面鲜红色。果肉肥厚，鲜嫩多汁，味美可口，香甜如蜜。同时蒸馏萃取法提取的广西百色产'象牙杧'新鲜果实香气的主要成分为，异松油烯（77.47%）、罗勒烯（3.41%）、柠檬烯（1.85%）、2-蒈烯（1.57%）等（余炼等，2008）。顶空固相微萃取法提取的广东广州产'象牙杧'新鲜果实香气的主要成分为，(+)-4-长松针烯（38.74%）、3-长松针烯（21.79%）、香树烯（4.04%）、2-长松针烯（2.32%）、d-柠檬烯（2.13%）、(E)-丁酸-3-己烯酯（1.22%）、丁酸己酯（1.09%）等（刘传和等，2016）。顶空固相微萃取法提取的广东东莞产'象牙杧'九成熟果实果肉香气的主要成分为，d-柠檬烯（24.53%）、4-蒈烯（23.96%）、2,4-二叔丁基苯酚（14.06%）、2-己烯醛（5.60%）、邻异丙基苯（3.20%）、叶醇（2.18%）、蒎烯（2.10%）、(E,Z)-2,6-壬二烯醛（1.50%）、3-蒈烯（1.30%）、β-石竹烯（1.25%）、月桂烯（1.05%）等（黄立标等，2023）。

小鸡杧（圣德龙）： 缅甸品种。小果形，果肉丰满，肉多核小，口感香甜细腻。顶空固相微萃取法提取的广东湛江产'小鸡杧'新鲜果实香气的主要成分为，萜品油烯（78.11%）、叔丁基二甲基硅烷醇（4.55%）、3-蒈烯（4.06%）等（马小卫等，2016）。

小三年： 商熟期的果皮青色，完熟期的果皮黄色。动态顶空密闭循环吸附捕集法提取的云南产'小三年'杧果商熟期果肉香气的主要成分为，丙二酸（21.67%）、苯基缩水甘油酸甲酯（15.53%）、乙酸乙酯（11.51%）、β-榄香烯（9.98%）、4,6-壬二烯-8-炔-3-醇（9.09%）、石竹烯（6.19%）、5,6-二乙基-1,3-环己二烯（3.74%）、3,3-二甲基-1-丁炔（3.15%）、4-癸烯-6-炔（2.89%）、松油烯（2.28%）、吡喃酮烯（2.22%）、1,4-二苯基氨基脲（2.09%）、金合欢烯（1.54%）、2-甲基丁酸乙酯（1.25%）、6-甲叉-二环[3.1.0]己烷（1.11%）、对-1,4(8)-蓋二烯（1.05%）等（郑华等，2008）。

小台杧： 个头小，果皮黄色，厚度适中，肉质厚实，多汁爽嫩，口感细腻，润滑香甜，有淡淡的香味。顶空固相微萃取法提取的'小台杧'新鲜成熟果实果肉香气的主要成分为，萜品油烯（17.55%）、3-蒈烯（9.57%）、可巴烯（7.79%）、(+)-2-蒈烯（6.02%）、2,4-二甲基苯乙烯（3.79%）、柠檬烯（3.31%）、α-白菖考烯（3.10%）、对伞花烃（2.78%）、紫苏烯（2.59%）、β-水芹烯（2.24%）、β-月桂烯（2.17%）、顺式-穆罗拉-3,5-二烯（2.17%）、异长叶烯（2.02%）、α-依兰烯（1.95%）、2-丁烯酸-(Z)-甲酯（1.88%）、1,3,8-对薄荷三烯（1.49%）、α-布藜烯（1.40%）、α-水芹烯（1.30%）、1,2,3,3a,4,5,6,7-八氢-1,4-二甲基-7-(1-甲基乙烯基)-[1R-(1α,3$a\beta$,4α,7β)]-天蓝烯（1.30%）、1,5,8-对薄荷三烯（1.15%）、乙醇（1.04%）等（黄豆等，2021）。

兴热1号： 平均单果重312.6g，平均果长12.54cm。顶空固相微萃取法提取的广东湛江产'兴热1号'杧果新鲜果实香气的主要成分为，3-蒈烯（62.34%）、反式石竹烯（9.86%）、1,5,5-三甲基-6-甲基乙烯基环己烯（8.04%）、葎草烯（5.37%）、萜品油烯（3.23%）、柠檬烯（1.88%）等（马小卫等，2016）。

鹦鹉杧： 原产缅甸。果实纺锤状长椭圆形，单果重280～370g。果肉浅黄色。可溶性固形物18%～21%。顶空固相微萃取法提取的广东湛江产'鹦鹉杧'新鲜果实香气的主要成分为，异戊酸乙酯（39.21%）、3-甲基丁酸戊酯（17.94%）、仲辛醇（6.74%）、异戊酸丙酯（5.75%）、萜品油烯（2.68%）、苯丙醛（2.65%）等（马小卫等，2016）。

鹰嘴杧（Golek）： 印度尼西亚品种。果实外形美观，最长的果达23cm，果皮淡绿色。果肉橙红色，纤维极少或无，味甜，有香味，品质上等。核小。顶空固相微萃取法提取的四川攀枝花产'鹰嘴杧'新鲜成熟果实香气的主要成分为，罗勒烯（17.42%）、2,5-二甲基-3-乙烯基-2,4-己二烯（5.85%）、α-蒎烯（3.66%）、(Z)-3,7-二甲基-1,3,6-十八烷三烯（2.72%）等（王贵一等，2022）。

玉杧： 越南品种。果实椭圆形，皮薄易剥。果肉金黄色，肉厚核薄，香甜爽口，水分充足。顶空固相微萃取法提取的广西产'玉杧'新鲜成熟果实香气的主要成分为，(R)-1-甲基-5-(1-甲基乙烯基)环己烯（42.50%）、3-甲基-6-(1-甲基乙亚基)环己烯（19.08%）、γ-松油烯（13.99%）、α-蒎烯（1.50%）等；果干香气的主要成分为，3-甲基-6-(1-甲基乙亚基)环己烯（36.48%）、丁酸乙酯（11.60%）、(R)-1-甲基-5-(1-甲基乙烯基)环己烯（8.51%）、3-蒈烯（9.86%）、γ-松油烯（1.51%）等（任二芳等，2022）。

玉文杧： 果实长椭圆形，大型，单果重达1000～1500g，果皮紫红色，种核薄。果肉橙黄，果肉细腻，较多纤维质，口感佳，耐贮存。顶空固相微萃取法提取的贵州兴义产'玉文杧'新鲜成熟果实香气的主要成分为，α-蒎烯（66.52%）、萜品油烯（12.15%）、叶醇（5.83%）、3-己烯醛（4.34%）、β-蒎烯（1.86%）、双戊烯（1.78%）、异丁酸异戊酯（1.57%）、4-甲基-1-戊醇（1.31%）、3-羟基-2-丁酮（1.00%）等（康专苗等，2020）。

紫花杧（农院 3 号）： 从‘泰国杧’的实生后代中选出。果实斜长椭圆形，两端尖，单果重250～300g。果皮灰绿色，向阳面淡红黄色，后熟转深黄色。果皮蜡粉较厚，果肉橙黄色，酸甜适中，纤维极少，果汁较多，核小，肉质细嫩坚实，品质中等。同时蒸馏萃取法提取的广西百色产‘紫花杧’新鲜果实香气的主要成分为，异松油烯（21.36%）、6- 炔基 -4- 十六烯（1.93%）、罗勒烯（1.08%）、α- 蒎烯（1.02%）等（余炼等，2008）。顶空固相微萃取法提取的广东湛江产‘紫花杧’新鲜果实香气的主要成分为，萜品油烯（56.88%）、丙 / 丁 / 己内酯（5.82%）、八甲基 - 环四硅氧烷（5.79%）、4- 甲氧基 -2,5- 二甲基 -3(2H)- 呋喃酮（4.75%）、3- 蒈烯（3.09%）、α- 蒎烯（2.88%）、2- 氯 -4-(4- 甲氧基苯基)-6-(4- 硝基苯基)嘧啶（2.66%）、1- 甲基 -5- 甲基乙烯基 -8-(1- 甲基乙烯基)-1,6- 环癸二烯（1.50%）等（马玉华等，2015）。顶空固相微萃取法提取的广东湛江产‘紫花杧’新鲜果肉香气的主要成分为，对伞花烃（55.45%）、萜品油烯（25.42%）、3- 蒈烯（5.32%）、2- 蒈烯（4.90%）、1R-α- 蒎烯（2.54%）、异松油烯（1.97%）等（魏长宾等，2010）。

3.4 荔枝

荔枝（*Litchi chinensis* Sonn.） 为无患子科荔枝属植物荔枝的新鲜成熟果实，别名：大荔、离枝、丹荔，分布于福建、广东、广西、云南、四川、台湾。荔枝是起源于我国的世界级名果，是华南地区特色的大宗水果，种植面积及产量分别约占世界的 80% 和 75%。我国拥有丰富的荔枝种质资源。由于荔枝不易贮藏，采后极易褐变腐烂，因此常被用来加工成各类产品以延长货架期，荔枝果干具有加工量大、处理快速等特点，是中国现阶段主要的荔枝加工产品，在国内外市场上具有较高的经济价值。但由于荔枝品种不同，干制方式不一，风味亦不尽一致。

常绿乔木，高 10～15m。小叶 2 对或 3 对，长 6～15cm，宽 2～4cm。花序顶生。果卵圆形至近球形，长 2～3.5cm，成熟时通常暗红色至鲜红色；种子全部被肉质假种皮包裹。花期春季，果期夏季。喜高温高湿，喜光向阳，要求花芽分化期有相对低温，但最低气温在 –4～–2℃又会遭受冻害。喜富含腐殖质的深厚酸性土壤，怕霜冻。

荔枝营养丰富，含葡萄糖、蔗糖、蛋白质、脂肪以及维生素 A、维生素 B、维生素 C 等，并含叶酸、精氨酸、色氨酸等各种营养素，对人体健康十分有益。荔枝果肉入药，味甘、酸，性温，入心、脾、肝经，具有健脾生津、益气补血、理气止痛的功效，适用于身体虚弱、病后津液不足、脾虚久泻、血崩、胃寒疼痛、疝气疼痛等。荔枝还有补充脑细胞营养的作用，可改善失眠、健忘、多梦等症，并能促进皮肤新陈代谢，延缓衰老。然而，过量食用荔枝或某些特殊体质的人食用荔枝，均可能发生意外。在吃荔枝前后适当喝点盐水、凉茶或绿豆汤，或者把新鲜荔枝去皮浸入淡盐水中，放入冰柜里冰后食用，这样不仅可以防止虚火，还具有醒脾消滞的功效。另外，用荔枝壳煎水喝，能解荔枝热。成年人每天吃荔枝一般不要超过300g，儿童一次不要超过 5 枚。不要空腹吃荔枝，最好是在饭后半小时食用。因进食荔枝而引起低血糖者，要适量补充糖水。此外，糖尿病人慎吃；尽量不要吃水泡的荔枝。荔枝品种众多，果实香气成分的研究报道也比较多，不同品种的香气成分如下。

荔枝图 1

荔枝图 2

荔枝图 3

白蜡（白腊）： 广东早熟品种。果实近心形或卵圆形，平均单果重 19.3～29.8g，果皮薄而软，果肉白蜡色，肉质清甜，汁多，肉厚核小。顶空固相微萃取法提取的广东产'白蜡'荔枝新鲜成熟果实果肉香气的主要成分为，香叶醇乙酸酯（16.26%）、异松油烯（13.27%）、柠檬烯（7.69%）、香芳醇乙酸酯（7.22%）、姜烯（6.04%）、γ-杜松萜烯（5.72%）、β-蒎烯（5.48%）、香茅醇（3.90%）、3,7-二甲基-6-辛烯醇丁酸酯（2.94%）、雪松烯（2.80%）、β-花柏烯（2.03%）、δ-杜松萜烯（1.64%）、α-荜澄茄油萜（1.61%）、1,1-双环己基-庚烷（1.46%）、α-可巴烯（1.32%）、香叶烯（1.20%）、白菖油萜（1.13%）、柠檬醛（1.08%）、α-姜黄烯（1.06%）、长叶烯（1.02%）等（杨苞梅等，2014）。顶空固相微萃取法提取的广东产'白蜡'荔枝新鲜成熟果实果肉香气的主要成分为，金合欢醇（23.61%）、3,7-二甲基-2-辛烯-1-醇（9.96%）、1,1-二甲基-环丙烷（3.11%）、乙酸异丙酯（2.92%）、β-蒎烯（2.87%）、1-庚烯-3-醇（2.41%）、柠檬烯（2.17%）、乙偶姻（2.00%）、香叶醛（1.60%）、1-甲氧基-2-丙醇（1.53%）、异松油烯（1.47%）、(Z)-3,7-二甲基-3,6-辛二烯-1-醇（1.38%）、乙酸乙酯（1.34%）、甲基环戊烷（1.27%）、2-甲基-6-亚甲基-2,7-辛二烯-4-醇（1.00%）、丙酸芳樟酯（1.00%）等（郝菊芳等，2007）。

顶空固相微萃取法提取的广东广州产'白蜡'荔枝干燥果肉（果干）香气的主要成分（单位：μg/100g）为，丁香烯（1336.21）、乙醇（950.62）、α-姜黄烯（910.87）、[S-(R*,S*)]-5-(1,5-二甲基-4-乙烯基)-2-甲基-1,3-环己二烯（674.66）、(Z)-β-金合欢烯（610.70）、可巴烯（351.65）、(+)-δ-杜松烯（302.11）、2,6-二甲基-6-(4-甲基-3-戊烯基)-二环[3.1.1]庚-2-烯（263.72）、β-红没药烯（251.33）、乙酸（246.64）、荜澄茄烯（241.40）、萘（189.95）、香树烯（89.98）、甘香烯（78.34）、糠醛（61.96）、苯乙醇（50.39）等（郭亚娟等，2013）。

白糖荔： 果实形状像歪心形，个头中等，果壳纹路平滑。果肉晶莹剔透，汁水较少，很甜，甜而不腻。顶空固相微萃取法提取的广东广州产'白糖荔'干燥果肉（果干）香气的主要成分（单位：μg/100g）为，α-姜黄烯（5042.40）、乙醇（1265.32）、丁香烯（1127.61）、α-丁香烯（423.62）、乙酸（318.16）、糠醛（185.44）、β-红没药烯（161.87）、糠醇（123.92）、2,6-二甲基-6-(4-甲基-3-戊烯基)-二环[3.1.1]庚-2-烯（105.19）、丁内酯（67.41）、d-柠檬烯（62.94）、2,3-二氢-3,5-二羟基-6-甲基-四氢-吡喃-4-酮（53.31）等（郭亚娟等，2013）。

白糖罂（蜂糖罂、中华红）： 早熟品种，有二三百年的栽培历史。果穗成球，单果重 21～34g，果歪形或短歪心形，果皮薄，鲜红色。果肉白蜡色，肉质清甜汁多，肉厚核小，种子中大，品质上等。静态顶空固相微萃取法提取的广东从化产'白糖罂'荔枝新鲜成熟果实果汁香气的主要成分（单位：μg/L）为，d-柠檬烯（78.09）、乙醇（26.78）、乙酸乙酯（4.38）、月桂烯（3.56）、(+)-4-蒈烯（2.13）、乙酸（1.97）、香叶醇（1.95）、辛酸乙酯（1.93）、d-香茅醇（1.86）、芳樟醇（1.21）等（移兰丽等，2016）。顶空固相微萃取法提取的广东广州产'白糖罂'荔枝新鲜成熟果实果肉香气的主要成分（单位：μg/kg）为，乙醇（1074.62）、香叶醇（831.86）、青叶醛（455.99）、正己醛（406.28）、香茅醇（249.38）、(+)-柠檬烯（222.22）、月桂烯（193.41）、反式-2-己烯-1-醇（191.52）、萜品油烯（181.77）、邻伞花烃（137.06）、乙醛（77.79）、α-姜黄烯（73.88）、(E)-β-罗勒烯（67.97）、柠檬醛（61.36）、异戊烯醇（47.66）、α-姜烯（47.11）、罗勒烯（44.95）、1-辛烯-3-醇（41.81）、芳樟醇（34.65）、3-羟基-2-丁酮（32.97）等（蒋侬辉等，2023）。

顶空固相微萃取法提取的广东广州产'白糖罂'荔枝干燥果肉（果干）香气的主要成分（单位：μg/100g）为，乙醇（333.62）、α-姜黄烯（203.56）、丁香烯（151.93）、乙酸（95.01）、糠醛（80.09）等（郭亚娟等，2013）。

冰荔： 从自然实生群体中选育出来的新品种。果皮鲜红色，肉质细滑，清甜带蜜味，品质好。顶空固相微萃取法提取的广东湛江产'冰荔'新鲜成熟果实香气的主要成分为，正己醛（26.46%）、甲基庚烯酮（4.53%）、d-柠檬烯（4.00%）、双戊烯（3.84%）、α-依兰油烯（3.81%）、异戊烯醇（3.80%）、(E,E)-2,4-庚二烯醛（2.87%）、2-异丙基-5-甲基-9-亚甲基-二环[4.4.0]-1-癸烯（2.79%）、[S-(E,E)]-1-甲基-5-亚甲基-8-(1-异丙基)-1,6-环癸烯（2.59%）、庚醛（2.50%）、壬醛（2.48%）、反-2-辛烯醛（2.36%）、γ-依兰油烯（2.22%）、正辛醛（2.17%）、(1S,8aR)-1-异丙基-4,7-二甲基-1,2,3,5,6,8a-六氢萘（2.09%）、甲酸辛酯（1.90%）、正辛醇（1.85%）、(R)-(+)-β-香茅醇（1.78%）、(-)-α-蒎烯（1.67%）、(+)-环苜蓿烯（1.58%）、反式-2-己烯醛（1.58%）、2-己烯醛（1.58%）、(-)-α-荜澄茄油烯（1.25%）、反式-2-癸烯醛（1.03%）、庚醇（1.00%）等（董晨等，2022）。

　　赤叶： 晚熟。核大，水分多，甜度低。顶空固相微萃取法提取的广东广州产'赤叶'荔枝干燥果肉（果干）香气的主要成分（单位：μg/100g）为，α-姜黄烯（4410.45）、α-丁香烯（991.19）、乙醇（841.46）、[S-(R*,S*)]-5-(1,5-二甲基-4-乙烯基)-2-甲基-1,3-环己二烯（615.04）、糠醛（381.71）、丁香烯（321.78）、2,6-二甲基-6-(4-甲基-3-戊烯基)-二环[3.1.1]庚-2-烯（315.65）、可巴烯（241.29）、乙酸（229.80）、β-红没药烯（195.14）、二甲基硫醚（171.16）、萘（107.74）、荜澄茄烯（96.67）、3-羟基-2-丁酮（58.63）、丁内酯（57.69）、5-甲基-2-呋喃甲醛（53.37）等（郭亚娟等，2013）。

　　大新荔： 特早熟品种。顶空固相微萃取法提取的广西大新产'大新荔'新鲜成熟果实果肉香气的主要成分（单位：μg/kg）为，乙酸乙酯（464.35）、青叶醛（459.78）、梨醇酯（397.67）、乙醇（344.9）、异戊醇（308.76）、(E)-氧化芳樟醇（284.00）、异戊烯醇（215.23）、乙酸异戊酯（194.07）、反式-2-己烯-1-醇（178.42）、3-羟基-2-丁酮（172.19）、正己醇（128.91）、异戊烯醛（96.60）、芳樟醇（67.94）、2,3,5-三硫杂己烷（63.07）、(S)-氧化芳樟醇（62.07）、3-甲基-3-丁烯醇乙酸酯（59.35）、1-辛烯-3-醇（46.67）、正己醛（36.09）、壬醛（33.89）、苯乙醇（31.45）、2-甲基丁基乙酸酯（29.43）、二甲基三硫（23.59）、癸醛（22.10）等（蒋侬辉等，2023）。

　　妃子笑（绿荷包）： 广东著名品种之一。果实近圆形或倒卵形，果皮青红色，个大，平均单果重28.0～31.1g。果肉厚，白蜡色，清甜多汁，种子较小，品质优良。同时蒸馏萃取法提取的'妃子笑'荔枝果肉香气的主要成分为，2,3-脱氢-4-氧代-β-紫罗兰酮（20.05%）、十六烷（5.95%）、α-蒎烯（5.02%）、苯乙醇（3.82%）、十七烷（2.70%）、丙酸芳樟酯（2.51%）、莳醇（2.19%）、3,7-二甲基-1,6-辛二烯-3-醇（2.05%）、乙偶姻（1.84%）、十九烷（1.84%）、正十四醇（1.51%）等（徐禾礼等，2010）。同时蒸馏萃取法提取的广东茂名产'妃子笑'荔枝新鲜果肉香气的主要成分为，角鲨烯（32.18%）、邻苯二甲酸二异辛酯（10.16%）、二十四烷（7.17%）、正三十六烷（6.61%）、百秋李醇（5.95%）、碘十六烷（5.30%）、脱氢乙酸（4.83%）、2,4,6-三甲氧基苯乙酮（2.79%）、顺丁烯二酸酐（2.62%）、邻苯二甲酸二异丁酯（2.23%）、邻苯二甲酸二丁酯（2.23%）、5-丁基噁唑-2,4-二酮（2.13%）、三聚乙二醇单十二醚（1.88%）、3,3-二甲基-1-戊烯（1.57%）、四聚乙二醇单月桂醚（1.43%）、酞酸双(2-乙基己基)酯（1.07%）、甲基环戊烷（1.06%）等（邱松山等，2014）。顶空固相微萃取法提取的广东广州产'妃子笑'荔枝新鲜成熟果肉香气的主要成分为，橙花醇（16.68%）、α-萜品油烯（14.79%）、乙酸香茅酯（14.27%）、β-蒎烯（13.23%）、苧烯（12.89%）、香茅醇（8.42%）、α-姜烯（5.31%）、右旋大根香叶烯（3.75%）、α-姜黄烯（1.10%）等（冼继东等，2014）。静态顶空固相微萃取法提取的广东从化产'妃子笑'荔枝新鲜成熟果实果汁香气的主要成分（单位：μg/L）为，d-柠檬烯（69.68）、乙醇（13.85）、月桂烯（3.78）、(+)-4-蒈烯（2.52）、(Z)-3,7-二甲基-2,6-亚辛基-1-醇丙酸酯（2.43）、乙酸（2.03）、D-香茅醇（1.51）等（移兰丽等，2016）。顶空固相微萃取法提取的广东阳西产'妃子笑'荔枝新鲜成熟果实果汁香气的主要成分（单位：μg/mL）为，香茅醇（5.62）、香叶醇（2.69）、d-柠檬烯（1.68）、甲醚橙花醇（1.21）、异戊烯醇（1.12）、异香叶醇（1.01）、橙花醇（0.98）、(+)-4-蒈烯（0.83）、1-辛烯-3-醇（0.76）、β-月桂烯（0.60）、异丁子香烯（0.57）、β-甲醚香茅醇（0.53）等（邓雅妮等，2022）。

顶空固相微萃取法提取的广东广州产'妃子笑'荔枝干燥果肉（果干）香气的主要成分[单位（以干重计）：μg/100g]为，β-红没药烯（3255.10）、α-姜黄烯（2887.23）、乙醇（670.10）、(E)-β-金合欢烯（269.78）、丁香烯（228.15）、苯乙醇（158.74）、乙酸（128.58）、d-柠檬烯（123.57）、2,6-二甲基-6-(4-甲基-3-戊烯基)-二环[3.1.1]庚-2-烯（66.52）、3-羟基-2-丁酮（57.35）等（郭亚娟等，2013）。顶空固相微萃取法提取的广东茂名产'妃子笑'荔枝热泵干燥果肉（果干）香气的主要成分为，乙醇（16.11%）、苯乙醇（10.18%）、(S)-1-甲基-4-(5-甲基-1-亚甲基-4-乙烯基)-环己烯（8.59%）、[S-(R*,S*)]-5-(1,5-二甲基-4-乙烯基)-2-甲基-1,3-环己二烯（5.88%）、1-(1,5-二甲基-4-己烯基)-4-甲基苯（5.47%）、糠醛（5.43%）、3-羟基-2-丁酮（4.78%）、异戊醇（4.20%）、(E)-(+)-β-香茅醇（2.97%）、苯甲醛（2.58%）、香叶醇（1.94%）、苯甲醇（1.36%）、3-甲基-2-丁烯-1-醇（1.12%）、[S-(R*,S*)]-3-(1,5-二甲基-4-乙烯基)-6-亚甲基-环己烯（1.08%）等（杨韦杰等，2013）。

挂绿： 广东荔枝的名种之一。果实大如鸡蛋，核小如豌豆。果皮暗红带绿色，熟时红绿相间。肉厚爽脆，浓甜多汁，入口清香，风味独好。同时蒸馏萃取法提取的'挂绿'荔枝果肉香气的主要成分为，乙酸苄酯（27.80%）、香茅醇（17.82%）、乙基亚油酸酯（8.14%）、十八碳烯-9-酸甲酯（8.11%）、5-甲基-2-(1-甲基乙基)-环己酮（5.65%）、香茅醇乙酸酯（4.57%）、丙酸香叶酯（3.52%）、顺式玫瑰氧化物（3.37%）、苯甲醇（3.06%）、芳樟醇（2.86%）、α-胡椒烯（2.68%）、L-薄荷酮（1.21%）、柠檬烯（1.17%）等（徐禾礼等，2010）。

观音绿： 果实卵圆形，果皮微红带黄绿色，单果重21～25g。果肉细软、味清甜有香味，汁多化渣，品质优。顶空固相微萃取法提取的广东东莞产'观音绿'荔枝新鲜成熟果实香气的主要成分为，柠檬烯（7.13%）、乙酸乙酯（6.62%）、萜品油烯（6.54%）、月桂烯（6.25%）、梨醇酯（5.37%）、橙花醇（4.30%）、3-甲基-3-丁烯-1-醇（4.16%）、1-辛烯-3-醇（3.80%）、甲基丁烯醇（3.74%）、异戊烯醇（3.29%）、δ-愈创木烯（3.05%）、(Z)-3,7-二甲基-2,6-辛二烯-1-醇丙酸酯（2.55%）、1,2,4a,5,6,8a-六氢-4,7-二甲基-1-(1-甲乙基)-萘（2.15%）、六甲基环三硅氧烷（2.10%）、β-榄香烯（2.00%）、乙酸-3-甲基-3-丁烯-1-醇酯（1.96%）、间二甲苯（1.89%）、[1S-(1α,4α,7α)]-1,2,3,4,5,6,7,8-八氢-1,4-二甲基-7-(1-甲基乙烯基)-甘菊环（1.83%）、D-香茅醇（1.80%）、石竹烯（1.42%）、2-己烯醛（1.40%）、2-氨基-4-甲基苯甲酸（1.29%）、八甲基环四硅氧烷（1.15%）、芳樟醇（1.15%）、古巴烯（1.14%）、4-乙基-2-甲氧基苯酚（1.12%）、乙酸异戊酯（1.10%）、苯乙醇（1.10%）、对异丙基甲苯（1.09%）、(E)-2,2-二甲基-4-癸烯（1.02%）、2,2,4,6,6-五甲基-3-庚烯（1.00%）等（马锞等，2015）。

桂味（桂枝）： 因含有桂花香味而得名，中熟品种。有'全红'及'鸭头绿'两个品系。果实圆球形，中等大，平均单果重20.2～22.0g，果皮鲜红，果肩有墨绿色斑。果肉乳白色，柔软饱满，清甜多汁，核小。同时蒸馏萃取法提取的'桂味'荔枝果肉香气的主要成分为，α-蒎烯（46.41%）、柠檬烯（3.23%）、2-甲基-1-十六醇（2.51%）、顺式氧化芳樟醇（2.35%）、芳樟醇（2.11%）、异松油烯（2.11%）、3-甲硫基丙醛（2.02%）、苯乙醛（1.79%）、3,7,11-三甲基-1-十二烷醇（1.49%）、松油醇（1.36%）、十九烷（1.36%）、2,6,10-三甲基十四烷（1.09%）等（徐禾礼等，2010）。顶空固相微萃取法提取的广东广州产'桂味'荔枝常温保鲜果肉香气的主要成分为，10S,11S-H-3(12),4-二烯烃（42.67%）、α-古巴烯（20.35%）、1-

石竹烯（11.45%）、杜松烯（8.12%）、α- 石竹烯（3.30%）、(+)-α- 长叶蒎烯（2.19%）、异喇叭烯（1.67%）、1H- 苯并环庚烯（1.59%）、别香树烯（1.51%）、双环大牻牛儿烯（1.39%）等；预冷处理后果肉香气的主要成分为，α- 依兰烯（39.45%）、α- 古巴烯（22.32%）、1- 石竹烯（9.33%）、杜松烯（7.48%）、β- 依兰烯（5.52%）、α- 石竹烯（2.88%）、d- 芹子烯（1.57%）、(+)-D1(10)- 马兜铃烯（1.48%）、β- 古巴烯（1.42%）、别香树烯（1.39%）、γ- 雪松烯（1.34%）、(+)-α- 长叶蒎烯（1.29%）等（徐赛等，2016）。

顶空固相微萃取法提取的广东广州产'桂味'荔枝干燥果肉（果干）香气的主要成分（单位：μg/100g）为，乙醇（417.34）、(+)-δ- 杜松烯（402.39）、可巴烯（264.79）、丁香烯（175.40）、乙酸（98.51）、α- 丁香烯（76.40）、糠醛（66.08）等（郭亚娟等，2013）。

黑叶（乌叶、冰糖荔）： 果实短卵圆形，中等大，平均单果重 16.1～23.0g，果顶浑圆或钝，皮深红色，薄而韧。果肉乳白色，肉质软滑多汁，香甜可口，大核。同时蒸馏萃取法提取的'黑叶'荔枝果肉香气的主要成分为，柠檬烯（13.30%）、安息香醛（8.57%）、δ- 荜澄茄烯（7.20%）、1,6- 二甲基 -4-(1- 甲基乙基)- 萘（6.93%）、2- 乙基 -1- 己醇（6.88%）、2,6,10- 三甲基色氨酸正十四烷（6.41%）、香木兰烯（4.46%）、雪松烯（4.12%）、丙酸芳樟酯（4.00%）、苯乙醇（3.97%）、大香叶烯（3.46%）、松油醇（3.24%）、莳醇（3.24%）、苯甲酸甲酯（2.57%）、α- 芹子烯（1.87%）、4- 甲基 -1-(1- 甲乙基)-3- 环己烯 -1- 醇（1.38%）、1- 甲氧基 -3,7- 二甲基 -2,6- 顺辛二烯（1.38%）、苯乙醛（1.36%）、γ- 榄香烯（1.32%）、芳樟醇（1.12%）、δ- 杜松烯（1.12%）等（徐禾礼等，2010）。顶空固相微萃取法提取的广东产'黑叶'荔枝新鲜成熟果实果肉香气的主要成分为，惕格酸香茅酯（24.14%）、金合欢醇（21.17%）、β- 蒎烯（4.30%）、柠檬烯（3.47%）、4- 甲基 -3- 异丙叉 - 环己烯（3.24%）、(Z)-3,7- 二甲基 -3,6- 辛二烯 -1- 醇（3.07%）、香叶醛（2.30%）、1- 庚烯 -3- 醇（2.05%）、2- 甲基 -6- 亚甲基 -2,7- 辛二烯 -4- 醇（1.92%）、2- 乙基 -2- 丁烯醛（1.76%）、丙酸芳樟酯（1.73%）、甲基环戊烷（1.65%）、3,7,7- 三甲基 - 二环 [4.1.0] 庚烷（1.51%）等（郝菊芳等，2007）。用冷冻捕集法收集的福建龙溪产'乌叶'荔枝果实香气的主要成分为，乙酸（17.67%）、异戊醇（9.54%）、乙酸甲酯（7.89%）、间甲氧基乙苯（6.56%）、芳樟醇（4.31%）、4,8- 二甲基十一 -1,7- 二烯（4.29%）、苯并噻唑（3.73%）、异丁醇（3.00%）、3- 甲基 -2- 庚醇（2.84%）、1- 甲氧基 -3- 甲基 -2- 戊酮（2.53%）、3- 甲基 -3- 丁烯醛（2.15%）、2- 甲基 -2- 丁烯醛（2.03%）、正戊醇（1.80%）、2- 松油醇（1.35%）等（邢其毅等，1995）。

顶空固相微萃取法提取的广东广州产'黑叶'荔枝干燥果肉（果干）香气的主要成分（单位：μg/100g）为，丁香烯（1564.42）、α- 姜黄烯（1371.02）、乙醇（581.12）、α- 丁香烯（379.72）、可巴烯（227.34）、[S-(R*,S*)]-5-(1,5- 二甲基 -4- 乙烯基)-2- 甲基 -1,3- 环己二烯（205.94）、乙酸乙酯（176.07）、乙酸（157.35）、(+)-δ- 杜松烯（135.55）、(Z)-β- 金合欢烯（63.89）、萘（59.43）、荜澄茄烯（51.20）、β- 红没药烯（50.31）等（郭亚娟等，2013）。

槐枝（怀枝、淮枝）： 广东栽培最广、产量最多品种。果实圆球形或近圆形。果壳厚韧，深红色，龟裂片大。果肉乳白色，软清多汁，味甜带酸，核大而长，偶有小核。同时蒸馏萃取法提取的'槐枝'荔枝果肉香气的主要成分为，苯甲酸甲酯（7.11%）、莳醇（4.07%）、十六烷（3.27%）、3- 甲硫基丙醛（2.66%）、十七烷（2.50%）、α- 胡椒烯（2.16%）、异松油烯（1.86%）、紫穗槐烯（1.83%）、十八烷（1.74%）、苯乙醛（1.67%）、刺柏烯（1.47%）、十四烷（1.35%）、芳樟醇（1.20%）、香叶醇（1.05%）等（徐禾礼等，2010）。固相微萃取法提取的广东东莞产'槐枝'荔枝新鲜成熟果实香气的主要成分为，大根香叶烯 D（26.55%）、β- 香叶烯（11.03%）、2- 蒈烯（9.97%）、d- 柠檬烯（7.39%）、α- 依兰油烯（6.30%）、δ- 杜松烯（4.58%）、古巴烯（3.91%）、1,2,3,4,4a,5,6,8a- 八氢 -1- 异丙基 -4- 亚甲基 -7- 甲基萘（3.26%）、(+)- 环苜蓿烯（3.08%）、β- 荜澄茄油烯（2.89%）、橙花醇甲醚（2.11%）、α- 榄香烯（1.82%）、甘香烯

（1.32%）、β- 榄香烯（1.28%）、β- 香茅醇甲醚（1.24%）、α- 古芸烯（1.20%）、1- 甲氧基 -3,7- 二甲基 -2,6-辛二烯（1.16%）等（范妍等，2017）。静态顶空固相微萃取法提取的广东从化产‘怀枝’荔枝新鲜成熟果实果汁香气的主要成分（单位：μg/L）为：乙醇（14.35）、d- 柠檬烯（6.79）、乙酸香叶酯（6.58）、月桂烯（4.56）、乙酸仲辛酯（4.39）、n- 戊酸顺式 -3- 己烯 -1- 基酯（3.86）、异松油烯（3.53）、2,6- 二甲基 -2,6- 辛二烯（3.22）、乙酸（2.68）、3,5- 二甲基环己烯（2.52）、乙酸乙酯（2.01）、乙酸己酯（1.84）、(E)- 乙酸 -2-己烯 -1- 醇酯（1.72）、1-(1,5- 二甲基 -4- 己烯基)-4- 甲基苯（1.59）、异丙胺（1.40）、乙酸仲丁酯（1.35）、2-[2- 噻吩基] -4- 乙酰喹啉（1.35）、二甲基硫（1.21）、二氯甲烷（1.20）、3,7- 二甲基 -6- 辛烯醇丁酸酯（1.13）、辛烯 -1- 醇酯（1.10）等（移兰丽等，2016）。固相微萃取法提取的广东产‘槐枝’荔枝新鲜成熟果实果汁香气的主要成分（单位：μg/kg）为，香叶醇（123.74）、β- 月桂烯（71.28）、1- 辛烯 -3- 醇（69.81）、异戊烯醇（57.29）、d- 柠檬烯（42.86）、二甲硫基甲烷（37.85）、松油醇（23.52）、芳樟醇（17.60）、甲基苯乙基醚（16.64）、(E)-2- 己烯醛（13.98）、异香叶醇（13.98）、α- 罗勒烯（10.98）、4- 萜烯醇（10.72）、反式 -β- 罗勒烯（10.44）、α- 柠檬醛（10.26）、异罗勒烯（7.97）、邻异丙基苯（6.51）等（李镜浩等，2023）。

顶空固相微萃取法提取的广东广州产‘怀枝’荔枝干燥果肉（果干）香气的主要成分 [单位（以干重计）：μg/100g] 为，糠醛（339.54）、乙醇（310.83）、乙酸（131.75）、α- 依兰油烯（90.96）、丁香烯（76.00）、丁内酯（57.68）等（郭亚娟等，2013）。

鸡嘴： 果实大，肉厚爽口，核小，剥皮后干爽，味道清甜可口。顶空固相微萃取法提取的广东广州产‘鸡嘴’荔枝干燥果肉（果干）香气的主要成分 [单位（以干重计）：μg/100g] 为，乙醇（743.47）、丁香烯（354.79）、(+)-δ- 杜松烯（320.39）、可巴烯（289.80）、α- 依兰油烯（240.33）、乙酸（192.78）、(E)-β- 金合欢烯（133.19）、萘（106.89）、α- 姜黄烯（70.26）等（郭亚娟等，2013）。

井岗红糯： 从实生树中选出的晚熟品种。果实心形，果皮鲜红，平均单果重 23.5g。肉厚多汁，爽脆，甜度高，裂果少，品质优良。顶空固相微萃取法提取的广东湛江产‘井岗红糯’荔枝新鲜成熟果实果肉香气的主要成分为，橙花醇（18.79%）、3- 甲基 -2- 丁烯醛（8.05%）、β- 蒎烯（5.54%）、α- 依兰油烯（5.27%）、(R)-(+)-β- 香茅醇（4.58%）、3- 甲基 -2- 丁烯醇（4.52%）、3- 异丙基 -6- 亚甲基 -1- 环己烯（4.08%）、d- 柠檬烯（3.89%）、萜品油烯（2.44%）、蘑菇醇（2.31%）、1- 甲基 -3,7- 亚甲基 -2,6- 辛二烯（2.03%）、(1R,4aS,8aS)-7- 甲基 -4- 亚甲基 -1- 丙 -2- 基 -2,3,4a,5,6,8a- 六氢 -1H- 萘（1.90%）、柠檬醛（1.72%）、[S-(E,E)]-1- 甲基 -5- 亚甲基 -8-(1- 异丙基)-1,6- 环癸烯（1.65%）、2- 己烯醛（1.57%）、(E)-3,7- 二甲基 -2,6-辛二烯醛（1.56%）、(1S,8aR)-1- 异丙基 -4,7- 二甲基 -1,2,3,5,6,8a- 六氢萘（1.55%）、八甲基环四硅氧烷（1.51%）、苯乙醇（1.47%）、γ- 依兰油烯（1.46%）、甲酸辛酯（1.43%）、2- 异丙基 -5- 甲基 -9- 亚甲基 - 二环 [4.4.0]-1- 癸烯（1.39%）、β- 石竹烯（1.21%）、α- 愈创木烯（1.19%）、β- 榄香烯（1.12%）、4- 异丙烯基甲苯（1.09%）、(–)-α- 蒎烯（1.07%）、壬醛（1.06%）等（李金枝等，2023）。

荔枝王（紫娘喜）： 果实特大，单果重 42.3g，歪心形，果肩微耸，果顶尖圆，果皮紫红色，较厚。果肉乳白色，质地嫩滑多汁，味酸甜稍淡，品质中上。顶空固相微萃取法提取的广东产‘荔枝王’新鲜成熟果实果肉香气的主要成分为，乙偶姻（5.43%）、乙酸乙酯（4.62%）、甲基环戊烷（4.31%）、1- 甲氧基 -2-丙醇（3.24%）、2- 戊烯 -1- 醇（2.60%）、柠檬烯（2.26%）、2- 乙基 -2- 丁烯醛（1.37%）、3,3- 二甲基 - 己烷（1.29%）、β- 蒎烯（1.20%）、1,1- 二甲基 - 环丙烷（1.01%）等（郝菊芳等，2007）。

顶空固相微萃取法提取的广东广州产‘荔枝王’荔枝干燥果肉（果干）香气的主要成分（单位：μg/100g）为，丁香烯（1621.69）、乙醇（601.16）、d- 柠檬烯（87.15）、丁香烯氧化物（79.95）、可巴烯（71.74）、乙酸（67.51）、(+)-γ- 古芸烯（51.81）等（郭亚娟等，2013）。

岭丰糯：迟熟品种。果实外形与'糯米糍'相似，平均单果重21.5g。裂果率低，品质优良。固相微萃取法提取的广东东莞产'岭丰糯'荔枝新鲜成熟果实香气的主要成分为，β-香叶烯（23.17%）、蛇麻烯（18.16%）、2-蒈烯（18.14%）、d-柠檬烯（14.56%）、石竹烯（3.24%）、橙花醇甲醚（2.15%）、紫穗槐烯（1.70%）、长叶烯（1.52%）、古巴烯（1.48%）、δ-杜松烯（1.12%）、β-榄香烯（1.01%）等（范妍等，2017）。

　　糯米糍（米枝）：为广东价值最高的晚熟品种。果实扁心脏形，近圆形，果柄歪斜，大型果。果皮由黄蜡色至鲜红色。肉厚，核小，果肉黄白半透明，汁液多，味极甜，香浓，糯而嫩滑，品质优良。同时蒸馏萃取法提取的'糯米糍'荔枝果肉香气的主要成分为，α-芹子烯（40.64%）、α-愈创木烯（4.55%）、十五烷（4.44%）、异松油烯（4.15%）、反石竹烯（3.45%）、十六烷（2.97%）、苯并噻唑（2.22%）、柠檬烯（2.21%）、大香叶烯（1.39%）、芳樟醇（1.28%）等（徐禾礼等，2010）。顶空固相微萃取法提取的广东东莞产'糯米糍'荔枝新鲜成熟果实香气的主要成分为，β-香叶烯（18.56%）、2-蒈烯（14.05%）、d-柠檬烯（12.45%）、α-布藜烯（8.39%）、α-愈创木烯（5.98%）、橙花醇甲醚（4.40%）、β-榄香烯（3.94%）、乙酸-3-甲基-2-丁烯酯（3.88%）、石竹烯（3.72%）、2-甲基-1-丙烯苯（3.06%）、(−)-马兜铃烯（2.43%）、β-香茅醇甲醚（2.25%）、大根香叶烯D（2.08%）、乙酸-3-甲基丁酯（1.95%）、α-石竹烯（1.77%）、β-里哪醇（1.67%）、β-瑟林烯（1.02%）等（范妍等，2017）。顶空固相微萃取法提取的广东从化产'糯米糍'荔枝新鲜成熟果实香气的主要成分为，α-月桂烯（19.41%）、dl-柠檬烯（19.09%）、1-甲基-4-(1-甲基亚乙基)环己烯（18.28%）、1-甲氧基-3,7-二甲基-2,6-辛二烯（4.98%）、3-甲基-1-丁醇乙酸酯（4.50%）、3-甲基-2-丁烯-1-醇乙酸酯（4.02%）、δ-愈创木烯（3.46%）、(1α,4aα,8aα)-1,2,3,4,4a,5,6,8a-八氢-7-甲基-4-亚甲基-1-(1甲基乙基)-萘（3.10%）、α-榄香烯（2.49%）、α-2,2,6-四甲基环己基丙醇（2.16%）、[1S-(1α,4α,7α)]-1,2,3,4,5,6,7,8-八氢-1,4-二甲基-7-(1-甲基乙基)-甘菊环（1.93%）、1-甲基-4-(1-甲基乙基)-苯（1.33%）、[3aS-(3aα,3bα,4α,7α,7aS*)]-八氢-7-甲基-3-亚甲基-4-(1-甲基乙基)-1H-[1.2]环戊并[1.3]苯（1.26%）、反式-石竹烯（1.22%）、古巴烯（1.21%）、4-十八烷基吗啉（1.09%）、(+)-环苜蓿烯（1.03%）等（陈玉旭等，2009）。顶空固相微萃取法提取的广东从化产'糯米糍'荔枝新鲜成熟果实香气的主要成分为，Δ-愈创木烯（11.48%）、1-甲基-4-(1-甲基-亚乙烯基)-环己烯（8.55%）、α-榄香烯（8.27%）、D-大香叶烯（7.91%）、1-甲氧基-3,7-二甲基-2,6-辛二烯（7.57%）、α-月桂烯（6.50%）、dl-柠檬烯（5.71%）、[1S-(1a,4a,7a)]-1,2,3,4,5,6,7,8-八氢-1,4-二甲基-7-(1-甲基乙基)-甘菊环（5.51%）、反式-石竹烯（3.30%）、α-香茅醇（2.51%）、α-依兰油烯（2.41%）、(+)-环苜蓿烯（1.98%）、(1α,4aα,8aα)-1,2,3,4,4a,5,6,8a-八氢-7-甲基-4-亚甲基-1-(1-甲基乙基)-萘（1.85%）、α-荜草烯（1.77%）、橙花醇（1.32%）、3,12-二甲基-6,7-二氮-3,5,7,9,11-五烯-1,13-二炔（1.20%）等（蔡长河等，2009）。

　　顶空固相微萃取法提取的广东广州产'糯米糍'荔枝干燥果肉（果干）香气的主要成分（单位：μg/100g）为，α-布藜烯（3805.15）、α-愈创木烯（2386.58）、丁香烯（1449.98）、乙醇（1293.89）、α-丁香烯（849.68）、β-瑟林烯（555.11）、萘（317.30）、(+)-γ-古芸烯（273.54）、乙酸（259.66）、(+)-δ-杜松烯（247.80）、可巴烯（244.07）、荜澄茄烯（243.07）、苯乙醇（165.92）、甘香烯（94.59）、d-柠檬烯（63.10）、3-羟基-2-丁酮（57.33）、糠醛（56.71）等（郭亚娟等，2013）。顶空固相微萃取法提取的广东从化产'糯米糍'荔枝干燥果肉香气的主要成分为，Δ-愈创木烯（15.96%）、α-愈创烯（9.85%）、反式-石竹烯（9.11%）、α-蛇床烯（8.52%）、α-荜草烯（6.22%）、4-甲基-1-(1-甲乙基)-3-环己烯-1-醇（4.60%）、4-甲基-3-戊烯-2-酮（4.44%）、2-乙基己醇（4.17%）、α-榄香烯（3.95%）、3-甲基-1-丁醇（3.46%）、苯乙醇（3.24%）、3-甲基-1-丁醇乙酸酯（3.20%）、藿香萜烯（2.44%）、α-月桂烯（1.81%）、1-甲氧基-3,7-二甲基-2,6-辛二烯（1.42%）、苯甲醛（1.32%）、绿花白千层醇（1.30%）、α-荜澄茄油烯（1.12%）、α-古巴苯（1.04%）等（蔡长河等，2009）。顶空固相微萃取法提取的广东从化产'糯米糍'荔枝半干型果肉香气的

主要成分为，丁基羟基甲苯（14.97%）、壬醛（8.24%）、正己醛（8.08%）、顺 - 水合桧烯（6.72%）、Δ- 愈创木烯（6.63%）、α- 榄香烯（6.20%）、dl- 柠檬烯（4.69%）、反 - 水合桧烯（3.94%）、2,6,10- 三甲基色氨酸正十四烷（3.31%）、反 - 石竹烯（3.20%）、1- 甲氧基 -3,7- 二甲基 -2,6- 顺辛二烯（3.01%）、1,2,3,4,5,6,7,8- 八氢 -1,4- 二甲基 -7-(1- 甲基乙烯基)-,[1S-(1α,4α,7α)]- 甘菊环（2.73%）、4- 甲基 -1-(1- 甲基乙基)-3- 环己烯 -1- 醇（2.36%）、1-(2- 三甲硅烷氧基 -1,1- 二氘乙烯基)-4- 三甲硅烷氧基 - 苯（2.18%）、α- 蛇麻烯（2.11%）、1,4- 二甲基 -7-(1- 甲基乙基)- 甘菊环（1.85%）、十甲基 - 环戊硅氧烷（1.73%）、大香叶烯 -D（1.49%）、辛烯醛（1.28%）、(+)- 香橙烯（1.26%）、2,6- 二甲基 -2- 辛烯（1.14%）、5-aminorubicene（1.03%）等（蔡长河等，2007）。

钦州红： 广西钦州以 '黑叶' 与 '香荔' 自然杂交选出的优良品种。果实卵圆形，硕大，平均单果重 44.7g。果皮颜色红艳，果肉厚，肉质爽脆多汁，汁不易溢出，味清甜，有特殊香味，种子小，品质上等。顶空固相微萃取法提取的广东广州产 '钦州红' 荔枝干燥果肉（果干）香气的主要成分 [单位（以干重计）：μg/100g] 为，α- 姜黄烯（3094.39）、丁香烯（865.26）、乙醇（820.39）、α- 丁香烯（263.23）、[S-(R*,S*)]-5-(1,5- 二甲基 -4- 乙烯基)-2- 甲基 -1,3- 环己二烯（216.34）、乙酸（137.40）、β- 红没药烯（91.65）、可巴烯（84.51）、乙酸乙酯（80.41）、2,6- 二甲基 -6-(4- 甲基 -3- 戊烯基)- 二环 [3.1.1] 庚 -2- 烯（72.53）、3- 羟基 -2- 丁酮（53.44）等（郭亚娟等，2013）。

三月红： 特早熟种。果实心脏形，上广下尖，皮厚，淡红色。肉黄白，微韧，组织粗糙，核大，味酸带甜，食后有余渣。静态顶空固相微萃取法提取的广东从化产 '三月红' 荔枝新鲜成熟果实果汁香气的主要成分（单位：μg/L）为：乙醇（38.18）、2- 烯醛（19.37）、己醛（10.14）、正己醇（2.68）、异戊醇（2.60）、乙醛（2.57）、乙酸乙酯（2.00）、乙酸（1.89）、4- 戊烯 -1- 乙酸酯（1.54）等（移兰丽等，2016）。顶空固相微萃取法提取的广东广州产 '三月红' 荔枝新鲜成熟果实果肉香气的主要成分（单位：μg/kg）为，异戊醇（954.30）、乙醇（927.16）、青叶醛（563.71）、正己醇（411.60）、正己醛（267.44）、苯乙醇（202.37）、乙酸乙酯（194.52）、香茅醇（176.28）、1- 辛烯 -3- 醇（170.02）、香叶醇（107.63）、乙醛（93.43）、3- 羟基 -2- 丁酮（83.67）、苯甲酸异戊酯（59.31）、异戊烯醛（55.61）、异戊酸（46.62）、异戊醛（30.62）、壬醛（30.40）、左旋玫瑰醚（26.57）、乙酸异戊酯（26.08）、3- 甲基 -3- 丁烯醇乙酸酯（22.98）、苯甲醛（21.63）、(+)- 柠檬烯（21.59）、(E)- 玫瑰醚（18.80）、苯甲醇（18.40）、甲基庚烯酮（16.91）、正辛醇（16.24）、月桂烯（16.22）、癸醛（15.05）、δ- 杜松烯（11.90）、苯乙醛（11.47）、十四烷（10.02）等（蒋依辉等，2023）。

双肩玉荷包（长叶子、双关子）： 已有近千年栽培历史的迟熟地方品种。果大，单果重 25～34g，果形圆正，双肩隆起，果色鲜红间少泽绿或蜡黄，外果皮厚，少裂果，耐贮运。果肉厚，坚实，晶莹透明，肉脆，味清甜，糖酸度合适，口感好，品质上乘。顶空固相微萃取法提取的广东产 '双肩玉荷包' 荔枝新鲜成熟果实果肉香气的主要成分为，十四甲基环七硅氧烷（21.37%）、丙烯酸丁酯（8.35%）、十二甲基五硅氧烷（7.20%）、邻苯二甲酸二异丁酯（6.42%）、石竹烯（3.91%）、丁酸香叶酯（3.18%）、十二甲基环六硅氧烷（3.17%）、1-(2- 呋喃基)-1,2- 丁二醇（2.65%）、香叶烯（2.64%）、丁酸丁酯（2.59%）、橙花醇（2.55%）、α- 石竹烯（2.37%）、异松油烯（2.26%）、香附烯（1.79%）、β- 榄香烯（1.60%）、茴香醇（1.25%）、2- 乙基己醇（1.22%）、α- 荜澄茄油萜（1.20%）、4- 萜烯醇（1.11%）、δ- 杜松萜烯（1.08%）、香橙烯（1.08%）、δ- 愈创木烯（1.04%）等（杨苞梅等，2014）。

水东： 早熟品种。顶空固相微萃取法提取的广东广州产 '水东' 荔枝新鲜成熟果实果肉香气的主要成分（单位：μg/kg）为，香茅醇（7434.17）、乙醇（1240.82）、异戊醇（456.01）、萜品油烯（415.48）、乙酸乙酯（337.55）、月桂烯（267.18）、(+)- 柠檬烯（252.56）、β- 香茅醇甲醚（243.03）、香叶醇（194.36）、青叶醛（139.83）、乙酸异戊酯（120.66）、左旋玫瑰醚（118.47）、1- 辛烯 -3- 醇（112.99）、芳樟醇（108.08）、正己醇（95.15）、乙酸香茅酯（90.52）、柠檬醛（64.83）、(S)- 氧化芳樟醇（59.24）、邻伞花烃（42.69）、α- 松油醇（40.05）、乙醛（34.07）、正己醛（31.69）、异香叶醇（30.50）、异戊烯醇（26.66）、橙花醇甲醚（24.99）、2,3- 丁二醇（23.10）、苯甲醛（23.00）、(E)- 玫瑰醚（22.63）、3- 甲基 -3- 丁烯醇乙酸酯（21.82）、香茅醛（20.97）等（蒋依辉等，2023）。

水晶球： 广东地方品种，有数百年栽培历史。果肉爽脆清甜，肉色透明，果核细小，果肉白色，味甘，香沁肺腑。顶空固相微萃取法提取的广东广州产'水晶球'荔枝干燥果肉（果干）香气的主要成分 [单位（以干重计）：μg/100g] 为，丁香烯（777.02）、乙醇（357.66）、α- 丁香烯（285.09）、糠醛（268.09）、乙酸（258.80）、(+)-δ 杜松烯（205.10）、α- 依兰油烯（93.81）、荜澄茄烯（78.63）、3- 羟基 -2- 丁酮（58.38）、萘（50.22）等（郭亚娟等，2013）。

无核荔： 广东荔城廖村的特有品种。果型、味道像'桂味'，比'桂味'小一半，无核或只有一点核，一般两三只结在一起，一枝三串，特别爽口。顶空固相微萃取法提取的海南澄迈产'无核荔'新鲜成熟果实果肉香气的主要成分为，香橙烯（43.18%）、石竹烯（21.07%）、α- 石竹烯（9.06%）、α- 依兰油烯（3.53%）、α- 可巴烯（3.48%）、d- 杜松萜烯（3.42%）、g- 杜松萜烯（1.87%）、大根香叶烯（1.24%）、β- 雪松烯（1.08%）、长叶环烯（1.02%）等（姚丽贤等，2019）。

无核荔枝王： 果形大，短心形，皮色鲜红，平均单果重 43.6g。无核率在 90% 以上。果肉如凝脂，清爽多汁不外溢，味甜带蜜香，品质中上。顶空固相微萃取法提取的广东广州产'无核荔枝王'干燥果肉（果干）香气的主要成分（单位：μg/100g）为，丁香烯（1797.21）、α- 丁香烯（990.71）、乙醇（663.42）、可巴烯（489.79）、萘（351.26）、(+)-δ 杜松烯（321.95）、α- 依兰油烯（321.14）、乙酸（249.47）、β- 红没药烯（131.92）、d- 柠檬烯（120.93）、丁香烯氧化物（118.19）、荜澄茄烯（67.09）、糠醛（54.33）等（郭亚娟等，2013）。

犀角子： 中熟种。果实长卵形或长心形，果皮暗红带绿。果肉白蜡色，肉质软滑，多汁，味甜有香味。果大肉厚核小，风味好。顶空固相微萃取法提取的广东广州产'犀角子'荔枝干燥果肉（果干）香气的主要成分 [单位（以干重计）：μg/100g] 为，糠醛（171.32）、α- 姜黄烯（159.64）、乙醇（142.47）、二甲基硫醚（108.62）、乙酸（101.03）、β- 红没药烯（78.67）、丁内酯（75.67）、3- 羟基 -2- 丁酮（65.81）、苯乙醇（55.85）、丁香烯（50.85）等（郭亚娟等，2013）。

细核荔： 为广东五华传统农家品种。果皮淡红色，龟裂片小，核极小或仅有痕，果肉肥厚，爽脆，味甜。顶空固相微萃取法提取的广东广州产'细核荔'干燥果肉（果干）香气的主要成分 [单位（以干重计）：μg/100g] 为，丁香烯（2215.46）、α- 丁香烯（806.30）、糠醛（448.97）、(+)-δ 杜松烯（379.51）、可巴烯（332.95）、二甲基硫醚（166.68）、α- 依兰油烯（161.12）、乙酸（117.40）、萘（101.72）、乙醇（86.33）、α- 姜黄烯（83.32）、荜澄茄烯（79.74）、丁香烯氧化物（51.33）等（郭亚娟等，2013）。

香蜜早： 特早熟品种。顶空固相微萃取法提取的广东茂名产'香蜜早'荔枝新鲜成熟果实果肉香气的主要成分（单位：μg/kg）为，乙醇（777.84）、异戊醇（710.24）、青叶醛（679.72）、正己醛（422.67）、乙酸乙酯（217.04）、异戊烯醛（155.73）、1- 辛烯 -3- 醇（101.69）、香茅醇（98.88）、乙醛（85.71）、苯乙醇（81.25）、左旋玫瑰醚（67.95）、乙酸异戊酯（56.85）、癸醛（46.36）、香叶醇（39.89）、3- 甲基 -3- 丁烯醇乙酸酯（37.39）、(+)- 柠檬烯（36.17）、壬醛（33.00）、异戊酸（31.23）、柠檬醛（26.54）、β- 石竹烯（23.3）、苯甲酸异戊酯（21.59）、(E)- 玫瑰醚（21.17）、δ- 杜松烯（20.80）、甲基庚烯酮（19.28）、α- 古巴烯（16.47）、正辛醇（13.66）、异戊醛（13.60）、芳樟醇（12.63）、梨醇酯（12.14）、苯甲醛（10.43）等（蒋依辉等，2023）。

雪怀子： 晚熟品种。果大，歪心形。果皮深红色，皮薄易剥，果肩微耸。果肉白蜡色，肉质结实，肉质爽甜。顶空固相微萃取法提取的广东广州产'雪怀子'荔枝干燥果肉（果干）香气的主要成分［单位（以干重计）：μg/100g］为，丁香烯（1194.30）、糠醛（614.81）、(+)-δ-杜松烯（505.03）、乙醇（396.90）、乙酸（337.71）、可巴烯（331.45）、甘香烯（223.48）、二甲基硫醚（210.45）、匙叶桉油烯醇（147.62）、β-榄香烯（138.77）、d-柠檬烯（90.17）、5-甲基-2-呋喃甲醛（86.18）、α-古芸烯（79.51）、α-布藜烯（62.92）、异喇叭烯（60.70）、丁内酯（59.55）、2,3-二氢-3,5-二羟基-6-甲基-四氢-吡喃-4-酮（56.31）等（郭亚娟等，2013）。

胭脂红： 外形有点像'糯米糍'，比'糯米糍'大三分之一，小核肉厚，口感一般，观赏性强。顶空固相微萃取法提取的广东广州产'胭脂红'荔枝干燥果肉（果干）香气的主要成分［单位（以干重计）：μg/100g］为，丁香烯（3384.83）、可巴烯（1757.95）、(+)-δ-杜松烯（1631.22）、α-丁香烯（1199.57）、荜澄茄烯（607.18）、乙醇（508.06）、δ-杜松烯（304.16）、糠醛（302.80）、甘香烯（241.66）、香树烯（226.07）、苯乙醇（224.48）、萘（189.55）、乙酸（187.30）、α-古芸烯（106.41）、d-柠檬烯（103.62）、(+)-香橙烯（84.99）、β-榄香烯（77.76）、丁香烯氧化物（73.19）、α-荜澄茄烯（55.01）、(−)-4-萜品醇（54.37）、苯甲醛（54.00）等（郭亚娟等，2013）。

玉荷包： 同时蒸馏萃取法提取的'玉荷包'荔枝果肉香气的主要成分为，1-甲氧基-2-丙醇（50.28%）、乙偶姻（4.12%）、柠檬烯（3.99%）、十五烷（2.63%）、十九烷（1.91%）、芳樟醇（1.80%）、二十二烷（1.42%）、十四烷（1.34%）、α-蒎烯（1.21%）、橙花叔醇（1.15%）等（徐禾礼等，2010）。顶空固相微萃取法提取的广东广州产'玉荷包'荔枝干燥果肉（果干）香气的主要成分［单位（以干重计）：μg/100g］为，丁香烯（2575.71）、α-布藜烯（2097.13）、α-愈创木烯（1169.42）、α-丁香烯（1006.44）、可巴烯（651.16）、(+)-δ-杜松烯（554.47）、乙醇（341.43）、乙酸（135.48）、β-瑟林烯（121.55）、(+)-γ-古芸烯（106.57）、β-榄香烯（62.60）、萘（60.69）、丁香烯氧化物（52.44）等（郭亚娟等，2013）。

御金球： 果实中等大，圆球形，果皮鲜红，微带金黄色。肉质嫩滑，风味浓郁，品质优。顶空固相微萃取法提取的广东珠海产'御金球'荔枝新鲜成熟果实果肉香气的主要成分为，大根香叶烯D（20.61%）、α-依兰油烯（8.37%）、1-甲氧基-3,7-二甲基-2,6-辛二烯（6.93%）、榄香烯（6.03%）、油酸酰胺（5.74%）、月桂烯（4.92%）、α-异松油烯（3.89%）、柠檬烯（3.81%）、香橙烯（3.25%）、γ-依兰油烯（3.14%）、γ-杜松烯（2.92%）、α-蒎烯（2.41%）、(+)-环苜蓿烯（1.88%）、1-乙酰基-16,17-双脱氢-(9CI)-curan-20-醇（1.71%）、(+)-δ-杜松烯（1.61%）、β-榄香烯（1.45%）、邻苯二甲酸二辛酯（1.36%）、乙酸香茅酯（1.14%）等（蒋依辉等，2016）。

扎死牛（隔夜馊）： 个头大，比乒乓球还大。果肉淡而有一股馊味。产量高，品质差。顶空固相微萃取法提取的广东广州产'扎死牛'荔枝干燥果肉（果干）香气的主要成分（单位：μg/100g）为，丁香烯（2335.73）、α-姜黄烯（962.06）、[S-(R*,S*)]-5-(1,5-二甲基-4-乙烯基)-2-甲基-1,3-环己二烯（693.03）、乙醇（669.07）、可巴烯（282.06）、β-红没药烯（281.04）、2,6-二甲基-6-(4-甲基-3-戊烯基)-二环[3.1.1]庚-2-烯（219.89）、乙酸（219.31）、(+)-δ-杜松烯（216.09）、荜澄茄烯（208.79）、糠醛（187.74）、异长叶烯（125.47）、α-丁香烯（114.07）、δ-杜松烯（92.84）、d-柠檬烯（69.45）等（郭亚娟等，2013）。

绉纱球：果形与桂味相似，比'桂味'小，果身稍长，成熟时皮色依然偏青不红。核小肉厚，味特别清甜而爽脆。顶空固相微萃取法提取的广东广州产'绉纱球'荔枝干燥果肉（果干）香气的主要成分（单位：μg/100g）为，(+)-δ-杜松烯（983.85）、乙醇（827.83）、糠醛（686.70）、丁香烯（388.66）、α-丁香烯（343.24）、香树烯（235.01）、乙酸（218.36）、β-红没药烯（176.86）、可巴烯（130.47）、苯乙醇（126.65）、异长叶烯（115.81）、荜澄茄烯（113.32）、d-柠檬烯（111.99）、2,3-二氢-3,5-二羟基-6-甲基-四氢-吡喃-4-酮（85.05）、(−)-4-萜品醇（68.54）、5-甲基-2-呋喃甲醛（65.56）等（郭亚娟等，2013）。

3.5 龙眼

龙眼（*Dimocarpus longan* **Lour.**）为无患子科龙眼属植物龙眼的新鲜成熟果实，别名：桂圆、圆眼，分布于广西、广东、福建、台湾、海南、云南。龙眼是我国南方名优水果之一，被推崇为"南方人参"。龙眼的栽培历史已有2000多年。我国是龙眼的原产国和最大的龙眼生产国，种植面积和产量分别占世界的73.6%和59.7%。经过长期的品种收集和驯化，形成了丰富的种质资源库。全国有300多个品种（系）。龙眼不耐贮藏，常加工成果干等食用，是龙眼的主要加工产品。

龙眼图2

龙眼图1

常绿大乔木，高 10～40m。小叶 4～5 对，长 6～15cm，宽 2.5～5cm。花序大型，顶生和近枝顶腋生，花瓣乳白色。果近球形，直径 1.2～2.5cm，通常黄褐色或有时灰黄色，外面稍粗糙，或少有微凸的小瘤体；种子茶褐色，被肉质的假种皮包裹。花期春夏间，果期夏季。是亚热带果树，喜高温多湿。耐旱、耐酸、耐瘠，忌浸。

龙眼为著名的南方水果，营养丰富，被推崇为"南方人参"。龙眼含丰富的葡萄糖、蔗糖和蛋白质等，每 100g 果肉中含全糖 12%～23%、葡萄糖 26.91%、酒石酸 1.26%、蛋白质 1.41%、脂肪 0.45%、维生素 C 163.7mg、维生素 K 196.6mg，还有维生素 B_1、维生素 B_2、维生素 PP 等。现代医学认为，龙眼有壮阳益气、补益心脾、养血安神、润肤美容等多种功效，可治疗贫血、心悸、失眠、健忘、神经衰弱及妇女产后身体虚弱等症。龙眼肉还具有免疫调节、延缓衰老和抗癌等作用。研究发现，龙眼肉除了对全身有补益作用外，对脑细胞特别有效，能增强记忆、消除疲劳。经过处理制成果干，每 100g 含糖 74.6g、铁 35mg、钙 2mg、磷 110mg、钾 1200mg 等，还有多种氨基酸、皂素、X- 甘氨酸、鞣质、胆碱等，这是其强大滋补能力的来源。不同品种龙眼果肉香气成分如下。

草铺： 中迟熟种。果实圆球形或略扁圆形，中等大。果皮赤褐色或黄灰褐色，有龟状纹。果肉白蜡色至浅黄蜡白色，半透明，离核较易。品质上等。顶空固相微萃取法提取的广东饶平产'草铺'龙眼新鲜成熟果实果肉香气的主要成分为，β- 罗勒烯（32.95%）、别罗勒烯（17.86%）、(3*E*,5*E*)-2,6- 二甲基 -1,3,5,7- 辛二烯（13.71%）、2,4- 二甲基苯乙烯（6.91%）、β- 罗勒烯异构体（5.10%）、1- 异丙烯基 -3- 甲基苯（3.46%）、间二甲苯（2.84%）、*p*- 伞花烃（1.80%）、反式 -β- 金合欢烯（1.74%）、β- 石竹烯（1.57%）、辛酸乙酯（1.29%）、1,3,8- 对薄荷 - 三烯（1.03%）、香叶酸甲酯（1.00%）等（萧奕童等，2021）。

储良： 鲜食与加工兼优的良种，被誉为"果中神品""南方人参"。果实扁圆形，果皮黄褐色。果肉乳白色不透明，肉身厚，爽脆，味浓甜。果核较小。加工后的桂圆肉黄净，半透明。顶空固相微萃取法提取的广东东莞产'储良'龙眼新鲜成熟果实果肉香气的主要成分为，反式 - 罗勒烯（92.40%）、2,7- 二甲基 -3- 辛烯 -5- 炔（1.75%）等（范妍等，2014）。

顶空固相微萃取法提取的'储良'龙眼干燥果肉（果干）香气的主要成分为，罗勒烯（57.73%）、别罗勒烯（12.11%）、苯乙醇（8.59%）、β- 石竹烯（3.78%）、α- 荜澄茄油烯（2.72%）、3- 羟基丁酸甲酯（1.56%）、2,4- 己二烯醇（1.52%）等（张向阳等，2012）。

东丰： 果实扁圆形，较大，均匀度好，平均单果重 10.2g。果肉乳白色，半透明，味甜。顶空固相微萃取法提取的广东东莞产'东丰'龙眼新鲜成熟果实果肉香气的主要成分为，反式 - 罗勒烯（90.70%）、α- 法尼烯（1.14%）等（范妍等，2014）。

东良： 杂交一代品种。果实较大，扁圆形，平均单果重 10.86g。果肉乳白色，半透明，肉质脆，清甜，品质优良。顶空固相微萃取法提取的广东东莞产'东良'龙眼新鲜成熟果实果肉香气的主要成分为，反式 - 罗勒烯（87.12%）、(−)-α- 古芸烯（2.73%）等（范妍等，2014）。

石硖（十叶、石圆、脆肉）： 栽培历史悠久的鲜食名种，早熟。果实圆球形或扁圆球形，略歪，单果重 7.5～10.6g。果皮黄褐色，果肉乳白色或浅黄色，不透明，易离核，肉质爽脆，浓甜带蜜味，品质极上，果汁较少。顶空固相微萃取法提取的广东东莞产'石硖'龙眼新鲜成熟果实果肉香气的主要成分为，反式 - 罗勒烯（89.88%）、(−)- 异丁香烯（1.91%）、α- 法尼烯（1.27%）等（范妍等，2014）。

晚香： 果实近圆形，平均单果重 12.03g，果皮黄褐色，较粗糙。果肉蜡黄，离核，肉质嫩，风味清甜，香气明显。以 CAR/PDMS 为萃取头顶空固相微萃取法提取的福建福州产'晚香'龙眼新鲜成熟果实果肉香气的主要成分为，乙酸乙酯（42.13%）、罗勒烯异构体混合物（18.76%）、2,6- 二甲基 -2,4,6- 辛三烯（15.19%）、酞酸二乙酯（3.31%）、(E,E)-2,6- 二甲基 -1,3,5,7- 辛四烯（1.60%）、丁酸乙酯（1.58%）、反式 -2- 己烯酸甲酯（1.45%）、二苯甲酮（1.32%）、1- 甲基 -4-(1- 甲基乙烯基) 苯（1.13%）等；以 PDMS/DVB 为萃取头萃取的果肉香气的主要成分为，罗勒烯异构体混合物（42.70%）、酞酸二乙酯（14.44%）、乙酸乙酯（2.59%）、酞酸二甲酯（2.53%）、己二酸二 (2- 乙基己) 酯（1.82%）、1,7,11- 三甲基 -4- 异丙基环十四烷（1.69%）、1- 十九碳烯（1.49%）、乙酸（1.48%）等（胡文舜等，2015）。

3.6 阳桃

阳桃（*Averrhoa carambola* Linn.） 为酢浆草科阳桃属植物阳桃的新鲜成熟果实，别名：杨桃、五敛子、三敛、洋桃、羊桃、酸桃、酸五棱、五棱果、五稔，原产印度、马来西亚，我国台湾、福建、广东、广西、云南、海南等省区有栽种。阳桃是我国南方种植历史悠久的特色水果，是华南著名的特产水果之一。

乔木，高可达 12m。奇数羽状复叶，互生，小叶 5～13 片。花小，微香，花瓣背面淡紫红色，边缘色较淡，有时为粉红色或白色。浆果肉质，有 5 棱，长 5～8cm，淡绿色或蜡黄色，有时带暗红色。种子黑褐色。花期 4～12 月，果期 7～12 月。喜高温湿润气候，不耐寒。怕霜害和干旱。喜半阴，怕强烈日晒。对土壤要求不严。喜微风而怕台风。

阳桃图 1

阳桃图 2

阳桃为常见南方特色水果，含有大量的挥发性成分，富含胡萝卜类化合物、糖类、有机酸及 B 族维生素和维生素 C 等营养成分，能迅速补充人体的水分，生津止渴，并使体内的热或酒毒随小便排出体外，消除疲劳感。阳桃味酸甘、性平，有生津止咳、下气和中等作用，果汁中含有大量的草酸、柠檬酸、苹果酸等，能提高胃液的酸度，促进食物的消化。可解内脏积热、清燥润肠、通大便，是肺、胃热者最适宜的清热果品；阳桃可以保护肝脏，降低血糖、血脂、胆固醇，减少机体对脂肪的吸收，对高血压病、动脉硬化等疾病有预防作用；可消除咽喉炎症及口腔溃疡，防治风火牙痛；食阳桃对于疟虫有杀灭作用。果实可入药，有清热、生津、利水、解毒的功效，用于风热咳嗽、烦咳、咽喉肿痛、小便不利、皮肤瘙痒、痈肿疮毒。果实除鲜食外，也可加工成蜜饯等食用。不同品种阳桃果实香气成分如下。

马来西亚 B17（水晶蜜杨桃）：果实长椭圆形，5 棱，果棱厚。单果重可达 400g。肉脆化渣，汁多清甜，有蜜香气，品质极优。顶空固相微萃取法提取的广东湛江产'马来西亚 B17'阳桃新鲜成熟果实香气的主要成分为，乙酸 - 反 -2- 己烯酯（39.54%）、4,6(Z),8(Z)- 大柱三烯（25.56%）、β- 紫罗兰酮（10.35%）、4,6(Z),8(E)- 大柱三烯（8.07%）、丁酸 - 反 -2- 己烯酯（4.33%）、1- 壬醇（4.01%）、乙酸辛酯（3.65%）、4,6(E),8(Z)- 大柱三烯（1.39%）、茶螺烷（1.38%）、己酸 -2- 己烯酯（1.37%）、4,6(E),8(E)- 大柱三烯（1.13%）等（刘胜辉等，2008）。

马来西亚 B10：果实椭圆形，果顶钝圆，成熟果皮黄色。单果重 200～300g。汁多味甜，可溶性固形物含量高，肉脆稍有渣。顶空固相微萃取法提取的广东湛江产'马来西亚 B10'阳桃新鲜成熟果实香气的主要成分为，乙酸 - 反 -2- 己烯酯（43.77%）、4,6(Z),8(Z)- 大柱三烯（18.01%）、丁酸 - 反 -2- 己烯酯（12.55%）、β- 紫罗兰酮（7.81%）、4,6(Z),8(E)- 大柱三烯（5.19%）、己酸 -2- 己烯酯（4.26%）、丙酸 - 反 -2- 己烯酯（1.03%）等（刘胜辉等，2008）。

台湾红肉：顶空固相微萃取法提取的'台湾红肉'阳桃绿熟期果实香气的主要成分为，苯乙烯（29.93%）、间二甲苯（14.28%）、N- 丁酸 - 反 -2- 己烯酯（4.01%）等；黄熟期果实香气的主要成分为，己酸甲酯（15.81%）、苯乙烯（12.10%）、乙酸 - 反 -2- 己烯酯（9.19%）、间二甲苯（7.97%）、4,6(E),8(E)- 大柱三烯（6.32%）、辛酸甲酯（3.86%）、庚酸甲酯（2.99%）、N- 丁酸 - 反 -2- 己烯酯（2.92%）、罗勒烯异构体混合物（1.38%）、β- 紫罗兰酮（1.27%）等（申建梅等，2018）。

台湾蜜丝：平均单果重 168g。肉质细嫩，多汁，味甜。顶空固相微萃取法提取的广东广州产'台湾蜜丝'阳桃新鲜成熟果实香气的主要成分为，α- 紫罗兰酮（25.71%）、1- 硬脂炔酸甲酯（8.62%）、苯甲酸乙酯（5.63%）、辛酸乙酯（5.29%）、α- 蒎烯（4.88%）、α- 古芸烯（4.12%）、辛酸甲酯（3.36%）、反式 -4,6,8-

大柱三烯（3.13%）、顺式 -4,6,8- 大柱三烯（2.92%）、2,3′,5- 三甲基二苯基甲烷（2.79%）、十六烷（2.24%）、正二十七烷（1.52%）、α- 芹子烯（1.20%）等（赵海燕等，2016）。

新加坡红肉：顶空固相微萃取法提取的广东湛江产'新加坡红肉'阳桃新鲜成熟果实香气的主要成分为，乙酸 - 反 -2- 己烯酯（53.07%）、丁酸 - 反 -2- 己烯酯（15.07%）、4,6(Z),8(Z)- 大柱三烯（7.73%）、β- 紫罗兰酮（6.83%）、乙酸辛酯（2.87%）、4,6(Z),8(E)- 大柱三烯（2.86%）、己酸 -2- 己烯酯（2.31%）等（刘胜辉等，2008）。

3.7 杨梅

杨梅（*Morella rubra* **Lour.**）为杨梅科杨梅属植物杨梅的新鲜成熟果实，别名：朱红、山杨梅、珠蓉、树梅、荸荠杨梅，分布于江苏、浙江、台湾、福建、江西、湖南、贵州、四川、云南、广西、广东。杨梅是我国南方特色树种，栽培面积大，中国杨梅栽培的总面积约 320 万亩，约占全国水果总面积的 2.6%。中国杨梅有 1 个属 6 个种，5 个变种，浙江的东魁杨梅、荸荠种杨梅、丁岙梅、晚稻梅占我国杨梅总面积和产量的 60% 以上。常绿乔木，高可达 15m 以上。叶革质。花雌雄异株。雄花序单独或数条丛生于叶腋，雌花序常单生于叶腋。核果球状，外表面具乳头状凸起，径 1～3cm，外果皮肉质，多汁液及树脂，成熟时深红色或紫红色；核常为阔椭圆形或圆卵形，长 1～1.5cm，宽 1～1.2cm，内果皮极硬，木质。4 月开花，6～7 月果实成熟。喜温暖湿润气候，不耐寒，喜空气湿度大，喜酸性土壤，中等喜光。

杨梅图 1

杨梅图 2

杨梅图 3

杨梅图 4

　　杨梅是我国江南的著名水果。杨梅果实营养丰富，风味独特，具有很高的食用和医疗保健价值。优质杨梅果肉的含糖量为 12%～13%，含酸量为 0.5%～1.1%，富含纤维素、矿质元素、维生素和一定量的蛋白质、脂肪、果胶及 8 种对人体有益的氨基酸，其果实中钙、磷、铁含量要高出其他水果 10 多倍。每 100g 可食部位含水分 83.4～92.0g、热量 28kcal，蛋白质 0.8g，脂肪 0.2g，碳水化合物 5.7g，膳食纤维 1g，硫胺素 10μg，核黄素 50μg，烟酸 0.3mg，胡萝卜素 0.3μg，维生素 A 7μg，维生素 C 9mg，维生素 E 0.81mg，钙 14mg，镁 10mg，铁 1mg，锰 0.72mg，锌 0.14mg，铜 20μg，钾 149mg，磷 8mg，钠 0.7mg，硒 0.31μg。除鲜食外，还可加工成罐头、果酱、蜜饯、果汁、果干、果酒等食品。果实可入药，具有生津解渴、和胃消食的功效，可治心胃气痛、烦渴、吐泻、痢疾、腹痛、涤肠胃、可解酒。我国食用杨梅不同品种果实的香气成分研究相对较多，成分如下。

　　八贤道：果实扁圆形，单果重 11～15g，果肉外部紫红色，内部红色。肉柱粗而硬。顶空固相微萃取法提取的福建福州产'八贤道'杨梅新鲜成熟果实果肉香气的主要成分为，1-石竹烯（32.61%）、十八烷（14.17%）、α-松油醇（8.77%）、6,6-二甲基二环[3.1.1]庚-2-烯-2-甲醇（8.56%）等（张泽煌等，2013）。

荸荠： 果中大，正扁圆形，重约14g，果顶部呈微凹入，肉柱圆钝，果色淡紫红色至紫黑色。肉质细软，味清甜，汁液多，具香气，离核性强，核小。顶空固相微萃取法提取的浙江上虞产'荸荠'杨梅新鲜成熟果实果肉香气的主要成分为，1-石竹烯（70.86%）、α-石竹烯（3.70%）、石竹素（3.33%）等（张泽煌等，2013）。顶空固相微萃取法提取的浙江仙居产'荸荠'杨梅新鲜成熟果实果肉香气的主要成分（单位：$\mu g/L$）为，石竹烯（1069.80）、2-乙基-1-己醇（269.10）、2-壬烯-1-醇（158.64）、乙醇（140.88）、反-2-壬烯醛（98.23）、5-羟甲基糠醛（45.38）、1-己醇（42.32）、丁酸丁酯（37.53）、2,6-壬二烯醛（24.03）、黄瓜醇（22.24）、异丙醇（18.82）、1-辛醇（18.82）、3-己烯-1-醇（12.85）、壬醛（12.24）、糠醛（11.91）、己酸（11.82）、1-丁醇（11.79）、棕榈酸（11.17）、γ-壬内酯（11.00）等（康文怀等，2009）。水蒸气蒸馏法提取的湖北恩施产'荸荠'杨梅新鲜成熟果实香气的主要成分为，π-芹子烯（31.80%）、1,1-二乙氧基乙烷（22.10%）、糠醛（14.80%）、石竹烯醇（5.20%）、绿叶白千层醇（3.90%）、π-石竹烯（3.10%）、对甲氧基肉桂酸乙酯（2.80%）、3-甲基-4-乙基-2,5-呋喃二酮（1.50%）、5-甲基糠醛（1.40%）、3-(1,1-二甲基乙基)-2,5-呋喃二酮（1.30%）等（徐元芬等，2016）。

丁岙： 果圆形，单果重15～18g，果顶有环形沟纹1条。果皮紫红色。果肉厚，肉柱较钝，柔软多汁，味甜，核小，品质极佳。水蒸气蒸馏法提取的贵州荔波产'丁岙'杨梅果肉香气的主要成分为，棕榈酸（26.55%）、石竹烯（20.80%）、邻苯二甲酸己烷-3-醇异丁醇酯（9.73%）、2,2'-亚甲基双-(4-甲基-6-叔丁基苯酚)（6.55%）、邻苯二甲酸二异辛酯（4.23%）、β-谷甾醇（3.23%）、邻苯二甲酸二丁酯（2.06%）、橙花叔醇乙酸酯（1.72%）、十九烷（1.56%）、9,12-十八碳二烯酸（1.44%）、(1,4-二噁烷-2,6-二羟基)二甲醇（1.34%）、顺-13-二十碳烯酸（1.24%）、表雪松醇（1.22%）、植醇（1.21%）、十七酸十七烷酯（1.02%）等（刘涛等，2014）。

东方明珠： 果实近圆形，平均单果重25g。果面紫红色。汁多肉厚，酸甜可口，品质上等。水蒸气蒸馏法提取的贵州荔波产'东方明珠'杨梅新鲜果肉香气的主要成分为，棕榈酸（13.99%）、石竹烯（11.82%）、角鲨烯（6.17%）、β-谷甾醇（5.39%）、2,2'-亚甲基双-(4-甲基-6-叔丁基苯酚)（4.76%）、2,4-二叔丁基-5-甲基苯酚（4.28%）、二十七烷（4.15%）、二十九烷（4.11%）、三十四烷（3.47%）、二十五烷（3.30%）、邻苯二甲酸二异辛酯（2.86%）、油酸-3-十八基氧丙酯（2.75%）、邻苯二甲酸庚烷-4-醇异丁醇酯（2.62%）、3-乙基-5-(2-乙基丁基)-十八烷（2.04%）、正十四烷（1.92%）、17-三十五碳烯（1.91%）、α-红没药醇（1.89%）、2,6,10-三甲基十四烷（1.84%）、(1,4-二噁烷-2,6-二羟基)二甲醇（1.62%）、(1,4-二噁烷-2,5-二羟基)二甲醇（1.29%）、邻苯二甲酸二丁酯（1.21%）、(S)-(−)-3,4-二羟基丁基乙酸酯（1.17%）、9,12-十八烷二烯酸-[2,3-二(三甲基硅氧基)]醇酯（1.14%）、2,6-二丁基对苯二酚（1.07%）、糠醛（1.03%）等（刘涛等，2014）。

东魁（东岙大杨梅）： 果实较大，为不规则的圆球形，单果重约20g。果面紫红色，果肉红色或浅红色。肉柱稍粗，先端钝尖，汁多，酸甜适口，风味浓，品质上等。水蒸气蒸馏法提取的浙江兰溪产'东魁'杨梅新鲜果实香气的主要成分为，石竹烯（38.24%）、10,10-二甲基-2,6-二亚甲基二环[7.2.0]十一

烷 -5β- 醇（4.89%）、α- 石竹烯（4.39%）、反 -1- 乙基 -3- 甲基环戊烷（4.12%）、顺 -1- 乙基 -3- 甲基环戊烷（4.06%）、辛烷（3.27%）、4,11,11- 三甲基 -8- 亚甲基双环 [7.2.0] 十一碳 -4- 烯（3.04%）、反 -1,3- 二甲基环己烷（2.80%）、α- 金合欢烯（1.56%）、1- 乙烯基 -1- 甲基 -2,4- 双 (1- 甲基乙烯基) 环己烷（1.42%）、4,8,8- 三甲基 -9- 亚甲基 -1,4- 亚甲基薁（1.01%）等（许玲玲等，2009）。顶空固相微萃取法提取的福建龙海产'东魁'杨梅新鲜成熟果实果肉香气的主要成分为，二十四烷（41.31%）、二十烷（26.83%）、2,5- 二叔丁基对苯二酚（5.08%）等（张泽煌等，2013）。

二色杨梅：果略扁圆形，果蒂隆起，单果重 13～15g。肉柱槌形，先端圆头形，果色上部 2/3 为紫黑色，其下为红色。肉厚较软，汁多，核小，味清甜，品质优。顶空固相微萃取法提取的福建南平产'二色杨梅'新鲜成熟果实果肉香气的主要成分为，4- 萜烯醇（36.00%）、乙酸乙酯（19.01%）、(1R)-(+)-α- 蒎烯（7.68%）、氧杂环丁烷（1.60%）等（张泽煌等，2013）。

粉红种：果面鲜红色，肉柱先端多圆钝少尖头，肉质细软，汁液丰富，味甜微酸，风味浓，有清香，品质上好，种子小。顶空固相微萃取法提取的浙江产'粉红种'杨梅新鲜成熟果实果肉香气的主要成分（单位：μg/g）为，α- 蒎烯（19.66）、正己醛（17.42）、石竹烯（4.27）、α- 萜品醇（2.49）、正己醇（1.88）、芳樟醇（1.47）、2- 己烯醛（1.40）、壬醛（1.38）等（程焕等，2014）。

浮宫 1 号：果实近圆球形，单果重 9.8～10.5g。紫红色，肉柱先端圆钝，肉质细腻汁多，风味酸甜可口。顶空固相微萃取法提取的福建龙海产'浮宫 1 号'杨梅新鲜成熟果实果肉香气的主要成分为，十八烷（18.05%）、1- 石竹烯（16.58%）、二十烷（12.58%）、二十六烷（11.77%）、十七烷（7.58%）、三十一烷（3.23%）、己酸甲酯（2.61%）、环庚硅氧烷（2.25%）、乙硅烷（1.16%）、六甲基环三硅氧烷（1.12%）、苯基吲哚（1.00%）等（林旗华等，2015）。

黑炭：果实大，圆形，平均单果重 17.1g，果面紫黑色，富有光泽，具明显纵沟，肉柱先端圆钝，肉质细嫩，汁液多，甜酸适口，风味浓甜，品质优良。果实质地较硬。水蒸气蒸馏法提取的浙江兰溪产'黑炭'杨梅新鲜果实香气的主要成分为，石竹烯（9.79%）、4- 甲基 -1-(1,5 二甲基 -4- 己烯基)- 苯酚（9.65%）、反 -1- 乙基 -3- 甲基环戊烷（2.98%）、顺 -1- 乙基 -3- 甲基环戊烷（2.92%）、辛烷（2.47%）、反 -1,3- 二甲基环己烷（2.25%）、二十九烷（2.21%）、三十烷（2.03%）、(1S-1α,7α,8aα)-1,2,3,5,6,7,8,8a- 八氢 -1,8a- 二甲基 -7-(1- 甲基乙烯基)- 萘（1.98%）、十七烷（1.93%）、1a,2,3,5,6,7,7a,7b- 八氢 -1,1,4,7- 四甲基 -1H- 环丙薁（1.75%）、1- 氯二十七烷（1.15%）等（麻佳蕾等，2009）。

木叶（兰溪杨梅）：果大核小，甜酸适口，紫黑乌亮，富含纤维素、矿质元素、维生素和一定量的蛋白质、果胶、脂肪及 8 种对人体有益的氨基酸。水蒸气蒸馏法提取的浙江兰溪产'木叶'杨梅新鲜果实香气主要成分为：萜品烯醇 -4（18.29%）、反 -1- 乙基 -3- 甲基环戊烷（5.64%）、顺 -1- 乙基 -3- 甲基环戊烷（5.52%）、α,α,4- 三甲基 -3- 环己烯 -1- 甲醇（4.59%）、辛烷（4.49%）、反 -1,4- 二甲基环己烷（4.12%）、二十九碳烷（3.50%）、1- 氯二十七碳烷（3.50%）、二十三碳烷（3.41%）、二十四碳烷（3.21%）、二十五碳烷（3.07%）、三十碳烷（3.02%）、壬醛（2.97%）、β- 异甲基紫罗兰酮（2.80%）、二十七碳烷（2.61%）、二十八碳烷（2.57%）、二十六碳烷（2.49%）、二十二碳烷（2.25%）、28- 去甲基 -17-β-(H) 何伯烷（1.49%）、豆甾烷（1.12%）、二十一碳烷（1.11%）等（杨晓东等，2008）。

青蒂：果实近圆形，果蒂青绿色，果大，平均单果重 12.87g。果面鲜红至紫红色，肉柱圆钝，果肉厚，质脆结实，酸甜可口，汁液丰富，口感极佳。有机溶剂萃取法提取的广东始兴产'青蒂'杨梅新鲜成熟果实果汁香气的主要成分为，石竹烯（44.74%）、棕榈酸（18.87%）、4,4,8- 三甲基三环 [6.3.1.0 (1,5)] 十二烷 -2,9- 二醇（3.06%）、2- 十六醇（2.56%）、邻苯二甲酸丁二酯（2.48%）、顺式油酸（2.44%）、12- 羟基硬脂酸（2.28%）、β- 苯乙醇（1.87%）、柠檬酸二乙酯（1.44%）、柠檬酸一乙酯（1.39%）、α- 石竹烯（1.17%）、2- 壬烯 -1- 醇（1.13%）等（钟瑞敏等，2013）。

软丝安海变：果实正圆球形，果形端正，平均单果重 15g。果面紫红色至紫黑色，肉柱圆钝较长，肉质细软，汁液多，甜酸适中，核小，品质上。顶空固相微萃取法提取的福建龙海产'软丝安海变'杨梅新鲜成熟果实果肉香气的主要成分为，1- 石竹烯（77.71%）、环氧石竹烯（5.59%）、棕榈酸乙酯（3.45%）、十氢 -2- 甲氧基萘（3.05%）、环庚硅氧烷（1.90%）、4- 萜烯醇（1.69%）、月桂酸乙酯（1.48%）、十二甲基环六硅氧烷（1.27%）、三十二烷（1.20%）、螺 [4.5] 癸烷（1.17%）、壬酸乙酯（1.07%）等（林旗华等，2015）。

深红种：果实大，果面鲜红色，肉质细而柔软，汁多，味甜微酸，风味浓，有清香，品质较好。顶空固相微萃取法提取的浙江慈溪产'深红种'杨梅新鲜成熟果实果肉香气的主要成分为，1- 石竹烯（70.37%）、环氧石竹烯（3.92%）、二十七烷（3.11%）、碘代十六烷（2.67%）等（张泽煌等，2013）。

水晶（白沙杨梅）：果实大，果面白玉色，肉柱圆，果肉柔软，多汁，味甜稍带酸，品质好。顶空固相微萃取法提取的浙江上虞产'水晶'杨梅新鲜成熟果实果肉香气的主要成分为，(1R)-(+)-α- 蒎烯（17.65%）、1- 十八烷烯（16.26%）、1- 石竹烯（7.81%）等（张泽煌等，2013）。顶空固相微萃取法提取的浙江产'水晶'杨梅新鲜成熟果实果肉香气的主要成分（单位：μg/g）为，石竹烯（358.10）、芳樟醇（34.80）、正己醛（23.84）、石竹烯氧化物（15.19）、葎草烯（8.81）、2- 己烯醛（12.29）、壬醛（7.32）、正己醇（4.68）、α- 蒎烯（4.25）、3- 己烯 -1- 醇（3.68）、己酸甲酯（2.86）、辛醛（2.78）、顺式 -β- 罗勒烯（2.47）、香树烯（1.88）、β- 依兰烯（1.78）、柠檬烯（1.62）、α- 萜品醇（1.56）、2,5- 二甲基 -3- 己酮（1.34）、癸醛（1.23）、β- 波旁烯（1.12）、反式 -β- 罗勒烯（1.05）等（程焕等，2014）。

晚稻杨梅：果实圆球形，平均单果重 11.7g，果皮紫黑色，肉柱圆钝、肥大、整齐，果顶有微凹，果基圆形。肉质细腻，甜酸适口，汁多，香气浓，核与肉易分离，品质上等。顶空固相微萃取法提取的浙江慈溪产'晚稻杨梅'新鲜成熟果实果肉香气的主要成分为，1- 石竹烯（70.09%）、环氧石竹烯（5.56%）、环庚烯（5.34%）等（张泽煌等，2013）。

硬丝安海变：果实正圆球形，果形大，平均单果重 16g。果面黑紫色，果蒂有青绿色瘤状突起，肉柱长而粗，肉质硬，多汁，核小，品质中上。顶空固相微萃取法提取的福建龙海产'硬丝安海变'杨梅新鲜成熟果实果肉香气的主要成分为，二十七烷（15.39%）、二十六烷（13.75%）、二十烷（13.73%）、9- 甲基十九烷（11.44%）、二十五烷（10.61%）、4- 萜烯醇（7.47%）、反式角鲨烯（6.51%）、二十四烷（5.50%）、十四甲基六硅氧烷（2.61%）、1- 石竹烯（2.28%）、十九烷（2.14%）、十六甲基庚硅氧烷（2.10%）、乙硅烷（1.61%）、2- 亚甲基 -2- 乙基吖啶环庚酮（1.06%）等（林旗华等，2015）。

3.8 榴莲

榴莲（*Durio zibethinus* Murr.） 为木棉科榴莲属植物榴莲的新鲜成熟果实，别名：韶子、麝香猫果。榴莲原产于印度、马来半岛一带，是亚洲热带雨林树种。近年来，我国的广东、广西、海南、云南和台湾有少量引种栽培。榴莲为热带大型水果，有"果中之王"之称。

常绿乔木，高可达 25m。托叶长 1.5～2cm，叶片长圆形。聚伞花序簇生于茎上或大枝上，每序有花 3～30 朵，花瓣黄白色。蒴果椭圆状，淡黄色或黄绿色，长 15～30cm，粗 13～15cm，每室种子 2～6，假种皮白色或黄白色，有强烈的气味。花果期 6～12 月。热带作物，生长所在地日平均温度 22℃以上。无霜冻的地区可以种植。

榴莲图 1

榴莲图 3

榴莲图 2

榴莲果肉具有浓烈的异香，风味独特，营养丰富，每 100g 食用部分含热量 147kcal，蛋白质 2.6g，碳水化合物 28.3g，脂肪 3.3g，膳食纤维 1.7g，胡萝卜素 20μg，核黄素 0.13mg，维生素 C 2.8mg，维生素 B_6 0.14mg，叶酸 116.9μg，维生素 A 3μg，硫胺素 0.2mg，尼克酸 1.19mg，维生素 E 2.28mg，还含有钙、钾、锌、硒等多种矿物质。榴莲属滋补有益的水果，食用可以强身健体、健脾补气、补肾壮阳、温暖身体、缓解经痛，特别适合受痛经困扰的女性食用；可以活血散寒，改善腹部寒凉，促进体温上升，是寒性体质者的理想补品。榴莲有特殊的气味，不同的人感受不同，有的人认为其臭如猫屎，有的人认为香气馥郁。榴莲的这种气味有开胃、促进食欲之功效，其中的膳食纤维能促进肠蠕动。果肉可供药用，味甘温，性热，可用于精血亏虚、须发早白、衰老、风热、黄疸、疥癣、皮肤瘙痒等。适宜偏寒体质者、病后及女性产后食用，但每天不宜超过 100g。吃榴莲过量，以致热痰内困、呼吸困难、面红、胃胀，应立即吃几个山竹化解。咽干、舌燥、喉痛等热病体质，患感冒、气管敏感者和阴虚体质者慎食；糖尿病、心脏病和高胆固醇血症患者不应食用；肥胖人士、肾病患者及心脏病人宜少食。榴莲不可与酒一起食用。我国栽培的榴莲品种较少，果肉的香气成分如下。

金枕：果实中等偏大，形状似枕头，尾部有尾尖，果刺粗大且疏宽。单果重 1.5～5kg。果面黄色至金黄色。果肉金黄色，肉多且甜，气味不太浓。固相微萃取法提取的'金枕'榴莲新鲜果肉香气的主要成分为，2- 甲基丁酸乙酯（31.48%）、丙酸乙酯（22.27%）、乙酸乙酯（7.22%）、丁酸乙酯（5.61%）、反式 -2- 丁烯酸乙酯（5.19%）、3,5- 二硫杂庚烷（4.41%）、二乙基二硫醚（3.09%）、2- 甲基丁酸丙酯（2.03%）、反 -2- 甲基 -2- 丁烯酸乙酯（1.80%）、2- 甲基丁酸甲酯（1.51%）、3,5- 二甲基 -1,2,4- 三硫环戊烷（1.41%）、乙硫醇（1.16%）等（高婷婷等，2014）。同时蒸馏萃取法提取的'金枕'榴莲新鲜果肉香气的主要成分为，二烯丙基三硫醚（26.83%）、棕榈酸（15.24%）、二乙基二硫醚（10.80%）、二烯丙基四硫醚（5.48%）、S- 三聚硫代甲（5.24%）、3- 顺 - 甲氧基 -5- 顺 - 甲基 -1R- 环己烷（1.83%）、十八碳 -9- 烯酸（1.67%）、硬脂酸（1.62%）、4,5- 二氢 -3- 硫 -1,2,4- 三唑（1.59%）、正二十三烷（1.19%）、油酸乙酯（1.08%）、1- 十九烯（1.06%）等（张博等，2012）。溶液萃取法捕集的'金枕'榴莲果肉香气的主要成分为，3- 羟基 - 丁酮（23.44%）、十六酸（16.08%）、十八碳烯酸（15.57%）、2- 甲基 - 丁酸乙酯（9.73%）、丙酸乙酯（7.46%）、1,1- 二乙氧基乙烷（3.39%）、十八碳烯酸乙酯（3.03%）、十四醇（2.81%）、1- 乙氧基丙烷（2.23%）、乙酸乙酯（2.10%）、十六酸乙酯（1.51%）、2- 甲基丁酸（1.39%）、十八醇（1.36%）、十八醛（1.27%）等（刘倩等，1999）。动态顶空密闭循环式吸附法捕集的'金枕'榴莲新鲜果肉香气的主要成分为，全缘环肽（15.80%）、2,2,5- 三甲基 -4- 己烯酸（11.77%）、己酸乙酯（8.41%）、二乙基二硫醚（8.03%）、甲基丁基醚（6.18%）、2,4- 二甲基戊酸甲酯（6.13%）、1- 异天冬酰胺（5.63%）、2- 氨基 -4- 甲基 -4- 戊烯酸（5.55%）、丙酸丙酯（5.03%）、2- 甲基 -3- 羟基 - 戊酸丙酯（4.94%）、N,N- 二硝基 -1,3,5,7- 四杂环 [3.3.1] 壬烷（4.12%）、反 -1- 硝基 -1- 丙烯（3.74%）、3- 甲基 -2,4- 戊二醇（3.43%）、甲氧基乙酸酐（2.59%）、2- 甲基丁酸甲酯（2.30%）、二乙基三硫醚（2.24%）、异丁酸乙酯（1.76%）、3- 乙基 -2,4- 二硫代 -5- 己酮（1.19%）等（张弘等，2008）。

甲仑：泰国早熟品种，果型整体呈端正圆形，一般单果重在 1.5～3.5kg，果胞 5～6 个，饱满均匀。果壳整体亮绿色，青皮熟，果刺细密。果肉淡黄至金黄色，肉软而细腻，如黄油一般，味道香甜糯，果核较大。水蒸气蒸馏法提取的泰国产'甲仑'榴莲新鲜果肉香气的主要成分为，环十六烷（43.59%）、9- 十六碳烯酸乙酯（11.17%）、十六烷（10.59%）、棕榈酸乙酯（9.12%）、苯乙烯（8.67%）、1,15- 十六烷二烯（4.57%）、十二烷酸乙酯（3.28%）、1,15- 十六烷二烯（3.27%）、十四烷酸乙酯（2.49%）、正十四醛（2.11%）等（刘玉峰等，2017）。

3.9 波罗蜜

波罗蜜（*Artocarpus heterophyllus* **Lam.**）为桑科波罗蜜属植物波罗蜜的新鲜成熟果实，别名：树菠萝、木菠萝、包蜜、苞萝、牛肚子果，分布于福建、台湾、广东、广西、海南、云南。波罗蜜原产印度和马来西亚，引种我国已近千年，现广泛种植于我国南方地区，以广东雷州半岛和海南种植最多。波罗蜜为热带著名水果，有"水果之王""热带水果皇后""热带珍果"之称。香气是波罗蜜重要的果品属性，它分为干苞和湿苞两种类型，干苞水分少，质地硬且脆，味甜，香气浓；湿苞水分多，质地软滑，清甜，香气较淡。

常绿乔木，高10～20m。叶革质，螺旋状排列，椭圆形或倒卵形。花雌雄同株，花序生老茎或短枝上。聚花果椭圆形至球形，或不规则形状，长30～100cm，直径25～50cm，幼时浅黄色，成熟时黄褐色，表面有坚硬六角形瘤状凸起和粗毛；核果长椭圆形。花期2～3月。较耐旱耐寒，栽培范围较广，以肥沃、潮湿、深厚的土壤为最好。

波罗蜜图1

湿苞果皮坚硬，肉瓢肥厚，多汁、味甜，香气特殊而浓；干苞果汁少，柔软甜滑，鲜食味甘美，香气中等。每 100g 可食部分含碳水化合物 24.9g，以及钙、磷、铁等。鲜食时可用盐水浸渍后食用。波罗蜜除了鲜食外，还可制成果汁、果酱、果酒以及蜜饯等食品。种子淀粉含量高，可炒食或煮食，其味似板栗，可代替粮食，其味鲜美，妇女食用有催乳作用，可用于治疗妇女产后缺乳症。不同品种波罗蜜果肉香气成分如下。

波罗蜜图 2

波罗蜜图 3

20 号： 顶空固相微萃取法提取的广东湛江产'20 号'波罗蜜新鲜成熟果实果肉香气的主要成分（单位：μg/kg）为，异戊酸丁酯（11.30）、异戊酸戊酯（10.75）、异戊酸异戊酯（9.53）、异戊酸丙酯（3.10）、乙酸丁酯（2.77）、异戊酸异丁酯（1.73）、硅烷二醇（1.52）、苯甲酸异戊酯（1.49）、甲氧基苯基肟（1.22）等（王俊宁等，2018）。

28 号： 顶空固相微萃取法提取的广东湛江产'28 号'波罗蜜新鲜成熟果实果肉香气的主要成分（单位：μg/kg）为，异戊酸丁酯（12.20）、异戊酸异戊酯（10.62）、异戊酸乙酯（7.70）、异戊酸戊酯（7.65）、异戊酸丙酯（4.71）、异戊酸甲酯（2.54）、异戊酸异丁酯（2.28）、异戊酸苯甲酯（1.64）、甲氧基苯基肟（1.35）、乙酸丁酯（1.29）、异戊酸 -3- 苯基丙酯（1.18）、苯丙醛（1.14）、硅烷二醇（1.00）、异戊醇（1.00）等（王俊宁等，2018）。

45 号： 顶空固相微萃取法提取的广东湛江产'45 号'波罗蜜新鲜成熟果实果肉香气的主要成分（单位：μg/kg）为，异戊酸丁酯（18.06）、异戊酸异戊酯（11.15）、异戊酸乙酯（3.95）、异戊酸异丁酯（3.67）、异戊酸丙酯（2.46）、乙酸异戊酯（2.18）、乙酸丁酯（1.83）、异戊酸 -2- 苯基乙酯（1.59）、甲氧基苯基肟（1.29）、异戊酸 -3- 苯基丙酯（1.18）、异戊酸甲酯（1.07）、硅烷二醇（1.06）等（王俊宁等，2018）。

92 号： 顶空固相微萃取法提取的广东湛江产'92 号'波罗蜜新鲜成熟果实果肉香气的主要成分（单位：μg/kg）为，异戊酸丁酯（24.10）、辛酸异戊酯（13.57）、异戊酸戊酯（9.45）、异戊酸异戊酯（5.28）、异戊酸丙酯（5.06）、2- 甲基 -1- 丁醇（2.60）、异戊醇（2.16）、乙酸丁酯（1.89）、异戊酸乙酯（1.75）、硅烷二醇（1.43）、甲氧基苯基肟（1.39）、异戊醛（1.30）、乙酸异戊酯（1.12）、3- 羟基异戊酸（1.11）等（王俊宁等，2018）。

305： 顶空固相微萃取法提取的广东湛江产'305'波罗蜜新鲜成熟果实果肉香气的主要成分（单位：μg/kg）为，异戊酸异戊酯（17.53）、异戊酸乙酯（14.86）、异戊酸丁酯（11.53）、异戊酸异丁酯（2.24）、苯丙醛（1.66）、异戊醇（1.61）、甲氧基苯基肟（1.40）、异戊酸甲酯（1.16）、异戊酸丙酯（1.03）等（王俊宁等，2018）。

波罗蜜图 4

Hb（本地实生）： 顶空固相微萃取法提取的海南万宁产'Hb（本地实生）'波罗蜜新鲜成熟果实果肉香气的主要成分为（单位：峰面积对数值）：乙酸丁酯（8.77）、乙酸异戊酯（8.77）、3-甲基丁酸乙酯（8.66）、异戊酸丁酯（8.46）、乙醇（8.33）、辛醛（8.31）、异戊酸戊酯（8.31）、异戊酸异戊酯（8.22）、异戊醇（8.00）、正丁醇（7.88）、乙酸乙酯（7.86）、异戊酸异丁酯（7.85）、(S)-2-甲基-1-丁醇（7.79）、异戊酸甲酯（7.78）、正己醇（7.65）、丁酸丁酯（7.49）、乙酸己酯（7.31）、癸醛（7.22）、异丁酸异戊酯（7.21）、正辛醇（7.20）、乙酸辛酯（7.13）、异戊醛（7.04）、丁酸-2-甲基丁酯（6.88）、己酸乙酯（6.69）、苯丙醇（6.63）、异戊酸己酯（6.59）、苯丙醛（6.58）、丁酸丙酯（6.38）、3-苯基-1-丙醇乙酸酯（6.18）、佛手柑油烯（6.09）等（初众等，2015）。

XYS17： 顶空固相微萃取法提取的海南万宁产'XYS17'波罗蜜新鲜成熟果实果肉香气的主要成分为，异戊酸丁酯（37.87%）、3-甲基丁酸-2-甲基丁酯（18.72%）、乙酸丁酯（7.58%）、3-甲基丁酸戊酯（7.38%）、3-甲巯基-2-丁酮（2.67%）、乙酸异戊酯（2.63%）、乙酸辛酯（2.49%）、癸醛（2.12%）、3-甲基丁酸己酯（1.81%）、异戊酸乙酯（1.61%）、丁酸乙酯（1.14%）、异戊酸异丁酯（1.12%）等（贺书珍等，2019）。

XYS18： 顶空固相微萃取法提取的海南万宁产'XYS18'波罗蜜新鲜成熟果实果肉香气的主要成分为，异戊酸乙酯（29.70%）、异戊酸丁酯（10.62%）、正辛醛（10.34%）、丁酸乙酯（10.16%）、异戊酸甲酯（8.86%）、3-甲基丁酸-2-甲基丁酯（5.59%）、酞酸二乙酯（3.50%）、异戊醇（3.03%）、异戊酸异戊酯（2.99%）、异戊酸丙酯（2.96%）、癸醛（1.73%）、异戊酸异丁酯（1.65%）等（贺书珍等，2019）。

干苞： 浸提（乙醇）蒸馏法提取的'干苞'波罗蜜新鲜果实冷冻干燥后果肉浸膏香气的主要成分为，1,6-二甲基十氢化萘（15.06%）、5-[N(2)-(异亚丙基丙酮)]咪唑（14.58%）、4-(1-甲基乙基)苯甲醇（6.22%）、2-乙基-5-甲基呋喃（4.97%）、石竹烯氧化物（4.79%）、二十烷（4.57%）、2-乙基咪唑（4.06%）、石竹烯（3.89%）、(E)-1-(2,4-二羟基苯基)-3-(4-羟基苯基)-2-丙烯-1-酮（3.85%）、β-谷甾醇（3.31%）、4-氨基哒嗪（3.24%）、1,21-二十二烷二烯（3.20%）、十六基环氧乙烷（2.77%）、6,10,14-三甲基-2-十五烷酮（2.19%）、匙桉醇（1.87%）、十二甲基五硅氧烷（1.71%）、2-二乙氧基丙烷（1.66%）、1-萘甲醛-2-呋喃甲酸（1.63%）、毛果芸香碱盐酸盐（1.20%）、1,2-苯二甲酸癸基辛基酯（1.18%）、13-三十二烷（1.14%）、3,7-二甲基辛二烯-[1,6]-3-醇（1.13%）、二十一烷（1.12%）、2-溴-5-氟乙酰-2-糠酸（1.10%）、亚硫酸-2-十一烷基酯（1.01%）等（张玲等，2018）。

干苞（NT-75）： 顶空固相微萃取法提取的广东湛江产'干苞（NT-75）'波罗蜜新鲜成熟果实果肉香气的主要成分为，戊酸-2-甲基丁酯（31.87%）、2-甲基-丁酸-己酯（23.59%）、异戊酸乙酯（10.92%）、乙酸丁酯（3.34%）、丁酸丁酯（3.16%）、己酸丁酯（3.14%）、乙酸异戊酯（2.57%）、戊酸丙酯（1.77%）、丁酸戊酯（1.65%）、癸醛（1.59%）、辛醛（1.36%）、异戊酸异丁酯（1.21%）、己酸异戊酯（1.11%）、丁酸异戊酯（1.08%）、丁酸乙酯（1.04%）等（李洪波等，2013）。

海大2号： 从干苞类波罗蜜实生群体中单株选育而成，属干苞系列中果型品种。果实长椭圆形，平均单果重7.35kg，果苞长圆形，苞大肉厚，果肉黄色，爽脆，风味浓郁，黏胶较少，品质优良。顶空固相微萃取法提取的广东湛江产'海大2号'波罗蜜新鲜成熟果实果肉香气的主要成分（单位：μg/kg）为，异戊酸异戊酯（16.20）、异戊酸戊酯（12.99）、异戊酸丁酯（11.77）、异戊酸乙酯（3.13）、异戊酸-2-苯基乙酯（2.44）、异戊醇（2.34）、异戊酸异丁酯（2.22）、异戊酸丙酯（1.48）、甲氧基苯基肟（1.44）、硅烷二醇（1.30）等（王俊宁等，2018）。

红肉 327：顶空固相微萃取法提取的广东湛江产'红肉 327'波罗蜜新鲜成熟果实果肉香气的主要成分（单位：μg/kg）为，异戊酸异戊酯（10.40）、异戊酸丁酯（8.45）、1-氯-戊烷（5.43）、异戊醇（4.81）、异戊酸乙酯（3.73）、乙酸异戊酯（2.53）、异戊酸丙酯（2.03）、甲氧基苯基肟（1.86）、硅烷二醇（1.83）、2-甲基-1-丁醇（1.62）、3-甲基四氢己-1-醇（1.55）、乙酸丁酯（1.32）、异戊酸甲酯（1.24）等（王俊宁等，2018）。

金苞无胶（干苞）：皮薄，肉厚，苞多，果肉香甜。动态顶空密闭循环吸附捕集法提取的'金苞无胶（干苞）'波罗蜜新鲜成熟果实果肉香气的主要成分为，甲氧基乙酸酐（14.13%）、巴米茶碱（8.79%）、戊酸-2-甲基丁酯（8.58%）、异戊酸甲酯（6.96%）、戊酸丁酯（6.95%）、2-甲基-5-己烯-3-醇（6.91%）、巴豆酸-1-丁烯-4-酯（6.10%）、丁酸仲丁酯（4.92%）、2,3-二甲基-3-戊醇（4.44%）、2-羰基-己酸甲酯（4.31%）、乙醛乙腙（3.91%）、2-甲基-2-丁烯醛（3.40%）、丁酸异丁酯（2.60%）、乙酸正丙酯（2.34%）、2-(二乙基硼氧基)乙硫醇（2.19%）、戊酸乙酯（1.74%）、丁酸乙酯（1.54%）、乙酸异戊酯（1.54%）、丁酸甲酯（1.50%）、丁酸丙酯（1.23%）、异戊酸异丁酯（1.08%）、对-1(7),3-二烯（1.01%）等（郑华等，2010）。

马来西亚 1 号（琼引 1 号）：果实巨大，长椭圆形，多数单果重 15～20kg。果肉为黄红色，大苞多，肉厚包大，肉质爽脆，香味浓郁，胶汁较少，甜度很低，食用不容易粘手。顶空固相微萃取法提取的海南万宁产'马来西亚 1 号'波罗蜜新鲜成熟果实果肉香气的主要成分为，3-甲基丁酸戊酯（35.96%）、异戊酸丁酯（18.51%）、3-甲基丁酸-2-甲基丁酯（11.35%）、乙酸丁酯（8.82%）、乙酸异戊酯（6.57%）、异戊酸丙酯（4.85%）、异戊酸异丁酯（3.70%）、苯甲醛（1.70%）等（贺书珍等，2019）。顶空固相微萃取法提取的海南兴隆产'马来西亚 1 号'波罗蜜新鲜完熟期果实果肉香气的主要成分为，乙酸异戊酯（26.17%）、3-甲基丁酸-2-甲基丁酯（24.18%）、异戊酸异戊酯（18.99%）、异戊酸丙酯（4.22%）、异戊酸异丁酯（3.96%）、异戊酸丁酯（3.33%）、异戊酸乙酯（3.20%）、乙酸丁酯（2.17%）、异戊酸甲酯（1.10%）等（贺书珍等，2015）。顶空固相微萃取法提取的海南陵水产'马来西亚 1 号'波罗蜜新鲜成熟果实果汁香气的主要成分为，异戊酸丁酯（19.31%）、异戊酸戊酯（17.99%）、异戊酸异戊酯（16.85%）、异戊酸乙酯（12.74%）、乙酸丁酯（7.47%）、异戊醇乙酸酯（6.62%）、异戊酸异丁酯（4.77%）、异戊酸丙酯（3.88%）、异戊醇（2.40%）、3-甲基丁酸-3-苯丙酯（2.38%）、丁酸异戊酯（2.09%）等（皋香等，2014）。固相微萃取法提取的海南海口产'琼引 1 号'波罗蜜新鲜成熟果实果肉香气的主要成分为，戊酸丁酯（36.11%）、戊酸-2-甲基丁酯（30.08%）、丁酸丁酯（7.54%）、乙酸异戊酯（6.98%）、异戊酸丙酯（5.40%）、异戊酸异丁酯（3.52%）、异戊酸乙酯（2.56%）、己酸己酯（2.42%）、2-甲基丁酸丁酯（2.32%）、丁酸异戊酯（1.70%）等（郭清云等，2021）。

马来西亚 2 号：果实长椭圆形，果苞长圆形，果肉黄色，爽脆，风味浓郁，粘胶较少。顶空固相微萃取法提取的海南陵水产'马来西亚 2 号'波罗蜜新鲜成熟果实果汁香气的主要成分为，乙酸丁酯（28.91%）、异戊酸乙酯（18.71%）、异戊醇乙酸酯（16.31%）、异戊酸戊酯（9.27%）、异戊酸甲酯（6.18%）、异戊酸丁酯（4.93%）、异戊酸异戊酯（2.80%）、3-甲基丁酸-3-苯丙酯（2.05%）、异戊酸丙酯（1.30%）、月桂醛（1.17%）、异戊酸异丁酯（1.13%）、丁酸-2-甲基丁酯（1.12%）等（皋香等，2014）。

马来西亚 3 号：果实卵形或球形，较大，平均重量在 1.5～2.5kg 之间。果皮暗绿色，厚实而多刺。果肉花白色，质地细腻，软糯细嫩，汁多，味甜美，香味浓郁，不耐运输。顶空固相微萃取法提取的海南陵水产'马来西亚 3 号'波罗蜜新鲜成熟果实果汁香气的主要成分为，异戊醇乙酸酯（29.06%）、异戊酸乙酯（21.19%）、乙酸丁酯（19.24%）、乙酸乙酯（6.83%）、异戊酸戊酯（6.36%）、异戊酸丁酯

（5.27%）、异戊酸异戊酯（3.47%）、3- 甲基丁酸 -3- 苯丙酯（2.58%）、异戊酸甲酯（1.59%）等（皋香等，2014）。

马来西亚 4 号： 顶空固相微萃取法提取的海南陵水产'马来西亚 4 号'波罗蜜新鲜成熟果实果汁香气的主要成分为，β- 环柠檬醛（32.71%）、异戊酸乙酯（26.85%）、异戊酸戊酯（11.61%）、异戊酸丁酯（7.18%）、异戊酸异戊酯（7.08%）、异戊酸丙酯（3.92%）、2,6,6- 三甲基环己烯 -1- 羧酸甲酯（3.67%）、异戊酸甲酯（1.68%）、3- 甲基丁酸 -3- 苯丙酯（1.96%）、异戊酸异丁酯（1.06%）等（皋香等，2014）。

马来西亚 5 号： 果实大，平均单果重 12～16kg，属干包波罗蜜，成熟时胶汁少，果肉颜色大多为棕红色，也有黄色果肉的品种，肉厚腺少，肉脆爽口，适合鲜食。顶空固相微萃取法提取的海南陵水产'马来西亚 5 号'波罗蜜新鲜成熟果实果汁香气的主要成分为，异戊酸丁酯（40.70%）、异戊酸戊酯（20.43%）、β- 环柠檬醛（7.32%）、丁酸丁酯（6.92%）、异戊酸丙酯（4.62%）、异戊酸异戊酯（3.76%）、丁酸 -2- 甲基丁酯（3.16%）、己酸丁酯（2.50%）、异戊酸甲酯（1.76%）、异戊酸异丁酯（1.42%）、2- 甲基丁基乙酸酯（1.27%）、3- 甲基丁酸 -3- 苯丙酯（1.06%）等（皋香等，2014）。

马来西亚 6 号： 果实大，平均单果 12～16kg。果实椭圆形，下部浅黄色，上部呈灰绿色。属干包波罗蜜，成熟时胶汁少，果肉颜色有棕红色，也有黄色。包大肉厚，腺少，肉脆爽口，适合鲜食，不耐放。顶空固相微萃取法提取的海南陵水产'马来西亚 6 号'波罗蜜新鲜成熟果实果汁香气的主要成分为，乙酸丁酯（32.01%）、异戊醇乙酸酯（18.23%）、乙酸己酯（12.86%）、异戊酸戊酯（8.09%）、异戊酸丁酯（6.07%）、异戊酸己酯（6.02%）、异戊酸异戊酯（2.43%）、3- 甲基丁酸 -3- 苯丙酯（1.87%）、乙酸辛酯（1.76%）、乙酸丙酯（1.40%）、异戊酸异丁酯（1.31%）、3- 甲基戊酸 -3- 甲基 -3- 丁烯酯（1.10%）等（皋香等，2014）。

湿苞： 顶空固相微萃取法提取的广东湛江产'湿苞'波罗蜜新鲜成熟果实果肉香气的主要成分（单位：μg/kg）为，异戊酸异戊酯（13.72）、异戊酸乙酯（13.30）、异戊酸戊酯（7.50）、异戊酸丁酯（4.71）、异戊酸丙酯（3.74）、乙酸异戊酯（2.06）、2- 甲基 - 丙酸异戊酯（1.83）、异戊酸异丁酯（1.48）、异戊醇（1.37）、异戊酸甲酯（1.36）、甲氧基苯基肟（1.29）、苯丙醛（1.08）、乙酸丁酯（1.04）等（王俊宁等，2018）。

湿苞（LW-65S）： 顶空固相微萃取法提取的广东湛江产'湿苞（LW-65S）'波罗蜜新鲜成熟果实果肉香气的主要成分为，2- 甲基 - 丁酸 - 己酯（29.81%）、异戊酸乙酯（21.47%）、戊酸 -2- 甲基丁酯（21.41%）、乙酸丁酯（3.45%）、戊酸丙酯（1.94%）、癸醛（1.83%）、辛醇（1.48%）、丁酸乙酯（1.35%）、己酸丁酯（1.31%）、1,1- 十二烷二乙酯（1.25%）、异戊酸异丁酯（1.09%）、2- 甲基丁酸丁酯（1.00%）等（李洪波等，2013）。

四季： 马来西亚品种。果实大，平均单果重 10.2kg，产量高。果长椭圆形，干苞，果肉橙黄色，肉厚，爽脆，味清甜有香气，成熟后少乳胶。顶空固相微萃取法提取的广东湛江产'四季'波罗蜜新鲜成熟果实果肉香气的主要成分（单位：μg/kg）为，异戊酸异戊酯（15.04）、异戊酸丁酯（14.10）、异戊酸戊酯（8.62）、苯丙醛（5.00）、异戊酸 -3- 苯基丙酯（4.21）、异戊酸异丁酯（1.82）、硅烷二醇（1.70）、异戊醇（1.68）、甲氧基苯基肟（1.68）、乙酸丁酯（1.21）、异戊酸乙酯（1.09）、3- 甲基戊酸丁 -2- 烯基酯（1.04）等（王俊宁等，2018）。

榴莲蜜 [*Artocarpus integer* (Thunb.) Merr.] 为波罗蜜属植物榴莲蜜的新鲜成熟果实。

别名： 小波罗蜜、全缘波罗蜜、尖蜜拉尖不拉。原产于婆罗洲、文莱、印度尼西亚、新几内亚、马来西亚半岛、新加坡和泰国。海南、福建、广西、广东和云南有少量栽培。果实是合心的球状到长圆柱状，长20～40cm，直径10～15cm，表面覆盖着短金字塔结节，黄色至橙黄色，成熟时散发出强烈的令人不快的气味，类似于榴莲和波罗蜜。每粒果实15～100粒，卵形稍扁平，浅棕色，周围有绿色，黄色或橙色的肉质假种皮。成熟果实种子周围的果肉可以食用，味道宜人，甜酸度低，纤维性比波罗蜜好。种子富含碳水化合物、蛋白质、纤维和矿物质，在盐水中煮沸并去皮，味道类似于荸荠。

多异 1 号： 固相微萃取法提取的海南海口产'多异 1 号'榴莲蜜新鲜成熟果实果肉香气的主要成分为，1,6- 二甲基 -1,3,5- 庚三烯（47.00%）、甲基苯甲醇（9.87%）、正辛醛（6.81%）、β- 环柠檬醛（4.95%）、2- 甲基戊酸乙酯（3.64%）、3,7- 二甲基 -6- 辛烯酸乙酯（3.16%）、异戊酸乙酯（2.98%）、异戊酸异戊酯（2.98%）、十三醛（2.35%）、3- 甲基 -1- 己醇（2.01%）、辛酸乙酯（1.75%）、辛酸 -3- 甲基丁酯（1.06%）、异戊酸丁酯（1.05%）等（郭清云等，2021）。

顶空固相微萃取法提取的海南万宁产榴莲蜜新鲜成熟果实果肉香气的主要成分为，异戊醇（45.96%）、2- 甲基 -1- 丁醇（7.96%）、3- 甲基丁酸 -2- 甲基丁酯（4.84%）、异戊酸异戊酯（4.50%）、异戊酸乙酯（3.95%）、乙酸辛酯（2.60%）、松油烯（1.61%）、异戊酸甲酯（1.36%）、3- 甲基丁酸己酯（1.31%）、乙酸异戊酯（1.04%）、3- 甲巯基 -2- 丁酮（1.00%）等（贺书珍等，2019）。

3.10 火龙果

火龙果 [*Selenicereus undatus* (Haw.) D.R.Hunt] 为仙人掌科蛇鞭柱属植物量天尺的新鲜成熟果实，又名仙蜜果、红龙果，分布于福建、广东、海南、台湾、广西。火龙果原产于中美、南美，分布于中美洲至南美洲北部，世界各地广泛栽培。火龙果果实是重要的热带水果之一，被称为 21 世纪保健食品和果品珍品。火龙果依据特征果皮与果肉的颜色可分为红皮白肉火龙果、黄皮白肉火龙果、红皮红肉火龙果 3 种。较为常见的有红心火龙果和白心火龙果。

火龙果图1

攀援肉质灌木，长 3～15m。枝具 3 角或棱，棱常翅状，边缘波状或圆齿状；小窠沿棱排列，每小窠具 1～3 根硬刺。花漏斗状，萼状花被片黄绿色，瓣状花被片白色。浆果红色，长球形，长 7～12cm，直径 5～10cm，果脐小，果肉白色。种子黑色。花期 7～12 月。热带雨林植物，适于高空气湿度、高温及半阴环境，生长适温 25～35℃，越冬温度宜在 13℃以上。喜腐殖质丰富、排水良好的肥沃壤土。

火龙果果肉细腻多汁，味道香甜，色泽鲜亮诱人，果实还具有很高的营养价值。有丰富的糖、有机酸、氨基酸、膳食纤维、花青素 (尤以红肉为最)、维生素 B_1、维生素 B_2、维生素 B_3、维生素 B_{12}、维生素 C 等，以及铁、磷、钙、镁、钾等矿物质。每 100g 可食部分含热量 51kcal，碳水化合物 12.38g，脂肪 0.38g，蛋白质 0.78g，纤维素 1.70g。果肉几乎不含果糖和蔗糖，糖分以葡萄糖为主，这种天然葡萄糖，容易吸收，适合运动后食用。火龙果不仅具有保健功能，还具有降血压、降血脂、润肺、解毒、养颜等药用功效；火龙果的果皮含有非常珍贵的营养物质——花青素，其抗氧化能力强于胡萝卜素 10 倍以上，有助于预防多种与自由基有关的疾病，增强血管弹性，美颜肌肤，抑制炎症和过敏，改善关节的柔韧性，改善视力等，所以，在吃火龙果的时候，尽量不要丢弃内层的粉红色果皮。火龙果是一种低能量的水果，富含水溶性膳食纤维，具有减肥，降低胆固醇，预防便秘、大肠癌等功效。火龙果属凉性，果肉的葡萄糖不甜，但其糖分却比一般水果的要高一些，所以，糖尿病人，女性体质虚冷者，具脸色苍白、四肢乏力、经常腹泻等症状的寒性体质者不宜多食；而女性在月经期间也不宜食用。火龙果不宜与牛奶同食。火龙果除鲜食外，还可酿酒、制罐头、制果汁、制果酱等。关于火龙果果肉香气成分的研究报道不多，结果如下。

火龙果图 2

火龙果图 3

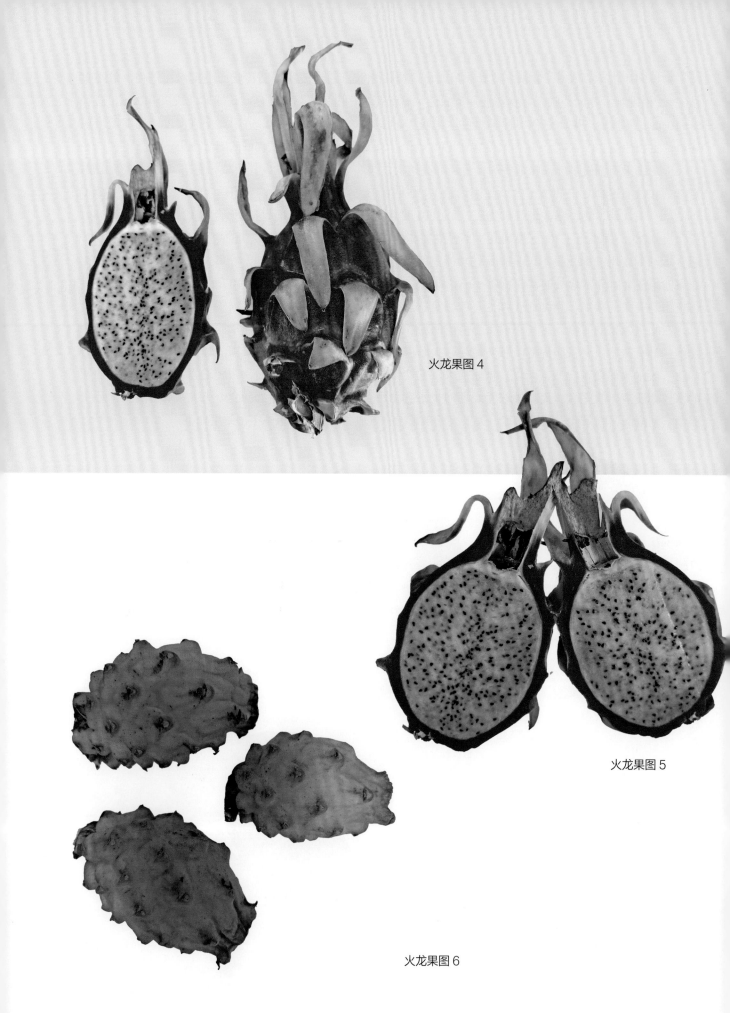

火龙果图 4

火龙果图 5

火龙果图 6

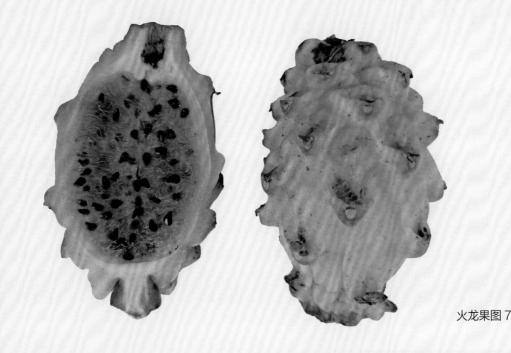

火龙果图7

　　蜜宝：台湾品种。果实中等大小，果皮天然褶皱，艳红色。果肉玫瑰红色，皮薄肉细，滑嫩味甜，水嫩多汁，超甜口感，含丰富的花青素。顶空固相微萃取法提取的越南产'蜜宝'火龙果新鲜果肉香气的主要成分（单位：μg/kg）为，正己醛（126.89）、2-己烯醛（16.01）、长叶烯（14.78）、4-甲基-1-戊醇（3.48）、(+)-α-长叶蒎烯（3.45）、辛酸甲酯（2.03）、壬醛（1.87）、己酸甲酯（1.68）、庚醛（1.57）、3-辛酮（1.45）、5-甲基-3-庚酮（1.33）、反-2-辛烯醛（1.16）、2,4-己二烯醛（1.02）等（张琴等，2021）。顶空固相微萃取法提取的越南产'蜜宝'红心火龙果新鲜果肉香气的主要成分为，正己醇（30.02%）、正己醛（20.45%）、苯乙醇（2.35%）、3-糠醛（0.82%）、叶醇（0.76%）等（李凯等，2019）。

　　紫红龙：果实圆形，平均单果重0.33kg。果皮红色，皮薄。果形指数1.03，鳞片红色。果肉紫红色，风味独特，香甜可口。固相微萃取法提取的贵州产'紫红龙'热风干燥的火龙果片香气的主要成分为，十三烷（29.45%）、乙醇（28.26%）、2,2,4,6,6-五甲基庚烷（9.91%）、乙酸（4.67%）、正己酸乙酯（4.44%）、反式-2-十三烯（3.41%）、乙酰甲基甲醇（1.79%）、十二烷（1.00%）等；真空冷冻干燥的火龙果片香气的主要成分为，2,2,4,6,6-五甲基庚烷（33.11%）、十三烷（23.98%）、癸烷（8.17%）、2,2,4,4-四甲基辛烷（4.51%）、3-甲基壬烷（3.44%）、正辛烷（3.43%）、反式-2-十三烯（2.28%）、十二烷（2.20%）、正己醛（2.09%）、3-甲基十一烷（1.31%）、2-乙基-1-辛烯（1.00%）等（孟繁博等，2021）。

　　火龙果（品种不明）：固相微萃取法提取的火龙果新鲜果肉香气的主要成分为，十三烷（27.42%）、1-十四醇（16.08%）、十六醇（10.53%）、二十八烷（9.65%）、β-月桂烯（8.53%）、(E)-β-罗勒烯（3.67%）、柠檬烯（2.64%）、蒿甲醚（2.15%）、15-十六内酯（1.44%）、肉豆蔻醛（1.36%）、十二烷（1.10%）、二丁羟基甲苯（1.01%）等（甘秀海等，2013）。

3.11 番木瓜

番木瓜（*Carica papaya* **Linn.**）为番木瓜科番木瓜属植物番木瓜的新鲜成熟果实，别名：木瓜、万寿果、番瓜、满山抛、树冬瓜、乳果、乳瓜，广东、海南、福建、广西、云南、台湾、四川有栽培。据联合国粮食及农业组织（FAO）统计，全球番木瓜年产量超1000万吨。番木瓜是南方果树的小树种，但种植效益增加较快，适量发展，可增加市场水果的花色品种，农民种植可获得较好的经济效益。番木瓜果实营养丰富，有"岭南果王""世界水果营养之王""百益之果""水果之皇""万寿瓜"等称号，是岭南四大名果之一。

常绿软木质小乔木，高达8～10m。叶大，聚生于茎顶端，近盾形。花单性或两性。植株有雄株、雌株和两性株。雄花花冠乳黄色，雌花花冠乳黄色或黄白色。浆果肉质，成熟时橙黄色或黄色，长圆球形、倒卵状长圆球形、梨形或近圆球形，长10～30cm或更长，果肉柔软多汁，味香甜；种子多数，成熟时黑色。花果期全年。喜高温多湿，不耐寒，适宜生长的温度是25～32℃，遇霜即凋零，忌大风，忌积水。对土壤适应性较强。不宜连种。

番木瓜图1

番木瓜图2   番木瓜图3

　　成熟果实作水果食用，果肉厚实细致，香气浓郁，汁水丰多，甜美可口。富含多种维生素、蛋白质、蛋白酶和矿物质，含有丰富的番木瓜酶和木瓜碱；成熟果实中富含 17 种以上氨基酸及 Ca、Fe 等矿物质。未成熟的果实可作蔬菜煮熟食或腌食，可加工成蜜饯、果汁、果酱、果脯及罐头等食用，有助于消化、通乳、消肿解毒、消食驱虫，主治跌打肿痛、湿疹、蜈蚣咬伤、胃及十二指肠溃疡、产妇乳少、高血压、二便不通。一般人群均可食用，适宜慢性萎缩性胃炎患者，缺奶的产妇，风湿筋骨痛、跌打扭挫伤患者，消化不良、肥胖患者。不适宜孕妇、过敏体质人士。不同品种番木瓜果肉香气成分如下。

　　Dwarf Solo：果实梨形，单果重 0.4～0.8kg。果皮黄色，果肉淡黄色。顶空固相微萃取法提取的海南产'Dwarf Solo'番木瓜新鲜成熟果实果肉果汁香气的主要成分（单位：µg/L）为，异硫氰酸苄酯（1552.20）、丁酸（620.31）、芳樟醇（235.37）、苯甲醛（219.27）、苯甲酸（172.56）、反式氧化芳樟醇（呋喃型）（177.98）、辛酸甲酯（139.33）、己酸（85.22）、苯乙腈（55.18）、己酸甲酯（35.29）、正己酸乙酯（33.29）、2- 乙基 -1- 己醇（28.76）、顺式氧化芳樟醇（呋喃型）（20.26）、苯甲酸乙酯（15.10）、3- 甲基 -1- 丁醇（16.07）、香叶醇（10.68）、异氰酸苄酯（10.31）等（孔祥琪等，2018）。

　　Solo：夏威夷选育的品种。果肉深红色，可溶性固形物高达 17%。品质极优。顶空固相微萃取法提取的海南产'Solo'番木瓜新鲜成熟果实果肉果汁香气的主要成分为，芳樟醇（60.02%）、异硫氰酸苄酯（9.71%）、反式氧化芳樟醇（呋喃型）（6.88%）、丁酸（4.93%）、辛酸（2.59%）、己酸（2.14%）、香叶醇（1.15%）等（孔祥琪等，2016）。顶空固相微萃取法提取的海南产'Solo'番木瓜新鲜成熟果实果肉香气的主要成分为，甲苯（36.68%）、芳樟醇（33.55%）、异硫氰酸苄酯（7.04%）、顺式氧化芳樟醇（2.56%）、二氯甲烷（1.69%）、三甲基戊烷（1.68%）、己烷（1.58%）、顺式芳樟醇氧化物（1.46%）等（皋香等，2013）。

　　夏威夷：顶空固相微萃取法提取的海南产'夏威夷'番木瓜新鲜果肉香气的主要成分为，异硫氰酸苄酯（38.54%）、苯甲酸（9.43%）、6- 甲基 -5- 庚烯 -2- 酮（7.33%）、丁酸（6.74%）、3- 甲基 -3-(4- 甲基 -3- 戊烯基) 环氧丙醇（5.85%）、山梨酸（4.88%）、辛醇（3.85%）、苯甲醇（3.76%）、苯甲醛（3.10%）、2- 甲基 - 丙酸 -1- 叔丁基 -2- 甲基 -1,3- 丙烷二基酯（2.36%）、橙花醚（1.18%）等（余秀丽等，2017）。

3.12 百香果（西番莲）

商品百香果包括西番莲科西番莲属植物鸡蛋果（*Passiflora edulis* Sims）和西番莲（*Passiflora caerulea* Linn.）两个植物种的新鲜成熟果实，别名：洋石榴、紫果西番莲、黄果西番莲。百香果为典型的热带、亚热带水果，因其果汁香味独特、甜酸可口、味道鲜美，富含各种营养成分，有"饮料之王""果汁之王""天然浓缩果汁"等美誉。因其可散发出石榴、菠萝、香蕉、草莓、柠檬、芒果等 10 余种水果的浓郁香味而被誉为百香果和世界上最芳香的水果。西番莲属有 50～60 种为食用类，但仅有 6 种是常见的商业性栽培种，其中在我国规模化种植的仅有紫果西番莲、黄果西番莲及二者的杂交种 3 个品系。紫果西番莲原产南美洲，黄果西番莲为紫果西番莲的突变体。我国台湾及大陆的紫果西番莲、黄果西番莲均是 20 世纪由海外引入种植的，目前在华南和西南的冬暖地区有栽培。

草质藤本，长约 6m。叶纸质，长 6～13cm，宽 8～13cm，掌状 3 深裂。聚伞花序退化仅存 1 花，花芳香，基部淡绿色，中部紫色，顶部白色。浆果卵球形，直径 3～4cm，熟时紫色；种子多数。花期 6 月，果期 11 月。逸生于海拔 180～1900m 的山谷丛林中。能耐高温干旱，耐湿能力也很强，喜欢充足阳光。最适宜的生长温度为 20～30℃。对土壤要求不高，以肥沃、疏松、排水良好、pH 值 5.5～6.5 的土壤为宜。

果实含有丰富的蛋白质、脂肪、还原糖、多种维生素和磷、钙、铁、钾等矿物质，有多达 165 种的香气化合物以及人体必需的 17 种氨基酸，营养价值很高。果汁可生产天然果汁饮料，同时还可作果露、果酱、果冻等风味独特、营养丰富、滋补健身、有助消化的产品。果实入药，具宁心安神、活血止痛、涩肠止泻之功效，主治心血不足之虚烦不眠、心悸怔忡等症；用于妇女血脉阻滞之月经不调、经行不畅、小腹胀痛、痛经等症，以及脾胃虚弱久泻、久痢、腹泻等症。百香果有 160 多种芳香成分，以醇类、酚类、酯类、萜类化合物为主。不同品种西番莲的果肉香气成分如下。

百香果图 1

百香果图 2

百香果图3

百香果图4

芭乐（味）黄金果： 果形较大，果实香甜，皮硬，果肉饱满，甜度高，有浓郁的番石榴香味，适合鲜食。是目前最受欢迎的品种。顶空固相微萃取法提取的广东广州产'芭乐（味）黄金果'西番莲新鲜成熟果肉香气的主要成分为，己酸乙酯（42.09%）、丁酸乙酯（11.29%）、乙酸乙酯（9.46%）、1,3,6-辛三烯（7.21%）、乙醇（5.75%）、己酸己酯（2.51%）、正己醇（2.45%）、辛酸乙酯（2.35%）、乙酸己酯（2.23%）、β-月桂烯（1.75%）、正辛醇（1.00%）等（邝瑞彬等，2021）。

黄金果： 属鸡蛋果的栽培品种，有较大种植面积。浆果卵球形，较大，单果重80～100g。无毛，果皮亮黄色。果瓤多汁液，种子多数，富含多种维生素。顶空固相微萃取法提取的福建泉州产'黄金果'西番莲新鲜九成熟果实果汁香气的主要成分为，己酸乙酯（22.22%）、乙酸乙酯（16.26%）、乙醇（11.42%）、柠檬烯（10.58%）、丁酸乙酯（9.48%）、辛酸乙酯（6.13%）、癸酸乙酯（2.84%）、月桂烯（2.58%）、苯甲酸甲酯（1.69%）、丙酸乙酯（1.59%）、己酸异戊酯（1.37%）、2-庚酮（1.07%）等（陈怀宇等，2022）。

大黄金： 台湾黄果品种，果肉鲜香甜美，品质优。顶空固相微萃取法提取的广东广州产'大黄金'西番莲新鲜成熟果肉香气的主要成分为，己酸丁酯（18.49%）、丁酸乙酯（17.33%）、辛酸 -1- 乙基丙酯（13.76%）、乙酸乙酯（4.87%）、乙酸己酯（4.82%）、β- 月桂烯（3.93%）、己酸乙酯（3.32%）、正己醇（2.95%）、辛酸乙酯（2.84%）、丁酸辛酯（2.55%）、d- 柠檬烯（2.00%）、乙酸 -3- 己烯 -1- 醇（1.88%）、3-巯基己基丁酸酯（1.49%）、1,3,6- 辛三烯（1.26%）、1- 甲基己基丁酸酯（1.25%）、丁酸丁酯（1.00%）等（邝瑞彬等，2021）。

黄果西番莲： 浆果卵圆球形至近圆球形，果实较大，熟时果皮鲜黄色。果肉鲜美多汁，品质好。水蒸气蒸馏法提取的云南西双版纳产'黄果西番莲'新鲜成熟果实果肉香气的主要成分为，二氢 -β- 紫罗兰醇（53.07%）、1- 甲基 -4-(1- 甲基乙烯基) 环己烷（2.20%）、二氢 -β- 紫罗兰酮（2.09%）、芥酸酰胺（1.55%）、十四烯（1.30%）、十二烯（1.25%）、邻苯二甲酸二丁酯（1.21%）、十八烯（1.00%）等（王文新等，2010）。

华杨 1 号： 黄果西番莲品种。果实圆形，熟时果皮亮黄色，果汁橙黄色。水蒸气蒸馏法提取的广东惠州产'华杨 1 号'黄果西番莲果实香气的主要成分为，己酸己酯（40.00%）、丁酸己酯（21.02%）、己酸乙酯（9.95%）、丁酸乙酯（7.13%）、正己醇（4.15%）、乙酸己酯（2.61%）、α- 罗勒烯（1.03%）等（黄苇等，2003）。

华杨 2 号： 黄果西番莲品种。顶空固相微萃取法提取的广西柳州产'华杨 2 号'黄果西番莲新鲜成熟果肉香气的主要成分为，己酸己酯（25.58%）、丁酸己酯（15.03%）、己酸乙酯（12.84%）、丁酸乙酯（10.83%）、乙酸乙酯（6.42%）、乙酸己酯（6.10%）、(Z)- 丁酸 -3- 己烯基酯（5.56%）、(Z)-3- 己烯 -1- 醇 -乙酸酯（4.52%）、(E)- 丁酸 -3- 己烯基酯（4.38%）、邻苯二甲酸二丁酯（2.23%）、β- 紫罗兰酮（1.67%）等（刘纯友等，2021）。

满天星（蜜糖百香果）： 果实大，平均单果重 150g。果面紫色，星状斑点明显，果汁橙黄色，甜度高，酸度低，味极香。顶空固相微萃取法提取的广东广州产'满天星'西番莲新鲜成熟果实果肉香气的主要成分为，己酸己酯（20.62%）、己酸乙酯（20.30%）、己基丁酸酯（15.94%）、丁酸乙酯（8.95%）、3- 己烯基己酸酯（5.08%）、乙酸己酯（4.50%）、1,3,6- 辛三烯（4.16%）、3- 己烯基丁酸酯（3.28%）、乙酸乙酯（2.00%）、正己醇（1.92%）、β- 月桂烯（1.00%）等（邝瑞彬等，2021）。顶空固相微萃取法提取的福建连城产'满天星'西番莲新鲜成熟果实果汁香气的主要成分为，己酸乙酯（20.33%）、己酸己酯（12.10%）、乙酸己酯（11.46%）、丁酸乙酯（10.38%）、茶香螺烷（10.10%）、丁酸己酯（5.75%）、正辛醇（3.24%）、顺式 -β- 罗勒烯（2.93%）、1- 甲基 -3-(2,6,6- 三甲基环己 -1- 烯基) 乙酸丙酯（2.33%）、正癸醇（1.83%）、辛酸乙酯（1.80%）、β- 月桂烯（1.59%）、辛酸己酯（1.56%）、2- 丁烯酸乙酯（1.48%）、顺式 -3- 己烯酸乙酯（1.25%）、甲基丁酸己酯（1.14%）、1- 环己烯 -2,6,6- 三甲基 - 丙醇（1.02%）、2- 庚酮（1.01%）等（潘葳等，2019）。

台农 1 号： 以紫果为母本、黄果为父本杂交的无性系品种。果实圆球形，果皮鲜红色，光滑。平均单果重 62.8g。果汁浓黄色，香味浓烈。顶空固相微萃取法提取的广西柳州产'台农 1 号'红果西番莲新鲜成熟果实果肉香气的主要成分为，己酸己酯（18.80%）、丁酸乙酯（15.64%）、乙酸己酯（7.75%）、邻苯二甲酸二丁酯（7.18%）、己酸乙酯（6.48%）、丁酸己酯（4.89%）、1- 正己醇（4.71%）、乙酸乙酯（4.66%）、d- 柠檬烯（3.44%）、松油醇（3.44%）、乙醇（2.74%）、β- 罗勒烯（2.73%）、(Z)-3- 己烯 -1- 醇 - 乙酸酯（2.64%）、芳樟醇（2.40%）、二氢 -β- 紫罗兰酮（2.25%）、二氢 -β- 紫罗兰醇（1.84%）、1- 十八烯（1.82%）、辛酸乙酯（1.79%）、萜品油烯（1.50%）、β- 紫罗兰酮（1.50%）、1- 辛醇（1.31%）、正己烷（1.06%）等（刘纯友等，2021）。顶空固相微萃取法提取的广东广州产'台农 1 号'红果西番莲新鲜成熟果实果肉香气的主要成分为，己酸乙酯（22.61%）、丁酸乙酯（15.59%）、己基丁酸酯（14.57%）、己酸己酯（9.72%）、3- 己烯基丁酸酯（4.90%）、3- 己烯基己酸酯（3.33%）、乙酸 -3- 己烯 -1- 醇（2.53%）、1- 甲基己基丁酸酯（2.51%）、乙酸己酯（2.47%）、乙酸乙酯（2.44%）、4- 辛烯酸乙醚（1.78%）、乙酸 -2- 庚醇（1.51%）、己酸 -2- 甲基丙酯（1.49%）、丁酸辛酯（1.05%）等（邝瑞彬等，2021）。顶空固相微萃取法提取的广西南宁产‘台农 1 号’红果西番莲新鲜成熟果实果肉香气的主要成分为，丁酸乙酯（28.27%）、丁酸己酯（23.62%）、己酸己酯（13.39%）、乙酸乙酯（5.60%）、顺 -3- 己烯基丁酯（4.51%）、己酸叶醇酯（2.56%）、己酸乙酯（2.10%）、(E)-4- 己烯 -1- 乙酸酯（1.94%）等（罗义灿等，2022）。

紫果西番莲： 果实卵球形，光滑无毛，果面熟时紫红色，种子多且细小。果肉甜酸可口，具有多种热带水果的混合香味。水蒸气蒸馏法提取的云南西双版纳产‘紫果西番莲’新鲜成熟果实果肉香气的主要成分为，苯甲醇（17.98%）、苯甲醛（16.81%）、3,7- 二甲基 -1,6- 辛二烯 -3- 醇（3.83%）、十六酸（3.44%）、芥酸酰胺（2.69%）、松油醇（2.28%）、3,7- 二甲基 -2,6- 辛二烯 -1- 醇（1.77%）、邻苯二甲酸二丁酯（1.49%）、十七烷（1.49%）、α- 羟基苄基腈（1.10%）等（王文新等，2010）。动态顶空密闭循环吸附捕集法提取的云南景谷产‘紫果西番莲’成熟果实果肉香气的主要成分为，4- 蒈烯（14.93%）、2- 蒈烯 -10- 醛（14.06%）、月桂烯（13.34%）、丁酸己酯（10.88%）、己酸乙酯（8.66%）、2,6,10,10- 四甲基 -1- 氧 - 螺［4.5］-6- 癸烯（7.46%）、己酸己酯（6.71%）、正庚烷（5.74%）、丁酸乙酯（5.52%）、柠檬烯（4.20%）、反式罗勒烯（3.15%）、对 -1(7),3- 孟二烯（1.30%）等（孔永强等，2011）。顶空固相微萃取法提取的广西南宁产‘紫果西番莲’新鲜成熟果实果汁香气的主要成分为，己酸己酯（15.84%）、己酸异丁酯（7.62%）、己酸乙酯（6.85%）、丁酸乙酯（5.54%）、丁酸己酯（5.38%）、芳樟醇（2.83%）、乙酸己酯（2.79%）、乙酸叶醇酯（2.57%）、己酸叶醇酯（2.50%）、丁酸叶醇酯（2.29%）、1- 甲基丁酸己酯（2.27%）、β 紫罗兰酮（1.71%）等（龙倩倩等，2019）。顶空固相微萃取法提取的广西南宁产‘紫果西番莲’新鲜成熟果实果肉香气的主要成分为，乙酸乙酯（24.50%）、己酸己酯（6.15%）、己酸乙酯（5.97%）、乙醇（5.18%）、丁酸己酯（4.94%）、己酸（4.64%）、丁酸乙酯（3.29%）、庚烷 -2- 基丁酸酯（2.94%）、辛酸乙酯（2.51%）、反式 -2- 己烯酸乙酯（1.56%）、4- 辛烯酸乙酯（1.21%）、1- 甲基乙酸己酯（1.06%）等；广西玉林产‘紫果西番莲’新鲜成熟果实果肉香气的主要成分为，己酸乙酯（10.91%）、己酸（9.38%）、辛酸乙酯（8.01%）、邻苯二甲酸二辛酯（7.41%）、己酸己酯（4.94%）、辛酸乙酯（4.31%）、庚烷 -2- 基丁酸酯（3.80%）、丁酸己酯（3.77%）、丁酸乙酯（2.41%）、4- 辛烯酸乙酯（1.09%）等；广西贵港产‘紫果西番莲’新鲜成熟果实果肉香气的主要成分为，丁酸乙酯（21.86%）、邻苯二甲酸二辛酯（13.23%）、己酸乙酯（11.24%）、2- 壬酮（2.71%）、乙酸乙酯（1.91%）、庚烷 -2- 基丁酸酯（1.60%）、2- 庚酮（1.44%）、4- 辛烯酸乙酯（1.28%）、1- 甲基乙酸己酯（1.20%）、己酸（1.19%）、丁酸己酯（1.02%）等（邓有展等，2022）。顶空固相微萃取法提取的广西浦北产‘紫果西番莲’新鲜成熟果实果汁香气的主要成分为，己酸异丁酯（11.74%）、己酸乙酯（11.12%）、己酸己酯（10.45%）、β- 紫罗兰酮（8.87%）、丁酸乙酯（8.12%）、丁酸己酯（6.93%）、辛酸己酯（5.71%）、1- 甲基丁酸己酯（3.86%）、辛酸乙酯（3.81%）、丁酸异戊酯（3.49%）、乙酸乙酯（2.92%）、芳樟醇（2.80%）、己酸叶醇酯（2.58%）、丁酸辛酯（2.47%）、4- 辛烯酸乙酯（1.86%）、乙酸己酯（1.32%）等（袁源等，2017）。

紫果 1 号： 果实较大且均匀，外观较好，甜酸可口，香气浓。顶空固相微萃取法提取的广西容县产‘紫果 1 号’西番莲新鲜成熟果实果汁香气的主要成分为，正己酸乙酯（32.30%）、丁酸乙酯（19.90%）、乙酸乙酯（8.85%）、辛酸乙酯（4.85%）、己酸己酯（4.44%）、2- 庚醇乙酸酯（3.42%）、2- 己烯酸乙酯（2.56%）、乙醛（2.35%）、4- 辛烯酸乙酯（2.35%）、顺式 -3- 己烯醇乙酸酯（2.00%）、紫罗兰酮（1.79%）、甲酸辛酯（1.66%）、己酸己酯（1.56%）、丁酸己酯（1.45%）、2- 庚基丁酸酯（1.28%）、三正丙胺（1.27%）、3- 己烯酸乙酯（1.06%）、罗勒烯（1.05%）等（郭艳峰等，2019）。

紫香： 果皮紫红色，香气浓郁。顶空固相微萃取法提取的福建泉州产'紫香'西番莲新鲜九成熟果实果汁香气的主要成分为，己酸乙酯（17.89%）、乙酸乙酯（13.21%）、丁酸乙酯（10.28%）、乙醇（8.85%）、辛酸乙酯（8.70%）、己酸异戊酯（4.70%）、2-甲基丁酸丁酯（3.64%）、癸酸乙酯（2.50%）、2-庚酮（1.83%）、柠檬烯（1.65%）、己酸甲酯（1.61%）、月桂烯（1.61%）、甲酸乙酯（1.53%）、丁酸甲酯（1.46%）、丙酸乙酯（1.31%）、异己醇（1.19%）、丁酸己酯（1.16%）、丙酮（1.07%）等（陈怀宇等，2022）。

　　紫香1号： 果实近圆球形或卵圆形，平均单果重65g。嫩果绿色，成熟果果皮紫红色，果皮稍硬。果肉橙黄色，酸度低，香气浓，风味佳，既可鲜食，也可加工成果汁。种子小而多，黑色。耐贮运。顶空固相微萃取法提取的广西柳州产'紫香1号'紫果西番莲新鲜成熟果肉香气的主要成分为，己酸己酯（20.41%）、丁酸乙酯（15.95%）、丁酸己酯（12.48%）、乙酸乙酯（8.05%）、(Z)-3-己烯-1-醇-乙酸酯（7.60%）、己酸乙酯（7.16%）、邻苯二甲酸二丁酯（6.21%）、(E)-丁酸-3-己烯基酯（5.36%）、α-水芹烯（4.34%）、(Z)-丁酸-3-己烯基酯（2.58%）、β-紫罗兰酮（1.55%）、1-正己醇（1.08%）等（刘纯友等，2021）。顶空固相微萃取法提取的广西南宁产'紫香1号'紫果西番莲新鲜成熟果肉香气的主要成分为，乙酸乙酯（35.91%）、乙酰基肼（14.42%）、丁酸乙酯（3.19%）、β-紫罗兰酮（2.48%）、β-二氢紫罗兰酮（1.61%）、丁酸己酯（1.31%）、己酸己酯（1.08%）、5-甲基-2-苯基（1.08%）等（罗义灿等，2022）。

　　实生株系紫果： 顶空固相微萃取法提取的福建连城产'实生株系紫果'西番莲新鲜成熟果实果汁香气的主要成分为，顺式-3-己烯酸乙酯（15.20%）、己酸-3-戊酯（9.85%）、己酸乙酯（7.88%）、己酸己酯（7.39%）、甲基丁酸己酯（6.78%）、丁酸己酯（6.76%）、丁酸乙酯（5.60%）、β-紫罗兰酮（4.65%）、大柱香波龙烷三烯（3.11%）、己酸-3-己烯酯（2.99%）、辛酸乙酯（2.45%）、乙酸己酯（2.27%）、辛酸己酯（2.19%）、辛酸2-戊酯（1.83%）、顺式-β-罗勒烯（1.73%）、3-丁酸己烯酯（1.65%）、丙酸-2-甲基辛酯（1.52%）、2-庚醇乙酸酯（1.28%）、己酸异戊酯（1.17%）等（潘葳等，2019）。

　　台农： 顶空固相微萃取法提取的福建连城产'台农（黄果与紫果的杂交种）'西番莲新鲜成熟果实果汁香气的主要成分为，己酸己酯（14.00%）、丁酸己酯（11.00%）、己酸乙酯（10.70%）、己酸-3-戊酯（10.11%）、丁酸乙酯（9.23%）、甲基丁酸己酯（8.97%）、乙酸己酯（3.48%）、己酸-3-己烯酯（2.69%）、辛酸己酯（2.23%）、丙酸-2-甲基辛酯（1.75%）、辛酸乙酯（1.64%）、3-丁酸己烯酯（1.53%）、2-庚醇乙酸酯（1.31%）、大柱香波龙烷三烯（1.29%）、4-辛烯酸乙醚（1.29%）、顺式-3-己烯酸乙酯（1.27%）、辛酸-2-戊酯（1.27%）、甲基丁酸辛酯（1.13%）、六氢茚满（1.12%）等（潘葳等，2019）。

　　红果西番莲： 固相微萃取法提取的广东肇庆产'红果西番莲'新鲜成熟果实肉香气的主要成分为，己酸乙酯（32.30%）、丁酸乙酯（19.90%）、乙酸乙酯（8.85%）、辛酸乙酯（4.85%）、反式-2-己烯酸乙酯（4.56%）、乙酸己酯（4.44%）、2-庚醇乙酸酯（3.42%）、顺式-4-辛烯酸乙酯（2.35%）、顺式-3-己烯醇乙酸酯（2.07%）、2-庚基丁酸酯（1.85%）、甲酸辛酯（1.66%）、己酸己酯（1.56%）、3-己烯酸乙酯（1.46%）、丁酸己酯（1.45%）、β-紫罗兰酮（1.14%）、罗勒烯（1.05%）等（郭艳峰等，2017）。

　　紫红百香果： 黄、紫两种鸡蛋果杂交品种。果皮紫红色，星状斑点明显，果形较大，长圆形，单果重100～130g。果汁橙黄色，味极香，糖度达21%，适合鲜食加工。固相微萃取法提取的广西玉林产'紫红百香果'新鲜成熟果实肉果汁香气的主要成分为，己酸乙酯（18.14%）、丁酸乙酯（15.80%）、乙酸乙酯（8.12%）、3-羟基己酸乙酯（4.86%）、乙醇（4.15%）、辛酸乙酯（2.63%）、2-庚酮（2.23%）、2-庚醇（2.15%）、乙酸苄酯（1.96%）、3-羟基丁酸乙酯（1.83%）、乙酸己酯（1.83%）、芳樟醇（1.67%）、乙酸丁酯（1.51%）、己醇（1.28%）、1-辛醇（1.22%）、α-松油醇（1.17%）、(Z)-顺-3-己烯酸乙酯（1.03%）、(R)-4-萜品醇（1.03%）等（陈庆等，2017）。

3.13 番荔枝

番荔枝为番荔枝科番荔枝属植物新鲜成熟果实的统称，是著名的热带特色水果。主要的栽培种包括：番荔枝、毛叶番荔枝（秘鲁番荔枝）（*Annona cherimola* Mill.）、刺果番荔枝、阿蒂莫耶番荔枝（*Annona atemoya* Hort. ex West.），是由番荔枝与毛叶番荔枝杂交而成，是主要的商业化栽培种。番荔枝果肉清甜，口感细腻绵密，营养丰富，每100g果肉含水分8.36g，可溶性固形物18.0%～26%，脂肪0.14%～0.3%，矿物质0.6%～0.7%，碳水化合物23.9%，钙0.2%，磷0.04%，铁1.0%，有机酸0.42%，含总糖15.3%～18.3%，维生素C为0.265g，蛋白质含量为1.55～2.34g等。番荔枝中的多糖有调节免疫力、抗肿瘤、抗氧化、降血糖、抑制酶活性等多种功效，还具有美容养颜、清热解毒等功效。果实除生食外，可以制成色拉或甜品，或与橙汁、柠檬汁和奶油混合制成冰淇淋。果实也可药用，治恶疮肿痛，补脾。果实必须在成熟以后才能食用。

番荔枝又名林檎、唛螺陀、洋波罗等，全球热带地区有栽培，我国浙江、台湾、福建、广东、广西和云南等省区有栽培。因外形酷似荔枝，故名"番荔枝"，为热带地区著名水果。落叶小乔木，高3～5m。叶薄纸质，长6～17.5cm，宽2～7.5cm。花单生或2～4朵聚生于枝顶或与叶对生，青黄色。果实由多数圆形或椭圆形的成熟心皮微相连而成，心皮易于分开，为聚合浆果，圆球状或心状圆锥形，直径5～10cm，黄绿色，外面被白色粉霜。花期5～6月，果期6～11月。喜光，喜温暖气候。

番荔枝（*Annona squamosa* Linn.） 表皮满布疙瘩连接成球形（由许多成熟的子房和花托合生而成），由数十个小瓣组成，每个瓣里含有一颗乌黑晶亮的小核（黑色的籽），果实的大小与石榴相近。未熟果绿色，成熟果呈淡绿黄色。味略甜，果肉奶黄油色或乳白色，呈乳蛋糕状，并具芳香，鲜食香甜，风味甚佳。果实可食率67%。单个果重一般在350g左右。因其外形特点，外表被以多角形小指大之软疣凸起，恰似佛头，故有赖球果、佛头果、释迦果、地雷果、番鬼荔枝之称。

顶空固相微萃取法提取的广西平果产'大目番荔枝'新鲜成熟果实香气的主要成分（单位：μg/L）为，(*E*)-2-己烯醇（544.30）、丙酸乙酯（360.26）、γ-松油烯（328.10）、反式-*β*-罗勒烯（326.29）、*β*-蒎烯（323.92）、月桂烯（323.65）、α-蒎烯（323.55）、丙酮（322.99）、丁醛（322.92）、柠檬烯（322.19）、己醛（322.18）、莰烯（321.75）、乙酸苄酯（321.37）、*β*-香茅醇（320.35）、1-己醇（320.11）、2-己酮（319.78）、香豆素（313.50）、1,8-桉叶素（289.61）、2-甲基丙酸（225.61）、芳樟醇（210.20）、二甲基二硫化物（118.65）、苯甲醛（109.04）等（杨涛华等，2021）。顶空固相微萃取法提取的海南三亚产番荔枝新鲜成熟果实香气的主要成分为，丁酸丁酯（15.02%）、丁酸乙酯（12.04%）、正己醇（9.08%）、伞花烃（6.14%）、正丁醇（5.83%）、乙醇（5.73%）、2-戊酮（4.81%）、4-松油醇（3.64%）、蒎烯（3.38%）、乙酸乙酯（3.03%）、2-庚酮（2.77%）、异戊醇（2.66%）、柠檬烯（2.34%）、α-松油烯（1.57%）、α-水芹烯（1.50%）、丙酮（1.33%）、γ-松油烯（1.25%）、2-庚醇（1.23%）、丁酸己酯（1.12%）、2-戊醇（1.01%）等（雷冬明等，2019）。顶空固相微萃取法提取的广东徐闻产番荔枝新鲜成熟果实香气的主要成分（单位：μg/L）为，苯甲醛（639.85）、乙缩醛（326.96）、1,8-桉叶素（324.47）、2-甲基丙酸（323.27）、甲基庚烯酮（322.13）、*β*-蒎烯（318.65）、α-蒎烯（313.19）、乙酸乙酯（309.91）、芳樟醇（307.13）、反式-*β*-罗勒烯（304.00）、γ-松油烯（285.11）、莰烯（247.67）、2-己酮（218.20）、香豆素（217.25）、月桂烯（202.73）、柠檬烯（202.69）、乙醇（181.38）、1-己醇（128.54）、二甲基二硫化物（121.26）、己醛（81.33）、丙酮（68.01）、(*E*)-2-辛烯醛（64.82）、(*E*)-2-己烯醇（52.94）等（杨涛华等，2021）。

番荔枝图 1

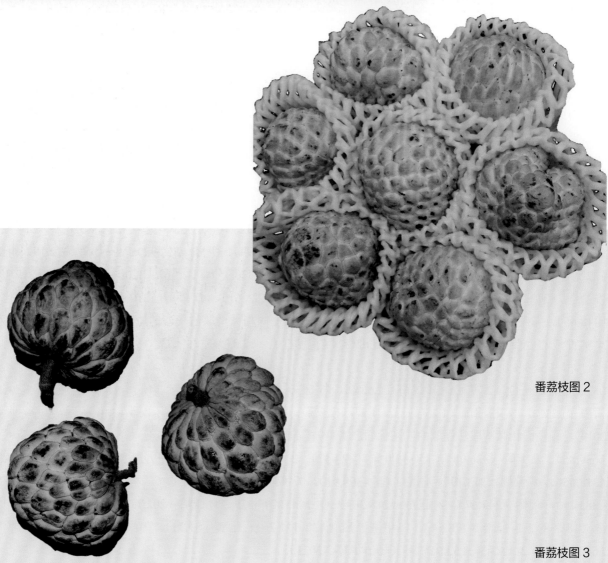

番荔枝图 2

番荔枝图 3

红番荔枝（*Annona crotonifolia* Mart.） 又名巴豆叶番荔枝。香味浓郁，性寒，酸甜可口，生津止渴。顶空固相微萃取法提取的广东徐闻产红番荔枝新鲜成熟果实香气的主要成分（单位：μg/L）为，二甲基二硫化物（327.03）、反式 -β- 罗勒烯（324.43）、β- 蒎烯（323.59）、α- 蒎烯（318.12）、(E)-2- 己烯醇（299.91）、芳樟醇（292.97）、月桂烯（276.91）、1,8- 桉叶素（262.44）、丙酮（219.20）、柠檬烯（218.98）、2- 己酮（200.16）、己醛（197.06）、莰烯（174.11）、3- 甲基丁醛（156.88）、香豆素（121.00）、1-己醇（120.51）、乙酸乙酯（103.80）、丁醛（98.37）、γ- 松油烯（84.08）、2- 甲基丙酸（79.69）、丙酸乙酯（63.50）、苯甲醛（61.64）等（杨涛华等，2021）。

山刺番荔枝（*Annona montana* Macf.） 又名山地番荔枝，海南、广东有栽培。乔木，高达 10m。叶片纸质。圆锥花序顶生或腋生小枝顶端，1 花或 2 花。外花瓣淡黄棕色，花瓣内橙。合心皮果黄棕色，卵球形，近球形，卵形或心形，稍偏斜，果肉淡黄，有芳香气味。喜光耐阴，光照充足植株生长健壮。生于海拔 100～200m。顶空固相微萃取法提取的海南儋州产山刺番荔枝新鲜成熟果实香气的主要成分为，梨醇酯（9.40%）、辛酸乙酯（9.29%）、辛酸甲酯（6.70%）、4- 戊烯 -1- 乙酸酯（4.07%）、桉叶油醇（3.85%）、正己酸乙酯（3.06%）、辛酸（2.74%）、α- 松油醇（2.62%）、癸酸乙酯（1.03%）等（徐子健，2016）。

刺果番荔枝（*Annona muricata* Linn.） 又名红毛榴莲、牛心果，广东、广西、福建、云南、台湾等省区有栽培。常绿乔木，高达 8m。叶纸质，长 5～18cm，宽 2～7cm。花淡黄色。果实长卵形，

山刺番荔枝图

刺果番荔枝图

长 10～35cm，直径 7～15cm，果大，单果重可达 4kg。果实淡黄色或白色，果皮表面密布肉质刺状突起，深绿色，果肉白色，微酸多汁，香气浓郁。种子多颗，肾形。花期 4～7 月，果期 7 月至翌年 3 月。喜光耐阴，不耐霜冻和阴冷天气。果实含蛋白质 0.70%，脂肪 0.40%，糖类 17.10%。比其他番荔枝更多酸少甜，含丰富的维生素 B$_6$，可鲜食，适于制果酱、果露、饮料等，也可以制成色拉或甜品，或与橙汁、柠檬汁和奶油混合制成冰淇淋。

微波加热、树脂吸附法收集的广东广州产刺果番荔枝果实香气的主要成分为，乙酸 -3- 甲基 -2- 丁烯酯（41.98%）、7- 甲基 -4- 癸烯（4.04%）、辛酸甲酯（4.04%）、1,8- 桉叶油素（2.78%）、2- 羟基 -4- 甲基戊酸甲酯（2.63%）、α- 松油醇（2.14%）、乙酸 -3- 甲基丁酯（2.02%）、己酸乙酯（1.61%）、α- 蒎烯（1.46%）、3- 甲基 -2- 丁烯醇（1.36%）等（朱亮锋等，1993）。顶空固相微萃取法提取的海南三亚产刺果番荔枝新鲜成熟果实香气的主要成分为，异戊醇（13.92%）、顺 -3- 己烯醇（11.28%）、正己醇（10.51%）、乙醇（8.11%）、丁酸甲酯（7.50%）、正丁醇（7.25%）、反 -2- 己烯醛（5.89%）、正己烷（4.58%）、异丁醇（4.53%）、己酸甲酯（4.09%）、己醛（3.74%）、丁二酮（3.50%）、正丁醛（1.98%）、反式 -2- 己烯甲酯（1.64%）、乙酸乙酯（1.31%）、顺 -2- 丁烯酸乙酯（1.23%）、正辛醇（1.09%）、3- 甲基 -2- 戊醇（1.06%）、丙醇（1.00%）等（雷冬明等，2019）。顶空固相微萃取法提取的广东徐闻产 '刺果番荔枝' 新鲜成熟果实香气的主要成分（单位：μg/L）为，辛酸乙酯（639.50）、(E)-2- 辛烯醛（635.19）、辛酸甲酯（633.81）、丁酸己酯（594.72）、4- 甲基戊酸乙酯（329.32）、丙酸乙酯（328.89）、己酸乙酯（328.82）、己酸甲酯（328.66）、丁酸乙酯（328.52）、乙酸乙酯（328.36）、2- 戊酮（328.15）、(E)-2- 己烯醇（328.07）、2- 庚酮（327.09）、乙酸丙酯（326.84）、2- 甲基丁酸甲酯（322.65）、乙醇（322.04）、3- 甲基丁醛（320.66）、乙酸丁酯（316.83）、3- 甲基丁醇（316.82）、1- 辛醇（302.91）、β- 香茅醇（142.81）、乙酸苄酯（140.20）等（杨涛华等，2021）。

3.14 橄榄

橄榄为橄榄科橄榄属植物新鲜成熟果实的统称。中国是橄榄原产地和种质资源遗传多样性中心，橄榄主要产于广东、广西、福建、四川等省区。橄榄是我国南方特有的亚热带常绿果树之一，商品主要为橄榄，此外，同属的乌榄、方榄（*Canarium bengalense* Roxb.）也作为橄榄食用，方榄果实的芳香成分未见报道。橄榄有 60 多个栽培品种。

橄榄 [*Canarium album*（Lour.）Raeusch.ex DC.] 别名：橄榄子、忠果、青果、青子、青橄榄、白榄、黄榄、甘榄、山榄、红榄、谏果。分布于福建、台湾、广东、广西、云南。乔木，高 10～35m。小叶 3～6 对，长 6～14cm，宽 2～5.5cm。花序腋生，雄花序多花，雌花序具花 12 朵以下。果序长 1.5～15cm，具 1～6 果，果卵圆形至纺锤形，横切面近圆形，长 2.5～3.5cm，成熟时黄绿色；外果皮厚。种子 1～2 个。花期 4～5 月，果 10～12 月成熟。喜温暖，生长期需适当高温才能生长旺盛，年平均气温在 20℃以上，冬天可忍受短时间的 –3℃的低温。对土壤适应性较广。

橄榄果实可生食，鲜食橄榄爽口清香、生津回甘、营养丰富，果实富含蛋白质、脂肪、碳水化合物、抗坏血酸等；还富含多酚、多糖、类黄酮、脂肪酸、氨基酸、膳食纤维，以及钙、磷、铁等矿质元素等，其中维生素 C 的含量是苹果的 10 倍，是梨、桃的 5 倍。橄榄有 "蜜渍" "盐藏" 等多种加工办法，也常用于制作蜜饯、果脯及果汁产品。干燥成熟的橄榄果实可药用，有清热解毒、利咽化痰、生津止渴、除烦醒

橄榄图 1

橄榄图 2

橄榄图 4

橄榄图 3

酒的功效，适用于咽喉肿痛、烦渴、咳嗽痰血、肠炎腹泻等。在抗氧化、抗病毒、保肝护肝、调节血糖血脂和提高机体免疫能力等方面均有很好的药理活性。不同品种橄榄果肉香气成分的研究如下。

长营： 果形长，两端尖。依果实大小又分：大长营、中长营、小长营。鲜食加工兼用。顶空固相微萃取法提取的福建闽侯产'长营'橄榄新鲜成熟果实果肉香气的主要成分为，石竹烯（42.40%）、古巴烯（8.98%）、1,2,3,5,6,8a- 六氢 -4,7- 二甲基 -1- 异丙基萘（8.38%）、八氢 -7- 甲基 -3- 亚甲基 -4- 异丙基 -1H- 五环 [1.3] 三环 [1.2] 苯（8.06%）、α- 石竹烯（7.14%）、丁基羟基甲苯（6.09%）、α- 荜澄茄油烯（4.06%）、1R-α- 蒎烯（3.05%）、β- 蒎烯（2.40%）、1,2,3,4,4a,5,6,8a- 八氢 -7- 甲基 -4- 亚甲基 -1- 异丙基萘（1.92%）、4,11,11- 三甲基 -8- 亚甲基 - 双环 [7.2.0] -4- 十一烯（1.62%）、1,2,4a,5,6,8a- 六氢 -4,7- 二甲基 -1- 异丙基萘（1.22%）、1,2,3,4- 四氢 -1,6- 二甲基 -1- 异丙基萘（1.19%）等（方丽娜等，2009）。

冬节圆： 果实长椭圆形，黄绿色。单果重9g左右，肉脆，纤维较少，化渣，甘甜，回味浓，质优。肉与核不易分离。顶空固相微萃取法提取的广东产'冬节圆'橄榄新鲜成熟果实果肉香气的主要成分为，反式 - 石竹烯（42.23%）、大根香叶烯D（15.50%）、α- 古巴烯（10.51%）、α- 蒎烯（7.62%）、三角杜松烯（6.32%）、α- 葎草烯（5.06%）、DL- 萜二烯（4.57%）、1- 甲基乙基 -4,7- 二甲基 -1,2,4a,5,6,8a- 六氢化萘（1.93%）、2- 甲基 -5-(1- 甲基乙基)- 苯酚（1.51%）、四甲基双环十一碳（1.21%）等（钟明等，2004）。

惠圆： 为福建主栽的大果型加工用中迟熟品种。果卵圆形或广椭圆形，单果均重19g，皮光滑，绿色或浅绿色。肉绿白色，极厚，肉质松软，纤维少，汁多，味香无涩。顶空固相微萃取法提取的福建产'惠圆'橄榄新鲜九成熟果实果肉香气的主要成分（单位：μg/g）为，石竹烯（2.08）、d- 柠檬烯（0.50）、水芹烯（0.35）、α- 蒎烯（0.29）、α- 石竹烯（0.23）、(3aS,3bR,4S,7R,7aR)- 八氢 -7- 甲基 -3- 亚甲基 -4-(1- 甲基乙基)-1H- 环戊 [1.3] 环丙 [1.2] 苯（0.23）、(–)-α- 荜澄茄油烯（0.21）、百里香酚（0.10）等（郑宗昊等，2022）。

揭西香榄： 入口微酸涩，嚼后回甘香甜，唇齿留香，回味悠长。顶空固相微萃取法提取的福建产'揭西香榄'橄榄新鲜九成熟果实果肉香气的主要成分（单位：μg/g）为，α- 蒎烯（4.00）、石竹烯（3.46）、α- 古巴烯（1.08）、(3aS,3bR,4S,7R,7aR)- 八氢 -7- 甲基 -3- 亚甲基 -4-(1- 甲基乙基)-1H- 环戊 [1.3] 环丙 [1.2] 苯（0.91）、(1S,8aR)-1- 异丙基 -4,7- 二甲基 -1,2,3,5,6,8a- 六氢萘（0.65）、桧烯（0.64）、百里香酚（0.56）、α- 石竹烯（0.51）、(–)-α- 荜澄茄油烯（0.33）、α- 姜烯（0.28）、β- 蒎烯（0.20）、d- 柠檬烯（0.20）、β- 水芹烯（0.20）、月桂烯（0.10）等（郑宗昊等，2022）。

灵峰： 晚熟品种。果实椭圆形，平均单果重7.40g，果皮黄绿色。果肉黄白色，质地脆，化渣无涩味，回甘好，风味浓郁。鲜食品质优。顶空固相微萃取法提取的福建闽侯产'灵峰'橄榄新鲜成熟果实果肉香气的主要成分为，桧烯（29.17%）、石竹烯（22.90%）、α- 蒎烯（11.50%）、α- 水芹烯（8.10%）、伪柠檬烯（4.46%）、α- 可巴烯（2.68%）、β- 月桂烯（2.50%）、大根香叶烯D（2.48%）、β- 可巴烯（2.46%）、α- 葎草烯（2.24%）、γ- 松油烯（1.94%）、香芹酚（1.86%）、对伞花烃（1.29%）、α- 侧柏烯（1.23%）等（赖瑞联等，2019）。顶空固相微萃取法提取的福建产'灵峰'橄榄新鲜九成熟果实果肉香气的主要成分（单位：μg/g）为，石竹烯（3.16）、桧烯（2.71）、α- 蒎烯（0.65）、水芹烯（0.65）、β- 水芹烯（0.50）、α- 石竹烯（0.47）、β- 古巴烯（0.46）、百里香酚（0.45）、(3aS,3bR,4S,7R,7aR)- 八氢 -7- 甲基 -3- 亚甲基 -4-(1- 甲基乙基)-1H- 环戊 [1.3] 环丙 [1.2] 苯（0.44）、α- 古巴烯（0.39）、(1S,8aR)-1- 异丙基 -4,7- 二甲基 -1,2,3,5,6,8a- 六氢萘（0.30）、4- 萜烯醇（0.24）、γ- 松油烯（0.17）、对伞花烃（0.17）、月桂烯（0.14）、(–)-α- 荜澄茄油烯（0.14）等（郑宗昊等，2022）。

刘族本： 果实纺锤体，两端尖而长。单果重7.63g，果皮黄绿色，果肉绿白色，质地较粗，味较涩，耐贮运。顶空固相微萃取法提取的福建产'刘族本'橄榄新鲜九成熟果实果肉香气的主要成分（单位：μg/g）为，石竹烯（0.82）、d-柠檬烯（0.48）、水芹烯（0.37）、α-蒎烯（0.29）、百里香酚（0.20）、α-石竹烯（0.12）等（郑宗昊等，2022）。

梅埔2号： 甘甜，口感细腻，宜鲜食。顶空固相微萃取法提取的福建产'梅埔2号'橄榄新鲜九成熟果实果肉香气的主要成分（单位：μg/g）为，石竹烯（3.62）、桧烯（0.56）、α-石竹烯（0.39）、β-蒎烯（0.34）、百里香酚（0.34）、(3aS,3bR,4S,7R,7aR)-八氢-7-甲基-3-亚甲基-4-(1-甲基乙基)-1H-环戊[1.3]环丙[1.2]苯（0.18）、α-古巴烯（0.17）、(–)-α-荜澄茄油烯（0.17）、α-蒎烯（0.10）等（郑宗昊等，2022）。

闽清2号： 中熟品种。果实纺锤形，平均单果重7.60g，果皮绿色。果肉黄白色，质地脆，化渣无涩味，风味清淡，可鲜食兼加工。顶空固相微萃取法提取的福建闽侯产'闽清2号'橄榄新鲜成熟果实果肉香气的主要成分为，石竹烯（39.30%）、桧烯（13.52%）、β-蒎烯（10.77%）、香芹酚（9.69%）、α-蒎烯（4.09%）、α-葎草烯（3.60%）、γ-松油烯（2.26%）、β-月桂烯（2.25%）、β-可巴烯（1.67%）、α-可巴烯（1.55%）、伪柠檬烯（1.46%）、α-荜澄茄油烯（1.42%）、α-松油烯（1.30%）、对伞花烯（1.04%）等（赖瑞联等，2019）。

清榄1号： 果实卵圆形，果个小，单果重5.5～7.5g，果皮光滑，绿黄色。果肉黄色，肉脆，化渣，清香，带甜味，鲜食品质优。顶空固相微萃取法提取的福建闽侯产'清榄1号'橄榄新鲜成熟果实果肉香气的主要成分为，石竹烯（32.14%）、α-蒎烯（26.57%）、β-蒎烯（7.77%）、α-可巴烯（4.69%）、大根香叶烯D（4.56%）、β-可巴烯（3.96%）、α-葎草烯（3.50%）、香芹酚（2.44%）、β-月桂烯（2.40%）、δ-杜松烯（1.95%）、d-柠檬烯（1.65%）、双环吉马烯（1.52%）、桧烯（1.41%）、α-荜澄茄油烯（1.26%）等（赖瑞联等，2019）。顶空固相微萃取法提取的福建产'清榄1号'橄榄新鲜九成熟果实果肉香气的主要成分（单位：μg/g）为，α-蒎烯（6.13）、石竹烯（4.65）、β-蒎烯（1.72）、百里香酚（1.30）、α-石竹烯（0.65）、(3aS,3bR,4S,7R,7aR)-八氢-7-甲基-3-亚甲基-4-(1-甲基乙基)-1H-环戊[1.3]环丙[1.2]苯（0.57）、α-古巴烯（0.55）、大根香叶烯D（0.46）、d-柠檬烯（0.44）、(1S,8aR)-1-异丙基-4,7-二甲基-1,2,3,5,6,8a-六氢萘（0.40）、1-乙烯基-1-甲基-2-(1-甲基乙烯基)-4-(1-甲基亚乙基)-环己烷（0.33）、桧烯（0.27）、月桂烯（0.25）、γ-榄香烯（0.20）、(–)-α-荜澄茄油烯（0.15）、大根香叶烯B（0.13）等（郑宗昊等，2022）。

三棱榄： 果倒卵形，单果重10g。果肉白色，脆且化渣，香味浓，回味甘甜，核为棕红色，是鲜食品质特优的品种。顶空固相微萃取法提取的广东产'三棱榄'橄榄新鲜成熟果实果肉香气的主要成分为，反式-石竹烯（33.83%）、D-大根香叶烯（24.99）、α-古巴烯（9.45%）、α-蒎烯（6.85%）、桧烯（6.76%）、α-葎草烯（4.51%）、四甲基双环十一碳（4.12%）、2-甲基-5-(1-甲基乙基)-苯酚（2.69%）、三角杜松烯（2.41%）等（钟明等，2003）。

檀香： 传统地方品种，已有上千年栽培历史。果卵圆形，中部较肥大，基部圆平、微凹，两头略圆，果实偏青色，成熟时为金黄色，有红褐色放射形5裂，较硬。香浓味甜，香味独特，回甘强而持久，纤维少。顶空固相微萃取法提取的福建产'檀香'橄榄新鲜九成熟果实果肉香气的主要成分（单位：μg/g）为，石竹烯（4.50）、百里香酚（1.11）、桧烯（0.97）、β-蒎烯（0.64）、α-石竹烯（0.62）、4-萜烯醇（0.45）、(3aS,3bR,4S,7R,7aR)-八氢-7-甲基-3-亚甲基-4-(1-甲基乙基)-1H-环戊[1.3]环丙[1.2]苯（0.36）、α-古巴烯（0.23）、(–)-α-荜澄茄油烯（0.23）、γ-松油烯（0.20）、大根香叶烯D（0.15）、α-蒎烯（0.13）等（郑宗昊等，2022）。

霞溪本： 果肉狭长呈菱形，单果重 6～8g。品质较优，生食加工兼用。顶空固相微萃取法提取的福建产'霞溪本'橄榄新鲜九成熟果实果肉香气的主要成分（单位：μg/g）为，石竹烯（4.16）、α- 蒎烯（3.84）、α- 古巴烯（2.40）、(3aS,3bR,4S,7R,7aR)- 八氢 -7- 甲基 -3- 亚甲基 -4-(1- 甲基乙基)-1H- 环戊 [1.3] 环丙 [1.2] 苯（1.39）、大根香叶烯 D（1.31）、(1S,8aR)-1- 异丙基 -4,7- 二甲基 -1,2,3,5,6,8a- 六氢萘（1.22）、百里香酚（0.93）、α- 石竹烯（0.67）、d- 柠檬烯（0.27）、(−)-α- 荜澄茄油烯（0.24）、β- 蒎烯（0.18）、β- 水芹烯（0.10）、α- 布藜烯（0.10）等（郑宗昊等，2022）。

乌榄（*Canarium pimela* K.D.Koenig）

别名：乌橄榄、黑榄、黑橄榄、木威子，分布于广东、广西、海南、云南。是中国南方的亚热带常绿果树之一，果实因其风味独特而深受广大消费者喜爱，在广东潮汕地区常用于制作榄角，几乎每家每户都食用。两广地区的乌榄主产区共有农家乌榄品种达 200 余个，如西山榄、黄庄、软枝、香榄、油榄、三角车心榄、石勘榄等。

乌榄图 1

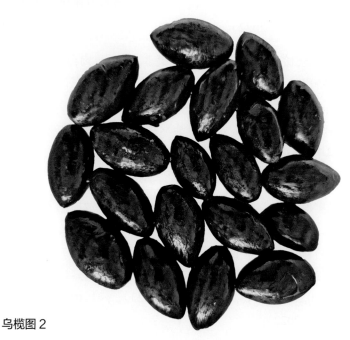

乌榄图 2

乔木，高达 20m。小叶 4～6 对，长 6～17cm，宽 2～7.5cm。花序腋生，雄花序多花，雌花序少花。果序长 8～35cm，有果 1～4 个；果成熟时紫黑色，狭卵圆形，长 3～4cm，直径 1.7～2cm，外果皮较薄。种子 1～2 个。花期 4～5 月，果期 5～11 月。

果可以用温水泡熟后直接食用，也可以将果肉腌制为"榄角"（或称"榄豉"）做菜，在我国已有一千余年的食用历史。榄仁为饼食及肴菜配料佳品。不同品种乌榄的果形、香味、口感等均存在一定的差别。乌榄果肉香气成分的分析如下。

鸟屎榄：广东揭西农家品种，晚熟。果形较小，单果重 6.92g。顶空固相微萃取法提取的广东揭西产'鸟屎榄'新鲜成熟果肉香气的主要成分为，α-蒎烯（30.17%）、对伞花烃（11.84%）、α-水芹烯（8.72%）、β-石竹烯（8.02%）、α-杜松烯（7.12%）、γ-榄香烯（5.54%）、d-柠檬烯（5.42%）、依兰烯（3.12%）、β-蒎烯（2.06%）、α-松油醇（1.28%）、β-月桂烯（1.20%）、(Z,Z,Z)-1,5,9,9-四甲基 -1,4,7-环十一碳三烯（1.18%）、α-芹子烯（1.18%）、十氢二甲基甲乙烯基萘酚（1.01%）等（吕镇城等，2021）。

软枝乌榄：果形适中，口感好，是粤东地区受欢迎的重要农家品种之一。顶空固相微萃取法提取的广东揭西产'软枝乌榄'新鲜成熟果肉香气的主要成分为，α-水芹烯（27.65%）、β-石竹烯（20.36%）、d-柠檬烯（17.97%）、α-蒎烯（11.84%）、γ-榄香烯（4.18%）、(Z,Z,Z)-1,5,9,9-四甲基 -1,4,7-环十一碳三烯（2.55%）、α-杜松烯（1.03%）等（李欢欢等，2021）。

三角车心榄：皮色乌黑，果肉紫红。水蒸气蒸馏法提取的广东普宁产'三角车心榄'成熟果实果肉香气的主要成分为，1-甲基 -2-(1-甲乙基) 苯（12.67%）、d-柠檬烯（10.20%）、α-侧柏烯（8.86%）、α-蒎烯（7.25%）、己酸（6.98%）、己醛（6.28%）、氧化石竹烯（6.13%）、石竹烯（5.76%）、1-己醇（3.30%）、古巴烯（2.96%）、1-戊醇（2.39%）、α-蛇麻烯（2.22%）、β-水芹烯（2.18%）、杜松烯（1.96%）、2-戊基 -呋喃（1.89%）、壬醛（1.14%）、(–)-斯帕苏烯醇（1.10%）、[1R-(1α,4aβ,8aα)]-十氢 -1,4a-二甲基 -7-(1-甲基乙缩醛基)-1-萘醇（1.05%）等（郭守军等，2009）。乙醚萃取后顶空固相微萃取法提取的广东普宁产'三角车心榄'新鲜成熟果实果肉香气的主要成分为，3-崖柏烯（32.64%）、α-水芹烯（30.78%）、柠檬烯（18.77%）、2-崖柏烯（6.81%）、对聚伞花素（3.73%）、β-月桂烯（1.36%）等（谢惜媚等，2008）。

西山乌榄：迟熟。果长卵圆形，基部稍弯曲，与蒂连接处黄色，顶端极尖。果皮灰黑色，果较白榄大，单果重 12～14g。皮薄，油质适中，肉纹幼嫩，味道芳香。顶空固相微萃取法提取的广东广州产'西山乌榄'新鲜果肉香气的主要成分为，顺 -罗勒烯（21.01%）、d-柠檬烯（18.04%）、α-水芹烯（17.64%）、邻异丙基甲苯（7.68%）、α-古巴烯（3.78%）、叶醇（3.28%）、β-石竹烯（2.93%）、荜澄茄烯（1.92%）、L-丙氨酸乙烷（1.38%）、月桂烯（1.22%）、大根香叶烯（1.15%）、α-蛇麻烯（1.02%）等（吕镇城等，2016）。

3.15 椰子

椰子（*Cocos nucifera* Linn.）为棕榈科椰子属植物椰子的新鲜成熟果实，别名：可可椰子，分布于海南、台湾、广东、广西、云南。中国两千多年前对椰子已有记载。椰子分为高种椰子和矮种椰子，其中高种椰子是世界上最大量种植的商品性椰子；矮种椰子按果实和叶片颜色分为红矮、黄矮和绿矮三类，

椰子图 1

椰子图 2

椰子图 3

果小而多，椰肉薄、软。椰子是热带植物，被誉为热带地区的"生命之树"，主要产地是菲律宾、印度、泰国以及我国的海南等地。椰子的食用部分为椰子汁和椰子果肉，椰汁也称椰水，是椰子坚果腔内的液体胚乳，是一种营养丰富的天然饮料。

植株高大，乔木状，高 15～30m。叶羽状全裂，长 3～4m；裂片多数。花序腋生，花瓣 3 枚。果卵球状或近球形，顶端微具三棱，长约 15～25cm，外果皮薄，中果皮厚纤维质，内果皮木质坚硬。花果期主要在秋季。在年平均温度 26～27℃，年温差小，年降雨量 1300～2300mm，年光照 2000h 以上，海拔 50m 以下的沿海地区最为适宜。热带喜光作物，在高温、多雨、阳光充足和海风吹拂的条件下生长发育良好。

椰汁及椰肉是老少皆宜的美味佳果。椰汁及椰肉含大量蛋白质、果糖、葡萄糖、蔗糖、脂肪、维生素 B_1、维生素 E、维生素 C、钾、钙、镁等。椰肉色白如玉，芳香滑脆；椰汁清凉甘甜。椰肉可榨油、做菜，也可制成椰奶、椰蓉、椰丝、椰子酱罐头和椰子糖、饼干；果肉药用，具有补虚强体、益气祛风、消疳杀虫的功效，久食能令人面部润泽、益人气力，使人耐受饥饿，可治小儿绦虫、姜片虫病。椰子水可做清凉饮料，有生津止渴、利尿消肿、驱虫的功效，主治暑热类渴、津液不足之口渴。不同品种的椰肉和椰汁芳香成分如下。

Yatay： 原产阿根廷。果实黄色，果肉酸甜可口，有柑橘和橙子的味道。水蒸气蒸馏法提取日本鹿儿岛产'Yatay'椰子新鲜果实果肉香气成分，用通常进样法（GIM）分析的香气主要成分为：己酸乙酯 (33.99%)、己酸（13.47%）、异戊醇（6.46%）、辛酸乙酯（4.58%）、1- 丁醇（2.65%）、月桂酸乙酯（2.49%）、油酸乙酯（2.36%）、丁二酸二乙酯（2.33%）、2- 甲基丙醇（2.24%）、2- 甲基丁醇（1.80%）、1,1-二甲氧基 -2,2,5- 三甲基 -4- 己烯（1.72%）、亚油酸乙酯（1.61%）、乙酸乙酯（1.44%）、乙醇（1.37%）、苯乙醇（1.19%）、11- 十六碳烯酸乙酯（1.16%）、十六碳酸乙酯（1.03%）等；用热解析进样法（TDIM）分析的香气主要成分为，月桂酸乙酯（13.83%）、辛酸（13.62%）、己酸（8.43%）、己酸乙酯（6.35%）、9-十二烯酸乙酯（5.32%）、十六碳酸乙酯（3.71%）、油酸乙酯（3.64%）、月桂酸甲酯（3.52%）、亚油酸乙酯（3.24%）、十二酸乙酯（2.08%）、苯丙酸乙酯（1.92%）、辛酸乙酯（1.63%）、十四碳酸乙酯（1.43%）、2,4-二 (1,1- 二甲基乙基) 苯酚（1.35%）、紫苏葶（1.28%）、异戊醇（1.17%）、γ- 十碳内酯（1.12%）、丁二酸二乙酯（1.08%）等（陆占国等，2008）。

本地高种： 果形卵圆形，果纵剖面形状为卵形，果皮绿色，核果外形卵形，没有特别的椰水芳香气味。顶空固相微萃取法提取的海南文昌产'本地高种'椰子新鲜成熟果实果汁香气的主要成分为，乙酸（37.84%）、2,4- 二叔丁基酚（9.14%）、正壬醇（7.83%）、壬醛（7.54%）、正辛醇（5.48%）、正辛酸（5.46%）、2,4- 二甲基苯甲醛（5.40%）、十一烯醛（4.62%）、甲酸己酯（2.81%）、十二烷醇（1.83%）、十三烯醛（1.73%）、反 - 十三碳烯 -1- 醇（1.57%）、十一烯（1.35%）等（邓福明等，2017）。顶空固相微萃取法提取的海南文昌产'本地高种'椰子新鲜成熟果实果汁香气的主要成分（单位：峰体积）为，乙醇（39332.80）、异戊醇（13193.48）、乙酸（12113.18）、异丁醇（6109.31）、2- 丁酮（4454.34）、正丙醇（4331.86）、正丁醇（3993.54）、甲酸乙酯（3092.78）、乙醛（852.34）、丙硫醇（746.44）、丙醛（673.84）、乙酸乙酯（672.36）、丙酮（554.36）、异丁醛（513.76）、壬醛（178.11）、乳酸乙酯（169.36）、正己醇（127.10）、庚醛（87.10）、3- 甲基 -3- 丁烯 -1- 醇（78.93）、辛醛（64.06）、己酸乙酯（59.31）等（阚金涛等，2023）。

海南椰子： 表皮绿色，剥皮就是毛椰子，在抛光打磨后成了棕色。果肉醇香，营养丰富。水蒸气蒸馏法提取的海南海口产椰子新鲜果实果肉香气的主要成分为，十七烷（20.10%）、2,4- 二叔丁烯苯酚（8.09%）、丁基十四烷基磺酸酯（7.41%）、邻苯二甲酸二正丁酯（6.95%）、豆甾三烯醇（5.45%）、十六酸甲酯（5.04%）、5- 十八碳烯（5.01%）、12- 甲基十三酸甲酯（4.61%）、油酸（4.35%）、乙基异丁基醚

（4.22%）、十九烷（3.89%）、三十四烷（3.34%）、十六烷（3.01%）、十四烷（2.33%）、二十烷（1.85%）、十八烷（1.49%）等（毕和平等，2010）。

同时蒸馏萃取法提取的'海南椰子'新鲜果汁香气的主要成分为，乙偶姻（29.79%）、丁位癸内酯（8.04%）、2,3-丁二酮（5.87%）、2,3-戊二酮（5.18%）、丁位辛内酯（4.98%）、异戊醇（4.79%）、异戊醛（4.50%）、乙醇（3.41%）、苯乙醛（3.19%）、十六酸甲酯（3.10%）、糠醛（2.86%）、桂醛（2.71%）、2-甲基丁醛（2.38%）、壬醛（2.05%）、3-甲硫基丙醛（1.80%）、2-甲基吡嗪（1.43%）、4-乙烯基愈创木酚（1.43%）、丁醇（1.15%）、2-吡啶甲醛（1.10%）等（蔡贤坤等，2014）。

泰国椰子： 椰香浓郁，甜味足，纤维深啡色，椰水少，椰肉硬实。同时蒸馏萃取法提取的'泰国椰子'新鲜果汁香气的主要成分为，乙偶姻（50.09%）、2-乙酰基吡咯啉（7.95%）、异戊醇（6.88%）、乙醇（5.25%）、苯甲醇（4.33%）、2,3-丁二酮（2.78%）、己醇（2.40%）、δ 癸内酯（2.07%）、δ 辛内酯（2.00%）、2-甲基丁醇（1.95%）、异丁醇（1.76%）、2-甲基丁醛（1.74%）、2-戊基呋喃（1.02%）等（蔡贤坤等，2014）。

文昌椰子： 果形近圆形或卵圆形，果皮和种壳较厚，鲜果清香，果肉白色嫩滑，椰水甘甜香纯。连续蒸馏萃取法提取的海南文昌产'文昌椰子'新鲜成熟果实果汁香气的主要成分为，邻苯二甲酸二正辛酯（53.92%）、(氯苯甲亚胺)五氟化硫（4.60%）、十四烷酸（3.58%）、乙基柠檬酸（3.04%）、9,12-十八烷二烯酸甲酯（2.77%）、N-棕榈酸（2.66%）、十二烷酸（2.21%）、(Z)-9-十八烯酸甲酯（1.80%）等（杨慧敏等，2014）。

文椰2号： 从马来西亚引入种果，采用混系连续选择与定向跟踪筛选方法从'马来亚黄矮'椰子中选育出的新品种。果实小，近圆形，果皮黄色，椰肉细腻松软，甘香可口，椰子水鲜美清甜。顶空固相微萃取法提取的海南文昌产'文椰2号'椰子新鲜成熟果实果汁香气的主要成分为，2,4-二叔丁基酚（20.28%）、[R-(R^*,R^*)]-2,3-丁二醇（14.61%）、正壬醇（13.03%）、乙酸（7.96%）、正辛醇（6.68%）、3-甲基-1-丁醇甲酸酯（6.41%）、正辛酸（6.18%）、壬醛（4.52%）、1-癸醇（2.99%）、羟基丁酮（2.90%）、甲酸己酯（2.70%）、2,4-二甲基苯甲醛（2.48%）、十二烷醇（1.35%）等（邓福明等，2017）。

文椰3号（贵妃金椰）： 果实小，近圆形，果皮红色，果皮和种壳薄，椰肉细腻松软，甘香可口，椰子水鲜美清甜。顶空固相微萃取法提取的海南文昌产'文椰3号'椰子新鲜成熟果实果汁香气的主要成分为，乙酸（45.14%）、3,5-二叔丁基酚（10.76%）、2,4-二甲基苯甲醛（8.78%）、正辛酸（6.09%）、正壬醇（5.83%）、正辛醇（4.46%）、1-癸醇（2.37%）、甲酸己酯（2.24%）、[R-(R^*,R^*)]-2,3-丁二醇（2.12%）、壬醛（2.06%）、十二烷醇（1.89%）、十一烯（1.39%）等（邓福明等，2017）。

文椰4号： 属嫩果型香水椰子，果实小，圆形，单果重490～1350g，嫩果果皮绿色。椰水重180～300g，椰水和椰肉均具有特殊的香味，椰肉细腻松软。顶空固相微萃取法提取的海南文昌产'文椰4号'椰子新鲜成熟果实果汁香气的主要成分为，乙酸（31.84%）、[R-(R^*,R^*)]-2,3-丁二醇（14.77%）、正辛醇（10.76%）、正壬醇（9.96%）、甲氧基苯基肟（9.41%）、羟基丁酮（3.46%）、2,3-丁二醇（3.18%）、正辛酸（3.11%）、甲酸己酯（2.91%）、2,4-二甲基苯甲醛（1.82%）、1-癸醇（1.42%）等（邓福明等，2017）。

小黄椰： 国外引进的杂交品种，平均单果重640g。顶空固相微萃取法提取的海南文昌产'小黄椰'新鲜成熟果实果汁香气的主要成分为，乙酸（50.39%）、[R-(R^*,R^*)]-2,3-丁二醇（11.03%）、正壬醇（7.06%）、正辛酸（5.91%）、正辛醇（5.34%）、2,4-二甲基苯甲醛（5.07%）、羟基丁酮（2.49%）、3-甲基-1-丁醇甲酸酯（2.03%）、十二烷醇（1.64%）、壬醛（1.48%）、甲酸己酯（1.23%）、1-癸醇（1.17%）等（邓福明等，2017）。

3.16 莲雾

莲雾 [*Syzygium samarangense* **(Blume) Merr. et Perry**] 为桃金娘科蒲桃属植物洋蒲桃的新鲜成熟果实，别名：金山蒲桃、洋蒲桃、水蒲桃、甜雾、爪哇蒲桃、琏雾、辈雾、天桃、紫蒲桃，分布于广东、台湾、广西。洋蒲桃原产于马来西亚及印度，17 世纪引入中国台湾，成为台湾地区重要的经济果树之一。属珍优特种水果，是台湾三大果品之一，售价较高，在台湾 20 多种主要经济果树中名列第 6、7 位。20 世纪 30 年代后期，海南、广东、广西、福建、云南、四川先后引种栽培，但栽培量仍然较少。近几年，种植莲雾逐渐成为我国热带地区农业增效、农民增收的区域特色产业。莲雾自引进台湾后，已产生许多品种，果实有中空的，也有实的；颜色有大红、粉红和白色等。

乔木，高 12m。叶片薄革质，长 10～22cm，宽 5～8cm。聚伞花序顶生或腋生，花白色。果实梨形或圆锥形，肉质，洋红色，发亮，长 4～5cm，顶部凹陷，有宿存的肉质萼片；种子 1 颗。花期 3～4 月，果实 5～6 月成熟。适应性强，粗生易长，喜温暖，怕寒冷，生长最适气温为 25～30℃。喜好湿润肥沃的土壤。

莲雾图 1

莲雾图 2

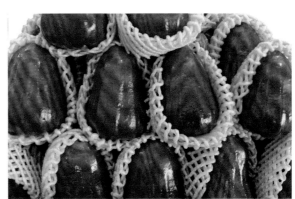

莲雾图 3

莲雾果实色泽鲜艳，外形美观，果品汁多味美，具有清甜、淡香、水分丰富等特性。不但风味特殊，亦是清凉解渴的圣品，是国际上较流行的名优水果。莲雾营养丰富，每100g莲雾果肉中，含水分90.75g、总糖7.68g、蛋白质0.69g、维生素C 7.807mg，还含有丰富的维生素B_2、维生素B_6、钙、镁、硼、锰、铁、铜、锌、钼等。果实以鲜食为主，也可盐渍、制罐、制酱、制成果汁，或脱水制成蜜饯，亦可当菜肴食用，具有开胃、爽口、利尿、清热以及安神等食疗功能。果实还可入药，性平味甜，有润肺、止咳、除痰、凉血、收敛的功能，主治肺燥咳嗽、呃逆不止、痔疮出血、胃腹胀满、肠炎痢疾、糖尿病等症。莲雾的香气是莲雾风味的重要特征之一，不同品种莲雾果实香气成分如下。

巴掌： 果形似巴掌，果个大。果皮深红色。果肉细腻多汁，硬度比较低，有较浓香味，酸味不明显。顶空固相微萃取法提取的'巴掌'莲雾新鲜果实香气的主要成分为，γ-萜品烯（42.16%）、4-异丙基甲苯（23.48%）、α-蒎烯（8.78%）、萜品油烯（6.14%）、α-水芹烯（4.39%）、莰酮（3.88%）、β-石竹烯（3.53%）、间二氯苯（1.85%）等（金菊等，2015）。

大红： 同时蒸馏萃取法提取的台湾产'大红'莲雾新鲜果实香气的主要成分为，3-蒈烯（13.02%）、石竹烯（6.58%）、2-乙基-1-己醇（4.14%）、松油醇（2.39%）、异松油烯（2.10%）、(3-甲基-2-环氧基)-甲醇（1.88%）、4,7-二甲基-1-(1-甲基乙基)-1,2,3,5,6,8a-六氢化萘（1.29%）、对伞花烃（1.15%）等（余炼等，2007）。

大叶： 马来西亚品种。外表颜色艳丽，色呈大红，靠近果实闻之有一股清香，咬上一口后带着一股清爽透凉的感觉。顶空固相微萃取法提取的'大叶'莲雾新鲜果实香气的主要成分为，γ-萜品烯（32.38%）、4-异丙基甲苯（21.40%）、α-水芹烯（6.78%）、萜品油烯（4.10%）、α-蒎烯（3.74%）、β-石竹烯（1.53%）等（金菊等，2015）。

黑珍珠（农科二号）： 果实圆锥形，呈喇叭状，果皮紫红色，颜色是莲雾中最深的，果面有光泽和蜡质。果肉脆甜，有苹果的香味。顶空固相微萃取法提取的广东惠州产'黑珍珠'莲雾新鲜果实香气的主要成分为，反式-β-紫罗酮-5,6-环氧化物（27.79%）、莰酮（15.82%）、乙酸异丁酯（9.53%）、(−)-α-古巴烯（9.50%）、顺-3-壬烯-1-醇（3.50%）、β-石竹烯（3.01%）、2,4′,5-三甲基二苯基甲烷（2.50%）、α-芹子烯（2.10%）、α-芹子烯（2.00%）、邻苯二甲酸二异丁酯（1.86%）、δ-杜松烯（1.76%）等（金菊等，2015）。顶空固相微萃取法提取的福建东山产'农科二号'莲雾新鲜果实香气的主要成分为，顺-3-壬烯-1-醇（22.48%）、反式石竹烯（17.99%）、(−)-α-荜澄茄油萜（15.05%）、α-桉叶烯（8.96%）、γ-松油烯（8.68%）、β-瑟林烯（7.44%）、杜松烯（5.62%）、三甲氧基酯（4.68%）、2-正戊基呋喃（4.44%）、1,4,9,9-四甲基-1,2,3,4,5,6,7,8-八氢-4,7-亚甲基薁（2.80%）、1,1,6-三甲基-1,2-二氢萘（1.37%）等（张丽梅等，2012）。

农科一号： 从多个莲雾品种中筛选出来的一个品质优良的品系。果实漂亮，紫红色，清脆可口，有特殊的芳香风味，品质好。顶空固相微萃取法提取的福建东山产'农科一号'莲雾新鲜果实香气的主要成分为，松油烯（28.32%）、反式石竹烯（24.47%）、顺-3-壬烯-1-醇（11.92%）、p-伞花烃（7.79%）、α-桉叶烯（5.63%）、萜品油烯（4.56%）、β-瑟林烯（4.20%）、4,7-二甲基-1-异丙基-1,2,4a,5,8,8a-六氢萘（3.99%）、丙酮（2.72%）、依兰油烯（1.94/%）、7-甲基-4-亚甲基-1-异丙基-1,2,3,4,4a,5,6,8a-八氢萘（1.92%）、蒎烯（1.63%）等（张丽梅等，2012）。

泰国红钻石： 泰国大果品种。果实下垂，呈长吊钟形，表面蜡质有光泽，成熟时果深红色，果肉白色，海绵质少。顶空固相微萃取法提取的'泰国红钻石'莲雾新鲜果实香气的主要成分为，2,4′,5-三甲基二苯基甲烷（50.65%）、莰酮（14.22%）、5,6-二氢-5,6-二甲基苯并[c]噌啉（14.16%）、癸醛（3.21%）、γ-萜品烯（3.18%）、4- 异丙基甲苯（2.45%）、1-(2- 乙基苯基)-1- 苯基乙烷（2.04%）、间二氯苯（2.00%）、(E)-6,10- 二甲基 -5,9- 十一碳二烯 -2- 酮（1.41%）等（金菊等，2015）。

印度红：果实钟形，果顶略比果肩宽，果顶中心凹陷，果皮颜色为深红色，平均单果重 98.14g。果面有光泽，被蜡质。果肉白色，肉质脆，多汁，味甜。果内种子退化。品质优。顶空固相微萃取法提取的 '印度红' 莲雾新鲜果实香气的主要成分为，γ- 萜品烯（7.45%）、2,4- 二 (三甲基硅氧基) 苯甲醛（5.12%）、β- 石竹烯（4.82%）、2,4,6- 三甲基 -1- 壬烯（2.27%）、α- 水芹烯（2.12%）、癸醛（1.78%）等（金菊等，2015）。

蒲桃 [_Syzygium jambos_ (Linn.) Alston] 果实球形，果皮肉质，直径 3～5cm，成熟时黄色，有油腺点。乙醚萃取法提取的广东广州产蒲桃新鲜成熟果实香气的主要成分为，乙酸 -1- 乙氧基乙酯（39.16%）、桂醇（10.34%）、3- 己烯醇（9.26%）、芳樟醇（5.17%）、二环 [4.2.0] 辛 -1,3,5- 三烯（2.80%）、香叶醇（2.13%）、2- 己烯醛（1.63%）、桂醛（1.28%）等（朱亮锋等，1993）。

3.17 番石榴

番石榴（ _Psidium guajava_ Linn.） 为桃金娘科番石榴属植物番石榴的新鲜成熟果实，别名：鸡屎果、胶子果、拨子、缅桃、芭乐。原产美洲热带地区，传入我国已有 300 多年的历史，在我国主要栽培在广东、海南、广西、台湾、福建、江西等一些热带、亚热带地区。番石榴品种繁多，如 '早熟白''下滘种''胭脂红''红肉''珍珠' 等。

乔木，高达 13m。叶片革质，长 6～12cm，宽 3.5～6cm。花单生或 2～3 朵排成聚伞花序，花瓣白色。浆果球形、卵圆形或梨形，长 3～8cm，顶端有宿存萼片，果肉白色及黄色，胎座肥大，肉质，淡红色；种子多数。适宜热带气候，怕霜冻，适宜生长温度夏季需在 15℃ 以上。对土壤要求不严。

番石榴是中国南方久负盛名的名优水果之一，果实风味独特，清爽、甜润，深受广大消费者的青睐，是保健、美容养颜的最佳水果之一。果实营养价值高，果肉酸甜，略有涩味，常吃不腻，富含蛋白质和维生素 C，另外还含有维生素 A、维生素 B 以及钙、磷、铁、钾等，富含膳食纤维、胡萝卜素、脂肪等，另外还含有果糖、蔗糖、氨基酸等营养成分。具有促进新陈代谢、润肺利咽及延缓衰老等功能。果除供鲜食外，还可加工成果酒、果酱、果汁、果粉、饮料、果冻、酸辣酱等。果也供药用，有消食健胃、疏经通络、收敛止泻、消炎止血等功能，可治疗慢性肠炎、痢疾、小儿消化不良、刀伤出血等症。番石榴果实中含有丰富的芳香化合物，如酯类、醇类、醛类、萜烯类、呋喃类都是构成其香味的重要成分。不同品种番石榴果实香气成分如下。

本地种（福建）：果皮黄绿色，平均单果重 216.17g。果肉白色，籽中等。顶空固相微萃取法提取的福建漳州产 '本地种' 番石榴新鲜成熟果实香气的主要成分为，3- 羟基 -2- 丁酮（67.92%）、己醇（19.88%）、顺式 -2- 己烯 -1- 醇（4.44%）、石竹烯（3.54%）、顺式 -3- 己烯 -1- 醇（1.94%）、桉树醇（1.35%）等（邱珊莲等，2022）。顶空固相微萃取法提取的福建漳州产 '本地种' 番石榴新鲜始熟果实香气的主要成分为，石竹烯（39.04%）、β- 罗勒烯（26.71%）、顺 -3- 己烯 -1- 醇（8.55%）、己醇（7.74%）、胡椒烯（2.83%）、香树烯（2.71%）、己醛（2.42%）、2- 甲基 -5-(1- 甲基乙基)- 双环 [3.1.0]-2- 烯（1.96%）、α- 葎草烯（1.66%）等；成熟果实香气的主要成分为，己醛（67.53%）、2- 己烯醛（16.51%）、β- 罗勒烯（5.27%）、石竹烯（3.06%）、己醇（1.84%）、茶香螺烷（1.08%）等（邱珊莲等，2021）。

番石榴图 1

番石榴图 2

番石榴图 3

粉红蜜：果皮黄绿色，平均单果重202.61g。果肉粉红色，籽多。顶空固相微萃取法提取的福建漳州产'粉红蜜'番石榴新鲜成熟果实香气的主要成分为，己醛（41.93%）、石竹烯（24.24%）、反式-2-己烯醛（8.47%）、β-罗勒烯（6.16%）、己醇（3.81%）、顺式-3-己烯-1-醇（2.91%）、香树烯（1.71%）、胡椒烯（1.59%）、α-葎草烯（1.58%）、顺式-α-没药烯（1.28%）、δ-杜松烯（1.24%）、3-蒈烯（1.04%）、(−)-异喇叭烯（1.02%）等（邱珊莲等，2022）。

红宝石：果实球形或梨形，直径约3～8cm，平均单果重155.82g。果皮绿色，薄，籽少。果肉红色，汁多，味道甜。顶空固相微萃取法提取的福建漳州产'红宝石'番石榴新鲜成熟果实香气的主要成分为，己醛（37.50%）、石竹烯（19.28%）、己醇（12.36%）、反式-2-己烯醛（11.41%）、顺式-3-己烯-1-醇（5.98%）、β-罗勒烯（4.46%）、顺式-2-己烯-1-醇（1.70%）、α-葎草烯（1.66%）、香树烯（1.05%）、顺式-α-没药烯（1.03%）等（邱珊莲等，2022）。顶空固相微萃取法提取的福建漳州产'红宝石'番石榴新鲜始熟果实香气的主要成分为，β-罗勒烯（45.01%）、石竹烯（39.18%）、α-红没药烯（2.68%）、香树烯（1.95%）、α-葎草烯（1.68%）、己醛（1.37%）、顺-3-己烯-1-醇（1.37%）、胡椒烯（1.02%）等；新鲜完熟果实香气的主要成分为，3-己烯醛（70.99%）、2-己烯醛（13.14%）、石竹烯（4.63%）、β-罗勒烯（4.59%）等（邱珊莲等，2021）。顶空固相微萃取法提取的广东湛江产'红宝石'番石榴黄熟果实香气的主要成分（单位：峰体积）为，反式-2-丁烯酸乙酯（13727）、2-己烯醛（12180）、己醛（11376）、乙酸乙酯（9062）、(Z)-3-己烯-1-醇（6291）、反式-2-戊烯醛（6260）、1-戊烯-3-酮（5950）、(E)-2-庚烯醛（3629）、1,8-桉叶素（3425）、(E)-2-己烯-1-醇（2769）、甲基庚烯酮（1864）、柠檬烯（1684）、3-戊酮（1640）、正己腈（1589）、γ-松油烯（1525）、辛醛（1502）、(5-甲基-2-呋喃基)-甲醇（1480）、2-甲基-1,3-二氧戊环-2-乙酸乙酯（1471）、1-辛烯-3-酮（1197）、顺式-4-庚烯醇（1186）、3-甲基戊酸（1064）等（王海波等，2023）。

水蜜：果皮绿色，平均单果重185.82g。果肉白色，籽极少。皮薄肉厚，清甜脆爽，心小，品质优。顶空固相微萃取法提取的福建漳州产'水蜜'番石榴新鲜始熟果实香气的主要成分为，石竹烯（47.63%）、β-罗勒烯（18.56%）、己醛（12.90%）、2-己烯醛（5.00%）、香树烯（2.92%）、胡椒烯（2.81%）、α-葎草烯（2.04%）、δ-杜松烯（1.39%）、桉叶素（1.03%）等；新鲜成熟果实香气的主要成分为，己醛（55.88%）、石竹烯（19.93%）、2-己烯醛（11.55%）、β-罗勒烯（6.90%）、胡椒烯（1.57%）、香树烯（1.26%）等（邱珊莲等，2021）。

四季：原产南美洲，华南各地栽培。果实圆形，果面绿色，果肉黄色，胎座肥大，肉质，淡红色，种子多数。汁少，味甜，皮厚，品质上等。顶空固相微萃取法提取的广东廉江产'四季'番石榴新鲜成熟果实果肉香气的主要成分为，己醛（47.87%）、乙酸-3-己烯酯（15.56%）、2-己烯醛（10.84%）、3-己烯醇（4.24%）、己醇（3.79%）、己酸乙酯（2.90%）、己酸（2.45%）、乙酸己酯（2.42%）、苯甲酸乙酯（1.43%）、乙酸（1.28%）、6-甲基-5-庚烯-2-酮（1.16%）、4-壬烯醇（1.13%）等（李莉梅等，2014）。

西瓜：果皮黄绿色，平均单果重126.67g。果肉红色，籽多。顶空固相微萃取法提取的福建漳州产'西瓜'番石榴新鲜成熟果实香气的主要成分为，石竹烯（36.57%）、己醛（19.42%）、反式-2-己烯醛（14.32%）、β-罗勒烯（10.41%）、α-葎草烯（2.79%）、香树烯（2.45%）、己醇（2.28%）、胡椒烯（2.22%）、3-蒈烯（1.67%）、顺式-α-没药烯（1.65%）、δ-杜松烯（1.55%）、顺式-2-己烯-1-醇（1.32%）、(−)-异喇叭烯（1.11%）、桉树醇（1.05%）等（邱珊莲等，2022）。顶空固相微萃取法提取的福建漳州产'西瓜'番石榴新鲜始熟果实香气的主要成分为，β-罗勒烯（48.64%）、石竹烯（35.68%）、α-红没药烯（2.85%）、香树烯（1.75%）、己醛（1.71%）、桉叶素（1.67%）、2-己烯醛（1.62%）、α-葎草烯（1.58%）、香树烯

（1.45%）；新鲜完熟果实香气的主要成分为，己醛（55.23%）、2- 己烯醛（27.33%）、β- 罗勒烯（11.10%）、石竹烯（2.65%）等（邱珊莲等，2021）。顶空固相微萃取法提取的福建漳州产'西瓜'红肉番石榴黄熟果实香气的主要成分（单位：峰体积）为，乙酸乙酯（12489）、己醛（12486）、反式 -2- 丁烯酸乙酯（11693）、2- 己烯醛（11016）、(Z)-3- 己烯 -1- 醇（6428）、反式 -2- 戊烯醛（5529）、1- 戊烯 -3- 酮（4996）、乙酸丙酯（4037）、丙醛（3744）、2- 戊基呋喃（3062）、1,8- 桉叶素（3247）、乙酸甲酯（2711）、(E)-2- 己烯 -1- 醇（2406）、辛醛（2203）、(E)-2- 庚烯醛（1995）、3- 戊酮（1695）、(5- 甲基 -2- 呋喃基) 甲醇（1489）、柠檬烯（1474）、丙酮（1306）、2- 甲基 -2- 丙醇（1224）、3- 甲基丁酸 -2- 苯乙酯（1218）、对异丙基甲苯（1189）、顺 -3- 己烯基乙酸酯（1126）、γ- 松油烯（1106）、正己腈（1106）、顺式 -4- 庚烯醇（1075）等（王海波等，2023）。

新世纪： 果实椭圆形，平均单果重 250g。果皮黄绿色，肉质爽脆，嫩滑可口，籽少，风味好。顶空固相微萃取取法提取的广东东莞产'新世纪'番石榴新鲜成熟果实香气的主要成分为，顺 -3- 己烯 -1- 醇酯（40.91%）、己醛（27.71%）、β- 石竹烯（12.21%）、乙酸乙酯（3.22%）、乙酸己酯（2.49%）、壬醛（2.25%）、正己醇（2.10%）、丁酸乙酯（2.06%）、顺 -3- 己烯 -1- 醇（1.81%）、反 -2- 己烯醛（1.03%）等（王泽槐等，2010）。

胭脂红： 广州地方品种。色泽鲜红，果实肉厚，爽脆嫩滑，鲜食为主。树脂吸附法收集的广东广州产'胭脂红'番石榴果实头香的主要成分为，乙酸 -3- 己烯酯（20.85%）、1,8- 桉叶油素（11.30%）、乙酸 -3- 苯丙酯（10.54%）、β- 石竹烯（9.38%）、3- 己烯醇（6.07%）、α- 蒎烯（3.37%）、己醛（2.97%）、辛酸甲酯（2.81%）、己醇（2.69%）、2- 己烯醛（2.67%）、古巴烯（2.09%）、α- 松油烯（1.97%）、乙酸己酯（1.32%）、柠檬烯（1.11%）等（朱亮锋等，1993）。

珍珠： 果实梨形，单果重 400～600g。果皮黄绿色，果肉厚，果肉清甜、脆口，果心小、籽小，营养丰富。顶空固相微萃取法提取的广东湛江产'珍珠'番石榴新鲜成熟果实果肉香气的主要成分为，乙酸叶醇酯（38.66%）、正己醛（11.99%）、乙酸己酯（9.57%）、乙酸苯丙基酯（6.59%）、正己醇（5.91%）、乙酸乙酯（4.26%）、反 -3- 己烯醇（3.75%）、反式 -2- 己烯醛（2.38%）、乙酸异丁酯（2.11%）、3- 己烯醛（1.48%）、己酸乙酯（1.46%）、1- 戊烯 -3- 醇（1.45%）等（周浓等，2016）。乙醇萃取法提取的广东茂名产'珍珠'番石榴新鲜成熟果实香气的主要成分为，5- 羟甲基糠醛（70.38%）、2,3-2H-3,5- 二羟基 -6- 甲基 -4H- 吡喃酮（6.44%）、糠醛（4.25%）、乙酸（2.54%）、庚酸（1.70%）、甲基 -α-D- 呋喃核糖苷（1.32%）、4- 甲基 -1,3- 二氢咪唑 -2- 酮（1.11%）、5- 羟甲基糠醛（1.09%）、甲酸（1.08%）、5- 甲基呋喃醛（1.06%）等（陈凡等，2010）。顶空固相微萃取法提取的广东澄海产'珍珠'番石榴新鲜成熟果实香气的主要成分为，糠醛（21.14%）、5- 甲基糠醛（7.64%）、石竹烯（7.427%）、六甲基环三硅氧烷（7.09%）、乙酸（4.25%）、2- 乙酰基呋喃（2.98%）、2,3- 戊二酮（2.70%）、2- 甲基四氢呋喃 -3- 酮（2.63%）、α- 蒎烯（2.61%）、棕榈酸（2.13%）、二甲基硅烷双醇（2.12%）、2,3- 丁二酮（1.87%）、香橙烯（1.32%）、去氢白菖烯（1.23%）等（梁海玲等，2022）。顶空固相微萃取法提取的福建漳州产'珍珠'番石榴新鲜始熟果实香气的主要成分为，石竹烯（46.26%）、β- 罗勒烯（11.71%）、(R)-1- 甲基 -5-(1- 甲基乙烯基) 环己烯（9.57%）、桉叶素（5.54%）、香树烯（4.45%）、顺 -3- 己烯 -1- 醇（4.21%）、胡椒烯（4.00%）、甲基环戊烷（1.97%）、δ- 杜松烯（1.92%）、α- 荜草烯（1.89%）等；成熟果实香气的主要成分为，己醛（49.63%）、2- 己烯醛（28.45%）、石竹烯（3.98%）、(R)-1- 甲基 -5-(1- 甲基乙烯基) 环己烯（3.26%）、桉叶素（1.57%）等；完熟果实香气的主要成分为，3- 己烯醛（79.93%）、2- 己烯醛（16.86%）等（邱珊莲等，2021）。顶空固相微萃取法提取的广东广州产'珍珠'红肉番石榴黄熟果实香气的主要成分（单位：峰体积）为，反式 -2- 丁烯酸乙酯（16228）、2- 己烯醛（11790）、己醛（10474）、(Z)-3- 己烯 -1- 醇（6333）、1- 戊烯 -3- 酮（6207）、乙酸乙酯（4934）、1,8-

桉叶素（4692）、(E)-2- 庚烯醛（3653）、反式 -2- 戊烯醛（2646）、(5- 甲基 -2- 呋喃基)- 甲醇（2321）、(E)-2- 己烯 -1- 醇（2307）、γ- 松油烯（1937）、柠檬烯（1935）、甲基庚烯酮（1832）、3- 戊酮（1806）、正己腈（1733）、3- 甲基戊酸（1374）、顺式 -4- 庚烯醇（1369）、3- 甲基丁酸 -2- 苯乙酯（1289）、1- 辛烯 -3- 酮（1281）、辛醛（1238）、2- 甲基 -1,3- 二氧戊环 -2- 乙酸乙酯（1194）、β- 罗勒烯（1173）、乙酸甲酯（1123）、壬醛（1058）、顺 -3- 己烯基乙酸酯（1104）等（王海波等，2023）。

3.18 其他

山竹（*Garcinia mangostana* Linn.） 为藤黄科藤黄属植物莽吉柿的新鲜成熟果实，别名：莽吉柿、山竹子、凤果、罗汉果、倒捻子，台湾、福建、广东、海南、广西、云南有栽培。山竹植株为一种种间杂交的异源多倍体果树，亚洲和非洲热带地区广泛栽培。果实是一种具有发展潜力的热带水果。果成熟时紫红色，间有黄褐色斑块，光滑，有种子 4～5 个，假种皮瓣状多汁，白色。为著名的热带水果，果肉柔软多汁，甜而略带酸味，具独特香味，质地细腻，入口即融，鲜美爽滑，嫩滑清甜，具有"热带果后"之称。100g 果肉含热量 73kcal，碳水化合物 17.91g，脂肪 0.58g，蛋白质 0.41g，纤维素 1.8g，柠檬酸 0.63%、维生素 C 12mg、可溶性固形物 16.8%，有机酸 0.63%，还含有蛋白质、脂肪、其余多种维生素、氨基酸及铁、钾、钙、磷等。山竹果实性偏寒冷，补益作用较强，对虚火上升、声音沙哑、双眼红丝等症具有很好的食疗效果；对体弱、病后、营养不良有很好的调养作用。一般人都可食用，但食用要适量，1 天不宜超过 3 个。肥胖者及肾病、心脏病患者少吃；糖尿病患者忌食；女子月经期间或有寒性痛经者勿食；体质虚寒者不宜多吃，若过多食用山竹则会令身体感到不适，若不慎使用过量，可用红糖煮姜汤解之。山竹忌和西瓜、豆浆、啤酒、白菜、芥菜、苦瓜、冬瓜、荷叶等寒凉食物同吃。除生食外，还可制成果酱、果汁、果冻、冰激凌、罐头等，产地还有用其果制造果醋、果脯的。

山竹图 1

山竹图2

山竹图3

同时蒸馏萃取法提取的山竹新鲜果肉香气的主要成分为，α-荜澄茄烯（41.38%）、2-甲基-十三烷（5.84%）、2-荻醇（4.36%）、3-甲基-十三烷（4.33%）、4-甲基-十三烷（3.18%）、十三烷（2.72%）、异硫氰酸根合环己烷（2.33%）、十二烷（1.49%）、乙酸己酯（1.48%）、6-甲基-十二烷（1.10%）等（辛广等，2005）。

牛油果（*Persea americana* Mill.）

为樟科鳄梨属植物鳄梨的新鲜成熟果实，别名：油梨、酪梨。我国广东、福建、台湾、云南、海南、广西、四川等地有少量栽培。牛油果原产于墨西哥和中美洲，后在加利福尼亚州被普遍种植，在全世界热带和亚热带地区均有种植。浆果球形，直径3～4cm，可食，味如柿子；种子卵圆形。牛油果是一种著名的热带水果，其营养成分丰富，含多种维生素、矿物质和极其丰富的脂肪等。每100g果肉含热量160kcal，碳水化合物8.53g，脂肪14.66g，蛋白质2g，纤维素6.7g。果肉中几乎不含糖，胆固醇含量极低，是糖尿病患者极好的食品和保健品。另外，极其丰富的脂肪中，不饱和脂肪酸含量最高达80%，有降低胆固醇和血脂、保护肝脏等重要功能。

超临界CO_2萃取法提取的牛油果新鲜成熟果实果肉香气的主要成分为，反-2-十一烯醛（10.47%）、(*Z*)-2-癸烯醛（8.22%）、壬醛（4.48%）、三反油酸甘油酯（3.14%）、单反油酸甘油酯（2.88%）、2-十一烯醛（2.63%）、正辛醛（1.98%）、2-棕榈酸单甘油酯（1.56%）、咖啡因（1.46%）、(*Z*)-2-壬烯醛（1.26%）、辛酸烯丙酯（1.26%）、反-2-辛烯醛（1.19%）等；超声波辅助-乙醚提取法提取的牛油果新鲜成熟果实果肉香气的主要成分为，甘油亚麻酸酯（23.38%）、γ-谷甾醇（7.95%）、角鲨烯（3.51%）、(*E*)-9-十八碳烯酸乙酯（2.33%）、(*Z*)-9,17-十八碳二烯醛（2.13%）、邻苯二甲酸己烷-3-醇异丁醇酯（1.65%）、三反油酸甘油酯（1.40%）、软脂酸乙酯（1.16%）等（张素英等，2016）。

牛油果图 1

牛油果图 2

牛油果图 3

牛油果图 4

番橄榄（*Spondias cytherea* Sonn.）为漆树科槟榔青属植物番橄榄的新鲜成熟果实，别名：
金酸枣、加耶芒果。原产中南半岛及太平洋岛热带亚热带地区，现广泛栽植于加勒比、东南亚、中美洲、
南美洲及非洲地区，我国广东、海南、福建、台湾等地有引种。在南美洲的巴西、秘鲁等国，番橄榄是果
冻、冰激凌生产的重要原料。肉质核果，椭圆状卵形，长 6～8cm，直径 4～5cm，光滑无毛，成熟时金黄
色，芳香。果核近五棱形。果实可生食，果肉较厚，清脆爽口，略酸，具有橄榄的香味；完全成熟时果皮
为黄色，果肉软化，白色至淡黄色，带苹果香气，果汁多，味略甘而带清快的酸味；过熟则果肉太软，纤
维多。果实富含多种维生素及矿物质，维生素 C 的含量高达 0.52mg/g。果实可做蜜饯、果酱、果汁和调味
料，也可以发酵酿酒，未成熟的青果常用来做绿色沙拉；热带地区居民多采未熟果打碎生食或腌渍，煮食
风味较佳；新加坡华侨切成薄片作闲食；在印度尼西亚，生果削皮蘸辣椒粉、糖、盐直接吃，熟果剔肉制
成果酱。果实有健肠胃、平肝降火的功效，也是热带国家居民的减肥圣品。

番橄榄图 1

番橄榄图 3

番橄榄图 2

超声波萃取法提取的福建厦门产番橄榄新鲜成熟果实果汁香气的主要成分为，1R-α-蒎烯（30.12%）、22,23-二氢-豆甾醇（16.10%）、维生素E（11.62%）、β-蒎烯（10.80%）、2,2′-亚甲基双-(4-甲基-6-叔丁基苯酚)（5.59%）、2,2,5a-三甲基-1a-[3-氧-1-丁烯基]全氢化-1-苯偶氮杂-1-羧酸甲酯（2.69%）、己二酸二(2-乙基己)酯（1.69%）、柠檬烯（1.39%）、角鲨烯（1.24%）等（林春松等，2010）。超声波-有机溶剂萃取法提取的福建厦门产番橄榄干燥成熟果实的主要成分为，二十九烷（30.42%）、β-谷甾醇（11.11%）、三十一烷（8.47%）、维生素E（6.61%）、碳酸十八烷基-2,2,2-三氯乙基酯（6.36%）、三十烷二醇（6.32%）、9-十八烯醇（4.85%）、三十烷醇（4.55%）、三十烷（2.20%）、二十七烷（1.82%）、二十五烷（1.31%）等（林春松等，2012）。

诺丽果（*Morinda citrifolia* Linn.）

为茜草科巴戟天属植物海滨木巴戟的新鲜成熟果实，别名：萝梨、印度桑葚、水冬瓜。分布于太平洋南部诸岛至亚洲中南半岛地区，我国台湾、海南、云南西双版纳有引种栽培。在太平洋南部岛屿的土著民中，是必不可少的日常保健品，有"仙果"的美称，被誉为"大自然恩赐给人类的旷世珍品"，被波利尼西亚人誉为"千年圣果"。2010年5月，《中华人民共和国食品安全法》和《新资源食品管理办法》的规定，批准诺丽果浆为新资源食品。果实为卵圆形的大形合心皮果，卵形，径约2.5cm，幼时绿色，成熟时果肉呈黄色，可吃，有强烈的气味。诺丽果富含多种必需氨基酸、维生素、微量元素、多糖等营养成分以及丰富的活性物质，如生物碱、蒽醌类、多酚类、脂肪酸类、木脂素类、多糖类、甾醇类、黄酮类和萜类等化合物，具有抑菌、抗肿瘤、抗氧化、延缓衰老、消炎、镇痛、降血压、保护血管、保肝护肝、预防酒精性肝损伤和增强免疫等功效。

顶空固相微萃取法提取的海南三亚产诺丽果新鲜成熟果实果肉香气的主要成分为，辛酸（12.45%）、己醛（11.91%）、己酸甲酯（6.95%）、己酸乙酯（6.84%）、辛酸乙酯（5.92%）、苧烯（5.79%）、辛酸甲酯（4.90%）、芳樟醇（4.20%）、3-庚酮（3.67%）、己酸（3.39%）、2-庚醇（3.15%）、己醇（2.97%）、苯甲醛（2.71%）、2-戊基呋喃（1.97%）、对伞花烃（1.82%）、乙酸异戊酯（1.74%）、1-戊烯-3-酮

诺丽果图

（1.35%）、顺 -2- 戊烯醇（1.16%）、戊醇（1.12%）、辛醇（1.04%）等（林常腾等，2018）。顶空固相微萃取法提取的海南海口产诺丽果新鲜白熟果实果肉香气的主要成分为，2- 甲基苯并呋喃（12.42%）、芳樟醇（11.78%）、正辛酸（10.94%）、癸醛（7.34%）、己酸乙酯（6.40%）、桉叶油醇（6.38%）、壬醛（5.97%）、顺 -2- 己烯 -1 醇（4.27%）、辛酸甲酯（3.92%）、辛酸乙酯（3.78%）、己酸甲酯（3.74%）、正己酸（3.21%）、1- 壬醇（2.98%）、乙酸（2.17%）、2- 庚醇（2.02%）、(E)-4,8- 二甲基 -1,3,7- 壬三烯（1.60%）、辛醇（1.36%）、正辛醛（1.21%）、正己醇（1.01%）等；新鲜成熟果实果肉香气的主要成分为，辛酸甲酯（18.75%）、辛酸乙酯（17.00%）、正辛酸（14.34%）、正己酸（13.17%）、辛酸 -3- 甲基丁烯 -2- 烯基酯（11.48%）、己酸甲酯（10.08%）、2- 庚酮（3.17%）、4- 戊烯己酸酯（1.84%）、癸酸甲酯（1.66%）、甲醇（1.22%）等（王丹等，2022）。有机溶剂萃取法提取的海南产诺丽果新鲜成熟果实果肉香气的主要成分为，双 (2- 乙基己基) 酞酸（29.19%）、(E)-9- 十八烯酸（15.12%）、正十六酸（10.22%）、辛酸（7.99%）、3- 甲基丁酸 -3- 甲基丁酸酯（5.75%）、(Z,Z)-9,12- 十八烯酸（5.22%）、8,11- 二烯十八酸甲酯（2.84%）、十八酸（2.69%）、油酸乙酯（2.63%）、十五酸乙酯（2.39%）、正癸酸（2.10%）、(Z,Z)-9,12- 二烯十八酸甲酯（1.99%）、2,4- 二烯癸醛（1.72%）、二十六烷（1.54%）、14- 甲基十五酸甲酯（1.51%）、酞酸二丁酯（1.39%）、(Z)-9- 十八烯酸甲酯（1.23%）、5- 环己基十一烷（1.19%）、3- 甲基丁酸 -2- 氰基乙酯（1.16%）、6,10,14- 三甲基十五酮（1.08%）等（龚敏等，2009）。

槟榔（*Areca catechu* Linn.）

为棕榈科槟榔属植物槟榔的新鲜成熟果实，别名：槟榔子、大腹子、宾门、橄榄子、青仔。分布于云南、海南及台湾等热带地区。槟榔原产于马来西亚，在我国种植已有一千多年的历史，主产于我国海南、广东、广西、云南、福建和台湾等省，其中海南省居多，占全国产量的 99%。果实长圆形或卵球形，长 3～5cm，橙黄色，中果皮厚，纤维质。种子卵形，基部截平，胚乳嚼烂状。果实作为一种咀嚼嗜好品供食用，槟榔含有多种人体所需的营养元素和有益物质，主要成分为 31.1% 的酚类、18.7% 的多糖、14.0% 的脂肪、10.8% 的粗纤维、3.0% 的灰分和 0.5% 的生物碱；还含有 20 多种微量元素。经常嚼槟榔，除了严重损害牙齿，导致牙齿变红变黑，甚至提前脱落外，还有很高的致癌风险。早在 2003 年，世界卫生组织下属的国际癌症研究中心就已经将槟榔认定为一级致癌物。所以，不建议作为食品咀嚼。槟榔果实为重要的中药材，在我国被列为四大南药之首。槟榔具有杀虫、消积、行气、利水、截疟的功能，用于绦虫病、蛔虫病、姜片虫病、虫积腹痛、积滞泻痢、里急后重、水肿脚气、疟疾。

固相微萃取法提取的海南产槟榔果皮香气的主要成分为，十六醛（27.53%）、长叶薄荷酮（12.78%）、十四醛（7.21%）、壬醛（3.85%）、(11E,13Z)-1,11,13- 十八碳三烯（3.72%）、芳樟醇（3.35%）、二十六烷（2.89%）、薄荷酮（2.69%）、十三醛（2.66%）、二十五烷（2.52%）、1- 己醇（2.39%）、2- 壬酮（2.01%）、正癸醛（1.91%）、L- 薄荷醇（1.73%）、(E)-2- 十四烯（1.38%）、1- 辛醇（1.31%）、二十四烷（1.12%）、2- 戊基呋喃（1.11%）、十四烷（1.05%）等（周大鹏等，2012）。固相微萃取法提取的海南文昌产槟榔新鲜果实果肉香气的主要成分为，2- 己烯醛（9.19%）、双戊烯（2.77%）、2- 正戊基呋喃（1.31%）等（王斌等，2019）。固相微萃取法提取的海南五指山产槟榔新鲜成熟果实香气的主要成分为，棕榈酸（46.90%）、亚油酸（13.49%）、6- 十八碳烯酸（11.60%）、十四烷酸（6.82%）、棕榈油酸（4.27%）、十五烷酸（2.93%）、植物醇（2.13%）、亚麻酸（2.06%）、月桂酸（2.00%）、环十五内酯（1.18%）等（王燕等，2021）。

固相微萃取法提取的海南文昌产槟榔干燥果实果肉香气的主要成分为，苯甲醛（8.72%）、对甲基苯酚（4.12%）、4- 甲基愈创木酚（1.84%）、苯乙醛（1.09%）、4- 乙基愈创木酚（1.04%）等（王斌等，2019）。水蒸气蒸馏法提取的海南万宁产槟榔干燥果皮精油的主要成分为，正十六烷酸（45.43%）、十六烷酸乙酯（8.29%）、辛酸（5.57%）、(E,E)-2,4- 癸二烯醛（4.43%）、苯基环氧乙烷（3.98%）、十四烷酸（1.60%）等（胡延喜等，2017）。固相微萃取法提取的广西产槟榔干燥果实果肉香气的主要成分为，反式茴香醚（25.57%）、己酸（17.23%）、肉桂醛（11.66%）、4- 甲氧基安息香醛（4.51%）、十二烷酸（4.46%）、己醛（3.46%）、2- 甲氧基 -3-(2- 丙烯基)- 苯酚（2.73%）、1-(1,5- 二甲基 -4- 己烯)-4- 甲苯（2.05%）、1,1- 二甲基丙烷基己酸（1.78%）、二丁基酞酸酯（1.77%）、十四烷酸（1.72%）、辛酸（1.50%）、十二烷（1.47%）、十二烷（1.45%）、1,6- 辛二烯 -3,7- 二甲基 -3- 醇（1.28%）、α- 松油醇（1.28%）、丁子香烯（1.25%）、1-(2- 羟基 -4,6- 二甲氧基苯) 乙酮（1.20%）、邻甲氧基肉桂醛（1.19%）、壬醛（1.16%）、草蒿脑（1.06%）、戊酸（1.04%）等（杨学雨等，2012）。超临界 CO_2 萃取法提取的海南产槟榔干燥果实香气的主要成分为，γ- 谷固醇（17.30%）、油酸（9.80%）、(3β)- 麦角甾 -5- 烯 -3- 醇（8.91%）、β- 谷固醇（6.83%）、(3β,5α,24S)- 豆甾 -7- 烯 -3- 醇（4.89%）、豆固醇（4.26%）、棕榈酸（4.05%）、γ- 谷固醇（3.04%）、反式角鲨烯（3.39%）、(Z)-7- 十四碳烯醛（2.90%）、维生素 E（1.96%）、十八酸（1.83%）、正二十烷（1.80%）、十八甲基环九氧硅烷（1.37%）、正二十八烷（1.05%）等（曲丽洁等，2012）。

槟榔图 1

槟榔图 2

槟榔图 3

第4章
其他大众水果

4.1 猕猴桃

商品猕猴桃为猕猴桃科猕猴桃属植物新鲜成熟果实的统称，我国是猕猴桃的原产地，也是优势主产区，有52种以上的猕猴桃资源。猕猴桃属植物的果实均可食用，常见的水果猕猴桃有中华猕猴桃、美味猕猴桃、毛花猕猴桃、软枣猕猴桃等。

猕猴桃被誉为"水果之王"，酸甜可口，营养丰富，是老年人、儿童、体弱多病者的滋补果品。它含有丰富的维生素C、维生素A、维生素E，以及钾、镁、纤维素，还含有其他水果比较少见的营养成分，如叶酸、胡萝卜素、钙、黄体素、氨基酸、天然肌醇。猕猴桃的钙含量是苹果的17倍、香蕉的4倍，维生素C的含量是柳橙的2倍。每100g鲜样中的维生素含量一般为100～200mg，约为柑橘5～10倍，一颗猕猴桃能提供一个人一日维生素C需求量的两倍多；含糖类8%～14%，含酸类1.4%～2.0%，还含酪氨酸等12种氨基酸。猕猴桃还有稳定情绪、降胆固醇、帮助消化、预防便秘及止渴利尿和保护心脏的作用。果实也可加工成各种食品和饮料，如果酱、果汁、罐头、果脯、果酒、果冻等。果实有调中理气、生津润燥、解热除烦的功效，用于消化不良、食欲缺乏、呕吐、黄疸、石淋、痔疮、烫伤等。猕猴桃和黄瓜同食会破坏维生素C；和动物肝脏、胡萝卜同食会降低猕猴桃的营养价值；和牛奶同食会影响消化吸收；和虾、螃蟹同食易致中毒；和白萝卜同食可引发甲状腺肿大，因此，猕猴桃尽量不要和这些食物同时食用。

猕猴桃图1

猕猴桃图2

猕猴桃图3

猕猴桃图4

中华猕猴桃（*Actinidia chinensis* Planch.）别名：猕猴桃、藤梨、羊桃藤、奇异果、几维果、井冈山猕猴桃，分布于陕西、湖北、湖南、河南、安徽、江苏、浙江、江西、福建、广西、广东等省区。大型落叶藤本。叶纸质，长6～17cm，宽7～15cm。聚伞花序1～3花，花初放时白色，放后变淡黄色，有香气。果黄褐色，近球形、圆柱形、倒卵形或椭圆形，长4～6cm，被茸毛，具小而多的淡褐色斑点。生于海拔200～1850m的山林中。喜生于温暖湿润、背风向阳环境。喜光，略耐阴。喜温暖气候，有一定耐寒能力。喜深厚、肥沃、湿润而排水良好的土壤。不耐涝，要求空气相对湿度在70%～80%，年降雨量1000mm左右。中华猕猴桃是最重要的水果猕猴桃种。中华猕猴桃不同品种果实的芳香成分如下。

中华猕猴桃图

苌楚2号：顶空固相微萃取法提取的江西信丰产'苌楚2号'猕猴桃新鲜成熟果实香气的主要成分为，丁酸乙酯（55.97%）、2-己烯醛（28.62%）、己醛（8.36%）等（吕正鑫等，2022）。

楚红：从野生自然居群中优良株系选育。果实长椭圆形或扁椭圆形，平均单果重70～80g。果皮深绿色，果面无毛。果肉中轴周围呈艳丽的红色。果肉细嫩，风味浓甜可口，含酸量较低，香气浓郁，品质上等。顶空固相微萃取法提取的'楚红'猕猴桃新鲜果实果肉香气的主要成分为，(*E*)-2-己烯醛（60.44%）、己醛（10.32%）、(*E*)-2-己烯醇（7.41%）、丁酸甲酯（3.15%）、甲酸己酯（2.42%）、芳樟醇（1.55%）、蒎烯（1.18%）、草酸，环己基甲基十三烷基酯（1.09%）等（董婧等，2018）。

翠玉：实生选种选育的早中熟品种。果实倒卵圆形，平均单果重90g。果皮绿褐色，成熟时果面光滑无毛。果肉绿色或翠绿色，肉质致密，细嫩多汁，风味浓甜，无需软熟便可食用，品质上等。顶空固相微萃取法提取的'翠玉'猕猴桃新鲜果实果肉香气的主要成分为，丁酸乙酯（77.57%）、己酸乙酯（7.23%）、丁酸甲酯（2.91%）、乙酸乙酯（2.36%）、(*E*)-2-己烯醛（2.09%）、苯甲酸甲酯（1.26%）、甲酸己酯（1.03%）、苯甲酸乙酯（1.03%）等（董婧等，2018）。

东红：红心猕猴桃新品种。果实长圆柱形，平均单果重65～75g。果面绿褐色。果肉金黄色，种子分布区果肉艳红色，肉质紧密，细嫩，风味浓甜，香气浓郁。顶空固相微萃取法提取的'东红'猕猴桃新鲜果实果肉香气的主要成分为，萜品油烯（63.05%）、苯甲酸甲酯（6.62%）、丁酸甲酯（6.59%）、右旋柠檬烯（5.61%）、己醛（2.88%）、(*E*)-2-己烯醛（2.09%）、芳樟醇（1.82%）、罗勒烯（1.55%）、伞花烃（1.08%）

等（董婧等，2018）。

赣红 7 号：果实椭圆形，硬度低，含水量高，口感细腻酸甜，但酸度与过熟味较高。顶空固相微萃取法提取的江西信丰产'赣红 7 号'猕猴桃新鲜成熟果实香气的主要成分为，丁酸乙酯（48.59%）、丁酸甲酯（12.38%）、2- 己烯醛（10.19%）、苯甲酸甲酯（8.56%）、己醛（5.57%）、苏合香烯（3.15%）、丁酸丁酯（2.42%）、*d*- 柠檬烯（2.05%）、己酸甲酯（1.49%）、螺 [2.4] 庚 -4,6- 二烯（1.12%）、己酸乙酯（1.08%）等（吕正鑫等，2022）。

贵长：果体长圆柱形，平均单果重 70～100g。果皮褐色，有灰褐色较长的糙毛。果肉翠绿色，细嫩多浆，果汁丰富，清甜爽口，酸甜适中。顶空固相微萃取法提取的贵州大方产'贵长'猕猴桃新鲜成熟果实香气的主要成分为，反式 -2- 己烯醛（44.13%）、萜品油烯（19.74%）、*d*- 柠檬烯（9.68%）、己醛（4.18%）、大马士酮（3.64%）、顺式 -2- 壬烯 -3- 醇（2.52%）、芳樟醇（2.40%）、反式 -2- 己烯 -1- 醇（2.13%）、香叶基丙酮（1.52%）、角鲨烯（1.51%）、正己醇（1.45%）、*β*- 紫罗兰酮（1.11%）、苯甲醛（1.09%）等（孙海达等，2020）。顶空固相微萃取法提取的贵州修文产'贵长'猕猴桃新鲜成熟果实香气的主要成分为，2- 己烯醛（53.37%）、己醛（19.73%）、己醇（8.50%）、(*E*)-2- 己烯醇（3.97%）、乙醇（3.25%）等（王金华等，2022）。

红阳（红心）：实生选种选育的二倍体早熟品种。果实长圆柱形兼倒卵圆形，中等偏小，平均单果重 68.8g。果皮绿色或绿褐色，茸毛柔软易脱落，皮薄。果肉黄绿色，果心白色，肉质细嫩，口感鲜美有香味。顶空固相微萃取法提取的成都产'红阳'猕猴桃新鲜果实果肉香气的主要成分为，(*E*)-2- 己烯醛（14.04%）、丁酸乙酯（14.03%）、丁酸甲酯（12.80%）、己酸乙酯（9.74%）、2- 羟基 -2- 甲基丁酸甲酯（9.12%）、草酸烯丙基丁酯（6.08%）、己醛（4.22%）、1,3,3- 三甲基 -2- 氧杂二环 [2.2.2] 辛烷（3.12%）、苯甲酸甲酯（2.72%）、丙酮（1.70%）、1- 己醇（1.54%）、(*Z*)-2- 己烯醇（1.52%）、辛醇（1.45%）、6,6- 二甲基 -2- 亚甲基 - 双环 [3.1.1] 庚烷（1,41%）、(*E*)-3- 己烯醇（1.04%）等（杨丹等，2012）。顶空固相微萃取法提取的贵州六盘水产'红心'猕猴桃新鲜成熟果实香气的主要成分为，2- 己烯醛（56.94%）、己醛（14.33%）、(*E*)-2- 己烯醇（6.11%）、己醇（4.44%）、桉叶油醇（2.91%）、1- 戊炔 -3- 醇（1.41%）、3,4- 二氢 -2*H*- 吡喃（1.05%）、2- 正戊基呋喃（1.02%）等（王金华等，2022）。

华优：中华猕猴桃与美味猕猴桃自然杂交后代中选育的中熟新品种。果实椭圆形，单果重 80～110g，果实棕褐色，茸毛稀少。果皮较厚，较难剥离，果心小，柱状，乳白色。顶空固相微萃取法提取的陕西周至产'华优'猕猴桃新鲜成熟果实果肉香气的主要成分（单位：μg/kg）为，丁酸乙酯（581.58）、丁酸丁酯（419.52）、反式 -2- 己烯醛（252.45）、己醇（107.11）、己酸乙酯（43.99）、己醛（34.14）、*d*- 柠檬烯（32.26）、反式 -2- 己烯醇（30.89）、3- 己烯醇（16.94）、己酸甲酯（2.92）、反式 -2- 壬醛（1.63）、1- 辛烯 -3- 醇（1.08）等（赵玉等，2021）。

金桃：从中华猕猴桃野生优良单株'武植 6 号'单系中选育的四倍体黄肉品种。果实长圆柱形，平均单果重 82g。果皮黄褐色，果面茸毛稀少。果肉黄绿色至金黄色，果心小而软。果肉质地脆，多汁，酸甜适中，品质上等。顶空固相微萃取法提取的'金桃'猕猴桃新鲜果实果肉香气的主要成分为，丁酸乙酯（53.35%）、萜品油烯（11.48%）、苯甲酸乙酯（7.18%）、(*E*)-2- 己烯醛（6.80%）、丁酸丁酯（3.15%）、己醛（2.79%）、己酸乙酯（2.56%）、(*E*)-2- 壬醇（1.79%）、*α*- 松油醇（1.43%）、甲酸己酯（1.29%）、(*E*)-2- 己烯醇（1.22%）、苯甲酸甲酯（1.02%）等（董婧等，2018）。

金艳：种间杂交选育的晚熟四倍体品种，亲本为毛花猕猴桃（母本）× 中华猕猴桃。果实长圆柱形，平均单果重 105g。果皮黄褐色，密生短茸毛，果皮厚，果点细密，红褐色。果肉黄色，质细多汁，味香甜，果实硬度大。顶空固相微萃取法提取的'金艳'猕猴桃新鲜果实果肉香气的主要成分为，丁酸乙酯（65.29%）、己酸乙酯（13.34%）、丁酸丁酯（11.17%）、苯甲酸乙酯（2.98%）、(E)-2- 己烯醛（1.46%）、丁酸甲酯（1.32%）等（董婧等，2018）。顶空固相微萃取法提取的四川蒲江产'金艳'猕猴桃新鲜果实香气的主要成分为，(E)-2- 己烯醛（74.35%）、己醛（13.17%）、壬醛（2.11%）、2- 十一烯醛（2.03%）、(E)-2- 癸烯醛（1.69%）、α- 荜澄茄烯（1.01%）等（郭丽芳等，2013）。

魁蜜（赣猕 2 号）： 果实扁圆形，平均单果重 92.2～106.2g。果肉黄色或绿黄色，质细多汁，酸甜或甜，风味清香，品质优。溶剂萃取法提取的江西奉新产'魁蜜'猕猴桃食用期果实香气的主要成分为，十六酸（20.03%）、(Z,Z,Z)-9,12,15- 三烯十八酸甲酯（16.03%）、(E)-2- 己烯醛（12.99%）、羟基 -6- 胞嘧啶（11.14%）、(Z,E)-4,8,12- 三甲基 -3,7,11- 三烯十三酸甲酯（10.67%）、(E,E)-2,4- 庚二烯醛（5.66%）、己醛（3.04%）、(Z)-2- 庚烯醛（2.67%）、(E)-2- 丁烯醛（2.52%）、(E,E)-1,3,6- 辛三烯（2.47%）、(E)-2- 癸烯醛（2.00%）、2,5,5- 三甲基 -1,6- 庚二烯（1.00%）等（涂正顺等，2002）。

璞玉： 以'华优'（母本）与'K56'（父本）杂交选育而成。果实圆柱形，平均单果重 106g。果皮黄褐色，被黄色短茸毛，皮孔突出。外层果肉深黄色，果心较小，果肉黄色，细腻多汁，清香酸甜。顶空固相微萃取法提取的陕西西安产'璞玉'猕猴桃新鲜成熟果实香气的主要成分（单位：μg/L）为，(E)-2- 己烯醛（1243.75）、己醛（217.49）、3- 异亚丙基 -6- 甲基 -1- 环己烯（90.76）、甲酸己酯（61.79）、(E)-2- 己烯 -1- 醇（53.33）、己酸乙酯（28.08）、2- 庚烯醛（26.77）、乙酸丙酯（24.26）、邻异甲苯丙烯（24.09）、柠檬烯（16.43）、(E)-2- 辛烯醛（15.29）、己酸丁酯（12.69）、1- 戊烯 -3- 酮（12.48）、氨基甲酸铵（11.78）、苯乙烯（11.31）、乙酸仲丁酯（11.25）、邻二甲苯（11.23）、丁酸乙酯（9.94）、丁酸丙酯（9.80）、(E)-2- 壬烯醛（7.82）、丙酸酐（7.47）、邻苯二甲酸二异丁酯（7.13）、壬基环丙烷（6.88）、2- 辛醇（6.04）、(E)-2- 戊烯醇（5.79）、苯乙酮（5.55）、邻苯二甲酸二丁酯（5.13）、对异丙基甲苯（5.01）等（耿彤晖等，2021）。

武当 1 号： 果实长椭圆形，光滑无毛，平均单果重 85g。果肉浅绿色，有浓郁的果香味，肉质细腻，酸甜可口。静态顶空萃取法提取的'武当 1 号'猕猴桃新鲜成熟果实果肉香气的主要成分（单位：μg/kg）为，(E)-2- 己烯醛（98.58）、己醛（37.80）、(E)-2- 己烯 -1- 醇（10.23）、壬醛（5.75）、苯甲酸甲酯（2.45）、(E)-2- 辛烯醛（2.37）、(E)-2- 壬烯醛（2.25）、(E)-2,2- 二甲基 -1,3- 二氧戊环 -4- 甲醛（2.18）、癸醛（2.10）、2- 甲基丁酸己酯（1.49）、香叶基丙酮（1.46）、乙酸己酯（1.41）、己酸己酯（1.39）、(E)-2- 癸烯醛（1.37）、辛酸丁酯（1.22）、辛醛（1.11）、甲基庚烯酮（1.05）等（朱先波等，2015）。

西选： 果实长圆形，单果重 80～130g。果面无毛，果肉金黄，细而多汁，口感极甜。顶空固相微萃取法提取的'西选'猕猴桃新鲜果实果肉香气的主要成分为，桉油精（45.65%）、(E)-2- 己烯醛（25.22%）、己醛（18.98%）、乙醇（1.95%）、(E)-2- 己烯醇（1.92%）、丁酸甲酯（1.34%）、甲酸己酯（1.28%）、反式 -2- 癸烯醇（1.02%）等（董婧等，2018）。

阳光金果： 果实浑圆，果皮薄透。果肉多汁馥郁，带有淡淡的怡人酸味。顶空固相微萃取法提取'阳光金果'猕猴桃新鲜成熟果实香气的主要成分（单位：μg/L）为，(E)-2- 己烯醛（6227.87）、己醛（1671.57）、(1S)-(−)-β- 蒎烯（543.45）、α- 蒎烯（406.12）、柠檬烯（201.63）、丁酸乙酯（149.65）、甲酸己酯（142.20）、(E)-2- 己烯 -1- 醇（104.24）、2- 庚烯醛（79.07）、邻二甲苯（48.24）、(E)-2- 辛烯醛（39.58）、1- 戊烯 -3- 酮（38.43）、3- 异亚丙基 -6- 甲基 -1- 环己烯（37.64）、甲苯（33.40）、对异丙基甲苯（28.08）、己酸乙酯（25.56）、3- 乙基 -1,5- 辛二烯（23.89）、莰烯（22.85）、(E)-2- 戊烯醇（19.19）、氨基甲酸铵（18.21）、癸酸乙酯（14.15）、邻异甲苯丙烯（13.42）、环丁 -1- 烯基甲醇（12.89）、苯乙烯（10.75）、1- 辛

烯 -3- 酮（9.21）、γ- 萜品烯（7.15）、癸醛（6.00）、(+)-4- 蒈烯（5.42）、乙酸乙酯（5.23）、辛酸乙酯（5.00）等（耿彤晖等，2021）。

早鲜（粤引2205）： 果实圆柱形，平均单果重 87.3g。果肉黄绿色，质细多汁，甜酸适中，风味和香气较浓。溶剂萃取法提取的江西奉新产'早鲜'猕猴桃食用期果实香气的主要成分为，十六酸（22.02%）、辛酸（6.19%）、油酸（6.01%）、3- 羟基丁酸乙酯（4.97%）、(Z,Z)-9,12- 十八二烯酸（4.41%）、1,2,4- 三羟基 -(对)- 萜烷（4.35%）、1,2- 苯二甲酸双 (2- 甲氧基乙基) 酯（3.29%）、十八酸（3.05%）、2- 己烯醛（2.90%）、11,14,17- 三烯二十酸甲酯（2.39%）、己醇（2.38%）、2,4- 癸二烯醛（2.35%）、二氢化 -2(3H)- 呋喃酮（2.33%）、(E)-2- 庚烯醛（2.32%）、1,2- 苯二甲酸 - 丁基 -2- 甲基丙酯（2.13%）、(E)-2- 己烯醇（2.03%）、3- 烯 -2- 戊醇（2.02%）、十四酸（1.92%）、1,5- 二甲基 -7- 氧杂二环 [4.1.0] 庚烷（1.69%）、3- 羟基 -2- 丁酮（1.52%）、苯乙酸（1.47%）、3,4- 二氢 -8- 羟基 -3- 甲基 -1H-2- 苯并吡喃 -1- 酮（1.37%）、1- 甲基 -5- 硝基 -1H- 咪唑（1.31%）、(E,E)-2,4- 癸二烯醛（1.28%）、2,3- 二氢化噻吩（1.21%）、4- 氧基 - 戊酸（1.18%）、3- 乙基 -4- 甲基 -1H- 吡咯 -2,5- 二酮（1.16%）等（涂正顺等，2002）。

野生猕猴桃： 顶空固相微萃取法提取的贵州龙里产野生猕猴桃新鲜成熟果实香气的主要成分为，丁酸乙酯（33.99%）、丁酸甲酯（15.24%）、己醇（12.01%）、2- 己烯醛（4.16%）、乙醇（4.02%）、3- 羟基 -2- 丁酮（3.72%）、己酸乙酯（3.69%）、乙酸己酯（2.22%）、己醛（1.88%）、(E)-2- 己烯醇（1.37%）、环丁基甲醇（1.37%）、己酸（1.17%）等（王金华等，2022）。

美味猕猴桃 [*Actinidia chinensis* var. *deliciosa* (A. Chev.) A Chev.] 又名硬毛猕

猴桃，为中华猕猴桃的一个变种，分布于甘肃、陕西、四川、贵州、云南、河南、湖北、湖南、广西等省区。花枝多数较长。叶长 9～11cm，宽 8～10cm，花较大，直径 3.5cm 左右。果近球形、圆柱形或倒卵形，长 5～6cm，被常分裂为 2～3 数束状的刺毛状长硬毛。不同品种美味猕猴桃果实的香气成分如下。

美味猕猴桃图1

Kvf54：野生优选资源。顶空固相微萃取法提取的四川什邡产'Kvf54'猕猴桃新鲜成熟果实香气的主要成分为，丁基环丙烷（20.06%）、丁酸乙酯（17.12%）、4-乙基苯甲酸-2-戊酯（2.19%）、6-甲基-5-庚烯-2-酮（1.37%）、正戊醛（1.05%）等（朱云琦等，2021）。

Kvf6：野生优选资源。顶空固相微萃取法提取的四川什邡产'Kvf6'猕猴桃新鲜成熟果实香气的主要成分为，丁基环丙烷（12.56%）、(Z)-庚二烯（2.01%）等（朱云琦等，2021）。

布鲁诺（Bruno）：新西兰从中国湖北野生猕猴桃选育。果实细长。顶空固相微萃取法提取的浙江泰顺产'布鲁诺'猕猴桃新鲜果实香气的主要成分为，2-己烯醛（44.62%）、2-己烯醇（11.81%）、壬醛（5.22%）、硬脂酸（4.73%）、棕榈酸（3.84%）、己醛（2.32%）、里哪醇（1.63%）、2-烯-癸酮（1.57%）、癸醛（1.55%）、丁酸-2-己烯酯（1.38%）、1,7,7-三甲基-双环[2.2.1]-七碳-2-烯（1.37%）、2-烯-壬醛（1.28%）、水杨酸三甲环己酯（1.21%）、辛醛（1.19%）等（李盼盼等，2016）。

翠香：果实卵形，平均单果重82g。果皮绿褐色。果肉深绿色，质地细而果汁多，味香甜，芳香味极浓，适口性好，品质佳。维生素C含量高。顶空固相微萃取法提取的陕西周至产'翠香'猕猴桃新鲜成熟果实果肉香气的主要成分（单位：μg/kg）为，反式-2-己烯醛（1360.70）、己醛（913.04）、丁酸乙酯（737.07）、丁酸甲酯（477.89）、己醇（212.83）、反式-2-己烯醇（209.81）、苯甲酸甲酯（76.23）、己酸甲酯（38.37）、3-己烯醛（35.72）、苯甲酸乙酯（26.19）、1-戊烯-3-酮（23.63）、3-己烯醇（22.48）、己酸乙酯（21.95）、辛醛（4.49）、反式-2-壬醛（3.55）、癸醛（1.85）、4-萜品醇（1.71）、1-辛烯-3-醇（1.46）等（赵玉等，2021）。

海沃德（Hayward）：新西兰从湖北野生资源实生选种育成的品种，现已成为世界性的主栽品种。果实长圆柱形，平均单果重100g。果皮绿褐色，密集灰白色长绒毛。果肉翠绿，味道甜酸可口，有浓厚的清香味，维生素含量极高。顶空固相微萃取法提取的陕西周至产'海沃德'猕猴桃果汁香气的主要成分为，(E)-2-己烯-1-醇（10.56%）、正己醛（10.21%）、正己醇（7.15%）、乙酸己酯（6.89%）、乙酸-2-甲基丁酯（5.74%）、丁酸乙酯（4.54%）、5-羟甲基-5-呋喃甲醛（4.07%）、乙酸（3.44%）、(E)-2-己烯醛（2.99%）、2,3-二氢-3,5-二羟基-6-甲基-4H-吡喃-4-酮（2.78%）、己酸乙酯（1.57%）、糠醛（1.53%）、丁酸甲酯（1.35%）、乙酸丁酯（1.32%）、2-甲基丁酸乙酯（1.08%）、3-羟基-1-戊烯（1.05%）、丁酸己酯（1.01%）、甲酸（1.01%）（史亚歌等，2007）。顶空固相微萃取法提取的陕西周至产'海沃德'猕猴桃新鲜成熟果实香气的主要成分（单位：μg/L）为，(E)-2-己烯醛（757.96）、(E)-2-己烯-1-醇（46.25）、己醛（31.60）、甲酸己酯（23.08）、乙酸丙酯（12.24）、己酸乙酯（8.59）、乙酸仲丁酯（6.54）、邻二甲苯（5.50）、壬醛（5.37）、苯乙烯（5.33）、壬基环丙烷（5.19）、(Z)-3-己烯-1-醇（5.16）、邻苯二甲酸二异丁酯（5.15）、氨基甲酸铵（4.88）、邻苯二甲酸二丁酯（3.95）、丙酸酐（3.65）、(E)-2-壬烯醛（3.59）、3-壬酮（3.24）、乙酸乙酯（3.20）、2-辛醇（2.61）、丁酸乙酯（2.14）、(E)-4-十一碳烯（2.08）、1,7,7-三甲基双环[2.2.1]庚-2-烯（2.06）等（耿彤晖等，2021）。

华美：果实长圆锥形，果重112g，果形大，果心小，汁液多，酸甜清香，品质上乘。顶空固相微萃取法提取的四川什邡产'华美'猕猴桃新鲜成熟果实香气的主要成分为，丁酸乙酯（36.89%）、3,7-二甲基-1-辛醇（9.23%）、4-乙基苯甲酸-2-戊酯（3.76%）、5-甲基-1,5-己二烯-3-醇（2.51%）、1,3-环戊二酮（2.51%）、(Z)-庚二烯（2.51%）、异戊醛（1.31%）、1-辛醇（1.22%）等（朱云琦等，2021）。

金魁：果实阔椭圆形，平均果重80~103g。果面黄褐色，茸毛中等密，棕褐色。果肉翠绿色，汁液多，风味特浓，酸甜适中，具清香，果心较小，果实品质极佳。顶空固相微萃取法提取的湖南湘西产'金魁'猕猴桃果实香气的主要成分为，乙醇（27.83%）、(E)-2- 己烯醛（17.14%）、丁酸乙酯（16.88%）、乙酸乙酯（7.35%）、己醇（7.15%）、苯甲酸乙酯（2.98%）、苯乙烯（2.90%）、(E,E)-2,4- 己二烯醛（2.61%）、(E)-2- 己烯醇（2.59%）、甲基肼（2.48%）等（谭皓等，2006）。蒸馏萃取法提取的'金魁'猕猴桃果实香气的主要成分为，1,2- 苯二甲酸二 (2- 甲基) 丙酯（36.26%）、邻苯二甲酸二辛酯（33.04%）、十六酸（5.92%）、(Z,Z)-9,12- 十八碳二烯酸（2.21%）、2- 己烯醛（2.10%）、(E)-9- 十八酸（1.69%）、1,2- 苯二甲酸 -β-8- 甲壬二酯（1.64%）、(Z,Z,Z)-9,12,15- 十八碳三烯酸（1.25%）、邻苯二甲酸二丁酯（1.23%）、1- 癸烯（1.16%）等（梁茂雨等，2007）。

米良 1 号：果实长圆柱形，平均果重 86.7g。果皮棕褐色，被长茸毛。果肉黄绿色，汁液多，酸甜适度，风味纯正具清香，品质上等。顶空固相微萃取法提取的福建建宁产'米良 1 号'猕猴桃新鲜成熟果实香气的主要成分为，2- 己烯醛（61.15%）、己醛（12.63%）、正己醇（8.42%）、(E)-2- 己烯 -1- 醇（5.52%）、壬醛（1.93%）等（陈义挺等，2020）。

秦美（周至 111）：果实椭圆形，平均单果重 100g。果皮绿褐色，较粗糙，果点密，柔毛细而多。果肉淡绿色，质地细，汁多，味香，酸甜可口。顶空固相微萃取法提取的陕西周至产'秦美'猕猴桃果汁香气的主要成分为，乙酸 -3- 甲基丁酯（49.14%）、乙酸乙酯（10.54%）、己酸乙酯（7.51%）、丁酸乙酯（3.50%）、辛酸乙酯（3.30%）、(E)-2- 己烯 -1- 醇（2.76%）、乙醇（1.87%）、3- 甲基丁醇（1.75%）、正己醇（1.49%）、乙酸己酯（1.34%）、p- 孟 -1- 烯 -4- 醇（1.33%）、乙酸 -2- 甲基丙酯（1.23%）等（马婷等，2016）。顶空固相微萃取法提取的陕西周至产'秦美'猕猴桃新鲜成熟果实果肉香气的主要成分（单位：μg/kg）为，丁酸乙酯（786.56）、反式 -2- 己烯醛（745.75）、丁酸甲酯（504.93）、己醛（101.49）、反式 -2- 己烯醇（50.58）、己酸甲酯（41.20）、己醇（33.52）、苯甲酸乙酯（12.78）、苯甲酸甲酯（10.60）、己酸乙酯（10.18）、3- 己烯醛（8.66）、辛醛（2.22）、顺 , 反 -2,6- 壬二烯醛（1.49）、1- 辛烯 -3- 醇（1.25）、癸醛（1.23）、1- 戊烯 -3- 酮（1.02）等（赵玉等，2021）。

瑞玉：以'秦美'作母本、'K56'作父本杂交育成的中熟品种。果实长圆柱形或扁圆形，平均单果重 90.0g。果面褐色，有金黄褐色硬毛。果肉绿色，肉质细腻，汁液多，酸甜可口，具芳香味。顶空固相微萃取法提取的陕西西安产'瑞玉'猕猴桃新鲜成熟果实香气的主要成分（单位：μg/L）为，(E)-2- 己烯醛（1572.43）、己醛（537.61）、甲酸己酯（91.89）、(E)-2- 己烯 -1- 醇（31.91）、丁酸乙酯（28.30）、己酸乙酯（24.31）、邻二甲苯（22.71）、乙酸丙酯（19.19）、2- 庚烯醛（14.55）、柠檬烯（12.54）、3- 异亚丙基 -6- 甲基 -1- 环己烯（12.39）、(E)-2- 壬烯醛（11.50）、(E)-2- 辛烯醛（9.66）、氨基甲酸铵（9.47）、乙酸仲丁酯（8.14）、壬基环丙烷（6.64）、1- 辛烯 -3- 酮（6.36）、邻苯二甲酸二丁酯（6.23）、对异丙基甲苯（5.99）、邻苯二甲酸二异丁酯（5.73）、2- 辛醇（5.59）、苯乙烯（5.40）等（耿彤晖等，2021）。

鑫美：野生优选资源。顶空固相微萃取法提取的四川什邡产'鑫美'猕猴桃新鲜成熟果实香气的主要成分为，2- 丁烯（4.74%）、2- 癸 -1- 醇（2.22%）、丁基环丙烷（1.74%）、丁酸丁酯（1.37%）、(2E)-2- 十二烯醛（1.37%）、反式 -2- 顺式 -6- 壬二烯 -1- 醇（1.14%）等（朱云琦等，2021）。

徐香（徐州 75-4）：果实圆柱形，果形整齐，平均果重 75～100g。果皮黄绿色，被黄褐色茸毛，果皮薄易剥离。果肉绿色，汁液多，肉质细嫩，具草莓等多种果香味，酸甜适口。顶空固相微萃取法提取的四川什邡产'徐香'猕猴桃新鲜成熟果实香气的主要成分为，2,3- 二甲基癸烷（19.98%）、5- 甲基 -1,5- 己二烯 -3- 醇（17.52%）、芳樟醇（4.62%）、1- 己醇（2.95%）、乙酸 -2- 甲基丁酯（1.94%）、2- 丁烯（1.15%）等（朱云琦等，2021）。顶空固相微萃取法提取的陕西眉县产'徐香'猕猴桃新鲜成熟果实果汁香气的主要成分（单位：mg/kg）为，正己醛（3.75）、正己醇（2.61）、丁酸乙酯（1.72）、反式 -2- 己烯 -1- 醇（1.59）、桉叶油醇（1.10）、丁酸甲酯（0.79）、二甲基硅烷二醇（0.61）、苏合香烯（0.32）、环己基甲醛（0.24）、正己酸乙酯（0.22）、反式 -2- 己烯醛（0.19）、乙基乙烯基甲醇（0.19）、己酸甲酯（0.19）、丁酸丁酯（0.15）、异辛醇（0.14）、十六烷基二甲基叔胺（0.13）、甲基庚烯酮（0.12）、丁酸异丁酯（0.11）、氨基甲酸铵（0.11）、正戊醇（0.10）等（张璐等，2021）。顶空固相微萃取法提取的'徐香'猕猴桃新鲜成熟果实果汁香气的主要成分（单位：μg/kg）为，反 -2- 己烯 -1- 醇（2447.02）、反 -2- 己烯醛（2443.58）、1,8- 桉叶素（1132.70）、己醛（761.49）、己醇（743.84）、甲基庚烯酮（445.47）、顺 -3- 己烯 -1- 醇（331.22）、2,5,5- 三甲基 -1,6- 庚烯（255.68）、辛醛（216.76）、壬醛（163.13）、庚醛（153.75）、戊醛（129.78）、3- 甲基 -2- 己烯（106.58）、2- 甲基 -3- 辛酮（98.36）、顺 -2- 庚烯醛（84.82）、α- 荜澄茄油烯（55.89）、香叶基丙酮（44.96）、1- 辛 -3- 酮（42.29）、反 -2- 癸烯（38.73）、1- 戊烯 -3- 酮（26.09）、乙酸（24.10）、反 -2- 壬烯醛（22.65）、1- 戊烯 -3- 醇（21.69）、1,7,7- 三甲基双环 [2.2.1] 庚 -2- 烯（21.04）、3- 甲基 -3- 丁烯 -2- 酮（18.66）、反 -2- 戊烯（17.95）、α- 松油醇（16.70）、3- 甲基丁醛（14.14）、γ- 松油烯（13.36）、辛酸（13.05）、癸醛（12.44）、伞花烃（11.98）等（周元等，2021）。顶空固相微萃取法提取的陕西周至产'徐香'猕猴桃新鲜成熟果实果肉香气的主要成分（单位：μg/kg）为，丁酸甲酯（489.03）、丁酸乙酯（90.54）、己醇（89.38）、反式 -2- 己烯醛（86.72）、3- 己烯醇（76.39）、d- 柠檬烯（45.08）、己醛（15.40）、反式 -2- 己烯醇（13.71）、己酸乙酯（5.27）、1- 戊烯 -3- 酮（1.72）、3- 己烯醛（1.31）、反式 -2- 壬烯醛（1.25）、1- 辛烯 -3- 醇（1.05）、苯甲酸甲酯（1.02）等（赵玉等，2021）。

亚特（周园一号）： 晚熟鲜食品种。果实短圆柱形，平均单果重 87g。果皮褐色，密被棕褐色糙毛。果肉翠绿，肉质较细，富含汁液，软熟后甜中带酸，适口感强，具有香味。顶空固相微萃取法提取的陕西杨凌产'亚特'猕猴桃新鲜果汁香气的主要成分（单位：μg/kg）为，(E)-2- 己烯醛（24014.10）、正己醛（7914.85）、(E,E)-2,4- 庚二烯醛（640.65）、(Z)-2- 庚烯醛（638.70）、正己醇（598.55）、(E)-2- 己烯 -1- 醇（518.95）、(E)-2- 辛烯醛（504.85）、庚醛（228.05）、苯甲酸乙酯（214.60）等（史亚歌等，2007）。

毛花猕猴桃（*Actinidia eriantha* Benth.）

别名：白藤梨、毛花杨桃、毛冬瓜、绵毛猕猴桃，分布于浙江、福建、江西、湖南、贵州、广西、广东等省区。大型落叶藤本。叶卵形。花瓣顶端和边缘橙黄色，中央和基部桃红色。果柱状卵珠形，长 3.5～4.5cm，直径 2.5～3cm，密被不脱落的乳白色绒毛。花期 5 月上旬至 6 月上旬，果熟期 11 月。不同品种果实的香气成分如下。

美味猕猴桃图 2

赣猕 6 号： 从野生毛花猕猴桃中选育而成。果实长圆柱形，平均单果重 72.5g。果皮绿褐色，果面密被白色短茸毛。果肉墨绿色，果心淡黄色，髓射线明显。种子紫褐色。易剥皮，肉质细嫩清香，风味酸甜适度，芳香味较浓。顶空固相微萃取法提取的江西信丰产'赣猕 6 号'猕猴桃新鲜成熟果实香气的主要成分为，α- 异松油烯（54.10%）、正己醇（12.77%）、d- 柠檬烯（12.62%）、2- 己烯醛（5.72%）、乙酸己酯（1.95%）、己醛（1.85%）等（吕正鑫等，2022）。

　　麻毛 10 号： 顶空固相微萃取法提取的江西信丰产'麻毛 10 号'猕猴桃新鲜成熟果实香气的主要成分为，萜品油烯（82.69%）、d- 柠檬烯（4.85%）、3- 侧柏烯（2.09%）、对伞花烃（1.95%）、1,3,8-p- 薄荷烯（1.10%）等（吕正鑫等，2022）。

　　麻毛 13 号： 果实长圆柱形，果肉含水量较低，硬度较高，爽滑清香，酸甜度适中，香味较明显。顶空固相微萃取法提取的江西信丰产'麻毛 13 号'猕猴桃新鲜成熟果实香气的主要成分为，丁酸乙酯（43.78%）、d- 柠檬烯（13.61%）、2- 己烯醛（12.83%）、己醛（12.68%）、己酸乙酯（6.67%）、萜品油烯（2.76%）、苯甲酸乙酯（2.35%）、丁酸丁酯（1.16%）等（吕正鑫等，2022）。

软枣猕猴桃 [*Actinidia arguta* (Sieb. et Zucc.) Planch. Ex Miq.] 又称软枣子、
藤枣、猕猴梨、奇异莓、紫果猕猴桃、心叶猕猴桃，是原产于我国的分布最广泛的野生果树之一。分布于黑龙江、吉林、辽宁、山东、山西、河北、河南、安徽、浙江、云南等省，主产东北地区。本种是分布较广、天然产量较大、经济意义较大、利用历史较长的一种。大型落叶藤本。叶膜质或纸质。花序腋生或腋外生，花绿白色或黄绿色，芳香。果圆球形至柱状长圆形，长 2～3cm，无毛，无斑点，成熟时绿黄色。成熟的果实表面光滑，皮薄多汁，整果可食，果肉细腻，香气浓郁。软枣猕猴桃不仅营养价值极高，富含维生素、花色苷及多种氨基酸、矿质元素，而且具有极高的药用价值，可抗菌、解热、抗肿瘤、降血糖等，是药食两用的水果。果实主要用于生食，也可加工成果酒、果汁、果脯等，受到消费者的喜爱。

软枣猕猴桃图

库库瓦（Kokuwa Selk）： 原产日本。果实椭圆形，长约 2cm。具有柠檬香味。顶空萃取法提取的辽宁大连产'库库瓦'软枣猕猴桃新鲜成熟果实香气的主要成分（单位：ng/g）为，反式 -2- 己烯醛（664.72）、乙醛（266.00）、甲氧基苯肟（46.73）、6- 甲基 -5- 庚烯 -2- 酮（11.49）、3- 辛醇（7.99）、壬醛（7.40）、庚醛（6.41）、二羟基苯甲醛（5.99）、反 -2- 辛烯醛（5.24）、苯甲酸乙酯（3.82）、辛醛（3.38）、2- 乙基己醇（2.79）、d- 柠檬烯（2.35）、α- 异松油烯（2.17）、邻异丙基苯甲烷（1.94）、甲酸辛酯（1.75）等（孙阳等，2021）。

龙城 2 号： 果实呈长柱形，平均单果重 22.8g。果皮绿色，光滑无毛。果肉绿色，肉质细腻。顶空萃取法提取的辽宁大连产'龙城 2 号'软枣猕猴桃新鲜成熟果实香气的主要成分（单位：ng/g）为，丁酸乙酯（794.55）、苯甲酸乙酯（620.53）、反式 -2- 己烯醛（304.07）、α- 异松油烯（65.18）、α- 蒎烯（41.77）、桉树醇（29.05）、苯甲酸甲酯（28.49）、1- 辛烯 -3- 醇（27.65）、月桂烯（24.09）、3- 辛醇（22.19）、β- 蒎烯（21.98）、甲氧基苯肟（18.18）、乙酸乙酯（10.81）、α- 萜品烯（10.40）、戊酸乙酯（9.46）、邻异丙基苯甲烷（9.18）、己酸乙酯（8.95）、4- 蒈烯（8.95）、壬醛（7.16）、d- 柠檬烯（7.00）、十一烷（4.27）、反 -2- 辛烯醛（2.66）、甲酸辛酯（2.01）等（孙阳等，2021）。

绿巨人： 果个大，口感较好。顶空萃取法提取的辽宁大连产'绿巨人'软枣猕猴桃新鲜成熟果实香气的主要成分（单位：ng/g）为，反式 -2- 己烯醛（927.28）、丁酸乙酯（687.41）、α- 异松油烯（296.14）、苯甲酸甲酯（81.45）、苯甲酸乙酯（66.75）、月桂烯（42.29）、甲氧基苯肟（41.62）、d- 柠檬烯（40.83）、丁酸甲酯（32.84）、α- 蒎烯（25.38）、邻异丙基苯甲烷（25.25）、β- 蒎烯（23.32）、己酸乙酯（20.53）、1- 辛烯 -3- 醇（16.91）、戊酸乙酯（10.23）、反 -2- 辛烯醛（9.67）、α- 松油醇（8.26）、壬醛（6.83）、α- 萜品烯（6.81）、辛酸乙酯（5.45）、1,5- 己二烯 -3- 醇（4.68）等（孙阳等，2021）。

秋蜜： 美观圆润，丰产、稳产，果实成熟期晚。顶空萃取法提取的辽宁大连产'秋蜜'软枣猕猴桃新鲜成熟果实香气的主要成分（单位：ng/g）为，反式 -2- 己烯醛（1140.83）、乙醛（338.46）、α- 异松油烯（95.86）、3- 辛醇（53.16）、1- 辛烯 -3- 醇（49.23）、甲氧基苯肟（46.57）、月桂烯（22.86）、d- 柠檬烯（20.15）、苯甲酸甲酯（16.20）、壬醛（11.46）、α- 蒎烯（11.29）、邻异丙基苯甲烷（9.32）、α- 萜品烯（7.12）、庚醛（6.82）、辛酸甲酯（6.35）、3,7- 二甲基 -1,6- 辛二烯（5.36）、α- 松油醇（4.49）、二羟基苯甲醛（4.16）、3- 甲基 -6-(1- 甲基亚乙基)- 环己烯（4.14）、反 -2- 辛烯醛（4.11）、辛醛（3.59）、2- 乙基己醇（3.39）、3- 羟基壬烷（2.52）、4,8- 二甲基 -1,7- 壬二烯（2.47）、苯甲酸乙酯（2.28）、3- 蒈烯（2.26）、甲酸辛酯（2.11）等（孙阳等，2021）。

软枣猕猴桃（品种不明）： 连续蒸馏法提取的吉林磐石产软枣猕猴桃果实香气的主要成分为，丁酸乙酯（86.89%）、2- 烯己醛（3.39%）、乙酸乙酯（2.26%）、苯甲酸乙酯（2.08%）、己醇（1.96%）等（杨明非等，2006）。同时蒸馏萃取法提取的辽宁鞍山产软枣猕猴桃新鲜果实香气的主要成分为，糠醛（11.06%）、(E)-2- 己烯醛（9.29%）、棕榈酸（8.52%）、正己醇（6.07%）、1- 甲基 -4-(1- 甲基亚乙基) 环己烯（2.97%）、(E)-2- 己烯 -1- 醇（2.47%）、苯乙醛（1.66%）、1- 甲基 -4-(1- 甲基乙烯基) 苯（1.60%）、(Z,Z,Z)-9,12,15- 十八烷三烯酸乙酯（1.57%）、$\alpha,\alpha,4$- 三甲基 -3- 环己烯 -1- 甲醇（1.56%）、(E)-3- 己烯 -1- 醇（1.12%）等（杨婧等，2012）。顶空固相微萃取法提取的辽宁鞍山产软枣猕猴桃新鲜果实香气的主要成分为，1- 甲基 -4-(1- 甲基亚乙基) 环己烯（42.90%）、丁酸乙酯（13.79%）、苯甲酸乙酯（4.15%）、乙醇（3.92%）、β- 月桂烯（3.51%）、d- 柠檬烯（3.41%）、α- 松油醇（1.56%）、4- 甲基 -1-(1- 甲乙基)-3- 环己烯 -1- 醇（1.50%）等（辛广等，2009）。水蒸气蒸馏法提取的辽宁沈阳产软枣猕猴桃新鲜果实香气的主要成分为，氯苯（15.11%）、乙酸丁酯（14.05%）、1,3- 二甲基苯（12.50%）、邻二甲苯（9.61%）、五十四烷

（6.48%）、2,2,3,3- 四甲基己烷（3.92%）、1,2,3,4- 四甲基苯（3.52%）、对二甲苯（3.46%）、己基壬基酯亚硫酸（2.01%）、2- 环己基二十烷（1.99%）、1,2,3,5- 四氯苯（1.50%）、1- 乙基 3,5- 二甲基苯（1.45%）、2,3- 二氢 -4- 甲基 -1H- 茚（1.10%）等（吴优等，2018）。顶空固相微萃取法提取的辽宁鞍山千山野生软枣猕猴桃 20℃贮藏 6 天的果实香气的主要成分为，萜品油烯（50.55%）、β- 蒎烯（11.04%）、d- 柠檬烯（5.72%）、1- 甲基 -3-(甲基乙基) 苯（4.59%）、4- 异丙基甲苯（4.16%）、α- 蒎烯（2.54%）、1- 甲基 -4-(1- 甲基乙基)-1,4- 环己二烯（1.76%）、丁酸乙酯（1.17%）等（孙颖等，2012）。

4.2 葡萄

通常所说的葡萄为葡萄科葡萄属植物葡萄的新鲜成熟果实，葡萄属植物有 30 多种，除最主要的常见水果葡萄外，还有山葡萄 (Vitis amurensis Rupr)、毛葡萄（Vitis heyneana Roem. et Schult.）、刺葡萄（Vitis davidii Roman. Foëx）、圆叶葡萄（Vitis rotundifolia）等的果实也可鲜食或加工。

葡萄为著名水果，不仅味美可口，而且营养价值很高。成熟的浆果中葡萄含糖量高达 10%～30%，以葡萄糖为主。葡萄中的多种果酸有助于消化，适当多吃些葡萄，能健脾和胃。葡萄中含有矿物质钙、钾、磷、铁，以及维生素 B$_1$、维生素 B$_2$、维生素 B$_6$、维生素 C 和维生素 PP 等，还含有多种人体所需的氨基酸，常食葡萄对神经衰弱、疲劳过度大有裨益。葡萄比阿司匹林能更好地阻止血栓形成，并能降低人体血清胆固醇水平，降低血小板的凝聚力，对预防心脑血管病有一定作用。每天食用适量的鲜葡萄，不仅会减少心血管疾病的发病风险，还特别有益于那些局部缺血性心脏病和动脉粥样硬化心脏病患者的健康。葡萄可生食，也可加工成葡萄干、葡萄汁、果酱、果脯等食用，是酿造葡萄酒的原料。果实也可药用，性平、味甘酸，入肺、脾、肾经，有补气血、益肝肾、生津液、强筋骨、止咳除烦、补益气血、通利小便的功效，主治气血虚弱、肺虚咳嗽、心悸盗汗、风湿痹痛、淋症、浮肿等症，也可用于脾虚气弱、气短乏力、水肿、小便不利等症的辅助治疗。因含糖高，易导致血糖上升，所以糖尿病患者不宜食用；经常腹泻的人最好少吃，因葡萄有助消化的效果，多吃会加剧腹泻；脾胃虚寒的人最好不要吃新鲜的葡萄，容易导致体质下降，引发寒证入侵。

葡萄图 1

葡萄（*Vitis vinifera* Linn.）别名：蒲桃、蒲陶、草龙珠、赐紫樱桃、菩提子、山葫芦，全国各地普遍栽培。葡萄原产亚洲西部，现世界各地栽培，为著名水果，可生食或制葡萄干，也可酿酒。是栽培历史最早、分布最广的果树之一。世界葡萄品种 8000 个以上，中国约有 800 个，生产上栽培比较优良的品种有数十个。按用途可分为鲜食、酿酒、制干、其他加工品种，以及砧木品种。葡萄干是重要的干果之一。新疆是中国葡萄干的主要产区，制干产量占全国总产量的 90% 以上。葡萄干品种主要为'黑加仑''玫瑰香''紫香无核'和'无核白鸡心'等品种。葡萄为木质藤本。叶卵圆形，长 7～18cm，宽 6～16cm。圆锥花序多花。果实球形或椭圆形，直径 1.5～2cm；种子倒卵椭圆形。花期 4～5 月，果期 8～9 月。生长所需最低气温约 12～15℃，花期最适温度为 20℃左右，果实膨大期最适温度为 20～30℃。对水分要求较高，营养生长期需水量较多，结果期需水较少。要有一定强度的光照。各种土壤均能栽培。葡萄是芳香成分比较多的水果，已报道有 460 多种芳香成分，以酯类和萜类化合物为主。不同品种葡萄果实的香气成分研究较多。

葡萄图 2

87-1（鞍山早红）：欧亚种，极早熟鲜食品种，果穗圆锥形，平均穗重 600g，果粒短椭圆形，单粒重 5.5g。果皮紫黑色，果肉脆甜，汁多味鲜，有浓郁的玫瑰香味。固相微萃取法提取的辽宁兴城产'87-1'葡萄新鲜成熟果实香气的主要成分（单位：ng/g）为，2- 己烯醛（1164.38）、己醛（558.76）、芳樟醇（527.43）、牻牛儿醇（110.66）、香叶醇（51.97）、β- 月桂烯（19.95）、顺式呋喃芳樟醇氧化物（15.51）、香叶醛（13.71）、香茅醇（12.03）、柠檬烯（11.95）、脱氢芳樟醇（9.38）、顺式 - 吡喃芳樟醇氧化物（8.17）、罗勒烯（7.52）、苯乙醛（5.72）、柠檬醛（4.87）、橙花醚（4.36）、玫瑰醚（3.77）、2- 庚烯醛（3.38）、1- 辛烯 -3- 醇（2.35）、反式 - 罗勒烯（1.91）、香叶酸甲酯（1.89）、松油醇（1.87）、萜品烯（1.78）、别罗勒烯（1.30）、2- 十二碳烯醛（1.11）等（冀晓昊等，2022）。

8804（媚丽）：中熟。果穗分枝带副穗，平均穗重 187g。果粒圆形，紫红色，平均粒重 2.1g。液 - 液有机溶剂萃取法提取的陕西杨凌产'8804'葡萄成熟果实香气的主要成分为，邻苯二甲酸二丁酯（17.77%）、邻苯二甲酸二异辛酯（8.25%）、2-呋喃甲醛（7.10%）、2,6-二甲基-3,7-辛二烯-2,6-二醇（5.53%）、油酸（4.50%）、苯乙醛（4.25%）、1,3-丁二醇（3.54%）、十六酸乙酯（3.42%）、十八酸（3.10%）、对二甲基苯（2.73%）、吲哚-3-乙醇（2.68%）、二十七烷（2.49%）、二十五烷（2.38%）、4-羟基苯乙醇（2.32%）、2,3-二氢-苯并呋喃（2.25%）、4,7-二甲基十一烷（1.79%）、丁基羟基甲苯（1.46%）、辛酸乙酯（1.25%）、十六酸丁酯（1.23%）等（李二虎等，2007）。

SP10140：'玫瑰香'בּ里扎马特'选育的葡萄品系，具有中等玫瑰香味。顶空固相微萃取法提取的新疆乌鲁木齐产'SP10140'葡萄新鲜成熟果实香气的主要成分为，1,2-苯二甲酸二异辛酯（16.70%）、肉豆蔻酸异丙酯（10.86%）、山嵛醇（6.60%）、八甲基环四硅氧烷（6.57%）、六甲基环三硅氧烷（5.91%）、(E)-2-十四烯（5.72%）、里哪醇（5.17%）、邻苯二甲酸二乙酯（5.11%）、八甲基环戊硅氧烷（2.90%）、富马酸-3,5-二氟苯基十一烷基酯（2.77%）、棕榈酸（2.16%）、己二酸双(2-乙基己基)酯（1.85%）、1,3-双-(对氨基甲酰基甲基苯氧基)-2-丙醇（1.75%）、邻苯二甲酸二丁酯（1.67%）、4H-1-苯并吡喃-4-酮-5,6,7-三甲氧基-2-(4-甲氧基苯基)（1.39%）、癸醛（1.31%）、环十四烷（1.24%）、1,7-二(3-乙基苯基)-2,2,4,4,6,6-六甲基-1,3,5,7-四氧杂-2,4,6-三硅杂庚烷（1.11%）、三甲基硅基-3-对羟苯羟乙酸乙基酯（1.05%）等（苏来曼·艾则孜等，2020）。

SP122：属草莓香型葡萄品系，具有淡淡的草莓香味。顶空固相微萃取法提取的新疆乌鲁木齐产'SP122'葡萄新鲜成熟果实香气的主要成分为，2-乙基己酸（18.59%）、八甲基-环四硅氧烷（13.77%）、六甲基环三硅氧烷（12.56%）、十甲基-环戊硅氧烷（5.96%）、2-氨基-6-甲基苯甲酸（5.91%）、富马酸-3,5-二氟苯基十一烷基酯（3.03%）、(2-甲基-丁-3-烯基-2-氧基)-三甲基-硅烷（2.82%）、2-甲基-正丁醛（2.26%）、3-羟基扁桃酸-2-TMS乙酯（2.22%）、1,3-双-(对氨基甲酰基甲基苯氧基)-2-丙醇（2.07%）、1,3,5-三乙基-1-氧基环三硅氧烷（1.91%）、角鲨烯（1.62%）、十二甲基环六硅氧烷（1.56%）、1-(二甲基十二烷基甲硅烷氧基)十八烷（1.34%）、麦芽酚（1.19%）、2,6-二羟基苯乙酮双(三甲基甲硅烷基)醚（1.19%）、1-O-癸基-α-呋喃果糖苷（1.13%）、6-氯-4-苯基-2-(3,4,5-三甲氧基苯基)喹啉（1.05%）等（苏来曼·艾则孜等，2020）。

爱神玫瑰：欧亚种，北京市农林科学院林业果树研究所用'玫瑰香'×'京早晶'杂交育成的极早熟无核鲜食葡萄新品种。果粒椭圆形，紫红色或紫黑色，平均单粒重2.3g。无核，具有典型的玫瑰香味。顶空固相微萃取法提取的北京产'爱神玫瑰'葡萄新鲜成熟果实香气的主要成分（单位：μg/L）为，里哪醇（19.29）、柠檬烯（11.03）、顺式-β-罗勒烯（8.44）、α-萜品醇（7.96）、香叶醇（5.62）、异松油烯（5.50）、别罗勒烯（4.48）、反式-β-罗勒烯（4.41）、橙花醇（3.58）、橙花醚（3.53）、顺式-呋喃型氧化里哪醇（3.37）、香叶醛（2.68）、β-香茅醇（2.54）、γ-松油烯（1.93）、水芹烯（1.91）、反式-呋喃型氧化里哪醇（1.84）、(E,Z)-别罗勒烯（1.47）、β-月桂烯（1.32）、4-松油烯醇（1.24）等（王慧玲等，2019）。

白香蕉（青元、金玫瑰、凯旋、White Banana）：欧美杂交种，中熟生食品种。果穗中大，圆锥形或圆柱形，平均重500g。果粒中大，椭圆形，平均粒重6g。果皮黄绿色，果粉中等厚，皮薄。果肉绿色，多汁，味甜。顶空固相微萃取法提取的重庆产'白香蕉'葡萄新鲜成熟果实香气的主要成分为，(E)-β-罗勒烯（9.82%）、β-环柠檬醛（9.80%）、2,4-癸二烯酸乙酯（9.20%）、苯乙醇（8.28%）、十四甲基环七硅氧烷（6.55%）、2,4-己二烯醛（5.68%）、山梨酸乙酯（5.06%）、萜品油烯（3.68%）、苯甲酸乙酯（3.58%）、辛酸乙酯（3.56%）、γ-萜品烯（3.56%）、α-萜品烯（3.11%）、壬醛（3.03%）、大马酮（3.03%）、十二甲基环六硅氧烷（2.59%）、庚酸乙酯（2.37%）、羟基丁酸乙酯（2.31%）、3-己烯酸乙酯（2.26%）、苯甲醛（1.65%）、戊酸乙酯（1.65%）、甲氧基苯肟（1.38%）、4-萜烯醇（1.19%）、苯乙醛（1.17%）、十甲基环五硅氧烷（1.09%）等（秦欢等，2019）。

碧香无核：极早熟品种。果穗圆锥形带歧肩，平均穗重600g。果粒圆形，黄绿色，平均粒重4g。果皮薄，肉脆，无核，口感好，品质上。顶空固相微萃取法提取的天津产'碧香无核'葡萄新鲜成熟果实香气的主要成分（单位：μg/L）为，反式-2-己烯-1-醛（1314.34）、1-己醇（457.49）、里哪醇（382.14）、正己醛（237.07）、反式-2-己烯-1-醇（235.32）、β-蒎烯（152.15）、苯甲醇（81.18）、正戊醇（68.05）、香茅醇（60.10）、香叶醇（55.92）、苯乙醛（53.07）、癸酸乙酯（49.24）、正丁醇（19.01）、正戊醛（16.37）、3-甲基-1-丁醇（15.15）、6-甲基-5-庚烯-2-酮（10.34）、辛酸乙酯（9.91）、柠檬烯（9.24）、1-辛烯-3-醇（8.47）、苯甲醛（7.90）、乙酸苯乙酯（7.43）、己酸乙酯（6.86）、(+)-4-蒈烯（6.77）、异松油烯（6.26）、正庚醛（5.11）、1-庚醇（5.07）、1-辛醇（5.04）等（李凯等，2020）。

长相思（Sauvignon Blanc）：原产法国，酿酒用白葡萄品种，早熟。果串紧凑，果粒圆形，较小，果皮柠檬黄至淡黄色。果肉细嫩，酸味重，香味非常浓，常有一股青草味。顶空固相微萃取法提取的甘肃祁连山产'长相思'葡萄果汁香气的主要成分为，顺式-2-己烯醇（33.51%）、己醇（30.39%）、2-己烯醛（9.83%）、己醛（8.17%）、顺式-3-己烯醇（3.47%）、乙醇（2.76%）、反式-2-庚烯醇（2.42%）、壬酸乙酯（1.54%）、4-甲基戊醇（1.30%）、3-烯醇（1.00%）等（蒋玉梅等，2010）。

赤霞珠（Cabernet Sauvignon）：欧亚种，酿酒品种。果穗圆锥形，平均穗重165g，平均单粒重1.86g，果皮紫黑色。顶空固相微萃取法提取的广西南宁产'赤霞珠'葡萄新鲜果实香气的主要成分（单位：μg/kg）为，乙酸异戊酯（2302.09）、乙酸乙酯（2065.77）、乳酸乙酯（1542.73）、异戊醇（520.09）、乙酸己酯（410.49）、正己醇（392.67）、苯乙醇（164.40）、乙酸苯乙酯（67.66）、异丁醇（49.19）、1-壬醇（35.60）、乙酸异丁酯（17.86）、乙酸-2-乙基己酯（14.31）、辛酸乙酯（13.59）等（管敬喜等，2018）。顶空固相微萃取法提取的河北怀来产'赤霞珠'葡萄新鲜果实香气的主要成分（单位：μg/kg）为，反-2-己烯醛（6823.45）、1-己醛（5854.43）、1-己醇（237.39）、2,4-己二烯醛（85.98）、苯甲醇（43.21）、苯乙醛（37.39）、2,6-二甲基-4-庚酮（28.64）、苯乙醇（23.42）、2-甲基-4-辛酮（22.03）、反-2-辛烯醛（19.08）、1-壬醛（17.67）、1-辛醇（15.46）、苯酚（14.38）、苯甲醛（11.16）等（赵悦等，2016）。顶空固相微萃取法提取的山东烟台产'赤霞珠'葡萄果肉香气的主要成分（单位：ng/L）为，乙酸（123.98）、己醛（29.04）、1-己醇（28.50）等（范文来等，2011）。顶空固相微萃取法提取的山西乡宁产'赤霞珠'葡萄新鲜果实香气的主要成分（单位：μg/L）为，丁醇（9270.7）、己醛（2332.2）、己酸（1433.4）、乙酸（837.6）、(Z)-3-己烯-1-醇（623.6）、(E)-2-己烯-1-醇（609.2）、己醇（521.1）、(E)-3-己烯-1-醇（139.2）、2-庚醇（43.9）、壬醛（40.8）、辛酸乙酯（25.2）、苯甲醇（16.5）、1-辛烯-3-醇（15.4）等（蒋宝等，2011）。水蒸气蒸馏法提取的'赤霞珠'葡萄果实香气的主要成分为，棕榈酸（13.69%）、糠醛（12.43%）、2-己烯醛（5.43%）、2-己烯醇（4.95%）、乙酸乙酯（3.93%）、硬脂酸（2.04%）、2,4-二叔丁基苯酚（2.02%）等（商敬敏等，2011）。溶液萃取法提取的宁夏贺兰山东麓产'赤霞珠'葡萄新鲜果实香气的主要成分为，9,12-十八碳二烯酸（32.53%）、十六碳酸（30.20%）、9,12,15-十八碳三烯酸甲酯（12.90%）、9-十八碳烯酸（5.12%）、(E)-2-庚烯醛（3.82%）、十八碳酸（2.97%）、2,4-壬二烯醛（1.50%）、己醛（1.47%）、(E)-2-癸烯醛（1.16%）、2,4-癸二烯醛（1.05%）等（胡博然等，2005）。水蒸气蒸馏法提取的山东烟台产母本'赤霞珠CS-1'葡萄新鲜成熟果实香气的主要成分为，正三十四烷（11.33%）、正二十七烷（9.08%）、正二十八烷（8.66%）、棕榈酸（7.91%）、正二十六烷（7.00%）、2,4-二叔丁基苯酚（3.79%）、邻苯二甲酸二异辛酯（2.41%）、2,6,10,14-四甲基-十六烷（1.76%）、肉桂醛（1.42%）、十八烷（1.39%）、3,3,6-三甲基-1,4-庚二烯-6醇（1.06%）、十九烷（1.00%）等；营养系'赤霞珠CS-2'葡萄新鲜成熟果实香气的主要成分为，乙酸乙酯（27.72%）、(E)-2-己烯醛（12.75%）、棕榈酸（8.12%）、糠醛（4.09%）、正己醇（4.07%）、(E)-

2- 己烯醇（3.68%）、正己醛（2.21%）、苯甲醇（1.62%）、2,4- 二叔丁基苯酚（1.59%）、3,3,6- 三甲基 -1,4-庚二烯 -6 醇（1.19%）等（孙传艳等，2010）。顶空固相微萃取法提取的山西太谷产 '赤霞珠' 葡萄新鲜成熟果实香气的主要成分为，己醛（25.85%）、仲辛醇（22.89%）、苯乙烯（4.03%）、己 -2- 烯醛（2.36%）、正己醇（1.23%）等（郭文娇等，2020）。顶空固相微萃取法提取的陕西泾阳产 '赤霞珠' 葡萄新鲜成熟果实香气的主要成分（单位：μg/L）为，2- 己烯醛（1278.50）、正己醛（672.60）、乙酸乙酯（313.64）、(E)-2- 己烯 -1- 醇（252.91）、己醇（102.10）、己酸（101.92）、苯乙醇（99.74）、香叶醇（46.84）、苯甲醇（39.77）、(Z)-3- 己烯 -1- 醇（32.88）、正癸醛（21.50）、苯甲醛（16.89）、苯乙醛（16.69）、苯酚（8.00）、辛醛（4.86）、正辛醇（4.36）、(Z)-2- 己烯 -1- 醇（4.00）、香叶基丙酮（2.64）、大马酮（2.19）、β- 紫罗兰酮（2.08）、2- 庚醇（1.82）等（迟明等，2016）。

丰宝： 欧亚种，二倍体。果穗大，平均 750g。果粒短椭圆形，较大，平均粒重 7.2g。果实成熟一致，具浓郁玫瑰香味。品质极优。顶空固相微萃取法提取的山东济南产 '丰宝' 葡萄新鲜成熟果实香气的主要成分（单位：μg/L）为，2- 己烯醛（491.94）、正己醛（237.79）、乙醇（148.15）、3- 己烯醛（15.52）、壬醛（11.32）、1- 己醇（10.48）、2- 辛酮（6.69）、反 -2- 己烯 -1- 醇（5.97）、癸醛（3.57）、月桂醇（2.56）、(E)-2-壬烯醛（2.19）、1- 辛醇（2.04）、1- 庚醇（1.23）等（陈迎春等，2021）。

瑰宝： 用 '依斯比沙' × '维拉玫瑰' 杂交选育的晚熟品种。果穗中等，果粒椭圆形，较大，紫红色，肉质脆，汁液少，风味极甜。顶空固相微萃取法提取的山西太原产 '瑰宝' 葡萄新鲜果实香气的主要成分为，2- 己烯醛（40.32%）、里哪醇（25.20%）、己醛（16.91%）、乙醇（9.88%）、2- 辛酮（1.26%）、3-己烯醛（1.05%）等（谭伟等，2017）。

贵妃玫瑰： 欧亚种，用 '红香蕉' × '葡萄园皇后' 杂交选育而成。果穗中等大，平均穗重 700g。果粒椭圆形，平均粒重 7.7g，果皮黄绿色，薄，无涩味。果肉质地软，味甜，有淡玫瑰香味。顶空固相微萃取法提取的山东济南产 '贵妃玫瑰' 葡萄新鲜成熟果实香气的主要成分（单位：μg/L）为，2- 己烯醛（720.92）、乙醇（538.23）、正己醛（347.92）、香茅醇（83.05）、芳樟醇（38.52）、3- 己烯醛（24.26）、香叶醇（14.14）、壬醛（13.16）、1- 己醇（11.34）、橙花醇（8.37）、乙酸（6.06）、(E,E)-2,4- 庚二烯醛（5.88）、1- 十一醇（5.87）、香叶酸（5.28）、2- 辛酮（4.93）、反 -2- 己烯 -1- 醇（4.80）、月桂醇（3.62）、1- 辛醇（3.02）、β- 月桂烯（2.14）、癸醛（1.97）、(E,Z)-2,6- 壬二烯醛（1.78）、N- 癸酸（1.75）、(S)-3,7- 二甲基 -7-辛烯 -1- 醇（1.46）、柠檬醛（1.46）、6- 甲基 -5- 庚烯 -2- 酮（1.38）、苯乙醛（1.21）、1- 庚醇（1.17）等（陈迎春等，2021）。顶空固相微萃取法提取的天津产 '贵妃玫瑰' 葡萄新鲜成熟果实香气的主要成分（单位：μg/L）为，反式 -2- 己烯 -1- 醛（1478.60）、1- 己醇（545.41）、正己醛（210.64）、反式 -2- 己烯 -1- 醇（210.18）、里哪醇（183.63）、β- 蒎烯（93.12）、正戊醇（76.19）、香茅醇（65.32）、香叶醇（62.58）、苯甲醇（50.50）、苯乙醛（40.03）、3- 甲基 -1- 丁醇（37.18）、正丁醇（36.34）、正戊醛（17.89）、6- 甲基 -5-庚烯 -2- 酮（11.42）、2- 甲基 -1- 丁醇（10.36）、辛酸乙酯（9.91）、1- 辛烯 -3- 醇（8.60）、柠檬烯（7.82）、苯甲醛（7.70）、乙酸苯乙酯（7.37）、己酸乙酯（6.88）、(+)-4- 蒈烯（6.19）、异松油烯（5.81）、1- 庚醇（5.31）、正庚醛（5.07）等（李凯等，2020）。

贵人香（Italian Riesling）： 酿酒中熟品种。果穗圆柱形或圆柱、圆锥形，有副穗，平均穗重 150～230g。果粒小，平均重 1.3～2.2g，近圆形。果皮黄绿色或绿黄色，有黑色斑点，果粉中等厚，果皮薄、韧。果肉软，多汁，味浓酸甜，具果香味。顶空固相微萃取法提取的山东济南产 '贵人香' 葡萄新鲜果实香气的主要成分（单位：μg/L）为，己醛（987.03）、1- 己醇（419.46）、(E)-2- 己烯醛（374.47）、己酸（264.50）、乙酸（147.40）、2- 己烯酸（51.16）、异戊醛（50.39）、2- 乙基 -1- 己醇（44.61）、1- 辛烯 -3- 醇

（43.23）、戊醛（40.36）、6- 甲基 -5- 庚烯 -2- 酮（38.57）、苯甲醛（36.27）、苯乙醛（34.38）、(Z)-3- 己烯 -1- 醇（30.96）、(Z)-2- 戊烯 -1- 醇（29.18）、香叶醇（23.13）、1- 戊醇（18.64）、反 , 顺 -2,6- 壬二烯醛（18.57）、苯甲醇（16.66）、(Z)-2- 庚烯醛（15.71）、苯乙醇（13.67）、壬醛（11.45）、2- 乙基 - 己酸（11.10）、(E,E)-2,4- 庚二烯醛（10.58）等（王咏梅等，2017）。顶空固相微萃取法提取的天津产'贵人香'葡萄新鲜果实香气的主要成分为，2- 己烯醛（84.41%）、己醛（8.65%）、2- 甲基 -4- 戊烯醛（1.16%）、2- 己烯 -1- 醇（1.16%）等（商佳胤等，2012）。

寒香蜜（美国无核王）： 欧美杂交种，极早熟品种。果穗圆锥形，单穗重 300～500g。平均单粒重 4g。自然无核。果肉软而多汁，风味香甜如蜜。顶空固相微萃取法提取的辽宁鞍山产'寒香蜜'葡萄新鲜果实香气的主要成分为，乙酸乙酯（66.62%）、青叶醛（6.65%）、沉香醇（4.47%）、己醛（3.45%）、橙花醇（3.36%）、D- 香茅醇（2.72%）、2-(4- 甲基 -3- 环己烯基)-2- 丙醇（2.36%）等（颜廷才等，2015）。

和田红： 欧亚种，原产中国，为新疆和田地区主栽晚熟品种。果穗大，平均重 680～900g，双歧肩圆锥形，极紧密。果粒大，圆形，重 3.7～4g，紫红色，果粉中等。果皮厚，有白霜。汁黄白色，肉软，味酸甜。除鲜食外，多用以制葡萄干和酿酒。同时蒸馏萃取法提取的新疆吐鲁番产'和田红'葡萄干香气的主要成分（单位：μg/g）为，棕榈酸（11.68）、糠醛（10.60）、亚麻酸乙酯（8.81）、3- 羟基 -2- 丁酮（8.60）、棕榈酸乙酯（7.35）、亚麻酸（2.88）、亚油酸（2.33）、苯乙醛（0.88）、反式角鲨烯（0.63）、2- 乙酰基吡咯（0.57）、苄醇（0.54）、硬脂酸乙酯（0.53）等（张文娟等，2016）。

黑马奶子： 果穗圆柱形，歧肩大，有分枝，果粒圆柱状，平均粒重 6g。果皮黑紫色，甘甜多汁，质较脆，味爽口。有小核，宜鲜食。同时蒸馏萃取法提取的新疆吐鲁番产'黑马奶子'葡萄干香气的主要成分（单位：μg/g）为，糠醛（7.50）、亚麻酸乙酯（3.72）、棕榈酸乙酯（2.99）、苯乙醛（1.81）、2- 乙酰基吡咯（1.29）、2- 甲基丁醛（0.71）、5- 甲基糠醛（0.53）、糠醇（0.53）等（张文娟等，2016）。

黑美人： 欧亚种。果穗长圆锥形，大小整齐，平均穗重 850g。果粒着生紧凑。果粒长椭圆形，蓝黑色，大，平均粒重 9.5g。果粉厚，果皮薄。果肉较软。同时蒸馏萃取法提取的新疆吐鲁番产'黑美人'葡萄干香气的主要成分（单位：μg/g）为，糠醛（13.14）、3- 羟基 -2- 丁酮（11.78）、亚麻酸乙酯（4.37）、棕榈酸乙酯（4.28）、棕榈酸（3.02）、5- 甲基糠醛（0.75）、亚油酸（0.71）、2,3,5,6- 四甲基吡嗪（0.59）、1,2- 环氧十九烷（0.56）等（张文娟等，2016）。

黑色甜菜（布拉酷彼特、Black Beet）： 日本由'藤稔'与'先锋'杂交育成的早熟特大粒欧美杂交种。果穗较大，圆锥形带歧肩，平均穗重 500g。果粒特大，短椭圆形，平均粒重 18g。果皮青黑至紫黑色，果皮厚，果粉多，果皮与果肉易分离。肉质硬脆，多汁美味，酸味少，无涩味，味清爽。顶空固相微萃取法提取的天津产'黑色甜菜'葡萄新鲜成熟果实香气的主要成分（单位：μg/L）为，乙酸乙酯（19876.94）、反式 -2- 己烯 -1- 醛（988.45）、1- 己醇（517.39）、2- 苯乙醇（411.12）、反式 -2- 己烯 -1- 醇（280.50）、正己醛（164.29）、苯甲醇（146.09）、丁酸乙酯（109.42）、正戊醇（79.82）、香茅醇（58.40）、癸酸乙酯（49.24）、香叶醇（44.12）、丙酸乙酯（40.94）、3- 甲基 -1- 丁醇（28.03）、异丁酸乙酯（24.23）、苯乙醛（21.05）、己酸乙酯（20.50）、乙酸丙酯（18.92）、正戊醛（16.09）、2- 甲基丁酸乙酯（14.12）、丁二酸二乙酯（14.08）、正丁醇（12.35）、1- 辛烯 -3- 醇（10.25）、6- 甲基 -5- 庚烯 -2- 酮（10.32）、辛酸乙酯（10.02）、1- 庚醇（9.64）、苯甲醛（7.64）、乙酸苯乙酯（6.93）、2- 甲基 -1- 丁醇（6.52）、柠檬烯（6.52）、壬酸乙酯（6.34）、正庚醛（6.16）、乙酸己酯（5.99）、(+)-4- 蒈烯（5.88）、异松油烯（5.28）、1- 辛醇（5.07）等（李凯等，2020）。

黑提：欧亚种，原产美国。果穗为长圆锥形，平均穗重为500～700g，平均粒重为8～10g。果皮蓝黑色，光亮如漆。皮厚肉脆，味酸甜。热脱附法提取的'黑提'葡萄新鲜成熟果实果肉香气的主要成分为，乙酸乙酯（80.79%）、丁酸乙酯（8.57%）、己酸乙酯（2.08%）、反式-2-丁烯酸乙酯（1.28%）、正己醇（1.26%）、乙酸叶醇酯（1.05%）等（庄楷杏等，2018）。

黑香蕉：果穗中大，圆柱形，平均穗重500g。果粒圆形，平均粒重6.8g。果皮黑紫色。肉软汁多，果味甜，具香蕉浓香，品质上等。顶空固相微萃取法提取的山东济南产'黑香蕉'葡萄新鲜成熟果实香气的主要成分（单位：μg/L）为，2-己烯醛（376.61）、乙醇（287.25）、乙酸乙酯（249.61）、正己醛（141.20）、3-己烯醛（13.69）、壬醛（10.97）、丁酸乙酯（10.37）、己酸乙酯（8.68）、1-己醇（7.95）、反-2-己烯-1-醇（7.75）、2-辛酮（5.00）、1-十一醇（3.78）、3-羟基丁酸乙酯（3.11）、癸醛（2.75）、月桂醇（2.64）、1-庚醇（1.71）、1-辛醇（1.68）、辛酸乙酯（1.04）、N-癸酸（1.04）等（陈迎春等，2021）。

红巴拉多：欧亚种，'巴拉蒂'×'京秀'杂交选育，极早熟品种。果穗大，平均单穗重600g。果粒大小均匀，椭圆形，最大粒重可达12g。果皮鲜红色，皮薄肉脆，含糖量高，无香味，口感好。顶空固相微萃取法提取的天津产'红巴拉多'葡萄新鲜成熟果实香气的主要成分（单位：μg/L）为，1-己醇（532.70）、反式-2-己烯-1-醇（209.78）、反式-2-己烯-1-醛（132.35）、苯甲醇（50.55）、正己醛（39.09）、正戊醇（23.94）、苯乙醛（20.18）、辛酸乙酯（9.89）、3-甲基-1-丁醇（9.23）、6-甲基-5-庚烯-2-酮（9.12）、己酸乙酯（7.93）、1-辛烯-3-醇（7.87）、正丁醇（7.87）、苯甲醛（7.24）、壬酸乙酯（6.35）、乙酸苯乙酯（6.21）、柠檬烯（6.14）、乙酸己酯（5.97）、1-庚醇（5.29）等（李凯等，2020）。

红双味：果穗重500～1000g，单粒重7～10g。果皮紫色，味香甜。顶空固相微萃取法提取的山东济南产'红双味'葡萄新鲜成熟果实香气的主要成分（单位：μg/L）为，乙醇（192.43）、2-己烯醛（163.82）、正己醛（73.59）、乙酸乙酯（66.63）、2-辛酮（7.64）、丁酸乙酯（7.11）、芳樟醇（6.39）、3-己烯醛（5.54）、壬醛（5.13）、1-己醇（4.53）、橙花醇（4.16）、己酸乙酯（3.78）、1-十一醇（2.04）、2-己烯-1-醇（1.59）、1-庚醇（1.33）、柠檬醛（1.14）、月桂醇（1.11）、1-辛醇（1.10）、癸醛（1.07）、3-羟基丁酸乙酯（1.05）等（陈迎春等，2021）。

红提（晚红、红提子、红地球、Red Globe）：属欧亚种，美国用（'皇帝'×'L12-80'）×'S45-48'杂交育成。果穗大，平均单粒重量为10g。果实红色或紫红色，果皮中厚，容易剥离，肉质坚实而脆，细嫩多汁，硬度大，口感香甜，风味独特，品质上等。水蒸气蒸馏法提取的'红提'葡萄新鲜成熟果实香气的主要成分为，糠醛（18.54%）、棕榈酸（12.21%）、苯乙醇（11.08%）、亚油酸（9.58%）、2,4-二羟基-2,5-二甲基-3(2H)-呋喃酮（7.04%）、油酸（4.41%）、亚麻酸（4.34%）、糠酸甲酯（3.52%）、5-羟甲基糠醛（3.06%）、棕榈烯酸（2.55%）、丁内酯（2.22%）、1-羟基-2-丙酮（1.79%）、肉豆蔻酸（1.48%）、3-羟基-2-丁酮（1.36%）、亚油酸乙酯（1.11%）、糠醇（1.07%）等（梁茂雨等，2007）。顶空固相微萃取法提取的新疆昌吉产'红提'葡萄新鲜果实香气的主要成分（单位：μg/kg）为，戊酸乙酯（477.25）、己醛（444.71）、(E)-2-己烯醛（396.82）、β-大马酮（276.66）、噻吩（236.45）、芳樟醇（204.95）、橙花醇（203.50）、芳樟醇呋喃氧化物（171.52）、4-癸烯酸（127.43）、己酸甲酯（125.01）、己酸异丙酯（120.16）、3-羟基丁酸乙酯（117.74）、芳樟醇甲酯（105.63）、n-壬醛（83.44）、十六烷（71.71）等（林江丽等，2016）。顶空固相微萃取法提取的辽宁盖州产'红提'葡萄新鲜果实香气的主要成分为，4-萜烯醇（28.51%）、乙醇（15.12%）、邻苯二甲酸二异丁酯（7.02%）、5-甲氧基-2,2,6-三甲基-1-(3-甲基-1,3-丁二烯基)-7-氧杂-二环[4.1.0]庚烷（6.38%）、3,5-二叔丁基-4-羟基苯甲醛（4.23%）、2′,4′,5′-三羟基苯丁酮

（4.09%）、月桂醇（3.61%）、青叶醛（3.26%）、邻苯二甲酸二丁酯（3.02%）、(1,5,5,8- 四甲基 - 二环 [4.2.1] 壬 -9- 基)- 乙酸（2.52%）、异丁醇（2.30%）、异辛醇（2.13%）、2,2,4- 三甲基 -3-(3- 甲基丁基) 环己 -2- 烯 酮（1.72%）、橙花醇（1.09%）等（李志文等，2011）。顶空固相微萃取法提取的辽宁鞍山产 '红提' 葡萄 新鲜果实香气的主要成分为，青叶醛（66.30%）、己醛（11.25%）、正己醇（1.95%）、反式 -2- 己烯 -1- 醇 （1.69%）、芳樟醇（1.47%）、丁酸 -1- 乙烯基 -1,5- 二甲基 -4- 己烯基酯（1.37%）、顺 -3- 己烯醛（1.11%）等 （张鹏等，2018）。顶空固相微萃取法提取的天津产 '红地球' 葡萄新鲜果实香气的主要成分为，(E)-2- 己烯 醛（71.44%）、己醛（19.59%）、亚硝基 - 甲烷（2.35%）、(E)-2- 己烯 -1- 醇（2.26%）、1- 己醇（1.12%）等 （李凯等，2016）。

红香蕉：欧美杂交种。以 '玫瑰香' 为母本、'白香蕉' 为父本杂交育成。果穗中等大，圆锥形，平 均穗重 400～500g。果实紫红色，椭圆形，果粒中等大，平均粒重 4～5g。果皮中厚，果肉有浓郁的香蕉 味，甜而多汁，品质极佳。顶空固相微萃取法提取的山东济南产 '红香蕉' 葡萄新鲜成熟果实香气的主要 成分（单位：μg/L）为，2- 己烯醛（495.46）、乙酸乙酯（272.83）、乙醇（238.84）、正己醛（203.22）、己 酸乙酯（22.26）、丁酸乙酯（19.37）、3- 己烯醛（17.63）、1- 己醇（13.19）、壬醛（12.63）、3- 羟基丁酸乙 酯（6.56）、2- 己烯 -1- 醇（6.33）、2- 辛酮（5.83）、1- 十一醇（4.48）、癸醛（4.11）、月桂醇（2.83）、1- 辛 醇（2.20）、辛酸乙酯（2.03）、1- 庚醇（2.01）、(E)-2- 壬烯醛（1.69）、异戊酸烯丙酯（1.20）、3- 己烯 -1- 醇 （1.09）、庚酸乙酯（1.08）、N- 癸酸（1.05）、正壬醇（1.01）等（陈迎春等，2021）。

户太 8 号：从欧美杂交品种 '奥林匹亚' 芽变种中选育的鲜食兼加工的品种。单粒平均重 10.4g， 最大粒重 18g，糖度 17%～21%，果粉厚，果皮中厚，紫黑色。顶空固相微萃取法提取的天津产 '户太 八号' 葡萄新鲜成熟果实香气的主要成分（单位：μg/L）为，乙酸乙酯（11865.45）、反式 -2- 己烯 -1- 醛 （1382.72）、1- 己醇（227.38）、反式 -2- 己烯 -1- 醇（216.64）、正己醛（209.76）、2- 苯乙醇（98.67）、正戊 醇（87.52）、香茅醇（58.20）、里哪醇（52.70）、癸酸乙酯（49.25）、苯甲醇（45.59）、香叶醇（44.07）、苯 乙醛（37.57）、β- 蒎烯（33.52）、丁酸乙酯（29.59）、正戊醛（28.78）、3- 甲基 -1- 丁醇（18.15）、丁二酸 二乙酯（12.44）、丙酸乙酯（12.28）、6- 甲基 -5- 庚烯 -2- 酮（11.90）、1- 辛烯 -3- 醇（10.48）、辛酸乙酯 （10.09）、乙酸丙酯（9.81）、正丁醇（9.47）、乙酸异戊酯（8.74）、己酸乙酯（7.97）、苯甲醛（7.57）、柠檬 烯（6.76）、乙酸苯乙酯（6.33）、乙酸己酯（5.97）、(+)-4- 蒈烯（5.95）、异松油烯（5.32）、正庚醛（5.23） 等（李凯等，2020）。

户太 9 号：从 '户太 8 号' 芽变种中选育的鲜食兼加工品种。果穗圆锥形带副穗，穗重 800～1000g。 果粒近圆形，单粒平均重 10.43g。顶端紫黑色，尾部紫红色，果粉厚，果皮中厚。酸甜可口，香味浓，果 皮与果肉易分离，果肉甜脆，无肉囊。顶空固相微萃取法提取的陕西西安产 '户太 9 号' 葡萄新鲜成熟果 实香气的主要成分为，乙酸乙酯（28.03%）、苯乙醇（22.88%）、己酸（3.94%）、乙醇（3.94%）、1,3- 二羟 基 -2- 丙酮（2.67%）、十五烷（2.34%）、十六烷（2.08%）、十四烷（1.35%）、(E)-2- 己烯 -1- 醇（1.16%）、 丙酮（1.10%）、3- 羟基丁酸乙酯（1.04%）等（梁艳英等，2012）。

黄意大利（Yellow Italian）：欧亚种，原产意大利。晚熟生食品种。果穗大，圆锥形，平均穗 重 830g。果粒大，椭圆形，黄绿色，平均粒重 6.8g。果粉中等厚，皮厚。肉脆嫩，味甜，有香味。顶空固 相微萃取法提取的广西南宁产 '黄意大利' 葡萄新鲜成熟果实香气的主要成分为，正己醛（52.41%）、正 己醇（7.30%）、2- 己烯醛（3.35%）、3- 己烯醛（2.87%）、2,3- 二氢 -3,5- 二羟基 -6- 甲基 -4(H)- 吡喃 -4- 酮 （2.45%）、2- 己烯醇（2.33%）、(Z)-3- 己烯醛（1.26%）、乙醇（1.11%）、(E,E)-2,4- 己二烯醛（1.08%）、硅 烷二醇二甲酯（1.03%）等（邓凤莹等，2020）。

金手指（Golden Finger）：欧美杂交早熟品种。果穗巨大，长圆锥形，平均穗重为750g。果粒长椭圆形，略弯曲，呈弓状，黄白色，平均粒重8g。果皮中等厚，韧性强，果肉硬，甘甜爽口，有浓郁的冰糖味及牛奶味。顶空固相微萃取法提取的辽宁鞍山产'金手指'葡萄新鲜果实香气的主要成分为，青叶醛（53.74%）、沉香醇（17.27%）、己醛（9.07%）、乙醇（5.30%）、苯乙腈（2.85%）、苯乙醛（1.78%）、正己醇（1.33%）等（颜廷才等，2015）。顶空固相微萃取法提取的广西南宁产'金手指'葡萄新鲜成熟果实香气的主要成分为，2-己烯醛（48.52%）、顺式-4-环戊烯-1,3-二醇（14.59%）、正己醛（5.61%）、5-羟甲基糠醛（5.46%）、3-己烯醛（5.15%）、2,3-二氢-3,5-二羟基-6-甲基-4(H)-吡喃-4-酮（3.15%）、正己醇（2.92%）、2-己烯醇（2.32%）、糠醛（1.66%）等（邓凤莹等，2020）。

京秀（中国红提、早红提）：欧亚种，早熟。平均穗重520g，粒重7～10g。果皮玫瑰红色，肉厚味甜。顶空固相微萃取法提取的北京产'京秀'葡萄新鲜成熟果实香气的主要成分（单位：μg/L）为，香叶醇（2.90）、柠檬烯（1.96）、γ-香叶醇（1.95）、β-香茅醇（1.25）、异松油烯（0.95）、β-香茅醛（0.90）、橙花醇（0.89）、香叶醛（0.75）、橙花醛（0.68）、里哪醇（0.65）、(Z)-别罗勒烯（0.51）等（孙磊等，2016）。

晶红宝：欧亚种，中熟，无核品种。果穗双歧肩圆锥形，中等大小，平均穗重282g。果粒大小均匀，鸡心形，平均果粒重3.6g。果皮鲜红色，薄，果肉脆硬。顶空固相微萃取法提取的山西太谷产'晶红宝'葡萄新鲜果实香气的主要成分为，(E)-2-己烯醛（42.21%）、己醛（25.47%）、乙醇（16.48%）、2-辛酮（2.75%）、右旋柠檬烯（1.88%）、3-己烯醛（1.12%）、月桂烯（1.03%）等（谭伟等，2015）。

巨峰（Kyoho）：欧美杂交种，四倍体中晚熟品种，原产日本，以'石原早生'为母本、'森田尼'为父本杂交培育。果实穗大，粒大，平均穗重400～600g，平均果粒重12g。果皮紫黑色，皮厚，果粉多，果肉较软，味甜、多汁，有草莓香味，皮肉和种子易分离。顶空固相微萃取法提取的上海产'巨峰'葡萄新鲜成熟果实果肉香气的主要成分（单位：μg/kg）为，乙酸乙酯（2797.60）、(E)-2-己烯醛（479.72）、己醛（198.76）、(E)-2-己烯醇（36.80）、己醇（25.22）等（张文文等，2018）。顶空固相微萃取法提取的辽宁兴城产'巨峰'葡萄新鲜果实香气的主要成分（单位：μg/L）为，乙醛（1107.19）、3-己烯醛（690.10）、4-羟基-2-丁酮（278.13）、二甲醚（214.84）、乙酸乙酯（119.45）、丁酸乙酯（102.96）、2-乙基环丁醇（491.19）、2-丁烯酸乙酯（36.10）、2-甲基戊烯醛（24.06）、2-甲基丁酸乙酯（18.27）、右旋柠檬烯（15.60）、1-正己醇（13.81）、2-乙基呋喃（11.58）等（郑晓翠等，2017）。顶空固相微萃取法提取的江苏句容产'巨峰'葡萄新鲜成熟果实香气的主要成分（单位：μg/L）为，乙酸乙酯（978.68）、α-萜品醇（577.63）、2-(E)-己烯醛（557.95）、橙花醇（431.25）、苯乙酸乙酯（411.58）、α-萜品烯（351.26）、2,4-二叔丁基苯酚（332.54）、正己醇（278.38）、顺-3-己烯-1-醇（151.85）、苯乙醇（149.17）、乙醇（115.95）、右旋萜二烯（113.88）、甲基庚烯酮（111.17）、水杨酸甲酯（92.80）、月桂烯（87.96）、异松油烯（84.51）、香叶醇（78.81）、正己酸乙酯（62.59）、β-大马酮（62.04）、邻苯二甲酸二异丁酯（54.56）、香叶基丙酮（53.30）、(E)-2-己烯-1-醇（52.53）、丁酸乙酯（35.71）、1-壬醇（31.25）、己醛（29.92）、α-水芹烯（27.71）、2-壬烯醛（23.58）等（于立志等，2015）。

巨玫瑰（香葡萄）：欧美杂交种，中熟四倍体大粒品种。果穗圆锥形，平均穗重675g。果粒大，平均粒重9.5～12g，鸡心形。果皮紫红色。果肉脆，多汁，无肉囊，少核，有纯正浓郁的玫瑰香味，品质极佳。顶空固相微萃取法提取的天津产'巨玫瑰'葡萄新鲜成熟果实香气的主要成分（单位：μg/L）为，乙酸乙酯（12507.99）、反式-2-己烯-1-醛（1737.31）、1-己醇（437.31）、里哪醇（275.05）、正己醛（266.31）、反式-2-己烯-1-醇（205.29）、β-蒎烯（175.42）、2-苯乙醇（142.79）、香叶醇（92.17）、3-甲基-1-丁醇（85.65）、正戊醇（80.25）、香茅醇（61.63）、苯甲醇（57.48）、癸酸乙酯（49.34）、丁酸乙酯（47.63）、苯乙醛（27.39）、α-松油醇（16.76）、丁二酸二乙酯（15.37）、丙酸乙酯（15.29）、2-甲基-1-丁醇（11.11）、辛酸乙酯（10.72）、6-甲基-5-庚烯-2-酮（10.71）、正戊醛（10.63）等（李凯等，2021）。

喀什哈尔（白葡萄）： 新疆乡土品种，有核，晚熟。美味可口。顶空固相微萃取法提取的新疆石河子产'喀什哈尔'葡萄新鲜成熟果实香气的主要成分（单位：µg/kg）为，正己醛（782.06）、甲氧基苯肟（371.15）、乙酸乙酯（295.08）、正己醇（189.19）、乙醇（164.19）、1-戊醇（137.11）、己酸乙酯（131.59）、甲基庚烯酮（126.25）、乙醛（122.76）、苯乙醛（121.48）、正己酸（103.27）、壬醛（93.21）、2-庚烯醛（89.90）、乙酸异戊酯（83.23）、(E)-2-己烯-1-醇（75.45）、癸醛（74.54）、叶醇（70.39）、3-辛醇（65.82）、2-甲基戊酸（65.17）、正辛醛（52.57）、2,3-辛二酮（52.27）、苯乙醇（39.11）、香叶基丙酮（32.31）、1-辛醇（27.54）、2-己烯酸（25.48）、2-己烯醛（24.74）等（朱珠芸茜等，2020）。

雷司令（Riesling）： 原产德国，酿酒用白葡萄晚熟品种。果穗小，带副穗。果实小，圆形，黄绿色，皮上经常有凸的小斑点。皮薄肉软，有美妙的果香。顶空固相微萃取法提取的山东烟台产'雷司令'葡萄新鲜果实香气的主要成分（单位：µg/kg）为，β-大马酮（339.66）、里哪醇（4.54）、乙酸乙酯（3.45）、反，反-2,4-庚二烯醛（2.21）、α-松油醇（2.11）、己醛（1.88）、2-乙基-1-己醇（1.41）等（孙莎莎等，2014）。顶空固相微萃取法提取的北京产'雷司令'葡萄自根苗新鲜近成熟果实香气的主要成分（单位：µg/kg）为，橙花醚（6.23）、6-甲基-5-庚烯-2-酮（5.27）、d-柠檬烯（3.32）、顺式-β-罗勒烯（2.04）、反式-β-罗勒烯（1.78）、α-萜品烯（1.63）、γ-萜品烯（1.53）、β-里哪醇（1.48）、邻乙基甲苯（1.39）、对伞花烃（1.16）等；以'1103P'为砧木嫁接'雷司令'葡萄新鲜近成熟果实香气的主要成分为，α-萜品醇（7.21）、6-甲基-5-庚烯-2-酮（5.38）、d-柠檬烯（3.27）、顺式-β-罗勒烯（2.04）、反式-β-罗勒烯（1.81）、α-萜品烯（1.69）、β-水芹烯（1.66）、γ-萜品烯（1.59）、邻乙基甲苯（1.35）、β-里哪醇（1.34）、橙花醚（1.26）等（夏弄玉等，2022）。

丽红宝： 中熟品种。果穗圆锥形，平均穗重300g。果粒鸡心形，单粒平均重3.9g。果皮紫红色，薄、韧，果肉脆，具玫瑰香味，味甜，果皮与果肉不分离，无核，品质上等。顶空固相微萃取法提取的山西太谷产'丽红宝'葡萄新鲜果实香气的主要成分为，(E)-2-己烯醛（50.04%）、己醛（30.41%）、乙醇（10.84%）、2-辛酮（1.64%）、3-己烯醛（1.57%）、右旋柠檬烯（1.02%）等（谭伟等，2015）。

马瑟兰（玛瑟兰、Marselan）： 法国用'歌海娜'和'赤霞珠'杂交选育的晚熟酿酒品种。果穗较大，圆锥形，略松散，果粒较小。顶空固相微萃取法提取的河北怀来产'马瑟兰'葡萄新鲜果实香气的主要成分（单位：mg/L）为，乙醇（44.49）、乙酸乙酯（13.06）、己醛（6.30）、3-羟基-2-丁酮（4.47）、异戊醇（1.76）、乙酸（1.16）等（赵德升等，2010）。顶空固相微萃取法提取的甘肃武威产'马瑟兰'葡萄新鲜成熟果实香气的主要成分（单位：µg/kg）为，反式-2-己烯醛（3440.98）、己醛（2224.15）、正己醇（858.22）、反式-2-己烯-1-醇（285.78）、苯甲醛（191.14）、2,6-二叔丁基对甲酚（133.20）、香叶醇（98.84）、正十三烷（97.08）、十二烷（82.98）、3-己烯醛（82.38）、(E,E)-2,4-己二烯醛（55.41）、苯乙醇（53.25）、叶醇（46.09）、苯乙醛（16.47）、十六烷（9.59）、2,4-二叔丁基苯酚（7.04）、6,6-二甲基二环[3.1.1]庚-2-烯-2-甲醇（6.99）、1-壬醇（6.49）、双戊烯（6.01）、(E)-3,7-二甲基-2,6-辛二烯醛（5.03）等（马宗桓等，2021）。顶空固相微萃取法提取的甘肃兰州产'马瑟兰'葡萄新鲜成熟果实香气的主要成分（单位：µg/g）为，正己醛（42.85）、(E)-2-己烯醛（10.62）、橙花醇（10.12）、苯甲醛（8.66）、2,4-二叔丁基苯酚（6.11）、反-2-壬烯醛（5.88）、正己醇（5.82）、二甲醚（5.18）、苯乙醛（5.07）、壬醛（2.85）、苯乙醇（2.79）、2-乙基呋喃（2.57）、蝶呤-6-羧酸（1.90）、D-甘露(型)庚酮糖（1.41）、N-2-硝基苯亚磺酰基-L-亮氨酸（1.30）、香叶醇（1.26）、乙酸（1.23）等（胡锦霞等，2022）。

玫瑰香（Muscat Hamburg）：欧亚种，原产英国，由'亚历山大'בּ'黑罕'杂交而成，中晚熟。平均穗重350g，果粒椭圆形或卵圆形，平均单粒重5g。果皮黑紫色，果肉较软，多汁，有浓郁的玫瑰香味。水蒸气蒸馏法提取的'玫瑰香'葡萄果实香气的主要成分为，香叶酸（14.57%）、反-2-氯环戊醇（9.58%）、芳樟醇（7.91%）、青叶醛（7.04%）、顺-$\alpha,\alpha,4$-三甲基-3-环己烯-1-甲醇（6.40%）、2,3,6,7-四氢-4,5-脱氢-3,3,6,6-四甲基-γ-噻喃（5.22%）、棕榈酸（4.52%）、2,5-十八碳二炔酸甲酯（2.43%）、乙酸乙酯（2.09%）、糠醛（1.44%）、正己醇（1.36%）、6-乙烯基-2,2,6-三甲基-2H-吡喃（1.27%）、α-甲基-α-[4-甲基-3-戊烯基]缩水甘油（1.26%）、脱氢芳樟醇（1.16%）等（商敬敏等，2011）。顶空固相微萃取法提取的山西太原产'玫瑰香'葡萄新鲜果实香气的主要成分为，2-己烯醛（34.95%）、己醛（18.89%）、里哪醇（16.61%）、乙醇（11.22%）、香叶醇（4.49%）、橙花醇（1.94%）、2-辛酮（1.51%）、香茅醇（1.41%）等（谭伟等，2017）。顶空固相微萃取法提取的山东蓬莱产'玫瑰香'葡萄新鲜果实香气的主要成分为，(+/−)-仲辛醇（18.19%）、2-己烯醛（16.36%）、1-己醇（8.51%）、(E)-反式-2-己醛（7.75%）、乙醇（7.59%）、(Z)-3,7-二甲基-2,6-亚辛基-1-醇丙酸酯（7.41%）、(E)-3,7-二甲基-6-辛烯醇（6.64%）、(E)-3,7-二甲基-2,6-亚辛基-1-醇丙酸酯（6.36%）、(E)-2-己烯-1-醇（4.82%）、(E)-柠檬醛（4.09%）、里哪醇（2.81%）、己醛（2.44%）、(Z)-3,7-二甲基-2,6-辛二烯醛（1.31%）等（刘万好等，2014）。固相微萃取法提取的宁夏永宁产'玫瑰香'葡萄新鲜成熟果实香气的主要成分为，芳樟醇（55.26%）、橙香醇（9.49%）、青叶醛（5.97%）、邻苯二甲酸二甲酯（2.42%）、顺-2-异丙烯基-1-甲基环丁基乙醇（1.73%）等（张存智等，2022）。固相微萃取法提取的山东蓬莱产'玫瑰香'葡萄新鲜成熟果实香气的主要成分（单位：ng/g）为，里哪醇（161.64）、反式-2-己烯醛（125.86）、己醛（65.92）、2-乙基-1-己醇（13.36）、乙酸乙酯（8.78）、香叶醇（8.20）、乙醇（7.15）、香茅醇（4.34）、癸醛（3.92）、2-己烯醛（3.10）、甲基庚烯酮（2.80）、1-己醇（2.60）、反式-2-壬烯醛（2.60）、橙花醇（2.44）、芴（2.26）、反式-2-壬烯醛（1.93）、玫瑰醚（1.63）、橙花醚（1.58）、辛醛（1.48）、香叶酸甲酯（1.04）、邻苯二甲酸二乙酯（1.02）等；山东平度产'玫瑰香'葡萄新鲜成熟果实香气的主要成分为，反式-2-己烯醛（134.83）、里哪醇（128.10）、己醛（69.78）、乙醇（14.66）、乙酸乙酯（14.62）、2-乙基-1-己醇（8.42）、香叶醇（6.86）、1-己醇（5.70）、乙酸（4.77）、香叶酸甲酯（3.80）、香茅醇（3.74）、癸醛（3.66）、甲基庚烯酮（3.11）、芴（2.92）、2-己烯醛（2.75）、反式-2-己烯醇（2.04）、邻苯二甲酸二乙酯（1.96）、橙花醇（1.67）、辛醛（1.60）、己酸乙酯（1.39）、玫瑰醚（1.01）、反,顺-2,6-壬二烯醛（1.00）、苯甲醛（1.00）等（刘孟龙等，2021）。

梅尔诺（梅鹿辄、美乐、美露、Merlot）：原产法国，欧亚种，酿酒用晚熟品种。果穗圆锥形，平均穗重225g。果粒近圆形，平均单果重3.25g。果皮紫黑色，皮薄。汁多，味酸甜，单宁少，酸度不高。顶空固相微萃取法提取的山东烟台产'梅鹿辄'葡萄果肉香气的主要成分（单位：ng/L）为，乙酸（176.54）、己醛（13.96）等（范文来等，2011）。厌氧液液萃取法提取的陕西杨凌产'梅尔诺'葡萄成熟果实香气的主要成分为，异戊醇（27.15%）、苯乙醇（18.24%）、乳酸乙酯（9.18%）、琥珀酸单乙酯（8.50%）、异丁醇（3.66%）、琥珀酸二乙酯（3.64%）、1-丁醇（1.41%）、3-羟基-2-丁酮（1.30%）等（陶永胜等，2008）。溶液萃取法提取的宁夏贺兰山东麓产'梅尔诺'葡萄新鲜果实香气的主要成分为，十六碳酸（32.24%）、9,12-十八碳二烯酸（24.34%）、9-十八碳烯酸（11.23%）、11,14,17-二十碳三烯酸甲酯（10.20%）、(E)-2-庚烯醛（2.79%）、十八碳酸（2.59%）、(E)-2-癸烯醛（1.45%）、己醛（1.33%）等（胡博然等，2005）。有机溶剂（二氯甲烷）萃取法提取的陕西杨凌产'梅尔诺'葡萄新鲜转色期果实香气的主要成分为，邻苯二甲酸二异辛酯（29.24%）、β-谷甾醇（23.08%）、反-2-己烯醛（6.29%）、17-三十五烯（5.24%）、2-己烯-1-醇（5.09%）、2-环己基二十烷（4.10%）、1-氯二十七烷（2.92%）、n-二十五烷（2.73%）、n-十七烷（2.31%）、十六碳酸（2.28%）、2-甲基-3-丁烯-2-醇（1.58%）、2,6,10,14-四甲基十五烷（1.39%）、反式 -3- 戊烯 -2- 醇（1.33%）、2,6,10- 三甲基十二烷（1.11%）、n- 十二烷（1.09%）等；转色 21 天的新鲜果实香气的主要成分为，邻苯二甲酸二丁酯（59.17%）、2- 己烯 -1- 醇（16.52%）、β- 谷甾醇（10.16%）、N,N- 二甲基甲酰胺（4.17%）、6- 氯 -2- 甲基 -4- 苯基 - 喹啉（2.18%）、邻苯二甲酸二异辛酯（2.00%）、甲苯（1.63%）、2- 乙基 -1- 己醇（1.09%）等（王华等，2006）。顶空固相微萃取法提取的山东蓬莱产'美乐'葡萄新鲜成熟果实香气的主要成分（单位：ng/g）为，(E)-2- 己烯醛（454.68）、5- 甲基 -1- 己烯（99.48）、苯甲醛（4.66）、壬醛（190）等（王小龙等，2020）。顶空固相微萃取法提取的'美乐'葡萄新鲜果实香气的主要成分为，己二醇（13.24%）、正己醇（12.82%）、正戊烷（12.39%）、(E)-2- 己烯 -1- 醇（9.39%）、丙酮（8.75%）、乙酸（4.19%）、苯甲醛（4.13%）、正己醛（3.98%）、乙酸乙酯（1.95%）、异戊醇（1.65%）、5- 羟甲基糠醛（1.53%）、叶醇（1.45%）、正己酸（1.33%）、苯甲酸（1.19%）、氯仿（1.10%）、香茅醇（1.04%）等（张顺花等，2009）。顶空固相微萃取法提取的甘肃兰州产'美乐'葡萄新鲜成熟果实香气的主要成分（单位：μg/g）为，乙酸乙酯（28.67）、(E)-2- 己烯醛（18.43）、(E)-2- 己烯 -1- 醇（15.29）、邻苯二甲酸二丁酯（8.02）、L-(−)- 无水葡萄糖（5.24）、橙花醇（3.99）、芳樟醇（3.88）、3- 甲基 -3- 庚醇（2.84）、2,4- 二甲基苯甲醛（2.67）、D- 甘露 (型) 庚酮糖（2.55）、壬醛（2.36）、苯甲醛（2.33）、己酸（1.90）、正辛醛（1.57）、硬脂酸乙酯（1.05）、辛酸乙酯（1.03）等（胡锦霞等，2022）。

美人指：欧亚种，原产日本，晚熟品种。平均果穗重 580g，果粒长椭圆形，果粒重 10～12g。果实前端为鲜红色，润滑光亮，基部颜色稍淡。皮薄而韧，果肉浅红色，肉质脆硬，味甜爽口，品质佳。顶空固相微萃取法提取的新疆石河子产'美人指'葡萄新鲜成熟果实香气的主要成分（单位：μg/kg）为，2- 己烯醛（1559.33）、正己醛（609.10）、(E)-2- 己烯 -1- 醇（243.33）、正己醇（240.82）、正己酸（212.73）、(+)- 柠檬烯（206.12）、3- 己烯醛（107.22）、壬醛（98.65）、3- 辛醇（85.77）、叶醇（71.09）、癸醛（54.52）、正辛醛（39.43）、水杨酸甲酯（37.65）、苯乙醇（35.94）、反式 -2- 壬醛（34.46）、甲基异戊基醚（35.57）、1- 辛烯 -3- 酮（33.56）、甲基庚烯酮（30.77）、2,3- 辛二酮（29.88）、苯甲醇（29.26）、2,6- 壬二烯醛（28.40）、2- 己烯酸（25.62）、苯乙醛（23.67）、乙基甲基戊醇（23.47）、二叔丁基氧化物（21.95）、1- 戊醇（20.80）等（朱珠芸茜等，2020）。

蜜光：用'巨峰'为母本、'早黑宝'为父本杂交选育而成。果穗大，平均穗重 720.6g。果粒大，平均果粒重 9.5g。果皮紫红色至紫黑色。果肉硬而脆，风味极甜，具浓郁玫瑰香味，品质极佳。顶空固相微萃取法提取的山东泰安产'蜜光'葡萄新鲜成熟果实香气的主要成分（单位：μg/g）为，反式 -2- 己烯醛（348.94）、己醛（226.33）、里哪醇（155.01）、乙酸乙酯（36.44）、壬醛（26.38）、β- 月桂烯（16.98）、顺式 -β- 罗勒烯（8.68）、柠檬烯（8.38）、甲苯（4.99）、反式 -β- 罗勒烯（4.84）、癸醛（4.25）、戊酸乙酯（3.69）、γ- 松油烯（1.57）、2- 己烯酸乙酯（1.26）、甲基庚烯酮（1.02）等（李中瀚等，2023）。

摩尔多瓦（蓝莓葡萄、Moldova）：原产摩尔多瓦。果粒饱满椭圆形，中等大，平均单粒重 8～13g。果皮蓝紫色，果肉多汁，口感一般。顶空固相微萃取法提取的广西南宁产'金手指'葡萄新鲜成熟果实香气的主要成分为，2- 己烯醛（53.69%）、正己醛（24.07%）、3- 己烯醛（5.05%）、正己醇（2.97%）、叶醇（1.88%）、2- 己烯醇（1.56%）、异戊醛（1.40%）等（邓凤莹等，2020）。

木纳格（冬葡萄、戈壁葡萄）：欧亚种，新疆本土晚熟品种。粒大，皮薄，色泽鲜艳。果肉厚而脆，口味甘美清香，手感硬，糖度高，酸甜可口，风味极佳。顶空固相微萃取法提取的新疆昌吉产'木纳格'葡萄新鲜果实香气的主要成分（单位：μg/kg）为，戊酸乙酯（213.62）、芳樟醇甲酯（205.64）、己醛（188.35）、(E)-2- 己烯醛（125.03）、1- 己醇（96.30）、噻吩（88.32）、2,3- 二甲基丙烯酸乙酯（75.82）、芳樟醇呋喃氧化物（68.90）、糠醛（65.72）、2- 辛烯醛（60.39）、己酸异丙酯（58.79）、苯甲醛（56.68）、月桂烯（50.28）、4-癸烯酸（45.49）、己酸甲酯（45.23）、癸酸乙酯（42.03）、十六烷（35.12）、2,4-二癸烯酸乙酯（31.13）、α-松油醇（30.06）、十七烷（29.26）、乙酸苯乙酯（12.50）、2-丁烯-1-酮（10.91）、橙花醇（10.38）等（林江丽等，2016）。

同时蒸馏萃取法提取的新疆吐鲁番产'木纳格'葡萄干香气的主要成分（单位：μg/g）为，棕榈酸（19.49）、糠醛（6.57）、亚油酸（3.68）、亚麻酸（3.48）、亚麻酸乙酯（2.13）、棕榈酸乙酯（1.93）、3-羟基-2-丁酮（1.29）、硬脂酸乙酯（0.81）、肉豆蔻酸（0.58）、苯乙醛（0.54）等（张文娟等，2016）。

品丽珠（Cabernet Franc）： 原产法国，欧亚种，为酿酒品种。果皮紫黑色，皮厚。果肉汁多，单宁和酸度低，有青草味。顶空固相微萃取法提取的山东烟台产'品丽珠'葡萄果肉香气的主要成分（单位：ng/L）为，乙酸（50.21）、己醛（16.31）、1-己醇（14.02）等（范文来等，2011）。

葡萄园皇后（Queen of Vineyard）： 匈牙利品种。中熟。果穗中等大，果粒卵圆形，中等大。果皮黄绿色。肉质软，汁液多，风味甜酸。顶空固相微萃取法提取的山东济南产'葡萄园皇后'葡萄新鲜成熟果实香气的主要成分（单位：μg/L）为，2-己烯醛（840.70）、正己醛（290.85）、乙醇（212.18）、芳樟醇（39.37）、1-己醇（35.01）、3-己烯醛（23.97）、壬醛（18.53）、2-己烯-1-醇（14.69）、1-十一醇（7.66）、2-辛酮（6.20）、月桂醇（4.66）、1-辛醇（3.52）、癸醛（3.15）、3-己烯-1-醇（2.78）、己酸（2.36）、N-癸酸（1.89）、6-甲基-5-庚烯-2-酮（1.60）、1-庚醇（1.55）、苯乙醛（1.53）、正壬醇（1.09）、反式-呋喃型氧化里哪醇（1.05）、乙酸（1.02）等（陈迎春等，2021）。

秋黑宝： 用'瑰宝'和'秋红'的杂交种子经秋水仙碱诱导选育而成的欧亚种四倍体中熟品种。果穗圆锥形，平均穗重437g。果粒近圆形，单粒平均重7.13g。果皮紫黑色，较厚、韧，果皮与果肉不分离。果肉较软，味甜、具玫瑰香味，品质上等。顶空固相微萃取法提取的山西太原产'秋黑宝'葡萄新鲜果实香气的主要成分为，2-己烯醛（44.65%）、己醛（21.97%）、乙醇（10.83%）、里哪醇（10.23%）、α-甲基-α-(4-甲基-3-戊烯基)环氧乙烷甲醇（1.30%）、3-己烯醛（1.15%）、月桂烯（1.01%）等（谭伟等，2017）。

秋红（圣诞玫瑰）： 欧亚种，晚熟品种。果穗长圆锥形，较松散，平均重500～600g。果粒长椭圆形，平均7～8g。果皮中等厚，深紫红色，不裂果。果肉硬脆，肉质细腻，味甜，品质佳。顶空固相微萃取法提取的山西太原产'秋红'葡萄新鲜果实香气的主要成分为，2-己烯醛（49.81%）、己醛（28.43%）、乙醇（10.92%）、2-辛酮（1.76%）、3-己烯醛（1.58%）、反式-2-己烯-1-醇（1.18%）等（谭伟等，2017）。

瑞都脆霞： 欧亚种，'京秀'×'香妃'杂交而成的早熟品种。果粒椭圆形或近圆形，平均单粒质量5.7g。果皮紫红色，无香味。顶空固相微萃取法提取的北京产'瑞都脆霞'葡萄新鲜成熟果实香气的主要成分（单位：μg/L）为，异松油烯（5.72）、香叶醇（3.85）、β-月桂烯（3.59）、(E,Z)-别罗勒烯（2.96）、γ-松油烯（2.95）、里哪醇（2.56）、(Z)-别罗勒烯（2.33）、柠檬烯（2.05）、香叶酸（1.90）、β-香茅醇（1.85）、橙花醇（1.54）等（孙磊等，2016）。

瑞都红玫： 中早熟红色有香味葡萄品系。果穗圆锥形，有副穗，单歧肩较多，平均单穗重430.0g。果粒椭圆形或圆形，平均单粒重6.6g。果皮紫红或红紫色，中等厚，果皮较脆，无或稍有涩味。果肉质地较脆，硬度中，酸甜多汁，有玫瑰香味。顶空固相微萃取法提取的北京产'瑞都红玫'葡萄新鲜成熟果实香气的主要成分（单位：μg/L）为，里哪醇（275.05）、β-月桂烯（142.38）、香叶醇（85.32）、(Z)-β-罗勒烯（34.45）、柠檬烯（29.95）、α-萜品醇（11.50）、香叶醛（11.35）、(Z)-别罗勒烯（7.92）、异松油烯（7.57）、顺-呋喃型氧化里哪醇（7.04）、橙花醇（6.77）、γ-松油烯（6.76）、顺-吡喃型氧化里哪醇（6.58）、

(*E*)-*β*- 罗勒烯（6.02）、(*E,Z*)- 别罗勒烯（5.77）、反 - 呋喃型氧化里哪醇（4.20）、香叶酸（3.80）、橙花醛（2.98）、橙花醚（2.03）、*β*- 香茅醇（2.02）、*β*- 香茅醛（1.96）、顺 - 氧化玫瑰（1.43）、*γ*- 香叶醇（3.59）等（孙磊等，2016）。

瑞都红玉：'瑞都香玉' 的红色变异，早熟。果穗圆锥形，平均单穗重 404.71g。果粒长椭圆形或卵圆形，平均单粒重 5.52g。果皮紫红或红紫色，果皮较脆。果肉质地脆，无或稍有涩味，酸甜多汁，有玫瑰香味。顶空固相微萃取法提取的北京产 '瑞都红玉' 葡萄新鲜成熟果实香气的主要成分（单位：μg/L）为，2- 己烯醛（1593.28）、己醛（949.37）、(*E*)-2- 己烯醇（441.63）、苯甲醇（414.01）、*β*- 苯乙醇（412.05）、1- 己醇（368.05）、己酸（253.32）、里哪醇（211.68）、乙酸（196.95）、乙醇（165.57）、香叶酸（144.05）、香叶醇（138.60）、2- 乙烯酸（87.45）、*β*- 月桂烯（80.48）、*β*- 反 - 罗勒烯（68.57）、*β*- 顺 - 罗勒烯（62.55）、6- 甲基 -5- 庚烯 -2- 醇（61.72）、橙花醇（48.43）、(*E,Z*)- 别罗勒烯（25.04）、别罗勒烯（23.46）、(*E,E*)-2,4- 山梨醛（22.99）、*α*- 松油醇（20.36）、异松油烯（19.57）、香茅醇（18.24）、2- 甲基 -3- 丁烯 -2- 醇（15.98）、*d*- 柠檬烯（14.62）、脱氢里哪醇（14.52）、(*Z*)-3- 己烯醇（13.75）、顺 - 氧化玫瑰（12.73）、香叶醛（10.70）等（孙磊等，2021）。顶空固相微萃取法提取的北京产 '瑞都红玉' 葡萄新鲜成熟果实香气的主要成分（单位：μg/L）为，香叶醇（50.85）、里哪醇（47.57）、*β*- 月桂烯（43.30）、柠檬烯（14.12）、香叶醛（12.46）、(*Z*)-*β*- 罗勒烯（11.75）、(*E,Z*)- 别罗勒烯（6.61）、异松油烯（6.23）、顺 - 吡喃型氧化里那醇（5.03）、顺呋喃型氧化里哪醇（4.93）、(*Z*)- 别罗勒烯（4.39）、*γ*- 松油烯（4.31）、(*E*)-*β*- 罗勒烯（4.14）、橙花醚（4.07）、橙花醇（3.97）、*β*- 香茅醇（3.15）、香叶酸（3.02）、反 - 呋喃型氧化里哪醇（2.81）、橙花醛（2.13）、*γ*- 香叶醇（1.96）、顺 - 氧化玫瑰（1.28）、*β*- 香茅醛（1.25）、*α*- 萜品醇（1.16）等（孙磊等，2016）。

瑞都香玉：欧亚种。以 '京秀' 为母本、'香妃' 为父本杂交选育而成。果穗长圆锥形，平均单穗重 432g。果粒椭圆形或卵圆形，平均单粒重 6.3g。果皮黄绿色，薄 - 中，较脆，稍有涩味。果粉薄。果肉质地较脆，硬度中 - 硬，酸甜多汁，有玫瑰香味。顶空固相微萃取法提取的北京产 '瑞都香玉' 葡萄新鲜成熟果实香气的主要成分（单位：μg/L）为，里哪醇（570.21）、*β*- 月桂烯（234.52）、香叶醇（158.65）、(*Z*)-*β*- 罗勒烯（84.23）、顺 - 呋喃型氧化里哪醇（64.08）、顺 - 吡喃型氧化里哪醇（43.27）、橙花醇（39.61）、(*E,Z*)- 别罗勒烯（36.05）、柠檬烯（35.12）、香叶醛（32.54）、橙花醚（29.46）、(*E*)-*β*- 罗勒烯（25.77）、反 - 呋喃型氧化里哪醇（21.35）、顺 - 氧化玫瑰（19.85）、异松油烯（19.24）、(*Z*)- 别罗勒烯（18.30）、*γ*- 松油烯（13.98）、*α*- 萜品醇（8.76）、香叶酸（8.72）、橙花醛（8.67）、反 - 氧化玫瑰（8.23）、*β*- 香茅醇（5.95）、*γ*- 香叶醇（4.08）、*β*- 香茅醛（2.98）等（孙磊等，2016）。顶空固相微萃取法提取的北京产 '瑞都香玉' 葡萄新鲜成熟果实香气的主要成分（单位：μg/L）为，2- 己烯醛（8884.31）、己醛（3166.58）、*β*- 月桂烯（463.08）、苯甲醇（432.64）、*β*- 苯乙醇（418.42）、乙酸（407.17）、香叶酸（388.72）、己酸（314.30）、(*E*)-2- 己烯醇（296.22）、乙醇（295.16）、*β*- 顺 - 罗勒烯（256.88）、*α*- 松油醇（204.03）、(*E,E*)-2,4- 山梨醛（188.95）、*β*- 反 - 罗勒烯（183.46）、*d*- 柠檬烯（157.55）、异松油烯（133.52）、1- 己醇（117.65）、香叶醇（116.92）、2- 乙烯酸（103.84）、橙花醇（99.29）、3- 己烯醛（97.70）、(*Z*)-3- 己烯醇（61.14）、(*E,Z*)- 别罗勒烯（54.90）、香茅醇（52.94）、脱氢里哪醇（44.13）、别罗勒烯（42.14）、顺 - 氧化玫瑰（37.20）、*β*- 水芹烯（36.78）、(*E*)-2- 己烯醛（32.54）、*γ*- 松油烯（24.12）、2- 甲基 -3- 丁烯 -2- 醇（22.94）、6- 甲基 -5- 庚烯 -2- 醇（22.45）、吡喃型氧化里哪醇（21.95）、橙花醚（20.47）、顺 - 呋喃型氧化里哪醇（14.58）、反 - 氧化玫瑰（13.44）、苯甲醛（10.03）等（孙磊等，2021）。

瑞都早红：欧亚种，早熟。果穗圆锥形，平均单穗重 432.79g。果粒椭圆形或圆形，平均单粒重 6.9g。果皮紫红或红紫色，着色早，果皮较脆，无或稍有涩味。果肉质地较脆，有清香，酸甜多汁。顶空固相微萃取法提取的北京产'瑞都早红'葡萄新鲜成熟果实香气的主要成分（单位：μg/L）为，里哪醇（81.77）、β-月桂烯（33.79）、香叶醇（21.27）、柠檬烯（12.92）、(Z)-β-罗勒烯（9.20）、香叶醛（7.59）、顺呋喃型氧化里哪醇（6.64）、反-呋喃型氧化里哪醇（6.22）、异松油烯（5.99）、香叶酸（5.82）、(E,Z)-别罗勒烯（5.08）、γ-松油烯（4.21）、橙花醚（4.08）、β-香茅醇（3.95）、顺-吡喃型氧化里哪醇（3.91）、(Z)-别罗勒烯（3.46）、顺-氧化玫瑰（3.20）、橙花醇（3.12）、(E)-β-罗勒烯（2.98）、γ-香叶醇（1.98）、α-萜品醇（1.66）、橙花醛（1.27）、反-氧化玫瑰（1.08）等（孙磊等，2016）。

赛美蓉（Semillon）： 原产法国的中熟白葡萄品种，世界各地均有种植。果穗中等大，平均穗重310g，圆锥形，有副穗。果粒生长紧密，平均粒重2.08g，圆形，绿黄色。果皮薄，果肉多汁，含糖高，具玫瑰香味。顶空固相微萃取法提取的甘肃祁连山产'赛美蓉'葡萄果汁香气的主要成分为，乙醇（25.14%）、己醇（24.36%）、顺式-2-己烯醇（11.17%）、乙醛（10.66%）、己醛（6.58%）、顺式-3-己烯醇（3.39%）、2-己烯醛（2.67%）、4-松油烯醇（2.08%）、2-甲基丁醛（1.21%）、3-甲基-1-丁醇（1.21%）、乙酸乙酯（1.04%）、β-丁内酯（1.03%）等（蒋玉梅等，2010）。顶空固相微萃取法提取的甘肃高台产'赛美蓉'葡萄新鲜成熟果实香气的主要成分（单位：μg/kg）为，2-己烯醛（102.71）、三十一烷（27.80）、2,6-二叔丁基-4-甲基苯酚（20.27）、反式-2-己烯-1-醇（15.31）、正己醛（14.55）、2-甲基苯甲醛（9.07）、对甲基苯甲醛（7.41）、2,4-二叔丁基酚（6.77）、正己醇（6.39）、2,4-二甲基苯甲醛（3.77）、顺-3-己烯-1-醇（2.03）、2,6-二甲基-2,5-庚二烯-4-酮（1.96）、二十二烷（1.40）、芳樟醇（1.36）、仲辛酮（1.16）等（李彦彪等，2020）。

蛇龙珠（Cabernet Gernischt）： 原产法国，欧亚种，酿酒品种，晚熟。果穗圆锥形，平均穗重80g。果粒近圆形，平均单粒重2.2g。果皮蓝黑色，皮厚。汁多，味酸甜。水蒸气蒸馏法提取的山东昌黎产'蛇龙珠'葡萄果实香气的主要成分为，反-2-氯环戊醇（15.13%）、棕榈酸（7.30%）、正己醇（6.76%）、2,2,3,3-四甲基环丙烷羧酸-2-氯乙酯（4.00%）、乙酸乙酯（3.00%）、糠醛（1.54%）等（商敬敏等，2011）。顶空固相微萃取法提取的山东烟台产'蛇龙珠'葡萄果肉香气的主要成分（单位：ng/L）为，乙酸（426.23）、1-己醇（19.34）、苯甲醇（10.43）等（范文来等，2011）。顶空固相微萃取法提取的山西乡宁产'蛇龙珠'葡萄新鲜果实香气的主要成分（单位：μg/L）为，丁醇（12698.0）、己醛（2018.1）、己酸（1617.2）、乙酸（1439.3）、(Z)-3-己烯-1-醇（1263.5）、(E)-2-己烯-1-醇（757.5）、己醇（610.8）、(E)-3-己烯-1-醇（187.8）、柠檬烯（111.2）、2-庚醇（96.2）、壬醛（55.5）、苯甲醇（35.3）、辛酸乙酯（25.3）、1-辛烯-3-醇（17.8）、苯乙醇（10.2）等（蒋宝等，2011）。溶液萃取法提取的宁夏贺兰山东麓产'蛇龙珠'葡萄新鲜果实香气的主要成分为，(Z,Z)-9,12-十八碳二烯酸甲酯（32.23%）、十六碳酸（25.24%）、11,14,17-二十碳三烯酸甲酯（17.21%）、9-十八碳烯酸（4.39%）、(E)-2-庚烯醛（2.62%）、十八碳酸（2.31%）、[R*-[R*,R*-(E)]]-3,7,11,15-四甲基-2-十六碳烯-1-醇（1.10%）、2,4-癸二烯醛（1.08%）等（胡博然等，2005）。顶空固相微萃取法提取的甘肃高台产'蛇龙珠'葡萄新鲜成熟果实香气的主要成分（单位：μg/kg）为，2-己烯醛（14469.25）、三十一烷（2459.65）、反式-2-己烯-1-醇（1950.92）、正己醛（1714.69）、正己醇（1228.84）、2,6-二叔丁基-4-甲基苯酚（1078.58）、2-甲基苯甲醛（1073.64）、2,4-二叔丁基酚（1060.15）、对甲基苯甲醛（864.33）、顺-3-己烯-1-醇（630.58）、2,4-二甲基苯甲醛（293.68）、2,6-二甲基-2,5-庚二烯-4-酮（236.39）、二十二烷（211.75）、异丁酸异戊酯（162.33）、苯甲醛（97.38）、4-丁氧基丁醇（47.93）、顺式-3-己烯醛（45.86）、壬醛（39.67）、γ-戊内酯（35.49）、十四烷（20.69）、2-己烯-1-醇乙酸酯（20.00）、反,反-2,4-庚二烯醛（17.52）等（李彦彪等，2020）。顶空固相微萃取法提取的宁夏青铜峡产'蛇龙珠'葡萄新鲜成熟果实香气的主要成分（单位：μg/L）为，正己醛（410.92）、(Z)-3-己烯醇（186.45）、(E)-2-己烯醛（180.11）、正己醇（132.80）、乙酸（124.98）、异辛醇（105.48）、己酸乙酯（93.26）、(E)-

2- 己烯醇（56.63）、3- 环己烯 -1- 甲酸（48.30）、异戊醇（45.20）、己酸（34.75）、辛酸乙酯（24.82）、苯甲醛（20.72）、甲基庚烯酮（19.66）、萘（18.61）、香叶基丙酮（15.91）、苯乙醛（14.37）、(Z)-2- 己烯醇（12.38）、苯乙醇（11.71）、苯乙酮（8.54）、癸醛（7.22）、α- 柏木烯（7.19）、癸酸乙酯（6.15）、雪松醇（5.31）、苯甲醇（4.67）、β- 紫罗兰酮（4.50）、α- 松油醇（4.09）、反式 - 卡拉曼烯（2.62）等（吕茜等，2023）。

水晶（青葡萄、土葡萄）： 原产美国。果粒近圆形，较小，单粒重 4～8g。果皮黄绿色，果肉多汁味甜，酸味适中，略带玫瑰香。顶空固相微萃取法提取的重庆产 '水晶' 葡萄新鲜成熟果实香气的主要成分为，α- 松油醇（12.11%）、β- 紫罗兰酮（10.16%）、十甲基环五硅氧烷（10.01%）、苯甲酸乙酯（9.92%）、长叶烯（9.17%）、β- 环柠檬醛（7.61%）、十六烷（5.72%）、柠檬烯（4.70%）、2,4- 己二烯醛（4.41%）、苯乙酸乙酯（3.60%）、反式 -2- 辛烯酸乙酯（2.16%）、十二甲基环六硅氧烷（1.98%）、顺式 -4- 辛烯酸乙酯（1.77%）、甲氧基苯肟（1.68%）、苯甲醛（1.56%）、月桂酸乙酯（1.53%）、芳樟醇（1.29%）、(Z)- 己 -3- 烯酸乙酯（1.26%）、环庚烯（1.17%）、六甲基环三硅氧烷（1.14%）、4- 甲氧基 -2,5- 二甲基 -3(2H)- 呋喃酮（1.05%）等（秦欢等，2019）。

四倍体玫瑰香（四倍玫香）： 欧亚种，早熟品种。果穗圆锥形带歧肩，平均穗重 520g。果粒短椭圆形，果粒大，平均粒重 8.5g。果粒均匀，果粉厚，果皮紫黑色，较厚、韧。肉较软，有浓郁玫瑰香味，甘甜爽口，品质极佳。顶空固相微萃取法提取的山西太原产 '四倍体玫瑰香' 葡萄新鲜果实香气的主要成分为，2- 己烯醛（35.27%）、己醛（21.23%）、里哪醇（20.35%）、乙醇（7.16%）、香叶醇（4.09%）、橙花醇（2.36%）、香茅醇（1.58%）等（谭伟等，2017）。

索索（烦烦、豆粒）： 新疆地方品种。果穗索索状，果粒细小。外皮成熟时红色或紫红色。味甜。同时蒸馏萃取法提取的新疆吐鲁番产 '索索' 葡萄干香气的主要成分（单位：μg/g）为，糠醛（37.44）、5- 羟甲基糠醛（7.28）、3- 羟基 -2- 丁酮（4.77）、1,19- 二十二烯（4.07）、正二十四醛（3.70）、2- 乙酰基呋喃（3.34）、糠醇（3.29）、5- 甲基糠醛（3.03）、棕榈酸（2.90）、苯乙醛（2.82）、正己醛（2.59）、棕榈酸乙酯（2.28）、正十七烷（1.88）、亚麻酸乙酯（1.68）、2- 羟乙酰基呋喃（1.67）、2- 甲基丁醛（1.22）、2- 乙酰基吡咯（0.92）、1,2- 环氧十九烷（0.84）、正十四烷（0.70）、正二十四烷（0.70）、2,4- 二羟基 -3,5- 二甲基 -3(2H) 呋喃酮（0.69）、4- 环戊烯 -1,3- 二酮（0.62）、反式角鲨烯（0.61）、苄醇（0.58）、壬醛（0.56）、正戊醛（0.54）等（张文娟等，2016）。

藤稔（乒乓球）： 原产日本，中晚熟品种。个头大如乒乓球，颜色漂亮。果穗较大，圆锥形或短圆柱形，平均果穗重 450g。果皮紫黑色，果粒近圆形，平均粒重 15～16g。果皮厚，果肉多汁，味酸甜。顶空固相微萃取法提取的上海产 '藤稔' 葡萄新鲜成熟果实果肉香气的主要成分（单位：μg/kg）为，乙酸乙酯（8140.34）、(E)-2- 己烯醛（314.55）、丁酸乙酯（147.54）、己醛（91.54）、(E)-2- 己烯醇（25.16）、己酸乙酯（13.59）等（张文文等，2018）。

晚黑宝： 欧亚种，四倍体晚熟品种，'瑰宝' 与 '秋红' 的杂交种子经诱变选育。果穗双歧肩圆锥形，穗重平均 594.3g。果粒短椭圆形或近圆形，粒重平均 8.5g。果皮紫黑色，较厚、韧，与果肉不分离。果肉较软，味甜，具玫瑰香味。顶空固相微萃取法提取的山西太原产 '晚黑宝' 葡萄新鲜果实香气的主要成分为，2- 己烯醛（34.40%）、己醛（27.33%）、香叶醇（11.06%）、乙醇（7.89%）、橙花醇（3.99%）、1- 己醇（2.62%）、里哪醇（1.90%）、2- 辛酮（1.18%）、月桂烯（1.10%）、顺 -2- 己烯 -1- 醇（1.04%）等（谭伟等，2017）。顶空固相微萃取法提取的山西太原产 '晚黑宝' 葡萄新鲜成熟果实香气的主要成分（单位：μg/L）

为，芳樟醇（361.48）、青叶醛（212.22）、己醛（199.48）、芳樟醇氧化物 A（35.72）、罗勒烯（26.44）、正己醇（25.96）、月桂烯（25.17）、右旋萜二烯（19.01）、香叶醇（15.59）、α- 松油醇（13.63）、顺 -2- 己烯 -1- 醇（7.74）、橙花醇（4.58）、萜品烯（3.00）、玫瑰醚（1.98）等（王颖等，2023）。

威代尔（Vidal）： 原产法国，'白玉霓（Ugni Blanc）' 和 Seyval Blanc 的杂交后代，是最理想的酿造冰葡萄酒原料之一。平均穗重 436g。果粒近圆形，平均单粒重 2.08g。果皮黄绿色，果粉薄。顶空固相微萃取法提取的吉林集安产 '威代尔' 葡萄新鲜果实香气的主要成分为，反式 -2- 异丙基 -5- 甲基环己醇（19.85%）、1,2- 二甲基 -4- 硝基苯（15.92%）、羟甲基糠醛（7.81%）、2- 乙氧基 - 缩乙二醇（7.20%）、糠醛（4.97%）、顺式 -2- 异丙基 -5- 甲基环己醇（4.67%）、正十四烷（3.64%）、十六碳酸（3.01%）、3,7- 二甲基 -2,6- 辛二烯醇（2.96%）、顺式 -2- 异丙基 -5- 甲基环己酮（2.47%）、己醇（2.45%）、3- 辛醇（2.45%）、反式 -2- 异丙基 -5- 甲基环己酮（2.25%）、金合欢烯（1.69%）、3,5- 二羟基 -6- 甲基吡喃 (酮)（1.66%）、丙烯酸 - 缩乙二醇酯（1.23%）、2- 己烯醇（1.15%）、2- 异丙基 -5- 甲基环己烯酮（1.09%）、乙酸（1.07%）、1,3- 二乙烯苯（1.00%）等（王春梅等，2014）。顶空固相微萃取法提取的甘肃高台产 '威代尔' 葡萄新鲜成熟果实香气的主要成分（单位：μg/kg）为，2- 己烯醛（21.92）、2,6- 二叔丁基 -4- 甲基苯酚（16.00）、香叶醇（14.04）、三十一烷（12.13）、2,4- 二叔丁基酚（6.72）、对甲基苯甲醛（6.57）、2- 甲基苯甲醛（6.20）、2,4- 二甲基苯甲醛（2.53）、反式 -2- 己烯 -1- 醇（2.10）等（李彦彪等，2020）。顶空固相微萃取法提取的辽宁朝阳产 '威代尔' 葡萄新鲜成熟果实香气的主要成分为，2- 苯乙醇（15.53%）、香叶醇（12.61%）、十二甲基环六硅氧烷（8.21%）、硅烷（4.59%）、辛酸（4.33%）、六乙基环三硅氧烷（4.11%）、邻苯二甲酸二异丁酯（3.98%）、柠檬醛（3.23%）、十甲基环五硅氧烷（3.19%）、邻苯二甲酸二丁酯（3.16%）、水杨酸甲酯（3.13%）、苯甲醛（2.46%）、十八甲基环壬硅氧烷（2.11%）、六甲基三硅氧烷（2.02%）、香叶基丙酮（1.65%）、3,7- 二甲基 -2,6- 辛二烯 -1- 醇甲酸酯（1.57%）、甲酰甘氨酸（1.56%）、苯酚（1.51%）、二十六烷（1.33%）、2- 甲基 -2- 戊烯 -1- 醇（1.22%）、二十五烷（1.20%）等；'威代尔' 芽变葡萄新鲜成熟果实香气的主要成分为，2- 苯乙醇（20.20%）、香叶醇（14.11%）、十甲基环五硅氧烷（12.22%）、辛酸（9.89%）、十二甲基环六硅氧烷（8.89%）、邻苯二甲酸二异丁酯（7.98%）、苯甲醇（6.07%）、柠檬醛（3.62%）、水杨酸甲酯（3.50%）、香叶基丙酮（1.84%）、橙花醇（1.75%）、苯酚（1.69%）、二十烷（1.11%）、2- 甲酚（1.04%）等（林玉友等，2021）。

维多利亚： 原产罗马尼亚的中晚熟品种。果穗大，圆锥形或圆柱形，平均穗重 630g。果粒大，长椭圆形，无裂果，平均果粒重 9.5g。果皮黄绿色，中等厚。果肉硬而脆，味甘甜爽口，品质佳。顶空固相微萃取法提取的天津产 '维多利亚' 葡萄新鲜成熟果实香气的主要成分（单位：μg/L）为，反式 -2- 己烯 -1- 醛（1167.03）、1- 己醇（1080.06）、反式 -2- 己烯 -1- 醇（354.78）、正己醛（204.57）、正戊醇（65.03）、香叶醇（44.07）、苯乙醛（24.36）、正戊醛（17.12）、6- 甲基 -5- 庚烯 -2- 酮（10.30）、正丁醇（10.14）、辛酸乙酯（9.90）、乙酸辛酯（9.78）、1- 辛烯 -3- 醇（9.42）、苯甲醛（7.83）、己酸乙酯（6.84）、乙酸苯乙酯（6.60）、1- 庚醇（6.48）、柠檬烯（6.18）、异松油烯（5.10）、正庚醛（5.06）等（李凯等，2020）。

无核白（无籽露、小蜜蜂、Thompson）： 古老品种。主要在新疆吐鲁番地区栽种。果粒椭圆形，平均单粒重 1.5～2g。果皮黄绿色，呈透明质感，越成熟颜色越偏黄。甜度很高，口感脆爽，汁水较少，无特殊香味。顶空固相微萃取法提取的新疆昌吉产 '无核白' 葡萄新鲜果实香气的主要成分（单位：μg/kg）为，己醛（201.10）、(E)-2- 己烯醛（179.97）、2- 辛烯醛（80.36）、戊酸乙酯（73.16）、4- 壬酮（53.01）、n- 壬醛（48.87）、5- 癸酮（44.80）、9- 十七醇（39.71）、2,4- 壬二烯醛（30.52）、2- 癸醛（23.67）、癸烷 -3,5- 二酮（22.11）、己酸异丙酯（21.13）、月桂烯（20.54）、4- 辛醇（20.34）、2- 癸烯醛（18.98）、β-

大马酮（18.39）、2- 壬烯醛（18.19）、4- 癸烯酸（11.35）、(E)-2- 己烯 -1- 醇（11.15）、橙花醇（10.17）等（林江丽等，2016）。

顶空固相微萃取法提取的新疆吐鲁番产'无核白'葡萄干香气的主要成分为，乙酸乙酯（17.67%）、乙醇（15.27%）、乙酸（13.71%）、2- 己烯醛（6.76%）、正己醛（6.17%）、反 -2- 庚烯醛（3.58%）、壬醛（3.52%）、正己醇（3.39%）、γ- 丁内酯（3.39%）、正戊酸（2.87%）、3- 羟基 -2- 丁酮（2.24%）、1- 辛烯 -3- 醇（1.95%）、2- 丙烯亚基环丁烯（1.73%）、壬酸（1.71%）、2,5- 二甲基异丙烯 -1- 环己酮（1.40%）、3,3,6,6- 四甲基 -3,6,7,8- 四氢 - 双 -1(2H)- 酮（1.36%）、肉桂醛（1.32%）、反 -2- 辛烯醛（1.28%）、1- 苯基 -1- 丁烯（1.18%）等（朱文慧等，2016）。顶空固相微萃取法提取的新疆鄯善产'无核白'葡萄干香气的主要成分（单位：μg/L）为，乙偶姻（2017.06）、己酸（401.72）、乙酸乙酯（334.09）、香叶醇（166.91）、香叶酸（159.94）、辛酸（138.82）、壬酸（132.74）、癸酸（124.92）、月桂酸（122.18）、2,4- 二庚烯醛（87.89）、糠醛（73.38）、庚酸（56.31）、己醛（52.95）等（王冬等，2013）。同时蒸馏萃取法提取的新疆产'无核白'葡萄干香气的主要成分为，棕榈酸（29.61%）、亚油酸（13.11%）、亚油酸乙酯（8.90%）、亚麻酸乙酯（5.77%）、棕榈酸乙酯（5.74%）、亚麻酸（5.29%）、壬酸（3.34%）、十四酸（2.00%）、苯乙醛（1.06%）等（邱婷等，2015）。同时蒸馏萃取法提取的新疆吐鲁番产'无核白'葡萄干香气的主要成分（单位：μg/g）为，糠醛（11.77）、棕榈酸（10.02）、亚麻酸乙酯（3.31）、3- 羟基 -2- 丁酮（3.24）、棕榈酸乙酯（3.17）、亚油酸（2.92）、亚麻酸（2.87）、2- 乙酰基吡咯（1.01）、5- 甲基糠醛（0.70）、苯乙醛（0.68）、糠醇（0.53）等（张文娟等，2016）。

无核白鸡心（青提、Centennial Seedless）： 欧亚晚熟品种，原产于美国加州。果穗大，平均穗重 650g。果肉硬脆，味甜可口，风味纯正，品质优。顶空固相微萃取法提取的山西太谷产'无核白鸡心'葡萄新鲜果实香气的主要成分为，(E)-2- 己烯醛（40.99%）、己醛（27.09%）、香叶醇（8.20%）、乙醇（8.10%）、橙花醇（2.59%）、2- 辛酮（1.39%）、3- 己烯醛（1.04%）等（谭伟等，2015）。

顶空固相微萃取法提取的新疆鄯善产'无核白鸡心'葡萄干果实香气的主要成分为，乙酸乙酯（18.87%）、乙酸（14.06%）、(Z)-2,3- 丁二酮（6.77%）、乙醇（6.67%）、3- 羟基 -2- 丁酮（5.24%）、甲氧基苯基肟（2.79%）、3- 甲基丁醛（2.07%）、2- 甲基丙醛（1.24%）、糠醛（1.08%）、己醛（1.03%）等；晾干果实香气的主要成分为，乙酸乙酯（27.29%）、乙醇（9.25%）、乙酸（5.06%）、己醛（4.00%）、甲氧基苯基肟（2.08%）、己醇（1.90%）、3- 羟基 -2- 丁酮（1.74%）、2,4,5- 三甲基二氧戊环（1.32%）、3- 甲基丁醛（1.29%）、戊醛（1.21%）、1- 辛烯 -3- 醇（1.19%）、3- 甲基丁醇（1.11%）、2- 甲基丙醛（1.04%）等（谢辉等，2014）。同时蒸馏萃取法提取的新疆吐鲁番产'无核白鸡心'葡萄干香气的主要成分（单位：μg/g）为，棕榈酸（22.49）、糠醛（14.34）、亚麻酸乙酯（10.55）、棕榈酸乙酯（8.01）、3- 羟基 -2- 丁酮（6.54）、亚油酸（6.43）、亚麻酸（6.35）、肉豆蔻酸（1.47）、香叶酸（1.17）、2- 乙酰基吡咯（1.08）、5- 羟甲基糠醛（1.03）、5- 甲基糠醛（0.95）、苯乙醛（0.92）、糠醇（0.86）、月桂酸（0.85）、硬脂酸乙酯（0.81）、芳樟醇（0.73）、2,4- 二羟基 -3,5- 二甲基 -3(2H) 呋喃酮（0.53）、壬酸（0.53）等（张文娟等，2016）。

无核翠宝： '瑰宝' ×'无核白鸡心'选育而成。顶空固相微萃取法提取的山西太谷产'无核翠宝'葡萄新鲜果实香气的主要成分为，(E)-2- 己烯醛（42.40%）、己醛（19.63%）、里哪醇（12.03%）、乙醇（10.27%）、香叶醇（4.42%）、2- 辛酮（1.36%）、3- 己烯醛（1.30%）等（谭伟等，2015）。

无核紫： 欧亚种，中熟，主产新疆。果穗圆锥形，平均穗重 371.3g。果粒椭圆形，平均粒重 1.9g。果皮中等厚，紫红或紫黑色，肉脆，汁少无核。顶空固相微萃取法提取的新疆石河子产'无核紫'葡萄新鲜成熟果实香气的主要成分（单位：μg/kg）为，2- 己烯醛（1438.40）、(E)-2- 己烯 -1- 醇（188.69）、正己醛（164.10）、(+)-柠檬烯（84.68）、甲基庚烯酮（57.38）、乙醇（55.55）、正己醇（45.71）、壬醛（36.38）、癸醛（29.18）、正辛醛（22.38）、2-辛酮（21.79）、3-辛醇（17.78）、叶醇（12.27）、辛酸乙酯（10.62）等（朱珠芸茜等，2020）。

同时蒸馏萃取法提取的新疆吐鲁番产'无核紫'葡萄干香气的主要成分（单位：μg/g）为，棕榈酸（29.68）、糠醛（13.10）、亚油酸（10.38）、3-羟基-2-丁酮（8.20）、亚麻酸（6.05）、棕榈酸乙酯（4.66）、亚麻酸乙酯（4.41）、1,19-二十二烯（1.04）、肉豆蔻酸（0.94）、苯乙醛（0.76）、5-甲基糠醛（0.72）等（张文娟等，2016）。

霞多丽（Chardonnay）： 早熟酿酒品种。果穗小，圆柱形或圆锥形，粒小，果皮黄色，有时带琥珀色。皮薄，汁多味甜。顶空固相微萃取法提取的山东烟台产'霞多丽'葡萄新鲜果实香气的主要成分（单位：μg/kg）为，己醛（62.39）、(E)-2-己烯醛（23.00）、己醇（18.64）、己酸（18.43）、2-乙基-1-己醇（16.36）、戊醛（10.46）等（丁燕等，2015）。顶空固相微萃取法提取的'霞多丽'葡萄新鲜果实香气的主要成分为，正己醇（70.31%）、(E)-2-己烯醛（3.45%）、乙酸乙酯（3.00%）、己酸（2.77%）、己醛（2.25%）、十四烷（1.93%）、丙三醇（1.56%）、β-香茅醇（1.19%）、5-羟甲基糠醛（1.14%）、3-己烯-1-醇（1.13%）、异辛醇（1.03%）等（于倩等，2012）。顶空固相微萃取法提取的山西乡宁产'霞多丽'葡萄新鲜果实香气的主要成分（单位：μg/L）为，丁醇（8004.0）、己醛（3256.0）、己酸（2150.0）、乙酸（836.8）、己醇（517.2）、(Z)-3-己烯-1-醇（380.0）、(E)-2-己烯-1-醇（367.6）、(E)-3-己烯-1-醇（91.0）、壬醛（29.1）、辛酸乙酯（25.2）、癸酸乙酯（23.7）、2-庚醇（19.4）、苯甲醇（14.3）、1-辛烯-3-醇（10.0）等（蒋宝等，2011）。溶液萃取法提取的宁夏贺兰山东麓产'霞多丽'葡萄新鲜果实香气的主要成分为，2-呋喃甲醛（33.31%）、2-(5-甲基)-呋喃甲醛（15.12%）、9,12-十八碳二烯酸（10.11%）、十六碳酸（6.32%）、2-呋喃乙酮（4.96%）、9,12,15-十八碳三烯酸甲酯（2.79%）、9-十八碳烯酸（2.46%）、2-甲氧基苯酚（2.00%）、4-环戊烯-1,3-二酮（1.93%）、苯酚（1.70%）、2-环戊烯酮（1.29%）等（胡博然等，2005）。顶空固相微萃取法提取的北京产以'1103P'为砧木嫁接'霞多丽'葡萄新鲜近成熟果实香气的主要成分（单位：μg/kg）为，6-甲基-5-庚烯-2-酮（6.04）、d-柠檬烯（2.75）、邻乙基甲苯（1.17）、对伞花烃（0.22）等（夏弄玉等，2022）。

夏黑（Summer Black）： 原产日本，是巨峰葡萄的后代，属于早熟欧美品种。果穗圆锥形或有歧肩，果穗大，平均穗重420g。果粒近圆形，粒重3.5g左右。果皮紫黑色，果粉厚，果皮厚而脆，皮紧沾果肉。无核，高糖低酸，肉质细脆，香味浓郁，硬度中等，有较浓的草莓香味。顶空固相微萃取法提取的上海产'夏黑'葡萄新鲜成熟果实果肉香气的主要成分（单位：μg/kg）为，(E)-2-己烯醛（669.05）、己醛（404.84）、乙酸乙酯（303.23）、己醇（98.97）、(E)-2-己烯醇（70.95）、香叶醇（12.10）等（张文文等，2018）。顶空固相微萃取法提取的辽宁鞍山产'夏黑'葡萄新鲜果实香气的主要成分为，2-己烯醛（27.40%）、3,7-二甲基-2,6-辛二烯-1-醇（16.86%）、芳樟醇（11.07%）、乙酸乙酯（8.67%）、己醛（4.53%）、D-香茅醇（4.47%）、正己醇（3.10%）、橙花醇（2.97%）、苯乙醇（2.49%）、α-松油醇（2.28%）、反式-2-己烯-1-醇（1.04%）等（张鹏等，2018）。顶空固相微萃取法提取的江苏句容产'夏黑'葡萄新鲜果肉香气的主要成分（单位：μg/L）为，2,4-二叔丁基苯酚（653.70）、2-己烯醛（338.81）、α-松油醇（256.04）、大马酮（121.35）、香叶醇（81.77）、(E)-2-己烯醇（63.50）、苯氧乙醇（51.10）等（张海宁等，2014）。顶空固相微萃取法提取江苏盐城产'夏黑'葡萄新鲜成熟果实香气成分，不同萃取头萃取的香气成分差异很大，以85μm PA为萃取头的主要成分为，4-羟基丁基丙烯酸酯（46.72%）、4-羟基丁基丙烯酸（24.81%）、甲苯-2,4-二异氰酸酯（21.33%）、4-异丙氧基-1-正丁醇（7.14%）等；以7μm PDMS为萃取头的主要成分为，4-异丙氧基-1-正丁醇（33.40%）、正十八烷（19.24%）、十八碳烷基吗啉（18.76%）、己氧基丁醇（11.81%）、棕榈酸（7.04%）、*N*,*N*- 二甲基 -1- 十六烷基胺（5.28%）、丁烷酸酯（3.95%）等；以 100μm PDMS 为萃取头的主要成分为，1,4- 丁二醇二缩水甘油醚（36.95%）、4- 羟基丁基丙烯酸（22.62%）、4- 异丙氧基 -1- 正丁醇（16.86%）、己氧基丁醇（10.78%）、二甲基丙氧基丁醇（5.00%）、邻苯二甲酸二异辛酯（4.12%）、次丁氧基丁酮（2.77%）等（纪亚楠等，2012）。顶空固相微萃取法提取的天津产'夏黑'葡萄新鲜成熟果实香气的主要成分（单位：μg/L）为，乙酸乙酯（14778.81）、反式 -2- 己烯 -1- 醛（3238.88）、正己醛（381.97）、2- 苯乙醇（334.31）、1- 己醇（218.18）、苯甲醇（179.30）、反式 -2- 己烯 -1- 醇（174.85）、正戊醇（84.23）、香茅醇（59.98）、香叶醇（53.78）、癸酸乙酯（49.28）、3- 甲基 -1- 丁醇（40.72）、*β*- 蒎烯（40.08）、苯乙醛（35.27）、正戊醛（27.21）、丁酸乙酯（20.21）、乙酸丙酯（15.19）、丁二酸二乙酯（13.45）、6- 甲基 -5- 庚烯 -2- 酮（13.10）、正丁醇（10.71）、辛酸乙酯（10.37）等（李凯等，2020）。顶空固相微萃取法提取的广西南宁产'夏黑'葡萄新鲜成熟果实香气的主要成分（单位：μg/L）为，己醛（260.32）、2- 己烯醛（200.32）、(*Z*)-3- 己烯醛（117.58）、己醇（90.24）、乙酸乙酯（83.54）、香茅醇（40.38）、苯乙醇（35.66）、橙花醇（32.35）、香叶醇（27.72）、(*E*)-2- 己烯醇（23.67）、辛酸乙酯（18.98）、苯乙醛（8.69）、己酸乙酯（7.31）、3- 己烯醛（5.57）、甲酸（5.44）等（陈彦蓓等，2021）。

香百川（Chambourcin）：欧美杂交种，原产于法国，由'Seyve Villard 12-417'与'Seibel 7053'杂交而成。是生产生态佐餐酒的优质候选品种。顶空固相微萃取法提取的天津产'香百川'葡萄新鲜成熟果实香气的主要成分（单位：μg/L）为，反式 -2- 己烯醛（148.36）、己醛（69.31）、乙醇（12.28）、1- 己醇（3.23）、壬醛（2.42）、甲苯（2.04）、间二甲苯（1.93）、2- 乙基己醇（1.52）、甲酸乙烯酯（1.23）、乙二醇丁醚乙酸酯（1.19）等（孙宝箴等，2020）。

香妃：欧亚种，以'玫瑰香'和'莎芭珍珠'（的后代）为母本，'绯红'为父本杂交选育而成的早熟品种。果穗中等大小，平均重 322.5g。果粒较大，近圆形，平均粒重 7.58g。果皮绿黄色，果粉厚度中等，皮薄。果肉硬脆，无涩味，甜酸适口，有浓郁的玫瑰香味，品质上等。顶空固相微萃取法提取的天津产'香妃'葡萄新鲜成熟果实香气的主要成分（单位：μg/L）为，反式 -2- 己烯 -1- 醛（2016.75）、1- 己醇（1009.70）、里哪醇（773.59）、*β*- 蒎烯（295.94）、正己醛（287.87）、反式 -2- 己烯 -1- 醇（252.75）、*α*- 松油醇（73.67）、正戊醇（63.87）、苯甲醇（62.38）、香茅醇（60.23）、香叶醇（59.99）、癸酸乙酯（49.24）、苯乙醛（31.85）、(+)-4- 蒈烯（21.46）、正戊醛（14.68）、柠檬烯（12.77）、6- 甲基 -5- 庚烯 -2- 酮（12.20）、3- 甲基 -1- 丁醇（11.46）、正丁醇（11.09）、1- 辛烯 -3- 醇（10.50）、1- 辛醇（9.94）、辛酸乙酯（9.94）、异松油烯（9.02）、乙酸苯乙酯（8.04）、苯甲醛（7.86）、己酸乙酯（6.85）、正庚醛（5.26）、1- 庚醇（5.21）等（李凯等，2020）。顶空固相微萃取法提取的北京产'香妃'葡萄新鲜成熟果实香气的主要成分（单位：μg/L）为，里哪醇（642.09）、顺 - 呋喃型氧化里哪醇（382.52）、反 - 呋喃型氧化里哪醇（343.59）、顺 - 吡喃型氧化里哪醇（154.83）、*β*- 月桂烯（120.42）、柠檬烯（98.23）、*α*- 萜品醇（79.00）、(*Z*)-*β*- 罗勒烯（58.60）、橙花醚（54.74）、(*E*,*Z*)- 别罗勒烯（40.09）、异松油烯（33.13）、(*Z*)- 别罗勒烯（32.02）、香叶醇（28.30）、(*E*)-*β*- 罗勒烯（22.33）、顺 - 氧化玫瑰（10.53）、*γ*- 松油烯（9.46）、香叶醛（8.24）、*β*- 香茅醇（8.22）、橙花醇（7.25）、香叶酸（6.51）、反 - 氧化玫瑰（3.65）、橙花醛（2.42）、4- 松油烯醇（2.06）、*γ*- 香叶醇（1.98）、*β*- 香茅醛（1.38）等（孙磊等，2016）。

香玉：'醉金香'芽变品种，有浓郁的茉莉香味。顶空固相微萃取法提取的天津产'香玉'葡萄新鲜成熟果实香气的主要成分（单位：μg/L）为，乙酸乙酯（12331.68）、1- 己醇（706.75）、反式 -2- 己烯 -1- 醛（488.46）、反式 -2- 己烯 -1- 醇（292.99）、正己醛（159.05）、正戊醇（134.61）、2- 苯乙醇（114.21）、丁酸乙酯（109.39）、香茅醇（58.16）、苯甲醇（53.60）、癸酸乙酯（49.24）、丙酸乙酯（25.66）、苯乙醛

（24.11）、正戊醛（23.25）、正丁醇（17.63）、1- 辛烯 -3- 醇（17.44）、3- 甲基 -1- 丁醇（14.95）、丁二酸二乙酯（12.40）、己酸乙酯（11.72）、6- 甲基 -5- 庚烯 -2- 酮（11.72）等（李凯等，2021）。

香悦： 玫瑰香优良芽变系‘7601’为母本，紫香水优良芽变系‘8001’为父本杂交育成。果穗为圆锥形，平均穗重 568.8g。果粒圆形，平均粒重 10.2g，黑紫色。果皮厚韧，无涩味，果粉厚。果肉软，无肉囊，果汁无色，汁多味甜，有独特的桂花香风味，回味浓香，鲜食品质佳。顶空固相微萃取法提取的辽宁鞍山产‘香悦’葡萄新鲜果实香气的主要成分为，乙酸乙酯（46.73%）、青叶醛（23.50%）、苯乙醇（3.89%）、己醛（3.83%）、D- 香茅醇（3.73%）、橙花醇（3.31%）、沉香醇（1.99%）、苯乙酸乙酯（1.88%）、α- 松油醇（1.56%）、正己醇（1.25%）等（颜廷才等，2015）。

小白玫瑰（Muscat Blanc à Petit Grain）： 欧亚种，原产希腊，中熟品种。果穗中等大，重230～350g，圆柱形或圆锥形。果粒着生极紧密，重 2.4～3.4g，近圆形，绿黄色。汁多，有浓郁的玫瑰香味。鲜食、酿酒兼宜。顶空固相微萃取法提取的山西太谷产‘小白玫瑰’葡萄新鲜成熟果实香气的主要成分（单位：μg/L）为，(E)-2- 己烯醛（4518.07）、己醛（2644.63）、乙酸 -3- 己烯酯（495.08）、(Z)-3- 己烯 -1-醇（152.69）、1- 己醇（76.62）、(E,E)-2,4- 己二烯醛（54.31）、(E)-2- 己烯 -1- 醇（27.09）、壬醛（1.77）、1-壬醇（1.43）等（孟满等，2022）。顶空固相微萃取法提取的北京产以‘5BB’为砧木嫁接的‘小白玫瑰826’葡萄营养系新鲜近成熟果实香气的主要成分（单位：μg/kg）为，橙花醚（258.37）、香叶醇（151.37）、反式 - 呋喃型氧化里哪醇（36.84）、顺式 -β- 罗勒烯（22.01）、顺式 - 氧化里哪醇（14.97）、反式 -β- 罗勒烯（14.95）、d- 柠檬烯（13.08）、4- 萜品醇（12.75）、α- 萜品醇（9.40）、α- 萜品油烯（8.00）、α- 萜品烯（7.29）、β- 水芹烯（6.86）、6- 甲基 -5- 庚烯 -2- 酮（6.75）、别罗勒烯（5.63）、γ- 萜品烯（4.44）、对伞花烃（2.89）、β- 里哪醇（2.09）、香茅醇（2.07）、二氢对伞花烃（1.31）等（夏弄玉等，2022）。

小芒森（小满胜、佩特蒙森、Petit Manseng）： 原产法国，白色酿酒葡萄品种，晚熟。果实小，果皮厚，汁液少，高糖高酸。顶空固相微萃取法提取的山东烟台产‘小芒森’葡萄新鲜果实香气的主要成分（单位：μg/kg）为，己醛（120.80）、己醇（38.82）、戊醛（27.27）、(E)-2- 己烯醛（26.40）、己酸（18.56）、(E)-2- 己烯酸（11.03）、2- 乙基 -1- 己醇（10.27）等（丁燕等，2015）。顶空固相微萃取法提取的山西太谷产‘小芒森’葡萄新鲜成熟果实香气的主要成分（单位：μg/L）为，(E)-2- 己烯醛（4553.77）、己醛（2515.44）、乙酸 -3- 己烯酯（252.38）、(E,E)-2,4- 己二烯醛（115.66）、(Z)-3- 己烯 -1- 醇（45.73）、1- 己醇（15.81）、(E)-2- 己烯 -1- 醇（5.61）、壬醛（2.01）等（孟满等，2022）。

亚历山大： 原产北非。果穗圆锥形，长 14cm。果粒中至大，百粒重 500g，椭圆形或倒卵圆形。果皮薄，绿黄色，味甜，有浓郁麝香味，果肉稍脆多汁，品质上乘。顶空固相微萃取法提取的天津产‘亚历山大’葡萄新鲜成熟果实香气的主要成分（单位：μg/L）为，反式 -2- 己烯 -1- 醛（2733.23）、1- 己醇（914.72）、正己醛（326.61）、里哪醇（280.64）、反式 -2- 己烯 -1- 醇（235.46）、β- 蒎烯（138.90）、正戊醇（69.39）、香叶醇（63.58）、香茅醇（59.53）、苯甲醇（53.58）、癸酸乙酯（49.26）、正戊醛（28.77）、3- 甲基 -1- 丁醇（25.05）、苯乙醛（20.16）、6- 甲基 -5- 庚烯 -2- 酮（17.75）、α- 松油醇（17.70）、1- 辛烯 -3- 醇（13.63）、辛酸乙酯（10.13）、正丁醇（8.83）、乙酸异戊酯（8.79）、柠檬烯（8.65）、苯甲醛（7.64）、己酸乙酯（6.92）、(+)-4- 蒈烯（6.52）、乙酸苯乙酯（6.51）、异松油烯（6.09）、2- 甲基 -1- 丁醇（5.76）、正庚醛（5.22）等（李凯等，2020）。

阳光玫瑰（Sunshine Rose）： 属欧美杂交种，是日本以‘安芸津 21 号’×‘白南’杂交选育而成的中晚熟品种。果穗圆锥形，果粒大，果粒重 8～12g，果皮黄绿色，皮薄，无核。果肉鲜脆多汁，甜味浓，有玫瑰香味，可溶性固形物含量高，鲜食品质极优。顶空固相微萃取法提取的江苏南京产'阳光玫瑰'葡萄新鲜果实香气的主要成分为，乙醇（40.12%）、2-己烯醛（31.71%）、里哪醇（14.78%）、己醇（6.31%）、2,4-己二烯醛（1.35%）、2,4-二叔丁基苯酚（1.08%）等（王继源等，2016）。固相微萃取法提取的'阳光玫瑰'葡萄新鲜成熟果实香气的主要成分（单位：μg/L）为，6-甲基-5-庚烯-2-酮（143.80）、香叶醇（92.04）、里哪醇（48.41）、香茅醇（29.91）、(+)-4-蒈烯（11.41）、α-松油醇（8.82）、异松油烯（4.14）、玫瑰醚（2.85）等（刘万好等，2021）。固相微萃取法提取的天津产'阳光玫瑰'葡萄新鲜成熟果实香气的主要成分（单位：μg/L）为，1-己醇（170.05）、里哪醇（111.19）、反式-2-己烯醛（94.63）、β-蒎烯（83.80）、香叶醇（83.30）、反式-2-己烯-1-醇（66.25）、正己醛（61.54）、正戊醇（31.57）、乙酸己酯（22.11）、苯乙醛（17.84）、1-辛烯-3-醇（7.84）、苯甲醛（7.27）、α-松油醇（6.04）、2-辛酮（5.30）、正庚醛（4.84）、己酸甲酯（4.57）、玫瑰醚（2.60）、大马酮（1.06）等（穆丁郁等，2022）。固相微萃取法提取的河南获嘉产'阳光玫瑰'葡萄新鲜成熟果实香气的主要成分为，2-己烯醛（34.00%）、(Z)-3-己烯醛（32.83%）、己醛（30.65%）、(E,E)-2,4-己二烯醛（1.77%）等（于会丽等，2021）。固相微萃取法提取的广西南宁产'阳光玫瑰'葡萄新鲜成熟果实香气的主要成分为，反式-2-己烯醛（44.73%）、己醛（20.73%）、乙醇（16.77%）、3-甲基丁醛（3.33%）、2-甲基丁醛（2.00%）、壬醛（1.59%）、戊醛（1.54%）、庚醛（1.36%）、正己醇（1.34%）、乙酸乙酯（1.06%）等（谢蜀豫等，2022）。顶空固相微萃取法提取的重庆产'阳光玫瑰'葡萄新鲜成熟果实香气的主要成分为，萜品油烯（9.79%）、罗勒烯（8.48%）、橙花醛（8.46%）、辛醛（7.81%）、十一醛（6.60%）、癸醛（6.37%）、2,4-癸二烯酸乙酯（6.02%）、十八甲基环九硅氧烷（5.47%）、苯乙醛（4.03%）、α-松油醇（4.01%）、(E)-2-庚烯醛（3.96%）、橙花醇（3.44%）、甲酸香叶酯（3.18%）、六甲基环三硅氧烷（3.01%）、2-乙基己醇（2.44%）、β-香茅醇（2.37%）、十二甲基环六硅氧烷（2.29%）、柠檬烯（1.91%）、香茅醇（1.88%）、十四甲基环七硅氧烷（1.60%）、十甲基环五硅氧烷（1.29%）、甲基环戊烷（1.24%）、香叶醇（1.11%）、月桂烯（1.08%）等（秦欢等，2019）。顶空固相微萃取法提取的广西南宁产'阳光玫瑰'葡萄新鲜成熟果实香气的主要成分（单位：μg/kg）为，己醛（1010.73）、(E)-2-己烯醛（204.09）、里哪醇（31.77）、香叶醇（30.40）、戊酸异丙酯（24.63）、橙花醇（14.84）、(E)-2-庚烯醛（14.09）、(E,E)-2,4-己二烯醛（9.76）、乳酸乙酯（8.71）、3-己烯醛（7.24）、(E)-柠檬醛（6.14）、香茅醇（5.63）、2-辛烯醛（4.32）、己醇（4.13）、1-辛烯-3-醇（3.77）、(E,E)-2,4-庚二烯醛（3.37）、香叶酸（3.25）、2-乙基呋喃（3.19）、戊醛（2.96）、庚醛（2.86）、壬醛（2.45）、苯甲醛（2.45）、1-辛烯-3-酮（2.34）、(E)-2-辛烯-1-醇（2.24）、异戊醛（2.15）、苯乙醛（1.91）、6-甲基-5-庚烯-2-酮（1.47）、(Z)-6-壬烯醛（1.08）、β-月桂烯（1.06）、癸醛（1.04）等（谢林君等，2023）。

鄞红：中熟品种。果穗圆锥形，果粒椭圆形。果皮紫红色至紫黑色，厚、韧，与果肉易分离。果实着色整齐均匀，果肉硬。顶空固相微萃取法提取的浙江宁波产'鄞红'葡萄新鲜果实香气的主要成分为，反-2-己烯醛（55.34%）、肉豆蔻醇（1.54%）、8-十七碳烯（1.28%）、己酸乙酯（0.94%）、十七烷（0.85%）、4-萜品醇（0.80%）、十五烷（0.66%）、邻苯二甲酸二异丁酯（0.49%）、辛酸乙酯（0.43%）、亚油酸乙酯（0.43%）等（付涛等，2014）。

意大利（Italy）：欧亚种，原产意大利，为'Bicane'בMuscat Hamburg'杂交育成的晚熟生食品种。果穗圆锥形，平均穗重830g。果粒大，椭圆形，平均粒重6.8g。果皮黄绿色，着生紧密，果粉中等厚度。果肉脆嫩，味甜，有玫瑰香味。顶空固相微萃取法提取的天津产'意大利'葡萄新鲜成熟果实香气的主要成分（单位：μg/L）为，1-己醇（649.04）、反式-2-己烯-1-醛（393.00）、反式-2-己烯-1-醇（247.46）、里哪醇（224.65）、乙酸乙酯（155.31）、正己醛（133.13）、β-蒎烯（86.14）、香茅醇（58.46）、苯甲醇（52.58）、癸酸乙酯（49.24）、香叶醇（48.77）、苯乙醛（28.31）、正戊醇（25.77）、3-甲基-1-丁醇（11.15）、α-松油醇

（10.85）、辛酸乙酯（9.92）、2-苯乙醇（9.84）、6-甲基-5-庚烯-2-酮（9.28）、乙酸庚酯（8.98）、(+)-4-蒈烯（8.45）、1-辛烯-3-醇（8.00）、柠檬烯（7.65）、苯甲醛（7.39）、己酸乙酯（6.94）、壬酸乙酯（6.34）、乙酸苯乙酯（6.17）、乙酸己酯（5.98）、异松油烯（5.77）、1-庚醇（5.06）等（李凯等，2022）。

早黑宝：以'瑰宝'为母本、'早玫瑰'为父本杂交诱变选育成的欧亚种四倍体鲜食品种。果穗大，圆锥形带歧肩，平均穗重430g。果粒大，短椭圆形，平均单粒重7.5g。果皮紫黑色，较厚而韧。果肉较软，有浓郁的玫瑰香味，品质上。顶空固相微萃取法提取的山西太原产'早黑宝'葡萄新鲜果实香气的主要成分为，2-己烯醛（38.12%）、里哪醇（18.20%）、己醛（16.28%）、乙醇（8.21%）、香叶醇（7.03%）、1-己醇（2.22%）、2-辛酮（1.52%）、香茅醇（1.50%）等（谭伟等，2017）。顶空固相微萃取法提取的山西太原产'早黑宝'葡萄新鲜成熟果实香气的主要成分（单位：µg/L）为，芳樟醇（522.86）、青叶醛（200.17）、己醛（98.24）、月桂烯（39.67）、罗勒烯（25.50）、右旋萜二烯（19.93）、b-反式环己烯（16.06）、α-松油醇（13.86）、玫瑰醚（13.12）、正己醇（8.73）、氧化芳樟醇（6.96）、萜品油烯（6.65）、香茅醇（4.05）、萜品烯（3.02）、大马士酮（2.51）、香叶醇（1.69）、橙花醇（1.67）等（王颖等，2023）。

早康宝：'瑰宝'×'无核白鸡心'杂交选育而成，欧亚种。果穗圆锥形带歧肩，穗形整齐，果穗中等大。果粒倒椭圆形，大粒，无核，平均粒重3.1g。果皮紫红色，皮薄，肉脆，味甜爽口，具清香和玫瑰香味，风味独特，品质上等。顶空固相微萃取法提取的山西太谷产'早康宝'葡萄新鲜果实香气的主要成分为，(E)-2-己烯醛（35.88%）、己醛（26.62%）、香叶醇（14.58%）、乙醇（6.16%）、里哪醇（4.88%）、橙花醇（3.01%）等（谭伟等，2015）。

早玫瑰香（早凤凰、超早娜）：欧亚种，以'玫瑰香'作母本、'莎巴珍珠'为父本杂交育成。果穗中大，圆锥形或带歧肩，平均穗重600g。果粒近圆形，果粒均重7.5g。果皮玫瑰红至紫红色，味酸甜，有浓郁的玫瑰香味，品质中上。顶空固相微萃取法提取的山西太原产'早玫瑰香'葡萄新鲜果实香气的主要成分为，2-己烯醛（39.83%）、己醛（18.49%）、乙醇（13.64%）、β-法尼烯（9.77%）、香叶醇（3.98%）、橙花醇（2.21%）、2-辛酮（1.80%）、反式-2-己烯-1-醇（1.42%）等（谭伟等，2017）。

乍娜（绯红）：原产美国，欧亚种，早熟。果穗大，长圆锥形，平均穗重850g。果粒近圆形，平均粒重9.5g。果皮粉红色或红紫色，较厚。果肉肥厚较脆，清香味甜，有淡玫瑰香味，品质优良。顶空固相微萃取法提取的天津产'乍娜'葡萄新鲜成熟果实香气的主要成分为，1-己醇（40.59%）、(E)-2-己烯-1-醇（11.48%）、(Z)-3,7-二甲基-2,6-辛二烯-1-醇（9.93%）、(E)-2-己烯醛（5.44%）、2-戊酮（3.86%）、乙酸乙酯（3.53%）、3,7-二甲基-1,6-辛二烯-3-醇（2.86%）、α,α,4-三甲基-3-环己烯-1-甲醇（2.02%）、大马士酮（1.99%）、乙酸己酯（1.73%）、(E)-2-己烯-1-醇乙酸酯（1.46%）、3,7-二甲基-1,5,7-辛三烯-3-醇（1.07%）等（成明等，2011）。

着色香（茉莉香、苏丹玫瑰、张旺一号、极品香）：欧美杂交种。果粒椭圆形，较小，单粒重3g左右，果皮紫红色。果肉粉红色，有浓厚的茉莉香味，甜度较高，汁水丰富。顶空固相微萃取法提取的辽宁大连产'着色香'葡萄新鲜果实香气的主要成分为，芳樟醇（13.99%）、α-萜品醇（13.67%）、2-己烯醛（12.26%）、(E)-2-己烯醇（9.73%）、脱氢芳樟醇（9.23%）、己醛（8.23%）、4-松油醇（5.98%）、乙酸乙酯（3.44%）、马来酸丁二酯（2.48%）、桉树醇（1.68%）、4-异丙烯基甲苯（1.62%）、橙花醇（1.50%）、氧化芳樟醇（1.01%）等（张佳等，2017）。

醉金香：以'沈阳玫瑰(7601)'为母本、'巨峰'为父本杂交选育而成的欧美杂交四倍体鲜食品种。平均穗重800g，果粒倒卵形，特大，平均粒重13.0g。果皮金黄色，中厚，果汁多，香味浓，有浓郁的茉莉香味，适口性好，品质上等。顶空固相微萃取法提取的辽宁鞍山产'醉金香'葡萄新鲜果实香气的主要成分为，2-己烯醛（50.57%）、乙酸乙酯（14.68%）、己醛（12.09%）、苯乙醛（1.80%）、正己醇（1.30%）、苯乙醇（1.01%）、橙花醇（1.00%）等（颜廷才等，2017）。顶空固相微萃取法提取的天津产'醉金香'葡萄新鲜成熟果实香气的主要成分（单位：μg/L）为，乙酸乙酯（14462.75）、反式-2-己烯-1-醛（1513.62）、正己醛（230.40）、1-己醇（153.62）、反式-2-己烯-1-醇（111.25）、正戊醇（76.00）、2-苯乙醇（68.26）、香茅醇（58.19）、丁酸乙酯（57.59）、苯甲醇（51.53）、3-甲基-1-丁醇（50.55）、癸酸乙酯（49.27）、苯乙醛（44.56）、香叶醇（43.66）、丙酸乙酯（19.11）、丁二酸二乙酯（13.31）、正戊醛（13.31）、辛酸乙酯（10.32）、6-甲基-5-庚烯-2-酮（10.21）、2-甲基-1-丁醇（10.09）等（李凯等，2021）。

毛葡萄（*Vitis heyneana* Roem. et Schult.）

别名：绒毛葡萄、五角叶葡萄、野葡萄、飞天白鹤。分布于山西、陕西、甘肃、山东、河南、安徽、江西、浙江、福建、广东、广西、湖北、湖南、四川、贵州、云南、西藏。尼泊尔、锡金、不丹和印度也有分布。木质藤本。叶卵圆形，花杂性异株，与叶对生。果实圆球形，成熟时紫黑色，直径1～1.3cm，种子倒卵形。花期4～6月，果期6～10月。不同品种毛葡萄果实香气成分的分析如下。

毛葡萄图

G203：中晚熟品种。果穗圆锥形，有副穗，平均穗重175.56g。果粒椭圆形，紫黑色，果皮厚，有韧度，有涩味，果粉厚，果肉软，有香气。固相微萃取法提取的广西南宁产'G203'毛葡萄新鲜成熟果实香气的主要成分（单位：μg/kg）为，(*E*)-2-甲基环戊醇（1029.0）、正己醇（702.2）、(*E*)-2-己烯醛（483.0）、乙酸乙酯（295.3）、1-辛烯-3-醇（146.4）、异戊醛（97.3）、异戊醇（54.3）、异丁醇（48.9）、(*Z*)-3-己烯醇（40.6）、异丁醛（39.1）、2-甲基丁醛（29.6）、乙酸甲酯（27.8）、(*E,Z*)-2,4-己二烯醛（23.8）、苯甲醛（21.8）、戊醛（21.1）、(*E,E*)-2,4-己二烯醛（20.9）、(*Z*)-3-己烯醛（20.5）、己酸（19.3）、2-甲基-1-丁醇（16.9）、(*Z*)-2-己烯醛（12.4）、丁酸乙酯（11.0）、3-甲基-2-丁醇（10.6）等（谢太理等，2015）。

白色毛葡萄：果穗圆锥形，多具副穗，平均穗重16.25g。果粒着生较紧密，圆形，平均粒重0.36g。果皮白色，被白色蜡粉，上有褐色小斑点。果汁无色，味甜酸。溶剂萃取法提取的陕西杨凌产'白色毛葡萄'新鲜果实香气的主要成分为（相对峰高），乙酸甲氧基乙酯（637.5）、四氢呋喃（155.1）、甲酸乙酯（132.6）、甲醇（129.8）、2-甲基丁烷（72.0）等；黑色种的主要成分为（相对峰高），环己醇（121.4）、二异丙醚（80.3）、乙酸甲氧基乙酯（64.4）、2-甲基丁烷（60.4）等（李记明等，2002）。

凌丰： 野生酿酒葡萄品种。果穗长圆锥形，平均穗重168.5g。果粒着生紧凑，圆形，单果重1.04~1.23g。果皮浅紫红色至紫黑色，有少量果粉，果面光滑，种子与果肉易分离。顶空固相微萃取法提取的广西南宁产'凌丰'毛葡萄新鲜果实香气的主要成分（单位：μg/kg）为，正己醇（607.66）、乙酸乙酯（558.58）、乙酸己酯（369.37）、乳酸乙酯（271.68）、乙酸异戊酯（156.50）、异戊醇（105.63）、5-羟甲基糠醛（29.38）、乙酸（28.35）、己酸乙酯（26.46）、苯乙醇（21.18）、1-壬醇（18.18）、2-乙基己醇（16.14）、苯乙烯（13.73）、异丁醇（12.77）、2,4-戊二烯醛（10.02）等（管敬喜等，2018）。

野酿2号： 野生毛葡萄变异株选育。果穗圆锥形，平均穗重182.9g。果粒圆形，平均粒重1.55g，果皮黑紫色，有小黑点状果蜡。每果平均有种子3.6粒，褐色。顶空固相微萃取法提取的广西南宁产'野酿2号'毛葡萄新鲜果实香气的主要成分（单位：μg/kg）为，正己醛（622.04）、(E)-2-己烯醛（326.01）、5-羟甲基糠醛（126.88）、乳酸乙酯（58.72）、正己醇（26.12）、α-法尼烯（24.91）、苯甲醛（24.12）、乙酐（21.50）、S-(+)-1-环己基乙胺（21.04）、甲基庚烯酮（20.79）、乙酸（20.71）、壬醛（14.91）、(E)-2-辛烯醛（10.56）等（管敬喜等，2018）。

山葡萄（*Vitis amurensis* Rupr.）

别名：木龙、阿穆尔葡萄、烟黑，分布于黑龙江、吉林、辽宁、河北、山西、山东、安徽、浙江。木质藤本。叶阔卵圆形，圆锥花序疏散。果实直径1~1.5cm，种子倒卵圆形。花期5~6月，果期7~9月。果实既可鲜食，也可酿酒。抗寒能力强。不同品种山葡萄果实香气成分的分析如下。

山葡萄图1

山葡萄图2

北冰红：果穗长，圆锥形，平均穗重 159.5g。果粒圆形，平均单粒重 1.30g，蓝黑色，果皮较厚。果肉绿色。适宜酿造干红冰红葡萄酒。顶空固相微萃取法提取的吉林通化产'北冰红'山葡萄新鲜成熟果实香气的主要成分为，3- 乙基苯甲醛（9.10%）、1- 萘甲酸（5.51%）、丁酸乙酯（3.87%）、十四烷（3.01%）、L- 蛋氨酸（2.19%）、2- 乙基己醇（1.81%）、正壬酸（1.79%）、正癸醛（1.72%）、正己醇（1.61%）、正十八烷（1.60%）、十二醇（1.55%）、2,4- 二叔丁基酚（1.18%）、乙酸乙酯（1.02%）等（刘欢等，2017）。顶空固相微萃取法提取的陕西杨凌产'北冰红'山葡萄新鲜成熟果实香气的主要成分（μg/L）为，反 -2- 己烯醛（512457.43）、己醛（108265.73）、1- 己醇（34050.47）、反 -2- 己烯醇（30718.19）、2- 辛酮（13549.24）、1- 辛烯 -3- 醇（5310.61）、苯甲醛（43389.12）、壬醛（4234.66）、2,4- 二甲基苯甲醛（3649.50）、苯乙醇（3066.46）、癸醛（2850.93）、乙酸乙酯（2396.26）、异辛醇（2314.82）、甲酸辛酯（2190.36）、异戊醛（1711.25）、β- 大马士酮（16293.05）、香叶基丙酮（1584.62）、辛酸乙酯（1485.60）、反 -2- 壬烯醛（1422.99）、癸酸乙酯（1329.79）、异戊醇（1302.09）、反 -3- 己烯醇（1287.70）、2- 甲基 - 丁醛（1236.89）、棕榈酸乙酯（878.72）、2- 庚醇（793.30）、十二醛（767.81）、2- 己烯酸甲酯（734.48）、反 -2- 顺 -6- 壬二烯醛（687.73）、2- 甲基 -1- 丁醇（595.63）、反 -2- 辛烯醛（508.06）等（官凌霄等，2020）。顶空固相微萃取法提取的吉林集安产'北冰红'山葡萄正常采收的新鲜成熟果实香气的主要成分（单位：μg/L）为，正己醇（1588.01）、乙醇（1552.68）、乙酸乙酯（869.23）、正己醛（534.05）、2- 乙基己醇（369.80）、丙酮（209.81）、3- 甲基 -1- 丁醇（188.07）、乙酸（155.02）、1- 丙醇（152.58）、甲基丁醛（136.28）、甲醇（122.42）、异丁醇（99.85）、甲酸乙酯（76.11）、乙酸甲酯（63.83）、壬醛（61.62）、乙醛（59.58）、2- 戊酮（55.25）、1- 戊醇（50.19）、苯甲醛（48.63）、环己酮（45.78）、4- 甲基 -2- 戊酮（43.48）、2,3- 丁二酮（39.52）、(E)-3- 己烯 -1- 醇（23.37）、正丁醛（21.74）等；延迟采收的新鲜成熟果实香气的主要成分（单位：μg/L）为，乙醇（1895.04）、乙酸乙酯（1563.50）、异丁醇（1460.58）、正己醇（1164.25）、3- 甲基 -1- 丁醇（568.67）、2- 乙基己醇（326.44）、甲酸乙酯（292.72）、丙酮（241.23）、2- 戊酮（227.98）、丙酸乙酯（199.00）、甲基丁醛（190.77）、1- 丙醇（171.80）、正己醛（166.70）、3- 羟基 -2- 丁酮（164.97）、2,3- 丁二酮（125.91）、乙酸（103.51）、1- 戊醇（88.37）、环己酮（84.71）、乙醛（80.71）、甲醇（78.01）、(E)-2- 辛烯醛（72.09）等（金宇宁等，2020）。

公酿一号：欧山杂种，以'玫瑰香'与'东北山葡萄'杂交培育而成。果穗小，圆锥形，有时有歧肩与副穗，平均穗重 150g。浆果粒小，近圆形，蓝黑色，百粒重 160g。皮厚，肉软，汁多，汁色鲜红，味甜酸，无香味。顶空固相微萃取法提取的山东日照产'公酿一号'山葡萄新鲜果实香气的主要成分（单位：mg/L）为，5- 羟甲基糠醛（0.669）、(E)-2- 己烯醛（0.315）、二羟基丙酮（0.193）、2,3- 二氢 -3,5- 二羟基 -6- 甲基 -4H- 吡喃 -4- 酮（0.166）、己醛（0.166）、糠醛（0.097）、正己醇（0.076）、乙酸（0.075）、苯乙烯（0.066）、(E)-2- 己烯 -1- 醇（0.059）、二乙酸 -1,4- 丁二酯（0.039）、1- 羟基 -2- 丙酮（0.031）、4- 氧代戊酸（0.030）、甲酸（0.027）、2- 丙烯酸甲酯（0.026）、糠醇（0.024）、麦芽酚（0.024）、3,5- 二羟基 -2- 甲基 -4H- 吡喃 -4- 酮（0.023）、对二甲苯（0.022）、5- 甲基糠醛（0.021）等（汤晓宏等，2017）。溶剂萃取法提取的吉林柳河产山葡萄'公酿一号'果实香气的主要成分（单位：mg/L）为，己醇（18.89%）、薄荷醇（8.86%）、3- 羟基 -2- 丁酮（5.12%）、十八烷（4.66%）、十六烷（3.99%）、苯乙醇（3.55%）、3- 甲基 -1- 丁醇（2.89%）、十五烷（2.43%）、羟基丁二酸二乙酯（2.39%）、顺 -2- 己烯 -1- 醇（2.04%）、邻苯二甲酸二异丁酯（1.79%）、二氢 -2(3H) 呋喃酮（1.50%）、丁醇（1.44%）、2- 甲基 -1- 丙醇（1.23%）、2- 乙基己醇（1.05%）、苯酚（1.04%）等（南海龙等，2009）。顶空固相微萃取法提取的吉林通化产'公酿 1 号'山葡萄新鲜成熟果实香气的主要成分（单位：mg/L）为，丁酸乙酯（12.09%）、己酸乙酯（5.20%）、2- 甲基丁酸乙酯（2.75%）、2- 丁烯酸乙酯（2.69%）、正十七烷（1.68%）等（刘欢等，2017）。

双红：在'双优'营养系中选育而成，酿酒品种。果穗平均重127.0g，果粒平均重0.83g。顶空固相微萃取法提取的吉林松原产'双红'山葡萄新鲜果实香气的主要成分为，乙酸乙酯（12.15%）、3-甲基丁醇（7.41%）、己醇（6.73%）、2-辛醇（4.01%）、苯乙醇（3.30%）、乙酸（2.10%）、辛酸（1.15%）等（涂正顺等，2007）。顶空固相微萃取法提取的吉林通化产'双红'山葡萄新鲜成熟果实香气的主要成分为，正己醇（4.68%）、异戊醇（2.16%）、2-己烯醛（1.48%）、大马士酮（1.33%）、乙酸己酯（1.22%）、2,4-二叔丁基酚（1.08%）等（刘欢等，2017）。

双优：从山葡萄种内杂交苗（'通化一号'×'双庆'）中选出的中熟新品种。果穗中等大，穗长圆锥形有副穗，穗重110g。果粒着生紧密，粒小，圆形，蓝黑色，皮薄，肉软汁中，味酸甜。是酿制山葡萄类型甜红葡萄酒和加工葡萄果汁饮料的优良品种。溶剂萃取法提取的吉林柳河产'双优'山葡萄果实香气的主要成分为，3-甲基-1-丁醇（30.88%）、己醇（10.28%）、苯乙醇（6.70%）、2-甲基-1-丙醇（6.23%）、肉豆蔻酸（4.51%）、苯甲醇（2.67%）、顺-2-己烯-1-醇（2.65%）、正己酸（2.25%）、3-羟基-2-丁酮（1.83%）、软脂酸（1.78%）、二氢-2(3H)呋喃酮（1.64%）、羟基丁二酸二乙酯（1.37%）、十六烷（1.15%）等（南海龙等，2009）。顶空固相微萃取法提取的吉林通化产'双优'山葡萄新鲜果实香气的主要成分为，乙酸乙酯（11.05%）、4-甲基己醇（7.26%）、2-辛醇（6.81%）、乙酸烯丙酯（5.94%）、己醇（5.06%）、戊醇（2.51%）、异丁醇（1.68%）、乙酸己酯（1.58%）、辛酸（1.55%）、乙醇酸甲酯（1.54%）、乙酸异戊酯（1.03%）、乙酸（1.02%）等（涂正顺等，2007）。顶空固相微萃取法提取的吉林通化产'双优'山葡萄新鲜成熟果实香气的主要成分为，异戊醛（11.56%）、正己醛（4.88%）、2-己烯醛（4.03%）、1-苯氧基-2-丙醇（3.76%）、反式-2-己烯-1-醇（1.89%）、乙酸乙酯（1.23%）、苯甲醛（1.20%）等（刘欢等，2017）。

左山一：从野生山葡萄中选出的优良单株。果穗歧肩圆锥形，平均穗重78.7g。浆果紫黑色，果粒圆形，单粒重0.90g。是酿造葡萄酒的优良品种。溶剂萃取法提取的吉林柳河产'左山一'山葡萄果实香气的主要成分为，3-甲基-1-丁醇（46.76%）、邻苯二甲酸二异辛酯（18.17%）、2-甲基-1-丙醇（11.82%）、乙酸异戊酯（4.09%）、己醇（2.41%）、顺-2-己烯-1-醇（1.75%）等（南海龙等，2009）。

左优红：果穗小，平均穗重144.8g，歧肩圆锥形。果粒圆形，果皮蓝黑色，有较厚果粉，果粒平均重1.36g。果皮薄，紫红色，果汁桃红色，略有肉囊。顶空固相微萃取法提取的吉林省吉林市产'左优红'山葡萄新鲜果实香气的主要成分为，3-甲基丁醇（9.00%）、2-辛醇（5.50%）、乙酸（4.82%）、十二酸乙酯（3.25%）、辛酸（1.90%）、异丁醇（1.85%）、乙酸乙酯（1.81%）、癸酸（1.05%）、癸酸乙酯（1.03%）等（涂正顺等，2007）。

圆叶葡萄（*Vitis rotundifolia* Michx.）

原产于美国东南部，是美国东南部的主栽葡萄品种，栽培历史超过400年。中国广西、云南、浙江和福建等地均有引种栽培。叶片全缘，果实颜色多样，有绿色、铜色、红色、黑色等。具有较强的抗性，可耐高温、高湿环境。果实具有特殊的芳香和风味，营养价值高，含丰富的多酚类化合物及白藜芦醇等物质，并具有令人愉悦的花香及果香味。分为鲜食型和酿酒型的，鲜食型的果实有粉紫色、浅绿色、深紫色、青铜色等品种，串串饱满圆润；酿酒型的葡萄个头稍小，但果型均匀有光泽。此外还可加工成果汁、果脯、葡萄干、葡萄酒、果酱、果冻等。是唯一检测到含鞣花酸的葡萄，具有抗癌功效。不同品种圆叶葡萄果实香气成分的分析如下。

格威尔（Granny Val）：果实近圆形，黄绿色，果皮粗糙有皮孔，果肉较韧，内含种子2粒左右。香气独特。顶空固相微萃取法提取的广东东莞产'格威尔'圆叶葡萄新鲜成熟果实香气的主要成分为，壬醛（30.70%）、乙酸丁酯（11.89%）、1-辛醇（8.16%）、己醛（7.56%）、甲酸己酯（7.09%）、乙酸异丙酯

（6.89%）、2- 己烯 -1- 醇（5.12%）、辛醛（4.74%）、甲氧基苯基肟（3.90%）、2- 己烯醛（3.58%）、反式丁烯酸乙酯（1.77%）、5- 癸烯 -1- 醇（1.18%）等（范妍等，2021）。

卡洛斯（Carlos）： 原产美国，早熟品种。果实近圆形，黄绿色，果皮粗糙有皮孔，果肉较韧，内含种子 2～4 粒。果皮厚、脆，不易与果肉分离，果肉软，香气浓烈，平均果粒重 5.8～6.8g。顶空固相微萃取法提取的广西南宁产'卡洛斯'圆叶葡萄新鲜果实香气的主要成分（单位：μg/kg）为，(E)-2- 甲基环戊醇（1048.7）、4- 羟基 -2- 丁酮（807.3）、2- 环己烯 -1- 醇（599.4）、乙酸丁酯（203.3）、正己醇（202.2）、乙酸丙酯（113.5）、(E)-2- 己烯醇（94.3）、2- 丁烯酸乙酯（86.9）、苯甲醛（77.8）、乙酸异丙酯（63.3）、异戊醛（57.5）等（张劲等，2014）。

诺贝尔（Nobel）： 原产美国，中熟品种。果实近圆形，果皮紫黑色，有皮孔，果皮厚、脆，不易与果肉分离。果肉软，平均果粒重 6g。顶空固相微萃取法提取的广西南宁产'Nobel'圆叶葡萄新鲜果实香气的主要成分（单位：μg/kg）为，(E)-2- 甲基环戊醇（1313.3）、4- 羟基 -2- 丁酮（976.3）、(E)-2- 己烯醛（742.0）、乙酸异丙酯（375.5）、正己醇（211.7）、(E)-2- 己烯醇（138.0）、2- 硝基 -2- 氯丙烷（106.1）、乙酸丁酯（104.2）、异戊醛（77.4）、苯甲醛（76.4）、乙酸丙酯（50.0）等（张劲等，2014）。

通过种间杂交，选育出了种间杂交葡萄品种，果实芳香成分如下。

贝达（Beta）： 原产美国，早熟品种。是河岸葡萄（*Vitis riparia* Michx.）和美洲葡萄（*Vitis labrusca* Linn.）杂交而成。果穗较小，平均穗重 142g，圆柱形或圆锥形，副穗小。果粒着生较紧密，平均粒重 1.75g，近圆形，紫黑色，皮较薄。果肉味酸，有草莓香味，生食品质不佳，可酿酒。顶空固相微萃取法提取的吉林省吉林市产'贝达'葡萄新鲜成熟果实香气的主要成分（单位：mg/kg）为，(E)-2- 己烯醛（1623.45）、1- 己醇（1292.47）、己醛（387.56）、己酸乙酯（159.52）、乙酸（58.97）、丁酸乙酯（50.51）、壬酸乙酯（28.53）、己酸（25.23）、(E)-2- 己烯酸（22.03）、壬酸（17.38）、己酸甲酯（17.10）、降异戊二烯类（11.53）、香叶醇（9.12）、1- 丁醇（9.00）、(E)-2- 辛烯酸乙酯（8.46）、(E,E)-2,4- 辛烯酸乙酯（7.51）、β- 大马士酮（4.59）、萜品油烯（4.45）、3- 羟基丁酸乙酯（4.43）、γ- 萜品烯（4.32）、庚酸乙酯（4.26）、α- 紫罗兰酮（4.10）、(E)-2- 己烯 -1- 醇（4.01）等（裴旋旋等，2022）。

红富士葡萄（*Vitis vinifera* × *V. labrusca* cv. Benifuji，井川 667）： 日本用'金玫瑰'和'黑潮'杂交育成的欧美杂交种。果穗大，圆锥形，平均穗重 510g。果粒大，倒卵圆形，平均粒重 9.4g。果皮厚，粉红色至紫红色，果粉厚，果皮与果肉易分离，有肉囊。果肉香甜，多汁，味浓。顶空固相微萃取法提取的天津产'红富士葡萄'新鲜成熟果实香气的主要成分（单位：μg/L）为，乙酸乙酯（9036.53）、1- 己醇（167.13）、反式 -2- 己烯 -1- 醇（144.54）、丁酸乙酯（62.31）、反式 -2- 己烯 -1- 醛（51.28）、苯甲醇（41.72）、正戊醇（36.70）、苯乙醛（26.48）、丙酸乙酯（15.88）、己酸乙酯（15.46）、正己醛（10.19）、辛酸乙酯（9.94）、3- 甲基 -1- 丁醇（9.87）、6- 甲基 -5- 庚烯 -2- 酮（9.30）、正丁醇（8.17）、1- 辛烯 -3- 醇（7.78）、苯甲醛（7.26）、壬酸乙酯（6.34）、乙酸苯乙酯（6.21）、柠檬烯（6.16）、乙酸己酯（6.07）、乙酸丙酯（5.98）、1- 庚醇（5.29）、正庚醛（5.12）、异松油烯（5.08）等（李凯等，2021）。

桂葡 3 号（Guipu 3）： 从台湾欧美杂交种葡萄'金香（*Vitis vinifera* × *Vitis labrusca*）'中选育的芽变中熟品种。果穗圆锥形，平均穗重 430.0g，平均果粒为椭圆形，粒重 5.5g。果皮金黄色，可溶性固形物含量高，具令人愉快的浓郁香气。顶空固相微萃取法提取的广西南宁产'桂葡 3 号'葡萄新鲜成熟果实香气的主要成分（单位：μg/kg）为，4- 羟基 -2- 丁酮（19238.5）、丁酸乙酯（4070.9）、己醛（2949.7）、2- 丁烯酸乙酯（1178.9）、己酸乙酯（796.8）、丙酸乙酯（652.0）、(E)-2- 己烯醛（488.5）、戊酸乙酯（230.4）、异丁酸乙酯（228.3）、3- 羟基丁酸乙酯（198.8）、2- 甲基丁酸乙酯（174.9）、3- 苄雪梨酮（166.4）、乙酸异丙烯酯（121.2）、(*E*)-2- 己烯醇（107.8）、2,4- 癸二烯酸乙酯（89.2）、乙酸丙酯（81.9）、碳酸二乙酯（75.9）、乙酸异戊酯（74.3）、1- 辛烯 -3- 醇（73.0）、乙酸甲酯（71.6）、*β*- 蒎烯（55.7）等（张劲等，2015）。

刺葡萄（*Vitis davidii* Roman. Foëx）的果实球形，成熟时紫红色，直径 1.2～2.5cm。顶空固相微萃取法提取的湖南怀化产刺葡萄品系中的甜葡萄新鲜成熟果实香气的主要成分（单位：μg/L）为，2- 己烯醛（928.63）、2,6- 二甲基 -4- 庚酮（178.98）、苯甲醇（168.63）、(*S*)-3- 乙基 -4- 甲基戊醇（70.18）、(*E*)-2- 己烯 -1- 醇（45.67）、(*Z*)-3- 己烯 -1- 醇（42.46）、己酸（42.25）、(*E,E*)-2,4- 己二烯醛（29.80）、1- 己醇（18.92）、苯甲醛（16.22）等（赵亚蒙等，2018）。

4.3 蓝莓

蓝莓为杜鹃花科越橘属植物新鲜成熟果实的统称，别名：笃斯、笃柿、嘟嗜、都柿、甸果、地果、龙果、蛤塘果、老鸹果。辽宁、吉林、黑龙江、内蒙古、山东等地有栽培。蓝莓被称为"世界水果之王""水果皇后"和"浆果之王"，被联合国粮农组织列为人类五大健康食品之一。我国于 1989 年开始引种栽培蓝莓，2008 年以后种植面积快速增长，到 2020 年底，全国蓝莓栽培面积 $6.64×10^4hm^2$，总产量 $3.47×10^5t$。蓝莓根据植株的高度不同有矮丛、半高丛和高丛之分，形成了不同的栽培品种，约有 450 多种。市场上出售的蓝莓包括蓝莓（高丛越橘）（*Vaccinium corymbosum* Linn.）、矮丛蓝莓（*Vaccinium angustifolium* Komatsu.）、笃斯越橘（*Vaccinium uliginosum* Linn.）等，此外，该属果实可以食用的种还有南烛（*Vaccinium bracteatum* Thunb.，也称乌饭树）、黑果越橘（*Vaccinium myrtillus* Linn.）、乌鸦果（*Vaccinium fragile* Franch.）、红莓苔子（*Vaccinium oxycoccos* Linn.）、小果红莓苔子［*Vaccinium microcarpum* (Turcz. ex Rupr.) Schmalh.］、红豆越橘（*Vaccinium vitis-idaea*）等。

高丛蓝莓是最早的栽培种类，为野生种的伞房花越橘的选育种和杂交种。天然分布在北美。该类是所有蓝莓种类中经济价值最高的一类，已有近百个品种在生产上应用。为落叶灌木，高 3～4m。叶椭圆状披针形至卵形，长 4～8cm，宽 2～4cm。花白色、乳白色或带粉红色。浆果球形至扁圆形，重约 0.5g，蓝色至蓝黑色，被有粉霜，味甜而多汁。5～6 月开花，果实成熟期为 6 月底到 9 月初。高丛蓝莓又分为北高丛和南高丛，北高丛蓝莓喜冷凉气候，抗寒力较强，休眠期需要低温的时间较长。适宜生长的土壤 pH 值在 4.3～5.2 之间。南高丛蓝莓完全是人工培育出的一个全新的品系，它是利用北方耐寒性比较强的伞房花越橘类和佛罗里达州野生的常绿越橘以及适宜温暖地区生长的兔眼类越橘等，采用配子交配等技术手段杂交培育而得，特点是低温要求量较少，更适宜于温暖区域，而果实品质好于南方地区的兔眼蓝莓。南高丛蓝莓树体略小，一般高度在 1～1.5m。适宜生长的土壤 pH 值在 4.3～5.5。不耐旱。

矮丛蓝莓是伞房花越橘和窄叶乌饭树的杂交种。仅分布于加拿大东部沿海部分地区及美国东北部的缅因州至明尼苏达州一带。植株高 5～40cm，株丛大而密，树形匍匐状。叶片狭长。花冠白色，有红条纹。果小，平均重约 0.28g，圆形，浅蓝色，有光泽，味甜浓。花期 4～5 月。果熟一般在 7～8 月。一般生长在开阔、干旱的砂石地上，在高有机质、酸性的废弃干草地上。具有极高的营养价值，富含多种人体所需维生素。其中的花青素含量是自然界所有植物中最高的，远高于其他物种与其他品种的蓝莓，具有很高的延缓衰老、抗氧化的功用。

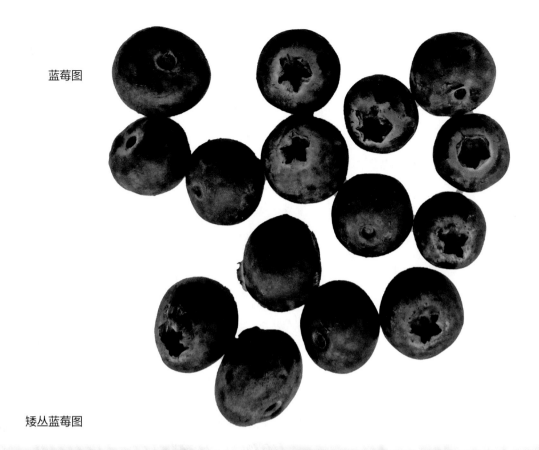

蓝莓图

矮丛蓝莓图

兔眼蓝莓是从野生兔眼越橘（*Vaccinium ashei* J. M. Reade）的品种中选育出来的栽培品种，果实成熟前其颜色红如兔眼，故得名为兔眼蓝莓。树体高大，寿命长，树势较强，栽培品种的树高一般在2～3m，野生种有的可达6m。叶阔椭圆形至卵形，长4～7cm，宽2～4cm。花淡粉红至鲜粉红色。野生种的果实黑色或暗黑色，重约0.5g，淡薄无味，品质差。栽培类型果实重量在1g以上，多汁并有香味，风味佳。大多数品种果实比高丛蓝莓品种的小，种子大，风味差。成熟较迟。对土壤条件要求不严，适宜生长的土壤pH值在4.5～5.5左右，比较抗旱，耐湿热，但抗寒性较差。适宜温暖地区栽培。

蓝莓果实营养丰富，甜酸适口，果肉细腻，种子极小，可食率为100%。果实中除了常规的糖、酸和维生素C外，富含维生素E、维生素A、B族维生素、SOD、熊果苷、黄酮、蛋白质、花青苷（163mg/100g）、食用纤维以及丰富的K、Fe、Zn、Ca等矿质元素。蓝莓具有抗氧化、抗炎症、提高免疫力、增强心脏功能、抗心血管疾病、延缓衰老、抗癌及抗突变等多种生理活性功能，对眼科疾病和心脑血管疾病有较好的疗效。果实也可用来酿酒、制果酱、做饮料等。老少皆宜，尤其适宜心脏病患者，每次10～20个。腹泻时勿食；由于蓝莓汁液中的某些成分会导致蛋白质的凝固，所以不可与牛奶等乳制品同食。

蓝莓果实的挥发物含量较少，香味比较清淡，芳香成分包括酯类、醇类等化合物。不同研究者对不同品种的蓝莓果实的香气成分的研究结果如下。

埃利奥特（Elliott）： 美国极晚熟北高丛蓝莓品种，果实中大，果皮亮蓝色，果粉厚，果肉硬，有香味，风味佳。顶空固相微萃取法提取的'埃利奥特'蓝莓冷冻果实香气的主要成分为，2-乙基己醇（12.00%）、癸酸癸酯（10.48%）、1,4-二氯苯（6.14%）、柏木烯（5.25%）、二戊烯（5.17%）、十四烷（4.50%）、N-甲基牛磺酸（4.24%）、氨基甲酰肼（3.76%）、1,7,7-三甲基-二环[2.2.1]庚-2-酮（3.66%）、十九烷（3.61%）、癸醛（3.56%）、芳樟醇（3.48%）、长叶烯（3.19%）、柏木脑（2.89%）、十四烷（2.77%）、2,5-二甲基苯甲醛（2.38%）、桉树醇（2.29%）、硬脂酸（2.22%）、十二烷二酸（1.75%）、二十二烷基酸二十二烷基酯（1.49%）、2,3,5,8-四甲基癸烷（1.41%）、乙醇（1.39%）、十九烷（1.38%）、2,4-二叔丁基苯酚（1.37%）、对仲丁基-2,6-二叔丁基苯酚（1.29%）、十三烷（1.26%）、2-丁基辛醇（1.17%）、2,6,10-三甲基十二烷（1.17%）、正十一醛（1.00%）等（陈燕等，2013）。

奥尼尔（O'neal）： 美国经典南高丛蓝莓早熟品种。果实大粒，暗蓝色，果粉较少，果肉质硬，香味浓，风味佳。顶空固相微萃取法提取的贵州麻江产'奥尼尔'蓝莓新鲜成熟果实香气的主要成分（单位：ng/g）为，异戊酸乙酯（67000.21）、异戊酸甲酯（27666.92）、甲基丁香酚（11324.93）、右旋柠檬烯（10394.86）、芳樟醇（9572.40）、对二甲苯（7806.41）、苯乙烯（5393.88）、邻二甲苯（4501.08）、(2R,5S)-2-甲基-5-(丙-1-烯-2-基)-2-乙烯基四氢呋喃（4383.30）、顺式-对薄荷-2,8-二烯-1-醇（2880.07）、萜品油烯（2673.46）、(2R,5R)-2-甲基-5-(丙-1-烯-2-基)-2-乙烯基四氢呋喃（2414.06）、3-甲基-2-丁烯酸乙酯（2098.66）、乙苯（2017.79）、2-甲基丁酸乙酯（1665.79）、邻伞花烃（1030.44）、甲苯（737.93）、己醛（678.92）、3-甲基丁酸乙酯（349.29）、α-萜品醇（344.68）、γ-松油烯（294.71）、正丁醚（255.83）、3,3-二甲基丙烯酸甲酯（254.68）、异丁酸乙酯（245.14）、氧化石竹烯（237.14）等（彭歌等，2021）。固相微萃取法提取的四川成都产'奥尼尔'蓝莓新鲜成熟果实香气的主要成分为，(E)-2-己烯醛（59.99%）、己醛（11.83%）、芳樟醇（4.67%）、d-柠檬烯（4.50%）、3-己烯醛（2.17%）、(E)-2-己烯-1-醇乙酸酯（1.31%）、1-己醇（1.28%）、(E)-2-己烯醇（1.25%）等（陈昌琳等，2022）。顶空固相微萃取法提取的浙江诸暨产'奥尼尔'蓝莓新鲜成熟果实香气的主要成分（单位：μg/kg）为，正己醛（94.77）、芳樟醇（71.56）、2-己烯醛（66.76）、正己醇（34.45）、叶醇（23.46）、异戊酸甲酯（21.27）、柠檬烯（17.98）、反式-2-己烯醇（8.48）、乙酸丁酯（5.94）、对甲基苯异丙醇（5.70）、香叶醇（4.57）、甲基庚烯酮（4.35）、萜品油烯（3.44）、(+)-α-松油醇（3.06）、桉叶油醇（3.01）、甲酸辛酯（2.72）、香叶基丙酮（2.29）、甲基壬基甲酮（2.22）、甲基丁香酚（2.16）、异戊醛（2.04）、壬醛（1.87）、1-辛烯-3-醇（1.85）、对孟-1-烯-9-醛（1.75）、己酸甲酯（1.72）、2-己炔-1-醇（1.71）、2-甲基丁醛（1.59）、橙花醇（1.36）、庚醛（1.25）、苯乙醇（1.17）、乙酸乙酯（1.12）、异戊酸异丙酯（1.10）等（刘梦溪等，2023）。

北春（Northconutry）： 从美国引入试材中筛选而成的半高丛品种。果实球形，被白色果粉，蓝色。质地较硬。平均单果重1.2g。顶空固相微萃取法提取的吉林长春产'北春'蓝莓新鲜成熟果实香气的主要成分（单位：ng/g）为，5-甲基糠醛（647.45）、3-甲基丁酸乙酯（474.95）、糠醛（180.93）、乙酸辛酯（83.88）、壬醛（41.68）、2-乙基-1-癸醇（21.97）等（孙海悦等，2018）。

北蓝（Northblue）： 美国半高丛晚熟品种，由'Mn-36'×（'B-10'×'US-3'）杂交育成。果实大粒，果皮暗蓝色，风味佳。静态顶空萃取法提取的山东威海产'北蓝'蓝莓新鲜果实香气的主要成分为，异戊酸乙酯（25.80%）、乙酸乙酯（16.40%）、乙酸甲酯（11.60%）、乙醇（5.90%）、异戊酸甲酯（4.30%）、乙酸己酯（3.50%）、丁酸乙酯（2.90%）、β-芳樟醇（2.60%）、(E,E)-2,8-癸二烯（1.50%）、乙酸芳樟酯（1.50%）、苯乙烯（1.00%）等（张春雨等，2009）。

北陆（Northland）： 美国半高丛早、中熟品种，由'Berkeley'×（'Lowbush'×'Pioneer'实生苗）杂交育成。果实中粒，果粉多，果肉紧实，多汁，果味好。味甜，酸度中等。静态顶空萃取法提取的山东威海产'北陆'蓝莓新鲜果实香气的主要成分为，(E)-2-己烯-1-醇（20.50%）、1-己醇（11.20%）、乙酸丁酯（8.40%）、苯乙烯（6.50%）、3-丁烯-2-酮（5.90%）、d-柠檬烯（5.00%）、乙醇（4.30%）、3-甲基-1-丁醇（3.70%）、2-甲基丁酸乙酯（3.70%）、乙酸-(E)-2-己烯酯（3.70%）、(Z)-3-己烯醇（2.80%）、乙酸-(Z)-4-己烯酯（1.20%）等（张春雨等，2009）。顶空固相微萃取法提取的辽宁大连产'北陆'蓝莓新鲜成熟果实香气的主要成分为，芳樟醇（34.81%）、α-松油醇（18.64%）、橙花醇（9.73%）、(E)-2-己烯醛（3.57%）、(E,Z)-2,6-二甲基-2,4,6-辛三烯（3.11%）、桉叶油醇（2.06%）、邻苯二甲酸二异丁酯（1.74%）、à,4-二甲基-3-环己烯-1-乙醛（1.43%）、d-柠檬烯（1.19%）、(E)-3,7-二甲基-1,3,6-辛三烯（1.06%）、2,6-二甲基-2,7-辛二烯-1,6-二醇（1.06%）等（李江阔等，2014）。顶空固相微萃取法提取的天津产'北陆'蓝莓新鲜成熟果实香气的主要成分为，2-己烯醛（49.01%）、芳樟醇（20.75%）、己醛（6.60%）、桉叶油醇（3.23%）、对-1-烯-3β,7-二醇（1.86%）、香叶醇（1.85%）、(R)-α,α-4-三甲基-3-环己烯-1-甲醇（1.55%）、2-(4-甲基苯基)丙-2-醇（1.03%）等（贾晓昱等，2022）。

伯克利（Berkeley）： 美国高丛早-中熟品种，由'Jersey'×'Pioneer'杂交育成。果实大粒，柔软、着生紧密。有香味。顶空固相微萃取法提取的辽宁大连产'伯克利'蓝莓新鲜果实香气的主要成分为，4-三甲基-3-环己烯-1-甲醇（25.19%）、芳樟醇（23.20%）、(E)-2-己烯醛（19.90%）、橙花醇（9.79%）、α,4-二甲基-3-环丁烯-1-乙醛（1.94%）、己醛（1.48%）、d-柠檬烯（1.41%）、3-蒈烯（1.41%）、1-甲基-4-(1-甲基乙烯基)苯（1.37%）、三甲基-双环[4.1.0]庚-2-烯（1.02%）等（李天元等，2016）。顶空固相微萃取法提取的辽宁大连产'伯克利'蓝莓新鲜成熟果实香气的主要成分为，芳樟醇（27.25%）、α-松油醇（15.94%）、橙花醇（9.21%）、(E)-2-己烯醛（7.42%）、(E,Z)-2,6-二甲基-2,4,6-辛三烯（3.41%）、α,4-二甲基-3-环己烯-1-乙醛（2.93%）、邻苯二甲酸二异丁酯（2.50%）、桉叶油醇（2.43%）、顺式-2-甲基-5-(1-甲基乙烯基)-2-环己烯-1-醇（2.08%）、反式-2-甲基-5-(1-甲基乙烯基)环己酮（1.97%）、大马士酮（1.75%）、2,6-二甲基-2,7-辛二烯-1,6-二醇（1.71%）、d-柠檬烯（1.02%）等（李江阔等，2014）。

薄雾（密斯提、密斯蒂、Misty）： 美国高丛中熟品种。果粒中-大，甜度14.0%，酸度pH 4.20，有香味。顶空固相微萃取法提取的湖北随州产'密斯蒂'蓝莓新鲜成熟果实果皮香气的主要成分为，芳樟醇（13.26%）、右旋萜二烯（11.76%）、壬醛（3.37%）、丁香酚（2.91%）、萜品油烯（2.70%）、桂皮醛（2.56%）、香叶基丙酮（2.39%）、苯甲醛（2.36%）、2-辛烯醛（1.94%）、甲基壬基甲酮（1.92%）、苯甲醇（1.90%）、α-松油醇（1.72%）、香叶醇（1.66%）、癸醛（1.47%）、橙花醇（1.34%）、2-己烯醛（1.30%）、甲基庚烯酮（1.06%）、异辛醇（1.05%）等；果肉香气的主要成分为，芳樟醇（36.38%）、α-松油醇（7.89%）、甲基庚烯酮（3.45%）、香叶基丙酮（2.43%）、(E)-2-庚烯醛（2.23%）、桉叶油醇（1.36%）、右旋萜二烯（1.23%）、2-辛烯醛（1.14%）、1-辛烯-3-酮（1.12%）等（吴林等，2020）。固相微萃取法提取的四川成都产'密斯提'蓝莓新鲜成熟果实香气的主要成分为，(E)-2-己烯醛（47.06%）、己醛（22.86%）、芳樟醇（4.43%）、水杨酸甲酯（4.17%）、(E)-2-己烯醇（3.37%）、1-己醇（3.21%）、3-己烯醛（1.87%）、香叶醇（1.73%）、2-壬醇（1.24%）等（陈昌琳等，2022）。

布里吉塔（Brigitta）： 澳大利亚高丛晚熟品种。果粒大，甜度14.0%，酸度pH 3.30，香味浓，果味酸甜适度。鲜果专用。顶空固相微萃取法提取的湖北随州产'布里吉塔'蓝莓新鲜成熟果实果皮香气的主要成分为，芳樟醇（10.74%）、壬醛（9.00%）、甲基庚烯酮（5.75%）、2,4-壬二烯醛（4.78%）、苯甲醇（4.68%）、右旋萜二烯（3.96%）、2-辛烯醛（3.48%）、苯甲醛（3.31%）、辛醛（3.25%）、癸醛（3.05%）、香叶基丙酮（2.67%）、桉叶油醇（2.67%）、1-石竹烯（2.60%）、甲基壬基甲酮（2.44%）、2-壬烯醛（1.92%）、α-松油醇（1.42%）等；果肉香气的主要成分为，芳樟醇（33.13%）、α-松油醇（9.20%）、桉叶油醇（6.17%）、(E)-2-庚烯醛（4.36%）、甲基庚烯酮（4.03%）、1-辛烯-3-酮（2.45%）、2-辛烯醛（2.20%）、香叶基丙酮（2.11%）、罗勒烯（1.08%）等（吴林等，2019）。

春高： 高丛蓝莓早熟。果实大，果皮深蓝色，果实硬度好，甜度高，酸度低，香味浓郁。固相微萃取法提取的四川成都产'春高'蓝莓新鲜成熟果实香气的主要成分为，(E)-2-己烯醛（55.34%）、己醛（10.72%）、(E)-2-己烯醇（6.23%）、1-己醇（5.92%）、桉叶油醇（4.83%）、香叶醇（3.24%）、3-己烯醛（2.34%）、对二甲苯（1.13%）等（陈昌琳等，2022）。

都克（杜克、公爵、Duke）： 美国高丛早熟品种。果实中大粒，果粉多，浅蓝色，外形美观。稍硬，适宜运输。甜味大，酸味小，风味较好，采收后产生特殊香味。常规水蒸气蒸馏法提取的山东泰安产'杜克'蓝莓果实香气的主要成分为，2,4-二叔丁基苯酚（16.54%）、二棕榈酸抗坏血酸酯（13.48%）、8-甲基-十七烷（7.25%）、环十二烷（7.37%）、7,9-二叔丁基-1-氧杂螺[4.5]癸-6,9-二烯-2,8-二酮（6.39%）、8-己基-十五烷（6.15%）、(E)-9-十八烯（5.60%）、十四酸（4.38%）、二十四烷（4.38%）、2,6-二叔丁基对苯醌（2.25%）、壬胺（2.07%）、5-乙基-5-甲基-癸烷（1.95%）、二氯乙酸十七烷酯（1.75%）、N-正丁基乙烯二胺（1.72%）、2,6,11,15-四甲基-十六烷（1.70%）、7,9-二甲基-十六烷（1.51%）、正十四醛（1.48%）、十七烷（1.39%）、邻苯二甲酸双十三烷基酯（1.37%）、2-甲基-6-丙基-十二烷（1.32%）、邻苯二甲酸二异丁酯（1.19%）、4,6-二甲基-十二烷（1.05%）等（王健美等，2008）。静态顶空萃取法提取的山东威海产'杜克'蓝莓新鲜成熟果实香气的主要成分为，d-柠檬烯（33.00%）、丙酸烯丙酯（32.00%）、异戊酸乙酯（19.80%）、丁酸乙酯（9.20%）、乙醇（8.00%）、2-蒈烯（5.70%）、(E,E)-2,8-癸二烯（4.30%）、异戊酸甲酯（1.10%）、3-戊酮（1.00%）等（张春雨等，2009）。顶空固相微萃取法提取的贵州麻江产'都克'蓝莓新鲜成熟果实香气的主要成分（单位：ng/g）为，芳樟醇（13789.55）、右旋柠檬烯（10512.55）、对二甲苯（8612.98）、苯乙烯（6644.65）、邻二甲苯（5522.07）、反式-2-己烯醛（3153.35）、1,7,7-三甲基-双环[2.2.1]庚烷-2,5-二醇（2583.53）、己醛（2116.75）、萜品油烯（1773.20）、顺式-对薄荷-2,8-二烯-1-醇（1762.76）、正己醇（1717.92）、(2R,5S)-2-甲基-5-(丙-1-烯-2-基)-2-乙烯基四氢呋喃（1431.61）、乙苯（1352.99）、甲苯（1222.60）、邻伞花烃（971.86）、石竹烯（873.35）、α-萜品醇（840.98）、3-辛醇（567.68）、木香醇

（562.94）、γ- 松油烯（368.22）、4- 乙烯基 -1,2- 二甲基苯（247.17）等（彭歌等，2021）。

法新（Farthing）： 美国品种，'FL96-27' 与 '温莎' 进行杂交培育的南高丛品种。果实大，表皮深蓝色，果肉脆甜，硬度较高，风味佳。固相微萃取法提取的四川成都产 '法新' 蓝莓新鲜成熟果实香气的主要成分为，(E)-2- 己烯醛（60.17%）、己醛（13.34%）、芳樟醇（4.05%）、(E)-2- 己烯醇（3.82%）、1- 己醇（3.22%）、乙酸正戊酯（2.43%）、3- 己烯醛（2.29%）、(E)-2- 己烯 -1- 醇乙酸酯（1.79%）、桉叶油醇（1.24%）、柠康酐（1.03%）等（陈昌琳等，2022）。

芬蒂（Fundy）： 加拿大矮丛中熟品种。果实淡蓝色，被果粉。顶空固相微萃取法提取的吉林长春产 '芬蒂' 蓝莓新鲜成熟果实香气的主要成分（单位：ng/g）为，乙酸辛酯（452.37）、3- 甲基丁酸乙酯（149.69）、十二烷（10.91）、壬烷（7.01）、十一烷（4.08）、壬醛（3.97）等（孙海悦等，2018）。

粉蓝（兔眼蓝莓一号、Powderblue）： 美国兔眼品种，由 'Menditoo' × 'Tifblue' 杂交育成，晚熟种。果实大，肉质极硬，甜度 BX（°Bx）15.2%，酸度 pH 3.40，有香味。果皮亮蓝色，果粉多。顶空固相微萃取法提取的浙江新昌产 '粉蓝' 蓝莓新鲜成熟果实香气的主要成分（单位：峰面积 ×10⁶）为，(E)-2- 己烯醛（676.05）、芳樟醇（341.72）、正己醛（253.72）、α- 松油醇（165.26）、(E,E)-2,4- 己二烯醛（88.23）、石竹烯（58.45）、香叶醇（32.69）、香叶基丙酮（31.13）、甲基庚烯酮（30.90）、甲基壬基甲酮（23.74）、N- 苯基香豆甲酯（22.62）、桉叶油醇（17.47）、柠檬烯（17.46）、环氧石竹烯（16.34）、橙花醇（15.22）、正己醇（12.09）、2- 十一烷酮（12.09）等（肖尚月等，2017）。顶空固相微萃取法提取的湖南长沙产 '粉蓝' 蓝莓新鲜成熟果实果汁香气的主要成分为，乙酸乙酯（25.17%）、异戊酸乙酯（13.35%）、芳樟醇（7.80%）、1- 己醇（7.51%）、α- 松油醇（4.20%）、氧化芳樟醇（2.76%）、己醛（1.97%）、2,4- 二叔丁基苯酚（1.45%）、2- 乙基 -1- 己醇（1.24%）等（刘伟等，2021）。

海岸（Gulfcoast）： 美国经典南高丛品种，果实糖酸比中等，挥发性成分含量较低。顶空固相微萃取法提取的江苏南京产 '海岸' 蓝莓新鲜成熟果实香气的主要成分（单位：μg/kg）为，己醛（36.66）、芳樟醇（32.16）、2- 己烯醛（15.15）、壬醛（12.59）、1- 己醇（9.32）、6- 甲基 -5- 庚烯 -2- 酮（5.93）、异戊酸甲酯（5.64）、桉树脑（4.72）、(−)-α- 萜品醇（4.42）、(E,Z)-2,6- 壬二烯醛（3.07）、1- 辛烯 -3- 醇（2.37）、反式 -2- 壬烯醛（2.26）、2,3- 丁二酮（1.65）、癸醛（1.26）、2- 十一酮（1.24）、(E)-6,10- 二甲基 -5,9- 十一碳二烯 -2- 酮（1.20）、牻牛儿醇（1.08）、1- 甲基 -4-(1- 甲基亚乙基)- 环己烯（1.00）等（刘梦溪等，2021）。

慧蓝（5115）： 美国半高丛品种。顶空固相微萃取法提取的吉林长春产 '慧蓝' 蓝莓新鲜成熟果实香气的主要成分（单位：ng/g）为，壬烷（914.88）、乙酸辛酯（234.65）、3- 己烯 -2- 酮（11.93）、壬醛（8.56）、十二烷（5.11）等（孙海悦等，2018）。

莱格西（莱克西、雷格西、雷戈西、Legacy）： 美国中晚熟高丛种。果实扁圆形，深蓝色，表皮覆较厚白色果粉，果粒中大，平均单果重 3.3g，甜度 BX14.0%，酸度 pH 3.44，果实甜中带酸，风味浓郁，有香味，品质优，较耐贮运，宜鲜食。顶空固相微萃取法提取的浙江宁波产 '莱克西' 蓝莓新鲜成熟果实香气的主要成分为，2- 己烯醛（72.47%）、己醛（5.77%）、芳樟醇（5.41%）、香叶醇（3.61%）、α- 松油醇（2.91%）、月桂烯（1.33%）、2,6- 二叔丁基对甲酚（1.33%）、2- 乙基 -1- 己醇（1.03%）等；贮藏 9 天的果实香气主要成分为，反式 -2- 己烯 -1- 醇（22.71%）、2- 己烯醛（20.44%）、香叶醇（15.10%）、芳樟醇（10.67%）、α- 松油醇（7.33%）、月桂烯（3.79%）、罗勒烯（3.31%）、顺 -7- 癸烯醛（1.44%）、(E)-1-(2- 丙烯氧基)-1- 丙烯（1.35%）、橙花醇（1.30%）、(E)-3,7- 二甲基 -2,6- 辛二烯醛（1.24%）、1- 辛醇（1.14%）等（薛友林等，2020）。顶空固相微萃取法提取的山东烟台产 '莱克西' 蓝莓新鲜成熟果实香气的主要成分（单位：μg/L）为，1,3,5,7-环辛四烯（176.25）、反式-己烯醛（160.45）、香叶醇（138.36）、正己醛（100.74）、2-乙基己醇（50.30）、反式-3,7-二甲基-2,6-醛（27.39）、1-己醇（17.29）、里哪醇（16.79）、2-壬酮（16.69）、6-甲基-5-庚酮（15.80）、癸醛（13.75）、石竹烯氧化物（13.38）、1-辛醇（13.06）、2-丙烯酸丁酯（13.00）、(Z)-柠檬醛（12.92）、壬醛（11.81）、苯甲醛（10.80）、顺式-细辛醚（10.07）、(E)-2-己烯醇（9.86）、3,7-二甲基-2,6-辛二烯醇（9.46）、2-十一烷酮（6.50）、桉叶油素（5.33）等（刘笑宏等，2019）。

蓝丰（Bluecrop）：美国高丛中熟品种，由（'Jersey'×'Pioneer'）×（'Stanley'×'June'）杂交育成。果实大，淡蓝色，果粉厚，肉质硬，具清淡芳香味，未完全成熟时略偏酸，风味佳，甜度为BX14.0%，酸度为pH 3.29。鲜果优良品种。静态顶空萃取法提取的山东泰安产'蓝丰'蓝莓新鲜成熟果实香气的主要成分单位：ng/g)为，(Z)-3-己烯-1-醇（250.31）、甲酸己酯（169.41）、乙醇（164.84）、桉叶油醇（91.00）、丁酸-(E)-2-己烯酯（87.00）、β-芳樟醇（75.71）、(E)-2-己烯醛（74.79）、乙酸-(E)-3-己烯酯（67.16）、(E)-4-己烯-1-醇（54.95）、乙醛（32.05）、乙酸丁酯（27.47）、2-甲基丁酸乙酯（24.58）、戊酸-(E)-2-己烯酯（24.42）、2-乙烯基四氢-2,6,6-三甲基-2H-吡喃（24.42）、2-甲基戊醛（19.84）、d-柠檬烯（18.00）、乙酸-(E)-4-己烯酯（16.79）、丙酸烯丙酯（15.26）、苯乙烯（13.74）、乙酸己酯（12.21）、丁酸乙酯（12.21）、戊酸-(Z)-3-己烯酯（10.68）、萜品油烯（10.68）、3-戊酮（10.68）等（张春雨等，2009）。顶空固相微萃取法提取的贵州凯里产'蓝丰'蓝莓新鲜成熟果实香气的主要成分（单位：μg/L）为，桉叶油醇（328.84）、芳樟醇（283.06）、2-异亚丙基-5-六角甲基-4-烯（172.94）、己醛（72.62）、正己醇（55.25）、2-己烯醛（42.79）、对二甲苯（37.02）、萜二烯（33.35）、3-甲基丁酸乙酯（33.17）、橙花醇（25.99）、邻二甲苯（22.04）、苯乙烯（19.97）、薄荷脑醇（17.73）、α-松油醇（15.63）、正辛醇（13.64）、1-甲基-4-(1-甲基亚乙基)-环己烯（12.58）、5-异甲基-2-甲基-2-乙烯基四氢呋喃（11.08）、乙酸反-2-己烯酯（10.29）、乙酸反-2-己烯酯（10.29）、2-甲基-5-乙烯基四氢呋喃（9.00）、壬醛（8.71）、4a,8a-二甲基-1H-萘（7.41）、丁酸乙酯（6.78）、乙苯（6.47）、2-甲基-3-羟基-2,2,4-三甲基戊酯（6.46）、甲基庚烯酮（6.39）、2-十一烷酮（6.22）、2-庚酮（5.52）、苯甲醛（5.40）、甲苯（5.23）、2-乙基己醇（5.11）、丁香酚（5.04）等（姚依林等，2021）。顶空固相微萃取法提取的山东烟台产'蓝丰'蓝莓新鲜成熟果实香气的主要成分（单位：μg/L）为，1,3,5,7-环辛四烯（264.14）、香叶醇（85.41）、反式己烯醛（69.10）、香叶基丙酮（45.43）、2-乙基己醇（40.15）、2-丙烯酸丁酯（38.27）、里哪醇（33.15）、1-辛醇（31.45）、6-甲基-5-庚酮（30.71）、正己醛（30.01）、癸醛（26.56）、(Z)-3,7-二甲基-2,6-辛二烯醇（25.17）、壬醛（22.38）、正壬醇（19.07）、(E)-2-己烯醇（18.01）、1-己醇（16.18）、苯甲醛（14.03）、丁香油酚（12.37）、反式-3,7-二甲基-2,6-醛（11.63）、(Z)-柠檬醛（11.28）、(E)-乙酸-2-己烯-1-醇酯（10.27）、石竹烯氧化物（10.07）等（慈志娟等，2021）。

蓝金（Bluegold）：美国半高丛晚熟品种。为（'Bluehaven'×'ME-USs5'）×（'Ashworth'×'Bluecrop'）杂交育成。果实中等大小，天蓝色，蒂痕小而干，风味佳，略偏酸，硬度好。顶空固相微萃取法提取的吉林长春产'蓝金'蓝莓新鲜成熟果实香气的主要成分（单位：ng/g）为，戊酸乙酯（577.84）、乙酸辛酯（382.98）、庚酸乙酯（237.50）、十二烷（106.81）、3-甲基丁酸乙酯（71.32）、壬烷（66.05）、4-甲基-3-戊烯-2-酮（57.99）等（孙海悦等，2018）。顶空固相微萃取法提取的天津产'蓝金'蓝莓新鲜成熟果实香气的主要成分为，2-己烯醛（41.46%）、芳樟醇（17.73%）、己醛（5.96%）、桉叶油醇（2.72%）等（贾晓昱等，2022）。

蓝乐（Bluejay）：美国北高丛品种。静态顶空萃取法提取的山东威海产'蓝乐'蓝莓新鲜成熟果实香气的主要成分为，乙酸甲酯（18.00%）、异戊酸乙酯（15.30%）、乙酸乙酯（12.20%）、乙酸丁酯（8.60%）、丁酸甲酯（7.80%）、乙醇（6.70%）、异戊酸甲酯（3.60%）、异丁酸乙酯（2.80%）、丁酸乙酯（2.20%）、1- 己醇（1.90%）、2- 甲基丁酸乙酯（1.30%）等（张春雨等，2009）。

蓝美 1 号：国产高丛蓝莓新品种。果实圆形，平均单果重 1.38g，硬度中等，富含花青素。顶空固相微萃取法提取的浙江诸暨产'蓝美 1 号'蓝莓新鲜成熟果实香气的主要成分（单位：μg/kg）为，正己醛（80.50）、2- 己烯醛（30.28）、正己醇（21.25）、芳樟醇（21.04）、香叶醇（13.46）、反式 -2- 己烯醇（8.68）、正辛醇（8.01）、乙酸丁酯（7.48）、甲基庚烯酮（3.48）、正辛醛（3.27）、壬醛（1.69）、2- 壬酮（1.56）、异戊酸甲酯（1.38）、2- 庚酮（1.25）、(+)-α- 松油醇（1.08）等（刘梦溪等，2023）。

蓝雨：南高丛蓝莓品种。果肉富有汁液，口感清爽酸甜，带有淡淡的芳香味道。顶空固相微萃取法提取的贵州麻江产'蓝雨'蓝莓新鲜成熟果实香气的主要成分（单位：ng/g）为，邻二甲苯（4754.28）、对二甲苯（4652.78）、芳樟醇（3279.75）、反式 -2- 己烯醛（2810.41）、苯乙烯（2144.79）、右旋柠檬烯（1516.09）、己醛（847.48）、乙苯（825.35）、甲苯（823.41）、3- 辛醇（782.05）、邻伞花烃（637.08）、1,7,7- 三甲基 - 双环 [2.2.1] 庚烷 -2,5- 二醇（439.55）、异戊酸甲酯（276.12）、石竹烯（270.83）等（彭歌等，2021）。

绿宝石（Emerald）：美国早熟品种。果实大，中等蓝色，质地硬，口感甜，口感微酸，香味浓郁。顶空固相微萃取法提取的贵州凯里产'绿宝石'蓝莓新鲜成熟果实香气的主要成分（单位：μg/L）为，芳樟醇（292.34）、己醛（199.18）、3- 甲基丁酸乙酯（126.51）、橙花醇（92.87）、正己醇（90.27）、双环 [2.1.1]-2- 乙烯 -2- 醇（61.47）、萜二烯（53.01）、5- 异甲基 -2- 甲基 -2- 乙烯基四氢呋喃（47.09）、2- 己烯醛（43.47）、2- 甲基 -5- 乙烯基四氢呋喃（31.89）、苯乙烯（31.85）、薄荷脑醇（23.45）、α- 松油醇（16.07）、壬醛（11.28）、乙苯（9.81）、异戊酸甲酯（9.63）、桉叶油醇（9.47）、邻二甲苯（9.41）、甲基庚烯酮（7.23）、1- 甲基 -4-(1- 甲基亚乙基)- 环己烯（6.18）、$\alpha,\alpha,$4- 三甲基 - 苯甲醇（5.61）、4- 异丙基甲苯（5.55）、甲苯（5.42）等（姚依林等，2021）。固相微萃取法提取的四川成都产'绿宝石'蓝莓新鲜成熟果实香气的主要成分为，(E)-2- 己烯醛（28.30%）、5- 羟甲基糠醛（20.11%）、(E)-2- 己烯醇（15.62%）、1- 己醇（6.47%）、芳樟醇（4.35%）、糠醛（3.91%）、己醛（3.30%）、香叶醇（1.81%）、对二甲苯（1.59%）等（陈昌琳等，2022）。

美登（Blomidon）：加拿大从野生矮丛选出的品种'Augusta'与'451'杂交育成，中熟种。果实圆形、淡蓝色，果粉多，有香味，风味好。顶空固相微萃取法提取的吉林长春产'美登'蓝莓新鲜成熟果实香气的主要成分（单位：ng/g）为，乙酸辛酯（339.43）、糠醛（172.59）、5- 甲基糠醛（162.59）、羟基丙酮（106.75）、2- 戊酮（9.54）、3- 甲基丁酸乙酯（6.94）等（孙海悦等，2018）。

普特（Putte）：波兰矮丛品种。顶空固相微萃取法提取的吉林长春产'普特'蓝莓新鲜成熟果实香气的主要成分（单位：ng/g）为，己烷（995.32）、乙酸辛酯（870.72）、3- 甲基戊烷（248.28）、甲基环戊烷（227.03）、乙醇（83.02）、壬烷（71.10）、十二烷（53.02）、2- 甲基戊烷（37.65）、丙酮（36.36）、十一烷（30.31）等（孙海悦等，2018）。

圣云（St. Cloud）：美国半高丛早熟品种。果粒中大，果味好，甜度 BX11.5%，酸度 pH3.7。抗寒力强，丰产。静态顶空萃取法提取的山东威海产'圣云'蓝莓新鲜果实香气的主要成分为，戊酸乙酯（13.10%）、丁酸乙酯（12.00%）、1- 戊醇（7.20%）、β- 芳樟醇（5.70%）、乙醇（5.20%）、甲酸己酯（2.60%）、戊酸甲酯（2.00%）、(E)-2- 己烯 -1- 醇（1.70%）、2- 甲基丁酸乙酯（1.70%）等（张春雨等，

2009）。顶空固相微萃取法提取的吉林长春产'圣云'蓝莓新鲜成熟果实香气的主要成分（单位：ng/g）为，乙酸辛酯（392.75）、十二烷（168.95）、5-羟甲基-2-呋喃甲醛（51.03）、糠醛（34.22）、壬烷（17.56）等（孙海悦等，2018）。

沃农（Vernon）： 兔眼蓝莓早熟品种。果粒大，果皮亮蓝色，果蒂痕小而干。果实硬，有香味，风味佳。顶空固相微萃取法提取的贵州凯里产'沃农'蓝莓新鲜成熟果实香气的主要成分（单位：μg/L）为，苯乙烯（782.30）、芳樟醇（260.62）、3-甲基丁酸乙酯（164.77）、2-己烯醛（121.10）、正己醇（94.31）、薄荷脑醇（74.73）、己醛（69.40）、5-异甲基-2-甲基-2-乙烯基四氢呋喃（52.07）、α-松油醇（50.69）、萜二烯（35.90）、2-甲基-5-乙烯基四氢呋喃（28.98）、苯甲酸乙酯（25.65）、乙苯（16.61）、桉叶油醇（16.45）、4-甲基-3-戊烯-环氧戊醇（14.48）、橙花醇（13.24）、壬醛（12.08）、甲苯（10.52）、异戊酸甲酯（8.95）、2-壬酮（8.19）、2-乙基己醇（8.02）、丙基苯（7.95）、甲基庚烯酮（7.83）、2-己烯基异戊酸酯（7.82）、异丙基苯（7.57）、4a,8a-二甲基-1H-萘（5.93）、烯丙苯（5.41）、丁酸乙酯（5.13）等（姚依林等，2021）。

喜来： 美国高丛早熟品种。果粒大，扁圆形，果粉多，果皮亮蓝色，果蒂痕小而干。果实质地致密，含水量低，果肉硬，味甜酸，有香味，风味较好。顶空固相微萃取法提取的山东泰安产'喜来'蓝莓新鲜成熟果实香气的主要成分（单位：μg/g）为，*d*-柠檬烯（0.310）、(*Z*)-3-己烯-1-醇（0.264）、2-甲基丁酸乙酯（0.180）、乙醇（0.112）、丁酸甲酯（0.098）、己烷（0.094）、丁酸乙酯（0.059）、乙酸-(*E*)-3-己烯酯（0.058）等（魏海蓉等，2009）。

夏普蓝（Sharpblue）： 美国高丛品种，由'Florida61-5'×'Florida63-12'杂交育成，中熟。果粒中-大，甜度BX15.0%，酸度pH 4.00，有香味。果汁多，适宜制作鲜果汁。顶空固相微萃取法提取的贵州麻江产'夏普蓝'蓝莓新鲜成熟果实香气的主要成分（单位：ng/g）为，对二甲苯（10005.22）、邻二甲苯（6035.12）、异戊酸乙酯（4205.68）、3-辛醇（858.04）、芳樟醇（829.84）、甲苯（819.14）、邻伞花烃（757.94）、正丁醚（639.97）、右旋柠檬烯（524.05）、苯乙烯（425.17）、桉叶油醇（422.80）、反式-2-己烯醛（396.91）、(2*R*,5*R*)-2-甲基-5-(丙-1-烯-2-基)-2-乙烯基四氢呋喃（349.81）、α-萜品醇（299.53）、己醛（262.36）、氧化石竹烯（222.07）等（彭歌等，2021）。顶空固相微萃取法提取的重庆产'夏普蓝'蓝莓新鲜成熟果实果汁香气的主要成分（单位：μmol/L）为，2,4-二叔丁基苯酚（50.24）、芳樟醇（16.51）、右旋萜二烯（14.58）、α-松油醇（8.04）、反式-2-己烯醛（7.19）、甲氧基苯肟（3.51）、乙酸乙酯（1.92）、香叶醇（1.85）等（黄克霞等，2021）。

伊妹儿（Emil）： 波兰矮丛品种。顶空固相微萃取法提取的吉林长春产'伊妹儿'蓝莓新鲜成熟果实香气的主要成分（单位：ng/g）为，3-甲基丁酸乙酯（1904.81）、3-甲基戊烷（479.32）、乙酸乙酯（421.77）、甲基环戊烷（420.00）、乙醇（325.29）、壬烷（320.16）、4-甲基-3-戊烯-2-酮（179.65）、十二烷（154.95）、糠醛（89.33）、丙酮（76.99）、十一烷（56.50）、乙酸甲酯（55.98）、己烷（27.94）等（孙海悦等，2018）。

杂交后代 L11： 波兰南高丛蓝莓品种。果实大，果粉厚，口感甜。顶空固相微萃取法提取的吉林长春产'杂交后代 L11'蓝莓新鲜成熟果实香气的主要成分（单位：ng/g）为，己烷（474.37）、乙酸辛酯（353.08）、十二烷（263.11）、3-甲基丁酸乙酯（70.66）、4-甲基-3-戊烯-2-酮（63.22）、乙酸甲酯（26.09）、丙酮（24.91）、2-甲基戊烷（21.25）等（孙海悦等，2018）。

早蓝（Earliblue）： 美国高丛品种，由'Stanley'×'Weymouth'杂交育成，极早熟种。果实扁圆形，大粒，果皮韧、悦目、亮蓝色，果粉多。果肉甜味大，酸味少，有香味。顶空固相微萃取法提取的贵州凯里产'早蓝'蓝莓新鲜成熟果实香气的主要成分（单位：μg/L）为，己醛（172.94）、2-己烯醛（125.23）、正己醇（119.26）、2-己烯-1-醇（78.50）、芳樟醇（76.91）、桉叶油醇（47.92）、3-甲基丁酸乙酯（41.27）、2-苯基乙酯（25.43）、薄荷脑醇（14.92）、乙酸反-2-己烯酯（14.32）、5-异甲基-2-甲基-2-乙烯基四氢呋喃（14.11）、苯乙烯（14.06）、2-甲基-5-乙烯基四氢呋喃（12.22）、1-甲基-5-环己烯（10.97）、α-松油醇（8.67）、壬醛（8.21）、丁酸乙酯（7.99）、$\alpha,\alpha,4$-三甲基-苯甲醇（7.55）、正辛醇（7.15）、甲基庚烯酮（6.89）、3-甲基己酯（6.70）、甲苯（6.18）、乙酸己酯（6.09）、苯甲醛（5.83）、$4a,8a$-二甲基-1H-萘（5.66）、邻二甲苯（5.09）等（姚依林等，2021）。

芝妮（Chignecto）： 加拿大矮丛品种，中熟种。果实近圆形，蓝色，果粉多。顶空固相微萃取法提取的吉林长春产'芝妮'蓝莓新鲜成熟果实香气的主要成分（单位：ng/g）为，戊酸乙酯（400.66）、3-甲基丁酸乙酯（181.41）、3-己烯-2-酮（49.15）、1,4-环己二烯（7.94）、壬醛（6.95）等（孙海悦等，2018）。

追雪（Snowchaser）： 美国极早熟品种，为'FL95-57'和'FL89-119'杂交后代。果实中等大小，中等蓝色，蒂痕小，硬度好，花青素含量高，风味极佳。固相微萃取法提取的四川成都产'追雪'蓝莓新鲜成熟果实香气的主要成分为，(E)-2-己烯醛（55.71%）、己醛（9.78%）、芳樟醇（4.97%）、桉叶油醇（4.22%）、1-己醇（3.36%）、(E)-2-己烯醇（3.26%）、d-柠檬烯（2.63%）、3-己烯醛（2.61%）、$(2R,5S)$-2-甲基-5-(丙-1-烯-2-基)-2-乙烯基四氢呋喃（2.24%）、$(2R,5R)$-2-甲基-5-(丙-1-烯-2-基)-2-乙烯基四氢呋喃（1.60%）等（陈昌琳等，2022）。

珠宝： 果粒大，果粒饱满，果皮亮蓝色，果粉多，果蒂痕小、湿，质地较硬，略有一点酸味，有特殊的香味。顶空固相微萃取法提取的山东烟台产'珠宝'蓝莓新鲜成熟果实香气的主要成分（单位：μg/L）为，1,3,5,7-环辛四烯（257.67）、己烯醛（241.02）、里哪醇（218.35）、香叶醇（171.47）、正己醛（118.65）、异戊酸盐（61.89）、3-甲基丁酸乙酯（51.74）、反式-3,7-二甲基-2,6-醛（34.82）、壬醛（30.15）、(Z)-柠檬醛（27.97）、2-壬醇（27.34）、3,7-二甲基-2,6-辛二烯醇（24.47）、2-丙烯酸丁酯（21.03）、石竹烯氧化物（20.88）、2-乙基己醇（19.27）、癸醛（19.13）、2-壬酮（17.33）、6-甲基-5-庚酮（16.50）、1-己醇（15.98）、α-松油醇（15.58）、(E)-2-己烯醇（13.37）、橙花叔醇（11.77）、壬烯醛（9.03）、2-十一烷酮（8.26）、1-辛醇（7.45）、正壬醇（7.34）、β-香茅醇（5.87）、香草氧化物（5.72）、$\alpha,2$-羟基-3-环己烯-正甲醇（5.49）等（刘笑宏等，2019）。

野生蓝莓： 有机溶剂（二氯甲烷）萃取法提取的黑龙江七台河产野生蓝莓新鲜成熟果实香气的主要成分为，乙醇酸（38.52%）、丁酸乙酯（29.97%）、十四烷酸（6.75%）、油酸（6.28%）、苯甲酸（6.25%）、对甲氧基肉桂酸辛酯（4.93%）、十三醇（1.67%）、2,4-二甲基-3-戊醇（1.50%）、十七烷酸（1.32%）、十一烷酸（1.04%）等（郭成宇等，2017）。顶空固相微萃取法提取的黑龙江大兴安岭产野生蓝莓新鲜成熟果实果汁香气的主要成分为，邻苯二甲酸二异丁酯（36.49%）、六甲基环三硅氧烷（11.39%）、十四甲基环七硅氧烷（3.66%）、八甲基环四硅氧烷（3.55%）、6,6-二甲基二环[3.1.1]庚-2-烯-2-甲醛（2.61%）、4-甲基-1-(1-甲基乙基)-3-环己烯-1-醇（2.23%）、邻苯二甲酸二丁酯（2.09%）、三甲基硅氧烷基硅烷（1.79%）、叔丁基二甲基硅烷醇（1.70%）、十甲基环五硅氧烷（1.69%）、4,6-二叔丁基间苯二酚（1.51%）、松油醇（1.35%）、2,2,4-三甲基-1,3-戊二醇二异丁酸酯（1.27%）、9-乙酰基蒽（1.23%）、2,5-二叔丁基酚（1.13%）、(E)-1-(2,6,6-三甲基-1,3-环己二烯-1-基)-2-丁烯-1-酮（1.10%）、2-硝基-4-三氟甲基苯酚（1.09%）、3,7-二甲基-2,6-辛二烯-1-丁酸酯（1.05%）、柏木醇（1.00%）等（庞惟俏等，2017）。

蔓越莓（*Vaccinium oxycoccos* Linn.） 别名：红莓苔子、大果毛蒿豆、酸尔蔓、甸虎。分布于吉林省长白山。浆果球形，直径约 1cm，红色。果可食。同时蒸馏萃取方法提取的蔓越莓新鲜成熟果实香气的主要成分为，5- 羟甲基糠醛（35.70%）、2- 氨基 -6- 三氟甲氧基苯并噻唑（17.83%）、糠醛（4.46%）、5- 氨基乙酰丙酸（3.99%）、D- 阿洛糖（2.84%）、2-2- 乙基己基 - 磷酸三酯（2.20%）、2,3- 二氢 -3,5- 二羟基 -6- 甲基 -4(*H*)- 吡喃 -4- 酮（2.03%）、奎宁酸（1.73%）、1,6- 脱水 -D- 半乳糖醛酸（1.28%）等（魏连会等，2021）。

红豆越橘（*Vaccinium vitis-idaea* Linn.） 别名：越橘、温普、红豆、牙疙瘩。分布于黑龙江、吉林、内蒙古、陕西、新疆。浆果球形，直径 5～10mm，紫红色。果可食用，味酸甜。顶空固相微萃取法提取的大兴安岭产红豆越橘新鲜成熟果实果汁香气的主要成分为，邻苯二甲酸二异丁酯（17.96%）、癸酸乙酯（9.02%）、1- 氯 -2- 溴丙烷（7.58%）、邻苯二甲酸二丁酯（3.98%）、三甲基胺氧化物（3.56%）、2- 甲基 -1-(1,1- 二甲基乙基)-2- 甲基 -1,3- 丙二基酯丙酸（3.44%）、α- 松油醇（3.28%）、2,6- 二异丙基萘（3.18%）、1,2,3- 三甲基 -4- 亲丙烯基 -(*E*)- 萘（3.03%）、2,6- 二叔丁基苯醌（2.69%）、2- 溴 -2,4,6- 环庚三烯 -1- 酮（2.34%）、辛酸乙酯（2.17%）、环三聚二甲基硅氧烷（2.03%）、十甲基环五硅氧烷（1.95%）、1,2,3- 三甲基 -4- 丙烯基 -(*E*)- 富马酸二甲酯（1.82%）、六甲基环三硅氧烷（1.71%）、3- 氨基 -9- 乙基咔唑（1.70%）、6- 溴己酸乙酯（1.65%）、月桂酸乙酯（1.64%）、1- 异硫氰基 -3- 甲基金刚烷（1.62%）、3,5- 二叔丁基苯酚（1.58%）、2,2′,5,5′- 四甲基联苯基（1.56%）、2,6,10- 三甲基 -2,6,10- 十五碳三烯 -14- 酮（1.41%）、1,2- 二氢 -1,1,6- 三甲基萘（1.29%）、1,1,1,3,5,5,5- 七甲基三硅氧烷（1.22%）、2- 氨基 -4- 甲基苯甲酸（1.15%）、萜品油烯（1.13%）、2,6- 二叔丁基对甲酚（1.05%）、3,5- 二叔丁基 -4- 羟基苯甲醛（1.03%）等（杨华等，2014）。

4.4 西瓜

西瓜 [*Citrullus lanatus* (Thunb.) Matsum. et Nakai] 为葫芦科西瓜属植物西瓜的新鲜成熟果实，别名：寒瓜，全国各地均有栽培。西瓜果实为主要水果之一，被誉为夏季"水果之王""瓜中之王"。西瓜原产于非洲，广泛栽培于世界热带到温带，后传入中国。我国是西瓜生产大国，产量和消费量均居世界首位，种植面积占世界总种植面积的 55% 以上，产量占世界总产量的 70% 以上。西瓜品种甚多，外果皮、果肉及种子形式多样。

一年生蔓生藤本。叶片纸质，轮廓三角状卵形，带白绿色，长 8～20cm，宽 5～15cm。雌雄同株。雌、雄花均单生于叶腋。花冠淡黄色，外面带绿色。果实大型，近于球形或椭圆形，肉质多汁，果皮光滑，色泽及纹饰各式。种子多数，卵形，黑色、红色，有时为白色、黄色、淡绿色或有斑纹，花果期夏季。喜温暖、干燥的气候，不耐寒，生长发育的最适温度 24～30℃，需较大的昼夜温差。耐旱、不耐湿。喜光照。适应性强，以土质疏松，土层深厚，排水良好的砂质土最佳。喜弱酸性，pH 5～7。

西瓜甘甜多汁，清爽解渴，具有清热解毒、生津止渴等功效，故在炎热的夏季备受欢迎。每 100g 西瓜所含热量 30kcal，碳水化合物 7.55g，脂肪 0.15g，蛋白质 0.61g，纤维素 0.4g，果肉还含有葡萄糖、蔗糖、果糖、苹果酸、多种氨基酸、胡萝卜素、硫胺素、核黄素、尼克酸、抗坏血酸以及无机盐、钙、磷、铁、挥发油等物质，是一种营养高、纯净、食用安全的食品。瓤肉含糖量一般为 5%～12%，包括葡萄糖、果糖和蔗糖，甜度随成熟后期蔗糖的增加而增加。孕妇在妊娠期间常吃些西瓜，不但可以补充体内的营养消耗，同时还会使胎儿的营养摄取得到更好的满足，对止吐也有较好的效果，还有利尿去肿、降低血压的功效。西瓜还可以增加乳汁的分泌。果肉可药用，性寒解热，有清热解暑、解烦止渴、利尿的功效。西瓜虽好，但属于"生冷食品"，任何人吃多了都会伤脾胃，因此不宜多吃，西瓜水分多，多量水分在胃里会冲淡胃液，引起消化不良或腹泻；平常有慢性肠炎、胃炎及十二指肠溃疡等属于虚冷体质的人不宜多吃；糖尿病人、肾功能不全者以少吃或不吃西瓜为好；感冒初期，不论是风寒感冒还是风热感冒，均不宜食用；口腔溃疡病人不宜多吃；产妇的体质比较虚弱，中医认为多吃西瓜会过寒而损脾胃。饭前及饭后不宜吃，会影响食物的消化吸收。不同品种西瓜果肉香气成分如下。

126 号：肉色大红。顶空固相微萃取法提取的山东济南产'126 号'西瓜果肉香气的主要成分为，己醛（29.22%）、壬醛（21.00%）、2- 戊基 - 呋喃（7.45%）、(E)-3- 壬烯 -1- 醇（6.62%）、2- 甲基 -1- 庚烯 -6- 酮（3.62%）、辛醛（3.60%）、(E)-2- 壬烯醛（3.12%）、(E)- 己醛（2.04%）、庚醛（2.04%）、1- 壬醇（1.87%）、1- 己醇（1.85%）、(E)-6,10- 二甲基 -5,9- 十一烷二烯 -2- 酮（1.53%）、1- 辛醇（1.41%）、(E)-2- 辛烯醛（1.32%）等（肖守华等，2014）。

西瓜图 1

西瓜图 2

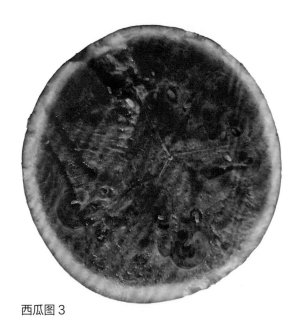

西瓜图 3

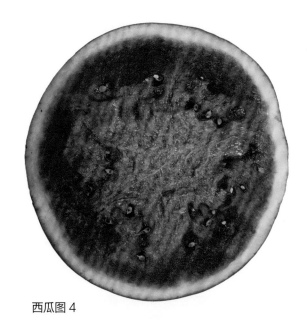

西瓜图 4

177 号：肉色粉红色。顶空固相微萃取法提取的山东济南产'177 号'西瓜果肉香气的主要成分为，己醛（28.08%）、壬醛（15.58%）、(*E*)-3- 壬烯 -1- 醇（8.56%）、2- 甲基 -1- 庚烯 -6- 酮（7.50%）、(*E*)- 己醛（3.13%）、辛醛（3.07%）、2- 戊基 - 呋喃（2.57%）、(*E*)-2- 壬烯醛（2.41%）、(*E*)-6,10- 二甲基 -5,9- 十一烷二烯 -2- 酮（2.30%）、1- 辛醇（2.01%）、庚醛（1.92%）、1- 己醇（1.85%）、(*E*)-2- 辛烯醛（1.52%）、3- 乙基 -2- 甲基 -1,3- 己二烯（1.39%）、(*E*)-2- 庚醛（1.27%）、(*E,E*)-2,4- 庚二烯醛（1.12%）等（肖守华等，2014）。

178 号：肉色粉红色。顶空固相微萃取法提取的山东济南产'178 号'西瓜果肉香气的主要成分为，壬醛（24.51%）、己醛（23.88%）、(*E*)-3- 壬烯 -1- 醇（9.42%）、2- 戊基 - 呋喃（5.98%）、(*E*)-2- 壬烯醛（5.47%）、6- 甲基 -5- 庚烯 -2- 酮（5.17%）、(*E*)- 己醛（2.49%）、1- 辛醇（2.10%）、辛醛（2.02%）、(*E*)-2- 十二烯醛（2.02%）、1- 己醇（1.83%）、1- 壬醇（1.65%）、(*E*)-6,10- 二甲基 -5,9- 十一烷二烯 -2- 酮（1.51%）、(*E*)-2- 戊烯（1.39%）、(6*Z*)- 壬烯 -1- 醇（1.12%）等（肖守华等，2014）。

192 号：肉色大红。顶空固相微萃取法提取的山东济南产'192 号'西瓜果肉香气的主要成分为，己醛（29.99%）、壬醛（13.99%）、(*E*)-3- 壬烯 -1- 醇（8.72%）、2,4- 壬二烯 -1- 醇（6.60%）、2- 戊基 - 呋喃（5.01%）、6- 甲基 -5- 庚烯 -2- 酮（4.91%）、(*E*)- 己醛（3.52%）、1- 己醇（3.20%）、(*E*)-2- 壬烯醛（2.90%）、1- 壬醇（2.56%）、2,5,5- 三甲基 -1,6- 庚二烯（1.73%）、1- 辛醇（1.59%）、(*E*)-6,10- 二甲基 -5,9- 十一烷二烯 -2- 酮（1.44%）、辛醛（1.17%）、(*E*)-2- 辛烯醛（1.09%）等（肖守华等，2014）。

春凤：早熟。果实圆形，单果重 2.5kg 左右。果皮绿色，上覆墨绿色条带。瓜瓤黄色，肉质细脆，瓜瓤中心含糖量 10% 以上。皮薄。顶空固相微萃取法提取的山东济南产'春凤'西瓜果肉香气的主要成分为，己醛（26.53%）、壬醛（17.27%）、(*E*)-3- 壬烯 -1- 醇（11.15%）、(*E*)-2- 壬烯醛（8.20%）、2- 戊基 - 呋喃（7.08%）、(*E*)- 己醛（4.05%）、1- 己醇（2.35%）、3- 乙基 -2- 甲基 -1,3- 己二烯（2.21%）、(*E*)-2- 辛烯醛（1.69%）、(*Z*)-3- 己烯（1.35%）、戊氟代丙酸壬酯（1.32%）、辛醛（1.04%）等（肖守华等，2014）。

黑美人：极早熟。果实长椭圆形，果皮深黑绿色，有不明显色条纹。单果重 2.5kg 左右。果肉红色，肉质鲜嫩多汁，糖度高，甜美。果皮薄而坚韧。静态 - 顶空固相微萃取法提取的江西信丰产'黑美人'西瓜果肉香气的主要成分为，顺 -3- 壬烯 -1- 醇（29.51%）、(3*E*,6*Z*)-3,6- 壬二烯醇（12.15%）、己醛（9.72%）、2,5- 二 [(三甲基甲硅烷基) 氧基]- 苯甲醛（7.41%）、甲基庚烯酮（7.00%）、1- 壬醇（3.11%）、戊醛（1.63%）、

(6E)-6- 壬烯 -1- 醇（1.43%）、(Z)-2- 壬烯醛（1.27%）、壬醛（1.12%）、反 , 顺 -2,6- 壬二烯醛（1.12%）、正己醇（1.09%）、(6E)-6- 壬烯醛（1.00%）、异丙基五 (三甲基甲硅烷) 原硅酸（1.00%）等（陈中等，2016）。

红小玉：一代杂交早熟新品种。果实圆形，果皮深绿色，有 16～17 条细虎纹状条带，单果重 2kg 左右，皮薄。果肉红色，肉细无渣，含糖量 13% 以上，种子少。顶空固相微萃取法提取的陕西延安产'红小玉'西瓜新鲜成熟果实果肉香气的主要成分为，顺 -3- 壬烯 -1- 醇（19.11%）、十一醇（15.98%）、正壬醛（10.51%）、反 , 顺 -3,6- 壬烯 -1- 醇（9.02%）、香叶基丙酮（3.95%）、甲基庚烯酮（3.90%）、2- 壬烯 -1- 醇（3.40%）、反 -4- 壬烯醛（3.19%）、2- 乙基环丁烷 -1- 醇（2.24%）、正己醇（1.93%）、2,6,11,15- 四甲基十六烷（1.42%）、3,7- 二甲基 -1- 辛醇（1.32%）、2- 正戊基呋喃（1.21%）、反 -2- 辛烯醛（1.19%）、反 , 顺 -2,6- 壬二烯醇（1.02%）等（常佳悦等，2023）。

红艳：早熟。果肉红色。顶空固相微萃取法提取的山东泰安产'红艳'西瓜果肉香气的主要成分为，己醛（2.50%）、2- 己烯醛（1.68%）、反 -6- 壬烯（1.10%）、反 , 顺 -2,6- 壬二烯醛（0.98%）、反 -2- 壬烯醛（0.86%）、顺 -3- 烯 -1- 壬醇（0.70%）、反 , 顺 -3,6- 壬二烯醇（0.64%）等（秦竞等，2009）。

金星：果实椭圆形，果皮深绿色，条带为三色，有时候会有黄点。果肉橘黄色，果肉细脆，汁多微甜。顶空固相微萃取法提取的'金星'西瓜自根苗果肉香气的主要成分为，(E,Z)-2,6- 壬二烯醛（31.22%）、(E)-2- 壬烯醛（14.22%）、丁基邻苯二甲酸十四酯（10.53%）、(E,Z)-3,6- 壬二烯 -1- 醇（7.48%）、(Z)-6- 壬烯醛（7.30%）、壬醛（6.26%）、(6E)-2- 壬烯 -1- 醇（2.67%）、1- 癸烯（2.54%）、4- 氧壬醛（1.96%）、2,3- 二甲基 -2- 丁烯（1.65%）、(E)-4- 壬烯醛（1.61%）等；以'博大嫁接王'南瓜为砧木嫁接的'金星'西瓜果肉香气的主要成分为，7- 甲基 -3,4- 辛二烯（38.77%）、(E,Z)-3,6- 壬二烯 -1- 醇（14.75%）、(E)-2- 壬烯醛（8.56%）、(E)-2- 壬烯 -1- 醇（8.33%）、1- 癸烯（5.20%）、2,2- 二甲基 -3- 辛烯（3.74%）、二十烷（3.40%）、二十四烷（2.82%）、二十七烷（1.35%）等；以'圣砧 1 号'南瓜为砧木嫁接的'金星'西瓜果肉香气的主要成分为，2,4- 壬二烯 -1- 醇（19.70%）、1- 癸烯（18.39%）、壬醛（12.64%）、(E)-3- 壬烯 -1- 醇（8.65%）、十八(碳)烷（7.96%）、(E,Z)-3,6- 壬二烯 -1- 醇（5.56%）、二十七烷（4.22%）、2,2- 二甲基 -3- 辛烯（4.17%）、三十烷（3.10%）、2,6,10,15,19,23- 六甲基 -2,6,10,14,18,22- 二十四烷 - 六烯（2.18%）、1- 碘 - 十六（2.00%）、1- 辛醇（1.43%）等；以'全能铁甲'南瓜为砧木嫁接的'金星'西瓜果肉香气的主要成分为，(E)-2- 壬烯醛（35.42%）、7- 甲基 -3,4- 辛二烯（26.92%）、三十烷（5.73%）、二十九烷（5.04%）、壬醛（2.18%）、(E)-4- 壬烯醛（2.07%）、(E)-6,10- 二甲基 -5,9- 十一碳二烯 -2- 酮（1.97%）、4- 氧壬醛（1.96%）、3- 乙基 -2- 甲基 -1,3- 己二烯（1.92%）、1- 碘 - 十六烷（1.63%）、二十烷（1.34%）、1- 癸烯（1.24%）、(Z)-9- 甲基 -4- 十一碳烯（1.01%）等（肖守华等，2012）。

京兰：鲜食杂交早熟品种。果实近圆形，浅绿皮覆细网纹，平均单瓜重 2kg。皮薄较韧。黄瓤，肉质细脆多汁，口感好。顶空固相微萃取法提取的山东济南产'京兰'黄瓤西瓜果肉香气的主要成分为，己醛（35.05%）、壬醛（11.33%）、(E)-3- 壬烯 -1- 醇（9.78%）、2,4- 壬二烯 -1- 醇（5.64%）、(E)-2- 壬烯醛（5.47%）、2- 戊基 - 呋喃（5.12%）、(E)- 己醛（4.39%）、1- 己醇（2.64%）、3- 乙基 -2- 甲基 -1,3- 己二烯（2.35%）、戊氟代丙酸壬酯（1.56%）、(E)-2- 辛烯醛（1.51%）、(E)-2- 戊烯（1.39%）等（肖守华等，2014）。

京玲：小型无籽西瓜杂种一代。果实高圆形，果皮绿色覆细齿条，有蜡粉，平均单瓜重 1.89kg，果皮韧。果肉红色，籽无或少。顶空固相微萃取法提取的北京产'京玲'无籽西瓜果汁香气的主要成分（单位：mg/L）为，顺 -2- 壬烯醇（168.8）、己醛（83.2）、邻苯二甲酸二乙酯（68.7）、反 , 顺 -2,6- 壬二烯醇（18.9）、反 -2- 壬烯醛（17.1）、壬醛（7.8）、6,10- 二甲基 -5,9- 十一双烯 -2- 酮（6.7）等（刘野等，2012）。

京欣：瓜圆形，皮绿色，带深绿色条纹，个大，一般瓜重 3.5～7.5kg。肉厚，沙甜。顶空固相微萃取法提取的'京欣'西瓜果汁香气的主要成分（单位：峰面积 ×10⁷）为，顺 -3- 壬烯醇（44.65）、反，顺 -2,6- 壬二烯醛（35.04）、反 -2- 壬烯醛（25.99）、反，顺 -3,6- 壬二烯醇（23.37）、1- 十一醇（7.21）、6- 甲基 -5- 庚烯 -2- 酮（4.13）、反 -2- 壬烯醇（3.65）、正己醇（2.65）、反，顺 -2,6- 壬二烯醇（2.44）、壬醛（2.34）、反 -2- 辛烯醛（2.08）、5- 乙基环戊烯 -1- 甲基酮（1.50）、己醛（1.18）、香叶基丙酮（1.01）、反 -2- 戊烯醛（1.00）等（何聪聪等，2014）。

麒麟：极早熟。果实椭圆形，果皮浅绿色间有浓绿色花条纹，单果重 5.0kg 左右。瓤鲜红色，肉质脆爽，纤维少，多汁。顶空固相微萃取法提取的'麒麟'西瓜鲜榨果汁香气的主要成分（单位：μg/L）为，顺 -3- 壬烯醇（1140.47）、反 -2- 壬烯醛（894.89）、反，顺 -2,6- 壬二烯醛（614.13）、反，顺 -3,6- 壬二烯醇（440.00）、壬醛（351.01）、1- 壬醇（148.23）、香叶基丙酮（111.70）、6- 甲基 -5- 庚烯 -2- 酮（74.37）、反 -2- 辛烯醛（48.73）、1- 己醛（43.83）、反壬烯醛（43.60）、反 -2- 癸烯醛（34.39）、顺 -2- 壬烯醛（24.18）、反，顺 -2,6- 壬二烯醇（24.14）、2- 正戊基呋喃（22.84）、反 -2- 庚烯醛（18.08）、正辛醛（17.10）、反 -2- 己烯醛（12.98）、(E)- 梓檬醛（11.45）、1- 癸醛（11.09）等（杨帆等，2020）。

西瓜图 5

苏创 4 号：以自交系'G10'为母本、自交系'G8'为父本选育成的一代西瓜杂交种，早熟品种。果实高圆形，果皮墨绿色，覆锐齿条带，平均单果重 5.45kg，果皮厚。果肉红色。顶空固相微萃取法提取的陕西延安产'苏创 4 号'西瓜新鲜成熟果实果肉香气的主要成分为，顺 -3- 壬烯 -1- 醇（33.39%）、反，顺 -3,6- 壬烯 -1- 醇（10.85%）、反，顺 -2,6- 壬二烯醛（10.47%）、3,3- 二甲基 -1,6- 庚二烯（7.91%）、十一醇（6.00%）、正壬醛（3.68%）、反，顺 -2,6- 壬二烯醇（2.81%）、2- 壬烯 -1- 醇（2.75%）、反 -6- 壬烯醛（2.22%）、正己醛（1.63%）、反 -4- 壬烯醛（1.45%）、香叶基丙酮（1.41%）、甲基庚烯酮（1.31%）等（常佳悦等，2023）。

苏创 5 号：杂交一代早熟品种。果实圆形，果皮绿色，覆深绿色条带，果皮韧性好，平均单瓜重 5.1kg。肉质脆，皮较硬，品质好。顶空固相微萃取法提取的陕西延安产'苏创 5 号'西瓜新鲜成熟果实果肉香气的主要成分为，顺 -3- 壬烯 -1- 醇（27.34%）、十一醇（12.52%）、反，顺 -3,6- 壬烯 -1- 醇（11.46%）、反 -6- 壬烯醛（9.96%）、反，顺 -2,6- 壬二烯醛（5.86%）、正壬醛（3.82%）、顺 -3- 癸烯（2.96%）、反，顺 -2,6- 壬二烯醇（2.61%）、2- 壬烯 -1- 醇（1.64%）、2- 乙基环丁烷 -1- 醇（1.30%）、甲基庚烯酮（1.23%）、正己醇

（1.12%）、香叶基丙酮（1.12%）等（常佳悦等，2023）。

苏创907-124： 果实近圆形，平均单瓜重2.36kg，果皮偏厚。顶空固相微萃取法提取的陕西延安产'苏创907-124'西瓜新鲜成熟果实果肉香气的主要成分为，顺-3-壬烯-1-醇（20.14%）、反,顺-3,6-壬烯-1-醇（14.67%）、反,顺-2,6-壬二烯醛（9.36%）、3,3-二甲基-1,6-庚二烯（7.41%）、十一醇（6.08%）、反-6-壬烯醛（5.20%）、正壬醛（3.89%）、反,顺-2,6-壬二烯醇（3.34%）、正己醛（3.00%）、顺-3-癸烯（2.74%）、2-壬烯-1-醇（2.10%）、2-己烯醛（2.00%）、反-4-壬烯醛（1.38%）、甲基庚烯酮（1.31%）、香叶基丙酮（1.17%）等（常佳悦等，2023）。

苏创907-144： 果实近圆形，平均单瓜重2.83kg，果皮偏厚。顶空固相微萃取法提取的陕西延安产'苏创907-144'西瓜新鲜成熟果实果肉香气的主要成分为，顺-3-壬烯-1-醇（29.49%）、反,顺-2,6-壬二烯醛（15.37%）、反,顺-3,6-壬烯-1-醇（14.54%）、十一醇（7.24%）、3,3-二甲基-1,6-庚二烯（5.32%）、正壬醛（4.38%）、反-6-壬烯醛（3.31%）、反,顺-2,6-壬二烯醇（2.63%）、2-壬烯-1-醇（2.57%）、顺,顺-3,6-壬二烯醛（2.21%）、顺-3-癸烯（1.62%）、反-4-壬烯醛（1.24%）、2-乙基环丁烷-1-醇（1.04%）等（常佳悦等，2023）。

苏创907-145： 果实近圆形，平均单瓜重2.96kg，果皮偏厚。顶空固相微萃取法提取的陕西延安产'苏创907-145'西瓜新鲜成熟果实果肉香气的主要成分为，反,顺-2,6-壬二烯醛（24.32%）、六甲基环三硅氧烷（7.51%）、β-紫罗兰酮（7.32%）、反,顺-2,6-壬二烯醇（4.77%）、反-2-辛烯醛（4.39%）、反-3-己烯-1-醇（4.11%）、硅烷二醇二甲酯（4.04%）、正庚醛（3.80%）、正壬醛（3.59%）、2,6,10-三甲基十四烷（3.43%）、邻苯二甲酸二丁酯（2.41%）、甲基庚烯酮（2.40%）、反,顺-3,6-壬烯-1-醇（1.92%）、八甲基环四硅氧烷（1.83%）、3,4-双(1,1-二甲基乙基)-2,2,5,5-四甲基己烷（1.83%）、正己醇（1.55%）、反-2-辛烯-1-醇（1.53%）、2-己烯醛（1.53%）、1-烯丙基-3-亚甲基-环己烷（1.49%）、顺-3-壬烯-1-醇（1.43%）、反-2-戊烯醛（1.39%）、3,7-二甲基-1-辛醇（1.35%）、3-戊酮（1.27%）等（常佳悦等，2023）。

苏创907-147： 果实近圆形，平均单瓜重3.25kg。果皮偏厚。顶空固相微萃取法提取的陕西延安产'苏创907-147'西瓜新鲜成熟果实果肉香气的主要成分为，十一醇（11.34%）、反,顺-3,6-壬烯-1-醇（10.64%）、反,顺-2,6-壬二烯醛（8.79%）、反-6-壬烯醛（8.12%）、正壬醛（7.98%）、顺-3-壬烯-1-醇（7.18%）、3,3-二甲基-1,6-庚二烯（6.56%）、反,顺-2,6-壬二烯醇（5.06%）、2-壬烯-1-醇（3.92%）、顺,顺-3,6-壬二烯醛（3.55%）、2-乙基环丁烷-1-醇（3.54%）、2-己烯醛（3.10%）、反-4-壬烯醛（1.75%）、香叶基丙酮（1.72%）、异莰烷（1.19%）、甲基庚烯酮（1.01%）、反-3-己烯-1-醇（1.00%）等（常佳悦等，2023）。

苏梦6号： 早熟杂交一代品种。果实圆形，果皮绿色，覆墨绿色齿状条带，平均单瓜重1.48kg。籽小、少，糖度高。顶空固相微萃取法提取的陕西延安产'苏梦6号'西瓜新鲜成熟果实果肉香气的主要成分为，顺-3-壬烯-1-醇（37.08%）、3,3-二甲基-1,6-庚二烯（17.13%）、反,顺-3,6-壬烯-1-醇（14.26%）、十一醇（10.60%）、正壬醛（3.84%）、反-4-壬烯醛（1.78%）、反,顺-2,6-壬二烯醇（1.72%）、2-壬烯-1-醇（1.54%）、反-6-壬烯醛（1.23%）等（常佳悦等，2023）。

苏梦907-032： 果实圆形至椭圆形，平均单瓜重2.04kg，果皮偏厚。顶空固相微萃取法提取的陕西延安产'苏梦907-032'西瓜新鲜成熟果实果肉香气的主要成分为，顺-3-壬烯-1-醇（36.75%）、反,顺-3,6-壬烯-1-醇（19.41%）、10-十一炔醇（14.27%）、3,3-二甲基-1,6-庚二烯（5.43%）、反,顺-2,6-壬二烯醇（3.32%）、顺-3-己烯-1-醇（1.79%）、2-壬烯-1-醇（1.44%）、正己醇（1.19%）、顺-3-癸烯（1.19%）、正壬醛（1.13%）等（常佳悦等，2023）。

苏梦 907-099： 果实椭圆形，平均单瓜重 1.81kg，果皮偏厚。顶空固相微萃取法提取的陕西延安产'苏梦 907-099'西瓜新鲜成熟果实果肉香气的主要成分为，顺 -3- 壬烯 -1- 醇（30.78%）、反 , 顺 -3,6- 壬烯 -1- 醇（10.68%）、十一醇（9.82%）、反 , 顺 -2,6- 壬二烯醛（8.33%）、3,3- 二甲基 -1,6- 庚二烯（6.71%）、正壬醛（5.79%）、2- 壬烯 -1- 醇（3.08%）、反 , 顺 -2,6- 壬二烯醇（2.71%）、反 -4- 壬烯醛（2.25%）、甲基庚烯酮（1.86%）、正己醇（1.44%）、香叶基丙酮（1.29%）、正戊醇（1.28%）、正辛醛（1.28%）、反 -3- 己烯 -1- 醇（1.18%）等（常佳悦等，2023）。

苏梦 907-126： 果实圆形，平均单瓜重 2.07kg，果皮偏厚。顶空固相微萃取法提取的陕西延安产'苏梦 907-126'西瓜新鲜成熟果实果肉香气的主要成分为，顺 -3- 壬烯 -1- 醇（27.13%）、3,3- 二甲基 -1,6- 庚二烯（11.82%）、反 , 顺 -3,6- 壬烯 -1- 醇（10.46%）、十一醇（10.16%）、正壬醛（6.79%）、10- 十一炔醇（3.65%）、2- 壬烯 -1- 醇（3.37%）、反 , 顺 -2,6- 壬二烯醇（3.37%）、正己醛（1.18%）、反 -2- 辛烯醛（1.03%）等（常佳悦等，2023）。

苏梦 RS66-57： 果实圆形，平均单瓜重 2.48kg，果皮偏厚。顶空固相微萃取法提取的陕西延安产'苏梦 RS66-57'西瓜新鲜成熟果实果肉香气的主要成分为，顺 -3- 壬烯 -1- 醇（54.74%）、反 , 顺 -3,6- 壬烯 -1- 醇（14.73%）、十一醇（8.95%）、反 , 顺 -2,6- 壬二烯醇（2.63%）、2- 壬烯 -1- 醇（2.42%）、正壬醛（1.82%）、顺 -3- 己烯 -1- 醇（1.18%）、正己醇（1.17%）等（常佳悦等，2023）。

无籽西瓜： 果实圆形，瓜瓤内没有籽。顶空固相微萃取法提取的'无籽西瓜'果汁香气的主要成分为，顺 -3- 壬烯 -1- 醇（33.31%）、反 -2- 壬烯醛（16.19%）、反 , 顺 -3,6- 壬二烯 -1- 醇（11.70%）、反 -2- 壬烯 -1- 醇（4.40%）、6- 甲基 -5- 庚烯 -2- 酮（4.28%）、反 , 顺 -2,6- 壬二烯醛（4.18%）、壬醛（2.91%）、香叶基丙酮（2.12%）、1- 壬醇（1.99%）、4- 酮基壬醛（1.92%）、2- 甲基 -2- 丙烯酸癸酯（1.86%）、己醛（1.64%）、5- 乙基环戊烯 -1- 甲基酮（1.64%）、反 , 顺 -2,6- 壬二烯 -1- 醇（1.46%）、反 -2- 辛烯醛（1.38%）、反 -6- 壬烯醛（1.29%）、1- 辛烯 -3- 醇（1.08%）等（何聪聪等，2014）。

小兰： 台湾早熟品种。果实近圆球形，单瓜质量 1.5～2.0kg，皮淡绿色覆深绿色锐齿条带。果瓤黄色晶亮，中心含糖量 10.4% 以上，口感风味佳。果皮极薄。顶空固相微萃取法提取的陕西延安产'小兰'西瓜新鲜成熟果实果肉香气的主要成分为，顺 -3- 壬烯 -1- 醇（58.88%）、反 , 顺 -3,6- 壬烯 -1- 醇（13.70%）、十一醇（10.56%）、2- 壬烯 -1- 醇（2.44%）、正壬醛（2.26%）、反 , 顺 -2,6- 壬二烯醇（2.04%）、甲基庚烯酮（1.19%）等（常佳悦等，2023）。

早佳 84-24： 早熟品种。果实圆形，果皮绿色，绿底覆青黑色条纹。平均单瓜质量 3kg，皮薄。果瓤粉红色，瓤质松脆，细腻，多汁，风味佳，品质优，种子中偏小。顶空固相微萃取法提取的湖北武汉产'早佳'西瓜果实果肉香气的主要成分为，6- 甲基 -5- 庚烯 -2- 酮（19.26%）、(Z)-3- 壬烯醇（13.87%）、己醛（13.03%）、(E)-2- 壬烯醛（8.36%）、青叶醛（6.14%）、香叶基丙酮（5.27%）、壬醛（4.20%）、右旋萜二烯（3.86%）、柠檬醛（3.52%）、(S)-1,2- 丙二醇（3.32%）、正己醇（2.82%）、(Z)-3,7- 二甲基 -2,6- 辛二烯醛（1.81%）、(E)-2- 辛烯醛（1.77%）、(E)-2- 庚烯醛（1.19%）等（黄远等，2016）。顶空固相微萃取法提取的陕西延安产'早佳 84-24'西瓜新鲜成熟果实果肉香气的主要成分为，顺 -3- 壬烯 -1- 醇（26.12%）、反 , 顺 -2,6- 壬二烯醇（7.91%）、反 , 顺 -3,6- 壬烯 -1- 醇（7.07%）、顺 -3- 癸烯（5.75%）、14- 甲基 - 十六烷 -8- 烯 -1- 醇（5.62%）、反 -6- 壬烯醛（4.81%）、反 , 顺 -2,6- 壬二烯醛（4.74%）、正壬醛（4.68%）、2- 壬烯 -1- 醇（4.56%）、反 -3- 己烯 -1- 醇（3.43%）、顺 , 顺 -3,6- 壬二烯醛（2.50%）、正己醇（2.43%）、2- 乙基环丁烷 -1-

醇（2.37%）、2- 己烯醛（2.25%）、甲基庚烯酮（1.60%）、香叶基丙酮（1.60%）、反 -4- 壬烯醛（1.36%）、10- 十一炔醇（1.20%）等（常佳悦等，2023）。

郑抗无籽 1 号：三倍体无籽西瓜品种，中晚熟。果实大，椭圆球形，果皮浅绿色，底上显数条深绿色条带，果皮薄而韧。红色脆肉，含糖量高，籽小而少，风味品质优。顶空固相微萃取法提取的'郑抗无籽 1 号'西瓜新鲜成熟果实果汁香气的主要成分（单位：mg/100mL）为，顺 -2- 壬烯醇（31.46）、己醛（12.61）、邻苯二甲酸二乙酯（4.23）、反 -2- 壬烯醛（3.02）、6,10- 二甲基 -5,9- 十一双烯 -2- 酮（1.53）、反，顺 -2,6- 壬二烯醇（1.49）、壬醛（0.54）等（包洪亮等，2021）。

4.5 甜瓜

甜瓜（*Cucumis melo* Linn.）为葫芦科黄瓜属植物甜瓜的新鲜成熟果实，别名：香瓜、果瓜、白兰瓜、华莱士瓜，全国各地均有栽培。甜瓜是具有重要经济价值的世界性水果，在世界水果排名中位居第9。我国甜瓜栽培面积位居世界第一。甜瓜在我国有悠久的栽培历史，品种繁多，中国普遍种植的有薄皮甜瓜和哈密瓜、白兰瓜、伊丽莎白等多种不同类型的厚皮甜瓜，不同品种之间风味差异较大，果实形状、色泽、大小也因品种而异，园艺上分为数十个品系，例如普通香瓜、哈密瓜、白兰瓜等均属不同的品系。厚皮甜瓜绝大多数品种以浓郁的香味而著称，薄皮甜瓜可连皮食用。

一年生葡匐或攀援草本。叶片厚纸质，近圆形或肾形，长、宽均为8～15cm。花单性，雌雄同株。花冠黄色。果实的形状、颜色因品种而异，通常为球形或长椭圆形，果皮平滑，有纵沟纹或斑纹，无刺状突起，果肉白色、黄色或绿色，有香甜味。种子卵形或长圆形。花果期夏季。喜光。喜温耐热，极不抗寒，植株生长温度以25～30℃为宜。需要较低的空气湿度，耐旱，不耐涝。对土壤要求不严格。

甜瓜图1

甜瓜风味独特、香味浓郁，是夏令消暑瓜果。甜瓜以其特有的香气、优良的口感深受广大消费者的欢迎。甜瓜果实营养丰富，含有大量的糖、有机酸、维生素 C 和少量的蛋白质、脂肪、矿物质及其他维生素等，每 100g 果肉含水分 90～93g、碳水化合物 9.8g、维生素 C 29～39mg。甜瓜还含有丰富的芳香物质，这些物质成分和含量的差异会导致甜瓜风味的不同。果肉除生食外，还可制成瓜干、瓜脯、瓜汁、罐头、瓜酒、瓜酱、腌甜瓜等加工食品。不同品种甜瓜果肉香气成分如下。

A69：香港厚皮品种。成熟果实黄褐色有棱，网纹稀，麝香型。固相微萃取法提取的 'A69' 甜瓜新鲜成熟果实果肉香气的主要成分为，(Z)- 乙酸 -3- 己烯 -1- 醇（9.80%）、乙酸己酯（9.49%）、甲酸辛酯（6.69%）、己酸乙酯（6.32%）、乙酸乙酯（5.34%）、乙酸丁酯（5.26%）、乙酸辛酯（3.85%）、2- 甲基 - 乙酸 -1- 丁醇（3.41%）、丁酸乙酯（2.97%）、苯甲酸乙酯（2.78%）、(E)-6,10- 二甲基 -5,9- 十一碳二烯 -2- 酮（2.35%）、3- 乙烯基 - 环己烯（2.10%）、2- 甲基乙酸丙酯（1.89%）、2- 甲基 - 丁酸乙酯（1.46%）、(Z)-4- 十二烯醇（1.31%）、癸酸乙酯（1.23%）、乙酸苯甲酯（1.10%）、苯丙醇（1.09%）等（李国生等，2010）。

A74×75：'A74' 和 'A75' 的杂交一代厚皮甜瓜品种。果实黄色光滑，水果香型。固相微萃取法提取的 'A74×75' 甜瓜新鲜成熟果实果肉香气的主要成分为，乙酸苯甲酯（32.78%）、乙酸乙酯（8.94%）、2- 甲基 -3- 丙酸苯丙酯（7.18%）、2- 甲基 - 乙酸 -1- 丁醇（7.03%）、乙酸己酯（5.44%）、(Z)- 乙酸 -3- 己烯 -1- 醇（4.77%）、2- 苯基乙酸乙酯（3.90%）、乙酸辛酯（2.33%）、2- 甲基乙酸丙酯（2.06%）、辛酸乙酯（1.22%）、乙酸丁酯（1.09%）等（李国生等，2010）。

C51：厚皮甜瓜。固相微萃取法提取的河南郑州产 'C51' 甜瓜果肉香气的主要成分为，乙酸苯甲酯（42.59%）、氯乙酸 -2- 苯乙酯（16.58%）、(Z)- 乙酸 -3- 己烯 -1- 醇酯（10.47%）、乙酸 -2- 甲基丁酯（7.92%）、乙酸己酯（5.01%）、丙酸 -2- 甲基 -3- 苯乙酯（2.09%）、乙酸丁酯（1.82%）、桉叶油醇（1.12%）、(E)-6,10- 二甲基 -5,9- 十一烷二烯 -2- 酮（1.03%）等（赵光伟等，2015）。

C52：厚皮甜瓜。固相微萃取法提取的河南郑州产 'C52' 甜瓜果肉香气的主要成分为，乙酸苯甲酯（28.42%）、乙酸 -2- 甲基丁酯（10.88%）、乙酸 -2- 苯基乙酯（9.50%）、乙酸己酯（7.60%）、(E,Z)-2,6- 壬二烯醛（7.04%）、(Z)- 乙酸 -3- 己烯 -1- 醇酯（4.49%）、(E)-2- 壬烯醛（4.29%）、2,4- 壬二烯 -1- 醇（3.16%）、(E,Z)-3,6- 壬二烯 -1- 醇（3.14%）、(Z)-3- 壬烯 -1- 醇（2.57%）、乙酸丁酯（2.01%）、丙酸 -2- 甲基丙酯（1.19%）等（赵光伟等，2015）。

Ear's Favourite：英国网纹甜瓜品种。固相微萃取法提取的天津产 'Ear's Favourite' 甜瓜成熟果实果肉香气的主要成分为，乙酸苯甲酯（27.08%）、乙酸己酯（8.93%）、(Z)- 乙酸 -3- 己烯酯（5.82%）、己酸乙酯（5.42%）、丁酸乙酯（3.21%）、(E,Z)-3,6- 壬二烯醇（2.91%）、乙酸乙酯（2.71%）、乙酸辛酯（2.31%）、乙酸苯乙酯（1.81%）、乙酸 -2- 甲基丙酯（1.60%）、(Z)-6- 壬烯醇（1.30%）、(E)- 丁酸 -2- 己烯酯（1.20%）、1- 己醇（1.19%）、(Z)-3- 壬烯醇（1.00%）等（周莉等，2013）。

G6×4：薄皮甜瓜 'PI420145' 为母本、'PI482398' 为父本杂交后经过多代自交培育的稳定自交系。固相微萃取法提取的江苏南京产 'G6×4' 甜瓜果肉香气的主要成分为，2,3- 丁二醇 - 二乙酸酯（22.66%）、辛醇（14.57%）、3-(甲硫基) 乙酸丙酯（12.40%）、2- 甲基丁酸乙酯（12.36%）、3- 羟基丁酮（5.08%）、N- 异戊酰氨基乙酸（2.08%）、乙酸己酯（2.02%）、N- 甲氧基 - 甲酰胺（1.44%）、棕榈酸（1.33%）、O- 癸基 - 羟胺（1.22%）、三十碳六烯（1.07%）等（夏美玲等，2018）。

甜瓜图2

甜瓜图3

HD13： 冬甜瓜类型。平均单瓜重 1.33kg。果肉浅红色。固相微萃取法提取的天津产'HD13'甜瓜成熟果实果肉香气的主要成分为，乙酸苯甲酯（24.47%）、乙酸 -2- 甲基丙酯（12.34%）、烯丙基甲基硫醚（8.63%）、(*E,Z*)-3,6- 壬二烯醇（7.43%）、乙酸己酯（5.22%）、乙酸 -2- 甲基 -1- 丁酯（4.31%）、乙酸苯乙酯（2.41%）、硫化丙烯（2.30%）、(*Z*)-3- 壬烯醇（2.01%）、(*Z*)- 乙酸 -3- 己烯酯（1.91%）、乙酸辛酯（1.71%）、(*E*)-6- 壬烯醇（1.47%）、己酸乙酯（1.21%）等（周莉等，2013）。

IVF09： 薄皮甜瓜。果实梨形，果皮白色，中心糖含量 12% 左右。固相微萃取法提取的北京产'IVF09'甜瓜成熟果实果肉香气的主要成分为，乙酸乙酯（38.07%）、疏基丙酸异辛酯（7.33%）、乙酸丁酯（6.52%）、乙酸己酯（5.20%）、乙酸异丁酯（4.48%）、丁酸乙酯（3.50%）、1- 丁醇 -2- 甲基乙酯（2.20%）、苄醇（1.77%）、1-(二甲氧基甲基)-4-(1- 甲氧基 -1- 甲基氧基) 苯（1.69%）、三十三烷（1.19%）、2,4- 二乙酰氧戊烷（1.14%）、苯甲醛（1.00%）等（张新英等，2014）。

IVF117： 厚皮甜瓜。果实高圆形，果皮黄色，中心糖含量 16% 左右。固相微萃取法提取的北京产'IVF117'甜瓜成熟果实果肉香气的主要成分为，(*Z*)-3- 壬烯 -1- 醇（12.05%）、(*Z*)-6- 壬烯醛（10.56%）、1,9-壬二烯醇（5.48%）、辛酸甲酯（3.10%）、1-(2- 甲氧基甲基)-4-(1- 甲氧基 -1- 甲基己基) 苯（2.45%）、*S*-(3-羟丙基) 硫代乙酸酯（1.99%）、硫代叔戊酸（1.16%）、顺 -9- 油酸甲酯（1.10%）、十一碳烯（1.08%）、乙酸己酯（1.06%）等（张新英等，2014）。

Ogen： 光皮甜瓜类型。平均单瓜重 1.19kg。果肉绿色。固相微萃取法提取的天津产'Ogen'甜瓜成熟果实果肉香气的主要成分为，乙酸己酯（15.45%）、(*E*)- 乙酸 -3- 辛烯酯（9.08%）、乙酸 -2- 甲基 -1- 丁酯（8.53%）、(*Z*)- 乙酸 -3- 己烯酯（7.62%）、乙酸苯甲酯（6.82%）、己酸乙酯（5.32%）、2,3- 丁二醇二乙酸酯（4.91%）、丁酸乙酯（2.51%）、乙酸苯乙酯（2.01%）、乙酸 -2- 甲基丙酯（1.81%）、乙酸苯丙酯（1.71%）、(*E,Z*)-3,6- 壬二烯醇（1.37%）、乙酸乙酯（1.20%）、甲硫基乙酸乙酯（1.00%）等（周莉等，2013）。

甜瓜图4

甜瓜图5

甜瓜图6

Sweet Delight：美国品种。平均单瓜重 1400g，果皮浅绿色，无或有少量细网纹。果肉浅绿色，肉质脆，含糖量 11.5%，无香气。固相微萃取法提取的山东泰安产'Sweet Delight'甜瓜果实香气的主要成分为，(E,Z)-2,6- 壬二烯醛（11.12%）、戊醛（10.37%）、(E,E)-2,6- 壬二烯 -1- 醇（10.24%）、(6Z)- 壬烯 -1-醇（9.22%）、(2E)- 壬烯 -1- 醇（7.90%）、己醛（7.69%）、壬醇（6.99%）、(E)-2- 壬烯醛（6.87%）、(E)-6- 壬烯醛（6.52%）、壬醛（3.98%）、(E,Z)-3,6- 壬二烯 -1- 醇（3.40%）、(3Z)- 壬烯 -1- 醇（2.41%）、(E,E)-2,4- 庚二烯醛（1.78%）、(Z)-6- 壬烯醛（1.47%）、(Z)-2- 庚烯醛（1.31%）、2- 己烯醛（1.02%）等（唐贵敏，2007）。

T19：卡沙巴类型。平均单瓜重 2.28kg。果肉绿色。固相微萃取法提取的天津产'T19'甜瓜成熟果实果肉香气的主要成分为，乙酸苯甲酯（18.76%）、乙酸 -2- 甲基 -1- 丁酯（10.13%）、乙酸 -2- 甲基丙酯（7.42%）、乙酸己酯（6.82%）、乙酸乙酯（5.92%）、(E,Z)-3,6- 壬二烯醇（5.92%）、乙酸苯乙酯（4.81%）、(Z)- 乙酸 -3- 己烯酯（3.51%）、(Z)-3- 壬烯醇（3.01%）、丁酸乙酯（2.21%）、乙酸辛酯（2.11%）、(Z)-6- 壬烯醇（1.86%）、己酸乙酯（1.71%）、(E)-6- 壬烯醇（1.62%）、1- 壬醇（1.05%）等（周莉等，2013）。

Takami：日本品种。单瓜重 2100g，果皮白绿色，有白色规则粗网纹。果肉绿色，肉质松脆，含糖量 18%，香气弱。固相微萃取法提取的山东泰安产'Takami'甜瓜成熟果实香气的主要成分为，己醛（24.07%）、乙酸苯甲酯（14.69%）、戊醛（10.17%）、乙酸 -3- 甲基 -1- 丁酯（8.67%）、乙酸 -2- 甲基丙酯（6.00%）、1- 戊醇（2.85%）、硫代乙酸甲酯（2.50%）、庚醛（2.04%）、苯甲醛（1.95%）、(Z)-6- 壬烯醛（1.70%）、2- 己烯醛（1.48%）、乙酸 -2- 苯乙酯（1.29%）、(Z)-2- 庚烯醛（1.16%）、(3Z)- 壬烯 -1- 醇（1.15%）、乙酸己酯（1.15%）等（唐贵敏，2007）。

阿鲁斯：网纹甜瓜。平均单果重 1.6～1.8kg，果肉厚，黄绿色，糖度稳定在 15 度以上。顶空固相微萃取法提取的北京产'阿鲁斯'甜瓜新鲜成熟果实果肉香气的主要成分（单位：μg/kg）为，顺 -6- 壬烯醇（54.59）、反 -6- 壬烯醛（30.94）、3,3- 二甲基 -1,6- 庚二烯（22.23）、壬醇（22.16）、3,6- 亚壬基 -1-醇（17.43）、2- 乙基己醇（16.39）、反 -2- 丁烯醛（10.86）、辛醛（10.14）、壬醛（5.92）、反 -2- 壬烯醛（5.24）、乙缩醛二乙醇（4.98）、己醇（2.38）、2- 甲基 -1- 丁醇（2.35）、6- 甲基 -5- 庚烯 -2- 酮（2.20）、苯甲醛（2.05）、反 -2- 庚烯醛（1.83）、1- 辛烯 -3- 醇（1.58）、苯甲醇（1.46）、2- 甲基丁醛（1.43）、庚醇（1.22）等（李莉峰等，2022）。顶空固相微萃取法提取的北京产'阿鲁斯'甜瓜新鲜成熟果实果肉香气的主要成分（单位：μg/kg）为，反 -6- 壬烯醛（72.16）、顺 -6- 壬烯醇（39.92）、反，顺 -2,6- 壬二烯醛（27.28）、3,6- 亚壬基 -1- 醇（20.95）、壬醇（19.32）、辛醛（17.73）、壬醛（11.67）、1- 辛烯 -3- 醇（11.52）、2- 乙基己醇（11.30）、反 -2- 壬烯醛（6.45）、2- 甲基丁醛（4.49）、苯甲醛（3.47）、6- 甲基 -5- 庚烯 -2- 酮（2.95）、乙酸己酯（2.81）、3- 羟基丁醛（2.58）、苯甲醇（2.49）、反 -2- 庚烯醛（2.36）、己醛（2.33）、乙缩醛二乙醇（2.32）、己醇（2.13）、反 -2- 己烯醛（2.09）、2- 正戊基呋喃（1.74）、庚醛（1.71）、丁酸乙酯（1.51）、苯乙醇（1.44）、9- 十六碳烯酸乙酯（1.25）、反 -2- 丁烯醛（1.23）等；低温贮藏 10 天的成熟果实果肉香气的主要成分（单位：μg/kg）为，3,6- 亚壬基 -1- 醇（95.05）、顺 -6- 壬烯醇（69.09）、壬醇（33.53）、1- 辛烯 -3- 醇（12.65）、反，顺 -2,6- 壬二烯 -1- 醇（10.44）、2- 乙基己醇（6.72）、3- 羟基 -2- 丁酮（5.27）、顺 -2-壬烯醇（4.88）、己醇（4.75）、3- 羟基丁醛（4.15）、2- 甲基 -1- 丁醇（3.99）、苯甲醇（3.18）、2,3- 丁二醇（3.04）、乙缩醛二乙醇（2.97）、反 -3- 庚烯 -1- 醇（2.96）、庚醇（2.24）、2- 壬炔 -1- 醇（1.62）、9- 十六碳烯酸乙酯（1.60）、棕榈酸乙酯（1.54）、顺 -3- 己烯醛（1.51）、8- 壬烯酸（1.51）、反 -6- 壬烯醛（1.34）、3-甲基 -1- 丁醇（1.31）、苯乙醇（1.04）等；室温贮藏 5 天的成熟果实果肉香气的主要成分（单位：μg/kg）为，顺 -3- 壬烯 -1- 醇（89.68）、3,6- 亚壬基 -1- 醇（68.08）、反 -2- 丁烯醛（15.54）、2- 乙基己醇（13.46）、反，

顺 -2,6- 壬二烯醛（11.14）、反 , 顺 -2,6- 壬二烯 -1- 醇（10.68）、反 -6- 壬烯醛（6.05）、反 -2- 壬烯醛（3.45）、苯甲醛（2.70）、乙酸乙酯（2.68）、乙缩醛二乙醇（2.58）、己醇（2.53）、苯甲醇（2.31）、2- 甲基 -1- 丁醇（1.72）、壬醛（1.59）、反 -3- 庚烯 -1- 醇（1.39）、辛醛（1.33）、反 -3- 壬烯 -1- 醇（1.05）等（李莉峰等，2022）。

八棱脆：菜瓜类型。果实长椭圆形，平均单果重 643g。果皮绿色，皮极薄。果实脆嫩，清香可口，瓜香浓郁，脆嫩多汁，含糖量低。固相微萃取法提取的天津产'八棱脆'甜瓜成熟果实果肉香气的主要成分为，(*E,Z*)-2,6- 壬二烯醛（19.68%）、(*E*)-6- 壬烯醛（13.46%）、(*E*)-2- 壬烯醛（10.19%）、(6*Z*)- 壬烯 -1- 醇（9.02%）、1- 壬醇（7.37%）、壬醛（3.17%）、乙酸己酯（2.26%）、己酸乙酯（1.71%）、(*E,Z*)-3,6- 壬二烯 -1- 醇（1.68%）、(*Z*)-3- 壬烯 -1- 醇（1.65%）、己二酸 - 二 (2- 甲基丙基) 酯（1.50%）、2- 甲基 -1- 丁酸乙酯（1.02%）等（张少慧等，2015）。

八棱脆 × 夏朗德：平均单果重 600g。固相微萃取法提取的天津产'八棱脆 × 夏朗德'甜瓜成熟果实果肉香气的主要成分为，(*E,Z*)-3,6- 壬二烯 -1- 醇（8.32%）、乙酸己酯（6.42%）、丁酸乙酯（3.61%）、(6*Z*)- 壬烯 -1- 醇（2.73%）、2- 甲基 -1- 丁酸乙酯（1.59%）、己酸乙酯（1.54%）、烯丙基甲基硫醚（1.42%）等（张少慧等，2015）。

白兰瓜：果实圆球形，皮色白中泛黄。果肉淡绿色，肉厚汁多，脆而细嫩，清香扑鼻，含糖量在 12% 左右。固相微萃取法提取的厚皮甜瓜'白兰瓜'甜瓜新鲜成熟果实果肉香气的主要成分（单位：×10⁻³ mg/kg）为，乙酸 -2- 辛酯（206.84）、乙酸正辛酯（197.48）、2- 辛醇（125.89）、乙酸 -2,7- 辛二烯 -1- 醇酯（45.56）、正辛醇（43.77）、乙酸乙酯（19.70）、(*Z*)-3- 壬烯 -1- 醇（17.56）、乙酸正己酯（16.12）、丁酸 -2- 甲基乙酯（11.77）等（潜宗伟等，2009）。

白玉糖：早熟薄皮品种。果实圆形，果皮乳白色，单瓜重 400g。肉较厚，肉质脆爽，甘甜爽口，糖度 16%。固相微萃取法提取的河南郑州产'白玉糖'甜瓜新鲜果肉香气的主要成分为，乙酸苯甲酯（36.66%）、2,3- 丁二醇二乙酸酯（9.29%）、乙酸己酯（5.64%）、乙酸丁酯（5.43%）、乙酸 -2- 甲基 -1- 丁酯（4.66%）、烯丙基甲基硫醚（4.30%）、乙酸 -2- 苯基乙酯（3.83%）、2- 乙基丁酸烯丙酯（3.62%）、(*Z*)- 乙酸 -3- 己烯 -1- 醇酯（3.19%）、甲基硫丙杂环（2.73%）、(*E*)- 壬烯醛（2.06%）、*α*- 法尼烯（1.70%）、(6*Z*)- 壬烯 -1- 醇（1.60%）、己酸乙酯（1.48%）、2- 羟基 -2,3- 二甲基琥珀酸（1.01%）等（赵光伟等，2014）。

白玉满堂：薄皮甜瓜。果实梨形，果皮白色，果肉白色。固相微萃取法提取的河南郑州产'白玉满堂'甜瓜果肉香气的主要成分为，乙酸苯甲酯（36.66%）、2,3- 丁二醇二乙酸酯（9.29%）、乙酸己酯（5.64%）、乙酸丁酯（5.43%）、乙酸 -2- 甲基丁酯（4.66%）、烯丙基甲硫醚（4.30%）、乙酸 -2- 苯基乙酯（3.83%）、2- 乙基丁酸烯丙酯（3.62%）、(*Z*)- 乙酸 -3- 己烯 -1- 醇酯（3.19%）、甲基硫丙杂环（2.73%）、(*E*)- 壬烯醛（2.06%）、*α*- 法尼烯（1.70%）、(6*Z*)- 壬烯 -1- 醇（1.60%）、己酸乙酯（1.48%）、2- 羟基 -2,3- 二甲基琥珀酸（1.01%）等（赵光伟等，2015）。

博洋 61：以'Lb284'为母本、'Lbm27'为父本杂交选育的薄皮型甜瓜品种。果实长圆柱形，果皮淡绿色。果肉较厚，口感脆酥，风味清香，糖度适宜。顶空固相微萃取法提取的河北青县产'博洋 61'甜瓜新鲜成熟果实香气的主要成分为，乙酸苯甲酯（29.10%）、3- 甲硫基丙醇乙酸酯（17.24%）、2,3- 丁二醇二乙酸酯（11.20%）、2- 甲基丁基乙酸酯（10.08%）、蘑菇醇（6.87%）、乙酸己酯（6.39%）、乙酸苯乙酯（5.96%）、苯甲醇（3.07%）、1,3- 丁二醇二乙酸酯（1.90%）、反式 -2- 己烯醛（1.65%）、乙二醇二乙酸酯（1.17%）、顺 -3- 壬烯 -1- 醇（1.07%）、苯甲醛（1.06%）、乙酸苯丙基酯（1.03%）等（鹿浩志等，2020）。

彩虹 7 号：杂交一代极早熟薄皮甜瓜品种。果实梨形，单瓜重 350～400g，果面黄白色，果皮光滑坚韧。果肉粉红色，肉厚腔小，甜脆可口，含糖量高，口感好，香味浓。顶空固相微萃取法提取的辽宁沈阳产'彩虹 7 号'甜瓜新鲜果肉香气的主要成分（单位：μg/g）为，乙酸乙酯（69.5）、2,3- 二乙酸丁二酯（17.5）、2- 甲基乙酸丁酯（15.8）、乙酸己酯（9.9）、反 -2- 顺 -6- 壬二烯醛（8.6）、乙酸烯丙酯（4.8）、4- 甲基 -1- 戊烯醇（4.5）、草酸异丁基壬酯（3.9）、2- 甲基丁酸乙酯（3.7）、乙酸苯甲酯（3.2）、反 -3- 顺 -6- 壬二烯醇（3.1）、(甲硫基) 乙酸乙酯（2.6）、2- 乙基 -2- 己烯醇（2.6）、2- 壬烯醇（2.5）等（齐红岩等，2011）。

创新 1 号：厚皮甜瓜品种。果实高球形，果重 1.2kg 左右。果皮深黄色，表皮光滑。果肉白色，肉厚，肉质细腻，口感好，中心含糖量 15% 左右。固相微萃取法提取的辽宁沈阳产'创新 1 号'甜瓜新鲜成熟果实香气的主要成分为，乙酸 -2- 甲基丁酯（28.63%）、2- 甲基丁酸乙酯（19.78%）、乙酸异丁酯（17.64%）、(Z)-6- 壬烯醛（4.84%）、2,3- 丁二醇双乙酸酯（2.43%）、乙酸己酯（2.32%）、丁酸乙酯（1.72%）、己酸乙酯（1.71%）、乙酸苯甲酯（1.45%）等（刘圆等，2008）。

风味 4 号：中熟厚皮品种。果实高圆形，平均单果重 1.5kg。果皮黄色，覆浅灰色致密网纹，果面 10 条纵向沟棱。果肉白色，中心糖含量 16%，口感酸甜，独具风味。固相微萃取法提取的辽宁沈阳产'风味 4 号'甜瓜新鲜成熟果实果肉香气的主要成分（单位：μg/g）为，乙酸苯甲酯（85.6）、正癸酸正癸酯（38.1）、羟甲苯丁酯（21.6）、乙酸己酯（13.2）、乙酸苯乙酯（13.2）、乙酸丙烯壬酯（6.1）、草酸 - 烯丙基壬酯（6.0）、乙基苄酸环戊酯（3.5）、乙酸烯丙酯（3.1）等（徐晓飞等，2012）。

伽师瓜：哈密瓜类型。用农家品种选育而成的厚皮型晚熟品种。果实卵圆，单瓜重 3.5～4.5kg。果皮墨绿色，在柄部有少网。果肉橘红色，质地松脆细，甜度极高，清脆香甜，略有香味。固相微萃取法提取的新疆吐鲁番产'伽师瓜'新鲜果肉香气的主要成分（单位：ng/mL）为，乙酸乙酯（2873.96）、乙醇（488.59）、丁酸乙酯（371.62）、2- 甲基 -1- 丁醇 - 乙酸酯（363.68）、2- 甲基丙醇基乙酸酯（340.22）、2- 甲基丁酸乙酯（335.50）、乙酸丁酯（280.06）、丙酸乙酯（86.63）、2- 甲基丙酸乙酯（79.98）、2- 甲基丁酸甲酯（55.22）、1- 庚醇（50.68）等（庞雪莉等，2012）。固相微萃取法提取的新疆产'伽师瓜'新鲜果肉香气的主要成分（单位：ng/mL）为，丁酸乙酯（3852.67）、乙酸乙酯（1098.26）、丙酸乙酯（361.44）、(E,Z)-2,6- 壬二烯醛（327.04）、庚醛（283.02）、(Z,Z)-3,6- 壬二烯 -1- 醇（201.04）、乙酸甲酯（158.31）、乙酸丁酯（117.16）、2- 甲基丁酸乙酯（114.84）、2- 甲基丙酸乙酯（93.96）、2- 甲基丙醇基乙酸酯（66.97）等（罗东升等，2019）。固相微萃取法提取的新疆产'伽师瓜'新鲜成熟果实果肉香气的主要成分为，乙酸异丁酯（20.33%）、乙酸乙酯（16.74%）、乙酸甲酯（4.64%）、丙酸甲酯（4.83%）、丁酸乙酯（4.09%）、二甲基二硫醚（3.98%）、乙酸己酯（3.84%）、2- 甲基乙基乙酸酯（3.67%）、丁酸甲酯（3.40%）、丙酸乙酯（3.33%）、乙酸丙酯（3.19%）、己酸烯丙酯（2.68%）、2- 甲基丁酸乙酯（2.65%）、异丁酸甲酯（2.39%）、二甲基三硫（2.03%）、异丁酸乙酯（1.69%）、丙酸异丁酯（1.19%）等（庄楷杏等，2022）。

甘甜 3 号：早中熟薄皮甜瓜杂交一代新品种。果实倒卵形，单瓜质量 670g；果皮灰绿色，老熟时微泛黄斑。果肉翠绿色，肉质较脆。顶空固相微萃取法提取的甘肃皋兰产'甘甜 3 号'甜瓜新鲜成熟果实香气的主要成分为，乙酸乙酯（56.57%）、乙醇（18.70%）、乙酸（18.22%）等（李旺雄等，2021）。

甘甜 5 号：以自交系'12C11'为母本，以自交系'12C28'为父本配制而成的中早熟薄皮甜瓜一代杂种。果实椭圆形，单瓜重 400～650g。果皮白色，成熟后泛黄晕。果肉白色，肉质酥脆。顶空固相微萃取法提取的甘肃皋兰产'甘甜 5 号'甜瓜新鲜成熟果实香气的主要成分为，乙酸乙酯（42.21%）、乙醇

（28.60%）、乙酸（14.95%）、异戊醇（2.47%）、顺 -6- 壬烯 -1- 醇（1.03%）等（李旺雄等，2021）。

高甜黄金道： 薄皮甜瓜类型。果皮花纹形。果肉脆甜。顶空固相微萃取法提取的辽宁沈阳产'高甜黄金道'甜瓜新鲜成熟果实果肉香气的主要成分为，乙酸乙酯（67.58%）、乙酸 -2- 甲基 -1- 丁酯（7.40%）、乙酸苯甲酯（4.73%）、乙酸异丁酯（3.42%）、乙酸仲戊酯（2.70%）、乙酸己酯（1.36%）等（齐红岩等，2011）。

哈甜 2 号： 农家品种'牙瓜'与品系'5-12'杂交组合分离后代中选育而成的早熟薄皮品种。果实梨形，平均单瓜重 300～350g。果皮浅黄色带绿条纹。果肉白色，甜脆，香味浓郁，折光糖含量 12.5%。固相微萃取法提取的黑龙江哈尔滨产'哈甜 2 号'甜瓜新鲜成熟果实香气的主要成分为，乙酸乙酯（61.62%）、异丙氧基乙酸乙酯（8.03%）、3- 羟丙基硫代乙酸酯（5.16%）、乙酸苄基酯（2.89%）、乙酸异丁酯（2.77%）、乙酸 -2- 甲基 -1- 丁酯（2.62%）、2,3- 丁二醇二乙酸酯（2.57%）、乙酸丁酯（1.75%）、丁酸乙酯（1.14%）等（郝璐瑜等，2011）。

红城 10 号： 中早熟薄皮甜瓜。果实阔梨形，单瓜质量 300～500g。果皮黄白略带淡绿，光滑。果肉白色，含糖量 15%，皮薄肉厚。固相微萃取法提取的'红城 10 号'甜瓜新鲜成熟果实果肉香气的主要成分（单位：×10⁻³mg/kg）为，乙酸正辛酯（701.08）、正辛醇（512.30）、乙酸乙酯（195.27）、乙酸 -2- 甲基 -1- 丁醇酯（59.25）、乙酸正己酯（53.01）、乙酸丁酯（29.06）、正壬醇（25.67）、2,3- 二氢 -3,5- 二羟基 -6- 甲基 -4(*H*) 吡喃 -4- 酮（21.60）、辛醛（16.89）、乙酸 -2- 甲基丙基酯（16.26）、乙酸甲酯（16.03）、乙酸苯基甲酯（11.92）、(*Z*)-3- 壬烯 -1- 醇（11.81）等（潜宗伟等，2009）。

红蜜脆： 哈密瓜类型。平均单瓜重 2.13kg。果肉红色。固相微萃取法提取的天津产'红蜜脆'甜瓜成熟果实果肉香气的主要成分为，乙酸苯甲酯（16.75%）、(*Z*)-3- 壬烯醇（11.84%）、(*E,Z*)-3,6- 壬二烯醇（10.83%）、乙酸己酯（9.43%）、乙酸乙酯（7.72%）、乙酸 -2- 甲基 -1- 丁酯（6.32%）、(*Z*)- 乙酸 -3- 己烯酯（5.22%）、己酸乙酯（3.21%）、乙酸辛酯（2.91%）、乙酸苯乙酯（1.71%）、1- 辛醇（1.51%）、丁酸乙酯（1.30%）、乙酸 -2- 甲基丙酯（1.11%）、(*Z*)-6- 壬烯醇（1.10%）、1- 壬醇（1.06%）等（周莉等，2013）。

华莱士： 内蒙古河套地区厚皮非网纹类甜瓜地方品种。果实圆形或柠檬形，表皮光滑，间有裂纹，分橘红、橙黄和青麻绿 3 种皮。瓜瓤呈纯白、绿白和翠绿色。软脆适度，香甜味美，肉厚，味独特。固相微萃取法提取的内蒙古磴口产'华莱士'甜瓜新鲜成熟果实果肉香气的主要成分为，软脂酸（29.69%）、亚麻酸（11.70%）、亚油酸（9.94%）、油酸（7.87%）、顺 - 十六碳烯酸（4.60%）、二十八烷（3.67%）、二十三烷（2.14%）、乙酸 -3- 甲基丁酯（1.65%）、乙酸苯甲酯（1.63%）、3- 羟基 -2- 丁酮（1.62%）、二十七烷（1.42%）、硬脂酸（1.06%）等（秦海峰等，2007）。

黄皮 9818： 哈密瓜类型。厚皮中熟品种。果实椭圆形，单瓜质量 1.5～2.0kg。黄底密格网。瓜瓤橘红，肉质细脆爽口。中心糖含量 15% 左右，抗病性强。固相微萃取法提取的新疆吐鲁番产'黄皮 9818'甜瓜新鲜成熟果实果肉香气的主要成分为，乙酸苯甲酯（26.79%）、乙酸异丁酯（12.75%）、(*Z*)-3- 壬烯 -1- 醇（10.95%）、3,6- 壬二烯 -1- 醇（7.51%）、苯甲醛（3.76%）、苯甲醇（2.95%）、2- 甲基 - 乙酸 -1- 丁酯（2.94%）、*α*- 蒎烯（2.85%）、二乙酸 -2,3- 丁二酯（2.70%）、6- 壬烯醛（2.68%）、乙酸己酯（2.15%）、丙酸甲酯（2.11%）、壬醛（1.29%）、6- 壬烯醇（1.23%）、乙酸异丙酯（1.18%）、乙酸 -3- 己烯 -1- 醇酯（1.16%）、乙酸正丁酯（1.13%）、3- 甲硫基丙醇乙酸酯（1.07%）等（胡国智等，2017）。

皇后（新密杂 1 号、Queen）： 果实椭圆形，果重大约 5kg。果皮金黄色，有墨绿色的纹路。果肉橘红色，肉质细嫩，甜脆爽口，含糖量在 15% 以上。果皮硬。固相微萃取法提取的天津产'皇后'甜瓜成熟果实果肉香气的主要成分为，(*Z*)-3- 壬烯 -1- 醇（17.07%）、(*E,Z*)-3,6- 壬二烯 -1- 醇（7.88%）、乙酸己酯

（5.22%）、壬醛（4.10%）、丁酸乙酯（1.55%）、1- 壬醇（1.54%）、己酸乙酯（1.18%）等（张少慧等，2015）。

皇后 × 夏朗德：平均单果重 600g。固相微萃取法提取的天津产'皇后 × 夏朗德'甜瓜成熟果实果肉香气的主要成分为，乙酸己酯（9.76%）、己酸乙酯（4.47%）、丁酸乙酯（4.30%）、2- 甲基 -1- 丁酸乙酯（3.99%）、(E,Z)-3,6- 壬二烯 -1- 醇（3.41%）、(Z)-3- 壬烯 -1- 醇（3.40%）、烯丙基甲基硫醚（1.56%）等（张少慧等，2015）。

金凤凰：日本厚皮甜瓜品种。果实高球形，单果重 1.8～2kg。果皮覆鲜艳深绿的细条纹。果肉鲜黄色，有特有的鲜味。固相微萃取法提取的新疆吐鲁番产'金凤凰'甜瓜气调贮藏 52 天后的果实香气的主要成分为，乙酸乙酯（21.02%）、双 - 四甲基硅烷 -3- 羟基扁桃酸乙酯（9.72%）、2- 甲基 -1- 丁醇乙酸酯（8.99%）、丁酸乙酯（8.52%）、2- 氯 -4-(4- 甲氧基苯基)-6-(4- 硝基苯) 嘧啶（8.23%）、苯基乙酸甲酯（6.21%）、2- 甲基丁酸乙酯（5.72%）、2- 甲基乙酸丙酯（4.38%）、己酸乙酯（3.98%）、丙酸乙酯（2.76%）、2- 甲基丁酸甲酯（2.76%）、乙酸丁酯（2.33%）、乙酸己酯（2.27%）、5- 甲 -2- 二乙基硅氧烷 - 苯甲酸 - 三乙基硅烷酯（1.88%）、1- 溴基 -3,3- 二甲基 -2- 丁酮（1.25%）、4- 氨 -N, N- 二甲基 - 肟 -3- 羧氨基呋喃（1.23%）、2- 甲基丙酸乙酯（1.07%）等（陈存坤等，2008）。

金皇后：哈密瓜类型。果卵圆形或圆形，网纹细。含糖量达 16 度，瓜肉厚，汁多，香甜，酥脆，口感颇佳。固相微萃取法提取的新疆产'金皇后'甜瓜成熟果实果汁香气的主要成分为，2- 甲基乙酸丁酯（11.79%）、乙酸乙酯（11.66%）、乙酸己酯（9.38%）、2- 甲基乙酸丙酯（8.19%）、丁酸乙酯（5.53%）、2- 甲基丁酸甲酯（4.94%）、顺 -3- 己烯醇（4.83%）、己酸乙酯（4.83%）、乙酸丁酯（4.36%）、2- 甲基丁酸乙酯（4.06%）、乙酸苯甲酯（3.95%）、乙酸甲酯（2.06%）、丁酸甲酯（1.92%）、乙醇（1.90%）、己酸甲酯（1.71%）、乙酸丙酯（1.56%）、2- 甲基丙酸乙酯（1.56%）、2- 甲基丙酸甲酯（1.07%）、乙酸戊酯（1.06%）等（马永昆等，2004）。

京玉 5 号：中晚熟网纹甜瓜品种。果实圆球形，果重 1.2～2.2kg。皮灰绿色，覆盖均匀突起网纹。果肉绿色，肉质细腻多汁，风味独特，含糖量 15%～18%，口感风味俱佳。固相微萃取法提取的北京产'京玉 5 号'甜瓜新鲜成熟果实果肉香气的主要成分（单位：μg/kg）为，乙酸乙酯（292.08）、乙酸 -2- 甲基 -1- 丁醇酯（196.35）、乙酸 -2- 甲基丙基酯（122.67）、1-(2- 丙烯基) 环戊烯（122.53）、(Z)-3- 壬烯 -1- 醇（120.35）、乙酸己酯（93.43）、乙酸丙酯（70.24）、丁酸甲酯（60.78）等（潜宗伟等，2011）。

景甜 208：早熟薄皮甜瓜。果实高圆形，单瓜重 500～800g。果皮雪白色，表面光滑。果肉糖度高。固相微萃取法提取的'景甜 208'甜瓜新鲜成熟果实果肉香气的主要成分（单位：×10⁻³mg/kg）为，(Z)- 乙酸 -6- 壬烯 -1- 醇酯（108.60）、乙酸 -2,7- 辛二烯 -1- 醇酯（104.17）、正壬醇（75.89）、乙酸壬酯（67.34）、蔗糖（60.02）、2,3- 二氢 -3,5- 二羟基 -6- 甲基 -4(H) 吡喃 -4- 酮（44.39）、乙酸 -2- 辛酯（41.66）、乙酸正己酯（27.19）、(Z)-3- 壬烯 -1- 醇（23.18）、(E,Z)-3,6- 壬二烯 -1- 醇（25.52）、(Z)-6- 壬烯醛（20.25）、乙酸 -2- 甲基 -1- 丁醇酯（17.74）、2- 辛醇（16.71）等（潜宗伟等，2009）。

龙甜 3 号：薄皮型中熟品种。果实倒卵形，平均单瓜重 0.66kg。果皮金黄色覆白条带。果肉白色，质脆味甜，过熟沙面。顶空固相微萃取法提取的辽宁沈阳产'龙甜 3 号'甜瓜新鲜成熟果实果肉香气的主要成分为，乙酸乙酯（76.42%）、乙酸 -2- 甲基 -1- 丁酯（4.43%）、2,3- 丁二醇二乙酯（1.35%）、乙酸烯丙酯（1.18%）、2(5H)- 噻吩酮（1.09%）、乙酸苯甲酯（1.01%）等（齐红岩等，2011）。

龙甜雪冠：极早熟薄皮甜瓜。果实近圆形，白色，平均单瓜重 550g。果皮乳白色，果面洁白光滑，附有十条纵浅沟。果肉白色，质细甜脆，折光糖 13.0%，风味浓，品质佳。固相微萃取法提取的辽宁沈阳产

‘龙甜雪冠’甜瓜新鲜成熟果实香气的主要成分为，乙酸苯甲酯（37.91%）、乙酸 -2- 甲基丁酯（11.54%）、2,3- 丁二醇双乙酸酯（2.99%）、乙酸异丁酯（1.79%）、乙酸己酯（1.62%）、1,2,3- 丙三醇 -1- 乙酸酯（1.11%）、十四酸异丙酯（1.03%）等（刘圆等，2008）。

鲁厚甜 1 号：厚皮甜瓜中熟品种，母本‘蜜兰95-1-5-2-5-5’选自一代杂种‘蜜兰’的自交系，父本‘1726-95-2-2-2-3-18’选自一代杂交种‘1726’的自交系。果实高球形，单果重 1.8kg 左右。果皮灰绿色，无棱沟，网纹密。果肉黄绿色，清香多汁。固相微萃取法提取的‘鲁厚甜 1 号’甜瓜新鲜成熟果实果肉香气的主要成分为，苯甲酸乙酯（52.19%）、2- 苯基乙酸乙酯（10.27%）、乙酸己酯（5.36%）、2- 甲基 - 乙酸 -1- 丁醇（3.69%）、己酸乙酯（1.75%）、2- 甲基乙酸丙酯（1.61%）、(E,E,E)-1,4,8- 十二碳三烯（1.48%）、烯丙基甲基硫酯（1.40%）、乙酸辛酯（1.13%）、乙酸庚酯（1.00%）等（李国生等，2010）。

鲁厚甜 2 号：一代杂交早熟厚皮甜瓜品种。果实椭圆形，单果重 1.0～1.2kg。果皮白绿色，果面光滑。果肉绿色，鲜脆甜，含糖量 14% 以上。固相微萃取法提取的山东产‘鲁厚甜 2 号’甜瓜成熟果实香气的主要成分为，乙酸苯甲酯（18.93%）、n- 软脂酸（5.94%）、2- 苯基乙酸乙酯（5.41%）、2- 甲基乙酸 -1- 丁醇（5.04%）、硬脂酸（4.78%）、异丙氧基氨基甲酸乙酯（3.85%）、乙酸己酯（2.77%）、2- 甲基乙酸丙酯（2.48%）、(Z)- 乙酸 -3- 己烯 -1- 醇（2.03%）、(E,E,E)-1,4,8- 十二碳三烯（1.78%）、(E,Z)-3,6- 壬二烯 -1- 醇（1.52%）、烯丙基甲硫酯（1.43%）、邻苯二甲酸二丁酯（1.37%）、2- 氨基 -5- 苯甲酸（1.22%）、二乙酰酸 -1,2,3- 丙三醇（1.19%）、(E)- 乙酸 -6- 壬烯 -1- 醇（1.01%）等（肖守华等，2010）。

绿魁：薄皮甜瓜，平均单果重 0.48kg。固相微萃取法提取的吉林长春产‘绿魁’甜瓜成熟果实香气的主要成分为，乙酸乙酯（57.00%）、乙酸苯甲酯（6.06%）、乙酸己酯（5.55%）、乙酸丁酯（3.72%）、S-(3- 羟丙基) 硫代乙酸（3.09%）、丁酸乙酯（2.94%）、正己酸乙酯（1.88%）、乙醇（1.85%）、乙酸异丁酯（1.12%）、乙醛（1.00%）等（宋廷宇等，2016）。

马泡：果实小，长圆形、球形或陀螺状，瓜有大有小，最大的像鹅蛋，最小的像纽扣。瓜皮颜色有青的、花的，白色带青条的。瓜味有酸有苦，有香味，不甜，果肉极薄。固相微萃取法提取的山东泰安产野生型甜瓜‘马泡’甜瓜新鲜果肉香气的主要成分为，(E,Z)-4- 乙基亚环己烯（20.31%）、3- 甲基 -4- 氧代戊酸（9.82%）、2- 甲基丁酸乙酯（6.78%）、丁酸乙酯（5.75%）、1,8- 二甲基 - 全反式 -1,3,5- 己三烯（4.83%）、乙酸异丁酯（4.60%）、丙酸乙酯（3.40%）、α- 环氧蒎烷（2.92%）、二甲基丙烷硫代酸（2.86%）、壬醛（2.84%）、(Z)-6- 壬烯 -1- 醇乙酸盐（2.74%）、乙酸己酯（2.24%）、螺环 [4] 菲 -1（2.23%）、1- 乙基 -1,4- 环己二烯（2.14%）、乙酸丁酯（2.01%）、正己酸乙酯（1.78%）、顺 -3- 烯基乙酸酯（1.74%）、异丁酸乙酯（1.49%）、戊酸乙酯（1.25%）、4- 乙基苯甲酸 ,2- 甲基丁酯（1.13%）、乙酸叶醇酯（1.06%）、顺 -3- 壬烯 -1- 醇（1.05%）等（王硕硕等，2017）。

千玉 6 号：薄皮型杂交种。果实圆形，平均单瓜重 0.45～0.55kg。果面绿色，光滑。果肉绿色，肉质脆。顶空固相微萃取法提取的陕西杨凌产‘千玉 6 号’甜瓜新鲜果实香气的主要成分为，(E,Z)-3,6- 壬二烯 -1- 乙酸酯（9.31%）、丁酸乙酯（5.47%）、乙酸丁酯（4.05%）、1- 辛烯 -3- 醇（3.88%）、2,3- 丁二醇二乙酸酯（3.77%）、2- 甲基乙酸丁酯（3.05%）、乙酸异丁酯（2.92%）、顺 -3- 壬烯 -1- 醇（2.52%）、(甲硫基) 乙酸乙酯（2.30%）、苯甲醇（2.05%）、3-(甲硫基) 丙酸乙酯（1.98%）、乙酸乙酯（1.75%）、乙酸己酯（1.67%）、2- 甲基丁酸乙酯（1.44%）、顺 -3- 庚烯 -1- 醇（1.17%）等（马雪强等，2021）。

情网：日本厚皮甜瓜品种。果实高球形，平均单果重约 1.5kg，网纹中密，果皮浓灰绿色。果肉红色，糖度 16 度，肉质好，食味极佳。顶空固相微萃取法提取的浙江杭州产‘情网’甜瓜新鲜果肉果汁香气的主要成分为，乙酸乙酯（34.38%）、乙酸异丁酯（18.45%）、丙酸乙酯（7.16%）、2-甲基丁酸乙酯（6.70%）、异丁酸乙酯（5.17%）、丁酸乙酯（4.94%）、乙酸2-甲基丁酯（4.72%）、乙酸苯甲酯（2.97%）、乙酸丁酯（2.32%）等（张红艳等，2011）。

日本甜宝： 日本中晚熟薄皮品种。果实微扁圆形，果重400～600g。果皮绿白色，成熟时有黄晕。果肉白绿色，含糖量16%，香甜可口，香气浓郁，品质极优。顶空固相微萃取法提取的辽宁沈阳产'日本甜宝'甜瓜新鲜成熟果实果肉香气的主要成分为，乙酸乙酯（79.79%）、2,3-丁二醇二乙酯（7.10%）、乙酸苯甲酯（2.57%）、乙酸-2-甲基-1-丁酯（2.07%）等（齐红岩等，2011）。

山农黄金1号： 平均单瓜重900g，果皮黄色，无网纹。果肉白色，肉质松软，含糖量15%，香气浓郁。固相微萃取法提取的山东泰安产'山农黄金1号'甜瓜果实香气的主要成分为，己醛（29.32%）、戊醛（11.63%）、(*Z*)-6-壬烯醛（8.60%）、(*Z*)-2-庚烯醛（6.06%）、(*E*)-2-辛烯醛（4.31%）、(*E,Z*)-2,6-壬二烯醛（4.19%）、壬醛（3.71%）、(*E*)-2-壬烯醛（3.47%）、(6*Z*)-壬烯-1-醇（2.27%）、(*E,E*)-2,4-庚二烯醛（2.10%）、2-己烯醛（1.89%）、壬醇（1.87%）、1-戊醇（1.82%）、(*E*)-2-戊烯醛（1.51%）等（唐贵敏，2007）。

盛开花（落花甜、月白皮）： 陕西、河南地方薄皮甜瓜早熟品种。果实鸭梨形，平均单果重0.4kg。果皮灰绿，成熟时阳面泛黄，果面光滑，有10条浅纵沟。果肉白色或淡绿色，肉质酥脆，品质中下。顶空固相微萃取法提取的甘肃皋兰产'盛开花'甜瓜新鲜成熟果实香气的主要成分为，乙酸乙酯（51.04%）、丁酸（16.40%）、乙醇（11.45%）、丁酸乙酯（1.00%）等（李旺雄等，2021）。

天蜜： 厚皮甜瓜。果实短椭圆形，瓜皮淡黄白色，着色均匀，网纹细美。果肉纯白色，肉厚，肉质柔软细嫩，入口即化，汁多香浓，含糖量14%～16%，风味鲜美。固相微萃取法提取的'天蜜'甜瓜新鲜成熟果实果肉香气的主要成分（单位：$\times 10^{-3}$mg/kg）为，(*Z*)-6-壬烯醛（210.09）、(*E*)-6-壬烯-1-醇（146.04）、(*E,Z*)-2,6-壬二烯醛（52.33）、(*E,Z*)-3,6-壬二烯-1-醇（41.18）、2,3-二氢-3,5-二羟基-6-甲基-4(*H*)吡喃-4-酮（28.52）、(*E*)-2-壬烯醛（17.27）、蔗糖（16.28）、邻苯二甲酸二甲酯（15.23）、(*Z*)-乙酸-6-壬烯-1-醇酯（13.45）、邻苯二甲酸二乙酯（10.71）等（潜宗伟等，2009）。

甜宝： 早中熟光皮品种。果实偏扁圆形，单瓜重0.5kg左右。果皮绿白色，成熟时有黄晕。瓜瓤淡绿色，中心糖含量14%～15%，肉质脆甜，口感好。固相微萃取法提取的天津产'甜宝'甜瓜成熟果实果肉香气的主要成分为，乙酸乙酯（17.96%）、乙酸苯甲酯（16.58%）、烯丙基甲基硫醚（8.29%）、乙酸-2-甲基-1-丁酯（6.84%）、2,3-丁二醇二乙酸酯（6.44%）、乙酸-2-甲基丙酯（6.37%）、乙酸己酯（5.53%）、硫化丙烯（4.27%）、(*E*)-丁酸-2-己烯酯（3.29%）、丁酸乙酯（1.36%）、金合欢烯（1.33%）、乙酸苯乙酯（1.23%）、(*Z*)-3-壬烯醇（1.08%）等（周莉等，2013）。固相微萃取法提取的天津产'甜宝'光皮甜瓜成熟果实果肉香气的主要成分为，烯丙基甲基硫醚（9.28%）、乙酸己酯（6.47%）、丁香酚（4.29%）、2,4-二乙酰氧基戊烷（1.56%）、(*E,Z*)-3,6-壬二烯-1-醇（1.27%）等（张少慧等，2015）。

网络时代3号： 网纹类厚皮甜瓜品种。果实椭圆形，单瓜重1.7～2.7kg。果皮黄绿色，上覆细密浅绿色-白色网纹。果肉白色，松脆爽口。固相微萃取法提取的河南郑州产'网络时代3号'甜瓜新鲜成熟果实果肉香气的主要成分为，乙酸苯甲酯（28.42%）、乙酸-2-甲基-1-丁酯（10.88%）、2-苯基-乙酸乙酯（9.50%）、乙酸己酯（7.60%）、(*E,Z*)-2,6-壬二烯醛（7.04%）、(*Z*)-乙酸-3-己烯-1-醇酯（4.49%）、(*E*)-6-壬烯醛（4.29%）、2,4-壬二烯-1-醇（3.16%）、(*E,Z*)-3,6-壬二烯-1-醇（3.14%）、(*Z*)-3-壬烯-1-醇（2.57%）、乙酸丁酯（2.01%）、壬烯醛（1.36%）、丙酸-2-甲基丙酯（1.19%）等（赵光伟等，2011）。

网纹瓜图 1

网纹厚皮：网纹类厚皮甜瓜。固相微萃取法提取的山东泰安产'网纹厚皮'甜瓜新鲜果肉香气的主要成分为，乙酸己酯（17.77%）、乙酸异丁酯（17.55%）、2-甲基丁基乙酸酯（9.41%）、乙酸壬酯（5.25%）、二甲基丙烷硫代酸（4.43%）、反式-2-癸烯醛（3.99%）、丙酸异丁酯（3.25%）、顺-3-烯基乙酸酯（3.05%）、1,2-二甲苯（2.41%）、2-甲基丁酸甲酯（2.19%）、乙酸庚酯（2.13%）、丙酸乙酯（1.97%）、丁酸乙酯（1.74%）、乙酸叶醇酯（1.68%）、乙酸异丙酯（1.60%）、乙酸戊酯（1.52%）、壬醛（1.47%）、乙酸丁酯（1.44%）、二苯并五环（1.13%）、正己烷（1.13%）、2-甲基呋喃（1.06%）等（王硕硕等，2017）。固相微萃取法提取的'网纹厚皮'甜瓜新鲜成熟果实果肉香气的主要成分（单位：$\times 10^{-3}$mg/kg）为，L-丙氨酰-L-丙氨酸（109.26）、(*E*)-6-壬烯-1-醇（98.18）、2,3-二氢-3,5-二羟基-6-甲基-4(*H*)吡喃-4-酮（45.77）、乙酸乙氧基羟基乙酯（45.47）、蔗糖（28.64）、(*E,Z*)-3,6-壬二烯-1-醇（27.08）、(*Z*)-6-壬烯醛（21.18）、2,6-壬二烯醇（16.51）、壬醛（13.44）、(*E*)-2-壬烯-1-醇（12.62）、DL-甘油醛（12.50）等（潜宗伟等，2009）。固相微萃取法提取的美国伊利诺伊州产'网纹厚皮'甜瓜新鲜果肉香气的主要成分（单位：ng/mL）为，庚醛（1186.98）、(*Z,Z*)-3,6-壬二烯-1-醇（1081.88）、(*E,Z*)-2,6-壬二烯醛（923.24）、乙酸甲酯（694.23）、乙酸乙酯（681.04）、2-甲基丙酸甲酯（247.33）、丙酸乙酯（89.73）、2-甲基-1-丁醇（80.96）、苯甲醛（68.56）、2-甲基丁酸甲酯（51.07）等（罗东升等，2019）。

网纹瓜图 2

网纹瓜图 3

西州蜜 17 号： 中晚熟哈密瓜类型品种。果实椭圆形，单瓜质量 3kg 以上。皮色黑麻绿，网纹细密全。肉色橘红，肉质细、松、脆，淡果香，风味好。平均中心糖含量 16%～17%。固相微萃取法提取的新疆五家渠产'西州蜜 17 号'甜瓜常温吹风干燥的果干香气的主要成分为，3- 羟基 -2- 丁酮（27.62%）、苯甲醇（11.14%）、3- 甲基 -2- 丁酮（6.20%）、橙花基丙酮（5.81%）、二氢猕猴桃内酯（5.45%）、(S)-1,3- 丁二醇（4.67%）、5- 乙基 -6- 十一烷酮（3.94%）、反式 -β- 紫罗兰酮（3.77%）、(E)-2- 十二烷基乙酸酯（3.65%）、1- 甲基甲酸丙酯（2.63%）、十六烷酸乙酯（2.56%）、2- 甲基 - 癸烷（2.52%）、苯乙醇（2.51%）、3- 苯基 -2- 丙烯酸（2.22%）、苯甲醛（1.80%）、2,6- 二异氰酸酯（1.21%）、9- 十六碳烯酸乙酯（1.21%）、α- 甲基 - 苯甲醇（1.16%）、β- 环柠檬醛（1.14%）、2,3,6- 三甲基 -6- 烯庚醇 -1（1.01%）等；50℃ 干燥的果干香气的主要成分为，苯甲醇（19.99%）、1- 甲基甲酸丙酯（11.93%）、3- 苯基 -2- 丙烯酸（9.16%）、二氢猕猴桃内酯（6.91%）、棕榈酸异丙酯（6.39%）、苯乙醇（6.37%）、(S)-1,3- 丁二醇（4.53%）、苯甲醛（3.50%）、十六烷酸乙酯（3.41%）、反式 -β- 紫罗兰酮（3.15%）、苯酚（3.03%）、麝香草酚（2.62%）、二苯甲酮（2.49%）、邻苯二甲酸二甲酯（2.07%）、9- 十六碳烯酸乙酯（1.67%）、橙花基丙酮（1.20%）、邻苯二甲酸二乙酯（1.13%）等（李佳等，2020）。固相微萃取法提取的新疆产'西州蜜 17 号'甜瓜热风干燥的果干香气的主要成分为，香叶基丙酮（19.47%）、β- 紫罗兰酮（10.20%）、邻苯二甲酸二异丁酯（8.65%）、二氢猕猴桃内酯（7.74%）、二乙二醇乙醚（6.92%）、硬脂酸甲酯（5.92%）、苯乙醛（5.74%）、2- 乙基 -1- 己醇（3.86%）、邻苯二甲酸二丁酯（3.77%）、1,2- 环杂环烷（3.15%）、(Z)-9- 十八碳烯酸 - 甲酯（2.96%）、邻苯二甲酸二乙酯（2.54%）、2,2- 二甲基环己基甲基酮（2.39%）、2- 苯基巴豆醛（2.19%）、十六烷（1.79%）、癸醛（1.77%）、2,6- 二叔丁基对甲酚（1.46%）、(Z)-7- 十六烯醛（1.41%）、β- 环柠檬醛（1.37%）、十五烷（1.23%）、二苯甲酮（1.17%）、长叶烯（1.11%）等；真空冷冻干燥的果干香气的主要成分为，β- 紫罗兰酮（26.12%）、香叶基丙酮（19.42%）、二氢猕猴桃内酯（17.44%）、二乙二醇乙醚（7.13%）、β- 环柠檬醛（3.84%）、3,4- 二甲基环己醇（3.38%）、4,8- 二甲基 -1,7- 壬二烯 -4- 醇（1.98%）、(1S- 顺式)-2- 甲基 -5-(1- 甲基乙基)-2- 环己烯 -1- 醇（1.93%）、2- 乙基 -4-5- 二甲基 - 苯酚（1.76%）、十五烷（1.45%）、邻苯二甲酸二丁酯（1.32%）、邻苯二甲酸二异丁酯（1.23%）、6- 甲基 -5-(1- 甲基乙基)-5- 庚烯 -3- 炔 -2- 醇（1.16%）、对甲氧基肉桂酸辛酯（1.15%）、2,6,6- 三甲基 -1- 环己烯基乙醛（1.10%）、癸醛（1.09%）、十六酸乙酯（1.06%）等（高静静等，2020）。

西州蜜 25 号： 中熟哈密瓜类型厚皮品种。果实椭圆形，平均单果重 2.0kg。果皮浅绿色，绿道，网纹细密全。果肉橘红，肉质细、松、脆，甜度高，香气浓，风味好。固相微萃取法提取的海南三亚产'西州蜜 25 号'甜瓜新鲜果肉香气的主要成分为，乙酸异丁酯（28.52%）、2- 甲基 -1- 丁醇乙酸酯（10.58%）、乙酸正己酯（10.45%）、2- 己烯 -1- 醇乙酸酯（4.86%）、乙酸正丁酯（4.53%）、3- 壬烯 -1- 醇（3.85%）、1- 壬醇（3.15%）、乙酸乙酯（3.14%）、2- 甲基丁酸甲酯（2.68%）、苯甲醛（2.47%）、3- 壬烯 -1- 醇乙酸酯（2.33%）、正丁酸乙酯（2.03%）、乙酸甲酯（1.91%）、香叶基丙酮（1.67%）、乙酸异丙酯（1.59%）、乙酸正丙酯（1.44%）、1,8- 桉树脑（1.24%）、乙酸苄酯（1.20%）、2- 甲基丙酸甲酯（1.06%）、正丙酸甲酯（1.05%）等（张容鹄等，2017）。固相微萃取法提取的新疆吐鲁番产'西州蜜 25 号'甜瓜新鲜成熟果实果肉香气的主要成分为，苯甲醇（28.08%）、乙酸乙酯（11.81%）、苯乙醇（6.08%）、苯甲醛（5.98%）、(Z)-3- 壬烯 -1- 醇（4.58%）、二乙酸 -2,3- 丁二酯（3.59%）、丙酸甲酯（3.50%）、3,6- 壬二烯 -1- 醇（3.19%）、乙酸异丁酯（3.13%）、2- 甲基 -1- 丁醇（2.76%）、甲苯（2.38%）、芳樟醇（2.36%）、3- 羟基噻吩（2.02%）、正己醇（1.64%）、3- 己烯 -1- 醇（1.51%）、丙酸乙酯（1.33%）、2- 壬烯醛（1.02%）等（胡国智等，2017）。

夏朗德（Charentais）： 法国厚皮早熟品种。平均单果重 0.91～1.36kg。果皮光滑，坚硬，灰色，具绿色纵纹，成熟后果皮变黄变软。果肉橙色，柔软多汁，香甜可口，甜度适中。固相微萃取法提取的天津产'夏朗德'甜瓜成熟果实果肉香气的主要成分为，乙酸苯甲酯（51.96%）、乙酸乙酯（5.82%）、己酸乙酯（5.72%）、乙酸苯乙酯（5.12%）、乙酸苯丙酯（3.31%）、丁酸乙酯（1.60%）、乙酸己酯（1.50%）、(Z)-3-壬烯醇（1.42%）、烯丙基甲基硫醚（1.41%）、甲硫基乙酸乙酯（1.34%）、乙酸-2-甲基丙酯（1.20%）、乙酸-2-甲基-1-丁酯（1.13%）等（周莉等，2013）。固相微萃取法提取的天津产'夏朗德'甜瓜成熟果实果肉香气的主要成分为，2-甲基-1-丁酸乙酯（15.63%）、己酸乙酯（10.58%）、乙酸己酯（10.01%）、丁酸乙酯（7.79%）、(+/-)-乙基-3-乙酰氧基丁酸酯（1.07%）等（张少慧等，2015）。

夏朗德×甜宝： 平均单果重 518g。固相微萃取法提取的天津产'夏朗德×甜宝'甜瓜成熟果实果肉香气的主要成分为，丁酸乙酯（9.89%）、乙酸己酯（6.08%）、己酸乙酯（3.29%）、烯丙基甲基硫醚（1.95%）等（张少慧等，2015）。

夏朗德×皇后： 平均单果重 1.24kg。固相微萃取法提取的天津产'夏朗德×皇后'甜瓜成熟果实果肉香气的主要成分为，乙酸己酯（12.60%）、(E,Z)-3,6-壬二烯-1-醇（3.32%）、(Z)-3-壬烯-1-醇（2.91%）、烯丙基甲基硫醚（1.11%）等（张少慧等，2015）。

香沙蜜： 薄皮甜瓜品种。平均单果重 418.45g，质地黏绵沙软。品质一般。顶空固相微萃取法提取的辽宁沈阳产'香沙蜜'甜瓜新鲜成熟果实果肉香气的主要成分为，乙酸乙酯（22.61%）、乙酸苯甲酯（20.58%）、烯丙基硫醚（7.86%）、十六酸（5.48%）、乙酸-2-甲基-1-丁酯（4.93%）、5-羟甲基糠醛（3.99%）、乙酸异丁酯（3.89%）、2,3-丁二醇二乙酯（2.94%）、异丁醇（2.54%）、肉豆蔻酸（2.28%）、乙酸己酯（1.59%）、邻苯二酸二辛酯（1.58%）、(Z)-11-十六碳烯酸（1.20%）等（齐红岩等，2011）。

香甜： 香瓜类型。平均单瓜重 0.33kg。果肉绿色。固相微萃取法提取的天津产'香甜'甜瓜成熟果实果肉香气的主要成分为，乙酸苯甲酯（21.23%）、乙酸乙酯（15.48%）、烯丙基甲基硫醚（6.83%）、乙酸-2-甲基-1-丁酯（5.14%）、乙酸己酯（3.44%）、硫化丙烯（3.29%）、(E)-丁酸-2-己烯酯（3.06%）、乙酸-2-甲基丙酯（2.44%）、金合欢烯（2.21%）、2,3-丁二醇二乙酸酯（2.04%）、乙酸苯乙酯（1.95%）、丁酸乙酯（1.83%）、(Z)-3-壬烯醇（1.27%）、3-甲硫基丙酸乙酯（1.13%）、乙酸苯丙酯（1.12%）、己酸乙酯（1.06%）等（周莉等，2013）。

心里美2号： 杂交一代早熟厚皮甜瓜品种。果实近圆形，单果重 1.5～2kg。果皮白皮，光洁，坚韧。果肉浅橘红色，肉脆爽口，品质佳。固相微萃取法提取的'心里美2号'甜瓜新鲜成熟果实果肉香气的主要成分（单位：×10^{-3}mg/kg）为，正壬醇（148.73）、1-羟基-2-丁酮（83.68）、(Z)-3-壬烯-1-醇（31.79）、2,3-二氢-3,5-二羟基-6-甲基-4(H)吡喃-4-酮（19.32）、2,6-壬二烯醇（19.01）、(E)-2-壬烯-1-醇（18.18）、乙酸-2,7-辛二烯-1-醇酯（13.61）、(Z)-乙酸-6-壬烯-1-醇酯（12.89）、蔗糖（12.39）、壬醛（11.83）等（潜宗伟等，2009）。

新蜜9号： 杂交一代早熟厚皮类型品种。哈密瓜果形高圆形或稍椭圆形，平均单瓜重 1.5kg。果面金黄，有或无稀网纹。果肉青白色，肉质细松，汁多适中，味浓香，中心折光糖15%。固相微萃取法提取的新疆吐鲁番产'新蜜9号'甜瓜新鲜成熟果实果肉香气的主要成分为，2-甲基-乙酸-1-丁酯（23.58%）、乙酸丁酯（17.27%）、乙酸异丁酯（15.13%）、乙酸己酯（6.25%）、乙酸苯甲酯（4.78%）、3-甲硫基乙酸丙酯（4.59%）、乙酸-2-甲基丁酯（4.15%）、2-甲基丁酸甲酯（3.95%）、乙酸丙酯（2.35%）、α-蒎烯（2.19%）、丁酸甲酯（1.34%）、(Z)-6-壬醛（1.33%）、丙酸甲酯（1.20%）、正己醇（1.20%）等（胡国智等，2017）。

新蜜 14 号：厚皮哈密瓜类型。果形椭圆形，单瓜重 2kg。果皮灰绿色，网纹密布全果，果面乳黄透红。果肉橘红，肉质松脆蜜甜，中心折光糖为 15%。固相微萃取法提取的新疆吐鲁番产'新蜜 14 号'甜瓜新鲜成熟果实果肉香气的主要成分为，(Z)-3- 壬烯 -1- 醇（64.40%）、3,6- 壬二烯 -1- 醇（12.89%）、(Z)-6- 壬烯醛（3.18%）、2- 壬烯醛（2.44%）、苯甲醛（2.16%）、壬醇（2.12%）、2,6- 壬二烯醛（1.96%）、壬醛（1.84%）等（胡国智等，2017）。

雪奶香：薄皮甜瓜。瓜皮较薄，口感甜蜜细腻，软糯清甜，多汁。固相微萃取法提取的黑龙江哈尔滨产'雪奶香'甜瓜新鲜成熟果实果肉香气的主要成分（单位：μg/g）为，乙酸乙酯（113.5）、乙酸苯甲酯（62.8）、乙酸己酯（50.2）、羟甲苯丁酯（35.3）、丁醇 -2- 甲基丁酯（27.5）、乙酸苯乙酯（20.4）、乙酸丙烯壬酯（16.2）、(E)-2- 己烯 -1- 醇乙酸酯（15.7）、2,3- 二乙酸丁二酯（15.0）、辛烯 -1- 醇乙酸酯（14.0）、乙酸 -2- 丙烯基酯（12.7）、乙酸丁酯（12.2）、丁酸乙酯（8.5）、乙酸异丁酯（6.6）、正癸酸正癸酯（6.4）、2- 甲基丁酸乙酯（3.9）、异戊酸香叶酯（2.9）、乙酸烯丙酯（1.3）、1,3- 丁二醇二乙酸酯（1.1）等（徐晓飞等，2012）。

羊角脆：香瓜类型。果实一头大而圆扁，一头小而尖细，呈长锥形，酷似羊角。平均单瓜重 0.63kg。果皮灰绿色或青绿色。果肉嫩绿色，质地清脆，香甜多汁。固相微萃取法提取的天津产'羊角脆'甜瓜成熟果实果肉香气的主要成分为，乙酸苯乙酯（18.05%）、乙酸苯甲酯（12.14%）、乙酸 -2- 甲基 -1- 丁酯（12.04%）、乙酸己酯（10.93%）、乙酸乙酯（4.73%）、2,3- 丁二醇二乙酸酯（4.41%）、乙酸 -2- 甲基丙酯（4.09%）、(E,Z)-3,6- 壬二烯醇（1.91%）、烯丙基甲基硫醚（1.55%）、(E)- 丁酸 -2- 己烯酯（1.35%）、(E)-3- 壬烯醇（1.29%）、丁酸乙酯（1.12%）等（周莉等，2013）。顶空固相微萃取法提取的河北青县产'羊角脆'甜瓜新鲜成熟果实香气的主要成分为，乙酸苯甲酯（24.20%）、3- 甲硫基丙醇乙酸酯（22.33%）、乙酸己酯（9.07%）、乙酸异丁酯（7.94%）、蘑菇醇（4.61%）、乙酸苯乙酯（3.70%）、壬醛（2.93%）、苯甲醛（2.79%）、3,6- 亚壬基 -1 醇（2.54%）、顺 -3- 壬烯 -1- 醇（2.39%）、反 -6- 壬烯 -1- 醇（2.23%）、反式 -2- 己烯醛（1.99%）、苯甲醇（1.67%）、2,3- 丁二醇二乙酸酯（1.54%）、1,3- 丁二醇二乙酸酯（1.42%）、正己醇（1.36%）、乙酸壬酯（1.05%）、1,2- 丙二醇二乙酸酯（1.03%）等（鹿浩志等，2020）。

一窝猴菜瓜：菜瓜类型。平均单瓜重 0.54kg。果肉红色。固相微萃取法提取的天津产'一窝猴菜瓜'成熟果实果肉香气的主要成分为，(E,Z)-2,6- 壬二烯醛（16.26%）、(E)-2- 壬烯醛（12.40%）、乙酸 -2- 甲基 -1- 丁酯（7.62%）、乙酸苯甲酯（7.32%）、乙酸己酯（6.52%）、乙酸乙酯（4.37%）、壬醛（4.13%）、乙酸 -2- 甲基丙酯（4.01%）、丁酸乙酯（3.71%）、(Z)- 乙酸 -3- 己烯酯（1.61%）等（周莉等，2013）。

伊丽莎白（Elizabeth）：杂种一代早熟厚皮甜瓜品种。果实圆球形，单瓜重 600～800g。果皮橘黄色，光滑鲜艳，无棱沟。果肉白色，含糖量 16%，腔小，细嫩可口，具浓香味。固相微萃取法提取的'伊丽莎白'甜瓜新鲜成熟果实果肉香气的主要成分（单位：×10⁻³mg/kg）为，乙酸甲酯（107.93）、乙酸 -2- 甲基 -1- 丁醇酯（97.12）、乙酸 -2- 甲基丙基酯（77.75）、丙二醇甲醚醋酸酯（55.97）、乙酸乙酯（47.64）、(E,Z)-3,6- 壬二烯 -1- 醇（43.32）、(1- 甲基乙氧基)- 乙酸乙酯（40.70）、乙酸正己酯（37.11）、丙酸甲酯（36.59）、2,3- 二氢 -3,5- 二羟基 -6- 甲基 -4(H) 吡喃 -4- 酮（29.76）、乙酸 -2- 辛酯（24.22）、乙酸正辛酯（17.20）、2- 辛醇（16.03）、阿拉伯糖（15.97）、乙酸壬酯（14.24）、(E)-6- 壬烯 -1- 醇（13.97）、乙酸苯基甲酯（11.72）、(Z)- 乙酸 -6- 壬烯 -1- 醇酯（11.05）、辛酸乙酯（10.76）等（潜宗伟等，2009）。固相微萃取法提取的辽宁沈阳产'伊丽莎白'甜瓜新鲜成熟果实香气的主要成分为，乙酸苯甲酯（18.84%）、乙酸 -2- 甲基丁酯（14.92%）、乙酸己酯（8.40%）、乙酸异丁酯（5.75%）、十四酸异丙酯（1.60%）、乙酸丁酯（1.41%）等（刘圆等，2008）。

银帝：厚皮甜瓜。果实短椭圆形，平均单瓜重3～3.5kg。果皮浅绿色，充分成熟时乳白色，偶有网纹。果肉浅绿色，有清香味，肉质松软，中心折光糖15.5%～16.0%。顶空固相微萃取法提取的甘肃民勤产'银帝'甜瓜新鲜果肉香气的主要成分为，乙酸甲酯（14.08%）、乙酸-2-甲基丁酯（12.29%）、己酸乙酯（8.60%）、丁酸甲酯（7.51%）、丙酸丙酯（6.60%）、乙醛（6.43%）、9-十八烯醛（6.31%）、乙酸苄酯（4.33%）、反-6-壬烯醛（3.83%）、乙酸丁酯（2.24%）、壬醛（2.15%）、丙酸丁酯（1.16%）、乙醇（1.08%）、乙二醇丁醚（1.03%）、顺-4-壬烯醛（1.02%）等（蒋玉梅等，2007）。

永甜6号：薄皮甜瓜。顶空固相微萃取法提取的辽宁沈阳产'永甜6号'甜瓜新鲜果肉香气的主要成分为，2,3-丁二醇双乙酸酯（6.05%）、乙酸乙酯（5.02%）、乙酸苯甲酯（4.74%）、n-十六酸（3.99%）、1-丁醇-2-甲基乙酸酯（3.55%）、乙酸己酯（1.98%）、乙酸-2-甲基丙酯（1.84%）、丁酸乙酯（1.72%）、乙酸丁酯（1.55%）、丁酸-2-甲基乙酯（1.09%）等（齐红岩等，2008）。

玉金香：杂交一代早熟厚皮甜瓜品种。果实圆形或高圆形，平均单果重1.1kg。果皮白色至乳黄色，偶有网纹。果肉浅黄绿色。肉细汁多，香味浓。固相微萃取法提取的甘肃民勤产'玉金香'甜瓜果实香气的主要成分为，正戊烷（17.49%）、乙醇（16.30）、环丁醇（9.35%）、N-羟基乙酰胺（9.09%）、苯甲醛（10.27%）、乙酸乙酯（9.21%）、乙酸苯甲酯（5.57%）、(Z)-乙酸-3-己烯-1-醇酯（3.15%）、2,3-丁二醇二乙酸酯（2.52%）、丙酸苯甲酯（2.01%）、乙酸异丁酯（1.85%）、正己醛（1.41%）、2-丁酮（1.23%）、乙酸丙酯（1.12%）等（张娜等，2014）。

玉美人：早熟薄皮大果型甜瓜。果实圆形，单果重2.2kg左右。果皮白色，透橘红色，果面极光滑。果肉橘红色，肉厚4.5cm，可溶性固形物含量15%左右。固相微萃取法提取的辽宁沈阳产'玉美人'甜瓜成熟果实果肉香气的主要成分为，乙酸-2-甲基-1-丁醇酯（21.25%）、乙酸己酯（17.21%）、乙酸苯甲酯（11.89%）、乙酸-2-甲基丙酯（2.88%）、苯丁酸乙酯（2.35%）、乙酸丁酯（2.28%）等（王宝驹等，2008）。顶空固相微萃取法提取的辽宁沈阳产'玉美人'甜瓜新鲜果肉香气的主要成分为，n-十六酸（9.83%）、乙酸苯甲酯（5.17%）、2,3-丁二醇双乙酸酯（4.78%）、乙酸乙酯（3.34%）、1-丁醇-2-甲基乙酸酯（2.75%）、乙酸-2-甲基丙酯（1.66%）、乙酸己酯（1.61%）、丙酸-2-苯乙基酯（1.58%）、乙酸丁酯（1.27%）等（齐红岩等，2008）。固相微萃取法提取的辽宁沈阳产'玉美人'甜瓜新鲜成熟果实香气的主要成分为，乙酸苯甲酯（21.93%）、乙酸-2-甲基丁酯（17.87%）、乙酸己酯（5.78%）、2,3-丁二醇双乙酸酯（1.94%）、乙酸异丁酯（1.72%）、乙酸-2-苯乙酯（1.50%）、癸醛（1.27%）等（刘圆等，2008）。顶空固相微萃取法提取的辽宁沈阳产'玉美人'甜瓜新鲜成熟果实果肉香气的主要成分为，乙酸乙酯（72.88%）、乙酸-2-甲基-1-丁酯（5.03%）、呋喃唑酮（3.69%）、乙酸苯甲酯（2.75%）、2,3-丁二醇二乙酯（2.45%）、乙酸己酯（1.01%）等（齐红岩等，2011）。

元首：杂交厚皮种。果实卵形，平均单瓜重2.5kg。果皮绿色，果面有8～10条条带。果肉橙红色，酥脆可口。固相微萃取法提取的'元首'甜瓜新鲜成熟果实果肉香气的主要成分（单位：$\times 10^{-3}$mg/kg）为，(E)-6-壬烯-1-醇（289.36）、(Z)-6-壬烯醛（164.04）、2,3-二氢-3,5-二羟基-6-甲基-4(H)吡喃-4-酮（27.08）、(E,Z)-2,6-壬二烯醛（19.52）、邻苯二甲酸二甲酯（15.42）、邻苯二甲酸二乙酯（14.17）、2,6-壬二烯醇（13.87）等（潜宗伟等，2009）。

泽甜十里香：薄皮甜瓜。果实长圆形，外观黄白靓丽，覆浅绿色条纹，口感好，香味浓，糖度20度。固相微萃取法提取的黑龙江哈尔滨产'泽甜十里香'甜瓜新鲜成熟果实果肉香气的主要成分（单位：μg/g）为，乙酸苯甲酯（126.8）、乙酸乙酯（113.4）、2,3-二乙酸丁二酯（33.7）、丁酸乙酯（27.3）、硫代丁酸甲酯

（20.8）、十五烷酸硫乙酯（20.7）、乙酸苯乙酯（13.8）、乙酸己酯（10.7）、乙酸 -2- 甲基丁酯（10.3）、正癸酸正癸酯（8.5）、乙酸异丁酯（8.3）、乙酸丁酯（4.1）、己酸环己酯（3.8）、2- 甲基丁酸乙酯（2.9）、1,3- 丙二醇二乙酸酯（1.8）、1,3- 丁二醇二乙酸酯（1.5）、异戊酸香叶酯（1.5）等（徐晓飞等，2012）。

中蜜 5 号：中熟杂交厚皮品种。果实椭圆形，单果重 1.5～2.0kg。果皮灰麻绿，网纹细密全。果肉橘黄色，肉质酥脆爽口。溶剂萃取法提取的北京产'中蜜 5 号'甜瓜新鲜果肉香气的主要成分为，(6Z)- 壬烯 -1- 醇（11.34%）、(E,Z)-3,6- 壬二烯 -1- 醇（10.53%）、(Z)-6- 壬烯 -1- 醇乙酸酯（10.51%）、2- 甲基 -1- 丁醇乙酸酯（8.52%）、乙酸苯甲酯（5.60%）、1- 壬炔（5.14%）、1- 十三炔（5.14%）、(Z)-3- 壬烯 -1- 醇（5.03%）、乙酸丁酯（4.84%）、乙酸己酯（4.17%）、3- 己烯 -1- 醇乙酸酯（4.07%）、乙酸壬酯（3.29%）、1- 十四碳烯 -3- 炔（2.94%）、乙酸庚酯（2.30%）、2,5- 二甲基二苯甲酮（2.29%）、2- 乙基己基乙酸酯（1.64%）、2- 甲基丁酸乙酯（1.50%）、1- 辛烯 -3- 醇酯（1.24%）、2,3- 丁二醇二乙酸酯（1.19%）、4- 庚酸乙酯（1.01%）、丁酸乙酯（1.01%）等（王锐竹等，2009）。

中甜 1 号：早熟厚皮甜瓜。果实圆球形，单果重 1.2～2.0kg，果皮洁白有透感，熟后不变黄。果肉细脆，甜而不腻，含糖量 14%～17%。固相微萃取法提取的'中甜 1 号'甜瓜新鲜成熟果实果肉香气的主要成分（单位：×10⁻³mg/kg）为，(E,Z)-3,6- 壬二烯 -1- 醇（90.18）、(E)-6- 壬烯 -1- 醇（87.62）、(Z)-6- 壬烯醛（74.24）、乙酸苯基甲酯（60.52）、2,3- 二氢 -3,5- 二羟基 -6- 甲基 -4(H) 吡喃 -4- 酮（58.50）、乙酸正辛酯（29.29）、2- 辛醇（27.33）、(Z)- 乙酸 -6- 壬烯 -1- 醇酯（24.20）、(Z)-3- 壬烯 -1- 醇（18.43）、邻苯二甲酸二甲酯（16.77）、乙酸 -2- 辛酯（14.26）、正辛醇（11.20）等（潜宗伟等，2009）。

中甜 2 号：杂交一代早中熟厚皮甜瓜品种。果实短椭圆形，平均单瓜重 1.1kg。果皮深黄色，滑爽有光泽。果肉浅橙红色，肉质松脆爽口，香味浓。固相微萃取法提取的浙江东阳产'中甜 2 号'甜瓜新鲜果肉香气的主要成分为，(3Z)- 壬烯醇（26.14%）、乙酸异丙酯（15.24%）、乙醇（9.91%）、乙醛（6.66%）、壬醇（4.48%）、(6Z)- 壬二烯醇（2.93%）、壬醛（2.53%）、乙酸（2.30%）、壬 -3- 烯乙酸酯（2.13%）、乙酸 -2- 丁酯（1.85%）、乙酸甲酯（1.43%）、己醛（1.17%）等（张悦凯等，2013）。

4.6 黄瓜

黄瓜（*Cucumis sativus* Linn.）为葫芦科黄瓜属植物黄瓜的新鲜未成熟果实，别名：青瓜、胡瓜、旱黄瓜，全国各地普遍栽培。黄瓜作为重要的蔬菜被栽培、利用，因其未成熟果实可以作为水果食用，故在此也列出。

一年生蔓生或攀援草本。叶片宽卵状心形，长、宽均 7～20cm。雌雄同株异花。花冠黄白色。果实长圆形或圆柱形，长 10～50cm，熟时黄绿色，表面粗糙。种子小，白色。喜温暖，不耐寒冷。生育适温为 10～32℃，最适宜的昼夜温差 10～15℃。需水量大。适宜土壤湿度为 60%～90%。喜湿而不耐涝、喜肥而不耐肥，宜选择富含有机质的肥沃土壤。一般喜欢 pH 5.5～7.2 之间的土壤，但以 pH 值为 6.5 最好。

黄瓜肉质脆嫩，汁多味甘，生食生津解渴，且有特殊芳香。黄瓜含水分 98%，富含蛋白质、糖类、维生素 B₂、维生素 C、维生素 E、胡萝卜素、尼克酸、钙、磷、铁等营养成分。黄瓜味甘、性凉，能清热止渴、利水消肿、清火解毒。

黄瓜图1

黄瓜图2

碧玉：欧洲光皮水果型黄瓜一代杂种。瓜长 18～20cm，单瓜重 150～200g。瓜条直，果肉厚，种子腔小，无刺，瓜色碧绿，口味清香脆嫩。顶空固相微萃取法提取的江苏南京产'碧玉'黄瓜新鲜果实果肉香气的主要成分（单位：μg/g）为，(E,Z)-2,6- 壬二烯醛（84.26）、(E)-6- 壬烯醛（2.60）、(E,Z)-2,6- 壬二烯醇（2.20）、(Z)-6- 壬烯 -1- 醇（2.09）、2- 壬烯 -1- 醇（1.80）、壬醇（1.71）、正己醛（1.61）、壬醛（1.18）、2- 戊基呋喃（0.94）等（尚明月等，2021）。

　　津优 35 号：瓜条顺直，皮色深绿，光泽度好，刺密，无棱，瘤中等，腰瓜长 32～34cm，单瓜重 200g 左右，质脆味甜，品质好。顶空固相微萃取法提取的江苏南京产'津优 35 号'黄瓜新鲜果实果肉香气的主要成分（单位：μg/g）为，(E,Z)-2,6- 壬二烯醛（42.75）、(E)-6- 壬烯醛（2.13）、(Z)-6- 壬烯 -1- 醇（1.55）、(E,Z)-2,6- 壬二烯醇（1.44）、正己醛（1.16）、2- 戊基呋喃（1.00）、2- 壬烯 -1- 醇（0.91）、壬醛（0.72）等（尚明月等，2021）。顶空固相微萃取法提取的山东泰安产'津优 35 号'黄瓜新鲜果实香气的主要成分（单位：μg/g）为，(2E,6Z)- 壬二烯醛（35.80）、(2E)- 己烯醛（19.78）、(6E)- 壬烯醛（14.87）、(2E)- 壬烯醛（7.41）、正己醛（4.46）、(2E,6Z)- 壬二烯醇（2.78）、壬醛（2.65）、十三醛（1.88）等（王立霞等，2019）。

黄瓜图 3

黄瓜图 4

曼蒂露（曼迪露）：华南型黄瓜特早熟品种。瓜条圆柱形，绿白色，长约 20～25cm，腔小肉厚，刺瘤稀少，单瓜重 200g 左右，品质佳。顶空固相微萃取法提取的江苏南京产'曼蒂露'黄瓜新鲜果实果肉香气的主要成分（单位：μg/g）为，(E,Z)-2,6- 壬二烯醛（95.68）、(E)-6- 壬烯醛（2.70）、壬醛（1.10）、(E,Z)-2,6- 壬二烯醇（1.05）、(Z)-6- 壬烯 -1- 醇（0.99）、3- 丁炔 -2- 醇（0.88）、正己醛（0.64）、2- 壬烯 -1- 醇（0.59）等（尚明月等，2021）。

南水 2 号：早熟。瓜条长为 12～15cm，单果重为 55g 左右，瓜条顺直，短棒状，光滑无刺，绿色有光泽，味甜清香质脆。顶空固相微萃取法提取的江苏南京产'南水 2 号'黄瓜新鲜果实果肉香气的主要成分（单位：μg/g）为，(E,Z)-2,6- 壬二烯醛（54.32）、2- 壬烯 -1- 醇（3.76）、(Z)-6- 壬烯 -1- 醇（3.39）、(E)-6- 壬烯醛（2.71）、正己醛（2.07）、2- 戊基呋喃（1.25）、壬醇（1.10）、壬醛（0.92）、2- 己烯醛（0.68）、2,4- 辛二烯（0.59）等（尚明月等，2021）。

南水 8 号：瓜条顺直，表面光滑无刺瘤。口感脆甜清香，香味浓郁，无苦涩味。顶空固相微萃取法提取的江苏南京产'南水 8 号'黄瓜新鲜果实果肉香气的主要成分（单位：μg/g）为，(E,Z)-2,6- 壬二烯醛（99.81）、(E,Z)-2,6- 壬二烯醇（3.94）、2- 壬烯 -1- 醇（2.30）、(E)-6- 壬烯醛（1.73）、(Z)-6- 壬烯 -1- 醇（1.27）、壬醛（0.86）、正己醛（0.83）、十五醛（0.66）、(E)-2- 壬烯醛（0.50）等（尚明月等，2021）。

宁运 3 号：果实短圆筒形，长 18～22cm，单瓜重 200g 左右。瓜皮绿色，瓜条顺直，光滑。质脆味香。顶空固相微萃取法提取的江苏南京产'宁运 3 号'黄瓜新鲜果实果肉香气的主要成分（单位：μg/g）为，(E,Z)-2,6- 壬二烯醛（81.60）、(E)-6- 壬烯醛（2.43）、正己醛（0.74）、壬醛（0.79）、2,6- 壬二烯醇（0.66）、(Z)-6- 壬烯 -1- 醇（0.54）等（尚明月等，2021）。

4.7 番茄

番茄为茄科茄属植物番茄或其变种樱桃番茄的新鲜成熟果实，一般番茄作为蔬菜栽培，樱桃番茄多作为水果出售。实际上，无论普通番茄还是樱桃番茄都是菜、果两用食品，把番茄作为水果生食也极为普遍。所以这里均列出。

番茄果实味道酸甜适口，具特殊风味，可以生食。果实营养丰富，含有丰富的维生素、氨基酸以及多糖类物质，并含有番茄红素、胡萝卜素等，其维生素含量为蔬菜之冠，经常食用不仅可以为人们提供多种天然维生素，且具有一定的强身健体作用。每 100g 果实含能量 11kcal，B 族维生素 0.06mg，蛋白质 0.9g，脂肪 0.2g，碳水化合物 3.3g，叶酸 5.6μg，膳食纤维 1.9g，维生素 A 63μg，胡萝卜素 375μg，硫胺素 0.02mg，核黄素 0.01 mg，烟酸 0.49mg，维生素 C 14mg，维生素 E 0.42mg，钙 4mg，磷 24mg，钾 179mg，钠 9.7mg，碘 2.5μg，镁 12mg，铁 0.2mg，锌 0.12mg，铜 0.04mg，锰 0.06mg。每人每天食用 50～100g 鲜番茄，即可满足人体对几种维生素和矿物质的需要。番茄有生津止渴、健胃消食、清热消暑、补肾利尿等功能，可治热病伤津口渴、食欲缺乏、暑热内盛等病症。它有显著止血、降压、降低胆固醇作用，对治疗血友病和烟酸缺乏症有特殊功效。番茄含的"番茄红素"有抑制细菌的作用；含有的苹果酸、柠檬酸和糖类，有助于消化；含有的果酸，能降低胆固醇的含量，对高脂血症很有益处。脾胃虚寒及月经期间的妇女不宜生吃，不宜空腹吃，不宜吃未成熟的青色番茄。可以生食，煮食，加工成番茄酱、汁或整果罐藏。

番茄（*Solanum lycopersicum* Linn.）
别名：西红柿、洋柿子、番柿。原产南美洲，我国南北广泛栽培。番茄在世界范围内广泛种植，现已成为全世界年总产量最高的农产品之一。一般习惯把普通番茄归类为蔬菜。株高0.6～2m，全体生黏质腺毛，有强烈气味。叶羽状复叶或羽状深裂，长10～40cm，小叶极不规则。花序常3～7朵花，花冠黄色。浆果扁球状或近球状，肉质多汁液，橘黄色或鲜红色，光滑。种子黄色。花果期夏秋季。番茄品种繁多，按果的形状可分为圆形的、扁圆形的、长圆形的、尖圆形的；按果皮的颜色分，有大红的、粉红的、橙红的和黄色的。目前已在番茄中鉴定出400多种芳香物质，主要包括醇类、醛类、酮类、萜类和酯类，以及含硫化合物等，这些挥发性组分相互作用，决定了番茄的风味。

番茄图

184： 果实高球扁圆形，单果重100g左右，成熟果正红色，酸甜可口。顶空固相微萃取法提取的甘肃榆中产'184'番茄新鲜成熟果实香气的主要成分（单位：mg/g）为，(*E*)-2-己烯醛（719.22）、甲基庚烯酮（559.55）、正己醛（177.77）、2-异丁基噻唑（122.00）、甲醚（95.97）、愈创木酚（72.57）、柠檬醛（54.41）、正庚醇（30.21）、1-己炔-3-醇（26.10）、反-2-辛烯醛（23.03）、(*Z*)-3,7-二甲基辛-2,6-二烯醛（21.99）、(*E*)-2-庚烯醛（21.29）、苯甲醛（20.94）、6-甲基-5-庚烯2-酮（20.10）、1-硝基戊烷（15.56）、苯乙醇（14.01）、大马士酮（13.64）、己酸（13.60）、*β*-环柠檬醛（13.25）、庚醛（13.16）、间-5-二甲苯酚（12.68）、1-辛烯-3-醇（11.94）、芳樟醇（11.35）、*β*-紫罗兰酮（11.25）、反,反-2,4-庚二烯醛（10.88）、正辛醛（10.78）、*α*-松油醇（10.58）等（肖雪梅等，2023）。

HL2109： 早熟品种。果实个大，高圆形，单果重260～300g。果皮粉红色。顶空固相微萃取法提取的陕西杨凌产'HL2109'番茄新鲜成熟果实香气的主要成分（单位：μg/kg）为，6-甲基-5-庚烯-2-酮（709.63）、顺-3-己烯醛（376.95）、己醛（309.84）、(*E*)-香叶基丙酮（218.46）、反-3,7-二甲基-2,6-辛二烯（106.71）、反-2-烯酸（79.24）、4-乙基-2-己炔（70.32）、4-乙基-3-壬烯-5-炔（56.76）、顺-3,7-二甲

基 -2,6- 辛二烯（45.69）、3- 乙基 -1,5- 辛二烯（40.69）、反 -2- 己烯醛（36.05）、壬醛（32.48）、3- 甲基 -3-(4- 甲基 -3- 戊烯基)- 环氧甲醛（29.27）、癸醛（23.20）、水杨酸甲酯（22.49）、2,6,6- 三甲基 -1- 环己烯 -1- 甲醛（17.85）、己酸甲酯（14.64）、顺 -3- 己烯酸甲酯（13.56）、辛醛（12.85）、2- 己炔 -1- 醇（12.14）、β- 紫罗兰酮（10.35）、二烯丙基二硫化物（10.35）等（蔡东升等，2018）。

博收 1 号： 果实高圆形，颜色深粉色，大果型，单果重 220g 左右。果实酸甜比适中，口感好，适合生食。顶空固相微萃取法提取的海南海口产'博收 1 号'番茄新鲜成熟果实香气的主要成分为，正己醛（14.68%）、乙酸乙酯（10.42%）、2- 甲基 -1- 丁醇（7.00%）、2- 辛烯醛（6.83%）、6- 甲基 -5- 庚烯 -2- 酮（4.54%）、2- 异丁基噻唑（4.32%）、正壬醛（4.21%）、(E)-2- 庚烯醛（3.66%）、2- 戊基呋喃（3.25%）、正辛醛（3.17%）、1- 己醇（2.86%）、3- 甲基 -1- 丁醇（2.66%）、庚醛（2.49%）、1- 戊烯 -3- 酮（2.30%）、1- 戊醇（2.02%）、(Z)-3- 己烯醇（1.82%）、(E,Z)-2,4- 癸二烯醛（1.77%）、乙醇（1.55%）、(E)-2- 戊烯醛（1.40%）、(Z)-4- 癸烯醛（1.40%）、1- 辛醇（1.36%）、正戊醛（1.32%）、乙酸 -2- 甲基丁酯（1.31%）、苯甲醛（1.31%）、癸醛（1.21%）、(E)-2- 己烯醛（1.10%）、香叶基丙酮（1.05%）等；以野茄'托鲁巴母'为砧木嫁接的'博收 1 号'番茄新鲜成熟果实香气的主要成分为，正壬醛（18.23%）、正辛醛（10.86%）、(Z)-3- 己烯醇（7.33%）、正己醛（6.52%）、6- 甲基 -5- 庚烯 -2- 酮（6.03%）、2- 辛烯醛（5.36%）、2- 异丁基噻唑（5.20%）、1- 己醇（4.22%）、(E)-2- 己烯醛（3.36%）、2- 戊基呋喃（3.25%）、1- 辛醇（2.67%）、庚醛（2.65%）、水杨酸甲酯（2.39%）、2- 乙基己醇（2.26%）、(Z)-4- 癸烯醛（2.08%）、(E)-2- 庚烯醛（2.05%）、(E,Z)-2,4- 癸二烯醛（1.70%）、香叶基丙酮（1.57%）、苯甲醛（1.21%）等（刘子记等，2020）。

粉太郎： 日本品种。果圆形，粉红色，单果重 300g 左右，品质优良。顶空固相微萃取法提取的甘肃榆中产'粉太郎'番茄新鲜成熟果实香气的主要成分（单位：μg/kg）为，顺 -3- 己烯 -1- 醇（600.37）、反 -2- 己烯醛（411.74）、正己醇（305.40）、1- 戊烯 -3- 酮（123.62）、己醛（118.64）、反 -2- 己烯 -1- 醇（94.19）、戊醇（31.98）、3- 甲基丁酸（28.65）、6- 甲基 -5- 庚烯 -2- 酮（25.33）、反 -2- 辛烯醛（25.21）、顺 -2- 戊烯 -1- 醇（16.38）、苯甲醛（13.79）、己酸（13.28）等（魏守辉等，2020）。

辉腾： 单果重 150～200g，果色大红鲜艳，转色一致。顶空固相微萃取法提取的海南海口产'辉腾'番茄新鲜成熟果实香气的主要成分为，2- 异丁基噻唑（17.66%）、正己醛（11.20%）、2- 辛烯醛（5.28%）、正壬醛（5.15%）、1- 硝基 -3- 甲基丁烷（4.63%）、2- 戊基呋喃（4.53%）、6- 甲基 -5- 庚烯 -2- 酮（4.08%）、2- 甲基 -1- 丁醇（3.92%）、乙酸乙酯（3.81%）、1- 戊醇（3.19%）、正辛醛（2.81%）、正戊醛（2.65%）、1- 戊烯 -3- 酮（2.58%）、(E)-2- 庚烯醛（2.55%）、(Z)-3- 己烯醇（2.54%）、水杨酸甲酯（2.18%）、3- 甲基 -1- 丁醇（1.90%）、乙酸 -2- 甲基丁酯（1.71%）、(E)-2- 戊烯醛（1.43%）、(E,Z)-2,4- 癸二烯醛（1.40%）、3- 甲基丁醛（1.06%）、1- 辛醇（1.03%）等；以野茄'托鲁巴母'为砧木嫁接'辉腾'番茄新鲜成熟果实香气的主要成分为，水杨酸甲酯（20.06%）、2- 异丁基噻唑（15.79%）、6- 甲基 -5- 庚烯 -2- 酮（7.61%）、2- 辛烯醛（7.24%）、正己醛（5.59%）、庚醛（3.86%）、2- 戊基呋喃（3.60%）、(E)-2- 庚烯醛（2.96%）、正壬醛（2.25%）、(E,Z)-2,4- 癸二烯醛（2.05%）、(Z)-3- 己烯醇（1.89%）、3- 甲基 -1- 丁醇（1.69%）、1- 辛醇（1.48%）、正辛醛（1.44%）、(E)-2- 己烯醛（1.40%）、癸醛（1.35%）、1- 己醇（1.34%）、2- 甲基 -1- 丁醇（1.33%）、香叶基丙酮（1.31%）、1- 戊烯 -3- 酮（1.18%）、苯甲醛（1.10%）、1- 戊醇（1.06%）、(E)-2- 戊烯醛（1.02%）等（刘子记等，2020）。顶空固相微萃取法提取的海南海口产'辉腾'番茄新鲜成熟果实香气的主要成分为，正壬醛（21.39%）、正辛醛（14.20%）、正己醛（13.95%）、庚醛（4.22%）、2- 辛烯醛（4.15%）、6- 甲基 -5- 庚烯 -2- 酮（3.85%）、2- 戊基呋喃（2.69%）、乙酸乙酯（2.47%）、1- 戊烯 -3- 酮（2.46%）、(E)-2- 庚烯醛（2.21%）、(Z)-3- 己烯醇（1.92%）、1- 辛醇（1.92%）、1- 己醇（1.89%）、(E)-2- 戊

烯醛（1.66%）、1- 戊醇（1.64%）、正戊醛（1.50%）、(Z)-4- 癸烯醛（1.19%）、2- 异丁基噻唑（1.19%）、2- 甲基 -1- 丁醇（1.04%）等；以野茄'托鲁巴母'为砧木嫁接的'辉腾'番茄新鲜成熟果实香气的主要成分为，正己醛（14.41%）、乙酸乙酯（7.50%）、6- 甲基 -5- 庚烯 -2- 酮（5.49%）、2- 甲基 -1- 丁醇（5.34%）、2- 辛烯醛（5.23%）、2- 异丁基噻唑（5.10%）、(Z)-3- 己烯醇（5.03%）、1- 戊烯 -3- 酮（3.71%）、2- 戊基呋喃（3.39%）、(E)-2- 庚烯醛（3.19%）、1- 己醇（3.08%）、正壬醛（2.99%）、1- 戊醇（2.64%）、庚醛（2.50%）、3- 甲基 -1- 丁醇（2.45%）、(E)-2- 戊烯醛（2.28%）、正戊醛（2.00%）、正辛醛（1.71%）、2- 乙基己醇（1.62%）、乙酸 -2- 甲基丁酯（1.62%）、1- 辛醇（1.53%）、水杨酸甲酯（1.50%）、乙醇（1.42%）、(E)-2- 己烯醛（1.35%）、愈创木酚（1.33%）、(Z)-4- 癸烯醛（1.08%）、(E,E)-2,4- 癸二烯醛（1.04%）等（刘子记等，2020）。

佳粉 15 号： 中早熟杂交品种。果实近圆形，成熟果粉红色，平均单果重 200g。顶空固相微萃取法提取的北京温室秋冬栽培的'佳粉 15 号'番茄新鲜成熟果实香气的主要成分（单位：µg/kg）为，己烷（67.90）、二氢假紫罗兰酮（54.07）、1- 戊烯 -3- 酮（36.08）、2- 甲基氨基乙醇（24.00）、反 -2- 辛烯醛（14.17）、二己基肽酸酯（12.11）、反 -2- 壬烯醛（11.70）、6- 甲基 -5- 庚烯 -2- 酮（11.22）、β- 柠檬醛（11.02）等（杨明惠等，2009）。顶空固相微萃取法提取的北京产'佳粉 15 号'番茄新鲜成熟果实香气的主要成分为，1- 辛醇（15.41%）、香叶基丙酮（7.65%）、己醛（3.50%）、2- 庚炔醛（1.44%）、n- 十六酸（1.39%）、反 -2- 辛烯醛（1.00%）等（唐晓伟等，2010）。

金棚 1 号： 早熟杂交种。鲜食。果实高圆形，光泽度好。成熟果粉红色，无棱构。单果重 200～250g。果肉厚。顶空固相微萃取法提取的'金棚 1 号'番茄新鲜果实香气的主要成分为，顺 -3- 己烯醛（12.16%）、6- 甲基 -5- 庚烯 -2- 酮（11.07%）、壬醛（9.13%）、2- 甲基丁醇（5.77%）、己醇（5.70%）、顺 -3- 己烯醇（5.69%）、3- 戊酮（4.97%）、1- 戊烯 -3- 酮（4.36%）、反 -2- 辛烯醛（3.92%）、己醛（3.36%）、反 -2- 戊烯醛（2.61%）、2- 甲基 -2- 丁烯醛（2.26%）、1- 戊醇（1.55%）、(反 , 反)-2,4- 己二烯醛（1.25%）、1- 戊烯 -3- 醇（1.04%）等（张静等，2017）。顶空固相微萃取法提取的陕西杨凌产'金棚 1 号'番茄新鲜完熟期果实香气的主要成分为，牻牛儿丙酮（8.20%）、5- 羟甲基糠醛（8.03%）、芴（7.04%）、9- 亚甲基 - 芴（5.85%）、丁子香酚（5.36%）、萘（5.14%）、乙酸（5.03%）、顺 -3- 己烯醇（4.31%）、糠醛（4.29%）、2,5- 呋喃二酮（3.57%）、水杨酸甲酯（3.54%）、3- 糠酸 - 甲酯（3.15%）、苯二酚（2.78%）、5- 甲基 -2- 糠醛（2.52%）、2- 呋喃基甲基酮（2.52%）、2- 甲基联苯（2.45%）、2,7- 二甲基萘（2.38%）、3- 甲基哌嗪（2.35%）、羟基丙酮（2.34%）、反 -2- 己烯醛（2.31%）、2,3,6- 三甲基萘（2.17%）、苯甲酸（1.90%）、甲氧基苯基肟（1.88%）、3- 甲基联苯（1.82%）、苯甲酸异丁酯（1.78%）、(1E)-1- 亚乙基 -1H- 茚（1.48%）、二乙二醇乙醚（1.34%）、甲基萘（1.15%）、3- 呋喃甲醇（1.03%）等（陈书霞等，2010）。顶空固相微萃取法提取的陕西杨凌产'金棚 1 号'番茄新鲜完熟期果实香气的主要成分（单位：µg/kg）为，己醛（1611）、6- 甲基 -5- 庚烯 -2- 酮（1376）、反 -2- 己烯醛（1027）、香叶基丙酮（693）、2- 异丁基噻唑（664）、顺 -3- 己烯 -1- 醇（386）、反 -2- 辛烯醛（347）、1- 戊烯 -3- 酮（300）、反 -2- 庚烯醛（291）、(E)- 柠檬醛（244）、3- 乙基 -1,4- 己二烯（223）、(E,E)-2,4- 癸二烯醛（185）、β- 硝基苯乙烷（149）、苯甲醛（143）、(E,E)-2,4- 庚二烯醛（137）、己酸（70.5）、β- 紫罗兰酮（67.1）、2- 己炔 -1- 醇（65.8）等（胡晓婷等，2019）。顶空固相微萃取法提取的陕西杨凌产'金棚 1 号'番茄新鲜成熟果实香气的主要成分（单位：µg/kg）为，2- 己烯醛（1564.52）、己醛（1327.28）、甲基庚烯酮（426.74）、反 -2- 辛烯醛（337.36）、水杨酸甲酯（299.74）、香叶基丙酮（297.72）、(Z)-2- 庚烯醛（220.44）、正己醇（182.12）、2- 异丁基噻唑（143.82）、2- 辛醇（136.42）、反式 -2,4- 癸二烯醛（125.68）、苯甲醛（67.88）、1- 戊烯 -3- 酮（65.18）、壬醛（61.82）、反式柠檬醛（55.10）、2- 正戊基呋喃（53.10）、1,2- 环氧庚烷（51.08）等（杜天浩等，2016）。

金棚朝冠： 果实高圆苹果型，表面光滑发亮，粉红果，单果重 200～350g。果肉厚，口感风味好。顶空固相微萃取法提取的陕西杨凌产'金棚朝冠'番茄新鲜完熟期果实香气的主要成分（单位：μg/kg）为，己醛（178.79）、6- 甲基 -5- 庚烯 -2- 酮（113.18）、2- 己烯醛（97.83）、香叶基丙酮（92.88）、3- 壬酮（79.38）、2- 异丁基噻唑（54.78）、丁子香酚（32.49）、(E)-2- 辛烯醛（32.35）、柠檬醛（26.20）、(Z)-2- 庚烯醛（15.75）、水杨酸甲酯（14.09）、2,4- 癸二烯醛（10.34）等（杨俊伟等，2018）。

魁冠 K-100： 早熟品种。平均单果重 280～300g，粉果，皮厚。顶空固相微萃取法提取的陕西杨凌产'魁冠 K-100'番茄新鲜成熟果实香气的主要成分（单位：μg/L）为，3- 己烯 -1- 醇（128.18）、正辛醇（113.53）、香叶基丙酮（75.37）、2- 苯甲醛（52.41）、乙醇（51.27）、正己醇（35.24）、α- 法尼烯（35.18）、反式 -2- 己烯醛（19.25）、辛醛（18.87）、1- 十六烷醇（18.73）、(E)-3,7- 二甲基 -2,6- 辛二烯醛（15.01）、己醛（14.15）、酞酸二甲酯（13.75）、甲基庚烯酮（12.01）等（牛远洋等，2010）。

以色列 1420： 中熟品种。果实扁球形，果色鲜红，单果重 150～200g。顶空固相微萃取法提取的北京施有机肥栽培的'以色列 1420'番茄新鲜完熟期果实香气的主要成分为，正己烷（19.26%）、肼（9.94%）、氧气（8.72%）、氨基脲（8.30%）、己醛（6.23%）、戊醛（5.78%）、甲醇（5.37%）、(Z)- 二甲基 - 十一碳二烯 -2- 酮（4.36%）、2,2- 二甲基 -4,6- 二氧代 -1,3- 二氧六环（4.23%）、3,3- 二氟 -3- 溴 -1- 丙烯（2.86%）、丙烯酸二丁酯（2.26%）、2- 正戊基呋喃（1.71%）、2- 异丁基噻唑（1.49%）、癸醛（1.11%）、(E)-2- 己烯醛（1.10%）等（李吉进等，2009）。

樱桃番茄（*Lycopersicon esculentum* Mill. var. *cerasiforme* Alef.）为番茄的变种。

别名：迷你番茄、小番茄、圣女果、小西红柿、樱桃西红柿、小柿子。原产于南美洲的秘鲁、厄瓜多尔、玻利维亚等地。中国各地广泛栽培。多作为水果食用。一年生或多年生蔓性草本植物。叶大，花序多为单总状，花冠黄色。果实近圆形，果皮颜色有火红色、粉红色、黄色、绿色等，单果重一般为 10～30g，果实光滑。种子心脏形，黄色，有茸毛。喜温暖、耐热。生长适温。喜光，光照充足，有利于生长发育。喜疏松、肥沃的沙质土壤。樱桃番茄以其成熟多汁的浆果供大家食用。被联合国粮农组织列为优先推广的四大水果之一。

CT18013： 红色樱桃番茄品种。顶空固相微萃取法提取的海南海口产'CT18013'樱桃番茄新鲜成熟果实香气的主要成分为，6- 甲基 -5- 庚烯 -2- 酮（21.69%）、正己醛（17.01%）、(Z)-3- 己烯醇（13.45%）、(E)-2- 己烯醛（9.66%）、2- 异丁基噻唑（6.31%）、1- 己醇（5.30%）、2- 辛烯醛（2.34%）、香叶基丙酮（2.33%）、(E)-2- 庚烯醛（1.72%）、(E)- 柠檬醛（1.37%）、2- 戊基呋喃（1.24%）、(+)-2- 蒈烯（1.14%）、正壬醛（1.09%）、(E,Z)-2,4- 癸二烯醛（1.01%）等；以野茄'托鲁巴母'为砧木嫁接'CT18013'新鲜成熟果实香气的主要成分为，2- 异丁基噻唑（14.41%）、6- 甲基 -5- 庚烯 -2- 酮（9.63%）、2- 甲基 -1- 丁醇（7.25%）、正己醛（6.52%）、2- 辛烯醛（6.08%）、3- 甲基 -1- 丁醇（5.73%）、乙酸乙酯（3.66%）、1- 硝基 -3- 甲基丁烷（3.17%）、2- 戊基呋喃（2.71%）、α- 蒎烯（2.59%）、(E)-2- 庚烯醛（2.54%）、1- 戊醇（2.28%）、乙醇（1.98%）、正戊醛（1.97%）、1- 戊烯 -3- 酮（1.95%）、1- 己醇（1.83%）、(Z)-4- 癸烯醛（1.82%）、苯甲醛（1.77%）、(E,Z)-2,4- 癸二烯醛（1.63%）、(+)-2- 蒈烯（1.61%）、β- 水芹烯（1.27%）、正壬醛（1.26%）、正辛醛（1.20%）、3- 甲基丁醛（1.12%）等（刘子记等，2021）。

LY-Y4： 黄色樱桃番茄。顶空固相微萃取法提取的陕西杨凌产'LY-Y4'樱桃番茄新鲜成熟果实香气的主要成分（单位：μg/kg）为，己醛（858.65）、反 -2- 己烯醛（537.59）、正己醇（459.34）、2- 异丁基噻唑（448.00）、反 -2,4- 癸二烯醛（428.17）、乙醇（271.97）、顺 -3- 己烯 -1- 醇（218.20）、顺 -4,5- 环氧 - 反 -2- 癸烯醛（132.00）、β- 紫罗兰酮（113.48）、反 - 香叶基丙酮（110.79）、反 -2- 辛烯醛（101.44）、2- 正戊基呋喃（77.29）、癸醛（60.67）、棕榈酸甲酯（55.20）、十七烷（50.27）等（张静等，2010）。

樱桃番茄图1

樱桃番茄图2

樱桃番茄图3

樱桃番茄图4

LY-Y16： 黄色樱桃番茄。顶空固相微萃取法提取的陕西杨凌产'LY-Y16'樱桃番茄新鲜成熟果实香气的主要成分（单位：μg/kg）为，反 -2,4- 癸二烯醛（655.06）、2- 异丁基噻唑（568.34）、正己醇（540.96）、棕榈酸乙酯（425.31）、顺 -3- 己烯 -1- 醇（324.42）、反 -2- 己烯醛（293.42）、2- 正戊基呋喃（261.58）、己醛（198.24）、顺 -4,5- 环氧 - 反 -2- 癸烯醛（192.51）、棕榈酸甲酯（184.88）、β- 紫罗兰酮（179.85）、反 -2- 辛烯醛（151.81）、乙醇（150.32）、反 - 香叶基丙酮（106.27）、反 -2- 辛烯 -1- 醇（70.05）、壬醇（67.28）、苯乙醇（57.07）、十二烷（51.31）、顺 -2- 庚烯醛（51.27）等（张静等，2010）。

LY-Y68： 黄色樱桃番茄。顶空固相微萃取法提取的陕西杨凌产'LY-Y68'樱桃番茄新鲜成熟果实香气的主要成分（单位：μg/kg）为，反 -2,4- 癸二烯醛（1718.90）、正己醇（360.25）、反 -2- 辛烯醛（332.64）、顺 -3- 己烯 -1- 醇（286.64）、顺 -4,5- 环氧 - 反 -2- 癸烯醛（273.00）、棕榈酸乙酯（252.25）、2- 异丁基噻唑（621.20）、2- 正戊基呋喃（219.18）、β- 紫罗兰酮（219.04）、己醛（186.69）、反 - 香叶基丙酮（159.23）、乙醇（140.26）、棕榈酸甲酯（108.31）、法尼基丙酮（83.61）、癸醛（83.60）、顺 -2- 庚烯醛（80.71）、硬脂酸乙烯基酯（78.69）、辛酸乙酯（76.93）、反 -2- 壬烯醛（71.22）、反 -2- 辛烯 -1- 醇（69.10）、反 -2- 己烯醛（57.33）、十七烷（51.97）、十六烷（51.02）等（张静等，2010）。

LY-Y145： 黄色樱桃番茄。顶空固相微萃取法提取的陕西杨凌产'LY-Y145'樱桃番茄新鲜成熟果实香气的主要成分（单位：μg/kg）为，反 -2,4- 癸二烯醛（1402.81）、β- 紫罗兰酮（610.12）、法尼基丙酮（595.73）、反 -2- 己烯醛（556.00）、2,4- 癸烯 -1- 醇（463.61）、正己醇（450.26）、顺 -3- 己烯 -1- 醇（365.61）、2- 异丁基噻唑（335.68）、6- 甲基 -5- 庚烯 -2- 酮（334.33）、反 - 香叶基丙酮（333.33）、反 -2- 辛烯醛（255.62）、棕榈酸乙酯（225.40）、反 -2- 辛烯 -1- 醇（243.10）、壬醇（136.28）、棕榈酸甲酯（125.18）、壬醇（110.75）、乙醇（99.26）、乙酸乙酯（81.68）、十七烷（73.21）、β- 环柠檬醛（65.65）、十八烷（62.67）、正戊醇（62.62）、反 -2- 己烯 -1- 醇（57.92）、己醛（57.21）、顺 -2- 庚烯醛（54.95）、1- 正癸醇（54.86）、十九烷（53.47）、辛酸乙酯（51.22）等（张静等，2010）。

LY11-51： 紫色樱桃番茄。顶空固相微萃取法提取的陕西杨凌产'LY11-51'樱桃番茄新鲜完熟期果实香气的主要成分（单位：μg/kg）为，1- 辛烯 -3- 酮（4177.13）、己醛（1991.38）、反 -2- 己烯醛（854.46）、香叶基丙酮（800.65）、水杨酸乙酯（317.98）、2- 正戊基呋喃（278.36）、棕榈酸乙酯（264.44）、乙醇（147.97）、反 - 柠檬醛（132.63）、反 -2- 辛烯醛（119.56）、l- 丙氨酰甘氨酸（117.29）、β- 紫罗兰酮（112.23）、异戊醇（100.84）等（常培培等，2014）。

彩星： 杂交一代中早熟品种。果实圆形，单果重 35g 左右，成熟果实红色，底面镶嵌有条纹。顶空固相微萃取法提取的海南海口产'彩星'樱桃番茄新鲜成熟果实香气的主要成分为，6- 甲基 -5- 庚烯 -2- 酮（23.44%）、(E)-2- 己烯醛（16.02%）、(Z)-3- 己烯醇（14.04%）、2- 异丁基噻唑（9.63%）、正己醛（8.32%）、1- 己醇（5.76%）、1- 硝基 -3- 甲基丁烷（4.90%）、6- 甲基 -5- 庚烯 -2- 醇（1.62%）、(E)- 柠檬醛（1.22%）、2- 戊基呋喃（1.18%）、2- 甲基 -1- 丁醇（1.03%）等（刘子记等，2021）。

彩樱： 紫色樱桃番茄。顶空固相微萃取法提取的陕西杨凌产'彩樱'樱桃番茄新鲜完熟期果实香气的主要成分（单位：μg/kg）为，香叶基丙酮（945.87）、6- 甲基 -5- 庚烯 -2- 酮（361.77）、反 , 反 -2,4- 癸二烯醛（282.42）、棕榈酸乙酯（250.99）、正己醇（229.83）、反 - 柠檬醛（173.78）、顺 -3- 己烯醇（138.65）等（常培培等，2014）。

翡翠： 绿色樱桃番茄。八成熟之前颜色为绿色，九成熟后颜色带浅黄色，单果重 16～18g。甜度高，口感好。顶空固相微萃取法提取的海南海口产'翡翠'樱桃番茄新鲜成熟果实香气的主要成分为，(Z)-

3- 己烯醇（17.21%）、(E)-2- 己烯醛（7.05%）、2- 辛烯醛（6.64%）、2- 异丁基噻唑（6.64%）、乙酸乙酯（6.39%）、正己醛（5.81%）、3- 甲基 -1- 丁醇（5.69%）、2- 甲基 -1- 丁醇（5.24%）、1- 己醇（4.84%）、乙醇（3.15%）、(E)-2- 庚烯醛（2.72%）、2- 戊基呋喃（2.30%）、1- 硝基 -3- 甲基丁烷（2.10%）、(E,Z)-2,4- 葵二烯醛（1.82%）、苯乙醇（1.68%）、1- 戊烯 -3- 酮（1.48%）、3- 辛酮（1.45%）、正壬醛（1.38%）、乙酸 -2- 甲基丁酯（1.23%）、1- 戊醇（1.21%）、3- 甲基丁醛（1.08%）、β- 水芹烯（1.04%）等（刘子记等，2022）。

粉南：粉色樱桃番茄。顶空固相微萃取法提取的陕西杨凌产'粉南'樱桃番茄新鲜成熟果实香气的主要成分（单位：µg/kg）为，香叶基丙酮（6001.0）、正己醇（2728.0）、反，反 -2,4- 葵二烯醛（1722.0）、己醛（1361.0）、法尼基丙酮（1258.0）、6- 甲基 -5- 庚烯 -2- 酮（1003.0）、β- 紫罗兰酮（890.3）、(E)- 柠檬醛（714.6）、反 -2- 己烯醛（565.7）、(3E,5Z)-6,10- 二甲基 -3,5,9- 十一三烯 -2- 酮（525.8）、棕榈酸乙酯（440.0）、反 -2- 辛烯醛（416.5）、2- 异丁基噻唑（406.6）、2- 正戊基呋喃（267.2）、顺 -3- 己烯醇（266.0）、苯乙醇（256.6）、5,9,13- 三甲基 -4,8,12- 十七烷三烯醛（205.6）、棕榈酸甲酯（188.0）、反式 -2- 葵烯醛（182.5）、十六醇（180.4）、(Z)- 柠檬醛（179.7）、葵醛（173.8）、环辛醇（162.2）、顺 -2- 庚烯醛（160.6）、L- 丙氨酰甘氨酸（148.0）、β- 环柠檬醛（128.0）、反 -2- 壬烯醛（121.4）、6- 甲基 -5- 庚烯 -2- 醇（107.4）、2,4- 葵二烯醇（103.3）、壬醛（103.0）等（常培培等，2014）。

粉星：红色樱桃番茄。顶空固相微萃取法提取的海南海口产'粉星'樱桃番茄新鲜成熟果实香气的主要成分为，(Z)-3- 己烯醇（24.69%）、6- 甲基 -5- 庚烯 -2- 酮（17.04%）、(Z)-3- 己烯醛（14.19%）、(E)-2- 己烯醛（10.87%）、2- 异丁基噻唑（7.02%）、1- 己醇（4.14%）、6- 甲基 -5- 庚烯 -2- 醇（2.43%）、2- 甲基呋喃（1.75%）、2- 戊基呋喃（1.33%）、正壬醛（1.12%）、2- 辛烯醛（1.04%）、庚醛（1.03%）等；以野茄'托鲁巴母'为砧木嫁接'粉星'新鲜成熟果实香气的主要成分为，6- 甲基 -5- 庚烯 -2- 酮（15.99%）、2- 异丁基噻唑（12.94%）、(Z)-3- 己烯醇（12.45%）、正己醛（8.88%）、(E)-2- 己烯醛（5.84%）、1- 己醇（3.60%）、2- 辛烯醛（3.53%）、正壬醛（2.91%）、庚醛（2.68%）、2- 戊基呋喃（2.45%）、苯乙醇（2.44%）、2- 甲基 -1- 丁醇（2.11%）、苯甲醛（2.05%）、(Z)-4- 葵烯醛（2.00%）、正辛醛（1.99%）、(E)-2- 庚烯醛（1.68%）、苯乙醛（1.14%）、1- 戊醇（1.03%）等（刘子记等，2021）。

海棠黑彩：杂交一代种。圆球形果，单果重 25g 左右。口味甜，风味佳。顶空固相微萃取法提取的海南海口产'海棠黑彩'樱桃番茄新鲜成熟果实香气的主要成分为，2- 异丁基噻唑（10.38%）、2- 辛烯醛（10.28%）、6- 甲基 -5- 庚烯 -2- 酮（10.22%）、(Z)-3- 己烯醇（8.47%）、(E)-2- 己烯醛（6.74%）、1- 硝基 -3- 甲基丁烷（6.39%）、(E)-2- 庚烯醛（3.80%）、2- 戊基呋喃（3.76%）、正己醛（3.73%）、1- 己醇（3.09%）、水杨酸甲酯（2.94%）、3- 甲基 -1- 丁醇（2.61%）、苯乙醇（2.55%）、2- 甲基 -1- 丁醇（2.10%）、(E,Z)-2,4- 葵二烯醛（1.91%）、苯甲醛（1.77%）、1- 戊烯 -3- 酮（1.27%）、乙醇（1.17%）、乙酸乙酯（1.15%）等（刘子记等，2021）。

黑樱桃（Black Cherry）：单果重 10～30g，成熟果紫黑、红黑色。酸甜适度，具有浓郁的水果香味。顶空固相微萃取法提取的陕西杨凌产'黑樱桃'樱桃番茄新鲜完熟期果实香气的主要成分（单位：µg/kg）为，水杨酸乙酯（1287.56）、香叶基丙酮（1200.13）、棕榈酸乙酯（1038.93）、反，反 -2,4- 葵二烯醛（711.23）、正己醇（702.16）、己醛（574.43）、6- 甲基 -5- 庚烯 -2- 酮（568.38）、水杨酸甲酯（353.89）、反 - 柠檬醛（338.72）、反 -2- 己烯醛（329.29）、顺 -3- 己烯醇（328.61）、(3E,5Z)-6,10- 二甲基 -3,5,9- 十一三烯 -2- 酮（234.68）、乙醇（216.78）、2- 正戊基呋喃（192.43）、反 -2- 壬烯醛（185.70）、1- 甲基萘（183.52）、L- 丙氨酰甘氨酸（181.50）、β- 紫罗兰酮（175.27）、法尼基丙酮（165.02）、反 -2- 辛烯醛（162.83）、棕榈酸甲酯（124.20）、顺 -4,5- 环氧 - 反 -2- 葵烯醛（118.46）、邻苯二甲酸庚 -4- 基异丁基酯（118.39）等（常培培等，

2014）。顶空固相微萃取法提取的陕西杨凌产'黑樱桃'樱桃番茄新鲜成熟果实香气的主要成分为，己醛（19.23%）、正己醇（13.27%）、顺 -3- 己烯醇（11.09%）、水杨酸甲酯（7.14%）、1- 戊醇（6.08%）、反 -2- 己烯醛（5.48%）、6- 甲基 -5- 庚烯 -2- 酮（5.36%）、愈创木酚（5.13%）、2- 甲基丁醛（2.56%）、己酸（1.93%）、反 -2- 辛烯醛（1.78%）、二碳酸二叔丁酯（1.77%）、顺 -2- 戊烯 -1- 醇（1.60%）、2- 羟基苯甲醛（1.60%）、苯甲醛（1.15%）、1- 辛烯 -3- 酮（1.05%）、反 -2- 庚烯醛（1.02%）等（吕洁等，2016）。顶空固相微萃取法提取的陕西杨凌产'黑樱桃'樱桃番茄新鲜成熟果实香气的主要成分为，反 -2- 己烯醛（21.89%）、顺 -3- 己烯醇（14.40%）、己醛（11.84%）、己醇（10.90%）、6- 甲基 -5- 庚烯 -2- 酮（7.83%）、1- 戊烯 -3- 酮（4.56%）、戊醛（3.63%）、1- 戊醇（3.61%）、反 -2- 庚烯醛（2.61%）、反 -2- 戊烯醛（2.54%）、2- 己烯醛（1.95%）、1- 戊烯 -3- 醇（1.19%）、反 -2- 辛烯醛（1.02%）等（吕洁等，2015）。

红星： 鲜食纯红色早熟樱桃类杂交种。果实圆形，平均单果重 22g。成熟果纯红色，色泽亮丽，硬度高，酸甜适口，风味佳。顶空固相微萃取法提取的北京产'红星'樱桃番茄新鲜成熟果实香气的主要成分为，(Z)-3- 己烯醇（15.13%）、正己醛（10.67%）、6- 甲基 -5- 庚烯 -2- 酮（6.46%）、1- 己醇（6.44%）、2- 甲基 -1- 丁醇（6.35%）、3- 甲基 -1- 丁醇（5.38%）、2- 辛烯醛（5.09%）、1- 硝基 -3- 甲基丁烷（4.90%）、2- 异丁基噻唑（3.62%）、β- 水芹烯（2.68%）、(E)-2- 己烯醛（2.65%）、(E)-2- 庚烯醛（2.20%）、2- 戊基呋喃（2.18%）、α- 蒎烯（2.10%）、(Z)-4- 癸烯醛（2.08%）、乙醇（1.99%）、1- 戊醇（1.85%）、乙酸乙酯（1.57%）、3- 甲基丁醛（1.36%）、1- 戊烯 -3- 酮（1.20%）、苯乙醇（1.31%）、(+)-2- 蒈烯（1.04%）、苯甲醛（1.02%）等（刘子记等，2021）。

红樱桃： 果实短椭圆形，红色亮丽，单果重 10～25g 左右。风味佳，香味浓。顶空固相微萃取法提取的陕西杨凌产'红樱桃'樱桃番茄新鲜成熟果实香气的主要成分（单位：μg/kg）为，香叶基丙酮（5650.5）、正己醇（1903.9）、己醛（1393.2）、法尼基丙酮（1138.2）、反 -2- 己烯醛（899.3）、反, 反 -2,4- 癸二烯醛（870.0）、β- 紫罗兰酮（687.3）、6- 甲基 -5- 庚烯 -2- 酮（671.2）、棕榈酸乙酯（671.1）、水杨酸乙酯（420.1）、(E)- 柠檬醛（411.8）、反 -2- 辛烯醛（393.6）、(3E,5Z)-6,10- 二甲基 -3,5,9- 十一三烯 -2- 酮（367.3）、顺 -3- 己烯醇（362.6）、2- 正戊基呋喃（350.0）、2- 异丁基噻唑（283.9）、甲酸 -2- 甲苯基甲酯（275.8）、反 -2- 壬烯醛（225.5）、反 -2- 己烯醇（224.5）、苯乙醇（220.4）、棕榈酸甲酯（219.1）、1- 甲基萘（188.9）、4,5- 环氧 - 癸烯醛（184.5）、2- 十一碳烯醛（169.0）、顺 -2- 庚烯醛（154.2）、乙醇（149.6）、癸醛（143.4）、(E,E)-2,4- 壬二烯醛（140.0）、环辛醇（135.1）、反式 -2- 癸烯醛（135.1）、(Z)- 柠檬醛（118.2）、β- 环柠檬醛（106.2）、辛酸乙酯（103.0）等（常培培等，2014）。

吉甜一号： 红色樱桃番茄。平均单果重 14.03g。电子鼻萃取法提取的北京产'吉甜一号'樱桃番茄新鲜红熟果实香气的主要成分为，己醛（40.85%）、反 -2- 己烯醛（19.93%）、5- 辛基呋喃 -2(5H)- 酮（4.08%）、甲醇（2.70%）、反式 -2- 戊烯醛（2.52%）、6- 甲基 -5- 庚烯 -2- 酮（2.36%）、己烷（2.16%）、反式 -2- 辛烯醛（2.15%）、1- 戊烯 -3- 酮（2.09%）、2- 氧代丁酸甲酯（1.74%）、戊醛（1.71%）、反, 反 -2,4- 癸二烯醛（1.33%）、苯乙醇（1.32%）、苯乙醛（1.02%）、1- 戊醇（1.00%）等（田甜等，2023）。

金珠 1 号： 台湾早熟品种。果实圆形至高圆形，单果重 16g 左右。果色橙黄亮丽，风味甜美。顶空固相微萃取法提取的陕西杨凌产'金珠 1 号'樱桃番茄新鲜成熟果实香气的主要成分（单位：μg/kg）为，甲酸 -2- 甲苯基甲酯（1235.0）、正己醇（859.4）、棕榈酸乙酯（692.5）、顺 -3- 己烯醇（678.1）、反 -2- 己烯醛（643.8）、邻苯二甲酸二异丁酯（501.5）、棕榈酸甲酯（491.4）、癸醛（359.6）、2- 异丁基噻唑（294.0）、香叶基丙酮（283.9）、β- 紫罗兰酮（282.7）、反 -2- 己烯醇（274.4）、壬醛（246.5）、2- 正戊基呋喃（233.0）、乙醇（208.7）、十八烷（201.5）、己醛（184.1）、L- 丙氨酰甘氨酸（171.1）、正癸醇（170.3）、反 -2- 辛烯醛

（142.4）、1- 亚乙基 - 茚（139.0）、反 , 反 -2,4- 癸二烯醛（135.0）、十一醛（125.5）、5,9,13- 三甲基 -4,8,12-十七烷三烯醛（109.0）、2,6,10,14- 四甲基十六烷（103.7）等（常培培等，2014）。

绿宝石：中熟。果实圆形，成熟果晶莹透绿似绿宝石，平均单果重 20g。果味酸甜浓郁，口感好，品质佳。顶空固相微萃取法提取的陕西杨凌产'绿宝石'樱桃番茄新鲜成熟果实香气的主要成分（单位：μg/kg）为，2- 异丁基噻唑（622.0）、棕榈酸乙酯（483.0）、顺 -3- 己烯醇（366.0）、正己醇（341.0）、反 , 反 -2,4-癸二烯醛（339.0）、水杨酸乙酯（211.0）、香叶基丙酮（182.0）、L- 丙氨酰甘氨酸（113.0）等（常培培等，2014）。

绿星：纯绿色樱桃类番茄杂交种。果实圆形，平均单果重 16g。口味酸甜，风味浓。顶空固相微萃取法提取的海南海口产'绿星'樱桃番茄新鲜成熟果实香气的主要成分为，(Z)-3- 己烯醇（19.08%）、2-甲基 -1- 丁醇（12.20%）、正己醛（9.49%）、(E)-2- 己烯醛（8.03%）、3- 甲基 -1- 丁醇（5.88%）、1- 己醇（4.89%）、乙酸乙酯（4.32%）、1- 硝基 -3- 甲基丁烷（4.20%）、乙酸 -2- 甲基丁酯（3.03%）、2- 辛烯醛（2.53%）、乙醇（2.32%）、苯乙醇（1.86%）、2- 戊基呋喃（1.77%）、3- 甲基丁醛（1.46%）、(Z)-4- 癸烯醛（1.40%）、(E)-2- 庚烯醛（1.35%）、1- 戊醇（1.18%）、正壬醛（1.14%）、正辛醛（1.04%）等（刘子记等，2022）。

千禧：成熟果桃红色，果短椭圆形，单果重约 20g，大小整齐。果硬，肉质脆爽，风味佳。电子鼻萃取法提取的北京产'千禧'樱桃番茄新鲜红熟果实香气的主要成分为，己醛（39.32%）、反 -2- 己烯醛（19.99%）、反式 -2- 辛烯醛（4.60%）、反式 -2- 戊烯醛（3.11%）、甲醇（2.93%）、5- 甲基 -3- 己烯 -2- 酮（3.27%）、反 , 反 -2,4- 癸二烯醛（2.42%）、1- 戊醇（1.70%）、1- 戊烯 -3- 酮（1.67%）、6- 甲基 -5- 庚烯 -2-酮（1.67%）、2- 氧代丁酸甲酯（1.29%）、环己烷羧酸异丙酯（1.12%）、反 , 顺 -2,4- 十二碳二烯（1.11%）等（田甜等，2023）。

香妃 3 号：果实近圆形，平均单果重 19.5g。成熟果红色，色泽均匀，口感微甜。固相微萃取法提取的宁夏吴忠产'香妃 3 号'樱桃番茄新鲜成熟果实香气的主要成分（单位：μg/kg）为，反式 -2- 己烯醛（766.08）、己醛（356.02）、己基甲酸氯（222.12）、6- 甲基 -5- 庚烯 -2- 酮（199.36）、环氧乙烷（187.63）、环五聚二甲基硅氧烷（159.47）、2- 乙基己醇（137.56）、柠檬烯（102.73）、丙烷（99.05）、八甲基环四硅氧烷（75.56）、1,5- 二甲基己胺（65.59）、香叶基丙酮（51.54）、癸烷（43.82）、苯甲醛（42.66）、六甲基环三硅氧烷（31.85）、蜂蜡酸甲酯（24.00）、正十四烷（21.24）、十一烷（21.23）、正二十四烷（20.03）等（汪晓宇等，2022）。

小汤姆（Micro-Tom）：果实小，红色，果实味道甜美，较酸。顶空固相微萃取法提取的山东泰安产'小汤姆'樱桃番茄新鲜成熟果实香气的主要成分（单位：μg/L）为，正己醇（3732.64）、顺 -3- 己烯醇（3213.56）、愈伤木酚（1674.93）、己醛（1064.50）、6- 甲基 -5- 庚烯 -2- 酮（198.84）、反式 -2- 己烯醛（122.45）、2- 苯乙醇（86.77）、顺 -3- 己烯醛（74.82）、反式 -2- 庚烯醛（55.72）、壬醛（36.26）、香叶基丙酮（26.71）、1- 戊烯 -3- 酮（16.83）、丁香油酚（15.83）、2- 异丁基噻唑（10.56）等（董飞等，2019）。

紫香玉：紫色樱桃番茄杂交一代品种。果实高圆形，单果重 20g 左右。成熟果紫红色，光亮。风味甜美，番茄红素含量高。顶空固相微萃取法提取的陕西杨凌产'紫香玉'樱桃番茄新鲜成熟果实香气的主要成分（单位：μg/kg）为，香叶基丙酮（3693.0）、6- 甲基 -5- 庚烯 -2- 酮（1721.0）、正己醇（1632.0）、反 , 反 -2,4- 癸二烯醛（1438.0）、(E)- 柠檬醛（1108.0）、(3E,5Z)-6,10- 二甲基 -3,5,9- 十一三烯 -2- 酮（711.9）、顺 -3- 己烯醇（676.6）、棕榈酸乙酯（522.7）、法尼基丙酮（520.1）、(Z)- 柠檬醛（346.1）、己醛（336.8）、反-2-辛烯醛（251.1）、反-2-己烯醛（232.0）、邻苯二甲酸庚-4-基异丁基酯（230.9）、十五烷（222.3）、2,4-二叔丁基苯酚（219.8）、2-正戊基呋喃（200.4）、2-异丁基噻唑（195.9）、6-甲基-5-庚烯-2-醇（171.0）、反-2-壬烯醛（165.7）、水杨酸甲酯（142.5）、紫苏烯（128.6）、棕榈酸甲酯（127.7）、2,6,10-三甲基十二烷（121.7）、癸醛（116.9）、6,10-二甲基十一烷-2-酮（115.6）、4,5-环氧-癸烯醛（114.0）、壬醛（102.1）、亚油酸乙酯（100.0）等（常培培等，2014）。

紫星：中早熟杂交一代品种。果实圆形，单果重15～20g，成熟果紫色，折光糖度高，口感风味佳。顶空固相微萃取法提取的海南海口产'紫星'樱桃番茄实生苗新鲜成熟果实香气的主要成分为，正己醛（24.89%）、(E)-2-己烯醛（20.32%）、(Z)-3-己烯醇（16.08%）、1-己醇（15.91%）、6-甲基-5-庚烯-2-酮（4.90%）、水杨酸甲酯（1.92%）、庚醛（1.64%）、2-甲基-1-丁醇（1.61%）、正壬醛（1.11%）等；以'托鲁巴姆'为砧木嫁接的新鲜成熟果实香气的主要成分为，2-甲基-1-丁醇（11.32%）、3-甲基-1-丁醇（10.96%）、乙醇（9.44%）、水杨酸甲酯（8.95%）、苯乙烯（8.04%）、正己醛（6.79%）、(Z)-3-己烯醇（3.46%）、正戊醛（3.37%）、1-戊醇（3.17%）、正壬醛（2.13%）、2-辛烯醛（1.89%）、2-戊基呋喃（1.87%）、β-水芹烯（1.84%）、1-己醇（1.74%）、己烷（1.70%）、6-甲基-5-庚烯-2-酮（1.63%）、乙酸乙酯（1.55%）、正辛醛（1.45%）、1-戊烯-3-酮（1.40%）、3-甲基丁醛（1.26%）、(+)-2-蒈烯（1.20%）、2-硫代丙烷（1.08%）、2-甲基-2-丁烯-1-醇（1.01%）等；以'砧爱1号'为砧木嫁接的新鲜成熟果实香气的主要成分为，(Z)-3-己烯醇（24.18%）、正己醛（19.42%）、1-己醇（17.02%）、(E)-2-己烯醛（11.69%）、6-甲基-5-庚烯-2-酮（6.05%）、水杨酸甲酯（3.13%）、正壬醛（1.45%）、乙醇（1.06%）、正辛醛（1.05%）等（刘子记等，2021）。

紫樱：紫色樱桃番茄。顶空固相微萃取法提取的陕西杨凌产'紫樱'樱桃番茄新鲜完熟期果实香气的主要成分（单位：µg/kg）为，香叶基丙酮（3692.66）、6-甲基-5-庚烯-2-酮（1721.00）、正己醇（1632.11）、反,反-2,4-癸二烯醛（1438.27）、反-柠檬醛（1108.45）、水杨酸乙酯（794.36）、(3E,5Z)-6,10-二甲基-3,5,9-十一三烯-2-酮（711.91）、顺-3-己烯醇（676.56）、棕榈酸乙酯（522.65）、法尼基丙酮（520.10）、顺-柠檬醛（346.13）、己醛（336.77）、反-2-辛烯醛（251.10）、反-2-己烯醛（232.01）、邻苯二甲酸庚-4-基异丁基酯（230.86）、十五烷（222.25）、2,4-二叔丁基苯酚（219.76）、2-正戊基呋喃（200.38）、2-异丁基噻唑（195.89）、6-甲基-5-庚烯-2-醇（171.01）、反-2-壬烯醛（165.66）、水杨酸甲酯（142.47）、紫苏烯（128.59）、棕榈酸甲酯（127.68）、2,6,10-三甲基十二烷（121.67）、癸醛（116.87）、6,10-二甲基-2-十一酮（115.64）、顺-4,5-环氧-反-2-癸烯醛（114.03）、壬醛（102.14）等（常培培等，2014）。

4.8 柿子

柿子（*Diospyros kaki* Thunb.）为柿科柿属植物柿的新鲜成熟果实，别名：红柿、柿子、水柿、脆柿、甜柿、朱果、猴枣，分布于辽宁至甘肃、四川、云南及其以南各地。柿是我国栽培悠久的果树，栽培的柿树有许多品种，据不完全统计有800个以上。柿品种分为甜柿和涩柿两类，甜柿指果实成熟后在树上可完成脱涩，摘下即可脆食的一类柿品种；涩柿指成熟后仍有涩味，需经脱涩方可食用的一类柿品种。甜柿又分为完全甜柿和不完全甜柿两类，完全甜柿是指不论果实中有无种子，均能在树上完全脱涩；不完全甜柿则指当果实内有种子时，果肉变褐，说明已脱涩，当未授粉，果内无种子或少于2粒种子时，果实不能自然脱涩或只能部分脱涩。

柿图1

柿图2

柿图3

落叶大乔木，高达 10～14m。叶长 5～18cm，宽 2.8～9cm。花雌雄异株，聚伞花序腋生，雄花花冠钟状，黄白色，雌花单生叶腋，花冠黄白色带紫红色。果形有球形、扁球形、略呈方形、卵形等，直径 3.5～8.5cm，基部通常有棱，嫩时绿色，后变黄色，橙黄色。花期 5～6 月，果期 9～10 月。喜温暖气候，充足阳光和深厚、肥沃、湿润、排水良好的土壤，较能耐寒、耐瘠薄、耐湿，抗旱性强，不耐盐碱土。

甜柿或脱涩后的涩柿果实常作水果食用，风味独特。柿子营养价值很高，含有丰富的蔗糖、葡萄糖、果糖、蛋白质、胡萝卜素、维生素 C、瓜氨酸、碘、钙、磷、铁，所含维生素和糖分比一般水果高 1～2 倍左右；含有可溶性固形物 10%～22%，每 100g 鲜果中含有蛋白质 0.7g，糖类 11g，钙 10mg，磷 19mg，铁 0.2mg，维生素 A 0.16mg，维生素 PP 0.2mg，维生素 C 16mg；还富含多酚、缩合单宁、黄酮等活性成分。具有抗动脉硬化、预防心血管疾病、抗肿瘤、延缓老化等作用；生柿有清热滑肠、降血止血作用，对于高血压、痔疮出血最为适宜。柿子不能空腹食用，柿子皮不能吃；柿子含单宁，易与铁质结合，从而妨碍人体对食物中铁质的吸收，所以贫血患者应少吃。柿子与高蛋白食物同食，很容易使鞣酸凝固成块，导致胃柿石。所以与高蛋白质要间隔 2 小时食用。柿果除了鲜食外，可加工成柿饼、柿酱、柿干、柿糖、柿汁、果冻、果丹皮、柿酒、柿醋、柿晶和柿霜等食品。柿饼可以润脾补胃，润肺止血；柿霜饼和柿霜能润肺生津、祛痰镇咳、压胃热、解酒、疗口疮。

关于柿果肉芳香成分的分析研究很少。顶空固相微萃取法提取的北京产‘磨盘柿’新鲜成熟果实果汁香气的主要成分为，二十一烷（18.30%）、三十二烷（15.04%）、乙醇（12.73%）、二十九烷（12.16%）、三十六烷（11.40%）、二十四烷（8.42%）、四十烷（7.88%）、异戊醇（3.87%）、乙酸（1.66%）、蒽（1.17%）、乙缩醛（1.16%）等（马琳等，2018）。

4.9 枣

枣［*Ziziphus jujuba* (L.) Lam.］为鼠李科枣属植物枣的新鲜或干燥成熟果实，别名：枣、刺枣、枣子、大枣、中华大枣、华枣、中国枣、贯枣、老鼠屎，分布于吉林、辽宁、河北、陕西、山西、山东、河南、甘肃、新疆、安徽、江苏、浙江、福建、广东、广西、湖南、四川、湖北、云南、贵州。枣原产于我国，在中国已有 4000 多年的栽培历史，品种繁多，分布地域广。自 2012 年以来，枣果产量在干果中居第 1 位。仅新疆红枣种植面积就达 4.84×10^5 hm²，产量达 2.58×10^6 t。枣的挥发性成分是能体现其独特风味的物质。

落叶小乔木，高达 10 余米。叶纸质，卵形，长 3～7cm，宽 1.5～4cm。花黄绿色，两性。核果矩圆形或长卵圆形，长 2～3.5cm，直径 1.5～2cm，成熟时红色，后变红紫色，中果皮肉质，具 1 颗或 2 颗种子，种子扁椭圆形。花期 5～7 月，果期 8～9 月。既耐热，又耐寒，生长期可耐 40℃ 的高温，休眠期可耐 –35℃ 的低温。年平均温度北系枣为 9～14℃，南系枣为 15℃ 以上。果实成熟期适温为 18～22℃。

果实可供鲜食，被誉为"百果之王"。可以制成蜜枣、红枣、熏枣、黑枣、酒枣及牙枣等，还可以作枣泥、枣面、枣酒、枣醋等，为食品工业原料。枣具有浓郁的枣香味，含有丰富的营养成分，不仅含有糖类、三萜酸类、环核苷酸类、黄酮类、蛋白质等多种化学成分，并含有大量的维生素 C、核黄素、硫胺素、胡萝卜素、尼克酸等多种物质，维生素含量非常高，有"天然维生素丸"的美誉，民间有"天天吃红枣，一生不显老"之说。果实也供药用，有养胃、健脾、益血、滋补、强身之效；枣能提高人体免疫力，并可抑制癌细胞；枣能使血管软化，降低血压，对高血压病有防治功效；对治疗过敏性紫癜、贫血、急慢性肝炎和肝硬化患者的血清转氨酶增高，以及预防输血反应等均有理想效果。枣老少皆宜，尤其是中老年人、青

枣图1   枣图2

少年等的理想天然保健品，也是病后调养的佳品；特别适宜胃虚食少、心血管疾病、脾虚便溏、支气管哮喘、荨麻疹、过敏性湿疹、过敏性血管炎、气血不足、营养不良、心慌失眠、贫血头晕等患者食用；此外，还适宜肿瘤患者放疗、化疗而致骨髓不良反应者食用。产妇食用红枣，能补中益气、养血安神，加速机体复原；老年体弱者食用红枣，能增强体质，延缓衰老；从事脑力劳动的人及神经衰弱者，用红枣煮汤代茶，能安心守神，增进食欲。枣可常食用，但不可过量，吃多了会胀气；枣糖分丰富，糖尿病患者不宜多食；湿热内盛者、小儿疳积和寄生虫病儿童、痰湿偏盛的人及腹部胀满者、舌苔厚腻者忌食；有宿疾、食积、便秘者不宜多吃；龋齿、牙病作痛及痰热咳嗽患者不宜食用；枣皮纤维含量很高，不容易消化，吃时一定要充分咀嚼，不然会影响消化，肠胃道不好的人一定不能多吃。与枣相克的食物有：蟹，易患寒热；虾，中毒；葱、蒜，消化不良；胡萝卜，失去原有的营养价值；鱼，消化不良；服用退烧药时切勿食用枣。不同品种新鲜或干燥枣果肉香气成分如下。

板枣：果实扁圆形，上窄下宽，侧面较扁。平均果重11.2g。果面不很平整，果皮紫褐或紫黑色，有光泽，皮薄。果肉绿白色，质地致密，稍脆，汁液中多，甜味浓，稍具苦味，肉厚，核小，口感细腻无渣，品质上等，适宜制干、鲜食和作醉枣。顶空固相微萃取法提取的山西稷山产'板枣'商熟期果实香气的主要成分为，癸酸（24.85%）、月桂酸（14.85%）、苯甲醛（11.37%）、棕榈酸（8.34%）、己酸（6.80%）、2,4-二叔丁基苯酚（5.60%）、辛酸（5.05%）、乙酸（3.33%）、壬酸（2.49%）、萘（2.36%）、十六烷（2.15%）、庚酸（1.92%）、十二醛（1.56%）、2-壬酮（1.47%）、2-甲基十五烷（1.39%）、二十烷（1.06%）等（刘莎莎等，2015）。

长红（躺枣）：山东农家传统主栽品种，鲜食制干兼用型品种。果实中大，长圆柱形。平均单果重16.7g，果皮薄，赭红色，果肉肥厚，汁液含量少，品质上等。顶空固相微萃取法提取的山东宁阳产'长红'枣新鲜果肉香气的主要成分为，安息香醛（32.92%）、己酸乙酯（9.57%）、癸酸乙酯（6.25%）、乙酸（5.10%）、庚酸乙酯（3.87%）、乙醇（3.45%）、4,5-二甲基-3-庚醇（2.94%）、十二酸乙酯（2.51%）等（赵进红等，2017）。

冬枣（鲁北冬枣、雁来红、苹果枣、冻枣、冰糖枣）： 晚熟食用枣品种。果实近圆形，单果重10.7～23.2g，果面平整光洁。果肉绿白色，肉质细嫩，清脆可口，汁液多，甜味浓，略酸。水蒸气蒸馏法提取的新疆产'冬枣'新鲜成熟果实香气的主要成分为，邻苯二甲酸二甲酯（19.23%）、二苯胺（11.16%）、5-丁基-6-己基-二环壬烷（6.82%）、二十四烷（6.49%）、丁基羟基甲苯（6.40%）、二十三烷（5.75%）、二十七烷（4.97%）、二十六烷（4.79%）、三十烷（4.79%）、邻苯二甲酸异丁基-4-辛二酯（4.14%）、乙酸丁酯（4.02%）、邻苯二甲酸-二-2-乙基己酯（3.19%）、1,54-二溴五十四烷（2.60%）、二十二烷（2.27%）、邻苯二甲酸-6-乙基-3-辛基丁基二酯（1.24%）、1-甲基-环十二碳烯（1.05%）、棕榈油酸二十烷基酯（1.02%）等（蒲云峰等，2011）。超临界 CO_2 萃取法提取的山东东营产'鲁北冬枣'新鲜全红成熟果实果肉香气的主要成分为，L-抗坏血酸-2,6-二棕榈酸酯（20.06%）、二甲基肼（15.17%）、1,8-二氨基环十四烷-2,9-二酮（7.35%）、双(3-环己烯基甲基)胺（2.63%）、二棕榈酸甘油酯（2.32%）、2-甲氧基-4-乙烯基苯酚（2.06%）、噻吩并[3,2-c]吡啶-4(5H)-酮（1.60%）等；果肉软化成浆果的香气主要成分为：甲氧基苯基-肟（41.96%）、2,3-丁二醇（10.91%）、丙三醇（10.11%）、二甲基肼（11.10%）、邻苯二甲酸-2-乙基己酯（6.14%）、甲酸甲乙酯（5.05%）、4-乙基苯甲酸辛酯（3.34%）、4,5-二氢芘（2.64%）等（王淑贞等，2011）。顶空固相微萃取法提取的山东沾化产'鲁北冬枣'新鲜白熟期果实果肉香气的主要成分为，(2E,4E)-2,4-癸二烯醛（32.25%）、(Z)-2-庚烯醛（8.34%）、2-十一烯醛（4.63%）、邻苯二甲酸二乙酯（4.59%）、(Z)-2-癸烯醛（4.38%）、(E,E)-2,4-庚二烯醛（4.35%）、顺式-4,5-环氧癸烷（4.00%）、壬醛（3.63%）、(E)-2-辛烯醛（2.88%）、乙醛酸（2.87%）、乙醇（2.55%）、甘菊环烃（2.16%）、(E,E)-2,4-癸二烯醛（1.74%）、3,5,24-三甲基-正四十烷（1.47%）、2-十五炔-1-醇（1.47%）、7-甲基-4-辛醇（1.08%）等（王淑贞等，2009）。

枣图 3

阜平大枣： 长圆形，大小整齐，成熟后有光泽，棕红色。肉厚核小，果肉细腻，甜酸可口，有浓郁的枣香。热浸提法提取的'阜平大枣'果实香气的主要成分为，己酸（29.87%）、十酸（10.31%）、戊酸甲酯（6.73%）、十六酸（5.18%）、十九醇（4.76%）、庚酸（4.35%）、辛酸（3.99%）、2-呋喃羧基乙醛（3.37%）、9-乙基十七烷（3.04%）、苯甲酸（3.00%）、三甲基丁基锡烷（2.89%）、1,2-苯二酸丁基单酯（2.49%）、2-甲基丁酸（2.29%）、十二酸（2.20%）、二十烷（1.91%）、2,5,6-三甲基-3-三甲氧基苯酚（1.86%）、1-二十烯（1.66%）、己酸-1-甲酯（1.64%）、1-甲基丁酸（1.38%）、戊酸（1.21%）、十八烷（1.13%）、苯酸乙酯（1.07%）等（王颉等，1998）。快速溶剂萃取法提取的河北产'阜平大枣'干燥成熟果实香气的主要成分为，(Z)-7-十六烯酸甲酯（18.52%）、(Z)-9-十六烯酸甲酯（12.23%）、十六酸甲酯（9.90%）、(Z)-11-十四烯酸甲酯（8.94%）、月桂酸甲酯（6.79%）、邻苯二甲酸二丁酯（4.86%）、顺-13-十八烯酸甲酯（4.34%）、反-13-十八烯酸甲酯（3.80%）、(Z,Z)-9,12-十八二烯酸甲酯（3.18%）、甲基十四烯酸（3.06%）、(E)-11-十六烯酸乙酯（2.88%）、(Z)-9-十八烯酸甲酯（2.84%）、顺-9-十六烯酸（1.60%）、癸酸甲酯（1.25%）、硬脂酸甲酯（1.23%）、十二酸（1.19%）、乙基-9-十六烯酸（1.01%）等（田晶等，2018）。

哈密大枣（香枣）： 已有两千年的历史。平均单个鲜重17g。个大、皮薄、核小、肉厚、颜色好、含糖量高，干而不皱。可鲜食、煮食、做枣泥、做枣羹等。顶空固相微萃取法提取的新疆产'哈密大枣'新鲜成熟果实果肉香气的主要成分为，2,2′-双亚甲基[6-(1,1-二甲基)-4-甲基]苯酚（43.21%）、2-羟基十四烷酸（2.11%）、3-乙基-5-(2-乙基丁基)十八烷（1.09%）等（曹源等，2015）。顶空固相微萃取法提取的新疆哈密产'哈密大枣'新鲜成熟果实果肉香气的主要成分为，1-甲基萘（11.01%）、(E)-2-己烯醛（9.18%）、月桂酸（8.87%）、己醛（8.46%）、萘（7.04%）、n-癸酸（7.00%）、苯甲醛（4.63%）、3-羟基-2-丁酮（4.60%）、癸酸乙酯（4.57%）、肉豆蔻酸（3.71%）、月桂酸乙酯（3.15%）、2-壬醇（2.73%）、苯甲醇（2.12%）、己酸（1.93%）、肉豆蔻酸乙酯（1.90%）、己酸乙酯（1.23%）、(E)-9-十四烯酸（1.22%）、正十九烷（1.13%）、十五烷酸（1.11%）、癸酸甲酯（1.03%）等；阴干果实果肉香气的主要成分为，乙酸（26.00%）、3-羟基-2-丁酮（9.40%）、己酸（7.31%）、月桂酸（6.84%）、n-癸酸（6.53%）、苯甲醛（5.80%）、丙酮醛（3.19%）、1-甲基萘（2.48%）、肉豆蔻酸（2.43%）、苯甲醇（1.83%）、(E)-9-十四烯酸（1.81%）、己酸乙酯（1.65%）、月桂酸乙酯（1.42%）、肉豆蔻酸乙酯（1.38%）、癸酸乙酯（1.32%）、3-甲基丁烯-2-醇（1.18%）、(E)-2-己烯醛（1.05%）等（陈恺等，2017）。

和田大枣： 果皮深红色，个大核小，皮薄肉厚，含糖量高，维生素C含量高。快速溶剂萃取法提取的'和田大枣'干燥成熟果实香气的主要成分为，十六酸甲酯（7.37%）、(Z)-7-十六烯酸甲酯（6.27%）、(Z)-7-十六烯酸甲酯（5.98%）、2-丙氧基-丁二酸二甲酯（5.52%）、邻苯二甲酸二丁酯（5.34%）、2-甲基-十六烷酸甲酯（4.05%）、(Z)-9-十六烯酸甲酯（3.87%）、顺-13-十八烯酸甲酯（2.78%）、(Z,Z)-9,12-十八二烯酸甲酯（2.19%）、5-(羟甲基)-2-呋喃甲醛（2.18%）、月桂酸甲酯（2.15%）、反-13-十八烯酸甲酯（2.13%）、乙基-9-十六烯酸（2.02%）、(S)-羟基-丁二酸（2.01%）、(Z)-9-十八烯酸甲酯（1.88%）、9,12-十六二烯酸甲酯（1.85%）、n-羟基-丁二酸-二乙酯（1.78%）、(Z)-11-十四烯酸甲酯（1.78%）、9-甲基-(Z)-10-十五烯酸-1-氧乙酸（1.77%）、棕榈酸（1.70%）、(Z,Z)-9,12-十八二烯酸甲酯（1.51%）、5-乙酰氧基-2-糠醛（1.43%）、3-氧-庚酸甲酯（1.35%）、7,10-十六二烯酸甲酯（1.33%）、3-羟基-4-甲基-戊酸甲酯（1.32%）、顺-9-十六烯酸（1.32%）、甲基-9,12-十六烯酸（1.31%）、甲基十四烯酸（1.28%）、顺-13-二十烯酸（1.28%）、顺-13-十八烯酸（1.19%）、(E)-9-十八烯酸乙酯（1.03%）、十二酸乙酯（1.01%）等（田晶等，2018）。

枣图 4

河北滩枣：色泽红润，皮薄肉厚，滋味香甜。顶空固相微萃取法提取的'河北滩枣'新鲜果肉香气的主要成分为，1-甲基萘（14.69%）、*d*-苧烯（12.43%）、萘（9.91%）、癸酸（7.25%）、乙酸（6.59%）、十四烷（4.97%）、己酸（2.70%）、正十六烷（2.33%）、2,6-二甲基萘（2.21%）、壬醛（2.04%）、五甲基苯（2.01%）、2,6-二叔丁基对甲基苯酚（2.00%）、棕榈酸（1.92%）、癸醛（1.88%）、顺式十八碳-9-烯酸（1.82%）、十五烷（1.81%）、十二酸（1.41%）、肉豆蔻酸异丙酯（1.36%）、2-乙酸环己基邻苯二甲酸（1.28%）、十八醇（1.22%）、7,9-二叔丁基-1-氧杂螺[4,5]-6,9-二烯-2,8-二酮（1.12%）、1-十九碳烯（1.12%）、2-辛烯酸（1.03%）等（毕金峰等，2011）。

行唐大枣：个大、皮薄、肉厚、核小、色鲜、味甘，维生素C含量高。快速溶剂萃取法提取的河北产'行唐大枣'干燥成熟果实香气的主要成分为，(*Z*)-7-十六烯酸甲酯（13.31%）、(*Z*)-9-十六烯酸甲酯（9.28%）、十六酸甲酯（9.05%）、月桂酸甲酯（5.18%）、邻苯二甲酸二丁酯（4.99%）、(*Z*)-11-十四烯酸甲酯（4.77%）、顺-13-十八烯酸甲酯（3.88%）、顺-10-十七烯酸（3.45%）、甲基十四烯酸（2.82%）、(*Z*)-7-十六烯酸甲酯（2.63%）、(*Z*)-9-十八烯酸甲酯（2.34%）、反-13-十八烯酸甲酯（2.23%）、(*Z,Z*)-9,12-十八二烯酸甲酯（2.06%）、棕榈酸（1.95%）、顺-9-十六烯酸（1.55%）、9-甲基-(*Z*)-10-十五烯酸-1-氧乙酸（1.53%）、十二酸（1.18%）、2-甲基-十六烷酸甲酯（1.04%）、乙基-9-十六烯酸（1.03%）、(*Z*)-11-十四碳烯酸（1.01%）等（田晶等，2018）。

壶瓶枣：果实上小下大，中间稍细，似壶似瓶。单果重19.5～25g。果皮深红色，光滑。果肉白绿色，肉厚质脆，微微甘甜，入口清香。顶空固相微萃取法提取的山西晋中产'壶瓶枣'黑化制成的黑枣香气的主要成分为，冰乙酸（36.45%）、乙醇（6.50%）、壬醛（4.83%）、糠醛（4.40%）、3-羟基-2-丁酮（2.72%）、庚醛（2.26%）、反-2-辛烯醛（1.89%）、己酸（1.82%）、苯甲醛（1.57%）、2-乙酰基呋喃（1.57%）、丙氨酰氨基乙酸（1.51%）、甲基庚烯酮（1.45%）、反式-2-己烯醛（1.41%）、异戊酸（1.39%）、正戊酸（1.21%）、己醛（1.10%）等（王越等，2022）。

灰枣：果实长倒卵形，略歪斜，平均果重12.3g。果面较平整，果皮为橙红色，核小肉厚。果肉绿白色，质地致密，较脆，汁液中多，适宜鲜食、制干和加工，品质上等。水蒸气蒸馏法提取的新疆阿克苏产'灰枣'新鲜成熟果实香气的主要成分为，十五烷（9.61%）、三十烷（7.18%）、2-己烯醛（6.55%）、十七烷（5.67%）、3-丁基-4-己基-二环[4.3.0]壬烷（5.50%）、十六烷（5.32%）、二十六烷（5.23%）、二十七（碳）烷（4.33%）、丁基羟基甲苯（4.23%）、9-己基十七烷（4.09%）、二十三烷（3.76%）、二十四烷（3.40%）、1,54-二溴五十四烷（3.08%）、二十二烷（2.70%）、邻苯二甲酸二甲酯（2.59%）、十四烷（2.05%）、己醛（1.95%）、7-甲基十五烷（1.95%）、二苯胺（1.87%）、2,6,10-三甲基十四烷（1.73%）、十八碳烷（1.69%）、2-甲基-4-十四碳烯（1.68%）、5-十八烯醛（1.39%）、邻苯二甲酸-二-2-乙基己酯（1.29%）、3-乙基-5-(2-乙基丁基)十八烷（1.15%）、邻苯二甲酸异丁基-4-辛二酯（1.06%）等（张娜等，2012）。溶剂萃取法提取的新疆南疆产'灰枣'低温干燥的成熟果实香气的主要成分为，(Z)-11-棕榈油酸（39.17%）、(E,E,E)-9,12,15-亚麻酸乙酯（9.19%）、(Z)-9-油酸（7.63%）、(Z,Z,Z)-9,12,15-亚麻酸乙酯（6.00%）、棕榈酸（5.62%）、癸酸乙酯（3.86%）、(E)-11-肉豆蔻脑酸乙酯（2.75%）、(Z,Z,Z)-9,12-亚油酸（2.43%）、反式-金合欢醇（2.10%）、(Z)-9-油酸乙酯（1.74%）、月桂酸乙酯（1.48%）、棕榈酸乙酯（1.29%）等（李焕荣等，2008）。顶空固相微萃取法提取的河南新郑产'灰枣'商熟期果实香气的主要成分为，棕榈酸（12.63%）、癸酸（11.94%）、十一烷酸（10.24%）、2,4-二叔丁基苯酚（10.21%）、辛酸（8.12%）、月桂酸（5.50%）、己酸（4.09%）、十二醛（4.01%）、乙酸（3.55%）、壬酸（3.48%）、苯甲酸（3.36%）、庚酸（3.20%）、苯甲醛（3.06%）、萘（2.68%）、硬脂酸（2.59%）、2-甲基十五烷（2.46%）、十六烷（1.95%）、二十烷（1.59%）、十七烷（1.19%）等（刘莎莎等，2015）。顶空固相微萃取法提取的商品红枣'灰枣'果实香气的主要成分（单位：μg/kg）为，乙酸（581.59）、己酸乙酯（139.24）、己酸（55.27）、巴豆醛（40.73）、丁酸（31.77）、异戊酸（24.87）、正己醛（15.39）、苯甲醛（13.09）、戊酸乙酯（12.20）、丙酸（11.51）、缬草酸（10.51）、庚酸乙酯（10.04）、壬醛（8.38）、2-乙基己醇（6.87）、辛酸乙酯（6.53）、1-辛烯-3-醇（5.69）、庚酸（4.74）、癸酸乙酯（4.25）、γ-己内酯（4.04）、2-己烯酸乙酯（3.82）、2-庚烯醛（3.70）、2-乙基丁烯醛（3.64）、辛酸（2.94）、正癸酸（2.16）、4-环戊烯-1,3-二酮（2.12）、异巴豆酸（1.86）、2,5,6-三甲基辛烷（1.61）、壬烷（1.61）、反式-2-己烯酸（1.51）、γ-丁内酯（1.34）、(E,E)-2,4-己二烯醛（1.17）等（闫新焕等，2022）。

金丝 2 号：果实多数为长椭圆形，平均果重 6.7g，果面平整光洁。果皮较薄，浅红褐色，富光泽。果肉乳白色，致密脆硬，汁液中多，味甘甜，鲜食品质上等。顶空固相微萃取法提取的山东泰安产'金丝 2 号'枣成熟果实果肉香气的主要成分为，2-环己烯-1-醇（34.94%）、己醛（17.49%）、2-己烯醛（12.01%）、(Z)-3-己烯醛（3.82%）、反式-2,4-辛二烯醛（3.33%）、1-戊醇（2.67%）、正己酸（2.63%）、1-戊烯-3-醇（2.33%）、(Z)-2-戊烯-1-醇（2.31%）、1-戊烯-3-酮（2.05%）、n-癸酸（1.91%）、戊醛（1.27%）等（王淑贞等，2013）。

金丝 4 号：从'金丝 2 号'自然杂交的实生枣树中选育出的优良单株。果实近长筒形，两端平，中部略粗，平均果重 10～12g，果面光滑。果皮细薄富韧性，浅棕红色。果肉白色，质地致密脆嫩，汁液较多，味极甜微酸，口感极佳。超临界 CO_2 萃取法提取的山东泰安产'金丝 4 号'枣成熟果实果肉香气的主要成分为，甲氧基甲酰胺（8.92%）、N,N'-二苯甲酰氧基-1,1-二甲酰胺-环丁烷（8.45%）、L-抗坏血酸-2,6-二棕榈酸酯（8.23%）、N-苯基-甲萘胺（6.21%）、己酸（5.27%）、7-十四碳烯酸（4.93%）、邻苯二甲酸二丁酯（4.06%）、十二酸（3.57%）、菲（3.20%）、芘（2.74%）、9-十六碳烯酸（2.33%）、邻苯二甲酸二异辛酯（2.19%）、肉豆蔻酸（1.92%）、油酸（1.46%）、甲苯（1.09%）、癸酸（1.09%）等（赵峰等，2010）。

金丝（小）枣：果实椭圆形或鹅卵形，单果重 5～7g。鲜果鲜红色，干果深红色。皮薄核小，肉质细腻，甘甜略具酸味。同时蒸馏浸提法提取的河北产'金丝小枣'果实香气的主要成分为，十二酸（30.61%）、9-十六碳烯酸（26.24%）、(Z)-11-十四烯酸（17.09%）、十四酸（14.78%）、n-癸酸（10.25%）、糠醛（9.83%）、9-二十六碳烯（3.98%）、己酸（1.61%）、苯甲醛（1.16%）等（朱凤妹等，2010）。顶空固相微萃取法提取的山东乐陵产'金丝小枣'商熟期果实香气的主要成分为，苯甲醛（16.07%）、2,4-二叔丁基苯酚（10.16%）、己酸（9.75%）、癸酸（9.12%）、棕榈酸（7.97%）、月桂酸（7.79%）、2-壬酮（4.70%）、十二醛（3.38%）、萘（3.38%）、2-甲基十五烷（3.19%）、壬酸（2.69%）、乙酸（2.65%）、辛酸（2.36%）、十七烷（2.33%）、十六烷（2.20%）、苄醇（1.84%）、1-乙基-2,4-二甲基苯（1.80%）、二十烷（1.76%）等（刘莎莎等，2015）。快速溶剂萃取法提取的河北沧州产'金丝小枣'干燥成熟果实香气的主要成分为，(Z)-7-十六烯酸甲酯（13.16%）、十六酸甲酯（11.70%）、(Z)-9-十六烯酸甲酯（9.90%）、(Z)-11-十四烯酸甲酯（5.94%）、邻苯二甲酸二丁酯（4.76%）、月桂酸甲酯（4.55%）、反-13-十八烯酸甲酯（4.37%）、乙基-9,12-十六烯酸（3.67%）、顺-13-十八烯酸甲酯（3.36%）、十三酸甲酯（3.27%）、(Z,Z)-9,12-十八二烯酸甲酯（3.05%）、顺-9-十六烯酸（2.63%）、9,12-十六二烯酸甲酯（2.04%）、(Z)-9-十八烯酸甲酯（1.80%）、9-甲基-(Z)-10-十五烯酸-1-氧乙酸（1.68%）、硬脂酸甲酯（1.58%）、(Z,Z)-9,12-十八二烯酸甲酯（1.28%）、十二酸（1.04%）等；河北武邑产'金丝小枣'干燥成熟果实香气的主要成分为，(Z)-7-十六烯酸甲酯（13.28%）、十六酸甲酯（8.85%）、(Z)-11-十四烯酸甲酯（6.89%）、(Z)-9-十六烯酸甲酯（6.78%）、顺-13-十八烯酸甲酯（5.01%）、月桂酸甲酯（4.84%）、反-13-十八烯酸甲酯（4.82%）、邻苯二甲酸二丁酯（4.15%）、甲基十四烯酸（3.77%）、甲基-7,10-十六碳烯酸（3.57%）、(Z,Z)-9,12-十八二烯酸甲酯（3.44%）、(Z)-9-十八烯酸甲酯（3.04%）、(Z)-11-十六烯酸（2.41%）、硬脂酸甲酯（1.93%）、n-羟基-二乙酯-丁二酸（1.74%）、9,12-十六二烯酸甲酯（1.67%）、(Z,Z)-9,12-十八二烯酸甲酯（1.67%）、(E)-9-十四烯酸（1.52%）、顺-9-十六烯酸（1.47%）、乙基-9-十六烯酸（1.22%）、9-甲基-(Z)-10-十五烯酸-1-氧乙酸（1.21%）、十二酸（1.14%）、十六烯酸乙酯（1.12%）、二十二酸甲酯（1.05%）、乙基-9-十四烯酸（1.04%）等（田晶等，2018）。

骏枣： 果实圆柱形或长倒卵形，表面光滑，成熟时深红色。果大皮薄，味甜，果肉厚，质地松脆，味甜汁中多。可鲜食，也可制作成蜜枣、熏枣、黑枣、果脯等。顶空固相微萃取法提取的新疆产'骏枣'

枣图5

商熟期果实香气的主要成分为，苯甲醛（18.06%）、癸酸（16.97%）、月桂酸（13.67%）、2,4-二叔丁基苯酚（6.99%）、己酸（5.60%）、乙酸（5.22%）、辛酸（4.09%）、萘（4.07%）、棕榈酸（3.98%）、十二醛（2.28%）、壬酸（2.12%）、庚酸（1.97%）、十七烷（1.89%）、2-甲基十五烷（1.85%）、十六烷（1.80%）、苯甲酸（1.65%）、1-乙基-2,4-二甲基苯（1.29%）等（刘莎莎等，2015）。超临界 CO_2 萃取法提取的新疆阿克苏产'骏枣'干燥成熟果实香气的主要成分为，乙酸（21.13%）、正癸酸（9.05%）、四十四烷（7.96%）、18-甲基十九酸（5.35%）、苯甲酸（4.45%）、反式-2-辛烯酸（2.98%）、甲基丙烯酸异癸酯（2.92%）、甲基环戊烯醇酮（2.89%）、正三十一烷（2.10%）、2,6,10-三甲基十四烷（1.98%）、正二十三烷（1.93%）、正十八烷（1.85%）、3-羟基-2-丁酮（1.74%）、5-二羟基-2-甲基-4H-吡喃-4-酮（1.60%）、苯并-18-冠-6-醚（1.56%）、糠醛（1.40%）、麦芽醇（1.21%）、苯甲醛（1.07%）、二十六碳醇（1.02%）、5-羟甲基糠醛（1.02%）等（徐恒等，2020）。

喀什小枣： 果实小，卵圆形，品质优良。顶空固相微萃取法提取的新疆乌鲁木齐产'喀什小枣'新鲜成熟果实果汁香气的主要成分为，邻苯二甲酸二异丁酯（16.11%）、β-丙氨酸（11.48%）、邻苯二甲酸丁基环己酯（8.62%）、苯甲醛（6.39%）、5,6-二氢-2H-吡喃-2-酮（3.78%）、对二甲氨基偶氮苯（3.07%）、太司尼克酸（2.54%）、2-乙烯基萘（2.50%）、4-甲氧基二苯乙烯（2.49%）、二乙二醇单甲醚（2.48%）、甲肼（2.47%）、衣康酸酐（2.40%）、二苯乙醇酮（2.39%）、3-丁烯腈（2.28%）、3-氨基-2-丁烯腈（2.28%）、1,3-二氧戊环（2.24%）、乙醛肟（2.22%）、乙基环丙烷（2.14%）、2-甲氧基-N-乙酰乙酰基苯胺（2.11%）、二萘嵌苯（2.11%）、亚硝酸异丁酯（1.92%）、异氰酸-1-萘酯（1.87%）、甲酸烯丙酯（1.84%）、1,2-环氧丁烷（1.74%）、氰乙酰胺（1.72%）、丙烯醇（1.67%）、柠康酸酐（1.67%）、7-乙酰氧基-4-甲基香豆素（1.64%）、2-甲氧基-1-丙烯（1.50%）等（艾乃吐拉·马合木提等，2014）。

乐陵枣： 皮薄肉厚，核小色美，肉细汁多。水蒸气蒸馏法提取的山东乐陵产'乐陵枣'新鲜成熟果实香气的主要成分为，十二酸（21.74%）、乙酸（11.18%）、癸酸（7.15%）、辛烷（5.73%）、2-甲基-3-己醇（4.61%）、糠醛（3.77%）、2-硝基丙酸乙酯（2.51%）、甲酸乙酯（2.19%）、3-甲基戊酸乙酸（1.81%）、糠醇（1.42%）、己酸（1.23%）、辛酸（1.05%）等（李文絮等，2005）。

梨枣： 稀有名贵的品种，果实平均重31.6g，果皮淡红色，果肉为绿白色。熟后果肉酥脆，含糖量较高。水蒸气蒸馏法提取的陕西产'梨枣'新鲜果实香气的主要成分为，十六酸（15.95%）、十二酸（14.25%）、十六烯酸（13.61%）、十四烯酸（13.24%）、油酸（8.53%）、十四酸（6.89%）、己酸（3.30%）、十酸（2.30%）、二十烷（1.17%）等（穆启运等，1999）。

临泽小枣： 果实椭圆形，平均单果重6.1g，果面平整光亮，深红色。果肉绿白色，肉质致密细脆，味甜略酸，汁液中多。顶空固相微萃取法提取的甘肃临泽产'临泽小枣'商熟期果实香气的主要成分为，癸酸（20.22%）、月桂酸（16.15%）、苯甲醛（12.76%）、棕榈酸（7.58%）、2,4-二叔丁基苯酚（5.92%）、萘（5.32%）、己酸（4.85%）、2-壬酮（4.33%）、乙酸（3.97%）、辛酸（3.09%）、十二醛（2.16%）、壬酸（1.94%）、2-甲基十五烷（1.81%）、二十烷（1.44%）、十六烷（1.18%）等（刘莎莎等，2015）。

木枣： 果实圆柱形，果大色丽，甜酸适宜，营养丰富独特，果肉质地致密，含水量少。多被干制并加工成干枣等。水蒸气蒸馏法提取的陕西产'木枣'新鲜果实香气的主要成分为，十六酸（33.68%）、十六烯酸（30.95%）、十四烯酸（7.89%）、十四酸（7.66%）、乙基丁醚（3.90%）、乙酸（2.68%）、十二酸（2.64%）、二十二烷（2.61%）、己酸（2.06%）、油酸（1.56%）、十酸（1.28%）等（穆启运等，1999）。顶空固相微萃取法提取的陕西佳县产'木枣'商熟期果实香气的主要成分为，苯甲醛（18.06%）、癸酸

（17.62%）、棕榈酸（12.77%）、月桂酸（10.95%）、己酸（5.74%）、萘（4.06%）、辛酸（3.44%）、2,4- 二叔丁基苯酚（3.25%）、乙酸（3.13%）、壬酸（2.38%）、苄醇（2.25%）、十六烷（2.15%）、庚酸（1.85%）、十二醛（1.60%）、2- 甲基十五烷（1.59%）、二十烷（1.16%）、十七烷（1.03%）、1- 十一烷醇（1.00%）等（刘莎莎等，2015）。溶剂萃取法提取的陕西佳县产'木枣'新鲜成熟果实香气的主要成分为，棕榈烯酸乙酯（46.59%）、油酸乙酯（12.02%）、亚油酸乙酯（11.20%）、棕榈酸乙酯（9.09%）、肉豆蔻烯酸乙酯（4.88%）、十七酸乙酯（4.27%）、乙酸（3.49%）、肉豆蔻酸乙酯（1.78%）、硬脂酸乙酯（1.76%）等（穆启运等，2002）。顶空固相微萃取法提取的陕西清涧产'木枣'新鲜完熟期果实果汁香气的主要成分为，2- 壬酮（17.54%）、环十三烷酮（13.50%）、2- 十一酮（8.95%）、乙酸（4.78%）、2- 庚酮（3.50%）、2- 壬醇（2.07%）、苄醇（1.95%）、5- 羟甲基糠醛（1.79%）、己酸乙酯（1.46%）、2- 辛酮（1.44%）、苯丙醇（1.39%）、2- 十一醇（1.35%）、月桂酸（1.29%）、endo-8- 甲基 -8- 氮杂双环 [3.2.1] 辛 -3- 醇（1.23%）、8- 壬烯 -2- 酮（1.13%）、苯乙烯（1.05%）、苯甲醛（1.02%）等（李其晔等，2012）。

宁阳大枣（圆红枣）：果实椭圆形，硕大，色泽深红，皱纹粗浅，富有弹性。果肉肥厚，细腻扯丝，风味浓郁，味甘甜，营养丰富。顶空固相微萃取法提取的'宁阳大枣'干燥果实香气的主要成分为，乙酸（26.80%）、苯甲醛（19.46%）、正戊酸（11.43%）、己酸（8.01%）、庚酸（6.04%）、丁酸（4.09%）、壬酸（3.23%）、癸酸乙酯（2.52%）、己酸甲酯（2.45%）、3- 羟基 -2- 丁酮（2.34%）、正己醛（2.26%）、丙酸（1.64%）、异戊酸（1.49%）、1- 辛烯 -3- 醇（1.30%）等（孙欣等，2019）。顶空固相微萃取法提取的山东宁阳产'宁阳大枣'新鲜果肉香气的主要成分为，安息香醛（31.57%）、乙酸（10.86%）、己酸乙酯（7.21%）、4- 甲基 -1- 戊烯 -3- 醇（4.41%）、(E)-2- 己烯醛（4.01%）、4,5- 二甲基 -3- 庚醇（3.99%）、3- 羟基 -2- 丁酮（3.88%）、1- 辛烯 -3- 醇（3.18%）、己醛（2.52%）、正十四烷（2.06%）、3- 辛酮（2.02%）、2- 戊基呋喃（1.99%）、1,3- 二甲基环戊醇（1.42%）、乙醇（1.40%）、1- 戊烯 -3- 醇（1.32%）、壬醛（1.15%）、(E)-2- 辛烯醛（1.04%）等（赵进红等，2017）。

婆枣：果实长圆或倒卵圆形，平均果重 11～12g，果面平滑，果皮较薄，棕红色，韧性差。果肉青白色，脆甜多汁，鲜食风味好，甜中带有淡淡的酸味。顶空固相微萃取法提取的河北阜平产'婆枣'新鲜成熟果实香气的主要成分为，乙酸（28.58%）、正己酸（18.44%）、正癸酸（5.47%）、羊脂酸（4.58%）、2- 甲基丁酸（3.99%）、正庚酸（3.23%）、二乙基二甲基铅（2.65%）、正癸酸乙酯（2.44%）、苯甲酸（2.23%）、3- 羟基 -2- 丁酮（1.96%）、γ- 己内酯（1.77%）、异丙基苯甲酰胺（1.50%）、正戊酸（1.43%）、月桂酸（1.39%）、月桂酸乙酯（1.16%）、壬酸（1.13%）等；160℃烘干果实的香气成分为，糠醛（20.94%）、2,3- 二氢 -3,5- 二羟基 -6- 甲基 -4H- 吡喃 -4- 酮（16.52%）、5- 羟甲基糠醛（7.00%）、糠醇（6.97%）、5- 甲基呋喃醛（6.22%）、月桂酸（5.61%）、正癸酸（5.31%）、二乙基二甲基铅（4.39%）、荜澄茄烯（1.87%）、4- 环戊烯 -1,3- 二酮（1.86%）、2- 乙酰基呋喃（1.70%）、3,5- 二氢 -2- 甲基 -4H- 吡喃 -4- 酮（1.42%）、异丙基苯甲酰胺（1.19%）、壬酸（1.15%）、正癸酸乙酯（1.08%）、月桂酸乙酯（1.07%）、肉豆蔻脑酸甲酯（1.06%）等（吕姗等，2017）。

清涧红枣：果实长圆形，单果重 4.5～10g，果皮微皱褶，褐红色。核小肉厚，质地致密，拉丝长，甘甜爽口，别具风味。水蒸气蒸馏后顶空固相微萃取法提取的陕西产'清涧红枣'新鲜果实果肉香气的主要成分为，癸酸（37.16%）、辛酸（10.38%）、十二酸（6.23%）、邻苯二甲酸二异丁酯（5.84%）、反 -2- 辛烯醛（4.24%）、2- 丁酮（3.92%）、6- 甲基 -3- 庚醇（3.92%）、反 -2- 己烯醛（3.92%）、β- 桉叶醇（3.81%）、己酸（3.34%）、庚酸（2.51%）、γ- 十二内酯（2.01%）、壬酸（1.95%）、天然壬醛（1.86%）、苯乙醛（1.70%）、香叶基丙酮（1.56%）等（邓红等，2013）。顶空固相微萃取法提取的陕西清涧产'清涧红枣'60℃干燥后果实果肉香气的主要成分为，乙酸（25.37%）、己酸（10.10%）、3-羟基-2-丁酮（4.20%）、癸酸甲酯（3.13%）、乙醇（2.89%）、n-癸酸（2.86%）、丁基羟基甲苯（2.37%）、十四烷（2.71%）、己酸乙酯（2.45%）、苯甲酸（2.19%）、十五烷（1.94%）、3-甲基-正丁醛（1.93%）、安息香醛（1.89%）、辛酸（1.74%）、苯甲酸乙酯（1.62%）、辛酸甲酯（1.51%）、2,6,10-三甲基十二烷（1.39%）、十三烷（1.35%）、3-甲基-丁酸（1.33%）、2-甲基-丙酸（1.28%）、己酸甲酯（1.25%）、2-(十八烷基氧)-乙醇（1.10%）、乙酸乙烯酯（1.06%）、2-甲基-十三烷（1.03%）、丁酸（1.00%）等（鲁周民等，2010）。加速溶剂萃取法提取的陕西清涧产'清涧红枣'干燥果实果肉香气的主要成分为，5-羟甲基糠醛（45.16%）、环十六内酯（7.27%）、十五-14-烯酸（4.50%）、2,3-二氢-3,5-二羟基-6-甲基-4H-吡喃-4-酮（3.64%）、棕榈酸（3.49%）、2-羟基-环十五酮（2.95%）、十八-9-烯醛（2.46%）、十八-9-烯酸（1.73%）、氧杂环十三-2-酮（1.33%）、1,3-环戊二酮（1.27%）、己酸（1.14%）等（任卓英等，2009）。

山西大枣： 同时蒸馏浸提法提取的山西产'山西大枣'果实香气的主要成分为，十二酸（17.44%）、(Z)-11-十四烯酸（14.41%）、(Z)-11-十六碳烯酸（11.97%）、糠醛（8.84%）、n-癸酸（6.23%）、(Z)-7-十六碳烯酸（6.19%）、1-二十六烯（6.03%）、二十三烷（4.99%）、二十六烷（4.31%）、乙酸（3.40%）、n-十六酸（2.77%）、己酸（2.73%）、辛酸（1.31%）等（朱凤妹等，2010）。

团枣： 果实小，长椭圆形。果肉白绿色，质粗软，纤维少，味酸甜适口，鲜食。溶剂萃取法提取的陕西佳县产'团枣'新鲜成熟果实香气的主要成分为，棕榈烯酸乙酯（45.70%）、肉豆蔻烯酸乙酯（16.38%）、亚油酸乙酯（10.20%）、棕榈酸乙酯（9.30%）、乙酸（6.87%）、油酸乙酯（4.07%）、月桂酸乙酯（1.91%）、肉豆蔻酸乙酯（1.57%）等（穆启运等，2002）。

武邑大枣： 皮薄、肉厚、果糖含量高。快速溶剂萃取法提取的河北产'武邑大枣'干燥成熟果实香气的主要成分为，(Z)-7-十六烯酸甲酯（14.52%）、十六酸甲酯（10.85%）、(Z)-9-十六烯酸甲酯（9.44%）、甲基十四烯酸（5.82%）、乙基-9,12-十六烯酸（5.00%）、邻苯二甲酸二丁酯（4.23%）、月桂酸甲酯（3.62%）、顺-13-十八烯酸甲酯（3.50%）、9,12-十六二烯酸甲酯（3.46%）、反-13-十八烯酸甲酯（3.10%）、(Z,Z)-9,12-十八二烯酸甲酯（2.75%）、十三酸甲酯（2.58%）、甲基-9,12-十六烯酸（2.49%）、顺-13-十八烯酸（2.19%）、(Z)-9-十八烯酸甲酯（1.96%）、(Z,Z)-9,12-十八二烯酸甲酯（1.48%）、硬脂酸甲酯（1.45%）、2,4-己二烯二酸二甲酯（1.43%）、甲基-7,10-十六烯酸（1.05%）、9,12-十八碳二烯酸甲酯（1.03%）、9-甲基-(Z)-10-十五烯酸-1-氧乙酸（1.01%）等（田晶等，2018）。

武邑马牙枣： 果实长锥形至长卵形，下圆上尖，上部歪向一侧。果皮鲜红色，完熟期暗红色，果面光滑，果皮薄、脆。果肉淡绿色，致密细嫩，多汁味极甜，风味甜或略有酸味，品质上等。快速溶剂萃取法提取的河北产'武邑马牙枣'干燥成熟果实香气的主要成分为，(Z)-7-十六烯酸甲酯（12.25%）、十六酸甲酯（10.23%）、(Z)-9-十六烯酸甲酯（8.99%）、(Z)-11-十四烯酸甲酯（6.40%）、反-13-十八烯酸甲酯（6.31%）、月桂酸甲酯（5.15%）、顺-13-十八烯酸甲酯（5.14%）、(Z,Z)-9,12-十八二烯酸甲酯（4.11%）、邻苯二甲酸二丁酯（3.99%）、甲基十四烯酸（3.64%）、甲基-7,10-十六碳烯酸（2.92%）、2-丙氧基-丁二酸二甲酯（2.88%）、(Z)-9-十八烯酸甲酯（2.69%）、硬脂酸甲酯（2.15%）、二十二酸甲酯（1.47%）、n-羟基-丁二酸-二乙酯（1.37%）、3-氧基-壬酸甲酯（1.23%）、(Z,Z)-9,12-十八二烯酸甲酯（1.22%）、9,12-十六二烯酸甲酯（1.20%）、甲基-9,12-十六碳二烯酸（1.04%）等（田晶等，2018）。

香河小枣： 快速溶剂萃取法提取的河北产'香河小枣'干燥成熟果实香气的主要成分为，(Z)-7-十六烯酸甲酯（15.21%）、邻苯二甲酸二丁酯（11.54%）、十六酸甲酯（10.20%）、(Z)-9-十六烯酸甲酯（8.97%）、(Z)-11-十四烯酸甲酯（5.01%）、反-13-十八烯酸甲酯（4.27%）、月桂酸甲酯（3.75%）、(Z,Z)-9,12-十八二烯酸甲酯（3.62%）、顺 -13- 十八烯酸甲酯（3.58%）、二十二酸甲酯（2.61%）、(*Z*)-7- 十六烯酸甲酯（2.40%）、甲基十四烯酸（2.15%）、(*Z*)-9- 十八烯酸甲酯（1.77%）、硬脂酸甲酯（1.38%）、*n*- 羟基 - 丁二酸 - 二乙酯（1.35%）、2- 丙氧基 - 丁二酸二甲酯（1.24%）、5- 羟甲基 -2- 呋喃甲醛（1.23%）、2,3- 二氢 -3,5- 二羟基 -6- 甲基 -4*H*- 酮（1.17%）、9- 甲基 -(*Z*)-10- 十五烯酸 -1- 氧乙酸（1.12%）等（田晶等，2018）。

新郑大枣（鸡心大枣、鸡心枣）：肉厚核小，味道甘甜并散发有清香。超临界 CO_2 萃取法提取的河南新郑产'新郑大枣'干燥成熟果实香气的主要成分为，3- 羟基 -2- 丁酮（23.05%）、2- 环戊烯 -1,4- 二酮（11.79%）、糠醇（11.42%）、2- 甲基 - 二氢 -3(2*H*)- 呋喃酮（8.40%）、亚麻酸甲酯（5.78%）、十六酸乙酯（5.48%）、糠醛（4.68%）、甲基环戊烯醇酮（2.56%）、苯乙醛（2.37%）、苯乙醇（1.96%）、苯甲醇（1.70%）、丁香酚（1.18%）等（张合川等，2013）。顶空固相微萃取法提取的'新郑大枣'干燥成熟果实香气的主要成分为，苯甲醛（22.70%）、己酸（17.35%）、己酸甲酯（6.79%）、月桂酸甲酯（4.74%）、正癸酸（4.72%）、癸酸甲酯（4.63%）、正辛酸（4.66%）、庚酸（3.35%）、戊酸（3.34%）、蘑菇醇（3.06%）、*γ*- 己内酯（2.45%）、辛酸甲酯（2.23%）、壬醛（1.78%）、庚酸甲酯（1.46%）、正十二烷（1.34%）等（黄贵元等，2022）。

油枣：个大、皮薄、肉厚、核小、汁多、味甜、色泽深红、油光闪亮。果实制干后富有弹性，拉丝长。水蒸气蒸馏法提取的陕西产'油枣'新鲜果实香气的主要成分为，十六烯酸（19.60%）、十六酸（13.33%）、油酸（9.51%）、十二酸（9.45%）、十四烯酸（8.73%）、苯甲酸（8.54%）、十四酸（7.10%）、己酸（4.97%）、十酸（4.55%）、糠醛（3.12%）、2- 甲基丁酸（1.97%）、邻苯二甲酸二异辛酯（1.06%）等（穆启运等，1999）。溶剂萃取法提取的陕西佳县产'油枣'新鲜成熟果实香气的主要成分为，棕榈烯酸乙酯（20.10%）、棕榈酸乙酯（12.67%）、棕榈烯酸（12.13%）、月桂酸乙酯（9.25%）、油酸乙酯（8.42%）、苯甲酸乙酯（5.96%）、丁酸丁酯（5.75%）、肉豆蔻烯酸乙酯（5.10%）、乙酸（4.49%）、癸酸乙酯（4.45%）、亚油酸乙酯（4.38%）、苹果酸二乙酯（2.50%）、肉豆蔻酸乙酯（2.18%）、硬脂酸乙酯（1.91%）等（穆启运等，2002）。

赞皇大枣（赞皇长枣、金丝大枣、大蒲红枣）：自然三倍体品种。果实长圆形至近圆形，个大。果色深红鲜亮，皮薄肉厚，肉质细脆，酸甜可口，是鲜食、制干加工兼用品系。快速溶剂萃取法提取的'赞皇大枣'干燥成熟果实香气的主要成分为，十六酸甲酯（9.41%）、(*Z*)-7- 十六烯酸甲酯（7.15%）、邻苯二甲酸二丁酯（5.84%）、*n*- 羟基 - 丁二酸 - 二乙酯（5.38%）、(*Z*)-9- 十六烯酸甲酯（5.38%）、乙基 -9,12- 十六烯酸（5.15%）、月桂酸甲酯（3.75%）、顺 -13- 十八烯酸甲酯（3.49%）、9,12- 十六二烯酸甲酯（3.26%）、(*Z,Z*)-9,12- 十八二烯酸甲酯（3.03%）、17- 十八炔酸（2.88%）、(*Z,Z*)-9,12- 十八二烯酸甲酯（2.86%）、(*Z*)-11- 十四烯酸甲酯（2.75%）、2- 丙氧基 - 丁二酸二甲酯（2.73%）、反 -13- 十八烯酸甲酯（2.66%）、甲基十四烯酸（2.65%）、9- 甲基 -(*Z*)-10- 十五烯酸 -1- 氧乙酸（2.62%）、(*Z*)-9- 十八烯酸甲酯（2.08%）、5- 羟甲基 -2- 呋喃甲醛（1.87%）、硬脂酸甲酯（1.66%）、十六烯酸乙酯（1.60%）、17- 十八炔酸（1.48%）、甲基 -11,12- 十八碳烯酸（1.08%）、二十二酸甲酯（1.06%）等（田晶等，2018）。

沾冬 2 号：晚熟鲜食品种。果实扁圆形，个头大，平均每个 20g 以上。皮脆，肉质细嫩，甘甜清香，品质极佳。顶空固相微萃取法提取的山东沾化产'沾冬 2 号'冬枣新鲜九成熟果实果汁香气的主要成分（单位：mg/L）为，苯甲酸乙酯（24.65）、2- 己烯醛（20.56）、正己醛（13.23）、正己醇（5.42）、苯甲醛（4.18）、癸酸乙酯（3.10）、反 -2- 辛烯醛（2.91）、月桂酸乙酯（2.72）、2- 甲基丁醛（2.67）、(–)- 柠檬烯（2.51）、*Δ*- 杜松烯（1.75）、戊酸乙酯（1.65）、乙酸乙酯（1.54）、1- 辛烯 -3- 酮（1.45）、庚醛（1.28）、2- 壬酮（1.26）等（路遥等，2021）。

中宁圆枣：果实中大，短圆筒形，光滑。皮薄，深红色，果点小且密。果肉绿白色，质细嫩脆，汁液多，味甜微酸，果核较小。水蒸气蒸馏法提取的宁夏中宁产'中宁圆枣'干燥果实果肉香气的主要成分为，十二酸（24.72%）、十四烯酸（17.20%）、十六烯酸（16.11%）、十四酸（7.50%）、油酸（7.48%）、棕榈烯酸乙酯（6.68%）、癸酸（5.28%）、3-羟基-2-丁酮（3.47%）、乙酸乙酯（2.64%）等；溶剂（乙醇）萃取法提取的干燥果实果肉香气的主要成分为，肉豆蔻酸乙酯（19.25%）、棕榈酸乙酯（15.60%）、肉豆蔻烯酸乙酯（8.86%）、十六烯酸（8.35%）、十二酸（5.83%）、棕榈烯酸乙酯（4.16%）、十四酸（3.87%）、3-羟基-2-丁酮（3.33%）、月桂酸乙酯（2.41%）、十四烯酸（2.30%）、油醇（2.08%）、十三烷酸乙酯（1.78%）、油酸（1.70%）、亚油酸（1.51%）、十四烷（1.18%）、二十七烷（1.08%）等（张云霞等，2019）。

4.10 无花果

无花果（*Ficus carica* Linn.）为桑科榕属植物无花果的新鲜成熟果实，别名：文先果、天生子、圣果、天仙果、奶浆果、隐花果、明目果、映日果、蜜果，全国各地都有栽培。无花果是人类最早栽培的古老果树树种之一，我国的主要产地为新疆、江苏、浙江、福建、山东、上海、四川、陕西、甘肃、江西、广东、广西等地。分秋果专用种、夏果种和夏秋果兼用种，夏果少，以秋果为主，夏果呈卵形，成熟时为绿黄色；秋果为倒圆锥形或倒卵形，平均单果重50～60g，果皮黄褐色，果实中空；果肉红褐色。

落叶灌木，高3～10m。叶互生，厚纸质，广卵圆形，长宽近相等，为10～20cm。雌雄异株，雄花和瘿花同生于一榕果内壁。榕果单生叶腋，大而梨形，直径3～5cm，顶部下陷，成熟时紫红色或黄色，基生苞片3，卵形；瘦果透镜状。花果期5～7月。喜温暖、湿润和阳光充足的环境。耐旱、耐湿、耐盐碱。对土壤要求不严。

无花果是一种较为常见的水果，营养丰富，果肉软甜似蜜，味甘如香蕉，香气醇厚浓郁，很受人们的喜爱。含有丰富的葡萄糖、果糖、氨基酸、维生素、矿质元素、蛋白分解酶，是新一代的营养保健水果。果实可酿酒或加工成罐头、蜜饯、果干、糖果等。果实也可药用，可健脾、止泻、消肿、解毒、助消化、润肺止咳、清热润肠，有驱除人体内的铅、抗癌、降低胆固醇和血糖、延缓衰老等功能，对心、脑血管硬化及糖尿病具有治疗作用，对脂肪肝有一定疗效；用于食欲缺乏、脘腹胀痛、痔疮便秘、消化不良、脱肛、乳汁不足、咽喉肿痛、热痢、咳嗽多痰等症。一般人群均可食用，消化不良者、食欲缺乏者、高血脂患者、高血压患者、冠心病患者、动脉硬化患者、癌症患者、便秘者应适当食用。无花果果实芳香成分如下。

无花果图1

波姬红： 鲜食大型红色优良品种。果实长卵圆或长圆锥形，秋果平均单果重 60～90g。皮色鲜艳，条状褐红或紫红色，果肋较明显。果肉微中空，浅红或红色，味甜，汁多，品质极佳。顶空固相微萃取法提取的天津产'波姬红'无花果新鲜成熟果实香气的主要成分为，苯甲醛（24.66%）、2- 己烯醛（23.08%）、3- 乙基 -4- 甲基戊烷 -1- 醇（10.41%）、十二甲基环六硅氧烷（6.77%）、十四甲基环七硅氧烷（6.22%）、正己醛（5.57%）、苯甲醇（4.41%）、里哪醇（2.87%）、环五聚二甲基硅氧烷（1.41%）、环氧乙烷（1.29%）、十六甲基环八硅氧烷（1.29%）等（高扬等，2020）。

无花果干果： 水蒸气蒸馏法提取的无花果干燥果实香气的主要成分为，亚麻酸（49.23%）、棕榈酸（42.35%）、(Z)-11- 十六烯酸（3.45%）、亚麻酸甲酯（2.11%）等（蔡君龙等，2014）。超临界 CO_2 萃取法提取的河南登封产无花果干燥果实香气的主要成分为，十六酸（31.24%）、亚油酸（15.79%）、亚麻酸（7.86%）、糠醛（7.51%）、植醇（3.99%）、二十五烷（2.64%）、2- 乙酰基吡咯（2.56%）、邻苯二甲酸二辛酯（2.47%）、苯乙醛（2.40%）、邻苯二甲酸二异丁酯（2.36%）、5- 甲基糠醛（1.96%）、亚油酸乙酯（1.46%）、亚麻酸甲酯（1.39%）、β- 大马酮（1.33%）、十八烷（1.04%）、十六酸甲酯（1.01%）等（张峻松等，2003）。顶空固相微萃取法提取的新疆产无花果干燥果实香气的主要成分为，苯甲醛（27.90%）、癸

无花果图 2

无花果图 3

醛（9.42%）、壬醛（7.87%）、香叶基丙酮（6.15%）、芳樟醇（5.55%）、异戊醇（3.97%）、糠醛（3.69%）、甲基庚烯酮（3.09%）、正辛醛（2.97%）、苯乙醇（2.52%）、辛酸（2.43%）、壬酸（2.35%）、5-甲基呋喃醛（2.16%）、月桂醇（1.97%）、乙酸（1.82%）、2,3-丁二醇（1.78%）、水杨酸甲酯（1.74%）、正辛醇（1.63%）、邻苯二甲酸二甲酯（1.52%）、庚酸（1.45%）、癸酸乙酯（1.39%）、十一醛（1.34%）、邻苯二甲酸二异丁酯（1.31%）、苯甲醇（1.26%）、3-羟基-2-丁酮（1.10%）、己酸（1.08%）等（邓星星等，2016）。

4.11 桑葚

桑葚（*Morus alba* Linn.）为桑科桑属植物桑的新鲜成熟果实，别名：桑仁、桑白皮、桑实、桑枣、桑果，分布于全国各地。我国桑树种质资源极其丰富，迄今我国保留的桑树种质资源有 3000 余份，其中可作为果桑用的资源超过 70 份。

桑葚图1

桑葚图2

乔木或灌木，高3～10m或更高。叶卵形，长5～15cm，宽5～12cm。花单性，腋生或生于芽鳞腋内，与叶同时生出。聚花果卵状椭圆形，长1～2.5cm，成熟时红色或暗紫色。花期4～5月，果期5～8月。喜光，幼时稍耐阴。喜温暖湿润气候，耐寒。耐干旱，耐水湿能力极强。对土壤的适应性强，耐瘠薄和轻碱性，喜土层深厚、湿润、肥沃土壤。

桑葚可生吃，果肉嫩而多汁，营养丰富，风味独特，色泽诱人，自古有"中华果圣"之美称。桑葚中含有16种氨基酸、7种维生素，以及人体缺乏的 Zn、Mn、Ca 等矿质元素，其中维生素以维生素 C 含量最高，每100g 鲜果中含有19.8mg，现已被国家卫生健康委员会列为"药食同源"的农产品之一。果实入药，有滋阴补血、润肠通便之功效，适用于阴血亏虚所致的头晕耳鸣、失眠多梦、须发早白，以及阴亏血虚所致的肠燥便秘等。以桑果为原料，可以加工成集营养、保健于一体的桑果汁、桑果酒、桑果醋、果酱、蜜饯等。不同品种的桑葚果实香气成分如下。

桑葚图3

283： 酸甜适中，香气浓郁，可鲜食，也可加工。顶空固相微萃取法提取的广东茂名产'283'桑葚新鲜成熟果实香气的主要成分（单位：ng/g）为，乙酸乙酯（814.61）、乙醇（770.18）、异戊醇（138.29）、乙酸异戊酯（29.53）、亚硫酸丁基环己基甲酯（18.30）、碳酸烯丙基庚酯（13.11）、己醛（12.80）、己醇（9.83）、碳酸烯丙基癸酯（8.27）、苯乙醇（5.76）、(1R,2R,3S,5R)-(–)-2,3-蒎烷二醇（4.26）、羟基乙酸乙酯（2.72）等（陆燕等，2020）。

32109： 可溶性固形物含量低，酸度适中，有机酸种类少，香气充足，更适宜深加工。顶空固相微萃取法提取的广东茂名产'32109'桑葚新鲜成熟果实香气的主要成分（单位：ng/g）为，乙酸乙酯（734.28）、乙醇（592.65）、异戊醇（122.72）、己醇（82.89）、己醛（26.72）、亚硫酸丁基环己基甲酯（24.64）、碳酸烯丙基庚酯（20.86）、己酸（18.28）、碳酸烯丙基癸酯（12.92）、异丁醇（9.58）、2-戊醇（8.67）、(1R,2R,3S,5R)-(–)-2,3-蒎烷二醇（6.96）、苯乙醇（5.71）、乙酸异戊酯（5.12）、苯甲醛（4.64）、辛酸乙烯基酯（4.59）、2-乙烯基呋喃（4.55）、2-己烯醛（3.66）、2-丙基戊醇（3.21）、丁内酯（2.58）、天竺葵醛（2.36）、亚硫酸环己基甲基己酯（2.24）、癸醛（2.15）、甲基庚烯酮（2.11）等（陆燕等，2020）。

安葚： 果实紫黑色，平均单果重1.43g。顶空固相微萃取法提取的河北承德产'安葚'桑葚新鲜成熟果实香气的主要成分为，十六烷酸乙酯（9.50%）、己醛（9.47%）、1-辛烯-3-醇（7.10%）、戊酸（6.54%）、苯甲醛（3.80%）、己酸（3.66%）、2- 甲基乙酯丙酸（3.51%）、2- 甲基 - 丁酸乙酯（3.15%）、丁酸（3.00%）、丁酸乙酯（2.69%）、庚醛（2.43%）、2,3- 二氢 -3,5- 二羟基 -6- 甲基 -4H- 吡喃 -4- 酮（1.97%）、壬醛（2.99%）、3- 甲基 - 丁醛（1.68%）、2- 甲基 - 丁醛（1.36%）、苯乙醛（1.06%）、2- 氨基 -4- 甲基 -1- 戊醇（1.06%）、庚酸乙酯（1.01%）等（贾漫丽等，2022）。

白桑葚（白玉果桑）： 果实卵圆形，白色。果长 2cm 左右。蜜甜，无酸味，含糖量 18%～19%。顶空固相微萃取法提取的广东茂名产'白桑葚'新鲜成熟果实香气的主要成分（单位：ng/g）为，乙酸乙酯（372.51）、乙醇（171.03）、己醇（27.24）、异戊醇（24.44）、己醛（12.37）、亚硫酸丁基环己基甲酯（11.39）、碳酸烯丙基庚酯（9.84）、己酸（6.71）、碳酸烯丙基癸酯（6.24）、(1R,2R,3S,5R)-(−)-2,3- 蒎烷二醇（3.34）、乙酸异戊酯（3.30）、2- 戊醇（2.54）、羟基乙酸乙酯（2.47）、苯甲醛（2.35）、2- 乙烯基呋喃（2.11）等（陆燕等，2020）。

白玉王： '东光大白'四倍体品种。果实长筒形，果长 3.5～4cm，单果重 4～5g。果色洁白如玉，熟果乳白色。果肉较紧致，甜味浓，含糖量高，无酸味，香气浓郁。顶空固相微萃取法提取的河北承德产'白玉王'桑葚新鲜成熟果实香气的主要成分为，己醛（9.36%）、十六烷酸乙酯（7.06%）、1- 辛烯 -3- 醇（7.02%）、苯乙烯（6.47%）、(Z)-2- 庚烯醛（4.07%）、苯甲醛（3.76%）、甲苯（3.47%）、戊醛（3.38%）、2- 己烯醛（3.11%）、壬醛（2.95%）、丁酸乙酯（2.66%）、庚醛（2.40%）、2- 甲基戊酸甲酯（1.81%）、3- 甲基 - 丁醛（1.66%）、2- 甲基 - 丁醛（1.35%）、6- 甲基 -5- 庚烯 -2- 酮（1.15%）、丁酸（1.10%）、苯乙醛（1.05%）、2- 氨基 -4- 甲基 -1- 戊醇（1.05%）、庚酸乙酯（1.00%）等（贾漫丽等，2022）。顶空固相微萃取法提取的山东淄博产'白玉王'桑葚新鲜成熟果实香气的主要成分为，2- 己烯醛（34.74%）、十甲基环戊硅氧烷（22.56%）、环四硅氧烷（18.44%）、环六硅氧烷（7.44%）、3- 壬炔（1.68%）、N- 苄基苯甲酰胺（1.60%）、己醛（1.17%）、1- 己醇（1.12%）等（张凤璇等，2022）。

白珍珠： 果实长筒形，果大，单果重 4～5g。成熟果白色。无籽，味甜多汁，含糖量高。顶空固相微萃取法提取的河北石家庄产'白珍珠'桑葚果干香气的主要成分为，己酸（19.1%）、苯甲醛（11.5%）、丁酸（10.4%）、2,3- 丁二醇（6.9%）、2- 甲基丁酸（3.9%）、己酸乙酯（3.3%）、壬醛（3.0%）、癸酸乙酯（2.6%）、己醛（2.4%）、5- 甲基呋喃醛（2.1%）、辛酸（2.1%）、庚醛（1.9%）、辛酸乙酯（1.6%）、2- 乙酰基吡咯（1.4%）、d- 柠檬烯（1.3%）、1- 辛烯 -3- 醇（1.1%）、4- 羟基丁酸（1.1%）、萘（1.1%）、苯乙烯（1.0%）等（李玉杰等，2021）。

大十（大什）： 三倍体早熟品种。果实长筒形，果长 3.5～4cm，单果重 4～5g。颗粒饱满，紫红色，香气浓郁，香甜可口，果肉紧致，无籽。溶剂萃取法提取的四川产'大十'桑葚新鲜成熟果实香气的主要成分为，棕榈酸（47.96%）、亚油酸（24.56%）、亚油酸甲酯（6.38%）、亚麻酸乙酯（5.67%）、肉豆蔻酸（3.65%）等（陈娟等，2010）。顶空固相微萃取法提取的江苏镇江产'大十'桑葚新鲜果实果汁香气的主要成分（单位：μg/L）为，乙酸乙酯（45.51）、乙醇（36.02）、己醛（29.89）、异戊醇（27.71）、正己醇（27.23）、(E)-2- 己烯醛（23.00）、4- 萜烯醇（22.31）、丙酸丙酯（14.07）、2,4- 二叔丁基苯酚（13.14）、丁酸乙酯（10.59）等（于怀龙等，2016）。顶空固相微萃取法提取的广东茂名产'大十'桑葚新鲜成熟果实香气的主要成分（单位：ng/g）为，乙醇（123.24）、乙酸乙酯（65.17）、异戊醇（29.17）、己醇（23.64）、亚硫酸丁基环己基甲酯（7.43）、碳酸烯丙基庚酯（6.15）、碳酸烯丙基癸酯（4.28）、羟基乙酸乙酯（3.71）、正十六烷（2.48）、十五烷（2.32）、乙酸异戊酯（2.13）等（陆燕等，2020）。顶空固相微萃取法提取的湖南长沙产'大十'桑葚新鲜成熟果实香气的主要成分为，d- 柠檬烯（29.86%）、壬醛（15.48%）、乙酸（7.16%）、芳樟醇（6.39%）、(E)-2- 庚烯醛（3.85%）、叔丁基对甲酚（2.86%）、$γ$- 萜品烯（2.63%）、辛醛（2.06%）、

2- 乙基己酸（1.96%）、正十四烷（1.93%）、己酸（1.93%）、壬酸（1.82%）、(E)-2- 辛烯醛（1.58%）、己醛（1.49%）、乙烯基戊基酮（1.30%）、1- 辛醇（1.28%）、6- 甲基 -5- 庚 -2- 酮（1.19%）、庚醛（1.13%）、癸醛（1.03%）、香叶酰丙酮（1.02%）、(Z,Z,Z)-1,8,11,14- 七烯（1.01%）等（余柳仪等，2020）。顶空固相微萃取法提取的山东淄博产'大十'桑葚新鲜成熟果实香气的主要成分为，异辛醇（31.92%）、2- 己烯醛（26.45%）、环戊硅氧烷（18.31%）、八甲基环四硅氧烷（17.21%）、2- 氨基 -6- 甲基苯甲酸（1.08%）等（张凤璇等，2022）。

顶空固相微萃取法提取的河北石家庄产'大十'桑葚果干香气的主要成分为，d- 柠檬烯（23.3%）、丁酸（10.2%）、苯甲醛（9.4%）、己酸（7.5%）、2,3- 丁二醇（5.1%）、γ- 萜品烯（3.6%）、壬醛（2.7%）、对聚伞花烃（2.3%）、2- 甲基丁酸（2.3%）、庚醛（1.9%）、癸酸乙酯（1.9%）、辛酸乙酯（1.5%）、β- 蒎烯（1.4%）、己酸乙酯（1.3%）、己醛（1.1%）、苯乙烯（1.0%）、4- 羟基丁酸（1.0%）、萘（1.0%）等（李玉杰等，2021）。

东光大白：果实玉白色，平均单果重 1.69g。顶空固相微萃取法提取的河北承德产'东光大白'桑葚新鲜成熟果实香气的主要成分为，十六烷酸乙酯（26.56%）、丁酸乙酯（9.04%）、苯乙烯（5.08%）、辛酸乙酯（2.85%）、丁酸（2.32%）、己醛（1.80%）、己酸甲酯（1.70%）、癸酸乙酯（1.70%）、庚醛（1.61%）、甲苯（1.45%）、己酸（1.18%）、4,4- 二甲基 - 环己 -2- 烯 -1- 醇（1.08%）、十二烷酸乙酯（1.01%）等（贾漫丽等，2022）。

桂花（蜜）：中熟品种。果形不大，平均单果重 1.69g，紫红色。有籽，味道香甜，有桂花香味。顶空固相微萃取法提取的河北承德产'桂花'桑葚新鲜成熟果实香气的主要成分为，十六烷酸乙酯（32.64%）、丁酸乙酯（10.01%）、丁酸（8.86%）、辛酸乙酯（4.62%）、癸酸乙酯（3.08%）、十二烷酸乙酯（2.66%）、己醛（2.37%）、己酸（1.52%）、戊酸乙酯（1.26%）、苯乙烯（1.20%）、己酸甲酯（1.19%）等（贾漫丽等，2022）。

黑珍珠：果实圆筒形，果个大，最大单果重 10.5g。果色由紫红色到紫黑色。果肉紧致，酸甜可口，香气较浓郁。顶空固相微萃取法提取的广东茂名产'黑珍珠'桑葚新鲜成熟果实香气的主要成分（单位：ng/g）为，乙酸乙酯（250.55）、乙醇（121.55）、乙酸异戊酯（16.33）、异戊醇（13.62）、己醇（11.30）、亚硫酸丁基环己基甲酯（8.59）、碳酸烯丙基庚酯（6.16）、羟基乙酸乙酯（6.12）、2,5- 二乙氧基四氢呋喃（5.56）、2- 乙烯基呋喃（5.16）、碳酸烯丙基癸酯（4.03）、丁酸乙酯（2.80）、6- 甲基 -5- 庚烯 -2- 醇（2.66）、(1R,2R,3S,5R)-(−)-2,3- 蒎烷二醇（2.20）等（陆燕等，2020）。顶空固相微萃取法提取的山东泰安产'黑珍珠'桑葚新鲜成熟果实香气的主要成分为，山梨醇（77.87%）、八甲基四硅氧烷（7.43%）、十甲基环戊硅氧烷（5.32%）、2,4- 己二烯（2.31%）、十二甲基环六硅氧烷（1.06%）等（张凤璇等，2022）。

红果：长筒形，颗粒饱满，平均单果重 1.96g。米白色，清香，清甜可口，果肉紧致。顶空固相微萃取法提取的山东淄博产'红果'桑葚新鲜成熟果实香气的主要成分为，环戊硅氧烷（22.45%）、五硅氧烷（20.49%）、环六硅氧烷（15.03%）、1- 己醇（11.60%）、2- 己烯醛（5.47%）、2- 氨基 -6- 甲基苯甲酸（1.47%）等（张凤璇等，2022）。

红果 1 号：果实卵圆形，果长 2.5cm，平均单果重 2.5g。紫黑色，果汁多，果味酸甜，稍淡。溶剂萃取法提取的四川产'红果 1 号'桑葚新鲜成熟果实香气的主要成分为，棕榈酸（39.52%）、亚油酸（25.26%）、亚麻酸乙酯（5.46%）、十八酸 -2,3- 二羟基丙酯（5.01%）、3- 羟基 -2- 丁酮（3.53%）、肉豆蔻酸（3.44%）、亚油酸甲酯（2.78%）、十二酸（2.53%）、油酸甲酯（2.10%）、油酸（1.04%）等（陈娟等，2010）。

红果 2 号：早熟。果实长筒形，果长 3.5cm，单果重 3～4g，紫黑色。果肉柔软多汁，酸甜爽口，果汁鲜艳。溶剂萃取法提取的四川产'红果2号'桑葚新鲜成熟果实香气的主要成分为，棕榈酸（62.45%）、亚油酸（8.20%）、肉豆蔻酸（6.27%）、11,14,17-二十碳三烯酸甲酯（6.03%）、油酸（2.78%）、亚油酸甲酯（2.38%）、十二酸（1.47%）、3-羟基-2-丁酮（1.07%）等（陈娟等，2010）。溶剂（二氯甲烷）萃取法提取的陕西杨凌产'红果2号'桑葚新鲜成熟果实香气的主要成分为，二十醇（28.51%）、二十四烷（16.55%）、二十七烷（16.39%）、乙酸十八醇酯（11.88%）、十九烯（8.98%）、丁酸十八醇酯（4.20%）、棕榈酸（1.15%）等（张莉等，2007）。

淮场20号： 顶空固相微萃取法提取的江苏镇江产'淮场20号'桑葚新鲜果实果汁香气的主要成分（单位：μg/L）为，乙醇（28.95）、丁酸乙酯（24.03）、2,4-二叔丁基苯酚（20.13）、乙酸乙酯（16.26）、异戊醇（13.66）、正己醇（13.61）、(E)-2-己烯醛（13.30）、己醛（10.31）等（于怀龙等，2016）。

龙拐： 圆筒形，颗粒饱满，平均单果重1.82g。紫黑色，香气浓郁，香甜可口，果肉紧致。顶空固相微萃取法提取的山东淄博产'龙拐'桑葚新鲜成熟果实香气的主要成分为，十甲基环戊硅氧烷（24.23%）、环四硅氧烷（22.65%）、2-己烯醛（17.75%）、1-己醇（9.93%）、环六硅氧烷（9.56%）、苯并环丁烯（3.23%）、十二甲基环六硅氧烷（1.17%）等（张凤璇等，2022）。

墨玉： 果实长筒形，颗粒饱满，平均单果重1.15g。紫黑色，香气浓郁，酸甜可口，果肉紧致。顶空固相微萃取法提取的山东泰安产'墨玉'桑葚新鲜成熟果实香气的主要成分为，2-己烯醛（35.54%）、八甲基环四硅氧烷（14.75%）、环戊硅氧烷（10.39%）、十二甲基环六硅氧烷（5.80%）、1-己醇（5.07%）、2-氨基-6-甲基苯甲酸（4.96%）、2-蒽胺（1.76%）、十甲基环戊硅氧烷（1.67%）等（张凤璇等，2022）。

农用桑葚： 溶剂萃取法提取的四川产'农用桑葚'新鲜成熟果实香气的主要成分为，亚油酸（40.27%）、棕榈酸（35.40%）、亚麻酸乙酯（7.91%）、肉豆蔻酸（3.86%）、亚油酸乙酯（1.80%）、油酸（1.23%）、亚油酸甲酯（1.07%）等（陈娟等，2010）。

曲桑： 顶空固相微萃取法提取的河北承德产'曲桑'桑葚新鲜成熟果实香气的主要成分为，苯乙烯（8.56%）、己醛（7.90%）、壬醛（6.32%）、十六烷酸乙酯（5.66%）、甲苯（4.75%）、戊醛（4.08%）、丁酸乙酯（3.79%）、1-辛烯-3-醇（3.02%）、苯乙醛（2.77%）、3-甲基-丁醛（1.60%）、乙酸（1.56%）、苯甲醛（1.38%）、6-甲基-5-庚烯-2-酮（1.27%）、2-戊基-呋喃（1.16%）、乙苯（1.08%）、二甲基硅二醇（1.06%）、糠醛（1.01%）等（贾漫丽等，2022）。

无沙黑： 顶空固相微萃取法提取的新疆乌鲁木齐产'无沙黑'桑葚干香气的主要成分（单位：μg/g）为，丁酸乙酯（263056.30）、正己醛（178872.50）、乙酸（86142.69）、乙酸乙酯（40512.99）、苯甲酸甲酯（3927.72）、正庚醛（2985.32）、乙酸戊酯（2541.93）、2-甲基丁醛（2118.98）、正癸醛（1764.75）、糠醛（1354.08）、己酸甲酯（1052.65）、己酸（786.56）、2-甲基丁酸（706.94）、异戊醛（705.87）、正壬醛（680.38）、异戊酸（667.48）、苯甲醛（555.18）、2-苯乙醇（513.47）、苯乙醛（298.82）、1-辛烯-3-醇（292.86）、异戊醇（278.76）、苯乙酮（231.49）、异辛醇（133.41）、己酸乙酯（131.10）等（张欣欣等，2020）。

粤葚大十： 三倍体果桑品种。果实圆筒形，长径2.5～6.5cm，平均单果重4.4g。黑紫色，汁多无籽，糖度9.0%～14.0%。顶空固相微萃取法提取的广西南宁产'粤葚大十'桑果新鲜果实果汁香气的主要成分为，乙酸乙酯（20.53%）、苯乙醇（11.95%）、乙酸（5.69%）、壬酸（4.69%）、2-乙基-1-己醇（4.00%）、六甲基环三氧硅烷（3.87%）、癸酸（3.26%）、2,4-二叔丁基苯酚（3.20%）、甲戊醇（3.07%）、丁酸乙酯（3.06%）、2-甲基-(S)-1-丁醇（2.93%）、乙醇（2.63%）、八甲基环四硅氧烷（2.61%）、2,2,4-三甲基-1,3-戊二醇二异丁酸酯（2.55%）、棕榈酸（2.46%）、3-羟基苯乙酸乙酯（2.42%）、乙酸异戊酯（2.36%）、丁酸丁酯（2.06%）、甲氧基苯基肟（1.82%）、十甲基环五硅氧烷（1.54%）、异戊酸（1.40%）、十二甲基环六硅氧烷（1.40%）、2,4-二甲基苯并喹啉（1.25%）、苯乙酸乙酯（1.12%）、4- 萜烯醇（1.08%）等（李全等，2013）。

镇 9106： 顶空固相微萃取法提取的江苏镇江产'镇 9106'桑葚新鲜果实果汁香气的主要成分（单位：μg/L）为，2- 乙基己醇（58.08）、乙醇（45.47）、异戊醇（43.58）、乙酸乙酯（36.07）、2,4- 二叔丁基苯酚（15.81）、己醛（14.67）、1- 辛烯 -3- 醇（14.47）、4- 萜烯醇（13.26）、正己醇（10.81）、2,4,5- 三甲基 -1,3- 二氧戊环（10.37）等（于怀龙等，2016）。

镇 8603： 顶空固相微萃取法提取的江苏镇江产'镇 8603'桑葚新鲜果实果汁香气的主要成分（单位：μg/L）为，2- 乙基己醇（31.46）、2,4- 二叔丁基苯酚（29.51）、乙醇（18.56）、乙酸乙酯（17.48）、己醛（16.93）、丁酸乙酯（16.31）、(E)-2- 己烯醛（16.09）、丙酸丙酯（10.80）、正己醇（10.18）等（于怀龙等，2016）。

镇葚 1 号： 顶空固相微萃取法提取的江苏镇江产'镇葚 1 号'桑葚新鲜果实果汁香气的主要成分（单位：μg/L）为，乙酸乙酯（102.35）、正己醇（84.66）、乙醇（65.87）、异戊醇（49.81）、(E)-2- 己烯醛（49.28）、丁酸乙酯（30.71）、乙酸丙酯（26.09）、4- 萜烯醇（22.04）、2- 乙基己醇（18.02）、2,4,5- 三甲基 -1,3- 二氧戊环（15.88）、1- 辛烯 -3- 醇（14.47）、1- 壬醇（11.34）、2,4- 二叔丁基苯酚（11.25）、丙酸丙酯（10.64）等（于怀龙等，2016）。

紫桑葚： 可溶性固形物含量较高，酸度适宜，可以酿酒。顶空固相微萃取法提取的广东茂名产'紫桑葚'新鲜成熟果实香气的主要成分（单位：ng/g）为，乙醇（848.38）、乙酸乙酯（482.99）、2,4,5- 三甲基 -1,3- 二氧戊环（70.77）、异戊醇（66.36）、丁酸乙酯（52.39）、亚硫酸丁基环己基甲酯（48.85）、2,3- 丁二醇（45.22）、碳酸烯丙基庚酯（39.11）、碳酸烯丙基癸酯（26.83）、正十六烷（14.38）、己醛（13.89）、十五烷（12.32）、(1R,2R,3S,5R)-(−)-2,3- 蒎烷二醇（11.36）、乙酸异戊酯（11.03）、苯甲醛（10.76）、2- 戊醇（9.11）、苯乙醇（8.91）、己醇（8.28）、2,6,10- 三甲基十三烷（7.82）、癸醛（7.10）、己酸（6.77）、2- 庚烯醛（6.66）、芳樟醇（5.77）、2,6,10- 三甲基十二烷（5.31）等（陆燕等，2020）。

紫芽湖桑： 葚小而少，紫黑色。顶空固相微萃取法提取的江苏镇江产'紫芽湖桑'桑葚新鲜果实果汁香气的主要成分（单位：μg/L）为，正己醇（51.36）、(E)-2- 己烯醛（43.25）、乙酸乙酯（36.68）、乙酸丙酯（26.29）、异戊醇（22.88）、己醛（18.94）、2- 乙基己醇（15.93）、1- 辛烯 -3- 醇（14.96）、2,4- 二叔丁基苯酚（11.29）、乙醇（10.62）、2,4,5- 三甲基 -1,3- 二氧戊环（10.36）等（于怀龙等，2016）。

鲁诱 7 号 [*Morus alba* var. *multicaulis* (Perr.) Loudon] 为鲁桑。紫红色，平均单果重 2.44g。顶空固相微萃取法提取的河北承德产'鲁诱 7 号'桑葚新鲜成熟果实香气的主要成分为，己醛（5.68%）、庚醛（4.50%）、1- 辛烯 -3- 醇（4.16%）、壬醛（3.93%）、苯乙醛（3.09%）、4- 甲基 - 辛烷（2.43%）、二甲基硅二醇（2.31%）、(Z)-2- 庚烯醛（1.98%）、3- 甲基 - 丁醛（1.71%）、4- 羟基丁酸（1.29%）、L- 异亮氨醇（1.21%）、2- 甲基戊酸甲酯（1.02%）、2- 戊基 - 呋喃（1.01%）等（贾漫丽等，2022）。

陕 8632： 鲁桑。果实长筒形，果长 4.5～5cm，单果重 6～8g。紫黑色，宜加工。顶空固相微萃取法提取的河北承德产'陕 8632'桑葚新鲜成熟果实香气的主要成分为，己醛（7.16%）、壬醛（5.96%）、1- 辛烯 -3- 醇（3.60%）、3- 甲基 - 丁醛（3.17%）、戊醛（2.94%）、苯甲醛（2.60%）、(Z)-2- 庚烯醛（2.30%）、庚醛（2.24%）、2- 戊基 - 呋喃（2.21%）、2- 甲基 - 丁醛（1.90%）、甲氧基苯基丙酮肟（1.67%）、苯乙醛（1.55%）、丁酸（1.54%）等（贾漫丽等，2022）。

物 45： 鲁桑。紫黑色，平均单果重 1.56g。顶空固相微萃取法提取的河北承德产'物 45'桑葚新鲜成熟果实香气的主要成分为，庚醛（9.35%）、己醛（8.57%）、十六烷酸乙酯（5.02%）、庚酸乙酯（3.97%）、1- 辛烯 -3- 醇（2.92%）、丁酸乙酯（2.88%）、苯乙醛（2.82%）、3- 甲基丁醛（1.98%）、二甲基硅二醇（1.73%）、苯甲醛（1.43%）、2- 戊基 - 呋喃（1.02%）等（贾漫丽等，2022）。

蒙桑［ *Morus mongolica* (Bur.) Schneid. ］聚花果长 1.5cm，成熟时红色至紫黑色。平均单果重 0.99g。花期 3～4 月，果期 4～5 月。顶空固相微萃取法提取的河北承德产 '蒙桑' 桑葚新鲜成熟果实香气的主要成分为，己醛（14.59%）、壬醛（7.99%）、1- 辛烯 -3- 醇（5.70%）、(Z)-2- 庚烯醛（3.45%）、己酸（3.27%）、2- 己烯醛（3.26%）、2- 甲基戊酸甲酯（2.67%）、庚醛（2.36%）、丁酸（1.78%）、邻苯二甲酸二甲酯（1.77%）、6- 甲基 -5- 庚烯 -2- 酮（1.48%）、三甲基甲硅烷基氟化物（1.29%）等（贾漫丽等，2022）。

4.12 石榴

石榴（ *Punica granatum* Linn. ）为千屈菜科石榴属植物石榴的新鲜成熟果实，别名：安石榴、丹若、若榴、金罂。石榴原产伊朗和阿富汗等地区，至西汉张骞出使西域沿丝绸之路引入中国，已有 2000 多年栽培历史。中国南北都有栽培，以安徽、江苏、河南等地种植面积较大，并培育出一些较优质的品种，目前已经有 100 种以上的石榴品种，主要有玛瑙石榴、粉皮石榴、青皮石榴、玉石子等。成熟的石榴皮色鲜红或粉红，常会裂开，露出晶莹如宝石般的籽粒。因其色彩鲜艳、籽多饱满，常被用作喜庆水果，象征多子多福、子孙满堂。

落叶灌木或乔木，高通常 3～5m，稀达 10m。叶通常对生，纸质，长 2～9cm。花大，1～5 朵生枝顶，花瓣通常大，红色、黄色或白色。浆果近球形，直径 5～12cm，通常为淡黄褐色或淡黄绿色，有时白色，稀暗紫色。种子多数，红色至乳白色，肉质的外种皮供食用。喜温暖、湿润的气候和阳光充足的环境，抗逆性强。耐寒，耐干旱，不耐水涝，不耐阴，对土壤要求不严。

果实为常见水果，可供食用，果实酸甜爽口，营养丰富，含大量的有机酸、糖类、蛋白质、脂肪、维生素，以及钙、磷、钾等矿物质，维生素 C 含量比苹果、梨高 1～2 倍。不仅可生食，还可以加工成石榴果汁、果酱、果冻、浓缩石榴汁、糖浆、石榴酒和马丁尼酒。中医认为，石榴性温、味甘酸涩，具有生津止渴、收敛固涩、清热、解毒、平肝、补血、活血和止泻功效，主治津亏口燥咽干、烦渴、久泻、久痢、便血、崩漏等病症。适宜口干舌燥者、腹泻者、扁桃体发炎者；便秘患者、尿道炎患者、糖尿病患者、实热积滞者禁食。石榴不可与番茄、螃蟹、西瓜、马铃薯同食。不同品种的石榴果肉的香气成分如下。

冰糖籽： 中型果中熟品种。果实近似球形，果肩平，果面较光洁，黄红色，有红色条纹，向阳面红色较浓，呈红绿相间，有褐红锈斑分布，单果重 300g 左右。百粒籽重约 42g，籽粒白色，汁多味甜，品质极佳。顶空固相微萃取法提取的山东枣庄产 '冰糖籽' 石榴新鲜果粒香气的主要成分为，反式 -α- 香柑油（9.22%）、右旋柠檬烯（8.52%）、β- 香叶烯（8.03%）、β- 蒎烯（6.93%）、α- 花柏烯（6.91%）、甲氧基苯基肟（5.65%）、反 -2- 十四烯 -1- 醇（5.19%）、顺 - 丁烯酸乙酯（3.55%）、γ- 杜松萜烯（3.19%）、草酸环己基甲基十三酯（3.10%）、对伞花烃（2.96%）、氯代十八烷（2.78%）、γ- 萜品烯（2.64%）、2- 甲基丁酸 - 乙酯（2.14%）、α- 菖蒲醇（1.87%）、(3- 反)-3- 己烯乙酸苯酯（1.72%）、(+)-4- 蒈烯（1.72%）、石竹烯（1.65%）、8- 异丙烯基 -1,5- 二甲基 -1,5- 环癸二烯（1.58%）、α- 香柑油烯（1.52%）、雪松烯（1.41%）、姜烯（1.38%）、萜品油烯（1.34%）、反式 - 水合倍半香桧烯（1.34%）、β- 倍半菲兰（1.25%）、α- 蒎烯（1.06%）、γ- 榄香烯（1.03%）等（金婷等，2018）。

石榴图 1

石榴图 2

石榴图 3

大红皮甜： 果实圆形或扁圆形，单果重 400～500g。果皮较薄，果面光洁，底面黄白色，着浓红外彩色。味道甜中带酸，品质极佳。顶空固相微萃取法提取的山东枣庄产'大红皮甜'石榴新鲜果粒香气的主要成分为，2- 甲基 - 丙酸 -1- 叔丁基 -2- 甲基 -1,3- 丙二醇 -1- 酯（11.14%）、草酸环己基甲基十三酯（7.72%）、异丁酸 -2,2- 二甲基 -1-(2- 羟基 -1- 异丙基) 丙酯（6.95%）、己醇（5.59%）、甲氧基苯基 - 肟（5.29%）、β- 香叶烯（5.16%）、氯代十八烷（4.23%）、右旋柠檬烯（4.17%）、顺 -3- 己烯醇（3.63%）、壬酸（3.41%）、反 -2- 十四烯 -1- 醇（3.25%）、1- 异丁基 -4- 异丙基 -3- 异丙基 -2,2- 二甲基琥珀酸酯（3.10%）、4a,8a- 二甲基 -2(1H)- 萘酮（2.97%）、十三醇（2.58%）、苯甲酸苄酯（2.57%）、十三醛（2.56%）、月桂醇（2.48%）、棕榈酸甲酯（2.10%）、β- 蒎烯（1.95%）、二叔丁基对甲酚（1.87%）、5- 甲基 -1,6- 二烯 -3- 庚炔（1.82%）、3- 苯基 -2- 丁醇（1.62%）、十二醛（1.47%）、7,9- 二叔丁基 -1- 氧杂螺 [4.5] 癸基 -6,9- 二烯 -2,8- 二酮（1.45%）、对伞花烃（1.22%）、甘菊蓝（1.17%）等（金婷等，2018）。

　　大马牙： 晚熟品种。果实中等大，果面光滑，青黄色，有数条红色花纹，上部有红晕，单果重 450g 左右。籽粒大，粉红色，有星芒，透明，味甜多汁。顶空固相微萃取法提取的山东枣庄产'大马牙'石榴新鲜果粒香气的主要成分为，甲氧基苯基 - 肟（14.00%）、己醛（10.73%）、草酸环己基甲基十三酯（5.76%）、顺 -3- 己烯醇（4.58%）、反 -2- 十四烯 -1- 醇（4.46%）、β- 蒎烯（4.31%）、右旋柠檬烯（4.17%）、氯代十八烷（3.64%）、反式 -α- 香柑油（3.61%）、己醇（3.47%）、2- 甲基 - 丙酸 -1- 叔丁基 -2- 甲基 -1,3- 丙二醇 -1- 酯（3.23%）、反式 - 水合倍半香桧烯（2.45%）、β- 甜没药烯（2.29%）、壬酸（2.29%）、石竹烯（2.28%）、α- 香柑油烯（2.17%）、异丁酸 -2,2- 二甲基 -1-(2- 羟基 -1- 异丙基) 丙酯（2.15%）、雪松烯（1.77%）、4a,8a- 二甲基 -2(1H)- 萘酮（1.63%）、十二醛（1.56%）、月桂醇（1.53%）、1- 异丁基 -4- 异丙基 -3- 异丙基 -2,2- 二甲基琥珀酸酯（1.49%）、二叔丁基对甲酚（1.48%）、对伞花烃（1.39%）、5- 甲基 -1,6- 二烯 -3- 庚炔（1.27%）、3- 苯基 -2- 丁醇（1.20%）、桧烯（1.13%）、γ- 萜品烯（1.13%）、姜烯（1.11%）、萜品油烯（1.06%）等（金婷等，2018）。

　　大青皮甜： 晚熟品种。果实扁球形，果个大，单果重 340～630g。果皮黄绿色，向阳面稍带红褐色，籽粒粉红色或鲜红色。汁液多，品质极上。顶空固相微萃取法提取的山东枣庄产'大青皮甜'石榴新鲜全果香气的主要成分为，2- 己烯醛（41.03%）、己醛（17.77%）、3- 己烯醛（10.41%）、(E,E)-2,4- 己二烯醛（9.06%）、(E)-3- 己烯 -1- 醇（7.91%）、1- 己醇（3.63%）、5- 乙基 -2(5H)- 呋喃酮（1.43%）等；新鲜籽汁香气的主要成分为，己醛（52.03%）、3- 己烯醛（12.38%）、2- 己烯醛（11.35%）、(E,E)-2,4- 己二烯醛（6.03%）、(E)-3- 己烯 -1- 醇（3.86%）、1- 己醇（3.44%）等（苑兆和等，2008）。顶空固相微萃取法提取的山东枣庄产'大青皮甜'石榴新鲜果粒香气的主要成分为，石竹烯（15.49%）、反式 -α- 香柑油（9.19%）、右旋柠檬烯（7.75%）、β- 蒎烯（5.92%）、β- 香叶烯（5.86%）、甲氧基苯基 - 肟（4.92%）、β- 甜没药烯（3.78%）、草酸环己基甲基十三酯（3.23%）、氯代十八烷（3.19%）、反 -2- 十四烯 -1- 醇（2.77%）、2- 甲基 - 丙酸 -1- 叔丁基 -2- 甲基 -1,3- 丙二醇 -1- 酯（2.58%）、对伞花烃（2.51%）、姜烯（2.26%）、异丁酸 -2,2- 二甲基 -1-(2- 羟基 -1- 异丙基) 丙酯（2.20%）、β- 倍半菲兰（1.98%）、顺式 -β- 金合欢烯（1.88%）、雪松烯（1.88%）、α- 香柑油烯（1.75%）、γ- 萜品烯（1.70%）、反式 - 水合倍半香桧烯（1.56%）、β- 依兰烯（1.49%）、1- 异丁基 -4- 异丙基 -3- 异丙基 -2,2- 二甲基琥珀酸酯（1.34%）、4a,8a- 二甲基 -2(1H)- 萘酮（1.34%）、月桂醇（1.30%）、二叔丁基对甲酚（1.29%）、桧烯（1.25%）、α- 蒎烯（1.22%）、(+)-4- 蒈烯（1.09%）、萜品油烯（1.09%）等（金婷等，2018）。

　　大籽甜石榴： 果实大，籽粒大，果籽甜。热脱附法提取的新疆产'大籽甜石榴'新鲜果汁香气的主要成分（单位：μg/g）为，柠檬烯（16.71）、石竹烯（4.17）、6- 甲基 -5- 庚烯 -2- 酮（2.27）、α- 松油烯

（1.31）、月桂烯（1.21）、柠檬醛（1.06）、乙醇（1.02）、正丁醇（1.02）、α-蒎烯（0.95）、2-乙基-1-己醇（0.91）、正十五烷（0.89）、乙酸乙酯（0.87）、己醛（0.82）、乙酸丁酯（0.79）、癸醛（0.77）、壬醛（0.73）、α-松油醇（0.66）、邻伞花烃（0.66）等（奕志英等，2017）。

蓝宝石：原产美国。果形大，平均单果重达350～500g。果皮鲜红色，外观十分漂亮。果肉蓝黑色，颗粒大。果肉酸甜适口。固相微萃取法提取的'蓝宝石'石榴新鲜成熟果实果汁香气的主要成分（单位：mg/g）为，己醛（183.02）、正己醇（64.12）、2-戊基呋喃（43.19）、壬醛（27.73）、1-辛烯-3-醇（25.50）、(E)-2-庚烯醛（23.82）、庚醛（14.29）、右旋萜二烯（13.34）、α-松油醇（13.18）、邻异丙基苯（11.91）、2-甲基丁醛（8.74）、(–)-4-萜品醇（6.82）、癸醛（6.17）、反-2-辛烯醛（4.37）、甲酸庚酯（4.24）、反式-2-癸烯醛（2.95）、1,4-桉叶素（2.23）、芳樟醇（1.92）、2,4-葵二烯醛（1.78）、(Z)-2-壬烯醛（1.65）、2-壬酮（1.63）等（闫新焕等，2023）。

青皮马牙：平均单果重451.43g，百粒果重46.68g。固相微萃取法提取的'青皮马牙'石榴新鲜成熟果实果汁香气的主要成分（单位：mg/g）为，(–)-4-萜品醇（67.38）、己醛（46.17）、α-松油醇（10.76）、3-己烯-1-醇（10.69）、β-蒎烯（8.02）、反式-β-金合欢烯（2.15）、芳樟醇（1.92）、邻异丙基苯（1.54）、[1R-(1R*,4Z,9S*)]-4,11,11-三甲基-8-亚甲基-二环[7.2.0]-4-十一烯（1.19）等（闫新焕等，2023）。

三白（白玉石籽）：白花、白籽、白皮，为优良白皮石榴品种。果实近圆形，平均单果质量469g，果面光洁，果皮黄白色，果实棱肋不明显。百粒重84.4g，籽粒白色，马齿状，有少量"针芒状"放射线，味甜，籽粒硬。固相微萃取法提取的'三白'石榴新鲜成熟果实果汁香气的主要成分（单位：mg/g）为，正己醇（41.53）、右旋萜二烯（25.99）、己醛（17.61）、α-松油醇（17.14）、β-蒎烯（13.77）、3-己烯-1-醇（12.16）、(–)-4-萜品醇（11.12）、(1S,5S,6R)-2,6-二甲基-6-(4-甲基-3-戊烯-1-基)双环[3.1.1]庚-2-烯（8.24）、反式-β-金合欢烯（4.35）、1,4-桉叶素（4.24）、芳樟醇（3.22）、2-壬酮（2.60）、乙酸乙酯（2.38）、油酸苄酯（2.37）、邻异丙基苯（1.81）等（闫新焕等，2023）。

酸石榴：果实较大，果皮浅红泛青有斑点，籽粒浅粉色。顶空固相微萃取法提取的新疆叶城产'酸石榴'新鲜果粒果肉香气的主要成分为，正己醇（52.42%）、叶醇（25.65%）、正己醛（12.45%）、(+)-α-松油醇（4.30%）等；新疆喀什产'酸石榴'新鲜果粒果肉香气的主要成分为，正己醛（47.98%）、叶醇（16.93%）、正己醇（16.64%）、(+)-α-松油醇（6.42%）、(E,E)-2,4-己二烯醛（2.54%）、柠檬烯（2.09%）等（盛秀丽等，2023）。

甜石榴：果实较小，果皮泛白有斑点，籽粒深红色。顶空固相微萃取法提取的新疆伯什克然木乡产'甜石榴'新鲜果粒果肉香气的主要成分为，正己醇（61.28%）、叶醇（18.09%）、(+)-α-松油醇（6.73%）、正己醛（4.99%）、柠檬烯（2.95%）等；喀什市阿瓦提乡产'甜石榴'新鲜果粒果肉香气的主要成分为，正己醛（28.53%）、正己醇（21.90%）、β-石竹烯（17.91%）、叶醇（11.81%）、2,6-二甲基-6-(4-甲基-3-戊烯基)双环[3.1.1]庚-2-烯（7.51%）、反式-β-金合欢烯（3.87%）、柠檬烯（2.51%）、β-红没药烯（1.47%）等（盛秀丽等，2023）。

以色列：果个特大，单果均重500g。果皮酒红色，皮厚，软籽，籽粒紫黑色，口感甜酸，回味悠长。固相微萃取法提取的'以色列'石榴新鲜成熟果实果汁香气的主要成分（单位：mg/g）为，己醛（152.55）、壬醛（27.84）、2-戊基呋喃（26.91）、庚醛（19.06）、反-2-辛烯醛（14.40）、(E)-2-庚烯醛（12.84）、α-松油醇（7.04）、反式-2-癸烯醛（4.67）、癸醛（4.45）、2-甲基丁醛（4.24）、2-壬酮（2.17）、邻异丙基苯（2.08）、(–)-4-萜品醇（1.48）、芳樟醇（1.40）、(Z)-2-壬烯醛（1.35）、2-十一烯醛（1.24）等（闫新焕等，2023）。

第5章
野生和小众水果

除了市面上我们熟悉的众多水果外，还有一些不被人们熟识的果树资源分布于南北各地，这些水果或产量较低，市面上很少见到，或野生于林间乡野不被大众所知。这些水果同样具有丰富的营养价值。我国有非常丰富的野生果树资源，本书只就有芳香成分报道的野生水果进行介绍。

5.1 蔷薇果

　　蔷薇科蔷薇属可供食用的植物果实的统称，蔷薇属有 200 多种，广布于北半球温带和亚热带地区，中国有 95 种，各地均有分布，被认为是极有开发利用价值的第 3 代水果。果实酸甜可口，营养价值丰富，富含多种维生素。但多数蔷薇果属于野生或半野生状态，民间当以野果采食为主，作为水果规模化栽培较少，成熟果实芳香成分的报道也少。

　　蔷薇果酸甜可口，营养丰富，维生素 C 含量高，每 100 g 蔷薇果含维生素 C 1250 mg 左右，还含有人体所需的多种氨基酸、矿质元素、维生素和生物活性物质等。有延缓衰老、抗疲劳、耐缺氧、增强免疫功能、抗突变、抗癌、抗心血管疾病等作用。多数果实可泡茶、泡酒用以提神，还具有养颜美容、预防感冒、通便利尿、收缩血管的效果；可用于制作果汁、果酒、蛋糕、水果塔等甜点，或是制成果酱、果冻食用；也可入药。

黄刺玫（*Rosa xanthina* Lindl.） 别名：黄刺莓、黄刺梅、刺梅花、刺玫花、硬皮刺梅、破皮刺玫，分布于吉林、辽宁、内蒙古、山西、河北等省区。果近球形或倒卵圆形，紫褐色或黑褐色，直径 8～10mm。顶空固相微萃取法提取的吉林省吉林市产黄刺玫新鲜成熟果实香气的主要成分为，异戊醇（16.57%）、己酸异戊酯（13.18%）、2- 甲基 -2- 丁烯酸异戊醇酯（11.22%）、3- 甲基丁醛（6.44%）、己醇（6.43%）、乙酸己酯（6.02%）、丁酸异戊酯（5.33%）、2- 甲基丁酸异戊酯（4.08%）、戊酸异戊酯（4.08%）、乙酸异戊酯（3.33%）、苯甲酸异戊酯（2.59%）、己醛（1.59%）、己酸己酯（1.46%）、辛酸异戊酯（1.25%）、己酸乙烯酯（1.24%）、乙醇（1.22%）、2- 己醛（1.19%）、环戊烷酸异戊酯（1.02%）等（陈立波等，2016）。

黄刺玫图

山刺玫（*Rosa davurica* Pall.） 别名：刺玫蔷薇、刺玫果、红根，分布于黑龙江、吉林、辽宁、内蒙古、河北、山西等省区。果近球形或卵球形，直径1~1.5cm，红色，光滑。果含多种维生素、果胶、糖分及鞣质等，入药健脾胃、助消化。顶空固相微萃取法提取的吉林省吉林市产山刺玫新鲜果实香气的主要成分为，1-己醇（37.08%）、乙苯（15.20%）、茶香螺烷（7.18%）、异佛尔酮（3.46%）、乙醇（3.37%）、D,L-丙氨酸乙酯（3.01%）、(Z)-3-己烯-1-醇（2.76%）、可巴烯（2.48%）、十五烷（2.31%）、甲氧基亚硝基苯（2.31%）、乙酸己酯（2.21%）、6-甲基-5-庚烯-2-酮（2.14%）、二甲基硫醚（2.11%）、5-乙烯基双环[2.2.1]庚-2-烯（1.80%）、(Z)-4-己烯-1-醇（1.71%）、十六烷（1.60%）、萘（1.55%）等（王晓林等，2013）。

山刺玫图

西北蔷薇（*Rosa davidii* Crép.） 别名：花别刺、万朵刺，分布于四川、陕西、甘肃、宁夏。果长椭圆形或长倒卵球形，顶端有长颈，直径1~2cm，深红色或橘红色。水蒸气蒸馏法提取的甘肃榆中产西北蔷薇新鲜成熟果实香气的主要成分为，γ-葎草烯（24.21%）、(反)-6-十六烯-4-炔（20.05%）、甲基环戊烷（16.24%）、正己烷（6.14%）、2,3-三甲基丁烷（3.16%）、檀香脑（3.15%）、β-石竹烯（2.28%）、环己烷（1.75%）、α-木罗烯（1.75%）、(反)-4-十六烯-6-炔（1.58%）、α-古巴烯（1.40%）、γ-木罗烯（1.14%）、δ-榄香烯（1.10%）等（俞作仁等，2001）。

小果蔷薇（*Rosa cymosa* Tratt.） 别名：倒钩簕、红荆藤、山木香、小刺花、小倒钩簕、小金樱，分布于江西、江苏、浙江、安徽、河南、湖南、湖北、四川、云南、贵州、福建、广东、广西、台湾等省区。果球形，径4~7mm，熟后红至黑褐色。顶空固相微萃取法提取的四川罗江产小果蔷薇新鲜成熟果实香气的主要成分为，芳樟醇（48.49%）、水杨酸甲酯（20.42%）、反式-2-己烯醛（19.07%）、α-松油醇（5.95%）、壬醛（1.57%）、蘑菇醇（1.08%）等（卓志航等，2016）。

野蔷薇（*Rosa multiflora* **Thunb.**）别名：多花蔷薇、刺花、白玉堂、营实、蔷薇、蔷薇子、野蔷薇子、石珊瑚、墙蘼、七姐妹。分布于江苏、山东、河南等省区。果近球形，直径6～8mm，红褐色或紫褐色，有光泽，无毛。顶空固相微萃取法提取的四川罗江产野蔷薇新鲜成熟果实香气的主要成分为，反式-2-己烯醛（76.93%）、乙酸叶醇酯（4.92%）、(*E,E*)-2,4-己二烯醛（3.15%）、1-甲基-1-环己烯（3.08%）、1-石竹烯（2.20%）、芳樟醇（1.61%）、*β*-罗勒烯（1.28%）等（卓志航等，2016）。

野蔷薇图

5.2 花楸果

　　花楸果为蔷薇科花楸属植物新鲜成熟果实的统称。花楸属全世界有80余种，分布在北半球，我国产50余种。有些种的果实可作为水果食用，但因口感酸涩，多用于加工后食用或药用。果实可食用，果实中富含膳食纤维、蛋白质、多酚、维生素、原花青素等营养物质和生物活性成分。黑果腺肋花楸的果实中富含多种营养物质，其中总糖含量为10%～15%、花色苷含量高达1%左右、黄酮类化合物为0.25%～0.35%、多酚类物质总含量高达2.5%～3.5%，此外还含有多种维生素、矿物质、有机酸、三萜类化合物、胡萝卜烃类化合物等，每100g果实含胡萝卜素8mg，维生素C 40～150mg。果实入药，具有抗氧化、抗炎、抗肿瘤、抗病毒、防治心血管疾病、降血糖、抗血小板等多种作用，可用于保肝、平衡血糖、养心、预防和治疗糖尿病、预防和治疗癌症、治疗心血管系统和消化系统疾病。果实可酿酒，制果酱、果醋、果汁、果茶等。

花楸［*Sorbus pohuashanensis* (Hance) Hedl.］别名：百花花楸、红果臭山槐、山槐子，分布于黑龙江、吉林、辽宁、内蒙古、河北、山西、甘肃、山东。果实近球形，直径6～8mm，红色或橘红色。果实可食用，也可制酱、酿酒及入药。水蒸气蒸馏法提取的黑龙江黑河产花楸阴干果实香气的主要成分为，苯甲醛（86.89%）、安息香酸（5.30%）等（崔嘉等，2010）。

花楸图

黄山花楸（*Sorbus amabilis* Cheng ex Yu）分布于安徽、浙江。果实球形，直径6～7mm，红色。超临界CO_2萃取法提取的安徽黄山产黄山花楸新鲜果实香气的主要成分为，苯甲醛（40.26%）、1-甲酸二十一烷基酯（4.97%）、正二十八烷（4.76%）、1-二十二烯（4.46%）、10-十九碳烯酸甲酯（3.66%）、角鲨烯（2.63%）、1-十九烯（2.39%）、正二十七烷（1.87%）、正二十九烷（1.70%）、亚麻酸（1.42%）、正二十四烷（1.35%）、苯甲酸乙酯（1.34%）、苯甲酸（1.32%）、9-二十三碳烯（1.26%）、1,21-二十二碳二烯（1.26%）、正十七烷（1.15%）、2,6-二叔丁基对甲酚（1.14%）、正二十五烷（1.07%）、棕榈酸（1.06%）等（程满环等，2015）。

黑果腺肋花楸（*Aronia melanocarpa* Elliott）为蔷薇科涩石楠属植物黑果腺肋花楸（黑涩楠）的成熟果实。别名：不老莓、野樱莓。果球形，梨果，果径0.8～1.4cm。原产于北美。天然分布于北美大湖区东北部到阿巴拉契亚山脉上部山地沼泽之间。浆果富含黄酮、花青素和多酚等物质，其提取物对治疗癌症、糖尿病和心脑血管等疾病有特效，在欧美地区广泛应用于医药和食品工业。2018年9月，中国国家卫生健康委员会确定黑果腺肋花楸的果实可作为新食品原料食用。超声波提取法提取的黑果腺肋花楸干燥果实香气的主要成分为，正二十四烷（43.84%）、十八醇（7.39%）、正二十一烷（5.59%）、蓖麻油酸（3.69%）、油酸甲酯（2.61%）、(Z)-9-十六碳烯-1-醇（2.25%）、十五烷酸（2.23%）、2-壬酮（1.94%）、十一醛（1.06%）等（李国明等，2019）。

5.3 醋栗

醋栗为茶藨子科茶藨子属植物新鲜成熟果实的统称，包括黑醋栗和红醋栗。我国各地野生醋栗很多，栽培的种类和品种多从外国引入。醋栗完全成熟的浆果甜酸适口，具芳香，适于鲜食。果实含有枸橼酸、苹果酸及酒石酸等有机酸；含有人体所需的 18 种氨基酸、维生素 C、维生素 B_1、维生素 B_2，以及铁、锡、钾、磷、锌等矿物质，每 100g 鲜果中含有维生素 C 200mg，维生素 C 的含量高出大多数水果几倍甚至上百倍，仅次于猕猴桃位居第二。同时生物黄酮的含量很高，具有软化血管、降低血脂和血压、补钙和增强人体免疫力、抗癌等作用。醋栗不仅可以生食，还可以加工制成果汁、果酱、果酒、果膏等。红醋栗可用于解乏，治疗视力障碍及关节炎。

黑醋栗（*Ribes nigrum* Linn.） 为茶藨子科茶藨子属植物黑茶藨子的新鲜成熟果实，别名：茶藨子、旱葡萄、黑豆、黑加仑、黑果茶藨、黑穗醋栗、黑豆果，分布于黑龙江、辽宁、内蒙古、新疆。果实近圆形，直径 8～14mm，熟时黑色。果实富含多种维生素、糖类和有机酸等，尤其维生素 C 含量较高，主要供制作果酱、果酒及饮料等。黑醋栗的芳香成分已鉴定出的有 200 多种，以脂肪族酯、萜烯类、醇类为主，还有烃类、醛类、酮类、酸类、醚类、酚类、呋喃类、含硫化合物、含氧化合物等。其中单烯萜和倍半萜占芳香物质总量的 80%。

固相微萃取法提取的黑龙江哈尔滨产'布劳德'黑醋栗新鲜果实香气的主要成分为，α- 蒎烯（16.32%）、Δ^3- 蒈烯（15.24%）、石竹烯（12.96%）、乙酸龙脑酯（6.94%）、(–)-β- 蒎烯（6.44%）、顺式 -β-罗勒烯（3.67%）、β- 水芹烯（2.69%）、乙酸（1.86%）、4- 异亚丙基 -1- 乙烯基 - 氧 - 薄荷 -8- 烯（1.57%）、(+)-4- 蒈烯（1.07%）、4,6- 二甲基十二烷（1.02%）等（于泽源等，2012）。固相微萃取法提取的黑龙江哈尔滨产黑醋栗新鲜果实香气的主要成分为，3- 甲基 -4- 壬酮（9.08%）、2- 甲基 -3- 丁烯 -2- 醇（7.25%）、双戊烯（6.07%）、4- 甲基 -1- 戊醇（5.58%）、2- 氨基丁烷（5.28%）、N- 甲基 -1,3- 丙二胺（4.50%）、壬醛（3.86%）、(E)-3- 吡啶甲醛 -O- 乙酰基肟（3.49%）、乙醇（2.50%）、戊醛（2.44%）、2,3- 环氧 -4,4- 二甲基戊烷（2.24%）、1- 戊醇（2.02%）、辛酸乙酯（1.97%）、己醛（1.94%）、4- 萜烯醇（1.79%）、2,4- 二甲基苯乙烯（1.59%）、2,6- 二叔丁基苯醌（1.57%）、癸酸乙酯（1.49%）、乙烯基乙醚（1.31%）、正辛醛（1.33%）、3- 蒈烯（1.19%）、正己酸乙酯（1.10%）、(E)-2- 庚烯醛（1.07%）、3,5- 二羟基苯甲醚（1.04%）等（贾青青等，2014）。顶空固相微萃取法提取的河北赞皇产黑醋栗新鲜成熟果实香气的主要成分为，丁酸甲酯（27.12%）、丁酸香叶酯（6.32%）、桉叶油醇（5.73%）、辛酸乙酯（3.69%）、丁酸己酯（3.60%）、梨醇酯（3.25%）、苯甲酸甲酯（2.42%）、庚 -3- 烯（2.41%）、α- 紫罗兰酮（2.36%）、甲基庚烯酮（2.30%）、青叶醛（2.30%）、乙酸乙酯（2.19%）、乙酸丁酯（2.03%）、4- 萜烯醇（1.94%）、α- 松油醇（1.70%）、萜品油烯（1.33%）、β- 蒎烯（1.12%）、α- 蒎烯（1.10%）等（周立华等，2017）。

红醋栗（*Ribes rubrum* Linn.） 为茶藨子科茶藨子属植物红茶藨子的新鲜成熟果实，别名：红穗醋栗、红果茶藨、欧洲红穗醋栗、灯笼果。原产欧洲和亚洲北部。我国东北黑龙江等地区长期栽培。果实圆形，直径 8～11mm，红色，无毛，味酸。固相微萃取法提取的黑龙江哈尔滨产'红十字'红醋栗新鲜果实香气的主要成分为，石竹烯（21.85%）、乙酸龙脑酯（8.49%）、苯甲酸苄酯（7.36%）、柠檬烯（4.09%）、2,3,7- 三甲基癸烷（3.73%）、3,7- 二甲基癸烷（3.67%）、橙花基酮（3.30%）、2,6,11- 三甲基十二烷（3.11%）、4- 异亚丙基 -1-乙烯基 - 氧 - 薄荷 -8- 烯（2.38%）、2- 己烯醛（2.15%）、罗勒烯（1.49%）、萘（1.29%）等（于泽源等，2012）。

黑茶藨子图

红茶藨子图

5.4 枸杞

枸杞为茄科枸杞属几种植物新鲜或干燥果实的统称，主要包括枸杞、宁夏枸杞、黑果枸杞。枸杞的果实可直接食用，也可以加工成各种食品、饮料、保健酒、保健品等。果实含有丰富的蛋白质、多糖、类胡萝卜素、黄酮，以及多种氨基酸、维生素和矿质元素等多种活性物质。果实药用，有补肾益精、养肝明目、补血安神、生津止渴、润肺止咳的功效，治肝肾阴亏、腰膝酸软、头晕目眩、目昏多泪、虚劳咳嗽、消渴、遗精。

枸杞（*Lycium chinense* Mill.） 别名：枸杞菜、红珠仔刺、牛吉力、狗牙子、狗牙根、狗奶子，分布于东北、西南、华南、华中、华东及河北、山西、内蒙古、陕西、甘肃、青海、宁夏、新疆等省区。多分枝灌木。单叶互生或 2～4 枚簇生。花冠淡紫色。浆果红色，卵状，长 7～22mm，直径 5～8mm。种子黄色。花果期 6～11 月。果实甜而后味带微苦。

顶空固相微萃取法提取的宁夏银川产枸杞新鲜成熟果实香气的主要成分为，二癸基硫醚（10.57%）、苯并环丁烯（7.88%）、6- 甲基十八烷（6.11%）、2,6- 二 (1,1- 二甲基乙基)-4-(1- 氧代丙基) 苯酚（5.67%）、3,4,5- 三甲氧基二苯基醚（5.13%）、N- 氨乙基吗啉（4.80%）、己酸甲酯（4.32%）、2,7,10- 三甲基 - 十二烷（3.88%）、正十五烷（3.70%）、4- 十八烷基 - 吗啉（3.60%）、邻苯二甲酸二乙酯（3.32%）、邻苯二甲酸二甲酯（2.51%）、N,N- 二甲基十一烷基胺（2.47%）、1,5- 二异丙基 -2,3- 二甲基 - 环己烷（2.06%）、1- 丁基环戊烯（1.63%）、2-(1- 氧代丙基)- 苯甲酸（1.27%）、水杨酸高孟酯（1.18%）、正己醇（1.16%）、反 -2- 十二烯醛（1.10%）等；晒干果实香气的主要成分为，2- 戊基呋喃（42.68%）、苯并环丁烯（5.97%）、8- 己基 -8- 戊基十六烷（5.97%）、2,3- 二氢 -2,2,6- 三甲基苯甲醛（3.60%）、2,5- 二甲基环己醇（3.59%）、正庚烯（2.23%）、6- 甲基十八烷（2.17%）、2,2,6- 三甲基环己酮（1.91%）、2- 甲基 -3- 辛炔（1.57%）、(*E,Z*)-2,4- 十二碳二烯（1.48%）、十二烷（1.46%）、邻苯二甲酸二甲酯（1.44%）、1,3- 二氢异苯并呋喃（1.32%）、3,8- 二甲基十一烷（1.20%）、N- 氨乙基吗啉（1.20%）、正己醇（1.16%）、邻苯二甲酸二乙酯（1.13%）、2,6- 二 (1,1- 二甲基乙基)-4-(1- 氧代丙基) 苯酚（1.05%）、*β*- 环柠檬醛（1.03%）、香茅醇（1.02%）等；冻干果实香气的主要成分为，甲氧基苯基肟（6.57%）、二苯并呋喃（6.16%）、右旋萜二烯（5.57%）、邻苯二甲酸二甲酯（4.78%）、3- 十二烷基环己酮（4.32%）、6- 甲基十八烷（4.14%）、12,15- 十八碳二烯酸甲酯（3.62%）、反式 -2- 己烯醛（3.33%）、3,4- 二甲基 -1- 戊烯（3.03%）、己醛（3.03%）、2- 戊基呋喃（2.74%）、1,7- 二甲基 - 萘（2.44%）、1,2,4- 三甲苯（2.39%）、苯乙烯（2.36%）、十四烷（2.14%）、甲基庚烯酮（2.11%）、1,6- 二甲基 - 萘（2.05%）、2,6- 二甲基 - 萘（1.96%）、邻苯二甲酸二乙酯（1.61%）、正庚烯（1.55%）、异长叶烯（1.50%）、3,5- 二叔丁基 -4- 羟基苯乙酮（1.34%）、2,6- 二 (1,1- 二甲基乙基)-4-(1- 氧代丙基) 苯酚（1.34%）、对甲基苯甲醚（1.33%）、1- 石竹烯（1.28%）、邻苯二甲酸二丁酯（1.17%）等（曲云卿等，2015）。水蒸气蒸馏法提取的宁夏产枸杞果实香气的主要成分为，十六酸（29.63%）、二十八烷（7.94%）、二十四烷（7.73%）、二十五烷（7.71%）、9,12- 十八碳二烯酸甲酯（7.48%）、三十烷（4.69%）、亚油酸（3.96%）、棕榈酸乙酯（2.90%）、亚油酸乙酯（2.70%）、二十七烷（2.61%）、十九烷（2.38%）、十四酸（1.88%）、1- 碘十八烷（1.48%）、(Z,Z,Z)-9,12,15- 十八碳三烯酸乙酯（1.28%）等（张成江等，2011）。顶空固相微萃取法提取的新疆产枸杞干燥果实香气的主要成分为，戊基环己烷（21.43%）、壬醛（12.91%）、香叶基丙酮（12.09%）、丁基环己烷（5.75%）、*β*- 紫罗兰酮（5.31%）、癸醛（4.71%）、5- 乙基 -6- 十一烷酮（4.22%）、(*E*)-1- 丁氧基 -2- 己烯（3.90%）、对二甲苯（3.26%）、乙酸环己酯（2.89%）、*β*- 环柠檬醛（2.22%）、2,2,4-

枸杞图 1

枸杞图 2

枸杞图 3

三甲基戊二醇异丁酯（2.09%）、反式石竹烯（1.99%）、甲苯（1.97%）、乙基苯（1.63%）、金合欢基乙醛（1.53%）、β-二氢紫罗兰酮（1.52%）、正辛醛（1.49%）、苯（1.45%）、肉桂酸甲酯（1.39%）、十六酸乙酯（1.39%）、邻苯二甲酸-异丁反式-己-3-烯酯（1.35%）、正己醛（1.28%）等（楼舒婷等，2016）。

宁夏枸杞（*Lycium barbarum* Linn.） 别名：中宁枸杞、津枸杞、山枸杞、枸杞果、白疙针，分布于河北、内蒙古、山西、陕西、甘肃、宁夏、青海、新疆等省区，中部和南部不少省区也已引种栽培，尤其是宁夏及天津地区栽培多、产量高。灌木，叶互生或簇生。花冠漏斗状，紫堇色。浆果红色或橙色，果皮肉质，多汁液，顶端有短尖头或平截，有时稍凹陷，长8～20mm，直径5～10mm。花果期较长，一般从5月到10月边开花边结果。果实甜，无苦味。果实含甜菜碱、酸浆红色素，以及胡萝卜素、硫胺素、核黄素、抗坏血酸，并含烟酸、钙、磷、铁等，作为滋补药畅销国内外，性味甘平，有滋肝补肾、益精明目的作用。

宁夏枸杞图

宁杞1号： 顶空固相微萃取法提取的宁夏银川产'宁杞1号'宁夏枸杞新鲜果实香气的主要成分为，二十八烷醇（6.90%）、壬醛（4.89%）、己酸甲酯（4.32%）、6-甲基-5-庚烯-2-酮（3.86%）、4,6-二甲基十二烷（3.83%）、正十五烷（3.68%）、对叔丁基环己醇（3.45%）、邻苯二甲酸二甲酯（2.51%）、2,3-丁二醇（2.26%）、辛醚（2.14%）、异辛醇（2.11%）、吡喃酮（1.47%）、4-羟基-4-甲基-2-戊酮（1.34%）、正辛醇（1.23%）、2-甲基环己醇（1.15%）等（龚媛等，2015）。

青龙： 顶空固相微萃取法提取的河北秦皇岛产'青龙'宁夏枸杞新鲜九成熟果实香气的主要成分为，3,4-二甲基-1-庚烷（29.83%）、蘑菇醇（22.16%）、2-己烯醛（16.64%）、苯甲醇（11.69%）、苯乙醛（4.25%）、苯乙醇（4.18%）、2-正戊基呋喃（1.43%）、己醛（1.31%）、苯甲醛（1.11%）、3-甲硫基丙醛（1.07%）等（张鹏等，2021）。

微波萃取法提取的青海柴达木产宁夏枸杞干燥果实香气的主要成分为，9,12-十八碳二烯酸甲酯（25.33%）、十六烷酸（23.75%）、十六烷（4.20%）、二十四烷（3.70%）、二十烷（3.68%）、十六烷酸甲酯（3.66%）、2-甲基-十八烷（3.21%）、2-甲基-十三烷（2.93%）、2-丙烯酸-2-氯代甲酯（2.30%）、咖啡酸二乙酯（2.22%）、十一烷（2.15%）、4,6-二甲基-十二烷（1.94%）、2,4-双(1,1-二甲乙基)-苯酚（1.79%）、十二烷（1.69%）、二十五烷（1.56%）、2,7,10-三甲基-十二烷（1.52%）、9-十八烷酸甲酯（1.34%）、3-甲基-5-(1-甲乙基)-苯酚甲氨基甲酸酯（1.31%）、4-(4-羧基-丁酰氨基)-苯甲酸乙酯（1.18%）、菲（1.16%）、十三烷（1.09%）、十八烯酸（1.07%）等（李德英等，2015）。水蒸气蒸馏法提取的宁夏枸杞干燥果实香气的主要成分为，(E,E)-6,10,14-三甲基-5,9,13-十五烷三烯-2-酮（13.88%）、(E)-6,10-二甲基-5,9-十一烷二烯-2-酮（10.38%）、2-甲氧基-4-乙烯基苯酚（8.86%）、2-十九烷酮（7.78%）、十六酸甲酯（7.42%）、10-十八烯酸甲酯（4.63%）、十六酸乙酯（4.13%）、(E)-3-(2-羟基苯基)-2-丙烯酸（3.95%）、9-十八烯酸乙酯（3.70%）、2-十七烷酮（3.60%）、2-十一烷酮（2.76%）、2-十三烷酮（2.79%）、4-(2,6,6-三甲基-1-环己烯基)-3-丁烯-2-酮（1.97%）、壬醛（1.81%）、9,12-十八二烯酸乙酯（1.80%）、(E)-3,7,11-三甲基-1,6,10-十二烷三烯-3-醇（1.77%）、6,10,14-三甲基-2-十五烷酮（1.67%）、1-(2-呋喃基)乙酮（1.40%）、5-甲基-2-糠醛（1.22%）、正二十三烷（1.11%）等（李冬生等，2004）。

黑果枸杞（*Lycium ruthenicum* Murr.）

别名：甘枸杞，分布于陕西、宁夏、甘肃、青海、新疆、西藏。多棘刺灌木，高20～150cm。叶2～6枚簇生于短枝上，长0.5～3cm，宽2～7mm。花1～2朵生于短枝上，花冠浅紫色。浆果紫黑色，球状，有时顶端稍凹陷，直径4～9mm。种子肾形。花果期5～10月。耐干旱，常生于盐碱土荒地、沙地或路旁。

黑杞一号： 顶空固相微萃取法提取的新疆巴州尉犁产'黑杞一号'黑果枸杞新鲜成熟果实香气的主要成分（单位：μg/L）为，4-甲基-2-戊醇（3976.09）、2,6-二甲基-4-庚酮（49.26）、(Z)-3-己烯-1-醇（35.88）、癸醛（17.16）、乙酸乙酯（14.29）、*α*-大马酮（9.48）、苯甲醛（8.71）、乙酸辛酯（8.62）、(E)-3-己烯-1-醇（4.96）、4-辛烯酸乙酯（3.78）、1-辛烯-3-醇（3.39）、S-(Z)-3,7,11-三甲基-1,6,10-十二烷三烯-3-醇（2.78）、1-庚醇（2.39）、3-羟基丁酸乙酯（1.82）、芳樟醇（1.37）、己酸异戊酯（1.36）、己酸乙酯（1.29）等（王琴等，2019）。

顶空固相微萃取法提取的新疆产黑果枸杞干燥果实香气的主要成分为，戊基环己烷（17.98%）、十六酸乙酯（13.29%）、十六碳烯酸乙酯（11.45%）、十四酸乙酯（5.04%）、丁基环己烷（4.74%）、油酸乙酯（3.26%）、(E)-1-丁氧基-2-己烯（2.92%）、香叶基丙酮（2.84%）、癸醛（2.39%）、2,2,4-三甲基戊二醇异丁酯（2.24%）、5-乙基-6-十一烷酮（2.23%）、反式石竹烯（2.19%）、乙酸环己酯（2.05%）、月桂酸乙酯（2.03%）、琥珀酸-3-庚基异丁酯（1.85%）、右旋柠檬烯（1.81%）、金合欢基乙醛（1.80%）、壬

黑果枸杞果

醛（1.63%）、邻苯二甲酸 - 异丁反式 - 己 -3- 烯酯（1.56%）、苯甲醛（1.33%）、正己醛（1.28%）、戊醚（1.27%）、苯（1.25%）、2,6,10,10- 四甲基 -1- 氧杂螺 [4.5] 癸 -6- 烯（1.19%）、癸酸乙酯（1.18%）、反式肉桂酸乙酯（1.14%）、肉豆蔻酸（1.11%）、十五酸乙酯（1.04%）等（楼舒婷等，2016）。水蒸气蒸馏法提取的青海格尔木产黑果枸杞果实香气的主要成分为，亚油酸（39.19%）、棕榈酸（22.55%）、反油酸（12.15%）、2,3- 二氢苯并呋喃（4.24%）、亚油酸甲酯（3.82%）、2- 甲氧基 -4- 乙烯基苯酚（3.27%）、(9Z)-9,17- 十八碳二烯醇（2.37%）、9,12- 十八碳二烯酸甲酯（1.56%）、油酸甲酯（1.11%）、加莫尼克酸（1.08%）、棕榈酸乙酯（1.02%）等（赵秀玲等，2016）。

5.5 灯笼果

灯笼果为茄科酸浆属植物新鲜成熟果实的统称。包括：灯笼果、毛酸浆、酸浆、挂金灯等。果实可生食或作果酱、果饼、果汁等多种保健食品。灯笼果浆果是食药用为一体的新型营养"草本水果"，酸甜适中，含有丰富的营养物质，既富含维生素 C，也含有大量的胡萝卜素，每 100g 鲜果含 55mg 维生素 C；还含有内酯类、生物碱类、氨基酸类、黄酮类等生物活性物质。红灯笼浆果味道酸甜，能够延缓衰老、养颜美容，具有清热解毒、化痰平喘、止咳利尿等功效；还具有抗炎、抗氧化、抗癌及抗菌等多种生理功能。黄灯笼果在市面上较为常见，其中维生素 C 和维生素 E 含量较高，还富含硒、锌、硅、锂、锗等微量元素。带宿萼的果实入药，有固精涩肠、补肾壮阳、缩尿止泻、抑制高胆固醇血症、增强人体造血、提高多种酶的活力和防止细胞老化的药用功能，而且对皮肤肿瘤、神经衰弱、痢疾、黄疸、水肿、慢性咽炎及皮肤癌和早期宫颈癌等疾病有明显的治疗作用。

灯笼果（*Physalis peruviana* Linn.） 别名：灯笼草、苦耽、爆卜草、小果酸浆、姑娘果、秘鲁苦蘵。原产南美洲，我国广东、云南有栽培。浆果直径约 1～1.5cm，成熟时黄色。种子黄色。果实成熟后酸甜味，可生食或作果酱。液液萃取法提取的河北赞皇产灯笼果新鲜成熟果实果汁香气的主要成分为，亚油酸（56.95%）、苯乙烯（12.62%）、4-氨基尿嘧啶（4.85%）、戊二酸二(2-甲基丙)酯（3.61%）、2-甲基萘（3.55%）、萘（3.14%）、琥珀酸丁丙烷基酯（2.38%）、3-吡啶甲醇（2.24%）、1-二十七醇（1.93%）、薄荷醇（1.89%）、4-氯苯并呋喃（1.44%）等（周立华等，2015）。顶空固相微萃取法提取的河北赞皇产灯笼果新鲜成熟果实香气的主要成分为，苯乙酮（19.44%）、乙酸乙酯（9.54%）、椰子醛（6.32%）、丁香酚（5.90%）、丁酸丁酯（5.68%）、芳樟醇（5.30%）、癸醛（5.08%）、辛酸（5.06%）、异硫氰酸烯丙酯（2.97%）、乙酸己酯（2.36%）、乙酸甲酯（1.37%）、丁酸甲酯（1.25%）、硫化丙烯（1.18%）等（周立华等，2017）。

灯笼果1

灯笼果2

灯笼果3

毛酸浆（*Physalis pubescens* Linn.） 别名：酸浆、洋姑娘、姑茑、姑娘。原产美洲，分布于黑龙江、吉林、辽宁、内蒙古。浆果球状，直径约 1.2cm，黄色或有时带紫色。种子近圆盘状。水蒸气蒸馏法提取的毛酸浆新鲜成熟果实香气的主要成分为，邻苯二甲酸二乙酯（14.22%）、邻苯二甲酸二丁基酯（13.09%）、乙酸乙酯（11.42%）、14-酮-十五酸甲酯（8.15%）、邻异丙基甲苯（7.06%）、β-古芸烯（5.44%）、十六酸（4.88%）、3,7-二甲基-1,6-辛二烯-3-醇（3.56%）、二十醇（3.30%）、叠氮酸（2.34%）、2,5-二甲基-3,4-己二酮（2.14%）、氨基甲酸-1-甲基苄基酯（2.14%）、乙酸苄基酯（1.54%）、1-异丙基-4-甲基-二环[3.1.0]己-2-烯（1.52%）、喇叭茶醇（1.52%）、4-甲基-3-环己烯-1-叔丙醇（1.15%）、十八烷（1.12%）等（杨明非等，1996）。顶空固相微萃取法提取的黑龙江产毛酸浆新鲜成熟果实香气的主要成分（单位：μg/kg）为，2-甲基丁酸甲酯（601.53）、丁酸甲酯（339.45）、己酸甲酯（226.24）、丁酸甲基乙基酯（145.78）、甲基-2-甲基丙酸酯（100.88）、正己醛（90.79）、2-甲氧基-4-乙烯苯酚（86.91）、甲硫基丙醛（71.88）、顺-2-己烯-1-醇（66.02）、3-甲基丁酸（60.03）、癸酸甲酯（57.46）、1-甲基-2-异丙基苯（47.67）、苯乙醇（47.09）、己酸（44.69）、辛酸甲酯（42.76）、2-戊基呋喃（41.39）、丁酸-2-羟基-3-甲基-甲酯（41.17）、苯甲醇（39.44）、4-甲基戊酸甲酯（37.13）、2-乙基己醇（33.60）、γ-萜烯（31.16）、邻羟基苯甲酸甲酯（25.20）、1-甲基-4-(1-甲基乙烯基)苯（22.11）、苯乙烯（21.33）、4-萜烯醇（20.71）、2,3-二氢苯并呋喃（20.08）、α-萜烯（17.83）、庚醇（17.74）、肉桂酸甲酯（13.56）、顺-2-戊烯-1-醇（13.02）等（刘子豪等，2022）。

挂金灯［*Alkekengi officinarum* var. *franchetii* (Mast.) R.J.Wang］为酸浆的变种，别名：灯笼果、鬼灯笼、红姑娘、红灯笼、锦灯笼、泡泡草、天灯笼，分布于除西藏外的全国各地。浆果球状，橙红色，直径 10～15mm，柔软多汁。种子肾脏形，淡黄色。果可食和药用，可清热解毒、消肿。索氏法提取的黑龙江产挂金灯红色新鲜成熟果实香气的主要成分为，2-甲基环戊酮（21.54%）、乙酸甲酯（19.61%）、乙酸乙酯（9.45%）、2,5,8,11,14-五氧杂-16-十六烷醇（6.09%）、丙酮（4.89%）、己醛（4.83%）、2-甲基十二烷酸（2.94%）、正己醇（1.65%）、1-甲基乙酸乙酯（1.65%）、二乙基乙酸（1.53%）、4-(甲硫基)丁醇（1.26%）、丙二醇丁醚（1.11%）、月桂酸（1.10%）、壬醛（1.00%）等；吉林产挂金灯黄色新鲜成熟果实香气的主要成分为，海藻糖（4.02%）、异戊醇（3.54%）、乙醇（3.49%）、亚硝酸仲丁酯（3.34%）、

挂金灯图

3,6,9,12- 四氧杂十六烷 -1- 醇（3.06%）、苯甲醛（2.95%）、己醛（2.50%）、壬醛（2.19%）、乙烯基甲醚（1.93%）、二乙二醇一己醚（1.83%）、正戊醇（1.72%）、羟基丙酮（1.61%）、1,2:5,6- 二脱水半乳糖醇（1.47%）、11- 溴十一酸（1.45%）、2- 硝基环己酮（1.40%）、苯甲醇（1.35%）、2,4- 二叔丁基酚（1.30%）、乙酸乙酯（1.17%）、正己醇（1.04%）等（马碧霞等，2020）。

5.6 沙棘

　　沙棘为胡颓子科沙棘属植物新鲜成熟果实的统称。沙棘主要分布于中国、蒙古国、俄罗斯和印度等国，于公元十三世纪传入蒙古族地区，成为当地民族的传统药物。我国有沙棘属的全部 4 个种，4 种植物的果实均可作为水果生食，也可做成果汁、果酒、果脯、果冻、饮料、保健品、软果糖等多种食品。沙棘在日本称为"长寿果"，俄罗斯称为"第二人参"，美国称为"生命能源"，印度称为"神果"，中国称为"圣果""维生素 C 之王"。我国是世界上最大的沙棘生产国，华北、西北和西南地区是重要产区。

　　沙棘果实营养丰富，含有多种维生素、脂肪酸、微量元素、沙棘黄酮、超氧化物等活性物质和人体所需的各种氨基酸，其中维生素 C 含量极高，每 100g 果汁中，维生素 C 含量可达到 825～1100mg，是猕猴桃的 2～3 倍；含糖量 7.5%～10%，含酸量 3%～5%。果实在抗辐射、抗凝血、降血压、延缓衰老、抗疲劳、增强机体免疫力等方面都显示出较好的治疗效果，被誉为"天然维生素的宝库"和"绿色黄金"。干燥成熟果实入药，有显著的抗肿瘤活性和滋补肝肾、补脾健胃、调经活血、化痰宽胸的功效，主治气管炎、十二指肠溃疡、肠胃炎、咽喉肿痛、跌打损伤、淤血肿痛、肺结核。

　　中国沙棘（*Hippophae rhamnoides* **subsp.** *sinensis* **Rousi**）为沙棘的一个亚种，别名：醋柳、黄酸刺、酸刺柳、黑刺、酸刺。分布于河北、内蒙古、山西、陕西、甘肃、青海、四川。果实圆球形，直径 4～6mm，橙黄色或橘红色，种子小。成熟果实能释放出令人愉悦的芳香气味，其香味组成以酯类为主，还含有一些萜类、醇类、酚类、醛类、酮类以及有机酸。

中国沙棘图

顶空固相微萃取法提取的甘肃产沙棘果实原浆香气的主要成分（单位：μg/L）为，乙醇（1299.79）、3-甲基丁酸-2-甲基丁酯（880.67）、糠醛（381.32）、2-甲基正丙醇（359.43）、苯乙醇（244.04）、3-甲基丁酸（192.98）、己酸-2-甲基丙酯（150.54）、正辛醇（137.94）、正壬醇（126.00）、2-甲基丁酸-2-甲基丁酯（125.34）、(顺)-氧化芳樟醇（122.02）、正庚醇（100.14）、苯甲酸-1-甲基丙酯（89.53）、2-辛醇（88.20）、3-羟基-3-甲基丁酸（84.88）、苯甲酸异丁酯（83.56）、己酸（70.96）、1-(2-呋喃基)乙酮（63.00）、乙酸（53.05）等（黄蕊等，2018）。

顶空固相微萃取法提取的甘肃产沙棘新鲜成熟果实果汁香气的主要成分为，异戊酸-2-甲基丁酯（26.74%）、1-甲基戊酸丙酯（9.59%）、天然壬醛（4.99%）、己酸异丁酯（4.15%）、β-苯乙醇（2.88%）、庚醛（2.29%）、2-甲基丁酸-2-甲基丁酸酯（2.14%）、异戊酸乙酯（1.99%）、乙醇（1.93%）、苯甲酸仲丁酯（1.79%）、己酸乙酯（1.73%）、2-甲基丁酸-仲丁基丁酯（1.68%）、异戊酸异丁酯（1.66%）、乙酸乙酯（1.55%）、仲丁醇（1.42%）、2-甲基丁基异丁酸酯（1.35%）、壬酸乙酯（1.28%）、庚醇（1.27%）、异戊醇（1.25%）、壬醇（1.24%）、甲基庚烯酮（1.23%）、庚酸乙酯（1.20%）、(±)-6-甲基-5-庚烯基-2-醇（1.13%）、2-(1,1-二甲基-2-戊烯基)-1,1-二甲基-环丙烷（1.13%）、β-羟基异戊酸（1.11%）等（宋自娟等，2015）。顶空固相微萃取法提取的沙棘新鲜成熟果实原果汁香气的主要成分为，9-十六碳烯酸乙酯（21.18%）、3-甲基-1-丁醇（14.79%）、十六酸乙酯（9.31%）、辛酸乙酯（5.08%）、癸酸乙酯（4.86%）、月桂酸乙酯（4.27%）、亚油酸乙酯（3.82%）、正己酸乙酯（2.93%）、十四酸乙酯（2.34%）、异戊酸异戊酯（1.94%）、3,3-二甲基-1,2-环氧丁烷（1.76%）、油酸乙酯（1.53%）、苯乙醇（1.51%）、苯甲酸异戊酯（1.49%）、2-茚酮（1.28%）、正十二烷酸（1.15%）等；澄清汁香气的主要成分为，3-甲基-1-丁醇（31.24%）、辛酸乙酯（10.40%）、十六酸乙酯（9.62%）、乙酸异戊酯（8.21%）、9-十六碳烯酸乙酯（7.60%）、正己酸乙酯（6.72%）、癸酸乙酯（3.89%）、3,3-二甲基-1,2-环氧丁烷（3.41%）、异戊酸异戊酯（3.05%）、4-乙烯基-2-甲氧基苯酚（1.63%）、八甲基环四硅氧烷（1.46%）、月桂酸乙酯（1.45%）、十八甲基-1,17-二氢氧基硅氧烷（1.25%）、苯甲酸异戊酯（1.21%）、3-甲基丁酸戊酯（1.12%）、十四酸乙酯（1.12%）、异戊酸乙酯（1.09%）、硅烷（1.00%）等（刘晓娜等，2012）。

顶空固相微萃取法提取的内蒙古产沙棘干燥果实香气的主要成分为，甲基十六碳-9-烯酸酯（9.42%）、壬醛（9.40%）、糠醛（7.24%）、棕榈酸甲酯（5.96%）、5,6-二氢-6-戊基-2H-吡喃2-酮（4.25%）、亚油酸甲酯（3.12%）、(Z)-9-十八烯酸甲酯（3.11%）、苯乙醇（3.03%）、正己醛（2.10%）、苯乙醛（1.70%）、2,3-丁二醇（1.67%）、庚醛（1.64%）、正辛醛（1.61%）、奇异果内酯（1.44%）、十四烷醛（1.43%）、苯甲醛（1.41%）、壬酸甲酯（1.37%）、樟脑（1.35%）、6-甲基5-庚烯2-酮（1.22%）、α-紫罗兰酮（1.21%）、石竹烯（1.13%）等；水蒸气蒸馏法提取的果实香气的主要成分为，甲基十六碳-9-烯酸酯（18.61%）、棕榈酸甲酯（16.21%）、亚油酸甲酯（13.41%）、(Z)-9-十八烯酸甲酯（12.78%）、9-十六碳烯酸乙酯（7.64%）、十六酸乙酯（4.09%）、顺式-9-二十三烯（3.91%）、13-十八碳烯酸甲酯（2.95%）、亚油酸乙酯（2.40%）、油酸乙酯（2.19%）、硬脂酸甲酯（1.11%）等（张鹏云等，2019）。水蒸气蒸馏法提取的新疆伊犁尼勒克县产野生沙棘干燥成熟果实香气的主要成分为，3-甲基丁醇-2（35.48%）、2,4-二甲基辛烷（16.25%）、苯乙醇（4.02%）、癸烷（3.37%）、1,2-二甲基苯（2.54%）、壬烷（2.34%）、糠醛（1.94%）、3-甲基丁醇-1（1.88%）、二十烷（1.77%）、二十二烷（1.74%）、二十一烷（1.65%）、十二烷（1.53%）、4-甲基-辛烷（1.50%）、二十三烷（1.35%）、十三烷（1.20%）、4-甲基十九碳烷（1.19%）、壬醛（1.18%）、辛烷（1.08%）、二十五烷（1.08%）、苯乙醛（1.02%）等；新疆麦盖提县产野生沙棘干燥成熟果实香气的主要成分为，2,4-二甲基庚烷（53.78%）、2,6,17-十八-二烯醇乙酸酯（10.31%）、(E,E)-2,13-十八二烯醇-1-乙酸酯（5.13%）、2-辛烯醛（4.89%）、十一烷（2.04%）、2-癸烯醛（1.82%）、癸烷（1.54%）、十二烷（1.38%）、十四烷基环氧乙烷（1.25%）、棕榈酸（1.13%）、十九醇（1.07%）、十三烷（1.05%）（胡兰等，2009）。水蒸气蒸馏法提取的沙棘干燥成熟果实香气的主要成分为，(Z)-7-十六酸（40.72%）、棕榈酸（38.79%）、肉豆蔻酸（3.12%）、反油酸（2.95%）、十八烷（2.61%）、岩芹酸（1.36%）、14-甲基十五烷酸甲酯（1.23%）、(Z)-十六烯酸甲酯（1.04%）等（卢金清等，2011）。

肋果沙棘（*Hippophae neurocarpa* S. W. Liu et T. N. Ho）别名：黑刺，分布于西藏、青海、四川、甘肃。果实为宿存的萼管所包围，圆柱形，弯曲，具 5～7 纵肋，长 6～9mm，直径 3～4mm，成熟时褐色，肉质，果皮质薄。同时蒸馏萃取法提取的青海祁连产肋果沙棘新鲜成熟果实香气的主要成分为，里哪醇（10.11%）、γ-榄香烯（9.32%）、十二碳二烯-2,4-醛（5.69%）、(E)-辛烯-4（3.46%）、癸醇-1（3.39%）、癸二烯-2,4-醛（2.92%）、α-榄香烯（2.92%）、6-甲基-5-庚烯-2-酮（2.83%）、6-甲基-5-庚烯-2-醇（2.44%）、壬醛（2.23%）、辛酸-3-甲基正丁酯（1.50%）、2-庚烯醛（1.48%）、异莰烷-5-酮（1.41%）、白菖油烯（1.25%）、β-橄榄烯（1.04%）、罗勒烯（1.01%）等（孙丽艳等，1991）。

5.7 羊奶果

胡颓子科胡颓子属植物的果实大多可以作为水果食用，具有较高的食用价值，有不少都是春天成熟，此时其他果树的果大多没有成熟，因此，该属植物的果可作为鲜果，供应青黄不接的果品市场。我国约有该属植物 55 种，有芳香成分报道的只有羊奶果和沙枣。果实味甜、带酸，可鲜食，也可做果脯、果酱、果汁和果酒等。果实含有丰富的矿物质、有机酸、蛋白质、氨基酸、维生素、糖类。该属植物许多种的果实具有药用价值，如牛奶子、宜昌胡颓子、蔓胡颓子、沙枣、胡颓子、木半夏、披针叶胡颓子、角花胡颓子等。

羊奶果（*Elaeagnus conferta* Roxb.）为胡颓子科胡颓子属植物密花胡颓子的新鲜成熟果实。分布于云南、广西。果实大，长椭圆形或矩圆形，长达 20～40mm，成熟时红色。乙醇浸提后顶空萃

羊奶果图

取的方法提取的云南西双版纳产羊奶果新鲜果实香气的主要成分为，5-羟甲基糠醛（16.73%）、二十二烷醇（12.90%）、肌醇（10.12%）、2,3-二氢-3,5-二羟基-6-甲基-4H-吡喃-4-酮（7.24%）、十八醛（6.80%）、棕榈酸（3.16%）、苹果酸（1.85%）、麦芽酚（1.30%）等（张虹娟等，2013）。

沙枣（*Elaeagnus angustifolia* **Linn.**）为胡颓子科胡颓子属植物沙枣的新鲜成熟果实，别名：新疆大沙枣、大果沙枣，主要分布于西北的新疆、甘肃、陕西。果实味道独特，味甜带酸，食用鲜美，多制为干果直接食用或研制为饮料、果酒、果酱等。它不仅具有止泻利尿、降血脂血糖等生理功能，还含有蛋白质、氨基酸、鞣质等营养成分。顶空固相微萃取法提取的新疆喀什产沙枣新鲜成熟果实香气的主要成分（单位：μg/kg）为，右旋萜二烯（34.62）、香叶基丙酮（20.96）、苯甲醛（13.55）、己酸（12.10）、苯乙酮（11.75）、4-异丙基甲苯（9.38）、萜品烯（8.12）、己酸乙酯（6.09）等；烘焙果实香气的主要成分为，糠醛（350.22）、5-甲基呋喃醛（102.86）、2-乙酰基呋喃（66.14）、糠醇（55.78）、2-乙酰基吡咯（45.40）、苯乙醛（10.70）、苯甲醛（10.34）、壬醛（10.07）、2-吡咯甲醛（9.30）、5-甲基-2-呋喃甲醇（6.77）、薄荷脑（5.54）、己酸（4.69）、2-戊基呋喃（3.86）、γ-丁内酯（3.60）、(E)-2-辛烯醛（3.53）、(E,E)-2,4-癸二烯醛（2.86）、香叶基丙酮（2.67）、苯乙醇（2.66）、2-乙酰基吡啶（2.55）、苄醇（2.17）、2,6-二甲基吡嗪（1.76）、1,1,6-三甲基-1,2-二氢萘（1.75）、4-(2-呋喃基)-3-丁烯-2-酮（1.21）等；干燥果实香气的主要成分为，己酸（11.33）、棕榈酸（7.79）、己酸己酯（6.71）、苯并噻唑（5.83）、苄醇（5.29）、乙酸（5.23）、苯乙醇（4.62）、丁酸己酯（4.53）、壬醛（4.48）、萘（4.39）、糠醇（3.71）、双戊烯（3.20）、苯酚（3.12）、2-吡咯甲醛（2.85）、六氢假紫罗兰酮（2.70）、β-紫罗兰酮（2.65）、乙酸异龙脑酯（2.37）、香树烯（1.90）、香叶基丙酮（1.83）、(3E,5E)-辛-3,5-二烯-2-酮（1.45）等；蒸熟果实香气的主要成分为，壬醛（18.55）、

沙枣图

2- 乙基己醇（9.26）、己醛（8.85）、(*E,E*)-2,4- 壬二烯醛（8.00）、2- 戊基呋喃（7.80）、正辛醇（7.46）、(*3E,5E*)- 辛 -3,5- 二烯 -2- 酮（6.95）、右旋萜二烯（5.96）、(*E*)-2- 辛烯醛（5.80）、2- 甲基萘（4.84）、萜品烯（3.77）、*β*- 紫罗兰酮（3.63）、苯甲酸（3.58）、对甲基苯乙酮（3.46）、香叶基丙酮（3.25）、(*Z*)- 石竹烯（2.51）、苯乙酮（2.20）、苯乙醇（2.18）、(*E,E*)-2,4- 癸二烯醛（1.95）、2,6,6- 三甲基 -1- 环己烯 -1- 羧醛（1.85）、庚酸（1.83）、柠檬醛（1.42）、2- 十一烯醛（1.42）、(+)- 莰烯（1.30）、2- 癸酮（1.14）等；煮熟果实香气的主要成分为，*β*- 紫罗兰酮（17.32）、壬醛（9.37）、2- 戊基呋喃（5.98）、正辛醇（4.54）、(*E,E*)-2,4- 癸二烯醛（3.63）、右旋萜二烯（3.37）、1- 辛烯 -3- 醇（2.81）、(*E*)-2- 辛烯醛（2.29）、2,6- 二甲基萘（2.25）、2- 甲基萘（1.69）、1- 壬醇（1.66）、乙酸异龙脑酯（1.62）、2,6,6- 三甲基 -1- 环己烯 -1- 羧醛（1.54）、(*E*)-2- 癸烯醛（1.53）、萜品烯（1.53）等（党昕等，2023）。

5.8　蓝靛果

蓝靛果（*Lonicera caerulea* Linn.） 为忍冬科忍冬属植物蓝果忍冬的新鲜成熟果实，别名：黑瞎子果、山茄子、狗奶子，分布于黑龙江、吉林、辽宁、内蒙古、河北、山西、宁夏、甘肃、青海、四川、云南。在中国有比较丰富的资源，但已出现资源逐渐减少的趋势。落叶灌木。叶宽椭圆形，长 1.5～5cm。花冠黄白色。复果蓝黑色，圆形。生于落叶林下或林缘荫处灌丛中，海拔 2600～3500m。

蓝靛果图

果实可生食，味酸甜可口，富含营养物质，如花青素、矿物质、维生素 B_1、维生素 B_2、维生素 PP、维生素 C 等多种维生素等，还含有丰富的维生素 PP 活性物质，如芸香苷、花青苷等，是一种世界珍稀的、纯天然的、绿色的、野生的可食用浆果，果实也可酿酒、做饮料和果酱，被誉为"饮料之王"，俄罗斯把蓝靛果加工成宇航员专用的饮料。果实具有极高的药用价值，有清热解毒的功效，具有抗炎和抗病毒能力，能防止毛细血管破裂、降低血压、改善肝脏的解毒功能，且具有抗肿瘤功效，可缓解放疗后的不适症状，有减缓化疗后白细胞数量降低的作用，对治疗小儿厌食症也有一定疗效。食用蓝靛果具有很高的挥发油含量，主要的芳香化合物包括羰基化合物、脂肪酯、醇类、酯类、萜类。不同品种蓝靛果果实香气成分如下。

蓓蕾： 顶空固相微萃取法提取的黑龙江哈尔滨产'蓓蕾'蓝靛果转色期果实香气的主要成分为，二丁基羟基甲苯（16.74%）、1-丁醇（13.70%）、(E)-3-己烯-1-醇（12.88%）、3,7-二甲基-1,6-辛二烯-3-醇（8.62%）、异辛醇（6.06%）、(Z)-2-己烯-1-醇（3.38%）、己醛（2.43%）、(E)-2-己烯醛（2.42%）、壬醛（2.35%）、叔丁基环己烷（2.35%）、正庚醚（1.82%）、(E)-2-庚烯醛（1.32%）、辛烷（1.17%）、2-叔丁基对甲苯酚（1.13%）、(Z)-4-甲基-十一碳烯（1.11%）、1,1,3,5-四甲基-环己烷（1.08%）、(Z)-乙酸-3-己烯酯（1.05%）等；成熟期果实香气的主要成分为，(E)-2-己烯醛（18.46%）、二丁基羟基甲苯（18.37%）、己醛（11.19%）、3-甲基戊-1,4-二烯-3-醇（5.68%）、三甲氨基硼烷（4.86%）、1-丁醇（4.22%）、甲酸叶醇酯（3.64%）、α-松油醇（2.31%）、丙基-环丙烷（2.07%）、辛烷（1.59%）、(Z)-2-己烯-1-醇（1.51%）、2-叔丁基对甲苯酚（1.36%）、乙酸己酯（1.28%）、八甲基硅油（1.23%）、正十三烷（1.13%）、4-甲基-1,4-己二烯（1.10%）、苯乙醇腈（1.09%）、壬醛（1.04%）等（刘朋等，2016）。顶空固相微萃取法提取的黑龙江勃利产'蓓蕾'蓝靛果新鲜成熟果实果汁香气的主要成分为，辛酸乙酯（14.66%）、己酸乙酯（13.09%）、d-柠檬烯（6.72%）、癸酸乙酯（6.20%）、铃兰吡喃（5.69%）、9-癸烯酸乙酯（5.50%）、三甲基乙酸（5.30%）、异戊醇（4.08%）、正戊醇（3.83%）、苯甲腈（3.56%）、桉树油（3.55%）、六甲基环三硅氧烷（3.03%）、苯甲醛（2.61%）、2-硝基丙烷（2.28%）、苯乙酮（2.24%）、十四甲基环庚硅氧烷（2.06%）、喹啉（2.03%）、2,3,6-三甲基萘（1.86%）、苯甲酸（1.69%）、八甲基环四硅氧烷（1.57%）、叶醇（1.48%）、乙酸乙酯（1.14%）等（王鑫等，2022）。

长白山1号C-1： 顶空固相微萃取法提取的黑龙江哈尔滨产'长白山1号C-1'蓝靛果转色期果实香气的主要成分为，3,7-二甲基-1,6-辛二烯-3-醇（20.52%）、二丁基羟基甲苯（15.39%）、叶醇（8.00%）、α-松油醇（7.30%）、1-丁醇（6.54%）、辛烷（5.71%）、异辛醇（4.17%）、壬醛（3.10%）、5-甲基-1-己烯（2.55%）、己醛（2.33%）、(Z)-2-己烯-1-醇（2.06%）、(E)-2-己烯醛（1.79%）、2-乙基-1-己醇（1.74%）、7-甲基-3-亚甲基-7-辛烯-1-醇丙酸甲酯（1.42%）、(E)-3-己烯-1-醇（1.26%）、顺-α,α-5-三甲基-5-乙烯基四氢化呋喃-2-甲醇（1.13%）、2-叔丁基对甲苯酚（1.13%）、(E)-2-庚烯醛（1.05%）等；成熟期果实香气的主要成分为，二丁基羟基甲苯（17.66%）、1-甲基-丙烯基醚（15.48%）、(E)-2-己烯醛（11.02%）、3,7-二甲基-1,6-辛二烯-3-醇（10.90%）、辛烷（6.45%）、α-松油醇（5.85%）、三甲氨基硼烷（5.27%）、己醛（5.23%）、1-丁醇（2.02%）、5-甲基-1-己烯（1.78%）、壬醛（1.52%）、5-十八烯（1.35%）、2-叔丁基对甲苯酚（1.28%）、苯甲酸,4-甲基-2-三甲基硅氧烷基,三甲基甲硅烷酯（1.26%）、正十三烷（1.23%）、正庚醚（1.21%）、(E)-3-己烯-1-醇（1.07%）等（刘朋等，2016）。

顶空固相微萃取法提取的野生蓝靛果新鲜成熟果实香气的主要成分为，乙酸-反-2-己烯酯（30.54%）、反式-2-己烯-1-醇（24.36%）、桉叶油醇（20.68%）、2-己烯醛（8.74%）、乙酸叶醇酯（3.19%）、N-丁酸

(反 -2- 己烯基) 酯（2.12%）、丁酸己酯（1.86%）、芳樟醇（1.26%）、异戊酸叶醇酯（1.15%）、己酸己酯（1.09%）、己酸叶醇酯（1.04%）等（李金英等，2015）。水蒸气蒸馏法提取的吉林抚松产蓝靛果新鲜成熟果实香气的主要成分为，正十五烷 (12.21%)、十六烷 (11.60%)、十七烷 (9.46%)、1- 氯 - 十八烷（6.26%）、十二烷酸乙酯（5.10%）、十四烷（5.08%）、十二烷（4.58%）、2- 氨基苯癸基醚（4.11%）、2- 甲基 - 十四烷（3.94%）、辛酸甲酯（3.28%）、2- 甲基辛烷（3.11%）、十一烷醇乙酯（2.97%）、11,14- 二十烷二烯酸甲酯（2.89%）、己酸乙酯（2.69%）、四癸基环氧己烷（2.58%）、2,3- 二甲基戊烷（2.04%）、9- 氧杂二环 [6.1.0] 壬烷（1.95%）、2- 癸氧基 - 苯胺（1.92%）、2,6,10,14- 四甲基十七烷（1.58%）、邻 -2 甲丙基氧基苯胺（1.53%）、1,3,5,7-$\alpha,\alpha,\alpha,\alpha$-1- 甲基 -5-(1- 甲乙基)-4,8- 二氧三环 [5.1.0^{3,5}] 辛烷（1.48%）、2- 碘 -2- 甲基丁烷（1.32%）、1- 乙烯氧基十八烷（1.31%）、2,5,5- 三甲基 -1,6- 庚二烯（1.28%）、2,3- 二氢 -5H-1,4- 二氧杂䓬（1.22%）、2- 丙基 -1- 癸醇（1.00%）等（吴信子等，1999）。

5.9 接骨木果

接骨木果为荚蒾科接骨木属植物的新鲜成熟果实的统称，包括接骨木、朝鲜接骨木，是东北地区的小浆果类果树。果实可生食，味酸甜可口，富含营养物质。不同种接骨木果实香气成分如下。

接骨木（*Sambucus williamsii* Hance） 别名：九节风、续骨草、木蒴藋、东北接骨木，分布于黑龙江、吉林、辽宁、河北、山西、陕西、甘肃、山东、江苏、安徽、浙江、福建、河南、湖北、湖

接骨木图

南、广东、广西、四川、贵州及云南等省区。果实红色，极少蓝紫黑色，卵圆形或近圆形，直径 3～5mm。顶空固相微萃取法提取的接骨木新鲜成熟果实香气的主要成分为，β- 榄香烯（30.16%）、长叶烯（28.03%）、石竹烯（13.95%）、2,6,10- 三甲基十五烷（9.43%）、壬基 - 环丙烷（6.18%）、长叶蒎烯（5.19%）、α- 蒎烯（4.54%）、乙酸薄荷酯（2.52%）等（李金英等，2013）。顶空固相微萃取法提取的接骨木新鲜成熟果实香气的主要成分为，1- 十三醇（14.49%）、β- 榄香烯（13.11%）、棕榈酸（11.78%）、长叶烯（9.92%）、β- 瑟林烯（8.51%）、石竹烯（7.84%）、芳樟醇（7.69%）、2- 壬酮（7.08%）、胡薄荷酮（3.99%）、异薄荷酮（3.19%）、乙酸薄荷酯（2.40%）等（李金英等，2013）。

朝鲜接骨木 [*Sambucus coreana* (Nakai) Kom.] 核果近球形，成熟时红色。顶空固相微萃取法提取的朝鲜接骨木新鲜成熟果实香气的主要成分为，正十四烷（88.97%）、十二烷（6.18%）等（李金英等，2013）。

朝鲜接骨木图

5.10 白刺果

白刺果为白刺科白刺属植物白刺、小果白刺等的新鲜成熟果实。白刺果作为野生水果资源被食用，具有"沙漠樱桃"之称。成熟果实直接食用味甜而酸，兼有葡萄、樱桃的味道。果实含糖33%、脂肪17%、淀粉11.1%，维生素C含量达26mg/100g，果粉中维生素B_2和维生素B_1含量分别为12.8mg/kg和43.6mg/kg，还含有丰富的K、Ca、Fe及Zn等矿质元素。目前已有果汁类、果酒类、果粉类、保健食品等多种类型产品上市，主要产品有野生白刺果酒、野生白刺果汁饮料、野生白刺果蜜、野生白刺果酱、野生白刺果口服液等。果实入药，有健脾胃、滋补强壮、调经活血、催乳的功效，用于脾胃虚弱、消化不良、神经衰弱、高血压头晕、感冒、乳汁不下。

白刺（*Nitraria tangutorum* Bobr.） 别名：唐古特白刺、酸胖，分布于陕西、新疆、内蒙古、宁夏、甘肃、青海、西藏。核果卵形，有时椭圆形，熟时深红色，果汁玫瑰色，长8～12mm，直径6～9mm。果核狭卵形。成熟果晶莹剔透，红似珍珠、紫如玛瑙，被誉为"高原红珍珠"，被用作食物已有数千年。超临界CO_2萃取法提取的新疆石河子产白刺果实香气的主要成分为，二十七烷（16.40%）、二十九烷（14.33%）、三十五烷（13.89%）、亚油酸乙酯（11.10%）、二十五烷（7.49%）、(*E*)-9-十八碳烯酸乙酯（3.86%）、γ-谷甾醇（3.26%）、(*E,E*)-2,4-癸二烯醛（1.63%）、γ-生育酚（1.56%）、豆甾4-烯-3-酮（1.36%）、二十一烷（1.20%）、二十八烷（1.09%）、羽扇醇（1.07%）、α-生育酚（1.01%）等（朱芸等，2007）。顶空固相微萃取法提取的青海德令哈产白刺新鲜成熟果实香气的主要成分（单位：峰面积）为，丙酮（4966.69）、异戊醇（2288.57）、乙醇（2097.46）、(*E*)-2-己烯醛（1706.62）、异戊醛（1691.05）、丁酸丙酯（1609.05）、异戊酸甲酯（1559.26）、3-戊酮（1002.54）、丙酸丁酯（997.69）、乙酸-2-甲基丁酯（881.66）、正己醛（827.18）、乙酸乙酯（767.56）、2-戊酮（433.90）、乙酸甲酯（370.07）、丙硫醇（267.56）、甲乙酮（226.48）、2,3-丁二酮（226.02）、乙酸丁酯（156.34）、乙偶姻（136.59）、丁酸丁酯（119.08）、苯甲醛（113.84）、甲基庚烯酮（108.16）等（李光英等，2022）。

小果白刺（*Nitraria sibirica* Pall.） 别名：卡密、酸胖、白刺、西伯利亚白刺，分布于我国各沙漠地区，华北及东北沿海沙区也有分布。果椭圆形或近球形，两端钝圆，长6～8mm，熟时暗红色，果汁暗蓝色，带紫色，味甜而微咸。超临界CO_2萃取法提取的新疆石河子产小果白刺成熟果实香气的主要成分为，二十八碳烷（22.71%）、二十九烷（17.73%）、γ-谷甾醇（9.12%）、亚油酸乙酯（8.75%）、γ-生育酚（7.25%）、二十七烷（4.32%）、油酸乙酯（3.96%）、菜油甾醇（2.57%）、三十一烷（2.16%）、(*E,E*)-2,4-癸二烯醛（2.08%）、α-生育酚（1.94%）、5,22-二烯-3-豆甾醇（1.77%）、(*Z*)-2-庚烯醛（1.22%）等；浸提法提取的果实香气的主要成分为，γ-谷甾醇（14.96%）、γ-生育酚（14.09%）、油酸（8.27%）、三十一烷（7.62%）、三十（碳）烷（7.58%）、二十九烷（5.35%）、二十七烷（5.19%）、菜油甾醇（4.34%）、α-生育酚（3.49%）、豆甾醇（2.75%）、亚油酸（2.62%）、十六烷酸（1.65%）、(*E,E*)-2,4-癸二烯醛（1.46%）、二十六烷（1.39%）、亚油酸乙酯（1.30%）等（朱芸等，2006）。

5.11 嘉宝果

嘉宝果 [*Plinia cauliflora* (Mart.) Kausel] 为桃金娘科树番樱属嘉宝果的成熟果实,别名:树葡萄,原产南美洲的巴西、玻利维亚、巴拉圭和阿根廷,在我国福建、广东、海南、重庆等地均有种植,已成为国内一种新兴的热带水果。常绿小乔木。叶对生,革质。花常簇生于主干及主枝上,新枝上较少,花小,白色。一年多次开花。嘉宝果营养价值高,富含维生素 C、钙、铁及多种氨基酸等营养成分。

嘉宝果1

嘉宝果2

沙巴（Sb）：顶空固相微萃取法提取的福建漳州产'沙巴'树葡萄新鲜成熟果实香气的主要成分为，*d*-柠檬烯（15.48%）、荜澄茄烯（14.05%）、*β*-罗勒烯（10.64%）、*β*-蒎烯（10.53%）、*α*-蒎烯（8.47%）、(*Z*)-2-丁烯酸乙酯（5.69%）、*β*-石竹烯（5.43%）、(+)-香橙烯（4.49%）、(*E*)-1,4-己二烯（4.12%）、桉叶油醇（3.85%）、(–)-*α*-新丁香三环烯（3.74%）、苯酸甲酯（3.46%）、乙酸芳樟酯（2.85%）等（邱珊莲等，2021）。

四季早生：顶空固相微萃取法提取的福建漳州产'四季早生'树葡萄新鲜成熟果实香气的主要成分为，荜澄茄烯（15.49%）、*β*-石竹烯（13.19%）、(–)-*α*-新丁香三环烯（12.53%）、佛术烯（9.52%）、*β*-蒎烯（8.53%）、*β*-罗勒烯（6.21%）、*α*-蒎烯（6.09%）、*d*-柠檬烯（4.54%）、乙酸芳樟酯（4.51%）、苯乙烯（2.43%）、叶醇（2.07%）、大根香叶烯 B（1.70%）、(–)-*β*-榄香烯（1.63%）、*δ*-紫穗槐烯（1.38%）、*δ*-榄香烯（1.23%）、(–)-*α*-古芸烯（1.15%）、(*Z*)-3-己烯醇甲酸酯（1.09%）、(*Z*)-2-丁烯酸乙酯（1.01%）等（邱珊莲等，2021）。

福冈（Fukuoka）：顶空固相微萃取法提取的福建漳州产'福冈'树葡萄新鲜成熟果实香气的主要成分为，*β*-石竹烯（41.21%）、(–)-*α*-新丁香三环烯（14.51%）、*β*-蒎烯（7.50%）、*α*-蒎烯（7.47%）、*β*-罗勒烯（7.37%）、(+)-香橙烯（4.07%）、3-蒈烯（3.11%）、(*Z*)-*α*-没药烯（2.78%）、(–)-*β*-榄香烯（2.66%）、*α*-愈创木烯（2.18%）、丁酸乙酯（2.14%）、*α*-菖蒲醇（2.02%）、*d*-柠檬烯（1.27%）等（邱珊莲等，2021）。

顶空固相微萃取法提取的福建莆田产树葡萄新鲜成熟果实香气的主要成分（单位：μg/L）为，巴豆酸乙酯（4341.46）、芳樟醇（2466.39）、乙酸乙酯（1620.96）、甜瓜醛（743.85）、乙酸叶醇酯（569.17）、1,8-桉叶素（519.55）、4-异丙基甲苯（353.30）、*d*-柠檬烯（268.44）、*α*-萜品醇（171.41）、苯乙烯（163.95）、异辛醇（148.58）、乙酸（140.87）、卡拉门烯（130.38）、3-环己烯-1-甲酸（128.18）、乙酸异戊酯（115.82）、*β*-杜松烯（102.57）、(*E*)-2-己烯醛（100.83）等（吕茜等，2023）。

5.12 其他

火棘果 [*Pyracantha fortuneana* (Maxim.) Li] 为蔷薇科火棘属植物火棘的新鲜成熟果实，别名：火把果、救兵粮、救军粮、救命粮、红子、红子刺、吉祥果，分布于陕西、河南、江苏、浙江、福建、湖北、湖南、广西、贵州、云南、四川、西藏。火棘果实近球形，直径约 5mm，橘红色或深红色。花期 3～5 月，果期 8～11 月。火棘果实因味似苹果又被称为"袖珍苹果""微果之王"，一颗如珠的果实维生素 C 的含量相当于一个大苹果，果实还含有丰富的有机酸、蛋白质、氨基酸、维生素和多种矿质元素，是营养极高的保健型水果。可鲜食，也可加工成各种饮料。果实入药，可消积止痢、活血止血，用于消化不良、肠炎、痢疾、小儿疳积、崩漏、白带异常、产后腹痛。

水蒸气蒸馏法提取的安徽黄山产火棘干燥果实香气的主要成分为，*δ*-杜松烯（15.85%）、三十烷（12.25%）、1,2,3,4,6,8*a*-六氢-1-异丙基-4,7-二甲基-萘（5.61%）、*α*-荜澄茄油烯（5.29%）、二十二烷（4.45%）、2,6,10,14-四甲基-十六烷（3.83%）、*α*-杜松醇（3.74%）、棕榈酸（3.68%）、二十七烷（2.33%）、二十四烷（2.20%）、巴西酸亚乙酯（1.62%）、二十一烷（1.51%）、亚麻醇（1.40%）、3-糠醛（1.17%）、吉马烯 D（1.02%）等（王如刚等，2013）。

火棘果图

酸枣［*Ziziphus jujuba* var. *spinosa* (Bunge) Hu ex H. F. Chow］为鼠李科枣属植物枣的变种酸枣的新鲜成熟果实，别名：棘、角针、硬枣、山枣、山枣树、棘酸枣、刺枣，分布于辽宁、内蒙古、山东、山西、河北、河南、陕西、甘肃、宁夏、新疆、江苏、安徽等省区。酸枣果实近球形或短矩圆形，直径 0.7～1.2cm，具薄的中果皮，味酸。花期 6～7 月，果期 8～9 月。果实肉薄，但含有丰富的维生素 C，可生食或制作果酱。酸枣的种子酸枣仁入药，有镇定安神之功效，主治神经衰弱、失眠等症。

酸枣图 1

酸枣图 2

水蒸气蒸馏法提取的辽宁朝阳产酸枣新鲜成熟果实果肉香气的主要成分为，邻苯二甲酸二异丁酯（20.12%）、十二酸（16.54%）、2,6-二叔丁基对甲酚（8.86%）、正癸酸（7.98%）、苯甲酸（4.99%）、十四酸（3.96%）、正十六酸（3.43%）、辛酸（3.37%）、己酸（3.28%）、庚酸（2.69%）、邻苯二甲酸二丁酯（2.37%）、糠醛（2.21%）、对二甲苯（1.59%）、苯并噻唑（1.43%）、戊酸（1.21%）、壬酸（1.12%）、3-叔丁基-4-羟基茴香醚（1.10%）、2-辛烯酸（1.09%）等；同时蒸馏萃取法提取的果肉香气的主要成分为，十二酸（23.36%）、4-羟基-苯乙醇（14.00%）、正癸酸（11.68%）、邻苯二甲酸二异丁酯（10.66%）、糠醛（6.72%）、辛酸（4.16%）、十四酸（3.48%）、乙酸（2.60%）、苯乙醇（2.31%）、庚酸（2.17%）、己酸（2.07%）、苯甲酸（1.59%）、壬酸（1.35%）、正十六酸（1.32%）、(E)-2-己烯醛（1.23%）、(E)-2-辛烯醛（1.12%）等（回瑞华等，2004）。加热回流法提取河北赞皇产酸枣果肉浸膏再用同时蒸馏萃取法提取的浸膏香气的主要成分为，反式-9-十六烯酸（28.16%）、十二酸（13.00%）、十六碳烯醇（11.45%）、棕榈酸（10.54%）、十四酸（6.40%）、2-己醇（3.42%）、顺-6-十八碳烯酸（2.89%）、糠醛（2.88%）、邻苯二甲酸二异丁酯（1.45%）、乙酸（1.40%）、9,12-十八碳二烯酸（1.36%）等（寇天舒等，2016）。

滇刺枣（*Ziziphus mauritiana* Lam.） 为鼠李科枣属滇刺枣的新鲜成熟果实，别名：台湾青枣、毛叶枣、缅枣、酸枣，在云南、四川、广东、广西、福建和台湾有栽培。果实矩圆形或球形，长1～1.2cm，直径约1cm，橙色或红色，成熟时变黑色，具1颗或2颗种子；中果皮薄，内果皮厚。花期8～11月，果期9～12月。果实可食。

滇刺枣图

同时蒸馏萃取法提取的云南澜沧产滇刺枣果实香气的主要成分为，邻苯二甲酸二(2-乙基)己酯（18.00%）、邻苯二甲酸二丁酯（12.33%）、5-己基二氢-2(3*H*)-呋喃酮（4.60%）、2-十二烯-4-酮（2.75%）、2-十三烷酮（2.25%）、十四烷（2.15%）、2-十四烷酮（2.14%）、(E)-2-癸烯醛（2.07%）、2-壬烯-4-酮（2.00%）、己酸己酯（1.93%）、壬醛（1.87%）、丙基丙二酸（1.73%）、5-甲基糠醛（1.70%）、二十九烷（1.52%）、十三酸乙酯（1.52%）、己酸乙酯（1.46%）、二十烷（1.44%）、6-甲基-2-十三烷酮（1.30%）、4-羟基-6-甲基-2*H*吡喃-2-酮（1.09%）、十四酸乙酯（1.09%）、丁基化羟基甲苯（1.02%）等（邓国宾等，2004）。

地果（*Ficus tikoua* Bur.） 为桑科榕属植物地果的新鲜成熟果实，别名：榕果、地石榴、地瓜、野地瓜、地枇杷、地瓜藤、过山龙，分布于湖南、湖北、广西、贵州、云南、西藏、四川、甘肃、陕西。地果成对或簇生于匍匐茎上，常埋于土中，球形至卵球形，直径1～2cm，成熟时深红色，表面多圆形瘤点。瘦果卵球形，表面有瘤体。花期5～6月，果期7月。果实可食用。

地果图1

地果图2

　　顶空固相微萃取法提取的地果冰冻后的新鲜果实香气的主要成分为，愈创木酚（14.71%）、环丁烷羧酸十二烷基酯（13.54%）、正十三烷（6.05%）、2-十三烷酮（4.72%）、环己硅氧烷（4.44%）、环丁烷羧酸癸酯（4.18%）、甲基壬基甲酮（3.62%）、乙酸（2.98%）、环戊烷羧酸十三酯（2.48%）、2-十四烷醇（2.31%）、苯酚（2.21%）、甲肼（2.11%）、甲醇（1.75%）、(*Z*)-5-甲基-6-二十二烯-11-酮（1.51%）、丙酮醇（1.32%）、3-羟基丁酸乙酯（1.07%）、乙醇（1.03%）等（杨秀群等，2016）。

山茱萸（*Cornus officinalis* Sieb. et Zucc） 为山茱萸科山茱萸属植物山茱萸的成熟果实，别名：枣皮。主要产区是陕西、河南等省区，当地人有将山茱萸果实作为食品食用的历史习惯。2023年批准为药食两用植物。核果长椭圆形，长1.2～1.7cm，直径5～7mm，红色至紫红色。花期3～4月，果期9～10月。山茱萸果实是我国传统中药材，性味酸、涩，微温。具有补益肝肾、涩精固脱的功效。现代研究表明山茱萸中含有环烯醚萜类、皂苷、多糖、熊果酸、齐墩果酸、鞣质等多种化学成分，具有降血糖、降血脂、抗肿瘤、抗菌、抗病毒等功效。可制作果脯、果酱、压片糖果等食品。

山茱萸图 1

山茱萸图 2

固相微萃取法提取的安徽霍山产山茱萸新鲜成熟果实香气的主要成分为，α- 依兰油烯（9.43%）、壬醛（9.40%）、顺 - 菖蒲烯（8.13%）、石竹烯（5.81%）、癸醛（5.50%）、甲酸辛酯（4.36%）、α- 松油醇（4.27%）、(−)-β- 波旁烯（4.24%）、(E)-2- 癸烯醛（3.76%）、6,10,14- 三甲基 -2- 十五烷酮（3.59%）、苯乙醇（3.56%）、2- 十一烯醛（3.06%）、γ- 依兰油烯（2.90%）、(Z)-2- 辛烯 -1- 醇（2.74%）、tau- 木罗醇（2.61%）、1,6- 二甲基 -4-(1- 甲基乙基)- 萘（2.56%）、(E)-2- 壬烯醛（2.27%）、α- 白菖考烯（2.27%）、6,10- 二甲基 -5,9- 十一碳二烯 -2- 酮（2.21%）、十四烷（2.09%）、壬醇（1.86%）、1- 辛烯 -3- 醇（1.84%）、荜澄茄油烯（1.46%）、苯甲醇（1.34%）、(E)-2- 辛烯醛（1.17%）、(E)-2- 庚烯醛（1.16%）、十二碳醛（1.07%）、大牻牛儿烯 D（1.04%）、氧化石竹烯（1.03%）等（赵梦瑶等，2020）。水蒸气蒸馏法提取的陕西太白产山茱萸新鲜成熟果实香气的主要成分（单位：mg/kg）为，2- 辛醇（0.947）、4-(2- 羟乙基) 酚（0.938）、苯并噻唑（0.683）、戊烯二酐（0.683）、水杨酸甲酯（0.422）、十一酸（0.250）、间呋喃醛（0.249）、对 -(孟)-8- 烯 -3- 醇（0.242）、(Z)-3- 己烯 -1- 醇（0.225）、芳樟醇（0.175）、4- 戊烯醛（0.172）、豆蔻酸（0.158）、软脂酸（0.147）、氧化沉香醇（0.141）、a,4- 二甲基 -3- 环己烯 -1- 乙醛（0.138）、9,12- 十八碳一醇（0.107）、氧化芳樟醇（0.105）、1- 羟基 -2- 乙酰基 -4- 甲基苯（0.101）等（胡劲光等，2009）。

岗稔果 [*Rhodomyrtus tomentosa* (Ait.) Hassk.] 为桃金娘科桃金娘属植物桃金娘的新鲜成熟果实，别名：桃金娘、山稔、桃娘、石都稔子、倒稔子、豆稔干、稔果、石榴子，分布于广东、广西、福建、台湾、云南、贵州、湖南。浆果卵状壶形，长 1.5～2cm，宽 1～1.5cm，熟时紫黑色；种子每室2 列。花期 4～5 月。岗稔果在我国具有悠久的药食两用历史，产地人民在果实成熟时有上山采摘野果食用的习惯。具有良好的药用和保健品功能，在保健品、化妆品和医药行业有着良好的应用前景。岗稔果是纯天然野生水果，成熟果实具有一种怡人的清新香气，芯外多籽，味道异常甜美，生津止渴，回味甘甜。果实含有较为全面的营养成分，其中含粗脂肪 7.97%、粗蛋白 6.21%、粗纤维 34.97%、木质素 31.76%、总糖18.53%、还原糖 15.52%，每 100g 含维生素 C 28.8mg、维生素 H 10.19mg、胡萝卜素 0.388mg，更有丰富的氨基酸和多种人体所需的矿物质，钙、镁更高达 56.10μg/g，果实含黄酮类、酚性成分等。食用前喝点盐水，可预防吃到未成熟果实造成的便秘问题。果实也可作为食品加工原料，加工成果汁或果酒。果实入药，味甘性平，有养血止血、涩肠固精的功效，用于血虚体弱、吐血、鼻衄、劳伤咯血、便血、崩漏、遗精、带下、痢疾、脱肛、烫伤、外伤出血。

桃金娘图

二氯甲烷萃取法提取的广东韶关产桃金娘新鲜成熟果实香气的主要成分为，α- 蒎烯（23.29%）、丁炔 -3- 酮基薄荷烯醇（20.06%）、β- 丁香烯（8.61%）、7- 甲基 - 反式十四烷烯醇乙酸酯（6.92%）、12- 羟基十八烷酸（4.40%）、莰烯（4.39%）、苯乙烯（2.34%）、杜松烷 -1(10),4- 二烯（1.59%）、十六烷酸（1.55%）等（钟瑞敏等，2009）。

费约果 [*Acca sellowiana* (O.Berg) Burret.] 为桃金娘科野凤榴属植物南美稔的新鲜成熟果实，别名：菲油果、肥吉果、斐济果、凤榴、菠萝番石榴。原产于南美洲的巴西、巴拉圭、乌拉圭和阿根廷，20 世纪 30 年代初传入日本，现在全球亚热带气候温暖地区广泛种植。我国云南有栽培，被称为"水果中的中华鲟"。浆果长椭圆形至卵形，长 2.5～7cm，果皮蜡质，光亮，暗绿色，成熟时略微带红色，果期为深秋至初冬，熟时果肉为黄色，半透明状；种子较小，埋于果肉当中。费约果成熟果实散发出似菠萝和番石榴或菠萝和草莓的混合芳香气味，香味持久。鲜食味香浓厚，汁多肉嫩，甜酸可口，深受人们喜爱。果肉除富含维生素 C、叶酸、膳食纤维、矿物质外，还含有多种苷类和黄酮类物质及丰富的可溶性碘化合物。具有排毒养颜、降血脂、抗癌等功效。费约果具有丰富的营养和特殊的芳香物质及良好的风味，且在加工过程中具有相对稳定性，目前已经广泛应用于果汁、果酱、果酒、糕点、冰激凌、巧克力等食品的生产。果皮、果肉提取物具有抗菌、抑制肿瘤、抗氧化等功效。

顶空固相微萃取法提取的四川绵阳产'尤力克'费约果新鲜成熟果实香气的主要成分为，苯甲酸甲酯（36.56%）、顺 -3- 己烯醛（17.44%）、己醛（5.07%）、丁酸乙酯（4.21%）、乙醇（3.60%）、反 -2- 己烯醛（3.53%）、苯甲酸乙酯（1.50%）、3- 辛酮（1.44%）、芳樟醇（1.40%）、丁酸顺式 -3- 己烯酯（1.30%）、乙酸乙酯（1.21%）、吉玛烯（1.04%）、石竹烯（1.04%）、蛇麻烯（1.02%）、茴香酸甲酯（1.01%）等（张猛等，2008）。

香瓜茄（*Solanum muricatum* **Ait.**）为茄科茄属植物香瓜茄的新鲜成熟果实，别名：南美香瓜茄、香艳茄、南美香瓜梨、香艳梨、人参果、凤果、寿仙桃、长寿果、梨瓜、仙果、艳果、草本苹果、香瓜梨、紫香茄。原产南美洲安第斯山北麓，20 世纪 80 年代引入我国。北京、台湾有栽培。浆果卵圆形或圆锥形，果皮淡绿色，成熟时淡黄色，因品种不同而有紫色条斑，果肉奶油色。种子浅黄色。果实可作水果食用，果肉清香味美，爽甜多肉，柔嫩多汁，有甜瓜和瓜类水果的香味，略带茄子的风味，质地爽脆。多生食，也可做冰激凌、乳酪等的调味料。

香瓜茄图 1

香瓜茄图 2

顶空固相微萃取法（50μm/30μm DVB/CAR 纤维头）提取的香瓜茄新鲜果实香气的主要成分为，柠檬烯（33.06%）、反式 -2- 己烯醛（10.75%）、对伞花烃（9.76%）、反，反 -2,4- 癸二烯醛（6.94%）、3- 甲基 -2- 丁烯酸 -3- 甲基丁 -2- 烯基酯（6.80%）、己醛（6.00%）、乙醇（4.50%）、4- 松油醇（3.34%）、千里酸异戊酯（2.62%）、2- 正戊基呋喃（1.69%）、棕榈酸（1.62%）、反 -2- 辛烯醛（1.56%）、月桂酸（1.38%）、肉豆蔻酸（1.13%）、反，正 -2,4- 癸二烯醛（1.02%）等；（75 μm CAR/PDMS 纤维头）提取的新鲜果实香气的主要成分为，反式 -2- 己烯醛（33.45%）、柠檬烯（14.89%）、乙醇（6.99%）、3- 甲基 -2- 丁烯酸 -3- 甲基丁 -2- 烯基酯（5.78%）、对伞花烃（5.75%）、己醛（5.23%）、反，反 -2,4- 癸二烯醛（4.48%）、月桂酸（4.00%）、肉豆蔻酸（3.70%）、棕榈酸（2.55%）、反 -2- 辛烯醛（1.78%）、反，正 -2,4- 癸二烯醛（1.47%）、千里酸异戊酯（1.37%）、反式 -2- 壬醛（1.34%）、癸酸（1.04%）等（王延平等，2017）。

木奶果（*Baccaurea ramiflora* Lour.）

为叶下珠科木奶果属植物木奶果的新鲜成熟果实，别名：白皮、山萝葡、山豆、木荔枝、大连果、木来果、树葡萄、枝花木奶果，分布于海南、广东、广西、云南。木奶果为一种野生果树，在云南西双版纳，傣族群众零星栽培于庭园供鲜食或药用。以果皮颜色区分，有果皮为近白色的白皮木奶果和果皮为紫色的紫皮木奶果两种。浆果蒴果卵状或近圆球状，长 2～2.5cm，直径 1.5～2cm，黄色后变紫红色，内有种子 1～3 颗。花期 3～4 月，果期 6～10 月。木奶果是极具特色的原生态热带野生水果，果实成熟时可鲜食，味道酸甜。果实富含糖类、维生素及人体所需的多种微量元素，果实可食率为 49.2%，含水分 84.7%、脂肪 0.06%、淀粉 0.47%、纤维 0.29%、维生素 C 1.57mg/100g、可滴定酸 1.99%、总糖 11.87%。木奶果在印度和东南亚除鲜食外，还用于制果酱。果皮可入药，有止咳平喘、解毒止痒之效。

水蒸气蒸馏法提取的海南屯昌产木奶果风干果实香气的主要成分为，正十六碳酸（29.53%）、丁基甲氧基苯（17.47%）、(Z,Z)-9,12- 十八碳二烯酸（11.59%）、(Z,Z,Z)-9,12,15- 十八碳三烯酸（6.46%）、9- 十八碳烯酸（6.16%）、2-(2- 乙基己基)- 邻苯二甲酸酯（5.67%）、苯酚（2.76%）、2- 乙基苯酚（2.50%）、十八碳酸（2.50%）、十四碳酸（2.16%）、香草醛（1.97%）、正癸酸（1.93%）、蒽（1.92%）、4- 甲基苯酚（1.64%）、3,4- 二甲基苯酚（1.52%）、3- 甲基苯酚（1.42%）等（徐静等，2007）。

木奶果图

余甘子（***Phyllanthus emblica* Linn.**）为叶下珠科叶下珠属植物余甘子的新鲜成熟果实，别名：油甘子、余甘、牛甘子、滇橄榄、油柑、庵摩勒、米含、望果、庵婆罗果、喉甘子，分布于江西、福建、台湾、广东、海南、广西、贵州、云南、四川等地。余甘子以中国的产量最高。蒴果核果状，圆球形，直径 1～1.3cm，外果皮肉质，绿白色或淡黄白色，内果皮硬壳质。花期 4～6 月，果期 7～9 月。果实可作为水果生食或加工成蜜饯、饮料食用，初食味酸涩，良久乃甘，故名"余甘子"。果实营养丰富，富含有机酸、糖类、氨基酸，以及钙、磷、铁等矿物质，每 100g 鲜果中含有蛋白质 0.5g，维生素 C 496.9mg，维生素 PP 0.2mg。具有抑菌、抗炎、抗肿瘤、抗突变、降血脂、降血压、保肝等功效，可生津止渴、润肺化痰、解河豚中毒等，用于感冒发热、血热血瘀、肝胆病、消化不良、腹痛、咳嗽、喉痛、白喉、口干。

水蒸气蒸馏法提取的四川西昌产余甘子阴干果实果肉香气的主要成分为，α-糠醛（17.93%）、2-氯-二环 [2.2.2]-5-烯 -2-辛腈（7.69%）、水杨酸甲酯（7.25%）、反 -2-癸烯醛（5.05%）、六氢法尼基丙酮（5.03%）、壬醛（3.44%）、二十九烷（3.08%）、5-三甲基 -5-乙烯基 -2-糠醇（2.83%）、碳酸甲辛酯（2.81%）、二十一烷（2.64%）、2-苯丁二烯（2.47%）、癸醛（2.29%）、四十四烷（2.28%）、2-十一烯醛（2.27%）、3,3′-二环己烯（2.16%）、邻二甲苯（1.86%）、2-壬烯醛（1.86%）、植烷（1.73%）、2-十九烷酮（1.66%）、邻苯二甲酸二异丁酯（1.65%）、9-氨基 -3,4′-二氢 -1(2*H*)-茚酮（1.48%）、1-(2-呋喃基)-甲基酮（1.36%）、二十二烯（1.32%）、7,7-二甲基 -2-异丙烯基 -5-异丙基二环 [4.1.0]-庚 -3-烯（1.27%）、2,2,4-三甲基己烷（1.17%）、苯甲醛（1.07%）、1,6-二氢香芹醇（1.07%）、*N*-糠基吡咯（1.04%）等（王升平等，2009）。超临界 CO_2 萃取法提取的广东惠州产野生余甘子果实香气的主要成分为，β-波旁烯 (38.23%)、二十六烷 (17.20%)、麝香草酚 (10.94%)、二十五烷 (8.51%)、β-丁香烯 (5.39%)、2,3-二羟基丙酸 (4.36%)、十六烷酸 (2.65%)、二十烷醇（1.80%）、6-甲基 -5-庚烯 -2-醇（1.70%）、甲基丁香酚 (1.25%) 等（赵谋明等，2007）。

余甘子图

露兜果（***Pandanus tectorius* Parkinson**）为露兜树科露兜树属植物露兜树的新鲜成熟果实，别名：野菠萝、露兜簕、林投。广泛分布于亚洲、非洲和大洋洲热带和亚热带地区，我国分布于福建、台湾、广东、海南、广西、贵州和云南等省区。聚花果大，由 40～80 个核果束组成，圆球形或长圆形，长达 17cm，直径约 15cm，幼果绿色，成熟时橘红色。花期 1～5 月。果肥厚多肉可食，含有维生素、丰富的矿质元素和多种营养成分，含 7 种人体必需的氨基酸，其中总糖质量分数、丝氨酸和谷氨酸质量分数、维生素 C 质量分数、钾质量分数较高。果实入药，有治感冒发热、肾炎、水肿、腰腿痛、疝气痛等功效。

露兜果图

乙醇热回流 - 石油醚萃取法提取的海南产新鲜露兜果香气的主要成分为，1,2- 二乙基环十六烷（14.07%）、1- 二十二烯（13.63%）、环二十四烷（11.14%）、1- 二十六烯（10.84%）、(E)-15- 十七碳烯醛（9.26%）、邻苯二甲酸二异丁酯（7.30%）、1,2- 二甲酸苯单 (2- 乙基己基) 酯（3.25%）、1- 二十烯（2.97%）、1- 十九烯（2.72%）、1,2- 二乙基环十六烷（1.96%）、十九烯（1.84%）、1,2- 二乙基环十六烷（1.76%）、二十二烷（1.40%）、二十六烷（1.36%）、二十烷（1.28%）、二十一烷（1.20%）、二十四烷（1.14%）、十八烷（1.11%）、环二十四烷（1.03%）等（王盈盈等，2011）。乙醇热回流 - 石油醚萃取法提取的海南万宁产露兜果干燥果实香气的主要成分为，亚油酸（25.14%）、棕榈酸（16.48%）、油酸（15.50%）、亚麻酸甲酯（9.31%）、硬脂酸（5.91%）、十七烷酸（2.88%）、十五烷酸（1.51%）、邻苯二甲酸二丁酯（1.46%）、亚油酸甲酯（1.19%）、二十七烷（1.04%）等；正丁醇萃取的果实香气的主要成分为，棕榈酸（26.35%）、油酸（20.51%）、亚油酸（14.90%）、硬脂酸（8.74%）、5- 羟甲基 -2- 呋喃甲醛（1.64%）、棕榈酸甲酯（1.17%）等（武嫱等，2010）。

菱角（*Trapa natans* L.）为菱科菱属植物幼嫩果实的统称，文献只见东北菱香气成分的分析报道。原产欧洲，在中国南方，尤其以长江下游太湖地区和珠江三角洲栽培最多。菱角种类繁多，人工栽培的果实较大，野生的较小；有青色、红色和紫色；外形有些犹如牛头，有无角的、一角的、二角的、三角的、四角的。品种有：馄饨菱、小白菱、大青菱、水红菱、邵伯菱、沙角菱、扒菱、蝙蝠菱、五月菱、七月菱等。东北菱果三角状菱形，高 2cm，宽 2.5cm，表面具淡灰色长毛，2 肩角直伸或斜举，刺角基部不明显粗大，内具 1 白种子。花期 5～10 月，果期 7～11 月。菱角皮脆肉美，菱角含有丰富的淀粉、蛋白质、葡萄糖、不饱和脂肪酸及多种维生素和微量元素，每 100g 果肉含淀粉 24g、蛋白质 3.6g、脂肪 0.5g、纤维素 1.7g、钾 437mg、维生素 C 13mg。幼嫩时可当水果生食，老熟果可熟食或加工制成菱粉，用来酿酒。古人认为多吃菱角可以补五脏，除百病，且可轻身；菱角具有抗癌、抗氧化、除烦止渴、

菱角图

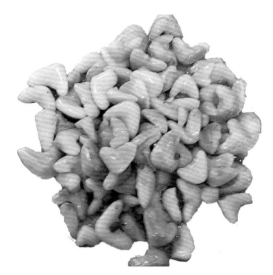

菱角菜肴图

利尿通乳、消毒解热、益气健脾等作用。一般人群均可食用；尽量不生吃，生吃过多易损伤脾胃，宜煮熟吃；食用时要注意不宜过量，多食令人腹胀；注意不宜同猪肉同煮食用，易引起腹痛；与蜂蜜同食易导致消化不良。

超临界CO_2萃取法提取的吉林大安产东北菱菱角果仁香气的主要成分为，(Z,Z)-9,12-十八碳二烯酸（47.17%）、n-癸酸（19.23%）、三甲基甲硅烷基甲醇（15.26%）、反式-5-甲基-2-(1-甲基乙基)-环己酮（1.58%）、(Z,Z)-9,12-十八碳二烯酸甲酯（1.38%）等（李静等，2011）。水蒸气蒸馏法提取的吉林大安产东北菱菱角干燥果实香气的主要成分为，邻苯二甲酸二异丁酯（41.58%）、邻苯二甲酸二丁酯（13.47%）、环状八元硫（3.81%）、10-甲基十九烷（3.48%）、4,7,7-三甲基-2-羟基-三环[4.1.0]庚烷（3.26%）、2-甲氧基-5-乙酰氧基-二环[4,4]-3,8-癸二烯（2.93%）、十二酸-1-甲基乙基酯/棕榈酸异丙酯（2.51%）、4-十二烷基-4-丁内酯（2.50%）、1-羧酸-3,4,5-三[(三甲基硅氧基)氧基]-三甲基硅氧基酯-1-环己烯（2.43%）、十四轮烯（2.28%）、α,5,5,8a-四甲基-十氢-2-甲烯基-α-乙烯基-萘丙醇（2.20%）、芘（1.95%）、甲烯基-2,2-二丙基-环丙烷（1.86%）、乙炔基-3-叔丁基-1-羟基-4-甲氧基环己烷（1.84%）、6-甲氧基吡啶（1.82%）、4,8-二甲基-二壬酸二甲酯（1.77%）、己二酸（1.59%）、2,6,6-三甲基-4-丙氧基-三环-[3.1.1]-2-庚烯（1.59%）、甲基-8,8-二氯-三环[4.2.0]辛烷-7-酮（1.55%）、丁二酸（1.43%）、8-烷基-8-辛烯醛（1.39%）、2-溴-二甲基丙二酸二乙酰（1.38%）、蒽（并三苯）（1.37%）等；微波辅助萃取法提取的干燥果实香气的主要成分为，邻苯二甲酸二丁酯（57.98%）、苯酚（20.53%）、5-氨基四氮唑（5.72%）、邻苯二甲醇二庚酯（3.97%）、2-乙基庚酸（2.76%）、2-甲酰基-2-N,N-二甲基乙烯胺（2.58%）、2-甲基-1-硝基丙烷（1.98%）、6-甲基-6-氰基-1,7-辛二烯-4-酮（1.88%）、N,N-二乙基甲酰胺（1.59%）、2-甲基-2-丁醇（1.01%）等（牛凤兰等，2010）。

八月瓜 [*Akebia trifoliata* (Thunb.) Koidz.] 为木通科木通属植物三叶木通的新鲜成熟果

实，别名：八月楂、八月炸、羊开口、甜果木通、木通子、预知子、腊瓜、北方土香蕉、野香蕉、瓜蕉、中华肾果、合欢果，分布于河北、山西、山东、河南、陕西、甘肃至长江流域各省区。果长圆形，长6～8cm，直径2～4cm，浆果果实有黄褐色、紫红色或淡黄绿色。种子极多数。花期4～5月，果期7～8月。八月瓜可作为水果食用，果实清香淡雅，具有独特的风味，味甜、浓香、滑嫩，为上乘野果。木通果含多种可溶性果糖、碳水化合物，以及钙、磷、铁、锌、硒等人体所需的营养成分和微量元素，并含有缬氨酸、蛋氨酸、异

八月瓜图1

八月瓜图2

亮氨酸、苯胺酸、赖氨酸等；每100g果实中含蛋白质0.98g，总糖13.6g，有机酸3.17g，脂肪0.13g，维生素C 84mg。果实也可酿酒。果实入药，能疏肝健脾，和胃顺气，生津止渴，并有抗癌作用。

　　溶剂萃取法提取的陕西安康产八月瓜新鲜成熟果实香气的主要成分为，乙酸（15.71%）、5-羟甲基-2-呋喃甲醛（6.34%）、1,3-二羟基丙酮（5.80%）、1-羟基丙酮（5.25%）、异丁醇（5.21%）、2,3-二氢-3,5-二羟基-6-甲基-4(H)吡喃-4-酮（4.85%）、乙酸己酯（4.69%）、2,3-丁二醇（4.37%）、苯乙醇（3.58%）、乙二酸（3.20%）、乙酸乙酯（3.11%）、2-呋喃甲醇（2.54%）、正丙醇（2.10%）、环氧丁烷（2.04%）、辛酸甲酯（1.64%）、辛酸（1.40%）、2-羟基-丁酸酮（1.32%）、3,4-二氢-6-甲基-2H-吡喃-2-酮（1.18%）、2-乙酰丙酸甲酯（1.14%）、己酸（1.10%）、二氢-4-羟基-2(3H)-呋喃酮（1.09%）等（吴莹等，2012）。水蒸气蒸馏法提取的八月瓜新鲜成熟果实果皮香气的主要成分为，3-甲基庚烷（20.89%）、(E)-9-十八烷烯酸（20.74%）、2-甲基庚烷（12.74%）、2-甲基-3-乙基戊烷（5.33%）、乙基环戊烷（5.10%）、(Z)-十八烷烯酸甲酯（4.77%）、2,3-二甲基己烷（3.77%）、乙酰环氧乙酮（3.60%）、肉豆蔻酸（3.21%）、(9Z,12Z)-9,12-十八烷二烯酸甲酯（2.42%）、(9Z,17Z)-9,17-十八碳烯（2.33%）、2,4-二甲基-3-乙基戊烷（2.24%）、正辛烷（2.19%）、(1a,2a,3b)-三甲基环戊烷（1.33%）、5-甲基异噁唑（1.32%）等（符智荣等，2014）。

野木瓜（*Stauntonia chinensis* DC.）为木通科野木瓜属植物野木瓜的新鲜成熟果实，别名：铁脚梨、木瓜突、五爪金龙、假荔枝，分布于广东、广西、香港、湖南、贵州、云南、安徽、浙江、江西、福建。野木瓜是一种热带水果，享有"百益之果"美称，为中国特有植物，是一种天然、纯绿色、有机食用果品，是现代人最适宜的休闲、食疗果品。以贵州遵义野木瓜最为驰名，遵义正安也被称为"野木瓜之乡"。野木瓜具有三千多年悠久历史，经现代科技的开发，正在成为营养保健的第三代水果。果长圆形，长7～10cm，直径3～5cm。种子近三角形。花期3～4月，果期6～10月。野木瓜具有气清香、味酸微涩、果大、皮薄、肉厚、气香、质嫩、无毒的特点。果实含丰富的维生素、微量元素和生物活性物质，还有多糖、皂苷、黄酮、齐墩果酸等多种有机酸，特别含有极高的超氧化物歧化酶（SOD），是葡萄干的300倍，是世界上所有水果难以比拟的。故野木瓜具有延缓衰老、美容养颜、护肝、防辐射功效。果实营养极为丰富，但鲜果肉酸涩，无法直接食用，可以生产饮料等加工食品。

顶空固相微萃取法提取的贵州正安产野木瓜新鲜成熟果实香气的主要成分为，正 -3- 己烯醇（15.21%）、乙酸丁酯（5.97%）、乙酸苄酯（5.07%）、丁酸乙酯（5.04%）、乙酸叶醇酯（4.74%）、正己醇（3.82%）、反 -2- 己烯醛（3.51%）、乙酸乙酯（2.60%）、α- 松油醇（2.06%）、薄荷脑（2.03%）、对甲氧基苄醇（1.83%）、3- 己烯醛（1.81%）、反 -2- 己烯醇（1.56%）、草蒿脑（1.46%）、乙酸 -3-(甲硫基) 丙酯（1.44%）、苯甲酸甲酯（1.36%）、乙酸 -2- 甲基丁酯（1.32%）、己醛（1.18%）、苯甲酸乙酯（1.15%）、3-(甲硫基)- 顺 -2- 丙烯酸乙酯（1.12%）、反 , 反 -2,4- 己二烯醛（1.01%）、*d*- 柠檬烯（1.00%）等（石灿焕等，2019）。

黑老虎果 [*Kadsura coccinea* (Lem.) A. C. Smith] 为五味子科南五味子属植物黑老虎的新鲜成熟果实，别名：过山龙藤、臭饭团、中泰南五味子、四川黑老虎、布福娜等，分布于江西、湖南、广东及香港、海南、广西、四川、贵州、云南。近年来，其植物及水果越来越受到关注，在贵州、湖南、江西等地已有小规模人工栽培，因其果实外观奇特表现出较大的市场吸引力。聚合果近球形，红色或暗紫色，径6～10cm 或更大；小浆果倒卵形，长达 4cm，外果皮革质，不显出种子。花期4～7月，果期7～11月。果实成熟后味甜，可食。果实外形似足球，成熟时粉红色、紫红色，口感独特，具有淡淡的五味子清香味。含有人体必需的多种氨基酸和微量元素，具有较高的营养价值和保健功能。

顶空固相微萃取法提取的贵州锦屏产黑老虎新鲜成熟果实果肉香气的主要成分为，γ- 姜黄烯（25.47%）、蓣烯（24.05%）、水芹烯（7.53%）、月桂烯（6.96%）、萜品烯 -4- 醇（5.79%）、石竹烯（4.07%）、3- 甲基丁醇（2.74%）、大根香叶烯（1.63%）、古巴烯（1.24%）、萜品烯（1.19%）等（高渐飞等，2017）。顶空固相微萃取法提取的贵州产黑老虎新鲜成熟果实果肉香气的主要成分（单位：mg/g）为，油酸酰胺（4.24）、石竹烯（1.62）、2,6- 二叔丁基对甲酚（1.49）、十六碳酰胺（0.66）、(-)-β 花柏烯（0.53）、硬脂酰胺（0.39）、胡萝卜烯（0.30）、荜草烯（0.28）、(-)-α- 荜澄茄醇（0.28）、金合欢烯（0.24）、瑟林烯（0.24）、β 榄香烯（0.19）、杜松烯（0.15）、β- 橙花叔醇（0.14）、δ 榄香烯（0.12）、榄香醇（0.12）等（温福丽等，2023）。

仙人掌果 [*Opuntia ficus-indica* (L.) Mill.] 为仙人掌科仙人掌属植物梨果仙人掌的果实，又名仙人掌。原产地为墨西哥，世界温暖地区广泛栽培，在地中海及红海沿岸、南非、东非、毛里求斯、夏威夷、澳大利亚等地有种植。为热带美洲干旱地区重要果树之一，有不少栽培品种。我国四川、贵州、云南、广西、广东、福建、台湾、浙江等省区有栽培，北方温室也有零星栽培。浆果椭圆球形至梨形，长 5～10cm，直径4～9cm，顶端凹陷，果肉肉色多为红色或紫色，有些品种呈紫红色、白色或黄色，或兼有黄色或淡红色条纹。花期5～6月。浆果味美可食，酸甜可口，也可制作果醋、果酒、功能性果汁乳饮料。属于高蛋白、低脂肪、低糖、高膳食纤维水果，含有丰富的维生素、矿物元素和黄酮类化合物。仙人掌果可改善血管脆性、有效降低血脂和胆固醇，可用于预防冠心病、心绞痛、支气管哮喘等疾病；还有祛湿退热、行气活血、清热解毒、健胃止痛、镇咳的功效。

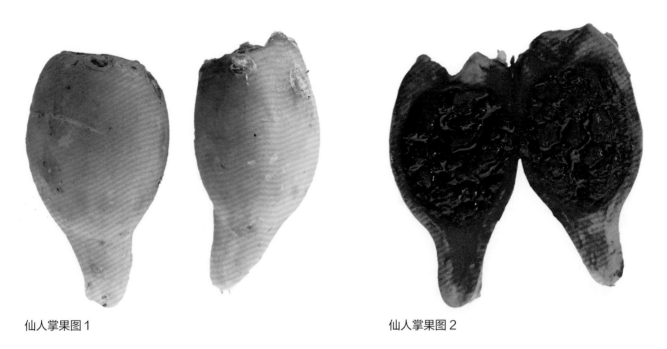

仙人掌果图1　　　　　　　　　　　　　　　　　　仙人掌果图2

顶空固相微萃取法提取的海南三亚产仙人掌果新鲜成熟果实香气的主要成分为，正己醛（32.30%）、反 -2- 己烯醛（15.03%）、正辛醇（10.06%）、乙酸异戊酯（9.25%）、α- 鸢尾酮（7.28%）、顺 -3- 己烯醇（5.71%）、2- 甲基丁基乙酸酯（2.28%）、乙酸叶醇酯（1.73%）、正己醇（1.70%）、顺 -2- 乙酸己酯（1.56%）、β- 蒎烯（1.54%）、乙酸己酯（1.53%）、苯甲醛（1.20%）、2- 戊基呋喃（1.14%）、二苯醚（1.04%）、苧烯（1.02%）等（陈恺嘉等，2019）。

第6章

干果坚果类

  坚果是一种营养丰富的食品，富含油脂、蛋白质、矿物质和维生素等，一般未经加工的坚果风味清淡、口感生涩，经焙烤之后由于发生了一系列热化学反应，而产生了特殊的香气，并改变了坚果的色泽和质地。香气是坚果最重要的感官品质，挥发性香气成分作为构成坚果风味的重要因素，是评价坚果品质的重要指标。坚果的香气成分主要来源于加工过程，天然未经加工的坚果香气成分很少或者不具有特殊的香气成分。

6.1 板栗

板栗（*Castanea mollissima* **Blume**）为壳斗科栗属植物栗的新鲜成熟果实，别名：栗子、中国板栗、魁栗、毛栗、凤栗，分布于除青海、宁夏、新疆、海南外的全国各地。栗原产我国，是我国栽培最早的经济树种之一，在中国有 3000 多年的栽培历史，河北、山东、陕西是中国板栗著名的产区。板栗在民间有"干果之王"的美称，我国板栗种植面积和产量均居世界首位，栽培面积 111 万 hm²，年产量 1.0×10^6 t，占全球产量 70%，是我国出口创汇主要农产品之一。板栗品种繁多，全国有 300 余个品种。

板栗为乔木。叶椭圆至长圆形，雄花 3～5 朵聚生成簇，雌花 1～5 朵发育结实。成熟壳斗的锐刺有长有短，有疏有密，壳斗连刺径 4.5～6.5cm；坚果高 1.5～3cm，宽 1.8～3.5cm。花期 4～6 月，果期 8～10 月。适应性强，抗旱抗涝，耐瘠薄。开花期适温为 17～27℃，果实增大期适宜温度为平均气温 20℃以上。喜光。

板栗图1

板栗果实为坚果，可生食、炒食和煮食。栗子营养丰富，粉质细腻，香甜可口。果实中含糖量和含淀粉量高达 70.1%，蛋白质 7%，此外，还含脂肪、钙、磷、铁、多种维生素等，特别是维生素 C、维生素 B_1 和胡萝卜素的含量较一般干果都高。但多食可滞气，致胸腹胀满，故一次不宜吃得太多。板栗可以加工制作成栗干、栗粉、栗酱、栗浆、糕点、罐头等食品，还可入菜肴。栗种仁可入药，有补肾健脾、强身健体、益胃平肝等功效，被称为"肾之果"，对高血压、冠心病和动脉硬化等疾病，有较好的预防和治疗作用。不同品种、不同产地的板栗果仁芳香成分不同，板栗通常煮熟、炒熟或烤熟食用，通过加工，香味成分会发生明显的变化，不同加工方法的板栗的香气成分也不同。新鲜板栗和加工后板栗的芳香成分也不同。

板栗图 2

板栗图 3

板栗图 4

大板红：总苞椭圆形，黄绿色。皮厚，三裂或十字开裂。平均每苞含坚果 2.2 个。坚果圆形，果顶微凸，平均单粒重 8.1g。果皮红褐色，有光亮，茸毛少。果肉黄色，肉质细糯，味香甜，含糖 16%，品质优良。有机溶剂萃取法提取的河北唐山产'大板红'板栗新鲜果仁香气的主要成分为，1- 羟基 -2- 丙酮（16.39%）、2- 羟基 -γ- 丁酸内酯（10.06%）、乙酸（5.29%）、5- 羟甲基 -2- 呋喃甲醛（4.84%）、1,3- 二羟基丙酮二聚体（4.57%）、4- 羟基 -2,5- 二甲基 -3(2H)- 呋喃酮（2.76%）、2,4,5- 咪唑啉三酮（1.21%）等（梁建兰等，2013）。顶空固相微萃取法提取的河北唐山产'大板红'板栗新鲜成熟果实果仁香气的主要成分为，癸醛（31.80%）、壬醛（15.32%）、丁香酚（11.78%）、壬醇（10.71%）、苯乙醛（10.68%）、辛醇（5.90%）、正己醇（5.90%）、苯乙醇（5.69%）、肉豆蔻酸异丙酯（2.94%）、5,9,13- 十四碳三烯醛（2.39%）、十二醛（1.88%）、十一醛（1.54%）、肉豆蔻酸（1.32%）等（赵玉华等，2019）。顶空固相微萃取法提取的河北产'大板红'板栗新鲜成熟果实果仁香气的主要成分为，苯甲醛（34.67%）、壬醛（10.46%）、2- 甲基萘（9.14%）、萘（6.07%）、棕榈酸乙酯（5.83%）、苯乙醛（5.50%）、柏木萜烯（4.77%）、十四烷（3.80%）、长叶烯（3.74%）、β- 柏木烯（3.59%）、丙氧基柏木烷（2.96%）、三甲基十四烷（2.29%）、苯乙酸乙酯（2.00%）、丁基羟基甲（1.90%）、四甲基十七烷（1.76%）、癸醛（1.54%）等（张乐等，2016）。固相微萃取法提取的河北昌黎产'大板红'板栗新鲜成熟果实果仁香气的主要成分为，己醛（30.24%）、3- 戊烯 -2- 酮（11.76%）、乙酸己酯（11.58%）、庚醛（8.01%）、1- 己醇（7.09%）、1- 丁醇（4.25%）、2,3- 丁二酮（2.34%）、乙酸丁酯（2.25%）、2- 己烯醛（2.15%）、2- 己醇（1.62%）、1- 辛烯 -3- 醇（1.25%）、1- 羟基 -2- 丙酮（1.25%）等（李杰等，2021）。

大板栗：颗粒肥大，栗仁丰满，色泽鲜艳，肉质细腻，糯性较强，甘甜芳香。生食脆甜，熟食糯香。顶空固相微萃取法提取的河南产'大板栗'新鲜成熟果实果仁香气的主要成分为，(Z)-2- 壬烯醛（36.87%）、磷酸三丁酯（10.20%）、苯甲醛（9.55%）、苯乙醛（7.31%）、2- 戊己基呋喃（6.06%）、反 -2- 辛烯醛（5.10%）、(E,Z)-2,6- 壬二烯醛（3.15%）、丁子香酚（2.92%）、壬醛（2.58%）、1- 甲醛 -5- 乙基环戊烯（2.14%）、甘菊蓝（2.07%）、2- 甲基萘（1.74%）、2,4- 癸二烯醛（1.19%）、十四烷（1.09%）、长叶烯（1.09%）、柏木萜烯（1.08%）、双环 [4.4.1]- 十一 -1,3,5,7,9- 五烯（1.04%）等（张乐等，2016）。

河源油栗：果大，单果重 14g 左右。果皮薄，红棕色，油亮有光泽，无毛或具短茸毛。果肉质细嫩香甜，蛋黄色，品质优。水蒸气蒸馏法提取的广东东源产'河源油栗'新鲜果实香气的主要成分为，(E)-2- 己烯醛（10.59%）、正己醇（10.42%）、糠醇（8.07%）、苯乙醛（5.63%）、安息香醇（4.76%）、1,2,3,4,4a,5,6,7- 八氢 -4a- 甲基 -2- 萘酚（4.66%）、(E)-2- 己烯 -1- 醇（4.15%）、3- 戊醇（3.53%）、α- 松油醇（3.33%）、反 -5- 乙烯四氢化 -α,α,5- 三甲基 -2- 呋喃甲醇（3.02%）、己酸（2.76%）、2- 己烯酸（2.20%）、2,2,6- 三甲基 -6- 乙烯基四氢化 -2H- 吡喃 -3- 醇（2.18%）、芳樟醇（2.12%）、1- 戊烯 -3- 醇（2.03%）、壬醛（1.74%）、苯乙醇（1.66%）、己醛（1.56%）、α,4- 二甲基 -3- 环己烯 -1- 乙醛（1.51%）、(Z)-2- 戊烯 -1- 醇（1.26%）等（董易之等，2012）。

红油栗：球苞椭圆形，每苞内含坚果约 2 粒。坚果椭圆形，中等大，平均单果重 13.4g。果皮红色至红褐色，油亮，茸毛极少。果肉含糖 13.5%。顶空固相微萃取法提取的河南产'红油栗'板栗新鲜成熟果实果仁香气的主要成分为，苯乙醛（29.72%）、苯甲醛（18.98%）、苯乙醇（17.60%）、壬醛（9.29%）、萘（4.41%）、甲基萘（3.30%）、十四烷（3.27%）、柏木萜烯（2.84%）、棕榈酸乙酯（1.99%）、2- 甲基萘（1.84%）、三甲基十四烷（1.70%）、癸醛（1.45%）、β- 柏木烯（1.17%）、丁基羟基甲苯（1.05%）等（张乐等，2016）。

冀栗 1 号：果实椭圆形，果皮褐色，果面明亮，茸毛少。平均单粒重 8.4g。果肉淡黄色，肉质细腻，风味香甜。固相微萃取法提取的河北昌黎产'冀栗1号'板栗新鲜成熟果实果仁香气的主要成分为，乙醛（22.20%）、3-戊烯-2-酮（11.81%）、庚醛（8.25%）、1-己醇（7.21%）、1-丁醇（4.96%）、反-2-辛烯醛（4.25%）、2-丁烯醛（3.25%）、1-庚醇（2.08%）、1-辛烯-3-醇（1.95%）、2-戊酮（1.57%）、2-丁酮（1.31%）、甲基异丁酮（1.26%）、乙醇（1.25%）、1-戊醇（1.01%）等（李杰等，2021）。

农大1号： 早熟品种。坚果红褐色有油亮光泽，每粒坚果重10.1g，种壳较薄。肉质细腻，糯性有香味，品质优良。水蒸气蒸馏法提取的广东东源产'农大1号'板栗新鲜果实香气的主要成分为，2-乙氧丙烷（49.71%）、糠醇（4.11%）、(Z)-3-己烯-1-醇（3.89%）、β-桉叶醇（3.19%）、苯乙醛（2.44%）、甲苯（2.32%）、(E)-2-己烯-1-醇（2.06%）、2-己烯酸（2.06%）、正己醇（1.90%）、2-甲基-3-戊醇（1.26%）、1,7,7-三甲基-降冰片烯（1.25%）、香榧醇（1.14%）、α-松油醇（1.02%）等（董易之等，2012）。

迁优一号： 果皮红褐色，果仁米黄色，肉质细腻，口感硬滑，香糯适中。有机溶剂萃取法提取的河北唐山产'迁优一号'板栗新鲜果仁香气的主要成分为，乙酸（14.65%）、5-羟甲基-2-呋喃甲醛（9.27%）、2-羟基-γ-丁酸酮（8.28%）、1,3-二羟基丙酮二聚体（8.20%）、4-羟基-2,5-二甲基-3(2H)-呋喃酮（2.48%）、2,3-二氢-3,5-二羟基-6-甲基-4H-吡喃-4-酮（1.75%）、糠醛（1.60%）、甲酸（1.21%）、2-呋喃甲醇（1.19%）、丁内酯（1.11%）等（梁建兰等，2013）。

塔丰： 果实椭圆形，果皮赤褐色，有光泽，茸毛少，平均单果重8.4g。顶空固相微萃取法提取的河北产'塔丰'板栗新鲜成熟果实果仁香气的主要成分为，壬醛（18.01%）、[3R-(3π,3aπ,7π,8aπ)]-2,3,4,7,8,8a-六氢-3,6,8,8-四甲基-烯-1H-3a,7-甲烷薁（9.60%）、甲基萘（8.72%）、二甲基二氢呋喃酮（8.43%）、萘（7.60%）、雪松醇（7.10%）、十四烷（6.42%）、2-甲基萘（6.33%）、β-柏木烯（5.34%）、丁基羟基甲苯（4.17%）、棕榈酸乙酯（3.38%）、2-甲基癸烷（3.17%）、甲氧基乙酸十三烷酯（3.16%）、癸醛（3.05%）、2,6,10,14-四甲基十七烷（3.05%）、甲基二十烷（2.47%）等（张乐等，2016）。

燕宝： 刺苞椭圆形，每苞含坚果约2粒。坚果椭圆形，紫褐色，油亮，茸毛少，平均单粒重9.0g。果肉淡黄色，可溶性糖含量9.42%。顶空固相微萃取法提取的河北秦皇岛产糖炒'燕宝'板栗果仁香气的主要成分（单位：μg/kg）为，2-甲基丙酸壬酯（10658.31）、2,4,6-三甲基吡啶（7742.95）、壬酸戊酯（7210.03）、香叶基丙酮（1253.92）、癸醛（626.96）、萘（501.57）、2,2-二甲基丙酸十三酯（376.18）、3,4-二乙基联苯（376.18）、1-癸烯（344.83）、2,6-二(1,1-二甲基乙基)-4-(1-氧丙基)苯酚（344.83）、4a(2H)八氢-萘甲醇（282.13）、水杨酸辛酯（282.13）、2,2-二甲基丙酸癸酯（250.78）、十一醛（219.44）、邻苯二甲酸二丁酯（219.44）、2,2',5,5'-四甲基-联苯（219.44）、邻苯二甲酸二乙酯（188.09）、十二胺（188.09）、1-十三烯（166.14）、壬酸壬酯（125.39）、辛酸环丁酯（125.00）、2-甲基萘（125.00）、2-(苯亚甲基)-辛醛（94.04）、2-己基-1-辛醇（94.04）、邻苯二甲酸环丁基异丁酯（94.04）、壬酸十三酯（94.04）、1-壬醇（62.70）、麦芽糖醇（62.70）、2-癸醇（62.70）等（杨银等，2023）。

燕奎： 刺苞为椭圆形，内含坚果约3粒，黄绿色。坚果椭圆形，深褐色，有光泽，平均单果重8.13g。果肉黄色，口感糯，质地细腻，风味香甜。顶空固相微萃取法提取的河北唐山产'燕奎'板栗新鲜成熟果实果仁香气的主要成分为，正戊基呋喃（28.11%）、苯乙醛（16.26%）、棕榈酸甲酯（11.83%）、甘菊蓝（10.92%）、十二烷（10.11%）、癸醛（7.36%）、正辛基醚（6.06%）、2,5-二叔丁基酚（4.74%）、2-甲基丙酸酯（4.62%）等（赵玉华等，2019）。

燕丽： 平均单粒重为8.8g，果面亮丽，红褐色。果肉黄色，质地糯性，细腻，香甜，糖炒品质优良。顶空固相微萃取法提取的河北唐山产'燕丽'板栗新鲜成熟果实果仁香气的主要成分为，香叶基丙酮

（24.19%）、壬醛（20.86%）、癸醛（17.02%）、壬醇（14.63%）、辛醇（13.69%）、甲氧基苯基肟（4.77%）、癸醇（2.77%）、棕榈酸甲酯（2.07%）等（赵玉华等，2019）。顶空固相微萃取法提取的河北秦皇岛产'燕丽'糖炒板栗果仁香气的主要成分（单位：μg/kg）为，苯甲酸丁酯（590.29）、邻苯二甲酸二丁酯（534.95）、1-戊烯（442.72）、2-(1-甲基环己基氧基)-四氢吡喃（387.38）、4a(2H)八氢-萘甲醇（276.70）、苯甲酸乙基己酯（202.91）、二苯甲酮（147.57）、癸醛（110.68）、2-丁基-3,4,5,6-四氢吡啶（110.68）、2-乙基-1-己醇（73.79）、癸醇（55.34）、环己烷甲醇（55.34）、邻苯二甲酸二乙酯（55.34）、2,2′,5,5′-四甲基-联苯（55.34）、薰衣草醇（36.89）、月桂酸异丙酯（36.89）、十二胺（36.89）等（杨银等，2023）。

燕龙：总苞椭圆形，每苞含坚果约3粒。坚果重8.1～10.2g，果面茸毛少，果皮红褐色，油亮美观。果肉质地糯性，细腻香甜，涩皮易剥离。溶剂萃取法提取的河北迁西产'燕龙'板栗贮藏30d（4℃）的成熟果实果仁香气的主要成分为，4-丁氧基-1-丁醇（25.70%）、1-羟基-2-丙酮（22.00%）、亚硫酸双(2-甲基丙基)酯（9.38%）、乙酸（5.17%）、5-(羟甲基)-2-糠醛（5.17%）、糠醛（4.24%）、1,3-二羟基丙酮二聚体（4.23%）、2,5-二甲基-4-羟基-3(2H)-呋喃酮（2.59%）、甲基吡嗪（1.30%）等（梁建兰等，2014）。顶空固相微萃取法提取的河北唐山产'燕龙'板栗新鲜成熟果实果仁香气的主要成分为，苯乙醛（47.08%）、(E)-壬烯醛（31.67%）、壬醛（9.31%）、癸醛（6.13%）、苯乙醇（5.82%）等（赵玉华等，2019）。顶空固相微萃取法提取的河北产'燕龙'板栗新鲜成熟果实果仁香气的主要成分为，壬醛（15.38%）、癸醛（13.64%）、长叶烯（6.73%）、香叶基丙酮（3.23%）、十五烷（3.03%）、邻苯二甲酸二异丁酯（2.39%）、十六烷（2.11%）、1-辛醇（1.80%）、2,6-二叔丁基苯醌（1.41%）、萘（1.32%）、苯并噻唑（1.27%）、丁基异丁基邻苯二甲酸酯（1.11%）、2,6,10,13-四甲基-十五烷（1.11%）、十一醛（1.07%）、二苯并呋喃（1.05%）等（孙红玉等，2018）。

顶空固相微萃取法提取的河北产'燕龙'150℃烘烤板栗果实果仁香气的主要成分为，苯甲醛（22.34%）、壬醛（18.09%）、正辛醛（7.18%）、癸醛（5.60%）、2,5-二氢-3,5-二甲基-2-呋喃酮（4.97%）、十五烷（4.51%）、苯乙醛（4.23%）、2-乙基己醇（4.15%）、3-甲基-4-庚酮（3.13%）、糠醛（2.57%）、反式-2-壬烯醛（2.33%）、十三烷（2.09%）、对乙烯基愈创木酚（1.60%）、2,6,10-三甲基-十二烷（1.34%）等（孙红玉等，2018）。顶空固相微萃取法提取的河北秦皇岛产'燕龙'糖炒板栗果仁香气的主要成分（单位：μg/kg）为，2-甲基丙酸壬酯（6220.86）、萘（888.69）、香叶基丙酮（592.46）、2,2-二甲基丙酸十三酯（524.10）、2,6-二(1,1-二甲基乙基)-4-(1-氧丙基)苯酚（455.74）、4a(2H)八氢-萘甲醇（364.59）、十一醛（319.02）、3,4-二乙基联苯（319.02）、水杨酸辛酯（205.08）、2,2′,5,5′-四甲基-联苯（205.08）、2,4,6-三甲基吡啶（205.08）、戊酸戊酯（159.51）、十二胺（159.51）、2-十四酮（136.72）、苯甲酸己酯（136.72）、壬醛（113.94）、邻苯二甲酸环丁基异丁酯（113.94）、1-十三烯（113.94）、癸醛（91.15）、2-(苯亚甲基)-辛醛（68.36）、2-癸醇（68.36）、D-山梨醇（68.36）、2,4-二甲基苯胺（68.36）等（杨银等，2023）。

燕秋：平均单粒重为8.2g。果面红褐色，油亮。果肉黄色，炒熟后口感细腻，糯性强，香甜。顶空固相微萃取法提取的河北秦皇岛产'燕秋'糖炒板栗果仁香气的主要成分（单位：μg/kg）为，2-甲基丙酸壬酯（4799.82）、2,4,6-三甲基吡啶（645.49）、橙化基丙酮（529.64）、萘（397.23）、香叶基丙酮（364.12）、邻苯二甲酸二丁酯（364.12）、2-甲基丁酸癸酯（264.82）、肉豆蔻酸异丙酯（231.72）、3,4-二乙基联苯（231.72）、2,6-二(1,1-二甲基乙基)-4-(1-氧丙基)苯酚（215.16）、1-十三烯（165.51）、癸醛（148.96）、邻苯二甲酸二异丁酯（115.86）、2,2′,5,5′-四甲基-联苯（115.86）、3-氨基-5-甲基吡唑（82.76）、2,2-二甲基丙酸癸酯（66.20）、7-甲基-5-辛烯-4-酮（49.65）、壬酸十三酯（49.65）、辛酸环丁酯（49.65）、2-癸醇（49.41）、壬酸壬酯（33.10）等（杨银等，2023）。

燕山短枝：苞内坚果平均约 3 个。坚果椭圆形，平均单粒质量 8.9g，深褐色，有光泽。果肉质地细腻，香甜，糯性强，涩皮易剥离，适于炒食，品质极佳。顶空固相微萃取法提取的河北唐山产‘燕山短枝’板栗新鲜成熟果实果仁香气的主要成分为，苯乙醛（72.21%）、苯乙醇（15.87%）、肉豆蔻酸异丙酯（6.11%）、癸醛（5.82%）等（赵玉华等，2019）。

燕山早丰：早熟。坚果椭圆形，平均单粒重 8g，褐色，茸毛少。果肉质地细腻，味香甜，熟食品质上等。可溶性糖含量 19.69%。顶空固相微萃取法提取的河北唐山产‘燕山早丰’板栗新鲜成熟果实果仁香气的主要成分为，肉豆蔻酸异丙酯（29.53%）、棕榈酸（15.40%）、苯乙醛（13.24%）、苯乙醇（13.23%）、肉豆蔻酸（7.37%）、顺式 -9- 十六碳烯酸（5.26%）、香叶基丙酮（3.45%）、癸醛（3.36%）、正十五酸（2.45%）、辛醇（1.99%）、5,9,13- 十四碳三烯醛（1.90%）、十六烷（1.44%）、棕榈酸甲酯（1.40%）等（赵玉华等，2019）。超临界 CO_2 萃取法提取的河北迁西产‘燕山早丰’制作的甘峰板栗果实果仁香气的主要成分为，2- 羟基 -γ- 丁内酯（26.83%）、二羟基丙酮（11.19%）、环丙基甲醇（8.32%）、1- 羟基 -2- 丙酮（6.83%）、麦芽酚（6.70%）、羟基乙醛（4.88%）、5- 羟甲基（3.86%）、蔗糖（3.85%）、5- 乙酰基二氢 -2(3H)- 呋喃酮（3.29%）、4,5- 二甲基 -1,3- 二氧杂环戊 -2- 酮（3.04%）、22,3- 二氢 -3,5- 二羟基 -6- 甲基 -4H- 吡喃 -4- 酮（2.96%）、4- 二氧 -2,4,5- 三甲基 -3H- 吡唑 -3- 酮（2.89%）、2- 甲氧基 -4- 乙烯基苯酚（2.03%）、2- 丁烯酸甲酯（1.87%）、亚油酸乙酯（1.57%）、十一酸（1.06%）等（郭豪宁等，2016）。固相微萃取法提取的河北昌黎产‘燕山早丰’板栗新鲜成熟果实果仁香气的主要成分为，己醛（35.41%）、3- 戊烯 -2- 酮（12.56%）、庚醛（9.07%）、1- 己醇（8.01%）、1- 丁醇（3.12%）、1- 庚醇（3.01%）、2,3- 丁二酮（2.08%）、2- 丁烯醛（1.78%）、乙醛（1.75%）、2- 戊酮（1.65%）、反 -2- 辛烯醛（1.31%）、乙醇（1.01%）等（李杰等，2021）。顶空固相微萃取法提取的河北迁西产‘燕山早丰’板栗新鲜果实香气的主要成分为，肉豆蔻酸异丙酯（34.67%）、萘（8.34%）、癸醛（8.02%）、壬醛（5.82%）、丁酸丁酯（5.17%）、丙酸 -2- 甲基 -1-(1,1- 二甲基乙基)-2- 甲基 -1,3- 丙烷乙二基酯（4.46%）、2,6-2-(1,1- 二甲基乙基)-4-(1- 酸) 苯酚（3.95%）、香叶基丙酮（3.90%）、5,6,7- 三甲氧基 -1-2,3- 二氢 -1- 茚酮（3.82%）、1- 十二醇（3.67%）、甲氧基苯基肟（2.63%）、丙酸 -2- 甲基 -2,2- 二甲基 -1-(2- 羟基 -1- 甲基乙基)- 丙酯（2.54%）、棕榈酸甲酯（2.52%）、正辛醇（2.33%）、邻苯二甲酸 , 丁基 -2- 庚酯（2.03%）、正十九烷（1.51%）、2,4,6- 三甲基 - 辛烷（1.42%）、邻苯二甲酸 -5- 甲基 -2- 己基 - 十七烷基酯（1.40%）、正癸醇（1.06%）等（王圣仪等，2018）。有机溶剂萃取法提取的‘燕山早丰’板栗新鲜果实果仁香气的主要成分为，正丙醇（22.17%）、5- 羟甲基糠醛（20.14%）、1,3- 二羟基丙酮二聚体（16.87%）、乙酸（9.01%）、甲酸乙酯（5.61%）、羟基乙醛（5.30%）、3- 乙氧基 -1- 丙醇（5.23%）、1- 羟基 -2- 丙酮（4.12%）、甲酸（3.17%）、环氧乙烷（3.17%）、丙酮酸甲酯（2.45%）、二羟基丙酮（2.07%）、2,3- 二氢 -3,5- 二羟基 -6- 甲基 -4H- 吡喃 -4- 酮（2.03%）、糠醛（1.79%）、2- 呋喃甲醇（1.62%）、乙醇酸乙酯（1.62%）、2- 羟基 -γ- 丁内酯（1.55%）、丙炔醇（1.28%）、2- 丙烯酸 -2- 羟乙酯（1.28%）、5,6- 二氢 -4- 甲氧基 -2H- 吡喃（1.01%）等（郭豪宁等，2016）。顶空固相微萃取法提取的河北产‘燕山早丰’板栗新鲜成熟果实果仁香气的主要成分为，苯甲醛（29.31%）、苯乙醛（13.56%）、二甲基二氢呋喃酮（10.20%）、壬醛（8.51%）、磷酸三丁酯（7.87%）、甲基萘（7.38%）、甘菊蓝（5.40%）、十四烷（3.41%）、柏木萜烯（2.93%）、五甲基苯（2.26%）、丁基羟基甲酯（1.65%）、四甲基十七烷（1.55%）、癸醛（1.38%）、β- 柏木烯（1.29%）、苯乙酸乙酯（1.21%）、雪松醇（1.06%）、三甲基十四烷（1.05%）等（张乐等，2016）。顶空固相微萃取法提取的河北秦皇岛产‘燕山早丰’糖炒板栗果仁香气的主要成分（单位：μg/kg）为，壬酸壬酯（7218.37）、2,4- 二甲基苯胺（5371.81）、香叶基丙酮（587.54）、癸醛（531.59）、十一醛（447.65）、邻苯二甲酸二丁酯（307.76）、3,4- 二乙基联苯（307.76）、2,2′,5,5′- 四甲基 - 联苯（223.83）、2,2- 二甲基丙酸癸酯（195.85）、2,4,6- 三甲基吡啶（195.85）、水杨酸辛酯（167.87）、肉豆蔻酸异丙酯（167.87）、2- 十四酮（139.89）、环己烷甲醇

（139.89）、壬酸十三酯（139.89）、邻苯二甲酸二异丁酯（139.89）、十二胺（139.89）、2,6- 二 (1,1- 二甲基乙基)-4-(1- 氧丙基) 苯酚（139.89）、壬醛（111.91）、2- 乙基 -1- 己醇（111.91）、2- 癸醇（83.93）、辛酸环丁酯（83.93）、金合欢基乙醛（55.96）等（杨银等，2023）。

燕紫： 平均单粒重 8.4g，坚果紫褐色。果肉乳黄色，炒食香、甜、糯，适宜糖炒。顶空固相微萃取法提取的河北唐山产'燕紫'板栗新鲜成熟果实果仁香气的主要成分为，苯乙醛（31.31%）、癸醛（16.03%）、碳酸异辛酯（13.53%）、正辛基醚（12.91%）、壬醇（11.04%）、香叶基丙酮（8.94%）、棕榈酸甲酯（4.69%）、2,6- 二 (1,1- 二甲基乙基)-4- 苯酚（1.55%）等（赵玉华等，2019）。顶空固相微萃取法提取的河北秦皇岛产'燕紫'糖炒板栗果仁香气的主要成分（单位：μg/kg）为，壬酸壬酯（3446.43）、2,4,6-三甲基吡啶（2500.00）、3,4- 二乙基联苯（785.71）、橙化基丙酮（410.71）、香叶基丙酮（392.86）、癸醛（375.00）、癸醇（285.71）、十一醛（267.86）、2,6- 二 (1,1- 二甲基乙基)-4-(1- 氧丙基) 苯酚（232.14）、4a(2H) 八氢 - 萘甲醇（214.29）、邻苯二甲酸二丁酯（214.29）、2,2′,5,5′- 四甲基 - 联苯（160.71）、1- 壬烯（142.86）、3,7- 二甲基 -6- 壬烯 -1- 醇（125.00）、萘（125.00）、十二胺（89.29）、金合欢基乙醛（71.43）、(S)-(+)-6- 甲基 -1- 辛醇（71.43）、2- 乙酰基噻唑（71.43）、2- 丁基 -3,4,5,6- 四氢吡啶（71.43）、邻苯二甲酸环丁基异丁酯（53.57）、壬酸十三酯（53.57）、3- 氨基 -5- 甲基吡唑（53.57）等（杨银等，2023）。

紫珀： 坚果扁圆形，果皮深褐色，有光泽，茸毛少。果粒大，平均单粒质量 10g，品质优。有机溶剂萃取法提取的河北唐山产'紫珀'板栗新鲜果仁香气的主要成分为，乙酸（14.23%）、2- 羟基 -γ- 丁酸酮（7.97%）、5- 羟甲基 -2- 呋喃甲醛（7.61%）、1,3- 二羟基丙酮二聚体（7.32%）、环丁醇（2.80%）、4- 羟基 -2,5- 二甲基 -3(2H)- 呋喃酮（2.40%）、乙基 -α-D- 吡喃葡萄糖苷（1.39%）、亚油酸（1.34%）、糠醛（1.28%）、2,3- 二氢 -3,5- 二羟基 -6- 甲基 -4H- 吡喃 -4- 酮（1.26%）、2-(羟甲基)-3,7- 二氧双环 [4.1.0] 庚烷 -4,5-二醇（1.26%）、甲酸（1.20%）等（梁建兰等，2013）。顶空固相微萃取法提取的河北唐山产'紫珀'板栗新鲜成熟果实果仁香气的主要成分为，正戊基呋喃（56.44%）、苯乙醛（26.96%）、甘菊蓝（7.57%）、癸醛（5.97%）、肉豆蔻酸异丙酯（3.06%）等（赵玉华等，2019）。

遵玉： 坚果椭圆形，果皮紫褐色，色泽光亮，茸毛少。果粒整齐，单果质量为 9.7g，果实糯性强。顶空固相微萃取法提取的河北唐山产'遵玉'板栗新鲜成熟果实果仁香气的主要成分为，邻二氯苯（29.29%）、十五烷（26.36%）、邻苯二甲酸二丁酯（8.35%）、十六烷（8.21%）、苯乙醛（7.79%）、十四烷（6.34%）、二十六烷（5.66%）、正辛基醚（4.53%）、癸醛（1.78%）、十二烷（1.44%）等（赵玉华等，2019）。顶空固相微萃取法提取的河北产'遵玉'板栗新鲜成熟果实果仁香气的主要成分为，磷酸三丁酯（39.23%）、壬醛（7.54%）、八氢化 -α,α,3,8- 四甲基薁 -5- 甲醇（7.53%）、甲基萘（5.49%）、苯甲醛（5.38%）、萘（5.23%）、棕榈酸乙酯（4.41%）、2- 甲基萘（4.22%）、[3R-(3π,3aπ,7π,8aπ)]-2,3,4,7,8,8a- 六氢 -3,6,8,8- 四甲基 - 烯 -1H-3a,7- 甲烷薁（3.47%）、十四烷（3.34%）、邻苯二甲酸异丁基 -2- 戊酯（2.61%）、β- 柏木烯（2.54%）、苯乙酸乙酯（2.21%）、丙氧基柏木烷（2.01%）、四甲基苯（1.69%）、四甲基十七烷（1.65%）、十六烷（1.46%）等（张乐等，2016）。

锥栗 [*Castanea henryi* (Skan) Rehd. et Wils.*] 果实圆锥形，水滴状。肉质细腻，味道甘甜。电子鼻 - 溶剂萃取法提取的浙江庆元产锥栗新鲜成熟果仁香气的主要成分（单位：μg/g）为，乙酸（70.36）、十六酸（33.99）、(Z,Z)-9,12- 十八烷二烯酸（39.46）、2,3- 二氢 -3,5- 二羟基 -6- 甲基 -4(H)- 吡喃 -4-酮（20.25）、十八烯酸（12.36）、十八醛（6.14）、肉豆蔻酸（1.59）、二氢 -4- 羟基 -2(3H)- 呋喃酮（1.07）等（陈如意等，2018）。

电子鼻 - 溶剂萃取法提取的浙江庆元产锥栗烘烤果仁香气的主要成分（单位：μg/g）为，乙酸（9.86）、4-羟基 -2,5- 二甲基 -3(2H)- 呋喃酮（5.34）、十六酸（4.98）、(Z,Z)-9,12- 十八烷二烯酸（3.98）、(S)-5-羟甲基二氢呋喃 -2- 酮（2.64）、十八烯酸（1.67）、2,4- 二叔丁基苯酚（1.45）、麦芽酚（1.40）等（陈如意等，2018）。

6.2 花生

花生（*Arachis hypogaea* Linn.） 为豆科落花生属植物落花生的干燥成熟果实，别名：落花生、地豆、番豆、长生果，全国各地均有栽培。我国是世界上最大的花生生产、出口和消费国，年产量达1400 余万吨，占世界总产量的 40%。花生是我国食用非常广泛的一种坚果。花生按籽粒的大小分为大花生、中花生和小花生三大类型；按生育期的长短分为早熟、中熟、晚熟三种；按植株形态分直立、蔓生、半蔓生三种；按荚果和籽粒的形态、皮色等分为普通型、多粒型、珍珠豆型三种。一年生草本。叶通常具小叶2 对，小叶卵状长圆形至倒卵形。花冠黄色或金黄色。荚果长 2～5cm，宽 1～1.3cm，膨胀，荚厚，种子横径 0.5～1cm。花果期 6～8 月。适于气候温暖、生长季节较长、雨量适中的沙质土地区。较耐旱，但需水量大。

花生图1

花生具有相当高的营养价值，它含有 45%～50% 的脂肪，25%～30% 的蛋白质，15%～20% 的碳水化合物、丰富的维生素 B$_1$、维生素 B$_2$、维生素 E、尼克酸，以及钙、钾、磷等无机元素，含有 8 种人体所需的氨基酸及不饱和脂肪酸，含卵磷脂、胆碱、胡萝卜素、粗纤维等物质。花生含有一般杂粮少有的胆碱、卵磷脂，可促进人体的新陈代谢、增强记忆力，可益智、延缓衰老、延寿。种子除作为休闲食品食用外，也可以加工成副食品食用。花生的香气因品种、新鲜或熟制、加工等而不同。花生以坚果作为休闲食品食用时主要是煮熟、炒熟或烤熟后食用。通过焙烤、蒸煮和微波辅助等加工后都会引起果仁挥发性风味物质的变化。

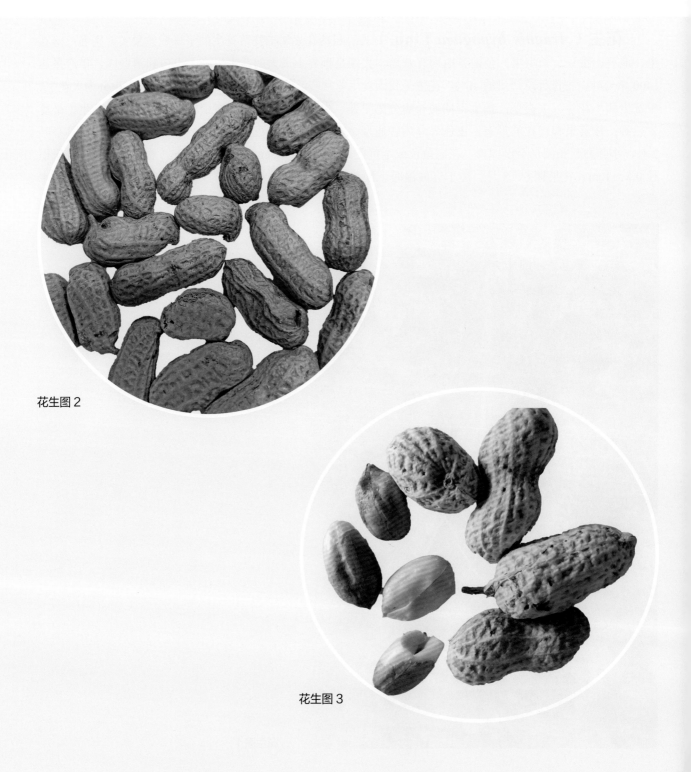

花生图 2

花生图 3

大白沙：顶空固相微萃取法提取的'大白沙'花生微波焙烤香气的主要成分为，苯乙醛（19.73%）、2,5- 二甲基吡嗪（12.92%）、苯甲醛（10.78%）、2,3- 二氢苯并呋喃（9.65%）、4- 甲基 -1,2- 苯二胺（8.83%）、苯乙醇（6.77%）、(E,E)-2,4- 癸二烯醛（4.90%）、4- 乙烯基 -2- 甲氧基 - 苯酚（4.13%）、3- 乙基 -2,5- 二甲基吡嗪（3.72%）、α- 蒎烯（2.82%）、2,6- 二 (1,1- 二甲基乙基)-4-(1- 甲基丙基) 酚（2.78%）、长叶烯（2.16%）、2- 戊基呋喃（1.31%）等（周琦等，2012）。

开农 308：顶空固相微萃取法提取的河南开封产'开农 308'新鲜花生香气的主要成分为，壬醛（27.44%）、2- 己烯醛（15.77%）、反式 -2- 壬烯醛（15.74%）、正癸烷（9.62%）、正己醇（7.93%）、甲氧基苯基肟（7.14%）、桉叶油醇（5.26%）、反 -2- 十一烯醇（3.69%）、十二烷（2.54%）、十四烷（1.85%）、1- 辛醇（1.66%）、十六烷（1.36%）等；低温贮藏 10 天花生香气的主要成分为，2,2,4,6,6- 五甲基庚烷（46.49%）、甲氧基苯基肟（13.28%）、反 , 反 -2,4- 壬二烯醛（5.97%）、正癸烷（5.66%）、反 , 顺 -2,6- 壬二烯醛（5.52%）、壬醛（4.23%）、2- 己烯醛（3.95%）、桉叶油醇（3.75%）、3,4- 环氧四氢呋喃（2.44%）、反式 -2- 壬烯醛（1.89%）、1- 辛醇（1.87%）、邻苯二甲酸二丁酯（1.57%）、2,2,4,4- 四甲基辛烷（1.17%）、十四烷（1.15%）等；低温气调贮藏 10 天花生香气的主要成分为，反 , 反 -2,4- 壬二烯醛（26.07%）、壬醛（18.11%）、2- 己烯醛（10.76%）、反式 -2- 壬烯醛（10.47%）、反 , 顺 -2,6- 壬二烯醛（8.65%）、桉叶油醇（6.29%）、反 -2- 十一烯醇（3.69%）、甲氧基苯基肟（3.59%）、正癸烷（3.12%）、3,4- 环氧四氢呋喃（2.76%）、邻苯二甲酸二丁酯（2.26%）、十二烷（1.88%）、1- 辛醇（1.25%）、十六烷（1.10%）等（张玉荣等，2022）。

鲁花：顶空固相微萃取法提取的'鲁花'花生微波焙烤香气的主要成分为，苯乙醛（21.34%）、2,5- 二甲基吡嗪（15.81%）、苯甲醛（17.00%）、(E,E)-2,4- 癸二烯醛（8.37%）、苯乙醇（7.49%）、水杨醛（4.01%）、2- 乙基 -3,5- 二甲基吡嗪（3.81%）、2,3- 二氢苯并呋喃（3.81%）、4- 乙烯基 -2- 甲氧基 - 苯酚（3.72%）、(E)-2- 甲基 -6-(1- 丙烯基) 吡嗪（2.73%）、1- 辛烯 -3- 醇（1.83%）、2,6- 二 (1,1- 二甲基乙基)-4-(1- 甲基丙基) 酚（1.79%）、1,2- 苯二甲酸二丁酯（1.65%）、2- 羟基苯甲酸 -2- 乙基己基酯（1.37%）、2- 戊基呋喃（1.36%）、长叶烯（1.00%）等（周琦等，2012）。

秋乐 177：顶空固相微萃取法提取的河南产'秋乐 177'花生新鲜乳汁香气的主要成分为，壬醛（25.15%）、呋喃（17.06%）、己醛（13.77%）、辛醛（5.37%）、2,4- 癸二烯醛（5.28%）、1- 庚醇（3.75%）、1- 辛烯 -3- 醇（3.46%）、2- 庚烯（3.18%）、2- 辛烯醛（3.05%）、二氢 -1,4- 乙基戊烯并 [1,2b] 氧杂壬基（2.96%）、庚烯（2.84%）、3- 壬烯 -2- 醇（2.74%）、2- 癸醛（2.51%）、2- 壬烯醛（1.91%）、癸醛（1.54%）、6- 羟基 -2,2- 二甲基环己酮（1.42%）、2- 十一碳烯醛（1.26%）、苯甲酯（1.24%）等（芦鑫等，2018）。

四粒红：顶空固相微萃取法提取的'四粒红'花生微波焙烤香气的主要成分为，苯乙醛（35.70%）、苯甲醛（13.73%）、2,5- 二甲基吡嗪（12.38%）、α- 亚乙基 - 苯乙醛（8.11%）、4- 甲基 -1,2- 苯二胺（7.28%）、(E,E)-2,4- 癸二烯醛（6.87%）、2,3- 二氢苯并呋喃（5.71%）、3- 乙基 -2,5- 二甲基吡嗪（3.43%）、4- 乙烯基 -2- 甲氧基 - 苯酚（2.93%）、苯甲醇（1.71%）、苯乙醇（1.71%）、2,6- 二 (1,1- 二甲基乙基)-4-(1- 甲基丙基) 酚（1.51%）、1- 辛烯 -3- 醇（1.10%）等（周琦等，2012）。

铜仁珍珠花生：顶空固相微萃取法提取的贵州铜仁产'铜仁珍珠花生'新鲜生果仁香气的主要成分（单位：ng/g）为，壬醛（678.43）、2- 十一碳烯醛（540.63）、2- 癸烯醛（522.28）、2- 庚烯醛（372.12）、2,4- 癸二烯醛（348.78）、辛醛（274.33）、2,5- 二甲基吡嗪（209.38）、2- 戊基呋喃（201.08）、2- 辛烯醛（160.50）、己醛（156.61）、庚醛（148.27）、苯乙醇（109.60）、2,4- 壬二烯醛（103.23）等（林茂等，2018）。

顶空固相微萃取法提取的贵州铜仁产'铜仁珍珠花生'烤箱烘烤果仁香气的主要成分（单位：ng/g）

为，安息香醛（810.92）、2,5-二甲基吡嗪（772.45）、壬醛（684.80）、2-癸烯醛（505.93）、2,4-癸二烯醛（481.68）、N-苯基-甲酰胺（409.30）、2-乙基-5-甲基-吡嗪（378.45）、2-庚烯醛（377.77）、2-十一碳烯醛（349.08）、苯乙醛（302.13）、糠醛（261.70）、辛醛（253.09）、二氢香豆酮（172.92）、2-辛烯醛（167.97）、癸醛（154.63）、己醛（144.95）、2-戊基呋喃（135.39）、甲基吡嗪（131.80）、庚醛（125.02）、乙酸（110.89）等；微波烘烤果仁香气的主要成分为，2,5-二甲基吡嗪（1692.94）、2-乙基-5-甲基-吡嗪（946.92）、安息香醛（767.39）、壬醛（707.00）、甲基吡嗪（613.79）、二氢香豆酮（555.00）、2-十一碳烯醛（488.00）、苯乙醛（484.39）、2,4-癸二烯醛（455.00）、2-癸烯醛（444.00）、N-苯基-甲酰胺（399.00）、2-庚烯醛（359.60）、糠醛（327.84）、3-乙基-2,5-二甲基-吡嗪（246.00）、辛醛（229.53）、4-乙烯基愈创木酚（183.00）、2-辛烯醛（166.00）、己醛（164.75）、2,4-壬二烯醛（160.00）、癸醛（140.00）、2-戊基呋喃（136.86）、庚醛（130.71）等（林茂等，2018）。

豫花 15： 顶空固相微萃取法提取的河南产'豫花 15'花生新鲜乳汁香气的主要成分为，呋喃（18.99%）、壬醛（17.43%）、己醛（16.45%）、辛醛（7.53%）、1-辛烯-3-醇（5.76%）、庚烯（4.67%）、1,3-己二烯（4.21%）、2-庚烯（4.18%）、2-辛烯醛（3.07%）、1-辛醇（3.02%）、八氢雌甾酮（2.77%）、6-羟基-2,2-二甲基环己酮（2.00%）、环辛烯（1.77%）、2,4-癸二烯醛（1.70%）、2-癸醛（1.17%）、苯甲醛（1.09%）、2-壬烯醛（1.04%）等（芦鑫等，2018）。

豫花 22： 顶空固相微萃取法提取的河南产'豫花 22'花生新鲜乳汁香气的主要成分为，呋喃（36.67%）、壬醛（24.86%）、辛醛（6.29%）、2-庚烯（4.33%）、1-辛烯-3-醇（3.90%）、2-辛烯醛（3.46%）、3-壬烯-2-醇（3.44%）、二氢-1,4-乙基戊烯并[1,2b]氧杂壬基（3.14%）、2,4-癸二烯醛（3.04%）、1-癸醇（2.28%）、2-癸醛（2.10%）、2-壬烯醛（2.02%）、癸醛（1.22%）、苯甲醛（1.19%）、2-十一碳烯醛（1.03%）等（芦鑫等，2018）。

豫花 40： 顶空固相微萃取法提取的河南产'豫花 40'花生新鲜乳汁香气的主要成分为，己醛（21.90%）、呋喃（17.06%）、壬醛（14.68%）、辛醛（6.04%）、1-辛烯-3-醇（4.55%）、2-辛烯醛（3.63%）、2-庚烯（3.63%）、1,3-己二烯（3.34%）、3-壬烯-5-炔基（3.07%）、苯酚（2.97%）、2,4-癸二烯醛（2.66%）、辛烷（2.65%）、6-羟基-2,2-二甲基环己酮（2.46%）、庚烯（2.45%）、2-癸醛（1.75%）、苯乙醛（1.66%）、2-十一碳烯醛（1.24%）、吗啉（1.00%）等（芦鑫等，2018）。

远杂 9102： 顶空固相微萃取法提取的河南产'远杂 9102'花生新鲜乳汁香气的主要成分为，壬醛（22.31%）、呋喃（16.33%）、2,4-癸二烯醛（12.95%）、二氢-1,4-乙基戊烯并[1,2b]氧杂壬基（7.69%）、2-辛烯醛（5.92%）、2-庚烯（5.68%）、辛醛（5.64%）、1-辛烯-3-醇（4.83%）、2-癸醛（4.16%）、3-壬烯-2-醇（4.01%）、2-壬烯醛（2.10%）、2-十一碳烯醛（2.03%）、1-庚醇（1.64%）、1,2-苯并异噻唑-3-胺（1.51%）、苯甲醛（1.36%）、癸醛（1.16%）等（芦鑫等，2018）。

远杂 9326： 顶空固相微萃取法提取的河南产'远杂 9326'花生新鲜乳汁香气的主要成分为，呋喃（29.57%）、壬醛（21.07%）、己醛（14.01%）、辛醛（6.75%）、1-辛烯-3-醇（4.08%）、5-乙基-1-环戊烯-1-甲醛（3.09%）、2,4-癸二烯醛（2.89%）、辛烷（2.63%）、庚烯（2.60%）、二氢-1,4-乙基戊烯并[1,2b]氧杂壬基（2.50%）、2-辛烯醛（2.29%）、2-庚烯（1.97%）、2-癸醛（1.53%）、6-羟基-2,2-二甲基环己酮（1.37%）、苯甲醛（1.23%）等（芦鑫等，2018）。

远杂 9719： 顶空固相微萃取法提取的河南产'远杂 9719'花生新鲜乳汁香气的主要成分为，壬醛（38.82%）、呋喃（26.16%）、辛醛（5.42%）、2-辛烯醛（4.55%）、2-癸醛（3.72%）、5-乙基-1-环戊烯-1-

甲醛（3.21%）、环丙烷（2.60%）、2- 壬烯醛（2.44%）、2- 庚烯（2.24%）、2,3- 辛二酮（2.13%）、2- 十一碳烯醛（1.89%）、二氢 -1,4- 乙基戊烯并 [1,2b] 氧杂壬基（1.84%）、癸醛（1.76%）、4,4,6- 三甲基 -2- 烯 -1- 环己醇（1.42%）、2,4- 癸二烯醛（1.00%）等（芦鑫等，2018）。

花生（品种不明）：顶空固相微萃取法提取的山东济南产花生新鲜种仁香气的主要成分为，正己醇（34.04%）、1- 甲基吡咯（9.79%）、乙基环丙烷（9.57%）、二甲醚 -DL- 甘油醛（7.64%）、己酸（7.08%）、2- 氨基 -4- 甲基苯甲酸（4.46%）、戊醛（3.41%）、1- 庚烯（2.07%）、草酸,2- 乙基己基异己基酯（1.65%）、柠檬烯（1.26%）、苯甲醇（1.16%）等（史文青等，2012）。无溶剂微波萃取法提取的花生种仁香气的主要成分为，2- 呋喃甲醇（6.62%）、吡啶（6.09%）、吡咯（5.15%）、苯酚（3.84%）、2- 甲基吡嗪（3.77%）、甲苯（3.62%）、2- 甲基 -1H- 吡咯（3.23%）、2- 乙酰基呋喃（2.62%）、2- 丁酮（2.48%）、3- 甲基丁腈（2.41%）、环戊酮（2.40%）、1- 甲基 -1H- 吡咯（1.97%）、3- 甲基 -1H- 吡咯（1.93%）、4- 甲基戊腈（1.83%）、2,5- 二甲基吡嗪（1.77%）、3- 甲基丁醛（1.64%）、2- 甲基丁醛（1.62%）、2,3- 二甲基吡嗪（1.60%）、苯（1.42%）、油酸（1.32%）、2- 丙烯 -1- 醇（1.30%）、1- 乙氧基丙烷（1.24%）、2- 甲基吡啶（1.08%）、4- 甲基苯酚（1.05%）、乙基苯（1.04%）、2,3,5- 三甲基吡嗪（1.02%）、3- 甲基 -2- 丁酮（1.01%）、吲哚（1.01%）等（赵方方等，2012）。

顶空固相微萃取法提取的山东济南产花生烘烤种仁香气的主要成分为，2,5- 二甲基吡嗪（29.68%）、甲基吡嗪（13.68%）、三甲基吡嗪（10.99%）、1- 甲基 -1H- 吡咯（9.72%）、3- 乙基 -2,5- 二甲基吡嗪（3.52%）、2,3- 二氢苯并呋喃（2.26%）、4- 羟基 -2,5- 二甲基 -3(2H)呋喃酮（1.56%）、辛醇（1.45%）、苯乙醛（1.42%）、1- 甲基吡咯（1.41%）、麦芽醇（1.36%）、2- 乙基 -3,5- 二甲基吡嗪（1.32%）、2- 甲氧基 -4- 乙烯基苯酚（1.01%）（史文青等，2012）。同时蒸馏萃取法提取的炒花生果仁香气的主要成分为，苯乙醛（29.51%）、二氢苯并呋喃（12.91%）、4- 乙烯基愈创木酚（7.67%）、2,5- 二甲基吡嗪（6.63%）、反 , 反 -2,4- 癸二烯醛（5.62%）、2- 甲基丁醛（3.84%）、2,3,5- 三甲基吡嗪（3.28%）、1- 甲基吡咯（3.05%）、己醛（2.71%）、苯甲醛（2.56%）、异戊醛（1.98%）、2- 乙基 -3,6- 二甲基吡嗪（1.85%）、糠醇（1.71%）、己醇（1.22%）、2- 甲基吡嗪（1.19%）、戊醛（1.04%）等（及晓东等，2010）。顶空固相微萃取法提取的烘烤花生果仁香气的主要成分为，2- 甲基丁醛（32.60%）、3- 甲基丁醛（27.40%）、1- 甲基 -1H- 吡咯（11.70%）、2- 亚硝酸异戊酯（4.79%）、2,5- 二甲基吡嗪（2.70%）、丁二醇（2.35%）、己醛（2.13%）、甲基吡嗪（1.73%）、3- 己酮（1.34%）、2- 甲氧基呋喃（1.28%）、糠醛（1.17%）、3- 羟基 -2- 丁酮（1.13%）、1- 羟基 -2- 丙酮（1.01%）等；超临界 CO_2 萃取法提取的烘烤花生果仁香气的主要成分为，乙酸（10.34%）、1- 甲基 -1H- 吡咯（8.79%）、3- 甲基丁醛（4.69%）、糠醛（4.26%）、丁二醇（2.64%）、甲基吡嗪（2.58%）、己醛（2.38%）、2- 亚硝酸异戊酯（1.63%）、乙酰胺（1.28%）、1- 羟基 -2- 丙酮（1.23%）等（李淑荣等，2013）。

6.3 核桃

核桃（*Juglans regia* Linn.）为胡桃科胡桃属植物胡桃的干燥成熟果实，别名：胡桃、羌桃，分布于华北、西北、西南、华中、华东、华南各省区。核桃为世界著名的"四大干果"之一，可以生食、炒食，营养丰富，被誉为"万岁子""长寿果"。由于栽培已久，品种很多。乔木，高达 20～25m。奇数羽状复叶，小叶通常 5～9 枚。雄性柔荑花序下垂，雌性穗状花序通常具 1～4 雌花。果序短，具 1～3 果实，果实近于球状，直径 4～6cm，果核稍具皱褶，隔膜较薄。花期 5 月，果期 10 月。喜肥沃湿润的沙质壤土。

核桃图1

核桃图2

核桃图3

核桃图4

核桃果仁含有丰富的蛋白质、脂肪、矿物质和维生素，每100g果仁中含蛋白质15.4g、脂肪63g、碳水化合物10.7g、钙108mg、磷329mg、铁3.2mg、硫胺素0.32mg、核黄素0.11mg、尼克酸1.0mg，还含有丰富的维生素B、维生素E。核桃含有丰富的不饱和脂肪酸，经常食用核桃，不但不会升高血糖，还能减少肠道对胆固醇的吸收，适合高血脂、高血压、冠心病病人食用，核桃含有大量的脂肪，能润肠，治疗大便秘结；还有健脑、增强记忆力和延缓衰老的作用。种仁是糕点、糖果等的原料。种仁入药，具有补气养血、润燥化痰、温肺益肾的功效，对肾虚耳鸣、遗精、阳痿、腰痛、尿频、遗尿、咳喘和便秘等有一定疗效；也用于血滞经闭、血瘀腹痛、蓄血发狂等病症。腹泻、痰热咳嗽、阴虚火旺者不宜食用。

核桃不同品种果仁香气成分如下。

FN39： 顶空固相微萃取法提取的河北卢龙产'FN39'核桃成熟果仁香气的主要成分（单位：μg/g）为，壬醛（168.81）、十五烷（14.37）、十六烷（9.68）、十二醛（9.22）、十四烷（8.76）、萘（8.54）、癸醛（7.24）、己酸（6.62）、2-正戊基呋喃（4.51）、γ-己内酯（4.41）、反-2-癸烯醛（3.61）、氨茴酸甲酯（3.46）、反-2-辛烯醛（3.14）等（石天磊等，2020）。

北方白三： 顶空固相微萃取法提取的陕西产'北方白三'核桃果仁香气的主要成分为，异戊醇（5.20%）、苯甲醛（2.62%）、柠檬烯（1.84%）、3-辛醇（1.28%）、异丁醇（1.17%）、甲酸芳樟酯（1.13%）等（王影等，2016）。

大泡： 顶空固相微萃取法提取的云南产'大泡'核桃成熟果仁香气的主要成分为，正己醇（13.69%）、2-丁酮（10.86%）、1-丙醇（10.66%）、乙醇（8.51%）、1-戊醇（6.51%）、己醛（5.81%）、丙酮（5.57%）、2-甲基丙醇（5.39%）、3-甲基-3-丁烯-1-醇（4.78%）、乙酸乙酯（1.81%）等（杨尚威等，2021）。

魁香： 顶空固相微萃取法提取的河北卢龙产'魁香'核桃成熟果仁香气的主要成分（单位：μg/g）为，壬醛（114.11）、反-2-辛烯醛（23.18）、十四烷（10.09）、正己醇（9.10）、2-正戊基呋喃（9.06）、癸醛（7.95）、萘（5.86）、氨茴酸甲酯（4.81）、乙酸苄酯（3.46）、γ-己内酯（2.98）、壬酸（2.80）、正戊酸（2.16）等（石天磊等，2020）。

辽宁1号： 顶空固相微萃取法提取的河北卢龙产'辽宁1号'核桃成熟果仁香气的主要成分（单位：μg/g）为，壬醛（72.28）、(E,E)-2,4-十一烷二烯醛（57.22）、2-正戊基呋喃（48.07）、反-2-癸烯醛（31.82）、1-辛烯-3-醇（22.34）、十四烷（17.27）、4-仲丁基苯酚（13.02）、十二醛（10.36）、正己醇（9.98）、正辛醛（8.84）、十六烷（7.59）、(E,E)-2,4-壬二烯醛（6.97）、己醛（6.62）、γ-己内酯（6.33）、萘（4.95）、癸醛（4.13）、己酸（3.63）、十一烷（1.69）等（石天磊等，2020）。

绿岭： 顶空固相微萃取法提取的湖北保康产'绿岭'核桃成熟果仁香气的主要成分为，2-丁酮（13.46%）、丙酮（9.73%）、己醛（9.54%）、1-丙醇（8.50%）、乙醇（7.70%）、正己醇（6.92%）、2-甲基丙醇（4.36%）、1-戊醇（4.05%）、3-甲基-3-丁烯-1-醇（3.90%）、乙酸乙酯（3.13%）、戊醛（1.31%）等（杨尚威等，2021）。

绵核桃： 顶空固相微萃取法提取的山西产'绵核桃'成熟果仁香气的主要成分为，正己醇（18.91%）、己醛（16.45%）、2-丁酮（16.04%）、1-戊醇（11.03%）、1-丙醇（10.85%）、丙酮（9.76%）、乙醇（6.71%）、2-甲基丙醇（4.49%）、3-甲基-3-丁烯-1-醇（3.14%）、戊醛（2.93%）等（杨尚威等，2021）。

清香： 顶空固相微萃取法提取的新疆温宿产'清香'核桃成熟果仁香气的主要成分（单位：μg/kg）为，1-己醇（178.77）、己醛（75.66）、异戊醇（43.14）、壬醛（22.63）、γ-丁内酯（18.63）、茴香醚

（12.69）、二丙二醇（9.90）、糠醛（7.82）、苯甲醛（5.79）、6-甲基-5-庚烯-2-酮（5.49）、辛醛（4.91）、2-戊基呋喃（3.63）、2,3-丁二醇（2.00）、2-戊醇（1.19）等（贾懿敏等，2023）。顶空固相微萃取法提取的河北卢龙产'清香'核桃成熟果仁香气的主要成分（单位：μg/g）为，壬醛（56.72）、十四烷（54.26）、十五烷（48.47）、十六烷（42.73）、萘（10.87）、癸醛（9.25）、1-辛醇（7.24）、(E,E)-2,4-十一烷二烯醛（6.93）、反-2-辛烯醛（6.87）、十一烷（6.66）、γ-己内酯（3.57）、丁酸（2.29）、(E,E)-2,4-壬二烯醛（2.12）等（石天磊等，2020）。

温 185： 顶空固相微萃取法提取的新疆产'温 185'核桃成熟果仁香气的主要成分为，1-丙醇（10.28%）、2-丁酮（8.85%）、丙酮（7.27%）、乙醇（7.26%）、2-甲基丙醇（3.44%）、正己醇（2.27%）、3-甲基-3-丁烯-1-醇（2.09%）、己醛（1.76%）、1-戊醇（1.24%）、乙酸乙酯（1.03%）等（杨尚威等，2021）。顶空固相微萃取法提取的新疆温宿产'温 185'核桃成熟果仁香气的主要成分（单位：μg/kg）为，1-己醇（62.84）、甲苯（41.22）、4,5-二甲基二氢呋喃-2(3H)-酮（38.76）、己醛（31.79）、壬醛（30.51）、己酸甲酯（20.18）、辛醛（14.15）、异戊醇（11.80）、1-戊醇（10.66）、二丙二醇（9.43）、对二甲苯（8.27）、糠醛（7.37）、庚醛（6.43）、苯甲醛（5.79）、2-庚醇（4.54）、d-柠檬烯（4.50）、2,3-丁二醇（3.43）、γ-丁内酯（2.63）、茴香醚（2.57）、苯乙烯（2.21）、2-戊基呋喃（1.80）、2-戊醇（1.35）、2-辛醇（1.09）等（贾懿敏等，2023）。

西岭： 顶空固相微萃取法提取的河北卢龙产'西岭'核桃成熟果仁香气的主要成分（单位：μg/g）为，壬醛（61.05）、2-十一烯醛（52.61）、十四烷（17.93）、2-正戊基呋喃（15.52）、反-2-辛烯醛（12.20）、1-辛醇（9.30）、十二醛（6.01）、癸醛（5.95）、氨茴酸甲酯（5.33）、γ-己内酯（4.96）、萘（3.90）、(E,E)-2,4-十一烷二烯醛（3.07）、己酸（2.76）等（石天磊等，2020）。

香玲： 顶空固相微萃取法提取的河北卢龙产'香玲'核桃成熟果仁香气的主要成分（单位：μg/g）为，壬醛（75.59）、反-2-辛烯醛（44.09）、2-正戊基呋喃（27.59）、十五烷（16.90）、十二醛（13.04）、2-十一烯醛（11.22）、(E,E)-2,4-壬二烯醛（9.17）、癸醛（8.12）、正辛醛（7.34）、十六烷（7.18）、1-辛醇（6.77）、γ-己内酯（6.77）、萘（4.89）、4-仲丁基苯酚（3.54）、正己醇（3.45）、甘菊蓝（2.90）、苯乙醛（2.31）等（石天磊等，2020）。

新新 2 号： 顶空固相微萃取法提取的新疆产'新新 2 号'核桃成熟果仁香气的主要成分为，2-丁酮（11.59%）、乙醇（8.81%）、1-丙醇（8.25%）、丙酮（7.65%）、正己醇（7.38%）、己醛（3.91%）、2-甲基丙醇（3.15%）、1-戊醇（2.77%）、3-甲基-3-丁烯-1-醇（1.99%）等（杨尚威等，2021）。

优种： 顶空固相微萃取法提取的陕西产'优种'核桃果仁香气的主要成分为，己醛（4.60%）、苯甲醛（4.41%）、柠檬烯（4.04%）、壬醛（2.64%）、苯甲醇（2.53%）、异戊醇（2.46%）、甲酸丁酯（1.51%）、苯甲醛丙二醇缩醛（1.29%）、乙酸叔丁酯（1.26%）、2-甲基-2-丁烯醛（1.14%）等（王影等，2016）。

元宝： 顶空固相微萃取法提取的河北卢龙产'元宝'核桃成熟果仁香气的主要成分（单位：μg/g）为，(E,E)-2,4-十一烷二烯醛（111.97）、壬醛（77.43）、反-2-癸烯醛（57.65）、2-十一烯醛（48.63）、十五烷（47.18）、1-辛醇（31.83）、正辛醛（26.76）、γ-己内酯（19.95）、十六烷（12.20）、己酸（10.46）、反-2-辛烯醛（10.30）、2-正戊基呋喃（8.57）、十一烷（7.88）、癸醛（7.07）、萘（5.03）、乙酸苄酯（1.84）等（石天磊等，2020）。

杂果仁白二： 顶空固相微萃取法提取的陕西产'杂果仁白二'核桃果仁香气的主要成分为，己醛（29.01%）、苯甲醛（3.34%）、戊醛（1.11%）、柠檬烯（1.09%）等（王影等，2016）。

赞美： 顶空固相微萃取法提取的河北卢龙产'赞美'核桃成熟果仁香气的主要成分（单位：μg/g）为，壬醛（74.50）、反 -2- 辛烯醛（39.42）、2- 正戊基呋喃（28.56）、十五烷（22.36）、十四烷（16.24）、十六烷（14.94）、γ- 己内酯（7.03）、反 -2- 癸烯醛（5.59）、十一烷（5.17）、1- 辛醇（4.41）、壬酸（4.24）、(*E,E*)-2,4- 壬二烯醛（3.61）、正戊酸（1.11）等（石天磊等，2020）。

6.4 澳洲坚果

澳洲坚果（*Macadamia ternifolia* F. Muell.）为山龙眼科澳洲坚果属植物澳洲坚果的干燥果实，别名：夏威夷果、澳洲核桃、昆士兰坚果、昆士兰栗、澳洲胡桃。澳洲坚果为世界著名干果，果仁香酥滑嫩可口，有独特的奶油香味，被誉为"坚果之王""干果皇后"，被认为是世界上最好的桌上坚果之一。澳洲坚果原产于澳大利亚昆士兰与新南威尔士的亚热带雨林。目前，我国广东、广西、云南、福建、四川、重庆及贵州均有种植。至 2016 年底，我国澳洲坚果种植面积超过 3.15×10^5 hm²，位居世界第一。全球对澳洲坚果的市场需求量在 40 万吨以上，但由于其生长对光、热、水、风等自然条件的选择性极强，且投资周期长，全球种植面积仅 4 万公顷，年产量不足 3 万吨。乔木，高 5～15m。叶革质，通常 3 枚轮生或近对生。花淡黄色或白色。果球形，直径约 2.5cm，顶端具短尖，果皮厚 2～3mm，开裂；种子通常球形，光滑。花期 4～5 月，果期 7～8 月。

澳洲坚果果仁营养丰富，香脆可口，含油率 75% 以上，油脂中 80% 左右是不饱和脂肪酸，蛋白质含量 9%，还含有丰富的钙、磷、铁、维生素 B_1、维生素 B_2 和人体必需的 8 种氨基酸。澳洲坚果还具有很高的药用价值，能很有效地降低血压、调节和控制血糖水平，可预防动脉粥样硬化、心血管疾病等多种疾病的发生。

桂热 5 号： 顶空固相微萃取法提取的广西扶绥产'桂热 5 号'澳洲坚果自然干燥果仁香气的主要成分为，正己烷（19.41%）、正己醛（15.56%）、庚醛（5.79%）、正戊醇（5.12%）、甲苯（5.12%）、壬醛（4.62%）、异戊醇（3.42%）、正己醇（3.10%）、对二甲苯（3.10%）、二甲基硫醚（2.02%）、乙酸（1.93%）、正十二烷（1.91%）、丙烯酸丁酯（1.85%）、异戊醛（1.70%）、正丁醇（1.65%）、苯（1.65%）、丙酸丁酯（1.50%）、四氯乙烯（1.27%）、苯乙烯（1.13%）、邻二甲苯（1.11%）、4- 甲基 -1- 戊烯（1.07%）等（任二芳等，2021）。

顶空固相微萃取法提取的广州湛江产澳洲坚果新鲜果仁香气的主要成分（单位：μg/g）为，乙酸（440.48）、苯甲醇（6.54）、壬醛（3.05）、苯甲醛（2.42）、3(2*H*)- 呋喃酮（1.51）等（静玮等，2016）。顶空固相微萃取法提取的广州湛江产澳洲坚果高温焙烤后果仁香气的主要成分（单位：μg/g）为，糠醛（1109.43）、乙酸（908.83）、2,5- 二甲基吡嗪（463.77）、2- 甲基丙醛（371.46）、2- 甲基吡嗪（221.94）、3(2*H*)- 呋喃酮（219.26）、3- 乙基 -2,5- 二甲基吡嗪（173.28）、三甲基 - 吡嗪（137.83）、2- 乙基 -5- 甲基吡嗪（126.82）、壬醛（98.35）、2,6- 二甲基吡嗪（88.28）、苯甲醛（77.69）、5- 甲基 -2- 糠醛（70.94）、2- 乙基 -6- 甲基吡嗪（62.11）、2- 甲基丁醛（55.02）、苯甲醇（53.58）、辛醇（52.07）等（静玮等，2016）。顶空固相微萃取法提取的云南产澳洲坚果 170℃ 焙烤后果仁香气的主要成分（单位：μg/g）为，乙酸（2242.00）、2,5- 二甲基吡嗪（444.77）、2- 甲基丙醛（360.19）、2- 甲基吡嗪（148.51）、二氢 -3(2*H*)- 呋喃酮（131.08）、糠醛（130.58）、2- 乙酰基 -1*H*- 吡咯（124.06）、5- 甲基 -2- 呋喃甲醇（120.40）、三甲基吡嗪（120.23）、3- 乙基 -2,5- 二甲基吡嗪（103.29）、2,6- 二甲基吡嗪（99.39）、2,3- 丁二酮（81.90）、3- 甲基丁醛（77.29）、2- 甲基丁醛（65.26）、2- 乙基 -5- 甲基吡嗪（54.70）等（静玮等，2016）。

澳洲坚果图 1

澳洲坚果图 2

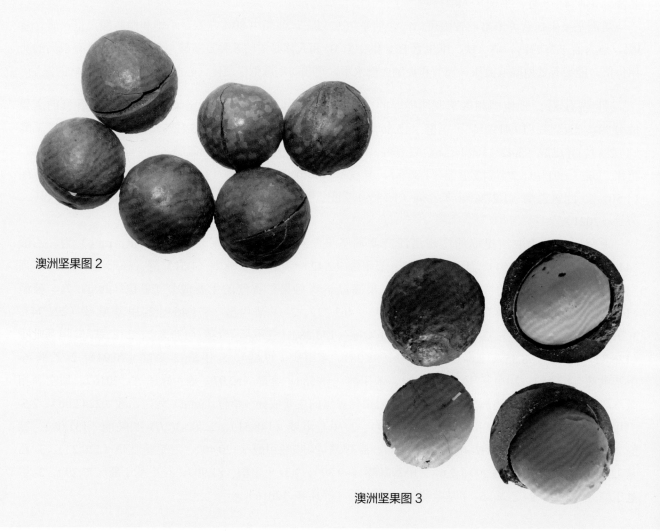

澳洲坚果图 3

6.5 杏仁

　　杏仁（**_Prunus armeniaca_ Linn.**）为蔷薇科李属植物杏的干燥成熟种子，全国各地均有分布，尤以华北、西北和华东地区种植较多。乔木，高 5～12m。叶片圆卵形，花单生，花瓣白色或带红色。果实球形，种仁味苦或甜。花期 3～4 月，果期 6～7 月。喜光，耐旱，抗寒。

　　杏仁分为甜杏仁和苦杏仁两种，我国南方产的杏仁属于甜杏仁（又名南杏仁），味道微甜、细腻，可食用，还可作为原料加入蛋糕、曲奇和菜肴中。北方产的苦杏仁不适合直接食用，因为其含有的苦杏仁苷，可在体内被分解，产生剧毒物质氢氰酸。甜杏仁具有丰富的营养价值，每 100g 杏仁中含蛋白质 25～27g，油脂 47～56g，碳水化合物及粗纤维 12～19g，还含有钙、磷、铁、硒等多种矿质元素，以及维生素 E、维生素 B_1、维生素 B_2、维生素 B_5、维生素 C 等多种维生素。甜杏仁具有健脑、润肠、宣肺、明目的功效，有一定的抗氧化能力和降脂作用，对高血压、高血脂和肿瘤等有食疗作用，适用于肺虚久咳或津伤、便秘等症。苦杏仁带苦味，多作药用，具有润肺、平喘的功效，用于咳嗽气喘、胸满痰多、肠燥便秘。

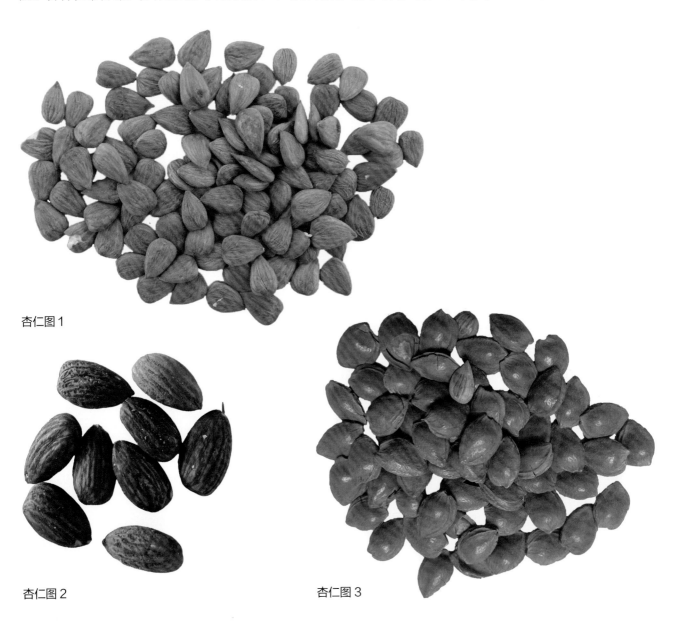

杏仁图 1

杏仁图 2

杏仁图 3

大扁杏： 水蒸气蒸馏法提取的陕西榆林产'大扁杏'种仁香气的主要成分为，β-谷甾醇（81.88%）、岩光甾醇（7.59%）等（韩志萍等，2008）。

美国加州杏： 超临界萃取法提取的烘烤后的'美国加州杏仁'香气的主要成分为，2-甲基丁醛（17.49%）、乙酸（8.10%）、2,5-二甲基吡嗪（7.70%）、异丙烯基乙酸（7.68%）、甲基吡嗪（6.33%）、3-甲基-2,5-二甲基吡嗪（4.13%）、己醛（3.56%）、2,6-二甲基吡嗪（3.18%）、2,3-戊二醛（3.07%）、*d*-苧烯（2.88%）、1-羟基-2-丙酮（2.22%）、1-庚醇（2.05%）、1-己醇（2.01%）、1-戊醇（1.77%）、3-羟基-2-丁酮（1.73%）、3-甲基-2-丁酮（1.55%）、2,6-二甲基苯酚（1.52%）、5-甲基-2-乙基吡嗪（1.37%）、乙酸乙酯（1.16%）、乙基吡嗪（1.04%）等（贾春利等，2005）。

新疆小白杏： 超临界CO_2萃取法提取的'新疆小白杏'种仁香气的主要成分为，甲苯（39.74%）、1,2-二甲基苯（21.36%）、己醛（11.00%）、乙苯（4.04%）、2,6-二甲基-7-辛烯-2-醇（3.21%）、壬醛（2.85%）、1-壬醇（2.73%）、1,4-二甲基苯（2.26%）、3,7-二甲基-1,6-辛二烯-3-醇（1.66%）等（李素玲等，2011）。

6.6 巴旦杏

巴旦杏 [_Prunus dulcis_ (Mill.) D.A.Webb] 为蔷薇科李属植物扁桃的种子，别名：扁桃、美国大杏仁、巴旦木、京杏、偏桃、偏核桃，新疆、陕西、甘肃、内蒙古等地有栽培。巴旦杏是驰名世界的干果，味道香美，营养丰富，素有"坚果之王""圣果""西域珍品"之称。巴旦杏年产量约 7.4×10^5 t，主要产于美国加利福尼亚州，产量占全球总产量的 84.8%。中国已经成为美国巴旦杏第一大出口国。巴旦杏属世界古老栽培种，是由野生种进化发展而来的。我国种植巴旦杏的栽培历史在 1300 年以上，分布在我国的巴旦木共有 7 个种和 10 个变种。我国巴旦杏规模生产主要集中在新疆的喀什和田地区，有 3 个种，5 个变种，40 多个品种（系）。其总产量多年来一直位于新疆 4 大干果之首，品质超过国外品种。中型乔木或灌木。叶片披针形，花瓣白色至粉红色。果实斜卵形或长圆卵形，扁平，长 3～4.3cm，直径 2～3cm；果肉薄，成熟时开裂；核卵形，核壳硬，黄白色至褐色，长 2.5～4cm。花期 3～4 月，果期 7～8 月。抗旱性强，宜生长于温暖干旱地区。

巴旦杏有着极高的营养价值和药用价值。果仁含油量为 43%～56%（其中，不饱和脂肪酸含量超过90%），膳食纤维含量 12%，含有丰富的蛋白质、维生素，以及钙、镁、磷和钾等元素和维生素 E、植物甾醇等。中医认为，巴旦杏具有安神、益肾、生精润肠、消痞散结、止咳平喘、润肺的功效，对气管炎、高血压、神经衰弱、肺炎、糖尿病都有一定疗效。长期以来，新疆地区人们用它来治疗高血压、神经衰弱、皮肤过敏、气管炎、咳喘及消化不良、小儿佝偻等多种疾病。巴旦杏经过烘烤之后产生特殊的色泽、更加爽口的脆度和独特的风味，烘烤种仁香气的成分与新鲜种仁香气的成分不同。

浓帕烈（Nonpareil）： 水蒸气蒸馏法提取的美国产'浓帕烈'巴旦杏新鲜种仁香气的主要成分（单位：μg/g）为，苯甲醛（2.05）、苯乙醇（0.40）、苯乙醛（0.14）、壬醛（0.04）、2-甲基丁醇（0.03）、苧烯（0.03）、十一烷（0.02）、十二烷（0.02）等（杨继红等，2010）。

水蒸气蒸馏法提取的美国产'浓帕烈'巴旦杏烘烤后种仁香气的主要成分（单位：μg/g）为，苯甲醛（4.77）、苯乙醛（1.38）、γ-壬内酯（0.64）、壬醛（0.53）、己醛（0.32）、苯乙醇（0.31）、十二烷（0.29）、正戊醇（0.27）、糠醛（0.26）、2-乙基-3,5-二甲基吡嗪（0.24）、2,5-二甲基吡嗪和 2,6-二甲基吡嗪（0.21）、苧烯（0.20）、十三烷（0.20）、十一烷（0.19）、2-甲基丁醇（0.17）、(*E*)-2-癸烯醛（0.10）等（杨继红等，2010）。

巴旦杏图 1

巴旦杏图 2

水蒸气蒸馏法提取的巴旦杏种仁香气的主要成分为，α- 雪松醇（24.63%）、4- 甲氧基 6-(2- 丙烯基)-1,3- 苯并二噁环戊二烯（17.52%）、α- 荜茄醇（4.61%）、罗汉柏烯（3.50%）、邻苯二甲酸 (2- 乙基己基) 酯（3.08%）、2,3,4,7,8,8a- 六氢 -3,6,8,8- 四甲基 -1H-3a,7- 亚甲基薁（2.53%）、4,7- 二甲基 -1-(1- 异丙基)-1,2,4a,5,6,8a- 六氢萘（2.41%）、1,1,4a,7- 四甲基 -1,2,3,4,4a,5,6,7,8- 八氢 -1- 苯并环庚酮（2.28%）、2,6,10,14- 四甲基十六烷（2.06%）、二十二烷（2.00%）、十五烷（1.96%）、杜松烯（1.92%）、异胆酸乙酯（1.11%）、香榧醇（1.08%）、(E)-1- 甲基 -4-(1,2,2- 三甲基环戊基)- 苯（1.07%）、荜澄茄油烯醇（1.03%）、7- 甲基 -1,4- 亚甲基 -1-(1- 异丙基 -(1α,4$a\beta$,8$a\alpha$)- 八氢萘（1.00%）等（刘占文等，2009）。顶空固相微萃取法提取的美国产巴旦杏新鲜果仁香气的主要成分为，己烷（14.00%）、正己醇（12.91%）、癸烷（10.81%）、辛烷（9.53%）、甲苯（7.57%）、3,7- 二甲基癸烷（4.13%）、十二烷（3.92%）、2- 辛烯（3.22%）、正戊醇（3.02%）、2,2,3- 三甲基 -5- 乙基庚烷（2.80%）、2,2- 二甲基癸烷（2.62%）、3,6- 二甲基十一烷（2.53%）、乙酸乙酯（2.22%）、氟丙酸庚酯（1.76%）、3- 甲基 -2- 庚烯（1.70%）、2,2,4,6,6- 五甲基癸烷（1.68%）、苯酚（1.37%）、乙苯（1.25%）、庚醇（1.22%）、壬醇（1.15%）等（卢静茹等，2015）。水蒸气蒸馏法提取的新疆喀什产巴旦杏种仁香气的主要成分为，d- 柠檬烯 (33.72%)、2,4- 癸二烯醛（8.01%）、二丙酮醇（5.45%）、2- 戊基呋喃（3.77%）、2- 甲基 - 丁酸己酯（2.73%）、6- 壬炔酸甲酯（2.57%）、2,5- 辛二酮（2.23%）、β- 甲基萘（2.19%）、(E,E)-2,4- 十二碳二烯醛（1.94%）、苯甲醛（1.93%）、(Z)-6- 十八碳烯酸甲酯（1.75%）、乙酸己酯（1.59%）、(Z)-7- 十八碳烯酸甲酯（1.45%）、壬醛（1.42%）、反 -2- 癸烯醛（1.40%）、3- 羟基 -4- 戊烯酸乙酯（1.35%）、苯并环庚三烯（1.34%）、1,2- 二甲苯（1.33%）、庚醇（1.33%）、己酸丁酯（1.29%）等（宋根伟等，2009）。水蒸气蒸馏法提取的新疆和田产巴旦杏种仁香气的主要成分为，4- 乙氧基 -2- 丁酮

（11.05%）、苯丙炔酸（5.99%）、4- 异丙氧基 -2- 丁酮（5.34%）、2- 吡啶甲醛（5.24%）、双环 [4.1.0]-1,3,5- 庚三烯（2.30%）、3,4- 二甲基 -1- 己烯（2.28%）、5- 降冰片烯 -2- 醇（2.06%）、螺 [2.9] 十二碳 -4,8- 二烯（2.05%）、4- 甲基 -2- 己醇（1.78%）、2-[6-(氰乙基) 环己基 -3- 烯 -1- 基] 乙腈（1.78%）、1,9- 癸二炔（1.74%）、2- 甲基吡啶（1.65%）、1- 乙基 -4,5- 二乙烯基环己烯（1.64%）、8- 壬烯酸（1.55%）、顺 -3- 亚乙基 -1- 乙烯基 -2- 吡咯烷酮（1.50%）、5- 羟基吲哚 -3- 乙酸（1.49%）、2,6- 二甲基 -2,6- 辛二烯 -1,8- 二醇（1.43%）、1,2,3a,3b,6,7- 六氢环戊二烯并 [1,3] 环丙烯并 [1,2] 苯 -3- 酮（1.42%）、二环 [4.2.0] 辛 -3,7- 二烯（1.32%）、亚丁基 - 甲基 - 胺（1.09%）、反式 -2,3- 二 (1- 甲基乙基)- 环氧乙烷（1.06%）等（陈惠琴等，2023）。

顶空固相微萃取法提取的美国产巴旦杏烘烤果仁香气的主要成分为，正己醇（41.45%）、正己醛（9.81%）、正戊醇（4.40%）、2,5- 二甲基吡嗪（3.77%）、辛醇（3.12%）、庚醇（3.05%）、糠醛（2.59%）、3- 甲基丁醛（2.55%）、2,4- 二甲基庚烯（2.16%）、苯乙醛（1.74%）、乙酸（1.60%）、辛醛（1.30%）、甲基吡嗪（1.30%）、2- 戊基呋喃（1.26%）、壬醛（1.22%）、己酸（1.21%）、癸酸（1.01%）等（卢静茹等，2015）。

6.7 榧子

榧子（*Torreya grandis* Fort. ex Lindl.）为红豆杉科榧属植物香榧的干燥成熟种子，别名：玉山果、圆榧、药榧、小果榧，分布于江苏、四川、湖南、福建、江西、安徽、浙江、贵州等省区。香榧是我国特有的珍稀干果和经济林树种，已有 1300 年栽培历史。香榧仅分布在我国北纬 27°～32° 的亚热带丘陵山区，浙江会稽山脉是香榧的主栽区。香榧多为雌雄异株，在长期的系统发育过程中受异花授粉、自然杂交、生态环境及栽培管理等多方面的影响，产生了许多变异，具有多个形态不一的品种，主要有细榧、长榧、芝麻榧、米榧、茄榧、丁香榧、象牙榧、旋纹榧、蛋榧、大圆榧、中圆榧、小圆榧等。除大、中、小圆榧为圆子型外，其余几种为长子型。乔木。叶条形，列成两列。雄球花圆柱状。种子椭圆形、卵圆形、倒卵圆形或长椭圆形，长 2～4.5cm，径 1.5～2.5cm，熟时假种皮淡紫褐色，有白粉。花期 4 月，种子翌年 10 月成熟。喜温暖湿润环境，能耐寒，忌强烈日光，不耐旱涝，忌积水低洼地。

榧子图 1　　　　　　　　　　　　　　　　　　　　榧子图 2

香榧种子为著名的干果，可炒食，但不宜生食。香榧种仁经炒制后香脆可口，风味香醇，营养丰富，种仁含脂肪 49.3%～58.0%，其中油酸、亚麻酸等不饱和脂肪酸含量高达 78.4%，含蛋白质 7.7%～12.5%，糖分 1.0%～2.4%，含多种维生素，每 100g 种仁含钙 71mg、磷 275mg、铁 3.6mg。种子药用，有化痰、消痔、驱除肠道寄生虫等功效，用于虫积腹痛、食积痞闷、便秘、痔疮、蛔虫病等。榧子所含脂肪油较多，痰热体质者慎食。榧子不要与绿豆同食，否则容易发生腹泻。榧子性质偏温热，多食会使人上火，所以咳嗽咽痛并且痰黄的人暂时不要食用，因为食用榧子有饱腹感，所以饭前不宜多吃，以免影响正常进餐，尤其对儿童更应注意。榧子有润肠通便的作用，本身就腹泻或大便溏薄者不宜食用。不同品种榧子种子的香气成分如下。

大圆榧： 顶空固相微萃取法提取的浙江诸暨产'大圆榧'成熟种子油香气的主要成分为，*d*- 柠檬烯（23.05%）、1,1′- 二环己烷（13.28%）、1,2- 苯二甲酸二 (2- 甲基丙基) 酯（8.29%）、邻苯二甲酸二异丁酯（7.39%）、三十烷（4.76%）、十六烷（4.58%）、十氢萘（4.35%）、正戊基环己烷（3.44%）、邻苯二甲酸二乙酯（3.41%）、丁羟基甲苯（3.15%）、十七烷（2.89%）、1,2,3- 三甲氧基 -5- 甲基苯（2.61%）、2- 甲基 -1,1′- 二环己烷（1.96%）、*β*- 榄香烯（1.78%）、十八烷（1.47%）、庚基环己烷（1.42%）、十四烷（1.42%）、2- 乙基己酸（1.04%）等（王衍彬等，2016）。

丁香： 固相微萃取法提取的浙江东阳产'丁香'榧炒制种仁香气的主要成分（单位：μg/g）为，邻苯二甲醚（12.03）、*d*- 柠檬烯（6.33）、糠醛（4.49）、硬脂酸（4.31）、棕榈酸（4.24）、二甲基苯乙烯（3.06）、(*Z*)- 二甲基 -1,3,6- 十八烷三烯（1.59）、7- 左旋 -*β*- 蒎烯（1.25）、反式 -2- 辛烯 -1- 醇（1.20）、2,6- 二甲基吡嗪（1.19）、月桂烯（1.03）、萜品油烯（0.57）、正十四烷（0.55）、1,2,3- 三甲氧基苯（0.50）等（王艳娜等，2022）。

木榧： 固相微萃取法提取的浙江东阳产'木榧'炒制种仁香气的主要成分（单位：μg/g）为，*d*- 柠檬烯（55.14）、双戊烯（41.96）、糠醛（11.59）、2,6- 二甲基吡嗪（4.28）、硬脂酸（3.99）、月桂烯（3.38）、棕榈酸（2.51）、间异丙基甲苯（2.12）、壬醛（2.05）、2,4- 二甲基苯乙烯（1.89）、3,4,5- 三甲氧基甲苯（1.31）、邻苯二甲醚（1.02）、*α*- 蒎烯（0.78）、萜品油烯（0.69）、(环己烷 - 硝基 - 甲基)- 环戊醇（0.62）、3- 癸烯 -1- 醇（0.60）、正十四烷（0.54）等（王艳娜等，2022）。

细榧： 顶空固相微萃取法提取的安徽黄山产'细榧'自然成熟种仁香气的主要成分为，*d*- 柠檬烯（53.48%）、2,2,3,4- 四甲基戊烷（14.59%）、*α*- 蒎烯（8.24%）、*β*- 蒎烯（5.79%）、苏合香烯（2.22%）、1- 甲基 -4-(1- 甲乙基)- 环己烯（1.78%）、3- 蒈烯（1.62%）、壬醛（1.19%）等；烘制种仁香气的主要成分为，*d*- 柠檬烯（31.31%）、*α*- 蒎烯（10.30%）、(1*S*,4*R*)-1,2- 环氧 - 对薄荷 -8- 烯（7.23%）、乙醛（6.94%）、*β*- 月桂烯（5.86%）、*β*- 罗勒烯（5.01%）、(*E*)-2- 辛烯醛（3.53%）、3,7- 二甲基 -1,6- 辛二烯 -3- 醇（2.31%）、石竹烯（1.95%）、别罗勒烯（1.87%）、反式香苇醇（1.61%）、壬醛（1.53%）、*β*- 杜松烯（1.49%）、*α*- 金合欢烯（1.11%）、3,5- 辛二烯 -2- 酮（1.08%）、(*Z*)-*β*- 金合欢烯（1.02%）等；炒制种仁香气的主要成分为，乙醛（18.08%）、正己酸（16.66%）、*d*- 柠檬烯（16.36%）、(*E*)-2- 辛烯醛（11.16%）、壬醛（5.00%）、辛醛（2.71%）、2- 戊基呋喃（2.45%）、4- 酮 - 壬醛（2.25%）、反 -2- 癸烯醛（2.12%）、4,4,6- 三甲基 -2- 环己烯 -1- 醇（1.76%）、苏合香烯（1.69%）、(*E*)-2- 庚烯醛（1.66%）、癸醛（1.30%）、3,5- 辛二烯 -2- 酮（1.22%）、*α*- 蒎烯（1.06%）、4- 乙酰基 -1- 甲基 - 环己烯（1.04%）等（任清华等，2018）。

朱岩： 固相微萃取法提取的浙江东阳产'朱岩'榧炒制种仁香气的主要成分（单位：μg/g）为，二氢香芹醇（20.16）、*d*- 柠檬烯（13.84）、邻苯二甲醚（8.49）、月桂烯（6.89）、糠醛（4.95）、2,6- 二甲基吡嗪（3.11）、十一醇（3.03）、硬脂酸（1.98）、壬醛（1.62）、3,4,5- 三甲氧基甲苯（1.51）、2,4- 二甲基苯乙烯（1.49）、1,9- 壬二醇（1.28）、棕榈酸（1.21）、3- 癸烯 -1- 醇（0.96）、双戊烯（0.54）、2- 十四烷醇（0.51）等（王艳娜等，2022）。

顶空固相微萃取法提取的浙江绍兴产香榧种仁香气的主要成分（单位：μg/g）为，d- 柠檬烯（118.66）、左旋 -β- 蒎烯（62.83）、橙花叔醇（38.43）、3- 蒈烯（26.51）、二甲基苯乙烯（25.84）、1- 十三烯（25.74）、双戊烯（14.03）、α- 松油醇（12.89）、α- 蒎烯（12.76）、邻苯二甲醚（12.03）、4- 萜烯醇（11.29）、月桂烯（10.93）、十六烷醇（9.24）、萜品油烯（6.29）、壬醛（5.11）、癸醛（4.99）、3- 甲基 -6-(1- 甲基亚乙基)-2- 环己酮（4.50）、二氢香芹醇（3.51）、3,4,5- 三甲氧基甲苯（2.84）、正十四烷（2.49）、十二烷醇（1.79）、棕榈酸（1.68）、乙二醇十二烷基醚（1.49）、2- 十一碳烯醛（1.43）、2- 十四烷醇（1.36）、雪松醇（1.29）、紫苏醇（1.25）、1- 甲氧基 -4- 丙烯基苯（1.13）等（杨蕾等，2022）。静态顶空萃取法提取的安徽黄山产香榧自然成熟种仁香气的主要成分为，乙酸（33.48%）、苯（9.27%）、(R)-(+)- 柠檬烯（7.57%）、α- 呋喃甲醛（6.01%）、羟基丙酮（4.99%）、正己醛（4.50%）、甲酸（4.07%）、苯甲醛（3.14%）、3- 甲基正丁醛（2.29%）、2- 乙基 -2- 丁烯醛（2.09%）、2- 呋喃糠醇（1.67%）、2- 正戊基呋喃（1.66%）、2- 甲基 -1- 正丁醇（1.20%）、2,3- 丁二醇（1.13%）、苯乙醛（1.11%）、1- 戊醇（1.09%）等（汪瑶等，2014）。

顶空固相微萃取法提取的浙江绍兴产香榧烘烤种仁香气的主要成分（单位：μg/g）为，d- 柠檬烯（80.81）、丙基苯（6.91）、月桂烯（6.89）、2- 乙基己烯醛（6.48）、维生素 A（5.92）、糠醛（3.99）、邻苯二甲醚（3.18）、壬醛（2.71）、棕榈酸（2.50）、1- 甲氧基 -4- 丙烯基苯（2.16）、2,4- 二甲基苯乙烯（1.88）、3,4,5- 三甲氧基甲苯（1.63）、萜品油烯（1.53）、3- 癸烯 -1- 醇（1.21）、十七烷醇（1.12）等（杨蕾等，2022）。静态顶空萃取法提取的安徽黄山产改进工艺炒制的椒盐香榧种仁香气的主要成分为，乙酸（43.70%）、正己醛（5.24%）、α- 呋喃甲醛（4.76%）、羟基丙酮（4.26%）、2- 甲基丁醛（4.19%）、(R)-(+)- 柠檬烯（3.84%）、苯甲醛（2.70%）、2- 正戊基呋喃（1.33%）、3- 呋喃甲醇（1.20%）、1- 戊醇（1.09%）、二甲基二硫（1.01%）等（汪瑶等，2014）。

6.8 其他

山核桃（ *Carya cathayensis* Sarg.） 为胡桃科山核桃属植物山核桃的干燥成熟果实，别名：小核桃、山蟹、核桃、长寿果，分布于我国浙江和安徽。果实倒卵形，向基部渐狭，外果皮干燥后革质，厚约 2～3mm，沿纵棱裂开成 4 瓣，果核倒卵形或椭圆状卵形，有时略侧扁，内果皮硬，淡灰黄褐色，隔膜内及壁内无空隙。4～5 月开花，9 月果成熟。果仁味美可食，也用以榨油，供食用。

固相微萃取法提取的浙江临安产山核桃果仁香气的主要成分为，壬醛（15.23%）、d- 柠檬烯（13.64%）、己醛（10.11%）、辛醛（8.38%）、2- 甲基 - 丁醇（3.51%）、己醇（2.85%）、4- 氯苯基 - 草酸（2.81%）、3- 甲基 -2- 丁烯基己酸（2.63%）、十三烷（2.14%）、辛醇（2.05%）、辛酸（2.01%）、丁酸己酯（1.99%）、庚醇（1.94%）、正十四碳烷（1.92%）、辛酸乙酯（1.91%）、十二烷（1.88%）、薄荷醇（1.49%）、莰烯（1.45%）、1- 戊醇（1.30%）、庚醛（1.26%）、癸酸乙酯（1.24%）、四氢 -6-(2- 戊烯基)-2H-2- 吡喃酮（1.17%）、2- 乙基己基 - 乙酸（1.09%）、苯基 -2- 己酮（1.01%）等（胡玉霞等，2011）。固相微萃取法提取的山核桃果仁香气的主要成分（单位：μg/kg）为，糠醛（1174.00）、(E)-2- 甲基 -2- 丁烯酸甲酯（475.00）、(E)-2- 甲基 -2- 丁烯酸乙酯（372.00）、正己醛（323.00）、当归酸（301.00）、2- 甲基丁酸（265.00）、壬醛（204.10）、苯甲

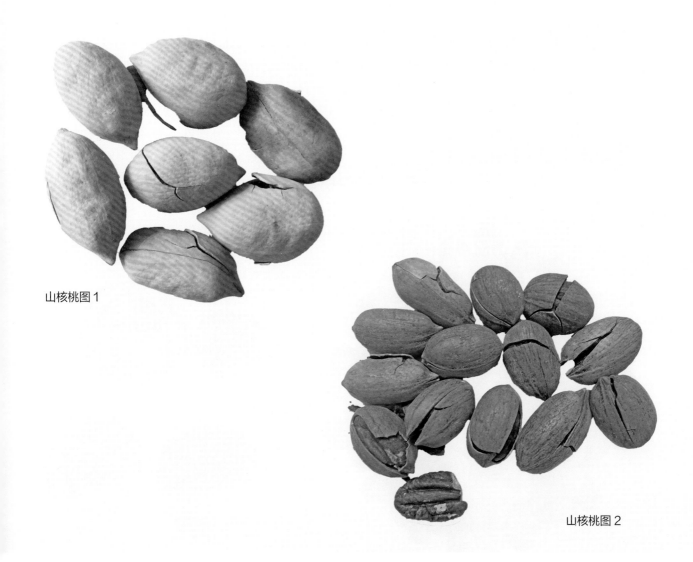

山核桃图1

山核桃图2

醛（188.00）、N,N-二乙酰基肼（161.00）、糠醇（155.00）、苯乙醛（137.70）、乙酸（108.00）、2-甲基吡嗪（99.30）、2-甲基丁酸乙酯（92.60）、辛醛（64.00）、(E)-2-辛烯醛（62.00）、2,6-二甲基吡嗪（56.79）、2,5-二甲基吡嗪（56.79）、2-乙基吡嗪（54.10）、癸醛（52.80）、正癸酸（47.80）、正戊基呋喃（37.18）、辛癸酸（36.12）、2-乙基己醇（36.10）、正戊醇（33.71）、(E)-2-壬烯醛（25.44）、1,3-二氯苯（20.81）、正己醇（19.06）、叔戊酸（18.70）、异辛酸（16.32）、1-十六烷醇（10.64）、苯乙醇（10.07）等（吴洲等，2022）。

固相微萃取法提取的浙江临安产炒制后的山核桃果仁香气的主要成分为，d-柠檬烯（12.50%）、6-甲基-2,3-二氢-3,5-二羟基吡喃（11.15%）、2-乙酰基吡咯（8.36%）、2,3-二甲基吡嗪（7.76%）、反式-2,3-二甲基丙烯酸（7.29%）、α-呋喃甲醇（6.83%）、2,5-二甲基吡嗪（6.45%）、(E)-2-癸烯醛（4.13%）、苯甲醛（2.68%）、2-庚醛（2.55%）、异樟醇（1.91%）、糠醛（1.79%）、乙酸甲酯（1.67%）、2,3,5-三甲基吡嗪（1.51%）、2-乙基-5-甲基吡嗪（1.45%）、4-羟基-2-丁酮（1.42%）、4-甲氧基-2,5-二甲基-3(2H)-呋喃酮（1.33%）、3-甲基-2-(5H)-呋喃酮（1.28%）、苯乙醛（1.07%）等（周拥军等，2012）。

榛子（*Corylus heterophylla* Fisch. ex Trautv.） 为桦木科榛属植物干燥果实的统称。全世界榛属约有20种，中国原产榛属植物有9种，7个变种，引进种欧洲榛、尖榛和大果榛等。现作为干果的榛子主要来源于我国新培育的种间杂种平欧杂种榛，是平榛与欧洲榛种间远缘杂交育出的优良品种。在我国，约95%野生榛林为平榛，主要分布于东北辽沈地区，人工栽培榛子主要为平欧榛子。主要分布于黑龙江、吉林、辽宁、河北、山西、陕西。榛子是国际畅销的名贵干果，也是世界四大干果 (核桃、腰果、扁桃、榛子) 之一，并有"坚果之王"的美誉。果单生或 2～6 枚簇生成头状；果苞钟状。坚果近球形，长 7～15mm。榛仁营养丰富，含脂肪 59.1%～69.8%、蛋白质 14.1%～18.0%、碳水化合物 6.5%～9.3%、膳食纤维 8.2%～9.6%，含有维生素 C、维生素 E、维生素 B 等多种维生素，以及 Ca、P、K、Fe 等矿物元素，还含有人体所需的 8 种氨基酸，含量远远高于核桃等。中医认为，榛子有补脾胃、益气力、明目健行的功效，并对消渴、盗汗、夜尿频多等肺肾不足之症颇有益处。但榛子性温热，易上火，不可多吃；榛子含有丰富的油脂，胆功能严重不良者应慎食，建议每次食用 20 颗。

榛子图 1　　　　　　　　　　　　　　　　榛子图 2

顶空固相微萃取法提取的辽宁营口产平欧榛种仁香气的主要成分（单位：μg/kg）为，油酸（1.69）、异油酸（0.93）、棕榈酸（0.39）、13- 十八烯酸（0.36）、3,6- 二甲氧基 -9-(苯乙炔基)- 芴醇（0.18）、2- 亚甲基环戊醇（0.12）、壬醛（0.11）、甲氧基 - 苯基 - 肟（0.10）等；微波烤熟种仁香气的主要成分为，苯乙醛（9.41）、油酸（3.20）、2- 乙基 -3,5- 二甲基吡嗪（2.80）、2- 甲基 -3,5- 二乙基吡嗪（2.43）、棕榈酸（1.52）、2- 乙基 -1- 己醇（1.41）、异油酸（0.98）、十八烷酸（0.96）、壬醛（0.75）、2,5- 二甲基吡嗪（0.72）、2,5- 二甲基 -4- 羟基 -3(2H)- 呋喃酮（0.68）、2,3- 二氢 -3,5- 二羟基 -6- 甲基 -4H- 吡喃 -4- 酮（0.67）、2- 甲基 -5-(1- 丙烯基)- 吡嗪（0.55）、α- 亚乙基 - 苯乙醛（0.36）、4- 己烯 -3- 酮（0.32）、2- 月桂烯醛（0.22）、2- 氨基 -2,4,6- 环庚三烯 -1- 酮（0.21）、2- 甲基 -3(2- 丙烯基)- 吡嗪（0.17）、五氟代甲氧基苯（0.16）、1- 酰基 -1,2,3,4- 四氢吡啶（0.14）、甲基吡嗪（0.10）、十四烷（0.10）等（邓晓雨等，2016）。

南瓜子 [*Cucurbita moschata* (Duch.) Poiret]

为葫芦科南瓜属植物南瓜的干燥成熟种子，别名：白瓜子、金瓜子，全国各地均有栽培。作为小食品，南瓜子常以烤或炒食为主，因为烘烤后具有浓郁的香气。种子多数，长卵形或长圆形，灰白色，边缘薄，长 10～15mm，宽 7～10mm。南瓜子可生食，也可炒食，种仁富含蛋白质、氨基酸、不饱和脂肪酸、维生素、植物甾醇，以及矿物质如锌、铁、铜、钾、钠、钙、硒等，经常食用有助于降低胆固醇、高血压、高脂症和有助于防治冠心病等，并能提高免疫力、减少癌症的发生。种子入药，有清热除湿、驱虫的功效，对血吸虫有控制和杀灭的作用，治疗滴虫、产后手足肿痛、百日咳、痔疮。

顶空固相微萃取法提取的河南开封产'超甜蜜本'南瓜成熟种子香气的主要成分为，棕榈酸乙酯（24.52%）、(R,R)-2,3-丁二醇（14.30%）、亚油酸乙酯（11.67%）、2,3-丁二醇（8.09%）、亚麻酸乙酯（6.33%）、乙酸（3.49%）、贝壳杉-16-烯（3.41%）、二甲基硫醚（2.90%）、棕榈酸甲酯（2.37%）、甲-[o-氨基苯]-4-柠檬酸（1.76%）、长叶薄荷酮（1.53%）、2-甲基丁醛（1.44%）、棕榈酸（1.19%）、十四烷（1.09%）等（李昌勤等，2013）。

固相微萃取法提取的南瓜种子香气的主要成分为，棕榈酸乙酯（24.52%）、(R,R)-2,3-丁二醇（14.30%）、亚油酸乙酯（11.67%）、2,3-丁二醇（8.09%）、亚麻酸乙酯（6.33%）、乙酸（3.49%）、贝壳杉-16-烯（3.41%）、二甲基硫醚（2.90%）、棕榈酸甲酯（2.37%）、甲-[o-氨基苯]-4-柠檬酸（1.76%）、长叶薄荷酮（1.53%）、2-甲基丁醛（1.44%）、棕榈酸（1.19%）、十四烷（1.09%）等（张伟等，2013）。同时蒸馏萃取法提取的南瓜子新鲜种仁香气的主要成分为，碱性部分为3-乙基-2,5-二甲基吡嗪（1.80%）、2-乙基-3,5-二甲基吡嗪（1.18%）等。中性部分为苯甲醇（6.41%）、苯乙醇（5.32%）、亚油酸乙酯（5.27%）、邻苯二甲酸二异辛酯（4.66%）、十六烷（3.89%）、棕榈酸乙酯（3.67%）、1-甲基-2-甲酰基吡咯（2.77%）、亚油酸甲酯（2.66%）、(E,E)-2,4-癸二烯醛（2.08%）、十五烷（1.85%）、乙酰基吡咯（1.66%）、(E)-2-庚烯醛（1.36%）、2-呋喃甲醇（1.32%）、2,6,10,14-四甲基十五烷（1.32%）、棕榈酸甲酯（1.21%）等（贾春晓等，2007）。

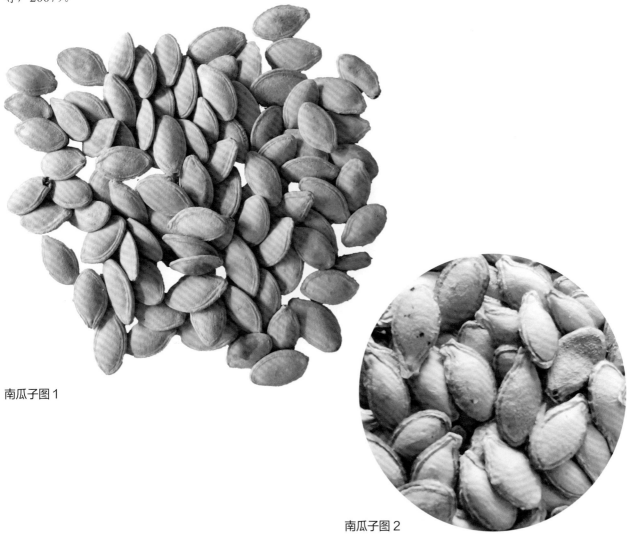

南瓜子图1

南瓜子图2

同时蒸馏萃取法提取的高温焙烤后南瓜种仁香气的主要成分如下。碱性部分为 3- 乙基 -2,5- 二甲基吡嗪（21.59%）、2- 乙基 -5- 甲基吡嗪（11.45%）、2,5- 二甲基 -3-(3- 甲基丁基) 吡嗪（8.23%）、2,5- 二甲基吡嗪（7.52%）、2,3,5- 三甲基吡嗪（5.73%）、2- 甲基 -5,6,7,8- 四氢喹喔啉（4.87%）、3,5- 二乙基 -2- 甲基吡嗪（4.56%）、2- 甲基喹喔啉（4.41%）、2- 乙基 -3,5- 二甲基吡嗪（2.62%）、2,3,5- 三甲基 -6- 乙基吡嗪（2.58%）、2- 甲基 -5,6- 二乙基吡嗪（2.49%）、2,3- 二乙基 -5- 甲基吡嗪（1.79%）、2,5- 二甲基 -5H-6,7- 二氢环戊二烯并吡嗪（1.58%）、2- 乙基 -6- 甲基吡嗪（1.51%）、2- 甲基 -6- 乙烯基吡嗪（1.51%）、5H-5- 甲基 -6,7 二氢环戊二烯并吡嗪（1.43%）、2,5- 二甲基 -3-(2- 甲基丙基) 吡嗪（1.37%）、2- 甲基 -5-(1- 丙烯基) 吡嗪（1.34%）、3- 甲基 -2- 乙酰基吡嗪（1.23%）等；中性部分为苯甲醇（29.54%）、(E,E)-2,4- 癸二烯醛（9.01%）、乙酰基吡咯（4.91%）、亚油酸乙酯（4.86%）、邻苯二甲酸二异辛酯（3.18%）、苯乙醇（3.15%）、亚油酸甲酯（3.01%）、1- 甲基 -2- 甲酰基吡咯（2.51%）、苯甲醛（1.47%）、5- 甲基 -2- 戊基 -2- 己烯醛（1.43%）、α- 乙叉基苯乙醛（1.36%）、(E)-2- 壬烯醛（1.30%）、(E)-2- 庚烯醛（1.15%）等（贾春晓等，2007）。

西瓜子 [*Citrullus lanatus* (Thunb.) Matsum. et Nakai] 为葫芦科西瓜属植物西瓜的

干燥成熟种子，全国各地均有栽培。西瓜子可供食用或药用。专门种植用来取其种子的西瓜叫打瓜，也称籽瓜，所产瓜子黑边白心，颗粒饱满，片形较大，故国际市场上有"兰州黑瓜子"或"兰州大板瓜子"之称。西瓜子经过加工，可制成五香西瓜子、奶油西瓜子、多味西瓜子等，已经成为我国消费者最欢迎的休闲食品之一。西瓜种子多数，卵形，黑色、红色，有时为白色、黄色、淡绿色或有斑纹，两面平滑，基部钝圆，通常边缘稍拱起，长 1～1.5cm，宽 0.5～0.8cm，厚 1～2mm。西瓜种子含脂肪油、蛋白质、维生素 B$_2$、维生素 E、淀粉、戊聚糖、丙酸、尿素、蔗糖、粗纤维等，含有丰富的钾、铁、硒等营养元素，有清肺化痰的作用，对咳嗽痰多和咯血等症有辅助疗效，还有健胃、通便、降低血压的功效。食用以原味为佳，添加各种味料做成的瓜子不宜多吃；咸瓜子吃得太多会伤肾；长时间不停地嗑瓜子会伤津液，导致口干舌燥。

西瓜子图1

西瓜子图 2

水蒸气蒸馏法提取的吉林通榆产打瓜新鲜种仁香气的主要成分为，2- 软脂酸甘油酯 (9.29%)、2- 硬脂酸甘油酯 (7.32%)、丁羟甲苯 (5.52%)、十四烷酸（5.38%）、硬脂酸（5.27%）、二十二烷（4.13%）、7,9- 二叔丁基 -2,8- 二氧代 -1- 氧杂螺 [4.5]-6,9- 癸二烯（3.63%）、亚油酸（3.05%）、十九烷（3.00%）、8,11- 十八碳二烯酸甲酯（2.93%）、n- 十六酸（2.89%）、角鲨烯（2.37%）、3- 甲氧基 -1,2- 丙二醇（1.73%）、三十烷（1.68%）、二十烷（1.67%）、十八烷（1.48%）、(E)-8- 十八碳烯酸甲酯（1.39%）、N,N- 二苯基肼甲酰胺（1.10%）、3- 甲基 -3- 乙基庚烷（1.08%）等（朴金哲等，2010）。同时蒸馏萃取法提取的西瓜种仁香气的主要成分为，亚油酸（53.31%）、棕榈酸（20.76%）、油酸（10.42%）、硬脂酸（6.75%）、亚麻酸（1.85%）、三甲基硅烷基酯棕榈酸（1.71%）等（张文文等，2010）。顶空固相微萃取法提取的西瓜种仁香气的主要成分（单位：ng/g）为，d- 柠檬烯（1287.23）、4- 甲氧基烯丙基苯（1206.42）、正己醇（1099.74）、环己醇（666.13）、2,6- 二羟基苯乙酮 ,2TMS 衍生物（606.22）、磷酸三 (三甲基硅基酯)（429.31）、甲苯（416.80）、二甲基硅炔二醇（406.87）、乙醇（399.76）、1- 甲氧基 -2- 丙醇（396.84）、茴香脑（289.68）、丁酸甲酯（277.69）、甲氧基苯基丙酮肟（261.31）、2,3- 丁二醇（219.48）、1- 戊醇（218.38）、苯甲醇 , 苄基二甲基硅基醚（213.23）、β- 月桂烯（199.95）、1- 丁醇（196.99）、2- 巯基 -4- 苯基噻唑（166.43）、丁内酯（149.19）、2,2,4,6,6- 五甲基庚烷（148.60）、α- 蒎烯（137.81）、(S)-(+)-2- 戊醇（137.12）、2- 丁醇（132.38）等（张茹茹等，2023）。

同时蒸馏萃取法提取的西瓜炒熟种仁香气的主要成分为，诱烯醇（28.31%）、棕榈酸（18.90%）、反式 -2,4- 癸二烯醛（16.27%）、油酸（12.51%）、硬脂酸（6.56%）、顺式 -2,4- 癸二烯醛（5.23%）、三甲基硅烷基酯棕榈酸（3.07%）、2,6,10,15,19,23- 六甲基 -2,6,10,14,18,22- 四十烯（1.55%）、2- 羟基 -1- 羟甲基乙酯亚油酸（1.40%）、十四烷（1.15%）等（张文文等，2010）。顶空固相微萃取法提取的微波烘烤的西瓜种仁香气的主要成分（单位：ng/g）为，2,5- 二甲基吡嗪（937.21）、甲基吡嗪（281.26）、三甲基吡嗪（249.80）、己醛（216.21）、2- 乙基 -5- 甲基吡嗪（209.65）、d- 柠檬烯（200.51）、3- 乙基 -2,5- 二甲基吡嗪（171.09）、4- 甲氧基烯丙基苯（148.57）、2- 庚酮（142.52）、2,3- 丁二醇（125.05）、3- 甲基丁醛（89.84）、丁内酯（89.31）、1- 甲氧基 -2- 丙醇（88.74）、2,6- 二甲基吡嗪（79.38）、甲酸己基酯（75.91）、乙基吡嗪

（54.28）、苯甲醇,TBDMS 衍生物（46.94）、2- 乙基 -3,5- 二甲基吡嗪（45.38）、β- 蒎烯（44.32）、3- 羟基 -2-丁酮（39.54）、1- 甲基 -2- 吡咯烷酮（36.58）、2,3- 二甲基吡嗪（35.38）、二甲基硅炔二醇（33.00）、茴香脑（32.92）、甲苯（32.67）、β- 月桂烯（28.39）、2- 辛酮（27.81）、2- 乙基 -6- 甲基吡嗪（27.21）、苯甲醛（24.23）、吡嗪（23.13）、2- 乙酰基呋喃（20.35）等；烤箱烘烤的种仁香气的主要成分为，正己醇（110.83）、2- 乙基环丁酮（73.72）、d- 柠檬烯（72.26）、1- 戊醇（60.22）、2,5- 二甲基吡嗪（57.69）、1- 甲氧基 -2-丙醇（48.27）、4- 甲氧基烯丙基苯（41.53）、乙醇（32.70）、2,3- 丁二醇（26.30）、吡啶（24.56）、丁内酯（23.76）、甲苯（22.11）、[R-(R*,R*)]-2,3- 丁二醇（21.78）、邻氯甲苯（21.44）、β- 蒎烯（18.99）、己醛（17.18）、二甲基硅炔二醇（14.44）、2- 乙基 -5- 甲基吡嗪（13.88）、三甲基吡嗪（12.39）、苯甲醇,TBDMS衍生物（12.21）、4-(1- 丙烯基) 苯甲醚（12.07）、β- 月桂烯（10.70）等（张茹茹等，2023）。

葵花籽（*Helianthus annuus* Linn.）

为菊科向日葵属植物向日葵的成熟种子，全国各地均有栽培。葵花籽是一种十分受欢迎的休闲零食，种子的颜色有白色、浅灰色、黑色、褐色、紫色，并有宽条纹、窄条纹，或无条纹等。向日葵原产北美西南部，世界各地均有分布，我国栽培向日葵至少已有四百年的历史。食用葵花籽主要分布于中国的内蒙古、新疆、甘肃等北方地区。食用型籽粒大，皮壳厚，果皮多为黑底白纹，宜于炒食。瘦果倒卵形或卵状长圆形，稍扁压，长 10～15mm，有细肋。花期 7～9 月，果期 8～9 月。葵花籽在人们生活中是不可缺少的零食，烘烤后香脆可口，是理想的休闲食品，还可以作为制作糕点的原料。葵花籽营养丰富，每 100g 种仁含维生素 E 34.50mg、22.78g 蛋白质、49.57g 脂肪、10.50g膳食纤维、920mg 的钾，还有钙、铁、镁、锰、磷、钠、锌等元素，和维生素 A、维生素 B_1、维生素 B_2 等。中医学认为，葵花籽仁性甘寒，有润肺平肝、祛风祛湿、驱虫利尿的功效，经常食用，有助于降低胆固醇含量，防治高血压、高血脂和冠心病、糖尿病、动脉硬化症等；对安定情绪，防止细胞衰老，预防成人疾病都有好处；还具有治疗失眠、增强记忆力的作用；对癌症和神经衰弱有一定的预防功效。适合所有人食用，每次 80g。食用注意事项：一次不宜吃得太多，以免上火、口舌生疮，耗费唾液；尽量用手剥壳，或使用剥壳器，以免经常用牙齿嗑瓜子而损伤牙釉质；患有肝炎的病人最好不要嗑葵花籽，因为它会损伤肝脏，引起肝硬化。葵花籽可以生食，也可以炒食、煮食或烤熟食，生、熟葵花籽的香气成分会发生较大的变化。

同时蒸馏萃取法提取的葵花新鲜种仁香气的主要成分如下。碱性部分为 2,3,8- 三甲基癸烷（9.88%）、3,6- 二甲基十一烷（9.70%）、3- 甲基 -5- 丙基壬烷（9.68%）、2- 庚烯醛（9.12%）、2,5,6- 三甲基辛烷（8.61%）、2,8- 二甲基十一烷（6.64%）、2,5- 二甲基吡嗪（2.56%）等；中性部分为 4,6,6- 三甲基 - 二环 [3.1.1]-3- 庚烯 -2- 醇（10.50%）、贝壳杉烯（9.09%）、(*E,E*)-2,4- 癸二烯醛（7.64%）、对庚基苯乙酮（7.34%）、α- 蒎烯（4.21%）、壬醛（2.77%）、1a,2,3,5,7,7a,7b- 八氢 -1,1,7,7a- 四甲基 -1*H*- 环戊基 (*a*) 萘（2.71%）、(*Z,Z*)-2,4- 癸二烯醛（2.08%）、2- 戊基呋喃（1.93%）、6,6- 二甲基 - 二环 [3.1.1]-2- 庚烯 -2- 甲醇（1.69%）、1- 甲基 -4-(5- 甲基 -1- 亚甲基 -4- 己烯) 环己烯（1.32%）等（贾春晓等，2008）。同时蒸馏萃取法提取的葵花种仁香气的主要成分为，2,6- 二叔丁基对甲基苯酚（45.91%）、癸酸乙酯（20.71%）、邻苯二甲酸二辛酯（15.31%）、乙基苯（3.47%）、α- 蒎烯（2.63%）、棕榈酸（2.51%）、己醛（2.20%）、对二甲苯（2.18%）、贝壳杉烯类化合物（1.73%）、苯乙烯（1.17%）、硬脂酰胺（1.07%）等（朱萌萌等，2014）。同时蒸馏萃取法提取的甘肃武威产无壳瓜子新鲜种仁香气的主要成分为，2- 甲基十六酸甲酯（8.3%）、正十八酸乙酯（6.7%）、正十六酸（6.6%）、十六酸甲酯（6.0%）、3,4- 双氢化 -2- 甲醛 -2*H* 吡喃（4.6%）、10,13-十八碳二烯酸甲酯（4.2%）、正二十一烷（3.7%）、正二十七烷（3.6%）、3,3- 二甲基双环 [3.1.0]-1,5- 二叔丁基 -2- 己酮（3.5%）、正十六烷（3.3%）、甲酸乙酯（2.9%）、5- 甲基 -2- 异亚丙基环基酮（2.7%）、苯酚（2.6%）、苯甲酸乙酯（2.4%）、正十五烷（2.2%）、正十七烷（2.1%）、2- 甲基十四酸甲酯（2.1%）、(*Z,Z*)-9,12- 十八碳二烯酸（2.0%）等（李玉琴等，2006）。

葵花籽图1

葵花籽图2

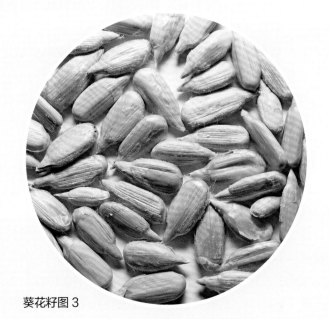

葵花籽图3

同时蒸馏萃取法提取的高温焙烤后葵花种仁香气的主要成分如下，碱性部分为 2,3,8- 三甲基癸烷（9.38%）、3,6- 二甲基十一烷（9.22%）、3- 甲基 -5- 丙基壬烷（9.20%）、2,5,6- 三甲基辛烷（8.10%）、2- 庚烯醛（8.07%）、2,5- 二甲基吡嗪（7.34%）、3- 乙基 -2,5- 二甲基吡嗪（6.69%）、2,8- 二甲基十一烷（6.12%）、2- 乙基 -5- 甲基吡嗪（5.17%）、甲基吡嗪（2.36%）、3,5- 二乙基 -2- 甲基吡嗪（1.93%）、2,3,5- 三甲基吡嗪（1.83%）、2,6- 二甲基吡嗪（1.29%）等；中性部分为 (E,E)-2,4- 癸二烯醛（8.42%）、4,6,6- 三甲基 - 二环 [3.1.1]-3- 庚烯 -2- 醇（6.12%）、对庚基苯乙酮（4.50%）、贝壳杉烯（4.50%）、α- 蒎烯（4.02%）、苯乙醛（3.45%）、壬醛（2.65%）、2- 戊基呋喃（2.16%）、1a,2,3,5,7,7a,7b- 八氢 -1,1,7,7a- 四甲基 -1H- 环戊基 (a) 萘（2.13%）、(Z,Z)-2,4- 癸二烯醛（2.02%）、6,6- 二甲基 - 二环 [3.1.1]-2- 庚烯 -2- 甲醇（1.96%）、1- 二十二烯（1.93%）、糠醛（1.68%）、雪松醇（1.60%）、正己醛（1.55%）、(E)-2- 庚烯醛（1.49%）等（贾春晓等，2008）。同时蒸馏萃取法提取的煮制葵花种仁香气的主要成分为，丁香酚（20.94%）、爱草脑（5.41%）、正己烷（2.67%）、丁内酯（2.34%）、正己酸（1.66%）、糠醛（1.51%）、壬己酮（1.02%）等（俞俊等，2008）。同时蒸馏萃取法提取的烤葵花种仁香气的主要成分（单位：μg/g）为，丁香酚（10.66）、大茴香脑（5.95）、乙酸丁香酚酯（4.38）、肉桂醛（3.05）、(E,Z)-2,4- 癸二烯醛（2.65）、己醛（1.90）、甲基胡椒酚（1.85）、茴香醛（1.75）等（赵升逵等，2021）。

蚕豆（*Vicia faba* Linn.）

为豆科野豌豆属植物蚕豆的新鲜或干燥成熟种子，别名：南豆、胡豆、大豆、竖豆、佛豆，全国各地均有栽培。蚕豆作为休闲食品可以嫩豆煮食，也可以成熟干豆经加工后食用。蚕豆是西汉时期由张骞自西域引入中原地区的作物之一，是我国重要的食用豆类作物，是世界上第三大重要的冬季食用豆作物，在我国南北各地都有种植，也是重要的出口资源。我国蚕豆种植主要分布在西南、长江流域及西北地区，面积约 1400 万亩，同时云南、东部沿海地区还有 400 多万亩鲜销蚕豆，我国蚕豆生产居世界之首，年产量 142.9 万吨，占世界的 33.7%。我国有 40 多个栽培品种。荚果肥厚，长 5～10cm，宽 2～3cm。种子 2～6 个，长方圆形，中间内凹，种皮革质，青绿色，灰绿色至棕褐色，种脐线形，黑色。花期 4～5 月，果期 5～6 月。蚕豆营养极其丰富，蛋白质含量为 25%～35%，氨基酸种类齐全，8 种必需氨基酸中，除蛋氨酸和色氨酸含量稍低外，其余 6 种含量均高，尤以赖氨酸含量丰富；淀粉含量高达 48%，且以直链淀粉为主，脂肪含量较低，仅占 0.8%；还富含糖、矿物质、维生素等，其中含硫 0.23%、磷 1.2%、铁 0.5%、镁 0.14%、钙 0.19%。可以加工成多种小吃，如卤水蚕豆、兰花豆、怪味豆、糖衣豆、茴香豆等休闲小食品和多种豆制品。种子民间药用，治疗高血压和浮肿。蚕豆不可生吃，脾胃虚弱者不宜多食。蚕豆过敏、有遗传性血红细胞缺陷症以及蚕豆症患者均不宜食用。食多可能引起腹胀，消化不良者可以控制在每天一把的量。

顶空固相微萃取法提取的江苏产'通蚕鲜 6 号'蚕豆新鲜嫩种子香气的主要成分为，乙醇（32.91%）、*d*- 柠檬烯（18.31%）、己醇（8.66%）、对异丙基甲苯（7.05%）、1- 辛烯 -3- 醇（2.94%）、3- 辛醇（2.14%）、3- 甲基丁醇（1.81%）、异戊酸乙酯（1.55%）、萜品烯（1.14%）、苯乙烯（1.08%）、2- 戊基呋喃（1.07%）、(Z)-3- 己烯醇（1.01%）等；干燥种子香气的主要成分为，乙醇（36.32%）、乙酸乙酯（11.54%）、辛烷（8.22%）、乙酸（4.93%）、2,3- 丁二醇（3.83%）、3- 甲基丁醇（2.43%）、1,3- 二甲苯（2.37%）、1,2- 二甲苯（1.72%）、异戊酸乙酯（1.62%）等（刘春菊等，2015）。

顶空固相微萃取法提取的江苏产'通蚕鲜 6 号'醋鲜蚕豆脆粒香气的主要成分为，乙酸（54.10%）、*d*- 柠檬烯（4.62%）、3- 甲基丁醛（3.86%）、双戊烯（3.69%）、2- 戊基呋喃（3.49%）、苯乙醇（2.90%）、对异丙基甲苯（2.51%）、苯甲醛（2.45%）、糠醛（2.16%）、2- 甲基丙酸（1.89%）、壬醛（1.88%）、邻苯二甲酸二乙酯（1.42%）、乙酸异丙烯酯（1.30%）、(Z)-2- 庚烯醛（1.12%）等；醋干蚕豆种子脆粒香气的主要成分为，乙酸（39.96%）、3- 甲基丁醛（12.64%）、2- 甲基吡嗪（4.77%）、2,5- 二甲基吡嗪（4.38%）、乙酸异丙烯酯（3.57%）、糠醛（3.31%）、2-乙基-5-甲基吡嗪（1.96%）、2,6-二甲基吡嗪（1.86%）、3-乙基-2,5-甲基吡嗪（1.64%）、苯乙醛（1.56%）、十二烷（1.36%）、苯乙醇（1.32%）、2-乙基吡嗪（1.28%）、2-乙酰基吡咯（1.05%）、2,3,5-三甲基吡嗪（1.00%）等（刘春菊等，2015）。

蚕豆图 1

蚕豆图 2

蚕豆图 3

四棱豆 [*Psophocarpus tetragonolobus* (Linn.) DC.] 为豆科四棱豆属植物四棱豆的成

熟种子。四棱豆原产地在非洲及东南亚热带潮湿地区，传入我国已超过100年时间，现亚洲南部、大洋洲、非洲等地均有栽培。我国云南、广西、广东、海南和台湾有栽培。荚果四棱状，种子8～17颗，白色、黄色、棕色、黑色或杂以各种颜色，近球形，直径0.6～1cm，光亮，边缘具假种皮。果期10～11月。种子可炒食，也可制作豆奶、豆腐等食品。种子含蛋白质，其含量高达28%～40%，脂肪含量达到15%～18%，还含有丰富的维生素和矿物质。具有一定的药用价值，对冠心病、动脉硬化、脑血管硬化、不孕、习惯性流产、口腔炎症、泌尿系统炎症、眼病等疾病有良好疗效。种子也可用来制粉、乳液、人造黄油、蛋白质浓缩物及无咖啡因的饮料等。

水蒸气蒸馏法提取的'京4号'四棱豆种子香气的主要成分为，亚油酸乙酯（24.60%）、3,3,5-三甲基环己酮（21.35%）、棕榈酸乙酯（11.81%）、油酸乙酯（7.08%）、十四醛（4.92%）、十六醇（3.21%）、十四烷（2.68%）、6,10,14-三甲基-2-十五酮（2.03%）、十六醛（1.93%）、十五醇（1.83%）、β-蒎烯（1.69%）、泪柏醚（1.58%）、邻苯二甲酸二异丁酯（1.52%）、十二酸（1.39%）、十六酸（1.32%）、α-蒎烯（1.01%）等（蒋立文等，2010）。

四棱豆图

罗望子（*Tamarindus indica* Linn.）

为豆科酸豆属植物罗望子的成熟种子，别名：酸豆、酸角、酸梅豆、酸梅、酸胶、曼姆、田望子、酸荚罗望子，分布于广东、台湾、广西、福建、云南、四川等省区。罗望子原产地为非洲热带地区，随着人类活动范围的扩大，罗望子被带到世界各地，现在印尼、泰国，我国的广西、云南等地均为其主要产区之一，绝大部分处于野生和半野生状态，是一种天然优质野果资源。自然生长的罗望子在西双版纳有酸种、甜酸种、甜种三类，尤以甜角最为名贵。荚果圆柱状长圆形，肿胀，棕褐色。种子3～14颗，褐色，有光泽。花期5～8月；果期12月～翌年5月。罗望子荚果果肉肥厚，外果皮薄，中果皮肉质，果肉酸甜、爽口，具有特殊香味。果实可生食或熟食，或作蜜饯或制成各种调味酱及泡菜；果汁加糖水是很好的清凉饮料。罗望子含有丰富的有机酸、糖类、维生素、蛋白质、氨基酸和矿物质元素等，具有清热解暑、消食化积的作用。果实入药，为清凉缓下剂，有祛风和抗坏血病之功效。

超临界CO_2萃取法提取的云南大理产罗望子香

罗望子图